龙马高新教育 ◎ 编著

AutoCAD 2016 从入门到精通

北京大学出版社
PEKING UNIVERSITY PRESS

图书在版编目（CIP）数据

AutoCAD 2016 从入门到精通 / 龙马高新教育编著 . — 北京：北京大学出版社，2016.7
ISBN 978-7-301-27105-6

Ⅰ . ① A… Ⅱ . ①龙… Ⅲ . ① AutoCAD 软件 Ⅳ . ① TP391.72

中国版本图书馆 CIP 数据核字 (2016) 第 099449 号

内容提要

本书通过精选案例系统地介绍 AutoCAD 2016 的相关知识和应用方法，引导读者深入学习。

全书分为 5 篇，共 14 章。第 1 篇为基础入门篇，主要介绍 AutoCAD 2016 的安装与配置软件及图层等；第 2 篇为二维绘图篇，主要介绍绘制二维图、编辑二维图、绘制和编辑复杂对象、文字与表格，以及尺寸标注等；第 3 篇为高效绘图篇，主要介绍图块的创建与插入及图形文件管理操作等；第 4 篇为三维绘图篇，主要介绍绘制三维图、三维图转二维图及渲染等；第 5 篇为行业应用篇，主要介绍绘制东南亚风格装潢设计平面图。

在本书附赠的 DVD 多媒体教学光盘中，包含了 16 小时与图书内容同步的教学录像及所有案例的配套素材文件和结果文件。此外，还赠送了大量相关学习内容的教学录像及扩展学习电子书等。为了满足读者在手机和平板电脑上学习的需要，光盘中还赠送龙马高新教育手机 APP 软件，读者安装后可观看手机版视频学习文件。

本书既适合 AutoCAD 2016 初级、中级用户学习，也可以作为各类院校相关专业学生和电脑培训班学员的教材或辅导用书。

书　　名　AutoCAD 2016 从入门到精通
AutoCAD 2016 CONG RUMEN DAO JINGTONG
著作责任者　龙马高新教育 编著
责 任 编 辑　尹毅
标 准 书 号　ISBN 978-7-301-27105-6
出 版 发 行　北京大学出版社
地　　址　北京市海淀区成府路 205 号　100871
网　　址　http://www.pup.cn　新浪微博：@ 北京大学出版社
电 子 信 箱　pup7@ pup. cn
电　　话　邮购部 62752015　发行部 62750672　编辑部 62580653
印 刷 者　北京大学印刷厂
经 销 者　新华书店
787 毫米 ×1092 毫米　16 开本　24.5 印张　580 千字
2016 年 7 月第 1 版　2016 年 7 月第 1 次印刷
定　　价　59.00 元

AutoCAD 2016 很神秘吗?

不神秘!

学习 AutoCAD 2016 难吗?

不难!

阅读本书能掌握 AutoCAD 2016 的使用方法吗?

能!

为什么要阅读本书

AutoCAD 是由美国 Autodesk 公司开发的通用 CAD（Computer Aided Design，计算机辅助设计）软件，随着计算机技术的迅速发展，计算机绘图技术被广泛应用在机械、建筑、家居、纺织和地理信息等诸多行业，并发挥着越来越大的作用。本书从实用的角度出发，结合实际应用案例，模拟了真实的工作环境，介绍 AutoCAD 2016 的使用方法与技巧，旨在帮助读者全面、系统地掌握 AutoCAD 的应用。

本书内容导读

本书分为 5 篇，共 14 章，内容如下。

第 0 篇 共 5 段教学录像，介绍了 AutoCAD 2016 的应用领域与学习思路。

第 1 篇（第 1 ~ 2 章）为基础入门篇，共 61 段教学录像，主要介绍 AutoCAD 2016 中的各种操作。通过对本篇内容的学习，读者可以掌握如何安装 AutoCAD 2016，了解 AutoCAD 2016 的工作界面及图层的运用等操作。

第 2 篇（第 3 ~ 7 章）为二维绘图篇，共 75 段教学录像，主要介绍 CAD 二维绘图的操作。通过对本篇内容的学习，读者可以掌握绘制二维图形、编辑二维图形、绘制和编辑复杂对象、文字与表格及尺寸标注等。

第 3 篇（第 8 ~ 9 章）为高效绘图篇，共 29 段教学录像，主要介绍 CAD 高效绘图操作。通过对本篇内容的学习，读者可以掌握图块的创建与插入及图形文件的管理操作。

第 4 篇（第 10 ~ 12 章）为三维绘图篇，共 48 段教学录像，主要介绍 AutoCAD 2016 的三维绘图功能。通过对本篇内容的学习，读者可以掌握绘制基本三维图、三维图转二维图及渲染等。

第5篇（第13章）为行业应用篇，共12段教学录像，主要介绍东南亚风格装潢设计平面图。

选择本书的N个理由

❶ 简单易学，案例为主

以案例为主线，贯穿知识点，实操性强，与读者需求紧密吻合，模拟真实的工作学习环境，帮助读者解决在工作中遇到的问题。

❷ 高手支招，高效实用

每章最后提供有一定质量的实用技巧，满足读者的阅读需求，也能解决在工作学习中一些常见的问题。

❸ 举一反三，巩固提高

每章案例讲述完后，提供一个与本章知识点或类型相似的综合案例，帮助读者巩固和提高所学内容。

❹ 海量资源，实用至上

光盘中，赠送大量实用的模板、实用技巧及学习辅助资料等，便于读者结合光盘资料学习；另外，本书赠送《高效能人士效率倍增手册》，在强化读者学习的同时也可以在工作中提供便利。

超值光盘

❶ 16小时名师视频指导

教学录像涵盖本书所有知识点，详细讲解每个实例及实战案例的操作过程和关键点。读者可更轻松地掌握 AutoCAD 2016 软件的使用方法和技巧，而且扩展性讲解部分可使读者获得更多的知识。

❷ 超多、超值资源大奉送

随书奉送 AutoCAD 2016 软件安装指导录像、AutoCAD 2016 常用命令速查手册、通过互联网获取学习资源和解题方法、AutoCAD 行业图纸模板、AutoCAD 应用技巧（100招）、AutoCAD 设计源文件、AutoCAD 图块集模板、《手机办公10招就够》手册、《微信高手技巧随身查》手册及《QQ高手技巧随身查》手册等超值资源，以方便读者扩展学习。

❸ 手机APP，让学习更有趣

光盘附赠了龙马高新教育手机APP，用户可以直接安装到手机中，随时随地问同学、问专家，尽享海量资源。同时，我们也会不定期向你手机中推送学习中常见难点、使用技巧、行业应用等精彩内容，让你的学习更加简单有效。扫描下方二维码，可以直接下载手机APP。

光盘运行方法

1．将光盘印有文字的一面朝上放入光驱中，几秒钟后光盘就会自动运行。

2．若光盘没有自动运行，可在【计算机】窗口中双击光盘盘符，或者双击“MyBook.exe”光盘图标，光盘就会运行。播放片头动画后便可进入光盘的主界面，如下图所示。

3．单击【视频同步】按钮，可进入多媒体教学录像界面。在左侧的章节按钮上单击鼠标左键，在弹出的快捷菜单上单击要播放的小节，即可开始播放相应小节的教学录像。

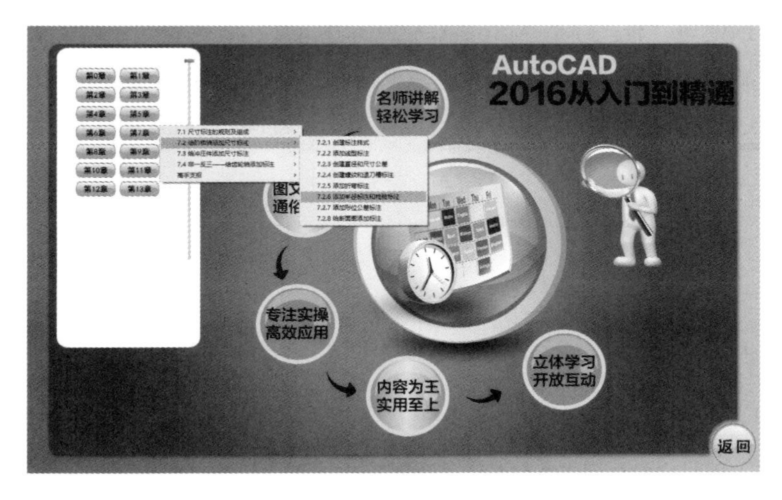

4．另外，主界面上还包括 APP 软件安装包、素材文件、结果文件、赠送资源、使用说明和支持网站 6 个功能按钮，单击可打开相应的文件或文件夹。

5．单击【退出】按钮，即可退出光盘系统。

本书读者对象

1．没有任何 AutoCAD 应用基础的初学者。

2．有一定应用基础，想精通 AutoCAD 2016 的人员。

3．有一定应用基础，没有实战经验的人员。

4．大专院校及培训学校的老师和学生。

后续服务：QQ 群（218192911）答疑

本书为了更好地服务读者，专门设置了 QQ 群为读者答疑解惑，读者在阅读和学习本书过程中可以把遇到的疑难问题整理出来，在“办公之家”群里探讨学习。另外，群文件中还会不定期上传一些办公小技巧，帮助读者更方便、快捷地操作办公软件。“办公之家”的群号是 218192911，读者也可直接扫描二维码加入本群，如下图所示。欢迎加入“办公之家”！

创作者说

本书由龙马高新教育策划，左琨任主编，李震、赵源源任副主编，为您精心呈现。您读完本书后，会惊奇地发现“我已经是 AutoCAD 2016 达人了”，这也是让编者最欣慰的结果。

本书编写过程中，我们竭尽所能地为您呈现最好、最全的实用功能，但仍难免有疏漏和不妥之处，敬请广大读者不吝指正。若您在学习过程中产生疑问，或有任何建议，可以通过 E-mail 与我们联系。

我们的电子邮箱是：pup7@pup.cn。

目录 CONTENTS

第 0 章 AutoCAD 最佳学习方法

本章 5 段教学录像

第 1 篇 基础入门篇

第 1 章 快速入门——安装与配置软件

本章 44 段教学录像

AutoCAD 2016 是 Autodesk 公司推出的计算机辅助设计软件，该软件经过不断的完善，现已成为国际上广为流行的绘图工具。

第 2 章 图层

本章 17 段教学录像

图层相当于重叠的透明图纸，每张图纸上面的图形都具备自己的颜色、线宽、线型等特性，将所有图纸上面的图形绘制完成后，可以根据需要对其进行相应的隐藏或显示，将会得到最终的图形需求结果。

第 2 篇 二维绘图篇

第 3 章 绘制二维图形

本章 18 段教学录像

二维图形是 AutoCAD 的核心功能，任何复杂的图形，都是由点、线等基本的二维图形组合而成的。

第 4 章 编辑二维图形

本章 15 段教学录像

如果要绘制复杂的图形，在很多情况下必须借助图形编辑命令。AutoCAD 2016 提供了强大的图形编辑功能，可以帮助用户合理地构造和组织图形，既保证绘图的精确性，又简化了绘图操作，从而极大地提高了绘图效率。

第 5 章 绘制和编辑复杂对象

本章 13 段教学录像

AutoCAD 可以满足用户的多种绘图需要，一种图形可以通过多种绘制方式来绘制，如平行线可以用两条直线来绘制，但是用多线绘制会更为快捷准确。

第 6 章 文字与表格

本章 11 段教学录像

在制图中，文字是不可缺少的组成部分，经常用文字来书写图纸的技术要求。除了技术要求外，对于装配图还要创建图纸明细栏加以说明装配图的组成，而在 AutoCAD 中创建明细栏最常用的就是利用表格命令来创建。

第 7 章 尺寸标注

本章 18 段教学录像

零件的大小取决于图纸所标注的尺寸，并不以实际绘图尺寸作为依据。因此，图纸中的尺寸标注可以看作是数字化信息的表达。

第 3 篇 高效绘图篇

第 8 章 图块的创建与插入

本章 10 段教学录像

图块是一组图形实体的总称，在图形中需要插入某些特殊符号时会经常用到该功能。在应用过程中，CAD 图块将作为一个独立的、完整的对象来操作，在图块中各部分图形可以拥有各自的图层、线型、颜色等特征。

第 9 章 图形文件管理操作

本章 19 段教学录像

AutoCAD 2016 中包含许多辅助绘图功能供用户进行调用，其中查询和参数化是应用较广的辅助功能，本章将对相关工具的使用进行详细介绍。

第 4 篇 三维绘图篇

第 10 章 绘制三维图

本章 18 段教学录像

相对于二维 XY 平面视图，三维视图多了一个维度，不仅有 XY 平面，还有 ZX 平面和 YZ 平面，因此，三维实体模型具有真实直观的特点。

第 11 章 三维图转二维图

本章 17 段教学录像

布局选项卡可以为相关三维模型创建基本投影视图、截面视图、局部剖视图；同时还可以对页面布局进行布置、控制视图更新以及管理视图样式等。

第 12 章 渲染

本章 13 段教学录像

AutoCAD 2016 提供了强大的三维图形的显示效果功能，可以帮助用户将三维图形消隐、着色和渲染，从而生成具有真实感的物体。

第 5 篇 行业应用篇

第 13 章 东南亚风格装潢设计平面图

本章 12 段教学录像

本章通过案例讲解东南亚风格装潢设计平面图的制作，分析 CAD 在室内设计方面的绘图技巧。

第 0 章

AutoCAD 最佳学习方法

本章导读

AutoCAD 是美国 Autodesk 公司开发的自动计算机辅助设计软件，用于二维绘图、详细绘制、设计文档和基本三维设计，现已经成为广为流行的绘图工具。AutoCAD 具有良好的用户界面，通过交互菜单或命令行方式便可以进行各种操作。让用户在不断实践的过程中更好地掌握它的各种应用和开发技巧，从而不断提高工作效率。本章就向读者介绍学习 AutoCAD 的最佳学习方法。

思维导图

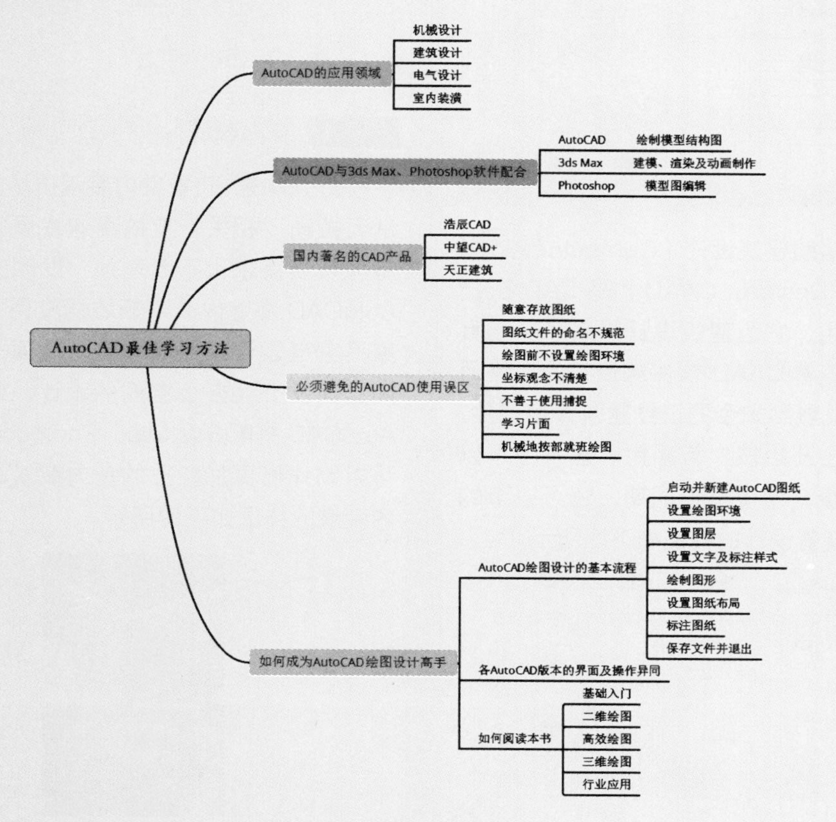

0.1 AutoCAD 的应用领域

AutoCAD 由最早的 V1.0 版到目前的 2016 版本已经更新了几十次，CAD 软件在工程中的应用层次也在不断地提高，越来越集成和智能化，通过它无须懂得编程，即可自动制图，因此在全球被广泛使用，可以用于机械设计、土木建筑、电子电路、装饰装潢、城市规划、园林设计、服装鞋帽、航空航天、轻工化工等诸多领域。

1. 机械设计

CAD 在机械制造行业的应用是最早的，也是最为广泛的。采用 CAD 技术进行产品的设计，不但可以使设计人员放弃烦琐的手工绘制方法、更新传统的设计思想、实现设计自动化、降低产品的成本，还可以提高企业及其产品在市场上的竞争能力、缩短产品的开发周期、提高劳动生产率。机械设计的样图如下所示。

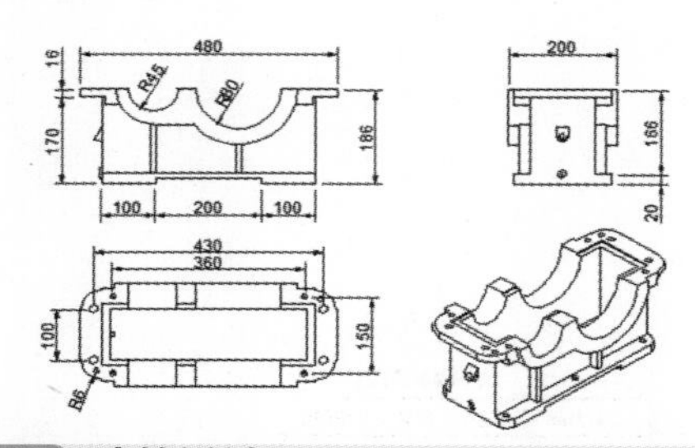

2. 建筑设计

计算机辅助建筑设计（Computer Aided Architecture Design，CAAD）是 CAD 在建筑方面的应用，它为建筑设计带来了一场真正的革命。随着 CAAD 软件从最初的二维通用绘图软件发展到如今的三维建筑模型软件，CAAD 技术已开始被广为采用。这不但可以提高设计质量，缩短工程周期，还可以节约建筑投资。建筑设计的样图如下图所示。

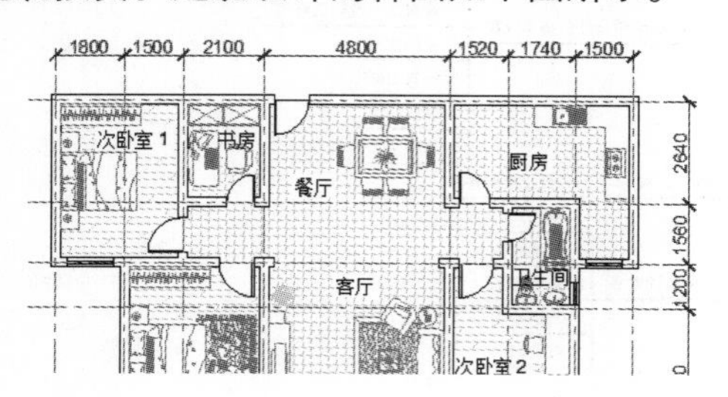

3. 电气设计

AutoCAD 在电子电气领域的应用被称为电子电气 CAD。它主要包括电气原理图的编辑、电路功能仿真、工作环境模拟、印制板设计与检测等。使用电子电气 CAD 软件还能迅速生成各种各样的报表文件（如元件清单报表），方便元件的采购及工程预算和决算。电气设计的样图如下图所示。

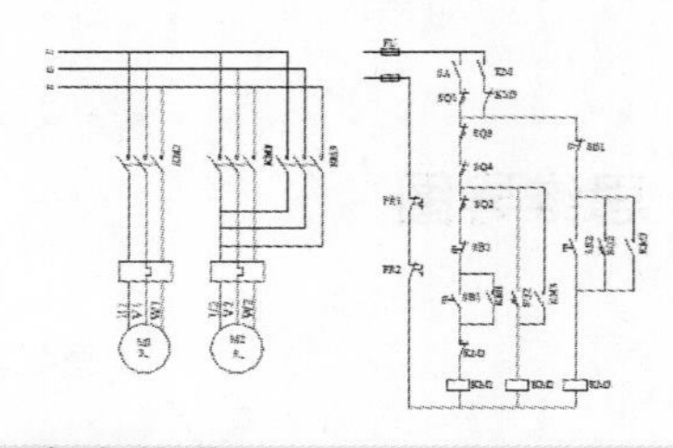

4. 室内装潢

近几年来，随着室内装潢市场发展迅猛，从而拉动了相关产业的高速发展，消费者的室内装潢需求也不断增加，发展空间巨大。AutoCAD 在室内装潢领域的应用主要表现在家具家电设计、平面布置、地面、顶棚、空间立面及公共办公空间的设计，此外，使用 AutoCAD 搭配 3ds Max、Photoshop 等软件，可以制作出更加专业的室内装潢设计图。室内装潢的样图如下图所示。

0.2 AutoCAD 与 3ds Max、Photoshop 软件配合

一幅完美的设计效果图是由多个设计软件协同完成的，根据软件自身优势的不同，所承担的绘制环节也不相同。例如，AutoCAD 与 3ds Max、Photoshop 软件的配合使用，因所需绘制的环节不同，从而在绘制顺序方面也存在着先后的差异。

AutoCAD 具有强大的二维及三维绘图和编辑功能，能够方便地绘制出模型结构图。3ds Max 的优化及增强功能可以更好地进行建模、渲染及动画制作，此外，用户还可以将 AutoCAD 中的创建的结构图导入 3ds Max 进行效果图模型的修改。而 Photoshop 是非常强大的图像处理软件，可以更有效地进行模型图的编辑工作，如图像编辑、图像合成、校色调色及特效制作等。

例如，在建筑行业中如果需要绘制“校门”效果图，可以根据所需建造的规格以及结构等信息在 AutoCAD 中进行相关二维平面图的绘制，还可以利用 AutoCAD 的图案填充功能对“校门”二维线框图进行相应填充。

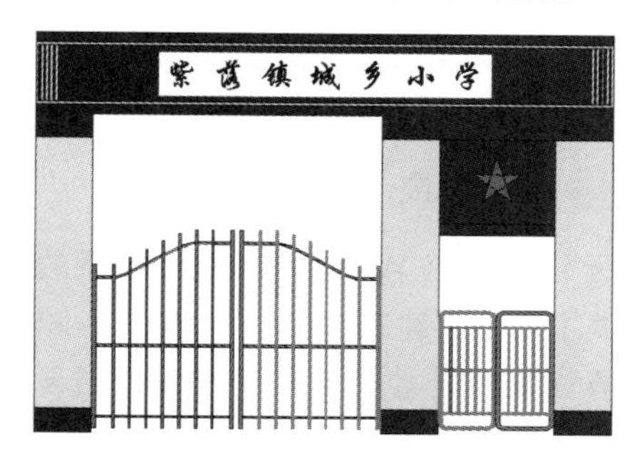

利用 AutoCAD 绘制完成“校门”二维线框图之后，可以将其调入 3ds Max 中进行建模，3ds Max 拥有强大的建模及渲染功能。在 3ds Max 中调用 AutoCAD 创建的二维线框图建模的优点是结构明确，易于绘制、编辑，而且绘制出来的模型将更加精确。利用 3ds Max 软件将模型创建完成之后，还可以为其添加材质、灯光及摄影机，并进行相应渲染操作，查看渲染效果。

对建筑模型进行渲染之后，可以将其以图片的形式保存，然后便可以利用 Photoshop 对其进行后期编辑操作，可以为其添加背景，以及人、车、树等辅助场景，也可以为其改变颜色及对比度等操作。

0.3 国内著名的 CAD 产品

除了 AutoCAD 系列产品之外，国内也有几款著名的 CAD 产品，如浩辰 CAD、中望 CAD+、天正建筑、开目 CAD、天河 CAD 及 CAXA 等。

1. 浩辰 CAD

浩辰 CAD 平台广泛应用于工程建设、制造业等设计领域，已拥有十几个语言版本。保持主流软件操作模式，符合用户设计习惯，完美兼容 AutoCAD，在 100 多个国家和地区得到应用。专业软件包含应用在工程建设行业的建筑、结构、给排水、暖通、电气、电力、架空线路、协同管理软件和应用在机械行业的机械、浩辰 CAD 燕秀模具，以及图档管理、钢格板、石材等。左下图所示浩辰 CAD2016 标准版的界面。

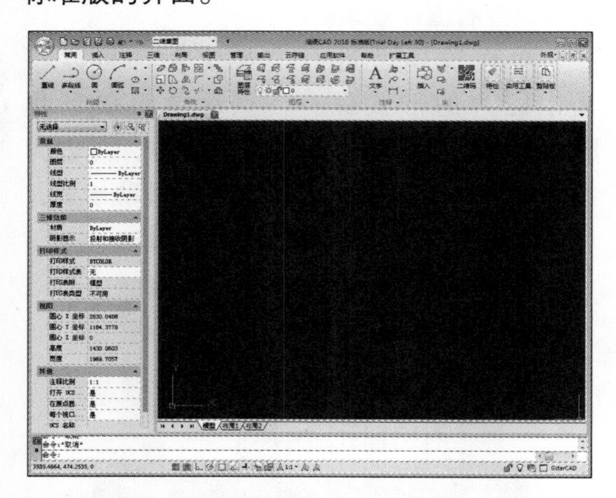

2. 中望 CAD+

中望 CAD+ 是中望数字化设计软件有限责任公司自主研发的新一代二维 CAD 平台软件，运行更快更稳定，功能持续进步，更兼容最新 DWG 文件格式。中望 CAD+ 已经最新更新至 2015 版本，通过独创的内存管理机制和高效的运算逻辑技术，软件在长时间的设计工作中快速稳定运行；动态块、光栅图像、关联标注、最大化视口、CUI 定制 Ribbon 界面系列实用功能，手势精灵、智能语音、Google 地球等独创智能功能，最大限度提升生产设计效率；强大的 API 接口为 CAD 应用带来无限可能，满足不同专业应用的二次开发需求。右下图所示为中望 CAD+ 2015 的主界面。

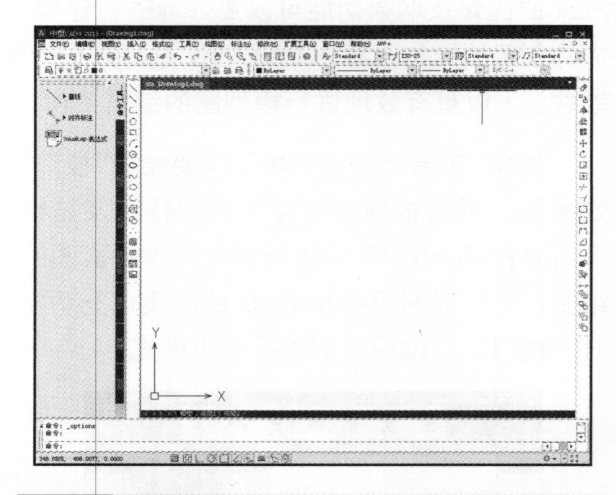

3. 天正建筑

天正建筑在 AutoCAD 图形平台的基础上开发了一系列建筑、暖通、电气等专业软件，通过界面集成、数据集成、标准集成及天正系列软件内部联通和天正系列软件与 Revit 等外部软件联通，打造真正有效的 BIM 应用模式。具有植入数据信息，承载信息，扩展信息等特点。同时天正建筑对象创建的建筑模型已经成为天正日照、节能、给排水、暖通、电气等系列软件的数据来源，很多三维渲染图也基于天正三维模型制作而成。

0.4 必须避免的 AutoCAD 使用误区

在使用 AutoCAD 绘图时必须避免以下的几个使用误区。

(1) 没有固定的图纸文件存放文件夹，随意存放图纸位置，容易导致需要时找不到文件。

(2) 图纸文件的命名不规范。尤其一家公司内如果有数十位设计者，没有标准的图纸命名标准，将会很难管理好图纸。

(3) 绘图前不设置绘图环境，尤其是初学者。在绘图前需要制定自己的专属 AutoCAD 环境，将达到事半功倍的效果。

(4) 坐标观念不清楚。用自动方向定位法和各种追踪技巧时，如果不清楚绝对坐标和相对坐标，对图纸大小也无法清晰知晓，那么就不可能绘制出高质量的图纸。

(5) 不善于使用捕捉，而是用肉眼作图。如果养成这样的习惯，绘制图纸后局部放大图纸，将会看到位置相差甚多。

(6) 学习片面，如学习机械的只绘制机械图，学习建筑的只绘制建筑图。机械设计、土木建筑、电子电路、装饰装潢、城市规划、园林设计、服装鞋帽等都是平面绘图，在专注一个方面的同时，还需要兼顾其他方面，做到专一通百。这样才能更好地掌握 AutoCAD 技术。

(7) 机械地按部就班绘图。初学时通常按部就班地在纸上绘制草图，构思图层，然后在 CAD 中设置图层，并在图层上绘制图形。熟练操作之后，就可以利用 AutoCAD 编辑图纸的优势，可以先在 AutoCAD 上绘制草图，然后根据需要将图线置于不同层上。

0.5 如何成为 AutoCAD 绘图设计高手

通过本书的介绍并结合恰当的学习方法，就能成为 AutoCAD 绘图设计高手。

1. AutoCAD 绘图设计的基本流程

使用 AutoCAD 进行设计时，前期需要和客户建立良好的沟通，了解客户的需求及目的，并绘制出平面效果图，然后通过与客户的讨论、修改，制作出完整的平面效果图，最后就可以根据需要绘制具体的施工图，如布置图、材料图、水电图、立面图、剖面图、节点图及大样图等。

使用 AutoCAD 绘制图形的基本流程如下。

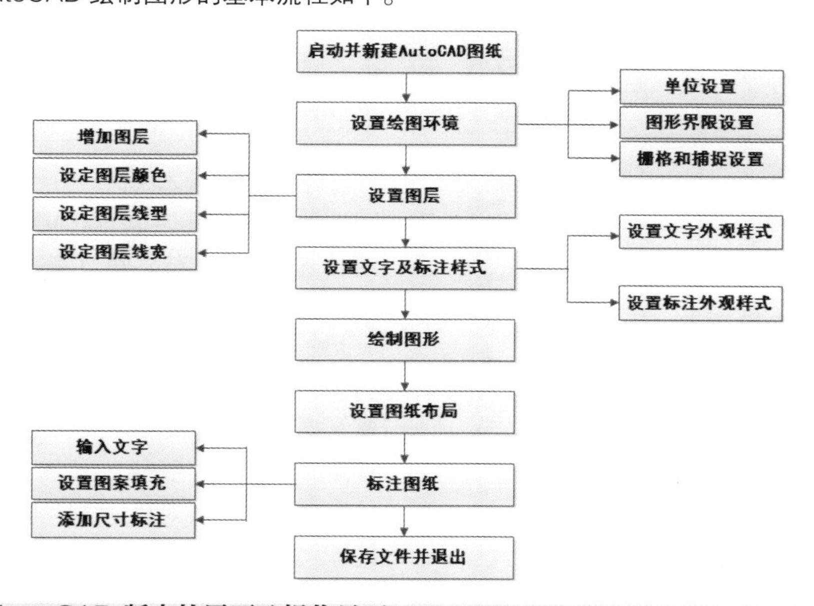

2. 各 AutoCAD 版本的界面及操作异同

AutoCAD 已经发展到 2016 版，功能更加强大，界面更加美观而且更易于用户的操作。在操作方面，命令的调用方法相同，AutoCAD 2009 及以后的版本将菜单栏更改为功能区，其中包含多个选项卡，将命令以按钮形式显示在选项卡中，需要在选项卡下单击按钮执行命令，同

时也保留了菜单栏功能，可以将菜单栏显示在功能区上方。

(1) AutoCAD 2004 和以前的版本。

AutoCAD 2004 及之前的版本为 C 语言编写，安装包体积小，打开快速，功能相对比较全面。AutoCAD 2004 及之前版本最经典的界面是 R14 界面和 AutoCAD 2004 界面如下图所示。

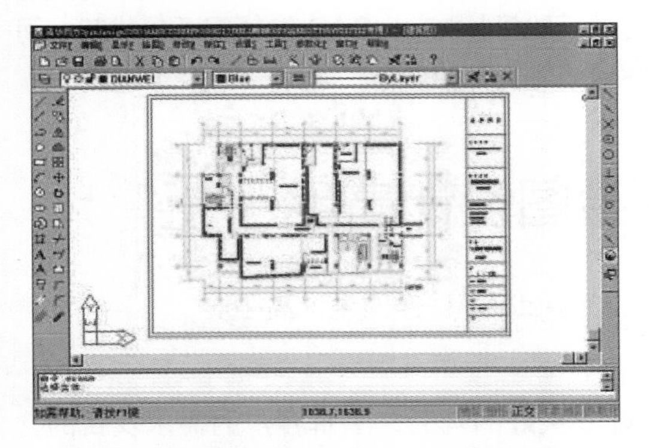

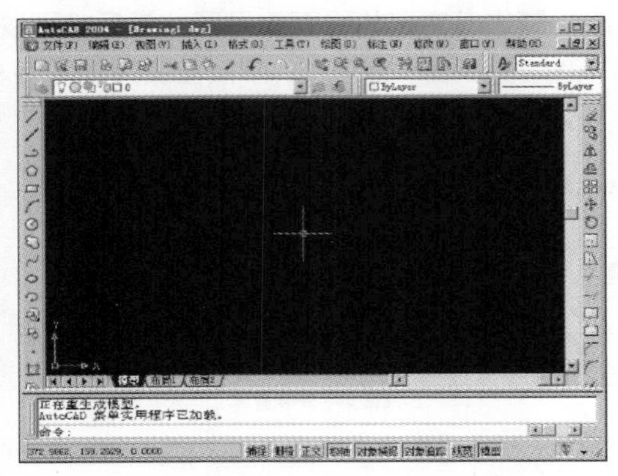

(2) 2005~2009 版本。

2005~2009 版本安装体积很大，相同计算机配置，启动速度比 AutoCAD 2004 及以前版本慢了很多，其中 2008 版本开始就有 64 位系统专用版本（但只有英文版的）。2005~2009 版本增强了三维绘图功能，二维绘版本图功能没有质的变化。

2005~2008 版本和之前的界面没有本质变化，但 AutoCAD 2009 的界面变化较大，由原来工具条和菜单栏的结构变成了菜单栏和选项卡的结构，如下图所示。

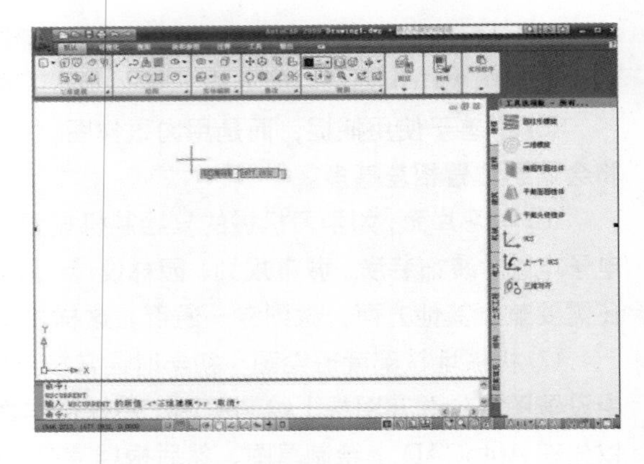

(3) 2010~2016 版本。

从 2010 版本开始 AutoCAD 加入了参数化功能。2013 版本增加了 Autodesk 360 和 BIM360 功能，2014 版本增加了从三维转换二维图的功能。2010~2016 版本的界面变化不大，与 AutoCAD 2009 的界面相似，AutoCAD 2016 的界面如下图所示。

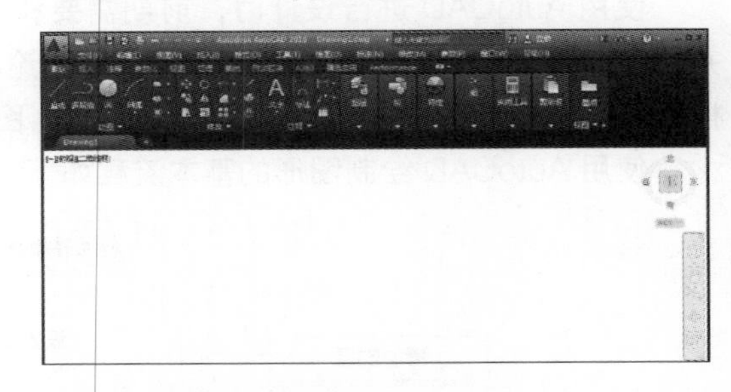

(4) 如何阅读本书。

本书以学习 AutoCAD 2016 的最佳结构来分配章节，第 0 章可以使读者了解 AutoCAD 的应用领域以及如何学习 AutoCAD。第 1 篇可使读者掌握 AutoCAD 的使用方法，包括安装与配置软件、图层。第 2 篇可使读者掌握 AutoCAD 绘制和编辑二维图的操作，包括绘制二维图、编辑二维图、绘制和编辑复杂对象、文字与表格及尺寸标注等。第 3 篇可使读者掌握高效绘图的操作，包括图块的创建与插入、图形文件管理操作等。第 4 篇可使读者掌握三维绘图的操作，包括绘制三维图、三维图转二维图及渲染等。第 5 篇通过绘制东南亚风格装潢设计平面图介绍 AutoCAD 2016 在建筑行业的应用。

第1篇

基础入门篇

本篇主要介绍AutoCAD的入门操作，通过本篇的学习，读者可以学习安装AutoCAD 2016及图层等操作。

第1章

快速入门——安装与配置软件

本章导读

AutoCAD 2016是Autodesk公司推出的计算机辅助设计软件，该软件经过不断的完善，现已成为国际上广为流行的绘图工具。本章将讲述AutoCAD 2016的安装、工作界面、新增功能、文件管理、命令的调用以及基本设置等基本知识。

思维导图

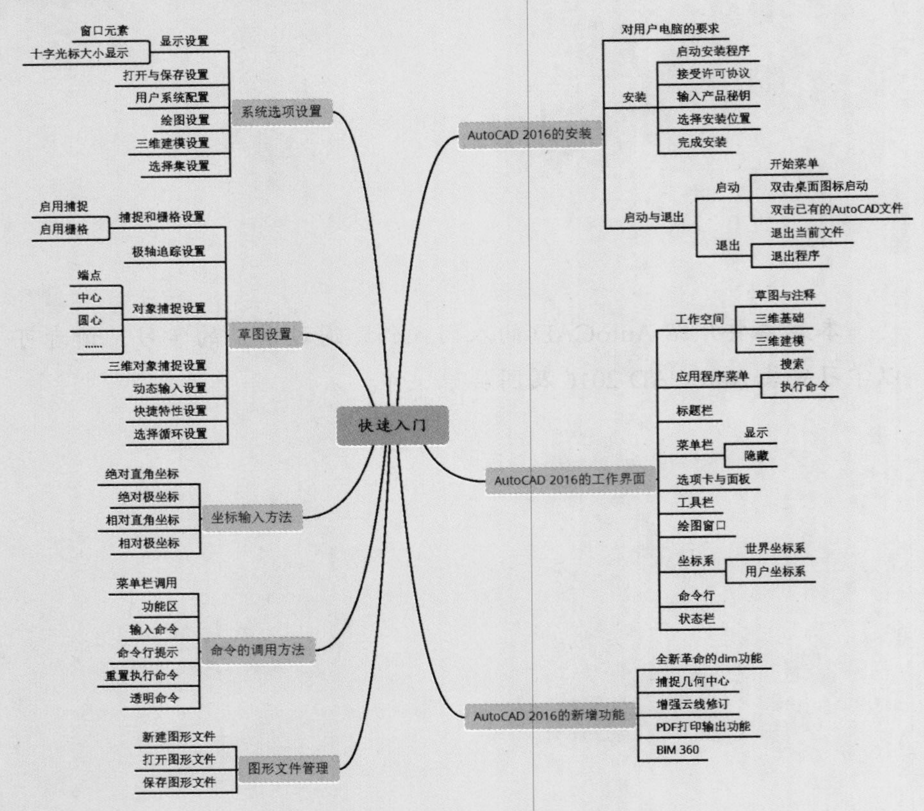

1.1 AutoCAD 2016 的安装

图形是工程设计人员表达和交流技术的工具。随着 CAD（计算机辅助设计）技术的飞速发展和普及，越来越多的工程设计人员开始使用计算机绘制各种图形，从而解决了传统手工绘图中存在的效率低、绘图准确度差及劳动强度大等问题。在目前的计算机绘图领域，AutoCAD 是使用最为广泛的一款软件。

AutoCAD 具有易于掌握、使用方便、体系结构开放等优点，以及能够绘制二维图形与三维图形、渲染图形以及打印输出图纸等功能。

1.1.1 AutoCAD 2016 对用户计算机的要求

AutoCAD 2016 对用户（非网络用户）的计算机最低配置要求如表 1–1 所示。

表 1–1　Auto CAD 2016 安装要求

操作系统	Windows 7 Enterprise
	Windows 7 Ultimate
	Windows 7 Professional
	Windows 7 Home Premium
	Windows 8/8.1 Enterprise
	Windows 8/8.1 Pro
	Windows 8/8.1
处理器	最小 Intel、Pentium 4 或 AMD Athlon 、64 处理器
内存容量	用于 32 位 AutoCAD 2016：2 GB（建议使用 3 GB）
	用于 64 位 AutoCAD 2016：4 GB（建议 8 GB）
显示分辨率	1024 像素 ×768 像素 VGA 真彩色（推荐 1600 像素 ×1050 像素或更高）
显卡	Windows 显示适配器的 1024 像素 x768 像素真彩色功能。DirectX 9 或 DirectX 11 兼容的图形卡
硬盘	6GB 以上
其他设备	鼠标、键盘及 DVD–ROM
Web 浏览器	Microsoft Internet Explorer 9.0 或更高版本

1.1.2 安装 AutoCAD 2016

安装 AutoCAD 2016 的具体操作步骤如下。

第 1 步　将 AutoCAD 2016 安装光盘放入光驱中，系统会自动弹出【安装初始化】进度窗口。如果没有自动弹出，双击【计算机】窗口中的光盘图标即可，或者双击安装光盘内的 setup.exe 文件。

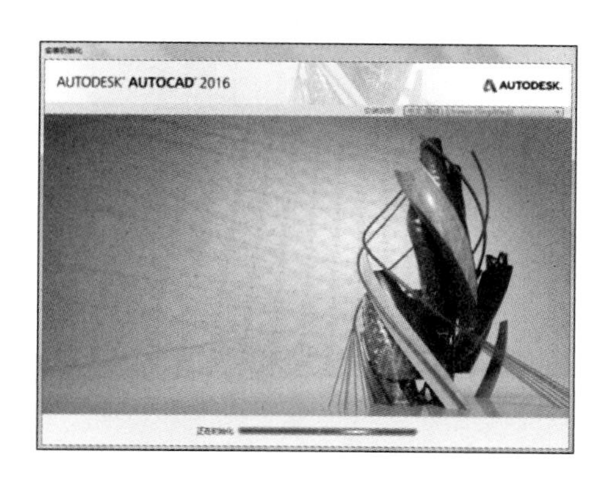

第 2 步 安装初始化完成后，系统会弹出安装向导主界面，选择安装语言后单击【在此计算机上安装】按钮。

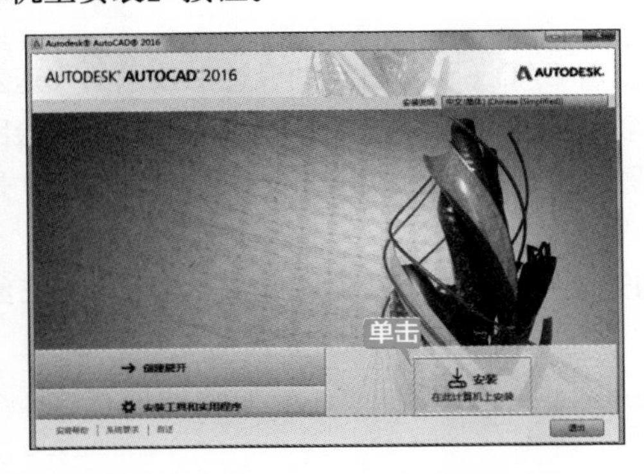

第 3 步 确定安装要求后，会弹出【许可协议】界面，选中【我接受】单选按钮后，单击【下一步】按钮。

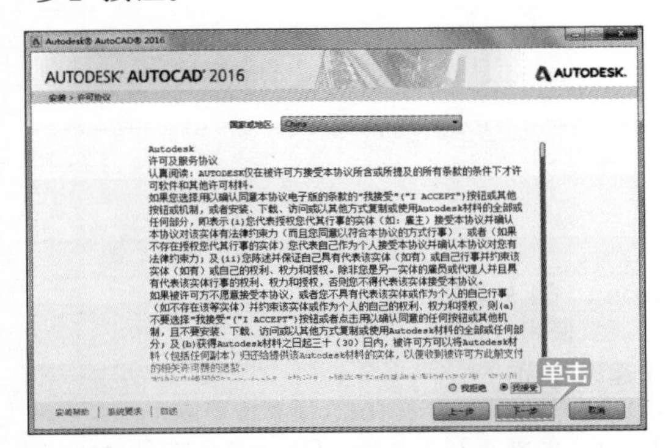

第 4 步 在【产品信息】界面中的【产品信息】组中，选中【我有我的产品信息】单选按钮，并且输入产品序列号和产品密钥，单击【下一步】按钮。

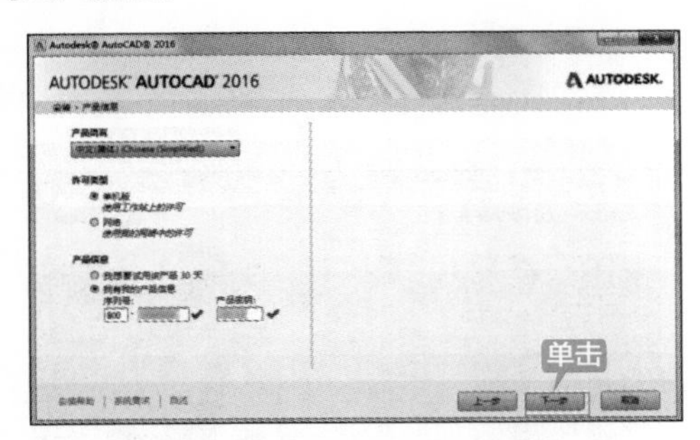

第 5 步 在【配置安装】界面中，选择要安装的组件及安装软件的目标位置后单击【安装】按钮。

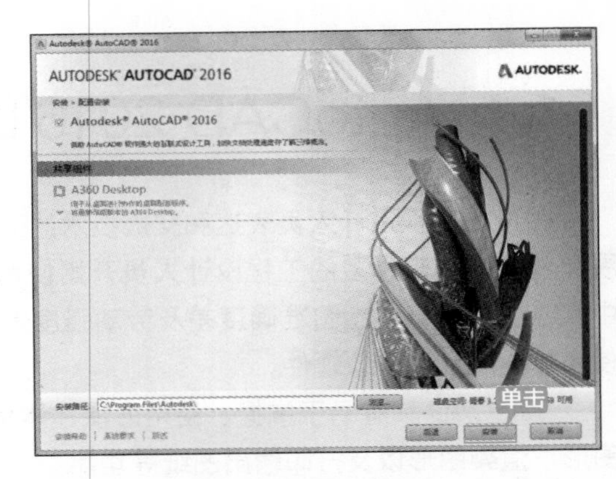

第 6 步 在【安装进度】界面中，显示各个组件的安装进度。

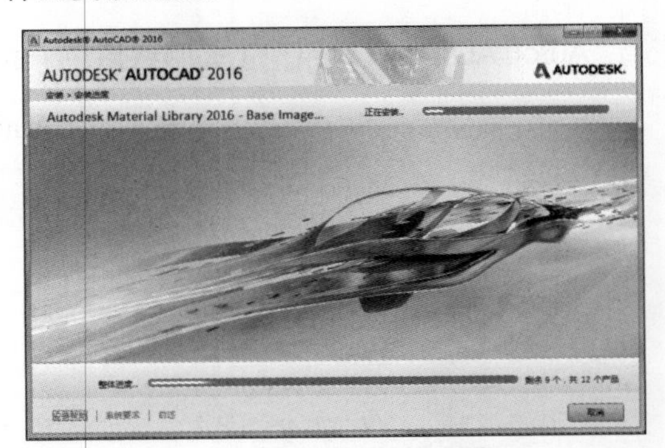

第 7 步 AutoCAD 2016 安装完成后，在【安装完成】界面中单击【完成】按钮，退出安装向导界面。

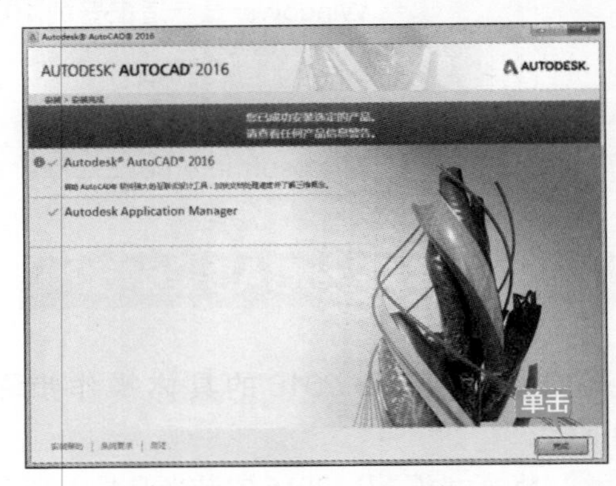

提示

对于初学者，安装时如果计算机的空间足够，可以选择全部组件进行安装。

成功安装 AutoCAD 2016 后，还应进行产品注册。

1.1.3 启动与退出 AutoCAD 2016

AutoCAD 2016 的启动方法有两种，一种是通过【开始】菜单的应用程序或双击桌面图标启动，还有一种是通过双击已有的 AutoCAD 文件启动。

退出 AutoCAD 2016 分为退出当前文件和退出 AutoCAD 应用程序，前者只关闭当前的 AutoCAD 文件，后者则是退出整个 AutoCAD 应用程序。

1. 通过【开始】菜单的应用程序或双击桌面图标启动

在【开始】菜单中选择【所有程序】→【Autodesk】→【AutoCAD 2016- 简体中文（Simplified Chinese）】→【AutoCAD 2016- 简体中文（Simplified Chinese）】命令，或者双击桌面上的快捷图标，均可启动 AutoCAD 软件。

第 1 步 在启动 AutoCAD 2016 时会弹出【开始】选项卡。

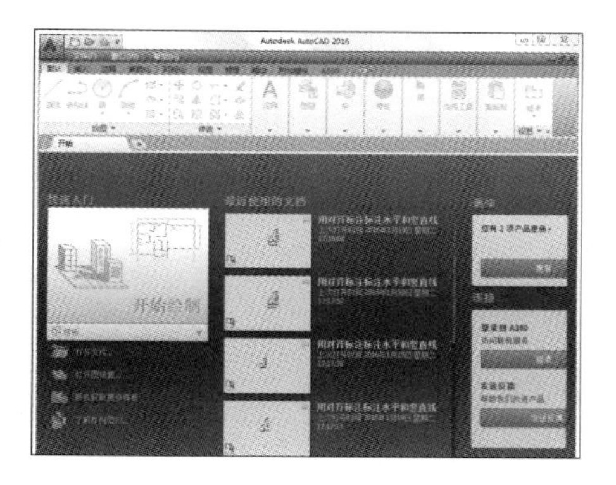

第 2 步 单击【开始绘制】按钮，即可进入 AutoCAD 2016 工作界面。

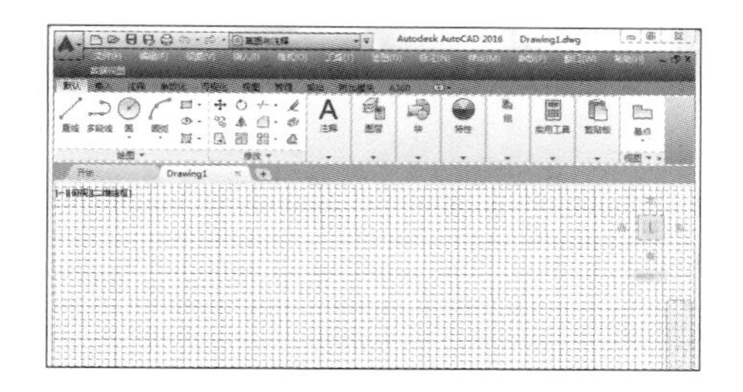

第 3 步 单击【了解】按钮，即可观看“新特性”和“快速入门”等视频。

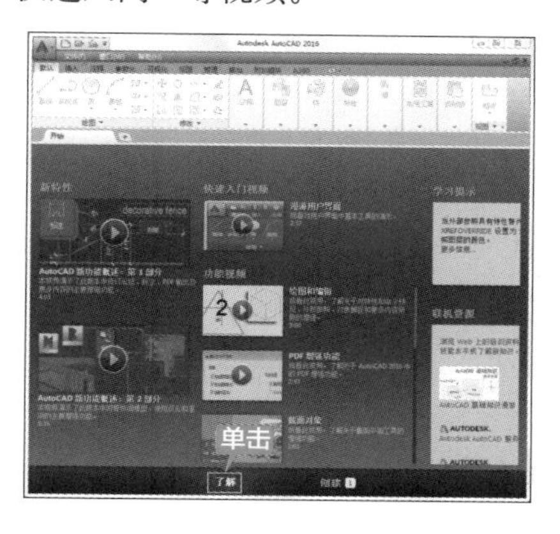

2. 通过双击已有的 AutoCAD 文件启动

第 1 步 找到已有的 AutoCAD 文件。

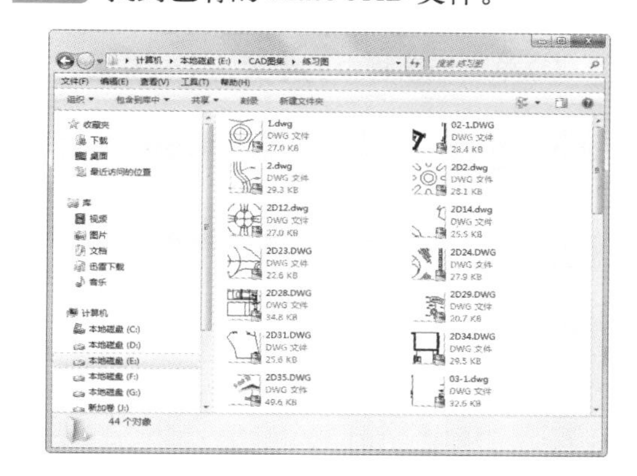

第 2 步 双击任何文件即可进入 AutoCAD 2016 工作界面。

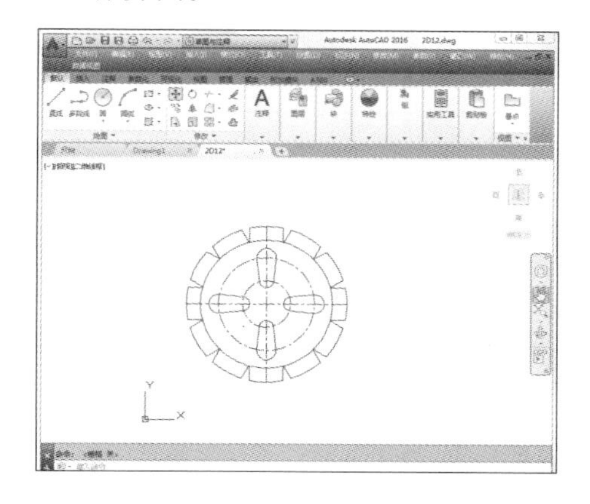

3. 退出当前文件

(1) 单击标题栏中的【关闭】按钮![×]。

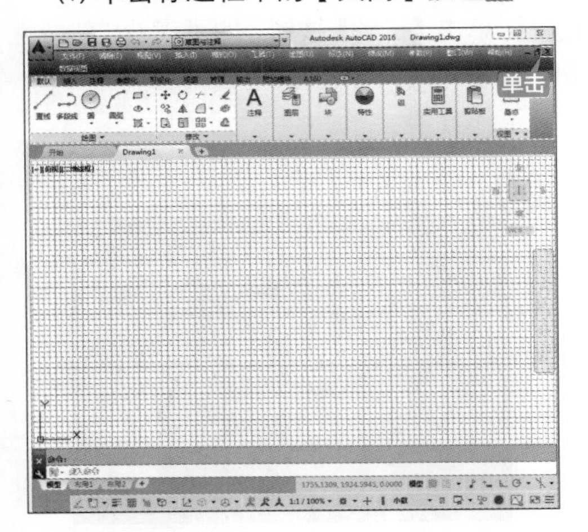

(2) 在命令行中输入“CLOSE”命令，按【Enter】键确定。

4. 退出 AutoCAD 应用程序

(1) 单击标题栏中的【关闭】按钮![×]。

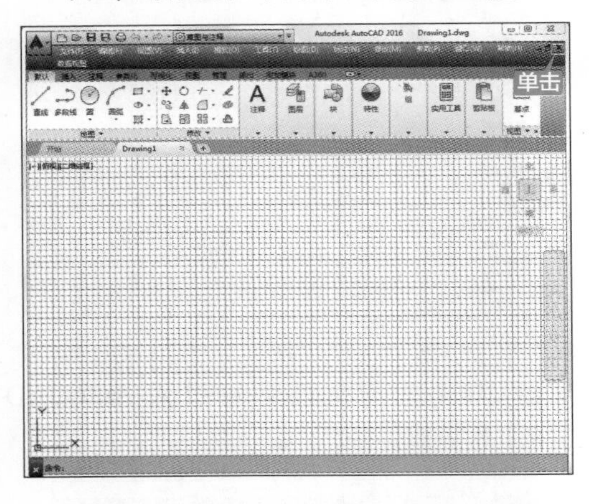

(2) 在标题栏空白位置处右击，在弹出的下拉菜单中选择【关闭】选项。

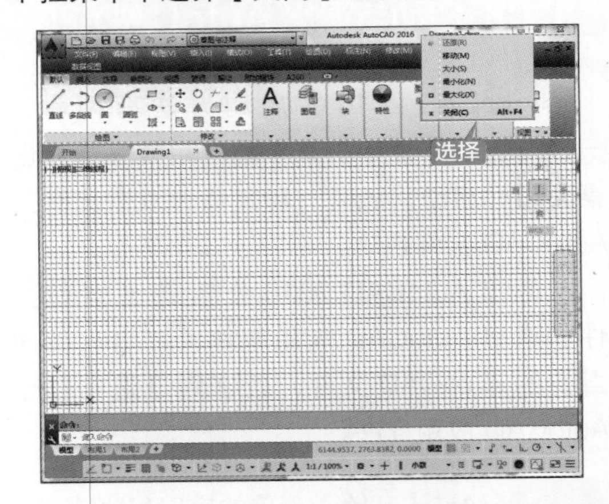

(3) 使用【Alt+F4】组合键也可以退出 AutoCAD 2016。

(4) 在命令行中输入“QUIT”命令，按【Enter】键确定。

(5) 双击【应用程序菜单】按钮。

(6) 单击【应用程序菜单】，在弹出的菜单中单击【退出 Autodesk AutoCAD 2016】按钮退出 Autodesk AutoCAD 2016。

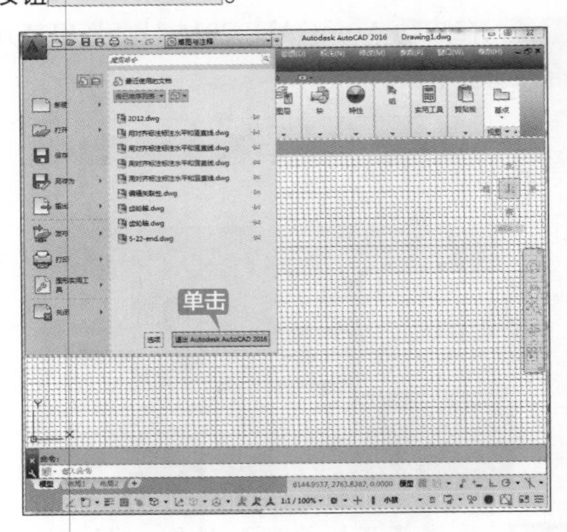

1.2 AutoCAD 2016 的工作界面

AutoCAD 2016 的界面由应用程序菜单、标题栏、快速访问工具栏、菜单栏、功能区、命令窗口、绘图窗口和状态栏组成，如下图所示。

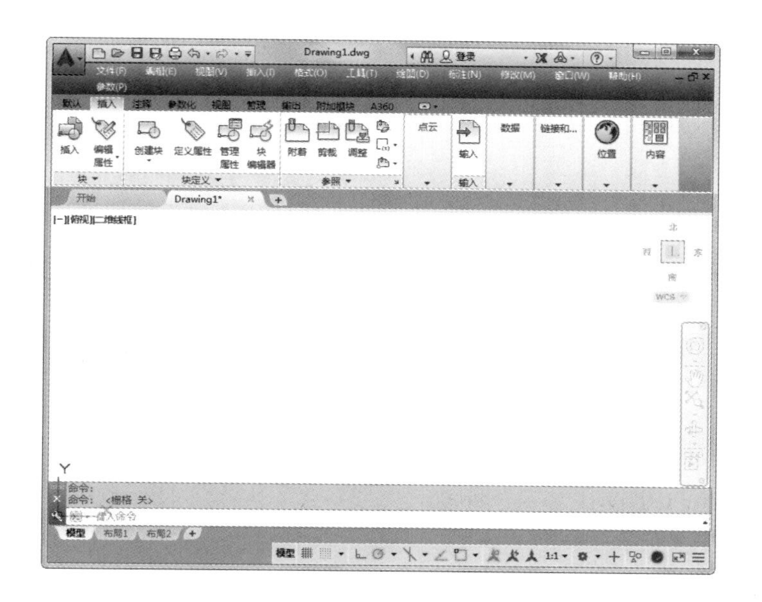

1.2.1 AutoCAD 2016 的工作空间

AutoCAD 2016 提供了【草图与注释】、【三维基础】和【三维建模】3 种工作空间模式。上图为【草图与注释】模式，在该空间中可以使用【默认】、【插入】、【注释】、【布局】、【参数化】、【视图】、【管理】、【输出】、【插件】、【Autodesk 360】和【精选应用】等选项卡方便地绘制和编辑二维图形。

AutoCAD 中切换工作空间的方法有以下两种。

(1) 单击状态栏中的【切换工作空间】按钮，在弹出的菜单中选择相应的命令即可。

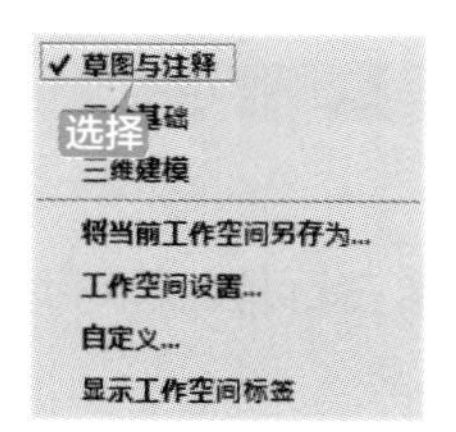

(2) 单击标题栏中的【切换工作空间】下拉按钮，在弹出的菜单中选择相应的命令即可。

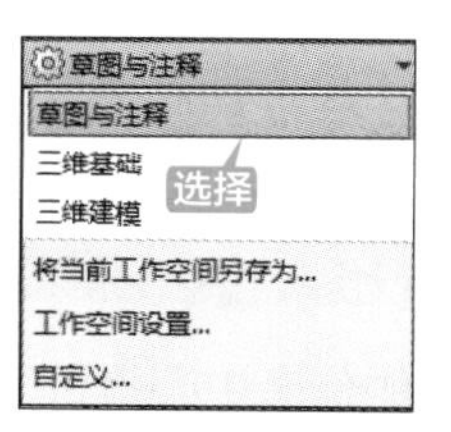

提示

切换工作空间后程序默认会隐藏菜单栏，如果要重新显示菜单栏，请参见 1.2.4 小节相关内容。

1.2.2 应用程序菜单

在应用程序菜单中，可以搜索命令、访问常用工具并浏览文件。在 AutoCAD 2016 界面左上方，单击【应用程序】按钮，弹出应用程序菜单，如下图所示。

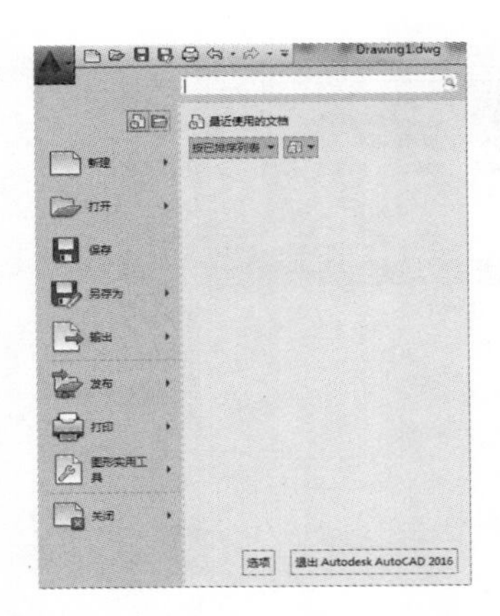

在应用程序菜单上方的搜索框中，输入搜索字段，按【Enter】键确认，下方将显示搜索到的命令，如下图所示。

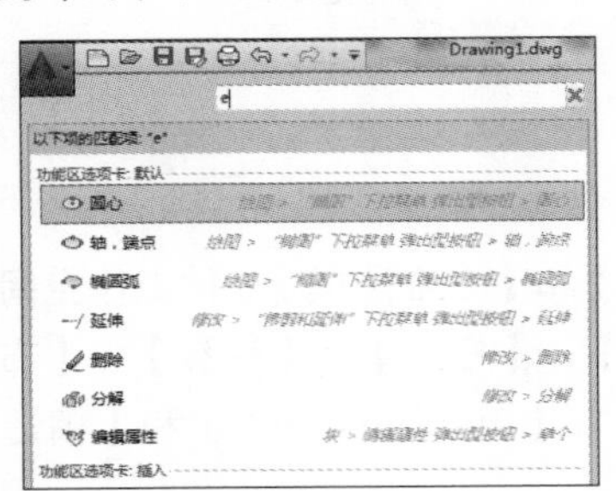

可以在应用程序菜单中快速创建、打开、保存、核查、修复和清除文件，打印或发布图形，还可以单击右下方的【选项】按钮打开【选项】对话框或退出 AutoCAD。

使用【最近使用的文档】窗口可以查看最近使用的文件，可以按照已排序列表、访问日期、大小、类型来排列最近使用的文档，还可以查看图形文件的缩略图，如下图所示。

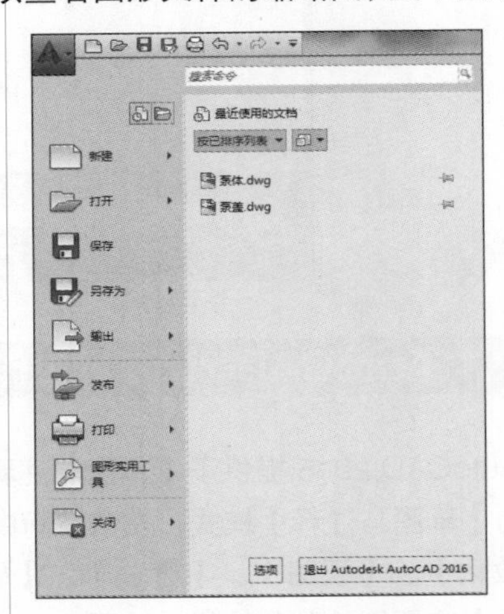

1.2.3 标题栏

标题栏位于应用程序窗口的最上面，用于显示当前正在运行的程序名及文件名等信息。如果是 AutoCAD 默认的图形文件，其名称为 DrawingN.dwg（N 为 1、2、3……）。

Drawing1.dwg 登录

标题栏中的信息中心提供了多种信息来源。

在文本框中输入需要帮助的问题，然后单击【搜索】按钮，就可以获取相关的帮助。

(1) 单击【登录】按钮，可以快速登录 Autodesk 的账户信息。

(2) 单击【Autodesk Exchange 应用程序】按钮，可以启动 Autodesk Exchange 应用程序网站。

(3) 单击【保持连接】按钮，可以查看并下载更新的软件；单击【帮助】按钮，可以查看帮助信息。

(4) 单击标题栏右端的按钮，可以最小化、最大化或关闭应用程序窗口。

1.2.4 菜单栏

单击快速访问工具栏右侧的下拉按钮，在弹出的下拉列表中选择【显示菜单栏】选项，即可在快速访问工具栏下方显示菜单栏，重复执行此操作并选择【隐藏菜单栏】选项则可以隐藏菜单栏的显示，如图所示。

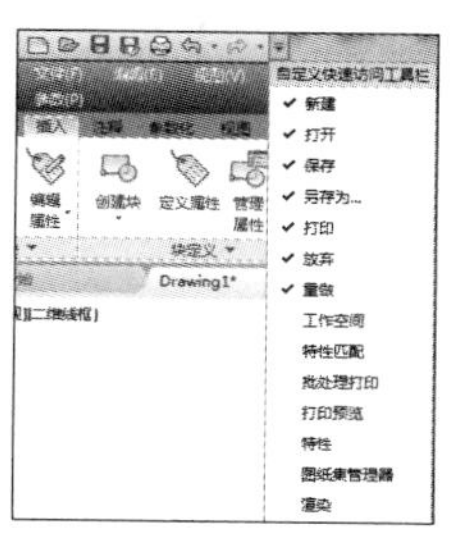

菜单栏是AutoCAD 2016的主菜单栏，主要由【文件】、【编辑】、【视图】和【插入】等菜单组成，它们几乎包括了AutoCAD中全部的功能和命令。单击菜单栏中的某一项可打开对应的下拉菜单。左下图所示为AutoCAD 2016的【绘图】下拉菜单，该菜单主要用于绘制各种图形，如直线、圆等。

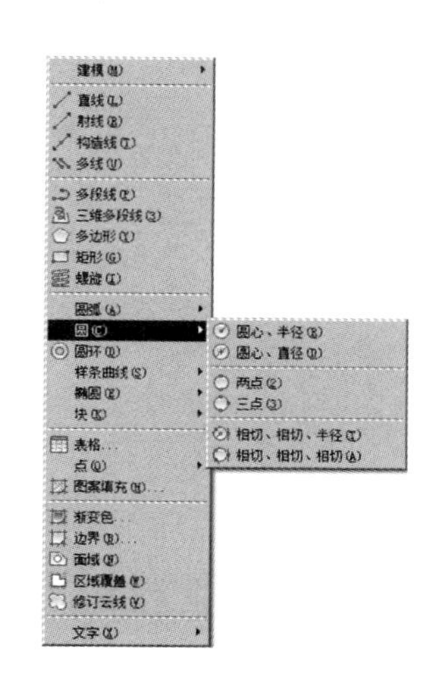

提示

下拉菜单具有以下特点。

(1) 右侧有“▶”的菜单项，表示它还有子菜单。

(2) 右侧有“…”的菜单项，单击后将弹出一个对话框。例如，单击【格式】菜单中的【点样式】菜单项，会弹出如下图所示的【点样式】对话框，通过该对话框可以进行点样式设置。

(3) 单击右侧没有任何标识的菜单项，会执行对应的AutoCAD命令。

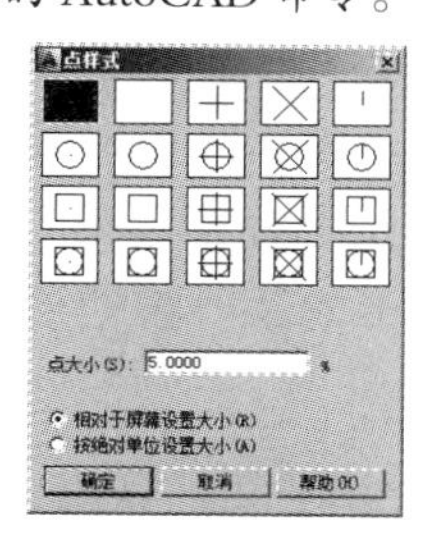

1.2.5 选项卡与面板

AutoCAD 2016根据任务标记将许多面板组织集中到某个选项卡中，面板包含的很多工具和控件与工具栏和对话框中的相同，如【默认】选项卡中的【绘图】面板。

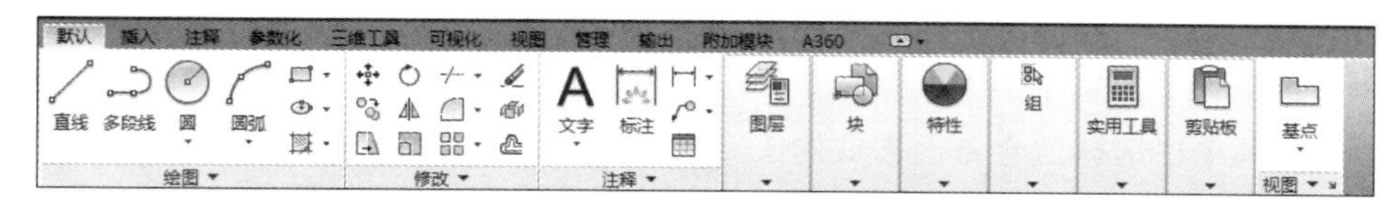

在面板的空白区域右击，然后将鼠标放到【显示选项卡】选项上，在弹出的下拉选项上单击，可以将该选项添加或删除，如下图所示。

将鼠标放置到【显示面板】选项上，将弹出该选项卡下面板的显示内容，单击可以添加或删除面板选项的内容，如下图所示。

提示

在选项卡中的任一面板上按住鼠标左键，然后将其拖曳到绘图区域中，则该面板将在放置的区域浮动。浮动面板一直处于打开状态，直到被放回到选项卡中。

1.2.6 工具栏

工具栏是应用程序调用命令的另一种方式，它包含许多由图标表示的命令按钮。在 AutoCAD 2016 中，系统提供了多个已命名的工具栏，每一个工具栏上有一些按钮，将鼠标指针放到工具栏按钮上停留一段时间，AutoCAD 会弹出一个文字提示标签，说明该按钮的功能。单击工具栏上的某一按钮可以启动对应的 AutoCAD 命令。

工具栏是 AutoCAD 经典工作界面下的重要内容，从 AutoCAD 2015 开始，AutoCAD 取消了经典界面，对于那些习惯用工具栏操作的用户可以通过【工具】→【工具栏】→【AutoCAD】菜单栏选择适合自己需要的工具栏显示，如下图所示。菜单中，前面有“√”的菜单项表示已打开对应的工具栏。

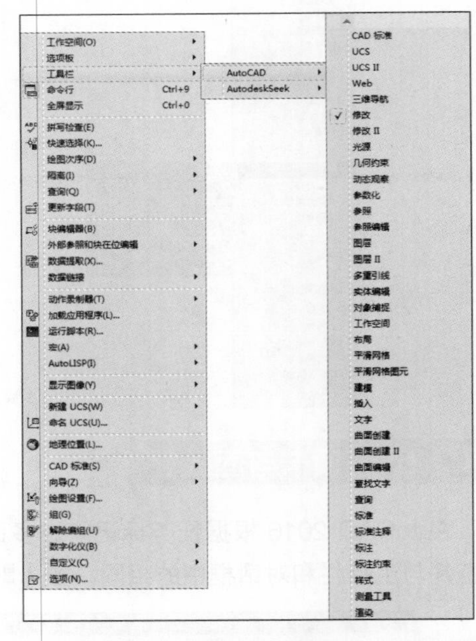

AutoCAD 的工具栏是浮动的，用户可以将各工具栏拖曳到工作界面的任意位置。由于用计算机绘图时的绘图区域有限，因此当绘图时，应根据需要只打开那些当前使用或常用的工具栏，并将其放到绘图窗口的适当位置。

1.2.7 绘图窗口

在 AutoCAD 中，绘图窗口是绘图的工作区域，所有的绘图结果都反映在这个窗口中。可以根据需要关闭其周围和里面的各个工具栏，以增大绘图空间。如果图纸比较大，需要查看未显示部分时，可以单击窗口右边与下边滚动条上的箭头，或拖动滚动条上的滑块来移动图纸。

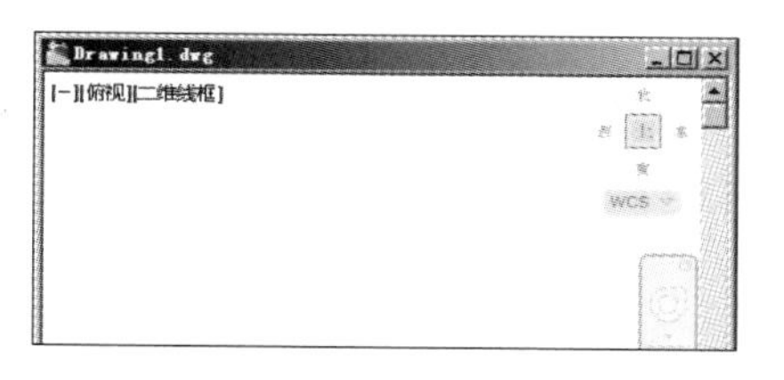

在绘图窗口中除了显示当前的绘图结果外，还显示了当前使用的坐标系类型和坐标原点，以及 *x* 轴、*y* 轴、*z* 轴的方向等。默认情况下，坐标系为世界坐标系。

绘图窗口的下方有【模型】和【布局】选项卡，单击相应选项卡可以在模型空间或布局空间之间切换。

1.2.8 坐标系

在 AutoCAD 2016 中有两个坐标系，一个是 WCS（World Coordinate System）即世界坐标系，一个是 UCS（User Coordinate System）即用户坐标系。掌握这两种坐标系的使用方法对于精确绘图是十分重要的。

1. 世界坐标系

启动 AutoCAD 2016 后，在绘图区的左下角会看到一个坐标，即默认的世界坐标系（WCS），包含 *x* 轴和 *y* 轴。如果是在三维空间中则还有一个 *z* 轴，并且沿 *x*、*y*、*z* 轴的方向规定为正方向。

通常在二维视图中，世界坐标系（WCS）的 *x* 轴水平，*y* 轴垂直。原点为 *x* 轴和 *y* 轴的交点（0，0）。

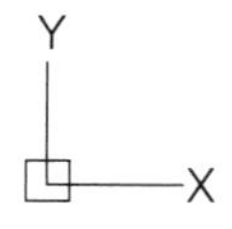

2. 用户坐标系

有时为了更方便地使用 AutoCAD 进行辅助设计，需要对坐标系的原点和方向进行相关设置和修改，即将世界坐标系更改为用户坐标系。更改为用户坐标系后的 *x*、*y*、*z* 轴仍然互相垂直，但是其方向和位置可以任意指定，有了很大的灵活性。

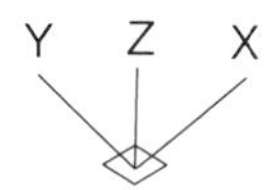

(1) 单击【视图】选项卡下【坐标】面板中的【UCS】按钮，在命令行中输入“3”。

指定 UCS 的原点或 [面 (F)/ 命名 (NA)/ 对象 (OB)/ 上一个 (P)/ 视图 (V)/ 世界 (W)/X/Y/Z/Z 轴 (ZA)] < 世界 >: 3

提示

【指定 UCS 的原点】：重新指定 UCS 的原点以确定新的 UCS。

【面】：将 UCS 与三维实体的选定面对齐。

【命名】：按名称保存、恢复或删除常用的 UCS 方向。

【对象】：指定一个实体以定义新的坐标系。

【上一个】：恢复上一个 UCS。

【视图】：将新的 UCS 的 XY 平面设置在与当前视图平行的平面上。

【世界】：将当前的 UCS 设置成 WCS。

【X/Y/Z】：确定当前的 UCS 绕 X、Y 和 Z 轴中的某一轴旋转一定的角度以形成新的 UCS。

【Z 轴】：将当前 UCS 沿 Z 轴的正方向移动一定的距离。

(2) 按【Enter】键后根据命令行提示进行操作。

指定新原点 <0,0,0>: ↙

1.2.9 命令行

【命令行】窗口位于绘图窗口的底部，用于接收输入的命令，并显示 AutoCAD 提供信息。在 AutoCAD 2016 中，【命令行】窗口可以拖放为浮动窗口，如下图所示。处于浮动状态的【命令行】窗口随拖放位置的不同，其标题显示的方向也不同。

命令:
命令: <栅格 关>
命令:
自动保存到 C:\Users\Administrator\appdata\local\temp\Drawing1_1_1_1966.sv$ ...
命令:
键入命令

AutoCAD 文本窗口是记录 AutoCAD 命令的窗口，是放大的【命令行】窗口，它记录了已执行的命令，也可以用来输入新命令。在 AutoCAD 2016 中，可以通过执行【视图】→【显示】→【文本窗口】命令。

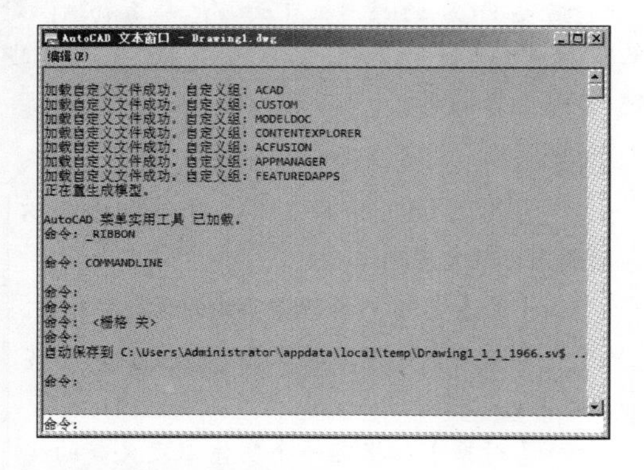

提示

在命令行中输入“Textscr”命令，或按【F2】快捷键也可以打开 AutoCAD 文本窗口。

在 AutoCAD 2016 中，用户可以根据需要隐藏命令窗口，隐藏的方法为单击命令行的关闭按钮或选择【工具】→【命令行】命令，AutoCAD 会弹出【命令行 - 关闭窗口】对话框，如下图所示。

单击对话框中的【是】按钮，即可隐藏命令行窗口。隐藏命令行窗口后，可以通过选择【工具】→【命令行】命令再显示命令行窗口。

提示

利用【Ctrl+9】组合键，可以快速实现隐藏或显示命令行窗口的切换。

1.2.10 状态栏

状态栏用来显示 AutoCAD 当前的状态，如当前十字光标的坐标、命令和按钮的说明等，其位于 AutoCAD 2016 界面的底部。

单击状态栏最右侧的【自定义】按钮，可以选择显示或关闭状态栏的选项，显示的选项前面有“√”。

1.3 AutoCAD 2016 的新增功能

AutoCAD 由最早的 V1.0 版到目前的 2016 版已经更新了数十次。这些更新使它具有了强大的绘图、编辑、图案填充、尺寸标注、三维造型、渲染和出图等功能，并提供了 AutoLISP（VisualLISP）、VBA 及 ObjectARX 等二次开发手段，使用户可以在 AutoCAD 的基础上“量身”定制特定需求的 CAD 系统。设计者在设计制图的过程中，无论是从概念设计到草图，还是从草图到局部详图，AutoCAD 2016 都可以提供包括创建、展示、记录和构想所需的所有功能。AutoCAD 2016 在原有版本的基础上对标注、修订云线、PDF 打印输出功能等进行了增强，让用户能够更轻松快捷地学习并运用 CAD 进行设计。接下来简单介绍 AutoCAD 2016 的特色功能。

1. 全新革命的 dim 功能

dim 命令非常古老，以前是个命令组，有许多子命令，但 R14 以后这个命令几乎就废弃了。2016 重新设计了它，可以理解为智能标注，几乎一个命令搞定日常的标注。非常的实用。

在命令行输入“dim”并按【Enter】键，即可调用该命令，该命令的各选项显示如下。

DIM 选择对象或指定第一个尺寸界线原点或 [角度(A) 基线(B) 连续(C) 坐标(O) 对齐(G) 分发(D) 图层(L) 放弃(U)]:

提示

单击【默认】→【注释】→【标注】按钮也可以调用该命令，关于该命令的具体应用参见第 7 章。

2. 捕捉几何中心

AutoCAD 2016 新增了对闭合多边形中心点的捕捉。

第 1 步 单击【工具】→【草图设置】菜单项，在弹出的【草图设置】对话框中选择【对象捕捉】选项卡，然后选中【几何中心】复选框，如下图所示。

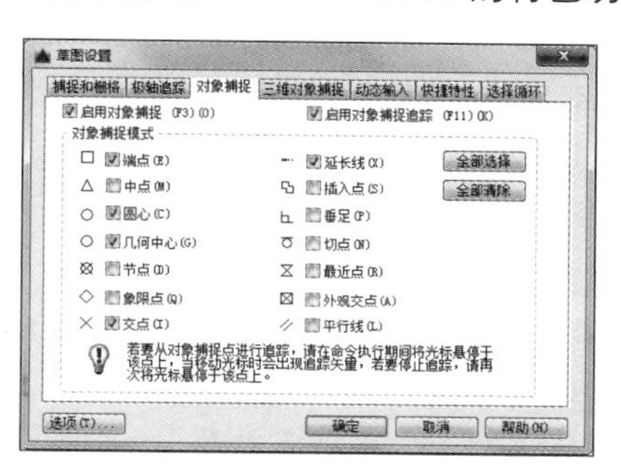

第 2 步 设置完成后在绘图时即可对闭合多边形的中心点进行捕捉，如下图所示。

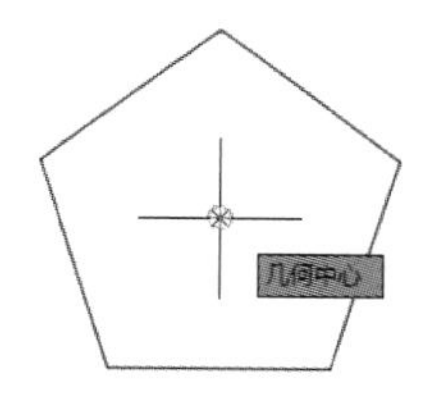

3. 增强云线修订

AutoCAD 2016 增强了云线修订功能，不仅可以直接绘制矩形和多边形云线，而且还可以任意修改云线修订，关于云线修订的具体介绍参见第 5 章的“高手支招 2”。

4. PDF 打印输出功能

打印设置对话框中的“PDF 选项”根据图形中的对象添加的连接，支持连接到外部文件和网站。此外，还可以输出图纸和命名视图的标签，以便查看 PDF 图形时轻松地在两个视图之间导航。

5. BIM 360

借助 AutoCAD 的 BIM 360 附加功能，可以将协调模型从 BIM 360 Glue 附着到图形。

1.4 AutoCAD 图形文件管理

在 AutoCAD 2016 中，图形文件管理一般包括新建图形文件、打开图形文件、保存图形文件及关闭图形文件等。以下分别介绍各种图形文件管理操作。

1.4.1 新建图形文件

AutoCAD 2016 中的【新建】功能用于创建新的图形文件。

【新建】命令的几种常用调用方法如下。

(1) 选择【文件】→【新建】命令。

(2) 单击快速访问工具栏中的【新建】按钮。

(3) 在命令行中输入"NEW"命令并按【Space】键或【Enter】键确认。

(4) 单击【应用程序菜单】按钮，然后选择【新建】→【图形】命令。

(5) 使用【Ctrl+N】组合键。

(6) 在菜单栏中选择【文件】→【新建】命令，弹出【选择样板】对话框，如下图所示。

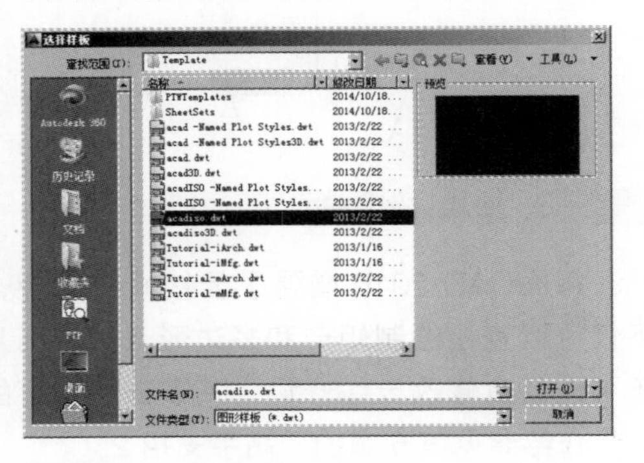

选择对应的样板后（初学者一般选择样板文件"acadiso.dwt"即可），单击【打开】按钮，就会以对应的样板为模板建立新图形。

提示

"NEW"命令的方式由【STARTUP】系统变量控制，当【STARTUP】系统变量值为"0"时，执行"NEW"命令后，将显示【选择样板】对话框。

当【STARTUP】系统变量值为"1"时，执行"NEW"命令后，将显示【创建新图形】对话框，如下图所示。

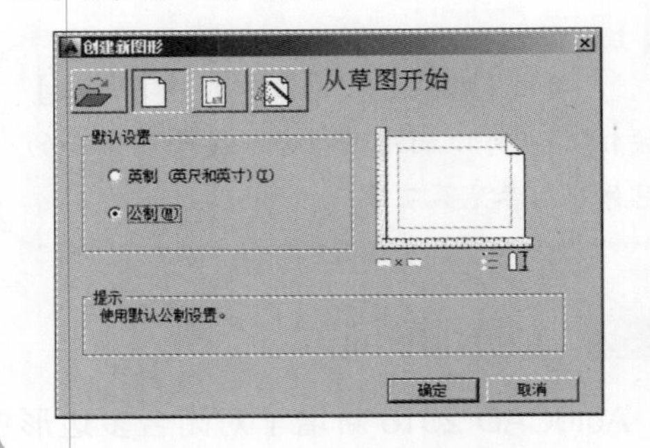

1.4.2 打开图形文件

AutoCAD 2016 中的【打开】功能用于打开现有的图形文件。

【打开】命令的几种常用调用方法如下。

(1) 选择【文件】→【打开】命令。

(2) 单击快速访问工具栏中的【打开】按钮。

(3) 在命令行中输入"OPEN"命令并按【Space】键或【Enter】键确认。

(4) 单击【应用程序菜单】按钮，然后选择【打开】→【图形】命令。

(5) 使用【Ctrl+O】组合键。

(6) 在菜单栏中选择【文件】→【打开】命令，弹出【选择文件】对话框，如下图所示。选择要打开的图形文件，单击【打开】按钮即可打开该图形文件。

提示

"OPEN"命令的方式由【FILEDIA】系统变量控制，当【FILEDIA】系统变量值为"0"时，执行"OPEN"命令后，将以命令行的方式进行提示。

输入要打开的图形文件名 <.>:

当【FILEDIA】系统变量值为"1"时，执行"OPEN"命令后，将显示【选择文件】对话框，如左下图所示。

另外利用【打开】命令可以打开和加载局部图形，包括特定视图或图层中的几何图形。在【选择文件】对话框中单击【打开】按钮旁边的箭头，然后选择【局部打开】或【以只读方式局部打开】，将显示【局部打开】对话框，如右下图所示。

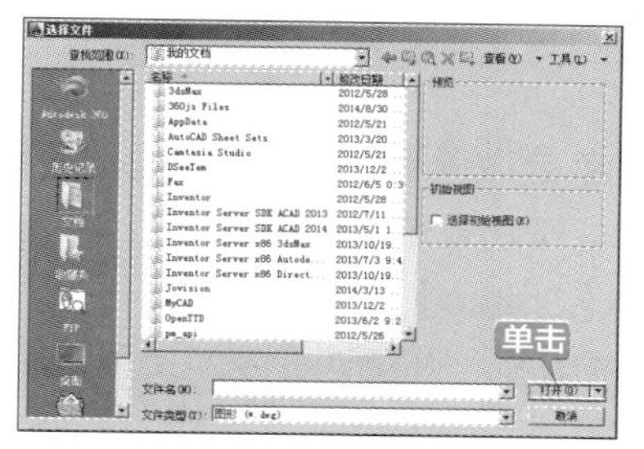

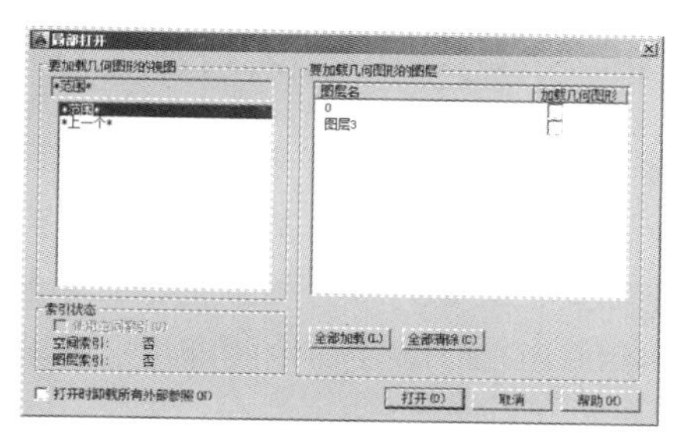

1.4.3 保存图形文件

AutoCAD 2016 中的【保存】功能用于使用指定的默认文件格式保存当前图形。

【保存】命令的几种常用调用方法如下。

(1) 选择【文件】→【保存】命令。

(2) 单击快速访问工具栏中的【保存】按钮。

(3) 在命令行中输入"QSAVE"命令并按【Space】键或【Enter】键确认。

(4) 单击【应用程序菜单】按钮，然后选择【保存】命令。

(5) 使用【Ctrl+S】组合键。

(6) 在菜单栏中选择【文件】→【保存】命令，在图形第一次被保存时会弹出【图形另存为】对话框，如图所示，需要用户确定文件的保存位置及文件名。如果图形已经保存过，只是在原有图形基础上重新对图形进行保存，则直接保存而不弹出【图形另存为】对话框。

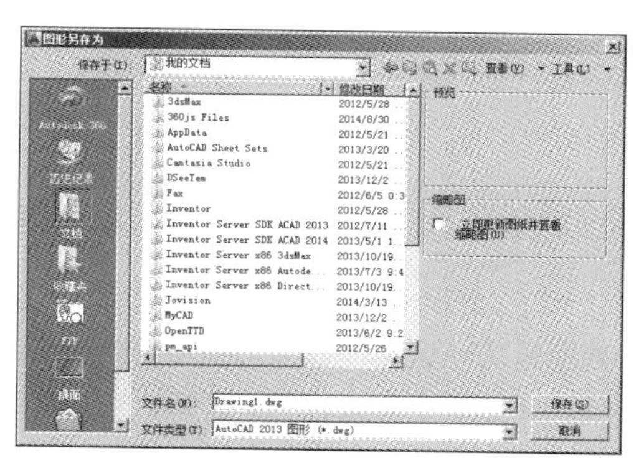

提示

如果需要将已经命名的图形以新名称或新位置进行命名保存时，可以执行【另存为】命令，系统会弹出【图形另存为】对话框，可以根据需要进行命名保存。

另外可以在【选项】对话框的【打开和保存】选项卡中指定默认文件格式，如图所示。

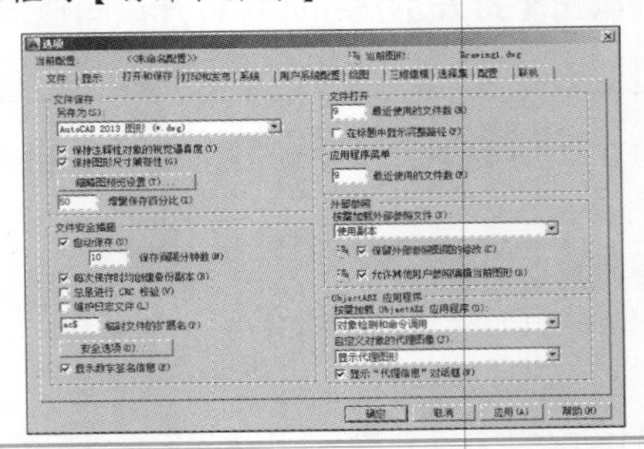

1.5 命令的调用方法

通常命令的基本调用方法可分为 3 种，即通过菜单栏调用、通过功能区选项板调用、通过命令行调用。前两种的调用方法基本相同，找到相应按钮或选项后进行单击即可；而利用命令行调用方法则需要在命令行输入相应指令，并配合【Space】（或【Enter】）键执行。本节就来具体讲解 AutoCAD 2016 中命令的调用、退出、重复执行及透明命令的使用方法。

1.5.1 通过菜单栏调用

菜单栏几乎包含了 AutoCAD 所有的命令，菜单栏调用命令是最常见的命令调用方法，它适合 AutoCAD 的所有版本。例如，通过菜单栏调用【起点、圆心、端点】绘制圆弧的方法如下。

选择【绘图】→【圆弧】→【起点、圆心、端点】命令。

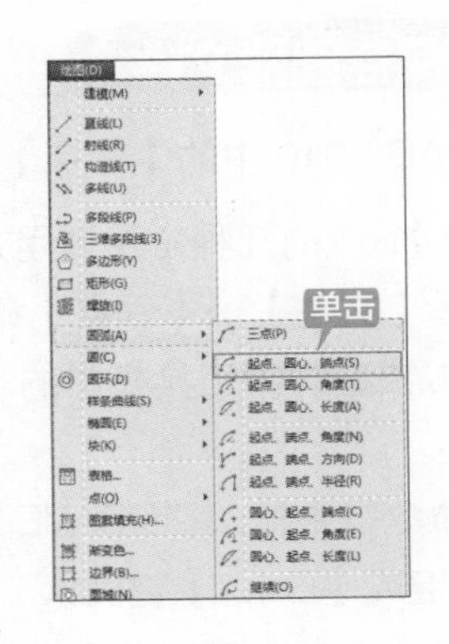

1.5.2 通过功能区选项板调用

对于 AutoCAD 2009 之后的版本，可以采用通过功能区选项板来调用命令。功能区选项调用命令更直接快捷。例如，功能区选项板调用【相切、相切、半径】绘制圆的方法如下。

单击【默认】→【圆】→【相切、相切、半径】按钮。

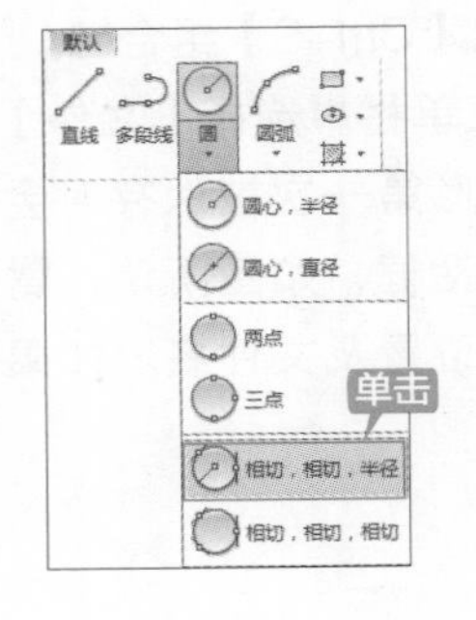

1.5.3 输入命令

在命令行中输入命令即输入相关图形的指令，如直线的指令为“LINE（或 L）”、圆弧的指令为“ARC（或 A）”等。输入完相应指令后按【Enter】键或【Space】键即可对指令进行执行操作。表 1–2 提供了部分较为常用的图形命令及其缩写供用户参考。

表 1–2　常用命令及其缩写

命令全名	简写	对应操作	命令全名	简写	对应操作
POINT	PO	绘制点	LINE	L	绘制直线
XLINE	XL	绘制射线	PLINE	PL	绘制多段线
MLINE	ML	绘制多线	SPLINE	SPL	绘制样条曲线
POLYGON	POL	绘制正多边形	RECTANGLE	REC	绘制矩形
CIRCLE	C	绘制圆	ARC	A	绘制圆弧
DONUT	DO	绘制圆环	ELLIPSE	EL	绘制椭圆
REGION	REG	面域	MTEXT	MT/T	多行文本
BLOCK	B	块定义	INSERT	I	插入块
WBLOCK	W	定义块文件	DIVIDE	DIV	定数等分
BHATCH	H	填充	COPY	CO/CP	复制
MIRROR	MI	镜像	ARRAY	AR	阵列
OFFSET	O	偏移	ROTATE	RO	旋转
MOVE	M	移动	EXPLODE	X	分解
TRIM	TR	修剪	EXTEND	EX	延伸
STRETCH	S	拉伸	SCALE	SC	比例缩放
BREAK	BR	打断	CHAMFER	CHA	倒角
PEDIT	PE	编辑多段线	DDEDIT	ED	修改文本
PAN	P	平移	ZOOM	Z	视图缩放

1.5.4 命令行提示

不论采用哪一种方法调用 CAD 命令，调用后的结果都是相同的。执行相关指令后命令行都会自动出现相关提示及选项供用户操作。下面以执行多线指令为例进行详细介绍。

第 1 步 在命令行输入“ml（多线）”后按【Space】键确认，命令行提示如下。

```
命令：ml
MLINE
当前设置：对正 = 上，比例 = 20.00，样式 = STANDARD
指定起点或 [对正 (J)/ 比例 (S)/ 样式 (ST)]:
```

第 2 步 命令行提示指定多线起点，并附有相应选项“对正（J）、比例（S）、样式（ST）”。指定相应坐标点即可指定多线起点。在命令行中输入相应选项代码如“对正”选项代码“J”后按【Enter】键确认，即可执行对正设置。

1.5.5 重复执行命令和退出命令

对于刚结束的命令可以重复执行，直接按【Enter】键或【Space】键即可完成此操作。还有一种经常会用到的方法是通过单击鼠标右键，在弹出的快捷菜单中选择“重复”或“最近输入的”选项来实现。

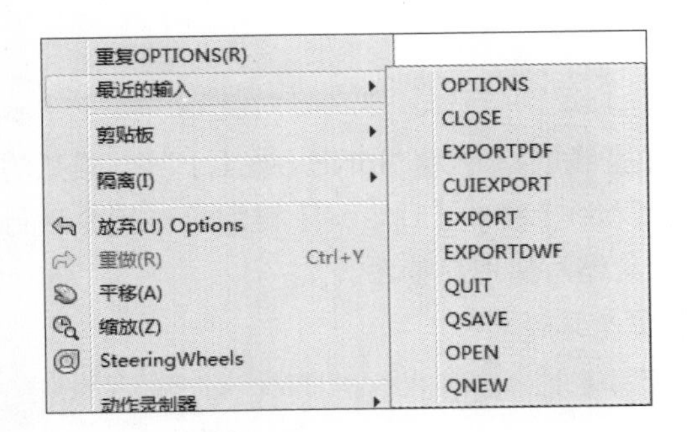

退出命令通常分为两种情况，一种是命令执行完成后退出命令，另一种是调用命令后不执行（即直接退出命令）。对于第一种情况可通过按【Space】键、【Enter】键或【Esc】键来完成退出命令操作。第二种情况通常通过按【Esc】键来完成。用户须根据实际情况进行选择命令退出方式。

1.5.6 透明命令

对于透明命令而言，可以在不中断其他当前正在执行的命令的状态下进行调用。此种命令可以极大地方便用户的操作，尤其体现在对当前所绘制图形的即时观察方面。

执行透明命令通常有以下 3 种方法。

(1) 选择相应的菜单命令。

(2) 单击工具栏相应按钮。

(3) 通过命令行。

下面以绘制不同线宽的三角形为例，对透明命令的使用进行详细介绍。

第 1 步 启动 AutoCAD 2016，在命令行输入“L”并按【Space】键调用直线命令，在绘图窗口单击指定直线第一点，然后拖动鼠标在绘图窗口单击指定直线第二点，如下图所示。

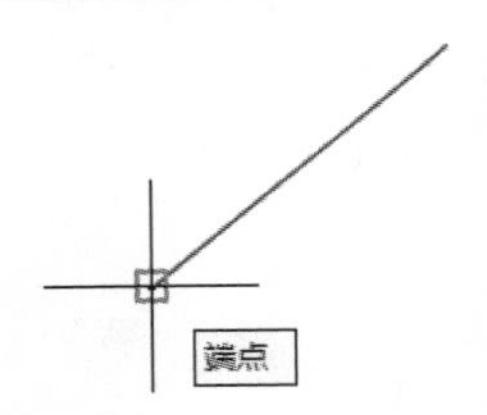

第 2 步 在命令行输入“′ LWEIGHT(′ LW)”命令并按【Space】键，弹出【线宽设置】对话框，如下图所示。

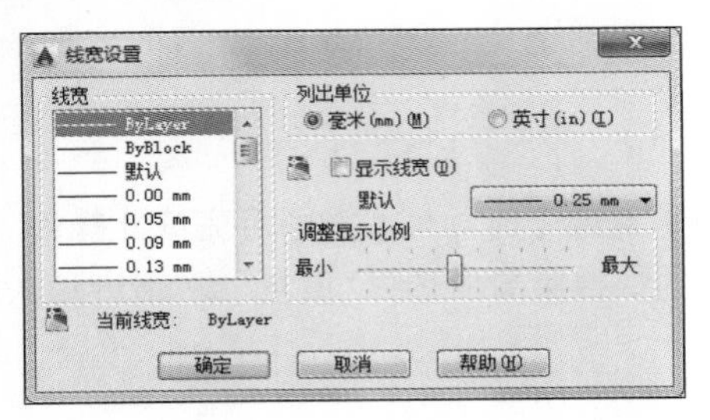

第 3 步 选择线宽值“0.30mm”，并单击【确定】按钮。

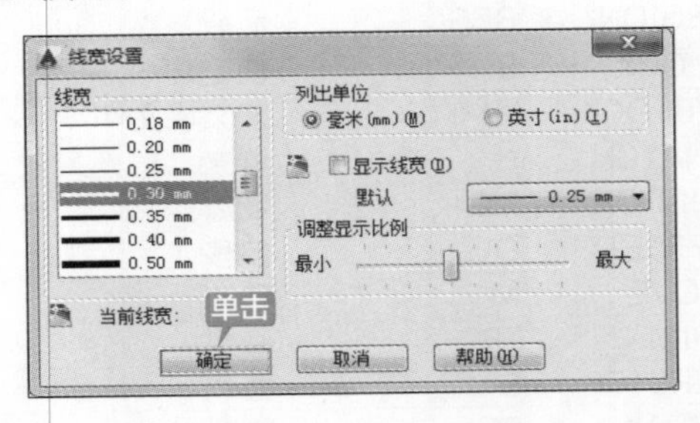

第 4 步 系统恢复执行直线命令，在绘图区域中水平拖动鼠标并单击指定直线下一点，如下图所示。

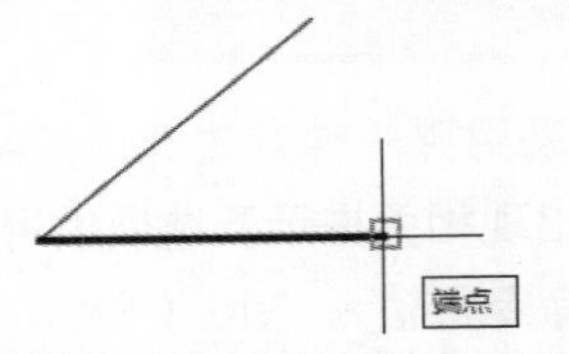

第 5 步 重复第 2 步 ~ 第 3 步的操作，将线宽值设置为“ByLayer”。

第 6 步 系统恢复执行直线命令后，拖动鼠标绘制三角形第三条边，并按【Space】键结束直线命令，绘制效果如下图所示。

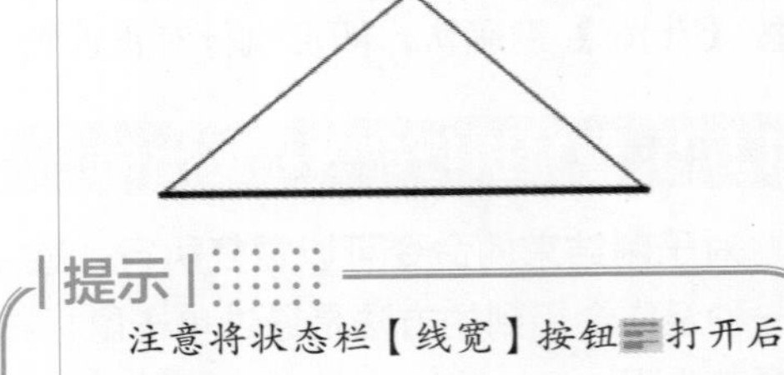

提示

注意将状态栏【线宽】按钮打开后才能显示线宽。

为了便于操作管理，AutoCAD 将许多命令都赋予了透明的功能，表 1–3 列出了部分透明命令，供用户参考。需要注意的是所有透明命令前面都带有符号“′”。

表 1–3　常用透明命令

透明命令	对应操作	透明命令	对应操作	透明命令	对应操作
′ Color	设置当前对象颜色	′ Dist	查询距离	′ Layer	管理图层
′ Linetype	设置当前对象线型	′ ID	点坐标	′ PAN	实时平移
′ Lweight	设置当前对象线宽	′ Time	时间查询	′ Redraw	重画
′ Style	文字样式	′ Status	状态查询	′ Redrawall	全部重画
′ Dimstyle	样注样式	′ Setvar	设置变量	′ Zoom	缩放
′ Ddptype	点样式	′ Textscr	文本窗口	′ Units	单位控制
′ Base	基点设置	′ Thickness	厚度	′ Limits	模型空间界限
′ Adcenter	CAD 设计中心	′ Matchprop	特性匹配	′ Help 或′？	CAD 帮助
′ Adcclose	CAD 设计中心关闭	′ Filter	过滤器	′ About	关于 CAD
′ Script	执行脚本	′ Cal	计算器	′ Osnap	对象捕捉
′ Attdisp	属性显示	′ DsettIngs	草图设置	′ Plinewid	多段线变量设置
′ Snapang	十字光标角度	′ Textsize	文字高度	′ Cursorsize	十字光标大小
′ Filletrad	倒圆角半径	′ Osmode	对象捕捉模式	′ Clayer	设置当前层

1.6 坐标的输入方法

在 AutoCAD 2016 中，坐标有多种输入方式，如绝对直角坐标、绝对极坐标、相对直角坐标和相对极坐标等。下面以实例形式说明坐标的各种输入方式。

1.6.1 绝对直角坐标的输入

绝对直角坐标是从原点出发的位移，其表示方式为（*X*, *Y*），其中 *X*、*Y* 分别对应坐标轴上的数值。其具体操作步骤如下。

第 1 步　新建一个图形文件，然后在命令行输入“L”并按【Space】键调用直线命令，在命令行输入“−500，300”，命令行提示如下：

```
命令：_line
指定第一个点：-500,300
```

第 2 步　按【Space】键确认后的结果如下图所示。

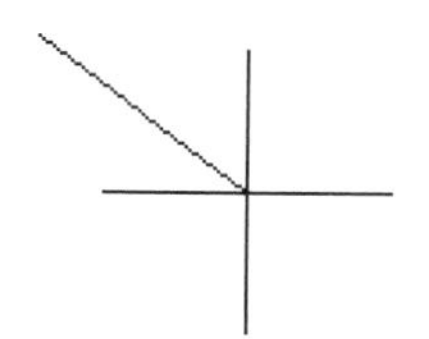

第 3 步　在命令行输入“700,−500”，命令行提示如下：

```
指定下一点或 [放弃(U)]: 700,-500
```

第 4 步　连续按两次【Space】键确认后的结果如下图所示。

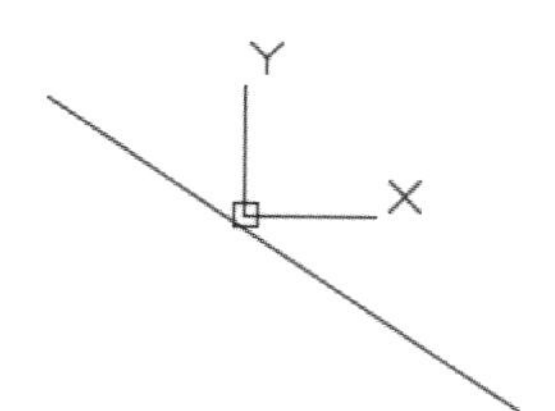

1.6.2 绝对极坐标的输入

绝对极坐标也是从原点出发的位移，但绝对极坐标的参数是距离和角度，其中距离和角度之间用“<”分开，而角度值是和 *x* 轴正方向之间的夹角。其具体操作步骤如下。

第 1 步 新建一个图形文件，然后在命令行输入“L”并按【Space】键调用直线命令，在命令行输入“0,0”，即原点位置。命令行提示如下：

命令 : _line
指定第一个点 : 0, 0

第 2 步 按【Space】键确认后的结果如下图所示。

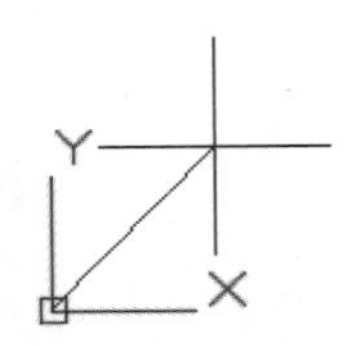

第 3 步 在命令行输入“1000<30”，其中“1000”确定直线的长度，“30”确定直线和 x 轴正方向的角度。命令行提示如下：

指定下一点或 [放弃 (U)]: 1000<30

第 4 步 连续按两次【Space】键确认后的结果如下图所示。

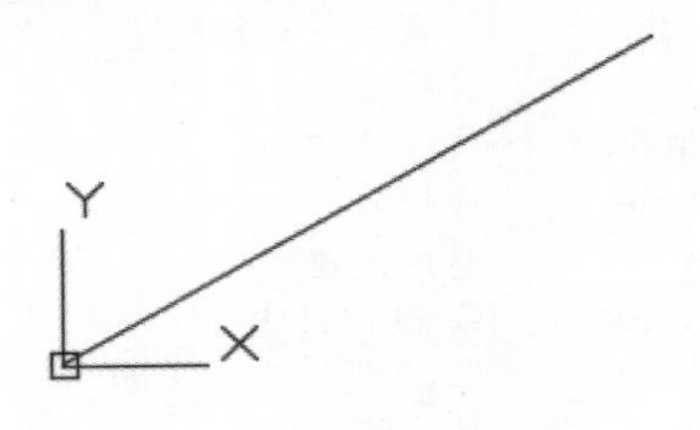

1.6.3 相对直角坐标的输入

相对直角坐标是指相对于某一点的 x 和 y 轴的距离。具体表示方式是在绝对坐标表达式的前面加上“@”符号。其具体操作步骤如下。

第 1 步 新建一个图形文件，然后在命令行输入“L”并按【Space】键调用直线命令，并在命令行任意单击一点作为直线的起点。

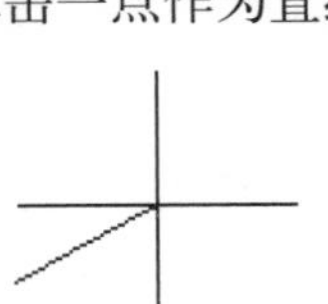

第 2 步 在命令行输入“@0,300”，提示如下：

指定下一点或 [放弃 (U)]: @0,300

第 3 步 连续按两次【Space】键确认后的结果如下图所示。

1.6.4 相对极坐标的输入

相对极坐标是指相对于某一点的距离和角度。具体表示方式是在绝对极坐标表达式的前面加上“@”符号。其具体操作步骤如下。

第 1 步 新建一个图形文件，然后在命令行输入“L”并按【Space】键调用直线命令，并在命令行任意单击一点作为直线的起点。

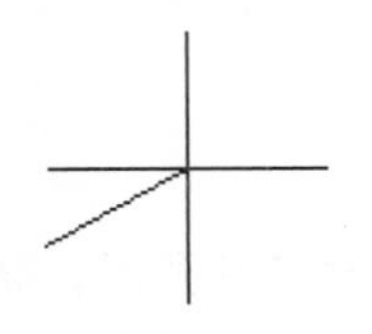

第 2 步 在命令行输入“@400<120”，提示如下：

指定下一点或 [放弃 (U)]: @400<120

第 3 步 连续按两次【Space】键确认后的结果如下图所示。

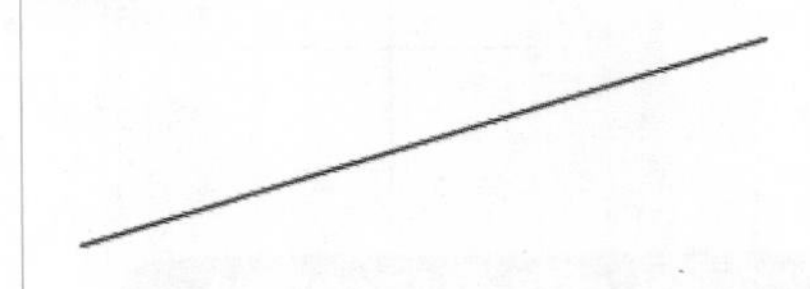

1.7 草图设置

在 AutoCAD 2016 中绘制图形时，可以使用系统提供的极轴追踪、对象捕捉和正交等功能来进行精确定位。使用户在不知道坐标的情况下也可以精确定位和绘制图形。这些设置都是在【草图设置】对话框中进行的。

AutoCAD 2016 中调用【草图设置】对话框的方法有以下 2 种。

(1) 选择【工具】→【绘图设置】命令。

(2) 在命令行中输入“DSETTINGS/DS/SE/OS”命令。

1.7.1 捕捉和栅格设置

在命令行输入“SE”，按【Space】键弹出【草图设置】对话框。单击【捕捉和栅格】选项卡，在打开的【捕捉和栅格】选项卡中可以设置捕捉模式和栅格模式，如下图所示。

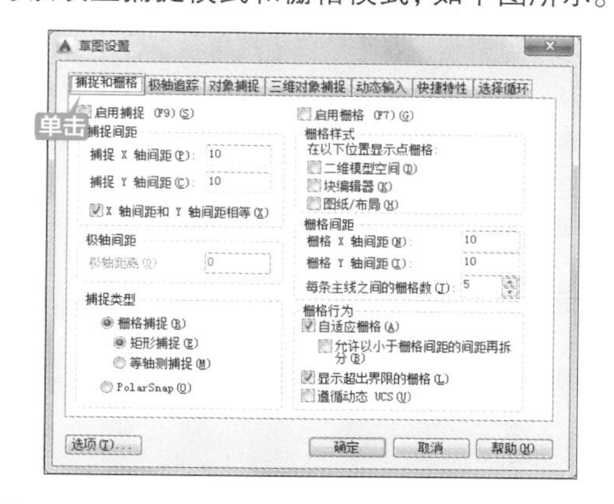

1. 启用捕捉各选项含义

【启用捕捉】：打开或关闭捕捉模式。也可以通过单击状态栏上的【捕捉】按钮或按【F9】键，来打开或关闭捕捉模式。

【捕捉间距】：控制捕捉位置的不可见矩形栅格，以限制光标仅在指定的 x 轴和 y 轴间隔内移动。

【捕捉 X 轴间距】：指定 x 轴方向的捕捉间距。间距值必须为正实数。

【捕捉 Y 轴间距】：指定 y 轴方向的捕捉间距。间距值必须为正实数。

【X 轴间距和 Y 轴间距相等】：为捕捉间距和栅格间距强制使用同一 x 轴和 y 轴间距值。捕捉间距可以与栅格间距不同。

【极轴间距】：控制极轴捕捉增量距离。

【极轴距离】：选定【捕捉类型】下的【PolarSnap】时，设置捕捉增量距离。如果该值为 0，则 PolarSnap 距离采用【捕捉 X 轴间距】的值。【极轴距离】设置与极坐标追踪和（或）对象捕捉追踪结合使用。如果两个追踪功能都未启用，则【极轴距离】设置无效。

【矩形捕捉】：将捕捉样式设置为标准“矩形”捕捉模式。当捕捉类型设置为“栅格”并且打开【捕捉】模式时，光标将捕捉矩形捕捉栅格。

【等轴测捕捉】：将捕捉样式设置为“等轴测”捕捉模式。当捕捉类型设置为“栅格”并且打开【等轴测】模式时，光标将捕捉等轴测捕捉栅格。

【PolarSnap】：将捕捉类型设置为【PolarSnap】。如果启用了【捕捉】模式并在极轴追踪打开的情况下指定点，光标将沿在【极轴追踪】选项卡上相对于极轴追踪起点设置的极轴对齐角度进行捕捉。

2. 启用栅格各选项含义

【启用栅格】：打开或关闭栅格。也可以通过单击状态栏上的【栅格】按钮或按【F7】键，或使用【GRIDMODE】系统变量，来打开或关闭栅格模式。

【二维模型空间】：将二维模型空间的栅格样式设定为点栅格。

【块编辑器】：将块编辑器的栅格样式设定为点栅格。

【图纸 / 布局】：将图纸和布局的栅格样式设定为点栅格。

【栅格间距】：控制栅格的显示，有助于形象化显示距离。

【栅格 X 轴间距】：指定 *x* 轴方向上的栅格间距。如果该值为 0，则栅格采用【捕捉 X 轴间距】的值。

【栅格 Y 轴间距】：指定 *y* 轴方向上的栅格间距。如果该值为 0，则栅格采用【捕捉 Y 轴间距】的值。

【每条主线之间的栅格数】：指定主栅格线相对于次栅格线的频率。VSCURRENT 设置为除二维线框之外的任何视觉样式时，将显示栅格线而不是栅格点。

【栅格行为】：控制当 VSCURRENT 设置为除二维线框之外的任何视觉样式时，所显示栅格线的外观。

【自适应栅格】：缩小时，限制栅格密度。允许以小于栅格间距的间距再拆分。放大时，生成更多间距更小的栅格线。主栅格线的频率确定这些栅格线的频率。

【显示超出界线的栅格】：显示超出 LIMITS 命令指定区域的栅格。

【遵循动态 UCS】：更改栅格平面以跟随动态 UCS 的 *xy* 平面。

提示

选中【启用捕捉】复选框后光标在绘图屏幕上按指定的步距移动，隐含的栅格点对光标有吸附作用，即能够捕捉光标，使光标只能落在由这些点确定的位置上，因此光标只能按指定的步距移动，而不受人为控制，这时只要按【F9】键把【启用捕捉】关闭，或者选择【工具】→【选项】命令，打开【选项】对话框，在【绘图】选项卡中的【自动捕捉】选项组中”将【磁性】复选框的“对勾”去掉即可，这样就可以自由准确地选择任何对象。

1.7.2 极轴追踪设置

单击【极轴追踪】选项卡，可以设置极轴追踪的角度，如下图所示。

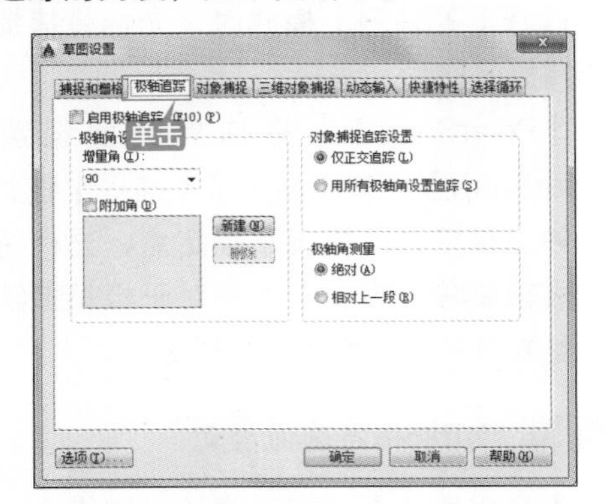

【草图设置】对话框的“极轴追踪”选项卡中，各选项的功能和含义如下。

【启用极轴追踪】：只有选中该复选框，下面的设置才起作用。除此之外，下面两种方法也可以控制是否启用极轴追踪。

【增量角】下拉列表框：用于设置极轴追踪对齐路径的极轴角度增量，可以直接输入角度值，也可以从中选择 90°、45°、30° 或 22.5° 等常用角度。当启用极轴追踪功能之后，系统将自动追踪该角度整数倍的方向。

【附加角】复选框：选中此复选框，然后单击【新建】按钮，可以在左侧窗口中设置增量角之外的附加角度。附加的角度系统只追踪该角度，不追踪该角度的整数倍的角度。

【极轴角测量】选项区域：用于选择极轴追踪对齐角度的测量基准，若选中【绝对】单选按钮，将以当前用户坐标系（UCS）的 x 轴正向为基准确定极轴追踪的角度；若选中【相对上一段】单选按钮，将根据上一次绘制线段的方向为基准确定极轴追踪的角度。

提示

反复按【F10】键，可以使极轴追踪在启用和关闭之间切换。

极轴追踪和正交模式不能同时启用，当启用极轴追踪后系统将自动关闭正交模式；同理，当启用正交模式后系统将自动关闭极轴追踪。在绘制水平或竖直直线时常将正交打开，在绘制其他直线时常将极轴追踪打开。

1.7.3 对象捕捉设置

在绘图过程中，经常要指定一些已有对象上的点，如端点、圆心和两个对象的交点等。对象捕捉功能，可以迅速、准确地捕捉到某些特殊点，从而精确地绘制图形。

选择【对象捕捉】选项卡，如下图所示。

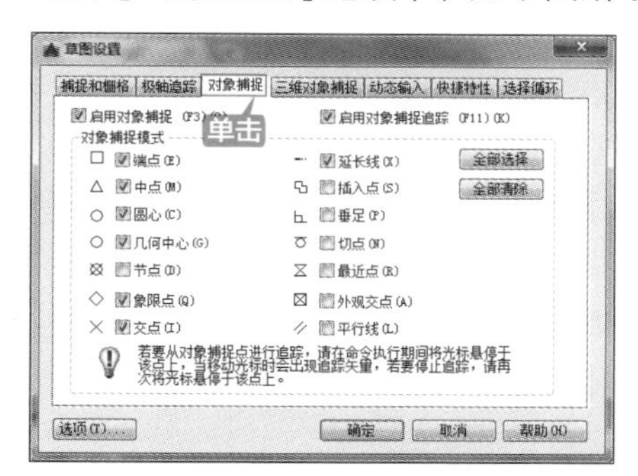

对象捕捉的各选项的含义如下。

【端点】：捕捉到圆弧、椭圆弧、直线、多线、多段线线段、样条曲线等的最近点。

【中点】：捕捉到圆弧、椭圆、椭圆弧、直线、多线、多段线线段、面域、实体、样条曲线或参照线的中点。

【圆心】：捕捉到圆心。

【几何中心】：这是 AutoCAD 2016 新增的对象捕捉模式，选中该捕捉模式后，在绘图时即可对闭合多边形的中心点进行捕捉。

【节点】：捕捉到点对象、标注定义点或标注文字起点。

【象限点】：捕捉到圆弧、圆、椭圆或椭圆弧的象限点。

【交点】：捕捉到圆弧、圆、椭圆、椭圆弧、直线、多线、多段线、射线、面域、样条曲线或参照线的交点。

【延长线】：当光标经过对象的端点时，显示临时延长线或圆弧，以便用户在延长线或圆弧上指定点。

【插入点】：捕捉到属性、块、形或文字的插入点。

【垂足】：捕捉圆弧、圆、椭圆、椭圆弧、直线、多线、多段线、射线、面域、实体、样条曲线或参照线的垂足。

【切点】：捕捉到圆弧、圆、椭圆、椭圆弧或样条曲线的切点。

【最近点】：捕捉到圆弧、圆、椭圆、椭圆弧、直线、多线、点、多段线、射线、样条曲线或参照线的最近点。

【外观交点】：捕捉到不在同一平面但是可能看起来在当前视图中相交的两个对象的外观交点。

【平行线】：将直线段、多段线线段、射线或构造线限制为与其他线性对象平行。

提示

如果多个对象捕捉都处于活动状态，则使用距离靶框中心最近的选定对象捕捉。如果有多个对象捕捉可用，则可以按【Tab】键在它们之间循环。

1.7.4 三维对象捕捉设置

使用三维对象捕捉功能可以控制三维对象的执行对象捕捉设置，AutoCAD 2016 对三维对象捕捉的点云功能进行了增加，增加了交点、边、角点、中心线，并且把原来的垂直分成了垂直于平面和垂直于边两项。

选择【三维对象捕捉】选项卡，如下图所示。

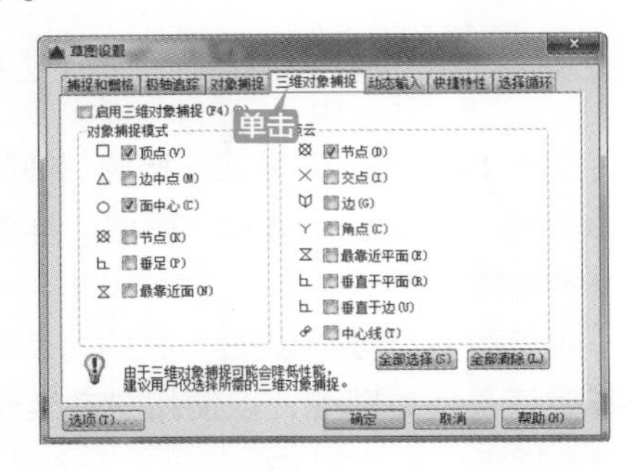

三维对象捕捉的各选项的含义如下。

【顶点】：捕捉到三维对象的最近顶点。

【边中点】：捕捉到边的中点。

【面中心】：捕捉到面的中心。

【节点】：捕捉到样条曲线上的节点。

【垂足】：捕捉到垂直于面的点。

【最靠近面】：捕捉到最靠近三维对象面的点。

点云各选项的含义如下。

【节点】：无论点云上的点是否包含来自 ReCap 处理期间的分段数据，都可以捕捉到它。

【交点】：捕捉到使用截面平面对象剖切的点云的推断截面的交点。放大可增加交点的精度。

【边】：捕捉到两个平面线段之间的边上的点。当检测到边时，AutoCAD 沿该边进行追踪，而不会查找新的边，直到用户将光标从该边移开。如果在检测到边时长按【Ctrl】键，则 AutoCAD 将沿该边进行追踪，即使将光标从该边移开也是如此。

【角点】：捕捉到检测到的三条平面线段之间的交点（角点）。

【最靠近平面】：捕捉到平面线段上最近的点。如果线段亮显处于启用状态，在用户获取点时，将显示平面线段。

【垂直于平面】：捕捉到垂直于平面线段的点。如果线段亮显处于启用状态，在用户获取点时，将显示平面线段。

【垂直于边】：捕捉到垂直于两条平面线段之间的相交线的点。

【中心线】：捕捉到点云中检测到的圆柱段的中心线。

1.7.5 动态输入设置

按【F12】键可以打开或关闭动态输入功能。打开动态输入功能，在输入文字时就能看到光标附近的动态输入提示框。动态输入适用于输入命令、对提示进行响应及输入坐标值。

在【草图设置】对话框上选择【动态输入】选项卡，如下图所示。

(1) 指针输入设置。

单击【指针输入】选项栏中的【设置】按钮，打开如下图所示的【指针输入设置】对话框，在这里可以设置第二个点或后续的点的默认格式。

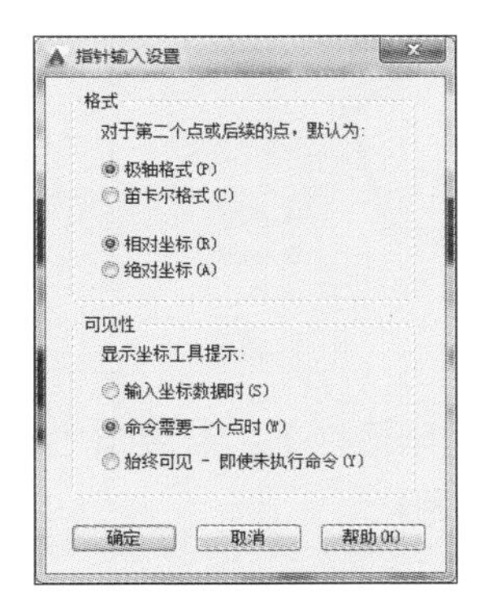

(2) 改变动态输入设置。

默认的动态输入设置能确保把工具栏提示中的输入解释为相对极轴坐标。但是有时需要为单个坐标改变此设置。在输入时可以在 x 坐标前加上一个符号来改变此设置。

AutoCAD 提供了 3 种方法来改变此设置。

绝对坐标：键入“#”，可以将默认的相对坐标设置改变为输入绝对坐标。如输入“#10,10”，那么所指定的就是绝对坐标点“10,10”。

相对坐标：键入“@”，可以将事先设置的绝对坐标改变为相对坐标，例如输入“@4,5”。

世界坐标系：如果在创建一个自定义坐标系之后又想输入一个世界坐标系的坐标值时，可以在 x 轴坐标值之前加入一个“*”。

提示

在【草图设置】对话框中的【动态输入】选项卡中选中【动态提示】选项区域中的【在十字光标附近显示命令提示和命令输入】复选框，可以在光标附近显示命令提示。

对于【标注输入】，在输入字段中输入值并按【Tab】键后，该字段将显示一个锁定图标，并且光标会受输入的值的约束。

1.7.6 快捷特性设置

【快捷特性】选项卡指定用于显示【快捷特性】选项板的设置。【选择循环】选项卡允许选择重叠的对象，可以配置【选择循环】列表框的显示设置。

在【草图设置】对话框中选择【快捷特性】选项卡，如下图所示。

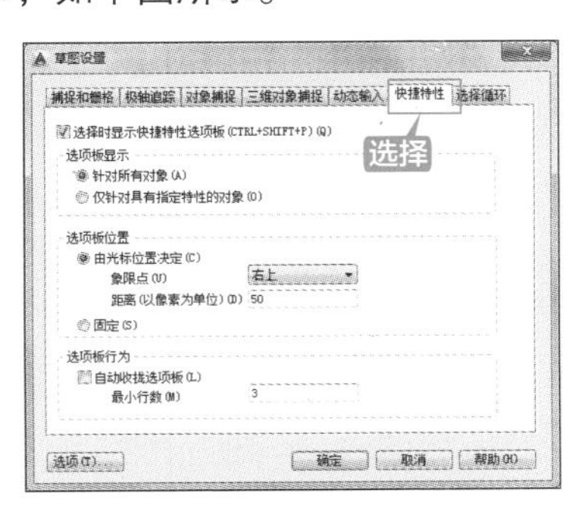

【选择时显示快捷特性选项板】：在选择对象时显示【快捷特性】选项板，具体取决于对象类型。选中后选择对象，如下图所示。

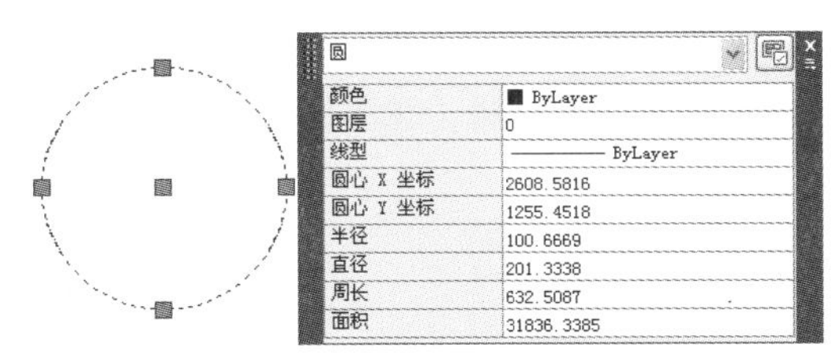

提示

单击状态栏的▣按钮可以快速地启动和关闭快捷特性。

1.7.7 选择循环设置

在【草图设置】对话框中选择【选择循环】选项卡，如下图所示。

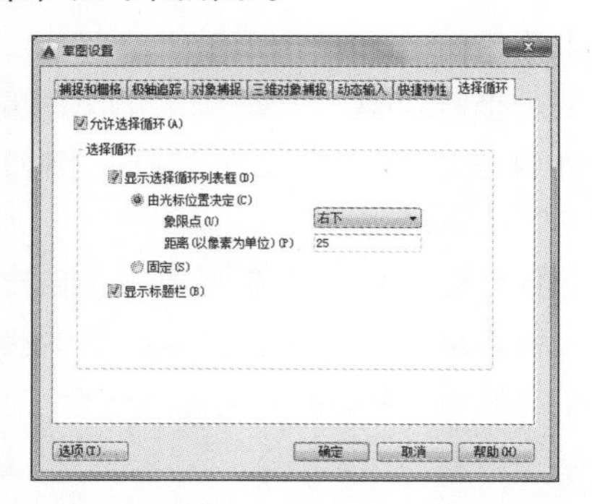

选择循环对于重合的对象或者非常接近的对象难以准确选择其中之一时尤为有用，如下图是两个重合的多边形，很难单独选中其中的一个，但是将【允许选择循环】复选框选中后就很容易地选择其中任何一个多边形。

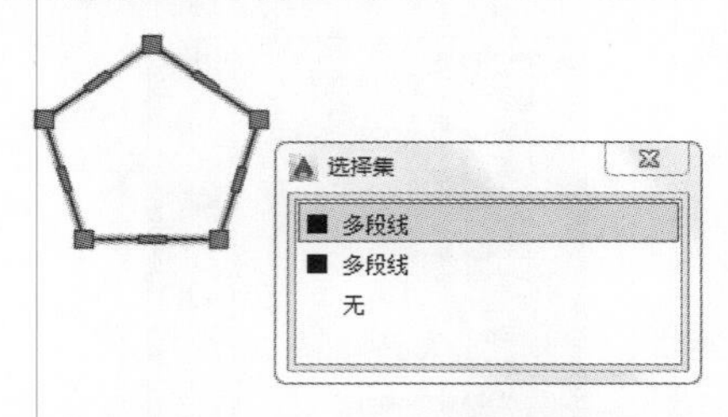

【显示标题栏】：若要节省屏幕空间，可以关闭标题栏。

1.8 系统选项设置

系统选项用于对系统的优化设置，包括文件设置、显示设置、打开和保存设置、打印和发布设置、系统设置、用户系统配置设置、绘图设置、三维建模设置、选择集设置、配置设置和联机。

AutoCAD 2016 中调用【选项】对话框的方法有以下 3 种。

(1) 选择【工具】→【选项】命令。

(2) 在命令行中输入“OPTIONS/OP”命令。

(3) 选择【应用程序菜单】按钮 （窗口左上角）→【选项】命令。

在命令行输入“OP”，按【Space】键弹出【选项】对话框，如下图所示。

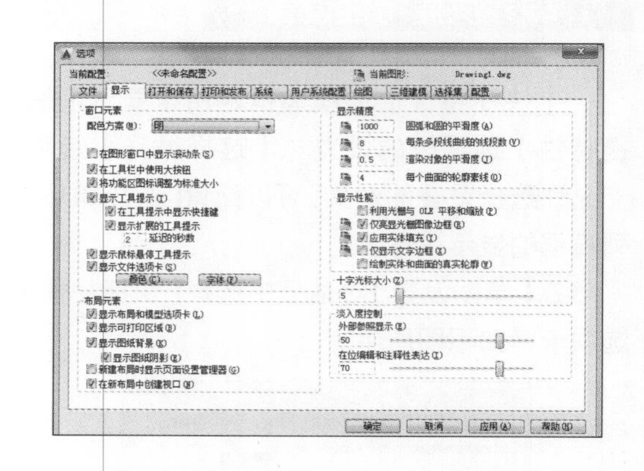

1.8.1 显示设置

显示设置用于设置窗口的明暗、背景颜色、字体样式和颜色、显示的精确度、显示性能及十字光标的大小等。在【选项】对话框中的【显示】选项卡中可以进行显示设置，如上图所示。

1. 窗口元素

窗口元素包括在图形窗口中显示滚动条、显示图形状态栏、在工具栏中使用大按钮、将功能区图标调整为标准大小、显示工具提示、显示鼠标悬停工具提示、颜色和字体等选项，如下图所示。

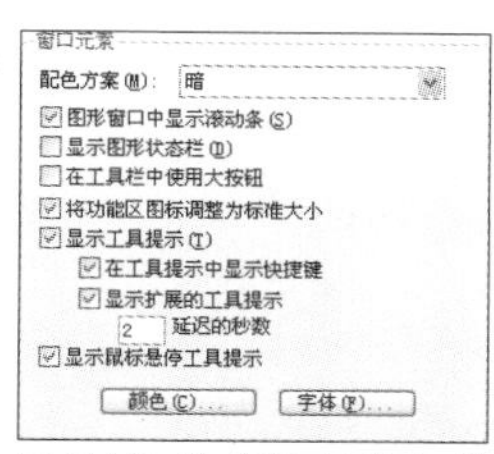

【窗口元素】选项区域中的各项的含义如下。

【配色方案】：用于设置窗口（如状态栏、标题栏、功能区栏和应用程序菜单边框）的明亮程度，在【显示】选项卡下单击【配色方案】下三角按钮，在下拉列表框中可以设置配色方案为“明”或“暗”。

【在图形窗口中显示滚动条】：选中该复选框，将在绘图区域的底部和右侧显示滚动条，如下图所示。

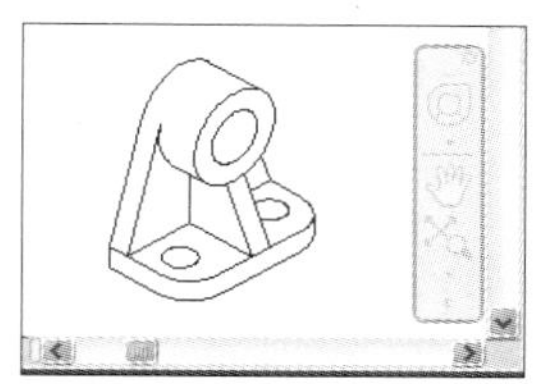

【显示图形状态栏】：选中该复选框，将显示“绘图”状态栏，此状态栏将显示图形文件的注释比例、注释可见性和比例的更改。

【在工具栏中使用大按钮】：该功能在AutoCAD经典工作环境下有效，默认情况下的图标是16像素 ×16像素显示的，选中该复选框将以32像素 ×32像素的更大格式显示按钮。

【将功能区图标大小调整为标准大小】：当它们不符合标准图标的大小时，将功能区小图标缩放为16像素 ×16像素，将功能区大图标缩放为32像素 ×32像素。

【显示工具提示】：选中该复选框后将光标移动到功能区、菜单栏、功能面板和其他用户界面上，将出现提示信息，如下图所示。

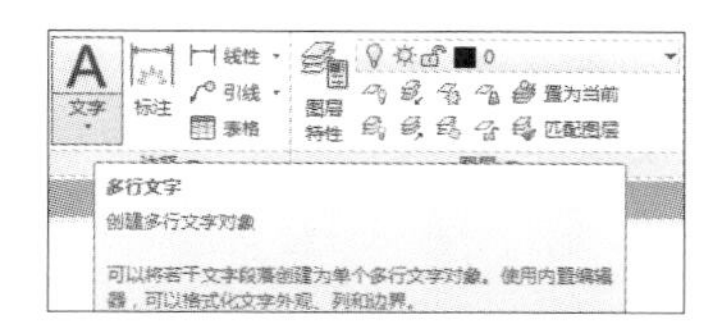

【在工具提示中显示快捷键】：在工具提示中显示快捷键（Alt + 按键）及（Ctrl + 按键）。

【显示扩展的工具提示】：控制扩展工具提示的显示。

【延迟的秒数】：设置显示基本工具提示与显示扩展工具提示之间的延迟时间。

【显示鼠标悬停工具提示】：控制当光标悬停在对象上时鼠标悬停工具提示的显示，如下图所示。

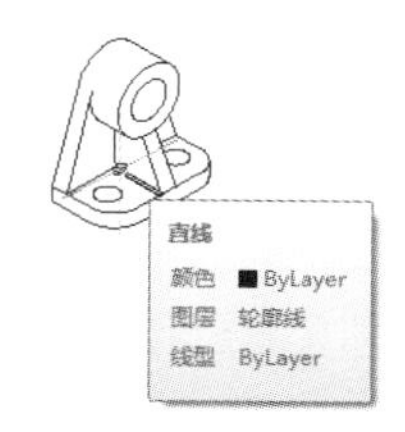

【颜色】：单击该按钮，弹出【图形窗口颜色】对话框，在该对话框中可以设置窗口的背景颜色、光标颜色、栅格颜色等，如下图将二维模型空间的统一背景色设置为白色。

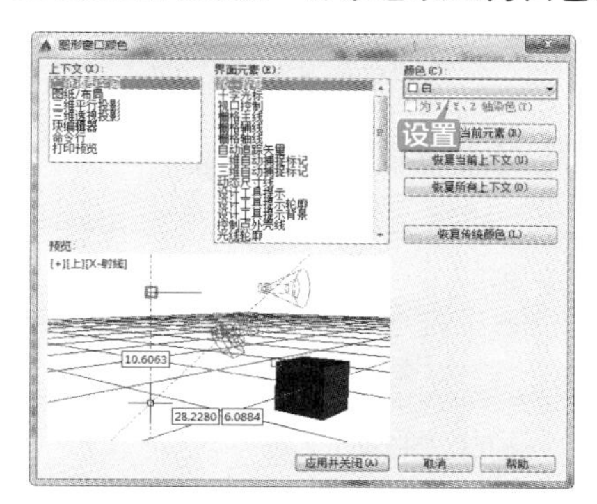

【字体】：单击该按钮，弹出【命令行窗口字体】对话框。使用此对话框指定命令行窗口文字字体，如下图所示。

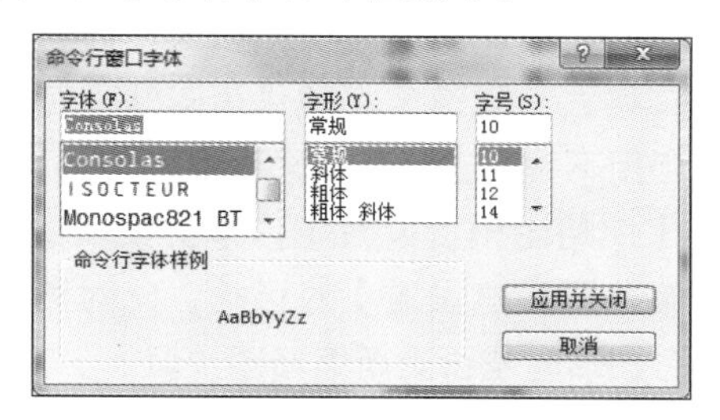

2. 十字光标大小显示

在【十字光标大小】选项框中可以对光标的大小进行设置，如下图是“十字光标”为 5% 和 20% 的显示对比。

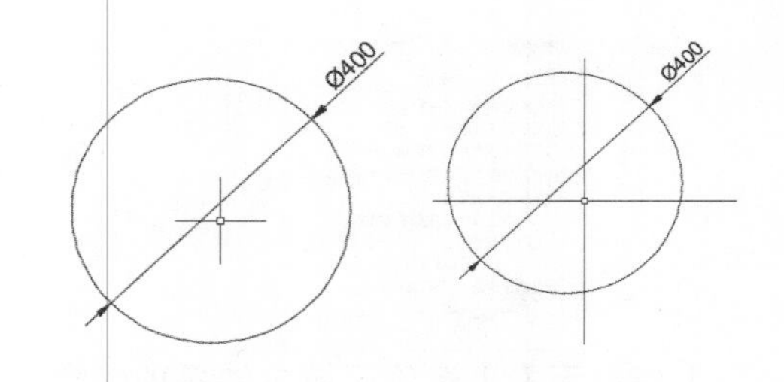

1.8.2 打开与保存设置

选择【打开和保存】选项卡，在这里用户可以设置文件另存的格式，如下图所示。

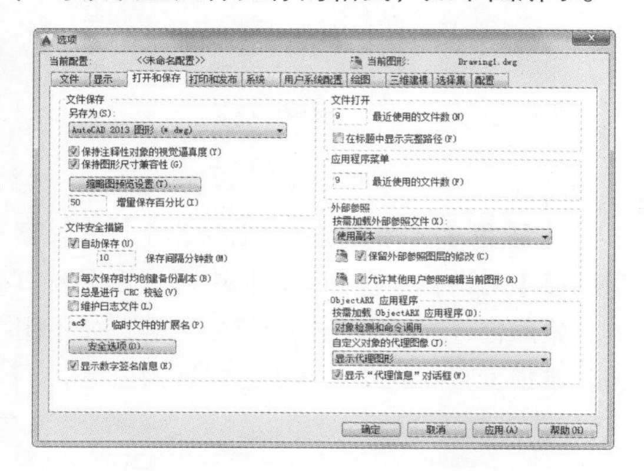

1. 【文件保存】选项框

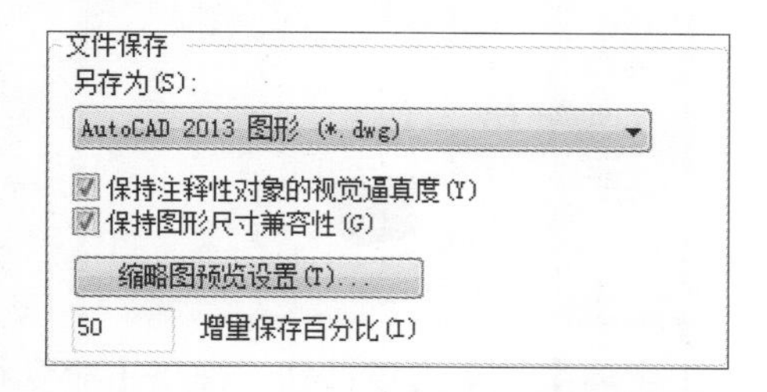

【另存为】：该选项可以设置文件保存的格式和版本，关于保存格式与版本之间的关系请参见第 1 章高手支招相关内容。这里的另存格式一旦设定将被作为默认保存格式一直延用下去，直到下次修改为止。

【缩略图预览设置】：单击该按钮，弹出【缩略图预览设置】对话框，此对话框控制保存图形时是否更新缩略图预览。

【增量保存百分比】：设置图形文件中潜在浪费空间的百分比。完全保存将消除浪费的空间。增量保存较快，但会增加图形的大小。如果将【增量保存百分比】设置为 0，则每次保存都是完全保存。要优化性能，可将此值设置为 50。如果硬盘空间不足，可将此值设置为 25。如果将此值设置为 20 或更小，SAVE 和 SAVEAS 命令的执行速度将明显变慢。

2. 【文件安全措施】选项框

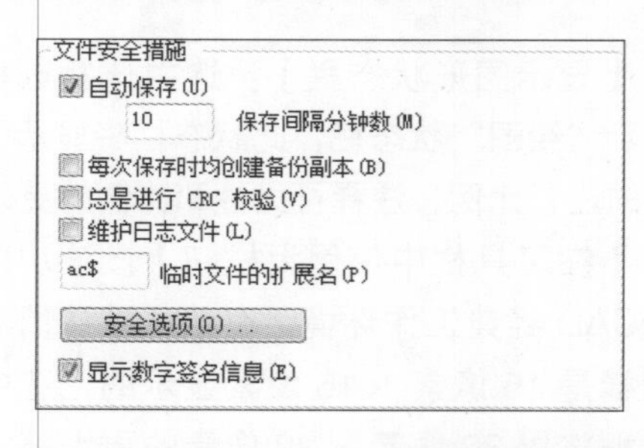

【自动保存】：选中该复选框可以设置保存文件的间隔分钟数，这样可以避免因为意外造成数据丢失。

【每次保存时均创建备份副本】：提高增量保存的速度，特别是对于大型图形。当保存的源文件出现错误时，可以通过备份文件来恢复，关于如何打开备份文件请参见第 1 章“高手支招”相关内容。

【安全选项】：主要用来给图形文件加密。关于如何给文件加密请参见第 1 章高手支招相关内容。

3. 设置临时图形文件保存位置

如果因为突然断电或死机造成的文件没有保存，可以在【选项】对话框里打开【文件】选项卡，单击【临时图形文件位置】前面的“⊞”，展开得到系统自动保存的临时文件路径，如下图所示。

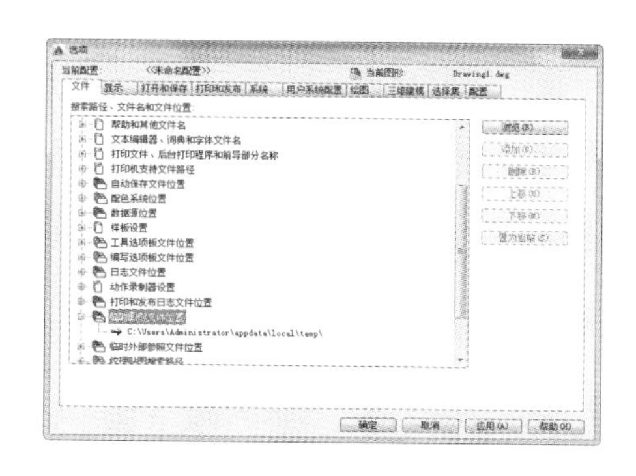

1.8.3 用户系统配置

用户系统配置可以设置是否采用Windows标准操作、插入比例、坐标数据输入的优先级、关联标注、块编辑器设置、线宽设置、默认比例列表等相关设置，如下图所示。

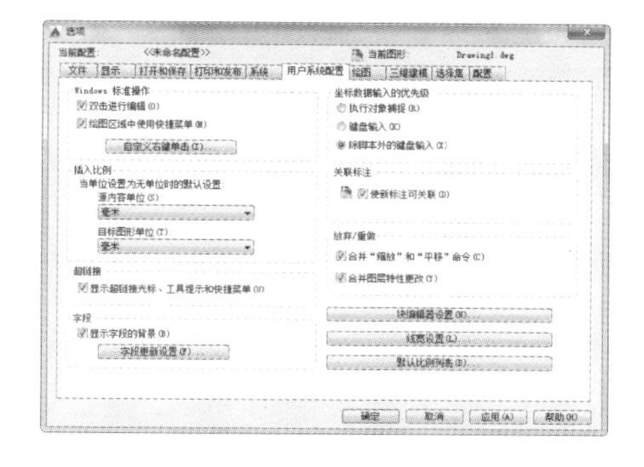

1. 【Windows 标准操作】选项框

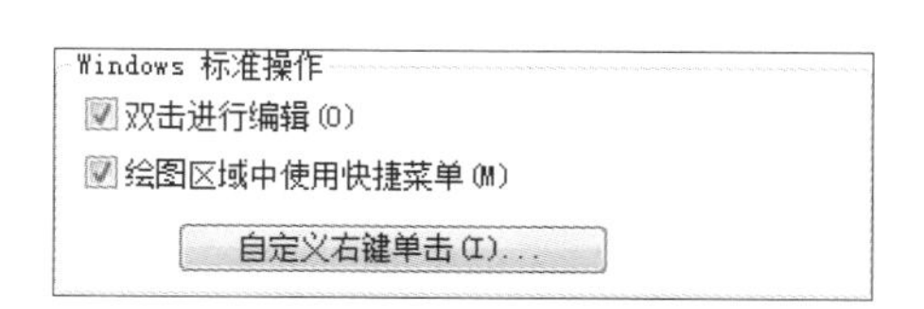

【双击进行编辑】：选中该复选框后直接双击图形就会弹出相应的图形编辑对话框，就可以对图形进行编辑操作了，如文字。

【绘图区域中使用快捷菜单】：选中该复选框后在绘图区域右击，会弹出相应的快捷菜单。如果取消该复选框的选择，则下面的“自定义右键单击”按钮将不可用，CAD直接默认单击右键相当于重复上一次命令。

【自定义右键单击】：该按钮可控制在绘图区域中右击是显示快捷菜单还是与按【Enter】键的效果相同，单击【自定义右键单击…】按钮，弹出【自定义右键单击】对话框，如下图所示。

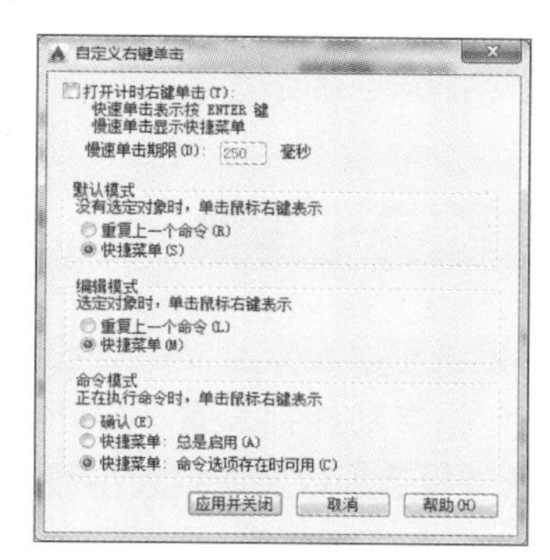

【自定义右键单击】对话框中的各项的含义如下。

【打开计时右键单击】：控制右击操作。快速单击与按【Enter】键的效果相同，慢速单击将显示快捷菜单。可以用毫秒来设置慢速单击的持续时间。

【默认模式】：确定未选中对象且没有命令在运行时，在绘图区域中右击所产生的结果。

- 【重复上一个命令】：当没有选择任何对象且没有任何命令运行时，在绘图区域中与按【Enter】键的效果相同，即重复上一次使用的命令。
- 【快捷菜单】：启用“默认”快捷菜单。

【编辑模式】：确定当选中了一个或多

个对象且没有命令在运行时，在绘图区域中右击所产生的结果。

- 【重复上一个命令】：当选择了一个或多个对象且没有任何命令运行时，在绘图区域右击与按【Enter】键的效果相同，即重复上一次使用的命令。
- 【快捷菜单】：启用“编辑”快捷菜单。
- 【命令模式】：确定当命令正在运行时，在绘图区域右击所产生的结果。
- 【确认】：当某个命令正在运行时，在绘图区域中右击与按【Enter】键的效果相同。
- 【快捷菜单：总是启用】：启用“命令”快捷菜单。
- 【快捷菜单：命令选项存在时可用】：仅当在命令提示下命令选项为可用状态时，才启用“命令”快捷菜单；如果没有可用的选项，则右击与按【Enter】键的效果一样。

2. 【关联标注】选项框

选中【关联标注】后，当图形发生变化时，标注尺寸也随着图形的变化而变化。当取消【关联标注】后，再进行标注的尺寸，当图形修改后尺寸不再随着图形变化。【关联标注】选项框如下图所示。

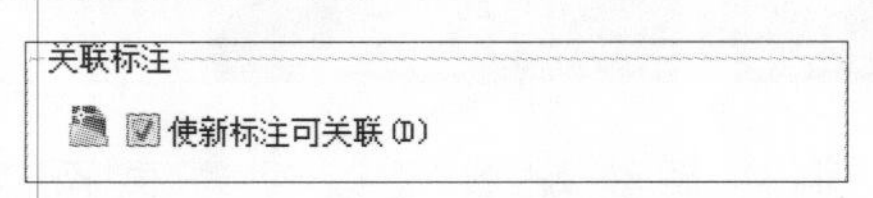

> **提示**
>
> 除了通过系统选项板来设置尺寸标注的关联性，还可以通过系统变量“DIMASO”来控制标注的关联性（具体参见第 7 章高手支招 1）。

1.8.4 绘图设置

绘图设置可以设置绘制二维图形时的相关设置，包括自动捕捉设置、自动捕捉标记大小、对象捕捉选项以及靶框大小等。选择【绘图】选项卡，如下图所示。

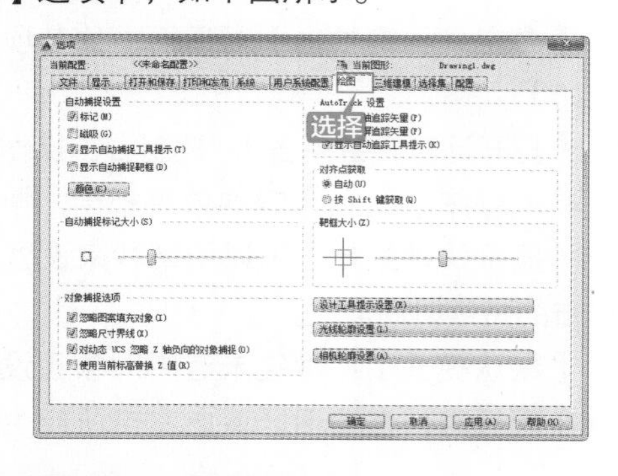

1. 自动捕捉设置

可以控制自动捕捉标记、工具提示和磁吸的显示。

选中【磁吸】复选框，绘图时，当光标靠近对象时，按【Tab】键可以切换对象所有可用的捕捉点，即使不靠近该点，也可以吸取该点成为直线的一个端点，如下图所示。

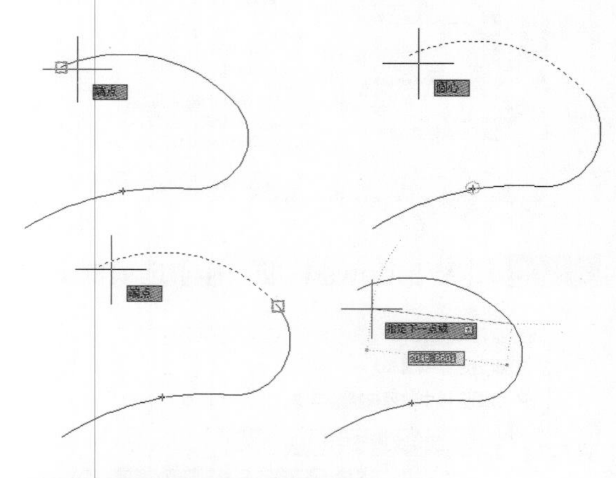

2. 对象捕捉选项

【忽略图案填充对象】：可以在捕捉对象时忽略填充的图案，这样就不会捕捉到填充图案中的点，如下图所示。

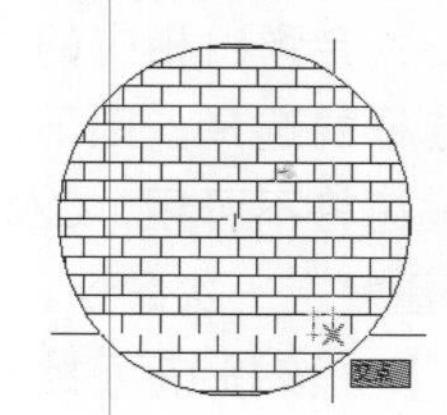

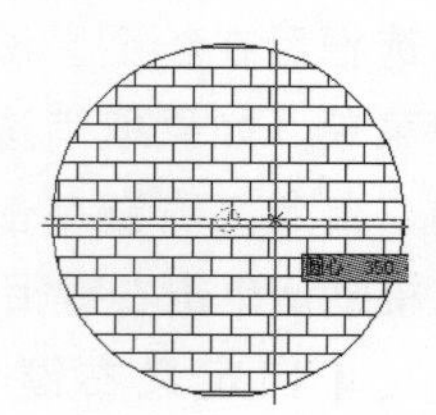

1.8.5 三维建模设置

三维建模设置主要用于设置三维绘图时的操作习惯和显示效果，其中较为常用的有视口控件的显示、曲面的素线显示和鼠标滚轮缩放方向。选择【三维建模】选项卡，如下图所示。

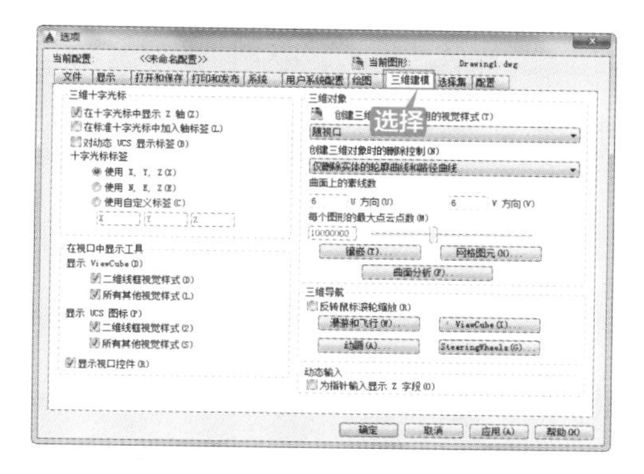

1. 显示视口控件

可以控制视口控件是否在绘图窗口显示，当选中该复选框时显示视口控件，取消该复选框则不显示视口控件，下左图为显示视口控件的绘图界面，下右图为不显示视口控件的绘图界面。

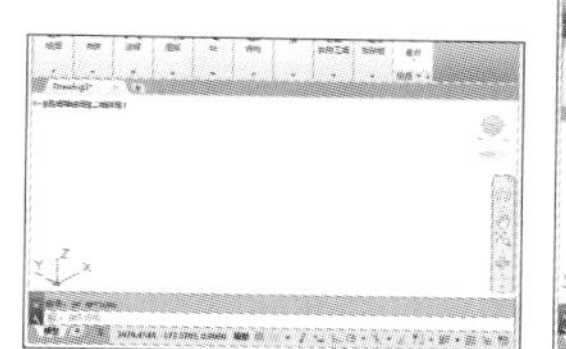

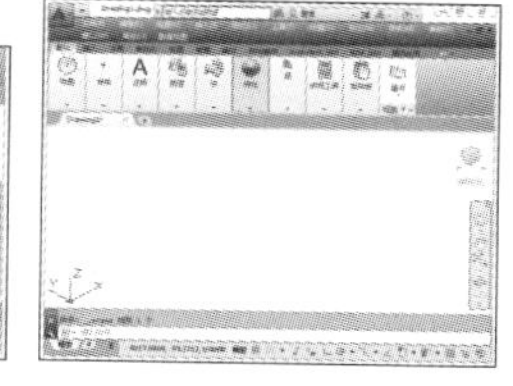

2. 曲面上的素线数

曲面上的素线数主要是控制曲面的 U 方向和 V 方向的线数，下左图的平面曲面 U 方向和 V 方向线数都为 6，下右图的平面曲面 U 方向的线数为 3，V 方向上的线数为 4。

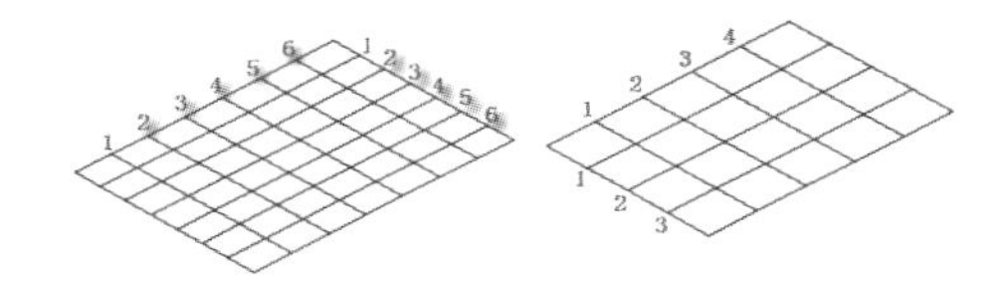

3. 鼠标滚轮缩放设置

CAD 默认向上滚动滚轮放大图形，向下滚动滚轮缩小图形，这可能和一些其他三维软件中的设置相反，如果对于习惯向上滚动滚轮缩小，向下滚动滚轮放大的读者，可以选中【反转鼠标滚轮缩放】复选框，改变默认设置即可。

1.8.6 选择集设置

选择集设置主要包含选择集模式的设置和夹点的设置。选择【选择集】选项卡，如下图所示。

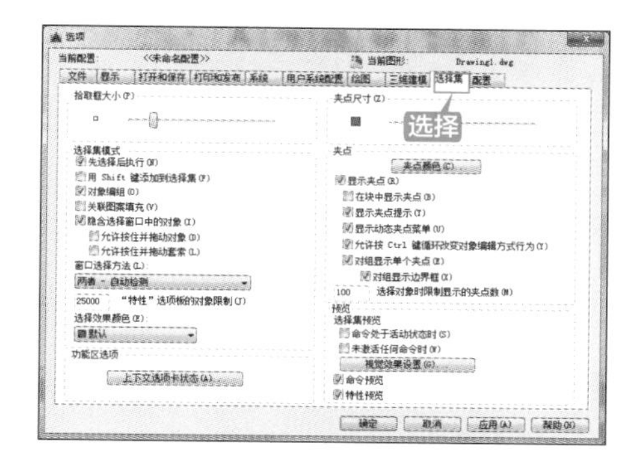

1. 选择集模式

【选择集模式】选项框中各选项的含义如下。

【先选择后执行】：选中该复选框后，允许先选择对象（这时选择的对象显示有夹点），然后在调用命令。如果不选中该复选框，则只能先调用命令，然后再选择对象（这时选择的对象没有夹点，一般会以虚线或加亮显示）。

【用 Shift 键添加到选择集】：选中该选项后只有在按住【Shift】键才能进行多项选择。

【对象编组】该选项是针对编组对象的，选中该复选框，只要选择编组对象中的任意一个，则整个对象将被选中。利用【GROUP】命令可以创建编组。

【隐含选择窗口中的对象】：在对象外选择了一点时，初始化选择对象中的图形。

【窗口选择方法】：窗口选择方法有三个选项，即【两次单击】、【按住并拖动】和【两者 — 自动检测】，如下图所示，默认选项为【两者 — 自动检测】。

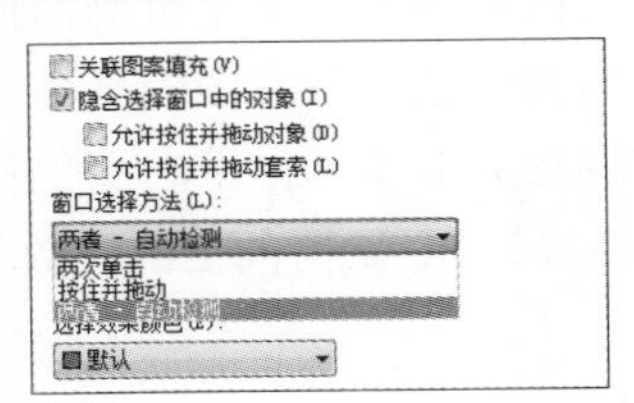

2. 夹点设置

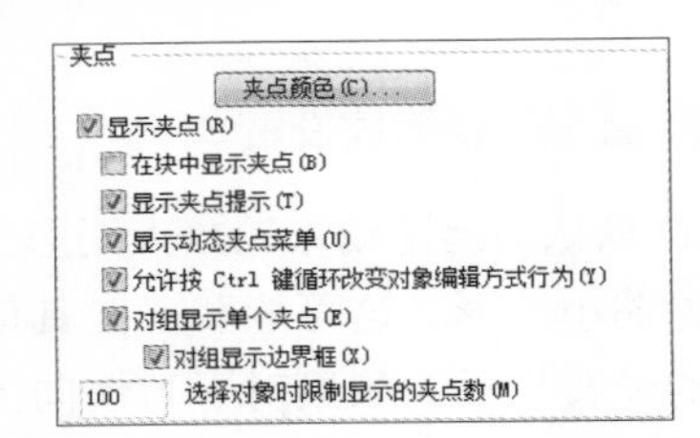

【夹点】选项框中各选项的含义如下。

【夹点颜色】：单击该按钮，弹出【夹点颜色】对话框，在该对话框中可以更改夹点显示的颜色，如下图所示。

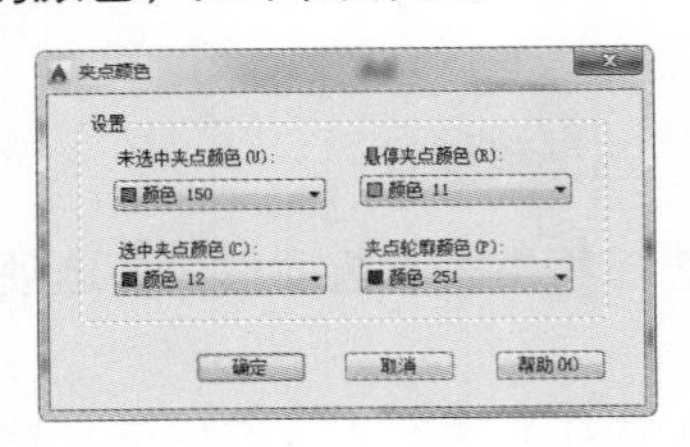

【显示夹点】：选中该复选框后在没有任何命令执行时选择对象，将在对象上显示夹点，否则将不显示夹点，下图为选中和未选中【显示夹点】复选框的效果对比。

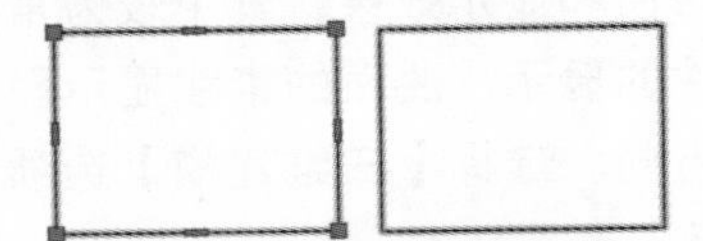

【在块中显示夹点】：该选项控制在没有命令执行时选择图块是否显示夹点，选中该复选框则显示，否则不显示，两者的对比如下图所示。

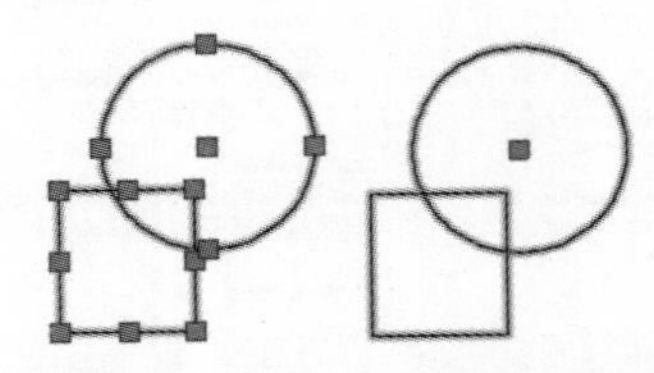

【显示夹点提示】：当鼠标指针悬停在支持夹点提示自定义对象的夹点上时，显示夹点的特定提示。

【显示动态夹点菜单】：控制在将鼠标悬停在多功能夹点上时动态菜单显示，如下图所示。

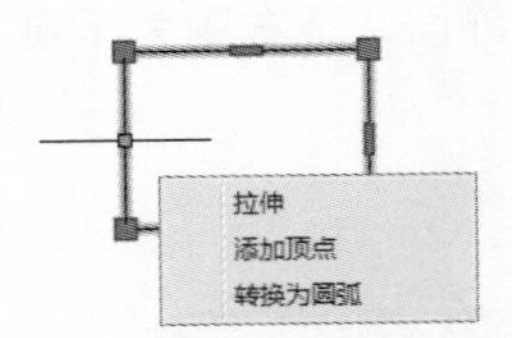

【允许按 Ctrl 键循环改变对象编辑方式行为】：允许多功能夹点按【Ctrl】键循环改变对象的编辑方式。如上图，单击选中该夹点，然后按【Ctrl】键，可以在“拉伸”“添加顶点”和“转换为圆弧”选项之间循环选中执行方式。

同时打开多个图形文件

在绘图过程中，有时可能会根据需要将所涉及的多个图纸同时打开，以便于进行图形的绘制及编辑。同时打开多个图形文件的具体操作步骤如表 1-4 所示。

表 1-4　同时打开多个图形文件的步骤

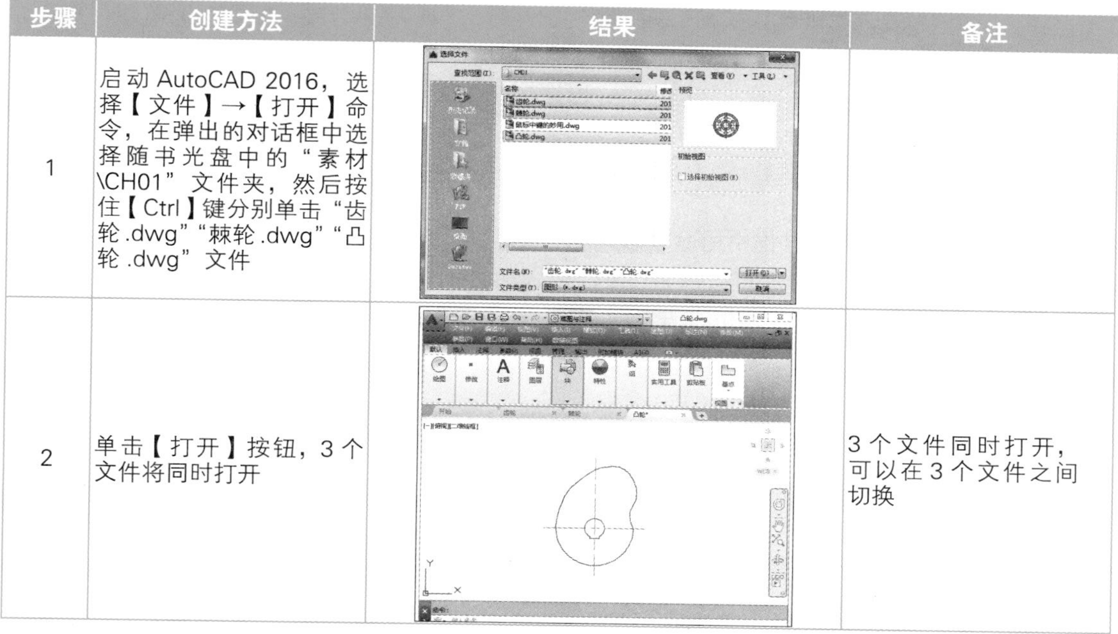

步骤	创建方法	结果	备注
1	启动 AutoCAD 2016，选择【文件】→【打开】命令，在弹出的对话框中选择随书光盘中的“素材\CH01”文件夹，然后按住【Ctrl】键分别单击“齿轮.dwg”“棘轮.dwg”“凸轮.dwg”文件		
2	单击【打开】按钮，3 个文件将同时打开		3 个文件同时打开，可以在 3 个文件之间切换

◇ 利用备份文件恢复丢失文件

如果 AutoCAD 意外损坏时，可以利用系统自动生成的 *.bak 文件进行相关文件的恢复操作，具体操作步骤如下。

第 1 步　找到随书光盘中的“素材 \CH01\ 备份文件 .bak”文件，双击弹出如下提示框。

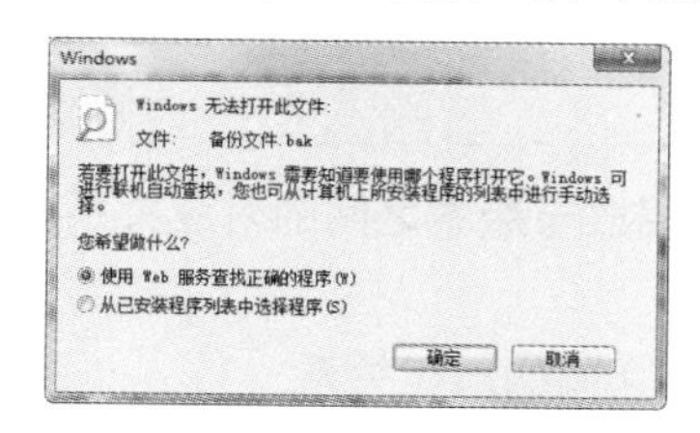

第 2 步　单击【关闭】按钮，然后选择“备份文件 .bak”并右击，在弹出的快捷菜单中选择【重命名】选项，如下图所示。

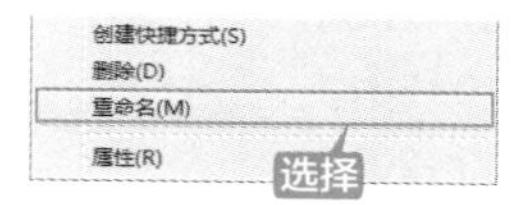

第 3 步　将备份文件的后缀“.bak”改为“.dwg”，此时弹出【重命名】对话框，如下图所示。

第 4 步　单击【是】按钮，然后双击修改后的文件，即可打开备份文件，如下图所示。

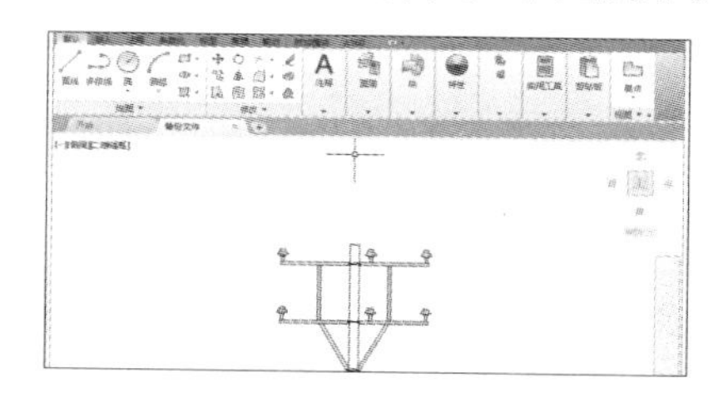

提示

假如在【选项】对话框中将【打开和保存】选项卡下的【每次保存时均创建备份副本】复选框取消掉，如下图所示，系统则不保存备份文件。

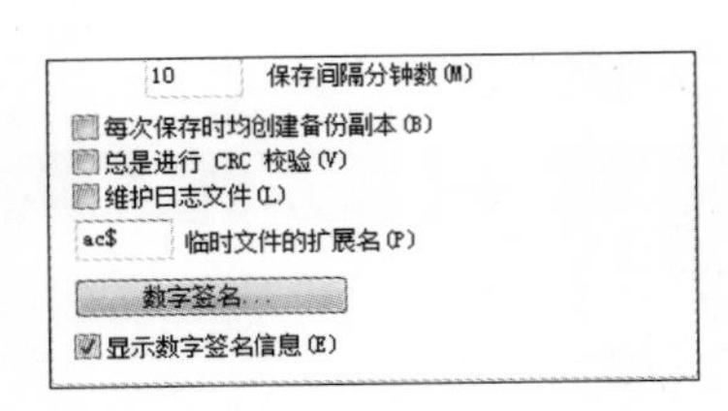

◇ 鼠标中键的妙用

鼠标中键在 CAD 绘图过程中用途非常广泛，除了前面介绍的上下滚动可以缩放图形外，还可以按住中键平移图形，以及和其他按键组合来旋转图形。

第 1 步 打开随书光盘中的“素材 \CH01\ 鼠标中键的妙用 .dwg”文件。

第 2 步 按住中键可以平移图形，如下图所示。

第 3 步 滚动中键可以缩放图形。

第 4 步 双击中键，可以全屏显示图形，如下图所示。

第 5 步 【Shift+ 鼠标中键】，可以受约束动态观察图形，如下图所示。

第 6 步 【Ctrl+Shift+ 鼠标中键】，可以自由动态观察图形，如下图所示。

◇ AutoCAD 版本与 CAD 保存格式之间的关系

AutoCAD 有多种保存格式，在保存文件时单击【文件类型】的下拉列表即可看到各种保存格式，如下图所示。

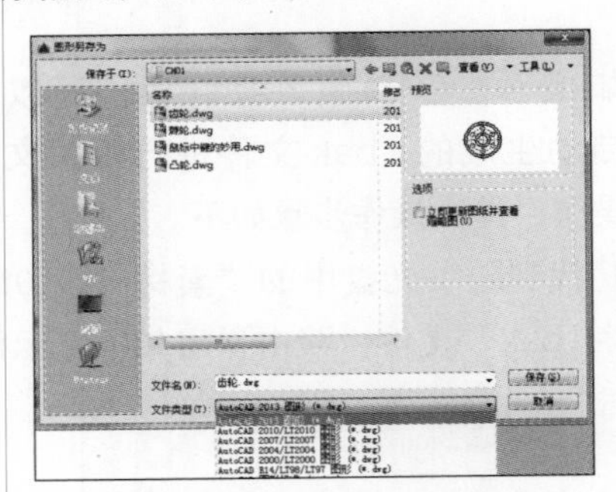

并不是每个版本都对应一个保存格式，AutoCAD 保存格式与版本之间的对应关系如表 1–5 所示。

表 1–5　AutoCAD 保存格式与版本之间的对应关系

保存格式	适用版本
AutoCAD 2000	AutoCAD 2000~2002
AutoCAD 2004	AutoCAD 2004~2006
AutoCAD 2007	AutoCAD 2007~2009
AutoCAD 2010	AutoCAD 2010~2012
AutoCAD 2013	AutoCAD 2013~2016

第2章 图层

本章导读

图层相当于重叠的透明图纸，每张图纸上面的图形都具备自己的颜色、线宽、线型等特性，将所有图纸上面的图形绘制完成后，可以根据需要对其进行相应的隐藏或显示，将会得到最终的图形需求结果。为方便对 AutoCAD 对象进行统一管理和修改，用户可以把类型相同或相似的对象指定给同一图层。

思维导图

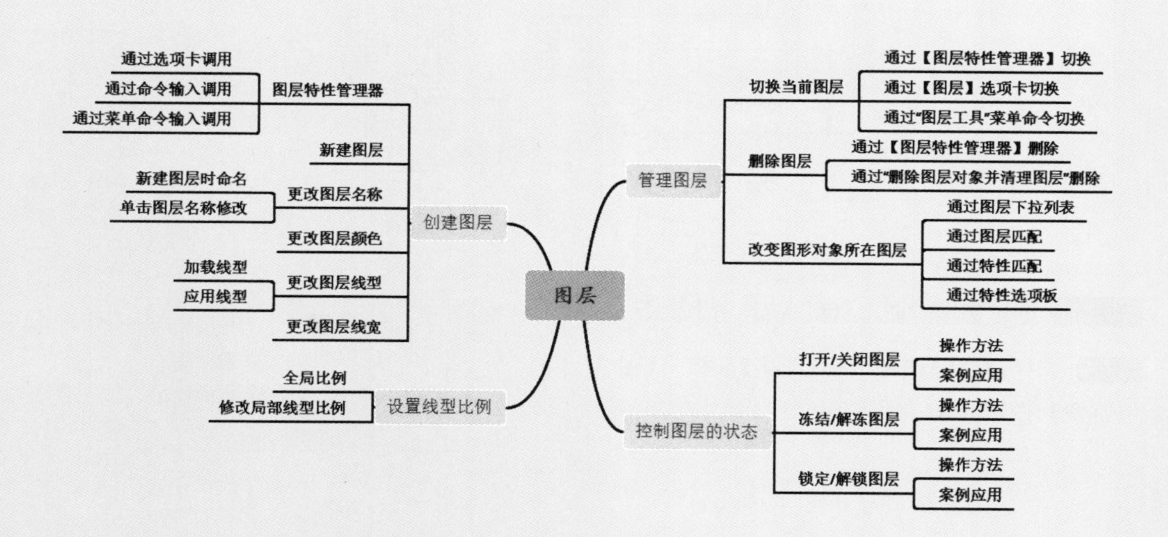

2.1 创建机箱外壳装配图图层

图层的目的是让图形更加清晰，有层次感，但很多初学者往往只盯着绘图命令和编辑命令，而忽视了图层的存在。下图是机箱外壳装配所有图素在同一个图层和将图素分类放置于几个图层上的效果，差别是一目了然的。左图线型虚实不分，线宽粗细不辨，颜色单调；右图则不同类型对象的线型、线宽、颜色各异，层次分明。

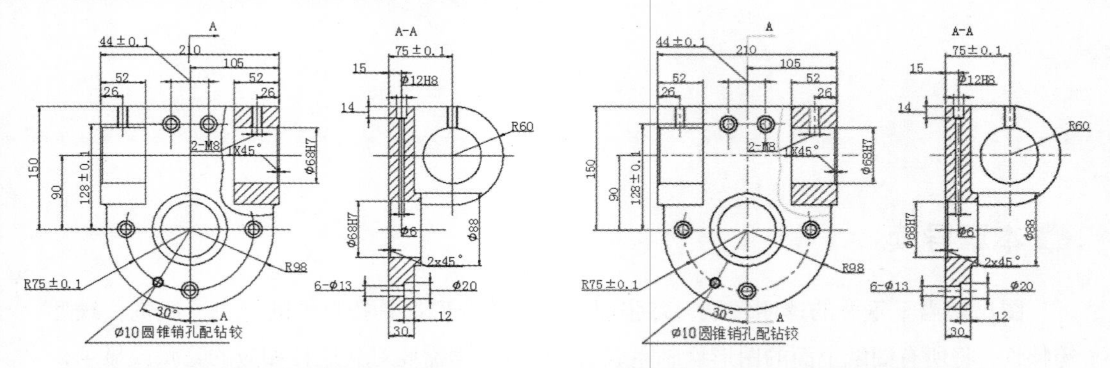

这一节就以机箱外壳装配图为例，来介绍图层的创建、管理及状态的控制等。

2.1.1 图层特性管理器

在 AutoCAD 2016 中创建图层和修改图层的特性等操作都是在【图层特性管理器】中完成的，本节就来认识一下【图层特性管理器】。

启动 AutoCAD 2016，打开“素材\第 2 章\机箱外壳装配图 .dwg”文件，如下图所示。

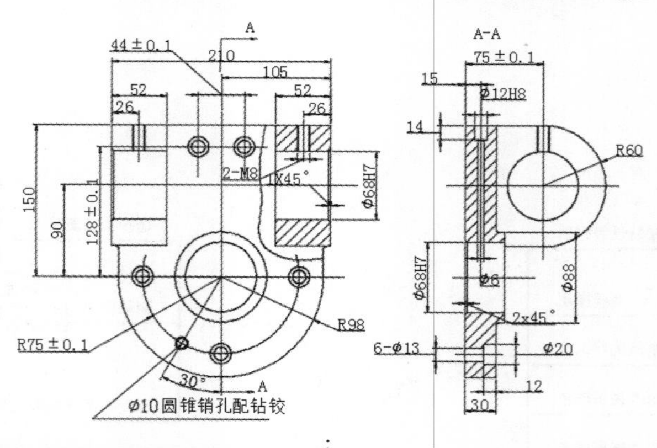

1. 通过选项卡调用【图层特性管理器】

第 1 步 选择【默认】选项卡→【图层】面板→【图层特性】按钮。

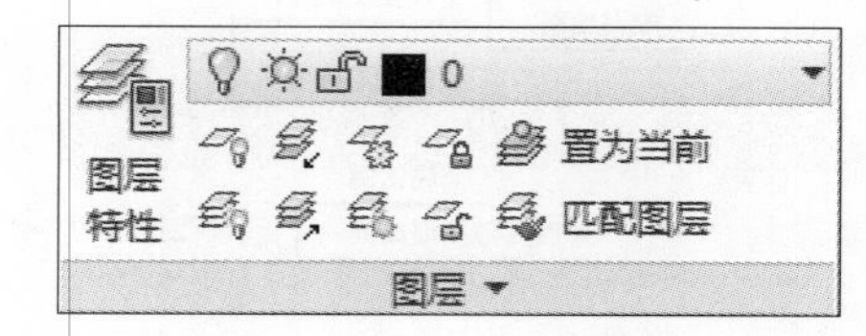

第 2 步 弹出【图层特性管理器】，如下图所示。

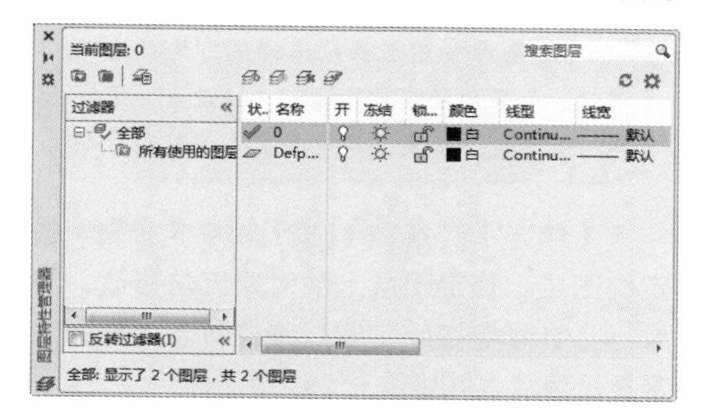

提示

AutoCAD 中的新建图形均包含一个名称为“0”的图层，该图层无法进行删除或重命名。图层“0”尽量用于放置图块，可以根据需要多创建几个图层，然后在其他的相应图层上面进行图形的绘制。

DSefpoints 是自动创建的第一个标注图形中创建的图层。由于此图层包含有关尺寸标注，因此不应删除该图层，否则该尺寸标注图形中的数据可能会受到影响。

在 DSefpoints 图层上的对象能显示但不能打印。

2. 通过命令输入调用【图层特性管理器】

第 1 步 在命令行输入“Layer/La”命令并按【Space】键。

命令：LAYER ↙

第 2 步 弹出【图层特性管理器】，如下图所示。

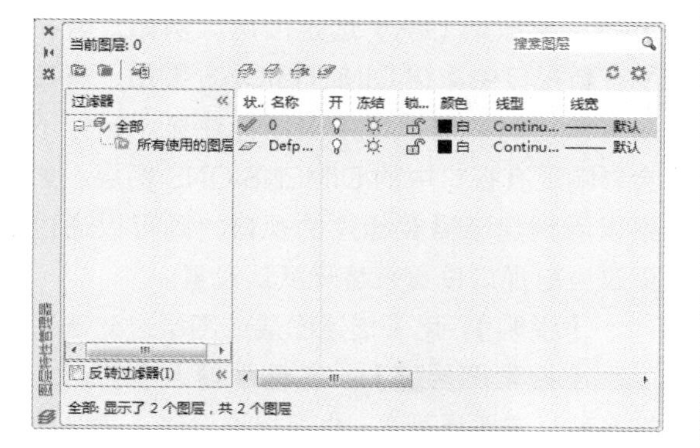

3. 通过菜单命令调用【图层特性管理器】

第 1 步 选择【格式】→【图层】命令。

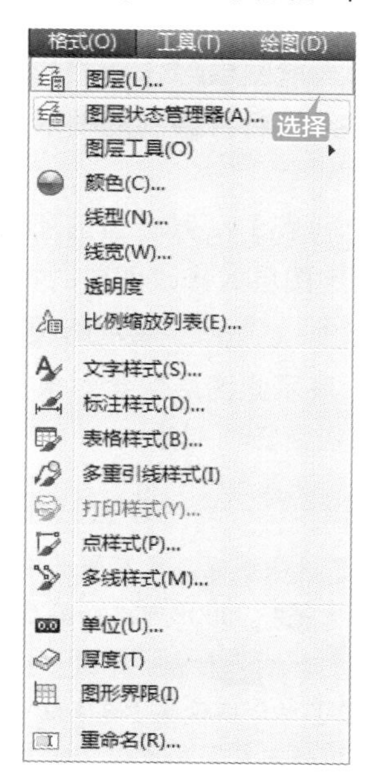

第 2 步 弹出【图层特性管理器】，如下图所示。

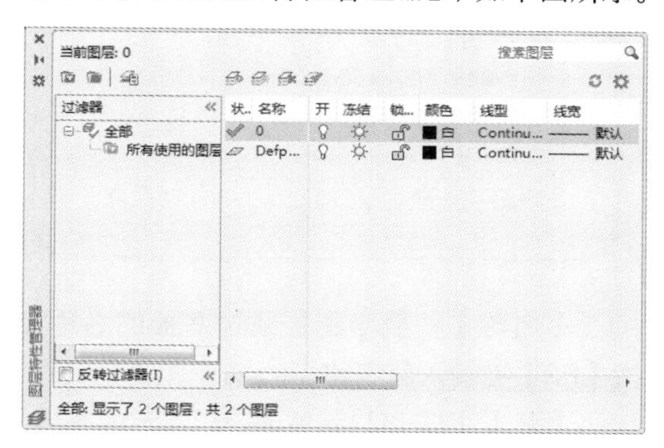

【图层特性管理器】中各选项含义如下。

【新建图层】：创建新的图层，新图层将继承图层列表中当前选定图层的特性。

【在所有视口中都被冻结的新图层】：创建图层，然后在所有现有布局视口中将其冻结。可以在【模型】选项卡或【布局】选项卡上访问此按钮。

【删除图层】：删除选定的图层，但无法删除以下图层：图层 0 和 Defpoints、包

含对象（包括块定义中的对象）的图层、当前图层、在外部参照中使用的图层、局部已打开的图形中的图层。

【置为当前图层】：将选定图层设定为当前图层，然后再绘制的图形将是该图层上的对象。

【图层列表】：列出当前所有的图层，单击可以选定图层或修改图层的特性。

【状态】："✔"表示此图层为当前图层；"▱"表示此图层包含对象；"▱"表示此图层不包含任何对象。

提示

为了提高性能，所有图层均默认指示为包含对象▱。用户可以在图层设置中启用此功能。单击按钮，弹出【图层设置】对话框，在【对话框设置】选项框中选中【指示正在使用的图层】复选框，则不包含任何对象的图层将呈▱显示。

对话框设置
☑ 将图层过滤器应用于图层工具栏(T)
☑ 指示正在使用的图层(U)
视口替代背景颜色:
106, 182, 226

【名称】：显示图层或过滤器的名称，按【F2】键输入新名称 。

【开】：打开()和关闭()选定的图层。当打开时，该图层上的对象可见并且可以打印。当关闭时，该图层上的对象将不可见且不能打印，即使"打印"列中的设置已打开也是如此。

【冻结】：解冻（）和冻结（）选定的图层。在复杂图形中，可以冻结图层来提高性能并减少重生成时间。冻结图层上的对象将不会显示、打印或重生成。在三维建模的图形中，将无法渲染冻结图层上的对象。

提示

如果希望图层长期保持不可见就选择冻结，如果图层经常切换可见性设置，请使用"开/关"设置，以避免重生成图形。

【锁定】：解锁（）和锁定（）选定的图层。锁定图层上的对象无法修改，将鼠标指针悬停在锁定图层中的对象上时，对象显示为淡入并显示一个小锁图标。

【颜色】：单击当前的【颜色】按钮■将显示【选择颜色】对话框，可以在其中更改图层的颜色。

【线型】：单击当前的【线型】按钮 Continu... 将显示【选择线型】对话框，可以在其中更改图层的线型。

【型宽】：单击当前的【线宽】按钮 —— 默认 将显示【线宽】对话框，可以在其中更改图层的线宽。

【透明度】：单击当前的【透明度】按钮 0 将显示【透明度】对话框，可以在其中更改图层的透明度。透明度的有效值从 0 到 90，值越大对象越显得透明。

【打印】：控制是否打印（）和不打印（）选定的图层。但即使关闭图层的打印，仍将显示该图层上的对象。对于已关闭或冻结的图层，即使设置为"打印"也不打印该图层上的对象。

【新视口冻结】：在新布局视口中解冻（）或冻结（）选定图层。例如，若在所有新视口中冻结 DIMENSIONS 图层，将在所有新建的布局视口中限制标注显示，但不会影响现有视口中的 DIMENSIONS 图层。如果以后创建了需要标注的视口，则可以通过更改当前视口设置来替代默认设置。

【说明】：用于描述图层或图层过滤器。

【搜索图层】：在框中输入字符时，按名称过滤图层列表。也可以通过输入表 2-1 所示的通配符来搜索图层。

表 2-1　通配符及其定义

字符	定义
#（磅字符）	匹配任意数字
@	匹配任意字母字符
.（句点）	匹配任意非字母数字字符
*（星号）	匹配任意字符串，可以在搜索字符串的任意位置使用
?（问号）	匹配任意单个字符，例如，?BC 匹配 ABC、3BC 等
~（波浪号）	匹配不包含自身的任意字符串，例如，~*AB* 匹配所有不包含 AB 的字符串
[ ]	匹配括号中包含的任意一个字符，例如，[AB]C 匹配 AC 和 BC
[~]	匹配括号中未包含的任意字符，例如，[AB]C 匹配 XC 而不匹配 AC
[-]	指定单个字符的范围，例如，[A-G]C 匹配 AC、BC 直到 GC，但不匹配 HC
`（反问号）	逐字读取其后的字符，例如，`~AB 匹配 ~AB

2.1.2 新建图层

单击【图层特性管理器】上的新建图层按钮，即可创建新的图层，新图层将继承图层列表中当前选定图层的特性。

新建图层的具体操作步骤如下。

第 1 步　在【图层特性管理器】上单击新建图层按钮，AutoCAD 自动创建一个名称为“图层 1”的图层，如下图所示。

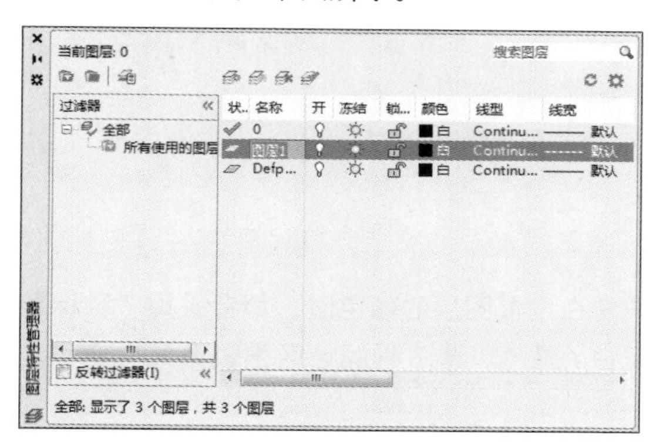

第 2 步　连续单击按钮，继续创建图层，结果如下图所示。

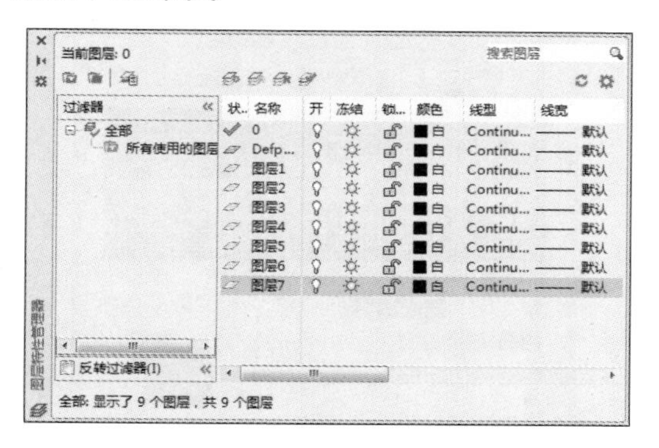

提示

除了单击新建按钮创建图层外，选中要作为参考的图层，然后按【，】键也可以创建新图层。

第 1 步　选中要作为参考的图层，如“图层 7”，如下图所示。

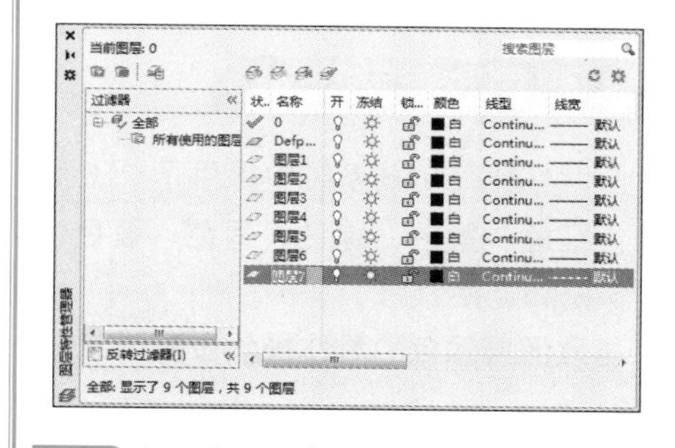

第 2 步　在键盘上按【，】键创建“图层 8”，如下图所示。

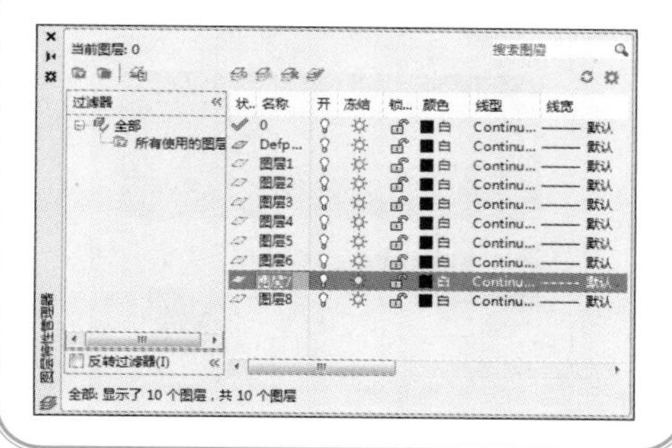

2.1.3 更改图层名称

在 AutoCAD 2016 中，创建的新图层默认名字为“图层 1”“图层 2”……单击图层的名字，即可对图层名称进行修改，图层创建完毕后关闭【图层特性管理器】即可。

更改图层名称的具体操作步骤如下。

第 1 步 选中“图层 1”并单击其名称，使名称处于编辑状态，如下图所示。

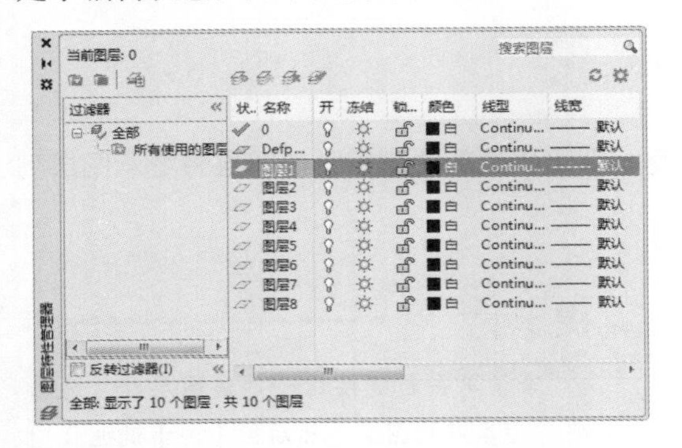

第 2 步 输入新的名称“轮廓线”，如下图所示。

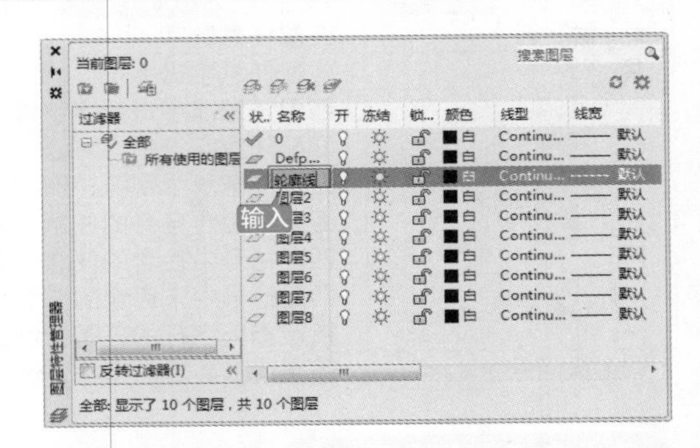

第 3 步 重复第 1 步 ~ 第 2 步，继续修改其他图层的名称，结果如下图所示。

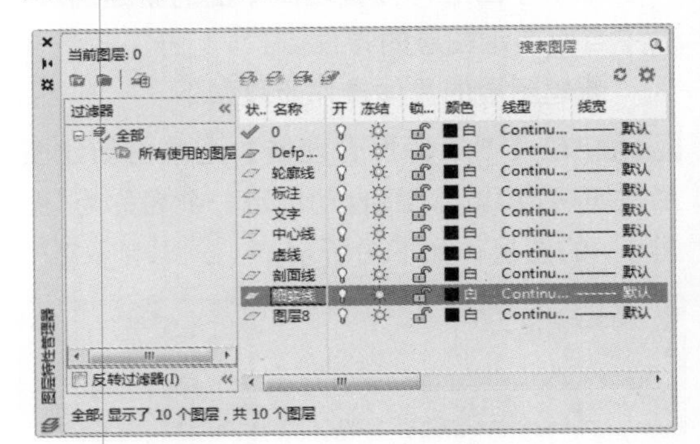

2.1.4 更改图层颜色

AutoCAD 2016 系统中提供了 256 种颜色，通常在设置图层的颜色时，都会采用 7 种标准颜色：红色、黄色、绿色、青色、蓝色、紫色以及白 / 黑色。这 7 种颜色区别较大又有名称，便于识别和调用。

更改图层颜色的具体操作步骤如下。

第 1 步 选中“标注”图层并单击其颜色按钮■，弹出【选择颜色】对话框，如下图所示。

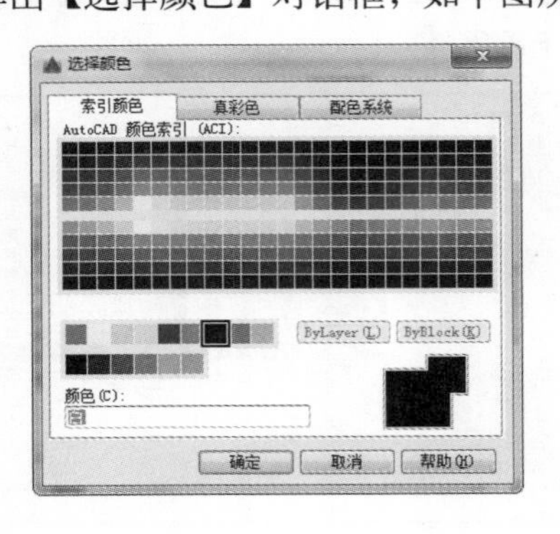

第 2 步 单击选择“蓝色”，如下图所示。

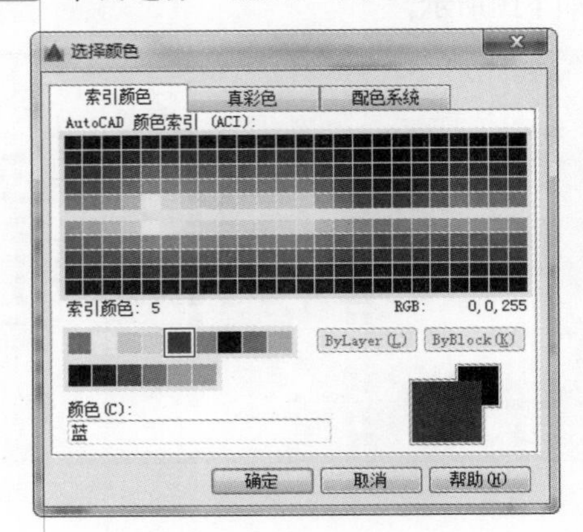

第 3 步　单击【确定】按钮，回到【图层特性管理器】对话框后，“标注”图层的颜色变成了“蓝色”，如下图所示。

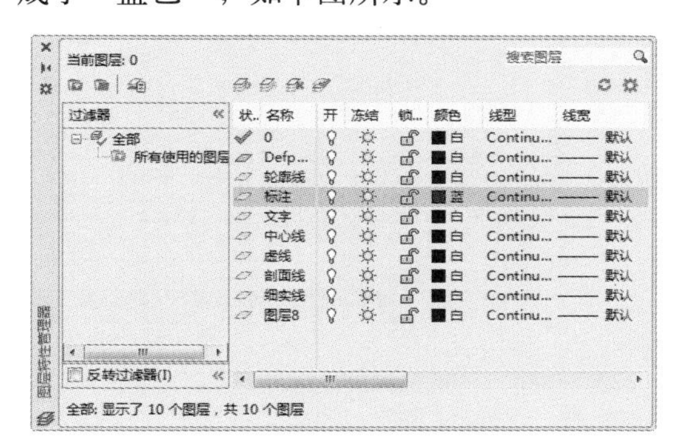

第 4 步　重复第 1 步 ~ 第 2 步，更改其他图层的颜色，结果如下图所示。

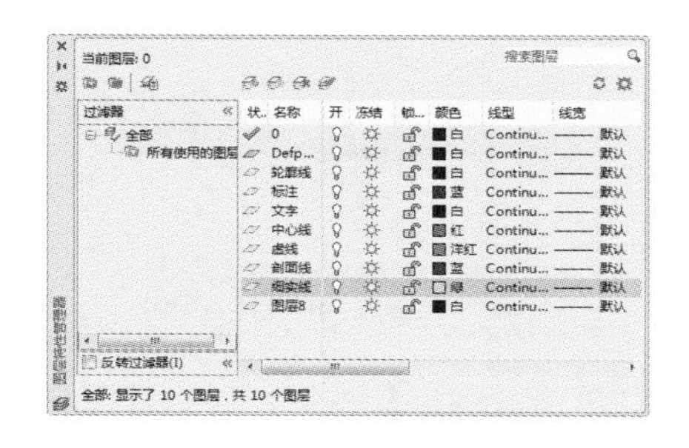

提示

颜色的清晰程度与选择的界面背景色有关，如果背景色为白色，红色、蓝色、黑色显示比较清晰，这些颜色常用作轮廓线、中心线、标注或剖面线图层的颜色。相反，如果背景色为黑色，则红色、黄色、白色显示比较清晰。

2.1.5 更改图层线型

图层的线型用来表示图层中图形线条的特性，通过设置图层的线型可以区分不同对象所代表的含义和作用，默认的线型方式为“Continuous（连续）”。AutoCAD 2016 提供了实线、虚线及点划线等 45 种线型，可以满足用户的各种不同要求。

更改图层线型的具体操作步骤如下。

第 1 步　选中“中心线”图层并单击其线型按钮 Continu...，弹出【选择线型】对话框，如下图所示。

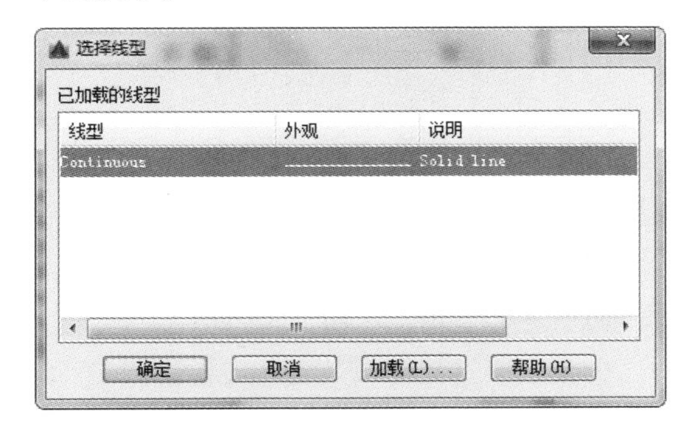

第 2 步　如果【已加载的线型】中有需要的线型，直接选择即可。如果【已加载的线型】中没有需要的线型，单击【加载】按钮，在弹出【加载或重载线型】对话框中选择需要的线型。

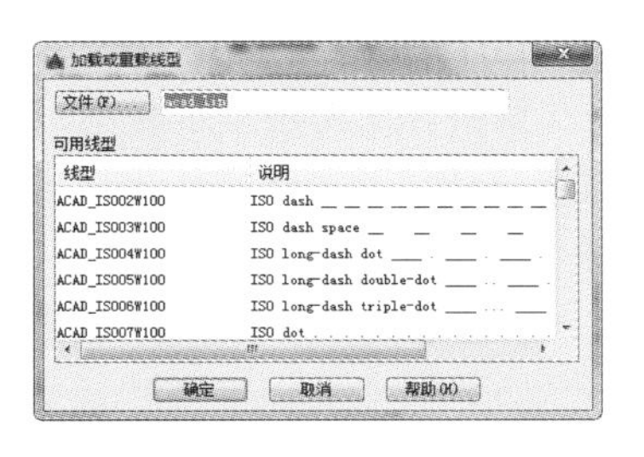

第 3 步　向下拖动滚动条，选择【CENTER】线型，如下图所示。

第 4 步　单击【确定】按钮，返回到【选择线型】对话框，选择【CENTER】线型。

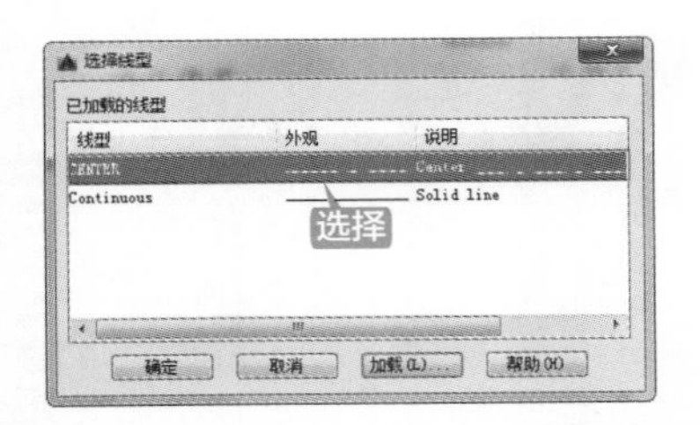

第 5 步 单击【确定】按钮，回到【图层特性管理器】对话框后，“中心线”图层的线型变成了“CENTER”，如下图所示。

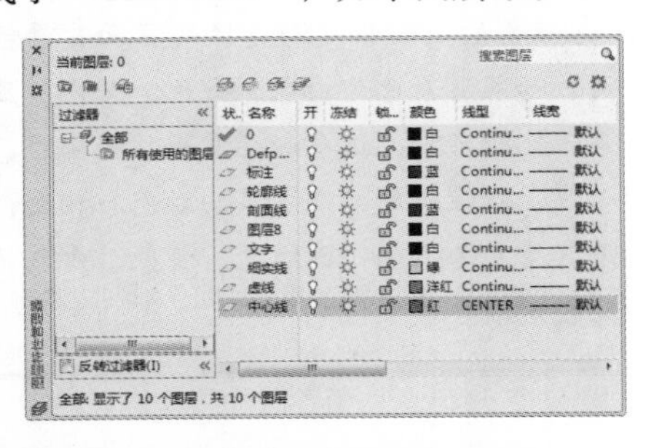

第 6 步 重复第 1 步~第 4 步，将“虚线”图层的线型改为“ACAD_ISO02W100”，结果如下图所示。

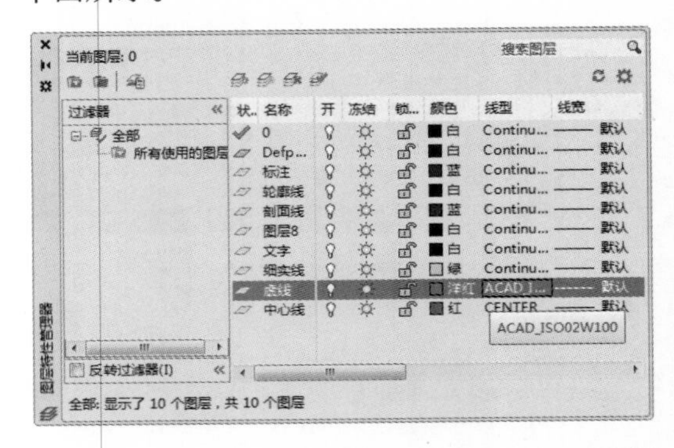

2.1.6 更改图层线宽

线宽是指定给图层对象和某些类型的文字的宽度值。使用线宽，可以用粗线和细线清楚地表现出截面的剖切方式、标高的深度、尺寸线和小标记，以及细节上的不同。

AutoCAD 2016 中有 20 多种线宽可供选择，其中 TrueType 字体、光栅图像、点和实体填充（二维实体）无法显示线宽。

更改图层线宽的具体操作步骤如下。

第 1 步 选中“细实线”图层并单击其线宽按钮———，弹出【线宽】对话框，如下图所示。

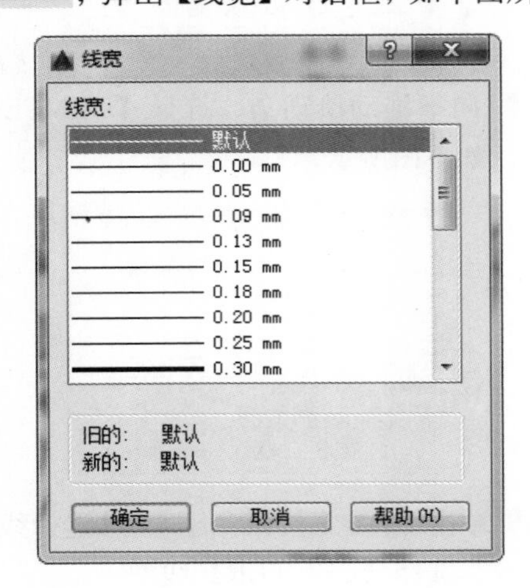

第 2 步 选择线宽“0.13mm”，如下图所示。

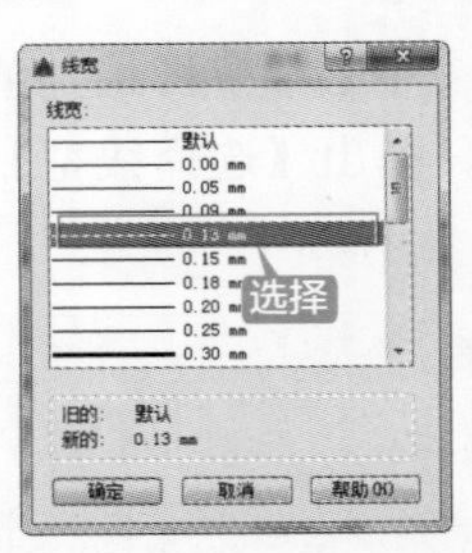

第 3 步 单击【确定】按钮，回到【图层特性管理器】对话框后，“细实线”图层的线宽变成了“0.13mm”，如下图所示。

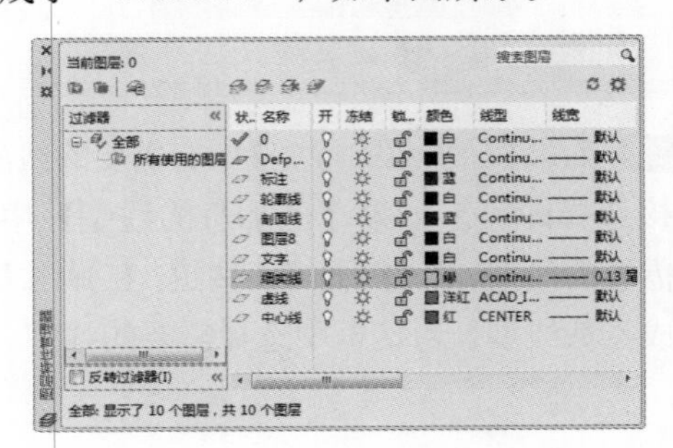

第 4 步 重复第 1 步～第 2 步，将“剖面线”、“中心线”图层的线宽也改为“0.13mm”，结果如下图所示。

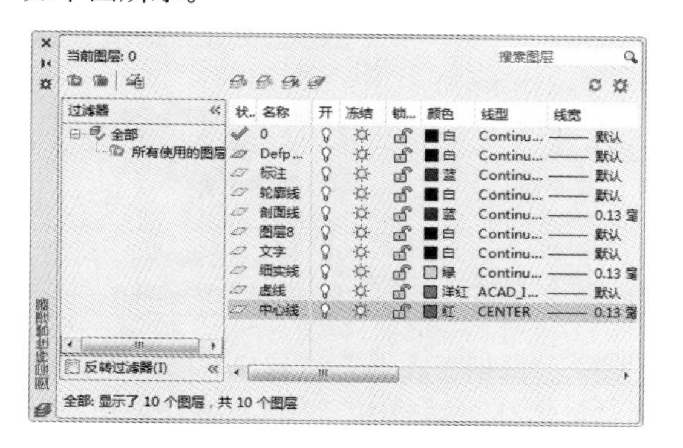

提示

AutoCAD 默认的线宽为 0.01 英寸（即 0.25 mm），当线宽小于 0.25mm 时，在 AutoCAD 中显示不出线宽的差别，但是在打印时是可以明显区分出线宽差别的。

另外，当线宽大于 0.25mm 时，且在状态栏将线宽“☰”打开时才可以区分宽度差别。对于简单图形为了区别粗线和细线，可以采用宽度大于 0.25mm 的线宽，但对于复杂图形，建议不采用大于 0.25mm 的线宽，因为那样将使图形细节处拥挤在一起，反而显示不清影响视图。

2.2 管理图层

通过对图层的有效管理，不仅可以提高绘图效率，保证绘图质量，而且还可以即时地将无用图层删除，节约磁盘空间。

这一节就以机箱外壳装配图为例，来介绍切换当前图层、删除图层以及改变图形对象所在图层等。

2.2.1 切换当前图层

只有图层处于当前状态时，才可以在该层上绘图。根据绘图需要，可能会经常切换当前图层。切换当前图层的方法很多，例如利用【图层工具】菜单命令切换、利用【图层】选项卡中的相应选项切换、利用【图层特性管理器】切换等。

(1) 通过【图层特性管理器】切换当前图层

第 1 步 前面机箱外壳装配图的图层创建完成后，“0 层”处于当前层。

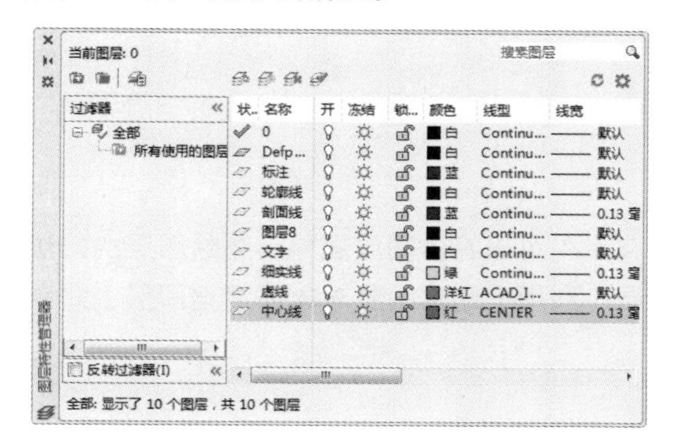

第 2 步 选中“轮廓线”图层，然后单击【置为当前图层】按钮，即可将该层切换为当前图层，如下图所示。

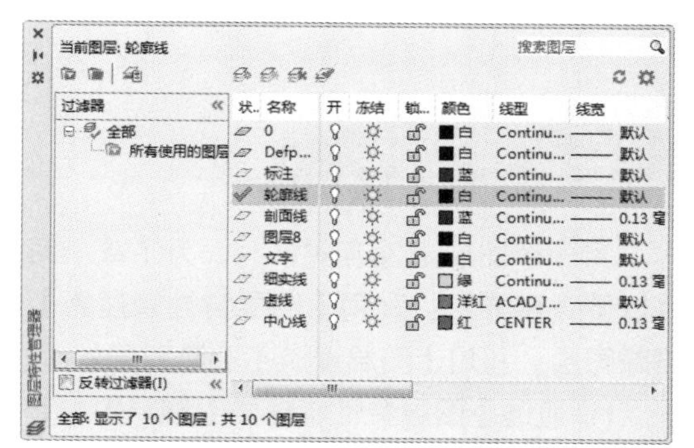

提示

在状态图标▱前双击，也可以将该层切换为当前层，例如，双击“剖面线”前的▱图标，即可将该层切换为当前图层。

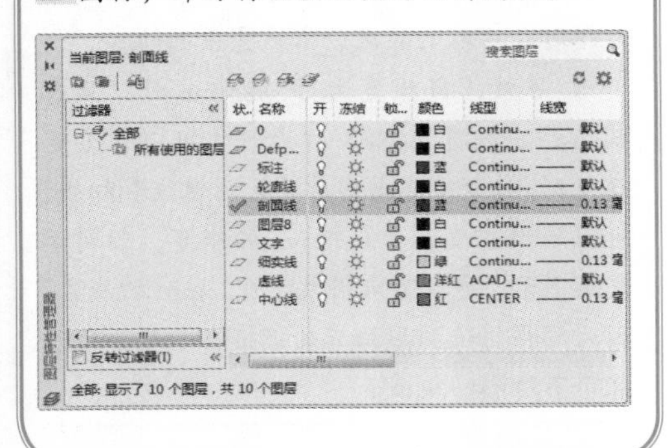

(2) 通过【图层】选项卡切换当前图层

第1步 单击【图层特性管理器】面板上的关闭按钮✖，将【图层特性管理器】关掉。

第2步 单击【常用】选项卡→【图层】面板中的【图层】选项，将其展开，如下图所示。

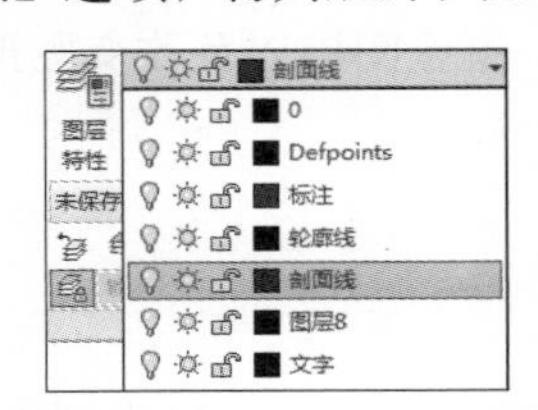

第3步 选择“标注”图层，即可将该图层置为当前图层，如下图所示。

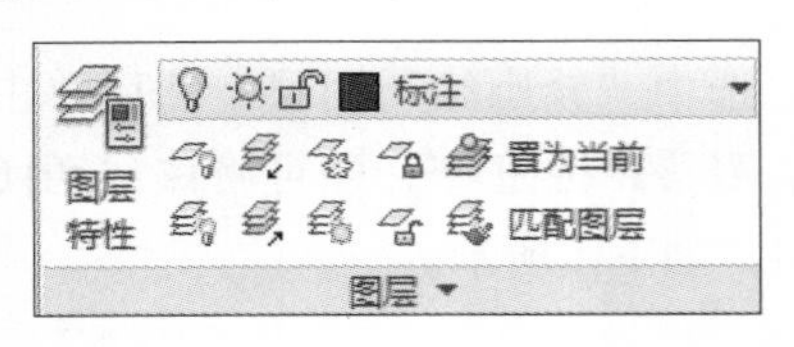

(3) 通过【图层工具】菜单命令切换当前图层

第1步 选择【格式】→【图层工具】→【将对象的图层置为当前】命令，如下图所示。

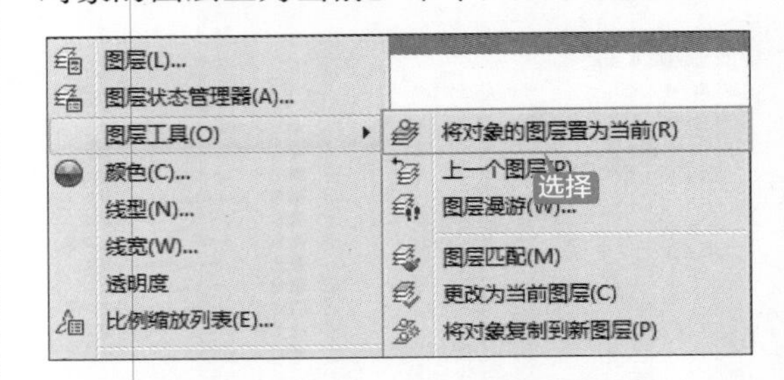

第2步 当鼠标变成“□”（选择对象状态）时，在“机箱外壳装配图”上单击选择对象，如下图所示。

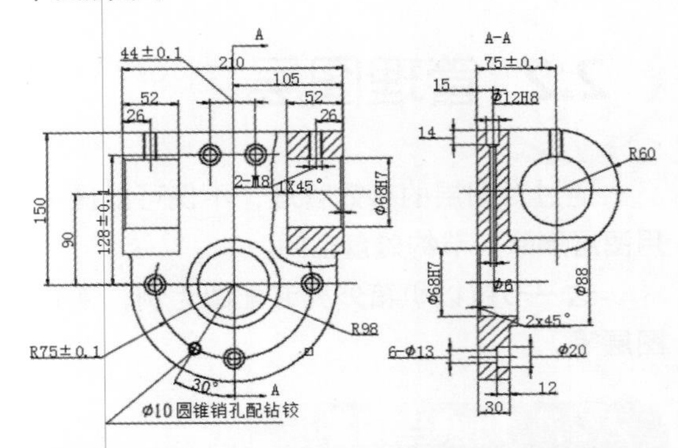

第3步 选择后，AutoCAD 自动将对象的图层置为当前图层，如下图所示。

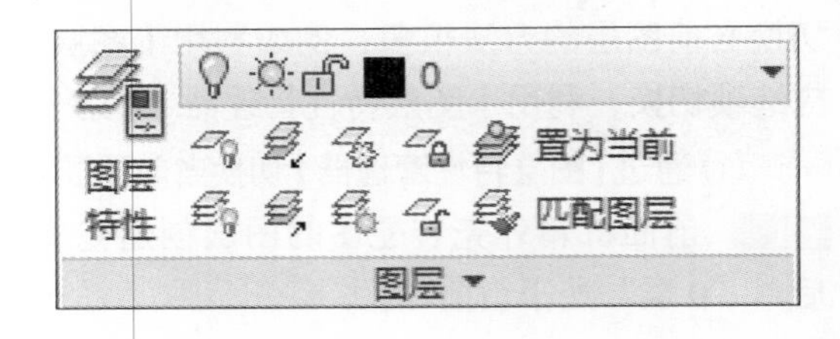

2.2.2 删除图层

当一个图层上没有对象时，为了减小图形的保存大小可以将该图层删除。删除图层的方法有以下 3 种方法：利用【图层特性管理器】删除图层、利用【删除图层对象并清理图层】命令删除图层；利用【图层漫游】删除图层。

(1) 通过【图层特性管理器】删除图层

第1步 选择【默认】选项卡→【图层】面板→【图层特性】按钮。

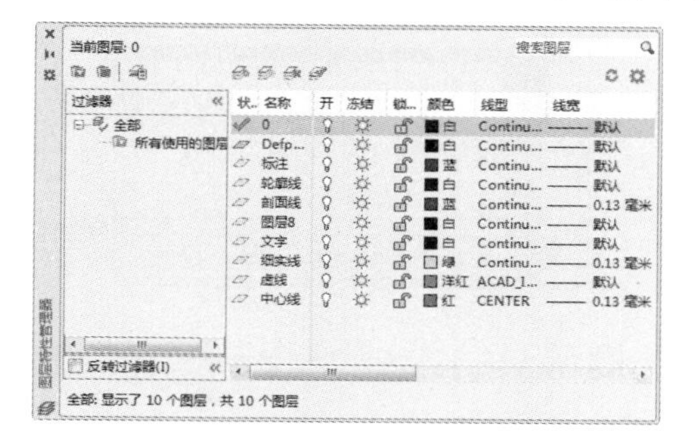

第 2 步 弹出【图层特性管理器】，如下图所示。

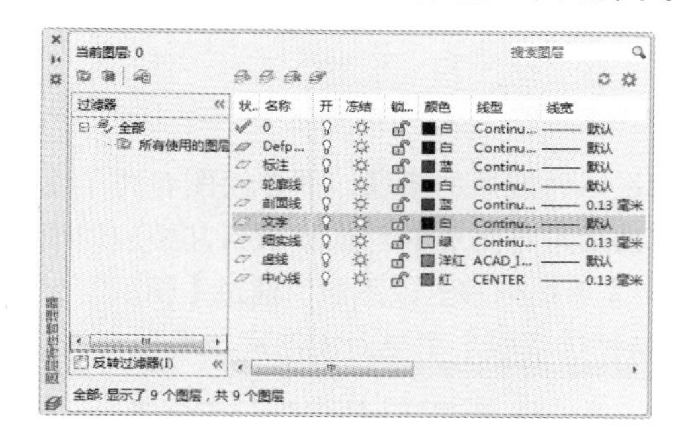

第 3 步 选择“图层 8”，然后单击删除按钮，即可将该图层删除，删除后如下图所示。

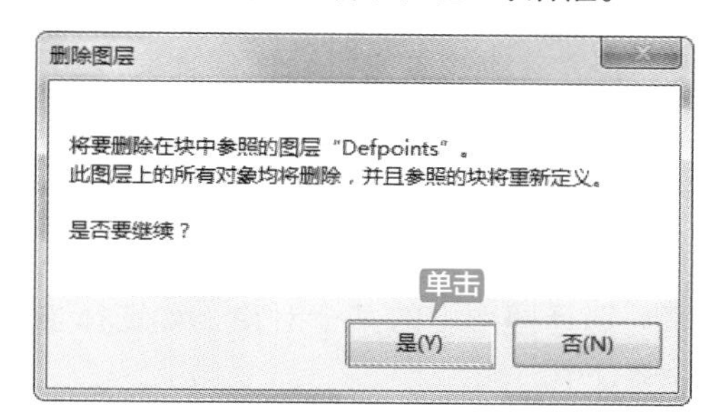

提示

该方法只能删除除“0”层、“Defpoints”层和当前层外的没有对象的图层。

(2) 通过【删除图层对象并清理图层】删除图层

第 1 步 选择【默认】选项卡→【图层】面板的展开按钮。

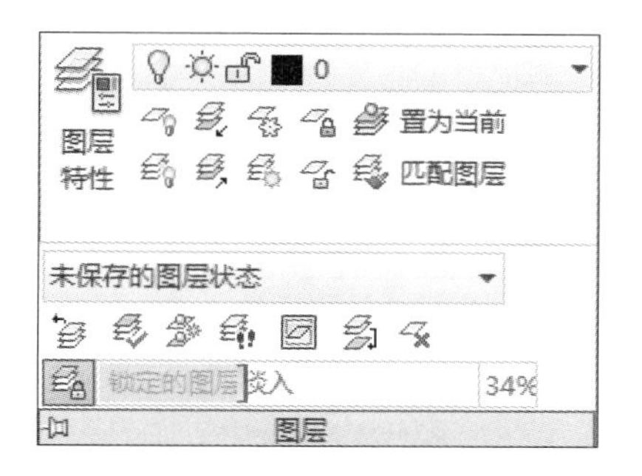

第 2 步 在弹出的展开面板中选择删除按钮，命令提示如下。

命令：LAYDEL

选择要删除的图层上的对象或 [名称 (N)]:

第 3 步 鼠标在命令行单击【名称（N）】，弹出如下图所示的【删除图层】对话框。

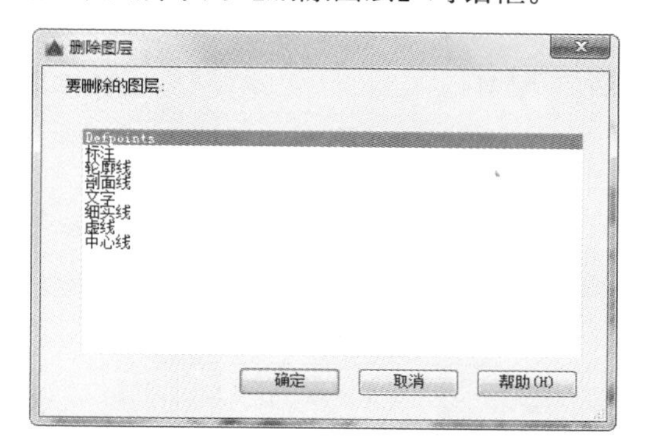

第 4 步 选中“Defpoints”层，然后单击【确定】按钮，系统弹出【删除图层】对话框。

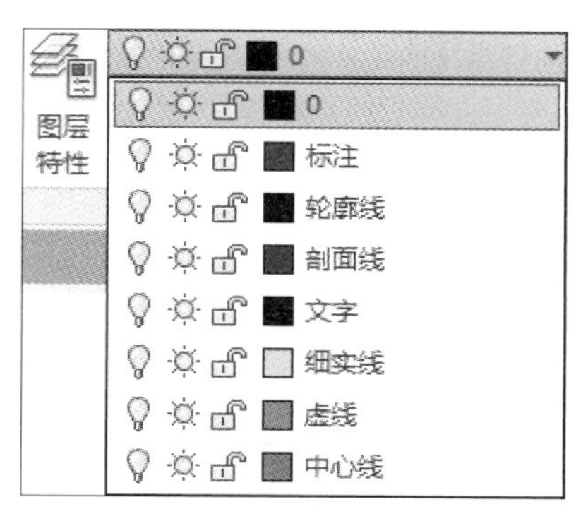

第 5 步 单击【是】按钮，即可将“Defpoints”图层删除，删除图层后单击【默认】选项卡→【图层】面板→【图层】下拉按钮，可以看到“Defpoints”图层已经被删除。

提示

该方法可以删除除“0”层和当前层外的所有图层。

(3) 通过【图层漫游】删除图层

第1步 选择【默认】选项卡→【图层】面板的展开按钮，在弹出的展开面板中选择图层漫游按钮。

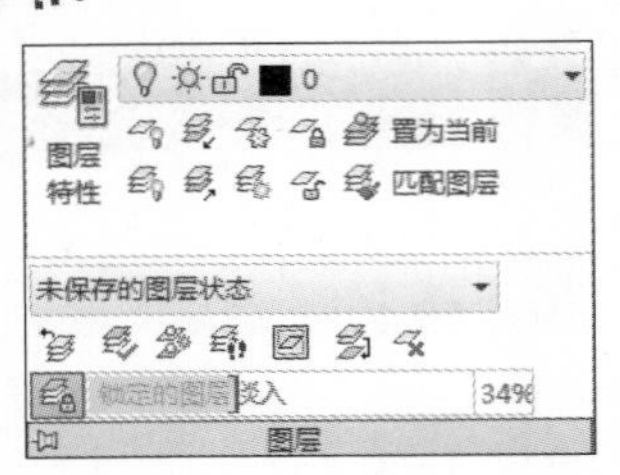

第2步 在弹出的【图层漫游】对话框中选择需要删除的图形，单击【清除】按钮即可将该图层删除。

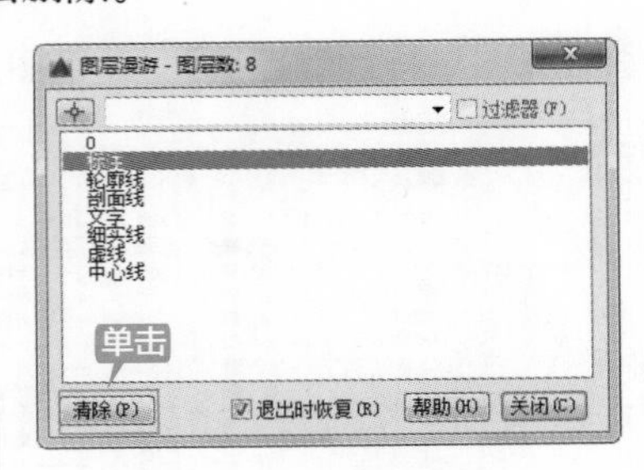

提示

该方法不可以删除“0”层、当前层和有对象的图层。

2.2.3 改变图形对象所在图层

对于复杂的图形，在绘制的过程中经常切换图层是一件麻烦的事情，很多绘图者为了绘图方便，经常在某个或某几个图层上完成图形的绘制，然后再将图形的对象放置到其相应的图层上。改变图形对象的方法通常有以下四种：通过【图层】下拉列表更改图层、通过【图层匹配】更改图层、通过【特性匹配】更改对象图层、通过【特性选项板】更变对象图层。

(1) 通过【图层】下拉列表更改图层

第1步 选择图形中的某个对象，如选择主视图的竖直中心线。

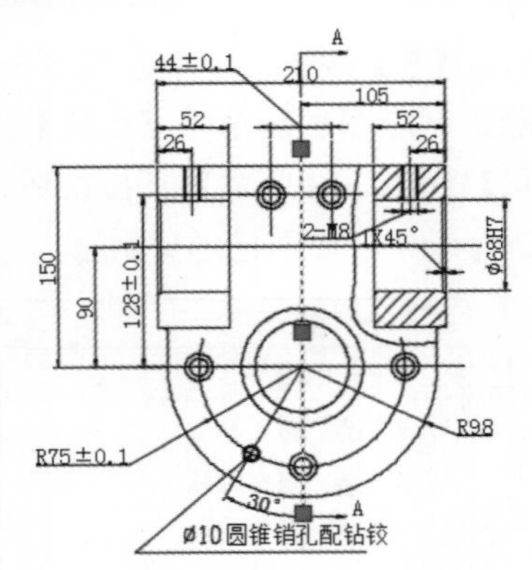

第2步 单击【默认】选项卡→【图层】面板→【图层】下拉按钮，在弹出的下拉列表中选择【中心线】。

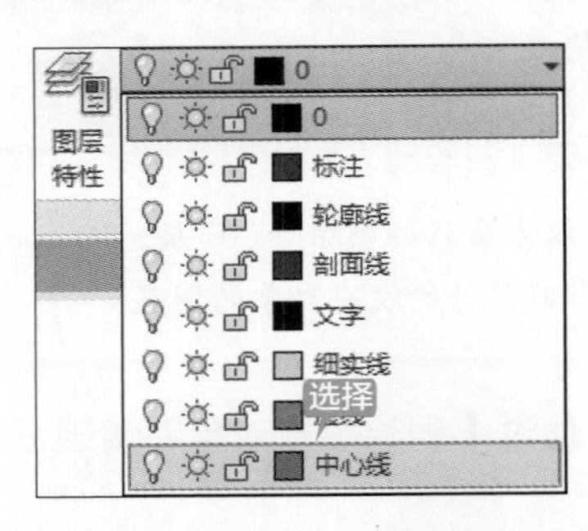

第3步 按【Esc】键退出选择后结果如下图所示。

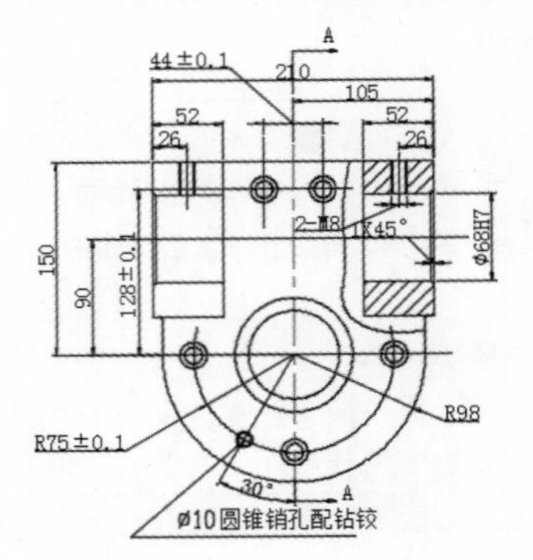

(2) 通过【图层匹配】更改图层

第 1 步 选择【默认】选项卡→【图层】面板的【匹配图层】按钮。

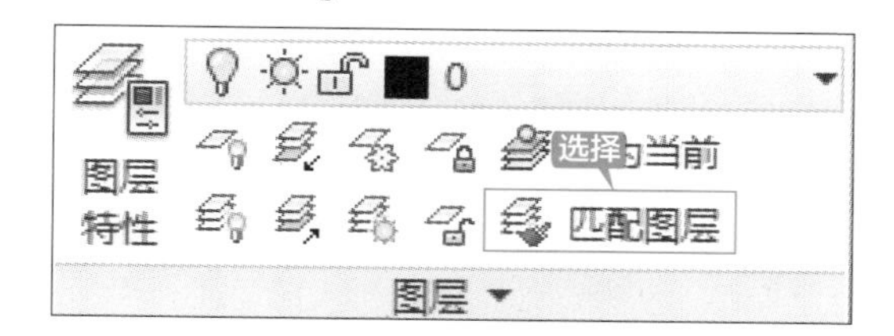

第 2 步 选择下图中的水平直线作为要更改的对象。

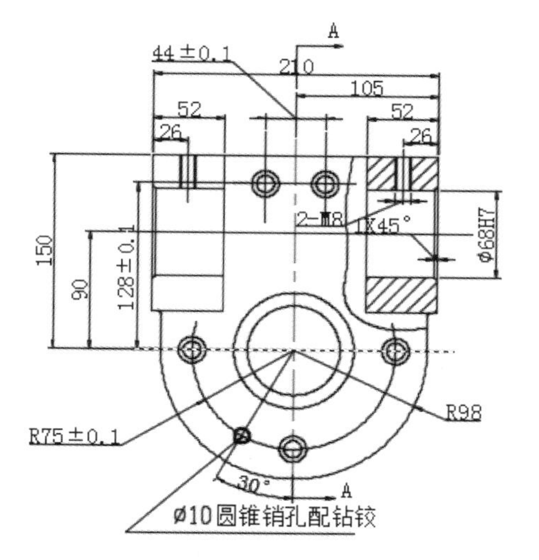

第 3 步 按【Space】键（或【Enter】键）结束更改对象的选择，然后选择目标图层上的对象。

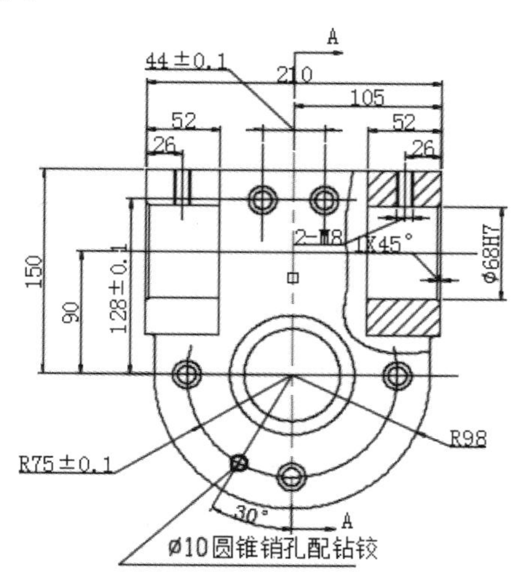

第 4 步 结果如下图所示。

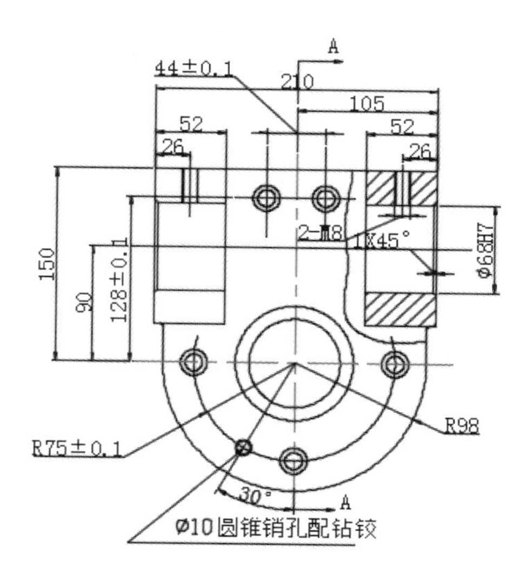

提示

该方法更改对象图层时，目标图层上必须有对象才可以。

(3) 通过【特性匹配】更改对象图层

第 1 步 选择【默认】选项卡→【特性】面板→【特性匹配】按钮。

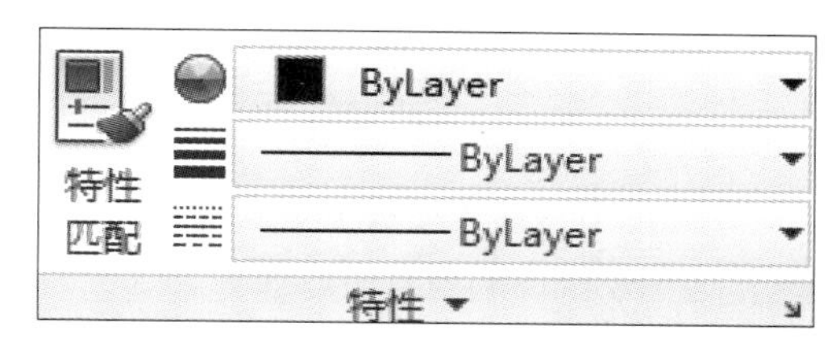

第 2 步 当命令行提示选择"源对象"时，选择竖直或水平中心线。

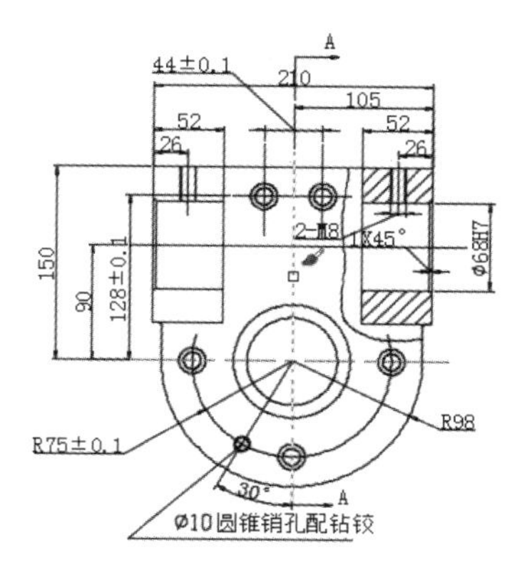

第 3 步 当鼠标指针变成笔状时选择要更改图层的目标对象。

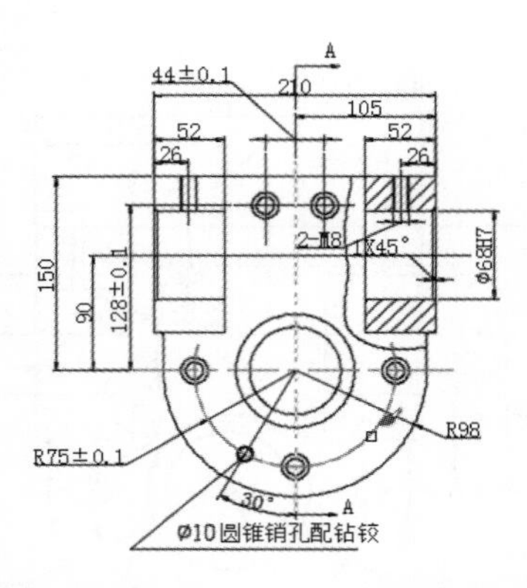

第 4 步 继续选择目标对象，将主视图其他中心线也更改到“中心线”层，然后按【Space】键（或【Enter】键）退出命令，结果如下图所示。

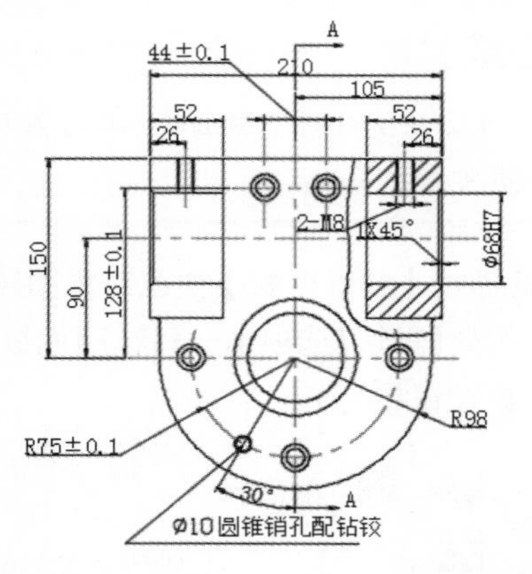

(4) 通过【特性选项板】更改对象图层

第 1 步 选中左视图的所有中心线。

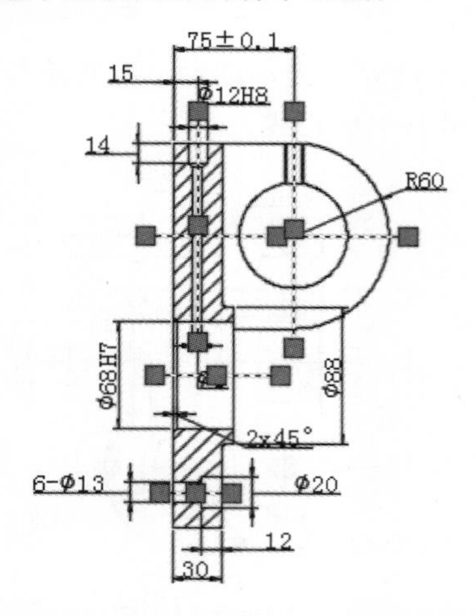

第 2 步 单击【默认】选项卡→【特性】面板右下角的↘按钮（或按【Ctrl+1】组合键），调用特性选项板。

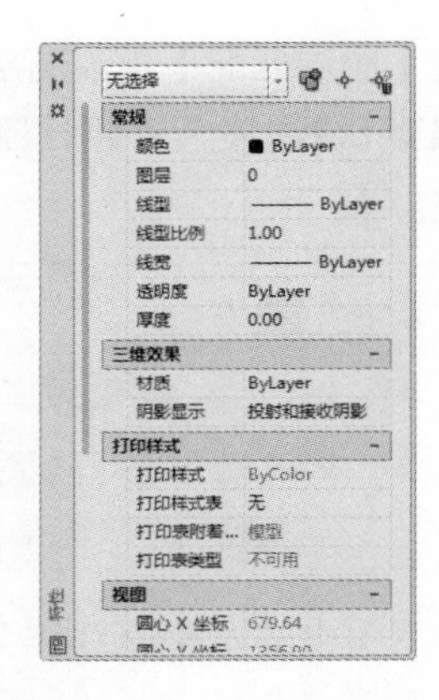

第 3 步 单击【图层】下拉按钮，在弹出的下拉列表中选择【中心线】。

第 4 步 按【Esc】键退出选择后结果如下图所示。

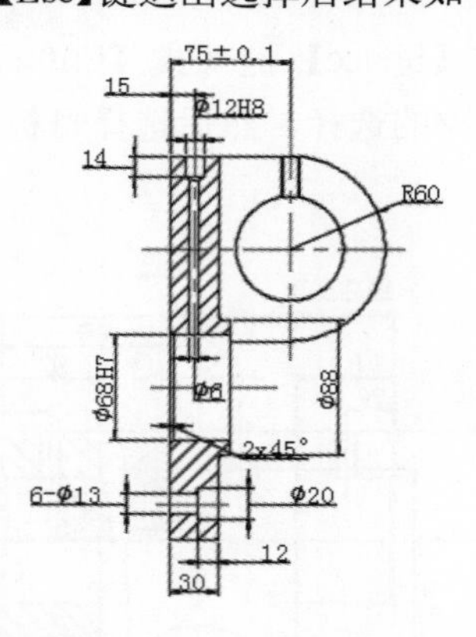

提示

除了上述的几种方法外，还可以通过【合并图层】（选择【默认】选项卡→【图层】面板的展开按钮→合并按钮）将某个图层上的所有对象都合并到另一个图层上，同时删除原图层。

2.3 控制图层的状态

图层可通过图层状态进行控制，以便于对图形进行管理和编辑，在绘图过程中，常用到的图层状态属性有打开 / 关闭、冻结 / 解冻、锁定 / 解锁等，下面将分别对图层状态的设置进行详细介绍。

2.3.1 打开 / 关闭图层

当图层打开时，该图层前面的“灯泡”呈亮色，该图层上的对象可见并且可以打印。当图层关闭时，该图层前面的“灯泡”呈暗色，该图层上的对象不可见并且不能打印，即使已打开“打印”选项也是如此。

1. 打开 / 关闭图层的方法

打开和关闭图层的方法通常有以下 3 种：通过【图层特性管理器】关闭 / 打开图层；通过【图层】下拉列表关闭 / 打开图层；通过【关闭 / 打开图层】命令关闭 / 打开图层。

(1) 通过【图层特性管理器】关闭图层。

第 1 步 选择【默认】选项卡→【图层】面板→【图层特性】按钮。

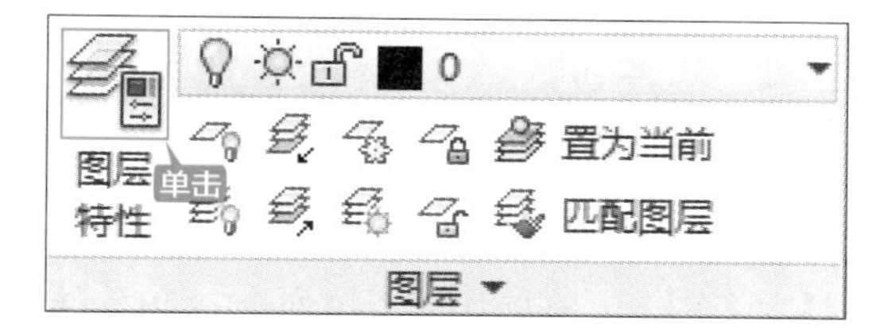

第 2 步 弹出【图层特性管理器】，如下图所示。

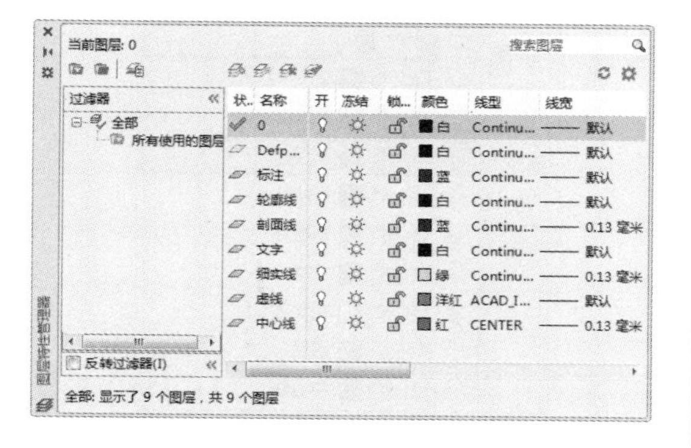

第 3 步 单击“中心线”图层前的灯泡将它关闭，关闭后灯泡变暗。

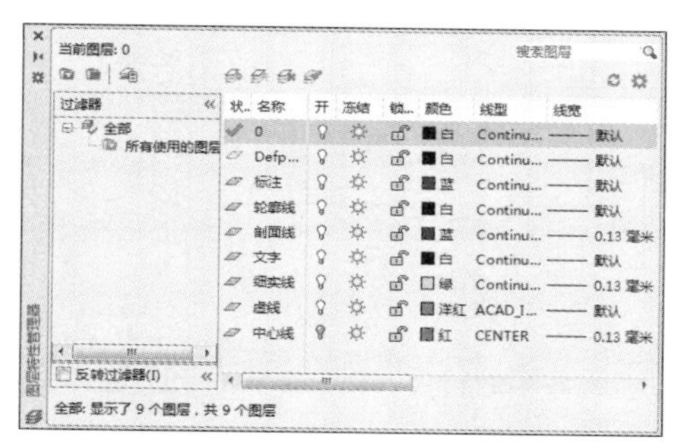

第 4 步 单击关闭按钮 ×，“中心线”图层将被关闭，如下图所示。

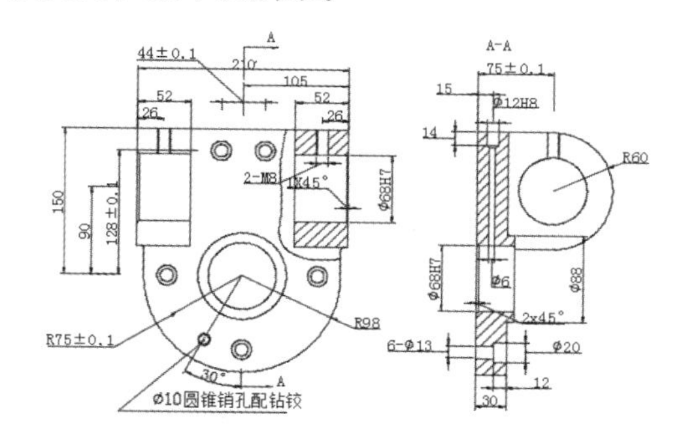

(2) 通过【图层】下拉列表关闭图层。

第 1 步 单击【默认】选项卡→【图层】面板→【图层】下拉按钮。

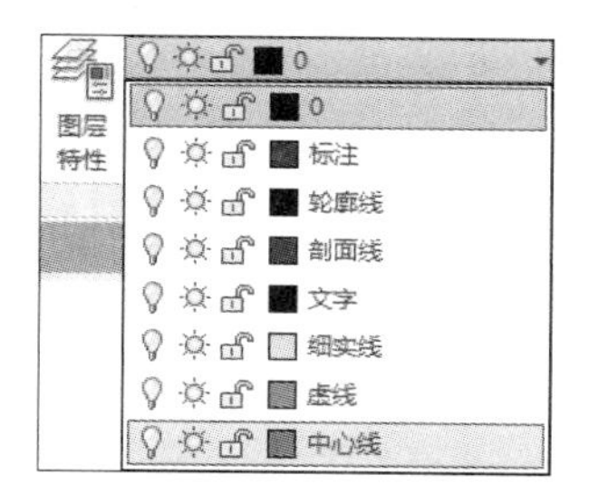

第 2 步 在弹出的下拉列表中单击“中心线”图层前的灯泡，使其变暗。

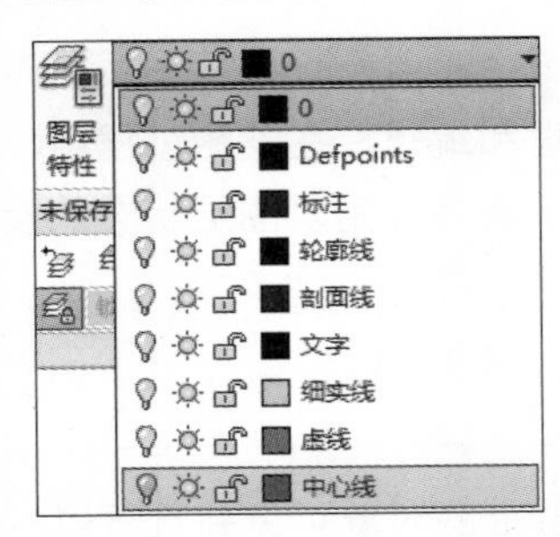

第 3 步 “中心线”图层将被关闭，如下图所示。

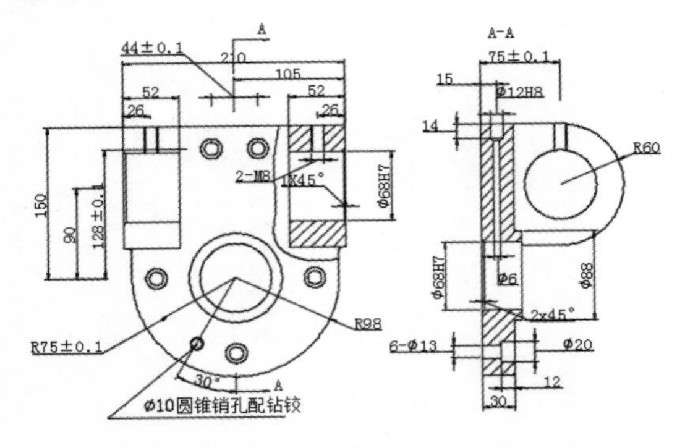

(3) 通过【关闭图层】命令关闭图层。

第 1 步 选择【默认】选项卡→【图层】面板的【关闭】按钮。

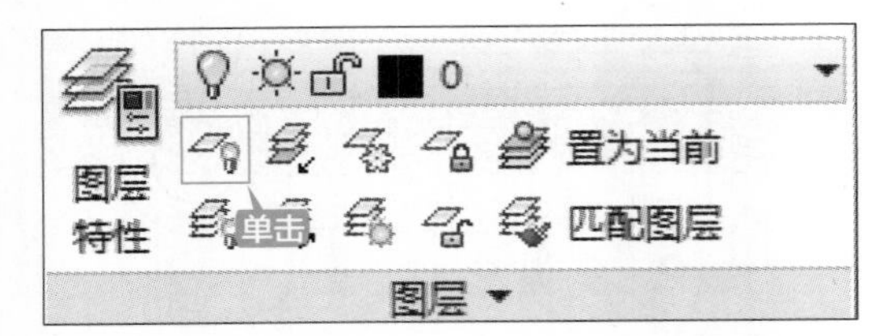

第 2 步 选择中心线即可将“中心线”图层关闭，结果如下图所示。

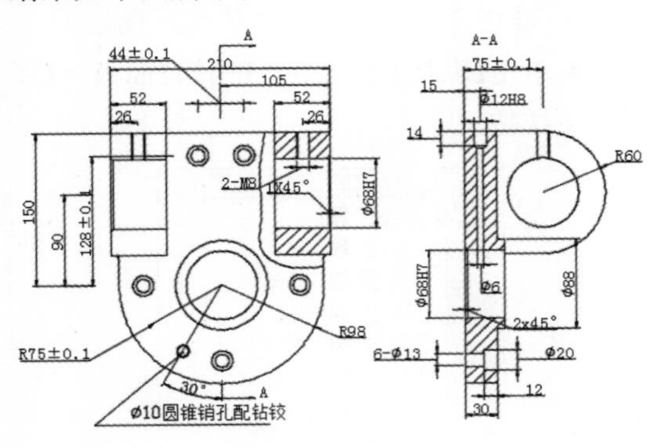

提示

按同样方法操作即可打开关闭的图层。单击【默认】选项卡→【图层】面板的【打开所有图层】按钮即可将所有关闭的图层打开。

2. 打开 / 关闭图层的应用

当图层很多时，为了更准确地修改或查看图形的某一部分时，经常将不需要修改或查看的对象所在的图层关闭，例如，本例可以将“中心线”图层关闭，然后再选择所有的标注尺寸将它切换到“标注”图层。

第 1 步 将“中心线”图层关闭后选择所有的标注尺寸。

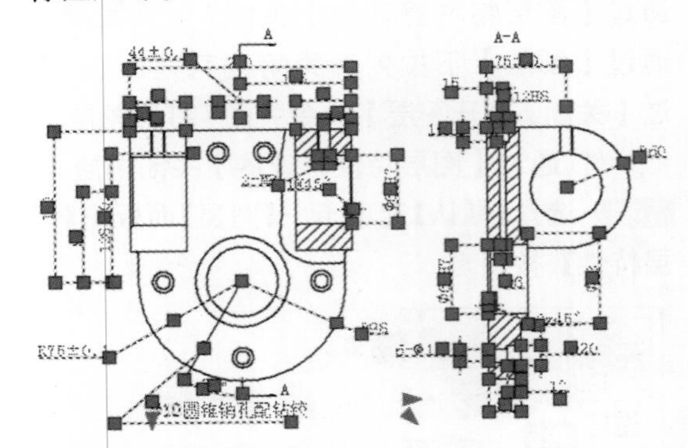

第 2 步 单击【默认】选项卡→【图层】面板→【图层】下拉按钮，在弹出的下拉列表中选择【标注】。

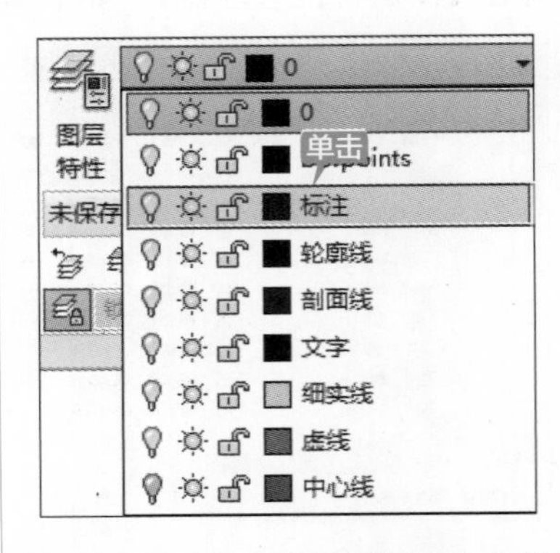

第 3 步 单击“标注”图层前的灯泡，关闭“标注”图层，结果如下图所示。

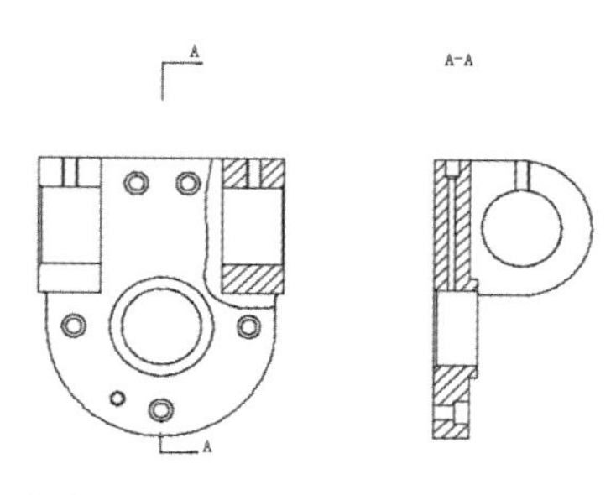

第 4 步 选中图中所有的剖面线。

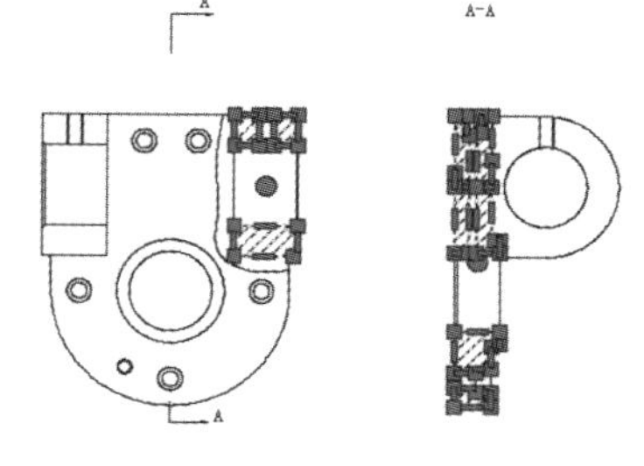

第 5 步 单击【默认】选项卡→【图层】面板→【图层】下拉按钮，在弹出的下拉列表中选择【剖面线】，然后按【Esc】键，结果如下图所示。

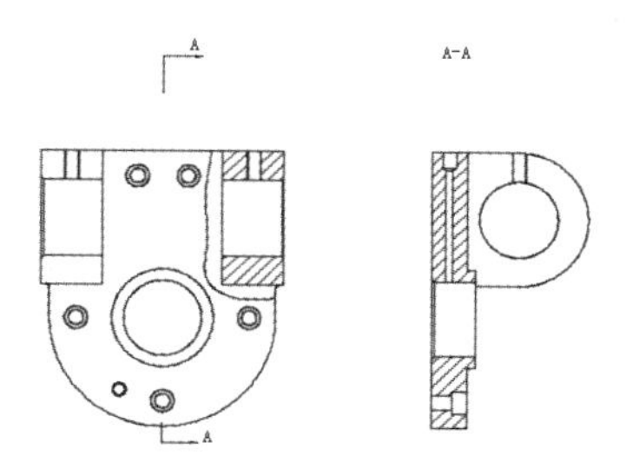

第 6 步 单击【默认】选项卡→【图层】面板→【图层】下拉按钮，在弹出的下拉列表中单击“中心线”图层和“标注”图层前的灯泡，打开“中心线”图层和“标注”图层，结果如下图所示。

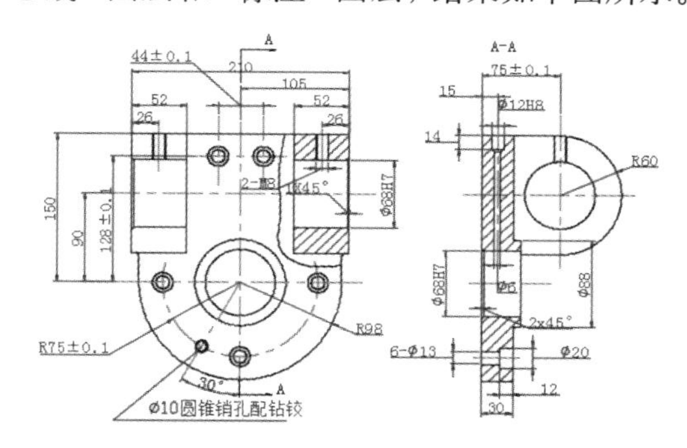

2.3.2 冻结 / 解冻图层

图层冻结时图层中的内容被隐藏，且该图层上的内容不能进行编辑和打印。通过冻结操作可以冻结图层来提高 ZOOM、PAN 或其他若干操作的运行速度，提高对象选择性能并减少复杂图形的重生成时间。图层冻结时将以灰色的雪花图标显示，图层解冻时将以明亮的太阳图标显示。

1. 冻结 / 解冻图层的方法

解冻 / 冻结图层的方法与打开 / 关闭的方法相同，通常有以下 3 种：通过【图层特性管理器】冻结 / 解冻图层；通过【图层】下拉列表冻结 / 解冻图层；通过【冻结 / 解冻图层】命令冻结 / 解冻图层。

(1) 通过【图层特性管理器】冻结图层。

第 1 步 单击【默认】选项卡→【图层】面板→【图层特性】按钮。

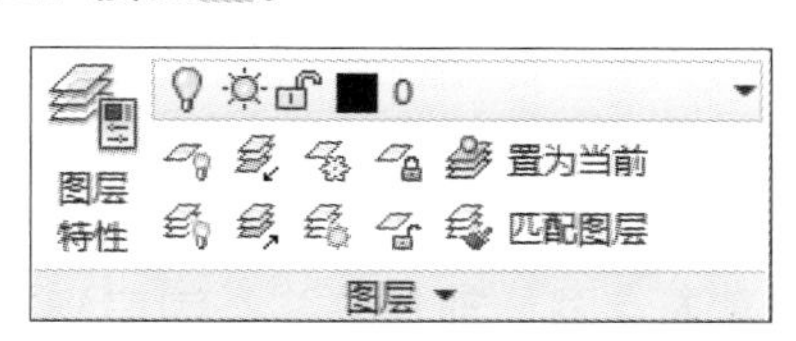

第 2 步 弹出【图层特性管理器】，如下图所示。

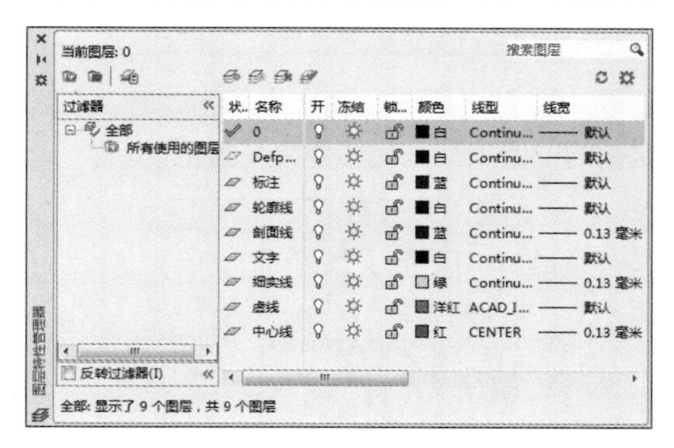

第 3 步 单击“中心线”图层前的“太阳”将该层冻结，冻结后“太阳”变成“雪花”。

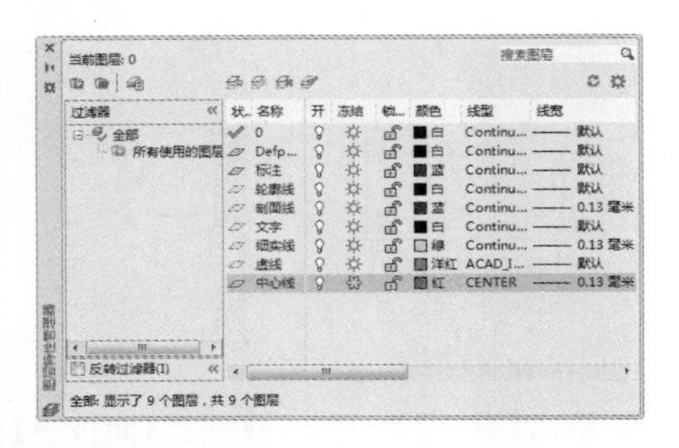

第 4 步 单击关闭按钮，结果“中心线”图层将被冻结，如下图所示。

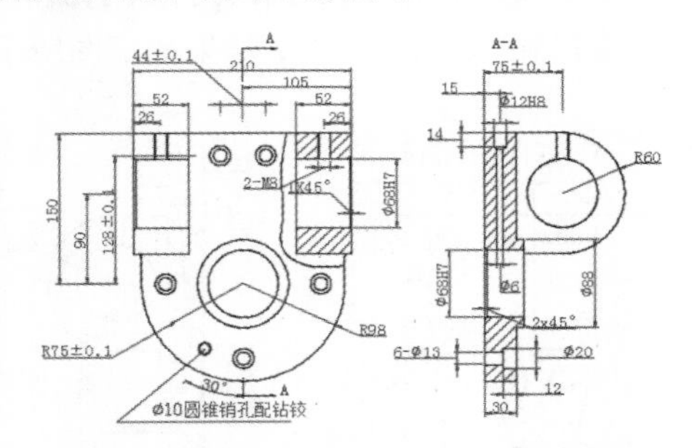

(2) 通过【图层】下拉列表冻结的图层。

第 1 步 单击【默认】选项卡→【图层】面板→【图层】下拉按钮。

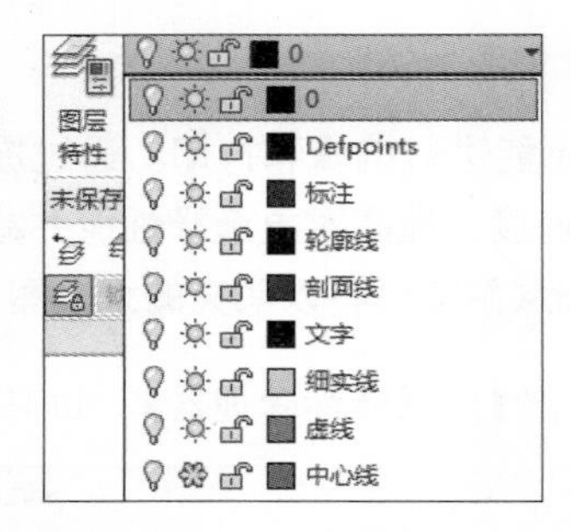

第 2 步 在弹出的下拉列表中单击“标注”图层前的“太阳”，使其变为“雪花”。

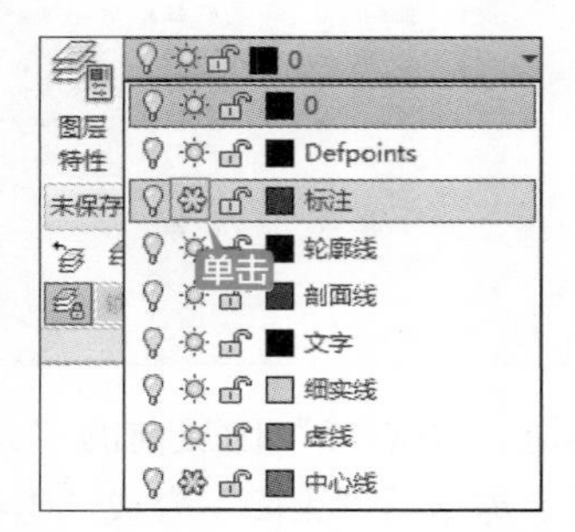

第 3 步 结果“标注”图层也被冻结，如下图所示。

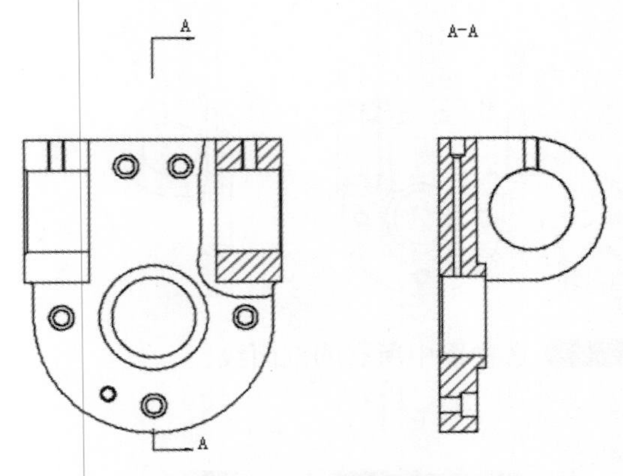

(3) 通过【冻结图层】命令关闭图层。

第 1 步 选择【默认】选项卡→【图层】面板的【冻结】按钮。

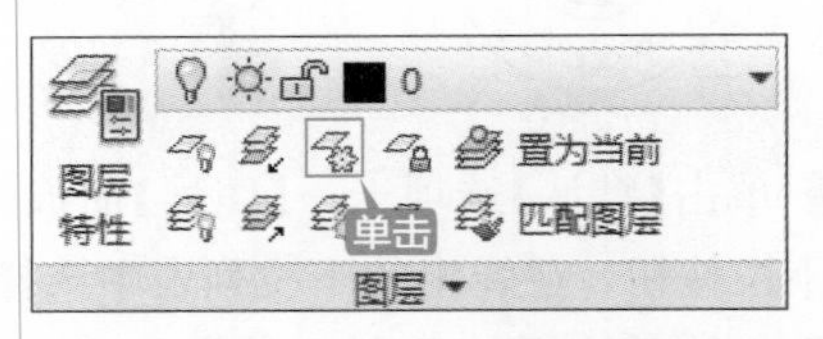

第 2 步 选择剖面线即可将“剖面线”图层冻结，结果如下图所示。

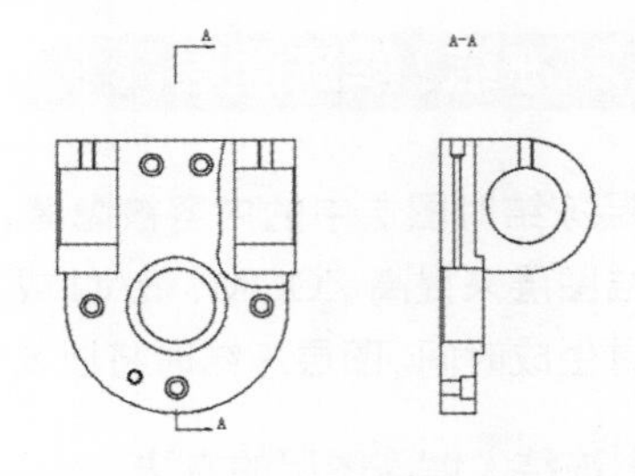

提示

按同样方法操作即可解冻冻结的图层。单击【默认】选项卡→【图层】面板的【解冻所有图层】按钮即可将所有冻结的图层解冻。

2. 冻结 / 解冻图层的应用

冻结 / 解冻和打开 / 关闭图层的功用差不多，区别在于，冻结图层可以减少重新生成图形时的计算时间，图层越复杂越能体现出冻结图层的优越性。解冻一个图层将引起整个图形重新生成，而打开一个图层则只是重

画这个图层上的对象，因此如果用户需要频繁地改变图层的可见性，应使用关闭而不应使用冻结。

第 1 步 将“中心线”图层、“标注”图层和“剖面线”图层冻结后选择剖断处螺纹孔的底径、剖断线和指引线。

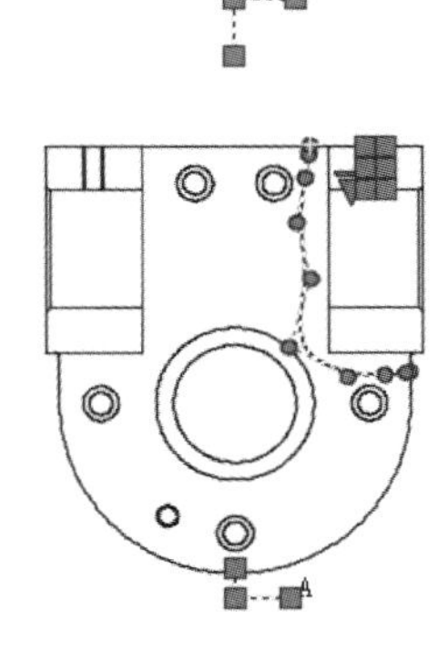

第 2 步 单击【默认】选项卡→【图层】面板→【图层】下拉按钮，在弹出的下拉列表中选择【细实线】。

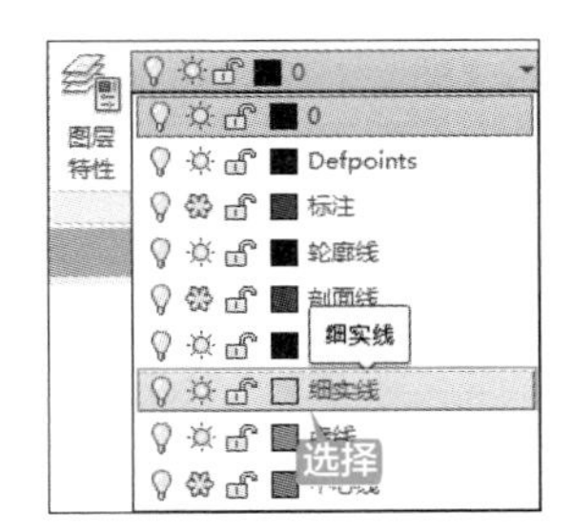

第 3 步 按【Esc】键退出选择后结果如下图所示。

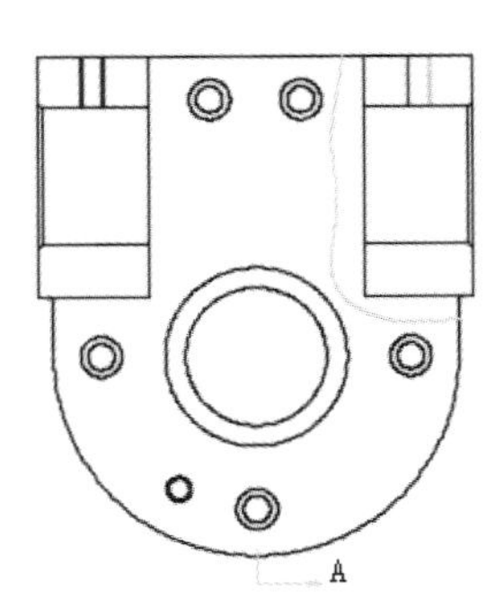

第 4 步 选择其他螺纹孔的底径。

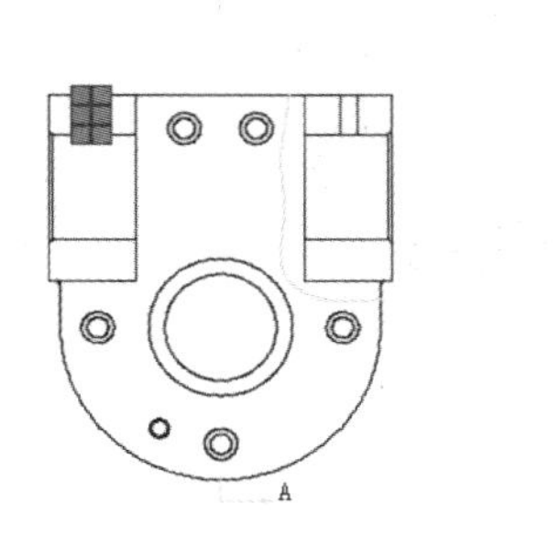

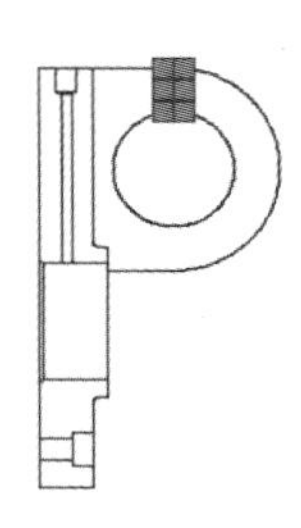

第 5 步 单击【默认】选项卡→【图层】面板→【图层】下拉按钮，在弹出的下拉列表中选择【虚线】。

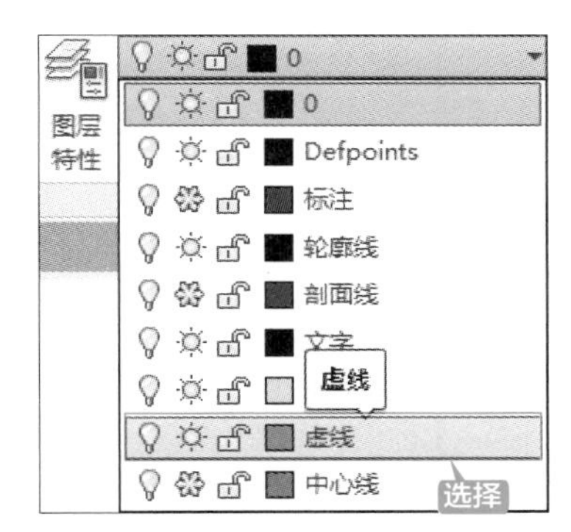

第 6 步 单击【默认】选项卡→【特性】面板右下角的 按钮（或按【Ctrl+1】组合键），在弹出的特性面板上将【线性比例】改为“0.02”。

第7步 按【Esc】键退出选择后如下图所示。

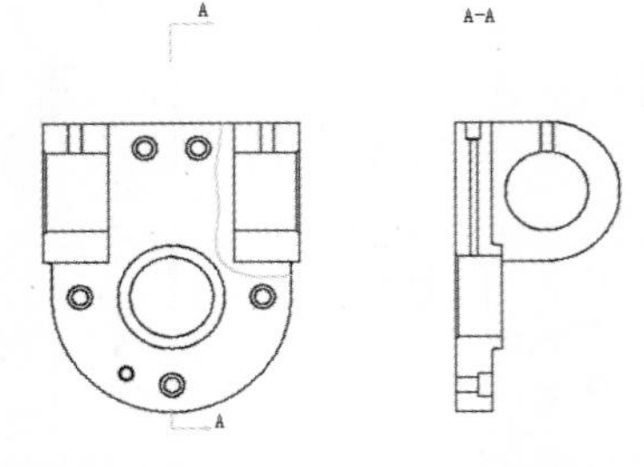

解冻所有图层的具体操作方法如下。

第1步 单击【默认】选项卡→【图层】面板→【图层】下拉按钮，在弹出的下拉列表中单击"细实线"和"虚线"前的"太阳"，使其变为"雪花"。

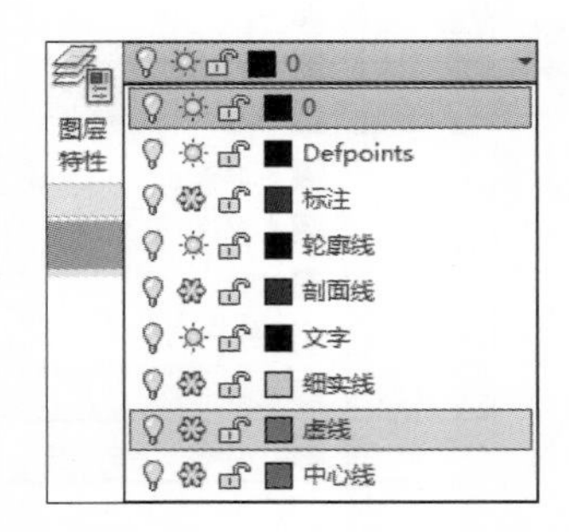

第2步 "细实线"图层和"虚线"图层冻结后结果如下图所示。

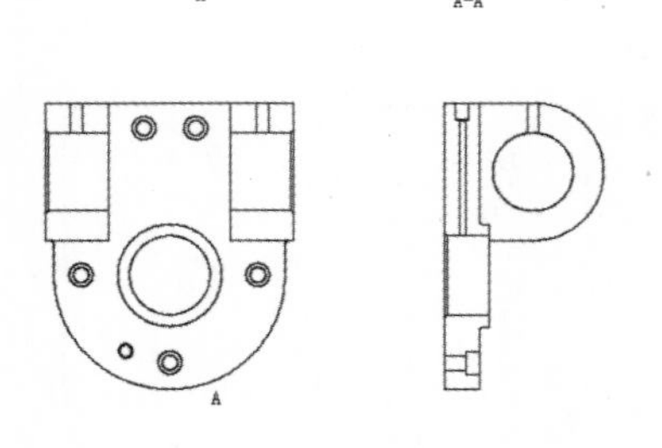

第3步 选择除文字外的所有对象。

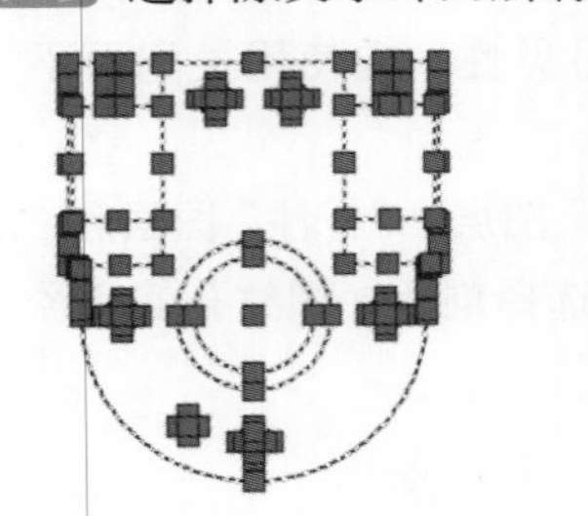
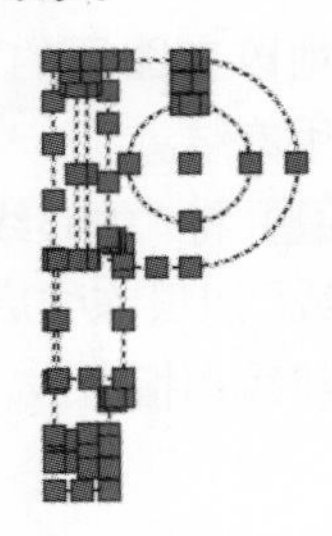

第4步 单击【默认】选项卡→【图层】面板→【图层】下拉按钮，在弹出的下拉列表中选择"轮廓线"。

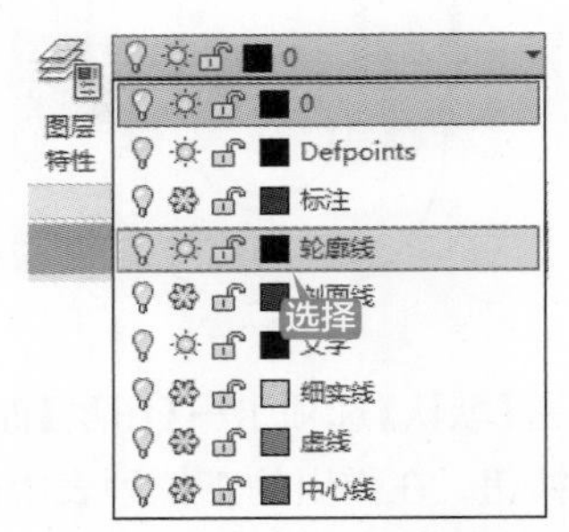

第5步 按【Esc】键退出选择，然后单击【默认】选项卡→【图层】面板→【解冻所有图层】按钮，结果如下图所示。

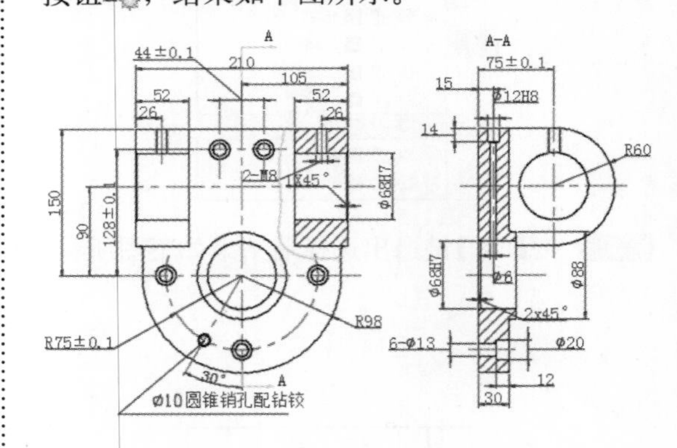

2.3.3 锁定 / 解锁图层

图层锁定后图层上的内容依然可见，但是不能被编辑。

1. 锁定 / 解锁图层的方法

图层锁定 / 解锁的方法通常有以下 3 种：通过【图层特性管理器】锁定 / 解锁图层；通过【图层】下拉列表锁定 / 解锁图层；通过【锁定 / 解锁图层】命令锁定 / 解锁图层。

(1) 通过【图层特性管理器】锁定图层。

第1步 单击【默认】选项卡→【图层】面板→【图层特性】按钮。

第 2 步 弹出【图层特性管理器】，如下图所示。

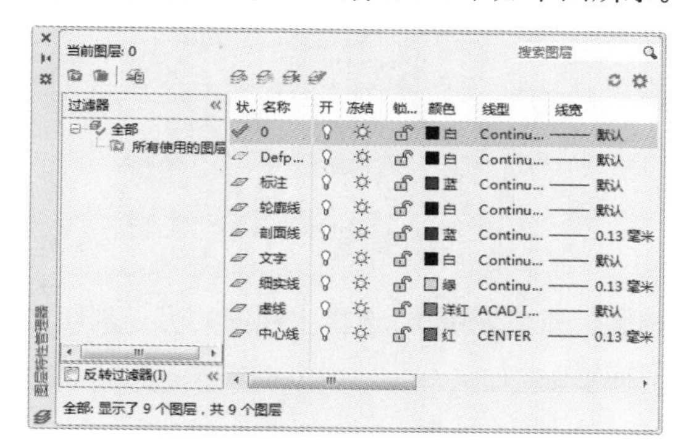

第 3 步 单击“中心线”图层前的“锁”将该层锁定。

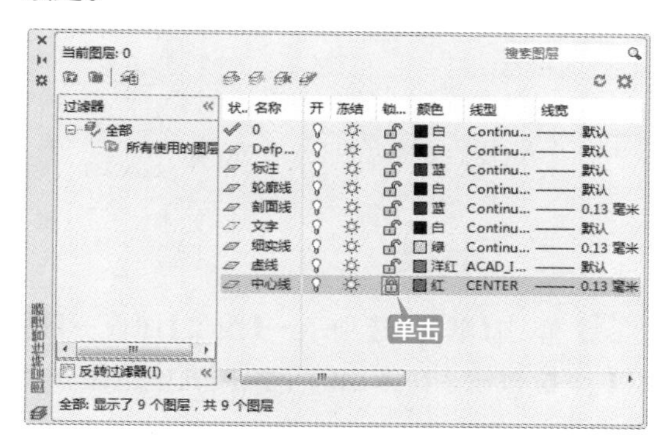

第 4 步 单击关闭按钮 ，结果中心线仍可见，但被锁定，将鼠标放到中心线上，出现锁的图标，如下图所示。

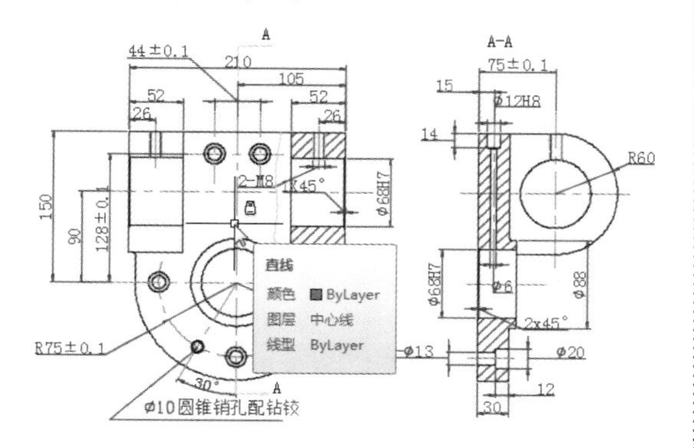

(2) 通过【图层】下拉列表锁定图层。

第 1 步 单击【默认】选项卡→【图层】面板→【图层】下拉按钮。

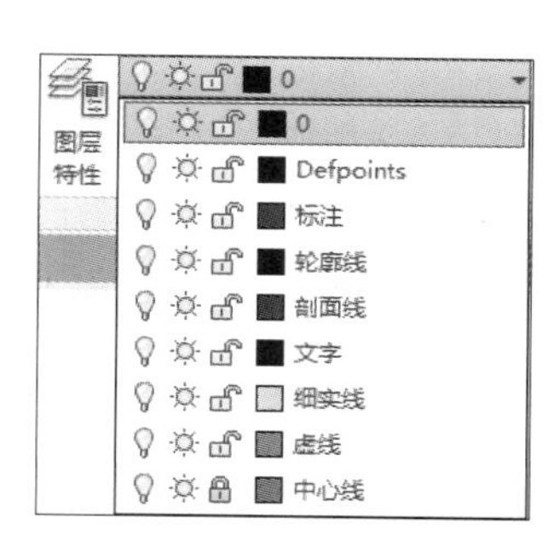

第 2 步 在弹出的下拉列表中单击“标注”前的“锁”，使“标注”图层锁定。

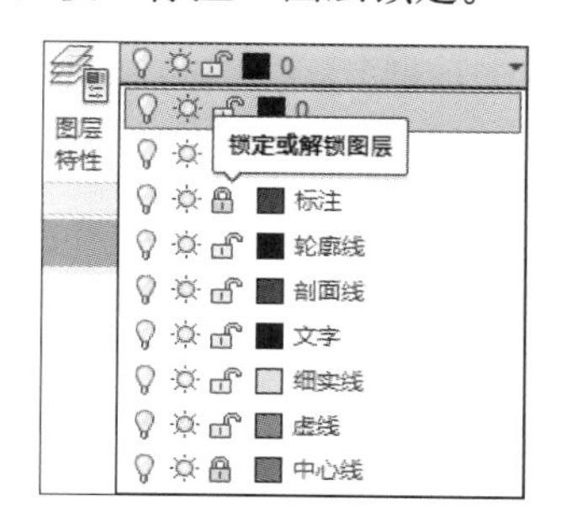

第 3 步 结果“标注”图层也被锁定，如下图所示。

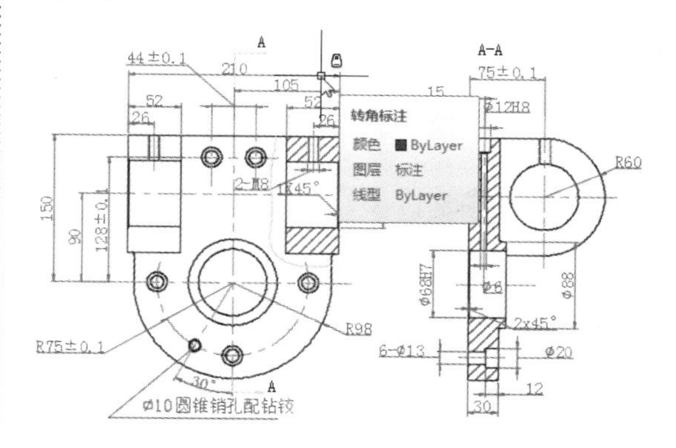

(3) 通过【锁定图层】命令锁定图层。

第 1 步 选择【默认】选项卡→【图层】面板的【锁定】按钮 。

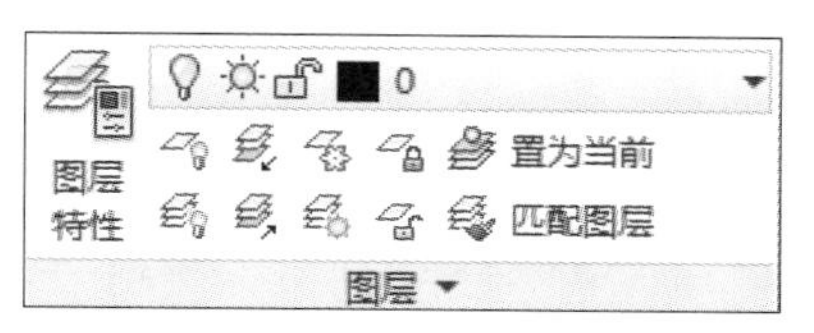

第 2 步 选择轮廓线即可将“轮廓线”图层锁定，结果如下图所示。

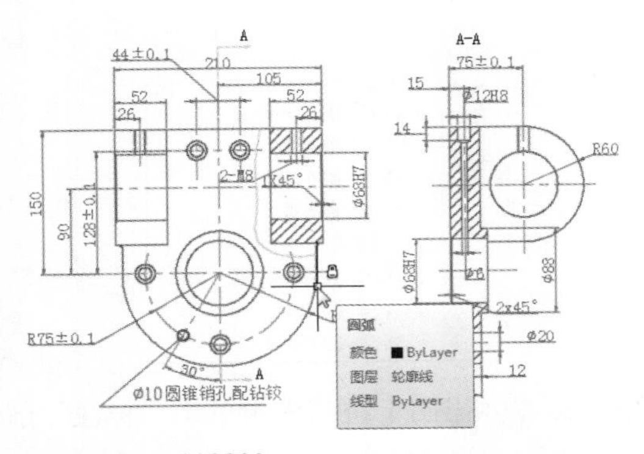

提示

按上述类似方法操作即可解锁锁定的图层。单击【默认】选项卡→【图层】面板的【解锁】按钮，然后选择需要解锁的图层上的对象即可将该层解锁。

2. 锁定/解锁图层的应用

因为锁定的图层不能被编辑，所以对于复杂图形可以将不需要编辑的对象所在的图层锁定，这样就可以放心大胆地选择对象了，被锁定的对象虽然能被选中，但却不会被编辑。

第1步 单击【默认】选项卡→【图层】面板→【图层】下拉按钮，将除“0”层和“文字”层外的所有层都锁定。

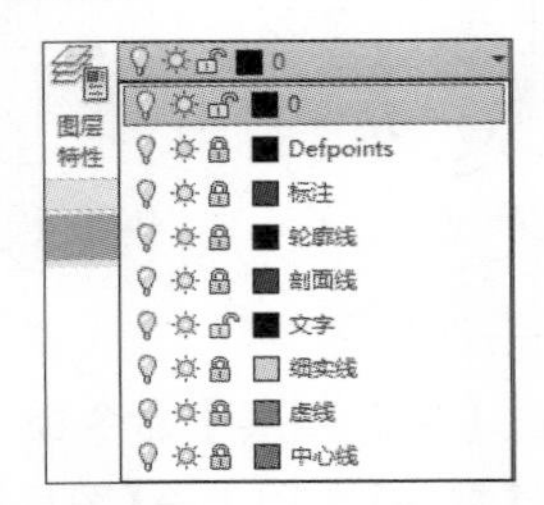

第2步 用窗交方式从右至左选择文字对象。

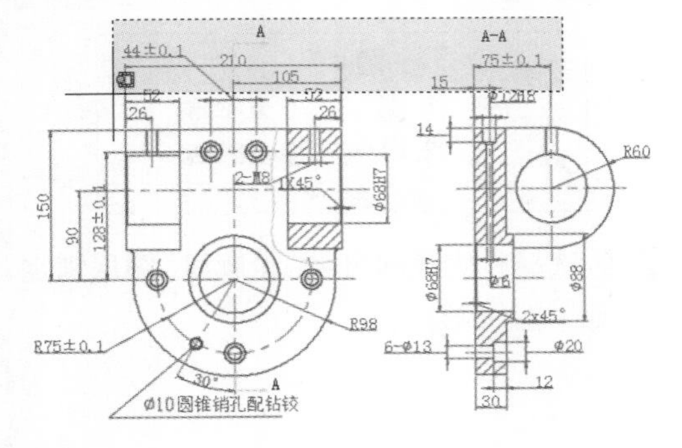

第3步 选择完成后如下图所示。

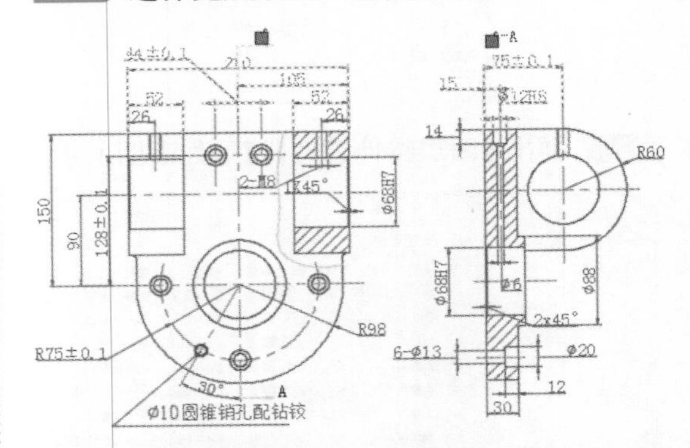

第4步 重复第2步，选择主视图的另一剖切文字标记。

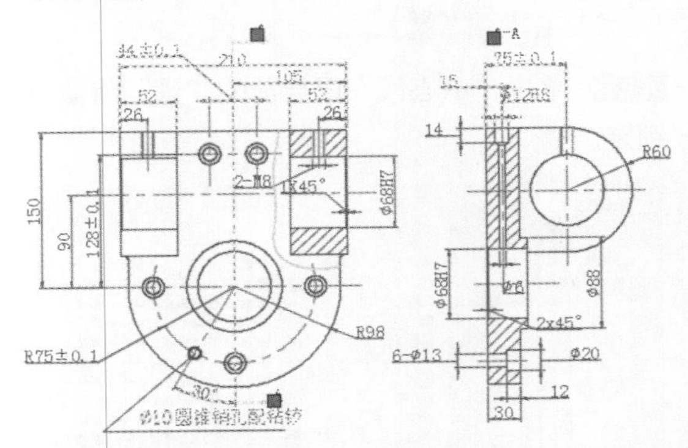

第5步 单击【默认】选项卡→【图层】面板→【图层】下拉按钮，在弹出的下拉列表中选择“文字”。

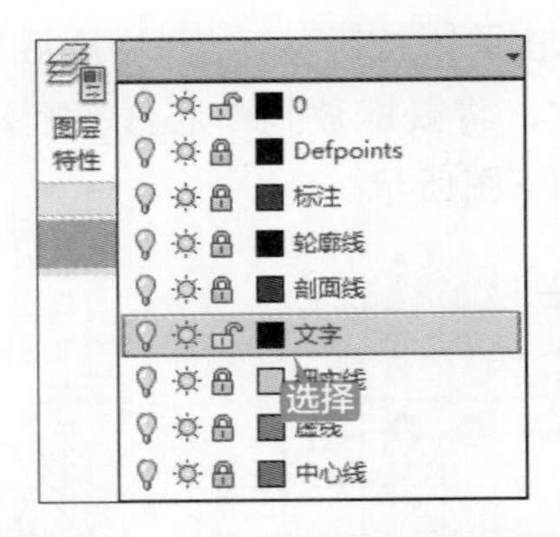

第6步 弹出锁定对象无法编辑提示框，如下图所示。

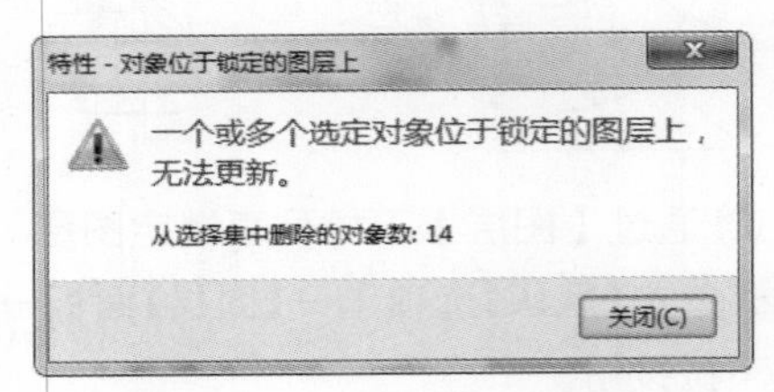

第 7 步 单击【关闭】按钮，将锁定图层的对象从选择集中删除，并将未锁定图层上的对象执行操作（即放置到“文字”图层）。按【Esc】键退出选择后，将鼠标放置到文字上，在弹出的标签上可以看到文字已经放置到了“文字”图层上。

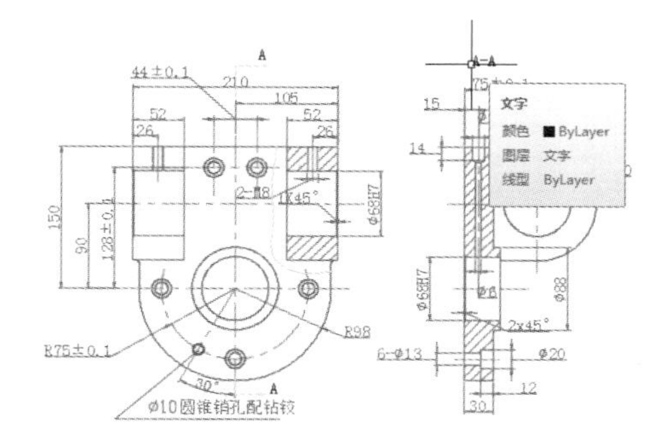

第 8 步 单击【默认】选项卡→【图层】面板→【图层】下拉按钮，在弹出的下拉列表中将所有的锁定图层解锁。

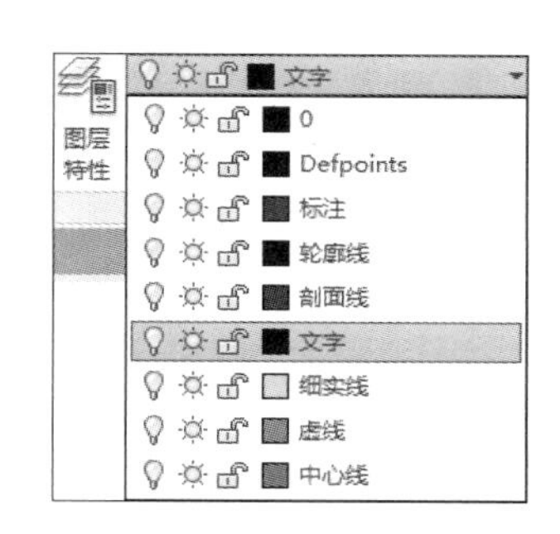

第 9 步 所有图层解锁后如下图所示。

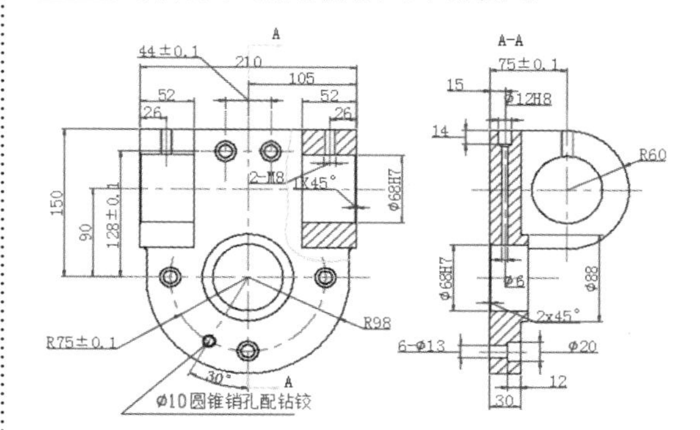

2.4 设置线型比例

线型比例主要用来显示图形中点画线（或虚线）的点和线的显示比例，线型比例设置不当会导致点画线看起来像一条直线。

2.4.1 全局比例

全局比例对整个图形中所有的点画线和虚线的显示比例统一缩放，下面就来介绍如何修改全局比例。

第 1 步 单击【默认】选项卡→【图层】面板→【图层】下拉按钮，将除“虚线”图层和“中心线”图层外的所有图层都关闭。

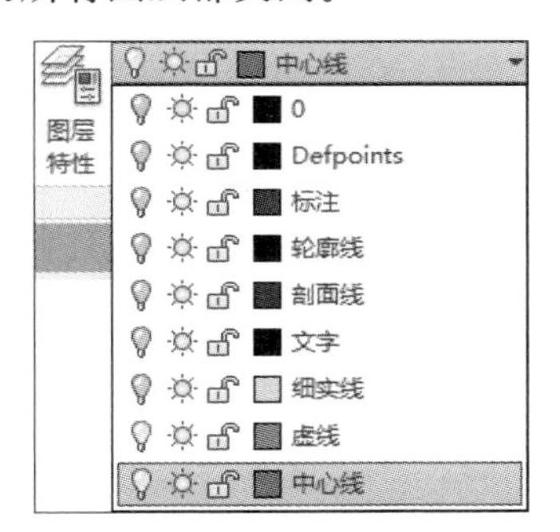

第 2 步 图层关闭后只显示中心线和虚线，如下图所示。

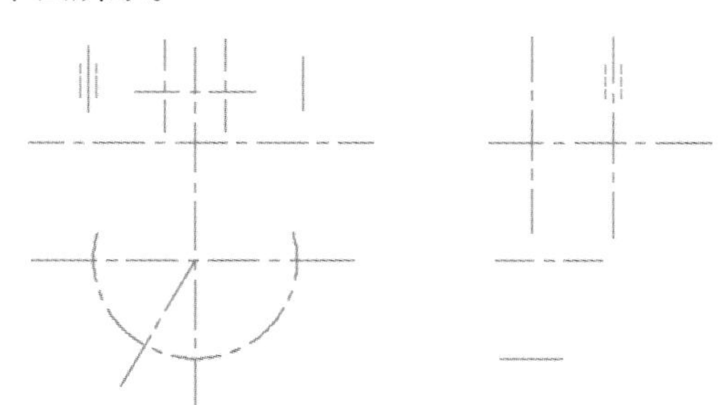

第 3 步 单击【默认】选项卡→【特性】面板→【线型】下拉按钮。

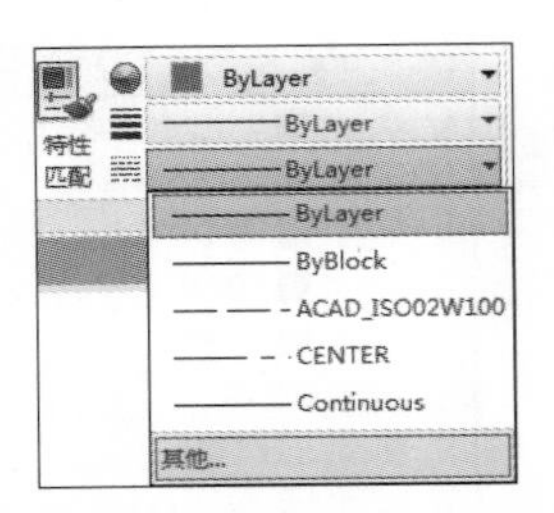

第 4 步 在弹出的下拉列表中选择【其他】，在弹出的【线型管理器】中将【全局比例因子】改为“20”。

> **提示**
>
> 【当前对象缩放比例】只对设置完成后再绘制的对象的比例起作用，如果【当前对象缩放比例】不为“0”，则之后绘制的点画线或虚线对象的比例为：全局比例因子 × 当前对象缩放比例。

第 5 步 全局比例修改完成后单击【确定】按钮，结果如下图所示。

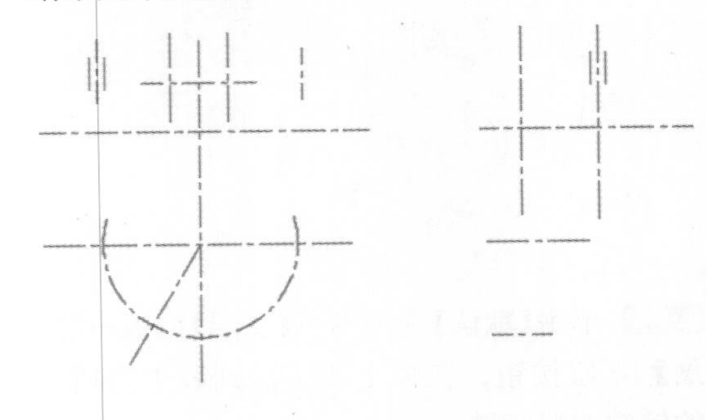

2.4.2 修改局部线型比例

当点画线或虚线的长度大小差不多时，只需要修改全局比例因子即可，但当点画线或虚线对象之间差别较大时，还需要对局部线型比例进行调整，对局部线型比例的具体操作如下。

第 1 步 单击【默认】选项卡→【图层】面板→【图层】下拉按钮，将“中心线”图层锁定。

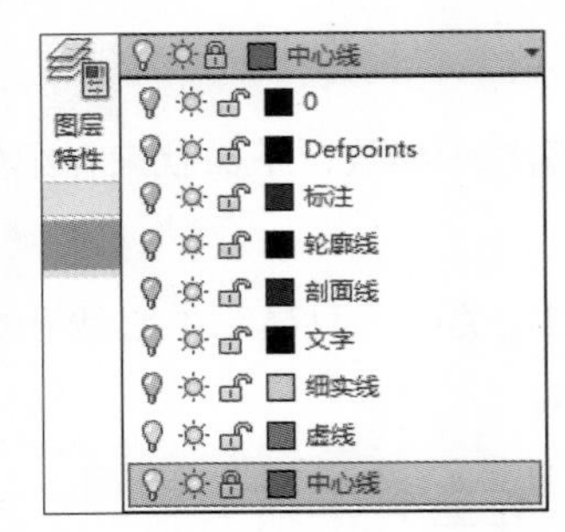

第 2 步 拖动鼠标选择图中所有的虚线，如下图所示。

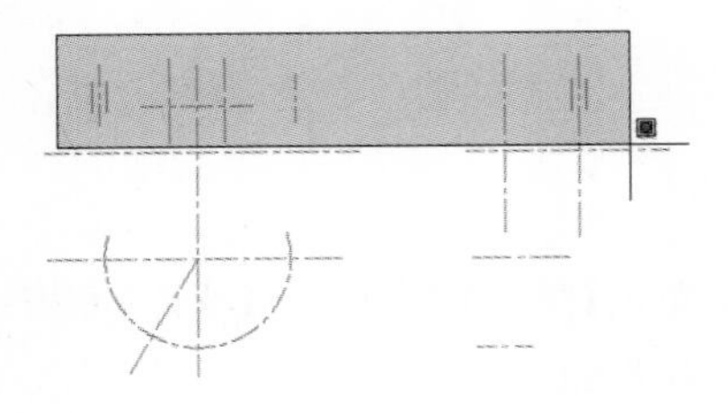

第 3 步 选择【默认】选项卡→【特性】面板右下角的 按钮（或按【Ctrl+1】组合键），调用特性面板。

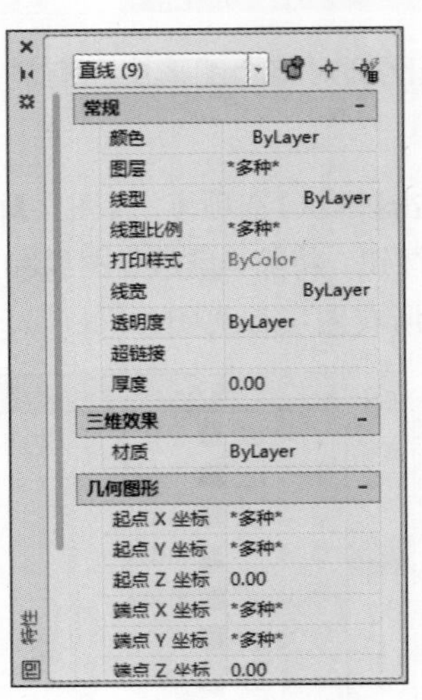

第 4 步 将【线型比例】改为“0.04”。

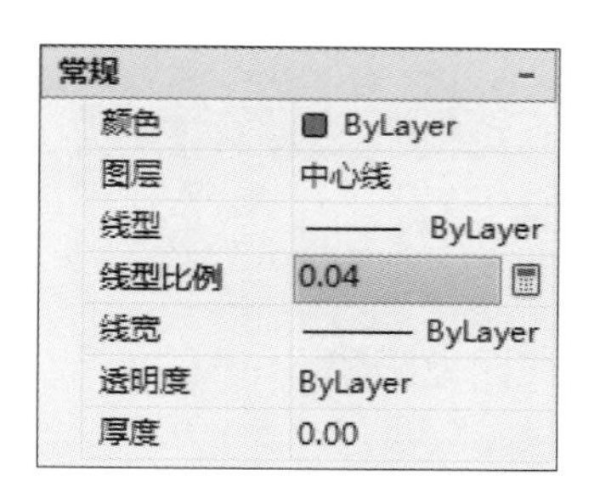

第 5 步 系统弹出锁定图层上的对象无法更新，并提示从选择集中删除对象。

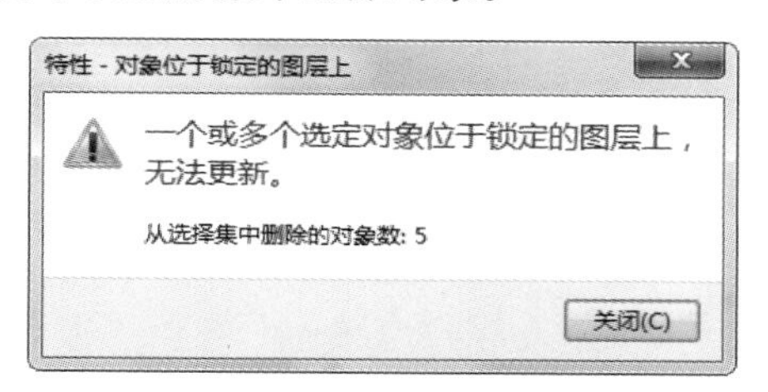

第 6 步 单击【关闭】按钮，将锁定图层的对象从选择集中删除后结果如下图所示。

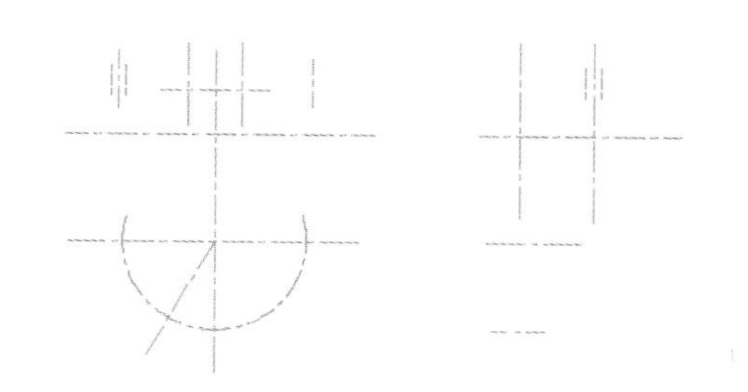

第 7 步 将所有的图层打开和解锁后结果如下图所示。

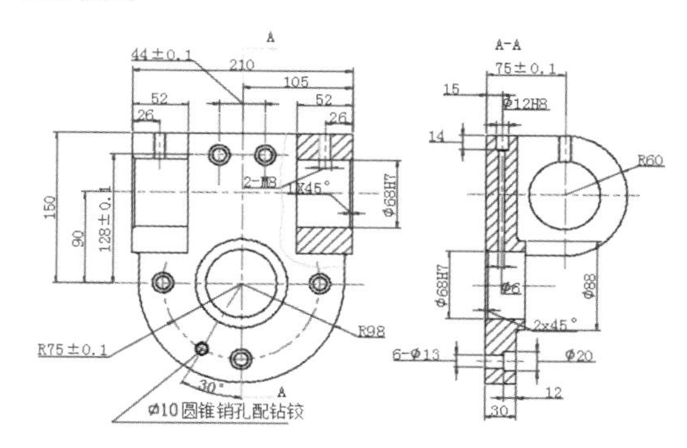

创建室内装潢设计图层

创建“室内装潢设计图层”的方法和创建“机箱外壳装配图图层”的方法类似。具体操作步骤和顺序如表 2-2 所示。

表 2-2　创建室内装潢设计图层

步骤	创建方法	结　　果	备　注
1	单击【图层特性管理器】上的【新建图层】按钮，新建 6 个图层	状.. 名称 开 冻结 锁... 颜色 线型 线宽 0 白 Continu... 默认 标注 白 Continu... 默认 门窗 白 Continu... 默认 墙线 白 Continu... 默认 填充 白 Continu... 默认 文字 白 Continu... 默认 轴线 白 Continu... 默认	图层的名称尽量跟该层所要绘制的对象相近，这样便于查找或切换图层
2	修改图层的颜色	状.. 名称 开 冻结 锁... 颜色 线型 线宽 0 白 Continu... 默认 标注 蓝 Continu... 默认 门窗 洋红 Continu... 默认 墙线 白 Continu... 默认 填充 蓝 Continu... 默认 文字 白 Continu... 默认 轴线 红 Continu... 默认	应根据绘图背景来设定颜色，这里是白色背景下设置的颜色，如果是黑色背景，蓝色将显示得非常不清晰，建议将蓝色修改为黄色

续表

步骤	创建方法	结　果	备　注
3	将轴线的线型改为“CENTER”线型	状.. 名称 开 冻结 锁... 颜色 线型 线宽 0 白 Continu... 默认 标注 蓝 Continu... 默认 门窗 洋红 Continu... 默认 墙线 白 Continu... 默认 填充 蓝 Continu... 默认 文字 白 Continu... 默认 轴线 红 CENTER 默认	
4	修改线宽	状.. 名称 开 冻结 锁... 颜色 线型 线宽 0 白 Continu... 默认 标注 蓝 Continu... 0.13 毫 门窗 洋红 Continu... 默认 墙线 白 Continu... 默认 填充 蓝 Continu... 0.13 毫 文字 白 Continu... 默认 轴线 红 CENTER 0.13 毫	
5	设置完成后双击将要在该层上绘图的图层前的“▱”图标，即可将该图层置为当前层，例如将“轴线”层置为当前层	状.. 名称 开 冻结 锁... 颜色 线型 线宽 0 白 Continu... 默认 标注 蓝 Continu... 0.13 毫 门窗 洋红 Continu... 默认 墙线 白 Continu... 默认 填充 蓝 Continu... 0.13 毫 文字 白 Continu... 默认 轴线 红 CENTER 0.13 毫	

◇ 同一个图层上显示不同的线型、线宽和颜色

对于图形较小、结构比较明确、比较容易绘制的图形而言，新建图层会显得是一件很烦琐的事情，在这种情况下，可以在同一个图层上为图形对象的不同区域进行不同线型、不同线宽及不同颜色的设置，以便于实现对图层的管理。其具体操作步骤如下。

第 1 步　打开随书光盘中的“素材\CH02\同一个图层上显示不同的线型、线宽和颜色.dwg”文件，如图下图所示。

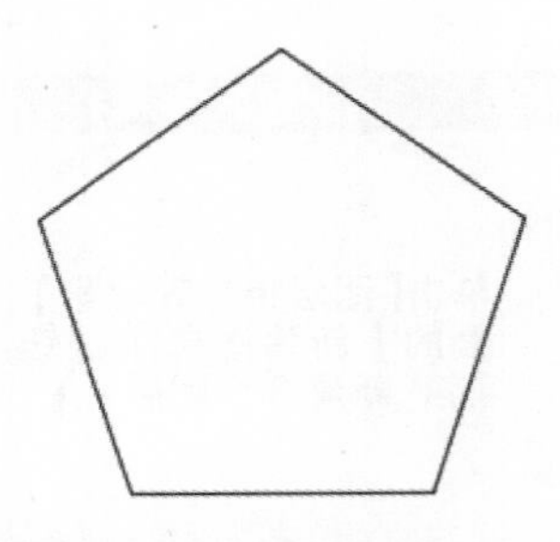

第 2 步　选择如下图所示的线段。

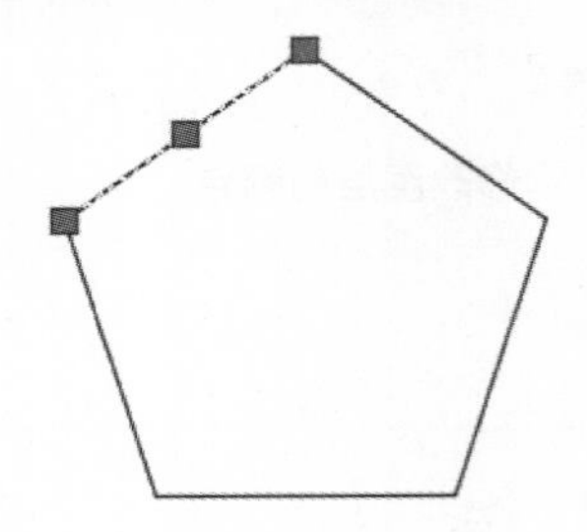

第 3 步 单击【常用】选项卡→【特性】面板中的【颜色】下拉按钮，并选择“红色”，如下图所示。

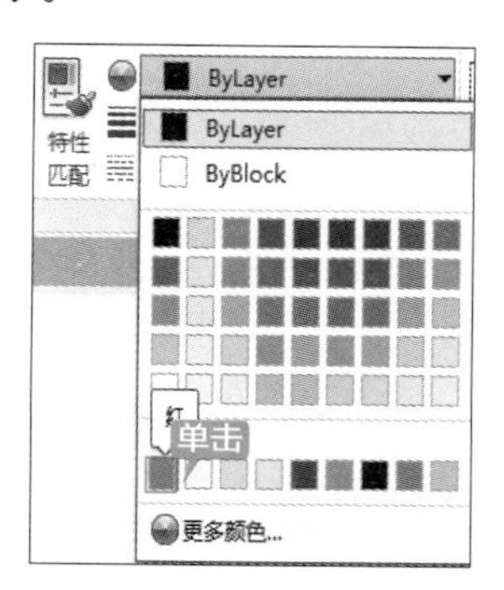

第 4 步 单击【常用】选项卡→【特性】面板中的【线宽】下拉按钮，并选择线宽值“0.50 mm”，如下图所示。

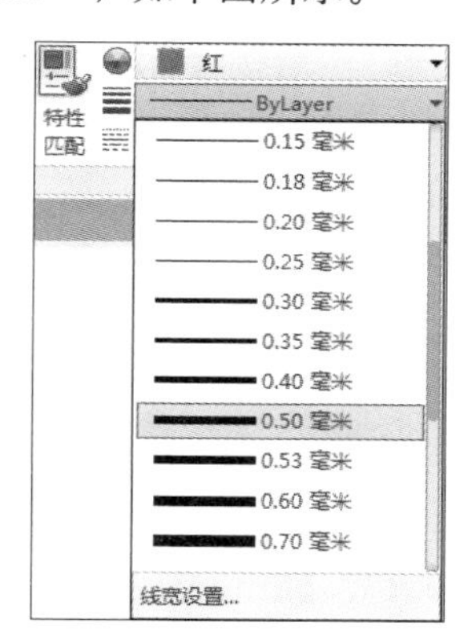

第 5 步 单击【常用】选项卡→【特性】面板中的【线型】下拉按钮，如下图所示。

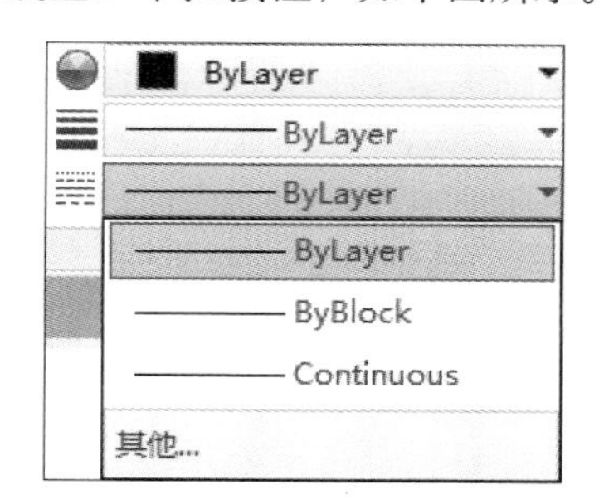

第 6 步 单击【其他】按钮，弹出【线型管理器】对话框，如下图所示。

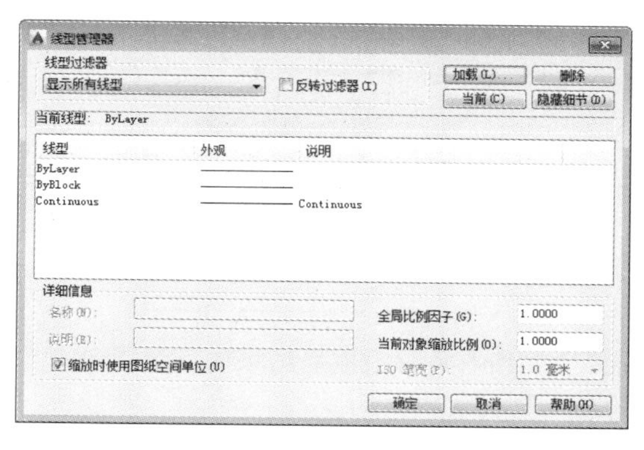

第 7 步 单击【加载】按钮，弹出【加载或重载线型】对话框并选择【DASHED】线型，然后单击【确定】按钮，如下图所示。

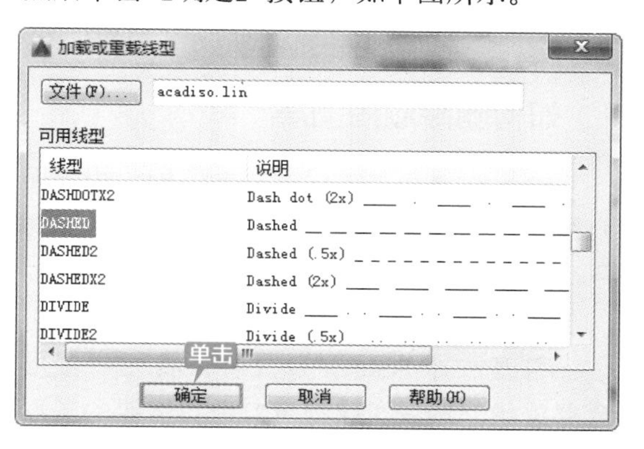

第 8 步 回到【线型管理器】对话框后，可以看到“DASHED”线型已经存在，如下图所示。

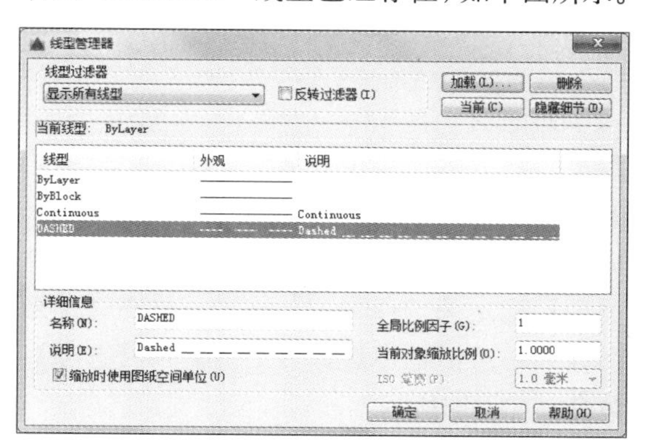

第 9 步 单击【确定】按钮，关闭【线型管理器】对话框，然后单击【常用】选项卡→【特性】面板中的【线型】下拉按钮，并选择刚加载的“DASHED”线型，如下图所示。

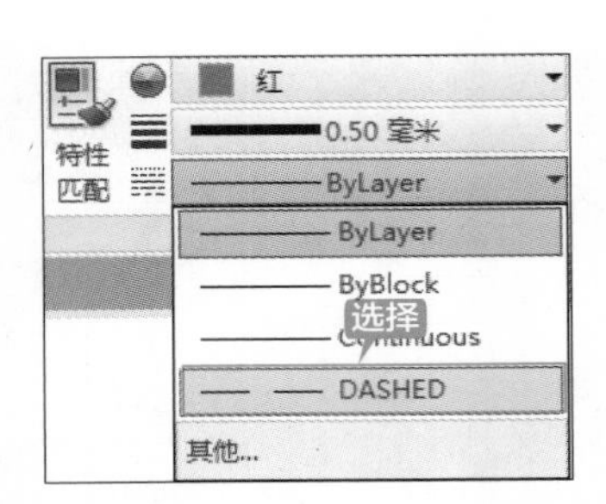

第10步 所有设置完成后结果如下图所示。

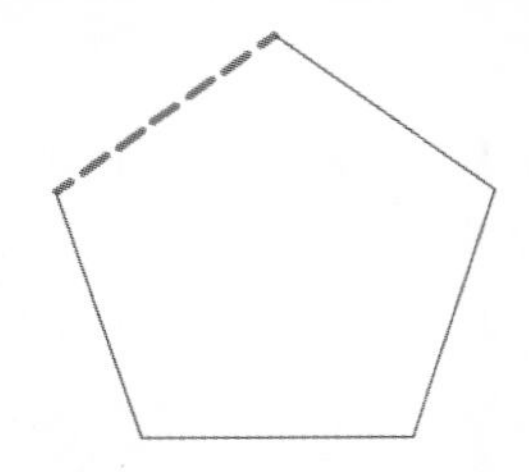

◇ 如何删除顽固图层

由于软件版本或保存格式不同，用前面介绍的方法很难将其中的某些图层删除，对于这些顽固图层可以使用以下方法进行删除。

方法1

打开一个AutoCAD文件，将无用图层全部关闭，然后在绘图窗口中将需要的图形全部选中，并按下【Ctrl+C】组合键。之后新建一个图形文件，并在新建图形文件中按下【Ctrl+V】组合键，无用图层将不会被粘贴至新文件中。

方法2

第1步 打开一个AutoCAD文件，把要删除的图层关闭，然后选择【文件】→【另存为】命令，确定文件名及保存路径后，将【文件类型】指定为"*.DXF"格式，并在【图形另存为】对话框中选择【工具】→【选项】命令，如下图所示。

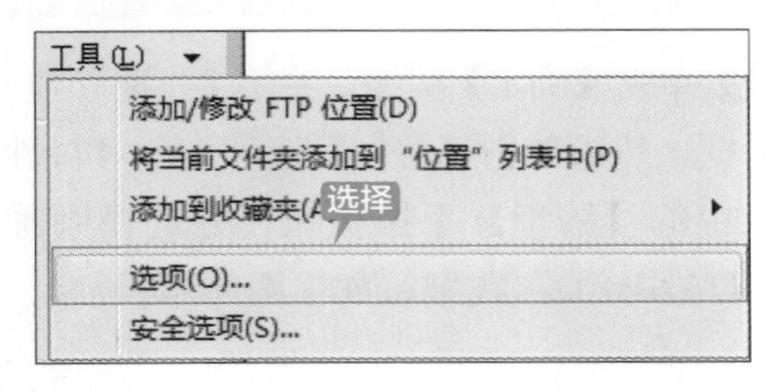

第2步 在弹出的【另存为选项】对话框中选择【DXF选项】选项卡，然后选中【选择对象】复选框。

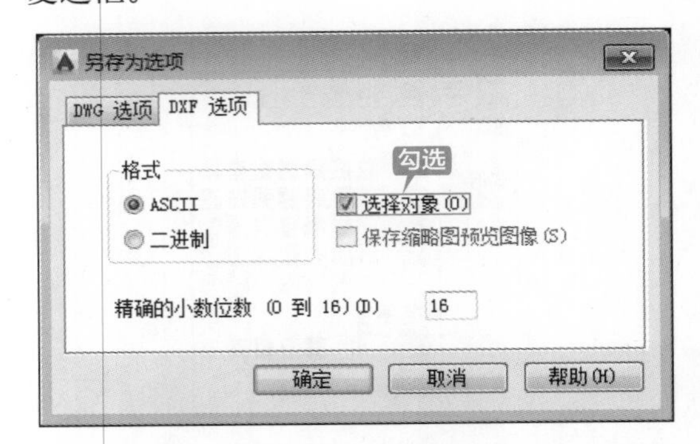

第3步 单击【确定】按钮后返回到【图形另存为】对话框。单击【保存】按钮，系统自动进入绘图窗口，在绘图窗口中选择需要保留的图形对象，然后按【Enter】键确认并退出当前文件即可完成相应对象的保存。在新文件中无用的图块被删除。

方法3

使用laytrans命令可将需要删除的图层影射为0层，这个方法可以删除具有实体对象或被其他块嵌套定义的图层。

第1步 在命令行中输入"laytrans"，并按【Space】键（或【Enter】键）确认。

命令：LAYTRANS ↙

第2步 打开【图层转换器】对话框，如下图所示。

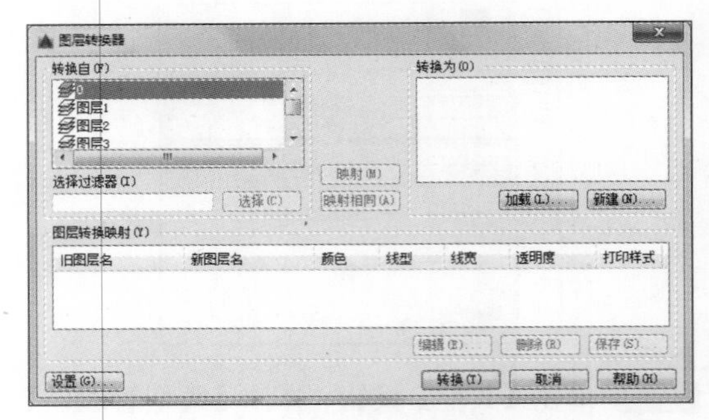

第3步 将需要删除的图层影射为0层，单击【转换】按钮即可。

第 2 篇

二维绘图篇

第 3 章　绘制二维图形

第 4 章　编辑二维图形

第 5 章　绘制和编辑复杂对象

第 6 章　文字与表格

第 7 章　尺寸标注

本篇主要介绍 CAD 的二维绘图操作，通过本篇的学习，读者可以学习绘制液压系统图、编辑二维图、绘制和编辑复杂对象、文字与表格及尺寸标注等操作。

第 3 章

绘制二维图形

本章导读

二维图形是 AutoCAD 的核心功能，任何复杂的图形，都是由点、线等基本的二维图形组合而成的。本章通过对液压系统和洗手盆绘制过程的详细讲解来介绍二维绘图命令的应用。

思维导图

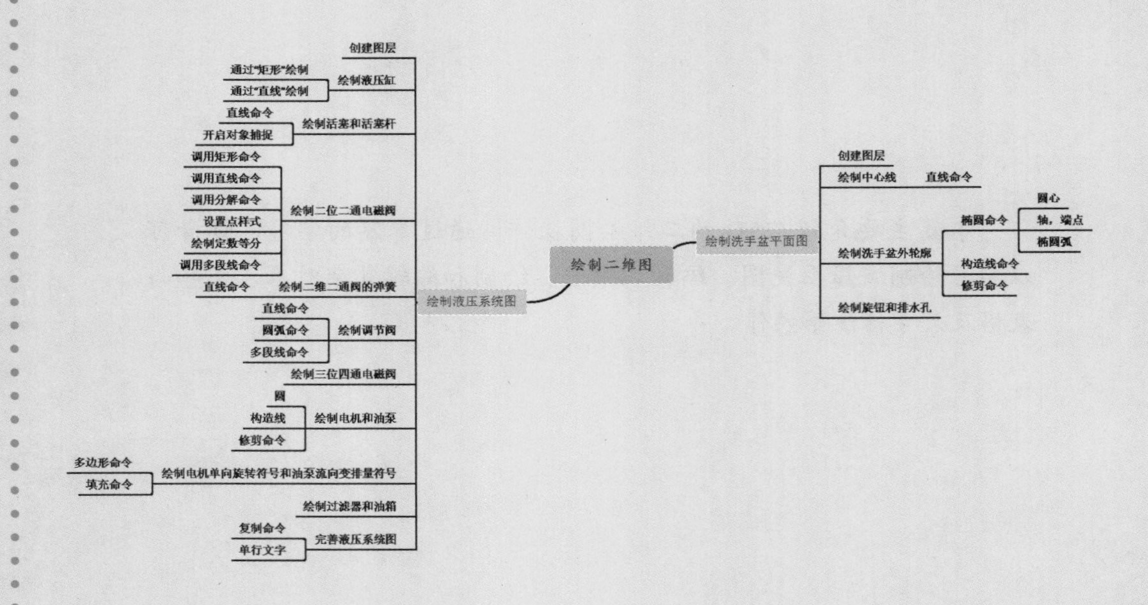

3.1 绘制液压系统图

液压系统原理图是使用连线把液压元件的图形符号连接起来的一张简图，用来描述液压系统的组成及工作原理。一个完整的液压系统由 5 个部分组成，即动力元件、执行元件、控制元件、辅助元件和液压油。

动力元件的作用是将原动机的机械能转换成液体的压力能，指液压系统中的油泵，它向整个液压系统提供动力。

执行元件（如液压缸和液压马达）的作用是将液体的压力能转换为机械能，驱动负载作直线往复运动或回转运动。

控制元件（即各种液压阀）在液压系统中控制和调节液体的压力、流量和方向。

辅助元件包括油箱、滤油器、油管及管接头、密封圈、压力表、油位油温计等。

液压油是液压系统中传递能量的工作介质，有各种矿物油、乳化液和合成型液压油等几大类。

本节以某机床液压系统图为例，来介绍直线、矩形、圆弧、圆、多段线等二维绘图命令的应用，液压系统图绘制完成后如下图所示。

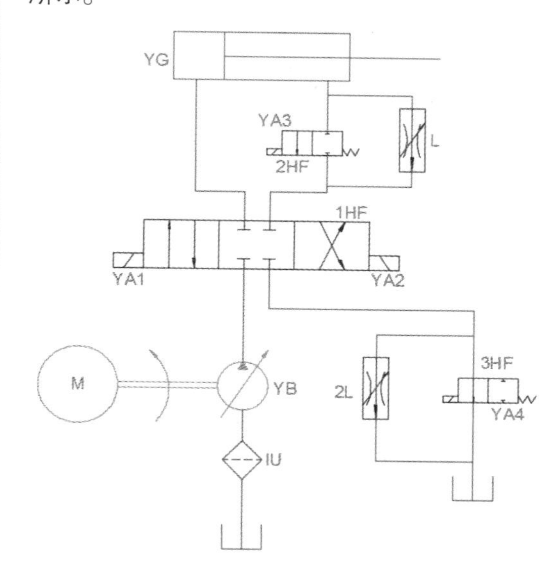

3.1.1 创建图层

在绘图之前，首先参考 2.1 节创建如下图所示的几个图层，并将“执行元件”图层置为当前层。

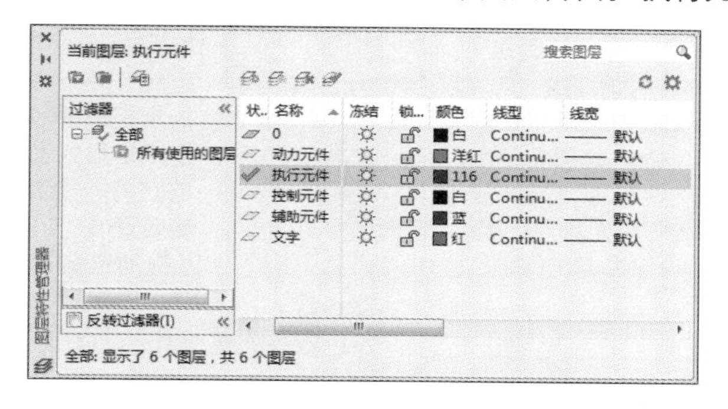

3.1.2 绘制液压缸

液压缸是液压系统中的执行元件，液压缸的绘制主要用到矩形和直线命令。

液压缸的轮廓可以通过矩形命令绘制，也可以通过直线命令绘制，下面就两种方法的绘制步骤进行详细介绍。

1. 通过“矩形”绘制液压缸外轮廓

第1步 单击【默认】选项卡→【绘图】面板→【矩形】按钮▭。

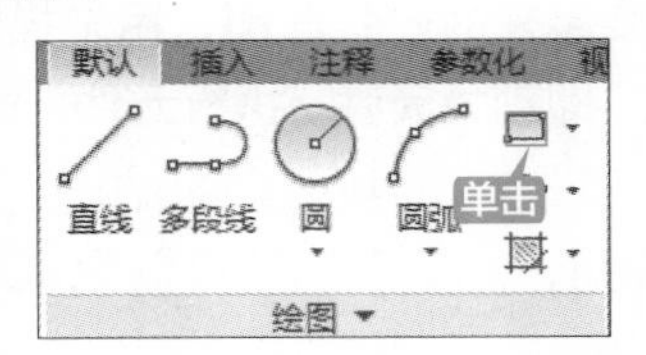

第2步 在绘图窗口任意单击一点作为矩形的第一角点，然后在命令行输入“@35，10”作为矩形的另一个角点，结果如下图所示。

> **提示**
>
> 只有当状态栏的【线宽】按钮处于开启状态时，才能显示线宽。

AutoCAD 2016 中矩形的绘制方法有很多种，默认是通过指定矩形的两个角点来绘制，下面就来通过矩形的其他绘制方法来完成液压缸外轮廓的绘制，具体操作步骤如表 3-1 所示。

表 3-1 通过矩形的其他绘制方法绘制液压缸外轮廓

绘制方法	绘制步骤	结果图形	相应命令行显示
面积绘制法	1. 指定第一个角点 2. 输入“a”选择面积绘制法 3. 输入绘制矩形的面积值 4. 指定矩形的长或宽	10 35	命令 :_RECTANG 指定第一个角点或 [倒角 (C)/ 标高 (E)/ 圆角 (F)/ 厚度 (T)/ 宽度 (W)]: // 单击指定第一角点 指定另一个角点或 [面积 (A)/ 尺寸 (D)/ 旋转 (R)]: a 输入以当前单位计算的矩形面积 <100.0000>:350 计算矩形标注时依据 [长度 (L)/ 宽度 (W)] < 长度 >: ↙ 输入矩形长度 <10.0000>: 35

尺寸绘制法	1. 指定第一个角点
	2. 输入“d”选择尺寸绘制法
	3. 指定矩形的长度和宽度
	4. 拖动鼠标指定矩形的放置位置
		10
		35
			命令 :_RECTANG
			指定第一个角点或 [倒角 (C)/ 标高 (E)/ 圆角 (F)/ 厚度 (T)/ 宽度 (W)]:
			// 单击指定第一角点
			指定另一个角点或 [面积 (A)/ 尺寸 (D)/ 旋转 (R)]: d
			指定矩形的长度 <35.0000>: ↙
			指定矩形的宽度 <10.0000>: ↙
			指定另一个角点或 [面积 (A)/ 尺寸 (D)/ 旋转 (R)]:
			// 拖动鼠标指定矩形的放置位置

> **提示**
>
> 除了通过面板调用矩形命令外，还可以通过以下方法调用矩形命令。
>
> (1) 选择【绘图】→【矩形】命令。
>
> (2) 命令行输入“RECTANG/REC”命令并按【Space】键。

2. 通过“直线”绘制液压缸外轮廓

第1步 单击【默认】选项卡→【绘图】面板→【直线】按钮╱。

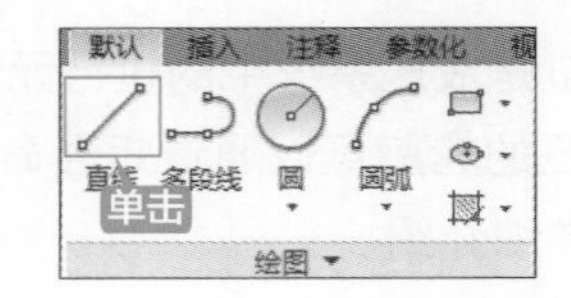

提示

除了通过面板调用直线命令外，还可以通过以下方法调用直线命令。

(1) 选择【绘图】→【直线】命令。

(2) 命令行输入“LINE/L”命令并按【Space】键。

第 2 步 在绘图区域任意单击一点作为直线的起点，然后水平向左拖动鼠标。

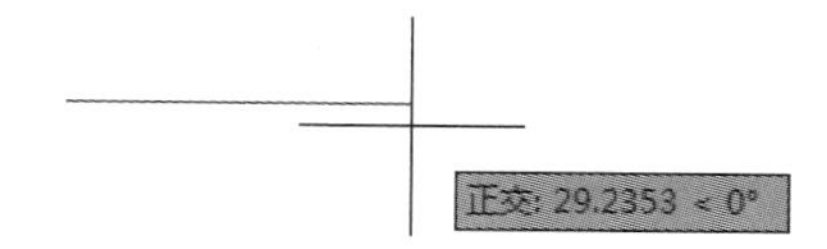

第 3 步 输入直线的长度“35”，然后竖直向上拖动鼠标。

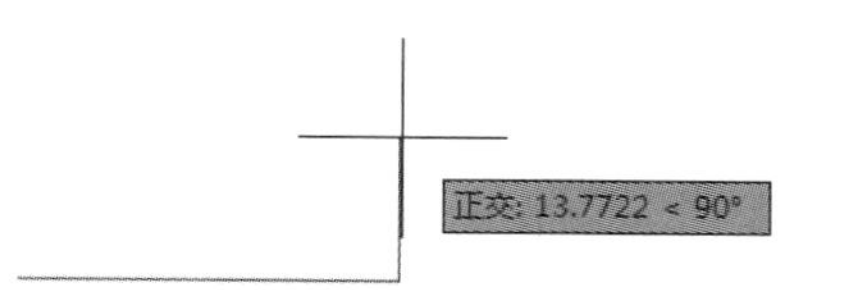

第 4 步 输入竖直线的长度“10”，然后水平向右拖动鼠标。

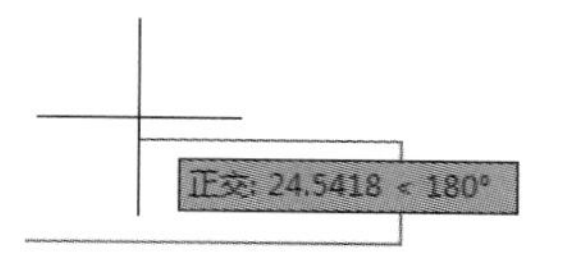

第 5 步 输入直线的长度“35”，然后输入“C”，让所绘制的直线闭合，结果如下图所示。

提示

在绘图前按【F8】键，或单击状态栏的 按钮，将正交模式打开。

AutoCAD 2016 中直线的绘制方法有很多种，除了上面介绍的方法外，还可以通过绝对坐标输入、相对坐标输入和极坐标输入等方法绘制直线，具体操作步骤如表 3–2 所示。

表 3–2　通过直线的其他绘制方法绘制液压缸外轮廓

绘制方法	绘制步骤	结果图形	相应命令行显示
通过输入绝对坐标绘制直线	1. 指定第一个点（或输入绝对坐标确定第一个点） 2. 依次输入第二点、第三点……的绝对坐标	(500,510) (535,510) (500,500) (535,500)	命令：_LINE 指定第一个点：500,500 指定下一点或 [放弃 (U)]: 535,500 指定下一点或 [放弃 (U)]: 535,510 指定下一点或 [放弃 (U)]: 500,510 指定下一点或 [闭合 (C)/ 放弃 (U)]: c // 闭合图形

通过输入相对直角坐标绘制直线	1. 指定第一个点（或输入绝对坐标确定第一个点）
	2. 依次输入第二点、第三点……的相对前一点的直角坐标
		④ ③
		① ②
			命令：_ LINE
			指定第一个点：
			// 任意点击一点作为第一点
			指定下一点或 [放弃 (U)]: @35,0
			指定下一点或 [放弃 (U)]: @0,10
			指定下一点或 [放弃 (U)]: @–35, 0
			指定下一点或 [闭合 (C)/ 放弃 (U)]: c
			// 闭合图形

通过输入相对极坐标绘制直线	1. 指定第一个点（或输入绝对坐标确定第一个点）
	2. 依次输入第二点、第三点……的相对前一点的极坐标
		④ ③
		① ②
			命令：_ LINE
			指定第一个点：
			// 任意点击一点作为第一点
			指定下一点或 [放弃 (U)]: @35<0
			指定下一点或 [放弃 (U)]: @10<90
			指定下一点或 [放弃 (U)]: @–35<0
			指定下一点或 [闭合 (C)/ 放弃 (U)]: c
			// 闭合图形

3.1.3 绘制活塞和活塞杆

液压系统图中液压缸的活塞和活塞杆都用直线表示，因此液压缸的活塞和活塞杆可以通过直线命令来完成。

第 1 步 单击【工具】→【绘图设置】命令。

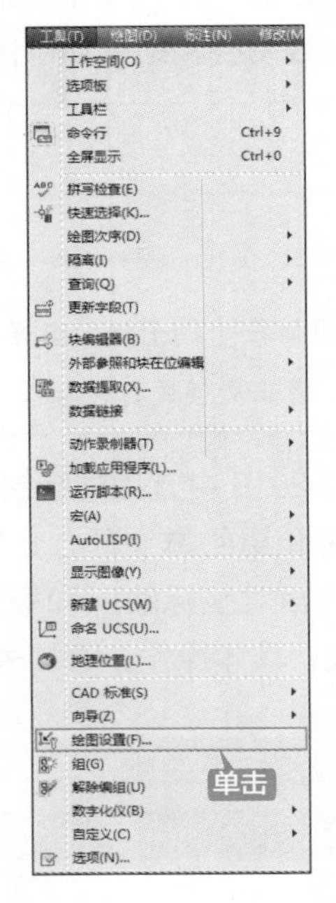

第 2 步 在弹出的【草图设置】对话框中对【对象捕捉】进行如下图所示设置。

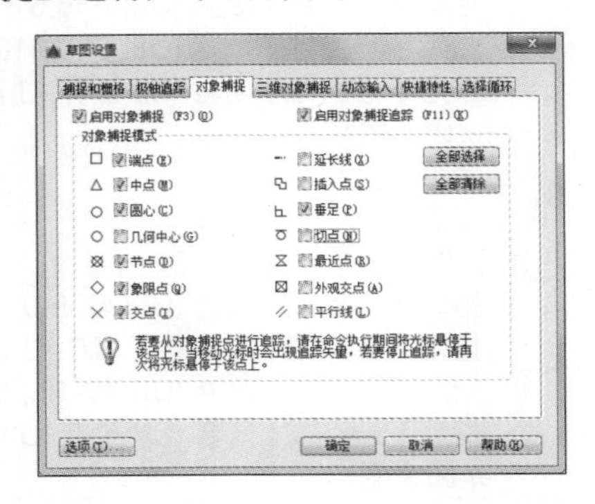

第 3 步 单击【确定】按钮，然后单击【默认】选项卡→【绘图】面板→【直线】按钮 ╱ 。

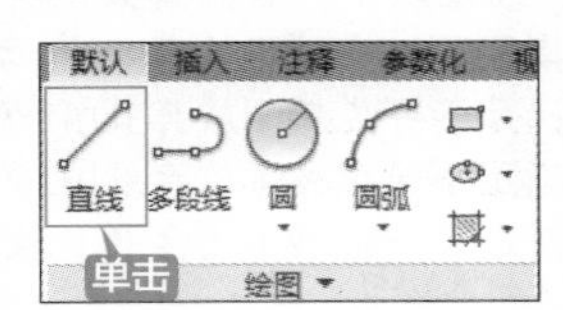

第 4 步 当命令行提示指定第一点时输入“fro”。

```
命令 : _line
指定第一个点 : fro 基点 :
```

第 5 步 捕捉下图中的端点为基点。

第 6 步 根据命令行提示输入“偏移”距离和下一点，然后按【Enter】键结束命令。

```
<偏移>: @10,0
指定下一点或 [ 放弃 (U)]: @0,-10
指定下一点或 [ 放弃 (U)]: ↙
```

第 7 步 活塞示意图完成后如下图所示。

第 8 步 按【Space】键或【Enter】键继续调用直线命令，当命令行提示指定直线的第一点时捕捉上面绘制的活塞的中点。

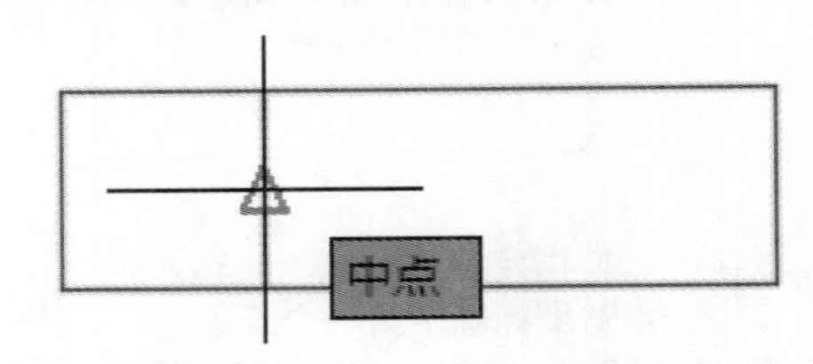

第 9 步 水平向右拖动鼠标，在合适的位置单击，然后按【Space】键或【Enter】键结束活塞杆的绘制。

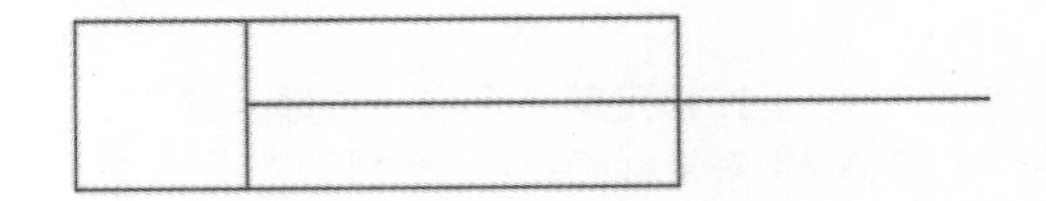

提示

除了通过【草图设置】对话框设置对象捕捉外，还可以直接单击状态栏【对象捕捉】下拉按钮，在弹出的快捷菜单中对对象捕捉进行设置，如右图所示。

单击【对象捕捉设置】将弹出【草图设置】对话框。

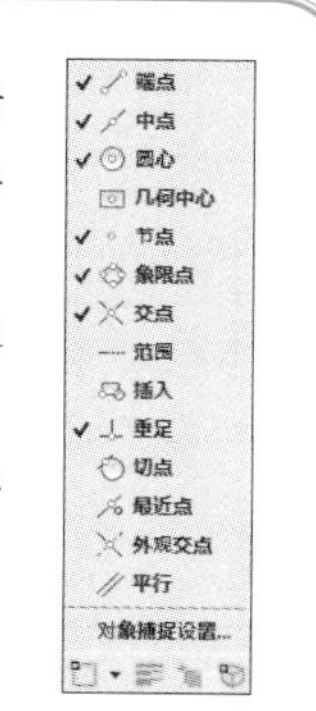

3.1.4 绘制二位二通电磁阀

二位二通电磁阀的绘制主要应用到矩形、直线、定数等分和多段线命令，其中二位二通电磁阀的外轮廓既可以用矩形绘制也可以用直线绘制，如果用矩形绘制则需要将矩形分解成独立的直线后才可以定数等分。

二位二通电磁阀的绘制过程如下。

第 1 步 单击【默认】选项卡→【图层】面板→【图层】下拉按钮，并选择“控制元件”层将其置为当前层。

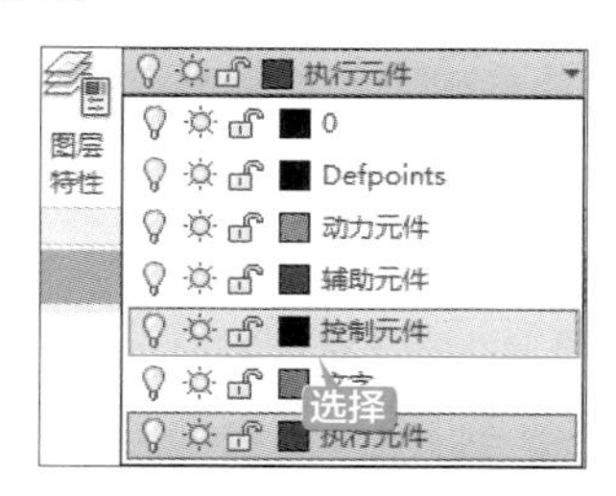

第 2 步 调用矩形命令，在合适的位置绘制一个 12×5 的矩形，如下图所示。

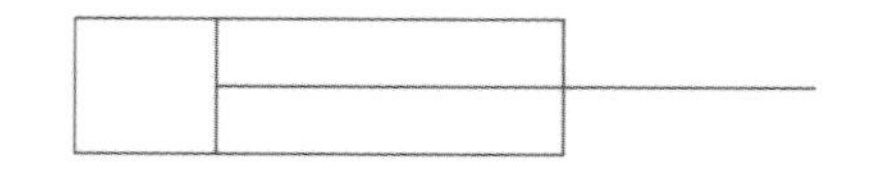

第 3 步 调用直线命令，然后捕捉矩形的左下角点为直线的第一点，绘制下图长度的三条直线。

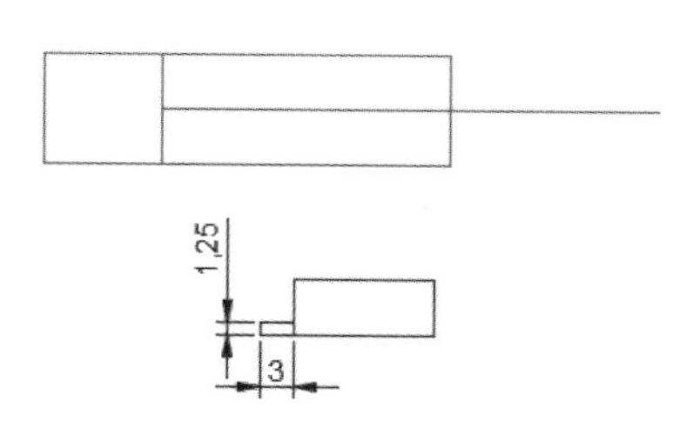

第 4 步 单击【默认】选项卡→【修改】面板→【分解】按钮。

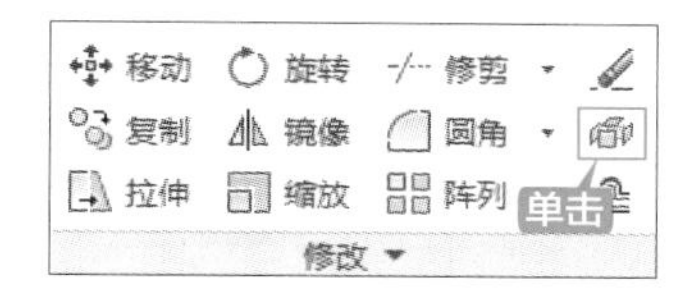

提示

除了通过面板调用分解命令外，还可以通过以下方法调用分解命令。

(1) 选择【修改】→【分解】命令。

(2) 命令行输入“EXPLODE/X”命令并按【Space】键。

第 5 步 选择刚绘制的矩形，然后按【Space】键将其分解。

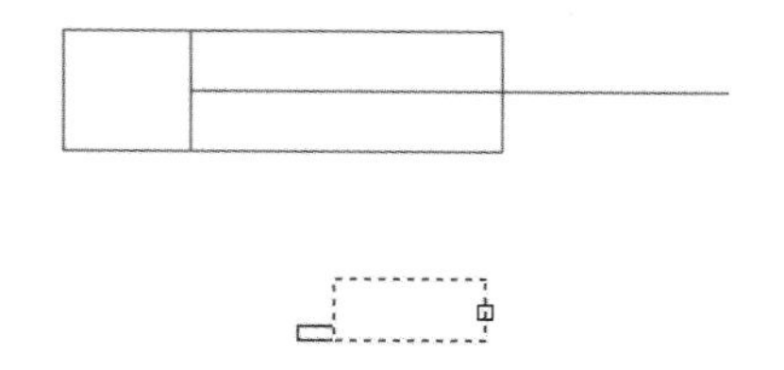

第 6 步 分解后再选择刚绘制的矩形，可以看到原来是一个整体的矩形现在变成了几条单个的直线。

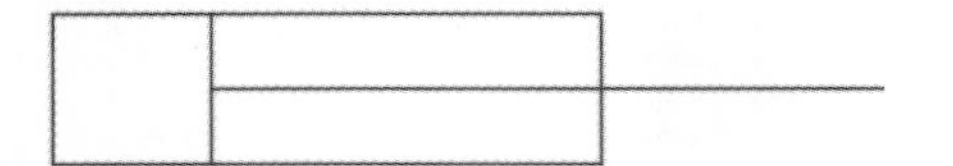

第 7 步 单击【格式】→【点样式】命令。

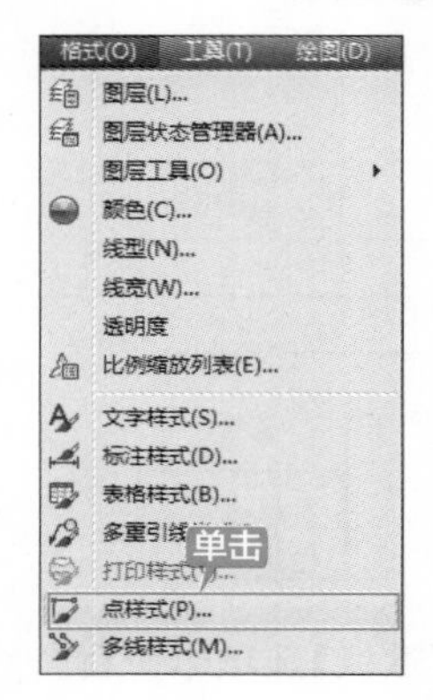

第 8 步 在弹出的【点样式】对话框中选择新的点样式和设置点样式的大小。

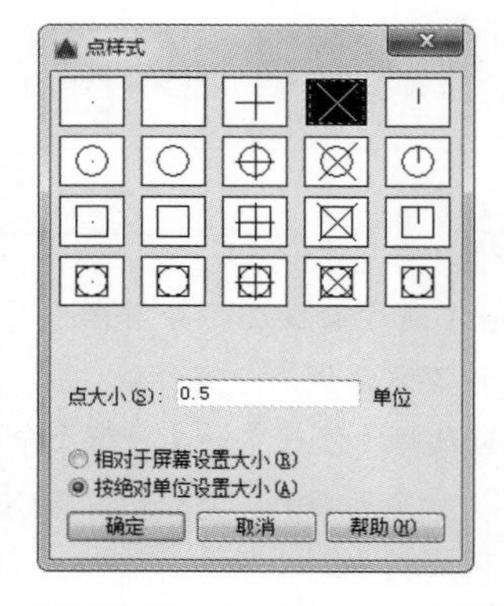

提示

除了通过菜单调用点样式命令外，还可以通过以下方法调用点样式命令。

单击【默认】选项卡→【实用工具】面板的下拉按钮→【点样式】按钮。

命令行输入“DDPTYPE”命令并按【Space】键。

第 9 步 单击【默认】选项卡→【绘图】面板的展开按钮→【定数等分】按钮。

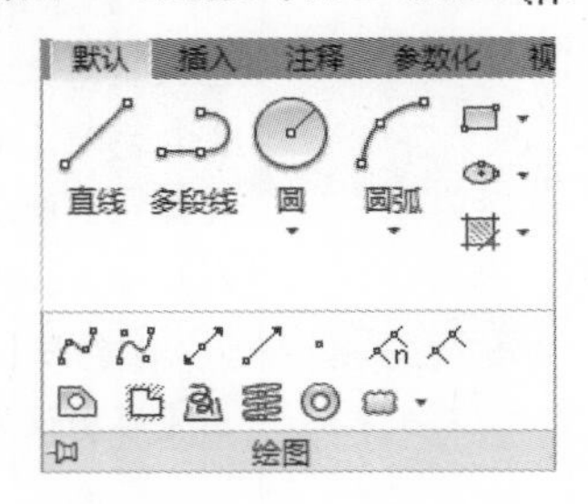

提示

除了通过面板调用定数等分命令外，还可以通过以下方法调用定数等分命令。

(1) 选择【绘图】→【点】→【定数等分】命令。

(2) 在命令行中输入“DIVIDE/DIV”命令并按【Space】键确认。

第 10 步 选择矩形的上侧边，然后输入等分段数“4”，结果如下图所示。

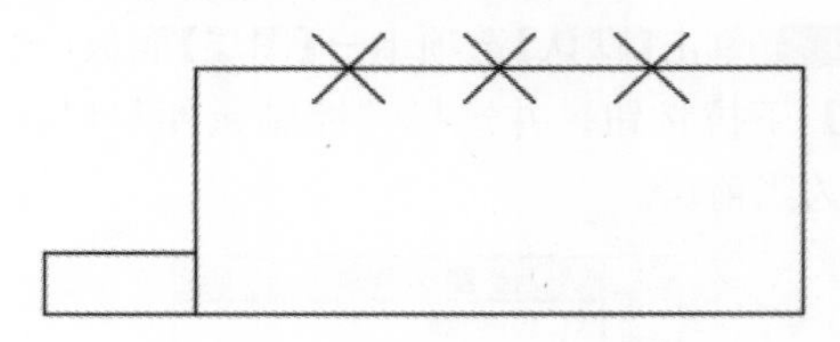

提示

在进行定数等分时，对于开放型对象来说，等分的段数为 N，则等分的点数为 $N-1$；对于闭合型对象来说，等分的段数和点数相等。

第 11 步 重复第 9 步～第 10 步，将矩形的底边也进行 4 等分，左侧的水平短直线进行 3 等分，结果如下图所示。

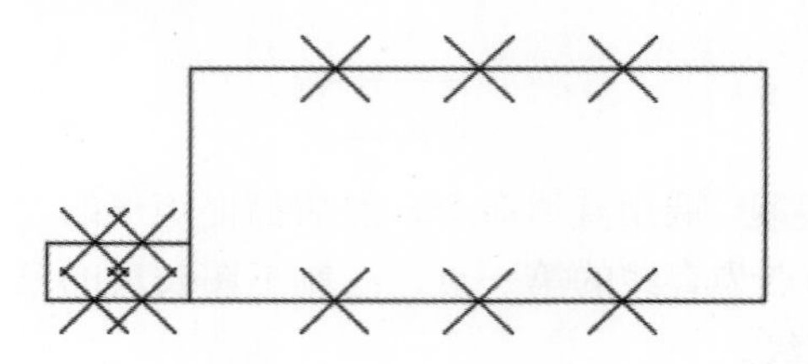

第 12 步 单击【确定】按钮，然后单击【默认】选项卡→【绘图】面板→【直线】按钮╱，捕捉图中的节点绘制直线。

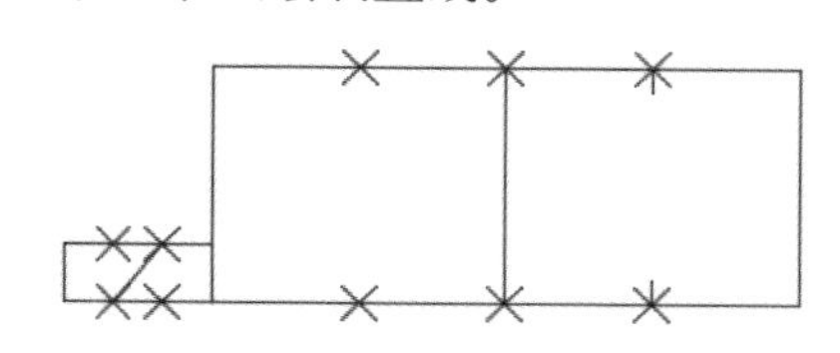

提示

直线 3 和直线 4 的长度捕捉具体要求，感觉适当即可。

第 13 步 重复第 12 步，继续绘制直线，绘制直线时先捕捉上步绘制的直线 3 的端点（只捕捉不选中），然后向左拖动鼠标（会出现虚线指引线），在合适的位置单击作为直线的起点。

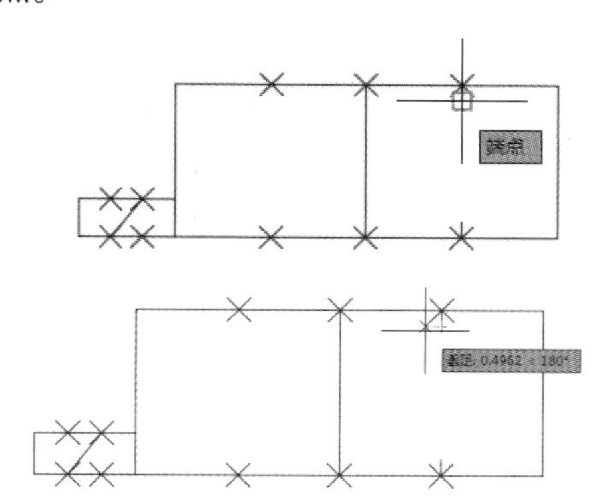

第 14 步 向右拖动鼠标在合适的位置单击作为直线的终点，然后按【Space】键结束直线的绘制。

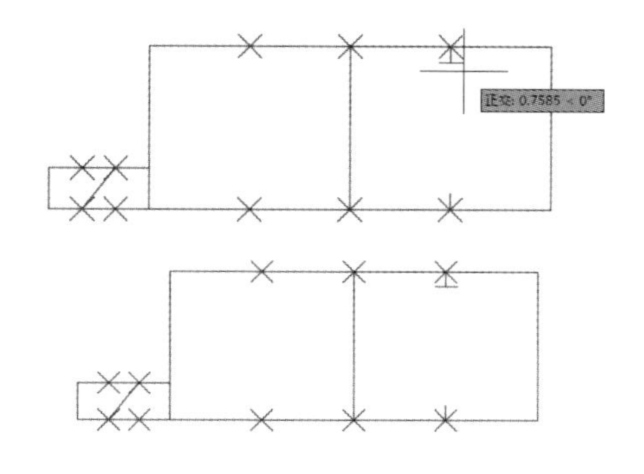

第 15 步 重复第 14 步，继续绘制另一端的直线，结果如下图所示。

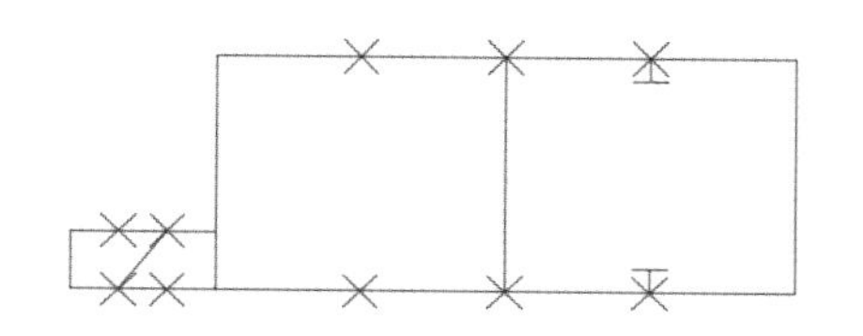

第 16 步 单击【确定】按钮，然后单击【默认】选项卡→【绘图】面板→【多段线】按钮。

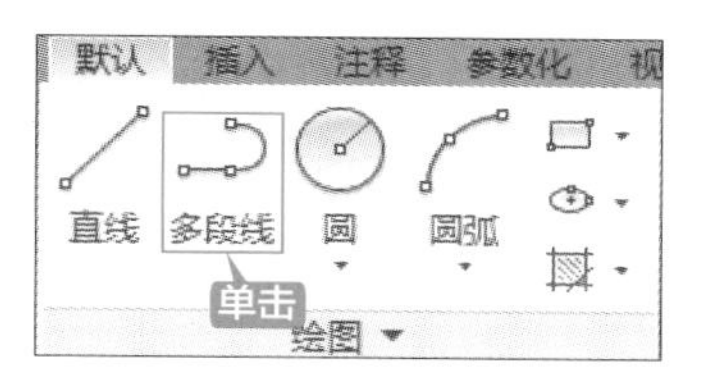

提示

除了通过面板调用多段线命令外，还可以通过以下方法调用多段线命令。

(1) 选择【绘图】→【多段线】命令。

(2) 在命令行中输入“PLINE/PL”命令并按【Space】键确认。

第 17 步 根据命令行提示进行如下操作。

命令：_pline
指定起点：　　　　// 捕捉节点 A
当前线宽为 0.0000
指定下一个点或 [圆弧 (A)/ 半宽 (H)/ 长度 (L)/ 放弃 (U)/ 宽度 (W)]: @0,−4
指定下一点或 [圆弧 (A)/ 闭合 (C)/ 半宽 (H)/ 长度 (L)/ 放弃 (U)/ 宽度 (W)]: w
指定起点宽度 <0.0000>: 0.25
指定端点宽度 <0.2500>: 0
指定下一点或 [圆弧 (A)/ 闭合 (C)/ 半宽 (H)/ 长度 (L)/ 放弃 (U)/ 宽度 (W)]:　　// 捕捉节点 B
指定下一点或 [圆弧 (A)/ 闭合 (C)/ 半宽 (H)/ 长度 (L)/ 放弃 (U)/ 宽度 (W)]: ↙

第 18 步 多段线绘制完成后结果如下图所示。

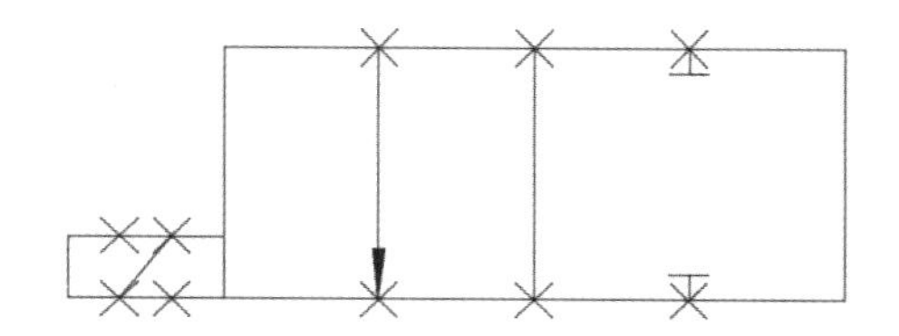

第 19 步 选中图中所有的节点，然后按【Delete】

键，将所有的节点都删除。

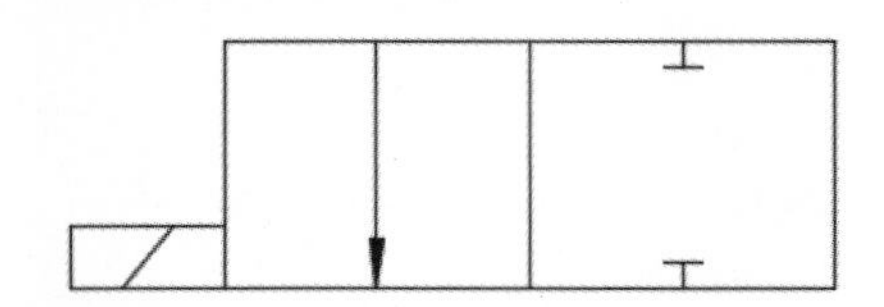

多段线是作为单个对象创建的相互连接的序列直线段。可以创建直线段、圆弧段或两者的组合线段。各种多段线的绘制步骤如表 3–3 所示。

表 3–3　各种多段线的绘制步骤

类型	绘制步骤	图例
等宽且只有直线段的多段线	1. 调用多段线命令 2. 指定多段线的起点 3. 指定第一条线段的下一点 4. 根据需要继续指定线段下一点 5. 按【Space】键（或【Enter】键）结束，或者输入“c”使多段线闭合	
绘制宽度不同的多段线	1. 调用多段线命令 2. 指定多段线的起点 3. 输入“w”（宽度）并输入线段的起点宽度 4. 使用以下方法之一指定线段的端点宽度 (1) 要创建等宽的线段，请按【Enter】键 (2) 要创建一个宽度渐窄或渐宽的线段，请输入一个不同的宽度 5. 指定线段的下一点 6. 根据需要继续指定线段下一点 7. 按【Enter】键结束，或者输入“c”使多段线闭合	
包含直线段和曲线段的多段线	1. 调用多段线 2. 指定多段线的起点 3. 指定第一条线段的下一点 4. 在命令提示下输入“a”（圆弧），切换到“圆弧”模式 5. 圆弧绘制完成后输入“L”（直线），返回到“直线”模式 6. 根据需要指定其他线段 7. 按【Enter】键结束，或者输入“c”使多段线闭合	

3.1.5 绘制二位二通阀的弹簧

绘制二位二通阀的弹簧主要用到直线命令，二位二通阀弹簧的具体操作步骤如下。

第 1 步　单击【默认】选项卡→【绘图】面板→【直线】按钮，然后按住【Shift】键右击，在弹出的临时捕捉快捷菜单上选择【自】选项。

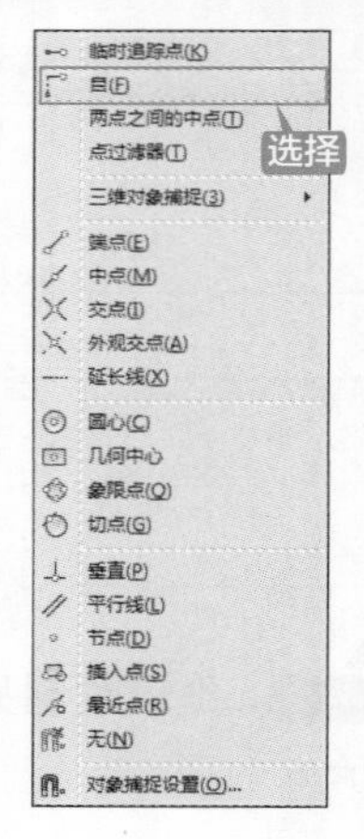

第2步 捕捉下图所示的端点为基点。

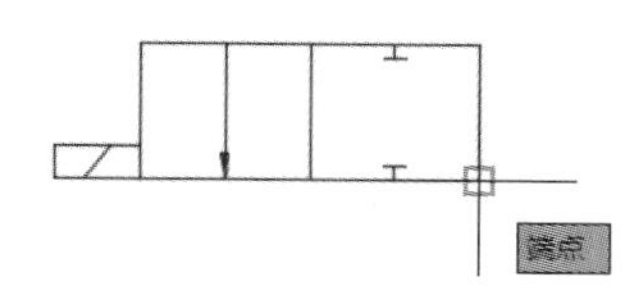

第3步 然后在命令行输入偏移距离“@0,1.5”，当命令行提示指定下一点时输入“<-60”。

> <偏移>: @0,1.5
> 指定下一点或 [放弃 (U)]: <-60
> 角度替代 : 300

第4步 然后捕捉第2步捕捉的端点（只捕捉不选中），捕捉后向右移动鼠标，当鼠标和“-60° ”线相交时单击确定直线第二点。

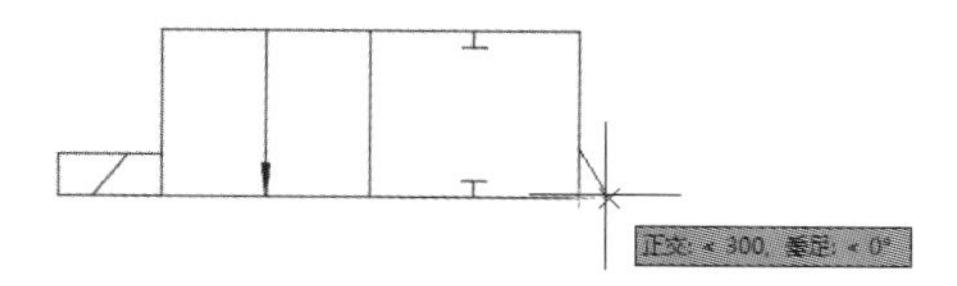

第5步 继续输入下一点所在的方向“<60”。

> 指定下一点或 [放弃 (U)]: <60
> 角度替代 : 60

第6步 重复第4步，捕捉直线的起点但不选中，然后向右拖动鼠标，当鼠标和“<60° ”线相交时单击作为直线的下一点。

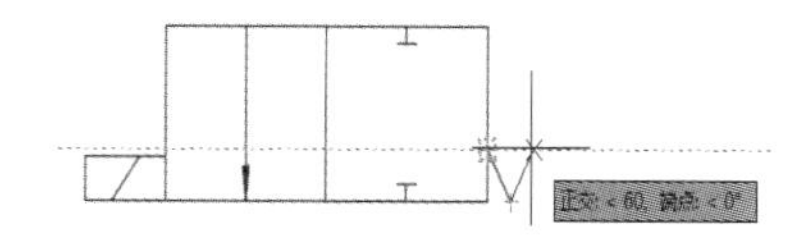

第7步 输入下一点所在的方向“<-60”。

> 指定下一点或 [放弃 (U)]: <-60
> 角度替代 : 300

第8步 然后捕捉下图中端点（只捕捉不选中），捕捉后向右移动鼠标，当鼠标和“-60° ”线相交时单击确定直线的下一点。

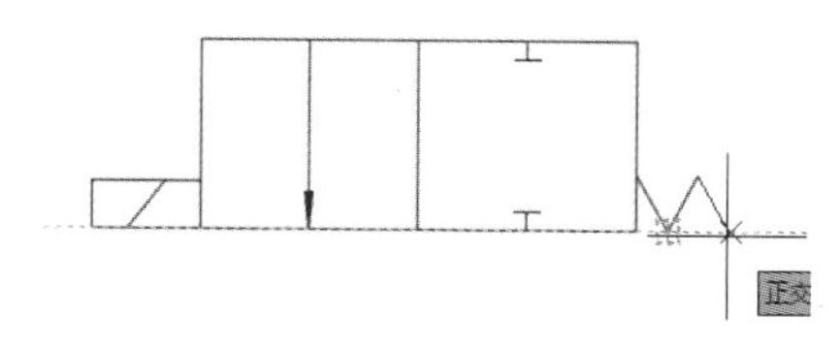

第9步 输入下一点所在的方向“<60”。

> 指定下一点或 [放弃 (U)]: <60
> 角度替代 : 60

第10步 重复第8步，捕捉直线的端点但不选中，然后向右拖动鼠标，当鼠标和“<60° ”线相交时单击作为直线的下一点。

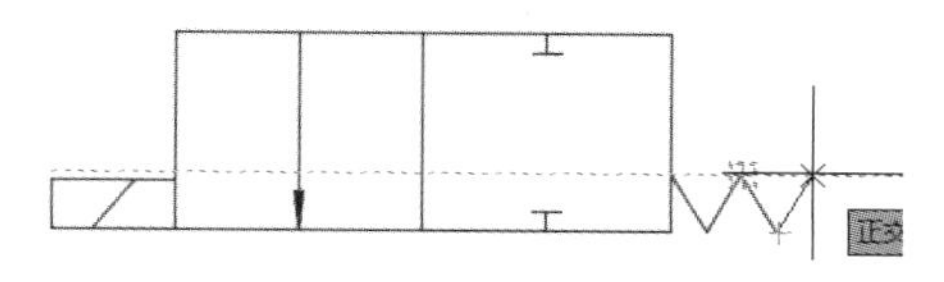

第11步 完成最后一点后按【Space】键或【Enter】键结束直线命令，结果如下图所示。

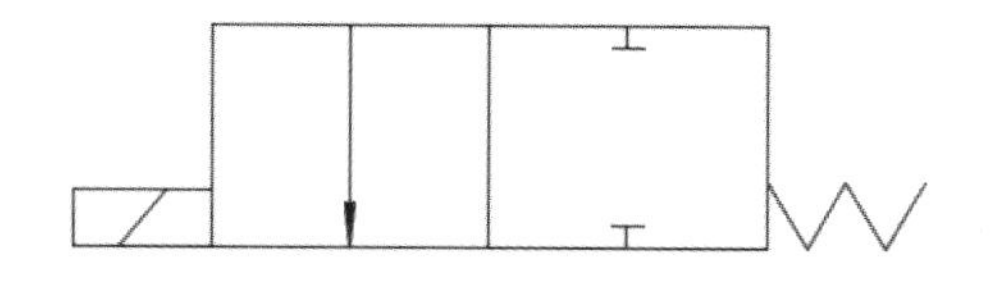

3.1.6 绘制调节阀

调节阀符号主要由外轮廓、阀瓣和阀的方向箭头组成，其中用矩形绘制外轮廓，用圆弧绘制阀瓣，用多段线命令绘制阀的方向箭头。在用圆弧绘制阀瓣时，圆弧的端点位置没有明确的要求，大致差不多即可。

绘制调节阀的具体操作步骤如下。

第1步 调用矩形命令，在合适的位置绘制一个 5×13 的矩形，如下图所示。

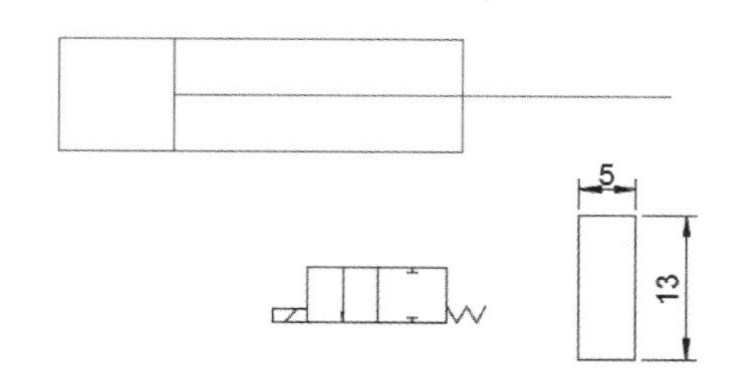

第2步 单击【确定】按钮，然后单击【默认】选项卡→【绘图】面板→【圆弧】→【起点、端点、半径】。

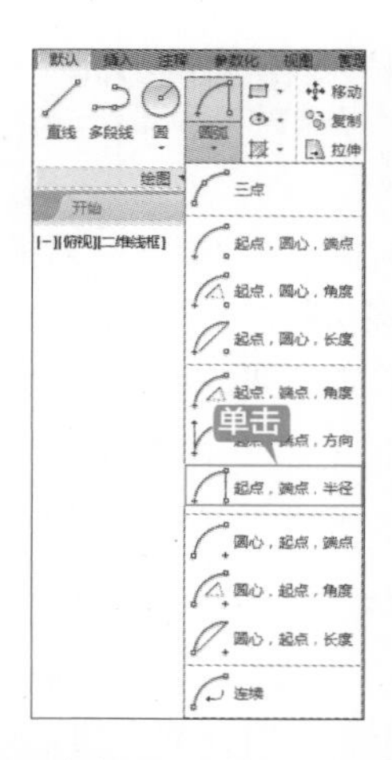

第 3 步 在矩形内部合适的位置单击一点作为圆弧的起点。

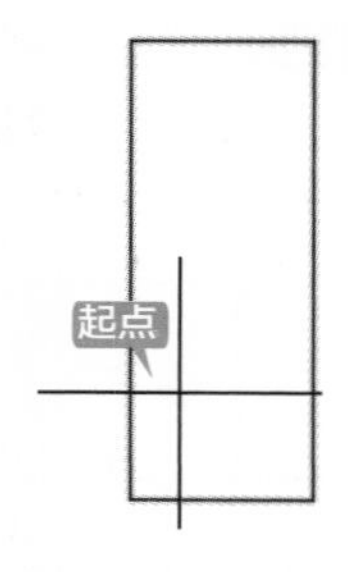

第 4 步 拖动鼠标在第一点的竖直方向上合适的位置单击作为圆弧的端点。

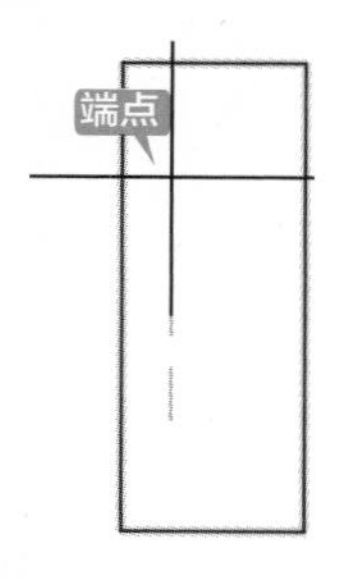

第 5 步 输入圆弧的半径“9”，结果如下图所示。

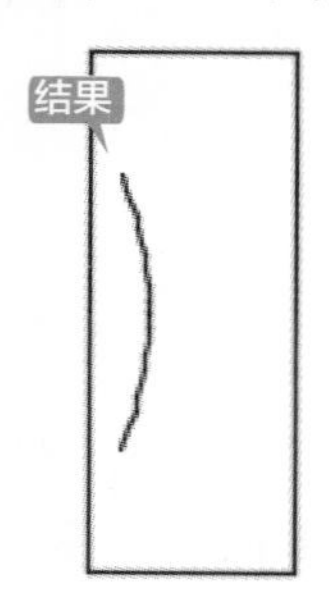

提示

AutoCAD 中默认逆时针为绘制圆弧的正方向，所以在选择起点和端点时两点的位置最好呈逆时针方向。其他不变，如果起点和端点的选择顺序倒置，则结果如图所示。

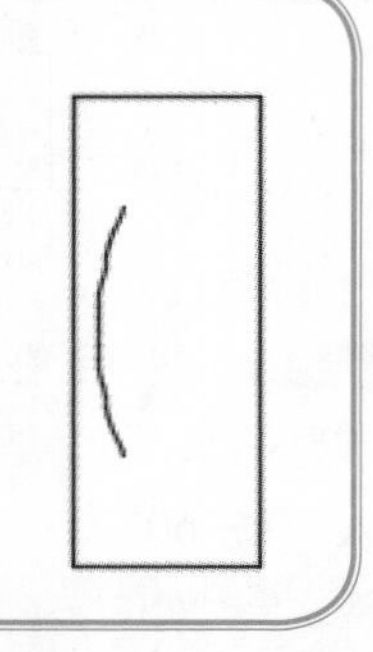

第 6 步 单击【确定】按钮，然后单击【默认】选项卡→【绘图】面板→【圆弧】→【起点、端点、半径】，然后捕捉图中圆弧的端点（只捕捉不选取）。

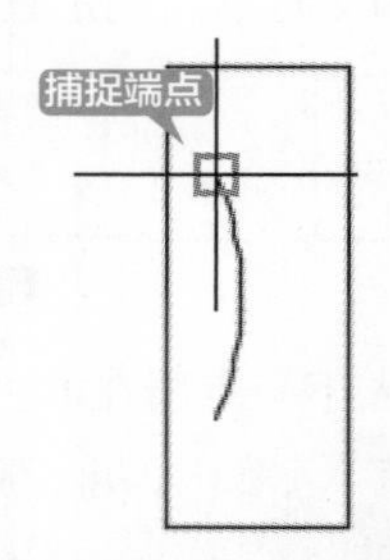

第 7 步 水平向右拖动鼠标，在合适的位置单击作为起点。

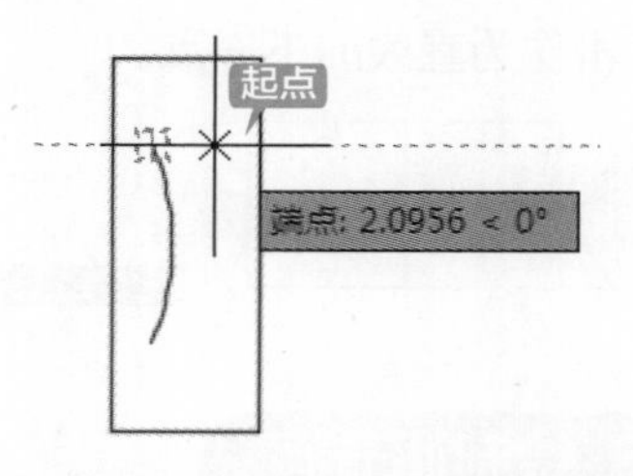

第 8 步 捕捉圆弧的下端点（只捕捉不选取），然后向右拖动鼠标，在合适的位置单击作为圆弧的端点。

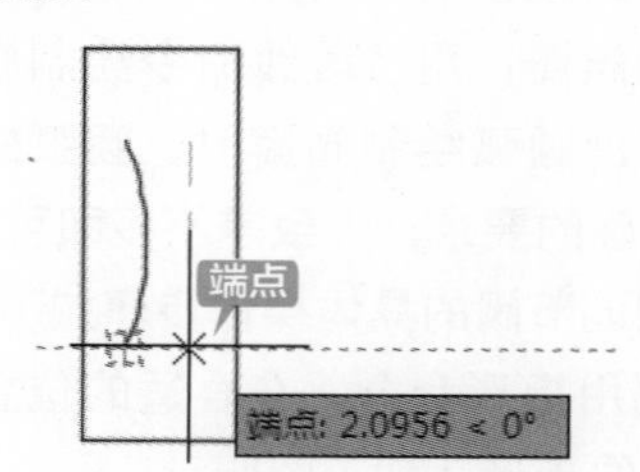

第9步 输入圆弧的半径“9”，结果如下图所示。

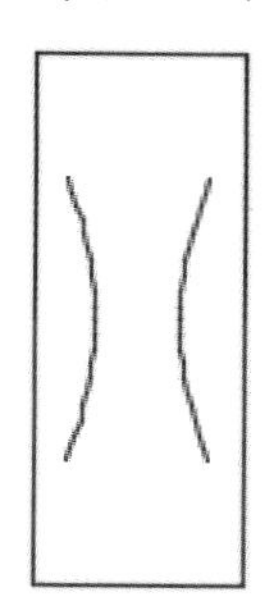

第10步 单击【确定】按钮，然后单击【默认】选项卡→【绘图】面板→【多段线】按钮，根据命令行提示进行如下操作。

命令：_pline

指定起点：fro 基点：　//捕捉下图中A点

<偏移>：@0,3

当前线宽为0.0000

指定下一个点或[圆弧(A)/半宽(H)/长度(L)/放弃(U)/宽度(W)]：<55

角度替代：55

指定下一个点或[圆弧(A)/半宽(H)/长度(L)/放弃(U)/宽度(W)]：　//在合适的位置单击

指定下一点或[圆弧(A)/闭合(C)/半宽(H)/长度(L)/放弃(U)/宽度(W)]：w

指定起点宽度<0.0000>：0.25

指定端点宽度<0.2500>：0

指定下一点或[圆弧(A)/闭合(C)/半宽(H)/长度(L)/放弃(U)/宽度(W)]：

//在箭头和竖直边相交的地方单击

指定下一点或[圆弧(A)/闭合(C)/半宽(H)/长度(L)/放弃(U)/宽度(W)]：↙

提示

在绘制多段线箭头时，为了避免正交和对象捕捉干扰，可以按【F8】键和【F3】键将正交模式和对象捕捉模式关闭。

第11步 绘制完毕后结果如下图所示。

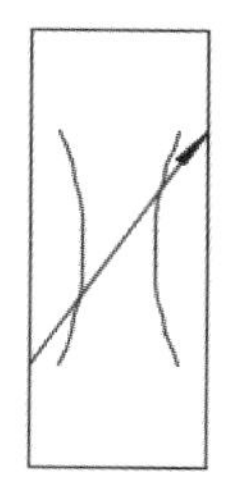

第12步 重复第10步，继续调用多段线命令绘制调节阀的指向。

命令：PLINE

指定起点：　//捕捉矩形上底边的中点

当前线宽为0.0000

指定下一个点或[圆弧(A)/半宽(H)/长度(L)/放弃(U)/宽度(W)]：@0,-10

指定下一点或[圆弧(A)/闭合(C)/半宽(H)/长度(L)/放弃(U)/宽度(W)]：w

指定起点宽度<0.0000>：0.5

指定端点宽度<0.5000>：0

指定下一点或[圆弧(A)/闭合(C)/半宽(H)/长度(L)/放弃(U)/宽度(W)]：　//捕捉矩形的下底边

指定下一点或[圆弧(A)/闭合(C)/半宽(H)/长度(L)/放弃(U)/宽度(W)]：↙

提示

在绘制多段线箭头时，为了方便捕捉，可以按【F8】键和【F3】键将正交模式和对象捕捉模式打开。

第13步 绘制完毕后结果如下图所示。

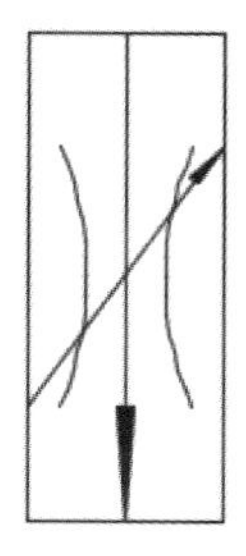

绘制圆弧的默认方法是通过确定三点来绘制圆弧。此外，圆弧还可以通过设置起点、方向、中点、角度和弦长等参数来绘制。各种圆弧的绘制步骤如表3-4所示。

表 3-4　圆弧的各种绘制方法

绘制方法	绘制步骤	结果图形	相应命令行显示
三点	1. 调用“三点”画弧命令 2. 指定 3 个不在同一条直线上的 3 个点即可完成圆弧的绘制		命令 : _arc 指定圆弧的起点或 [圆心 (C)]: 指定圆弧的第二个点或 [圆心 (C)/ 端点 (E)]: 指定圆弧的端点 :
起点、圆心、端点	1. 调用“起点、圆心、端点”画弧命令 2. 指定圆弧的起点 3. 指定圆弧的圆心 4. 指定圆弧的端点		命令 : _arc 指定圆弧的起点或 [圆心 (C)]: 指定圆弧的第二个点或 [圆心 (C)/ 端点 (E)]: _c 指定圆弧的圆心 : 指定圆弧的端点或 [角度 (A)/ 弦长 (L)]:
起点、圆心、角度	1. 调用“起点、圆心、角度”画弧命令 2. 指定圆弧的起点 3. 指定圆弧的圆心 4. 指定圆弧所包含的角度 提示：当输入的角度为正值时圆弧沿起点方向逆时针生成，当角度为负值时，圆弧沿起点方向顺时针生成		命令 : _arc 指定圆弧的起点或 [圆心 (C)]: 指定圆弧的第二个点或 [圆心 (C)/ 端点 (E)]: _c 指定圆弧的圆心 : 指定圆弧的端点或 [角度 (A)/ 弦长 (L)]: _a 指定包含角 : 120
起点、圆心、长度	1. 调用“起点、圆心、长度”画弧命令 2. 指定圆弧的起点 3. 指定圆弧的圆心 4. 指定圆弧的弦长 提示：弦长为正值时得到的弧为“劣弧（小于 180°）”，当弦长为负值时，得到的弧为“优弧（大于 180°）		命令 : _arc 指定圆弧的起点或 [圆心 (C)]: 指定圆弧的第二个点或 [圆心 (C)/ 端点 (E)]: _c 指定圆弧的圆心 : 指定圆弧的端点或 [角度 (A)/ 弦长 (L)]: _l 指定弦长 : 30
起点、端点、角度	1. 调用“起点、端点、角度”画弧命令 2. 指定圆弧的起点 3. 指定圆弧的端点 4. 指定圆弧的角度 提示：当输入的角度为正值时起点和端点沿圆弧成逆时针关系，当角度为负值时，起点和端点沿圆弧成顺时针关系		命令 : _arc 指定圆弧的起点或 [圆心 (C)]: 指定圆弧的第二个点或 [圆心 (C)/ 端点 (E)]: _e 指定圆弧的端点 : 指定圆弧的圆心或 [角度 (A)/ 方向 (D)/ 半径 (R)]: _a 指定包含角 : 137
起点、端点、方向	1. 调用“起点、端点、方向”画弧命令 2. 指定圆弧的起点 3. 指定圆弧的端点 4. 指定圆弧的起点切向		命令 : _arc 指定圆弧的起点或 [圆心 (C)]: 指定圆弧的第二个点或 [圆心 (C)/ 端点 (E)]: _e 指定圆弧的端点 : 指定圆弧的圆心或 [角度 (A)/ 方向 (D)/ 半径 (R)]: _d 指定圆弧的起点切向 :

续表

绘制方法	绘制步骤	结果图形	相应命令行显示
起点、端点、半径	1. 调用“起点、端点、半径”画弧命令 2. 指定圆弧的起点 3. 指定圆弧的端点 4. 指定圆弧的半径 提示：当输入的半径值为正值时，得到的圆弧是“劣弧”；当输入的半径值为负值时，输入的弧为“优弧”		命令：_arc 指定圆弧的起点或 [圆心 (C)]: 指定圆弧的第二个点或 [圆心 (C)/ 端点 (E)]: _e 指定圆弧的端点： 指定圆弧的圆心或 [角度 (A)/ 方向 (D)/ 半径 (R)]: _r 指定圆弧的半径：140
圆心、起点、端点	1. 调用“圆心、起点、端点”画弧命令 2. 指定圆弧的圆心 3. 指定圆弧的起点 4. 指定圆弧的端点		命令：_arc 指定圆弧的起点或 [圆心 (C)]: _c 指定圆弧的圆心： 指定圆弧的起点： 指定圆弧的端点或 [角度 (A)/ 弦长 (L)]:
圆心、起点、角度	1. 调用“圆心、起点、角度”画弧命令 2. 指定圆弧的圆心 3. 指定圆弧的起点 4. 指定圆弧的角度		命令：_arc 指定圆弧的起点或 [圆心 (C)]: _c 指定圆弧的圆心： 指定圆弧的起点： 指定圆弧的端点或 [角度 (A)/ 弦长 (L)]: _a 指定包含角：170
圆心、起点、长度	1. 调用“圆心、起点、长度”画弧命令 2. 指定圆弧的圆心 3. 指定圆弧的起点 4. 指定圆弧的弦长 提示：弦长为正值时得到的弧为“劣弧（小于 180°）”，当弦长为负值时，得到的弧为“优弧（大于 180°）”		命令：_arc 指定圆弧的起点或 [圆心 (C)]: _c 指定圆弧的圆心： 指定圆弧的起点： 指定圆弧的端点或 [角度 (A)/ 弦长 (L)]: _l 指定弦长：60

提示

绘制圆弧时，输入的半径值和圆心角有正负之分。对于半径，当输入的半径值为正时，生成的圆弧是劣弧；反之，生成的是优弧。对于圆心角，当角度为正值时系统沿逆时针方向绘制圆弧；反之，则沿顺时针方向绘制圆弧。

3.1.7 绘制三位四通电磁阀

三位四通电磁阀的绘制和二位二通电磁阀的绘制相似，主要应用到矩形、直线、定数等分点和多段线命令。

三位四通电磁阀的绘制过程如下。

第 1 步 调用矩形命令，在合适的位置绘制一个 45 × 10 的矩形，如下图所示。

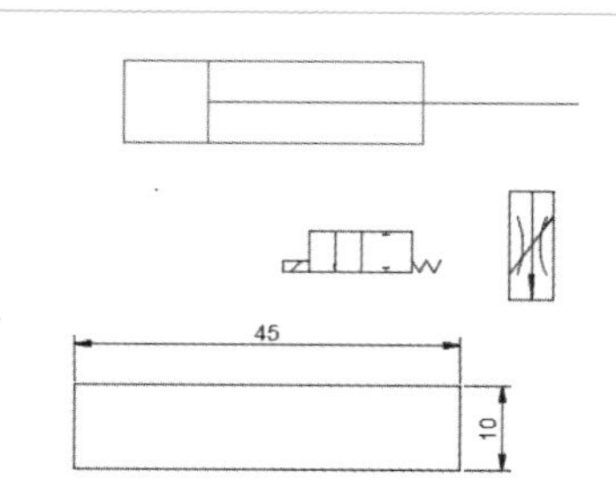

第 2 步 调用直线命令，然后绘制下图所示长度的几条直线。

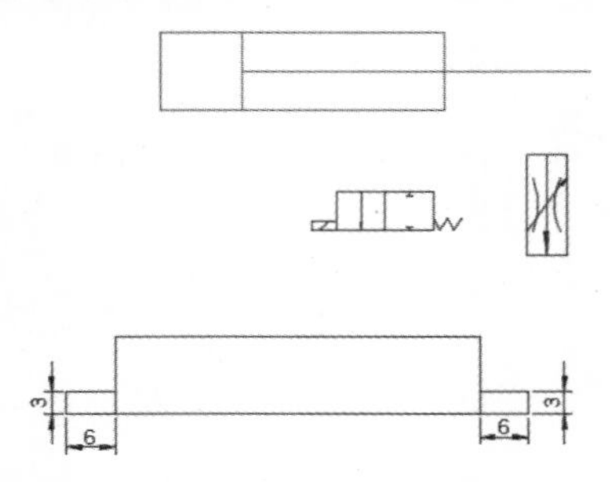

第 3 步 单击【默认】选项卡→【修改】面板→【分解】按钮，选择第 1 步绘制的矩形，然后按【Space】键将其分解。

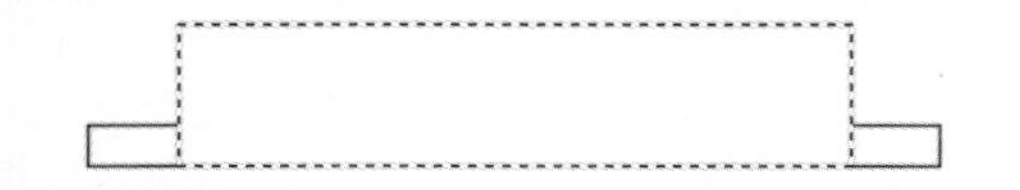

第 4 步 矩形分解后，单击【格式】→【点样式】命令。

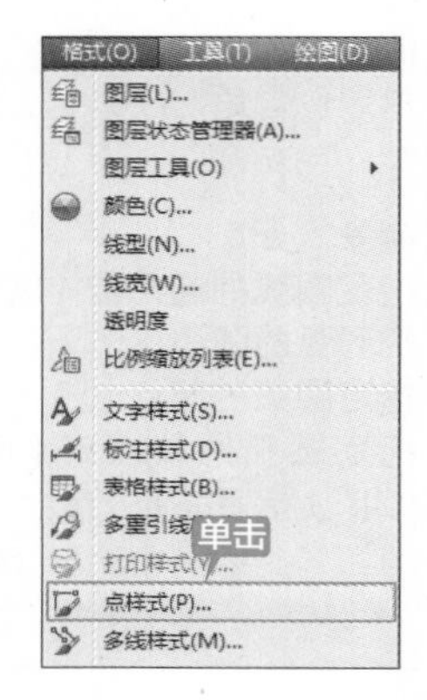

第 5 步 在弹出的【点样式】对话框中选择新的点样式和设置点样式的大小。

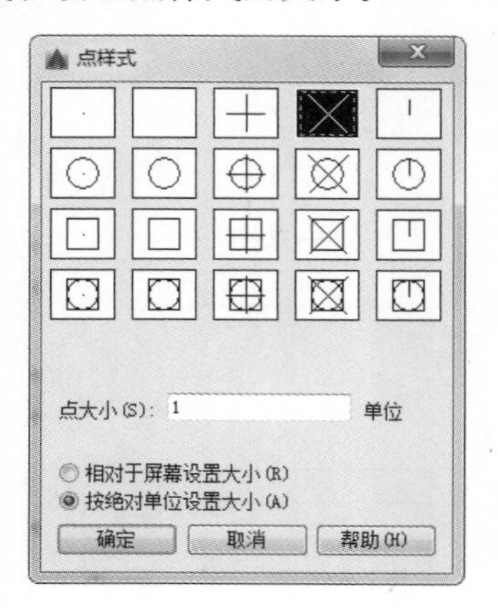

第 6 步 单击【默认】选项卡→【绘图】面板的展开按钮→【定数等分】按钮。单击选择矩形的上侧边，然后输入等分段数“9”，结果如下图所示。

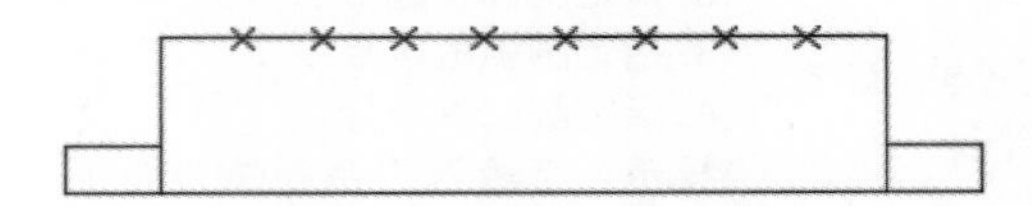

第 7 步 重复第 6 步，将矩形的底边也进行 9 等分，左侧的水平短直线进行 3 等分，结果如下图所示。

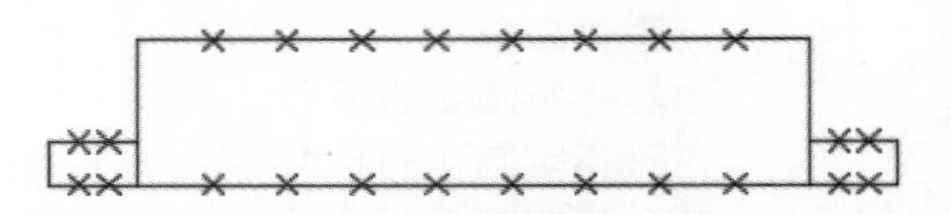

第 8 步 单击【确定】按钮，然后单击【默认】选项卡→【绘图】面板→【直线】按钮，捕捉图中的节点绘制直线。

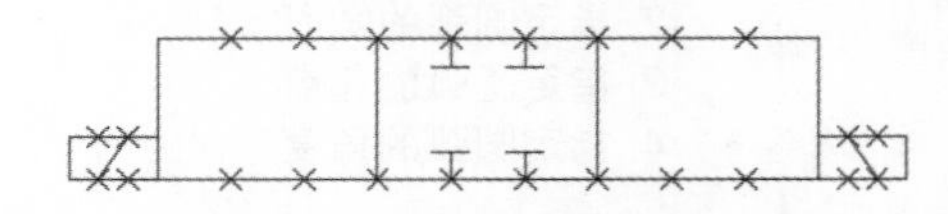

第 9 步 单击【确定】按钮，然后单击【默认】选项卡→【绘图】面板→【多段线】按钮。根据命令行提示进行如下操作。

命令：_pline

指定起点：　　　　　　//捕捉 A 节点

当前线宽为 0.0000

指定下一个点或 [圆弧 (A)/ 半宽 (H)/ 长度 (L)/ 放弃 (U)/ 宽度 (W)]: @0,8

指定下一点或 [圆弧 (A)/ 闭合 (C)/ 半宽 (H)/ 长度 (L)/ 放弃 (U)/ 宽度 (W)]: w

指定起点宽度 <0.0000>: 0.5

指定端点宽度 <0.5000>: 0

指定下一点或 [圆弧 (A)/ 闭合 (C)/ 半宽 (H)/ 长度 (L)/ 放弃 (U)/ 宽度 (W)]:　　//捕捉 B 节点

指定下一点或 [圆弧 (A)/ 闭合 (C)/ 半宽 (H)/ 长度 (L)/ 放弃 (U)/ 宽度 (W)]:　　↙

命令：PLINE

指定起点：　　　　　　//捕捉 C 节点

当前线宽为 0.0000

指定下一个点或 [圆弧 (A)/ 半宽 (H)/ 长度 (L)/ 放弃 (U)/ 宽度 (W)]: @0,-8

指定下一点或 [圆弧 (A)/ 闭合 (C)/ 半宽 (H)

/ 长度 (L)/ 放弃 (U)/ 宽度 (W)]: w

指定起点宽度 <0.0000>: 0.5

指定端点宽度 <0.5000>: 0

指定下一点或 [圆弧 (A)/ 闭合 (C)/ 半宽 (H)/ 长度 (L)/ 放弃 (U)/ 宽度 (W)]:　　// 捕捉 D 节点

指定下一点或 [圆弧 (A)/ 闭合 (C)/ 半宽 (H)/ 长度 (L)/ 放弃 (U)/ 宽度 (W)]: ↙

第 10 步　多段线绘制完成后结果如下图所示。

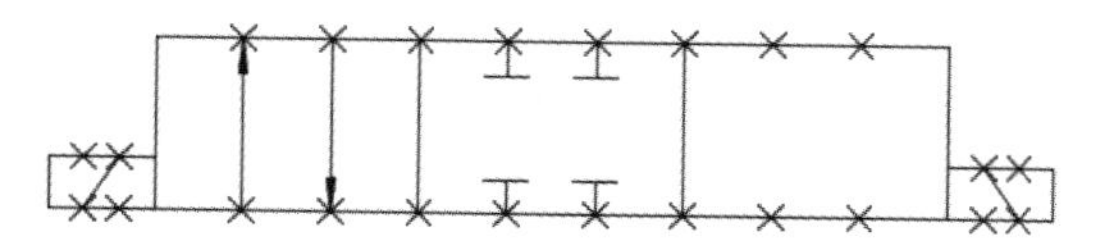

第 11 步　重复第 9 步，继续绘制多段线，捕捉下图中 E 节点为多段线的起点，当命令行提示指定多段线的下一点时，捕捉 F 节点（只捕捉不选中）。

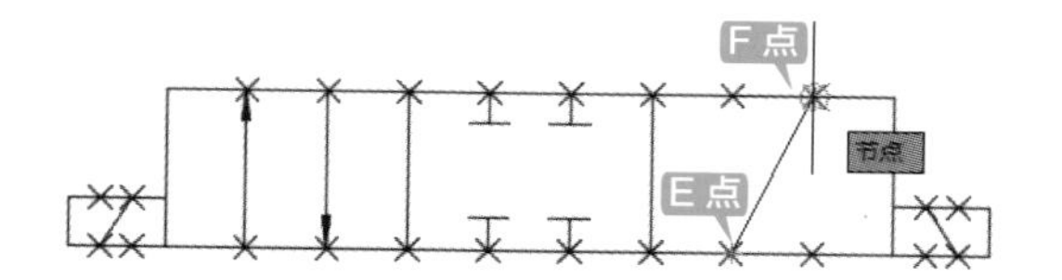

第 12 步　捕捉 F 节点确定多段线方向后，输入多段线长度“9”。

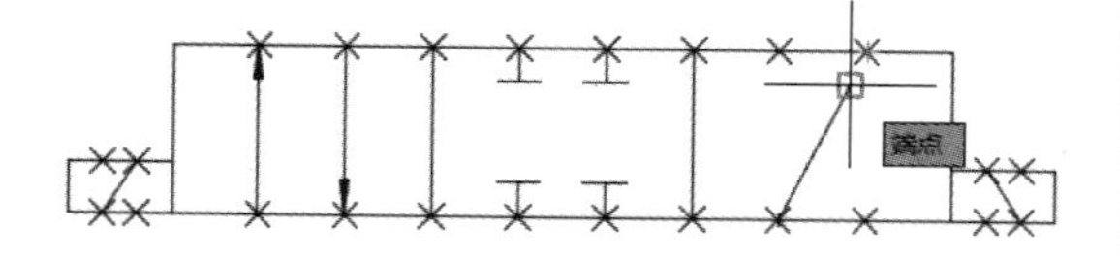

第 13 步　当命令行提示指定下一点时，进行如下操作。

指定下一点或 [圆弧 (A)/ 闭合 (C)/ 半宽 (H)/ 长度 (L)/ 放弃 (U)/ 宽度 (W)]: w

指定起点宽度 <0.0000>: 0.5

指定端点宽度 <0.5000>: 0

指定下一点或 [圆弧 (A)/ 闭合 (C)/ 半宽 (H)/ 长度 (L)/ 放弃 (U)/ 宽度 (W)]:　　// 捕捉 F 节点并单击选中

指定下一点或 [圆弧 (A)/ 闭合 (C)/ 半宽 (H)/ 长度 (L)/ 放弃 (U)/ 宽度 (W)]: ↙

第 14 步　多段线绘制完成后结果如下图所示。

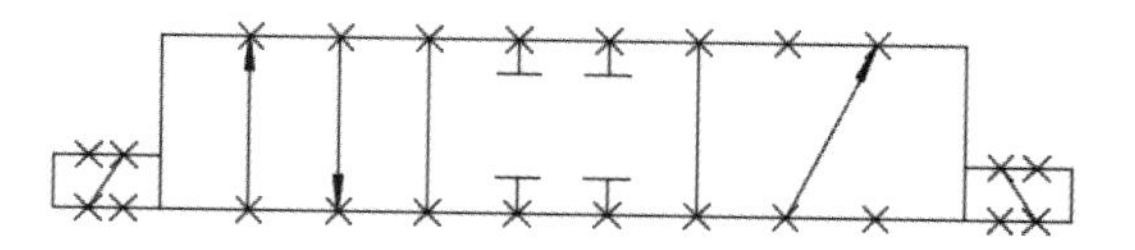

第 15 步　重复第 11 步～第 13 步，绘制另一条多段线。

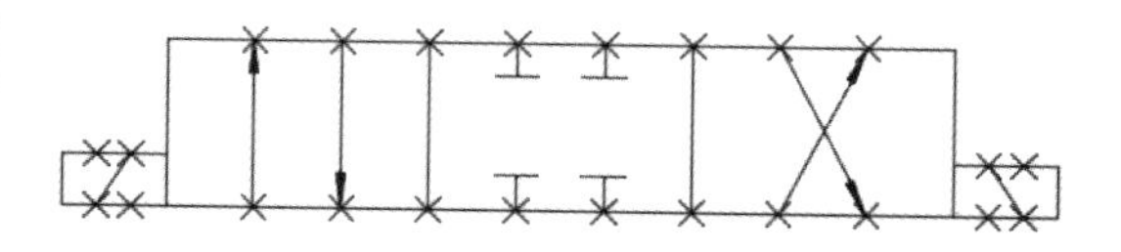

第 16 步　选中所有节点，然后按【Delete】键将所有节点都删除，结果如下图所示。

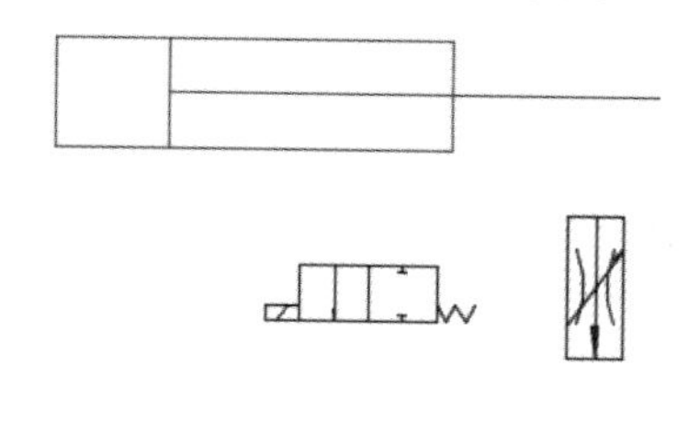

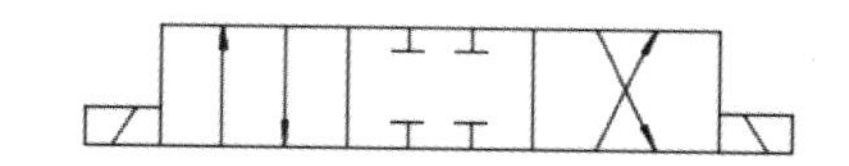

3.1.8 绘制电机和油泵

电机和油泵是液压系统的动力机构，它们的绘制主要应用到圆、构造线和修剪命令。

电机和油泵的绘制过程如下。

第 1 步　单击【默认】选项卡→【图层】面板→【图层】下拉按钮，并选择“动力元件”层将其置为当前层。

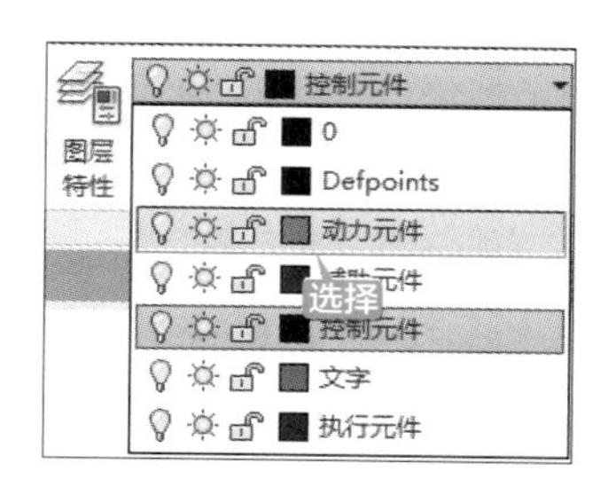

第2步 单击【默认】选项卡→【绘图】面板→【圆】→【圆心、半径】按钮。

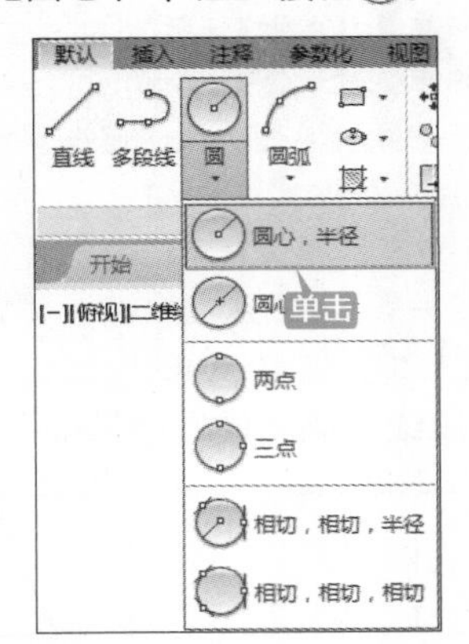

提示

除了通过面板调用圆命令外，还可以通过以下方法调用圆命令。

(1) 选择【绘图】→【圆】菜单命令选择圆的某种绘制方法。

(2) 命令行输入“CIRCLE/C”命令并按【Space】键。

第3步 在合适的位置单击作为圆心，然后输入圆的半径“8”，结果如下图所示。

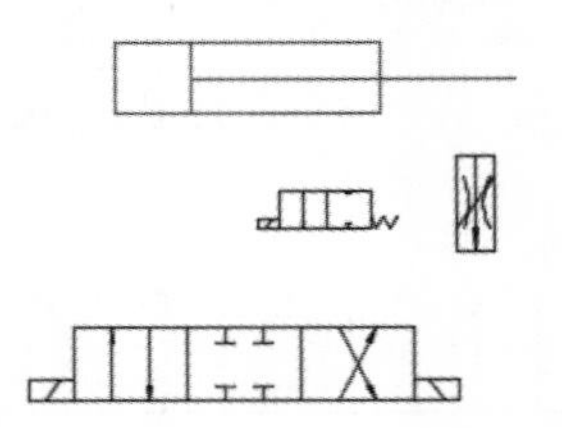

第4步 重复第2步，当命令行提示指定圆心时，捕捉第3步绘制的圆的圆心（只捕捉不选取）。

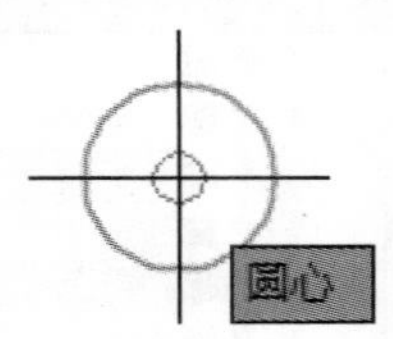

第5步 捕捉三位四通电磁阀的出口端点（只捕捉不选中）。

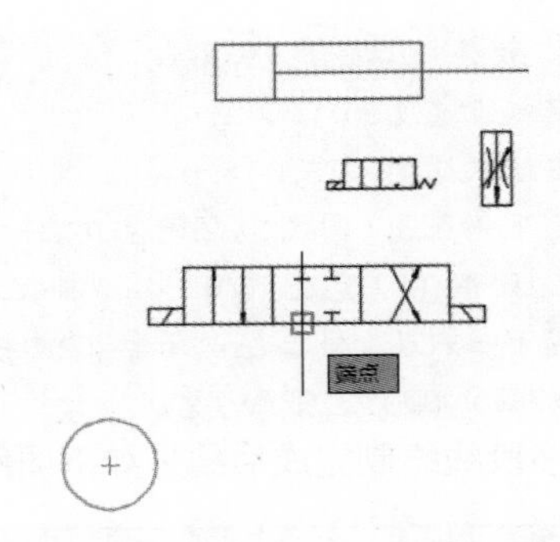

第6步 向下拖动鼠标，当通过端点的指引线和通过圆心的指引线相交时单击鼠标，作为圆心。

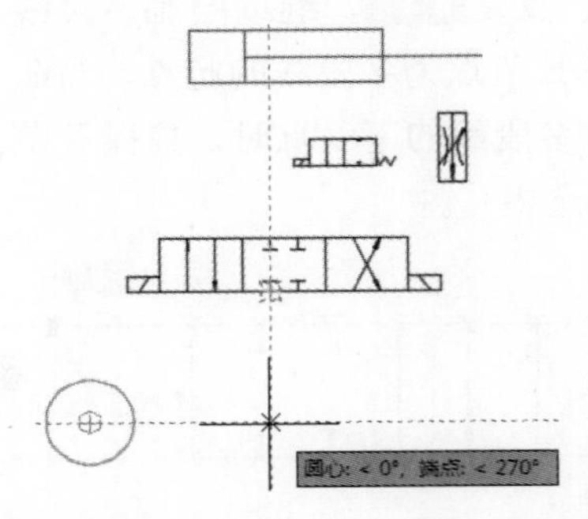

第7步 输入圆心半径“5”，结果如下图所示。

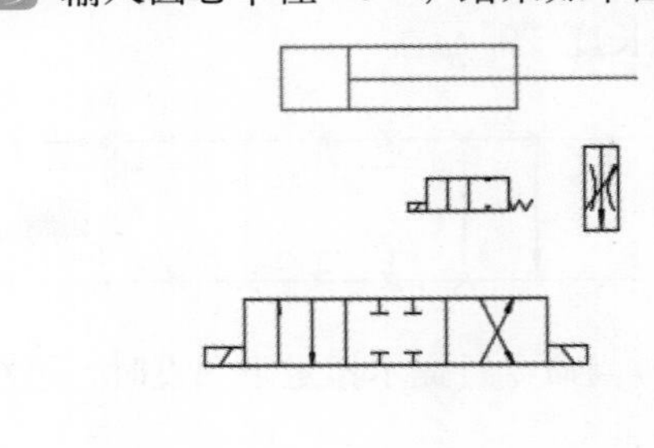

第8步 单击【默认】选项卡→【绘图】面板→【构造线】按钮。

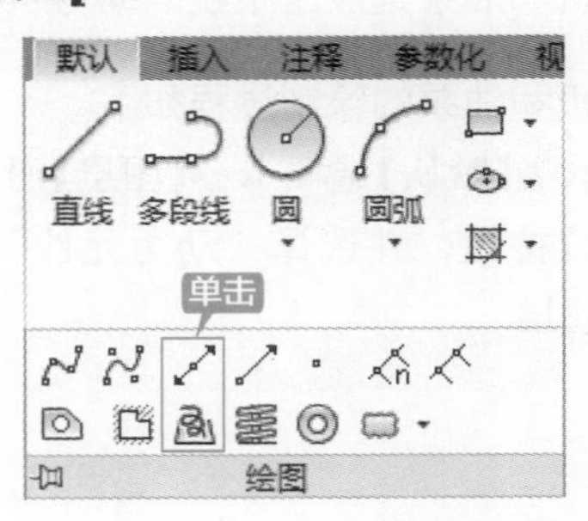

提示

除了通过面板调用构造线命令外，还可以通过以下方法调用构造线命令。

(1) 选择【绘图】→【构造线】命令。

(2) 命令行输入“XLINE/XL”命令并按【Space】键。

第 9 步 当提示指定点时在命令行输入“H”，然后在两圆之间合适的位置单击指定水平构造线的位置。

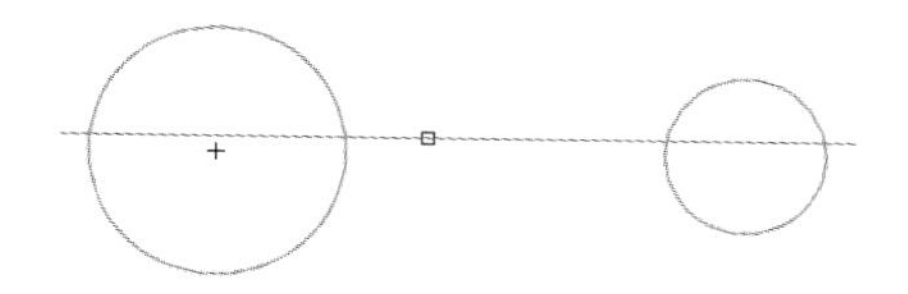

第 10 步 继续在两圆之间合适的位置单击指定另一条构造线的位置，然后按【Space】键退出构造线命令。

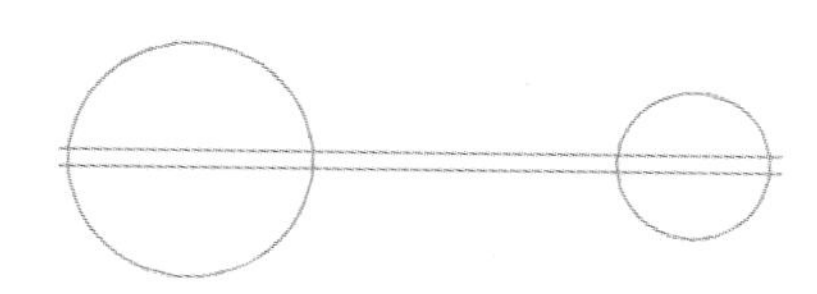

第 11 步 单击【默认】选项卡→【修改】面板→【修剪】按钮 -/-- 。

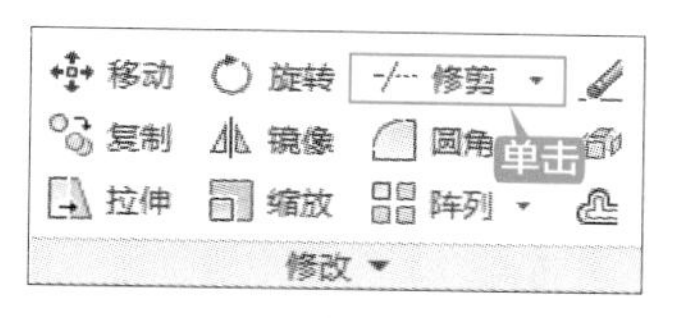

第 12 步 选择两个圆为剪切边，然后按【Space】键结束剪切边的选择。

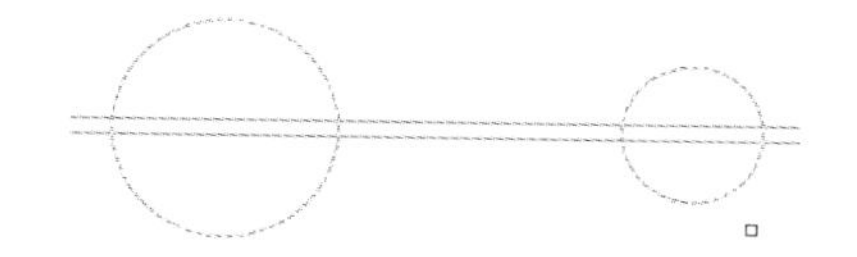

第 13 步 单击不需要的构造线部分，对其进行修剪，结果如下图所示。

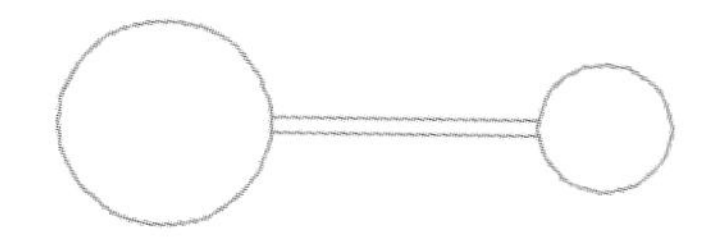

绘制圆弧的默认方法是通过确定三点来绘制圆弧。此外，圆弧还可以通过设置起点、方向、中点、角度和弦长等参数来绘制。各种圆的绘制步骤如表 3-5 所示。

表 3-5　圆的各种绘制方法

绘制方法	绘制步骤	结果图形	相应命令行显示
圆心、半径 / 直径	1. 指定圆心 2. 输入圆的半径 / 直径		命令：_circle 指定圆的圆心或 [三点 (3P)/ 两点 (2P)/ 切点、切点、半径 (T)]: 指定圆的半径或 [直径 (D)]: 45

两点绘圆	1. 调用两点绘圆命令
	2. 指定直径上的第一点
	3. 指定直径上的第二点或输入直径长度
			命令：_circle
			指定圆的圆心或 [三点 (3P)/ 两点 (2P)/ 切点、切点、半径 (T)]: _2p
			指定圆直径的第一个端点：
			// 指定第一点
			指定圆直径的第二个端点：80
			// 输入直径长度或指定第二点

三点绘圆	1. 调用三点绘圆命令 2. 指定圆周上第一个点 3. 指定圆周上第二个点 4. 指定圆周上第三个点		命令：_circle 指定圆的圆心或 [三点 (3P)/ 两点 (2P)/ 切点、切点、半径 (T)]: _3p 指定圆上的第一个点： 指定圆上的第二个点： 指定圆上的第三个点：

续表

绘制方法	绘制步骤	结果图形	相应命令行显示
相切、相切、半径	1. 调用“相切、相切、半径”绘圆命令 2. 选择与圆相切的两个对象 3、输入圆的半径		命令：_circle 指定圆的圆心或 [三点 (3P)/ 两点 (2P)/ 切点、切点、半径 (T)]: _ttr 指定对象与圆的第一个切点： 指定对象与圆的第二个切点： 指定圆的半径 <35.0000>: 45
相切、相切、相切	1. 调用“相切、相切、相切”绘圆命令 2. 选择与圆相切的三个对象		命令：_circle 指定圆的圆心或 [三点 (3P)/ 两点 (2P)/ 切点、切点、半径 (T)]: _3p 指定圆上的第一个点：_tan 到 指定圆上的第二个点：_tan 到 指定圆上的第三个点：_tan 到

构造线是两端无限延伸的直线，可以用来作为创建其他对象时的参考线，在执行一次【构造线】命令时，可以连续绘制多条通过一个公共点的构造线。

调用构造线命令后，命令行提示如下：

```
命令：_xline
指定点或 [ 水平 (H)/ 垂直 (V)/ 角度 (A)/ 二等分 (B)/ 偏移 (O)]:
```

命令行中各选项含义如下。

- 水平（H）：创建一条通过选定点且平行于 X 轴的参照线。
- 垂直（V）：创建一条通过选定点且平行于 Y 轴的参照线。
- 角度（A）：以指定的角度创建一条参照线。
- 二等分（B）：创建一条参照线，此参照线位于由 3 个点确定的平面中，它经过选定的角顶点，并且将选定的两条线之间的夹角平分。
- 偏移（O）：创建平行于另一个对象的参照线。

构造线的各种绘制方法如表 3-6 所示。

表 3-6　构造线的各种绘制方法

绘制方法	绘制步骤	结果图形	相应命令行显示
水平	1. 指定第一个点 2. 在水平方向单击指定通过点		命令：_XLINE 指定点或 [水平 (H)/ 垂直 (V)/ 角度 (A)/ 二等分 (B)/ 偏移 (O)]:　// 单击指定第一点 指定通过点：　// 在水平方向上单击指定通过点 指定通过点：　// 按空格键退出命令
垂直	1. 指定第一个点 2. 在竖直方向单击指定通过点		命令：_XLINE 指定点或 [水平 (H)/ 垂直 (V)/ 角度 (A)/ 二等分 (B)/ 偏移 (O)]:　// 单击指定第一点 指定通过点：　// 在竖直方向上单击指定通过点 指定通过点：　// 按空格键退出命令

续表

绘制方法	绘制步骤	结果图形	相应命令行显示
角度	1. 输入角度选项 2. 输入构造线的角度 3. 指定构造线通过点	交点	命令 :_ XLINE 指定点或 [水平 (H)/ 垂直 (V)/ 角度 (A)/ 二等分 (B)/ 偏移 (O)]: a 输入构造线的角度 (0) 或 [参照 (R)]: 30 指定通过点： // 捕捉交点 指定通过点： // 按空格键退出命令
二等分	1. 输入二等分选项 2. 指定角度的顶点 3. 指定角度的起点 4. 指定角度的端点	起点 顶点 端点 58° 29°	命令：_XLINE 指定点或 [水平 (H)/ 垂直 (V)/ 角度 (A)/ 二等分 (B)/ 偏移 (O)]: b 指定角的顶点： // 捕捉角度的顶点 指定角的起点： // 捕捉角度的起点 指定角的端点： // 捕捉角度的端点 指定角的端点： // 按空格键退出命令
偏移	1. 输入偏移选项 2. 输入偏移距离 3. 选择偏移对象 4. 指定偏移方向	底边 50	命令 : _XLINE 指定点或 [水平 (H)/ 垂直 (V)/ 角度 (A)/ 二等分 (B)/ 偏移 (O)]: o 指定偏移距离或 [通过 (T)] <0.0000>:50 选择直线对象： // 选择底边 指定向哪侧偏移： // 在底边的右侧单击 选择直线对象： // 按空格键退出命令

3.1.9 绘制电机单向旋转符号和油泵流向变排量符号

本液压系统中的电机是单向旋转电机，因此要绘制电机的单向旋转符号。本液压系统的油泵是单流向变排量泵，因此也要绘制流向和变排量符号，其中流向符号既可以用多边形加填充命令绘制，也可以用实体填充命令绘制。

1. 绘制电机单向旋转符号和油泵变排量符号

第 1 步 单击【默认】选项卡→【绘图】面板→【多段线】按钮，在电机和油泵两圆之间的合适位置单击鼠标确定多段线的起点。

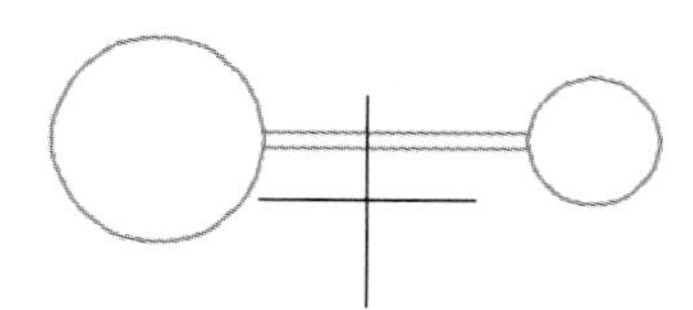

第 2 步 确定起点后在命令行输入“A”，然后输入“R”，绘制半径为 10 的圆弧，命令行提示如下。

指定下一个点或 [圆弧 (A)/ 半宽 (H)/ 长度 (L)/ 放弃 (U)/ 宽度 (W)]: a

指定圆弧的端点 (按住【 Ctrl 】键以切换方向) 或 [角度 (A)/ 圆心 (CE)/ 方向 (D)/ 半宽 (H)/ 直线 (L)/ 半径 (R)/ 第二个点 (S)/ 放弃 (U)/ 宽度 (W)]: r

指定圆弧的半径 : 10

第 3 步 拖动鼠标沿竖直方向合适位置单击确定圆弧端点。

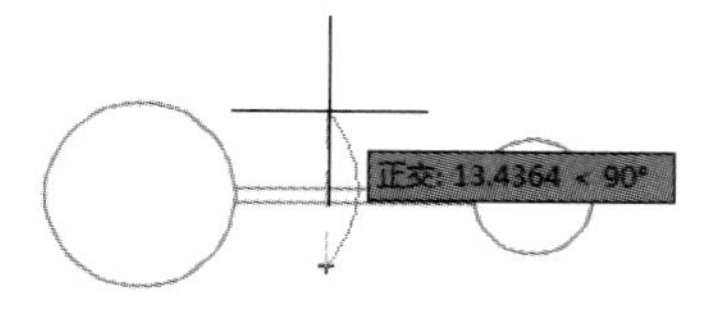

第 4 步 在命令行输入“W”，然后指定起点和端点的宽度后再输入“R”并指定下一段圆弧的半径“5”。

指定圆弧的端点 (按住 Ctrl 键以切换方向) 或 [角度 (A)/ 圆心 (CE)/ 闭合 (CL)/ 方向 (D)/ 半宽 (H)/ 直线 (L)/ 半径 (R)/ 第二个点 (S)/ 放弃 (U) / 宽度 (W)]: w

> 指定起点宽度 <0.0000>: 0.5
>
> 指定端点宽度 <0.5000>: 0
>
> 指定圆弧的端点（按住 Ctrl 键以切换方向）或 [角度 (A)/ 圆心 (CE)/ 闭合 (CL)/ 方向 (D)/ 半宽 (H)/ 直线 (L)/ 半径 (R)/ 第二个点 (S)/ 放弃 (U)/ 宽度 (W)]: r
>
> 指定圆弧的半径 : 5

第 5 步 拖动鼠标确定下一段圆弧（箭头）的端点，然后按【Space】键或【Enter】键结束多段线的绘制。

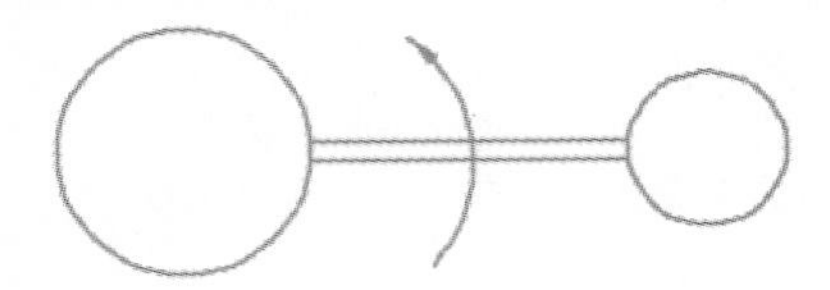

提示

为了避免正交模式干扰箭头的绘制，在绘制圆弧箭头时可以将正交模式关闭。

第 6 步 重复第 1 步或直接按【Space】键调用多段线命令，在油泵左下角合适位置单击确定多段线起点。

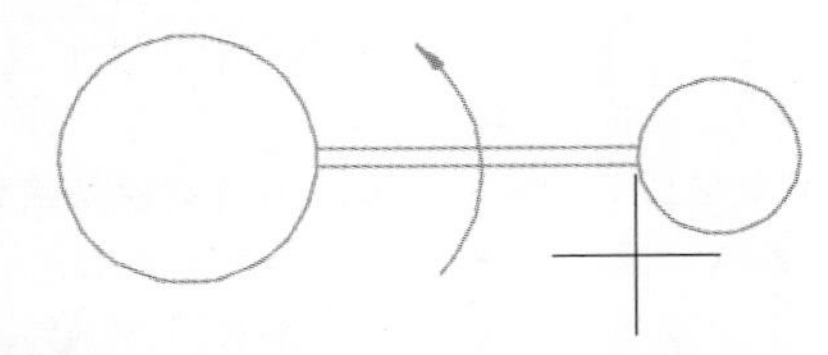

第 7 步 拖动鼠标绘制一条过圆心的多段线。

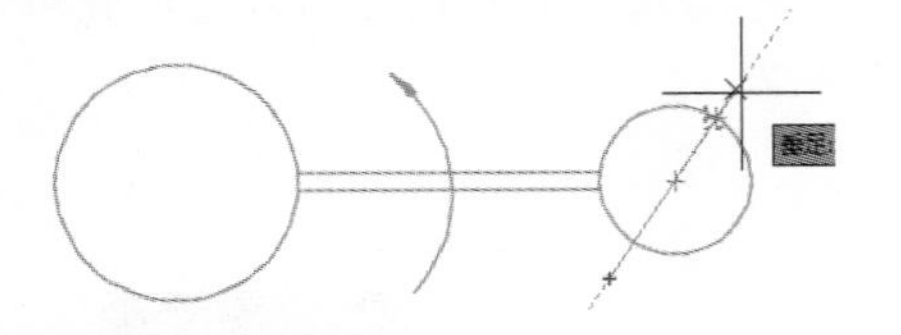

第 8 步 在命令行输入“W”，然后指定起点和端点的宽度。

> 指定下一点或 [圆弧 (A)/ 闭合 (C)/ 半宽 (H)/ 长度 (L)/ 放弃 (U)/ 宽度 (W)]: w
>
> 指定起点宽度 <0.0000>: 0.5
>
> 指定端点宽度 <0.5000>: 0

第 9 步 拖动鼠标确定下一段多段线（箭头）的端点，然后按【Space】键或【Enter】键结束多段线的绘制。

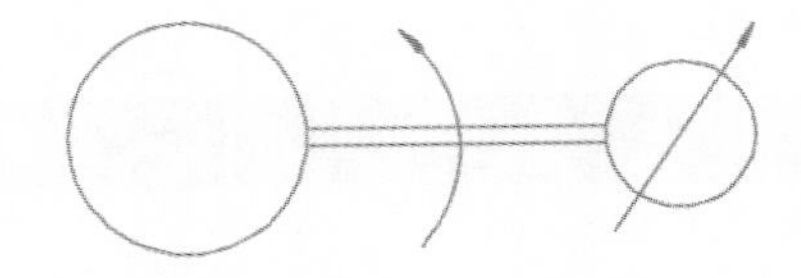

2. 绘制油泵流向符号

绘制油泵流向符号的方法有两种，一种是通过【多边形】和【填充】命令进行绘制，另一种是直接通过【实体填充】命令进行绘制。下面对两种方法分别进行介绍。

(1) “多边形 + 填充”绘制流量符号。

第 1 步 单击【默认】选项卡→【绘图】面板→【多边形】按钮。

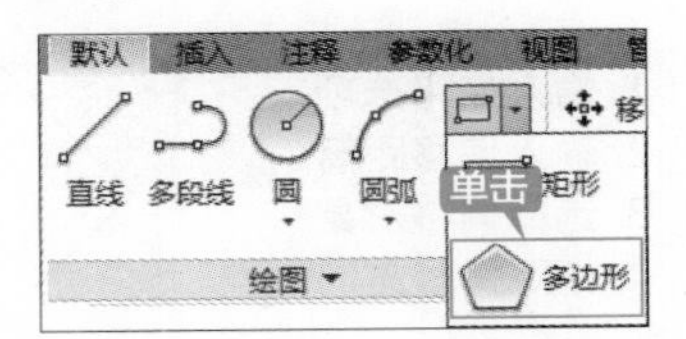

提示

除了通过面板调用多边形命令外，还可以通过以下方法调用多边形命令。

(1) 选择【绘图】→【多边形】命令。

(2) 命令行输入“POLYGON/POL”命令并按【Space】键。

第 2 步 在命令行输入“3”确定绘制的多边形的边数，然后输入“E”，通过边长来确定绘制的多边形的大小。

> 命令 : _polygon 输入侧面数 <4>: 3
>
> 指定正多边形的中心点或 [边 (E)]: e

第 3 步 当命令行提示指定第一个端点时，捕捉圆的象限点。

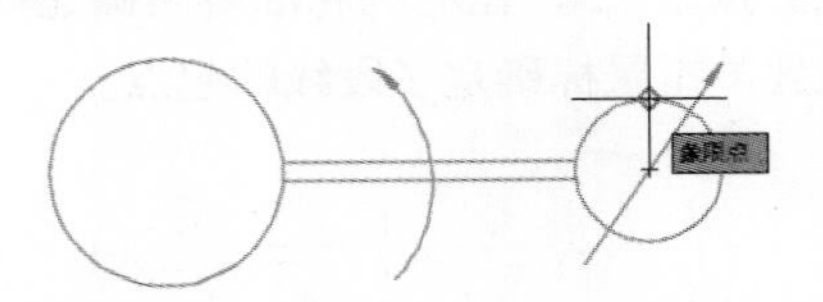

第 4 步 当命令行提示指定第二个端点时，输入“<60”指定第二点与第一点连线的角度。

> 指定边的第二个端点 : <60
>
> 角度替代 : 60

第 5 步 拖动鼠标在合适的位置单击确定第二点的位置。

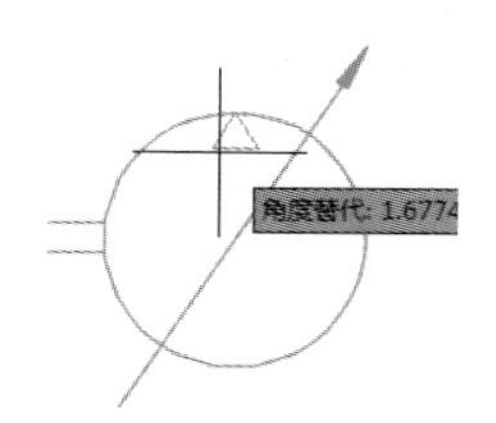

第 6 步 多边形绘制完成后结果如下图所示。

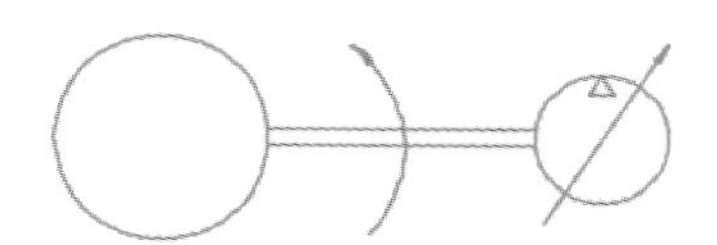

第 7 步 单击【默认】选项卡→【绘图】面板→【图案填充】按钮。

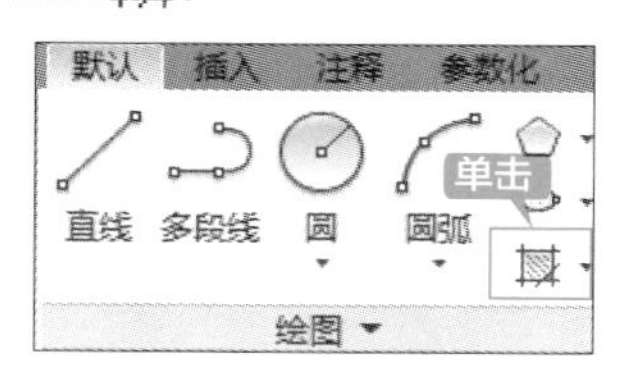

提示

除了通过面板调用图案填充命令外，还可以通过以下方法调用图案填充命令。

(1) 选择【绘图】→【图案填充】命令

(2) 命令行输入【HATCH/H】命令并按【Space】键。

第 8 步 在弹出的“图案填充创建”选项卡的“图案”面板上选择【SOLID】图案。

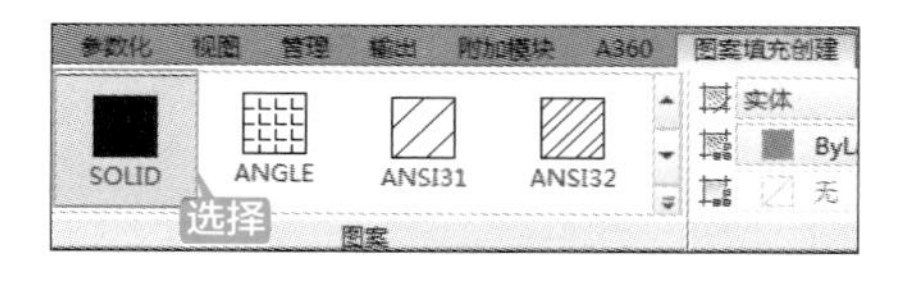

第 9 步 在需要填充的对象内部单击，完成填充后按【Space】键退出命令。

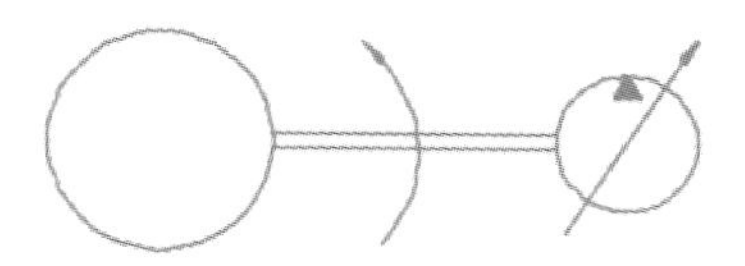

(2) “实体填充”绘制流量符号。

第 1 步 在命令行输入“SO（SOLID）”并按【Space】键，当命令行提示指定第一点时捕捉圆的象限点。

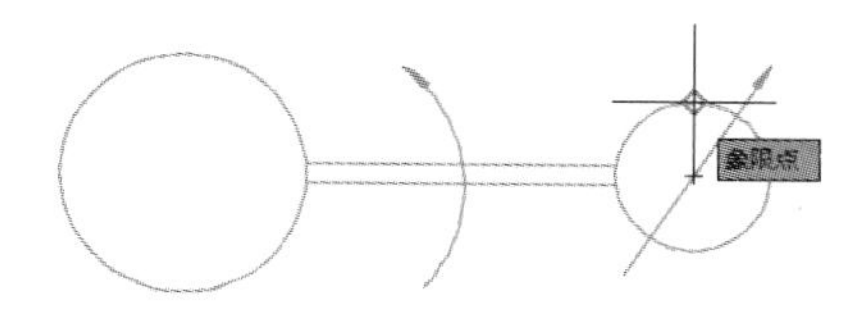

第 2 步 当命令提示指定第二点、第三点时依次输入第二点的极坐标值和相对坐标值。

```
指定第二点：@1.5<240
指定第三点：@1.5,0
```

第 3 步 当命令行提示指定第四点时，按【Space】键，当命令行再次提示指定第三点时，按【Space】键结束命令。结果如下图所示。

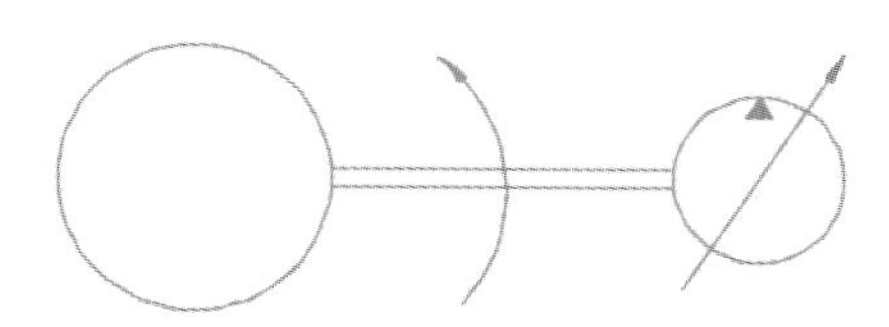

在 AutoCAD 2016 中通过多边形命令可以创建等边闭合多段线，也可以通过指定多边形的边数创建，还可以通过指定多边形的内接圆或外切圆创建，创建的多边形的边数为 3~1024。通过内接圆或外切圆创建多边形的步骤如表 3-7 所示。

表 3-7 通过内接圆或外切圆创建多边形

绘制方法	绘制步骤	结果图形	相应命令行显示

指定内接圆创建多边形	1. 指定多边形的边数
	2. 指定多边形的中心点
	3. 选择内接于圆的创建方法
	4. 指定或输入内接圆的半径值
			命令 :_ POLYGON 输入侧面数 <3>: 6
			指定正多边形的中心点或 [边 (E)]:
			// 指定多边形的中心点
			输入选项 [内接于圆 (I)/ 外切于圆 (C)] <I>: ↙
			指定圆的半径 :
			// 鼠标拖动确定或输入半径值

续表

绘制方法	绘制步骤	结果图形	相应命令行显示

指定外切圆创建多边形	1. 指定多边形的边数
	2. 指定多边形的中心点
	3. 选择外切于圆的创建方法
	4. 指定或输入外切圆的半径值
			命令 :_ POLYGON 输入侧面数 <3>: 6
			指定正多边形的中心点或 [边 (E)]:
			// 指定多边形的中心点
			输入选项 [内接于圆 (I)/ 外切于圆 (C)] <I>: C
			指定圆的半径 :
			// 鼠标拖动确定或输入半径值

图案填充是使用指定的线条图案来充满指定区域的操作，常常用来表达剖切面和不同类型物体对象的外观纹理。

调用图案填充命令后弹出【图案填充创建】选项卡，如下图所示。

● 边界：调用填充命令后，默认状态为拾取状态（相当于单击了【拾取点】按钮），单击【选择】按钮，可以通过选择对象来进行填充。

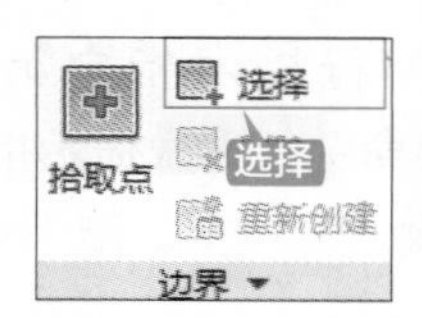

●图案：控制图案填充的各种填充形状。

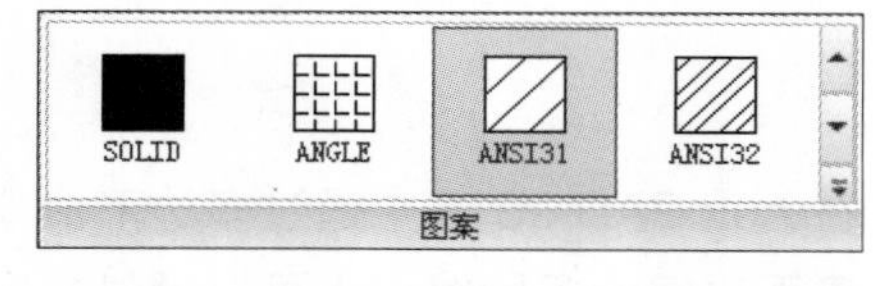

●特性：控制图案的填充类型、背景色、透明度和选定填充图案的角度和比例。

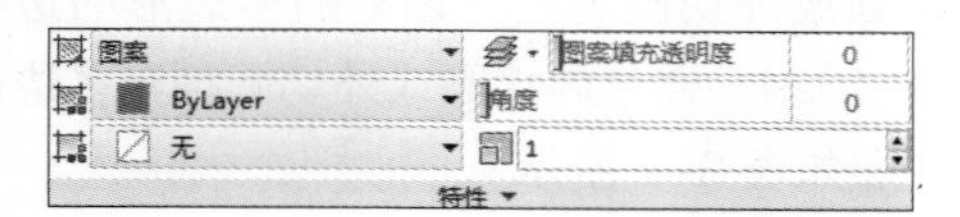

提示

实际填充角度为“X+45”，即选项板中是 0°，实际填充效果为 45°。

●原点：控制填充图案生成的起始位置。

●选项：控制几个常用的图案填充或填充选项，并可以通过单击【特性匹配】按钮使用选定图案填充对象的特性对指定的边界进行填充。

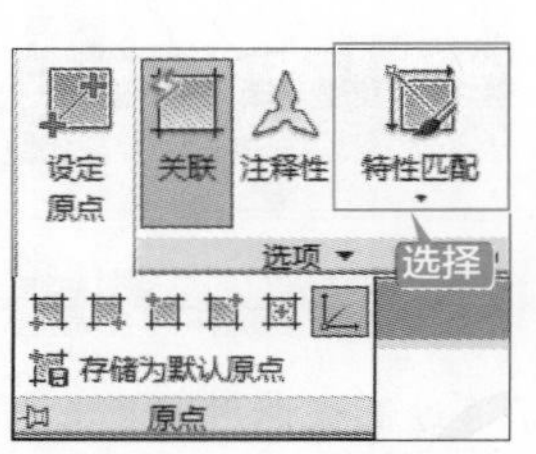

提示

选择不同的原点，不同的原点填充效果也不相同。

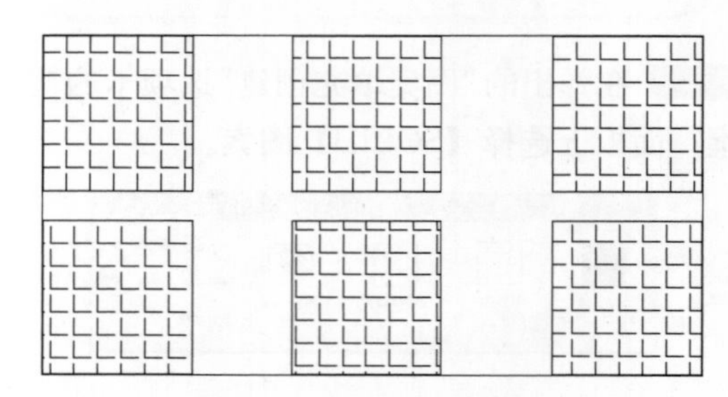

对于习惯用【填充】对话框形式的用户，可以在【图案填充创建】选项卡中单击【选项】后面的箭头，弹出【图案填充和渐变色】对话框，如下图左所示。单击“渐变色”选项卡后，对话框变成下图右所示。对话框中的选项内容和选项卡相同，这里不再赘述。

3.1.10 绘制过滤器和油箱

过滤器和油箱是液压系统的辅助机构，它们的绘制主要应用到多边形、直线和多段线命令，其中在绘制过滤器时还要用到同一图层上显示不同的线型。

过滤器和油箱的绘制过程如下。

第 1 步 单击【默认】选项卡→【图层】面板→【图层】下拉按钮，并选择“辅助元件”层将其置为当前层。

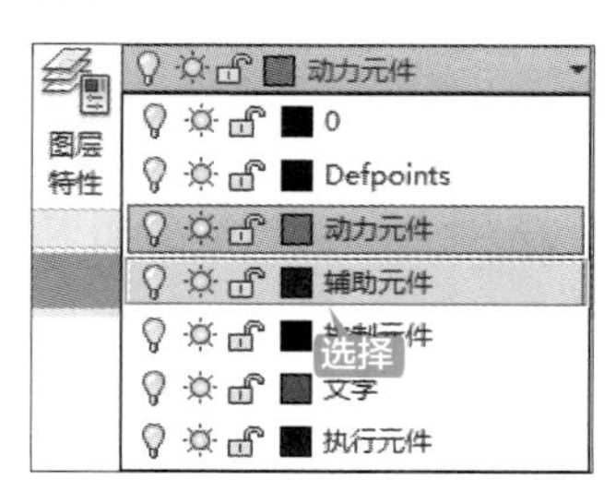

第 2 步 单击【默认】选项卡→【绘图】面板→【多边形】按钮⬠。输入绘制的多边形边数为“4”，当命令行提示指定多边形中心点时，捕捉油泵的圆心（但不选中），然后向下拖动鼠标，在合适的位置单击作为多边形的中心。

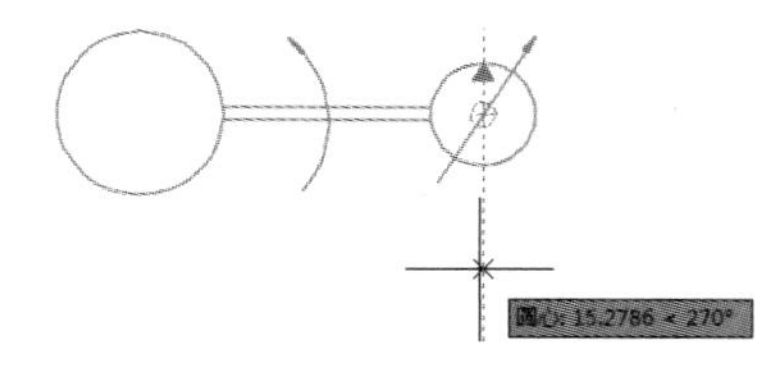

第 3 步 选择绘制方式为“内接于圆”，然后输入圆的半径“@4,0”。

> 输入选项 [内接于圆 (I)/ 外切于圆 (C)] <I>:↙
>
> 指定圆的半径 : @4,0

第 4 步 正多边形绘制完成后结果如下图所示。

第 5 步 单击【默认】选项卡→【绘图】面板→【直线】按钮╱，然后捕捉正多边形的两个端点绘制直线。

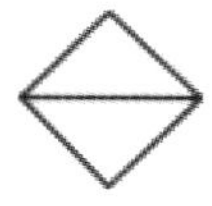

第 6 步 单击【默认】选项卡→【特性】面板→【线型】下拉按钮，单击【其他】。

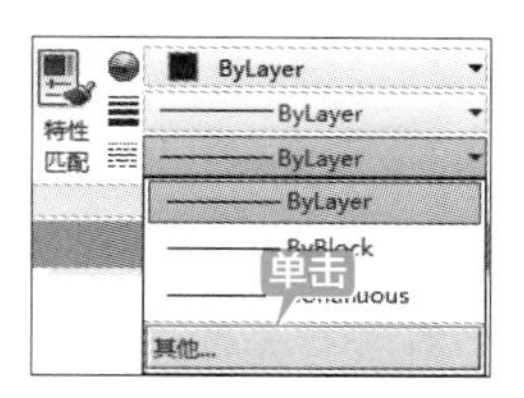

第 7 步 在弹出的【线型管理器】对话框上单击【加载】按钮，在弹出的【加载或重载线型】对话框上选择【HIDDEN2】选项。

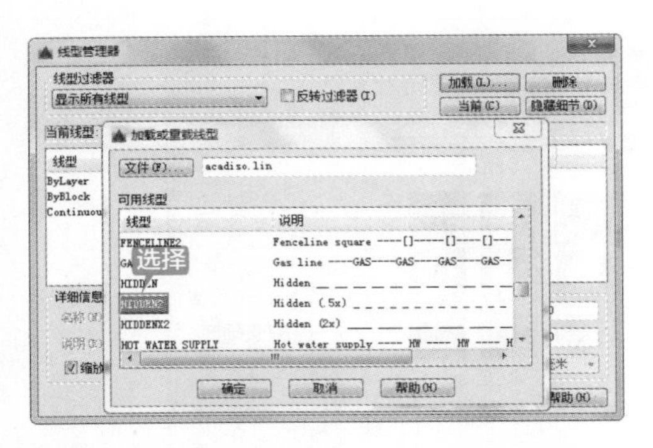

第 8 步 单击【确定】按钮回到【线型管理器】对话框后将【全局比例因子】改为“0.5”。

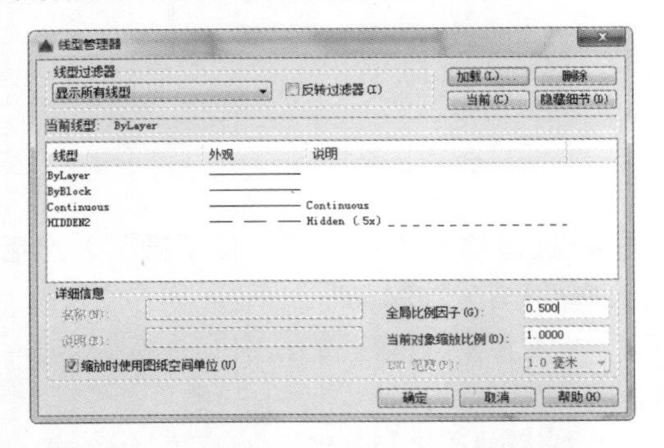

第 9 步 单击【确定】按钮回到绘图窗口后选择第 5 步绘制的直线，然后单击【线型】下拉按钮，选择【HIDDEN2】选项。

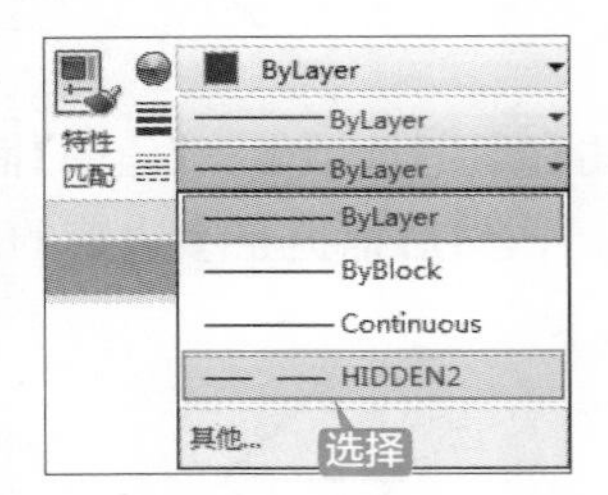

第 10 步 直线的线型更改后结果如下图所示。

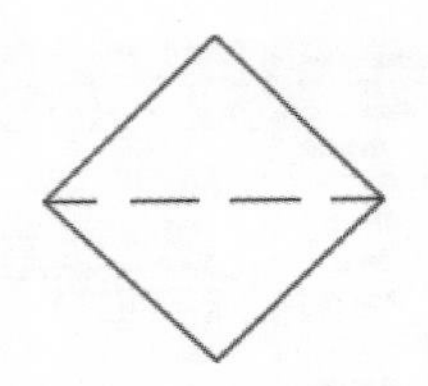

第 11 步 单击【默认】选项卡→【绘图】面板→【多段线】按钮，捕捉过滤器多边形的端点（只捕捉不选中），然后向下竖直拖动鼠标，在合适位置单击鼠标确定多段线的起点。

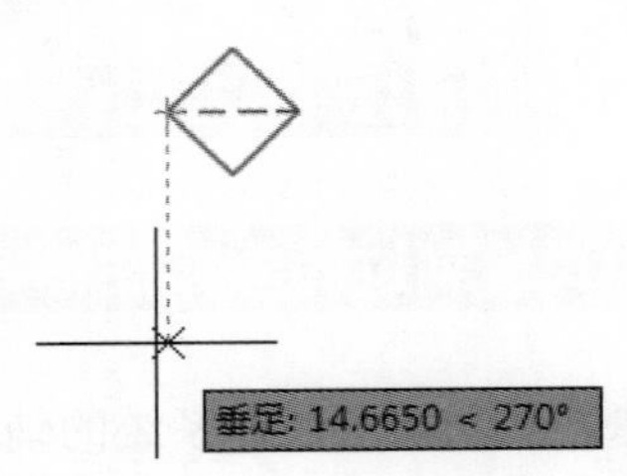

第 12 步 指定多段线的起点后依次输入多段线的下一点的相对坐标。

指定下一个点或 [圆弧 (A)/ 半宽 (H)/ 长度 (L)/ 放弃 (U)/ 宽度 (W)]: @0,−5

指定下一点或 [圆弧 (A)/ 闭合 (C)/ 半宽 (H)/ 长度 (L)/ 放弃 (U)/ 宽度 (W)]: @8,0

指定下一点或 [圆弧 (A)/ 闭合 (C)/ 半宽 (H)/ 长度 (L)/ 放弃 (U)/ 宽度 (W)]: @0,5

指定下一点或 [圆弧 (A)/ 闭合 (C)/ 半宽 (H)/ 长度 (L)/ 放弃 (U)/ 宽度 (W)]: ↙

第 13 步 多段线绘制完成后结果如下图所示。

3.1.11 完善液压系统图

完善液压系统图主要是对液压系统图中相同的电磁阀、调节阀和油箱复制到合适的位置，然后通过管路将所有元件连接起来，最后给各元件添加文字说明。

完善液压系统图的具体操作过程如下。

第 1 步 单击【默认】选项卡→【修改】面板→【复制】按钮。

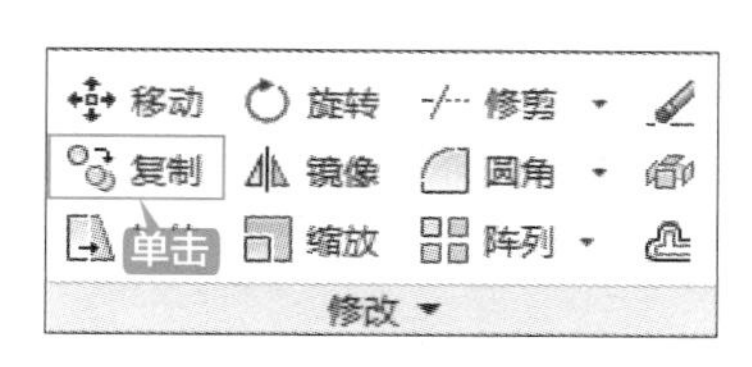

第 2 步 选择上节绘制的“油箱”，将其复制到合适的位置。

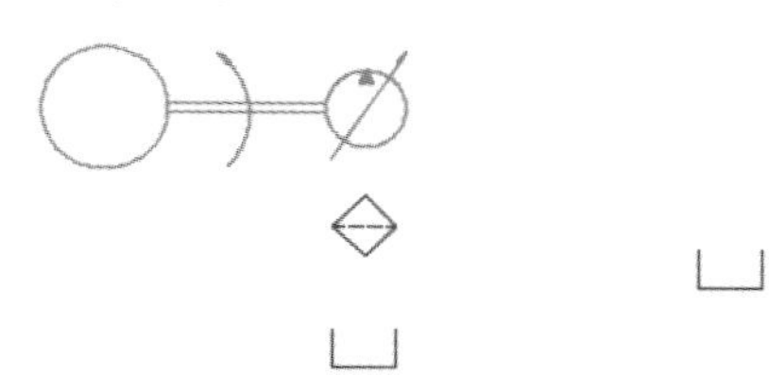

第 3 步 重复**第 1 步**，然后选择二位二通电磁阀为复制对象，当命令行提示指定复制的基点时，捕捉下图所示的端点。

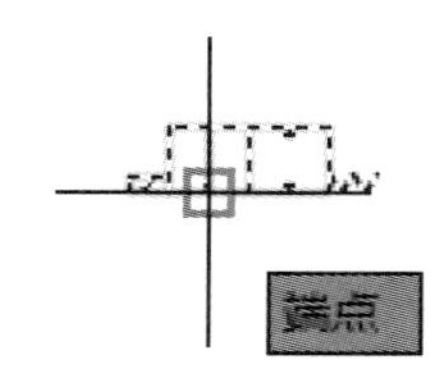

第 4 步 当命令行提示指定复制的第二点时，捕捉复制后的油箱的中点（只捕捉不选取）。

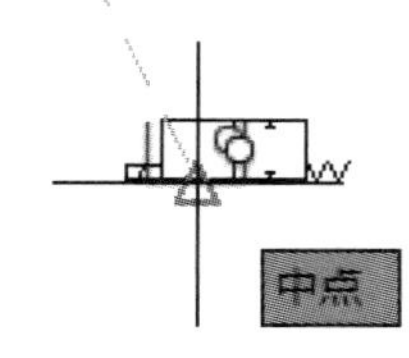

第 5 步 竖直向上拖动鼠标。

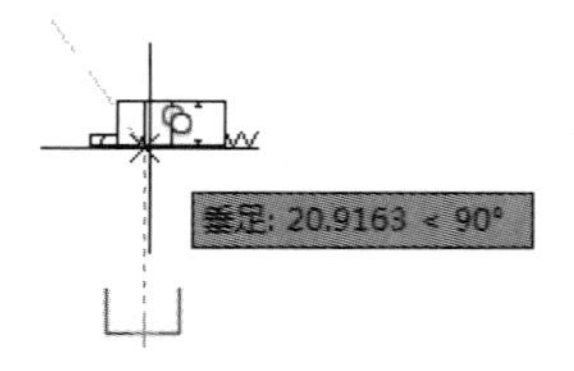

第 6 步 在合适的位置单击鼠标确定复制的第二点，然后按【Space】键退出复制命令，结果如下图所示。

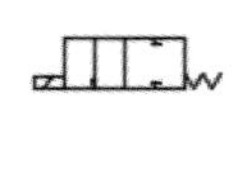

第 7 步 重复复制命令，将调节阀复制到合适的位置。

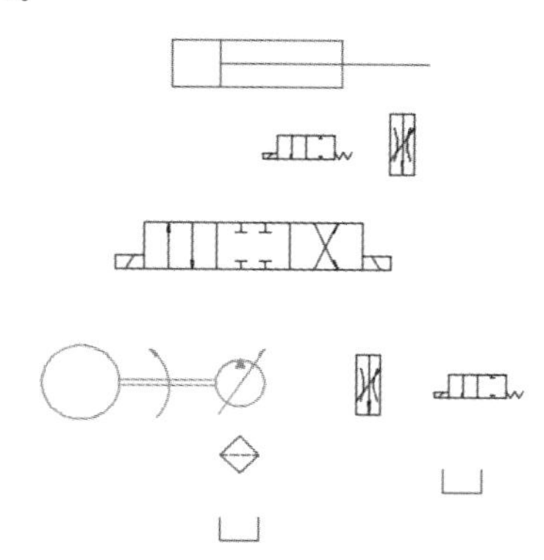

第 8 步 单击【默认】选项卡→【绘图】面板→【多段线】按钮，将整个液压系统连接起来。

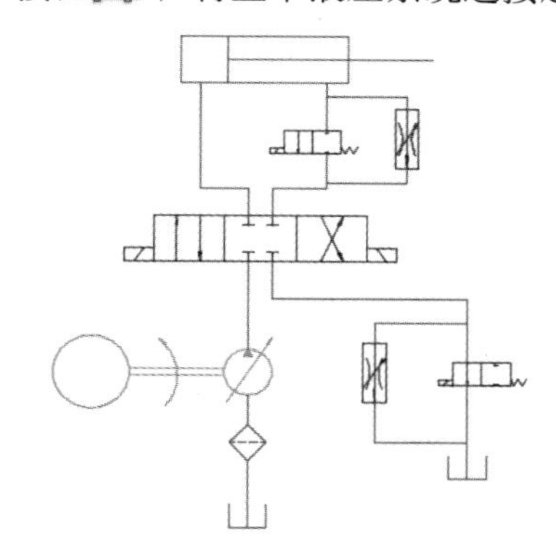

第 9 步 单击【默认】选项卡→【图层】面板→【图层】下拉按钮，并选择“文字”层将其置为当前层。

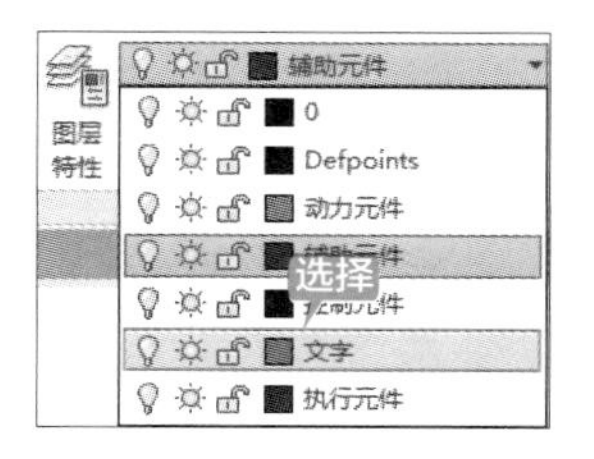

第 10 步 单击【默认】选项卡→【注释】面板→【单行文字】按钮A。

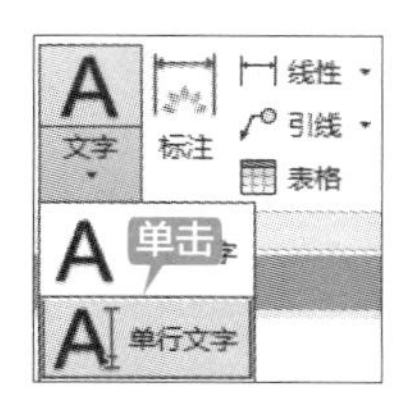

第 11 步 根据命令行提示指定单行文字的起点，然后对命令行进行设置。

```
命令：TEXT
当前文字样式："Standard"  文字高度：2.5000  注释性：否  对正：左
指定文字的起点 或 [对正(J)/样式(S)]:
//指定文字的起点
指定高度 <2.5000>:  ↙
指定文字的旋转角度 <0>:  ↙
```

第 12 步 输入文字，如下图所示。

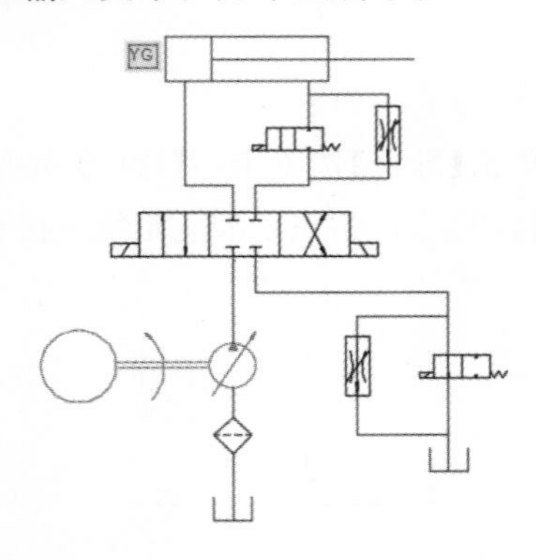

第 13 步 单击鼠标继续对其他元件进行文字注释，最后按【Esc】键退出文字命令，结果如下图所示。

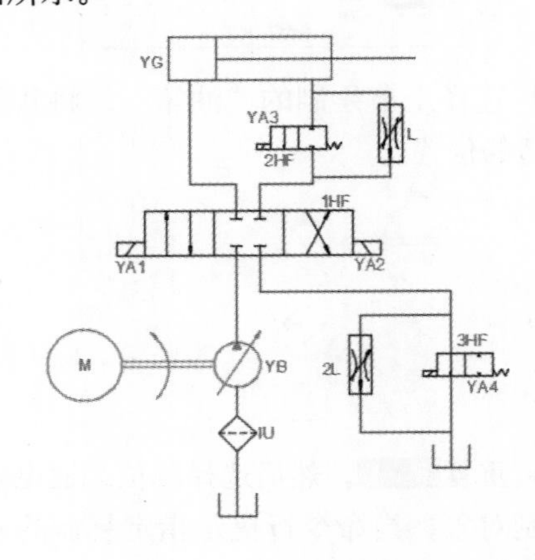

3.2 绘制洗手盆平面图

洗手盆又称为洗脸盆、台盆，是人们日常生活中常见的盥洗器具。本节就以常见的洗手盆的平面图为例来介绍椭圆、射线、构造线、点、圆及修剪等命令的应用。

3.2.1 创建图层

在绘图之前，首先参考 2.1 节创建两个图层，并将“中心线”层置为当前层。

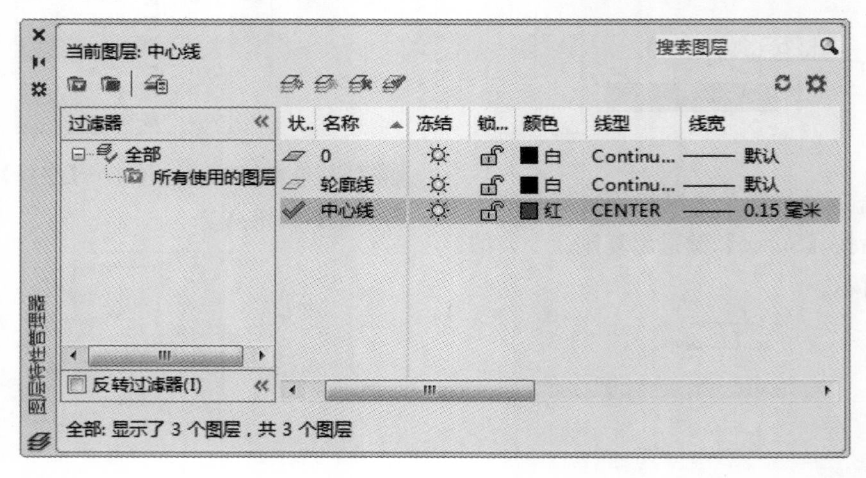

3.2.2 绘制中心线

在绘制洗手盆之前首先绘制中心线，中心线是圆类图形不可或缺的部分，同时中心线也起到了定位的作用。

第 1 步 单击【默认】选项卡→【绘图】面板→【直线】按钮，绘制一条长为“630”的水平直线。

提示

中心线绘制完成后，可以通过【线型管理器】对话框对线型比例因子进行修改，这里的【全局比例因子】为“3.5”。

第 2 步 重复第 1 步，继续绘制直线，当命令行提示指定直线的第一点时，按住【Shift】键的同时单击鼠标右键，在弹出的快捷菜单中选择【自】选项。

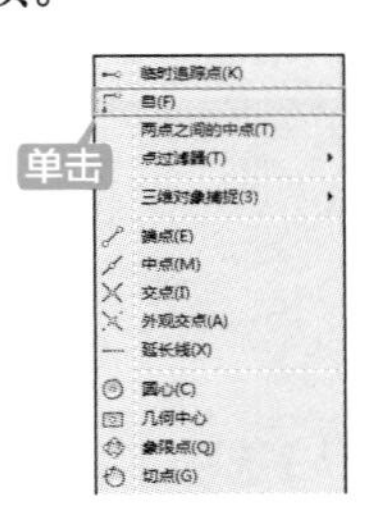

第 3 步 捕捉第 1 步绘制的中心线的中点作为基点。

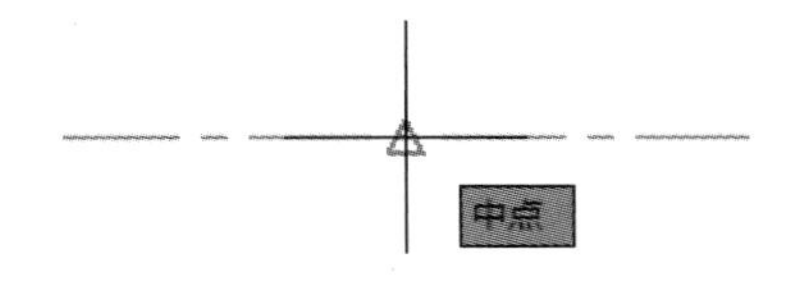

第 4 步 分别输入直线的第一点和第二点。

```
< 偏移 >: @0,250
指定下一点或 [ 放弃 (U)]: @0,-500
指定下一点或 [ 放弃 (U)]:
```

第 5 步 竖直中心线绘制完成后如下图所示。

3.2.3 绘制洗手盆外轮廓

洗手盆的外轮廓主要用到椭圆、构造线和修剪命令，其中绘制椭圆时，即可采用圆心的绘制方法，也可以使用轴、端点的绘制方法。

第 1 步 单击【默认】选项卡→【图层】面板→【图层】下拉按钮，并选择“轮廓线”层将其置为当前层。

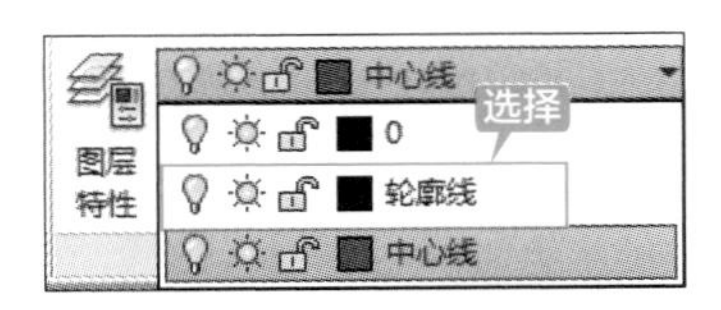

第 2 步 单击【默认】选项卡→【绘图】面板→【椭圆】→【圆心】按钮。

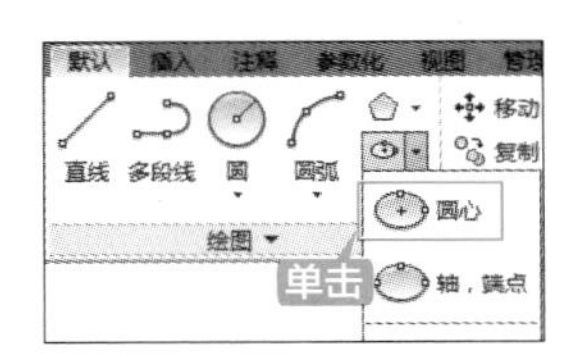

提示

除了通过面板调用椭圆命令外，还可以通过以下方法调用椭圆命令。

(1) 选择【绘图】→【椭圆】命令，选择一种椭圆的绘制方式或选择绘制椭圆弧。

(2) 命令行输入“ELLIPSE/EL”命令并按【Space】键，根据提示选择绘制椭圆的方式或选择绘制椭圆弧。

第 3 步 捕捉两条中心线的交点（即两直线的中点）为椭圆的中心点。

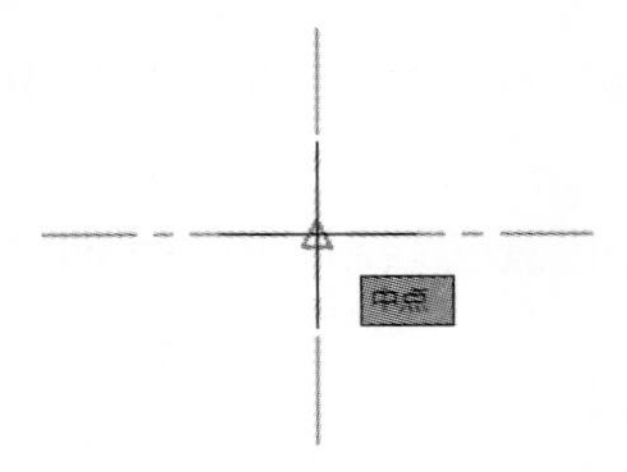

第 4 步 输入一条轴的端点和另一条半轴的长度值。

```
指定轴的端点：@265,0
指定另一条半轴长度或 [ 旋转 (R)]: 200
```

第 5 步 椭圆绘制完成后结果如下图所示。

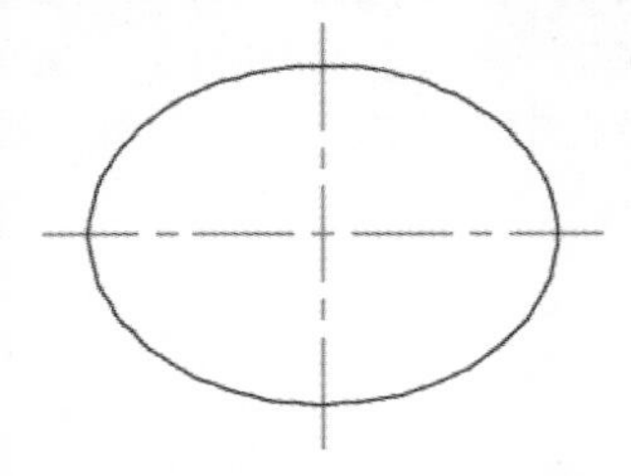

修剪掉小椭圆和构造线不需要部分的具体操作如下。

第 1 步 单击【默认】选项卡→【绘图】面板→【椭圆】→【轴、端点】按钮。

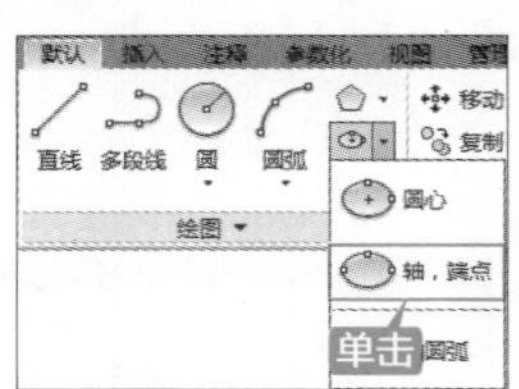

第 2 步 当命令行提示指定椭圆轴的端点时，按住【Shift】键的同时单击鼠标右键，在弹出的快捷菜单中选择【自】选项，捕捉中心线的中点为基点，然后输入一条轴的两个端点和另一条半轴的长度。

```
命令：_ellipse
指定椭圆的轴端点或 [ 圆弧 (A)/ 中心点 (C)]:
_from 基点：    // 捕捉中心线的中点为基点
< 偏移 >: @210,0
指定轴的另一个端点：@-420,0
指定另一条半轴长度或 [ 旋转 (R)]: 140
```

第 3 步 椭圆绘制完成后结果如下图所示。

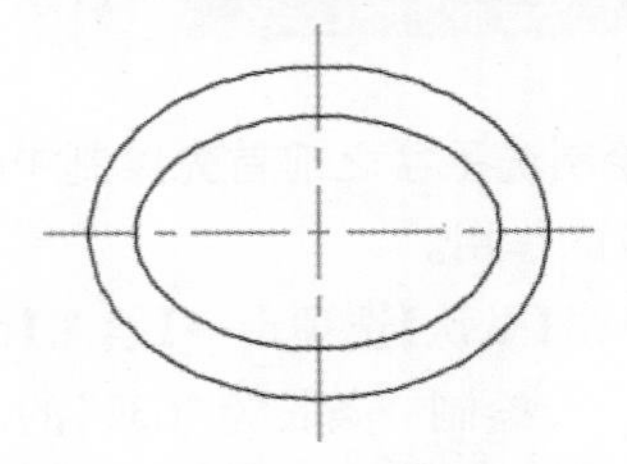

第 4 步 单击【默认】选项卡→【绘图】面板→【椭圆】→【构造线】按钮。

```
命令：_xline
指定点或 [ 水平 (H)/ 垂直 (V)/ 角度 (A)/ 二等分 (B)/ 偏移 (O)]: h
指定通过点：_from 基点：  // 捕捉中心线的中点
< 偏移 >: @0,70
指定通过点：↙
```

第 5 步 构造线完成后结果如下图所示。

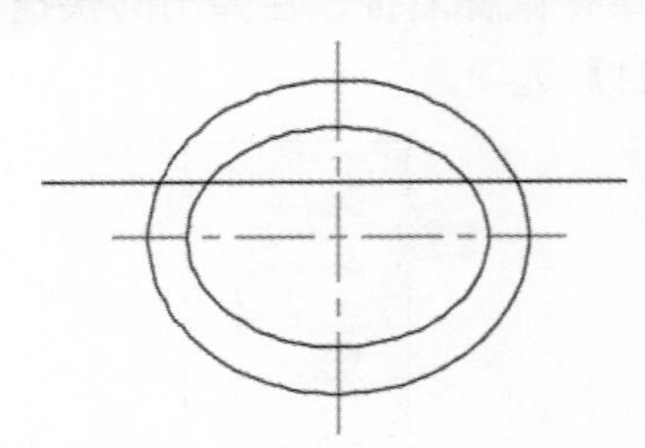

第 6 步 单击【默认】选项卡→【修改】面板→【修剪】按钮，选择小椭圆和构造线为剪切边，然后按【Space】键确定。

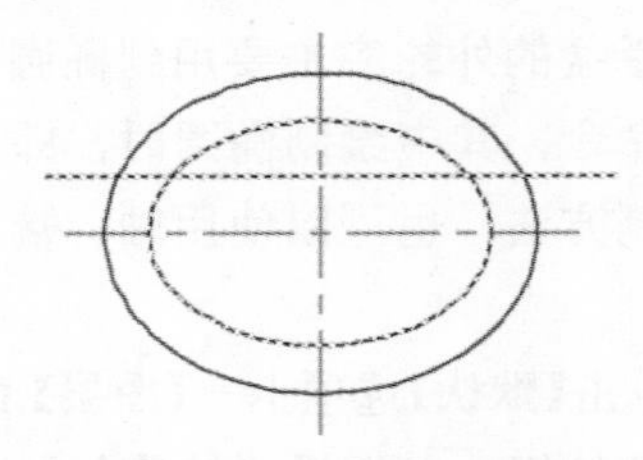

第 7 步 单击选择小椭圆和构造线不需要的部分将其修剪掉。

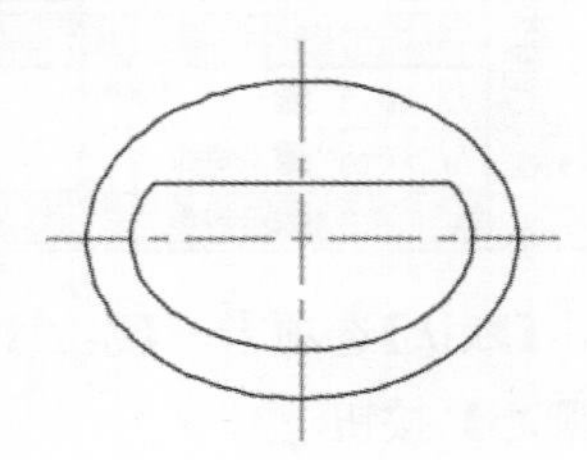

椭圆弧为椭圆上某一角度到另一角度的一段，AutoCAD 中绘制椭圆弧前必须先绘制一个椭圆，然后指定椭圆弧的起点角度和终点角度即可绘制椭圆弧，椭圆弧绘制的具体操作步骤如表 3-8 所示。

表 3-8　椭圆弧的绘制方法

绘制方法	绘制步骤	结果图形	相应命令行显示
椭圆弧	1. 选择椭圆弧命令 2. 指定圆弧的一条轴的端点 3. 指定该条轴的另一端点 4. 指定另一条半轴的长度 5. 指定椭圆弧的起点角度 6. 指定椭圆弧的终点角度	端点 起点	命令 : _ellipse 指定椭圆的轴端点或 [圆弧 (A)/ 中心点 (C)]: _a 指定椭圆弧的轴端点或 [中心点 (C)]: 指定轴的另一个端点 : 指定另一条半轴长度或 [旋转 (R)]: 指定起点角度或 [参数 (P)]: 指定端点角度或 [参数 (P)/ 包含角度 (I)]:

3.2.4 绘制旋钮和排水孔

旋钮和排水孔的平面投影都是圆，因此通过圆命令即可完成旋钮和排水孔的绘制，但 AutoCAD 中同一对象往往有多种绘图命令可以完成，为了介绍更多的绘图方法，本例的旋钮采用点命令来绘制。

第 1 步 单击【默认】选项卡→【绘图】面板→【圆】→【圆心、半径】按钮，捕捉中心线的中点为圆心，绘制一个半径为“160”的圆。

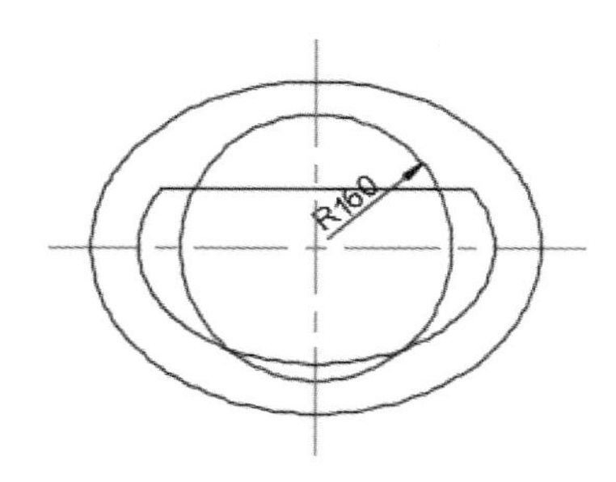

第 2 步 单击【确定】按钮，然后单击【默认】选项卡→【绘图】面板→【射线】按钮。

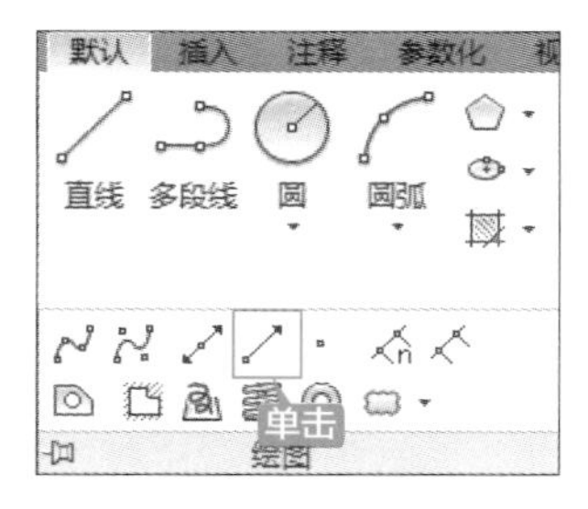

提示

除了通过面板调用射线命令外，还可以通过以下方法调用射线命令。

(1) 选择【绘图】→【射线】命令。

(2) 命令行输入“RAY”命令并按【Space】键。

第 3 步 根据命令提示进行如下操作。

```
命令 : _ray 指定起点 :   // 捕捉中心线中点
指定通过点 : <70
角度替代 : 70
指定通过点 :   // 在 70° 的辅助线上任意单击一点
指定通过点 : <110
角度替代 : 110
指定通过点 :   // 在 110° 的辅助线上任意单击一点
指定通过点 : ↙
```

第 4 步 两条射线绘制完成后结果如下图所示。

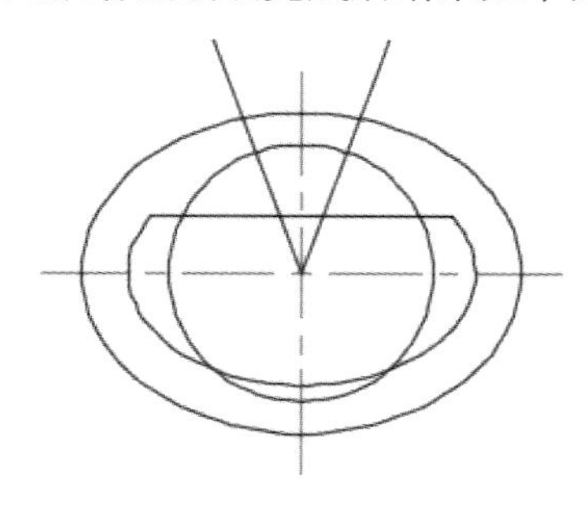

第 5 步 单击【格式】→【点样式】菜单命令，在弹出的【点样式】对话框中选择新的点样式和设置点样式的大小。

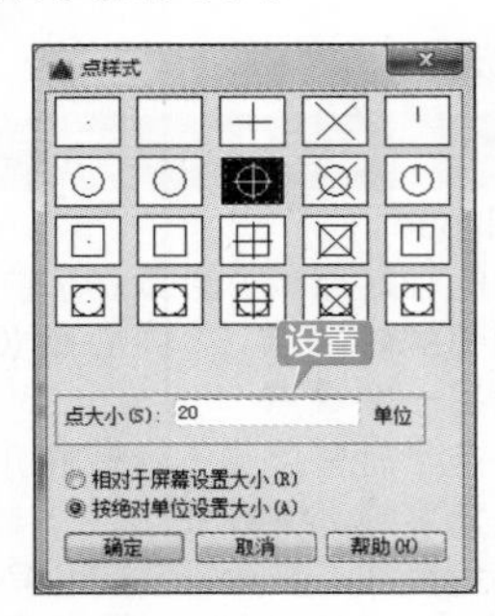

第 6 步 单击【确定】按钮，然后单击【默认】选项卡→【绘图】面板→【多点】按钮 。

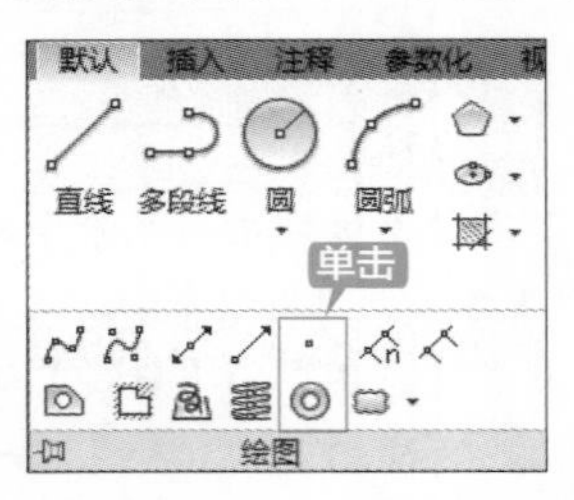

第 7 步 捕捉交点绘制如下图所示的 3 个点，绘制完成后按【Esc】键退出多点命令。

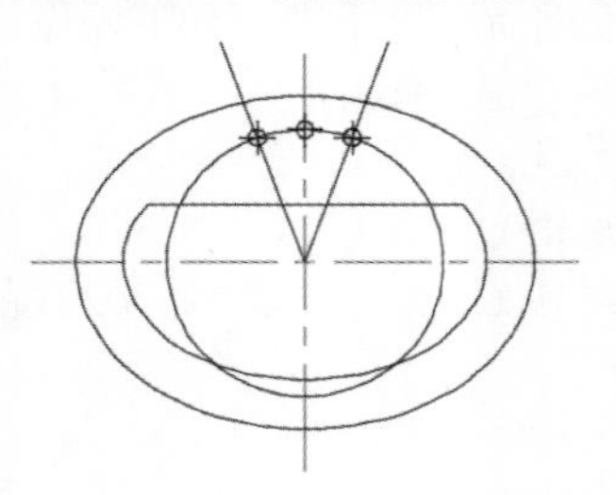

提示

除了通过面板调用点命令外，还可以通过以下方法调用点命令。

(1) 选择【绘图】→【点】命令，选择多点或单点。

(2) 命令行输入“POINT/PO”命令并按【Space】键。

(3) 通过面板调用的是多点命令，通过命令输入调用的是单点命令。

第 8 步 选择半径为“160”的圆和两条射线，然后按【Delete】键将它们删除。

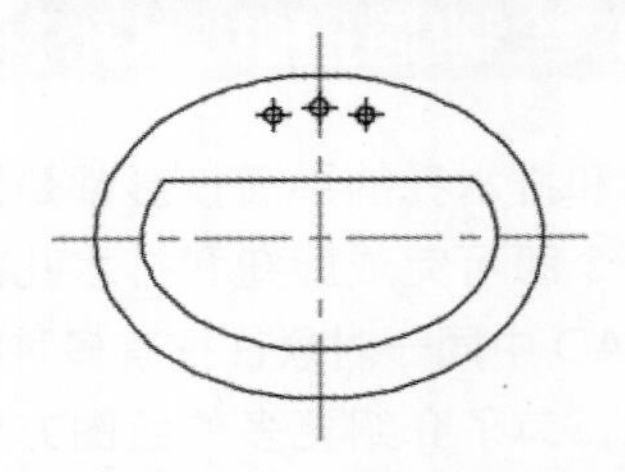

第 9 步 单击【默认】选项卡→【绘图】面板→【圆】→【圆心、半径】按钮，捕捉中心线的中点为圆心，绘制两个半径分别为“15”和“20”的圆。

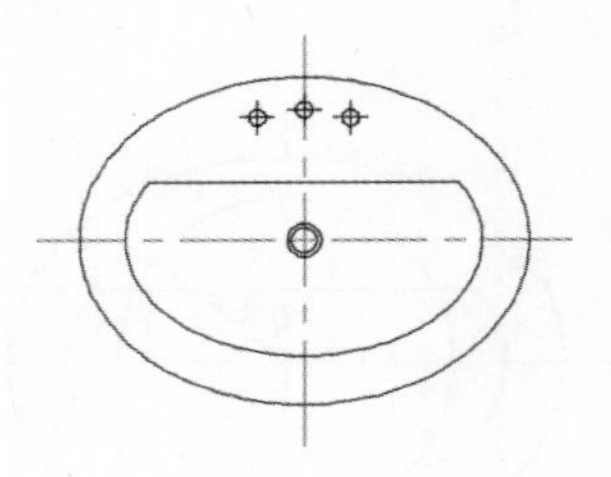

绘制沙发

绘制沙发主要用到多段线、点样式、定数等分、直线、圆弧等绘图命令。除了绘图命令外，还要用到偏移、分解、圆角和修剪等编辑命令，关于这些编辑命令的具体用法请参考第 4 章的相关内容。

绘制沙发的具体操作步骤如表 3-9 所示。

表 3-9　绘制沙发

步骤	创建方法	结　　果	备　注
1	通过多段线命令绘制一条多段线	600 1300 2910	
2	(1) 将绘制的多段线向内侧偏移100 (2) 将偏移后的多段线分解 (3) 分解后将两条水平直线向内侧偏移 500	100 500	关于偏移命令参见第 4 章相关内容
3	(1) 设置合适的点样式、点的大小以及显示形式 (2) 定数等分		
4	(1) 通过直线命令绘制两条长度为“500”的竖直线，然后用直线将缺口处连接起来 (2) 绘制两条半径“900”的圆弧和一条半径“3500”的圆弧	R900 R3500 R900 500	这里的圆弧采用“起点、端点、半径”的方式绘制，绘制时，注意逆时针选择起点和端点
5	(1) 选择所有的等分点将其删除 (2) 通过圆角命令创建两个半径为“250”的圆角	R250	关于圆角命令参见第 4 章相关内容

◇ 如何用旋转的方式绘制矩形

在使用旋转的方式绘制矩形时，需要用面积和尺寸来限定所绘制的矩形。如果不用面积或尺寸进行限定，得到的结果将截然不同。

下面通过绘制一个 200×120、旋转 20° 的矩形为例来介绍用不受任何限制、受尺寸限制和受面积限制时绘制的结果。

(1) 不受任何限制。

在命令行输入“REC”命令，AutoCAD 提示如下。

```
命令：RECTANG
指定第一个角点或 [倒角 (C)/ 标高 (E)/ 圆角 (F)/ 厚度 (T)/ 宽度 (W)]:
// 任意单击一点作为矩形的第一个角点
指定另一个角点或 [面积 (A)/ 尺寸 (D)/ 旋转 (R)]: r
指定旋转角度或 [拾取点 (P)] <0>: 20
指定另一个角点或 [面积 (A)/ 尺寸 (D)/ 旋转 (R)]: @200,120
```

(2) 受尺寸限制。

在命令行输入“REC”命令，AutoCAD 提示如下。

```
命令 : RECTANG
当前矩形模式： 旋转 =20
指定第一个角点或 [ 倒角 (C)/ 标高 (E)/ 圆角 (F)/ 厚度 (T)/ 宽度 (W)]:    // 任意单击一点作为矩形的第一个角点
指定另一个角点或 [ 面积 (A)/ 尺寸 (D)/ 旋转 (R)]: d
指定矩形的长度 <10.0000>: 200
指定矩形的宽度 <10.0000>: 120    // 在屏幕上单击一点确定矩形的位置
```

(3) 受面积限制。

在命令行输入“REC”命令，AutoCAD 提示如下。

```
命令 : RECTANG
当前矩形模式： 旋转 =20
指定第一个角点或 [ 倒角 (C)/ 标高 (E)/ 圆角 (F)/ 厚度 (T)/ 宽度 (W)]:    // 任意单击一点作为矩形的第一个角点
指定另一个角点或 [ 面积 (A)/ 尺寸 (D)/ 旋转 (R)]: a
输入以当前单位计算的矩形面积 <100.0000>: 24000
计算矩形标注时依据 [ 长度 (L)/ 宽度 (W)] < 长度 >: ↙
输入矩形长度 <200.0000>: 200
```

结果如下图所示。

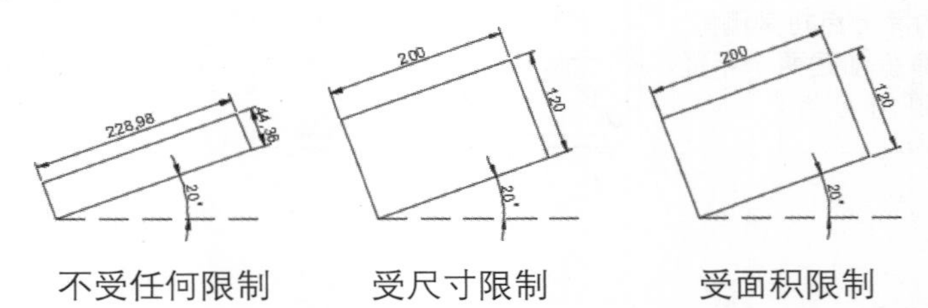

不受任何限制　　受尺寸限制　　受面积限制

提示

在绘制矩形的选项中，除了面积一项外，其余都会将所做的设置保存起来作为默认设置应用到后面的矩形绘制当中。

◇ 绘制圆弧的七要素

想要弄清圆弧命令的所有选项似乎不太容易，但是只要能够理解一条圆弧中所包含的各种要素，那么就能根据需要使用这些选项了。下图是绘制圆弧时可以使用的各种要素。

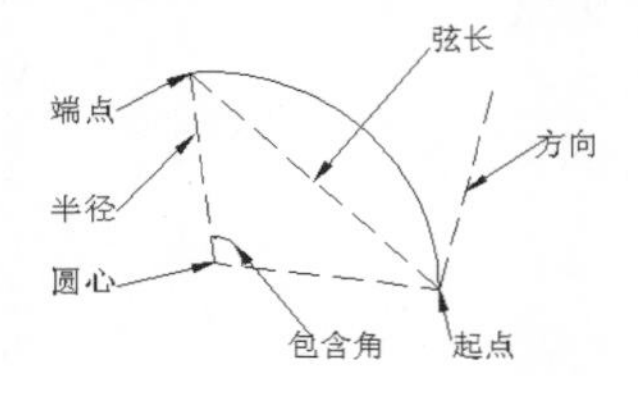

除了知道绘制圆弧所需要的要素外，还要知道 AutoCAD 2016 提供绘制圆弧选项的流程示意图，开始执行 ARC 命令时，只有两个选项，即指定起点或圆心。根据已有信息选择后面的选项。下图是绘制圆弧时的流程图。

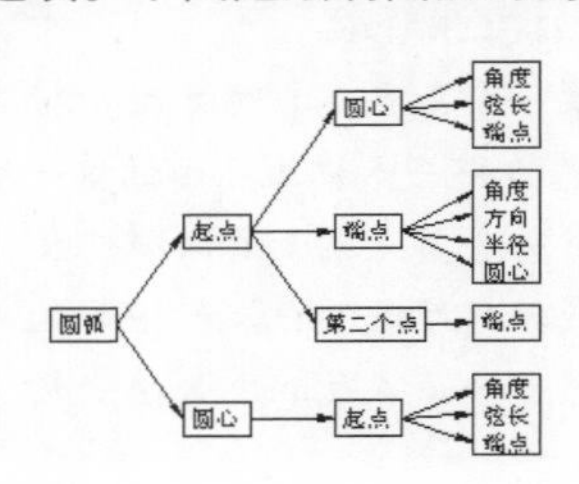

第 4 章 编辑二维图形

本章导读

编辑图形就是对图形的修改，实际上，编辑过程也是绘图过程的一部分。单纯地使用绘图命令，只能创建一些基本的图形对象。如果要绘制复杂的图形，在很多情况下必须借助图形编辑命令。AutoCAD 2016 提供了强大的图形编辑功能，可以帮助用户合理地构造和组织图形，既保证绘图的精确性，又简化了绘图操作，从而极大地提高了绘图效率。

思维导图

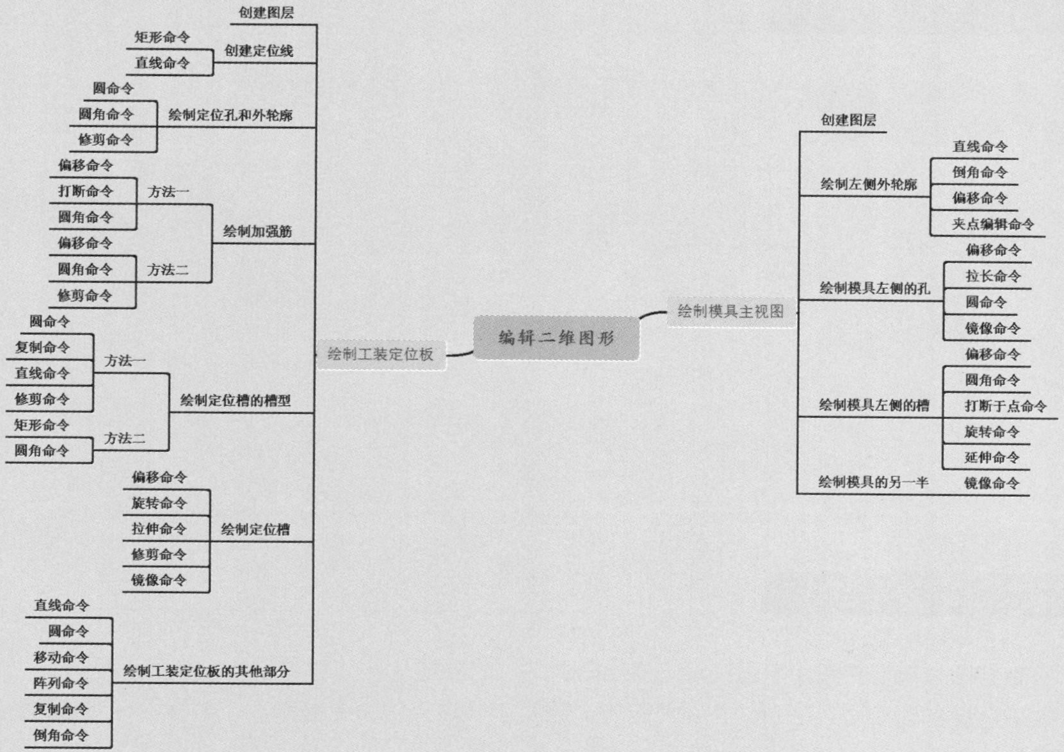

4.1 绘制工装定位板

工装，即工艺装备，指制造过程中所用的各种工具的总称，包括刀具、夹具、模具、量具、检具、辅具、钳工工具、工位器具等。

本节以 ×× 工装定位板为例，来介绍圆角、偏移、复制、修剪、镜像、旋转、阵列以及倒角等二维编辑命令的应用，工装定位板绘制完成后如下图所示。

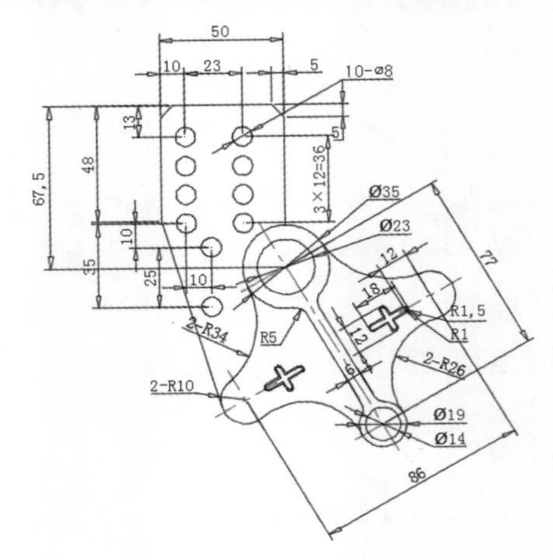

4.1.1 创建图层

在绘图之前，首先参考 2.1 节创建如下图所示的“中心线”和“轮廓线”两个图层，并将“中心线”图层置为当前层。

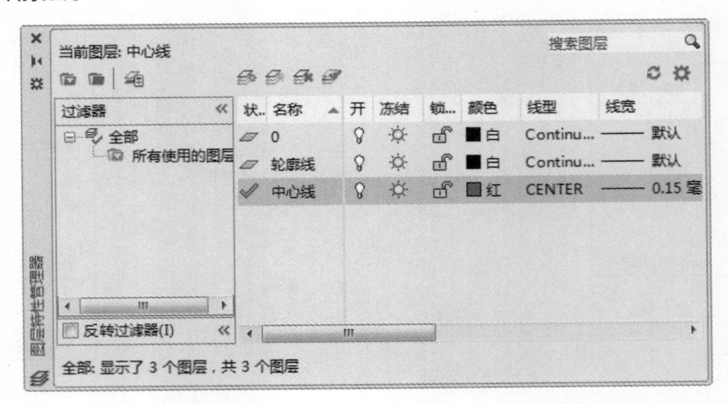

4.1.2 创建定位线

在绘图之前，首先用点画线确定要绘制的图形的位置。

液压缸的轮廓可以通过矩形命令绘制，也可以通过直线命令绘制，下面就两种方法的绘制步骤进行详细介绍。

第 1 步 单击【默认】选项卡→【绘图】面板→【直线】按钮╱，绘制一条长度为“114”的水平直线。

第 2 步 重复第 1 步，继续绘制直线，当命令行提示指定直线的第一点时，按住【Shift】键的同时单击鼠标右键，在弹出的快捷菜单中选择【自】选项。

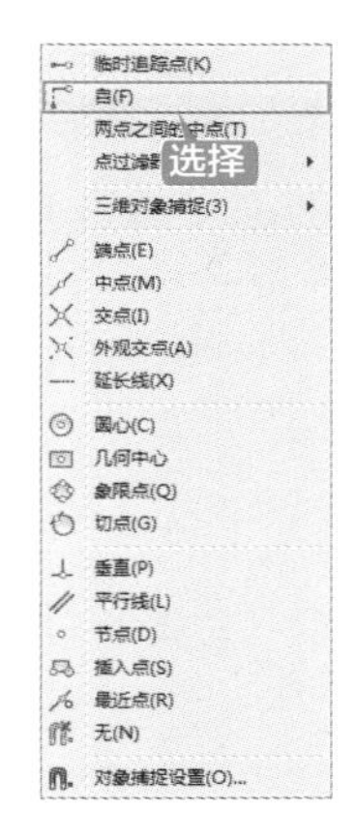

第 3 步 捕捉第 1 步绘制的直线的端点作为基点。

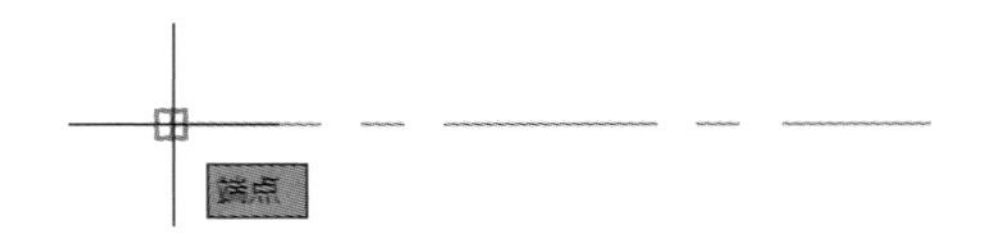

第 4 步 然后分别输入直线的第一点和第二点。

```
<偏移>: @22.5,22.5
指定下一点或 [放弃(U)]: @0,-45
指定下一点或 [放弃(U)]: ↙
```

第 5 步 竖直中心线绘制完成后如下图所示。

第 6 步 重复第 2 步~第 4 步，绘制另一条竖直线。

```
命令: _LINE
指定第一个点: fro 基点:
// 捕捉水平直线的 A 点
<偏移>: @-14.5,14.5
指定下一点或 [放弃(U)]: @0,-29
指定下一点或 [放弃(U)]: ↙
命令: LINE
指定第一个点: fro 基点:
// 捕捉水平直线的 B 点
<偏移>: @40,58
指定下一点或 [放弃(U)]: @0,-30
指定下一点或 [放弃(U)]: ↙
命令: LINE
指定第一个点: fro 基点:
// 捕捉水平直线的 C 点
<偏移>: @-15, -15
指定下一点或 [放弃(U)]: @30,0
指定下一点或 [放弃(U)]: ↙
```

第 7 步 定位线绘制完毕后如下图所示。

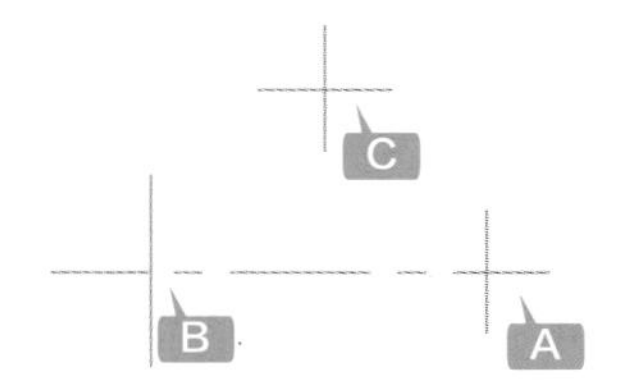

第 8 步 选中最后绘制的两条直线。

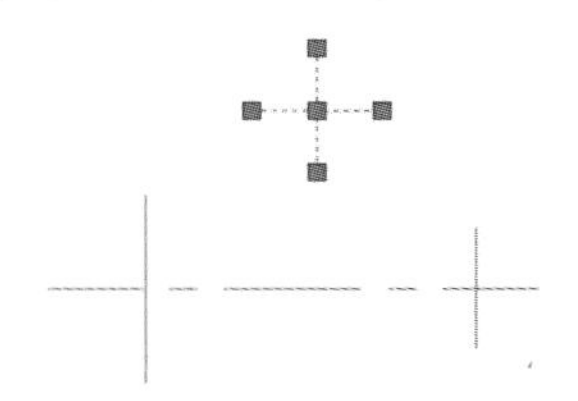

第 9 步 单击【默认】选项卡→【修改】面板→【镜像】按钮⚠。

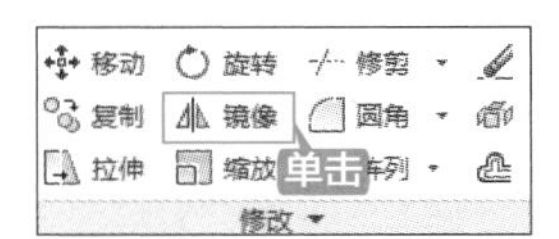

提示

除了通过面板调用镜像命令外，还可以通过以下方法调用镜像命令。

(1) 选择【修改】→【镜像】命令。

(2) 命令行输入“MIRROR/MI”命令并按【Space】键。

第 10 步 分别捕捉第 1 步绘制的水平直线的两个端点为镜像线上的第一点和第二点，最后选中不删除源对象，结果如下图所示。

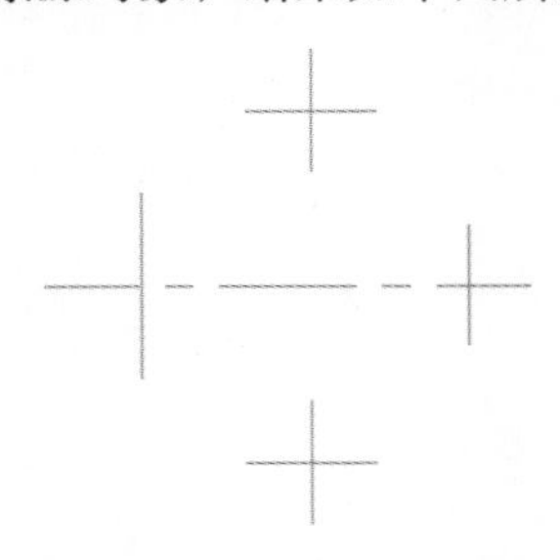

提示

默认情况下，镜像文字对象时，不更改文字的方向。如果确实要反转文字，请将【MIRRTEXT】系统变量设置为 1。

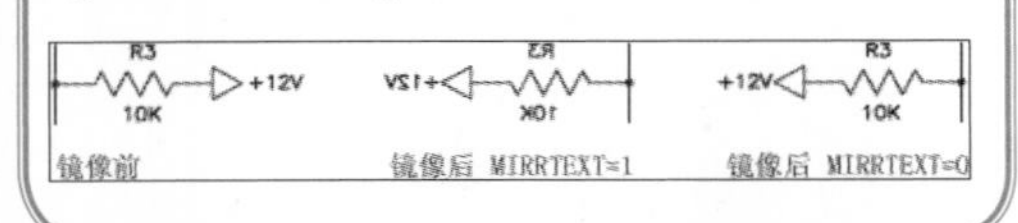

第 11 步 单击【默认】选项卡→【特性】面板→【线型】下拉按钮，选择【其他】选项，在弹出的【线型管理器】对话框中将【全局比例因子】改为“0.5”。

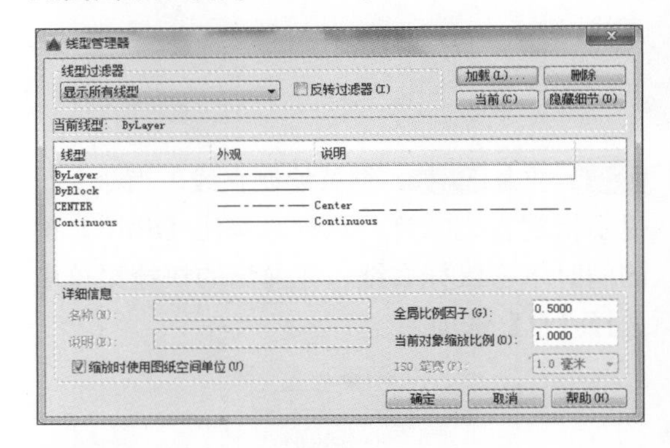

第 12 步 线性比例因子修改后显示如下图所示。

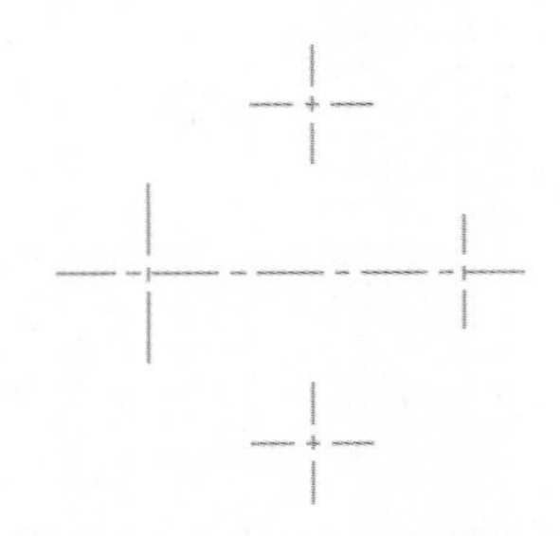

4.1.3 绘制定位孔和外轮廓

定位孔和外轮廓的绘制主要应用到圆、圆角和修剪命令，其中在绘制定位孔时，要多次应用到圆命令，因此可以通过“MULTIPLE”重复指定圆命令来绘制圆。

绘制定位孔和外轮廓的具体操作步骤如下。

第 1 步 单击【默认】选项卡→【图层】面板→【图层】下拉按钮，并选择“轮廓线”层将其置为当前层。

第 2 步 在命令行输入“MULTIPLE”命令，然后输入要重复调用的圆命令。

命令：MULTIPLE

输入要重复的命令名：c //输入圆命令的简写

CIRCLE

指定圆的圆心或 [三点 (3P)/ 两点 (2P)/ 切点、切点、半径 (T)]: //捕捉中心线的交点或中点

指定圆的半径或 [直径 (D)]: 11.5

CIRCLE

指定圆的圆心或 [三点 (3P)/ 两点 (2P)/ 切点、切点、半径 (T)]: //捕捉中心线的交点或中点

指定圆的半径或 [直径 (D)] <11.5000>: 17.5

CIRCLE

指定圆的圆心或 [三点 (3P)/ 两点 (2P)/ 切点、切点、半径 (T)]: //捕捉中心线的交点或中点

指定圆的半径或 [直径 (D)] <17.5000>: 10

CIRCLE

指定圆的圆心或 [三点 (3P)/ 两点 (2P)/ 切点、切点、半径 (T)]: //捕捉中心线的交点或中点

指定圆的半径或 [直径 (D)] <10.0000>: 10
CIRCLE
指定圆的圆心或 [三点 (3P)/ 两点 (2P)/ 切点、切点、半径 (T)]:　　// 捕捉中心线的交点或中点
指定圆的半径或 [直径 (D)] <10.0000>: 7
CIRCLE
指定圆的圆心或 [三点 (3P)/ 两点 (2P)/ 切点、切点、半径 (T)]:　　// 捕捉中心线的交点或中点
指定圆的半径或 [直径 (D)] <7.0000>: 9.5
CIRCLE
指定圆的圆心或 [三点 (3P)/ 两点 (2P)/ 切点、切点、半径 (T)]: * 取消 *　　// 按 ESC 键取消重复命令

第 3 步 圆绘制完成后如下图所示。

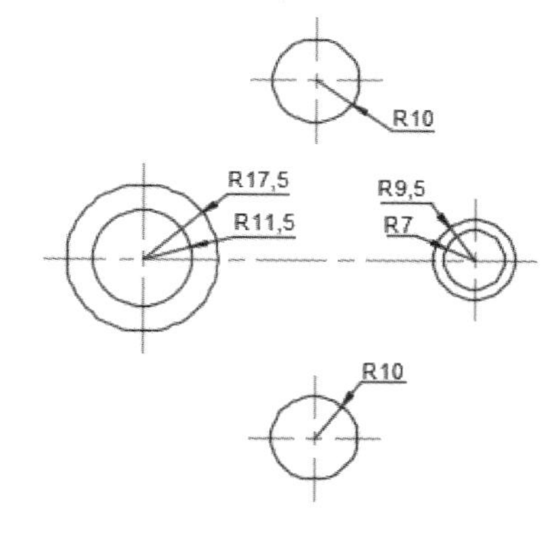

第 4 步 单击【默认】选项卡→【修改】面板→【圆角】按钮。

移动　旋转　修剪
复制　镜像　圆角
拉伸　缩放　阵列
修改

提示

除了通过面板调用圆角命令外，还可以通过以下方法调用圆角命令。

(1) 选择【修改】→【圆角】命令。

(2) 命令行输入“FILLET/F”命令并按【Space】键。

第 5 步 根据命令行提示进行如下设置。

命令 :_FILLET
当前设置 : 模式 = 修剪，半径 = 0.0000
选择第一个对象或 [放弃 (U)/ 多段线 (P)/ 半径 (R)/ 修剪 (T)/ 多个 (M)]: r
指定圆角半径 <0.0000>: 34
选择第一个对象或 [放弃 (U)/ 多段线 (P)/ 半径 (R)/ 修剪 (T)/ 多个 (M)]: m

第 6 步 选择圆角的第一个对象。

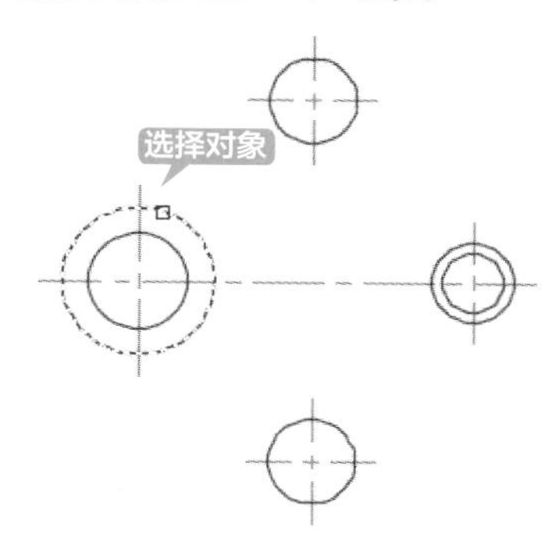

第 7 步 选择圆角的第二个对象。

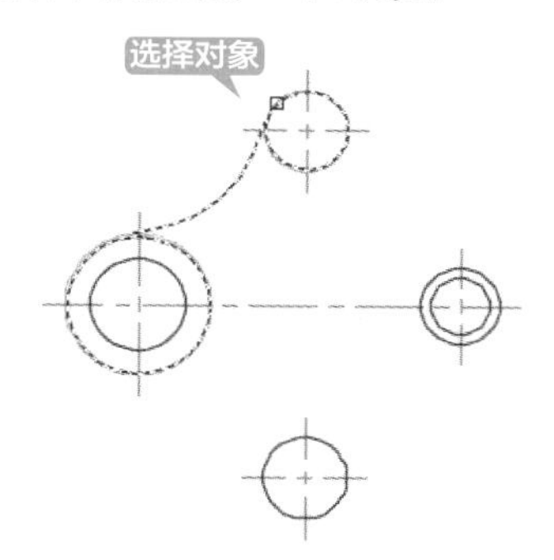

第 8 步 第一个圆角完成后继续选择另外两个圆进行圆角。

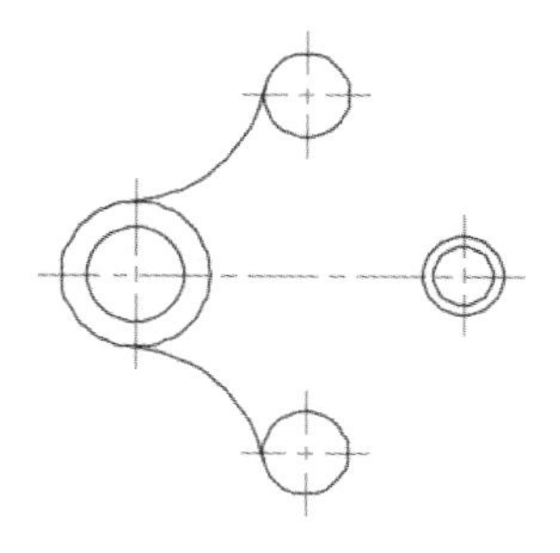

第 9 步 第二个圆角完成后，对下面将要进行的圆角对象的半径重新设置。

选择第一个对象或 [放弃 (U)/ 多段线 (P)/ 半径 (R)/ 修剪 (T)/ 多个 (M)]: r
指定圆角半径 <34.0000>: 26

第 10 步 重新设置半径后，继续选择需要圆角的对象，圆角结束后按【Space】键退出命令。

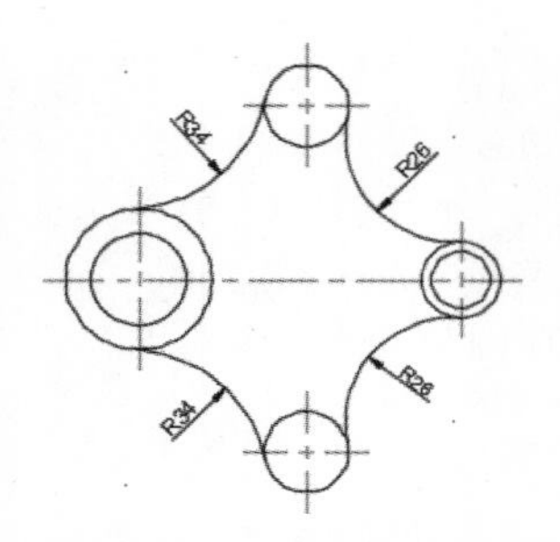

第 11 步 单击【默认】选项卡→【修改】面板→【修剪】按钮-/--。

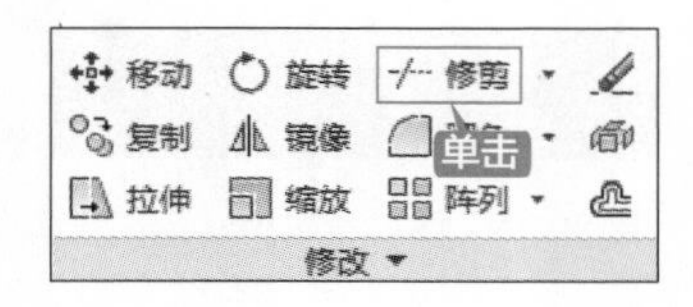

提示

除了通过面板调用修剪命令外，还可以通过以下方法调用修剪命令。

(1) 选择【修改】→【修剪】命令。

(2) 命令行输入“TRIM/TR”命令并按【Space】键。

第 12 步 选择刚创建的 4 条圆弧为剪切边。

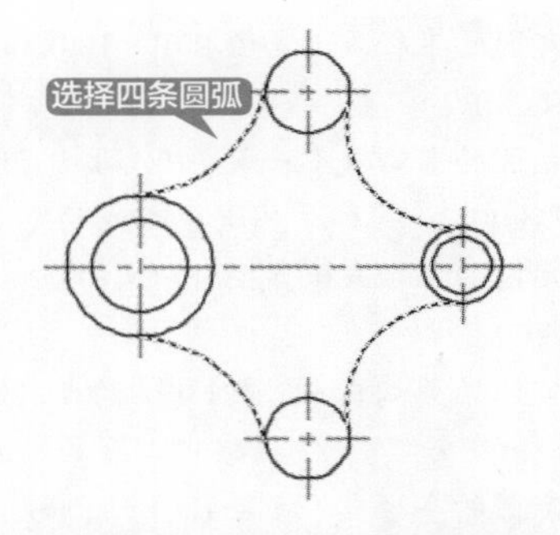

第 13 步 选择两个半径为“10”的圆的修剪部分，结果如下图所示。

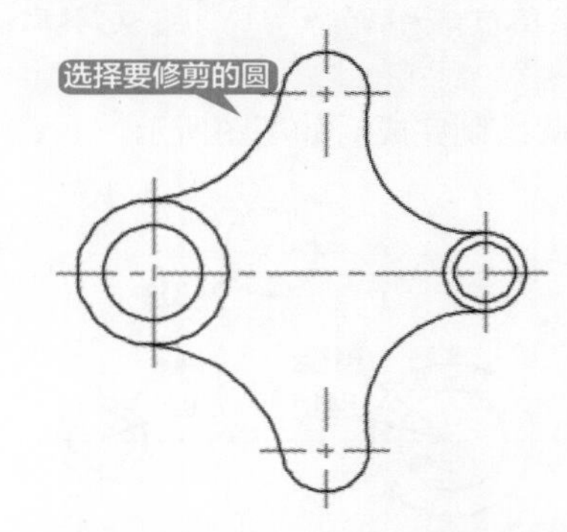

AutoCAD 2016 中圆角命令创建的是外圆角，圆角对象可以是两个二维对象，也可以是三维实体的相邻面。在两个二维对象之间创建相切的圆弧，在三维实体上两个曲面或相邻面之间创建弧形过度。

圆角命令创建圆角对象的各种应用如表 4-1 所示。

表 4-1　各种圆角的绘制步骤

对象分类	创建分类		创建过程	创建结果	备注
二维对象	创建普通圆角	修剪	(1) 选择第一个对象 (2) 选择第二个对象		创建的弧的方向和长度由选择对象拾取点位置确定。始终选择距离绘制圆角端点的位置最近的对象
		不修剪			

续表

对象分类	创建分类	创建过程	创建结果	备注
二维对象	创建锐角	(1) 选择第一个对象 (2) 选择第二个对象时按住【Shift】键		在按住【Shift】键时，将为当前圆角半径值分配临时的零值
	圆角对象为圆时，圆不用进行修剪绘制的圆角将与圆平滑地相连	(1) 选择第一个对象 (2) 选择第二个对象		
	圆角对象为多段线	(1) 提示选择第一个对象时输入“P” (2) 选择多段线对象		
三维对象	边	选择边		如果选择汇聚于顶点构成长方体角点的 3 条或 3 条以上的边，则当 3 条边相互之间的 3 个圆角半径都相同时，顶点将混合以形成球体的一部分
	链	选择边		在单边和连续相切边之间更改选择模式，称为链选择。如果用户选择沿三维实体一侧的边，将选中与选定边接触的相切边
	循环	在三维实体或曲面的面上指定边循环		对于任何边，有两种可能的循环。选择循环边后，系统将提示用户接受当前选择，或选择相邻循环

4.1.4 绘制加强筋

加强筋的学名叫“加劲肋”，主要作用有两点，一是在有应力集中的地方起到传力作用；二是为了保证梁柱腹板局部稳定设立的区格边界。

本例中加强筋的绘制有两种方法，一种是通过偏移、打断和圆角命令来绘制加强筋；另一种是通过偏移、圆角和修剪来绘制加强筋。

1. 偏移、打断、圆角绘制加强筋

第 1 步 单击【默认】选项卡→【修改】面板→【偏移】按钮。

提示

除了通过面板调用偏移命令外，还可以通过以下方法调用偏移命令。

(1) 选择【修改】→【偏移】命令。

(2) 命令行输入“OFFSET/O”命令并按【Space】键。

第 2 步 在命令行设置将偏移后的对象放置到当前层和偏移距离。

命令：_offset

当前设置：删除源=否 图层=源 OFFSETGAPTYPE=0

指定偏移距离或 [通过 (T)/ 删除 (E)/ 图层 (L)] <通过>: L

输入偏移对象的图层选项 [当前 (C)/ 源 (S)] <源>: c

指定偏移距离或 [通过 (T)/ 删除 (E)/ 图层 (L)] <通过>: 3

第 3 步 设置完成后选择水平中心线为偏移对象，然后单击指定偏移的方向。

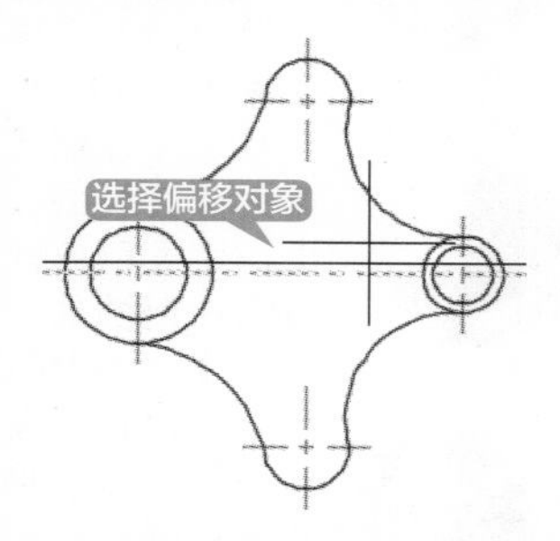

第 4 步 继续选择中心线为偏移对象，并指定偏移方向，偏移完成后按【Space】键结束命令。

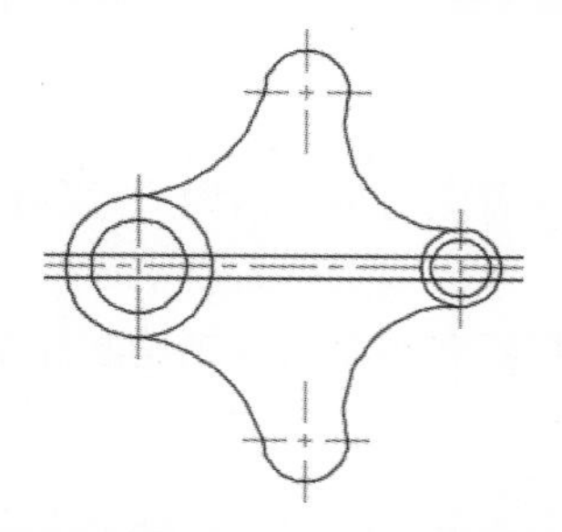

第 5 步 单击【默认】选项卡→【修改】面板→【打断】按钮。

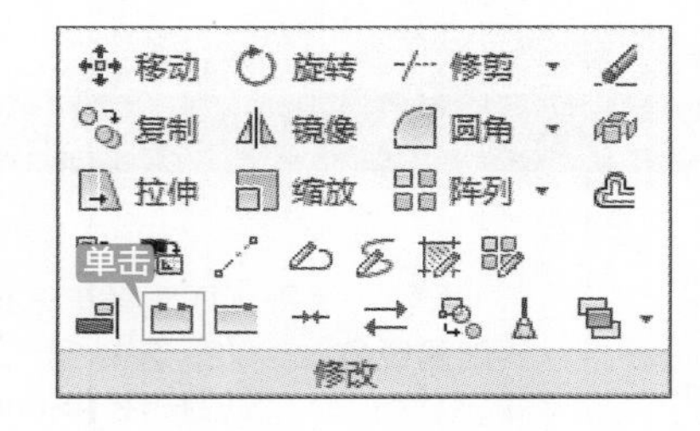

提示

除了通过面板调用打断命令外，还可以通过以下方法调用打断命令。

(1) 选择【修改】→【打断】命令。

(2) 命令行输入“BREAK/BR”命令并按【Space】键。

第 6 步 选择大圆为打断对象，当命令行提示指定第二个打断点时输入“f”。

命令：_break

选择对象：　　　　// 选择半径为 17.5 的圆

指定第二个打断点 或 [第一点 (F)]: f

提示

显示的提示取决于选择对象的方式，如果使用定点设备选择对象，AutoCAD 程序将选择对象并将选择点视为第一个打断点。当然，在下一个提示下，用户可以通过输入“f”重新指定第一点。

第 7 步 重新指定打断的第一点。

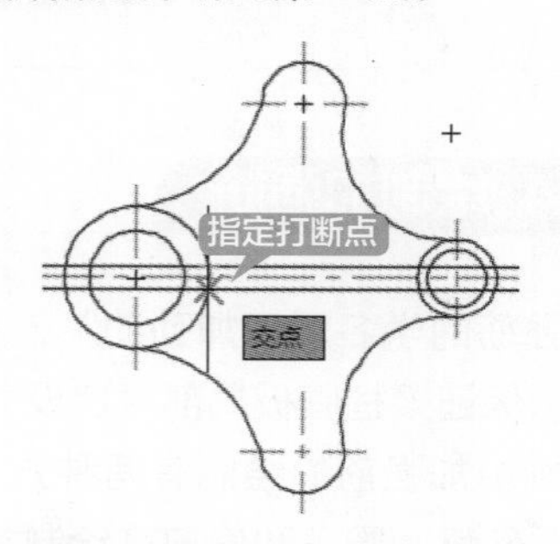

第 8 步 指定第二个打断点。

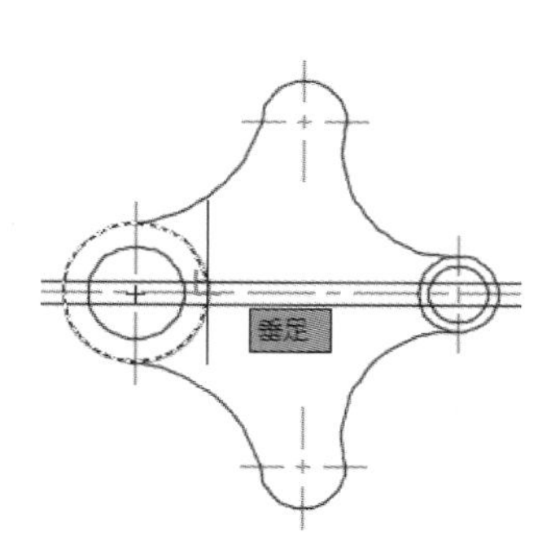

提示

如果第二个点不在对象上，将选择对象上与该点最接近的点。

如果打断对象是圆，要注意两个点选择顺序，默认打断的是逆时针方向上的那段圆弧。

如果提示指定第二个打断点时输入“@”，则将对象在第一打断点处一分为二而不删除任何对象，该操作相当于“打断于点”命令，需要注意这种操作不适合闭合对象（如圆）。

第 9 步 打断完成后结果如下图所示。

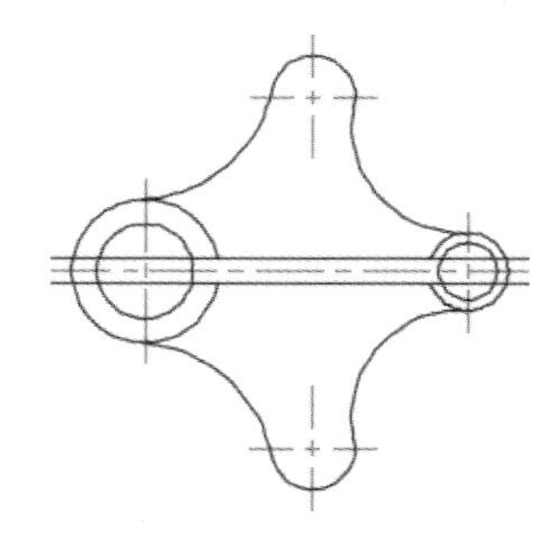

第 10 步 单击【默认】选项卡→【修改】面板→【圆角】按钮，对打断后的圆和直线进行 R5 的圆角。

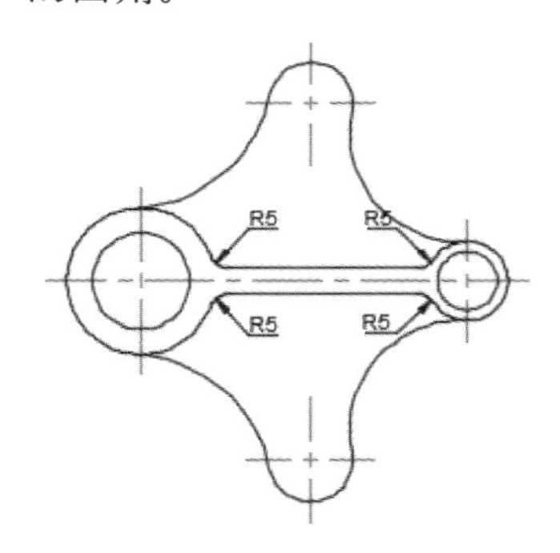

2. 偏移、圆角、修剪绘制加强筋

利用偏移、圆角、修剪命令绘制加强筋，前面偏移步骤相同，这里直接从圆角开始绘图。

第 1 步 单击【默认】选项卡→【修改】面板→【圆角】按钮，对偏移后的直线和圆进行 R5 的圆角。

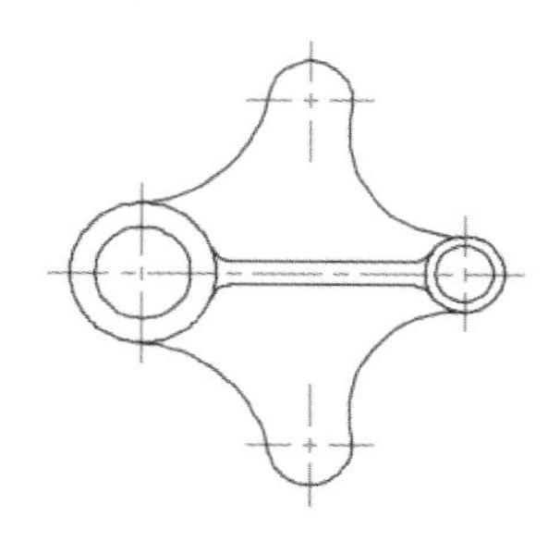

第 2 步 单击【默认】选项卡→【修改】面板→【修剪】按钮，选择上步创建的圆角为剪切对象，然后按【Space】键结束剪切边选择。

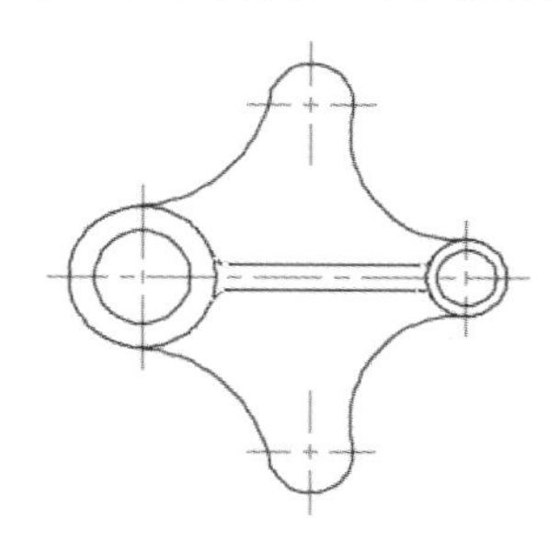

第 3 步 单击圆在几个圆角之间的部分将其修剪掉，然后按【Space】键或【Enter】键结束修剪命令。

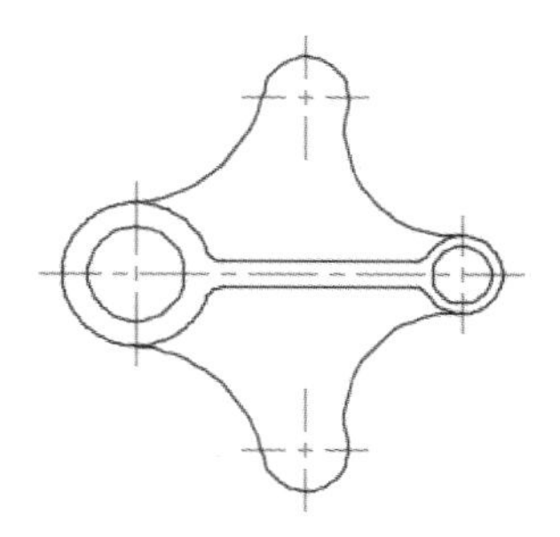

偏移命令按照指定的距离创建于选定对象平行或同心的几何对象。偏移的结果与选择的偏移对象和设定偏移距离有关。不同对象或不同偏移距离偏移后的结果如表 4-2 所示。

表 4-2 不同对象或不同偏移距离偏移后对比

偏移类型	偏移结果	备注
圆或圆弧	向内偏移 向外偏移	如果偏移圆或圆弧，则会创建更大或更小的同心圆或圆弧，变大还是变小具体取决于指定为向哪一侧偏移
直线		如果偏移的是直线，将生成平行于原始对象的直线，这时偏移命令相当于复制
样条曲线和多段线		样条曲线和多段线在偏移距离小于可调整的距离时
		样条曲线和多段线在偏移距离大于可调整的距离时将自动进行修剪

4.1.5 绘制定位槽的槽型

绘制定位槽的关键是绘制槽型，绘制槽型有多种方法，可以通过圆、复制、直线、修剪命令绘制，也可以通过矩形、圆角命令绘制，还可以直接通过矩形命令绘制。

1. 通过圆、复制、直线、修剪命令绘制槽型

第 1 步 单击【默认】选项卡→【修改】面板→【圆】按钮，以中心线的中点为圆心，绘制一个半径为“1.5”的圆。

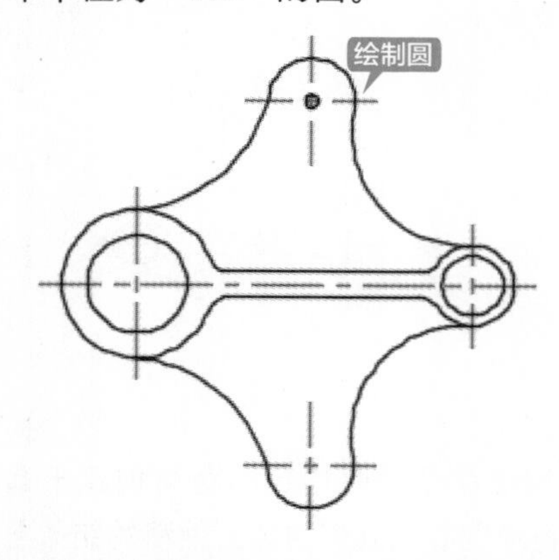

第 2 步 单击【默认】选项卡→【修改】面板→【复制】按钮。

提示

除了通过面板调用复制命令外，还可以通过以下方法调用复制命令。

(1) 选择【修改】→【复制】命令。

(2) 命令行输入【COPY/CO】命令并按【Space】键。

第 3 步 选择上步绘制的圆为复制对象，任意单击一点作为复制的基点，当命令行提示指定复制的第二点时输入“@0，-15”，然后按【Space】键结束命令。

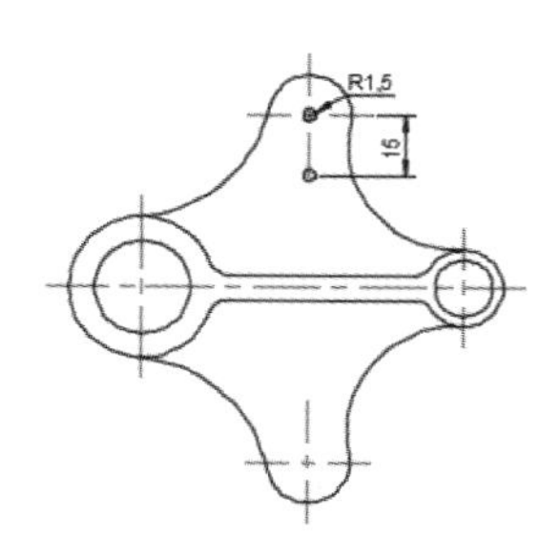

第 4 步 单击【默认】选项卡→【绘图】面板→【直线】按钮╱，然后按住【Shift】键的同时单击鼠标，在弹出的快捷菜单中选择【切点】选项。

临时追踪点(K)
自(F)
两点之间的中点(T)
点过滤器(T)
三维对象捕捉(3)
端点(E)
中点(M)
交点(I)
外观交点(A)
延长线(X)
圆心(C)
几何中心
象限点(Q)
切点(G)
选择

第 5 步 在圆上捕捉切点。

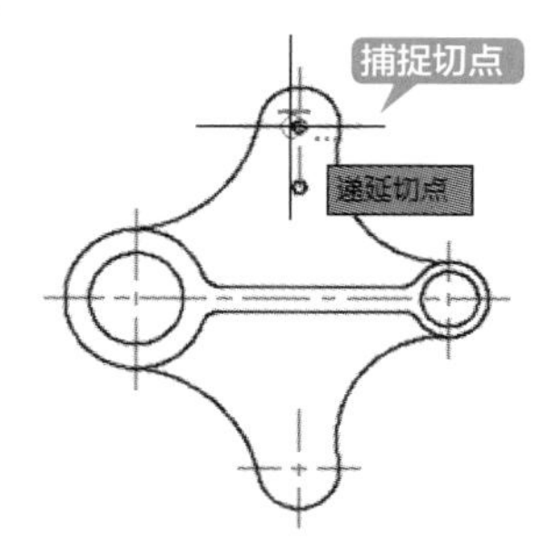

第 6 步 重复捕捉另一个圆的切点，将它们连接起来。

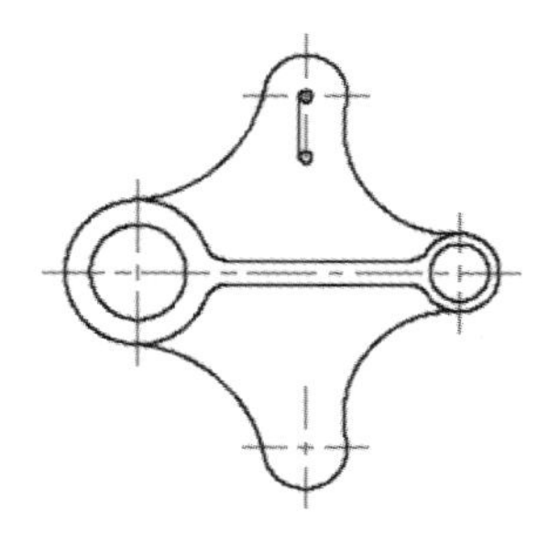

第 7 步 重复直线命令，绘制另一条与两两圆相切的直线。

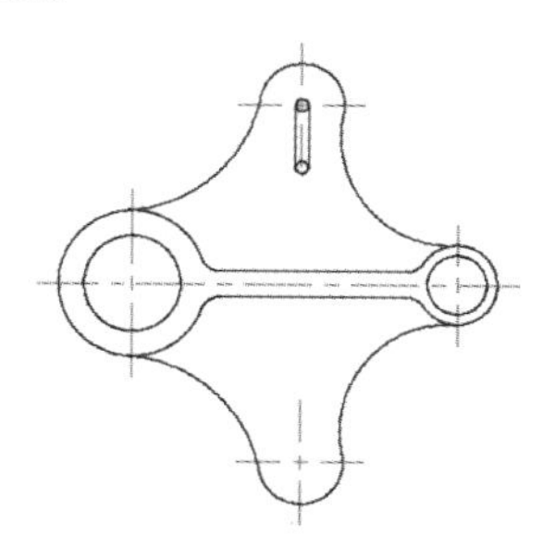

第 8 步 单击【默认】选项卡→【修改】面板→【修剪】按钮-/--，选择两条直线为剪切对象，然后按【Space】键结束剪切边选择。

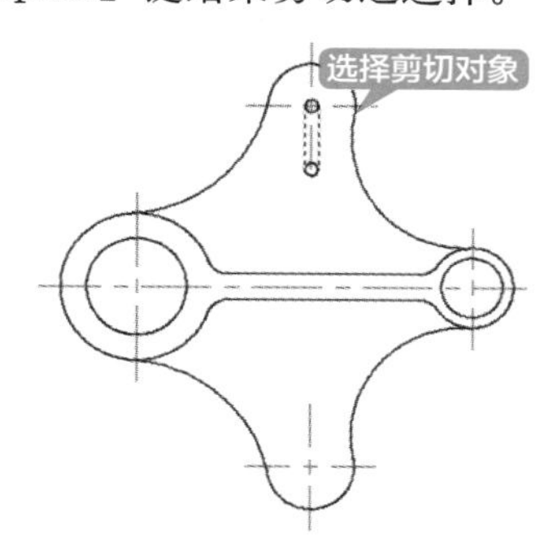

第 9 步 单击两直线之间的圆，将其修剪掉之后槽型即绘制完毕。

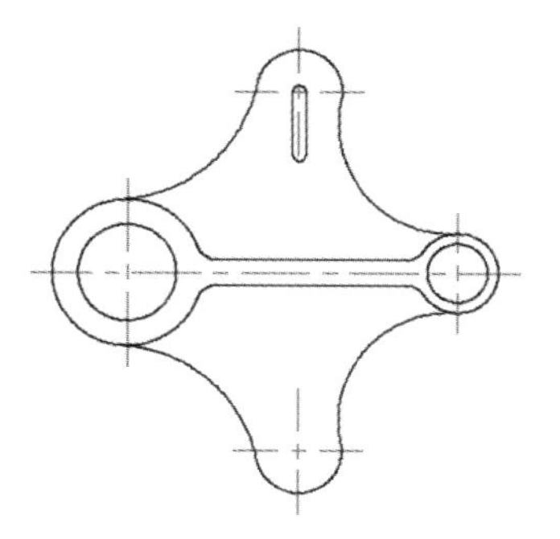

第 10 步 单击【默认】选项卡→【修改】面板→【移动】按钮✥。

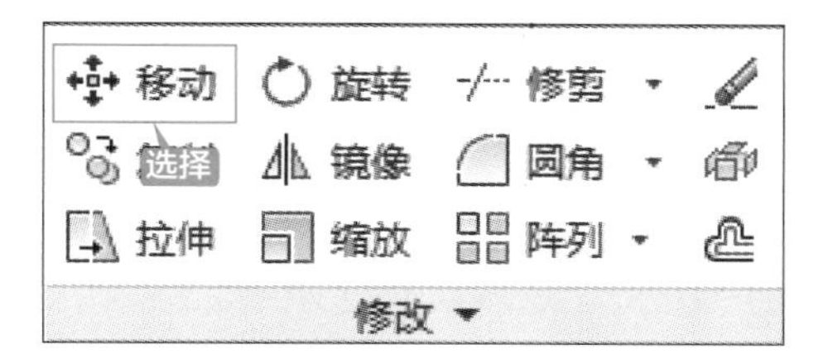

提示

除了通过面板调用移动命令外，还可以通过以下方法调用移动命令。

(1) 选择【修改】→【移动】命令。

(2) 命令行输入“MOVE/M”命令并按【Space】键。

第 11 步 选择绘制的槽型为移动对象，然后任意单击一点作为移动的基点。

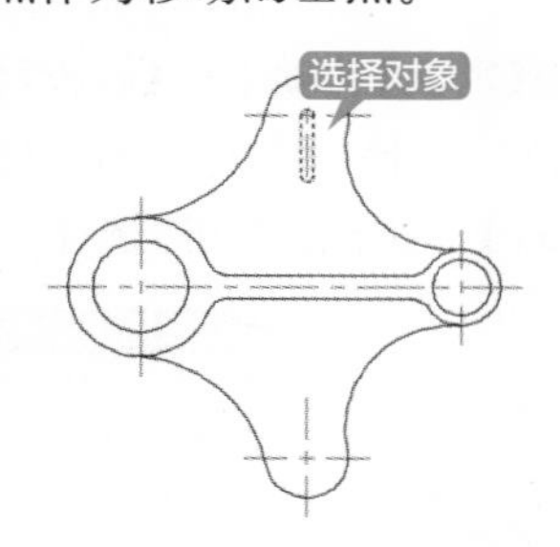

第 12 步 输入移动的第二点“@0,-12”，结果如下图所示。

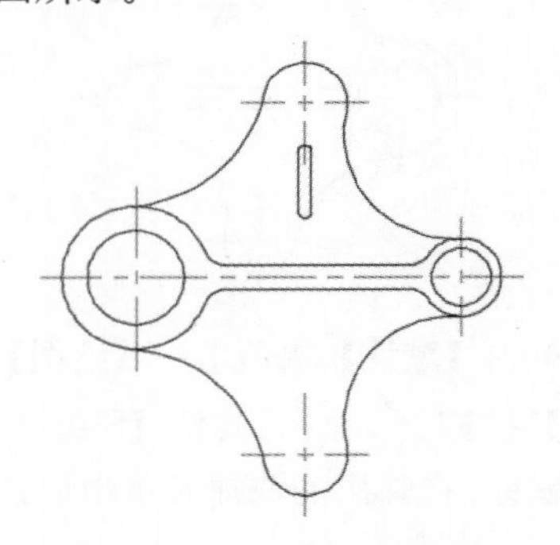

在 AutoCAD 2016 中，指定复制距离的方法有两种，一种是通过两点指定距离，另一种是通过相对坐标指定距离，例如本例中使用的就是通过相对坐标指定距离。两种指定距离的方法具体操作步骤如表 4-3 所示。

表 4-3　指定复制距离的方法

绘制方法	绘制步骤	结果图形	相应命令行显示
通过两点指定距离	1. 调用复制命令 2. 选择复制对象 3. 捕捉复制基点（右图中的点 1） 4. 复制的第二点（右图中的点 2）	1 2	命令：_copy 选择对象：找到 16 个 选择对象：↙ 当前设置：复制模式 = 多个 指定基点或 [位移 (D)/ 模式 (O)] < 位移 >:　// 捕捉点 1 指定第二个点或 [阵列 (A)] < 使用第一个点作为位移 >: // 捕捉第二点 指定第二个点或 [阵列 (A)/ 退出 (E)/ 放弃 (U)] < 退出 >: ↙
通过相对坐标指定距离	1. 调用复制命令 2. 选择复制对象 3. 任意单击一点作为复制的基点 4. 输入距离基点的相对坐标		命令：_copy 选择对象：找到 16 个 选择对象：↙ 当前设置：复制模式 = 多个 指定基点或 [位移 (D)/ 模式 (O)] < 位移 >: // 任意单击一点作为基点 指定第二个点或 [阵列 (A)] < 使用第一个点作为位移 >: @0，-765 指定第二个点或 [阵列 (A)/ 退出 (E)/ 放弃 (U)] < 退出 >: ↙

提示

移动命令指定距离的方法和复制命令指定距离的方法相同。

2. 通过矩形、圆角命令绘制槽型

第 1 步 单击【默认】选项卡→【修改】面板→【矩形】按钮，捕捉下图所示的中点为矩形第一角点。

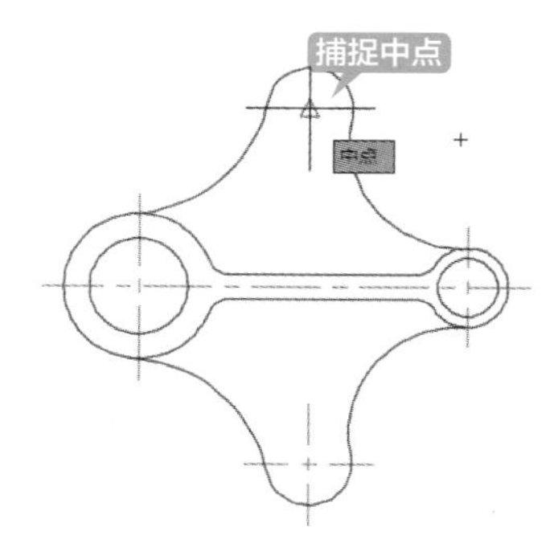

第 2 步 输入矩形第二角点“@−3,−18”，结果如下图所示。

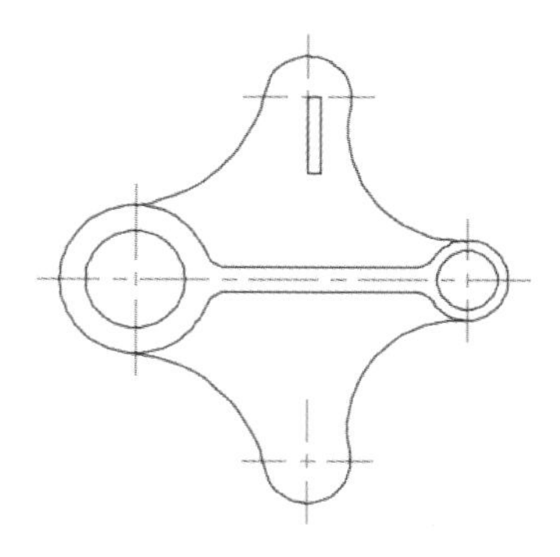

第 3 步 单击【默认】选项卡→【修改】面板→【圆角】按钮，设置圆角的半径为 1.5，然后对绘制的矩形进行圆角，结果如下图所示。

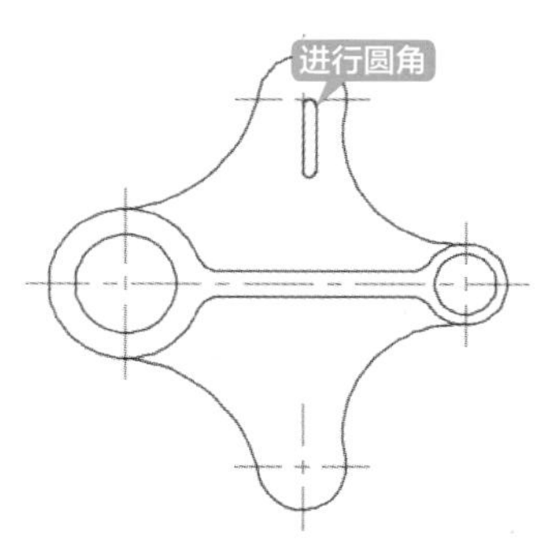

第 4 步 单击【默认】选项卡→【修改】面板→【移动】按钮，选择绘制的槽型为移动对象，然后任意单击一点作为移动的基点。

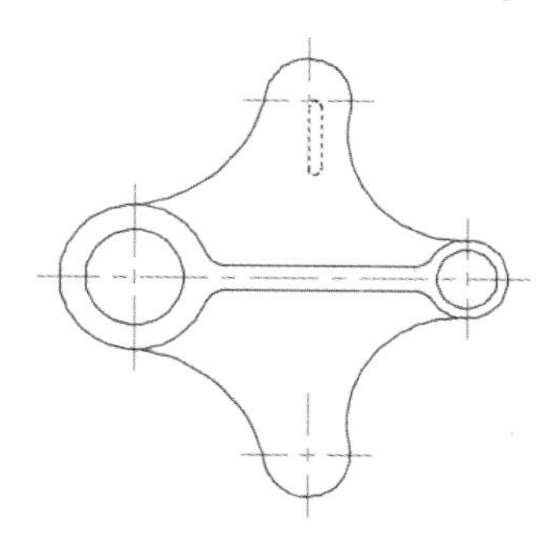

第 5 步 输入移动的第二点“@−1.5,−10.5”，结果如下图所示。

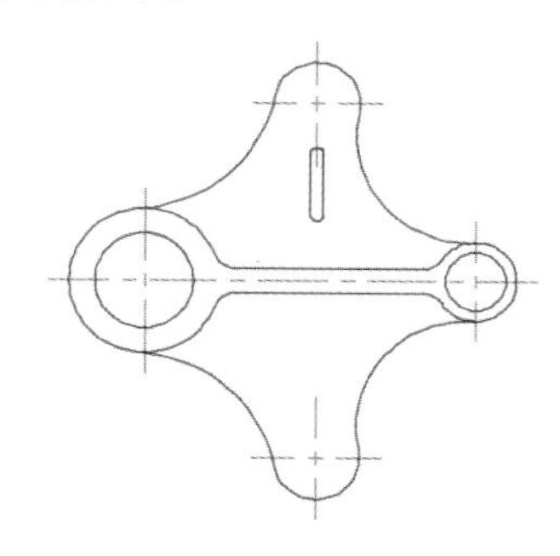

3. 直接通过矩形命令绘制槽型

第 1 步 单击【默认】选项卡→【修改】面板→【矩形】按钮，设置绘制矩形的圆角半径。

```
命令：_RECTANG
指定第一个角点或 [ 倒角 (C)/ 标高 (E)/ 圆角 (F)/ 厚度 (T)/ 宽度 (W)]: f
指定矩形的圆角半径 <0.0000>: 1.5
```

第 2 步 圆角半径设置完成后捕捉下图所示的中点为矩形的第一角点。

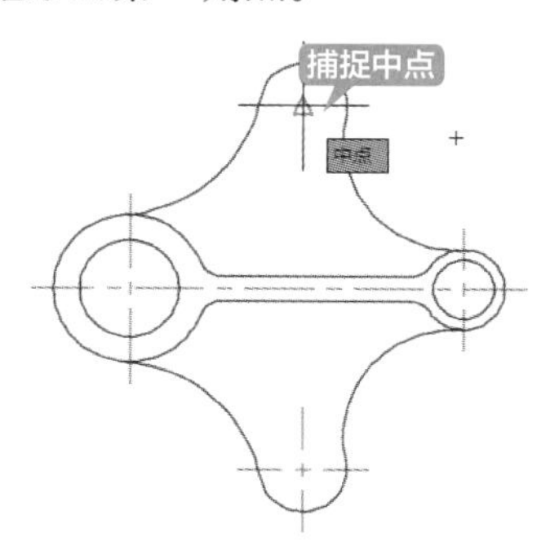

第 3 步 输入矩形第二角点“@-3,-18”，结果如下图所示。

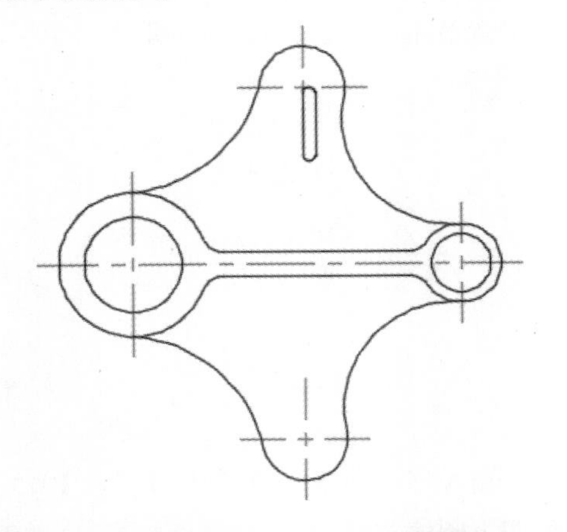

第 4 步 单击【默认】选项卡→【修改】面板→【移动】按钮，选择绘制的槽型为移动对象，然后单击任意一点作为移动的基点。

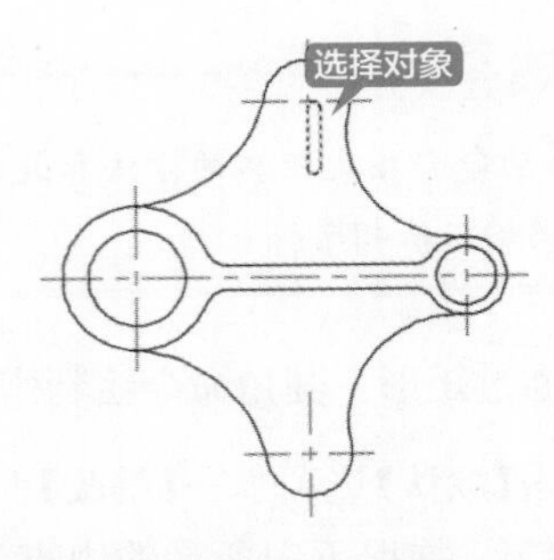

第 5 步 输入移动的第二点“@-1.5,-10.5”，结果如下图所示。

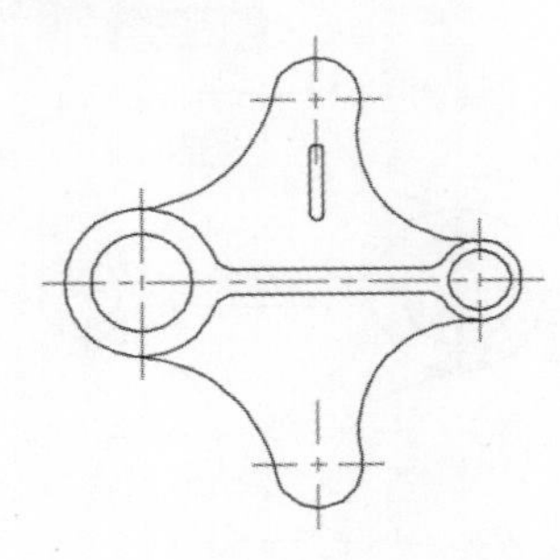

4.1.6 绘制定位槽

定位槽的槽型绘制完成后，通过偏移、旋转、拉伸、修剪、镜像即可得到定位槽。定位槽的具体绘制步骤如下。

第 1 步 单击【默认】选项卡→【修改】面板→【偏移】按钮，设置偏移距离为“0.5”，然后选择 4.1.5 小节绘制的槽型为偏移对象，将它向内侧偏移。

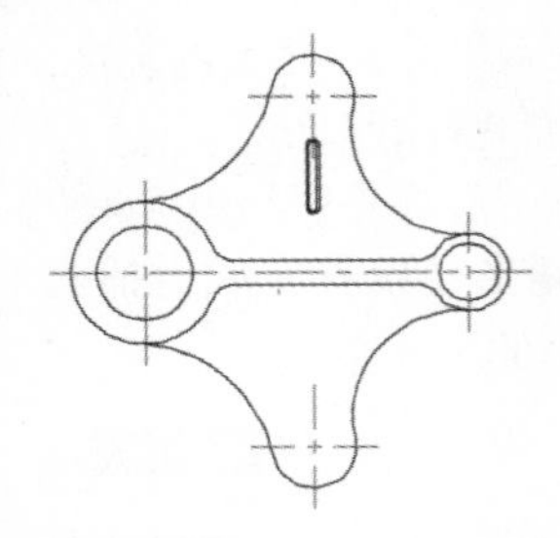

第 2 步 单击【默认】选项卡→【修改】面板→【旋转】按钮。

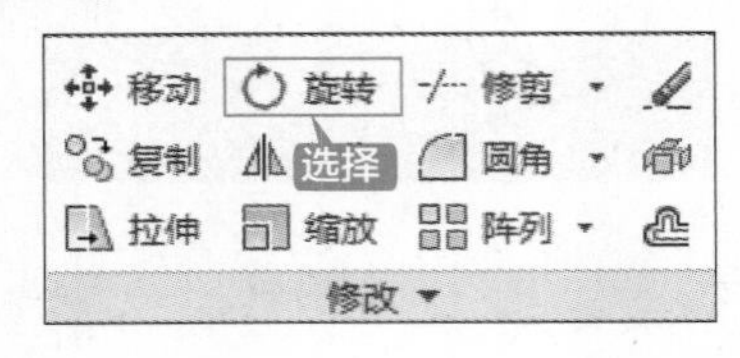

提示

除了通过面板调用旋转命令外，还可以通过以下方法调用旋转命令。

(1) 选择【修改】→【旋转】命令。

(2) 命令行输入“ROTATE/RO”命令并按【Space】键。

第 3 步 选择槽型为旋转对象，然后按住【Shift】键的同时单击鼠标右键，在弹出的快捷菜单中选择【几何中心】选项。

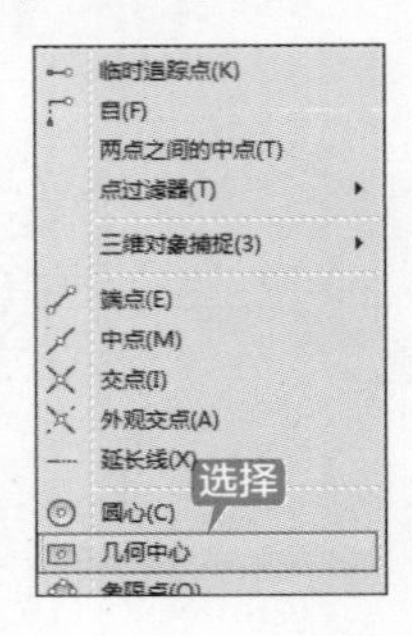

第 4 步 捕捉槽型的几何中心为旋转基点。

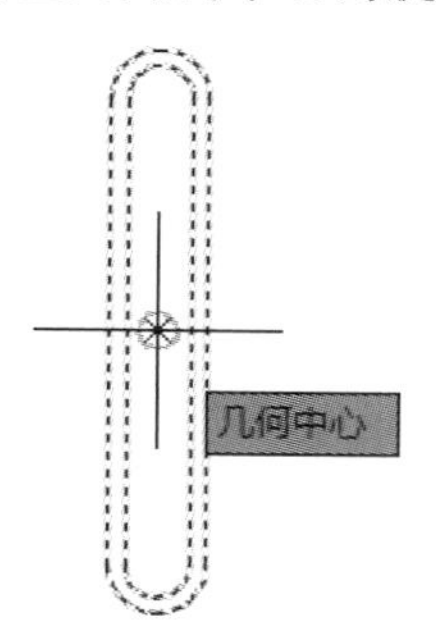

第 5 步 当命令行提示指定旋转角度时输入“C”，然后输入旋转角度为“90°”。

指定旋转角度，或 [复制 (C)/ 参照 (R)] <0>: c 旋转一组选定对象。

指定旋转角度，或 [复制 (C)/ 参照 (R)] <0>: 90

第 6 步 槽型旋转并复制后结果如下图所示。

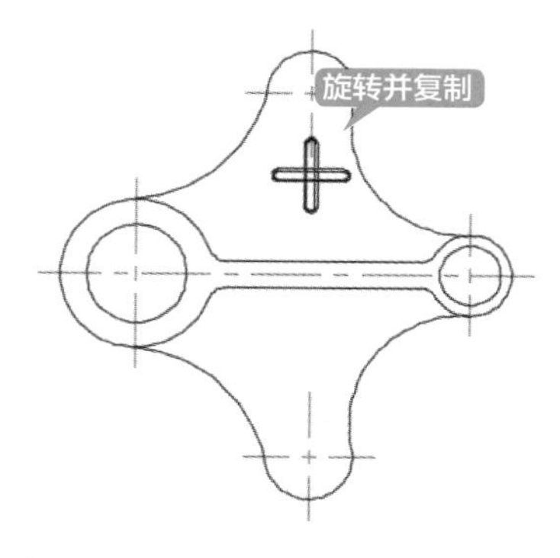

第 7 步 单击【默认】选项卡→【修改】面板→【拉伸】按钮。

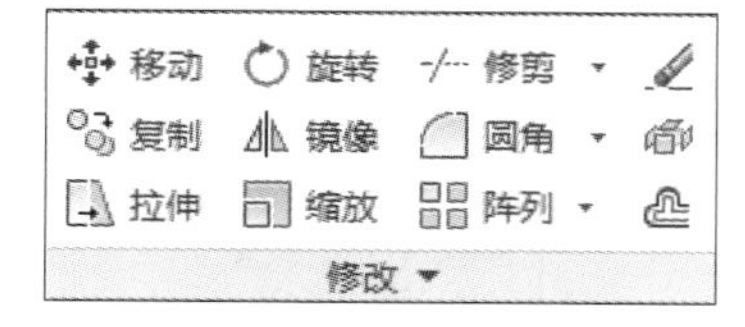

提示

除了通过面板调用拉伸命令外，还可以通过以下方法调用拉伸命令。

(1) 选择【修改】→【拉伸】命令。

(2) 命令行输入“STRETCH/S”命令并按【Space】键。

第 8 步 从右向左拖动鼠标选择拉伸的对象。

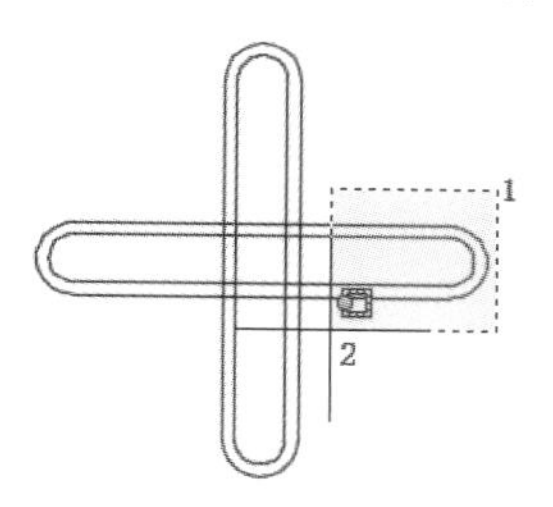

提示

拉伸命令在选择对象时必须使用从右向左窗交选择对象，全部选中的对象进行移动操作，部分选中的对象进行拉伸，例如本例中直线被拉伸，而圆弧则是移动。

第 9 步 选中对象后任意单击一点作为拉伸的基点。

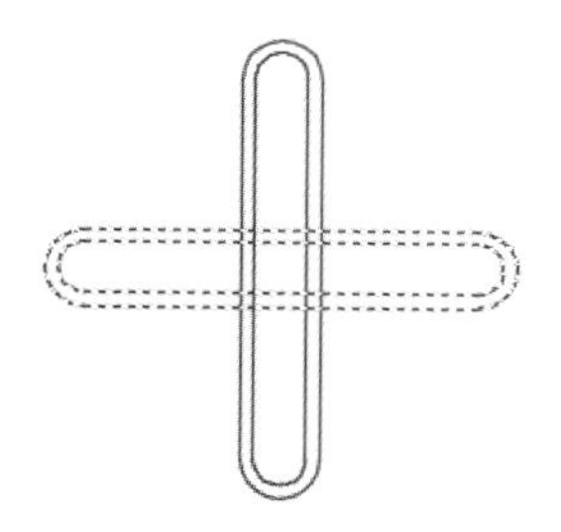

第 10 步 用相对坐标输入拉伸的第二点“@-3,0”，拉伸完成后结果如下图所示。

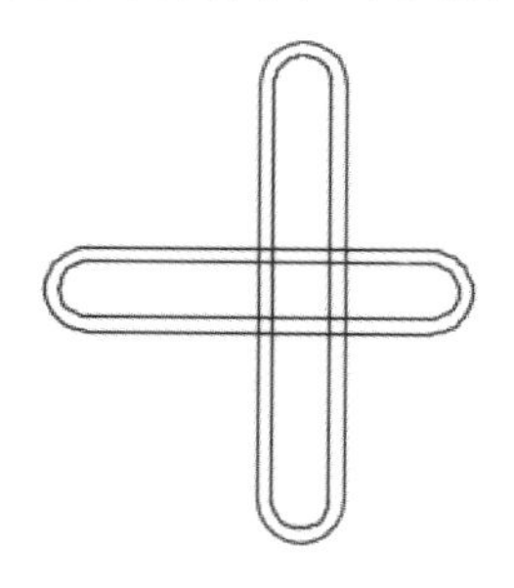

提示

拉伸命令的指定距离和移动、复制指定距离的方法相同。

第 11 步 重复第 7 步 ~ 第 10 步，将横向定位槽的另一端向右拉伸“3”，结果如下图所示。

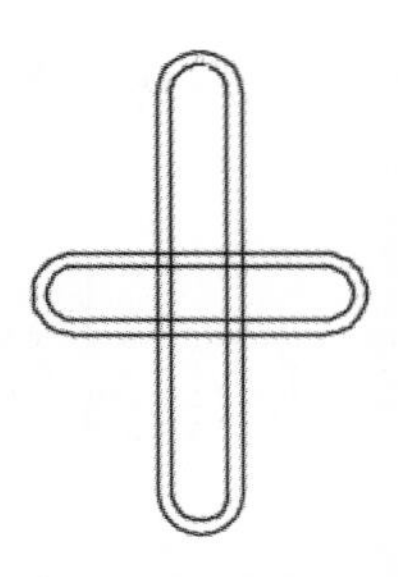

第 12 步 单击【默认】选项卡→【修改】面板→【修剪】按钮-/--，选择横竖两个槽型为剪切边。

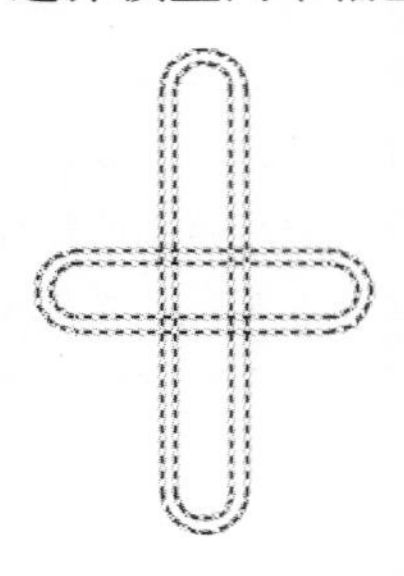

第 13 步 对横竖两个槽型进行修剪，将相交的部分修剪掉，结果如下图所示。

第 14 步 单击【默认】选项卡→【修改】面板→【镜像】按钮，选择修剪后的槽型为镜像对象。

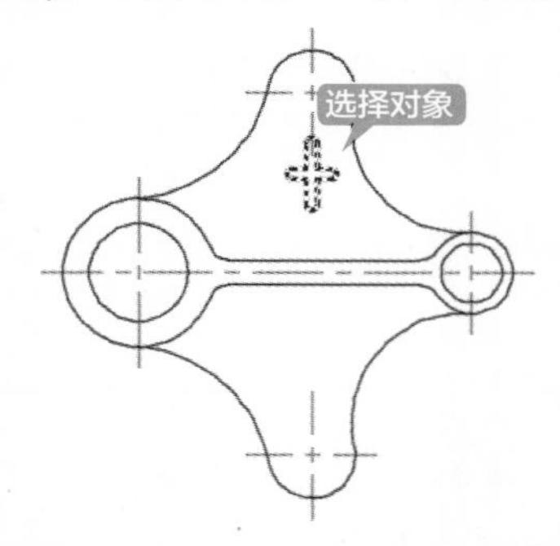

第 15 步 捕捉水平中心线上的两个端点为镜像线上的两点。

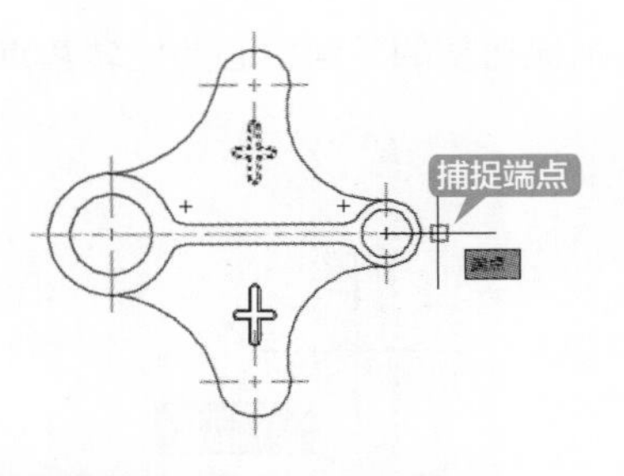

第 16 步 镜像后结果如下图所示。

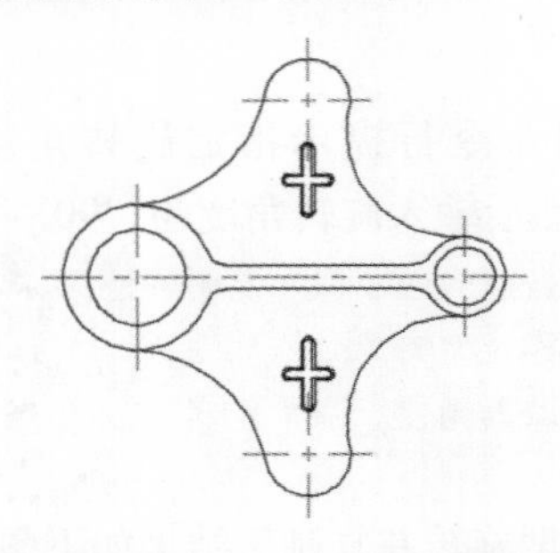

第 17 步 单击【默认】选项卡→【修改】面板→【旋转】按钮，选择所有图形为旋转对象，并捕捉下图所示的圆心为旋转基点。

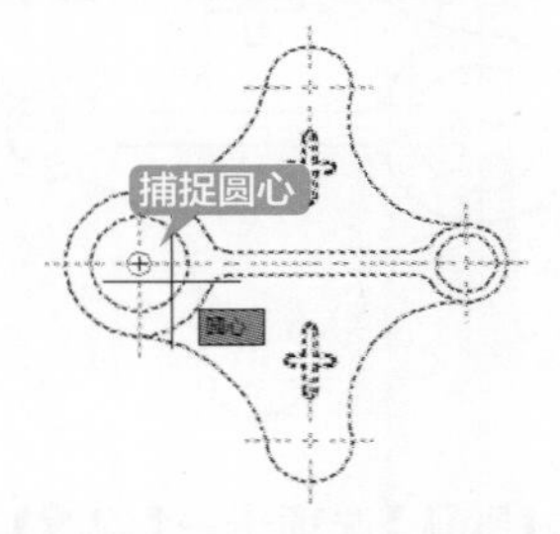

第 18 步 输入旋转的角度“300”，结果如下图所示。

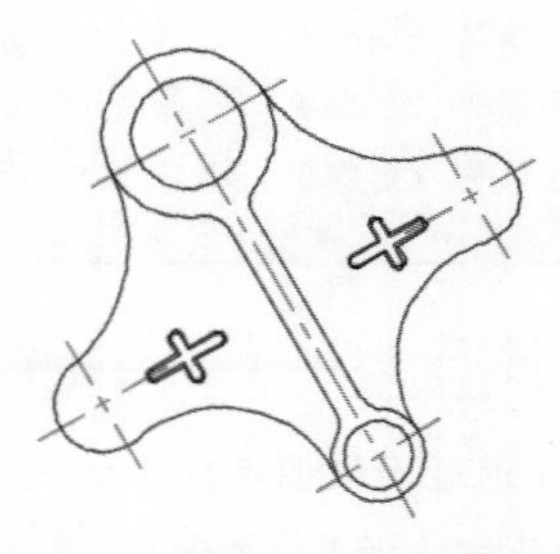

调用旋转命令后，选择不同的选项可以进行不同的操作，例如可以直接输入旋转角度旋转对象，也可以旋转的同时复制对象，还可以将选定的对象从指定参照角度旋转到绝对角度。旋转命令各选项的应用如表 4–4 所示。

表 4-4　旋转各选项的应用

命令选项	绘制步骤	结果图形	相应命令行显示
输入旋转角度旋转对象	1. 调用旋转命令 2. 指定旋转基点 3. 输入旋转角度		命令：_rotate UCS 当前的正角方向 :ANGDIR=逆时针 ANGBASE=0 选择对象：找到 7 个 选择对象： ↙ 指定基点： // 捕捉圆心 指定旋转角度，或 [复制 (C)/ 参照 (R)] <0>: 270
旋转的同时复制对象	1. 调用旋转命令 2. 指定旋转基点 3. 输入 “C “ 4. 输入旋转角度		命令：_rotate UCS 当前的正角方向 :ANGDIR=逆时针 ANGBASE=0 选择对象：找到 7 个 选择对象： ↙ 指定基点： // 捕捉圆心 指定旋转角度，或 [复制 (C)/ 参照 (R)] <270>: c 旋转一组选定对象。 指定旋转角度，或 [复制 (C)/ 参照 (R)] <0>: 270
起点、圆心、角度	1. 调用旋转命令 2. 指定旋转基点 3. 输入 “R “ 4. 指定参照角度 5. 输入新的角度		命令：_rotate UCS 当前的正角方向 :ANGDIR=逆时针 ANGBASE=0 选择对象：指定对角点：找到 7 个 选择对象： ↙ 指定基点： // 捕捉圆心 指定旋转角度，或 [复制 (C)/ 参照 (R)] <0>: r 指定参照角 <90>: // 捕捉上步的圆心为参照角的第一点 指定第二点： // 捕捉中点为参照角的第二点 指定新角度或 [点 (P)] <90>:90

4.1.7 绘制工装定位板的其他部分

工装定位板的其他部分主要应用到直线、圆、移动、阵列、复制和倒角命令。

工装定位板的其他部分的绘制过程如下。

第 1 步 单击【默认】选项卡→【绘图】面板→【直线】按钮，根据命令行提示进行如下操作。

```
命令：_line
指定第一个点：            // 捕捉圆的象限点
指定下一点或 [ 放弃 (U)]: @0,50
指定下一点或 [ 放弃 (U)]: @-50,0
指定下一点或 [ 闭合 (C)/ 放弃 (U)]: @0,-48
指定下一点或 [ 闭合 (C)/ 放弃 (U)]: tan 到
// 捕捉切点
指定下一点或 [ 闭合 (C)/ 放弃 (U)]: ↙
```

第 2 步 直线绘制完成后结果如下图所示。

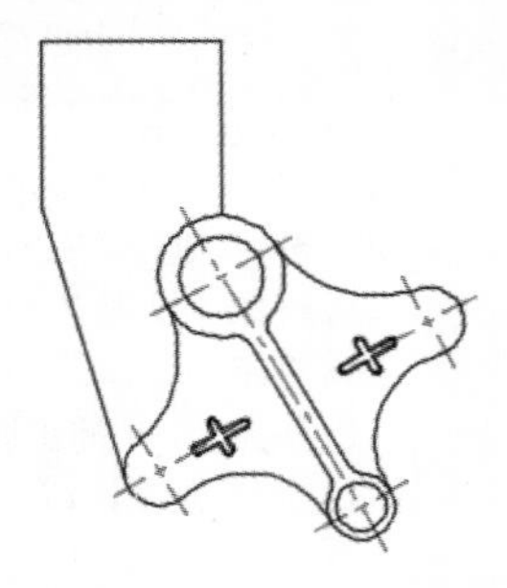

第 3 步 单击【默认】选项卡→【修改】面板→【圆】按钮，以直线的交点为圆心绘制一个半径为“4”的圆。

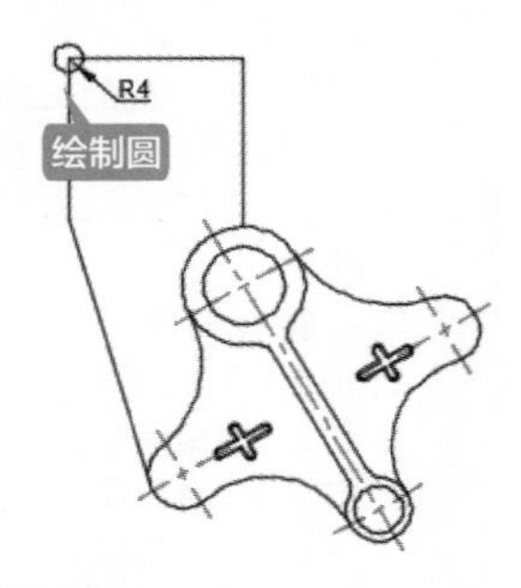

第 4 步 单击选择【默认】选项卡→【修改】面板→【移动】按钮，选择上步绘制的圆为移动对象，任意单击一点作为移动的基点，然后输入移动的第二点“@10,-13”。

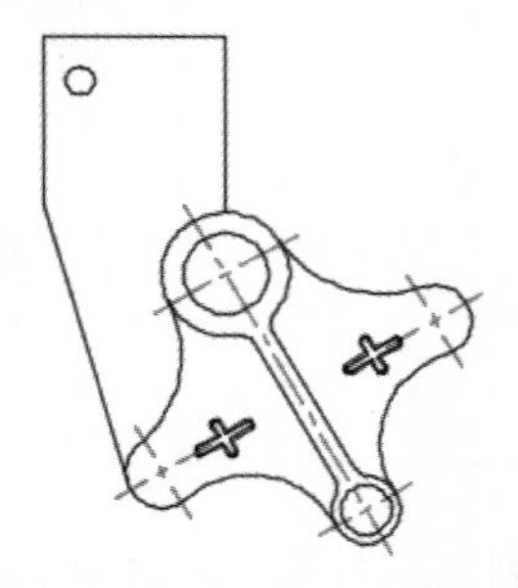

第 5 步 单击【默认】选项卡→【修改】面板→【阵列】→【矩形阵列】按钮。

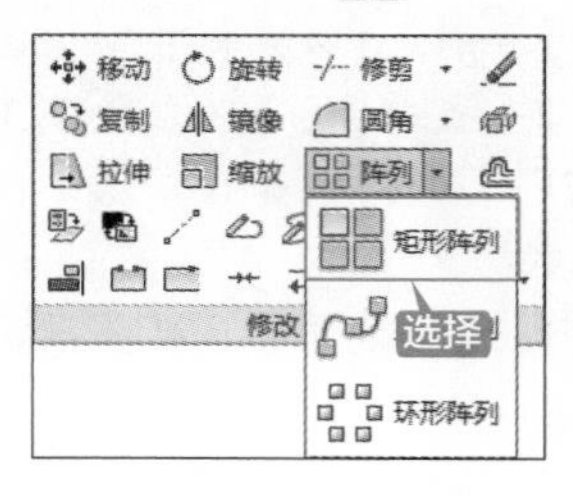

提示

除了通过面板调用阵列命令外，还可以通过以下方法调用阵列命令。

(1) 选择【修改】→【阵列】命令，选择一种阵列。

(2) 命令行输入“ARRAY/AR”命令并按【Space】键。

第 6 步 选择复制后的圆为阵列对象，按【Space】键确认，在弹出的【阵列创建】选项卡中对行和列进行如下设置。

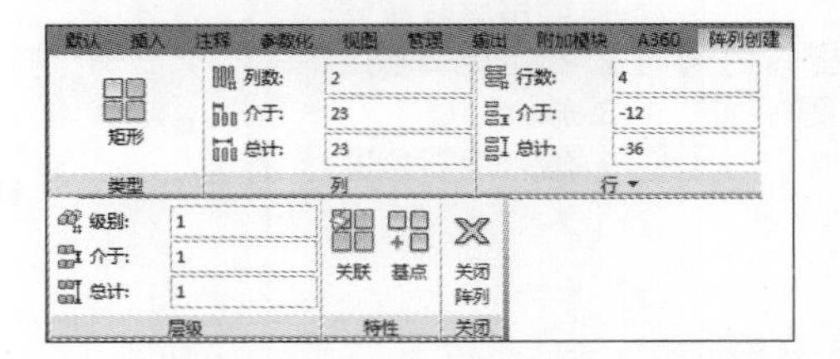

第 7 步 设置完成后单击【关闭阵列】按钮，结果如下图所示。

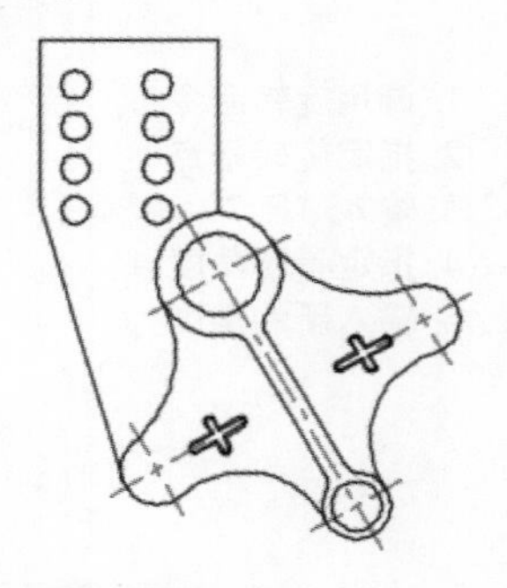

倒角的具体操作如下。

第 1 步 单击【默认】选项卡→【修改】面板→【复制】按钮，选择左下角的圆为复制对象。

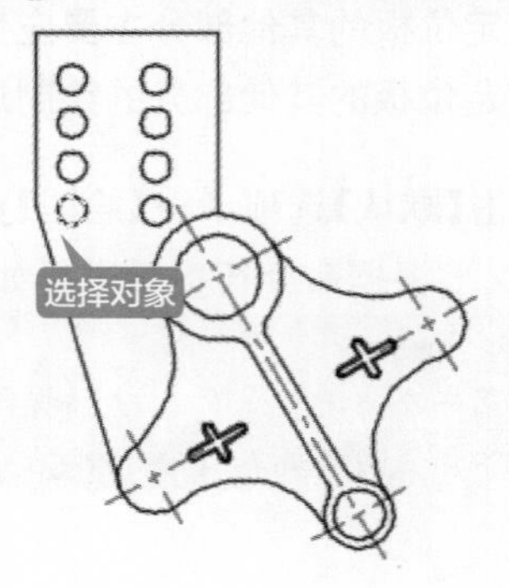

第 2 步 任意单击一点作为复制的基点，然后分别输入“@10,−10”和“@10,−35”作为两个复制对象的第二点。

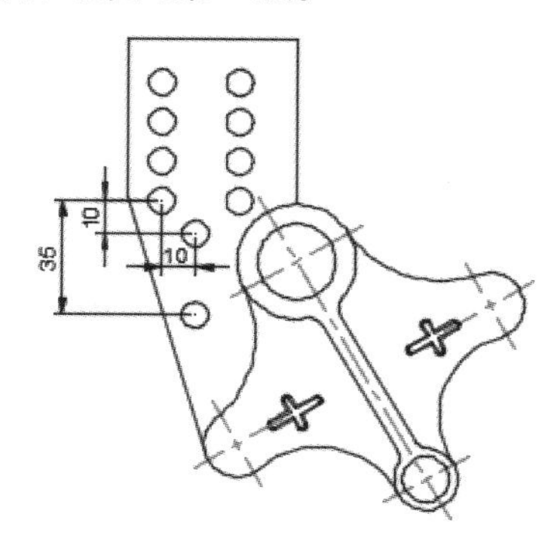

第 3 步 单击【默认】选项卡→【修改】面板→【倒角】按钮。

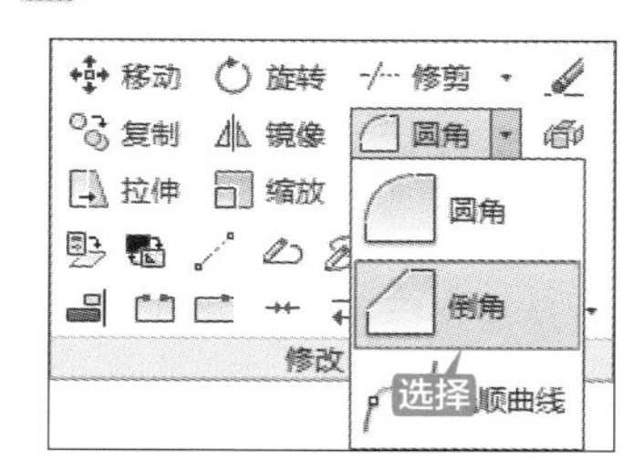

提示

除了通过面板调用倒角命令外，还可以通过以下方法调用倒角命令。

(1) 选择【修改】→【倒角】命令。

(2) 命令行输入“CHAMFER/CHA”命令并按【Space】键。

第 4 步 根据命令行提示设置倒角的距离。

命令：_chamfer

(“修剪”模式) 当前倒角距离 1 = 0.0000，距离 2 = 0.0000

选择第一条直线或 [放弃 (U)/ 多段线 (P)/ 距离 (D)/ 角度 (A)/ 修剪 (T)/ 方式 (E)/ 多个 (M)]：d

指定 第一个 倒角距离 <0.0000>: 5

指定 第二个 倒角距离 <5.0000>: ↙

选择第一条直线或 [放弃 (U)/ 多段线 (P)/ 距离 (D)/ 角度 (A)/ 修剪 (T)/ 方式 (E)/ 多个 (M)]：m

第 5 步 选择需要倒角的第一条直线。

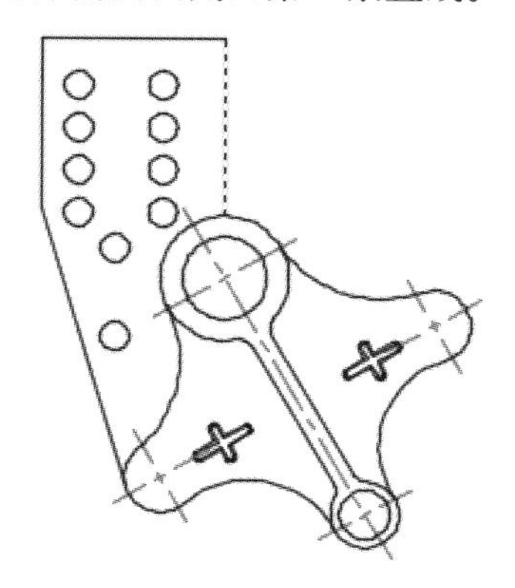

第 6 步 选择需要倒角的第二条直线。

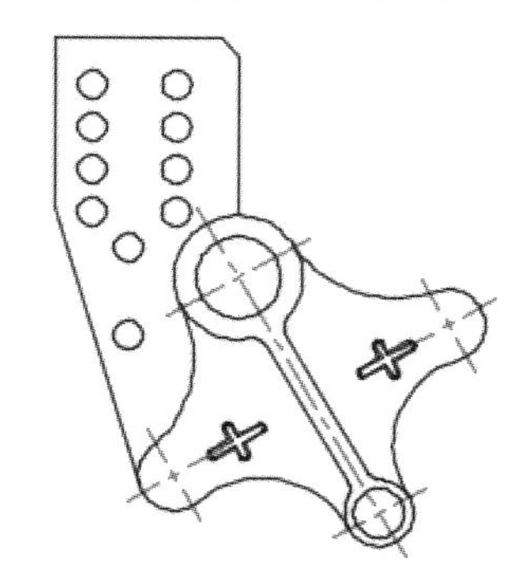

第 7 步 重复选择需要倒角的两条直线进行倒角。

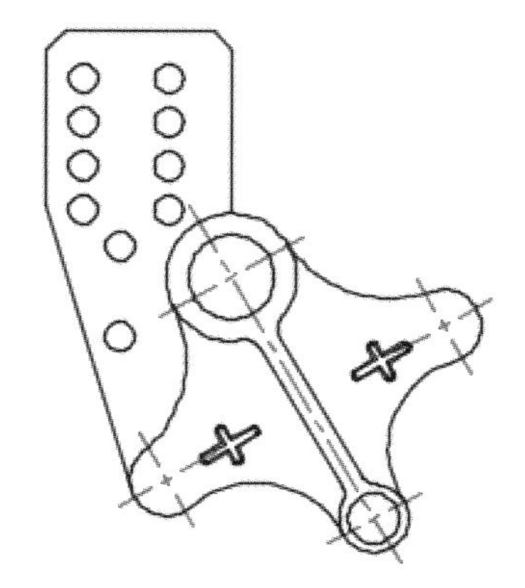

AutoCAD 中阵列的形式有 3 种，即矩形阵列、路径阵列和极轴（环形）阵列，选择的阵列类型不同，对应的【创建阵列】选项卡的操作也不相同。各种阵列的应用如表 4–5 所示。

表 4–5　各种阵列的应用

阵列类型	绘制步骤	结果图形	备注
矩形阵列	1. 调用矩形阵列命令 2. 选择阵列对象 3. 设置【创建阵列】选项卡	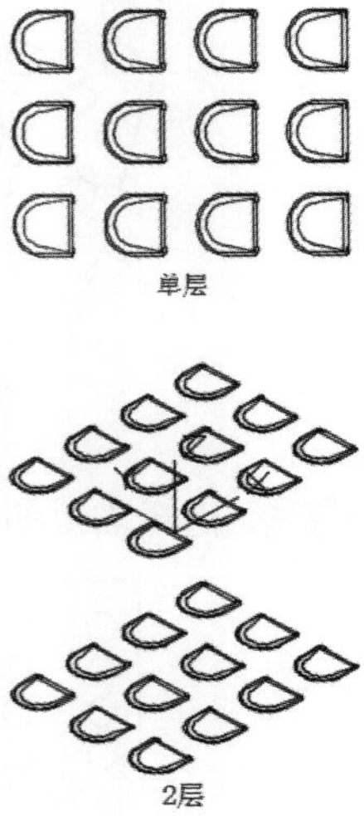 单层 2层	1. 不关联 在弹出的【阵列创建】选项卡中如果设置为“不关联”，则创建后各对象是单个独立的对象，相互之间可以单独编辑 2. 关联 在弹出的【阵列创建】选项卡中如果设置为“关联”，则创建后各对象是一个整体（可以通过分解命令解除阵列的关联性） 选中任何一个对象，即可弹出【阵列】选项卡，在该选项卡下可以对阵列对象进行如下编辑 (1) 更改列数、行数、层数，以及列间距、行间距以及层间距 (2) 选择【编辑来源】选项，可以对阵列对象进行单个编辑；选择【替换项目】选项，可以对阵列中的某个或某几个对象进行替换选中【重置矩阵】选项，则重新恢复到最初的阵列结果 3. 层数 如果阵列的层数为多层，可以通过三维视图，如西南等轴测、东南等轴测等视图观察阵列效果
路径阵列	1. 调用路径阵列命令 2. 选择阵列对象 3. 选择阵列路径 4. 设置【创建阵列】选项卡	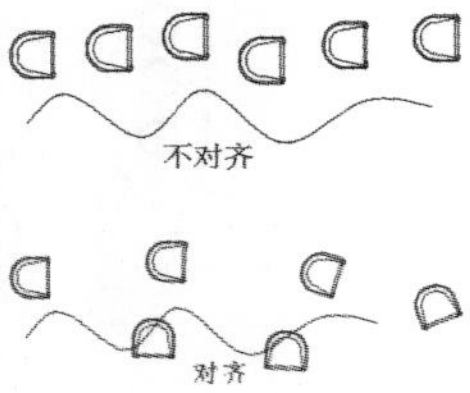 不对齐 对齐	1. 定距等分 AutoCAD 默认是沿路径定距等分的，定距等分时只能更改等分的距离，阵列的个数按路径自动计算 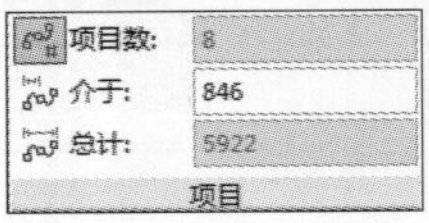 项目数: 8 介于: 846 总计: 5922 项目 2. 定数等分 将等分形式切换为“定数等分”后，可以更改等分的个数，阵列的间距按路径自动计算 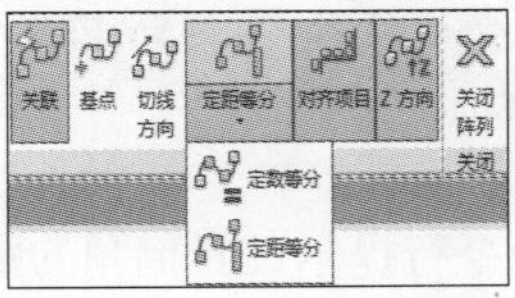 关联 基点 切线方向 定距等分 对齐项目 Z 方向 关闭阵列 定数等分 定距等分 等分格式修改后，项目选项也发生变化，这时可以更改阵列个数，阵列的间距按路径自动计算  项目数: 8 介于: 853.7049 总计: 5975.934 项目 3. 对齐项目 指定是否对齐每个项目以与路径方向相切。对齐相对于第一个项目的方向

续表

阵列类型	绘制步骤	结果图形	备注
极轴（环形）阵列	1. 调用极轴阵列命令 2. 选择阵列对象 3. 指定阵列中心 4. 设置【创建阵列】选项卡	不旋转项目 逆时针方向旋转 顺时针方向旋转	1. 旋转项目 控制阵列时是否旋转项目，若不选择“旋转项目”，则阵列对象保持原有方向阵列，不绕阵列中心进行旋转，如左上图所示。下两个图为“旋转项目”的效果 2. 方向 阵列方向分逆时针和顺时针，当阵列填充角度不是 360° 时，阵列方向不同，阵列的结果也不相同

倒角（或斜角）是使用成角的直线连接两个二维对象，或在三维实体的相邻面之间创建成角度的面。倒角除了本节中介绍的通过等距离创建外，还可以通过不等距离创建、通过角度创建以及创建三维实体面之间的倒角等。倒角的各种创建方法如表 4–6 所示。

表 4–6　倒角的各种创建方法

对象分类	创建分类		创建过程	创建结果	备注
二维对象	通过距离创建	等距离	1. 调用倒角命令 2. 输入“D”并输入两个距离值 3. 选择第一个对象 4. 选择第二个对象		对于等距离时，两个对象的选择没有先后顺序。对于不等距离时，两个对象的选择顺序不同，结果也不相同 当距离为 0° 时，使两个不相交的对象相交并创建尖角，如下图所示
		不等距离		1 2 2 1	2 1
	通过角度创建		1. 调用倒角命令 2. 输入“A”并指定第一条直线的长度和第一条直线的倒角角度 3. 选择第一个对象 4. 选择第二个对象	1 2 2 1	通过角度创建倒角时创建的结果与选择的第一个对象有关 当角度为 0° 时，使两个不相交的对象相交并创建尖角，如下图所示 2 1

续表

对象分类	创建分类	创建过程	创建结果	备注
二维对象	倒角对象为多段线	1. 调用倒角命令 2. 输入“D”或“A” 3. 如果输入“D”指定两个倒角距离；如果输入“A”，指定第一个倒角距离和角度 4. 输入“P”，然后选择要倒角的多段线	1	
	不修剪	1. 调用倒角命令 2. 输入“D”或“A” 3. 如果输入“D”指定两个倒角距离；如果输入“A”，指定第一个倒角距离和角度 4. 输入“T”，然后选择不修剪 5. 选择两个要倒角的对象		
三维对象	边	1. 调用倒角命令 2. 选择边并确定该边所在的面 3. 指定两倒角距离 4. 选择边		选择边后，如果AutoCAD默认的面不是想要的面，可以输入“N”切换到相邻的面
	环	1. 调用倒角命令 2. 选择边并确定该边所在的面 3. 指定两倒角距离 4. 输入“L”，然后选择边		

4.2 绘制模具主视图

本例中的模具主视图是一个左右对称图形，因此可以绘制图形的一侧，然后通过镜像得到整个图形。

4.2.1 创建图层

在绘图之前，首先参考2.1节创建两个图层，并将“轮廓线”层置为当前层。

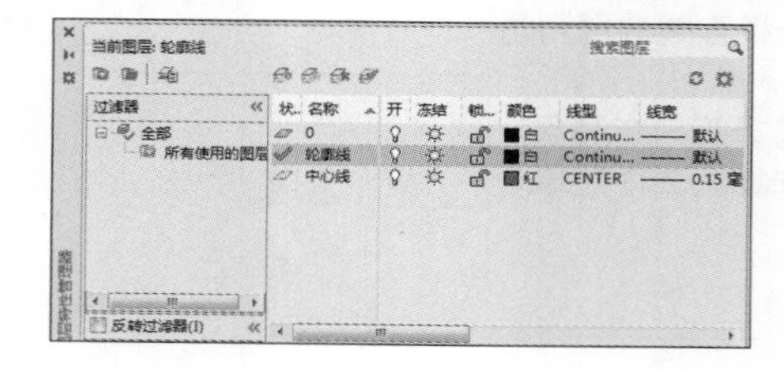

4.2.2 绘制左侧外轮廓

左侧轮廓线主要到直线、倒角、偏移和夹点编辑命令，前面介绍了通过等距离创建倒角，本节介绍通过角度和不等距离创建倒角，另外，除了前面介绍的调用拉伸命令的方法外，还可以通过夹点编辑来执行拉伸操作。

左侧轮廓线的具体绘制步骤如下。

第 1 步 单击【默认】选项卡→【绘图】面板→【直线】按钮，根据命令行提示进行如下操作。

命令：_line
指定第一个点： // 任意单击一点作为第一点
指定下一点或 [放弃 (U)]: @−67.5,0
指定下一点或 [放弃 (U)]: @0,−19
指定下一点或 [闭合 (C)/ 放弃 (U)]: @−91,0
指定下一点或 [闭合 (C)/ 放弃 (U)]: @0,37.5
指定下一点或 [闭合 (C)/ 放弃 (U)]: @23,0
指定下一点或 [闭合 (C)/ 放弃 (U)]: @0,169
指定下一点或 [闭合 (C)/ 放弃 (U)]: @24,0
指定下一点或 [闭合 (C)/ 放弃 (U)]: @0,13
指定下一点或 [闭合 (C)/ 放弃 (U)]: @62.5,0
指定下一点或 [闭合 (C)/ 放弃 (U)]: @0,−27
指定下一点或 [闭合 (C)/ 放弃 (U)]: @49,0
指定下一点或 [闭合 (C)/ 放弃 (U)]: c

第 2 步 直线绘制完成后如下图所示。

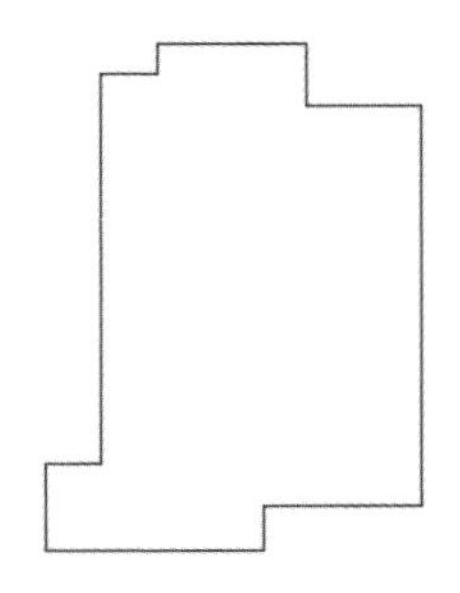

第 3 步 单击【默认】选项卡→【修改】面板→【倒角】按钮，根据命令行提示进行如下设置。

命令：_chamfer
（“修剪”模式）当前倒角距离 1 = 0.0000，距离 2 = 0.0000
选择第一条直线或 [放弃 (U)/ 多段线 (P)/ 距离 (D)/ 角度 (A)/ 修剪 (T)/ 方式 (E)/ 多个 (M)]: a
指定第一条直线的倒角长度 <10.0000>: 23
指定第一条直线的倒角角度 <15>: 60

第 4 步 当命令行提示选择第一条直线时选择下图所示的横线。

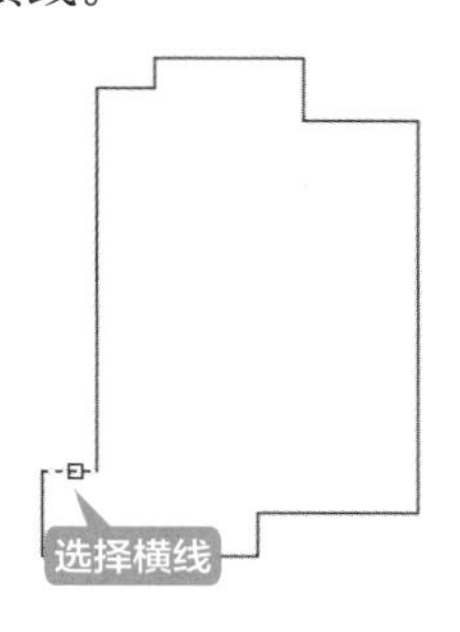

第 5 步 当命令行提示选择第二条直线时选择如下图（左）所示的竖线，倒角创建完成后如下图（右）所示。

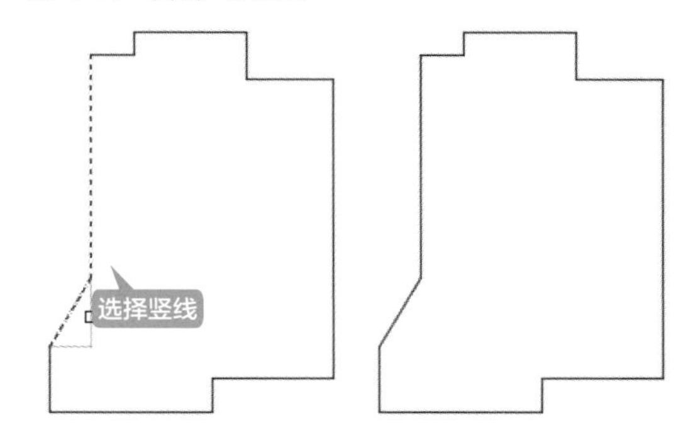

第 6 步 重复第 3 步，调用倒角命令，根据命令行提示进行如下设置。

命令：_chamfer
（“修剪”模式）当前倒角长度 = 23.0000，角度 = 60
选择第一条直线或 [放弃 (U)/ 多段线 (P)/ 距离 (D)/ 角度 (A)/ 修剪 (T)/ 方式 (E)/ 多个 (M)]: d
指定 第一个 倒角距离 <0.0000>: 16
指定 第二个 倒角距离 <16.0000>: 27

第 7 步 当命令行提示选择第一条直线时选择下图所示的横线。

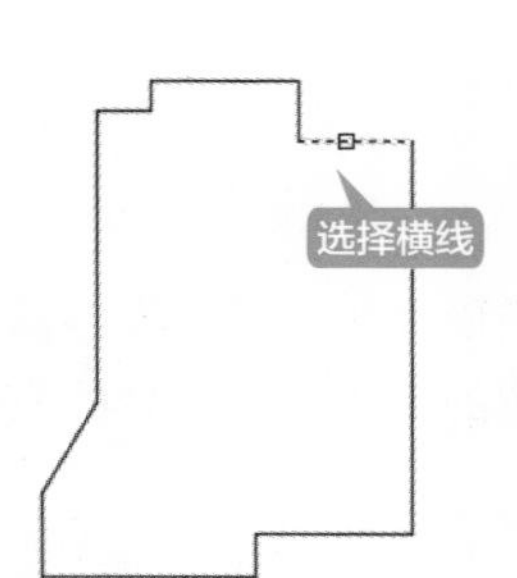

第 8 步 当命令行提示选择第二条直线时选择下图（左）所示竖线，倒角创建完成后如下图（右）所示。

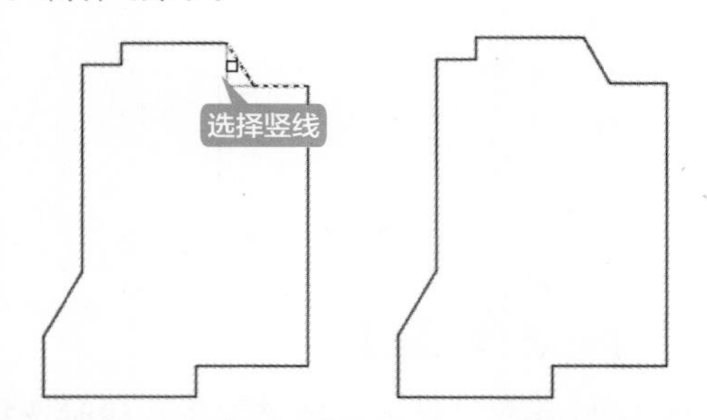

第 9 步 单击【默认】选项卡→【修改】面板→【偏移】按钮，输入偏移距离“16.5”，然后选择最右侧竖直线将它向左偏移。

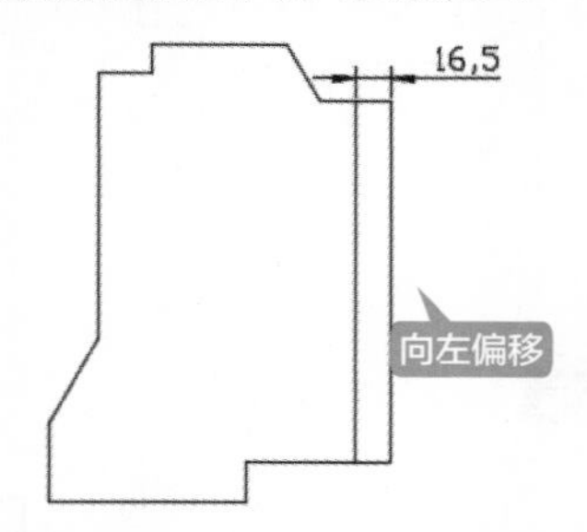

第 10 步 选中最右侧的直线，然后单击最上端夹点。

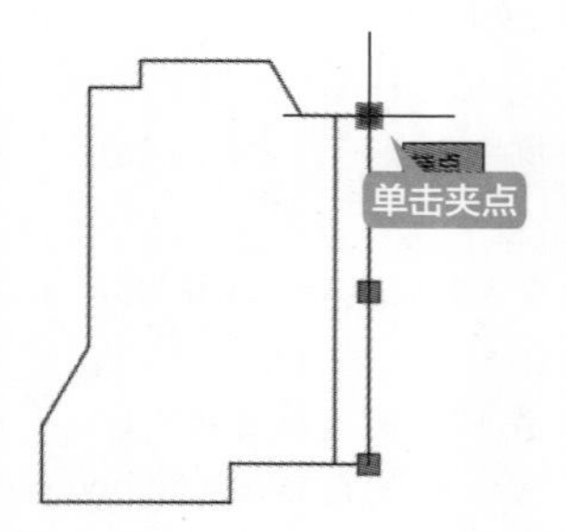

第 11 步 向上拖动鼠标，在合适的位置单击。

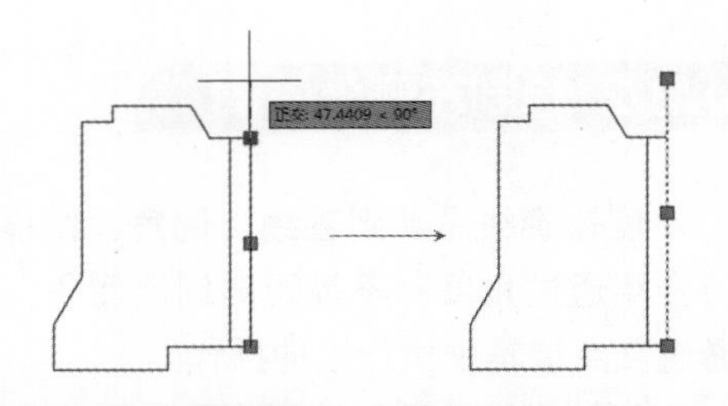

第 12 步 重复第 10 步～第 11 步，选中最下端的夹点，然后向下拖动鼠标，在合适的位置单击确定直线的长度。

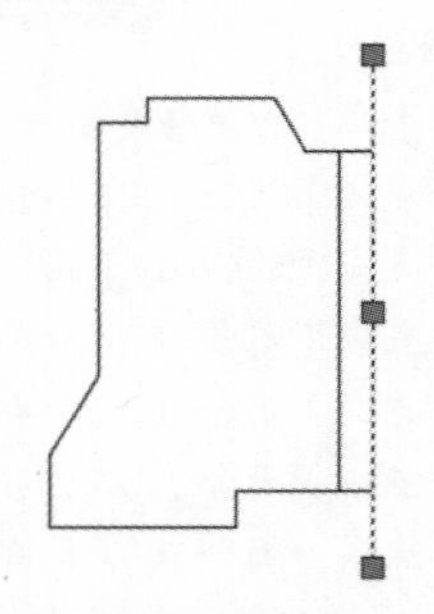

第 13 步 单击【默认】选项卡→【图层】面板→【图层】下拉按钮，并选择“中心线”，将竖直线切换到轮廓层上。

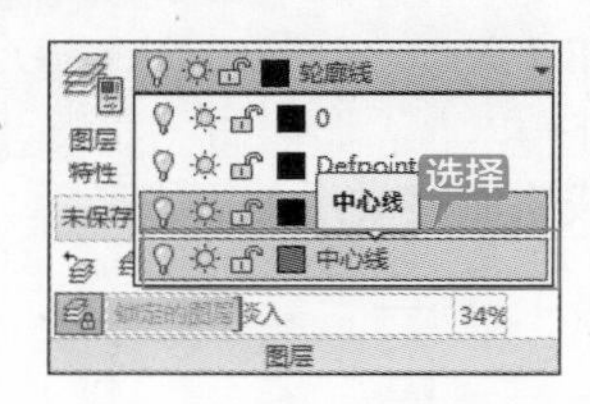

第 14 步 修改完成后按【Esc】键退出选择，结果如下图所示。

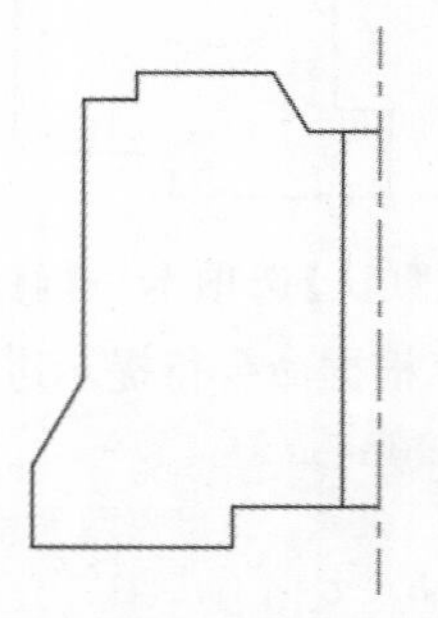

当没有执行任何命令的情况下，选择对象，对象上将出现一些实心小方块，这些小方块被称为夹点，默认显示为蓝色，可以对夹点执行拉伸、移动、旋转、缩放或镜像操作。

关于通过夹点编辑对象的方法如表 4-7 所示。

表 4-7　夹点编辑的各种操作

命令调用	选择命令	创建过程	创建结果	备注
在没有执行任何命令的情况下选择对象，选中对象上的某个夹点后右击，在弹出的快捷菜单中选择命令（对象不同，夹点能执行的操作也不相同，一般可以执行拉伸、移动、旋转、缩放和镜像，有的还可以执行拉长等命令，如直线、圆弧）	拉伸	(1) 选中某个夹点 (2) 拖动鼠标在合适的位置单击或输入拉伸长度		拉伸是夹点编辑的默认操作，不需要通过单击右键选择命令，可以直接操作
	移动	(1) 选中某个夹点 (2) 单击鼠标右键，选择【移动】选项 (3) 拖动鼠标或输入相对坐标指定移动距离		
	旋转	(1) 选中某个夹点 (2) 单击鼠标右键，选择【旋转】选项 (3) 拖动鼠标指定旋转角度或输入旋转角度		
	镜像	(1) 选中某个夹点 (2) 单击鼠标右键，选择【镜像】选项 (3) 拖动鼠标指定镜像线		镜像后默认删除源对象
	缩放	(1) 选中某个夹点 (2) 单击鼠标右键，选择【缩放】选项 (3) 输入缩放的比例		

4.2.3 绘制模具左侧的孔

模具左侧的孔主要用到偏移、拉长、圆和镜像命令。

模具左侧的孔的绘制步骤如下。

第 1 步 单击【默认】选项卡→【修改】面板→【偏移】按钮，输入偏移距离“55”，然后选择最右侧竖直线将它向左偏移。

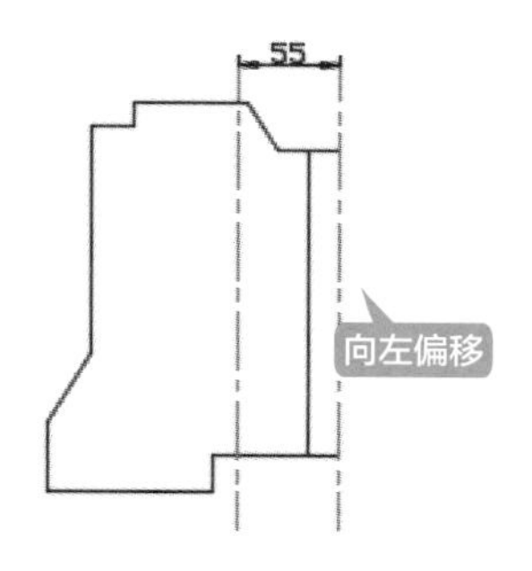

第 2 步 重复第 1 步，将右侧竖直线向左侧偏移“42”。

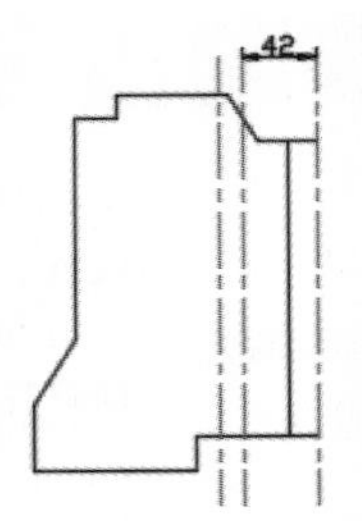

第 3 步 重复第 1 步，将底边水平直线向上偏移“87”和“137”。

第 4 步 选择偏移后的两条直线，将它们切换到中心线层。

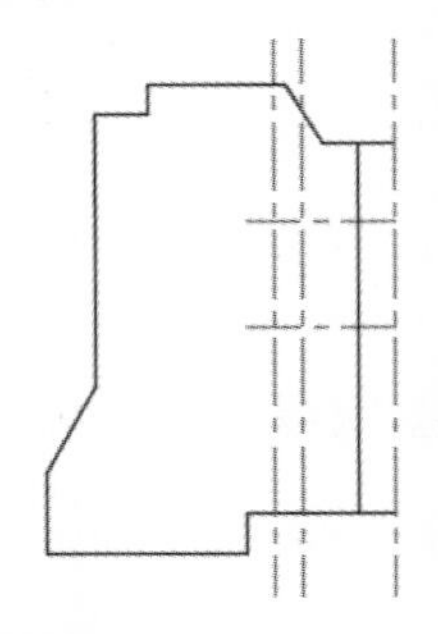

第 5 步 单击【默认】选项卡→【绘图】面板→【圆】→【圆心、半径】按钮，捕捉中心线的交点为圆心，绘制两个半径为“12”和“8”的圆。

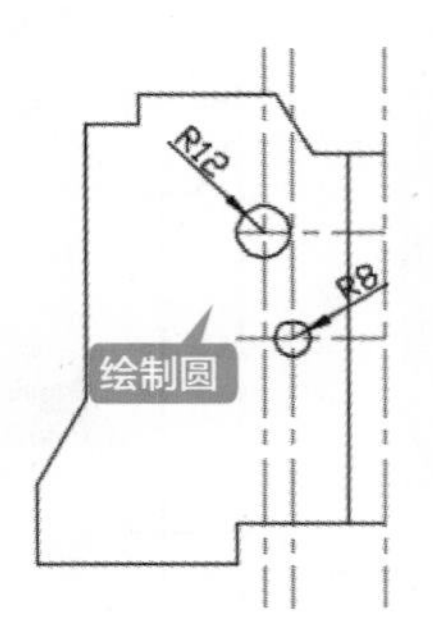

第 6 步 单击【默认】选项卡→【修改】面板→【拉长】按钮。

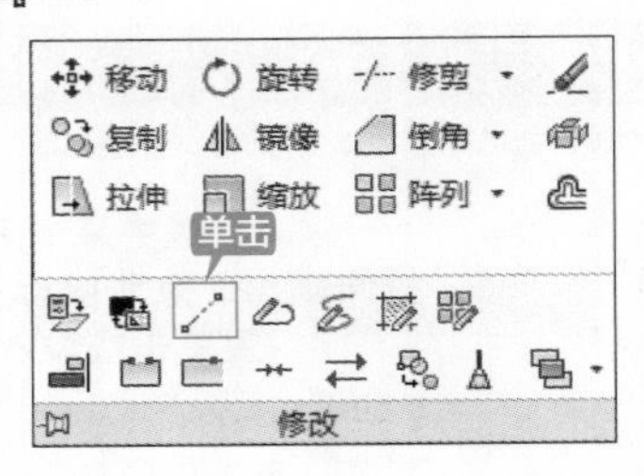

提示

除了通过面板调用拉长命令外，还可以通过以下方法调用拉长命令。

(1) 选择【修改】→【拉长】命令。

(2) 命令行输入“LENGTHEN/LEN”命令并按【Space】键。

第 7 步 当命令行提示选择测量方式时选择“动态”拉长方式。

```
命令：_LENGTHEN
选择要测量的对象或 [ 增量 (DE)/ 百分比 (P)/ 总计 (T)/ 动态 (DY)] < 动态 (DY)>: ↙
```

第 8 步 当命令行提示选择要修改的对象时，选择下图所示的中心线。

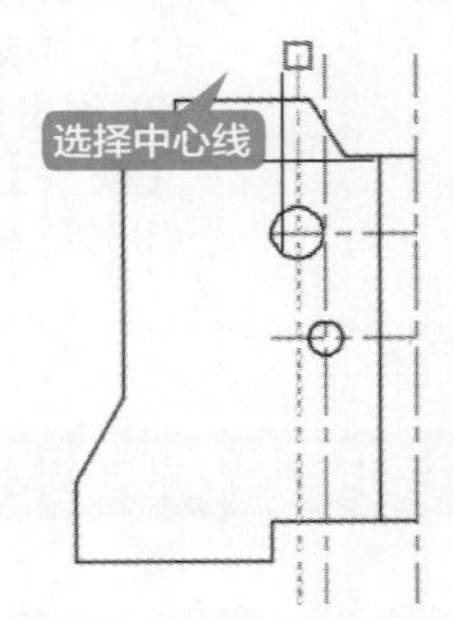

第 9 步 拖动鼠标在合适的位置单击确定新的端点。

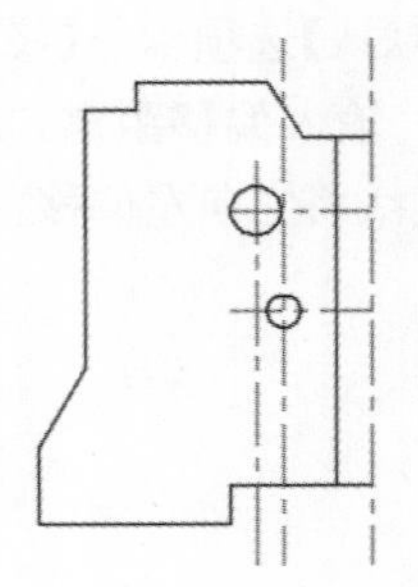

第 10 步 重复第 6 步～第 8 步，对其他中心线也进行拉长，结果如下图所示。

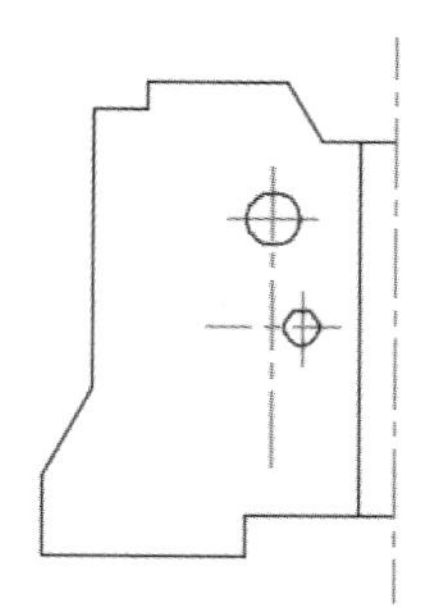

第 11 步 选择下图所示的中心线。

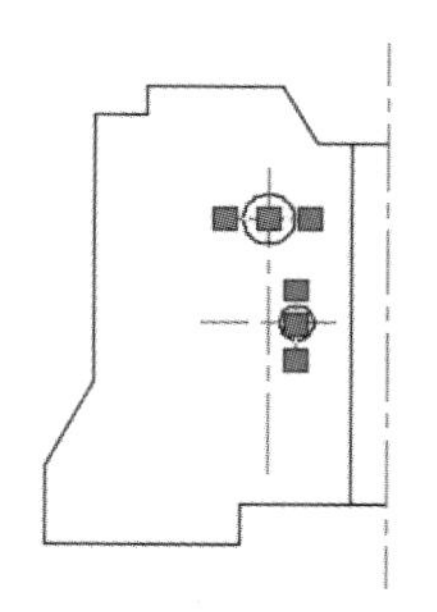

第 12 步 单击【默认】选项卡→【特性】面板右下角的↘，在弹出的特性面中将【线性比例】改为“0.5”。

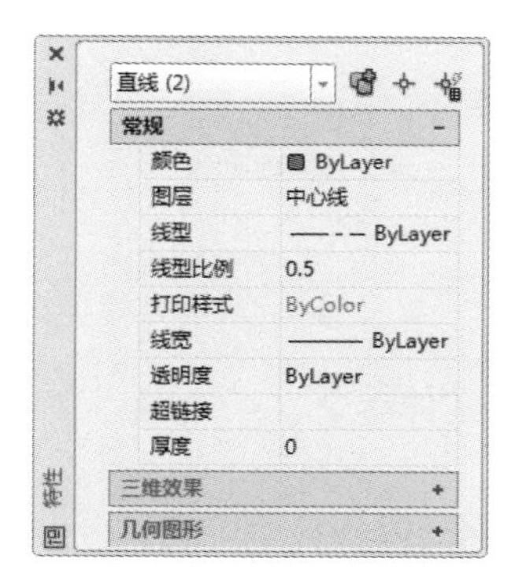

第 13 步 按【Esc】键退出选择后如下图所示。

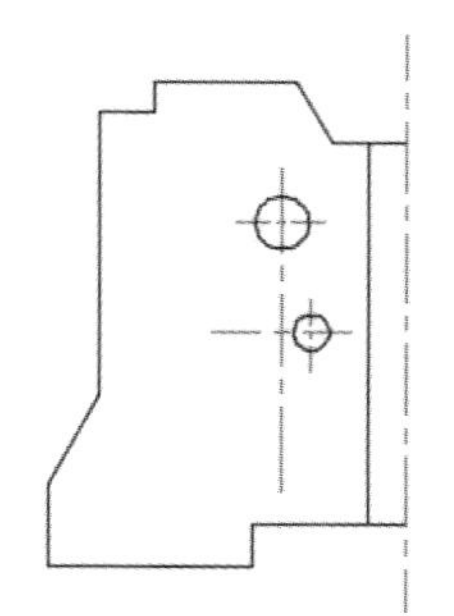

第 14 步 单击【默认】选项卡→【修改】面板→【镜像】按钮⚠，然后选择下图所示的圆和中心线为镜像对象，然后捕捉水平中心线的端点为镜像线上的第一点。

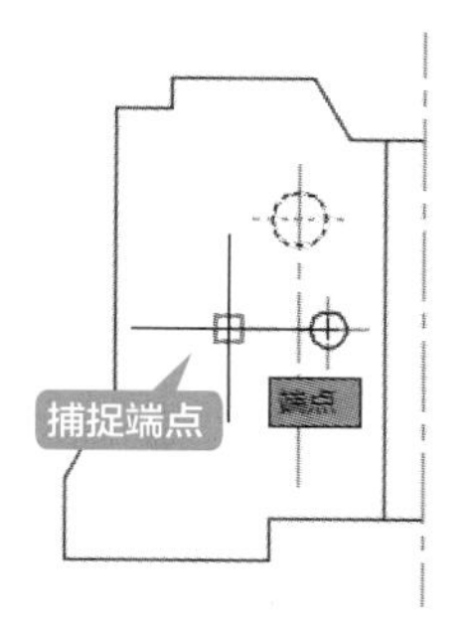

第 15 步 选择中心线的另一个端点为镜像线上第二点，然后选择不删除源对象。

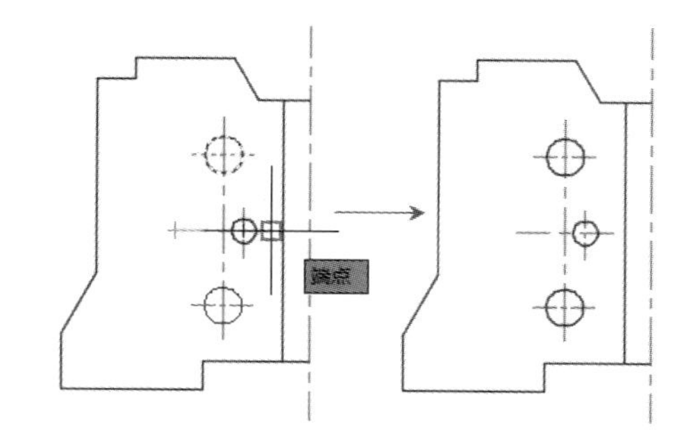

第 16 步 重复第 14 步～第 15 步，将 R8 的圆和短竖直中心线沿长竖直中心线镜像，结果如下图所示。

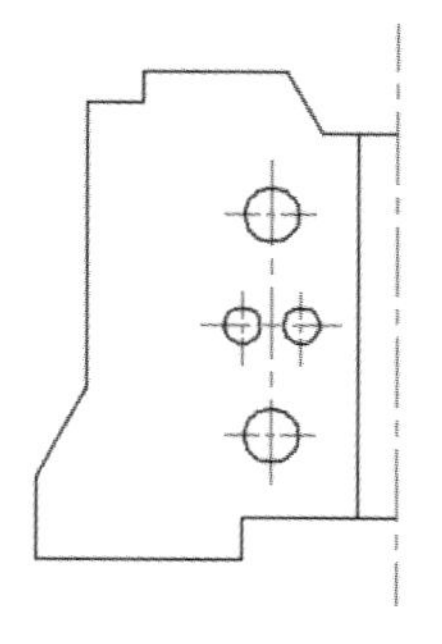

拉长命令可以更改对象的长度和圆弧的包含角。调用拉长命令后，根据命令行提示选择不同的选项，可以通过不同的方法对对象的长度进行修改。拉长命令更改对象长度的各种方法的具体操作步骤如表 4-8 所示。

表 4–8　拉长命令更改对象长度的各种方法

拉长方法	操作步骤	结果图形	相应命令行显示
增量	1. 选择拉长命令 2. 输入"DE" 3. 输入增量值 4. 选择要修改的对象	增量值为负值 增量值为正值	命令：_LENGTHEN 选择要测量的对象或 [增量 (DE)/ 百分比 (P)/ 总计 (T)/ 动态 (DY)] < 动态 (DY)>: de 输入长度增量或 [角度 (A)] <0.0000>: 100 选择要修改的对象或 [放弃 (U)]: 选择要修改的对象或 [放弃 (U)]: ↙
百分比	1. 选择拉长命令 2. 输入"P" 3. 输入百分比 4. 选择要修改的对象	百分比小于100 百分比大于100	命令：_LENGTHEN 选择要测量的对象或 [增量 (DE)/ 百分比 (P)/ 总计 (T)/ 动态 (DY)] < 动态 (DY)>: p 输入长度百分数 <100.0000>:20 选择要修改的对象或 [放弃 (U)]: 选择要修改的对象或 [放弃 (U)]: ↙
总计	1. 选择拉长命令 2. 输入"T" 3. 输入总长 4. 选择要修改的对象	总长小于原长 总长大于原长	命令：_LENGTHEN 选择要测量的对象或 [增量 (DE)/ 百分比 (P)/ 总计 (T)/ 动态 (DY)] < 动态 (DY)>:t 指定总长度或 [角度 (A)] <1.0000>: 60 选择要修改的对象或 [放弃 (U)]: 选择要修改的对象或 [放弃 (U)]: ↙
动态	1. 选择拉长命令 2. 输入"DY" 3. 选择要修改的对象	缩短 加长	命令：_ LENGTHEN 选择要测量的对象或 [增量 (DE)/ 百分比 (P)/ 总计 (T)/ 动态 (DY)] < 百分比 (P)>: DY 选择要修改的对象或 [放弃 (U)]: 指定新端点：

提示

如果修改的对象是圆弧，还可以通过角度选项对其进行修改。

4.2.4 绘制模具左侧的槽

模具左侧的槽主要用到偏移、圆角、打断于点、旋转和延伸命令。

模具左侧的槽的绘制步骤如下。

第 1 步　单击【默认】选项卡→【修改】面板→【偏移】按钮，输入偏移距离"100"，然后选择最右侧竖直线将它向左偏移。

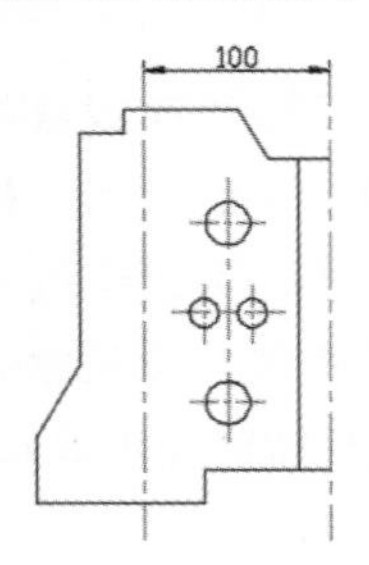

第 2 步　重复偏移命令，将右侧的竖直线向左侧偏移"72.5"和"94.5"。

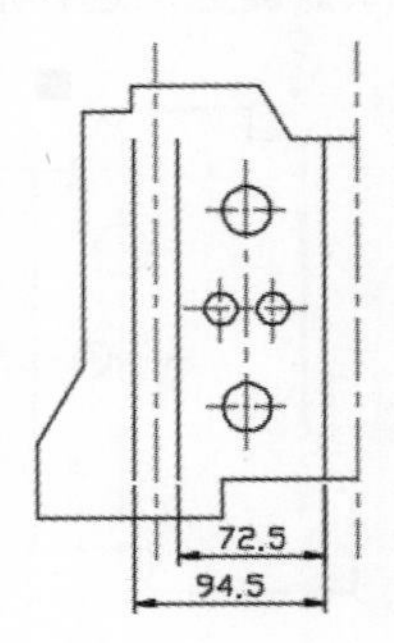

第 3 步 重复偏移命令，将顶部和底部两条水平直线向内侧偏移“23”和“13”。

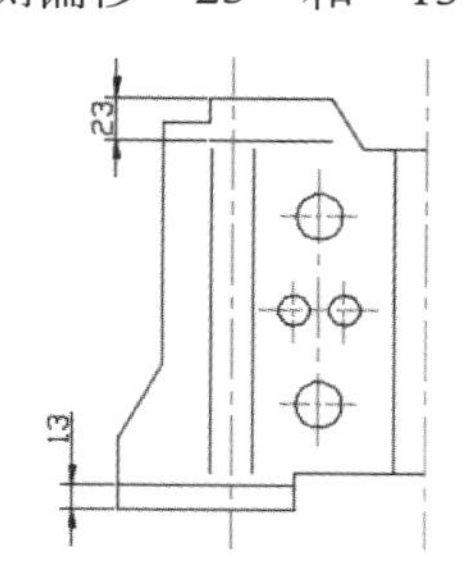

第 4 步 单击【默认】选项卡→【修改】面板→【圆角】按钮，然后进行如下设置。

```
命令：_FILLET
当前设置：模式 = 修剪，半径 = 0.0000
选择第一个对象或 [ 放弃 (U)/ 多段线 (P)/ 半径 (R)/ 修剪 (T)/ 多个 (M)]: r 指定圆角半径 <0.0000>: 11
选择第一个对象或 [ 放弃 (U)/ 多段线 (P)/ 半径 (R)/ 修剪 (T)/ 多个 (M)]: m
```

第 5 步 选择需要倒角的两条直线，选择时，注意选择直线的位置。

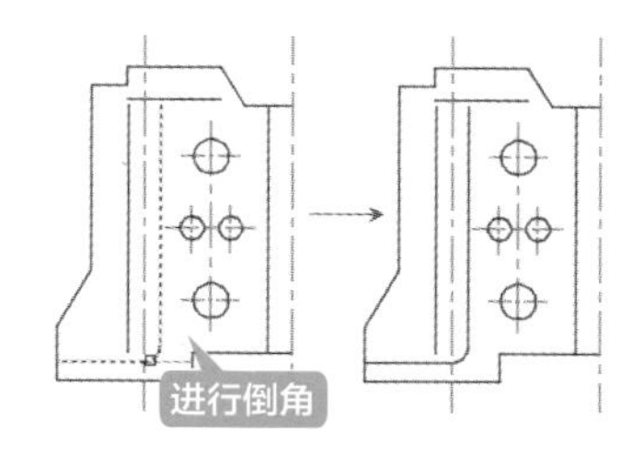

第 6 步 继续选择需要倒角的直线进行倒角，结果如下图所示。

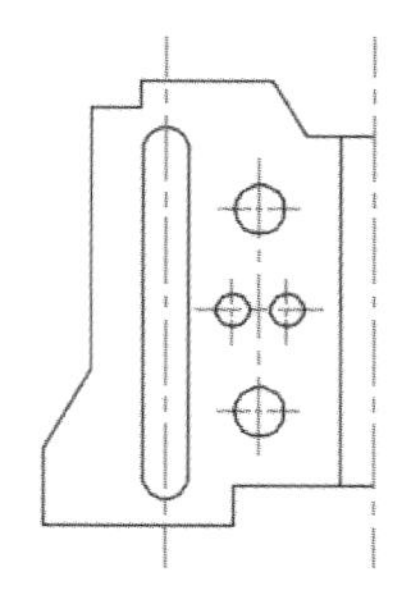

第 7 步 选中最左侧的竖直中心线，通过夹点拉伸对中心线的长度进行调节。

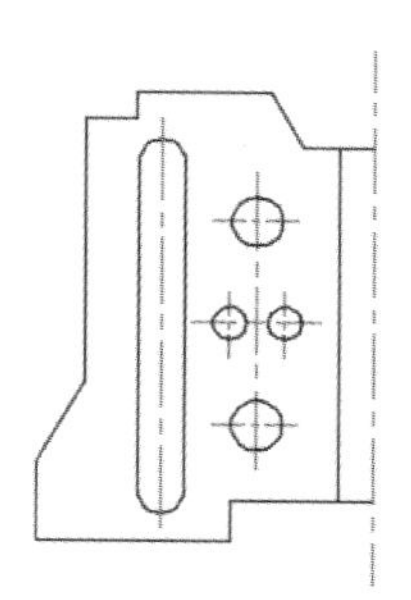

第 8 步 单击【默认】选项卡→【修改】面板→【偏移】按钮，将底边直线向上偏移“67”。

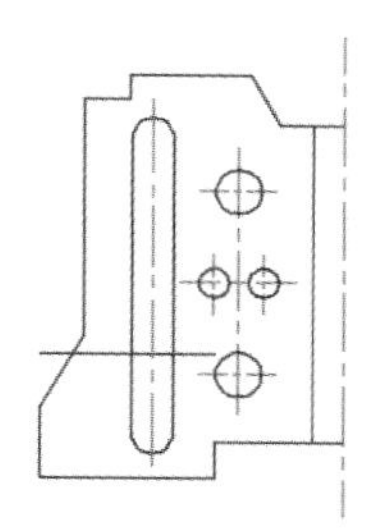

第 9 步 单击【默认】选项卡→【修改】面板→【打断于点】按钮。

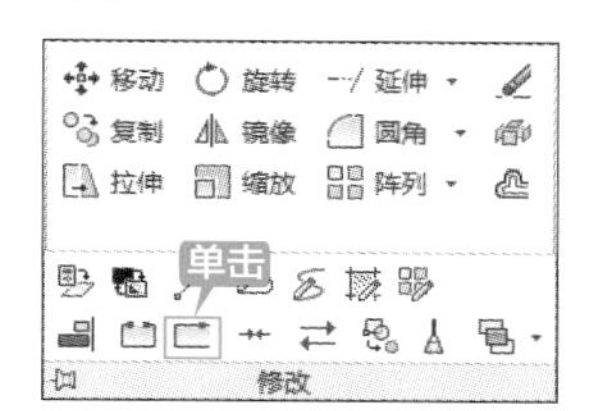

提示

“打断”命令在指定第一个打断点后，当命令提示指定第二个打断点时，输入“@”，效果等同于“打断于点”命令。

第 10 步 选择右侧的直线为打断对象，然后捕捉垂足为打断点，直线打断后分成两段。

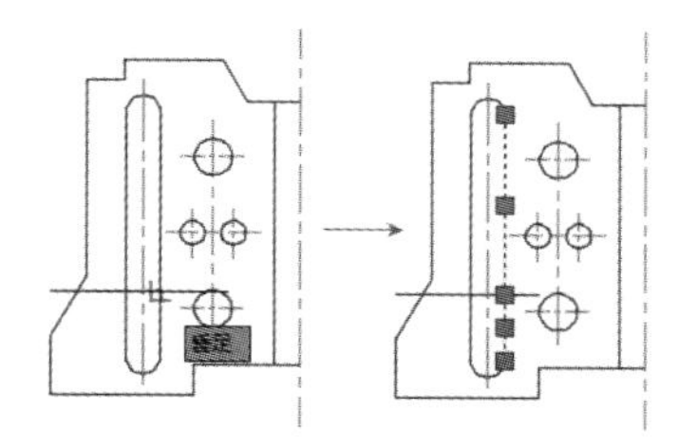

第 11 步 重复第 9 步 ~ 第 10 步，将槽的中心线和左侧直线也打断，并删除第 8 步偏移的直线。

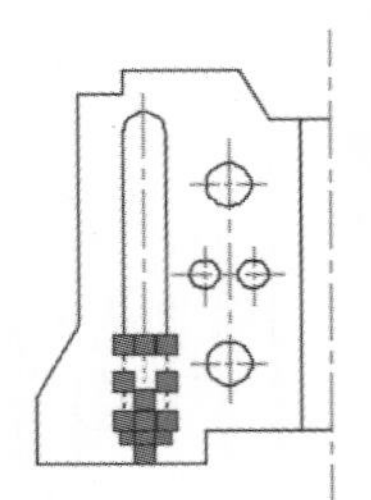

第 12 步 单击【默认】选项卡→【修改】面板→【旋转】按钮，选中上图所选中的对象为旋转对象，然后捕捉中心线的端点为基点。

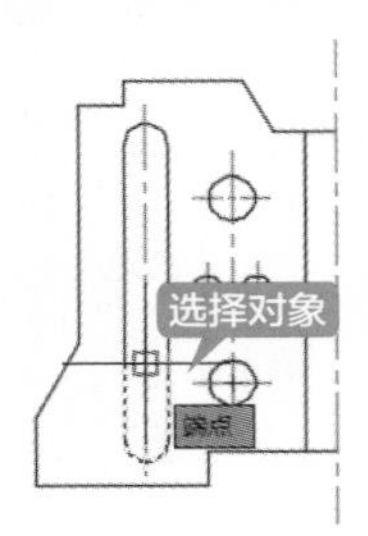

第 13 步 输入旋转角度“−30”，结果如下图所示。

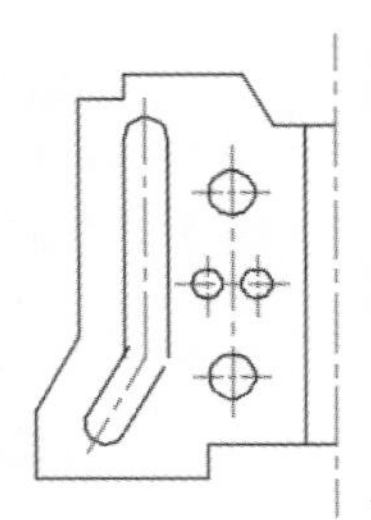

第 14 步 单击【默认】选项卡→【修改】面板→【延伸】按钮。

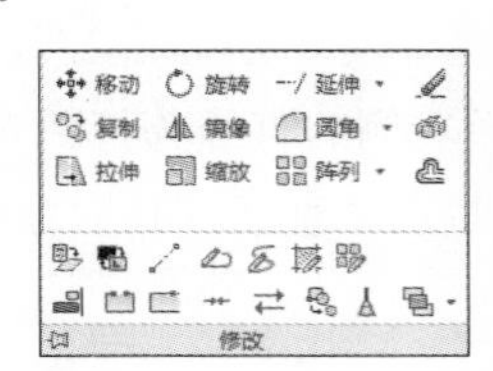

提示

除了通过面板调用延伸命令外，还可以通过以下方法调用延伸命令。

(1) 选择【修改】→【延伸】命令。

(2) 命令行输入“EXTEND/EX”命令并按【Space】键。

第 15 步 当命令行提示选择边界的边时，选择下图中所示的 4 条直线并按【Space】键确认。

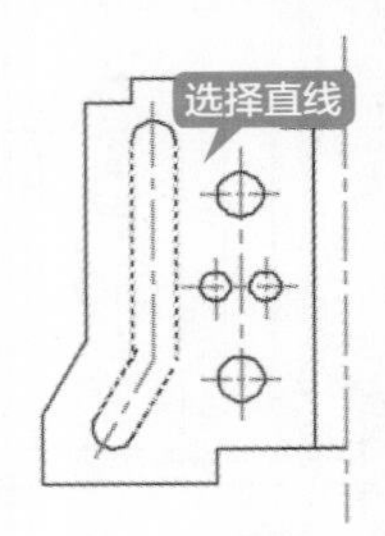

第 16 步 当命令行提示选择要延伸的对象时，选择右侧的两条直线使它们相交。

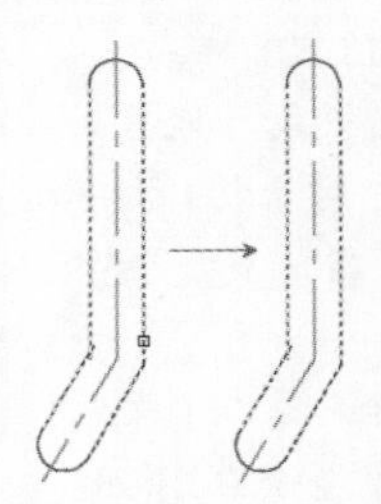

第 17 步 按住【Shift】键，然后单击左侧直线相交后超出的部分，将超出的部分修剪后按【Space】键退出延伸命令，结果如下图所示。

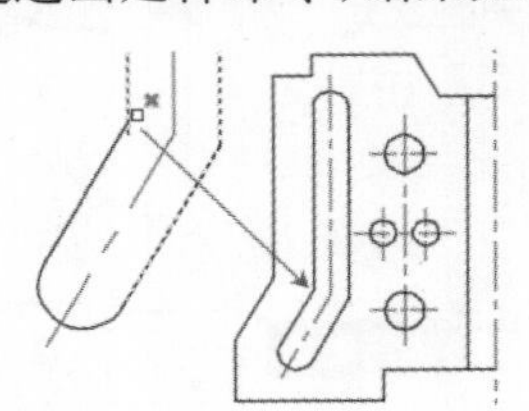

提示

当延伸命令提示选择延伸对象时，按住【Shift】键，此时延伸命令变成修剪命令。同理，当修剪命令提示选择修剪对象时，按住【Shift】键，此时修剪命令变成延伸命令。

修剪和延伸是一对相反的操作，修剪可以通过缩短对象，使修剪对象精确地终止于其他对象定义的边界。延伸则是通过拉长对象，使延伸对象精确地终止于其他对象定义的边界。

修剪与延伸的操作及注意事项如表 4–9 所示。

表 4-9　修剪与延伸的操作及注意事项

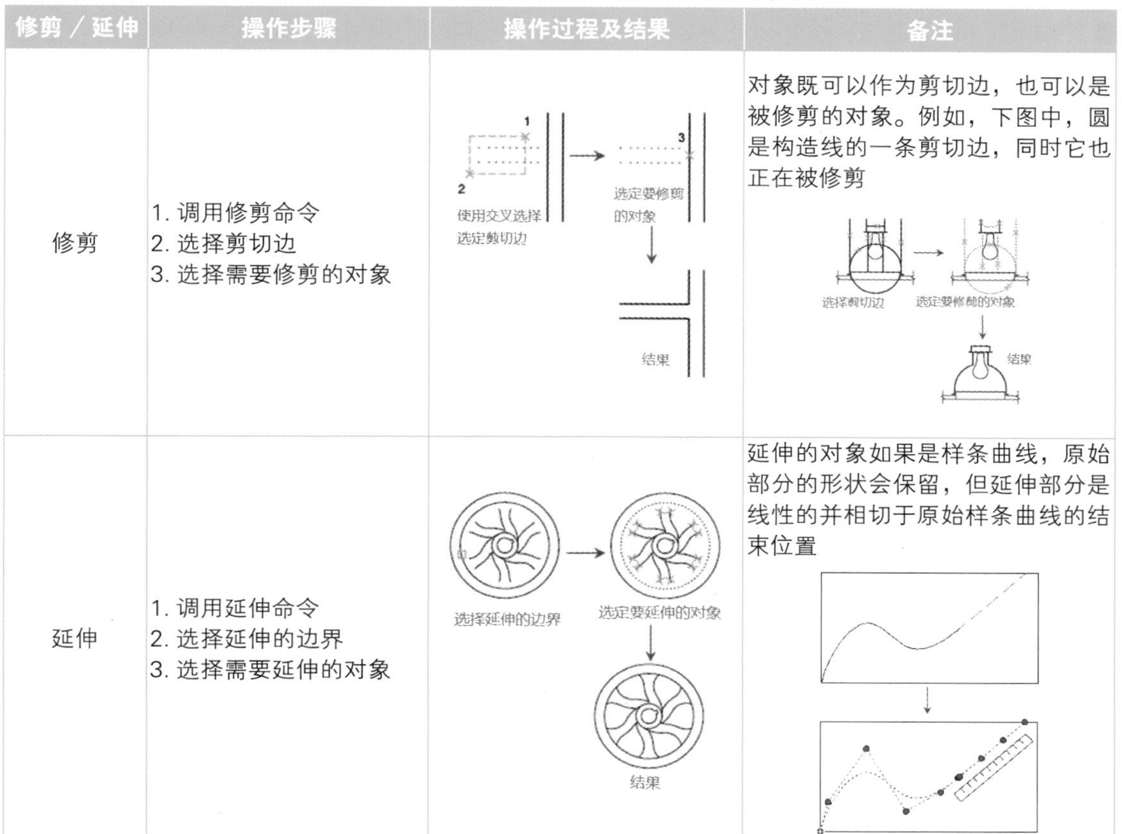

修剪／延伸	操作步骤	操作过程及结果	备注
修剪	1. 调用修剪命令 2. 选择剪切边 3. 选择需要修剪的对象		对象既可以作为剪切边，也可以是被修剪的对象。例如，下图中，圆是构造线的一条剪切边，同时它也正在被修剪
延伸	1. 调用延伸命令 2. 选择延伸的边界 3. 选择需要延伸的对象		延伸的对象如果是样条曲线，原始部分的形状会保留，但延伸部分是线性的并相切于原始样条曲线的结束位置

提示

如果修剪或延伸的是二维宽度多段线，在二维宽度多段线的中心线上进行修剪和延伸。宽度多段线的端点始终是正方形的。以某一角度修剪宽度多段线会导致端点部分延伸出剪切边。

如果修剪或延伸锥形的二维多段线线段，请更改延伸末端的宽度以将原锥形延长到新端点。如果此修正给该线段指定一个负的末端宽度，则末端宽度被强制为 0。

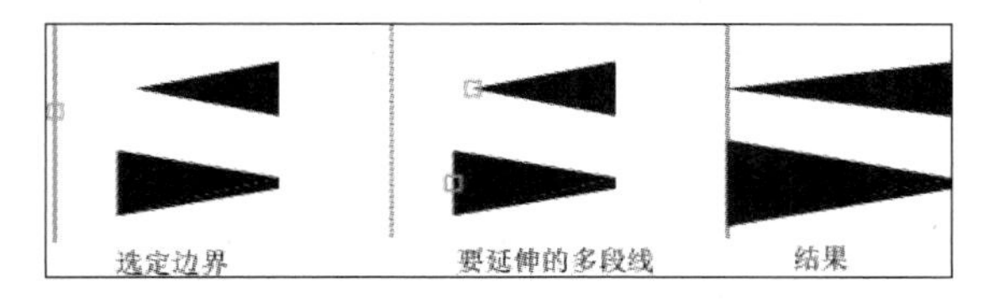

4.2.5 绘制模具的另一半

该模具是左右对称结构，绘制完左侧部分后，只需要将左半部分沿中心线进行镜像即可得到右半部分。

模具另一半的绘制步骤如下。

第1步 单击【默认】选项卡→【修改】面板→【镜像】按钮，选择左半部分为镜像对象。

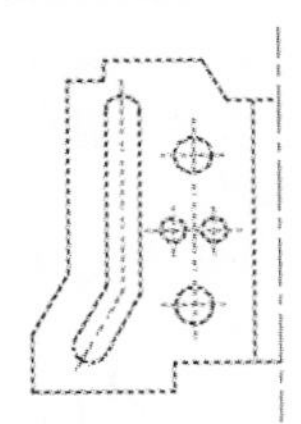

第2步 捕捉竖直中心的两个端点为镜像线上的两点，然后选择不删除源对象，镜像后结果如下图所示。

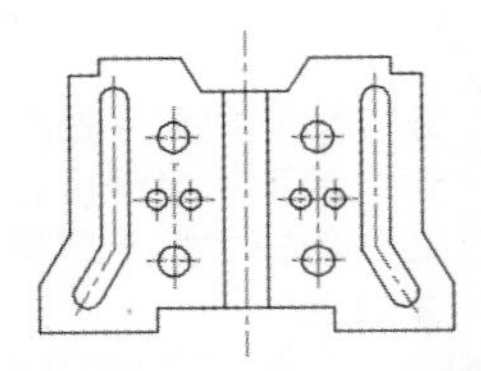

第3步 单击【默认】选项卡→【修改】面板→【合并】按钮。

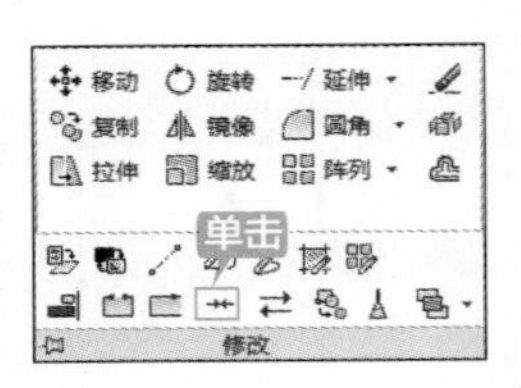

提示

除了通过面板调用合并命令外，还可以通过以下方法调用合并命令。

(1) 选择【修改】→【合并】命令。

(2) 命令行输入“JOIN/J”命令并按【Space】键。

第4步 选择下图所示的4条直线为合并对象。

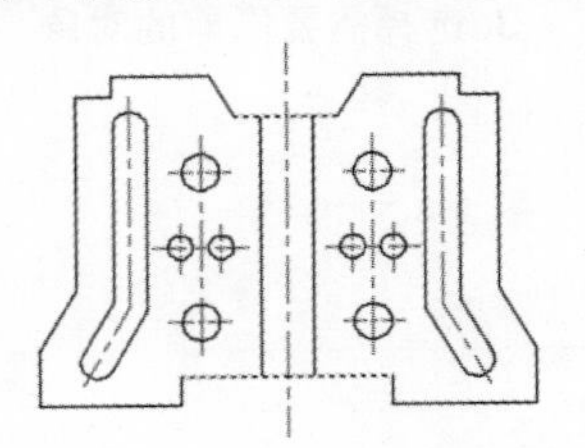

第5步 按【Space】键或【Enter】键将选择的4条直线合并成两条多段线，合并前后对比如下图所示。

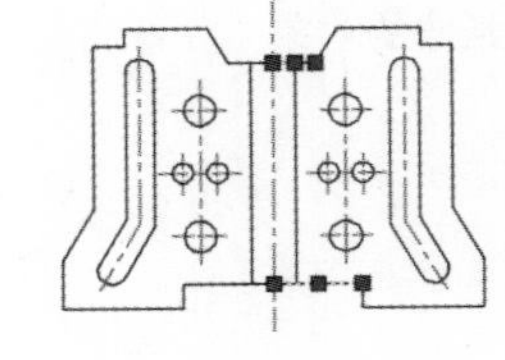

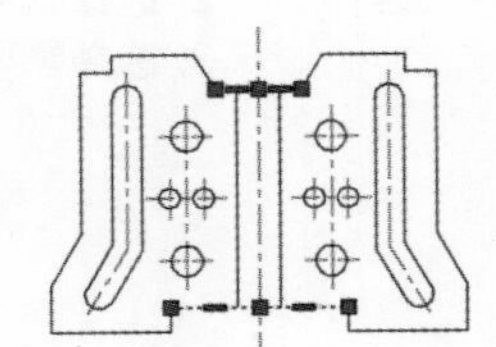

提示

构造线、射线和闭合的对象无法合并。

合并多个对象，而无须指定源对象。规则和生成的对象类型如下。

(1) 合并共线可产生直线对象。直线的端点之间可以有间隙。

(2) 合并具有相同圆心和半径的共面圆弧可产生圆弧或圆对象。圆弧的端点之间可以有间隙。以逆时针方向进行加长。如果合并的圆弧形成完整的圆，会产生圆对象。

(3) 将样条曲线、椭圆弧或螺旋合并在一起或合并到其他对象可产生样条曲线对象。这些对象可以不共面。

(4) 合并共面直线、圆弧、多段线或三维多段线可产生多段线对象。

(5) 合并不是弯曲对象的非共面对象可产生三维多段线。

举一反三

定位压盖

定位压盖是对称结构，因此在绘图时只需要绘制1/4结构，然后通过阵列（或镜像）即可得到整个图形，绘制定位压盖主要用到直线、圆、偏移、修剪、阵列和圆角等命令。

绘制定位压盖的具体操作步骤如表 4-10 所示。

表 4-10　绘制定位压盖

步骤	创建方法	结　　果	备　注
1	(1) 创建两个图层："中心线"层和"轮廓线"层 (2) 将"中心线"层置为当前层，绘制中心线和辅助线（圆）		可以先绘制一条直线，然后以圆心为基点通过阵列命令得到所有直线
2	(1) 将"轮廓线"层置为当前层，绘制四个半径分别为"20""25""50""60"的圆 (2) 通过偏移命令将 45° 中心线向两侧各偏移"3.5" (3) 通过修剪命令对偏移后的直线进行修剪		偏移直线时将偏移结果放置到当前层
3	(1) 在 45° 直线和辅助圆的交点处绘制两个半径为"5"和"10"的同心圆 (2) 过半径为"10"和辅助圆的切点绘制两条直线		
4	(1) 圆两条直线为剪切边，对 R10 的圆进行修剪 (2) 修剪完成后选择直线、圆弧、R5 的圆以及两条平行线段进行环形阵列 (3) 阵列后对相交直线的锐角处进行 R10 圆角		

◇ 巧用复制命令阵列对象

从 AutoCAD 2012 至 AutoCAD 2016，复制命令在指定第二点时输入"a"即可将复制命令变成线性阵列命令，线性阵列很好地弥补了"ARRAY"的不足。

第 1 步　打开随书附带的光盘文件"素材\CH04\巧用复制命令阵列对象.dwg"，如下图所示。

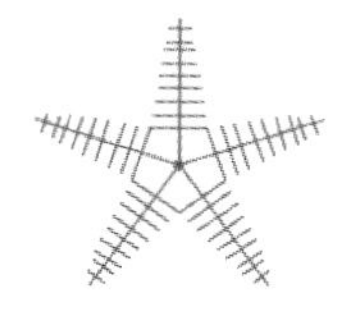

第 2 步　单击【默认】选项卡→【修改】面板→【复制】按钮，选择素材文件为复制对象，并捕捉下图所示的端点为复制的基点。

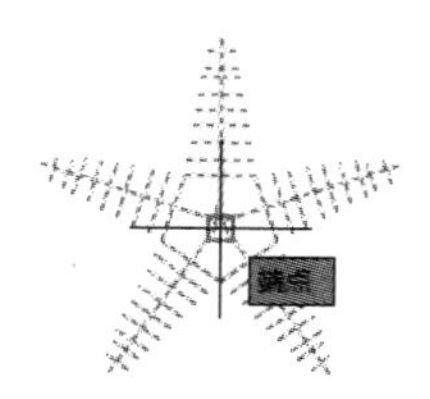

第 3 步　当命令行提示指定第二点时输入"a"，并输入要进行阵列的项目数为"4"。

```
指定第二个点或 [阵列 (A)] < 使用第一个点作为位移 >: a
输入要进行阵列的项目数 : 4
```

第 4 步 拖动鼠标指定阵列的间距。

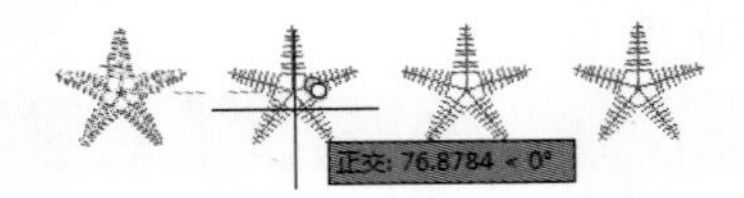

第 5 步 确定阵列间距后，当命令行再次提示指定第二点时输入"a"，并输入要阵列的项目数为"4"，然后输入阵列的间距。

> 指定第二个点或 [阵列 (A)/ 退出 (E)/ 放弃 (U)] < 退出 >: a
> 输入要进行阵列的项目数或 [4]: ↙
> 指定第二个点或 [布满 (F)]: @70<45
> 指定第二个点或 [阵列 (A)/ 退出 (E)/ 放弃 (U)] < 退出 >: ↙

第 6 步 阵列完成后结果如下图所示。

◇ 为什么无法延伸到选定的边界

延伸后明明是相交的，可就是无法将延伸对象延伸到选定的边界，这可能是选择了"延伸边"不延伸的原因。

1. 不开启"延伸边"时的操作

第 1 步 打开随书附带的光盘文件"素材\CH04\无法延伸到选定的边界 .dwg"，如下图所示。

第 2 步 单击【默认】选项卡→【修改】面板→【延伸】按钮--/，然后选择两条直线为延伸边界的边。

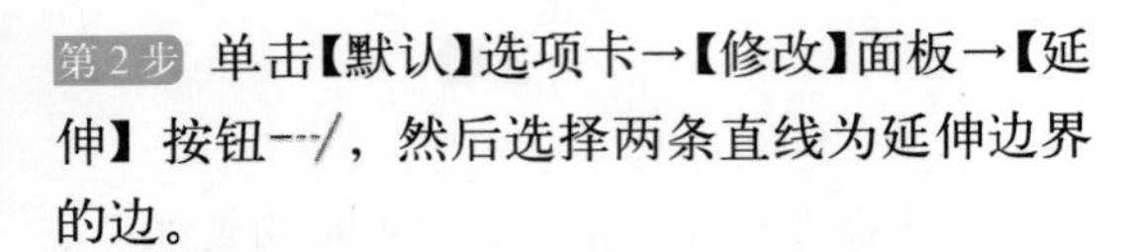

第 3 步 单击一条直线将它向另一条直线延伸，命令行提示"路径不与边界相交"。

> 选择要延伸的对象，或按住【Shift】键选择要修剪的对象，或 [栏选 (F)/ 窗交 (C)/ 投影 (P) / 边 (E)/ 放弃 (U)]:
> 路径不与边界边相交。

2. 开启"延伸边"时的操作

第 1 步 打开随书附带的光盘文件"素材\CH04\无法延伸到选定的边界 .dwg"，如下图所示。

第 2 步 单击【默认】选项卡→【修改】面板→【延伸】按钮--/，然后选择两条直线为延伸边界的边。

第 3 步 当命令行提示选择要延伸的对象时，输入"E"，并将模式设置为延伸模式。

> 选择要延伸的对象，或按住【Shift】键选择要修剪的对象，或 [栏选 (F)/ 窗交 (C)/ 投影 (P) / 边 (E)/ 放弃 (U)]: e
> 输入隐含边延伸模式 [延伸 (E)/ 不延伸 (N)] < 不延伸 >: e

第 4 步 分别选择两条直线使它们相交。

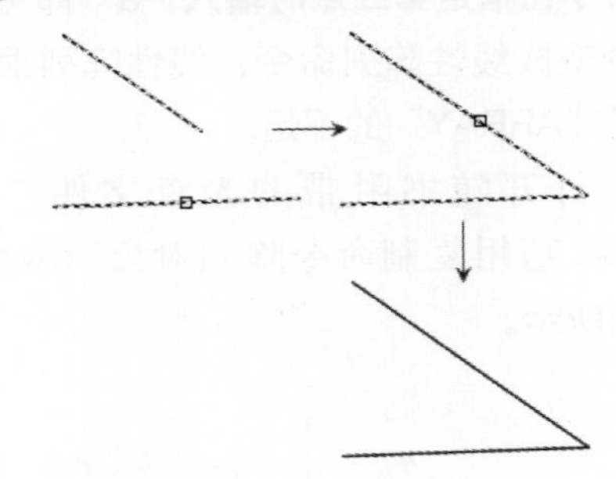

第 5 章 绘制和编辑复杂对象

本章导读

AutoCAD 可以满足用户的多种绘图需要，一种图形可以通过多种绘制方式来绘制，如平行线可以用两条直线来绘制，但是用多线绘制会更为快捷准确。本章将介绍如何绘制和编辑复杂的二维图形。

思维导图

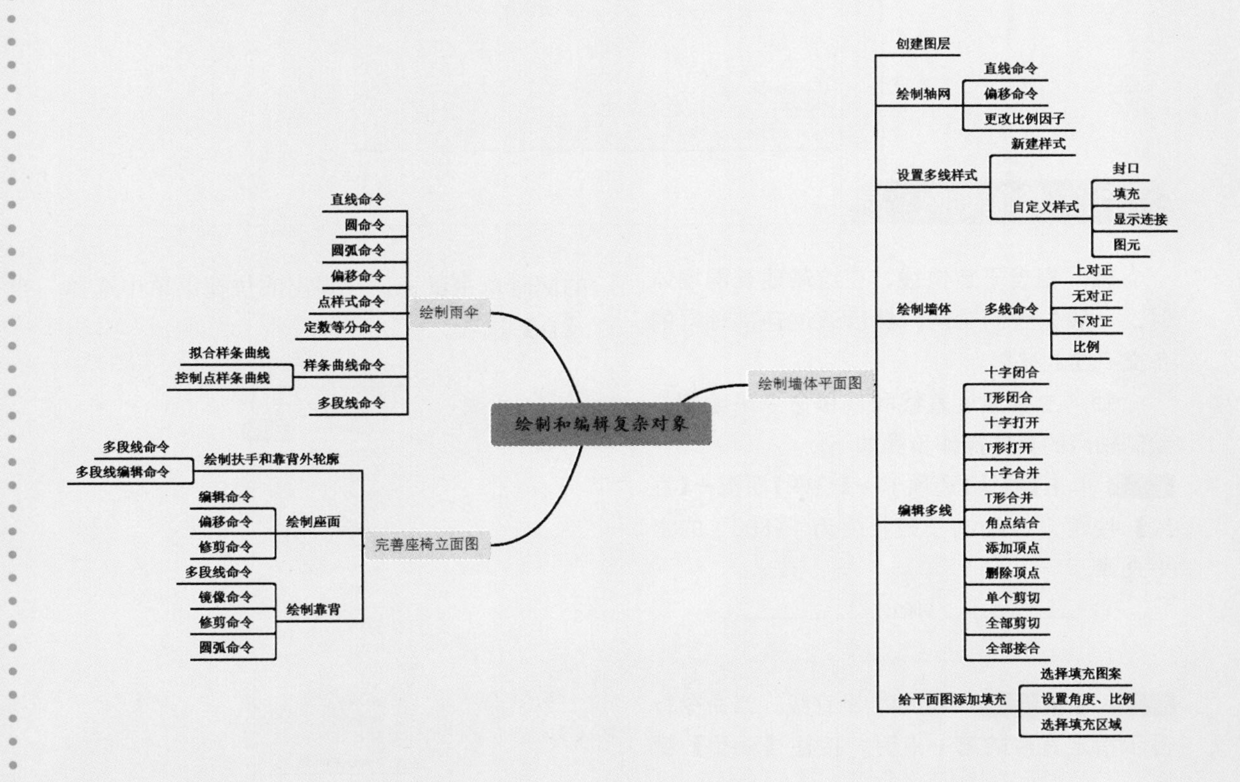

5.1 绘制墙体平面图

墙体是建筑物的重要组成部分，它的作用是承重、围护或分隔空间。在 AutoCAD 2016 中，主要用多线和多线编辑命令来绘制墙体。

本节以某室内平面图的墙体为例，来介绍多线和多线编辑的应用，墙体平面图绘制完成后如下图所示。

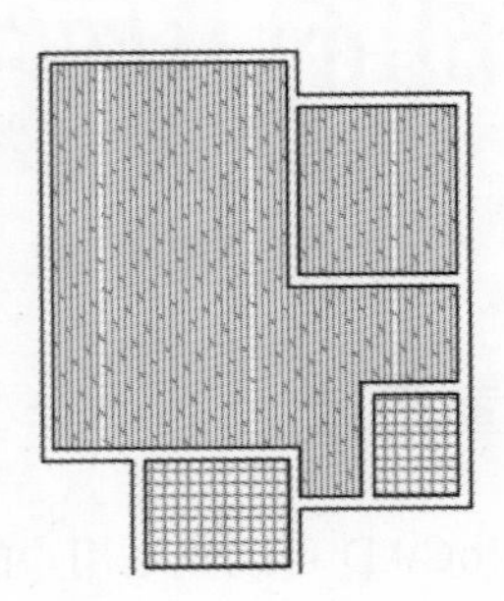

5.1.1 创建图层

在绘图之前，首先参考 2.1 节创建如下图所示的“轴线”“墙线”和“填充”3 个图层，并将“轴线”图层置为当前层。

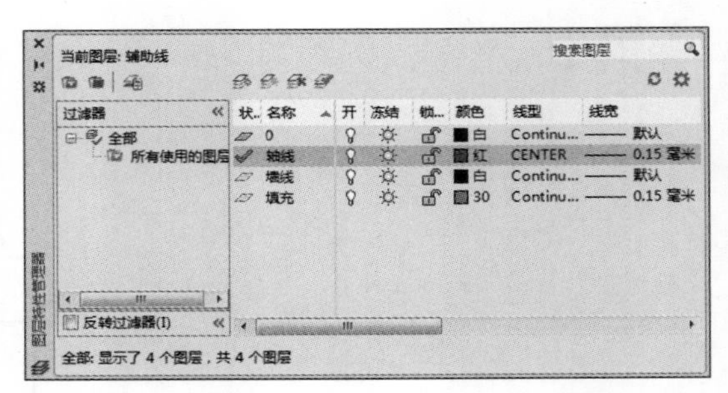

5.1.2 绘制轴网

轴网相当于定位线，在绘制建筑图墙体时，一般先绘制轴网，然后通过连接轴网的各交点绘制墙体。

轴网主要通过直线和偏移命令来绘制，绘制轴网的具体操作步骤如下。

第 1 步 单击【默认】选项卡→【绘图】面板→【直线】按钮，绘制一条长度为“9800”的水平直线。

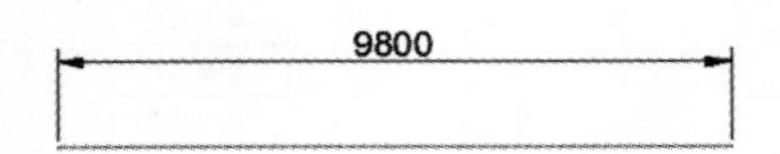

第 2 步 重复第 1 步，继续绘制直线，当命令行提示指定直线的第一点时，按住【Shift】键的同时单击鼠标，在弹出的快捷菜单中选择【自】选项。

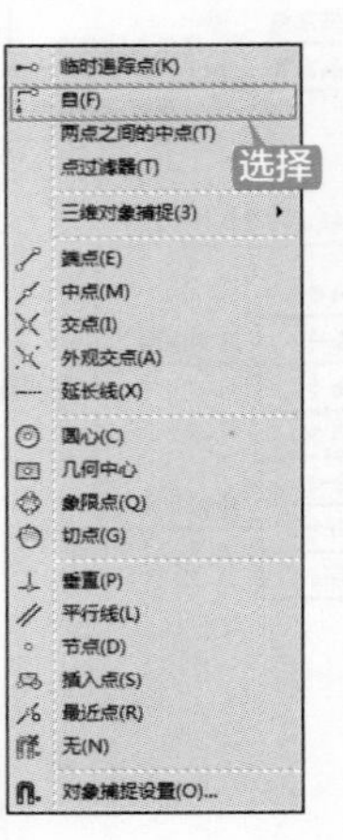

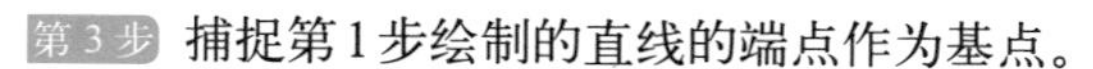
第 3 步 捕捉第 1 步绘制的直线的端点作为基点。

第 4 步 然后分别输入直线的第一点和第二点。

< 偏移 >: @850,850
指定下一点或 [放弃 (U)]: @0,−12080
指定下一点或 [放弃 (U)]: ↙

第 5 步 竖直中心线绘制完成后如下图所示。

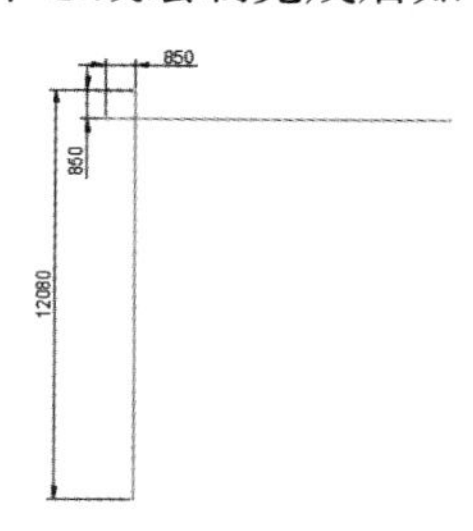

第 6 步 单击【默认】选项卡→【修改】面板→【偏移】按钮，将水平直线依次向右偏移，偏移距离如下图所示。

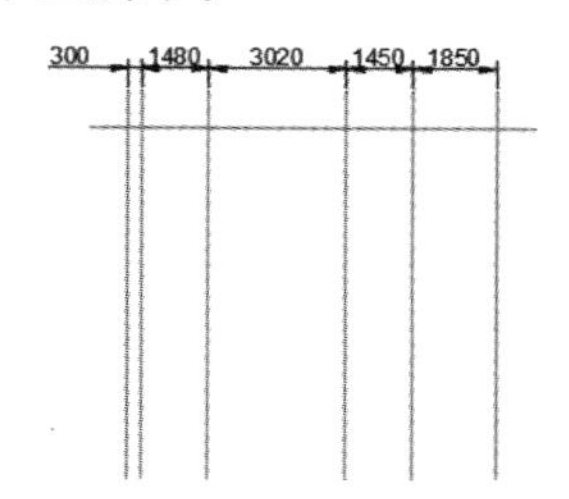

第 7 步 重复偏移命令，将水平直线依次向下偏移，偏移距离如下图所示。

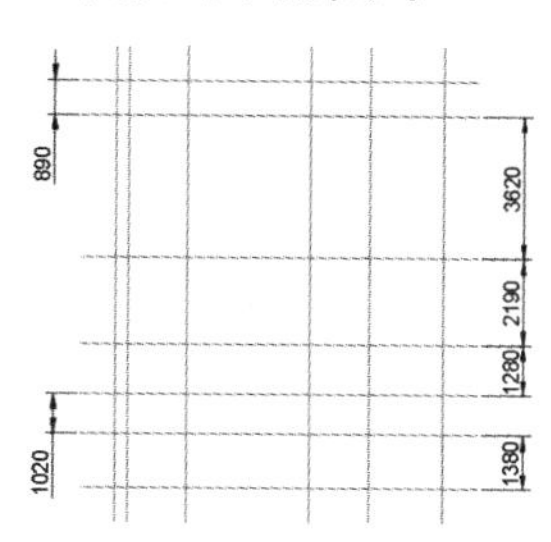

第 8 步 单击【默认】选项卡→【特性】面板→【线型】下拉按钮，选择【其他】选项，在弹出的【线型管理器】对话框中将【全局比例因子】改为“20”。

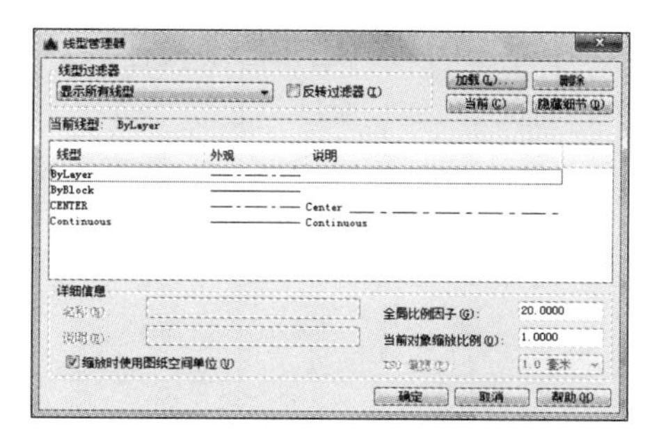

第 9 步 线性比例因子修改后显示如下图所示。

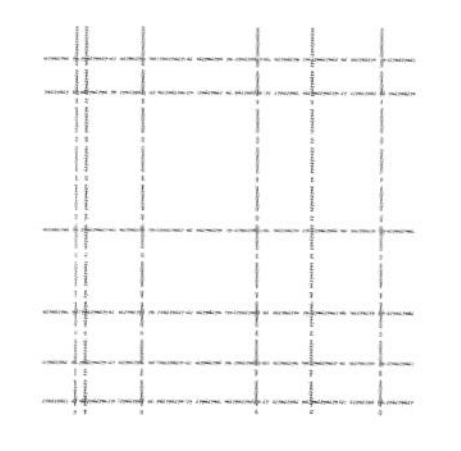

5.1.3 设置多线样式

多线样式控制元素的数目、每个元素的特性以及背景色和每条多线的端点封口。

设置多线样式的具体操作步骤如下。

第 1 步 选择【格式】→【多线样式】命令。

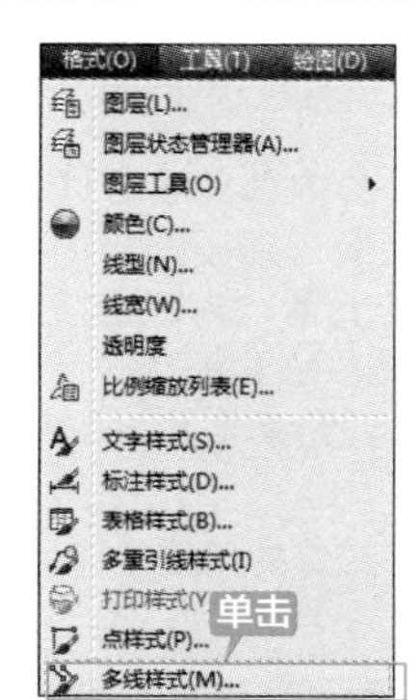

提示

除了通过菜单调用多线样式命令外，还可以在命令行输入“MLSTYLE”命令并按【Space】键调用多线命令。

第 2 步 在弹出的【多线样式】对话框中单击【新建】按钮。

第 3 步 在弹出的【创建新的多线样式】对话框中输入样式名称“墙线”。

第 4 步 单击【继续】按钮，弹出【新建多线样式:墙线】对话框。在【新建多线样式】对话框中设置多线封口样式为直线。

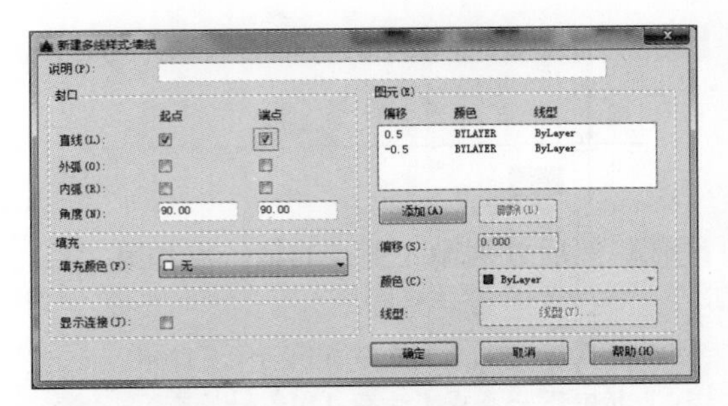

第 5 步 完成后单击【确定】按钮，系统会自动返回【多线样式】对话框后可以看到多线封口样式。

第 6 步 选择“墙线”多线样式，并单击【置为当前】按钮将墙线多线样式置为当前，然后单击【确定】按钮。【多线样式】对话框用于创建、修改、保存和加载多线样式。【新建多线样式】对话框中各选项的含义及对应的结果如表 5-1 所示。

表 5-1 多线样式对话框各选项的含义及对应的结果

选项列表		各选项对应的结果	备注
说明			为多线样式添加说明
封口	直线	无直线 有直线	显示穿过多线每一端的直线段
	外弧	无外弧 有外弧	显示多线的最外端元素之间的圆弧
	内弧	无内弧 有内弧	显示成对的内部元素之间的圆弧。如果有奇数个元素，则不连接中心线。例如，如果有 6 个元素，内弧连接元素 2 和 5、元素 3 和 4。如果有 7 个元素，内弧连接元素 2 和 6、元素 3 和 5。未连接元素 4
	角度	无角度 有角度	指定端点封口的角度

续表

选项列表		各选项对应的结果	备注
填充		无填充　有填充	控制多线的背景填充。如果选择【选择颜色】，将显示【选择颜色】对话框
显示连接		"显示连接"关闭　"显示连接"打开	控制每条多线线段顶点处连接的显示。接头也称为斜接
图元	偏移、颜色和线型	偏移 颜色 线型 0.5 BYLAYER ByLayer -0.5 BYLAYER ByLayer	显示当前多线样式中的所有元素。样式中的每个元素由其相对于多线的中心、颜色及其线型定义。元素始终按它们的偏移值降序显示
	添加	偏移 颜色 线型 0.5 BYLAYER ByLayer 0 BYLAYER ByLayer -0.5 BYLAYER ByLayer 添加(A)　删除(D)	将新元素添加到多线样式。只有为除 STANDARD 以外的多线样式选择了颜色或线型后，此选项才可用
	删除		从多线样式中删除元素
	偏移	0.1　0.0　-0.1　-0.3　-0.45	为多线样式中的每个元素指定偏移值
	颜色	0.1　0.0　-0.1　-0.3　-0.45	显示并设置多线样式中元素的颜色。如果选择【选择颜色】，将显示【选择颜色】对话框
	线型		显示并设置多线样式中元素的线型。如果选择【线型】，将显示【选择线型特性】对话框，该对话框列出了已加载的线型。要加载新线型，请单击【加载】按钮，将显示【加载或重载线型】对话框

5.1.4 绘制墙体

墙体主要通过多线命令来绘制，绘制墙体的具体操作步骤如下。

第 1 步　单击【默认】选项卡→【图层】面板→【图层】下拉按钮，并选择“墙线”，将“墙线”图层设置为当前层。

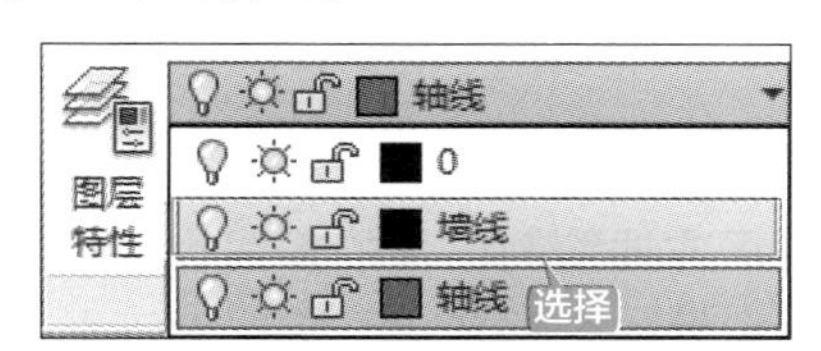

第 2 步　选择【绘图】→【多线】命令。

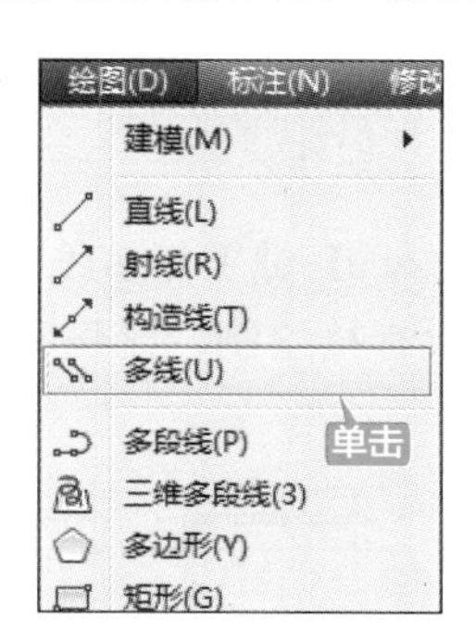

提示

除了通过菜单命令调用多线外，还可以在命令行输入“MLINE/ML”并按【Space】键调用多线命令。

第 3 步 根据命令行提示对多线的“比例”及“对正”方式进行设置。

命令：ML
当前设置：对正 = 上，比例 = 30.00，样式 = 墙线
指定起点或 [对正 (J)/ 比例 (S)/ 样式 (ST)]：s ↙
输入多线比例 <30.00>：240 ↙
当前设置：对正 = 上，比例 = 240.00，样式 = 墙线
指定起点或 [对正 (J)/ 比例 (S)/ 样式 (ST)]：j ↙
输入对正类型 [上 (T)/ 无 (Z)/ 下 (B)] < 上 >：z ↙
当前设置：对正 = 无，比例 =240.00，样式 = 墙线

提示

本例中的定义宽度为“0.5-（-0.5）=1”，所以，当设置比例为“240”时，绘制的多线之间的宽度为“240”。

第 4 步 设置完成后在绘图区域捕捉轴线的交点绘制多线。

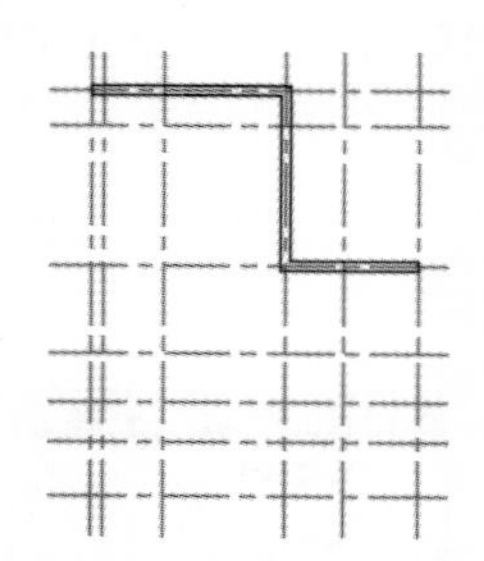

第 5 步 按【Space】键重复多线命令，继续绘制墙体（这次直接绘制，比例和对正方式不用再设置）。

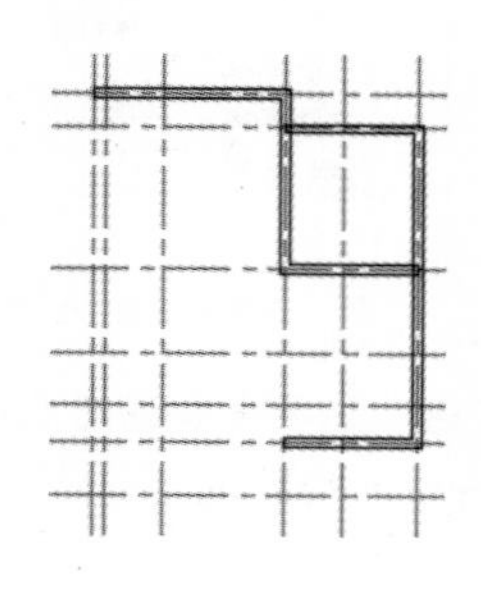

第 6 步 按【Space】键重复多线命令，继续绘制墙体，结果如下图所示。

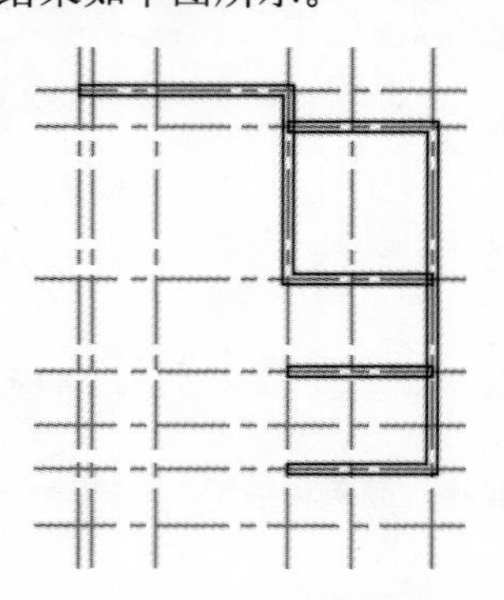

第 7 步 按【Space】键重复多线命令，继续绘制墙体，结果如下图所示。

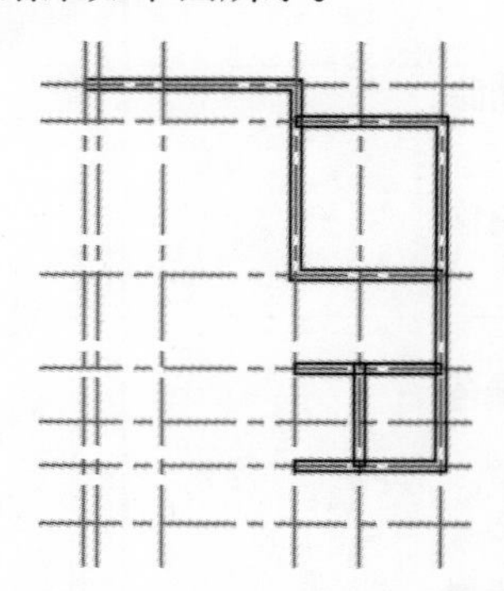

第 8 步 按【Space】键重复多线命令，继续绘制墙体，结果如下图所示。

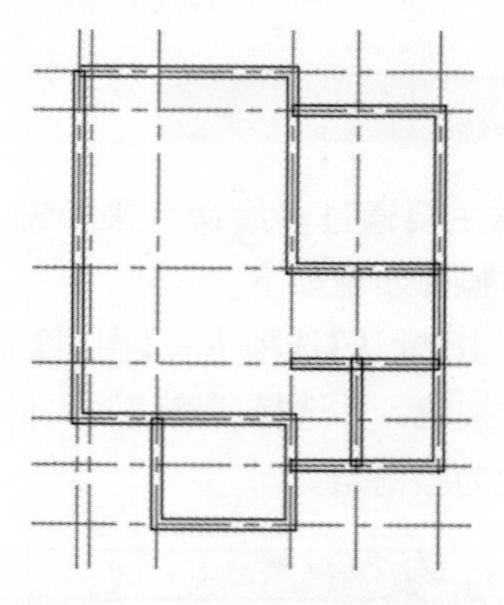

多线的对正方式有上、无、下 3 种，不同的对正方式绘制出来的多线也不相同。比例控制多线的全局宽度，该比例不影响线型比例。对正方式和比例如表 5-2 所示。

表 5-2　对正方式和比例

对正方式 / 比例	图例显示	备注
上对正		当对正方式为“上”时，在光标下方绘制多线，因此在指定点处将会出现具有最大正偏移值的直线
无对正		当对正方式为“无”时，将光标作为原点绘制多线，因此 MLSTYLE 命令中“元素特性”的偏移 0.0 将在指定点处
下对正		当对正方式为“下”时，在光标上方绘制多线，因此在指定点处将出现具有最大负偏移值的直线
比例	比例为 1　比例为 2	该比例基于在多线样式定义中建立的宽度。比例因子为“2”绘制多线时，其宽度是样式定义的宽度的两倍。负比例因子将翻转偏移线的次序：当从左至右绘制多线时，偏移最小的多线绘制在顶部。负比例因子的绝对值也会影响比例。比例因子为 0 将使多线变为单一的直线

5.1.5 编辑多线

多线有自己的编辑工具，通过【多线编辑工具】对话框，可以对多线进行十字闭合、T 形闭合、十字打开、T 形打开、十字合并、T 形合并等操作。在进行多线编辑时，注意选择多线的顺序，选择编辑对象的顺序不同，编辑的结果也不相同。

第 1 步 选择【修改】→【对象】→【多线】命令，弹出【多线编辑工具】对话框。

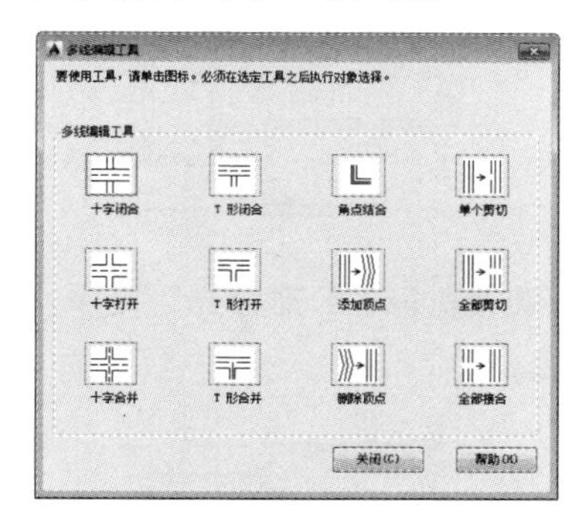

提示

除了通过菜单命令调用【多线编辑工具】对话框外，还可以在命令行输入“MLEDIT”并按【Space】键调用【多线编辑工具】对话框。

第 2 步 双击【角点结合】选项，选择相交的两条多线，对相交的角点进行编辑。

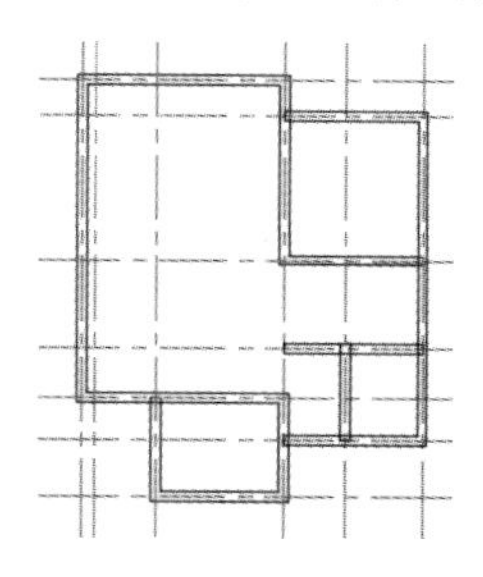

第 3 步 选择需要角点结合的第一条多线。

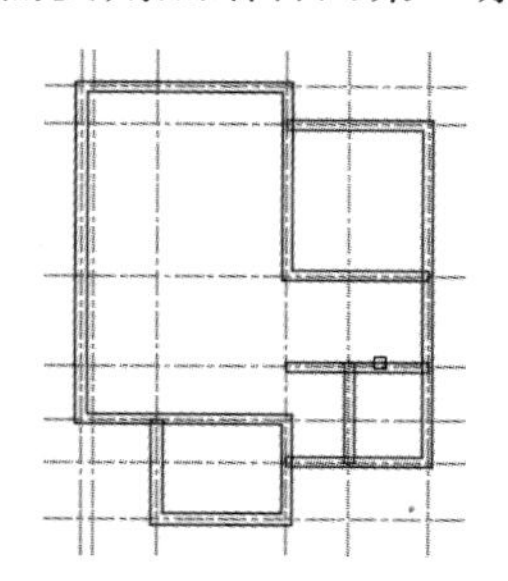

第 4 步 选择需要角点结合的第二条多线。

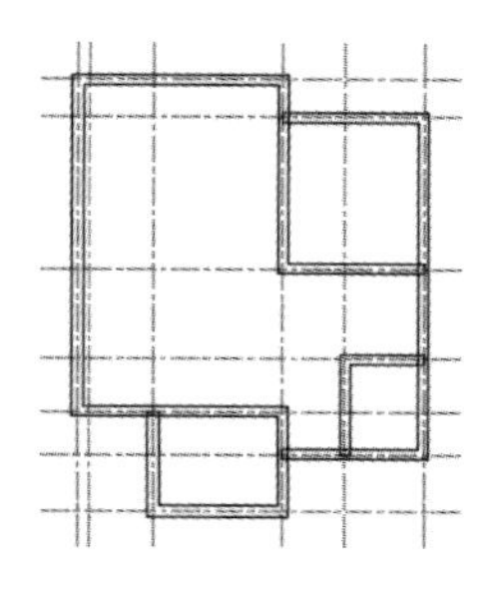

第 5 步 按【Esc】键退出角点结合编辑。再次调用【多线编辑工具】对话框后双击【T 形打开】选项，然后选择“T 形打开”的第一条多线。

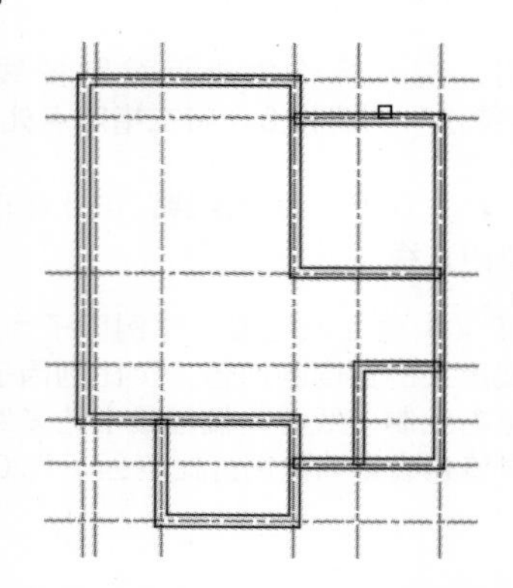

第 6 步 选择“T 形打开”的第二条多线，结果如下图所示。

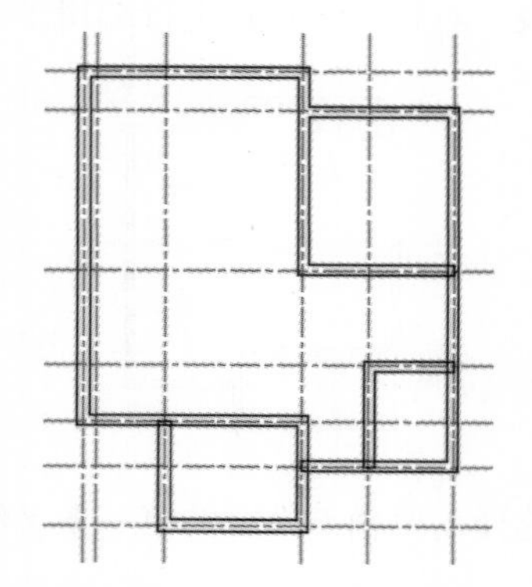

第 7 步 继续执行“T 形打开”操作，选择第一条多线。

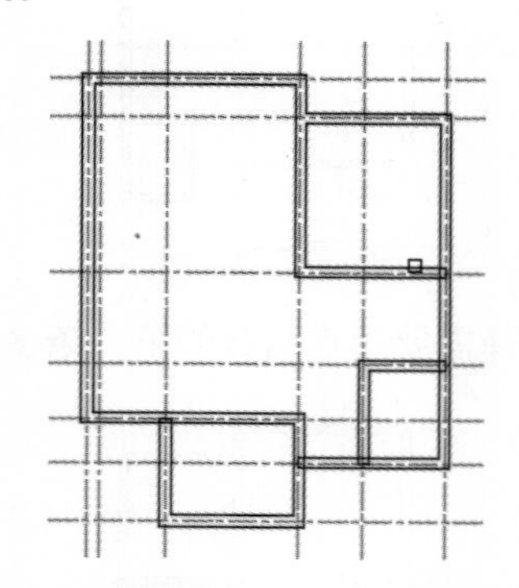

第 8 步 选择“T 形打开”的第二条多线，结果如下图所示。

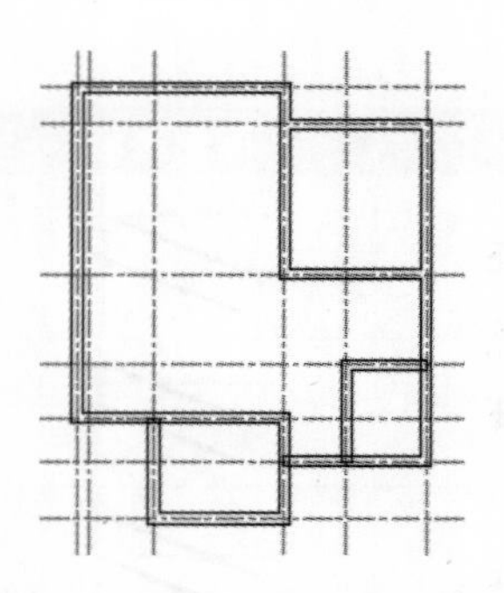

第 9 步 继续执行“T 形打开”操作，选择第一条多线。

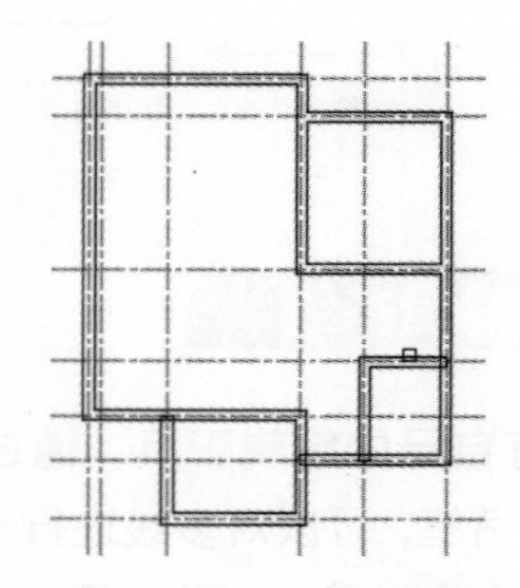

第 10 步 选择“T 形打开”的第二条多线，结果如下图所示。

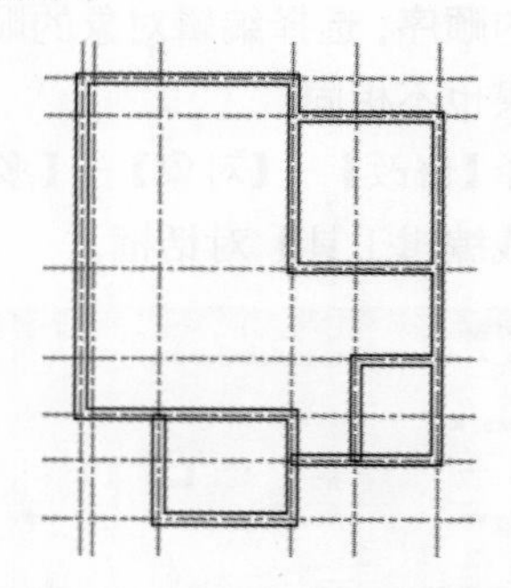

第 11 步 继续执行“T 形打开”操作，选择第一条多线。

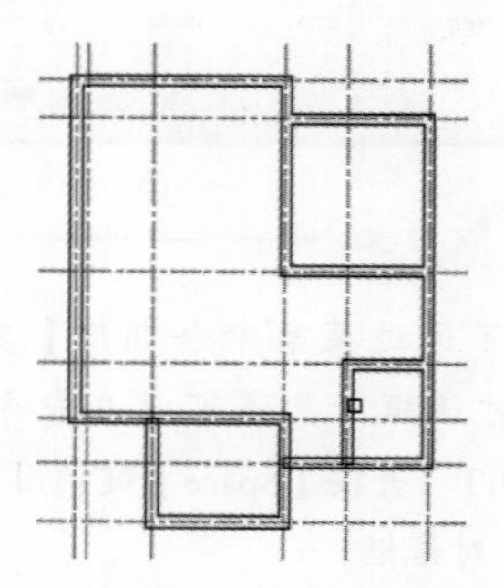

第 12 步 选择“T 形打开”的第二条多线，结果如下图所示。

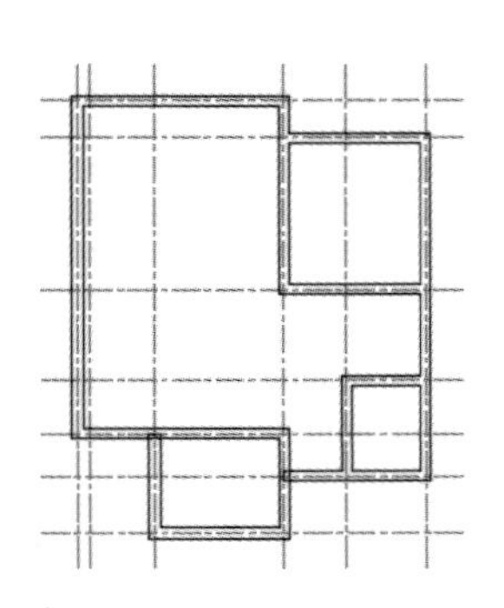

第 13 步 继续执行“T 形打开”操作，选择第一条多线。

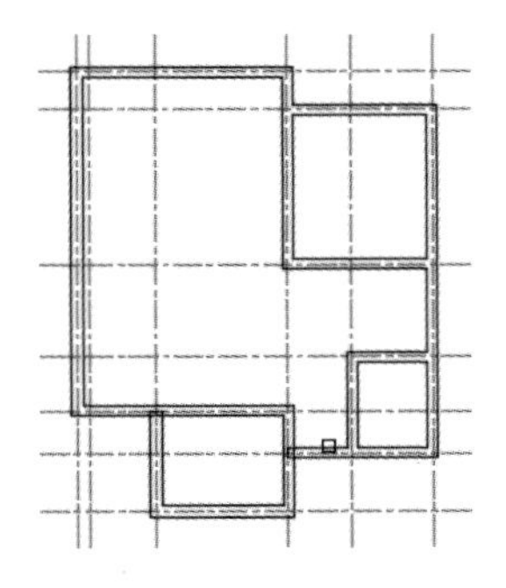

第 14 步 选择“T 形打开”的第二条多线，结果如下图所示。

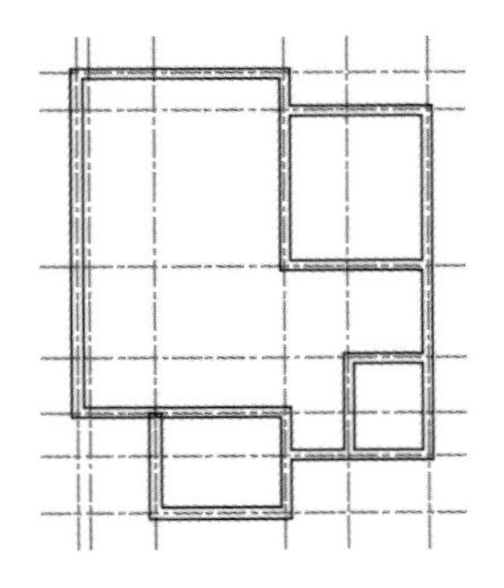

第 15 步 继续执行“T 形打开”操作，选择第一条多线。

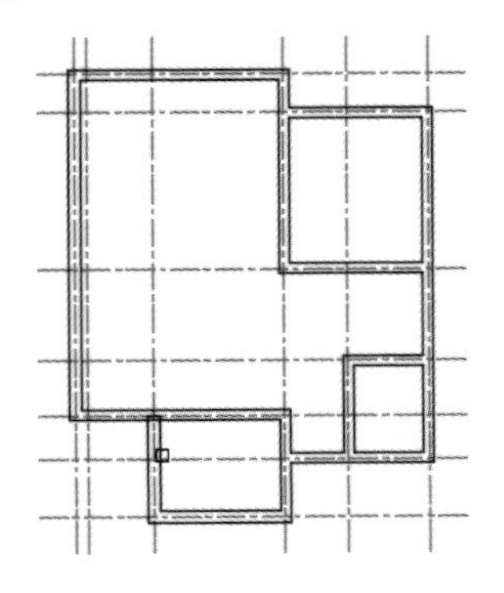

第 16 步 选择“T 形打开”的第二条多线，然后按【Esc】键退出“T 形打开“编辑，结果如下图所示。

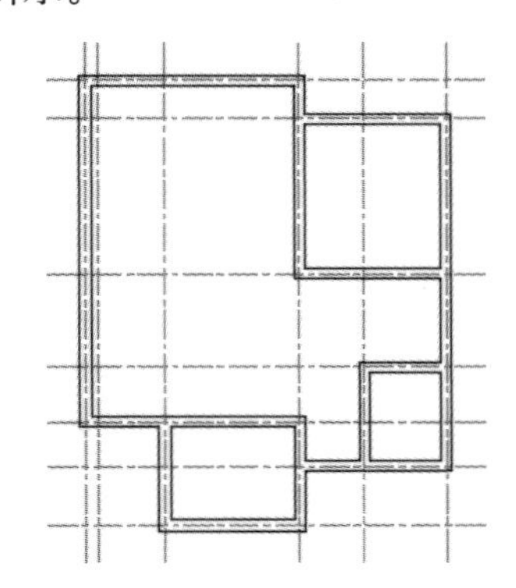

多线本身之间的编辑是通过【多线编辑工具】对话框来进行的，在该对话框中，第一列用于管理交叉的交点，第二列用于管理 T 形交叉，第三列用来管理角和顶点，最后一列进行多线的剪切和结合操作。

【多线编辑工具】对话框中各选项含义如下。

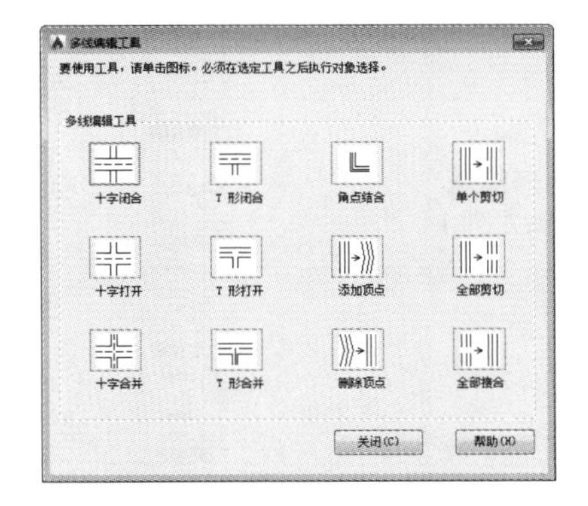

● 十字闭合：在两条多线之间创建闭合的十字交点。

● 十字打开：在两条多线之间创建打开的十字交点。打断将插入第一条多线的所有元素和第二条多线的外部元素。

● 十字合并：在两条多线之间创建合并的十字交点。选择多线的次序并不重要。

● T 形闭合：在两条多线之间创建闭合的 T 形交点。将第一条多线修剪或延伸到与第二条多线的交点处。

● T 形打开：在两条多线之间创建打开的 T 形交点。将第一条多线修剪或延伸到与第二条多线的交点处。

● T 形合并：在两条多线之间创建合并的 T 形交点。将多线修剪或延伸到与另一条多线的交点处。

● 角点结合：在多线之间创建角点结合。将多线修剪或延伸到它们的交点处。

● 添加顶点：向多线上添加一个顶点。

● 删除顶点：从多线上删除一个顶点。

● 单个剪切：在选定多线元素中创建可见打断。

● 全部剪切：创建穿过整条多线的可见打断。

● 全部接合：将已被剪切的多线线段重新接合起来。

【多线编辑工具】对话框各选项操作示例如表 5-3 所示。

表 5-3 【多线编辑工具】对话框各选项操作示例

编辑方法	示例图形	备注
用于编辑交叉点（第一列）	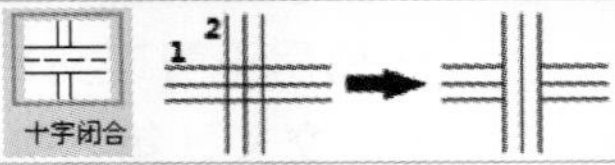 十字闭合	该列的选择有先后顺序，先选择的将被剪掉
	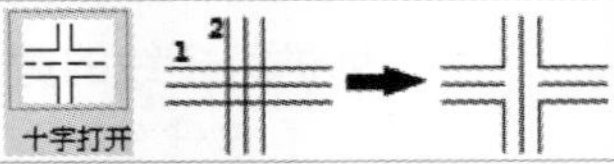 十字打开	
	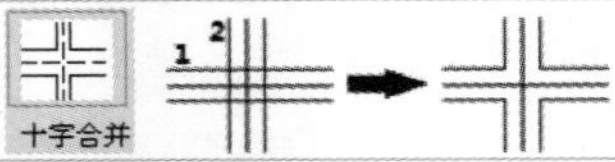 十字合并	
用于 T 形编辑交叉（第二列）	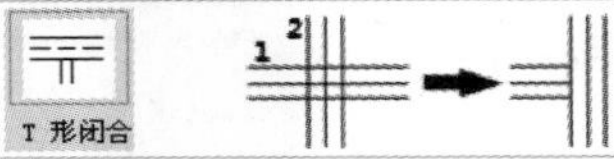 T 形闭合	该列的选择有先后顺序，先选择的将被修剪掉，与选择位置也有关系，选取的位置被保留
	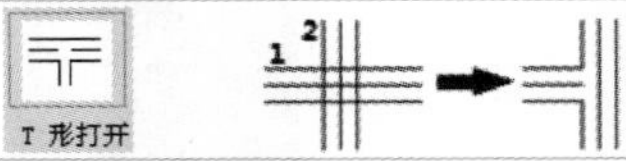 T 形打开	
	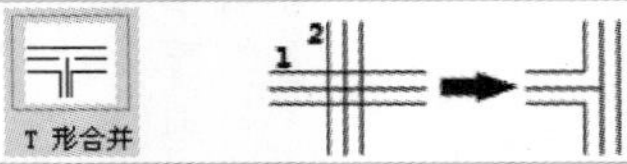 T 形合并	
用于编辑角和顶点（第三列）	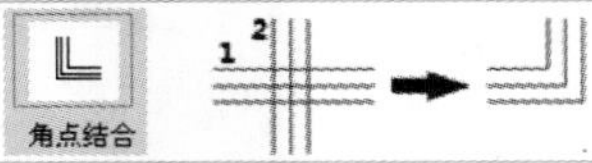 角点结合	“角点结合”与选择的位置有关，选取的位置被保留
	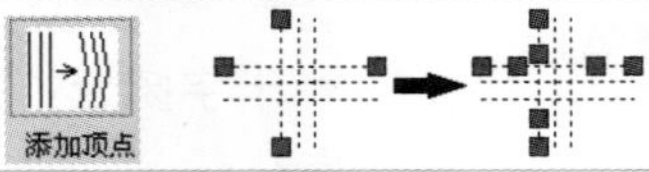 添加顶点	
	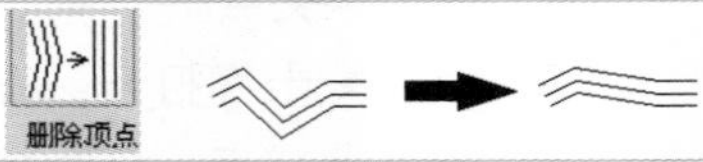 删除顶点	
用于编辑多线的剪切和结合（第四列）	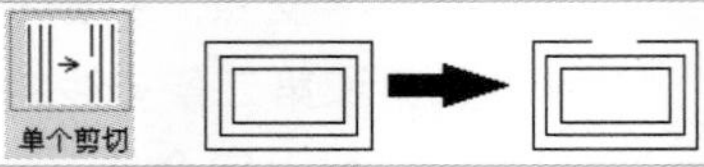 单个剪切	此列中的操作与选择点的先后没有关系
	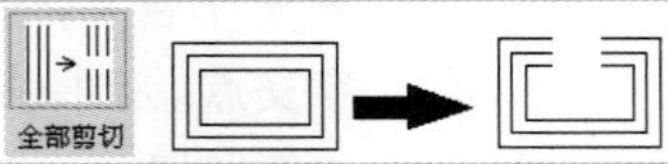 全部剪切	
	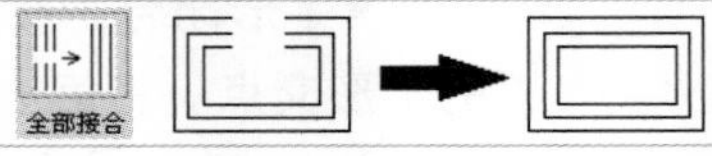 全部接合	

5.1.6 给平面图添加填充

墙体绘制完毕后，给房间的各个区域添加填充，通过填充图案可以更好地对各房间的用途进行区分。

给平面图添加填充的具体操作步骤如下。

第 1 步 单击【默认】选项卡→【图层】面板中的【图层】下拉列表，然后单击“轴线”前面的“💡”，将它关闭（变成灰色）。

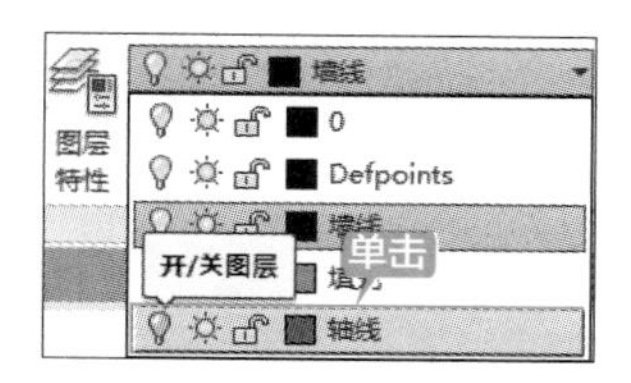

第 2 步 “轴线”层关闭后，轴线将不再显示，如下图所示。

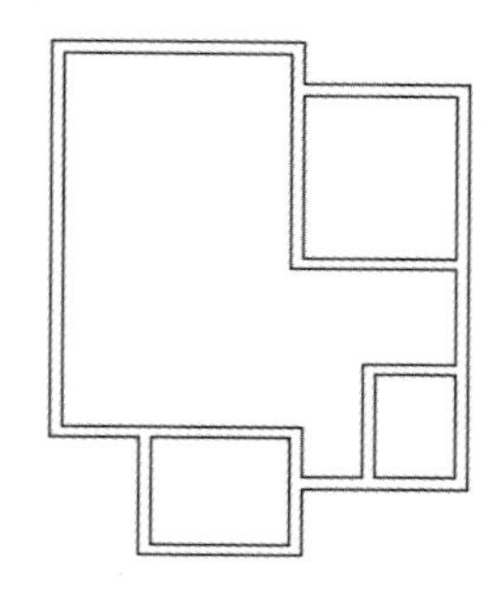

第 3 步 重复第 1 步，选择“填充”层，将它置为当前层。

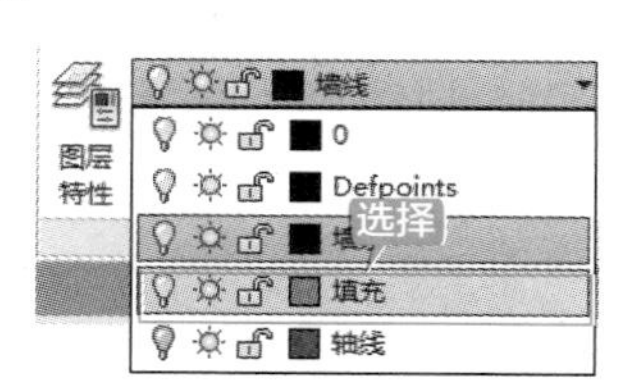

第 4 步 单击【默认】选项卡→【绘图】面板→【图案填充】按钮，弹出【图案填充创建】选项卡。

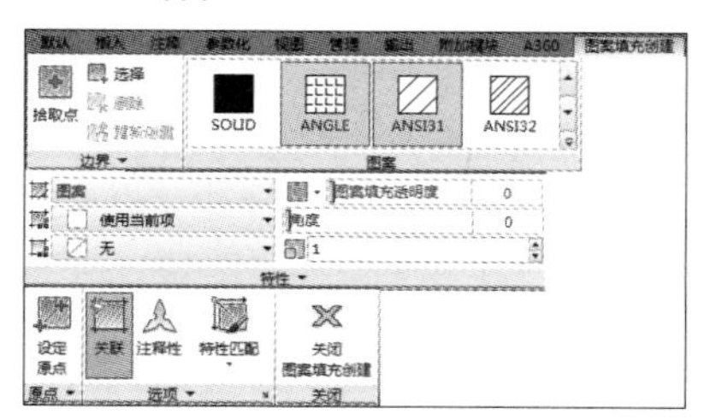

第 5 步 单击【图案】右侧的下三角按钮，弹出图案填充的图案选项，选择“DOLMIT”图案为填充图案。

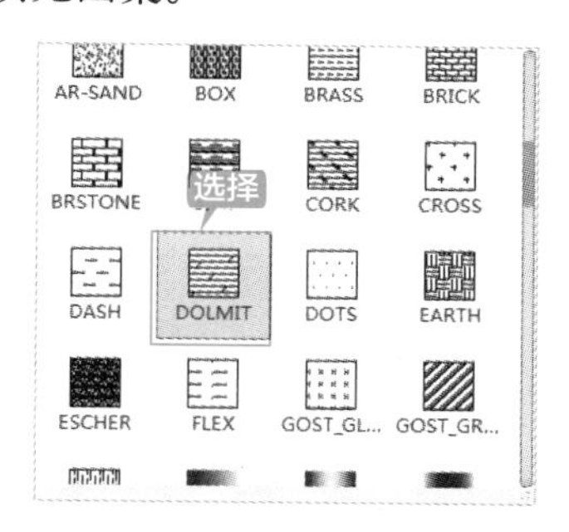

第 6 步 将角度值设置为“90”，比例设置为“20”。

第 7 步 在需要填充的区域单击，填充完毕后，单击【关闭图案填充创建】按钮，结果如下图所示。

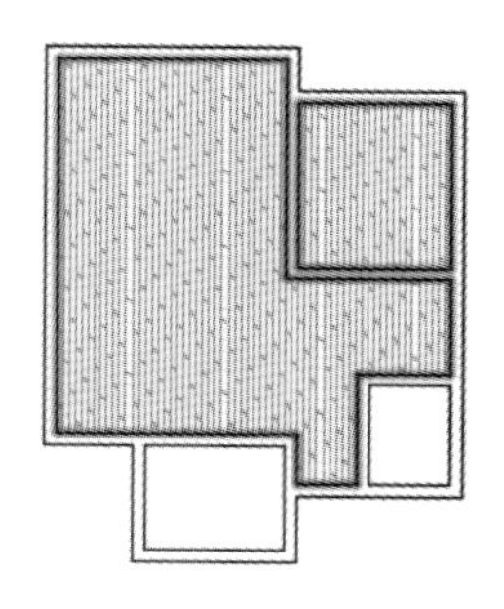

第 8 步 重复第 4 步 ~ 第 7 步，选择“ANSI37”为填充图案，设置填充角度为“45°”，填充比例为“75”，填充完毕如下图所示。

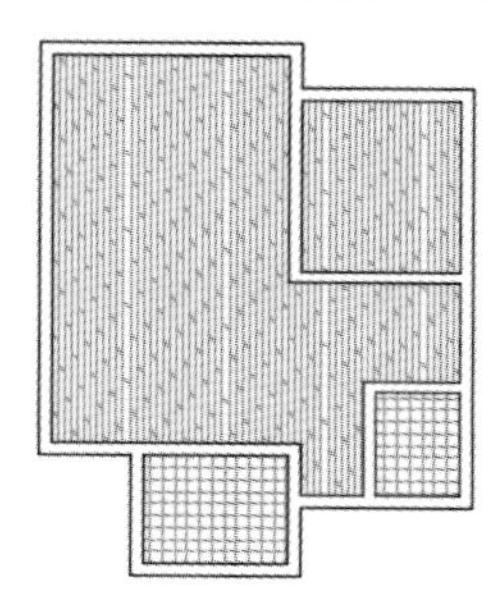

5.2 完善座椅立面图

本例中的座椅正立面图的底座部分已经绘制完成了，只需要绘制靠背、座面和扶手的正立面即可。

5.2.1 绘制扶手和靠背外轮廓

扶手和靠背外轮廓是左右对称结构，因此在绘制时，可以只绘制一半，通过镜像命令得到另一半。绘制扶手和靠背外轮廓主要用到多段线和多段线编辑命令。

扶手和靠背外轮廓的具体绘制步骤如下。

第 1 步 打开随书附带的光盘文件“素材\CH05\座椅正立面 .dwg”，如下图所示。

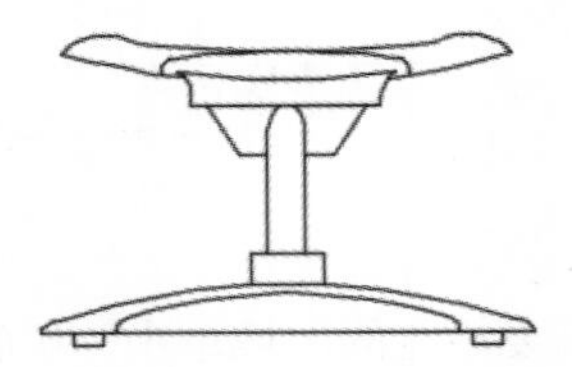

第 2 步 单击【默认】选项卡→【绘图】面板→【多段线】按钮，根据命令行提示进行如下操作。

```
命令 :_PLINE
指定起点 :          // 捕捉图中的 A 点
当前线宽为 0.0000
指定下一个点或 [ 圆弧 (A)/ 半宽 (H)/ 长度 (L)/ 放弃 (U)/ 宽度 (W)]: @50,0
指定下一点或 [ 圆弧 (A)/ 闭合 (C)/ 半宽 (H)/ 长度 (L)/ 放弃 (U)/ 宽度 (W)]: @0,245
指定下一点或 [ 圆弧 (A)/ 闭合 (C)/ 半宽 (H)/ 长度 (L)/ 放弃 (U)/ 宽度 (W)]: a
指定圆弧的端点 ( 按住 Ctrl 键以切换方向 ) 或
[ 角度 (A)/ 圆心 (CE)/ 闭合 (CL)/ 方向 (D)/ 半宽 (H)/ 直线 (L)/ 半径 (R)/ 第二个点 (S)/ 放弃 (U)/ 宽度 (W)]: a
指定夹角 : 180
指定圆弧的端点 ( 按住 Ctrl 键以切换方向 ) 或 [ 圆心 (CE)/ 半径 (R)]: r
指定圆弧的半径 : 25
指定圆弧的弦方向 ( 按住 Ctrl 键以切换方向 ) <90>: @-50,0
指定圆弧的端点 ( 按住 Ctrl 键以切换方向 ) 或
[ 角度 (A)/ 圆心 (CE)/ 闭合 (CL)/ 方向 (D)/ 半宽 (H)/ 直线 (L)/ 半径 (R)/ 第二个点 (S)/ 放弃 (U)/ 宽度 (W)]: L
指定下一点或 [ 圆弧 (A)/ 闭合 (C)/ 半宽 (H)/ 长度 (L)/ 放弃 (U)/ 宽度 (W)]: c
```

第 3 步 多段线绘制完成后如下图所示。

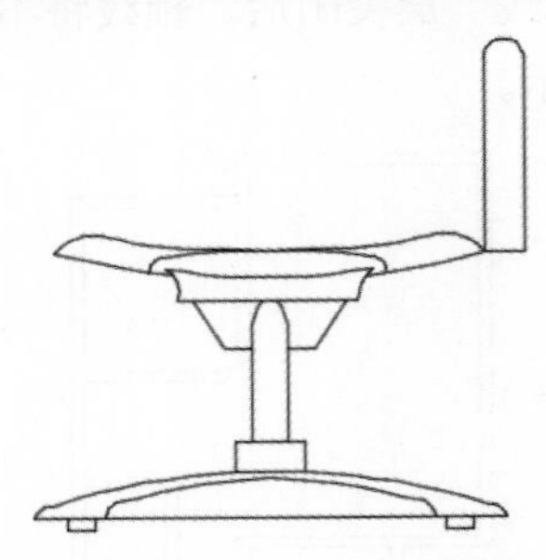

第 4 步 按【Space】键重复调用多段线命令，绘制靠背右侧外轮廓，根据命令行提示进行如下操作。

```
命令 : PLINE
指定起点 :  // 捕捉上步绘制的多段线圆弧的中点
当前线宽为 0.0000
指定下一个点或 [ 圆弧 (A)/ 半宽 (H)/ 长度 (L)/ 放弃 (U)/ 宽度 (W)]: @0,80
指定下一点或 [ 圆弧 (A)/ 闭合 (C)/ 半宽 (H)/ 长度 (L)/ 放弃 (U)/ 宽度 (W)]: a
指定圆弧的端点 ( 按住 Ctrl 键以切换方向 ) 或
[ 角度 (A)/ 圆心 (CE)/ 闭合 (CL)/ 方向 (D)/ 半宽 (H)/ 直线 (L)/ 半径 (R)/ 第二个点 (S)/ 放弃 (U)/ 宽度 (W)]: ce
指定圆弧的圆心 : @-240,7
指定圆弧的端点 ( 按住 Ctrl 键以切换方向 ) 或 [ 角度 (A)/ 长度 (L)]: a
```

指定夹角(按住 Ctrl 键以切换方向): 26
指定圆弧的端点(按住 Ctrl 键以切换方向)或
[角度 (A)/ 圆心 (CE)/ 闭合 (CL)/ 方向 (D)/ 半宽 (H)/ 直线 (L)/ 半径 (R)/ 第二个点 (S)/ 放弃 (U)/ 宽度 (W)]: ce
指定圆弧的圆心 : @-125,-70
指定圆弧的端点(按住 Ctrl 键以切换方向)或 [角度 (A)/ 长度 (L)]: a
指定夹角(按住 Ctrl 键以切换方向): 54
指定圆弧的端点(按住 Ctrl 键以切换方向)或
[角度 (A)/ 圆心 (CE)/ 闭合 (CL)/ 方向 (D)/ 半宽 (H)/ 直线 (L)/ 半径 (R)/ 第二个点 (S)/ 放弃 (U)/ 宽度 (W)]: r
指定圆弧的半径 : 1200
指定圆弧的端点(按住 Ctrl 键以切换方向)或 [角度 (A)]: a
指定夹角 : 8
指定圆弧的弦方向(按住 Ctrl 键以切换方向)<173>:
// 水平拖动鼠标，在圆弧左侧单击确定圆弧的位置
指定圆弧的端点(按住 Ctrl 键以切换方向)或
[角度 (A)/ 圆心 (CE)/ 闭合 (CL)/ 方向 (D)/ 半宽 (H)/ 直线 (L)/ 半径 (R)/ 第二个点 (S)/ 放弃 (U)/ 宽度 (W)]: ↙

第 5 步 靠背绘制完成后如下图所示。

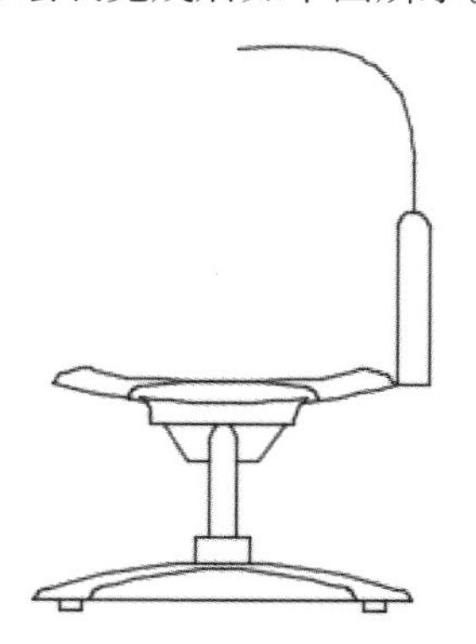

第 6 步 单击【默认】选项卡→【修改】面板→【镜像】按钮，选择刚绘制的两条多段线为镜像对象，然后捕捉中点为镜像线上第一点，沿竖直方向指定镜像线的第二点。

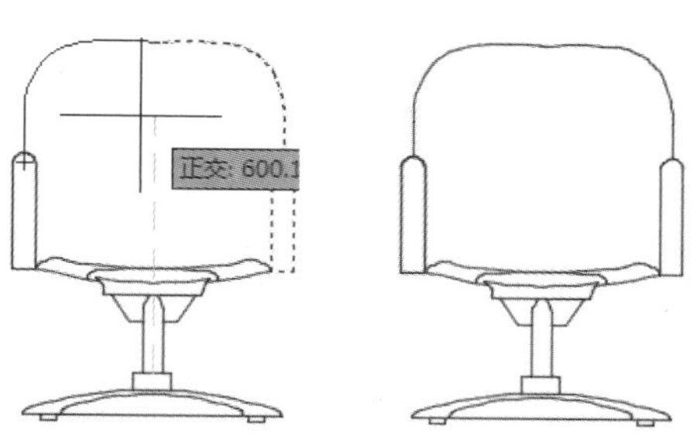

第 7 步 单击【默认】选项卡→【修改】面板→【修剪】按钮，选择两条多段线为剪切边，然后对它们进行修剪。

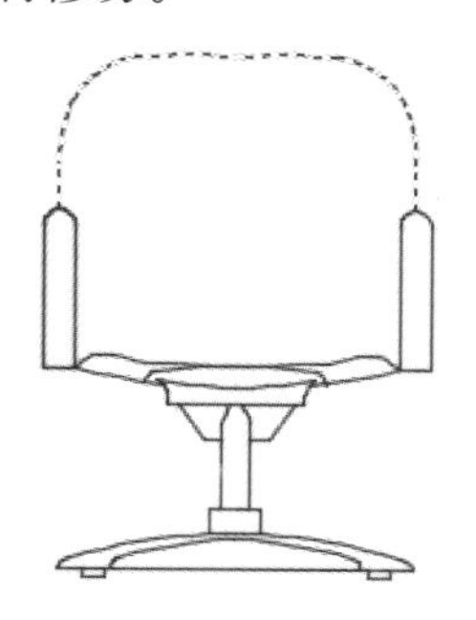

第 8 步 单击【默认】选项卡→【修改】面板→【编辑多段线】按钮。

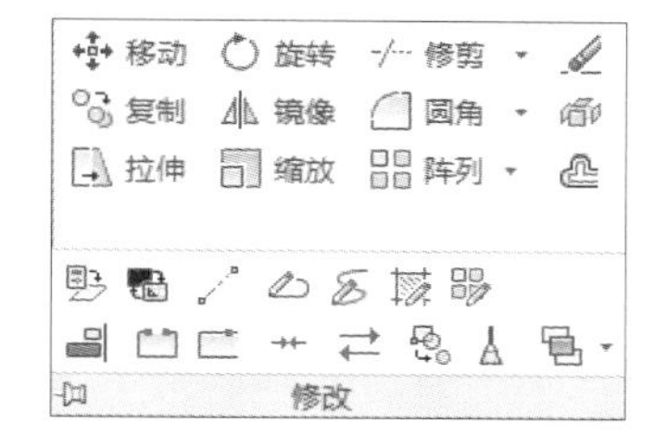

提示

除了通过面板调用多段线编辑命令外，还可以通过以下方法调用多段线编辑命令。

(1) 选择【修改】→【对象】→【多段线】命令。

(2) 命令行输入“PEDIT/PE”命令并按【Space】键。

(3) 双击多段线。

第 9 步 根据命令行提示进行如下操作。

命令 : _PEDIT
选择多段线或 [多条 (M)]: m
选择对象 : 找到 1 个

```
选择对象：找到 1 个，总计 2 个
选择对象： ↙
输入选项 [ 闭合 (C)/ 打开 (O)/ 合并 (J)/ 宽度 (W)/ 拟合 (F)/ 样条曲线 (S)/ 非曲线化 (D)/ 线型生成 (L)/ 反转 (R)/ 放弃 (U)]: j
合并类型 = 延伸
输入模糊距离或 [ 合并类型 (J)] <0.0000>: ↙
多段线已增加 2 条线段
输入选项 [ 闭合 (C)/ 打开 (O)/ 合并 (J)/ 宽度 (W)/ 拟合 (F)/ 样条曲线 (S)/ 非曲线化 (D)/ 线型生成 (L)/ 反转 (R)/ 放弃 (U)]: ↙
```

第 10 步 合并后的多段线成为一体，选中后通过夹点编辑对图形进行调整。

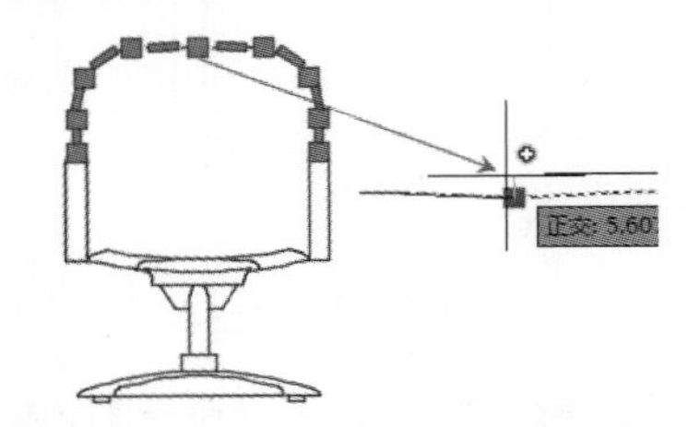

第 11 步 单击【默认】选项卡→【修改】面板→【圆角】按钮，将圆角半径设置为“8”，然后对扶手进行圆角。

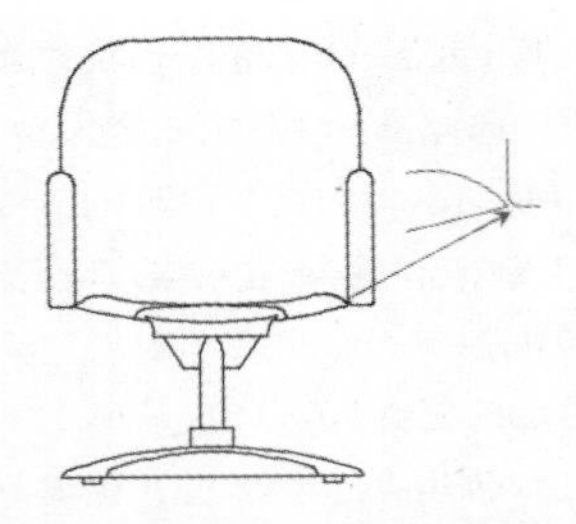

第 12 步 选中底座的两条圆弧，通过夹点编辑，将端点拉伸到圆角后圆弧的中点。

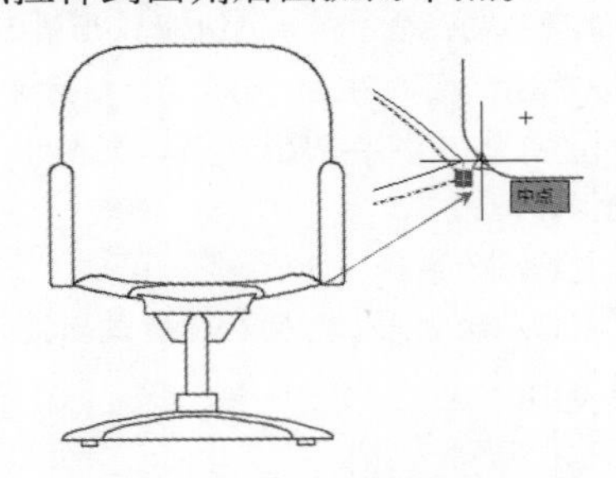

由于多段线的使用相当复杂，因此专门有一个特殊的命令——pedit 来对其进行编辑。执行多段线编辑命令后，命令行提示如下：

```
输入选项 [ 闭合 (C)/ 合并 (J)/ 宽度 (W)/ 编辑顶点（E）/ 拟合 (F)/ 样条曲线 (S)/ 非曲线化 (D)/ 线型生成 (L)/ 反转 (R)/ 放弃 (U)]:
```

多段线编辑命令各选项的含义解释如表 5-4 所示。

表 5-4 多段线编辑命令各选项的含义解释

选项	含义	图例	备注
闭合 / 打开	如果多段线是开放的，选择闭合后，多段线将首尾连接。 如果多段线是闭合的，选择打开后，将删除闭合线段	“闭合”之前 “闭合”之后	
合并	对于要合并多段线的对象，除非第一个 PEDIT 提示下使用“多个”选项，否则，它们的端点必须重合。在这种情况下，如果模糊距离设置得足以包括端点，则可以将不相接的多段线合并	合并前 合并后	合并类型： 扩展：通过将线段延伸或剪切至最接近的端点来合并选定的多段线。 添加：通过在最接近的端点之间添加直线段来合并选定的多段线。 两者：如有可能，通过延伸或剪切来合并选定的多段线。否则，通过在最接近的端点之间添加直线段来合并选定的多段线

续表

选项	含义	图例	备注
宽度	为整个多段线指定新的统一宽度 可以使用“编辑顶点”选项的“宽度”选项来更改线段的起点宽度和端点宽度	改变宽度 统一宽度	
编辑顶点	插入：在多段线的标记顶点之后添加新的顶点	标记的顶点 “插入”之前 “插入”之后	下一个：将标记 X 移动到下一个顶点。即使多段线闭合，标记也不会从端点绕回到起点 上一个：将标记 X 移动到上一个顶点。即使多段线闭合，标记也不会从起点绕回到端点 打断：将 X 标记移到任何其他顶点时，保存已标记的顶点位置 如果指定的一个顶点在多段线的端点上，得到的将是一条被截断的多段线。如果指定的两个顶点都在多段线端点上，或者只指定了一个顶点并且也在端点上，则不能使用“打断”选项 退出：退出“编辑顶点”模式
	移动：移动标记的顶点	标记的顶点 “移动”之前 “移动”之后	
	重生成：重生成多段线	“重生成”之前 “重生成”之后	
	拉直：将 X 标记移到任何其他顶点时，保存已标记的顶点位置 如果要删除多段线中连接两条直线段的弧线段并延伸直线段以使它们相交，则请使用 FILLET 命令，并令其圆角半径为 0（零）	“拉直”之前 “拉直”之后	
	切向：将切线方向附着到标记的顶点以便用于以后的曲线拟合		
	宽度：修改标记顶点之后线段的起点宽度和端点宽度。 必须重生成多段线才能显示新的宽度	标记的顶点 修改了的线段宽度	
拟合	创建圆弧拟合多段线（由圆弧连接每对顶点的平滑曲线）。曲线经过多段线的所有顶点并使用任何指定的切线方向	原始 拟合曲线	
样条曲线	使用选定多段线的顶点作为近似 B 样条曲线的曲线控制点或控制框架。该曲线将通过第一个和最后一个控制点，被拉向其他控制点但并不一定通过它们。在框架特定部分指定的控制点越多，曲线上这种拉曳的倾向就越大	“样条化”之前 “样条化”之后	
非曲线化	删除由拟合曲线或样条曲线插入的多余顶点，拉直多段线的所有线段。保留指定给多段线顶点的切向信息，用于随后的曲线拟合		

⋮

续表

选项	含义	图例	备注
线型生成	生成经过多段线顶点的连续图案线型。关闭此选项，将在每个顶点处以点画线开始和结束生成线型。“线型生成”不能用于带变宽线段的多段线	“线型生成”设置为“关” “线型生成”设置为“开”	
反转	反转多段线顶点的顺序		

5.2.2 绘制座面

座面主要用到多段线的编辑命令、偏移命令和修剪命令。座面的孔的绘制步骤如下。

第1步 单击【默认】选项卡→【修改】面板→【编辑多段线】按钮，根据命令行提示进行如下操作。

```
命令：_pedit
选择多段线或 [ 多条 (M)]: m
选择对象：找到 1 个
……总计 6 个  // 选择下图所示的 6 个对象
选择对象： ↙
是否将直线、圆弧和样条曲线转换为多段线? [ 是 (Y)/ 否 (N)]? <Y> ↙
输入选项 [ 闭合 (C)/ 打开 (O)/ 合并 (J)/ 宽度 (W)/ 拟合 (F)/ 样条曲线 (S)/ 非曲线化 (D)/ 线型生成 (L)/ 反转 (R)/ 放弃 (U)]: j
合并类型 = 延伸
输入模糊距离或 [ 合并类型 (J)] <0.0000>:
多段线已增加 5 条线段
输入选项 [ 闭合 (C)/ 打开 (O)/ 合并 (J)/ 宽度 (W)/ 拟合 (F)/ 样条曲线 (S)/ 非曲线化 (D)/ 线型生成 (L)/ 反转 (R)/ 放弃 (U)]: ↙
```

第2步 转换成多段线并合并后如下图所示。

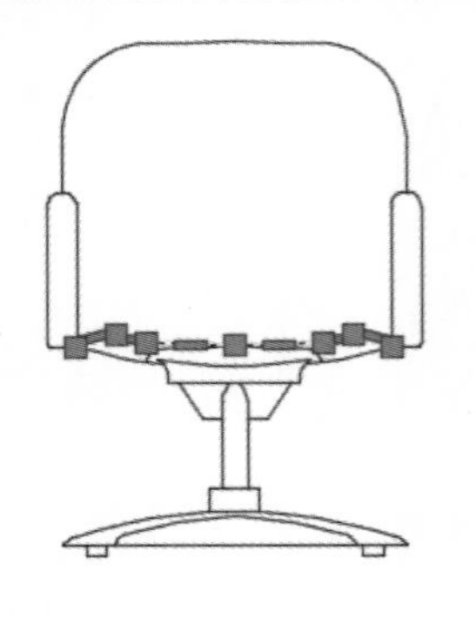

第3步 单击【默认】选项卡→【修改】面板→【偏移】按钮，将合并后的多段线向上分别偏移“25”和“80”。

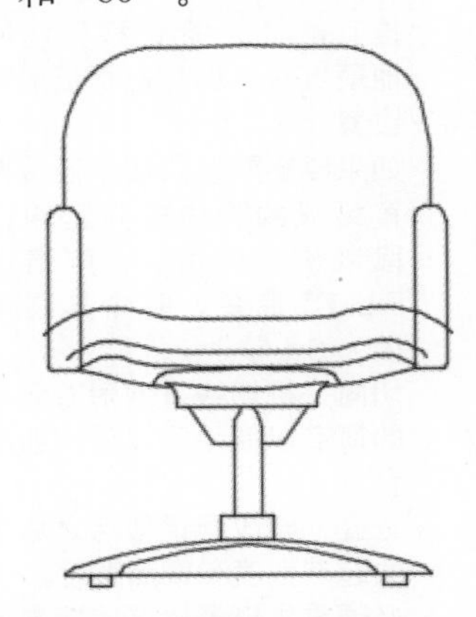

第4步 单击【默认】选项卡→【修改】面板→【修剪】按钮，选择两个扶手为剪切边，将超出扶手多段线修剪掉。

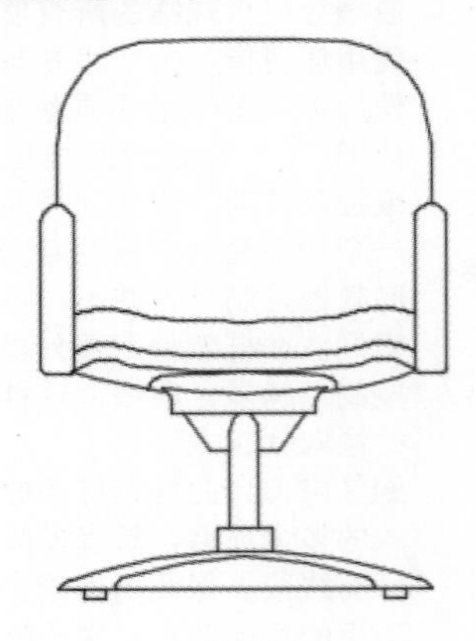

5.2.3 绘制靠背

绘制靠背主要用到多段线、镜像及圆弧命令。

靠背的绘制步骤如下。

第 1 步 单击【默认】选项卡→【绘图】面板→【多段线】按钮，根据命令行提示进行如下操作。

命令：_PLINE

指定起点： // 捕捉下图所示的端点 A

当前线宽为 0.0000

指定下一个点或 [圆弧 (A)/ 半宽 (H)/ 长度 (L)/ 放弃 (U)/ 宽度 (W)]: @0,115

指定下一点或 [圆弧 (A)/ 闭合 (C)/ 半宽 (H)/ 长度 (L)/ 放弃 (U)/ 宽度 (W)]: a

指定圆弧的端点 (按住 Ctrl 键以切换方向) 或

[角度 (A)/ 圆心 (CE)/ 闭合 (CL)/ 方向 (D)/ 半宽 (H)/ 直线 (L)/ 半径 (R)/ 第二个点 (S)/ 放弃 (U)/ 宽度 (W)]: ce

指定圆弧的圆心 : @70,0

指定圆弧的端点 (按住 Ctrl 键以切换方向) 或 [角度 (A)/ 长度 (L)]: a

指定夹角 (按住 Ctrl 键以切换方向): −34

指定圆弧的端点 (按住 Ctrl 键以切换方向) 或

[角度 (A)/ 圆心 (CE)/ 闭合 (CL)/ 方向 (D)/ 半宽 (H)/ 直线 (L)/ 半径 (R)/ 第二个点 (S)/ 放弃 (U)/ 宽度 (W)]: ce

指定圆弧的圆心 : @240,−145

指定圆弧的端点 (按住 Ctrl 键以切换方向) 或 [角度 (A)/ 长度 (L)]: a

指定夹角 (按住 Ctrl 键以切换方向): −25

指定圆弧的端点 (按住 Ctrl 键以切换方向) 或

[角度 (A)/ 圆心 (CE)/ 闭合 (CL)/ 方向 (D)/ 半宽 (H)/ 直线 (L)/ 半径 (R)/ 第二个点 (S)/ 放弃 (U)/ 宽度 (W)]: ce

指定圆弧的圆心 : @65,−95

指定圆弧的端点 (按住 Ctrl 键以切换方向) 或 [角度 (A)/ 长度 (L)]: a

指定夹角 (按住 Ctrl 键以切换方向): −30

指定圆弧的端点 (按住 Ctrl 键以切换方向) 或

[角度 (A)/ 圆心 (CE)/ 闭合 (CL)/ 方向 (D)/ 半宽 (H)/ 直线 (L)/ 半径 (R)/ 第二个点 (S)/ 放弃 (U)/ 宽度 (W)]: ↙

第 2 步 结果如下图所示。

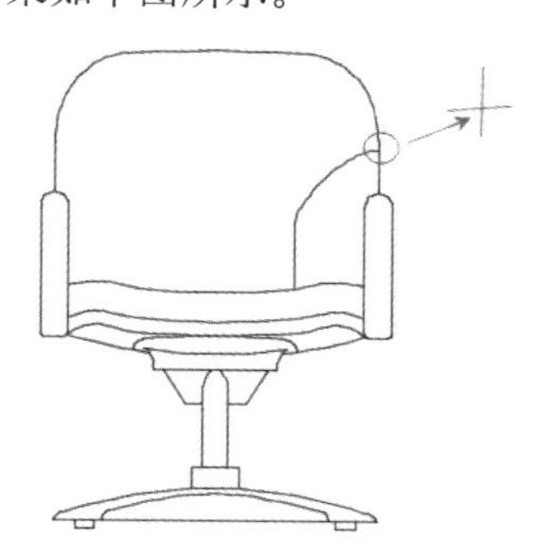

第 3 步 单击【默认】选项卡→【修改】面板→【镜像】按钮，选择刚绘制的多段线为镜像对象，将它沿中心镜像到另一侧。

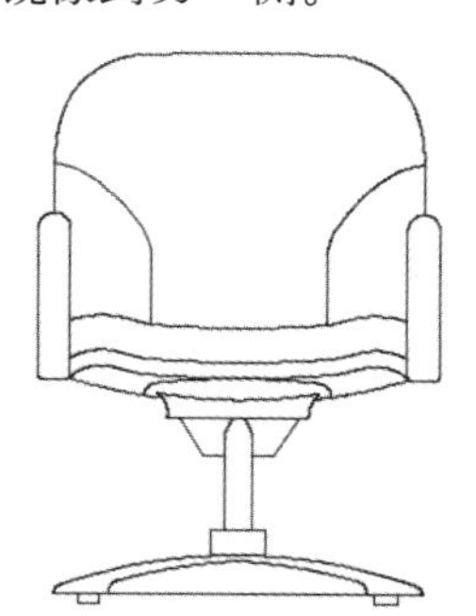

第 4 步 单击【默认】选项卡→【修改】面板→【修剪】按钮，选择靠背轮廓为剪切边，将超出靠背的多段线修剪掉。

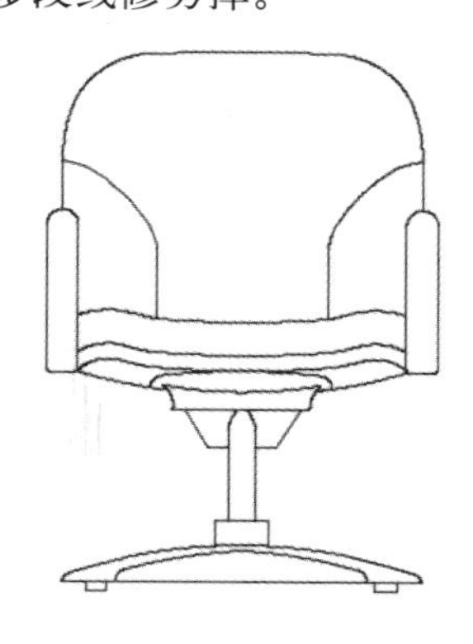

第5步 单击【默认】选项卡→【绘图】面板→【圆弧】→【起点、端点、半径】按钮，选择左侧多段线圆弧的中点为起点。

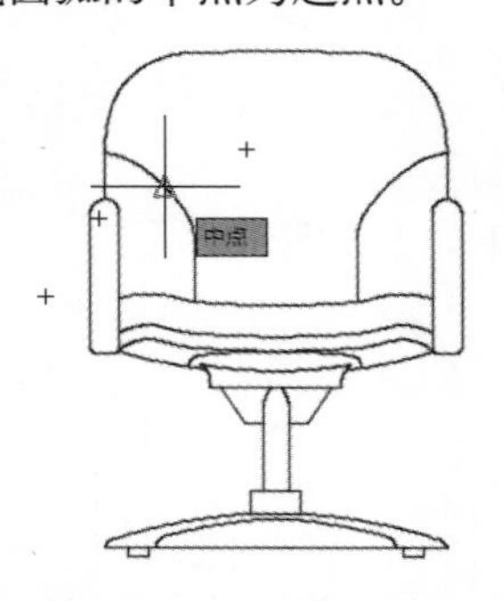

第6步 选择右侧多段线圆弧的中点为端点。

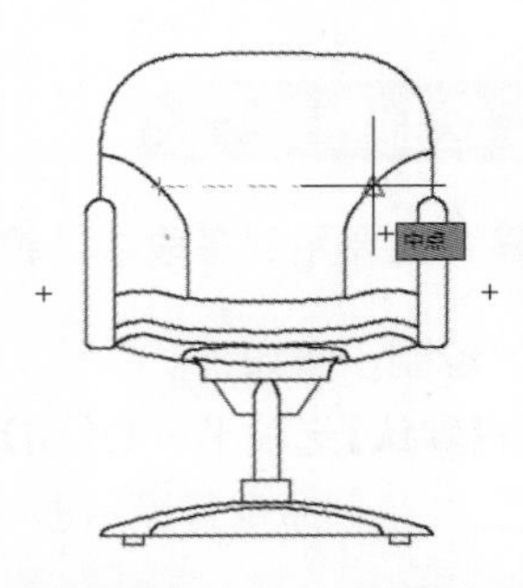

第7步 输入圆弧的半径“375”，结果如下图所示。

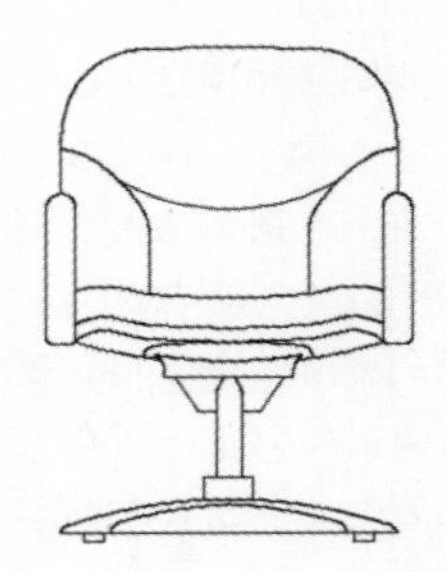

5.3 绘制雨伞

雨伞的绘制的主要用到直线、圆、圆弧、偏移、点样式、定数等分、样条曲线和多段线。雨伞的具体绘制步骤如下。

第1步 单击【默认】选项卡→【绘图】面板→【直线】按钮，绘制两条垂直的直线，竖直线过水平直线的中点，长度不做要求。

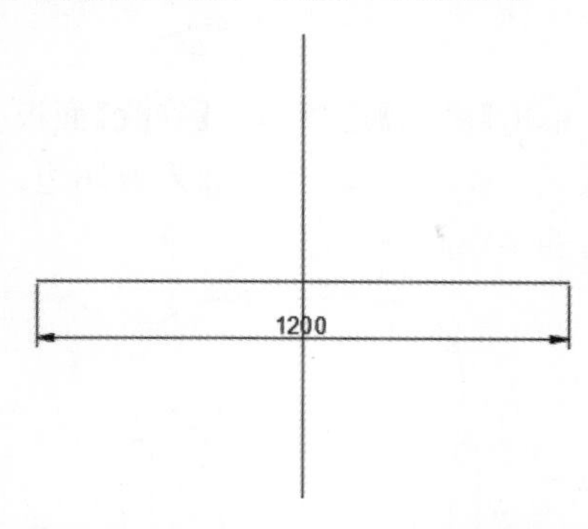

第2步 单击【默认】选项卡→【绘图】面板→【圆】→【圆心、半径】按钮，以水平直线的左端点为圆心，绘制一个半径为680的圆。

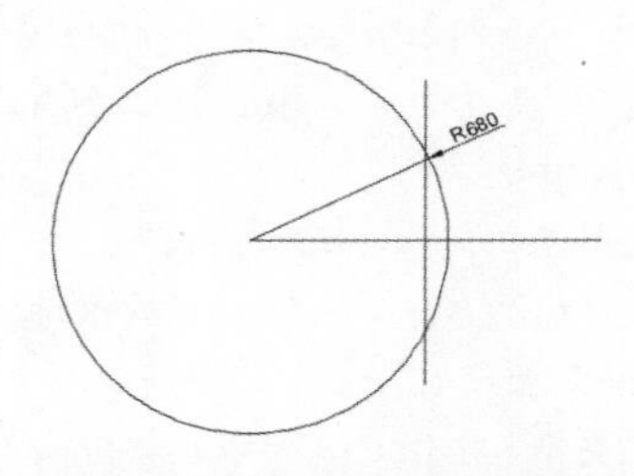

第3步 单击【默认】选项卡→【绘图】面板→【圆弧】→【三点】按钮，捕捉水平直线的两个端点和圆与水平直线的端点，绘制的圆弧如下图所示。

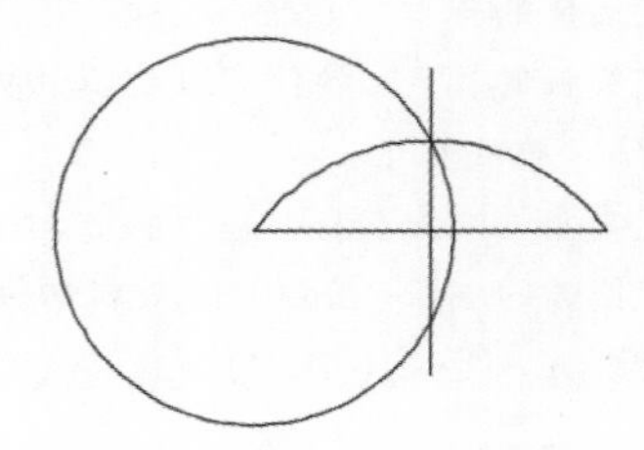

第4步 选择圆和竖直直线，然后按【Delete】键将其删除。

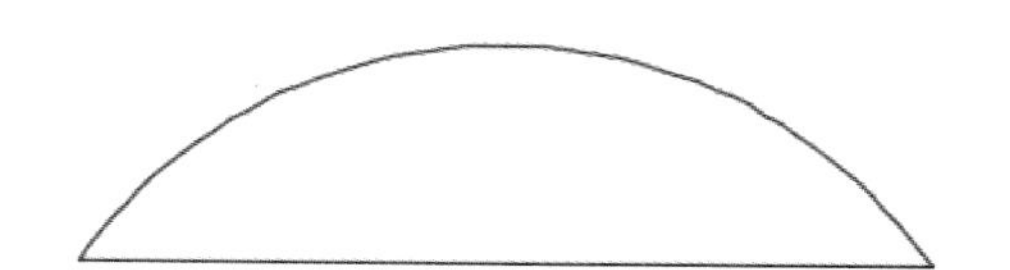

第 5 步 单击【默认】选项卡→【修改】面板→【偏移】按钮，将水平直线向上偏移 50。

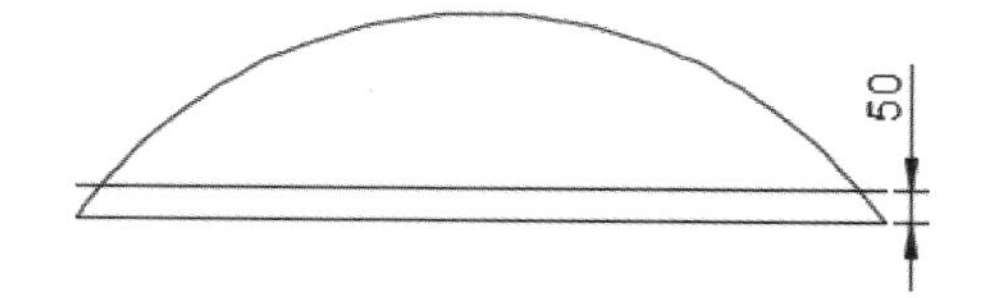

第 6 步 选择【格式】→【点样式】命令，在弹出的【点样式】对话框中对点样式进行设置，设置完成后单击【确定】按钮。

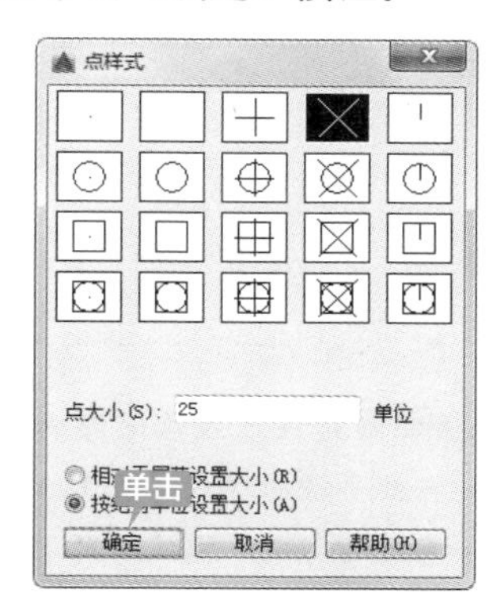

第 7 步 单击【默认】选项卡→【绘图】面板→【定数等分】按钮，分别将两条直线进行 5 等分和 10 等分。

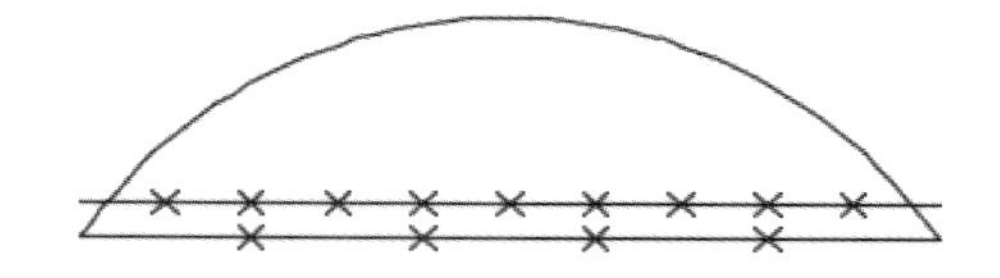

第 8 步 单击【默认】选项卡→【绘图】面板→【样条曲线拟合】按钮。

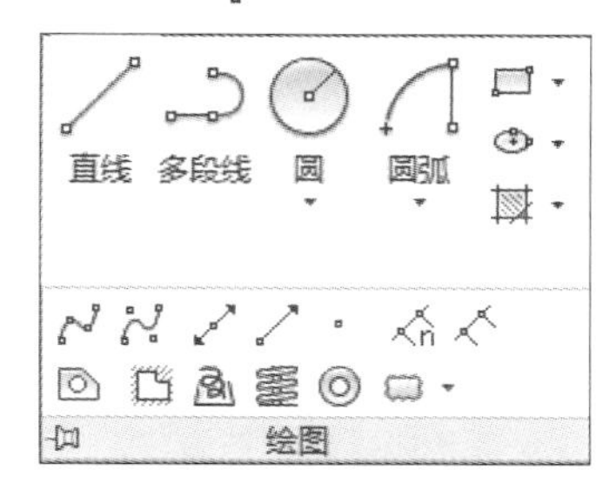

提示

除了通过面板调用样条曲线命令外，还可以通过以下方法调用样条曲线命令。

(1) 选择【绘图】→【样条曲线】→【拟合点】命令。

(2) 命令行输入“SPLINE/SPL”命令并按【Space】键。

第 9 步 连接图中的端点和节点绘制样条曲线。

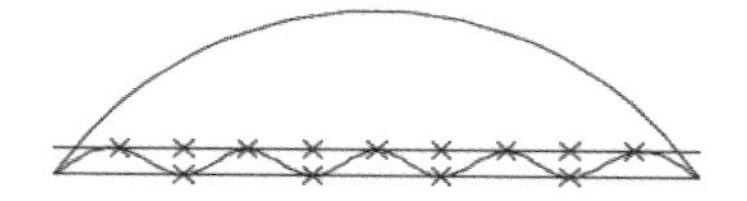

第 10 步 单击【默认】选项卡→【修改】面板→【删除】按钮。

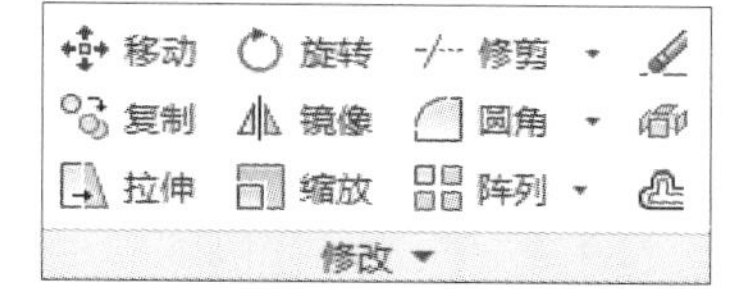

提示

除了通过面板调用删除命令外，还可以通过以下方法调用删除命令。

(1) 选择【修改】→【删除】命令。

(2) 命令行输入“ERASE/E”命令并按【Space】键。

第 11 步 选择直线和定数等分点，然后按【Space】键将它们删除。

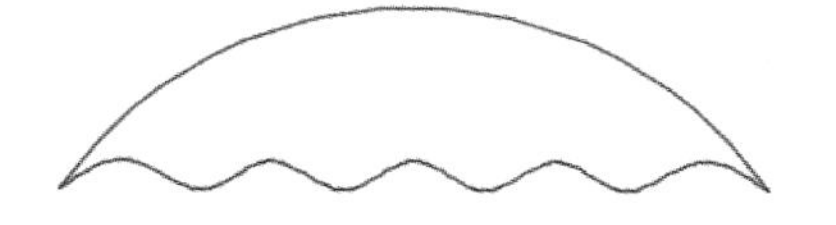

第 12 步 单击【默认】选项卡→【绘图】面板→【圆弧】→【起点、端点、半径】按钮，以圆弧的中点和样条曲线的节点为起点和端点绘制圆弧，圆弧的半径如下图所示。

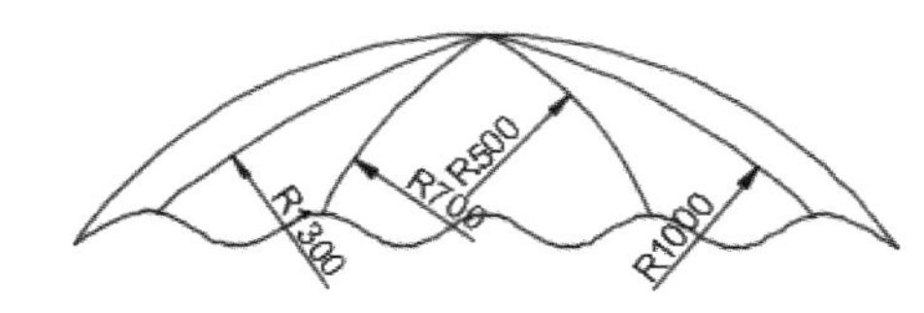

提示

R1300和R700的起点为圆弧的中点，端点为样条曲线的节点。R500和R1000的起点为样条曲线的节点，端点为圆弧的中点。

第13步 单击【默认】选项卡→【绘图】面板→【多段线】按钮，根据命令行提示进行如下操作。

命令：_pline
指定起点：fro 基点： //捕捉所有圆弧的交点
<偏移>: @0,80
当前线宽为 0.0000
指定下一个点或 [圆弧(A)/半宽(H)/长度(L)/放弃(U)/宽度(W)]: w
指定起点宽度 <0.0000>: 5
指定端点宽度 <5.0000>: 15
指定下一个点或 [圆弧(A)/半宽(H)/长度(L)/放弃(U)/宽度(W)]: @0,-80
指定下一点或 [圆弧(A)/闭合(C)/半宽(H)/长度(L)/放弃(U)/宽度(W)]: w
指定起点宽度 <15.0000>: 0
指定端点宽度 <0.0000>: ↙
指定下一点或 [圆弧(A)/闭合(C)/半宽(H)/长度(L)/放弃(U)/宽度(W)]: @0,-770
指定下一点或 [圆弧(A)/闭合(C)/半宽(H)/长度(L)/放弃(U)/宽度(W)]: w
指定起点宽度 <0.0000>: 10
指定端点宽度 <10.0000>: ↙
指定下一点或 [圆弧(A)/闭合(C)/半宽(H)/长度(L)/放弃(U)/宽度(W)]: @0,-150
指定下一点或 [圆弧(A)/闭合(C)/半宽(H)/长度(L)/放弃(U)/宽度(W)]: a
指定圆弧的端点(按住 Ctrl 键以切换方向)或 [角度(A)/圆心(CE)/闭合(CL)/方向(D)/半宽(H)/直线(L)/半径(R)/第二个点(S)/放弃(U)/宽度(W)]: ce
指定圆弧的圆心：@-50,0
指定圆弧的端点(按住 Ctrl 键以切换方向)或 [角度(A)/长度(L)]: a
指定夹角(按住 Ctrl 键以切换方向): -180
指定圆弧的端点(按住 Ctrl 键以切换方向)或 [角度(A)/圆心(CE)/闭合(CL)/方向(D)/半宽(H)/直线(L)/半径(R)/第二个点(S)/放弃(U)/宽度(W)]: ↙

第14步 多段线绘制完成后如下图所示。

第15步 单击【默认】选项卡→【修改】面板→【修剪】按钮，选择大圆弧和样条曲线为剪切边，将两者之间的多段线修剪掉。

提示

样条曲线是经过或接近影响曲线形状的一系列点的平滑曲线。样条曲线使用拟合点或控制点进行定义。默认情况下，拟合点与样条曲线重合，而控制点定义控制框。控制框提供了一种便捷的方法，用来设置样条曲线的形状。左下图为拟合样条曲线，右下图为通过控制点创建的样条曲线。

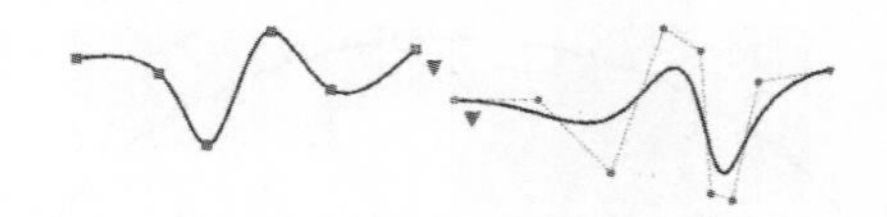

和多段线一样，样条曲线也有专门的编辑工具——SPLINEDIT。调用样条曲线编辑命令的方法通常有以下几种。

(1) 单击【默认】选项卡→【修改】面板中的【编辑样条曲线】按钮。

(2) 选择【修改】→【对象】→【样条曲线】命令。

(3) 在命令行中输入“SPLINEDIT/SPE”命令并按【Space】键确认。

(4) 双击要编辑的样条曲线。

执行样条曲线编辑命令后，命令行提示如下：

输入选项 [闭合 (C)/ 合并 (J)/ 拟合数据 (F)/ 编辑顶点 (E)/ 转换为多段线 (P)/ 反转 (R)/ 放弃 (U)/ 退出 (X)] < 退出 >:

样条曲线编辑命令各选项的含义解释如表 5–5 所示。

表 5–5　样条曲线编辑命令各选项的含义解释

选项	含义	图例	备注
闭合 / 打开	闭合：通过定义与第一个点重合的最后一个点，闭合开放的样条曲线。默认情况下，闭合的样条曲线沿整个曲线保持曲率连续性 打开：通过删除最初创建样条曲线时指定的第一个和最后一个点之间的最终曲线段，可打开闭合的样条曲线	闭合前 闭合后	
合并	将选定的样条曲线与其他样条曲线、直线、多段线和圆弧在重合端点处合并，以形成一个较大的样条曲线	合并前 合并后	
拟合数据	添加：将拟合点添加到样条曲线	选定的拟合点 新指定的点 结果	选择一个拟合点后，请指定要以下一个拟合点（将自动亮显）方向添加到样条曲线的新拟合点 如果在开放的样条曲线上选择了最后一个拟合点，则新拟合点将添加到样条曲线的端点 如果在开放的样条曲线上选择第一个拟合点，则可以选择将新拟合点添加到第一个点之前或之后
	扭折：在样条曲线上的指定位置添加节点和拟合点，这不会保持在该点的相切或曲率连续性		
	移动：将拟合点移动到新位置	新指定的点 结果	
	清理：使用控制点替换样条曲线的拟合数据		
	相切：更改样条曲线的开始和结束切线。指定点以建立切线方向。可以使用对象捕捉，例如垂直或平行		指定切线：（适用于闭合的样条曲线）在闭合点处指定新的切线方向。 系统默认值：计算默认端点切线

续表

选项	含义	图例	备注
拟合数据	公差：使用新的公差值将样条曲线重新拟合至现有的拟合点	零公差 正公差	
	退出：返回到前一个提示		
编辑顶点	提高阶数：增大样条曲线的多项式阶数（阶数加 1）。这将增加整个样条曲线的控制点的数量。最大值为 26		
	权值：更改指定控制点的权值		新权值：根据指定控制点的新权值重新计算样条曲线。权值越大，样条曲线越接近控制点
转换为多段线	将样条曲线转换为多段线。精度值决定生成的多段线与样条曲线的接近程度。有效值为介于 0~99 之间的任意整数		较高的精度值会降低性能
反转	反转样条曲线的方向		

编辑曲线图标

本例主要通过多线编辑命令、多段线编辑命令和样条曲线编辑命令对图形进行修改编辑。编辑曲线图标的具体操作步骤如表 5-6 所示。

表 5-6　绘制定位压盖

步骤	创建方法	结　　果	备　注
1	打开随书附带的“素材\CH05\编辑曲线图标”		
2	通过【多段线编辑】对话框的“角点结合”将拐角处合并		使用“角点结合”时注意选择的顺序和位置
3	(1) 将所有的图形对象分解 (2) 通过多段线编辑命令将分解后的对象转换为多段线 (3) 将所有多段线进行合并 (4) 合并后将多段线转换为样条曲线		步骤(1)~(4)是在一次命令调用下完成的
4	(1) 使用样条曲线编辑命令对顶点进行编辑，将其移到合适的位置 (2) 重新将样条曲线转换为多段线 (3) 调用多段线编辑命令，将线宽改为 10		

◇ 使用特性匹配编辑对象

使用特性匹配命令可以在不知道对象图层名称的情况下直接更改对象特性，包括颜色、图层、线型、线宽和打印样式等，方法就是将源对象的特性复制到另一个对象中。

AutoCAD 2016 中调用【特性匹配】的方法通常有以下 3 种。

(1) 单击【默认】选项卡→【特性】面板中的【特性匹配】按钮。

(2) 选择【修改】→【特性匹配】命令。

(3) 在命令行中输入“MATCHPROP/MA”命令并按【Space】键确认。

第 1 步 打开随书光盘中的“素材\CH05\特性匹配编辑对象 .dwg”文件。

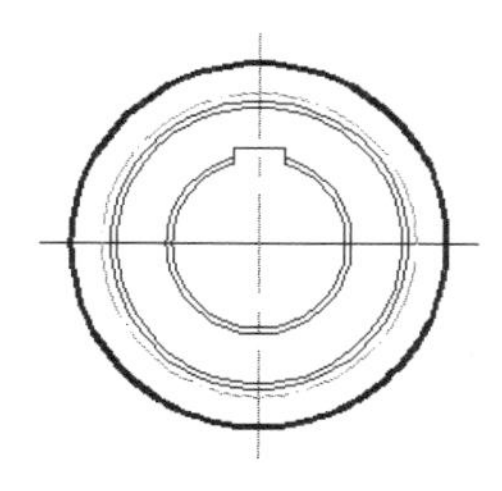

第 2 步 单击【默认】选项卡→【特性】面板中的【特性匹配】按钮。

第 3 步 选择竖直中心线为源对象。

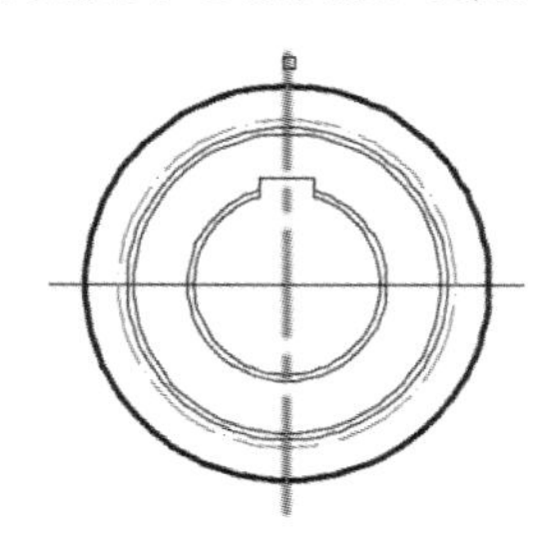

第 4 步 当鼠标指针变成刷子形状时选择水平中心线（目标对象）。

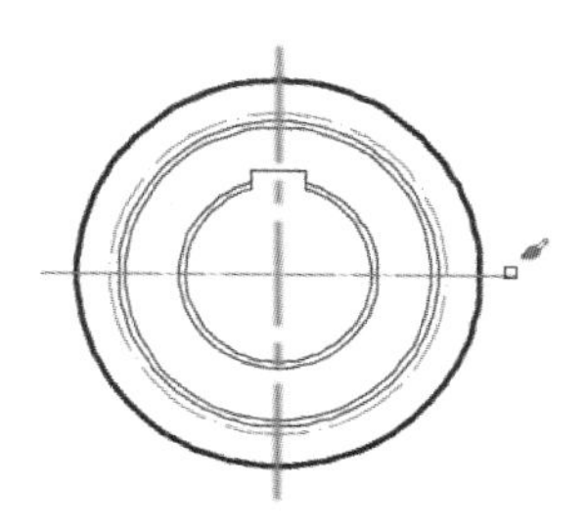

第 5 步 结果如下图所示。

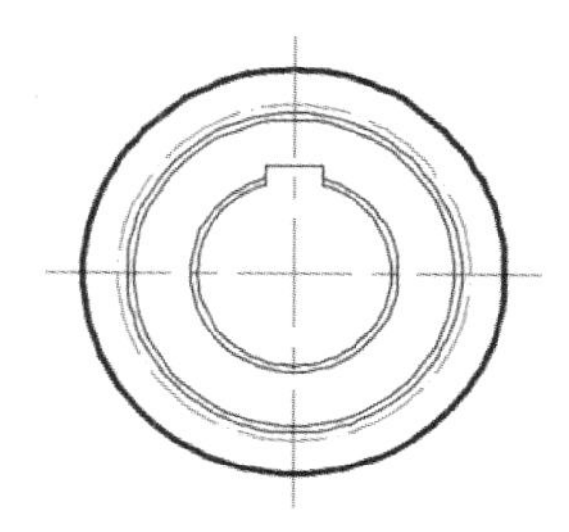

第 6 步 重复第 2 步，选择内侧细实线的圆为源对象。

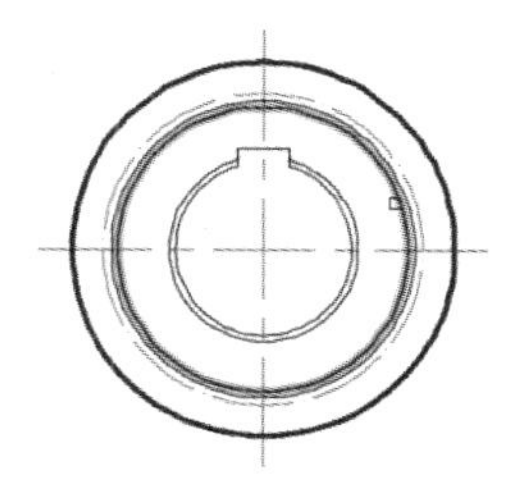

第 7 步 当鼠标指针变成刷子形状时选择最外侧的粗实线的圆（目标对象）。

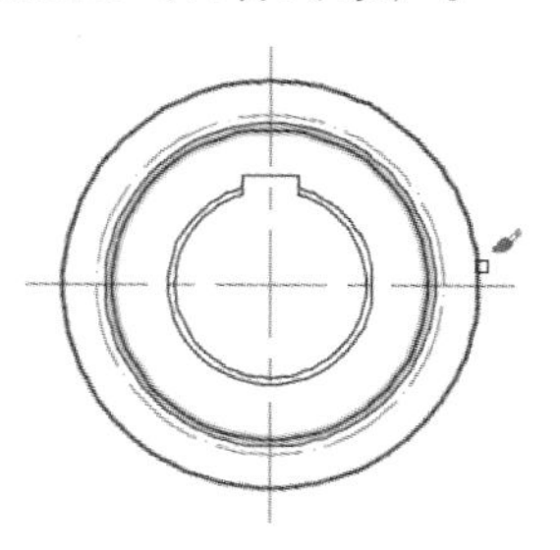

第 8 步 当外侧粗实线的圆变成细实线后按【Space】键退出【特性匹配】命令。

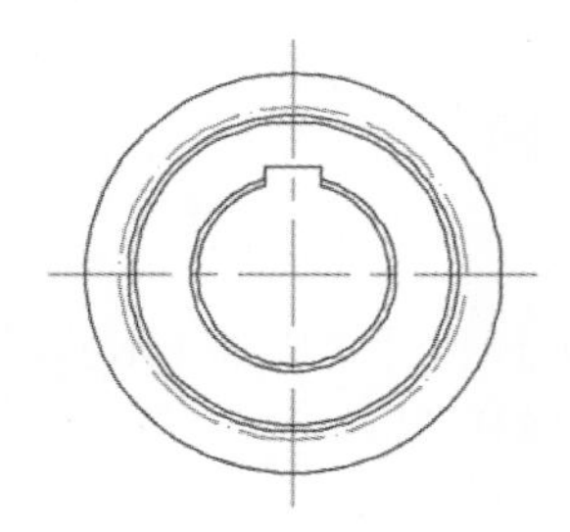

◇ 创建与编辑修订云线

修订云线是由连续圆弧组成的多段线，用来构成云线形状的对象，它们用于提醒用户注意图形的某些部分。

AutoCAD 2016 增强了云线修订功能，除了之前版本已经具有的徒手创建修订云线，将闭合对象（如圆、椭圆、多段线或样条曲线）转换为修订云线外，还可以直接绘制矩形和多边形修订云线，而且还可以任意修改云线修订。

【修订云线】命令的几种常用调用方法如下。

(1) 单击【默认】选项卡→【绘图】面板→单击一种【修订云线】按钮。

(2) 选择【绘图】→【修订云线】命令。

(3) 在命令行中输入“REVCLOUD”命令并按【Space】键确认。

执行修订云线命令后，AutoCAD 命令行提示如下：

```
命令：_revcloud
最小弧长：0.5  最大弧长：0.5  样式：普通  类型：矩形
指定第一个角点或 [弧长 (A)/ 对象 (O)/ 矩形 (R)/ 多边形 (P)/ 徒手画 (F)/ 样式 (S)/ 修改 (M)] < 对象 >:
```

提示

命令行中各选项含义如下。

【弧长】：指定云线中圆弧的长度，最大弧长不能大于最小弧长的 3 倍。

【对象】：将现有的对象创建为修订云线。

【矩形】：创建矩形修订云线，AutoCAD 2016 新增内容。

【多边形】：创建多边形修订云线，AutoCAD 2016 新增内容。

【徒手画】：通过拖动鼠标创建修订云线，是之前版本创建修订云线主要方法。

【样式】：指定修订云线的样式，选择手绘样式可以使修订云线看起来像是用画笔绘制的。

【修改】：对已有的修订云线进行修改，通过修改后可以将原修订云线删除，创建新的修订云，是 AutoCAD 2016 的新增内容。

下面将对修订云线的创建和修改过程进行详细介绍，具体操作步骤如下。

第 1 步 打开随书光盘中的“素材\CH05\55KV 自耦减压启动柜 .dwg”文件。

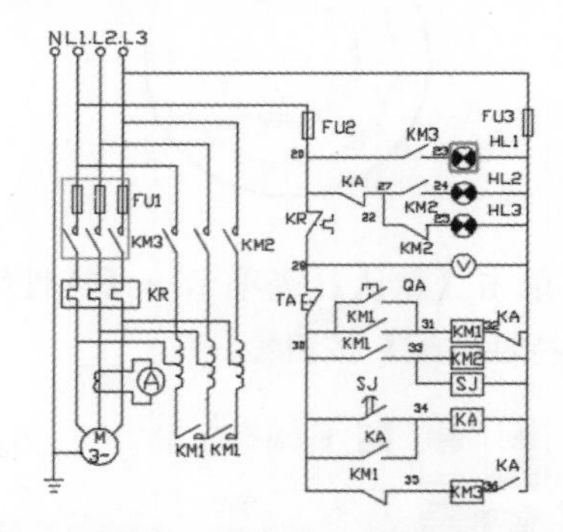

第 2 步 单击【默认】选项卡→【绘图】面板→【多边形修订云线】按钮。

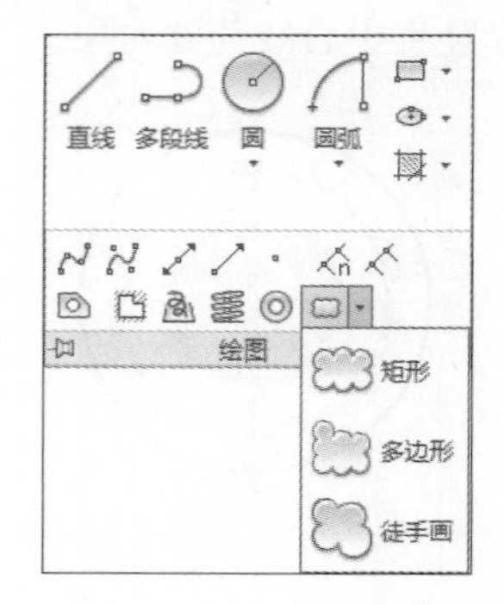

第 3 步 根据命令行提示输入“a”，确定最小和最大弧长，然后在输入“s”，选择“手绘”。

命令 : _revcloud

最小弧长 : 0.5 最大弧长 : 0.5 样式 : 普通 类型 : 徒手画

指定第一个点或 [弧长 (A)/ 对象 (O)/ 矩形 (R)/ 多边形 (P)/ 徒手画 (F)/ 样式 (S)/ 修改 (M)] < 对象 >: _P

最小弧长 : 0.5 最大弧长 : 0.5 样式 : 普通 类型 : 多边形

指定起点或 [弧长 (A)/ 对象 (O)/ 矩形 (R)/ 多边形 (P)/ 徒手画 (F)/ 样式 (S)/ 修改 (M)] < 对象 >: a ↙

指定最小弧长 <0.5>: 2 ↙

指定最大弧长 <2>: ↙

指定起点或 [弧长 (A)/ 对象 (O)/ 矩形 (R)/ 多边形 (P)/ 徒手画 (F)/ 样式 (S)/ 修改 (M)] < 对象 >: s ↙

选择圆弧样式 [普通 (N)/ 手绘 (C)] < 普通 >:c 手绘 ↙

第 4 步 在要创建修订云线的地方单击一点作为起点，如下图所示。

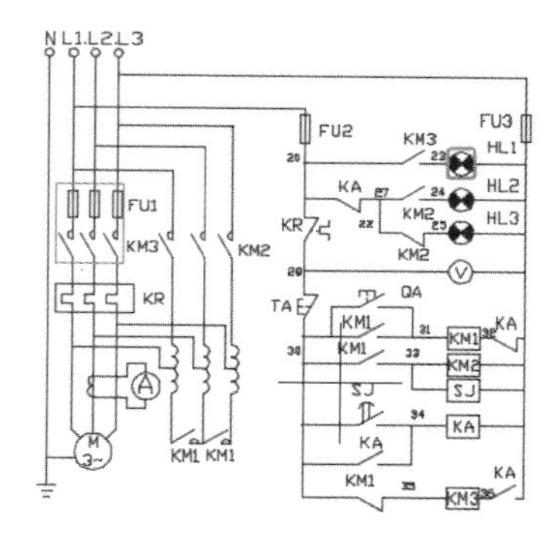

第 5 步 拖到鼠标并在合适的位置单击指定第二点，结果如下图所示。

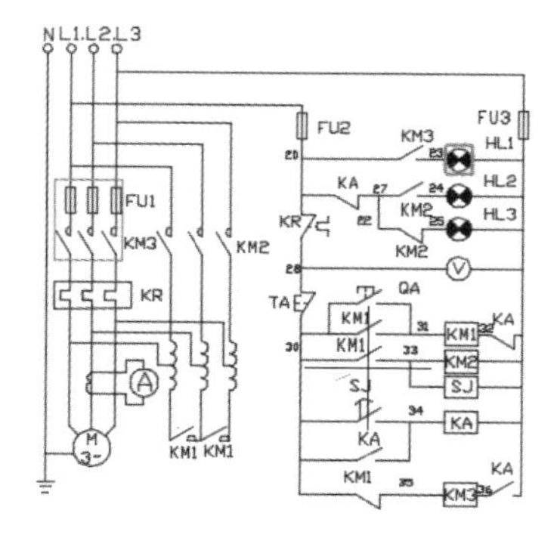

第 6 步 继续指定其他点，最后按【Enter】键结束修订云线的绘制，结果如下图所示。

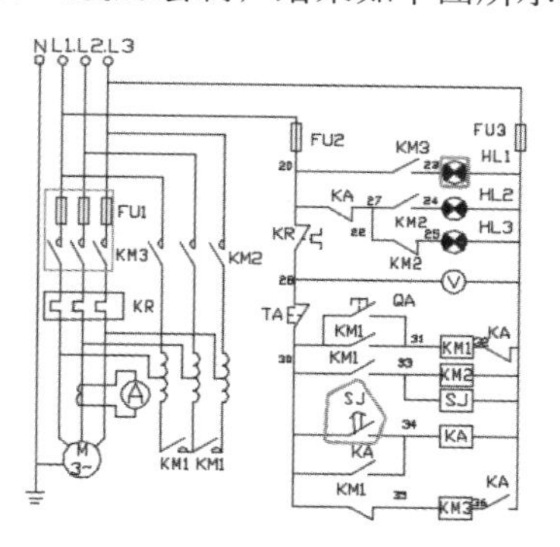

第 7 步 单击【默认】选项卡→【绘图】面板→【徒手画修订云线】，在要创建修订云线的地方单击作为起点，然后拖动鼠标绘制云线，如下图所示。

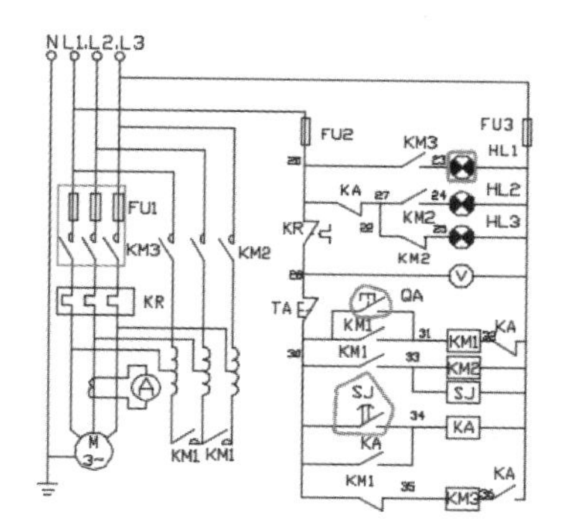

提示

徒手绘制修订云线只需要指定起点，然后拖动鼠标（不需要单击）即可，鼠标滑过的轨迹即为创建的云线。

第 8 步 选择【绘图】→【修订云线】命令，在命令行输入“o”。

命令 : _revcloud

最小弧长 : 2 最大弧长 : 2 样式 : 手绘 类型 : 徒手画

指定第一个点或 [弧长 (A)/ 对象 (O)/ 矩形 (R)/ 多边形 (P)/ 徒手画 (F)/ 样式 (S)/ 修改 (M)] < 对象 >: _F

指定第一个点或 [弧长 (A)/ 对象 (O)/ 矩形 (R)/ 多边形 (P)/ 徒手画 (F)/ 样式 (S)/ 修改 (M)] < 对象 >: o ↙

第 9 步　当命行提示选择对象时，选择如下图所示的矩形。

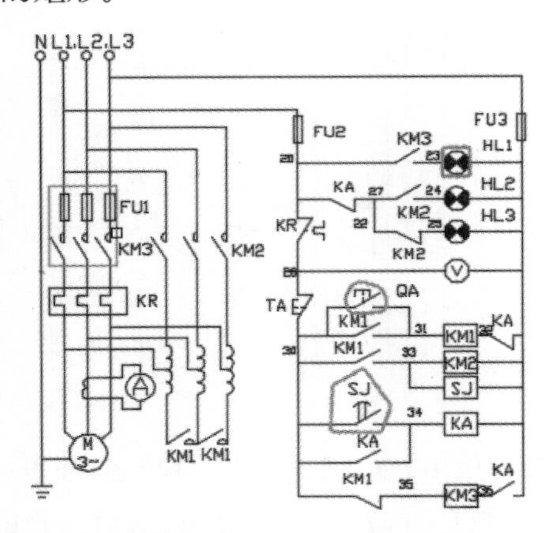

第 10 步　按【Enter】键结束命令后，结果如下图所示。

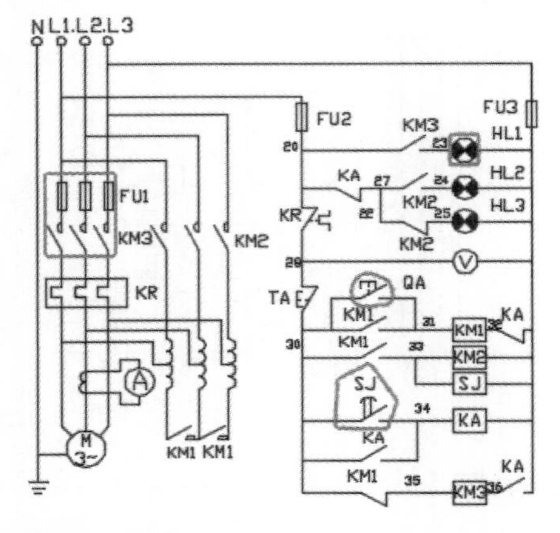

第 11 步　选择【绘图】→【修订云线】命令，在命令行输入“m”。

命令：_revcloud
最小弧长：2　最大弧长：2　样式：手绘类型：徒手画
指定第一个点或 [弧长 (A)/ 对象 (O)/ 矩形 (R)/ 多边形 (P)/ 徒手画 (F)/ 样式 (S)/ 修改 (M)] < 对象 >: _F
指定第一个点或 [弧长 (A)/ 对象 (O)/ 矩形 (R)/ 多边形 (P)/ 徒手画 (F)/ 样式 (S)/ 修改 (M)] < 对象 >: m ↙

第 12 步　当命令行提示选择要修改的多段线时，选择如下图所示的修订云线。

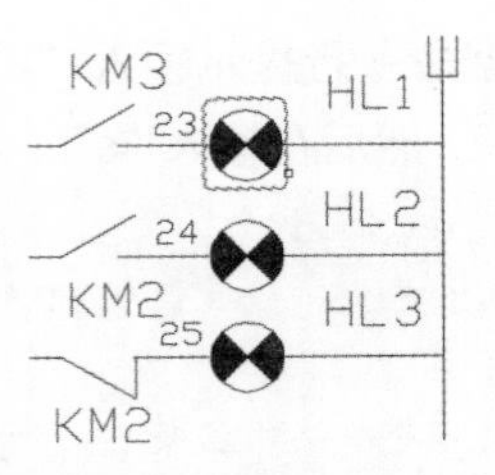

第 13 步　拖动鼠标指定并单击指定下一点，如下图所示。

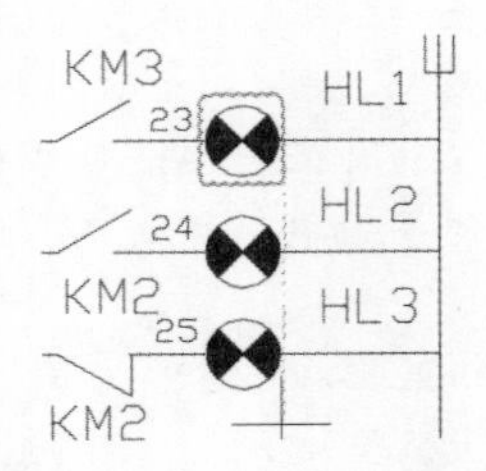

第 14 步　继续指定下一点，如下图所示。

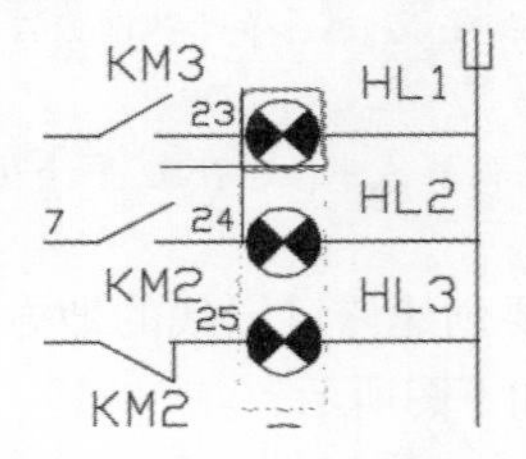

第 15 步　指定最后一点后，AutoCAD 提示拾取要删除的边，选择如下图所示边。

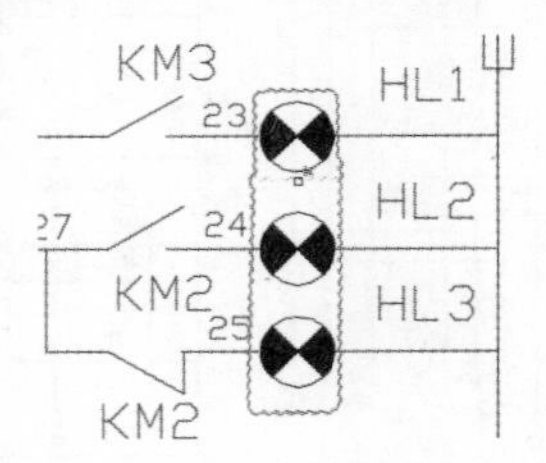

第 16 步　删除边后按【Enter】键结束命令，结果如下图所示。

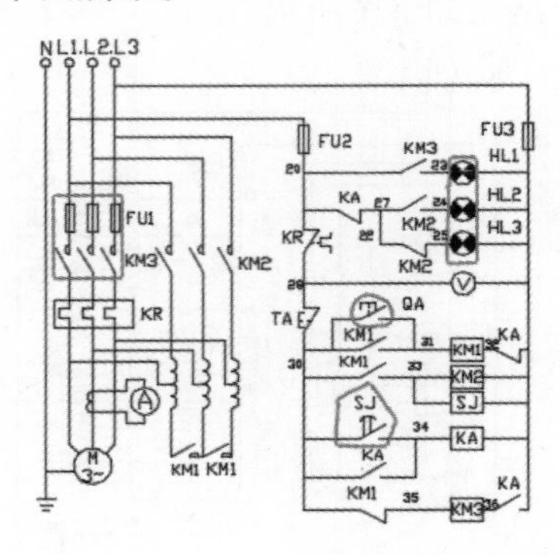

第 6 章

文字与表格

本章导读

在制图中，文字是不可缺少的组成部分，经常用文字来书写图纸的技术要求。除了技术要求外，对于装配图还要创建图纸明细栏加以说明装配图的组成，而在 AutoCAD 中创建明细栏最常用的就是利用表格命令来创建。

思维导图

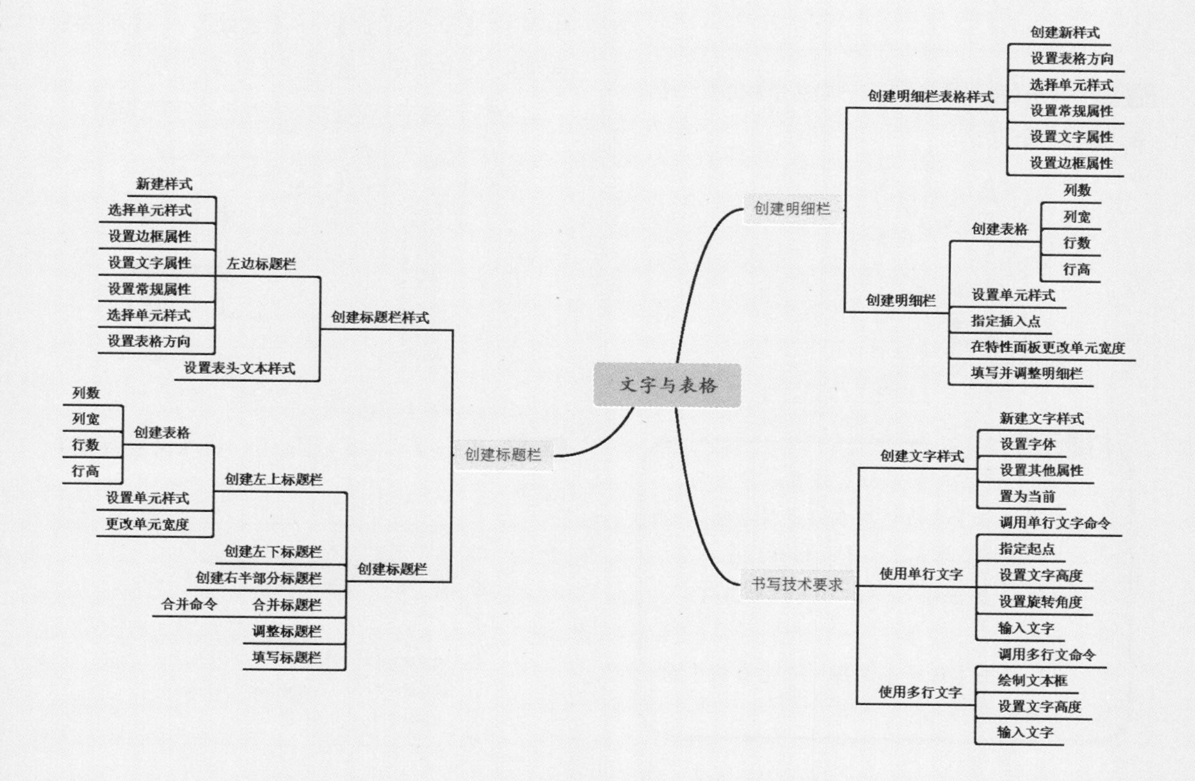

6.1 创建泵体装配图的标题栏

标准标题栏的行和列各自交错，整体绘制起来难度很大，这里采取将其分为左上、左下和右3部分，分别绘制后组合到一起。

6.1.1 创建标题栏表格样式

在用AutoCAD绘制表格之前，首先要创建适合绘制所需表格的表格样式。

标题栏表格样式的具体创建步骤如下。

1. 创建左边标题栏表格样式

第1步 打开随书附带的光盘文件“素材\CH06\齿轮泵装配图.dwg”。

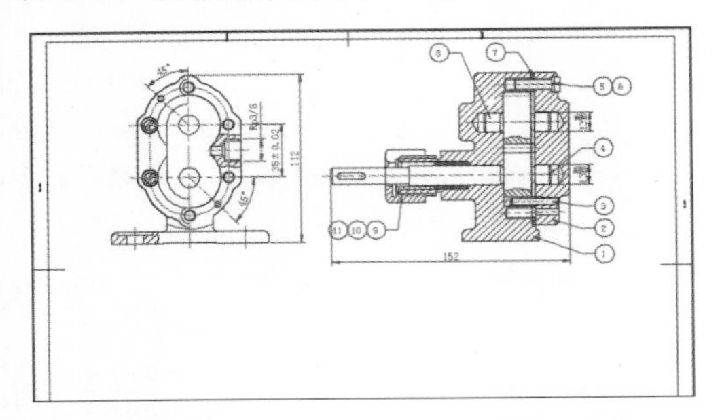

第2步 单击【默认】选项卡→【注释】面板→【表格样式】按钮。

提示

除了通过面板调用表格样式命令外，还可以通过以下方法调用表格样式命令。

(1) 选择【格式】→【表格样式】命令。

(2) 命令行输入“TABLESTYLE/TS”命令并按【Space】键。

(3) 单击【注释】选项卡→【表格】面板右下角的箭头。

第3步 在弹出的【表格样式】对话框中单击【新建】按钮，在弹出的【创建新的表格样式】对话框中输入新样式名“标题栏表格样式（左）”。

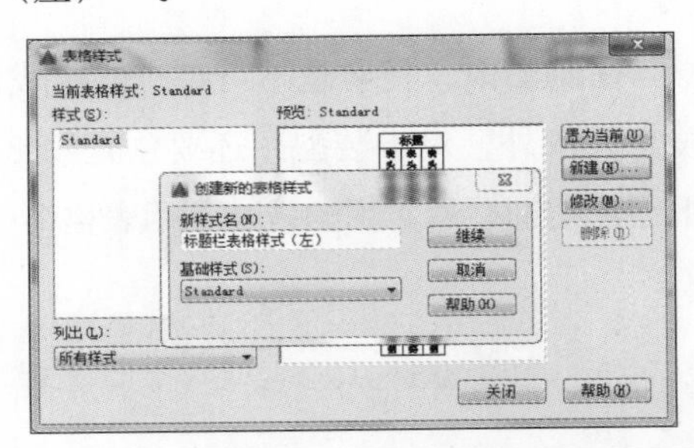

第4步 单击【继续】按钮，在弹出的【新建表格样式：标题栏表格样式（左）】对话框中单击【单元样式】→【常规】→【对齐】选项的下拉按钮，选择【正中】选项。

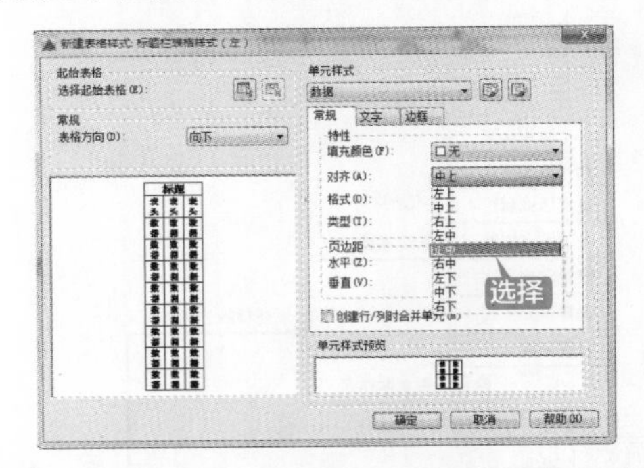

第5步 单击【文字】选项卡，将【文字高度】改为“3”。

第 6 步 单击【单元样式】下拉按钮，在弹出的下拉列表中选择【标题】选项。

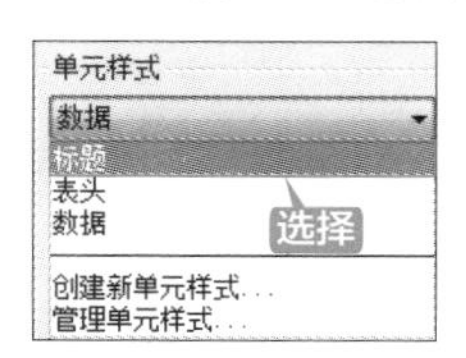

第 7 步 单击【文字】选项卡，将【文字高度】改为“3”。

第 8 步 重复第 6 步～第 7 步，将表头的文字高度也改为“3”。

第 9 步 设置完成后单击【确定】按钮，回到【表格样式】对话框后可以看到新建的表格样式已经存在【样式】列表中。

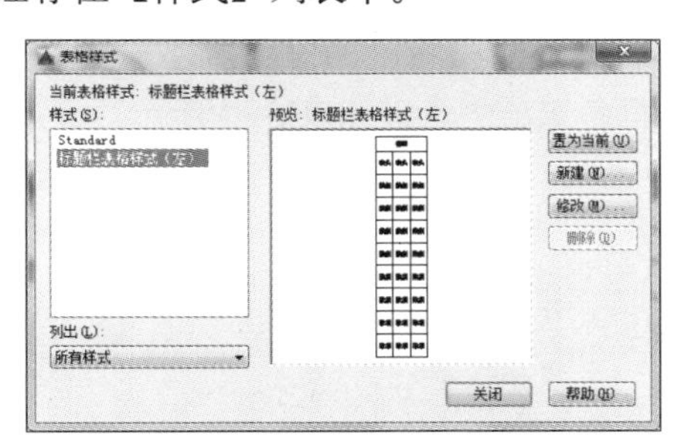

2. 创建右边标题栏表格样式

第 1 步 “标题栏表格样式（左）“创建完成回到【表格样式】对话框后，单击【新建】按钮，以“标题栏表格样式（左）”为基础样式创建“标题栏表格样式（右）”。

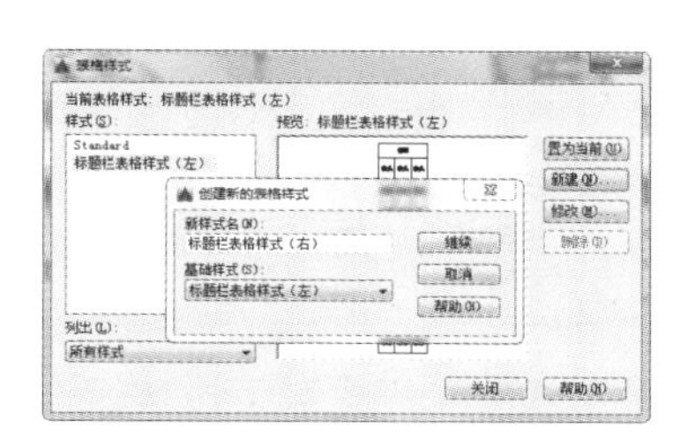

第 2 步 在弹出的【新建表格样式：标题栏表格样式（右）】对话框中单击【常规】→【表格方向】选项的下拉按钮，选择【向上】选项。

第 3 步 数据单元格放在上面，表头和标题放在下面。

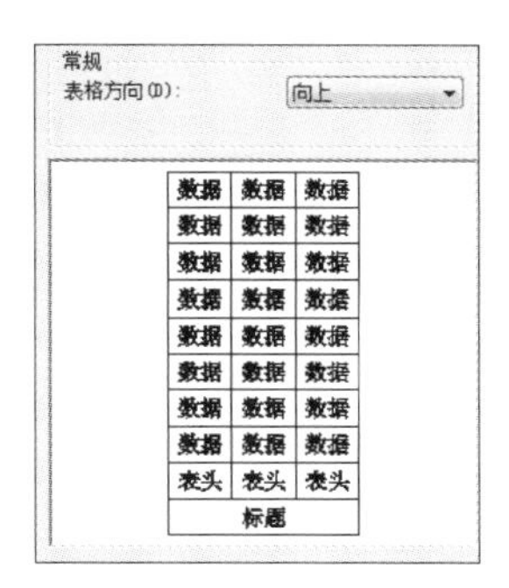

第 4 步 单击【单元样式】→【常规】选项卡，将“数据”单元格式的水平和垂直边页距都设置为“0”。

第 5 步 单击【文字】选项卡，将“数据”单元格的【文字高度】改为“1.5”。

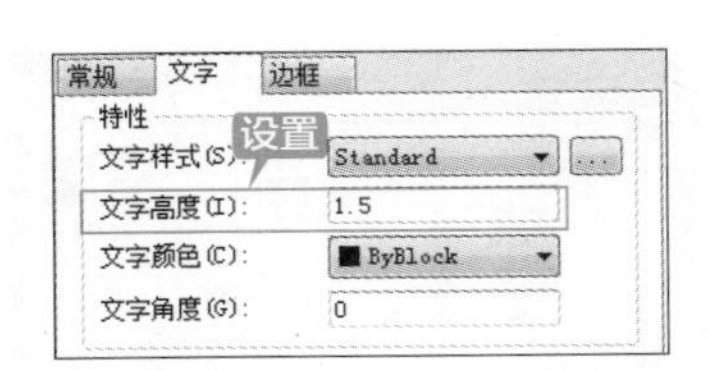

第 6 步 单击【单元样式】下拉按钮，在弹出的下拉列表中选择【标题】选项，将标题的【文字高度】设置为“4.5”。

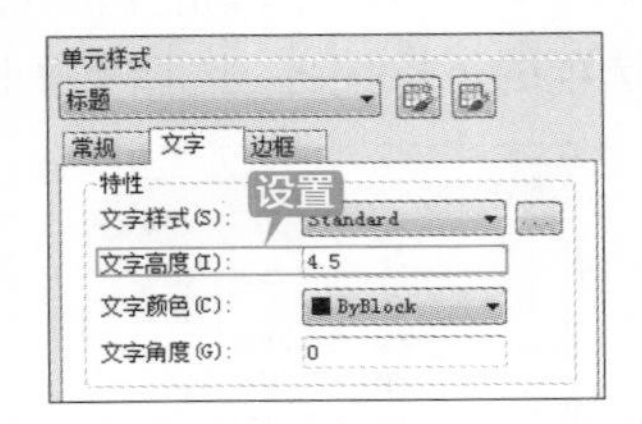

第 7 步 单击【常规】选项卡，将水平边页距设置为“1”，垂直边页距设置为“1.5”。

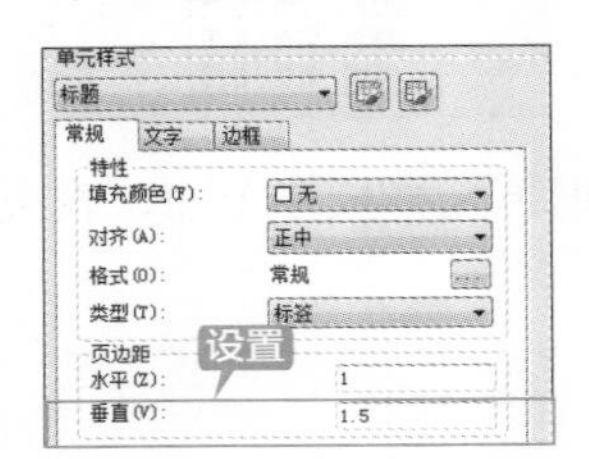

第 8 步 重复第 7 步，将表头的水平边页距设置为“1”，垂直边页距设置为“1.5”。

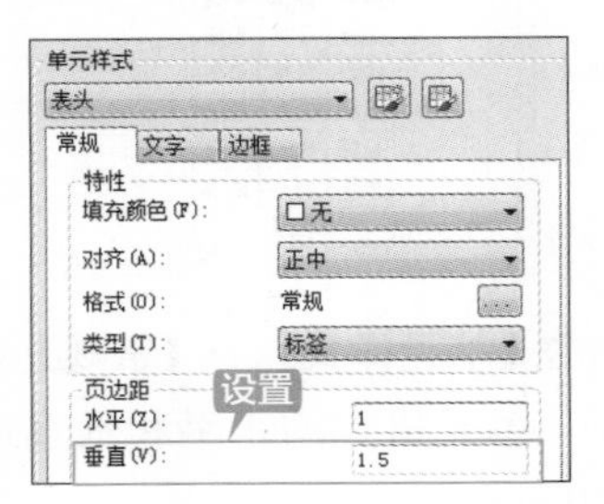

第 9 步 重复第 6 步，将表头的【文字高度】也改为“4.5”。

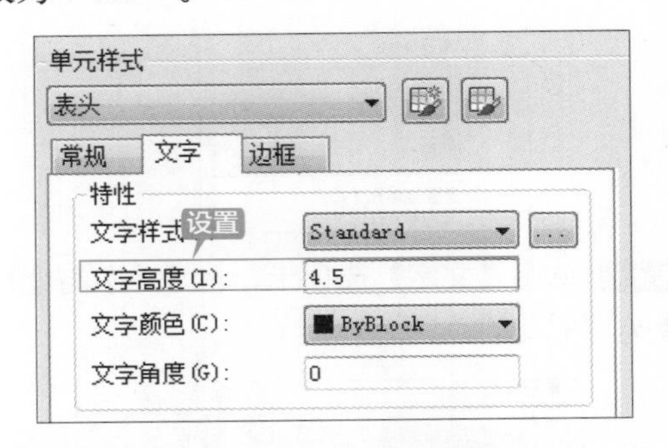

第 10 步 设置完成后单击【确定】按钮，回到【表格样式】对话框后选择“标题栏表格样式（左）”，然后单击【置为当前】按钮，将其设置为当前样式，最后单击【关闭】按钮退出【表格样式】对话框。

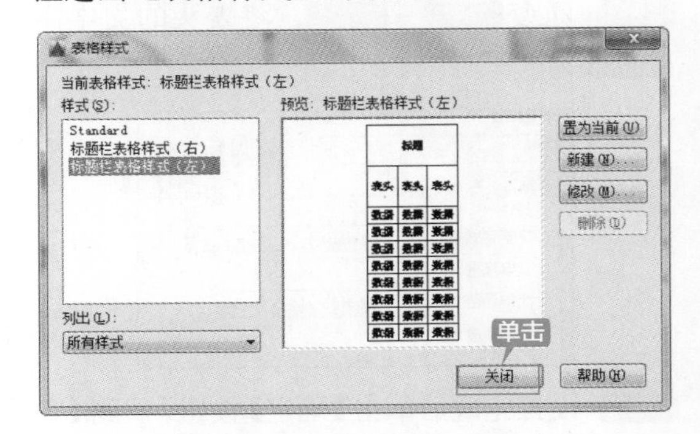

【表格样式】对话框用于创建、修改表格样式，表格样式包括背景色、页边距、边界、文字和其他表格特征的设置。【表格样式】对话框各选项的含义如表 6-1 所示。

表 6-1 【表格样式】对话框各选项的含义

选项	含义	示例
起始表格	使用户可以在图形中指定一个表格用作样例来设置此表格样式的格式。选择表格后，可以指定要从该表格复制到表格样式的结构和内容 使用【删除表格】图标，可以将表格从当前指定的表格样式中删除	起始表格 选择起始表格(E):
常规	设置表格方向。“向下”将创建由上而下读取的表格，“向上”将创建由下而上读取的表格	标题 向下 向上

续表

<table>
<tr><th colspan="2">选项</th><th>含义</th><th>示例</th></tr>
<tr><td rowspan="4">单元样式</td><td>【单元样式】菜单</td><td>显示表格中的单元样式
：启动【创建新单元样式】对话框 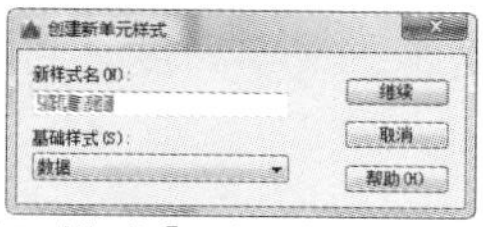
：启动【管理单元样式】对话框 </td><td></td></tr>
<tr><td>【常规】选项卡</td><td>用于设置数据单元、单元文字和单元边框的外观。
填充颜色：指定单元的背景色。可以选择【选择颜色】以显示【选择颜色】对话框。默认值为“无”
对齐：设置表格单元中文字的对正和对齐方式。文字相对于单元的顶部边框和底部边框进行居中对齐、上对齐或下对齐。文字相对于单元的左边框和右边框进行居中对正、左对正或右对正
格式：为表格中的“数据”“列标题”或“标题”行设置数据类型和格式。单击该按钮将显示【表格单元格式】对话框，从中可以进一步定义格式选项
类型：将单元样式指定为标签或数据
页边距：控制单元边框和单元内容之间的间距。单元边距设置应用于表格中的所有单元
水平：设置单元中的文字或块与左右单元边框之间的距离
垂直：设置单元中的文字或块与上下单元边框之间的距离
创建行 / 列时合并单元：将使用当前单元样式创建的所有新行或新列合并为一个单元。可以使用此选项在表格的顶部创建标题行</td><td></td></tr>
<tr><td>【文字】选项卡</td><td>文字样式：列出可用的文本样式。单击【文字样式】按钮，显示【文字样式】对话框，从中可以创建或修改文字样式
文字高度：设定文字高度
文字颜色：指定文字颜色。选择列表底部的“选择颜色”可显示【选择颜色】对话框
文字角度：设置文字角度。默认的文字角度为 0°，可以输入 –359° ~ +359° 之间的任意角度</td><td></td></tr>
<tr><td>【边框】选项卡</td><td>线宽：通过单击边界按钮，设置将要应用于指定边界的线宽。如果使用粗线宽，可能必须增加单元边距
线型：设定要应用于用户所指定的边框的线型。选择【其他】可加载自定义线型
颜色：通过单击边界按钮，设置将要应用于指定边界的颜色。选择【选择颜色】可显示【选择颜色】对话框
双线：将表格边界显示为双线
间距：确定双线边界的间距</td><td> </td></tr>
</table>

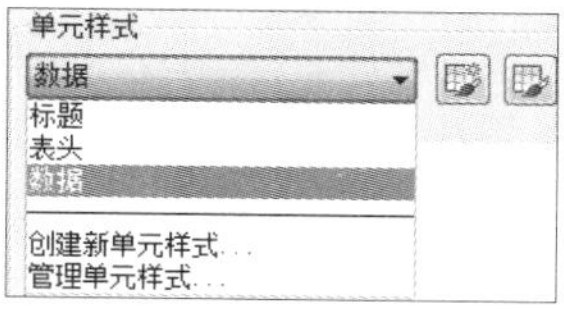

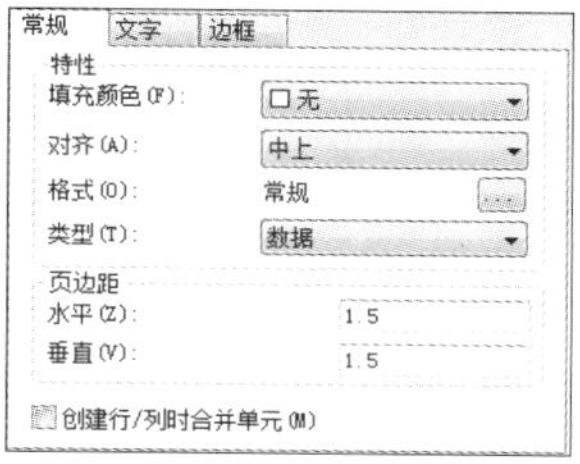

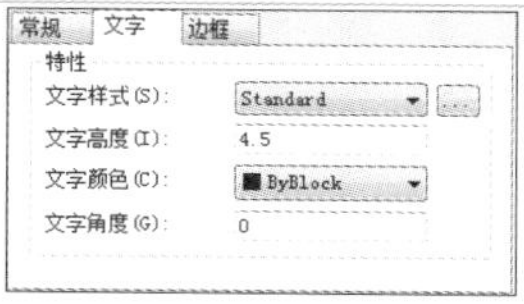

6.1.2 创建标题栏

完成表格样式设置后，就可以调用“表格”命令来创建表格了。在创建表格之前，先介绍一下创建表格的列和行与表格样式中设置的边页距、文字高度之间的关系。

最小列宽 =2× 水平边页距 + 文字高度

最小行高 =2× 垂直边页距 +4÷3× 文字高度

在【插入表格】对话框中，当设置的列宽大于最小列宽时，以指定的列宽创建表格；当小于最小列宽时以最小列宽创建表格。行高必须为最小行高的整数倍。创建完成后可以通过【特性】面板对列宽和行高进行调整，但不能小于最小列宽和最小行高。

创建标题栏时，将标题栏分为 3 部分创建，然后进行组合，其中左上标题栏和左下标题栏用“标题栏表格样式（左）”创建，右半部分标题栏用“标题栏表格样式（右）”创建。

标题栏创建完成后如下图所示。

创建标题栏的具体操作步骤如下。

1. 创建左上标题栏

第 1 步 单击【默认】选项卡→【注释】面板→【表格】按钮。

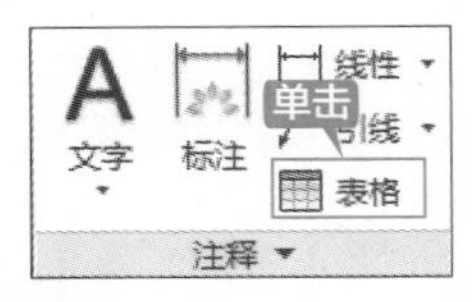

提示

除了上面方法调用表格命令外，还可以通过以下方法调用表格命令。

(1) 单击【注释】选项卡→【表格】面板→【表格】按钮。

(2) 选择【绘图】→【表格】命令。

(3) 命令行输入“TABLE”命令并按【Space】键。

第 2 步 在弹出的【插入表格】对话框中设置，将列数设置为“6”，列宽设置为“16”；行数设置为“2”，行高设置为“1”。

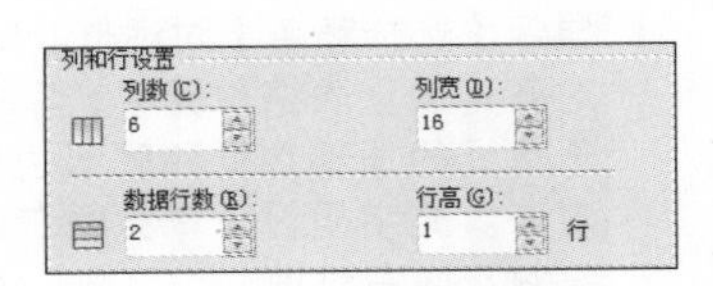

第 3 步 单击第一行单元样式，选择为“数据”，单击第二行单元样式，也选择“数据”。

提示

6.1.1 小节在创建表格样式时已经将“标题栏表格样式（左）”设置为了当前样式，所以，默认是以该样式创建表格。

表格的行数 = 数据行数 + 标题 + 表头

第 4 步 设置完成后可以看到【预览】选项区的单元格式全变成了数据单元格。

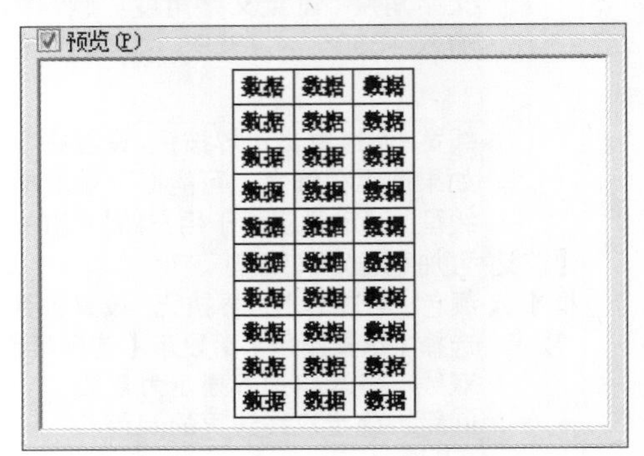

第 5 步 其他设置保持默认设置，单击【确定】按钮退出【插入表格】对话框，然后在合适位置单击指定表格插入点。

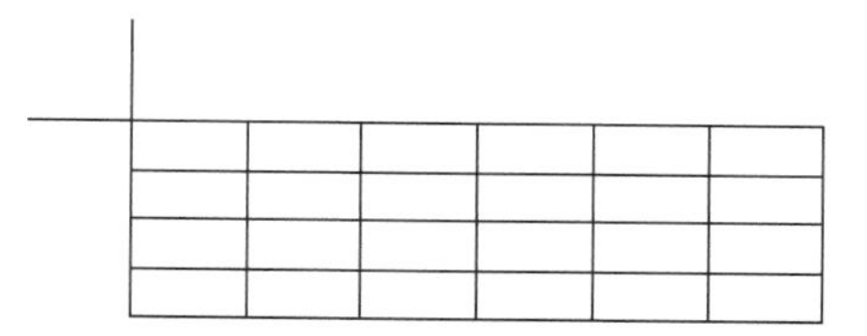

第 6 步 插入表格后按【Esc】键退出文字输入状态，如下图所示。

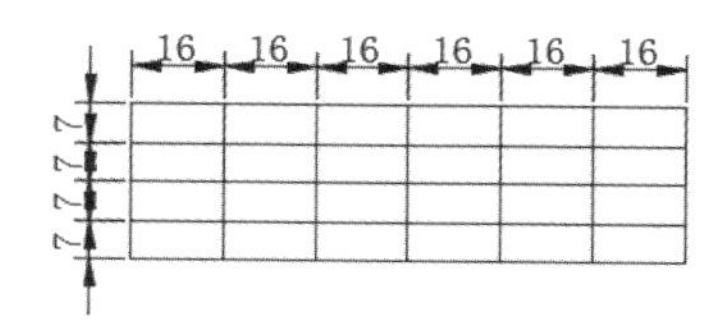

第 7 步 按【Ctrl+1】组合键，弹出【特性】面板后，按住鼠标左键并拖动选择前两列表格。

第 8 步 在【特性】面板上将单元格的宽度改为“10”。

第 9 步 结果前两列的宽度变为“10”，如下图所示。

第 10 步 重复第 7 步～第 8 步，选中第 5 列，将单元格的宽度改为“12”。按【Esc】键退出选择状态后如下图所示。

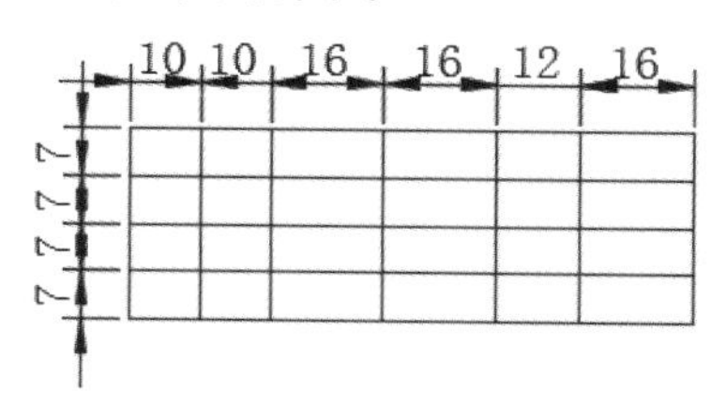

2. 创建左下标题栏

第 1 步 重复“创建左上标题栏”的前 4 步，创建完表格后指定插入点。

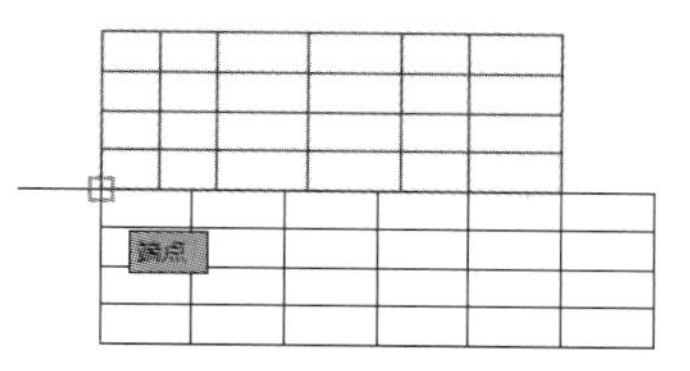

第 2 步 插入后按住鼠标左键并拖动选择前两列表格。

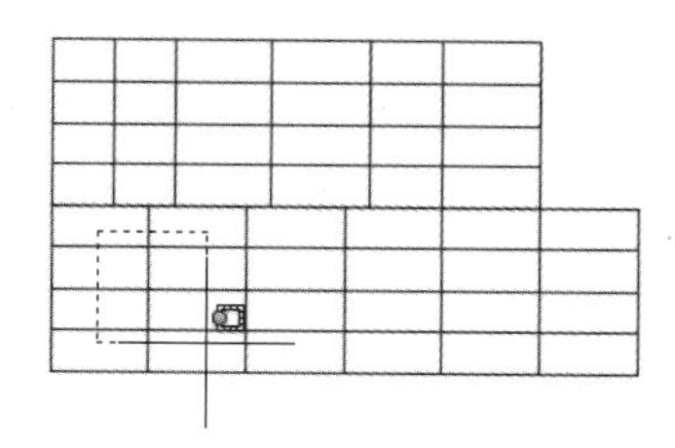

第 3 步 在【特性】面板上将单元格的宽度改为“12”。

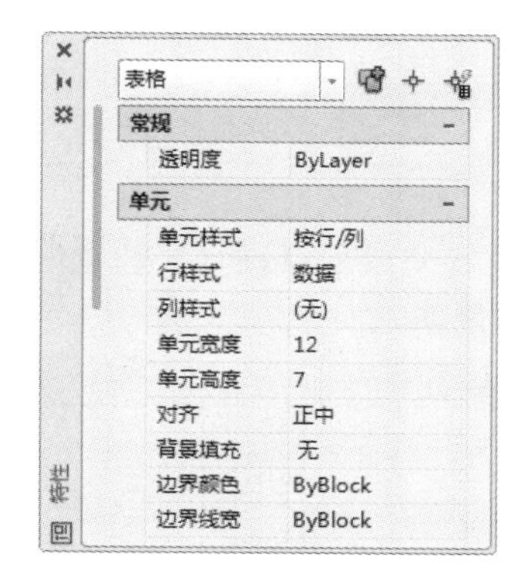

第 4 步 再选中第 4~5 列，将单元格的宽度也改为“12”。然后按【Esc】键退出选择状态后如下图所示。

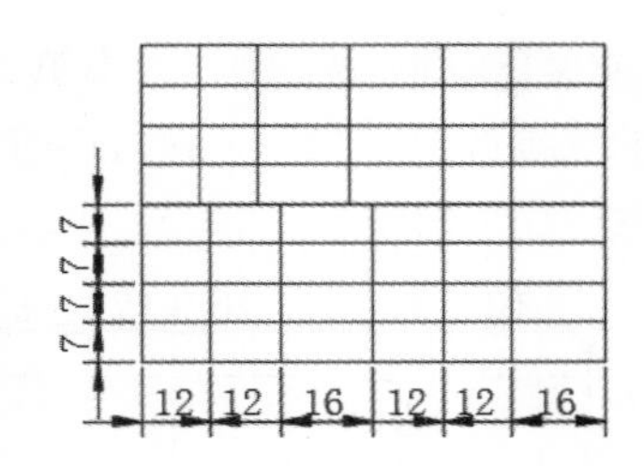

3. 创建右半部分标题栏

第 1 步　单击【默认】选项卡→【注释】面板→【表格】按钮。

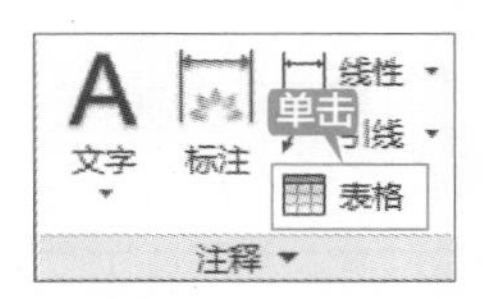

第 2 步　单击左上角【表格样式】下拉列表，选择“标题栏表格样式（右）”。

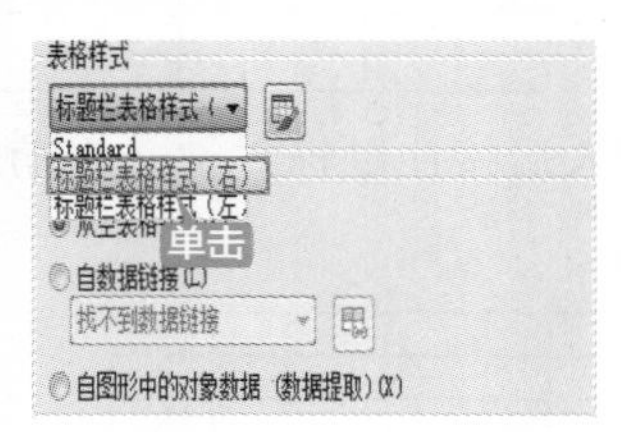

第 3 步　将列数设置为“7”，列宽设置为“6.5”；行数设置为“19”，行高设置为“1”，其他设置不变。

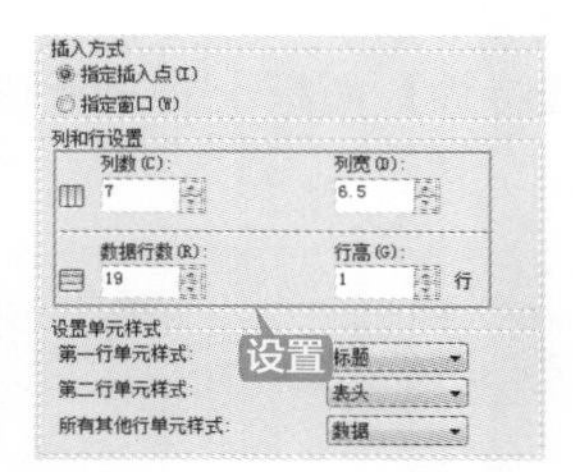

第 4 步　设置完成后【预览】选项区的单元格显示如下图所示。

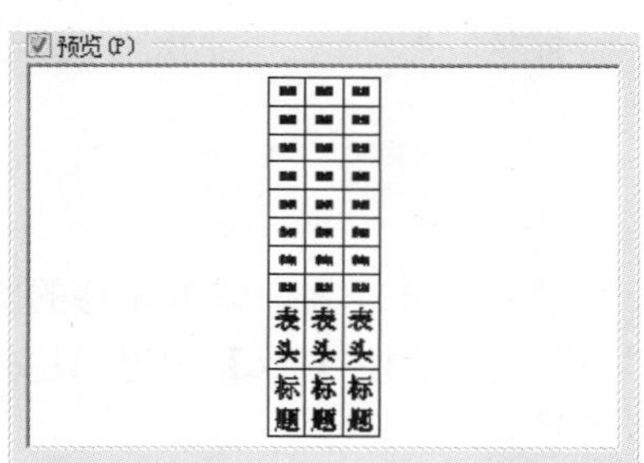

第 5 步　创建完表格后指定“左下标题栏”的右下端点为插入点。

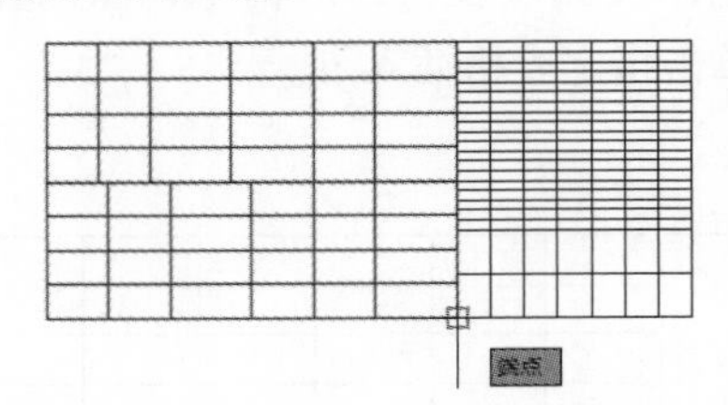

第 6 步　插入表格后按【Esc】键退出文字输入状态，如下图所示。

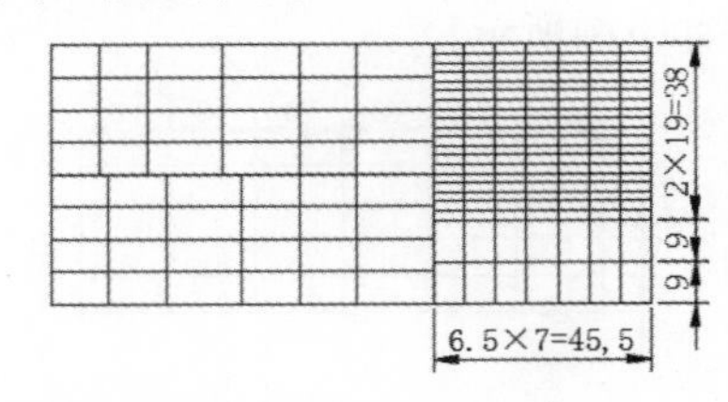

4. 合并右半部分标题栏

第 1 步　按住鼠标左键并拖动选择最右侧前 9 行数据单元格。

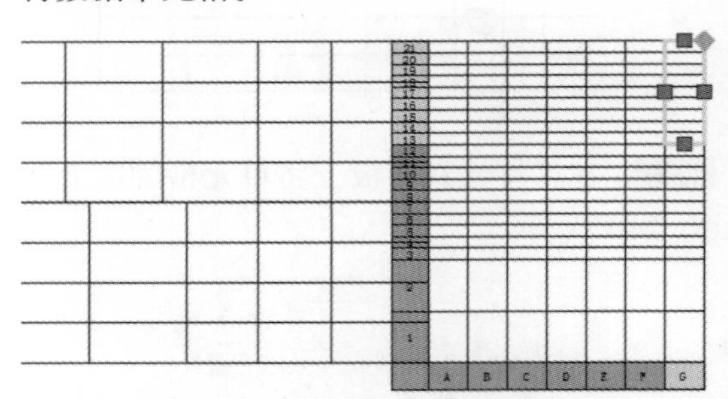

第 2 步　单击【表格单元】选项卡→【合并】面板→【合并全部】按钮。

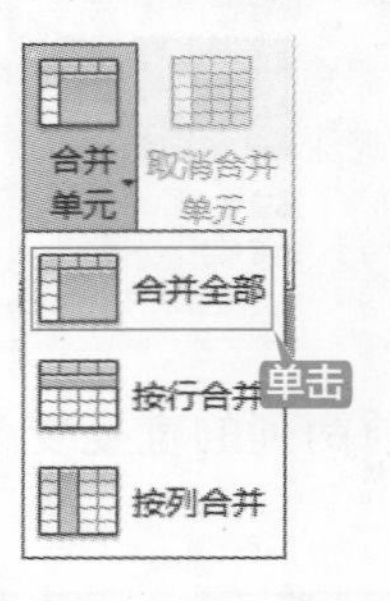

提示

选择表格后会自动弹出【表格单元】选项卡。

第 3 步 合并后如下图所示。

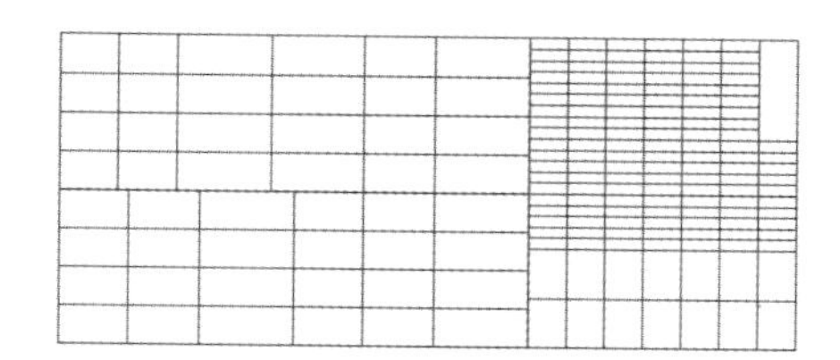

第 4 步 重复第 1 步～第 2 步，选中最右侧的第 10~19 行数据单元格，将其合并。

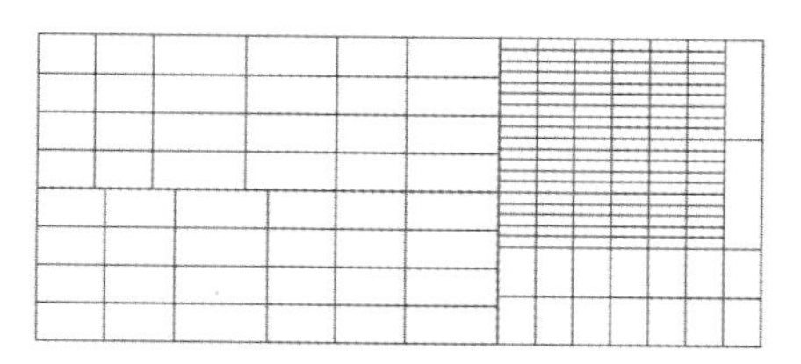

第 5 步 重复第 1 步～第 2 步，选中最右侧的“标题”和“表头”单元格，将其合并。

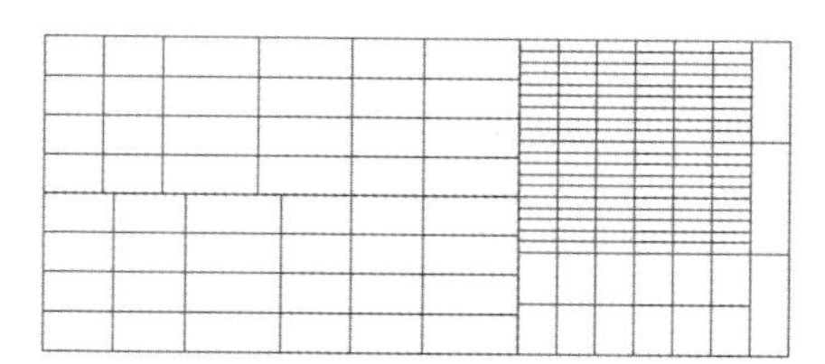

第 6 步 选择左侧 5 列上端前 14 行数据单元格。

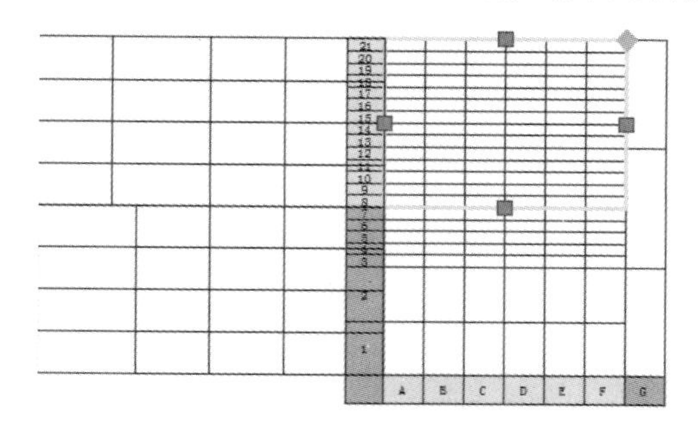

第 7 步 单击【表格单元】选项卡→【合并】面板→【合并全部】按钮，将其合并后如下图所示。

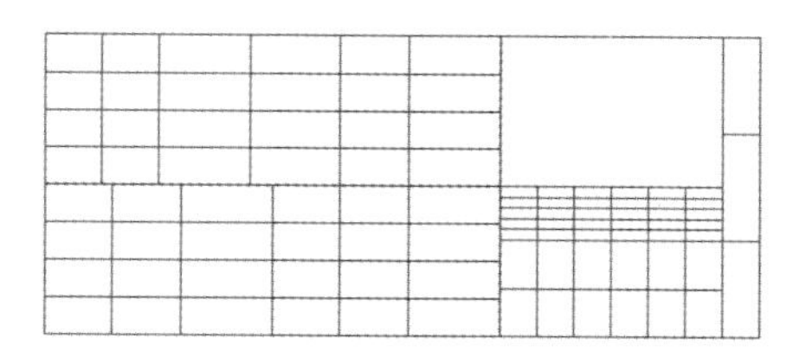

第 8 步 选择左侧 4 列第 3~7 行数据单元格。

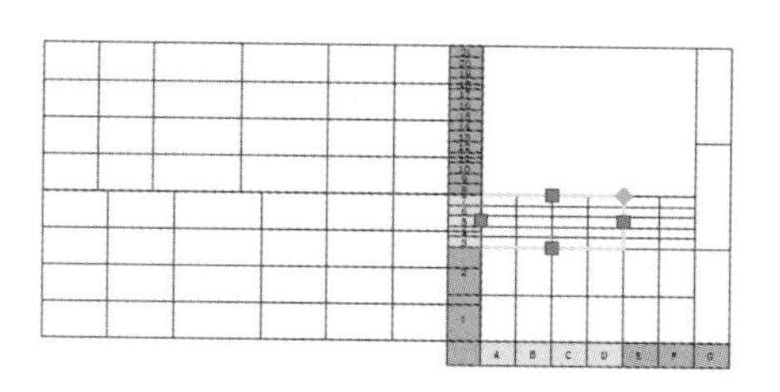

第 9 步 单击【表格单元】选项卡→【合并】面板→【合并全部】按钮，将其合并后如下图所示。

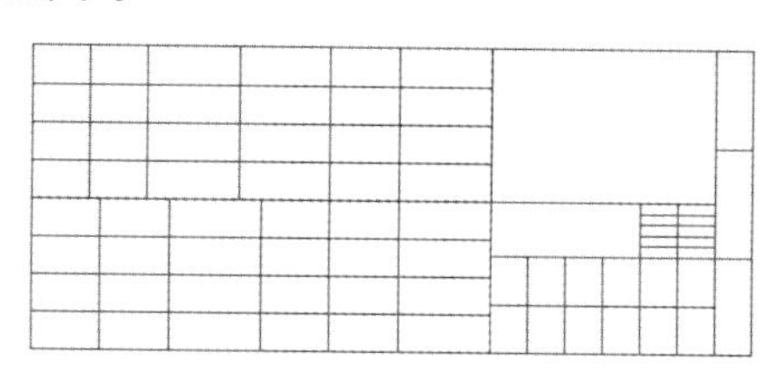

第 10 步 重复第 1 步～第 2 步，将剩余的第 5 和 6 列数据单元格分别进行合并。

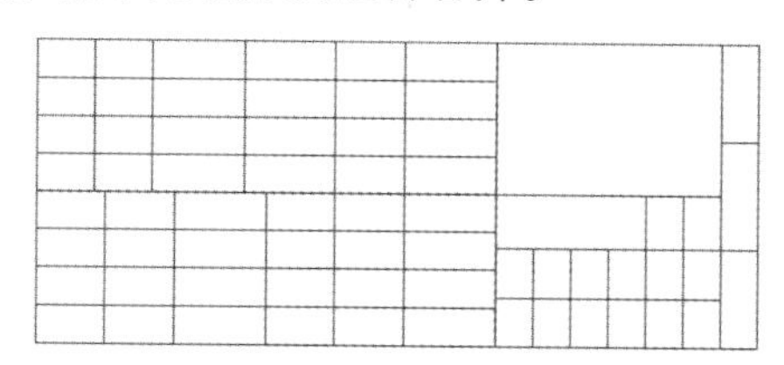

第 11 步 重复第 1 步～第 2 步，将左侧 6 列的“标题”单元格合并。

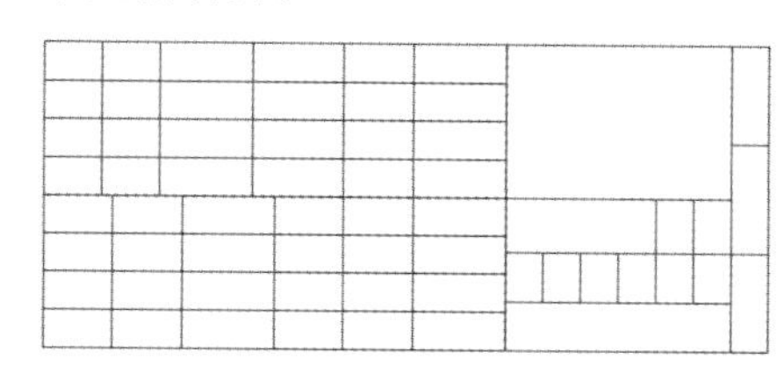

5. 调整标题栏

第 1 步 按住鼠标左键并拖动选择最右侧表格。

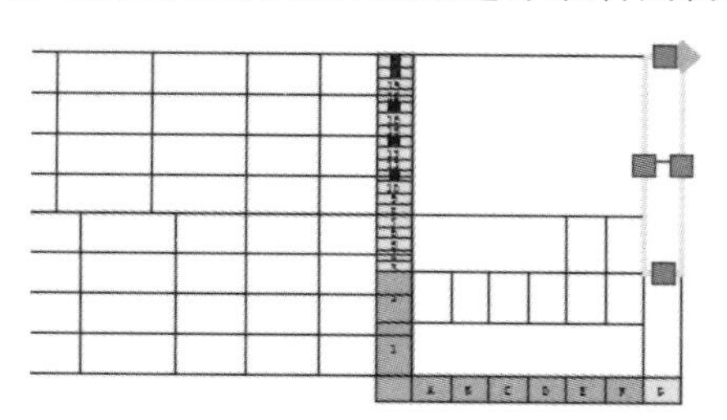

第 2 步 在【特性】面板上将单元格的宽度改为“50”。

第 3 步 继续选择需要修改列宽的表格。

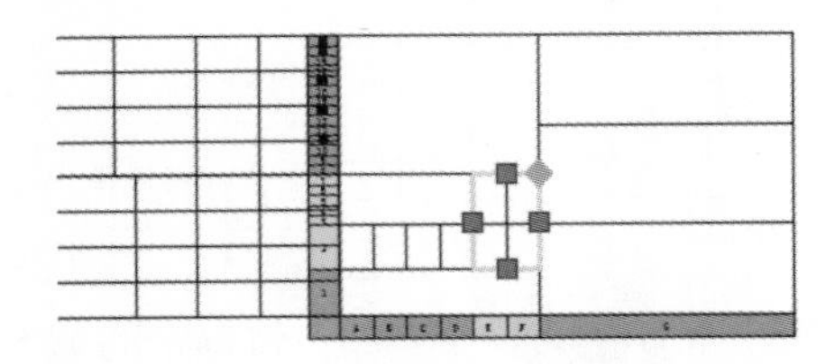

第 4 步 在特性面板上将单元格的宽度改为“12”。

第 5 步 单元格的宽度修改完毕后如下所示。

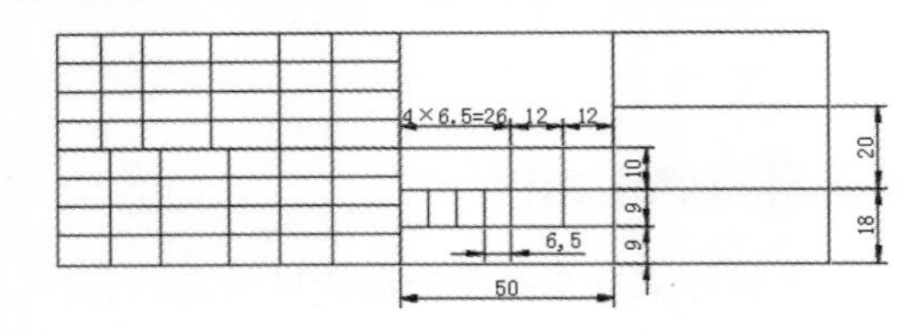

6. 填写标题栏

第 1 步 双击要填写文字的单元格，然后输入相应的内容。

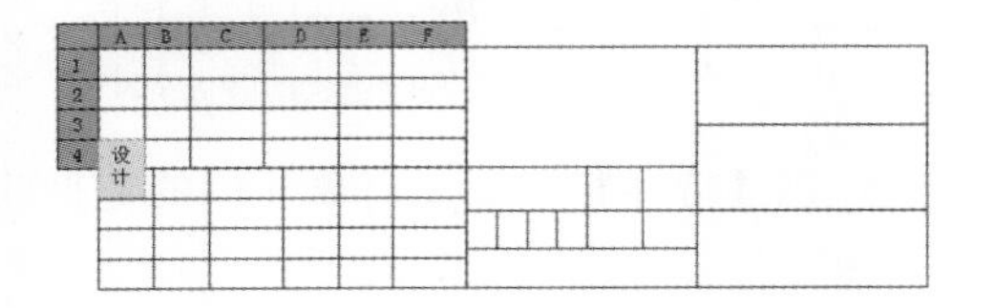

第 2 步 如果输入的内容较多或字体较大超出了表格，可以选中输入的文字，然后在弹出的【文字编辑器】选项卡的【样式】面板上修改文字的高度。

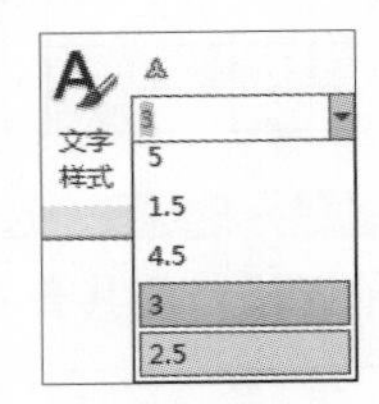

第 3 步 选中好文字高度后，按【↑】、【↓】、【←】、【→】键到相应单元格。

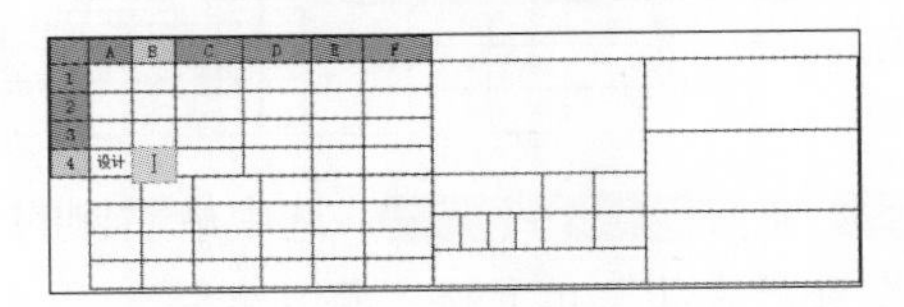

第 4 步 继续输入文字，并对文字的大小进行调节，使输入的文字适应表格大小，结果如下图所示。

标记	处数	分区	更改文件号	签名	日期				上海××设计院
设计			标准化	签名		阶段标记	重量	比例	齿轮泵装配图
审核									CLBZPT-01
工艺			批准			共1张	第1张		

第 5 步 选中确定不需要修改的文字内容。

标记	处数	分区	更改文件号	签名	日期				上海××设计院
设计			标准化	签名		阶段标记	重量	比例	齿轮泵装配图
审核									CLBZPT-01
工艺			批准			共1张	第1张		

第 6 步 单击【表格单元】→【单元格式】面板→【单元锁定】下拉按钮，选择【内容和格式已锁定】选项。

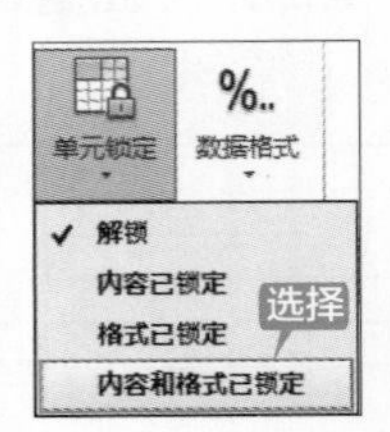

第 7 步 选中锁定后的内容或格式，将出现🔒图标，只有重新解锁后，才能修改该内容。

第8步 重复第5步~第6步，将所有不需要修改的内容锁定，然后单击【默认】选项卡→【修改】面板→【移动】按钮，选择所有的标题栏为移动对象，并捕捉右下角的端点为基点。

第9步 捕捉图框内边框的右下端点为位移的第二点，标题栏移动到位后如下图所示。

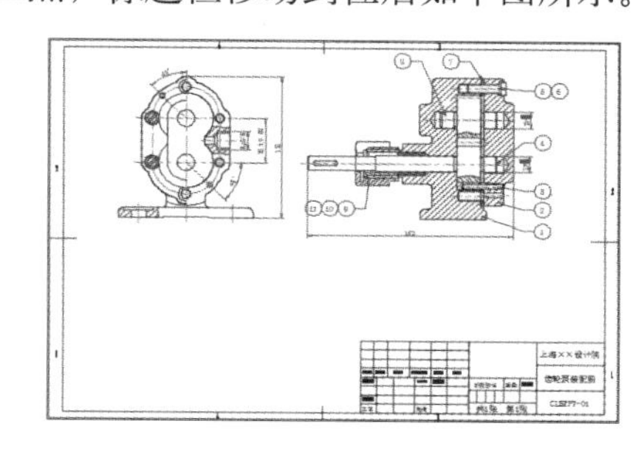

【插入表格】对话框各选项的含义如表6-2所示。

表6-2 插入表格对话框各选项的含义

选项	含义	示例
表格样式	在要从中创建表格的当前图形中选择表格样式。通过单击下拉列表旁边的按钮，用户可以创建新的表格样式	
插入选项	从空表格开始：创建可以手动填充数据的空表格	
	从数据链接开始：从外部电子表格中的数据创建表格	
	从数据提取开始：启动“数据提取”向导	
预览	控制是否显示预览。如果从空表格开始，则预览将显示表格样式的样例。如果创建表格链接，则预览将显示结果表格处理大型表格时，清除此选项以提高性能	
插入方式	指定插入点：指定表格左上角的位置。可以使用定点设备，也可以在命令提示下输入坐标值。如果表格样式将表格的方向设定为由下而上读取，则插入点位于表格的左下角	.pptx
	指定窗口：指定表格的大小和位置。可以使用定点设备，也可以在命令提示下输入坐标值。选定此选项时，行数、列数、列宽和行高取决于窗口的大小以及列和行设置	
行和列设置	列数：指定列数。选定【指定窗口】选项并指定列宽时，“自动”选项将被选定，且列数由表格的宽度控制。如果已指定包含起始表格的表格样式，则可以选择要添加到此起始表格的其他列的数量 列宽：指定列的宽度。选定【指定窗口】选项并指定列数时，则选定了“自动”选项，且列宽由表格的宽度控制。最小列宽为一个字符 数据行数：指定行数。选定【指定窗口】选项并指定行高时，则选定了“自动”选项，且行数由表格的高度控制。带有标题行和表格头行的表格样式最少应有三行。最小行高为一个文字行。如果已指定包含起始表格的表格样式，则可以选择要添加到此起始表格的其他数据行的数量 行高：按照行数指定行高。文字行高基于文字高度和单元边距，这两项均在表格样式中设置。选定【指定窗口】选项并指定行数时，则选定了“自动”选项，且行高由表格的高度控制	

创建表格后，单击表格上的任意网格线可以选中表格，在单元格内单击则可以选中单元格。

选中表格后可以修改其列宽和行高、更改其外观、合并和取消单元以及创建表格打断。选中单元格后可以更改单元格的高度、宽度以及拖动单元格夹点复制数据等。

关于修改表和单元格的操作如表 6–3 所示。

表 6–3 修改表和单元格

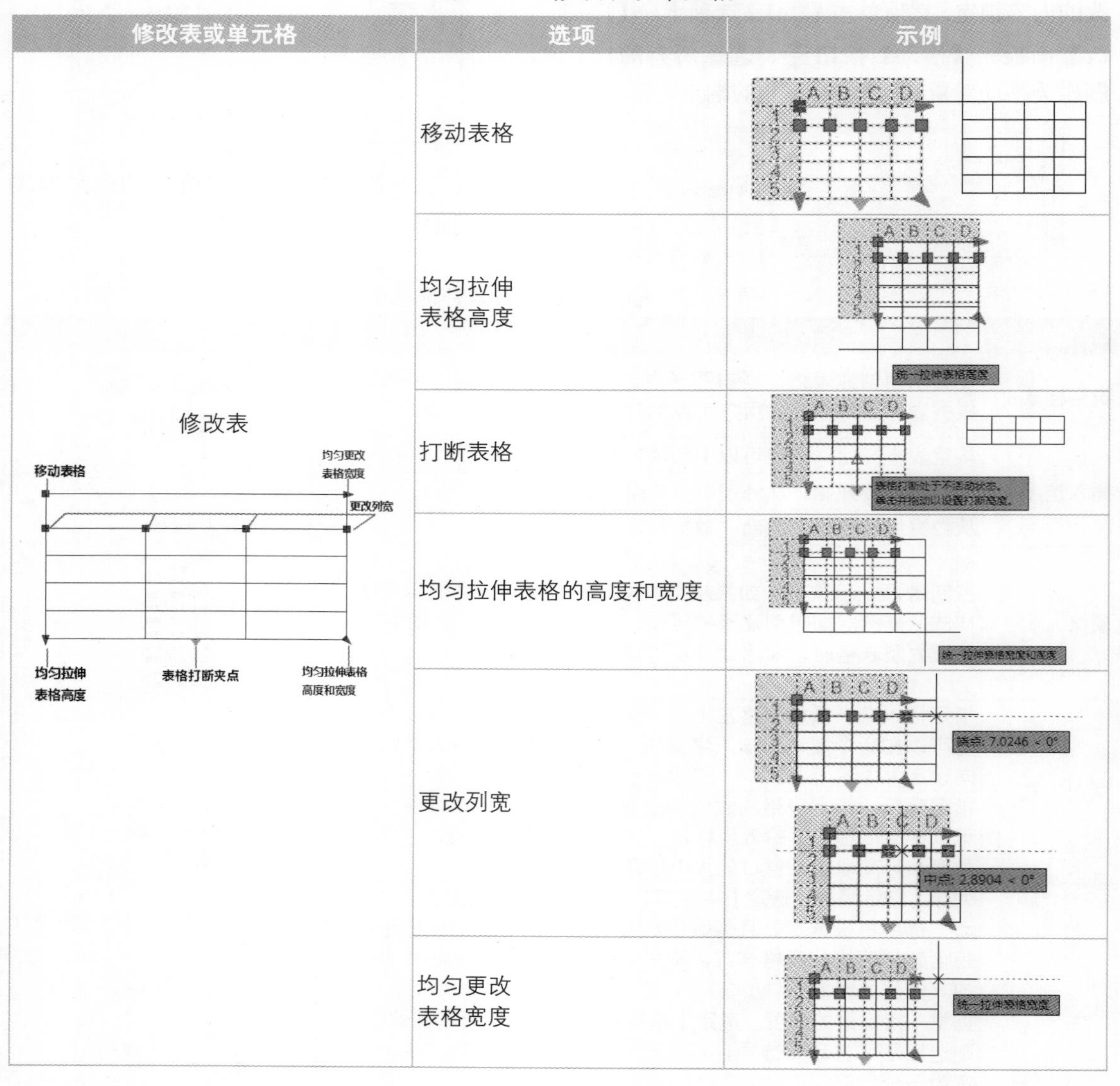

修改表或单元格	选项	示例
修改表	移动表格	
	均匀拉伸表格高度	
	打断表格	
	均匀拉伸表格的高度和宽度	
	更改列宽	
	均匀更改表格宽度	

续表

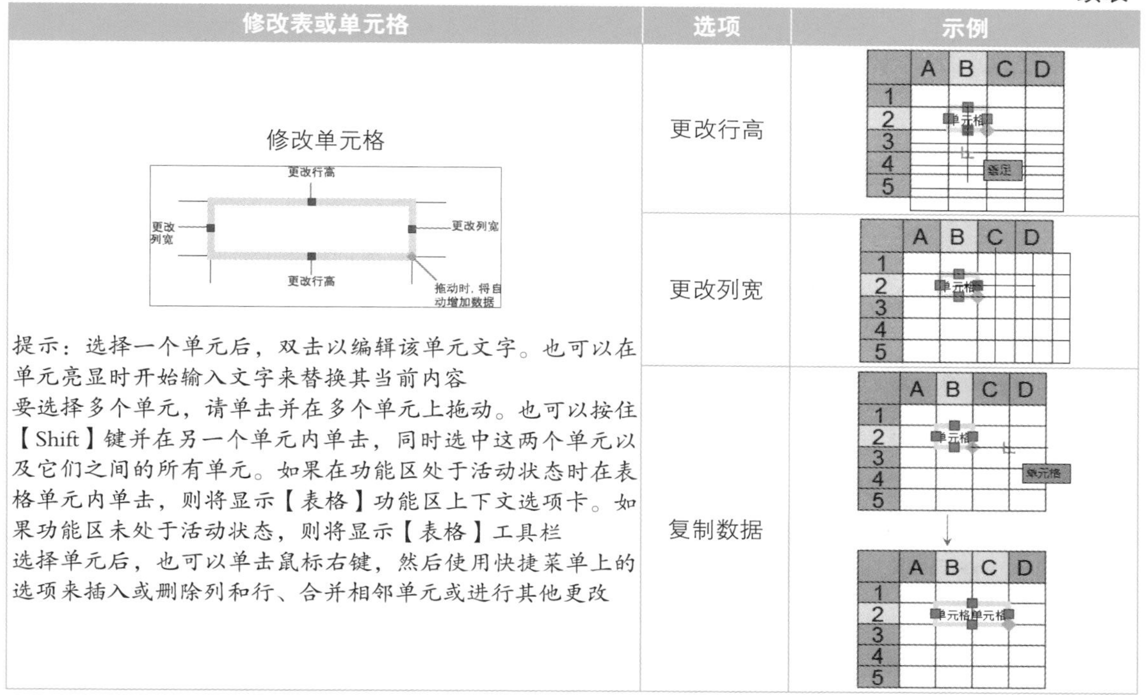

修改表或单元格	选项	示例
修改单元格 提示：选择一个单元后，双击以编辑该单元文字。也可以在单元亮显时开始输入文字来替换其当前内容 要选择多个单元，请单击并在多个单元上拖动。也可以按住【Shift】键并在另一个单元内单击，同时选中这两个单元以及它们之间的所有单元。如果在功能区处于活动状态时在表格单元内单击，则将显示【表格】功能区上下文选项卡。如果功能区未处于活动状态，则将显示【表格】工具栏 选择单元后，也可以单击鼠标右键，然后使用快捷菜单上的选项来插入或删除列和行、合并相邻单元或进行其他更改	更改行高	
	更改列宽	
	复制数据	

6.2 创建泵体装配图的明细栏

对于装配图来说，除了标题栏外，还要有明细栏，6.1 节我们介绍了标题栏的绘制，本节我们来创建明细栏。

6.2.1 创建明细栏表格样式

创建明细栏表格样式的方法和前面相似，具体操作步骤如下。

第 1 步 单击【默认】选项卡→【注释】面板→【表格样式】按钮。

第 2 步 在弹出的【表格样式】对话框上单击【新建】按钮，以 6.1 节创建的“标题栏表格样式（左）”为基础样式，在对话框中输入新样式名“明细栏表格样式”。

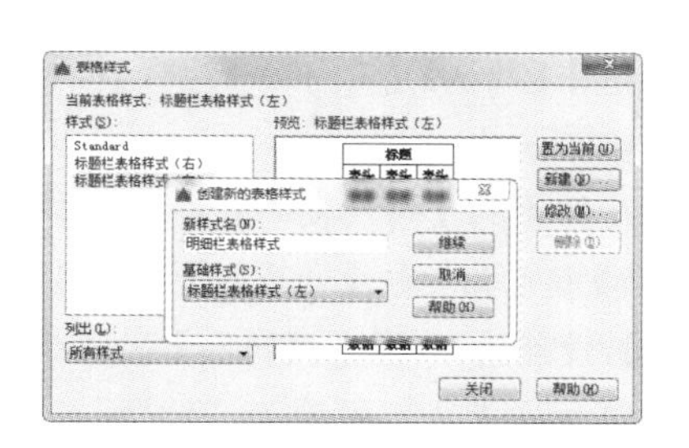

第 3 步 在弹出的【新建表格样式】对话框中单击【常规】→【表格方向】选项的下拉按钮，选择【向上】选项。

第 4 步 单击【单元样式】→【文字】选项卡，将“数据”单元格的文字高度改为“2.5”。

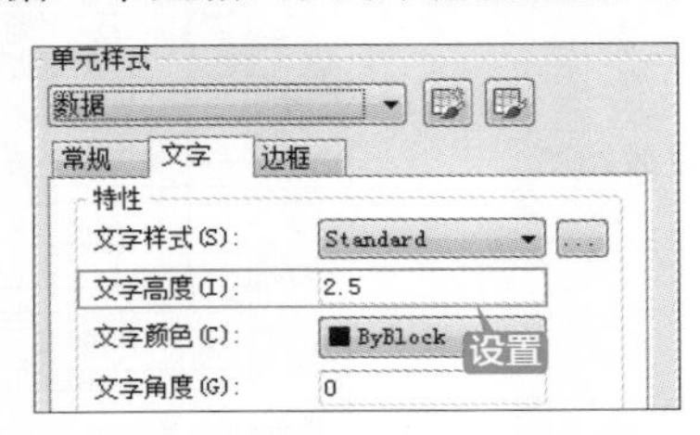

第 5 步 单击【单元样式】下拉按钮，在弹出的下拉列表中选择“标题“，然后将“标题”的文字高度改为“2.5”。

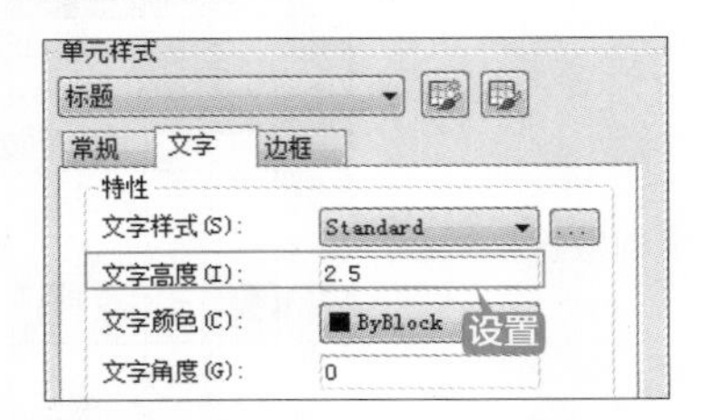

第 6 步 重复第 5 步，将“表头”的文字高度也改为“2.5”。

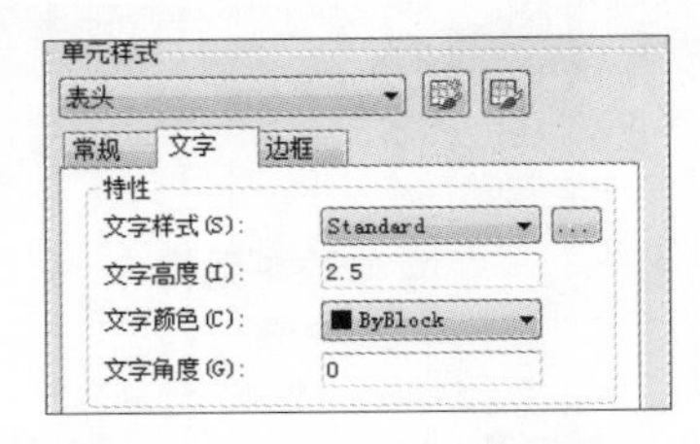

第 7 步 设置完成后单击【确定】按钮，回到【表格样式】对话框后选择“明细栏表格样式”，然后单击【置为当前】按钮，将其设置为当前样式，最后单击【关闭】按钮退出【表格样式】对话框。

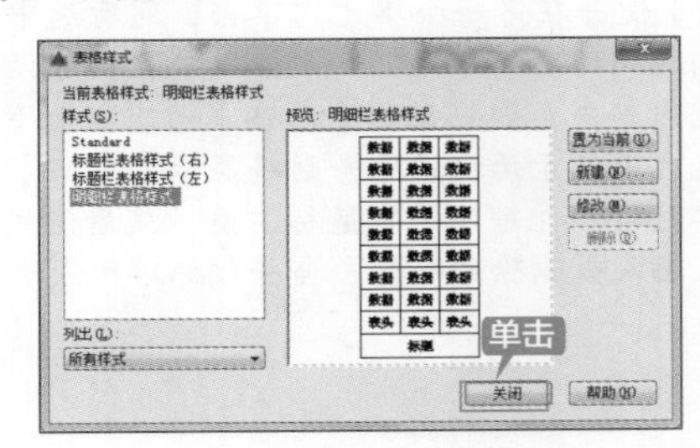

6.2.2 创建明细栏

“明细栏表格样式”创建完成后就可以开始创建明细栏了，创建明细栏的方法和创建标题栏的方法相似。

明细栏的具体绘制步骤如下。

1. 创建明细题栏表格

第 1 步 单击【默认】选项卡→【注释】面板→【表格】按钮。

第 2 步 在弹出的【插入表格】对话框中设置，将【列数】设置为“5”，【列宽】设置为“10”；【数据行数】设置为“10”，【行高】设置为“1”。最后将单元样式全部设置为“数据”。

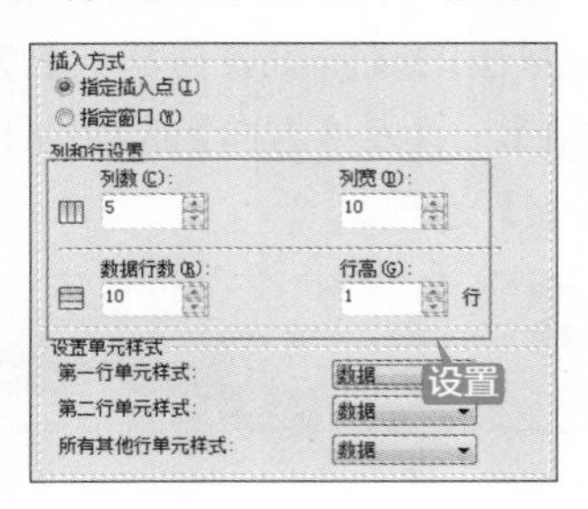

第 3 步 其他保持默认设置，单击【确定】按钮退出【插入表格】对话框，然后在合适位置单击指定表格插入点。

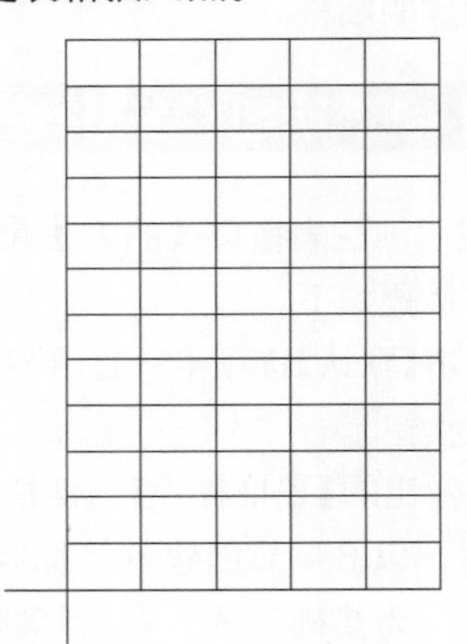

第 4 步 插入表格后按【Esc】键退出文字输入状态，按【Ctrl+1】组合键，弹出【特性】面板后，按住鼠标左键并拖动选择第 2 列和第 3 列表格。

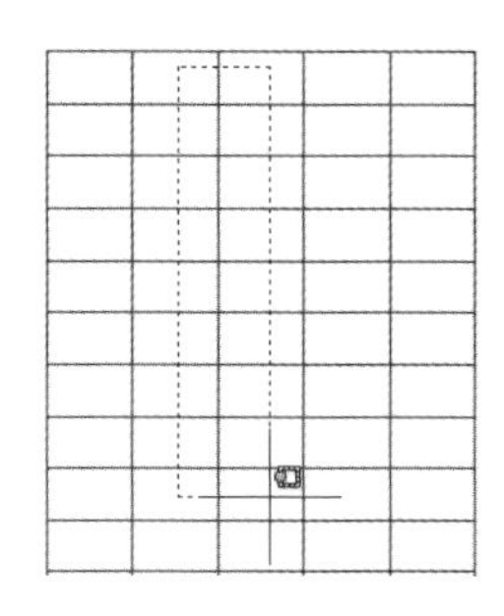

第 5 步 在特性面板上将单元格的宽度改为“25”。

第 6 步 结果如下图所示。

第 7 步 重复第 4 步～第 5 步，选中第 5 列，将单元格的宽度改为“20”。按【Esc】键退出选择状态后如下图所示。

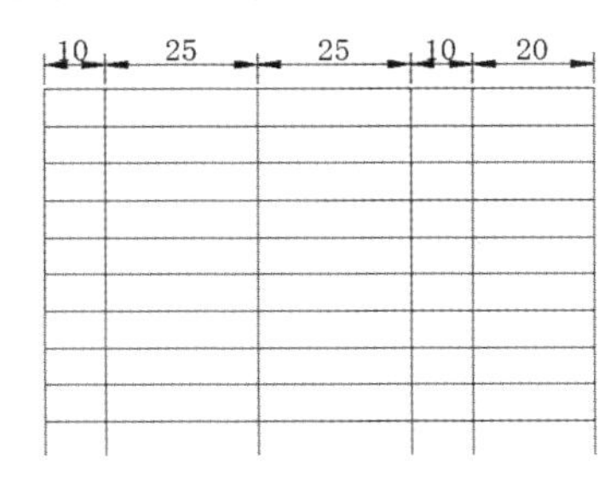

2. 填写并调整明细栏

第 1 步 双击左下角的单元格，输入相应的内容后按【↑】键，将光标移动到上一单元个并输入序号“1”。

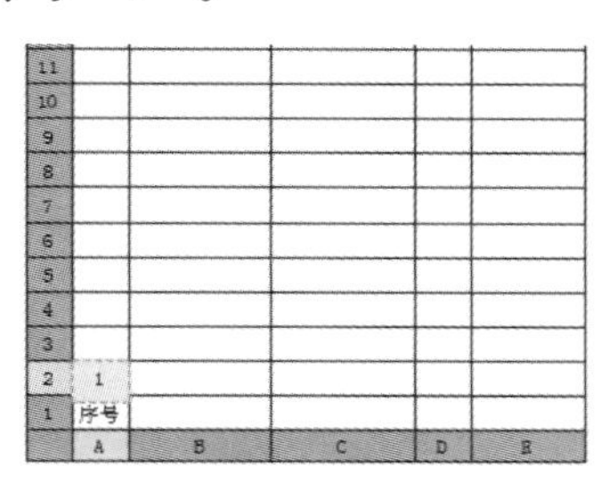

第 2 步 输入完成后在空白处单击鼠标退出输入，然后单击“1”所在的单元格，选中单元格后按住【Ctrl】键并单击右上角的菱形夹点向上拖动。

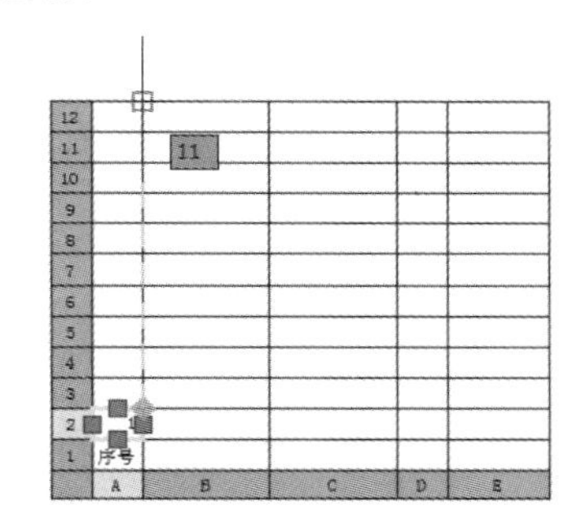

第 3 步 AutoCAD 自动生成序号。

第 4 步 重复第 1 步填写表格的其他内容。

11	85.15.10	压紧螺母	1	Q235
10	GC006	填料压盖	1	Q235
9	85.15.06	填料		
8	GS005	输出齿轮轴	1	45+淬火
7	GV004	石棉垫	1	石棉
6	GBT65-2000	螺栓	6	性能4.8级
5	GB/T93-1987	弹簧垫圈	6	
4	GS003	输入齿轮轴	1	45+淬火
3	GB/T119-2000	定位销	2	35
2	GC002	泵盖	1	HT150
1	GP001	泵体	1	HT150
序号	代号	名称	数量	材料

第 5 步 选中需要对齐的列，如下图所示。

12	11	85.15.10	压紧螺母	1	Q235
11	10	GC006	填料压盖	1	Q235
10	9	85.15.06	填料		
9	8	GS005	输出齿轮轴	1	45+淬火
8	7	GV004	石棉垫	1	石棉
7	6	GBT65-2000	螺栓	6	性能4.8级
6	5	GB/T93-1987	弹簧垫圈	6	
5	4	GS003	输入齿轮轴	1	45+淬火
4	3	GB/T119-2000	定位销	2	35
3	2	GC002	泵盖	1	HT150
2	1	GP001	泵体	1	HT150
1	序号	代号	名称	数量	材料
	A	B	C	D	E

第 6 步 单击【表格单元】选项卡→【单元样式】面板→【对齐】下拉列表→【正中】菜单项。

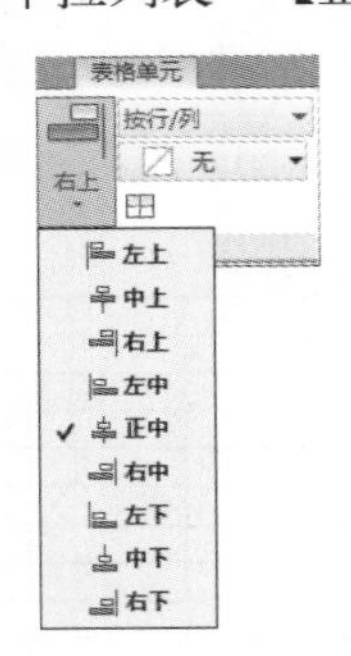

第 7 步 将序号对齐方式改为"正中"后如下图所示。

11	85.15.10	压紧螺母	1	Q235
10	GC006	填料压盖	1	Q235
9	85.15.06	填料		
8	GS005	输出齿轮轴	1	45+淬火
7	GV004	石棉垫	1	石棉
6	GBT65-2000	螺栓	6	性能4.8级
5	GB/T93-1987	弹簧垫圈	6	
4	GS003	输入齿轮轴	1	45+淬火
3	GB/T119-2000	定位销	2	35
2	GC002	泵盖	1	HT150
1	GP001	泵体	1	HT150
序号	代号	名称	数量	材料

第 8 步 重复第 5 步 ~ 第 6 步，将其他不"正中"对齐的文字也改为"正中"对齐。

11	85.15.10	压紧螺母	1	Q235
10	GC006	填料压盖	1	Q235
9	85.15.06	填料		
8	GS005	输出齿轮轴	1	45+淬火
7	GV004	石棉垫	1	石棉
6	GBT65-2000	螺栓	6	性能4.8级
5	GB/T93-1987	弹簧垫圈	6	
4	GS003	输入齿轮轴	1	45+淬火
3	GB/T119-2000	定位销	2	35
2	GC002	泵盖	1	HT150
1	GP001	泵体	1	HT150
序号	代号	名称	数量	材料

第 9 步 单击【默认】选项卡→【修改】面板→【移动】按钮，选择明细栏为移动对象，并捕捉右下角的端点为基点。

12	11	85.15.10	压紧螺母	1	Q235
11	10	GC006	填料压盖	1	Q235
10	9	85.15.06	填料		
9	8	GS005	输出齿轮轴	1	45+淬火
8	7	GV004	石棉垫	1	石棉
7	6	GBT65-2000	螺栓	6	性能4.8级
6	5	GB/T93-1987	弹簧垫圈	6	
5	4	GS003	输入齿轮轴	1	45+淬火
4	3	GB/T119-2000	定位销	2	35
3	2	GC002	泵盖	1	HT150
2	1	GP001	泵体	1	HT150
1	序号	代号	名称	数量	材料
	A	B	C	D	E

端点

第 10 步 捕捉标题栏的左下端点为位移的第二点，明细栏移动到位后如下图所示。

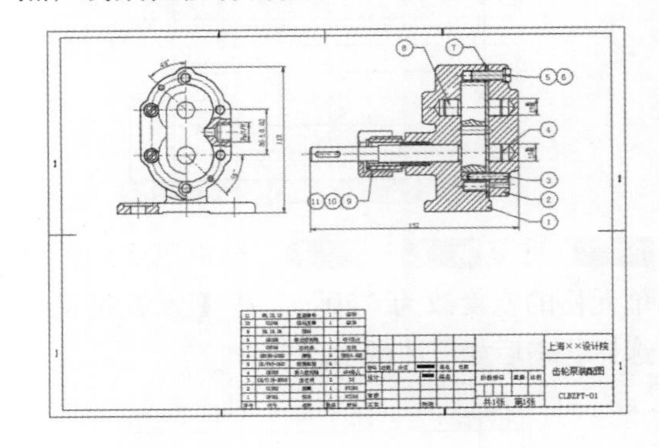

6.3 书写泵体装配的技术要求

当设计要求在图上难以用图形与符号表达时，则通过"技术要求"的方法进行表达，如热处理要求，材料硬度控制，齿轮、蜗轮等的各项参数与精度要求，渗氮、镀层要求，特别加工要求，试验压力、工作温度，工作压力、设计标准等。

文字的创建方法有两种，即单行文字和多行文字，不管用那种方法创建文字，在创建文字之前都要先设定适合自己的文字样式。

6.3.1 创建文字样式

AutoCAD 2016 中默认使用的文字样式为 Standard，通过【文字样式】对话框可以对文字样式进行修改，或者创建适合自己使用的文字样式。

介绍创建技术要求文字样式的具体操作步骤如下。

第 1 步 单击【默认】选项卡→【注释】面板→【文字样式】按钮。

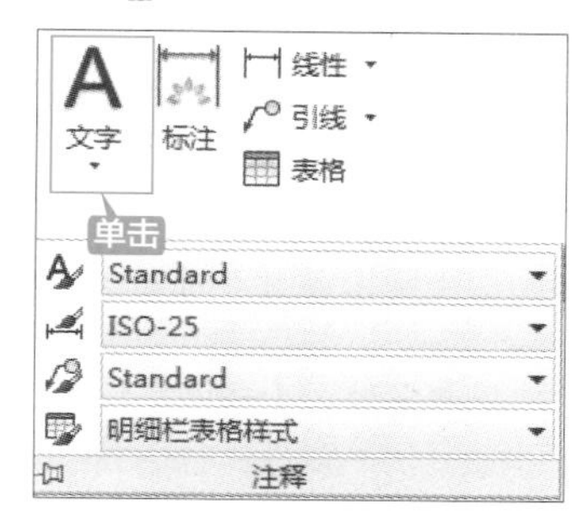

提示

除了通过面板调用文字样式命令外，还可以通过以下方法调用文字样式命令。

(1) 选择【格式】→【文字样式】命令。

(2) 命令行输入“STYLE/ST”命令并按【Space】键。

(3) 单击【注释】选项卡→【文字】面板右下角的箭头。

第 2 步 在弹出的【文字样式】对话框中单击【新建】按钮，在弹出的【新建文字样式】对话框中输入新样式名“机械样板文字”。

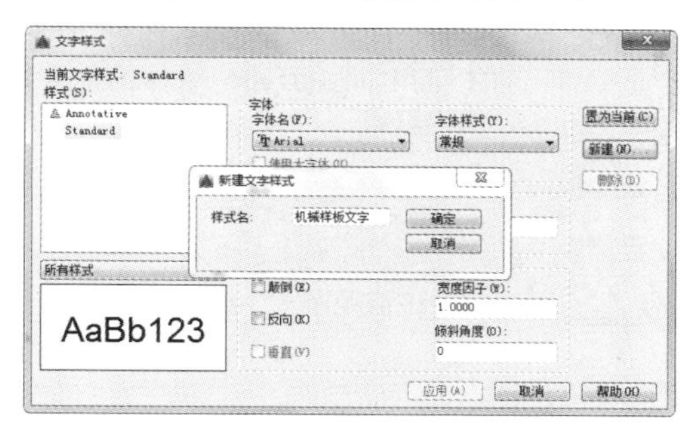

第 3 步 单击【确定】按钮，这时文字样式列表中多了一个“机械样板文字”。

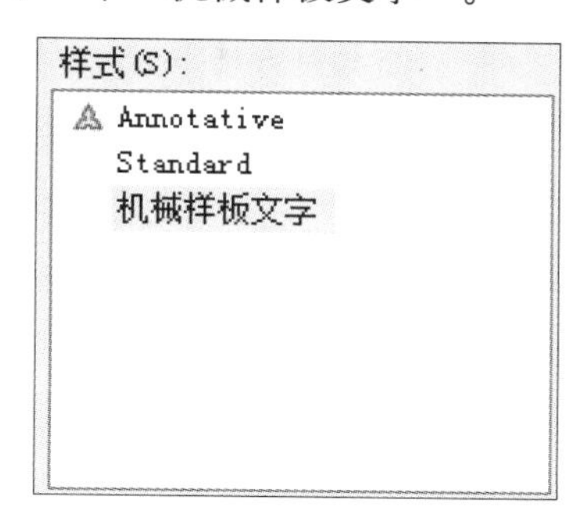

第 4 步 选中“机械样板文字”，然后单击【字体名】下拉列表，选择【仿宋】选项。

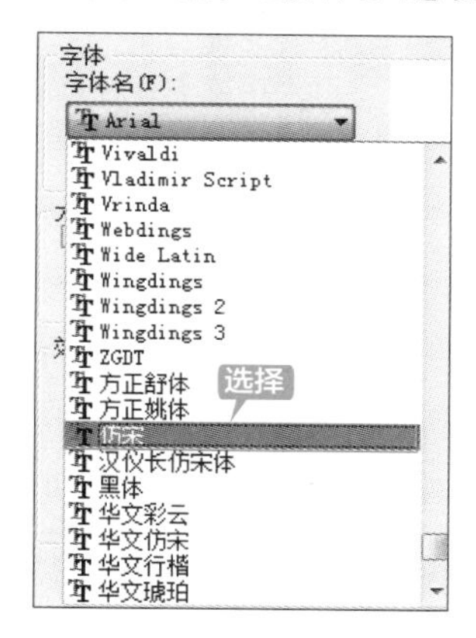

第 5 步 选中“机械样板文字“，然后单击【置为当前】按钮，弹出修改提示框。

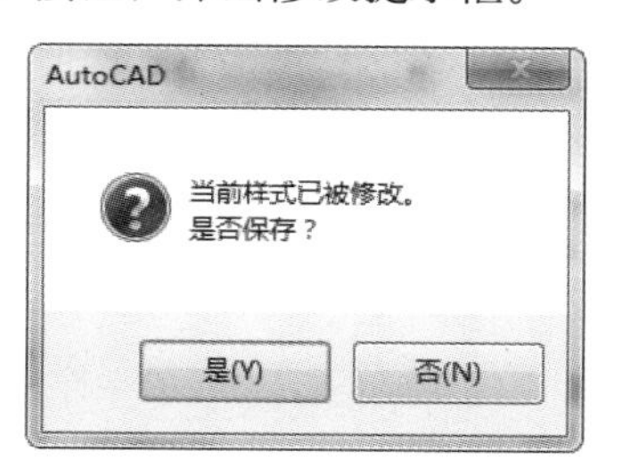

第 6 步 单击【是】按钮，最后单击【关闭】按钮即可。

【文字样式】对话框用于创建、修改或设置命名文字样式，关于【文字样式】对话框中各选项的含义如表 6-4 所示。

表 6-4　文字样式对话框中各选项的含义

选项	含义	示例	备注
样式	列表显示图形中所有的文字样式	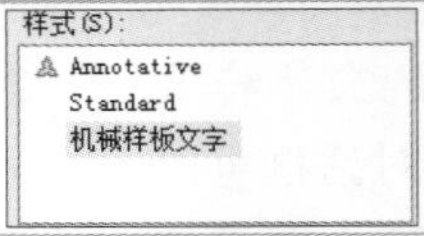 样式(S)： Annotative Standard 机械样板文字	样式名前的图标指示样式为注释性
样式列表过滤器	下拉列表指定【所有样式】还是【正在使用的样式】显示在样式列表中	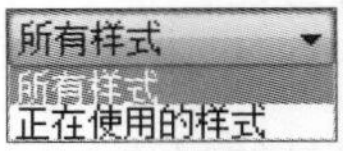 所有样式 所有样式 正在使用的样式	
字体名	AutoCAD 提供了两种字体，即编译的形（.shx）字体和 True Type 字体 从列表中选择名称后，该程序将读取指定字体的文件	 字体 字体名(F)： Tahoma @华文行楷 @华文中宋 @楷体_GB2312 @隶书 @宋体 @宋体-PUA @微软雅黑 @新宋体 @幼圆 AcadEref acaderef.shx	如果更改现有文字样式的方向或字体文件，当图形重生成时所有具有该样式的文字对象都将使用新值
字体样式	指定字体格式，如斜体、粗体或者常规字体。选定【使用大字体】后，该选项变为“大字体”，用于选择大字体文件	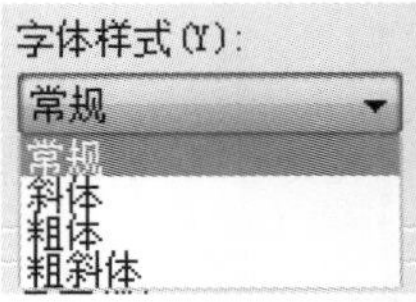 字体样式(Y)： 常规 常规 斜体 粗体 粗斜体	“大字体”是指亚洲语言的大字体文件，只有在【字体名】中选择了“shx”字体，才能启用【使用大字体】选项。如果选择了“shx”字体，并且选中了【使用大字体】复选框，【字体样式】下拉列表将有与之相对应的选项供其使用  字体 SHX 字体(X)： cdm.shx 大字体(B)： bigfont.shx 使用大字体(U)
注释性	注释性对象和样式用于控制注释对象在模型空间或布局中显示的尺寸和比例	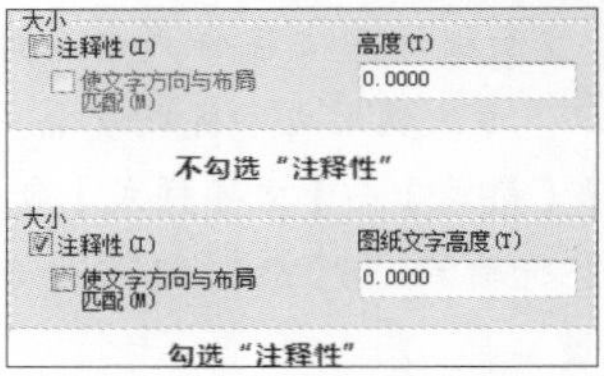 大小 注释性(I) 使文字方向与布局匹配(M) 高度(T) 0.0000 不勾选“注释性” 大小 注释性(I) 使文字方向与布局匹配(M) 图纸文字高度(T) 0.0000 勾选“注释性”	
使用文字方向与布局匹配	指定图纸空间视口中的文字方向与布局方向匹配。如果未选中【注释性】选项，则该选项不可用		
高度	字体高度一旦设定，在输入文字时将不再提示输入文字高度，只能用设定的文字高度，所以如果不是指定用途的文字一般不设置高度	注意：在相同的高度设置下，TrueType 字体显示的高度可能会小于 SHX 字体 如果选择了【注释性】选项，则输入的值将设置图纸空间中的文字高度	
颠倒	颠倒显示字符	 AaBb123（颠倒）	
反向	反向显示字符	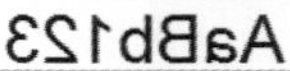 AaBb123（反向）	
垂直	显示垂直对齐的字符	 A a B b（垂直）	只有在选定字体支持双向时“垂直”才可用。TrueType 字体的垂直定位不可用
宽度因子	设置字符间距。输入小于 1.0 的值将压缩文字。输入大于 1.0 的值则扩大文字	AaBb123 AaBb123 AaBb123 宽度比例因子分别为 1.2、1和0.8 的显示效果	.pptx
倾斜角度	设置文字的倾斜角	*AaBb123*	该值范围为 -85° ～ 85°

提示

使用 TrueType 字体在屏幕上可能显示为粗体。屏幕显示不影响打印输出，字体按指定的字符格式打印。

6.3.2 使用单行文字书写技术要求

技术要求既可以用单行文字创建也可以用多行文字创建。

使用单行文字命令可以创建一行或多行文字，在创建多行文字的时候，通过按【Enter】键来结束每一行，其中，每行文字都是独立的对象，可对其进行移动、调整格式或进行其他修改。

使用单行文字书写技术要求的具体操作步骤如下。

第 1 步 单击【默认】选项卡→【注释】面板→【文字】下拉按钮→【单行文字】按钮A。

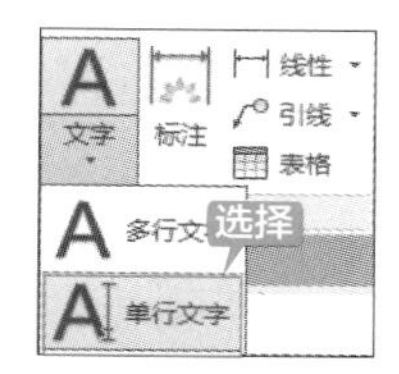

提示

除了通过面板调用单行文字命令外，还可以通过以下方法调用单行文字命令。

(1) 选择【格式】→【文字】→【单行文字】命令。

(2) 命令行输入“TEXT/DT”命令并按【Space】键。

(3) 单击【注释】选项卡→【文字】面板→【文字】下拉按钮→【单行文字】按钮A。

第 2 步 在绘图区域中单击指定文字的起点，在命令行中指定文字的旋转角度，并分别按【Enter】键确认。

```
命令: _TEXT
当前文字样式: “机械样板文字” 文字高度: 5.0000 注释性: 否 对正: 左
指定文字的起点 或 [对正 (J)/ 样式 (S)]:
指定高度 <5.0000>: 6
指定文字的旋转角度 <0>: ↙
```

第 3 步 输入文字内容，书写完成后按【Esc】键退出命令。

技术要求：
1、两齿轮轴的啮合长度3/4以上，
用手转动齿轮轴应能灵活转动；
2、未加工面涂漆；

第 4 步 按【Ctrl+1】快捷键，弹出【特性】面板后，然后选择技术要求的内容。

技术要求：
1、两齿轮轴的啮合长度3/4以上，
用手转动齿轮轴应能灵活转动；
2、未加工面涂漆；

第 5 步 在【特性】选项板中将文字高度改为“4”。

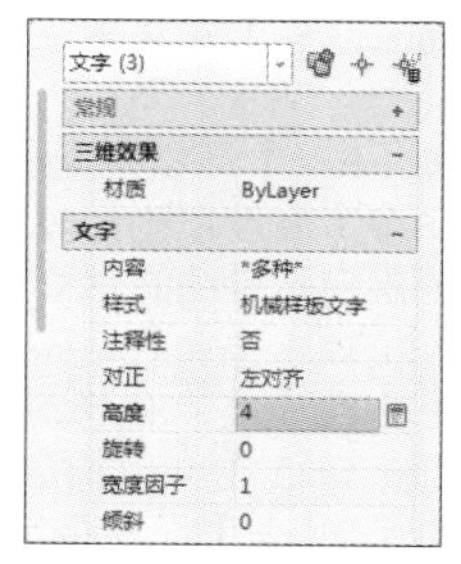

第 6 步 文字高度改变后如下图所示。

技术要求：
1、两齿轮轴的啮合长度3/4以上，
用手转动齿轮轴应能灵活转动；

提示

特性选项不仅可以更改文字的高度，还可以更改文字的内容、样式、注释性、旋转、宽度因子以及倾斜等，如果仅仅是更改文字的内容，还可以通过以下方法来实现。

(1) 选择【修改】→【对象】→【文字】→【编辑】命令。

(2) 在命令行中输入“DDEDIT/ED”命令并按【Space】键确认。

(3) 在绘图区域中双击单行文字对象。

(4) 选择文字对象，在绘图区域中单击鼠标右键，然后在弹出的快捷菜单中选择【编辑】命令。

执行单行文字命令后，AutoCAD 命令行提示如下。

命令：_TEXT

当前文字样式：“机械样板文字”文字高度：5.0000 注释性：否对正：左

指定文字的起点 或 [对正 (J)/ 样式 (S)]:

命令行各选项的含义如下表 6–5 所示。

表 6–5 命令行各选项含义

选项	含义
起点	指定文字对象的起点，在单行文字的文字编辑器中输入文字。仅在当前文字样式不是注释性且没有固定高度时，才显示“指定高度”提示。仅在当前文字样式为注释性时才显示“指定图纸文字高度”提示
样式	指定文字样式，文字样式决定文字字符的外观，创建的文字使用当前文字样式。输入“？”将列出当前文字样式、关联的字体文件、字体高度及其他参数
对正	控制文字的对正，也可在“指定文字的起点”提示下输入这些选项。在命令行中输入文字的对正参数“J”并按【Enter】键确认，命令行提示如下： 输入选项 [左 (L)/ 居中 (C)/ 右 (R)/ 对齐 (A)/ 中间 (M)/ 布满 (F)/ 左上 (TL)/ 中上 (TC)/ 右上 (TR)/ 左中 (ML)/ 正中 (MC)/ 右中 (MR)/ 左下 (BL)/ 中下 (BC)/ 右下 (BR)]: 【左（L）】：在由用户给出的点指定的基线上左对正文字 【居中（C）】：从基线的水平中心对齐文字，此基线是由用户给出的点指定的（旋转角度是指基线以中点为圆心旋转的角度，它决定了文字基线的方向，可通过指定点来决定该角度。文字基线的绘制方向为从起点到指定点，如果指定的点在圆心的左边，将绘制出倒置的文字） 【右（R）】：在由用户给出的点指定的基线上右对正文字 【对齐（A）】：通过指定基线端点来指定文字的高度和方向（字符的大小根据其高度按比例调整，文字字符串越长，字符越矮） 【中间（M）】：文字在基线的水平中点和指定高度的垂直中点上对齐。中间对齐的文字不保持在基线上 【布满（F）】：指定文字按照由两点定义的方向和一个高度值布满一个区域。只适用于水平方向的文字（高度以图形单位表格式，是大写字母从基线开始的延伸距离。指定的文字高度是文字起点到用户指定的点之间的距离。文字字符串越长，字符越窄，字符高度保持不变） 【左上（TL）】：在指定为文字顶点的点上左对正文字，只适用于水平方向的文字 【中上（TC）】：以指定为文字顶点的点居中对正文字，只适用于水平方向的文字 【右上（TR）】：以指定为文字顶点的点右对正文字，只适用于水平方向的文字 【左中（ML）】：在指定为文字中间点的点上靠左对正文字，只适用于水平方向的文字 【正中（MC）】：在文字的中央水平和垂直居中对正文字，只适用于水平方向的文字（“正中”选项与“中间”选项不同，“正中”选项使用大写字母高度的中点，而“中间”选项使用的中点是所有文字包括下行文字在内的中点） 【右中（MR）】：以指定为文字的中间点的点右对正文字，只适用于水平方向的文字 【左下（BL）】：以指定为基线的点左对正文字，只适用于水平方向的文字 【中下（BC）】：以指定为基线的点居中对正文字，只适用于水平方向的文字 【右下（BR）】：以指定为基线的点靠右对正文字，只适用于水平方向的文字 对齐方式就是输入文字时的基点，也就是说，如果选择了“右中对齐”，那么文字右侧中点就会靠着基点对齐，文字的对齐方式如下图左所示。选择对齐方式后的文字，会出现两个夹点，一个夹点在固定左下方，而另一个夹点就是基点的位置，如下图右所示

6.3.3 使用多行文字书写技术要求

多行文字又称为段落文字，这是一种更易于管理的文字对象，可以由两行以上的文字组成，而且不论多少行，文字都是作为一个整体处理。

使用多行文字书写技术要求的具体操作步骤如下。

第 1 步 单击【默认】选项卡→【注释】面板→【文字】下拉按钮→【多行文字】按钮A。

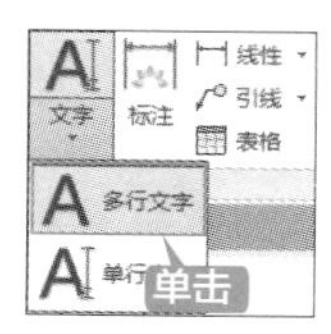

提示

除了通过面板调用多行文字命令外，还可以通过以下方法调用多行文字命令。

(1) 选择【格式】→【文字】→【多行文字】命令。

(2) 命令行输入“MTEXT/T”命令并按【Space】键。

(3) 单击【注释】选项卡→【文字】面板→【文字】下拉按钮→【多行文字】按钮A。

第 2 步 在绘图区域中单击指定文本输入框的第一个角点，然后拖动鼠标并单击指定文本输入框的另一个角点。

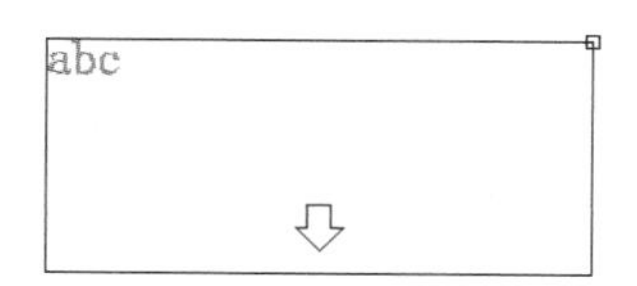

第 3 步 系统弹出【文字编辑器】窗口，如图所示。

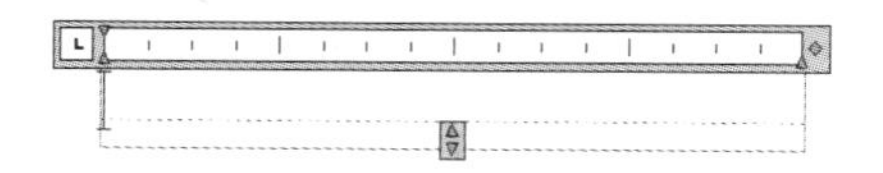

第 4 步 在弹出的【文字编辑器】选项卡的【样式】面板中将文字高度设置为“6”。

第 5 步 在【文字编辑器】窗口中输入文字内容。

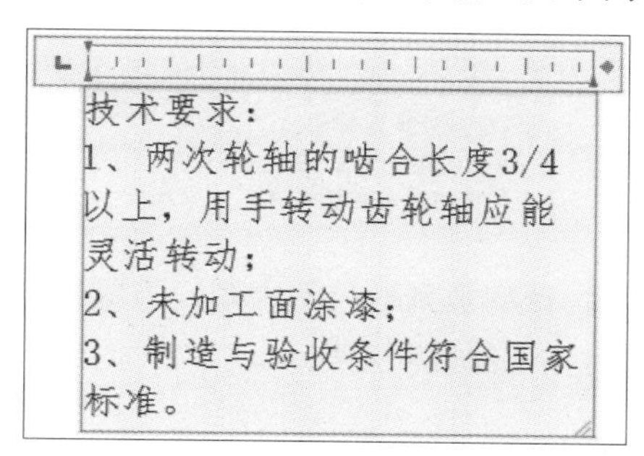

第 6 步 选中技术要求的内容，如下图所示。

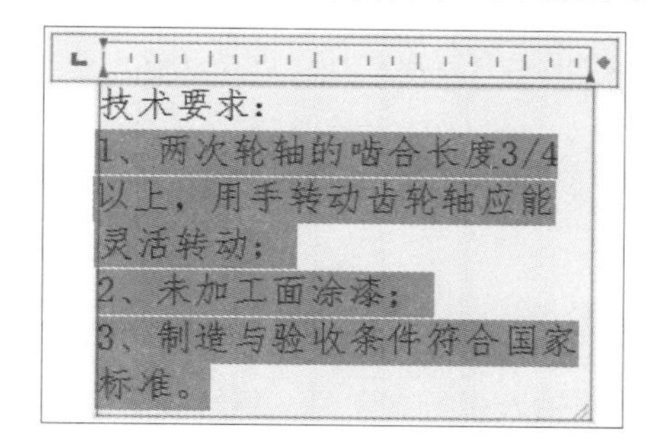

第 7 步 在【文字编辑器】选项卡的【样式】面板中将文字高度设置为“4”。

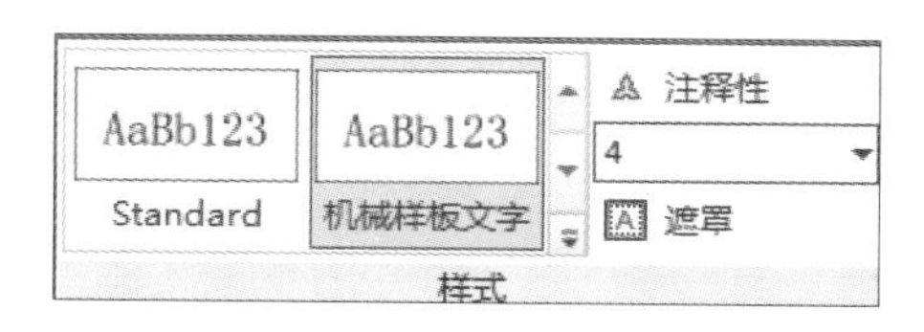

第 8 步 将技术要求的文字改为“4”后如下图所示。

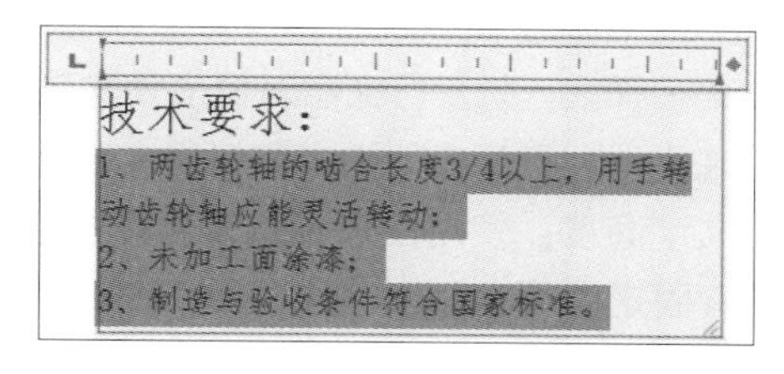

第 9 步 选中“3/4”，然后单击【文字编辑器】

选项卡的【格式】面板的堆叠按钮$\frac{b}{a}$。

第 10 步　堆叠后如下图所示。

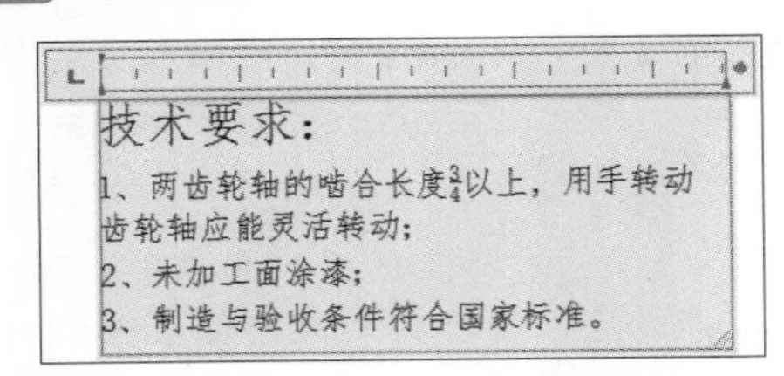

第 11 步　鼠标放到标尺的右端，当鼠标变成符号时按住鼠标向左拖动。

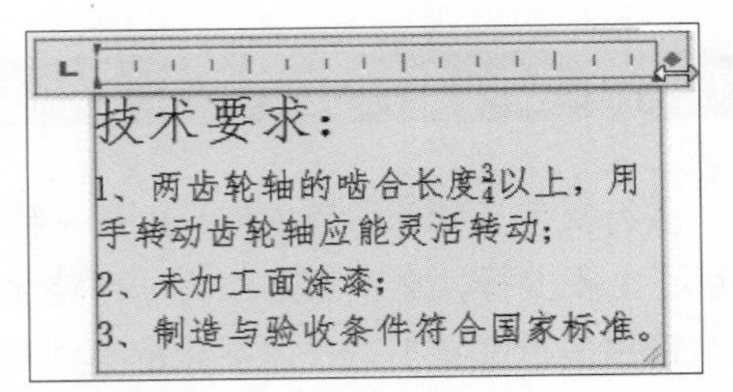

第 12 步　书写完成后在空白区域单击鼠标，退出文字书写，结果如下图所示。

技术要求：
1、两齿轮轴的啮合长度¾以上，用手转动齿轮轴应能灵活转动；
2、未加工面涂漆；
3、制造与验收条件符合国家标准。

调用多行文字命令后拖动鼠标到适当的位置后单击，系统弹出一个顶部带有标尺的【文字输入】窗口（在位文字编辑器）。输入完成后，单击【关闭文字编辑器】按钮，此时文字显示在用户指定的位置，如下图所示。

在输入多行文字时，每行文字输入完成后，系统会自动换行；拖动右侧的滑块按钮可以调整文字输入窗口的宽度；另外，当文字输入窗口中的文字过多时，系统将自动调整文字输入窗口的高度，从而使输入的多行文字全部显示。在输入多行文字时，按【Enter】键的功能是切换到下一段落，只有按【Ctrl+Enter】组合键才可结束输入操作。

在创建多行文字时，除了“在位文字编辑器”，同时还多了一个【文字编辑器】选项卡，如下图所示。在该选项卡中可对文字进行编辑操作。

(1)【样式】面板中各选项含义如下。

文字样式：向多行文字对象应用文字样式，默认情况下，“标准”文字样式处于活动状态。

注释性：打开或关闭当前多行文字对象的“注释性”。

文字高度：使用图形单位设定新文字的字符高度或更改选定文字的高度。如果当前文字样式没有固定高度，则文字高度是 TEXTSIZE 系统变量中存储的值。多行文字对象可以包含不同高度的字符。

背景遮罩：显示【背景遮罩】对话框（不适用于表格单元）。

(2)【格式】面板中各选项含义如下。

匹配：将选定文字的格式应用到多行文字对象中的其他字符。再次单击该按钮或按【Esc】键退出匹配格式。

粗体**B**：打开或关闭新文字或选定文字的粗体格式。此选项仅适用于使用 TrueType 字体的字符。

斜体*I*：打开或关闭新文字或选定文字的斜体格式。此选项仅适用于使用 TrueType 字体的字符。

删除线 A：打开或关闭新文字或选定文字的删除线。

下划线 U：打开或关闭新文字或选定文字的下划线。

上划线 O：为新建文字或选定文字打开或关闭上划线。

堆叠：在多行文字对象和多重引线中堆叠分数和公差格式的文字。使用斜线（/）垂直堆叠分数，使用磅字符（#）沿对角方向堆叠分数，或使用插入符号（^）堆叠公差。

上标x^2：将选定的文字转为上标或将其切换为关闭状态。

小标x_2：将选定的文字转为下标或将其切换为关闭状态。

大写：将选定文字更改为大写。

小写：将选定文字更改为小写。

清除：可以删除字符格式、段落格式或删除所有格式。

字体（下拉列表）：为新输入的文字指定字体或更改选定文字的字体。TrueType 字体按字体族的名称列出，AutoCAD 编译的形（SHX）字体按字体所在文件的名称列出，自定义字体和第三方字体在编辑器中显示为 Autodesk 提供的代理字体。

颜色（下拉列表）：指定新文字的颜色或更改选定文字的颜色。

倾斜角度 0/：确定文字是向前倾斜还是向后倾斜，倾斜角度表示的是相对于 90° 角方向的偏移角度。输入一个 –85° 到 85° 之间的数值使文字倾斜，倾斜角度的值为正时文字向右倾斜，倾斜角度的值为负时文字向左倾斜。

追踪 a•b：增大或减小选定字符之间的空间，“1.0”设置是常规间距。

宽度因子：扩展或收缩选定字符，“1.0”设置代表此字体中字母的常规宽度。

(3)【段落】面板中各选项含义如下。

对正：显示对正下拉菜单，有 9 个对齐选项可用，“左上”为默认。

项目符号和编号：显示用于创建列表的选项。（不适用于表格单元）缩进列表以与第一个选定的段落对齐。

行距：显示建议的行距选项或【段落】对话框，在当前段落或选定段落中设置行距（行距是多行段落中文字的上一行底部和下一行顶部之间的距离）。

默认、左对齐、居中、右对齐、对正、分散对齐：设置当前段落或选定段落的左、中或右文字边界的对正和对齐方式，包含在一行的末尾输入的空格，并且这些空格会影响行的对正。

段落：单击【段落】右下角的按钮，将显示【段落】对话框。

(4)【插入】面板中各选项含义如下。

列：显示弹出菜单，该菜单提供不分栏、静态栏和动态栏三个选项。

符号@：在光标位置插入符号或不间断空格，也可以手动插入符号。子菜单中列出了常用符号及其控制代码或 Unicode 字符串，单击【其他】将显示【字符映射表】对话框，其中包含了系统中每种可用字体的整个字符集，选中所有要使用的字符后，单击【复制】按钮关闭对话框，在编辑器中单击鼠标右键并选择【粘贴】选项。不支持在垂直文字中使用符号。

字段：显示【字段】对话框，从中可以选择要插入到文字中的字段，关闭该对话框后，字段的当前值将显示在文字中。

(5)【拼写检查】面板中各选项含义如下。

拼写检查：确定输入时拼写检查处于打开还是关闭状态。

编辑词典：显示【词典】对话框，从中可添加或删除在拼写检查过程中使用的自定义词典。

(6)【工具】面板中各选项含义如下。

查找和替换：显示【查找和替换】对话框。

输入文字：显示【选择文件】对话框（标准文件选择对话框），选择任意 ASCII 或 RTF 格式的文件。输入的文字保留原始字符格式和样式特性，但可以在编辑器中编辑输入的文字并设置其格式。选择要输入的文本文件后，可以替换选定的文字或全部文字，或在文字边界内将插入的文字附加到选定的文字中。输入文字的文件必须小于 32KB。编辑器自动将文字颜色设定为“BYLAYER”。当插入黑色字符且背景色是黑色时，编辑器自动将其修改为白色或当前颜色。

全部大写：将所有新建文字和输入的文字转换为大写，自动大写不影响已有的文字。要更改现有文字的大小写，请选择文字并单击鼠标右键。

(7)【选项】面板中各选项含义如下。

更多：显示其他文字选项列表。

标尺：在编辑器顶部显示标尺，拖动标尺末尾的箭头可更改多行文字对象的宽度。列模式处于活动状态时，还显示高度和列夹点。也可以从标尺中选择制表符，单击【制表符选择】按钮将更改制表符样式：左对齐、居中、右对齐和小数点对齐。进行选择后，可以在【标尺】或【段落】对话框中调整相应的制表符。

放弃：放弃在【文字编辑器】功能区上下文选项卡中执行的动作，包括对文字内容或文字格式的更改。

重做：重做在【文字编辑器】功能区上下文选项卡中执行的动作，包括对文字内容或文字格式的更改。

(8)【关闭】面板中各选项含义如下。

关闭文字编辑器：结束 MTEXT 命令并关闭【文字编辑器】功能区上下文选项卡。

创建电器元件表

一套电器设备由很多元器件组成，电器元件表也是电器电路图的必备要素之一。电器元件表的创建方法与前面介绍的创建泵体装配图的标题栏、明细栏相似，都是先创建表格样式，然后再插入表格并对表格进行调整，最后输入文字。

创建电器元件表的具体操作步骤如表 6-6 所示。

表 6-6　创建电器元件表

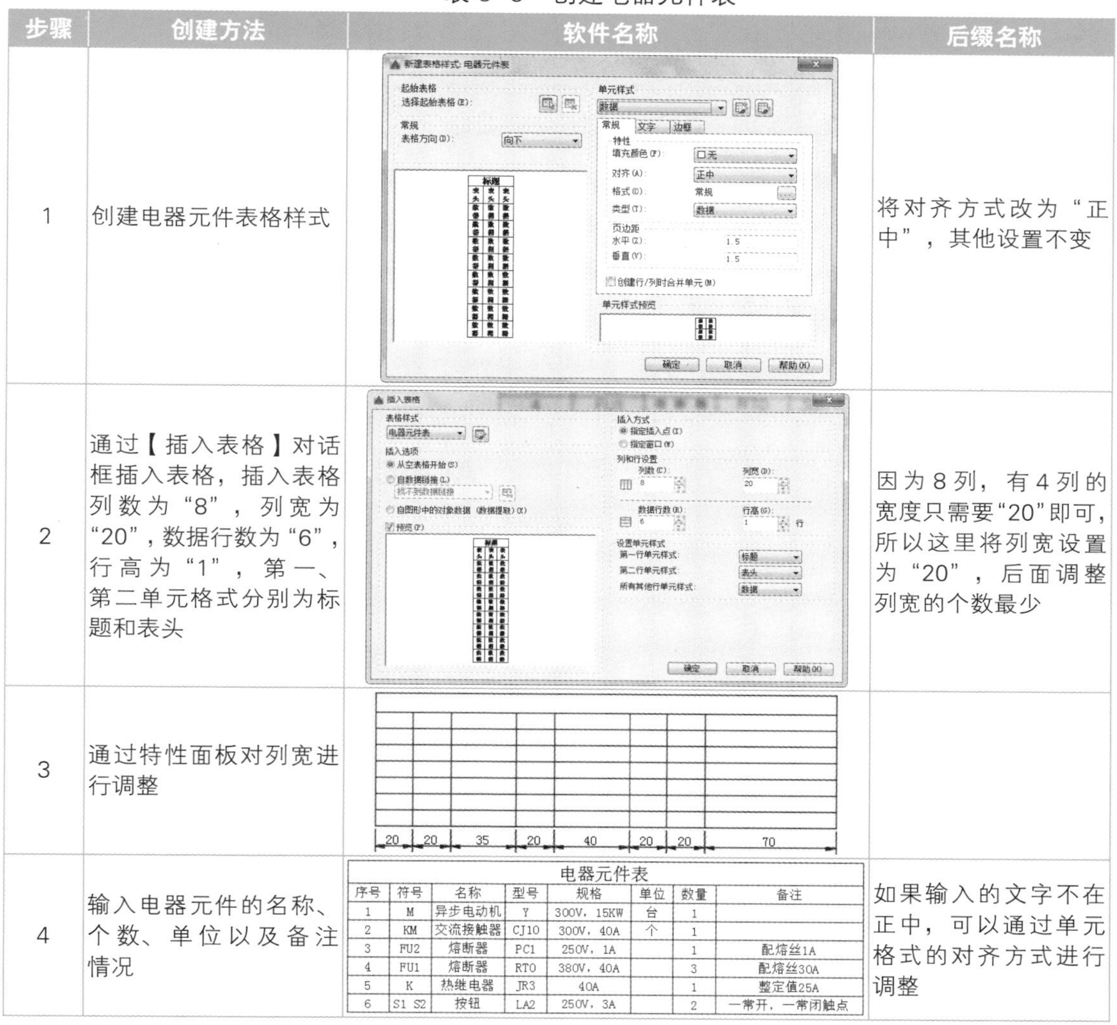

步骤	创建方法	软件名称	后缀名称
1	创建电器元件表格样式		将对齐方式改为“正中”，其他设置不变
2	通过【插入表格】对话框插入表格，插入表格列数为“8”，列宽为“20”，数据行数为“6”，行高为“1”，第一、第二单元格式分别为标题和表头		因为 8 列，有 4 列的宽度只需要“20”即可，所以这里将列宽设置为“20”，后面调整列宽的个数最少
3	通过特性面板对列宽进行调整	20 20 35 20 40 20 20 70	
4	输入电器元件的名称、个数、单位以及备注情况		如果输入的文字不在正中，可以通过单元格式的对齐方式进行调整

电器元件表

序号	符号	名称	型号	规格	单位	数量	备注
1	M	异步电动机	Y	300V，15KW	台	1	
2	KM	交流接触器	CJ10	300V，40A	个	1	
3	FU2	熔断器	PC1	250V，1A		1	配熔丝1A
4	FU1	熔断器	RTO	380V，40A		3	配熔丝30A
5	K	热继电器	JR3	40A		1	整定值25A
6	S1 S2	按钮	LA2	250V，3A		2	一常开，一常闭触点

◇ 在 AutoCAD 中插入 Excel 表格

如果需要在 AutoCAD 2016 中插入 Excel 表格，则可以按照以下方法进行。

第 1 步　打开随书光盘中的“素材\CH06\Excel 表格 .xls”文件。

	A	B	C
1	开放式文件柜部件清单		
2	名 称	数 量	备 注
3	盖 板	1	双面贴皮，四边封边
4	底 板	1	双面贴皮，四边封边
5	背 板	1	双面贴皮
6	侧 板	2	双面贴皮，四边封边
7	层 板	1	双面贴皮，四边封边
8	偏心连接件	8	常规
9	木 榫	4	常规
10			

Sheet1 / Sheet2 / Sheet3

第 2 步　将 Excel 中的内容选择并进行复制，如下图所示。

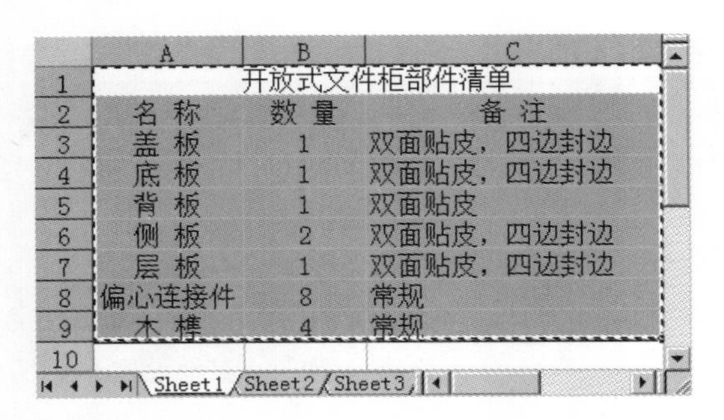

	A	B	C
1	开放式文件柜部件清单		
2	名 称	数 量	备 注
3	盖 板	1	双面贴皮，四边封边
4	底 板	1	双面贴皮，四边封边
5	背 板	1	双面贴皮
6	侧 板	2	双面贴皮，四边封边
7	层 板	1	双面贴皮，四边封边
8	偏心连接件	8	常规
9	木 榫	4	常规
10			

第 3 步 在 AutoCAD 中单击【默认】选项卡→【剪贴板】面板中的【粘贴】按钮，在弹出的下拉列表中选择【选择性粘贴】选项。

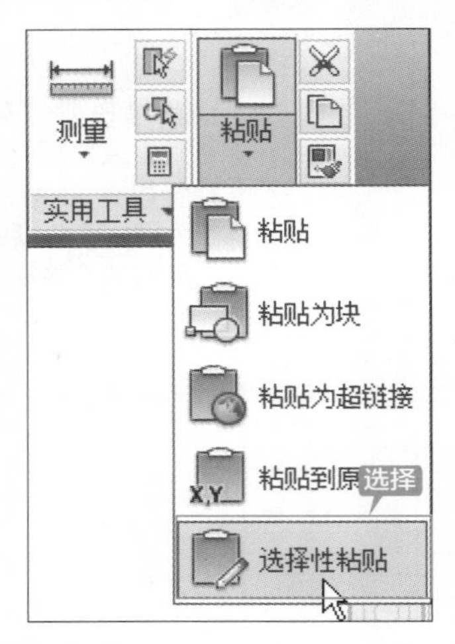

第 4 步 在弹出的【选择性粘贴】对话框中选择【AutoCAD 图元】选项。

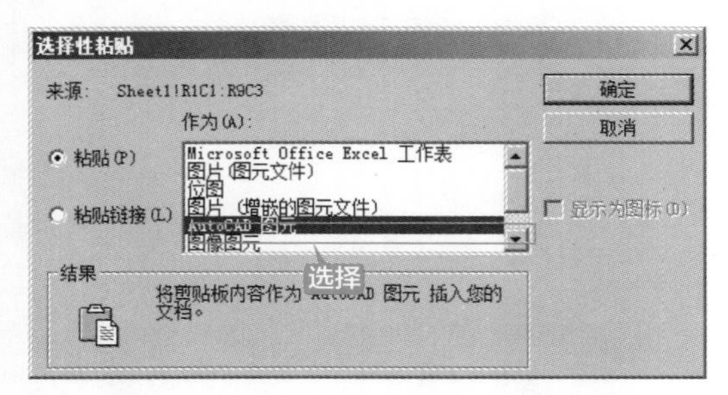

第 5 步 单击【确定】按钮，移动光标至合适位置并单击，即可将 Excel 中的表格插入 AutoCAD 中。

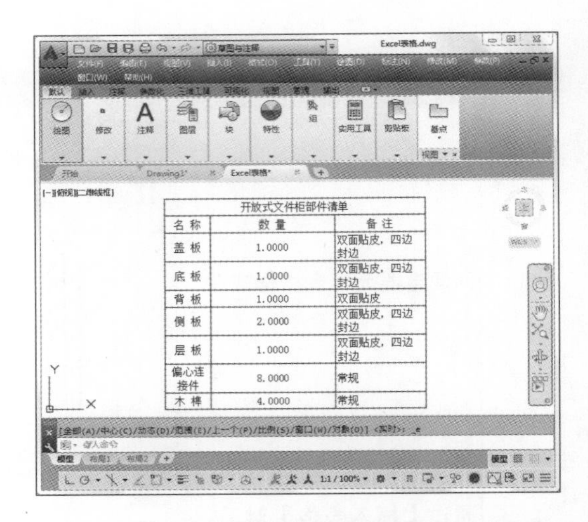

◇ AutoCAD 中的文字为什么是"？"

AutoCAD 字体通常可以分为标准字体和大字体，标准字体一般存放在 AutoCAD 安装目录下的 FONT 文件夹里面，而大字体则存放在 AutoCAD 安装目录下的 FONTS 文件夹里面。假如字体库里面没有所需字体，AutoCAD 文件里面的文字对象则会以乱码或"?"显示，如果需要将类似文字进行正常显示则需要进行替换。

下面以实例形式对文字字体的替换过程进行详细介绍，具体操作步骤如下。

第 1 步 打开随书光盘中的"素材\CH06\AutoCAD 字体 .dwg"文件。

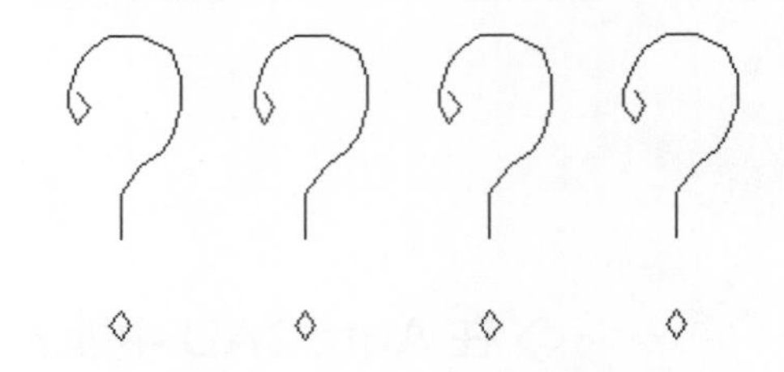

第 2 步 选择【格式】→【文字样式】命令，弹出【文字样式】对话框，如下图所示。

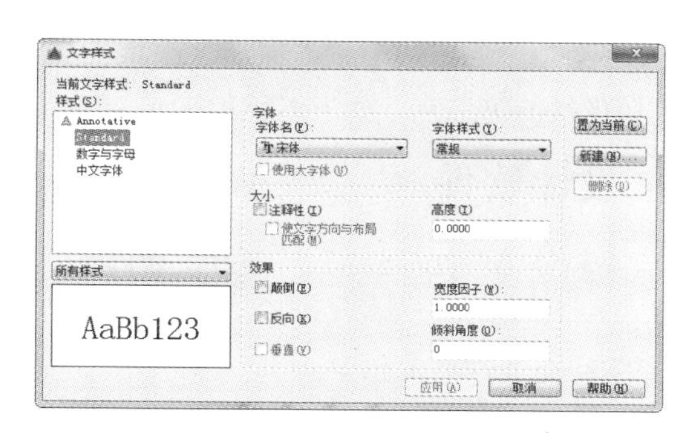

第 3 步 在【样式】区域中选择“中文字体”，然后单击【字体】区域中的【字体名】下拉按钮，选择“华文彩云”，如下图所示。

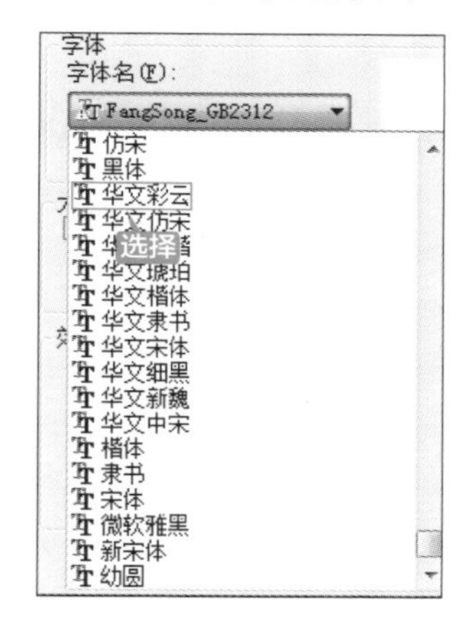

第 4 步 单击【应用】按钮并关闭【文字样式】对话框。

第 5 步 选择【视图】→【重生成】命令，结果如下图所示。

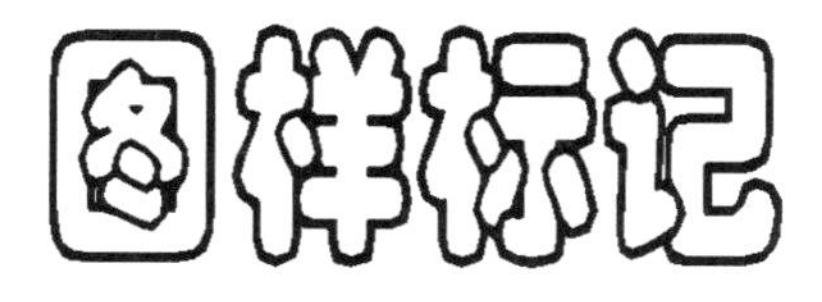

◇ 关于镜像文字

在 AutoCAD 中可以根据需要决定文字镜像后的显示方式，可以使镜像后的文字保持原方向，也可以使其镜像显示。

下面以实例形式对文字的镜像显示进行详细介绍，具体操作步骤如下。

第 1 步 打开随书光盘中的“素材 \CH06\ 镜像文字 .dwg”文件。

设计软件
镜像文字

第 2 步 在命令行输入“MIRRTEXT”，按【Enter】键确认，并设置其新值为“0”，命令行提示如下。

```
命令 : MIRRTEXT
输入 MIRRTEXT 的新值 <0>: 0 ↙
```

第 3 步 在命令行输入“MI”并按【Space】键调用镜像命令，在绘图区域中选择“设计软件”作为镜像对象，如下图所示。

设计软件
镜像文字

第 4 步 按【Enter】键确认，并在绘图区域中单击指定镜像线的第一点，如下图所示。

设计软件
镜像文字

第 5 步 在绘图区域中垂直拖动鼠标并单击指定镜像线的第二点，如下图所示。

设计软件　　设计软件
镜像文字

第 6 步 命令行提示如下。

```
要删除源对象吗? [是(Y)/否(N)] <N>:
↙
```

第 7 步 结果如下图所示。

设计软件　　设计软件
镜像文字

第 8 步 在命令行输入“MIRRTEXT”，按【Enter】键确认，并设置其新值为“1”，命令行提示如下。

```
命令 : MIRRTEXT
输入 MIRRTEXT 的新值 <0>: 1 ↙
```

第 9 步 在命令行输入“MI”并按【Space】键调用镜像命令，在绘图区域中选择“镜像文字”作为镜像对象，如下图所示。

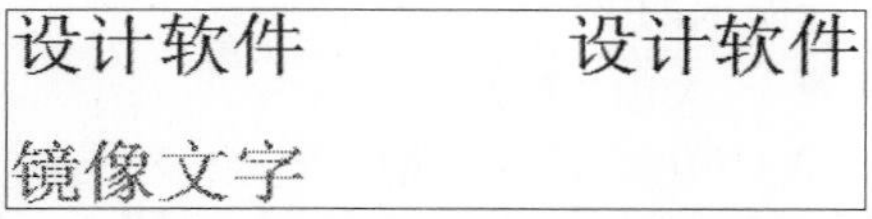

第 10 步 按【Enter】键确认，并在绘图区域中单击指定镜像线的第一点，如下图所示。

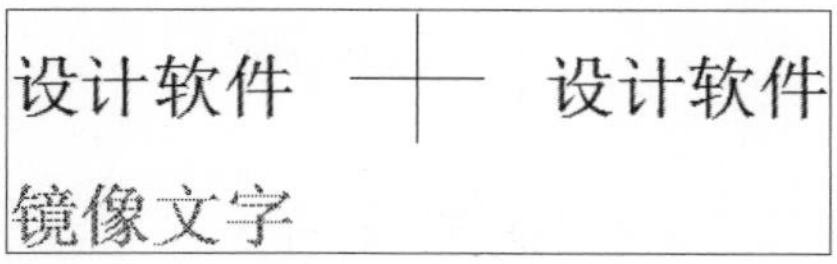

第 11 步 在绘图区域中垂直拖动鼠标并单击指定镜像线的第二点，如下图所示。

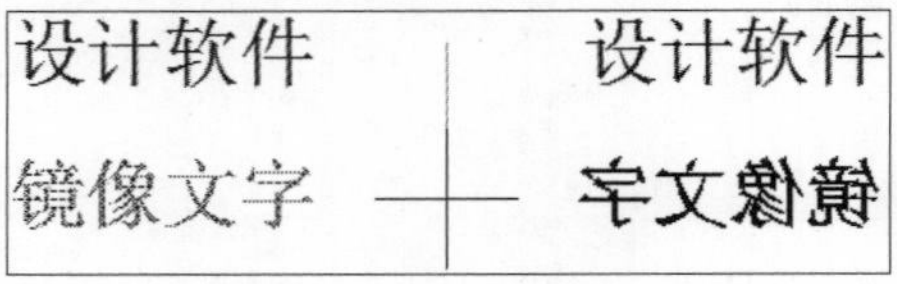

第 12 步 命令行提示如下。

```
要删除源对象吗? [是(Y)/否(N)] <N>: ↙
```

第 13 步 结果如下图所示。

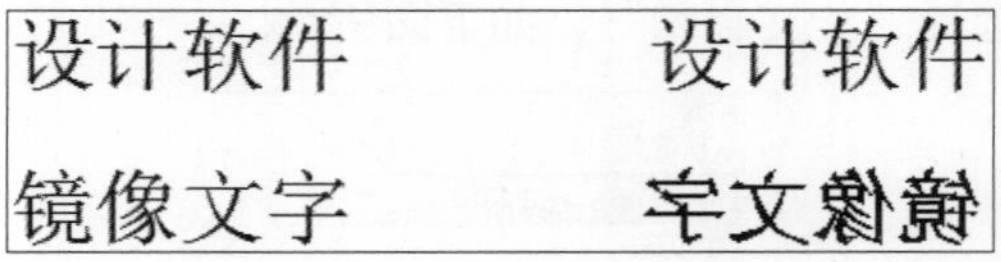

第7章 尺寸标注

本章导读

没有尺寸标注的图形被称为哑图，在现在的各大行业中已经极少采用了。另外需要注意的是零件的大小取决于图纸所标注的尺寸，并不以实际绘图尺寸作为依据。因此，图纸中的尺寸标注可以看作是数字化信息的表达。

思维导图

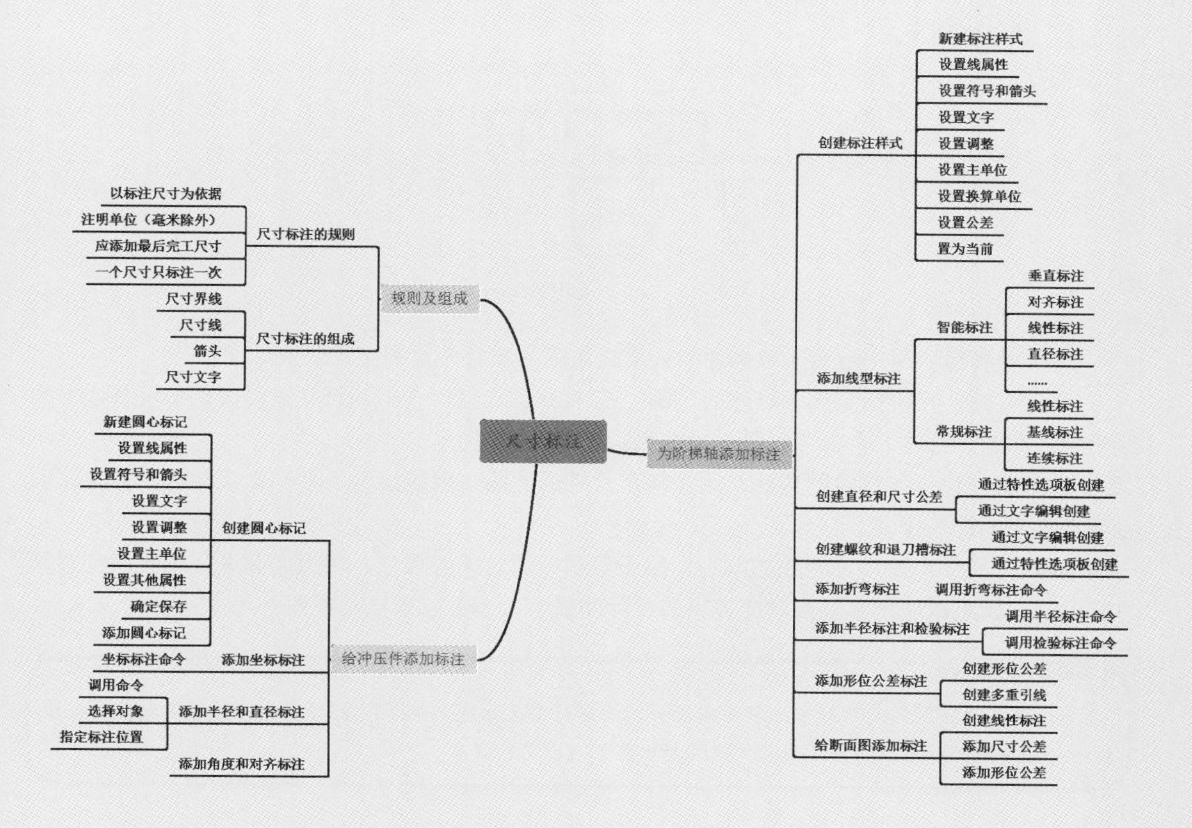

7.1 尺寸标注的规则及组成

绘制图形的根本目的是反映对象的形状，而图形中各个对象的大小和相互位置只有经过尺寸标注才能表现出来。AutoCAD 2016 提供了一套完整的尺寸标注命令，用户使用它们足以完成图纸中要求的尺寸标注。

7.1.1 尺寸标注的规则

在 AutoCAD 2016 中，对绘制的图形进行尺寸标注时应当遵循以下规则。

(1) 对象的真实大小应以图样上所标注的尺寸数值为依据，与图形的大小及绘图的准确度无关。

(2) 图形中的尺寸以毫米（mm）为单位时，不需要标注计量单位的代号或名称。如果采用其他的单位，则必须注明相应计量单位的代号或名称。

(3) 图形中所标注的尺寸应为该图形所表示的对象的最后完工尺寸，否则应另加说明。

(4) 对象的每一个尺寸一般只标注一次。

7.1.2 尺寸标注的组成

在工程绘图中，一个完整的尺寸标注一般由尺寸线、尺寸界限、尺寸箭头和尺寸文字 4 部分组成，如下图所示。

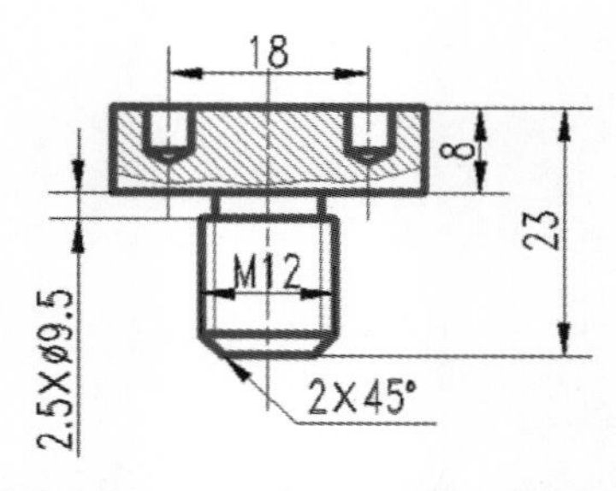

(1) 尺寸界线：用于指明所要标注的长度或角度的起始位置和结束位置。

(2) 尺寸线：用于指定尺寸标注的范围。在 AutoCAD 2016 中，尺寸线可以是一条直线（如线性标注和对齐标注），也可以是一段圆弧（如角度标注）。

(3) 箭头：位于尺寸线的两端，用于指定尺寸的界限。系统提供了多种箭头样式，并且允许创建自定义的箭头样式。

(4) 尺寸文字：是尺寸标注的核心，用于表明标注对象的尺寸、角度或旁注等内容。创建尺寸标注时，既可以使用系统自动计算出的实际测量值，也可以根据需要输入尺寸文字。

提示

通常，机械图的尺寸线末端符号用箭头，而建筑图尺寸线末端则用 45° 短线；另外，机械图尺寸线一般没有超出标记，而建筑图尺寸线的超出标记可以自行设置。

7.2 给阶梯轴添加尺寸标注

阶梯轴是机械设计中常见的零件，本例通过智能标注、线性标注、基线标注、连续标注、直径标注、半径标注、公差标注、形位公差标注等给阶梯轴添加标注，标注完成后最终结果如下图所示。

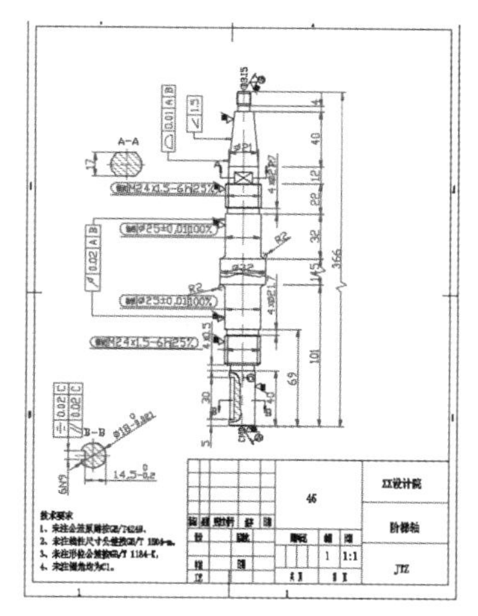

7.2.1 创建标注样式

尺寸标注样式用于控制尺寸标注的外观，如箭头的样式、文字的位置及尺寸界线的长度等，通过设置尺寸标注可以确保所绘图纸中的尺寸标注符合行业或项目标准。

尺寸标注样式是通过【标注样式管理器】对话框设置的，调用【标注样式管理器】对话框的方法有以下 5 种。

(1) 选择【格式】→【标注样式】命令。

(2) 选择【标注】→【标注样式】命令。

(3) 在命令行中输入“DIMSTYLE/D”命令并按【Space】键确认。

(4) 单击【默认】选项卡→【注释】面板中的【标注样式】按钮。

(5) 单击【注释】选项卡→【标注】面板右下角的。

创建阶梯轴标注样式的具体创建步骤如下。

第 1 步 打开随书附带的光盘文件“素材\CH07\阶梯轴 .dwg”。

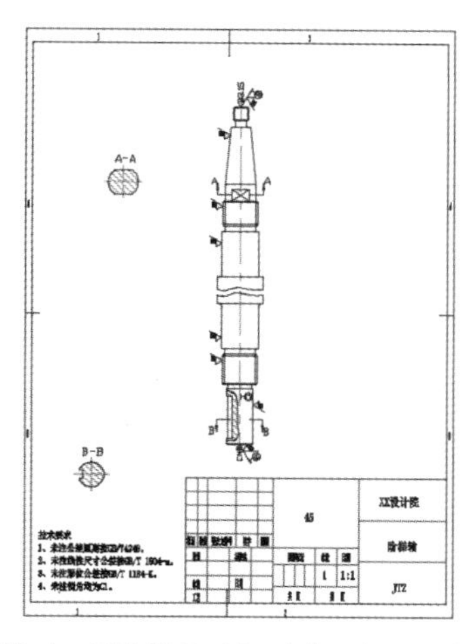

第 2 步 单击【默认】选项卡→【注释】面板中的【标注样式】按钮。

第3步 在弹出的【标注样式管理器】对话框上单击【新建】按钮，在弹出的【创建标注样式】对话框中输入新样式名“阶梯轴标注”。

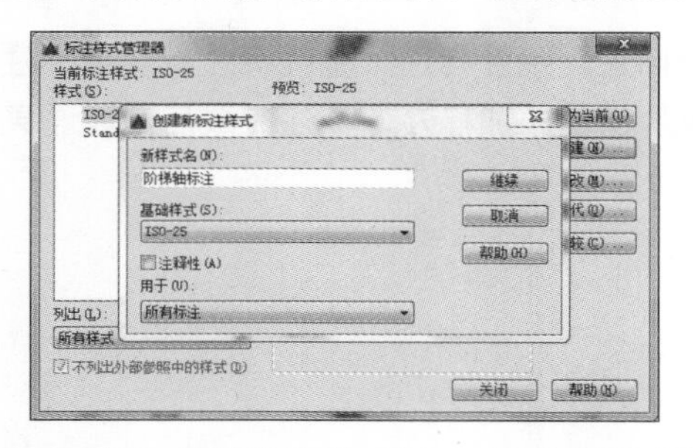

第4步 单击【调整】选项卡，将全局比例改为“2”。

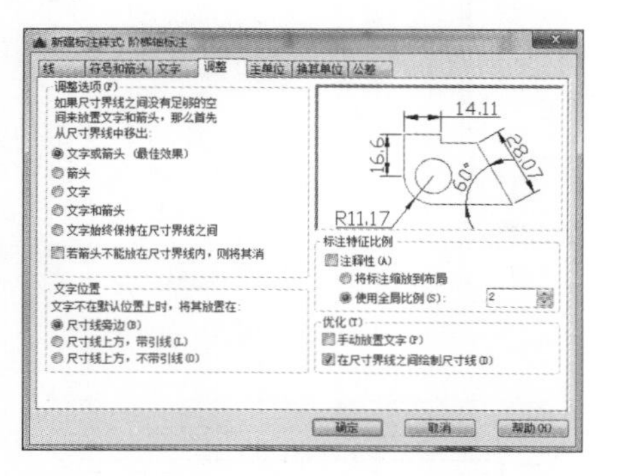

第5步 单击【确定】按钮，回到【标注样式管理器】对话框，选择【阶梯轴标注】样式，然后单击【置为当前】按钮，将“阶梯轴标注”样式置为当前样式后单击【关闭】按钮。

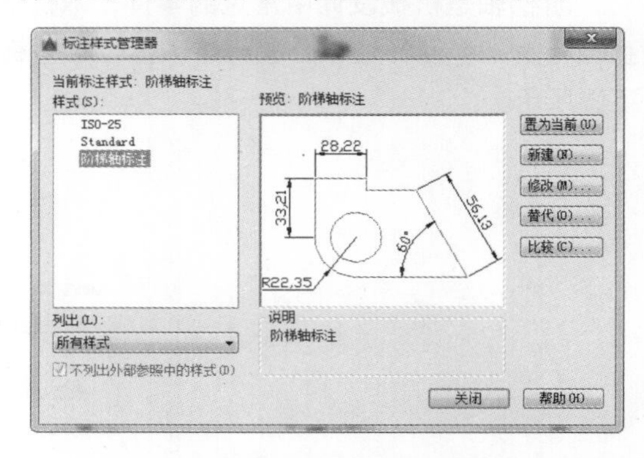

【标注样式管理器】对话框用于创建、修改标注样式，标注样式包括标注的线、箭头、文字、单位等特征的设置。【标注样式管理器】对话框各选项的含义如表 7–1 所示。

表 7–1 标注样式对话框各选项的含义

示例	各选项含义
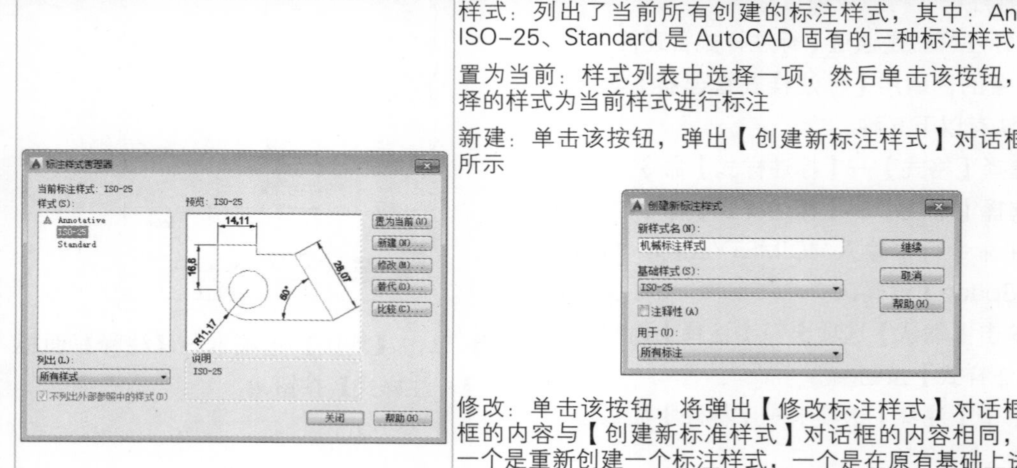	样式：列出了当前所有创建的标注样式，其中：Annotative、ISO–25、Standard 是 AutoCAD 固有的三种标注样式 置为当前：样式列表中选择一项，然后单击该按钮，将会以选择的样式为当前样式进行标注 新建：单击该按钮，弹出【创建新标注样式】对话框，如下图所示 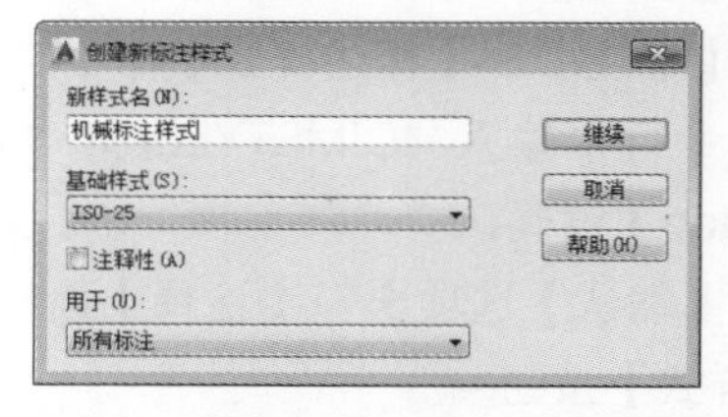 修改：单击该按钮，将弹出【修改标注样式】对话框，该对话框的内容与【创建新准样式】对话框的内容相同，区别在于一个是重新创建一个标注样式，一个是在原有基础上进行修改 替代：单击该按钮，可以设定标注样式的临时替代值。对话框选项与【创建新标注样式】对话框中的选项相同 比较：单击该按钮，将显示【比较标注样式】对话框，从中可以比较两个标注样式或列出一个样式的所有特性

续表

示例	各选项含义
	在【线】选项卡中可以设置尺寸线、尺寸界线、符号、箭头、文字外观、调整箭头、标注文字及尺寸界线间的位置等内容 1. 设置尺寸线 在【尺寸线】选项区域中可以设置尺寸线的颜色、线型、线宽、超出标记以及基线间距等属性，如下图所示 【颜色】下拉列表框：用于设置尺寸线的颜色 【线型】下拉列表框：用于设置尺寸线的线型，下拉列表中列出了各种线型的名称 【线宽】下拉列表框：用于设置尺寸线的宽度，下拉列表中列出了各种线宽的名称和宽度 【超出标记】微调框：只有当尺寸线箭头设置为建筑标记、倾斜、积分和无时，该选项才可以用，用于设置尺寸线超出尺寸界线的距离 【基线间距】微调框：设置以基线方式标注尺寸时，相邻两尺寸线之间的距离 【隐藏】选项区域：通过选中【尺寸线 1】或【尺寸线 2】复选框，可以隐藏第 1 段或第 2 段尺寸线及其相应的箭头，相对应的系统变量分别为 Dimsd1 和 Dimsd2 2. 设置尺寸界线 在【尺寸界线】选项区域中可以设置尺寸界线的颜色、线宽、超出尺寸线的长度和起点偏移量，隐藏控制等属性，如下图所示 【颜色】下拉列表框：用于设置尺寸界线的颜色 【尺寸界线 1 的线型】下拉列表框：用于设置第一条尺寸界线的线型（Dimltext1 系统变量） 【尺寸界线 2 的线型】下拉列表框：用于设置第二条尺寸界线的线型（Dimltext2 系统变量） 【线宽】下拉列表框：用于设置尺寸界线的宽度 【超出尺寸线】微调框：用于设置尺寸界线超出尺寸线的距离。 【起点偏移量】微调框：用于确定尺寸界线的实际起始点相对于指定尺寸界线起始点的偏移量 【固定长度的尺寸界线】复选框：用于设置尺寸界线的固定长度 【隐藏】选项区域：通过选中【尺寸界线 1】或【尺寸界线 2】复选框，可以隐藏第 1 段或第 2 段尺寸界线，相对应的系统变量分别为 Dimse1 和 Dimse2

续表

<table>
<tr><th>示例</th><th>各选项含义</th></tr>
<tr><td>

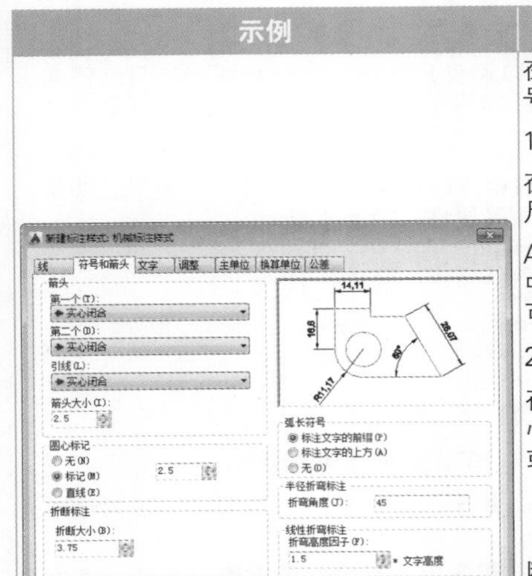

</td><td>

在【符号和箭头】选项卡中可以设置箭头、圆心标记、弧长符号和折弯半径标注的格式和位置

1. 设置箭头

在【箭头】选项区域中可以设置标注箭头的外观。通常情况下，尺寸线的两个箭头应一致

AutoCAD 提供了多种箭头样式，用户可以从对应的下拉列表框中选择箭头，并在【箭头大小】微调框中设置它们的大小（也可以使用变量 Dimasz 设置），用户也可以使用自定义的箭头

2. 设置符号

在【圆心标记】选项区域中可以设置直径标注和半径标注的圆心标记和中心线的外观。在建筑图形中，一般不创建圆心标记或中心线

【弧长符号】可控制弧长标注中圆弧符号的显示

【折断标注】选项区域：在【折断大小】微调框中可以设置折断标注的大小

【半径折弯标注】控制折弯（Z 字形）半径标注的显示。折弯半径标注通常用于半径太大，致使中心点位于图幅外部时使用。【折弯角度】用于连接半径标注的尺寸界线和尺寸线的横向直线的角度，一般为 45°

【线性折弯标注】选项区域：在【折弯高度因子】的【文字高度】微调框中可以设置折弯因子的文字的高度

</td></tr>
<tr><td>

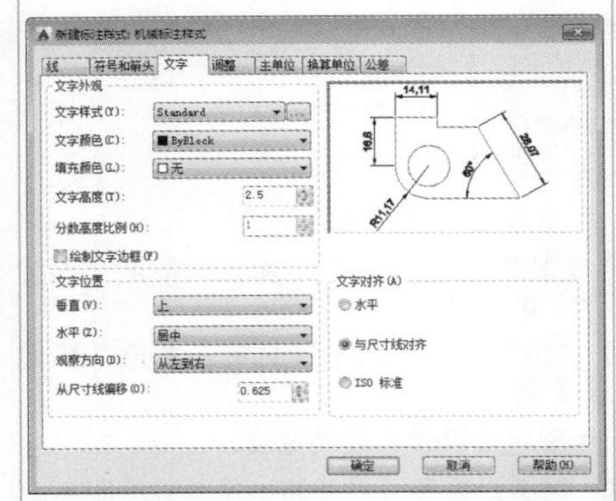

</td><td>

在【新建标注样式】对话框的【文字】选项卡中可以设置标注文字的外观、位置和对齐方式

1. 设置文字外观

在【文字外观】选项区域中可以设置文字的样式、颜色、高度和分数高度比例，以及控制是否绘制文字边框

【文字样式】：用于选择标注的文字样式

【文字颜色】和【填充颜色】：分别设置标注文字的颜色和标注文字背景的颜色

【文字高度】：用于设置标注文字的高度。但是如果选择的文字样式已经在【文字样式】对话框中设定了具体高度而不是 0，该选项不能用

【分数高度比例】：用于设置标注文字中的分数相对于其他标注文字的比例，AutoCAD 将该比例值与标注文字高度的乘积作为分数的高度。仅当在【主单位】选项卡中选择【分数】作为【单位格式】时，此选项才可用

【绘制文字边框】：用于设置是否给标注文字加边框

2. 设置文字位置

在【文字位置】选项区域中可以设置文字的垂直、水平位置以及距尺寸线的偏移量

【垂直】下拉列表框中包含【居中】、【上】、【外部】、【JIS】和【下】5 个选项，用于控制标注文字相对尺寸线的垂直位置。选择某项时，在【文字】选项卡的预览框中可以观察到尺寸文本的变化

【水平】下拉列表框包含【居中】、【第一条尺寸界线】、【第二条尺寸界线】、【第一条尺寸界线上方】、【第二条尺寸界线上方】5 个选项，用于设置标注文字相对于尺寸线和尺寸界线在水平方向的位置

</td></tr>
</table>

续表

示例	各选项含义
	【观察方向】下拉列表框包含【从左到右】和【从右到左】两个选项，用于设置标注文字的观察方向 【从尺寸线偏移】是设置尺寸线断开时标注文字周围的距离；若不断开即为尺寸线与文字之间的距离 3. 设置文字对齐 在【文字对齐】选项区域中可以设置标注文字放置方向 【水平】：标注文字水平放置 【与尺寸线对齐】：标注文字方向与尺寸线方向一致 【ISO 标准】：标注文字按 ISO 标准放置，当标注文字在尺寸界线之内时，它的方向与尺寸线方向一致，而在尺寸界线外时将水平放置
	在【新建标注样式】对话框的【调整】选项卡中可以设置标注文字、尺寸线、尺寸箭头的位置 1. 调整选项 在【调整选项】区域中可以确定当尺寸界线之间没有足够的空间同时放置标注文字和箭头时，应首先从尺寸界线之间移出的对象 【文字或箭头（最佳效果）】：按最佳布局将文字或箭头移动到尺寸界线外部。当尺寸界线间的距离仅能够容纳文字时，将文字放在尺寸界线内，而箭头放在尺寸界线外。当尺寸界线间的距离仅能够容纳箭头时，将箭头放在尺寸界线内，而文字放在尺寸界线外。当尺寸界线间的距离既不够放文字又不够放箭头时，文字和箭头都放在尺寸界线外 【箭头】：AutoCAD 尽量将箭头放在尺寸界线内；否则，将文字和箭头都放在尺寸界线外 【文字】：AutoCAD 尽量将文字放在尺寸界线内，箭头放在尺寸界线外 【文字和箭头】：当尺寸界线间距不足以放下文字和箭头时，文字和箭头都放在尺寸界线外 【文字始终保持在尺寸界线之间】：始终将文字放在尺寸界线之间 【若箭头不能放在尺寸界线内，则将其消除】：若尺寸界线内没有足够的空间，则隐藏箭头 2. 文字位置 在【文字位置】选项区域中用户可以设置标注文字从默认位置移动时，标注文字的位置 【尺寸线旁边】：将标注文字放在尺寸线旁边 【尺寸线上方，带引线】：将标注文字放在尺寸线的上方，并加上引线 【尺寸线上方，不带引线】：将文本放在尺寸线的上方，但不加引线 3. 标注特征比例 【标注特征比例】选项区域中可以设置全局标注比例值或图纸空间比例

续表

示例	各选项含义
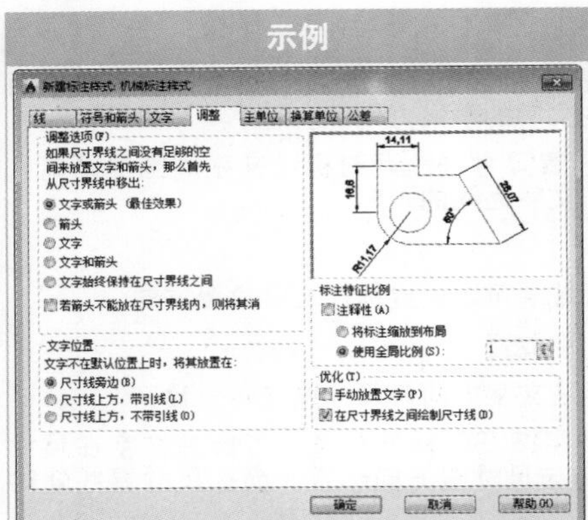	【使用全局比例】：可以为所有标注样式设置一个比例，指定大小、距离或间距，包括文字和箭头大小，该值改变的仅仅是这些特征符号的大小并不改变标注的测量值 【将标注缩放到布局】：可以根据当前模型空间视口与图纸空间之间的缩放关系设置比例 4. 优化 在【优化】选项区域中可以对标注文本和尺寸线进行细微调整 【手动放置文字】：选择该复选框则忽略标注文字的水平设置，在标注时将标注文字放置在用户指定的位置 【在尺寸界线之间绘制尺寸线】：选择该复选框将始终在测量点之间绘制尺寸线，AutoCAD 将箭头放在测量点之处
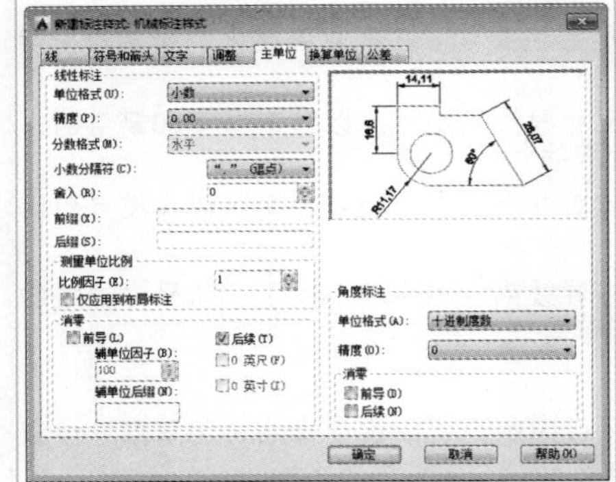	在【主单位】选项卡中可以设置主单位的格式与精度等属性 1. 线性标注 在【线性标注】选项区域中可以设置线性标注的单位格式与精度 【单位格式】：用来设置除角度标注之外的各标注类型的尺寸单位，包括【科学】、【小数】、【工程】、【建筑】、【分数】及【Windows 桌面】等选项 【精度】：用来设置标注文字中的小数位数 【分数格式】用于设置分数的格式，包括【水平】、【对角】和【非堆叠】3 种方式。当【单位格式】选择【建筑】或【分数】时，此选项才可用 【小数分隔符】：用于设置小数的分隔符，包括【逗点】、【句点】和【空格】3 种方式。 【舍入】：用于设置除角度标注以外的尺寸测量值的舍入值，类似于数学中的四舍五入 【前缀】和【后缀】：用于设置标注文字的前缀和后缀，用户在相应的文本框中输入文本符即可 2. 测量单位比例 【比例因子】：设置测量尺寸的缩放比例，AutoCAD 的实际标注值为测量值与该比例的积；选中【仅应用到布局标注】复选框，可以设置该比例关系是否仅适应于布局。该值不应用到角度标注，也不应用到舍入值或者正负公差值 3. 消零 【消零】选项用于设置是否显示尺寸标注中的“前导”和“后续”0 【前导】：选中该复选框，标注中前导“0”将不显示，如“0.5”将显示为“.5” 【后续】：选中该复选框，标注中后续“0”将不显示，如“5.0”将显示为“5” 4. 角度标注 在【角度标注】选项区域中可以使用【单位格式】下拉列表框设置标注角度时的单位；使用【精度】下拉列表框设置标注角度的尺寸精度；使用【消零】选项设置是否消除角度尺寸的前导和后续 0 提示：标注特征比例改变的是标注的箭头、起点偏移量、超出尺寸线以及标注文字的高度等参数值 测量单位比例改变的是标注的尺寸数值，例如，将测量单位改为“2”，那么当标注实际长度为“5”的尺寸时，显示的数值为“10”

续表

示例	各选项含义
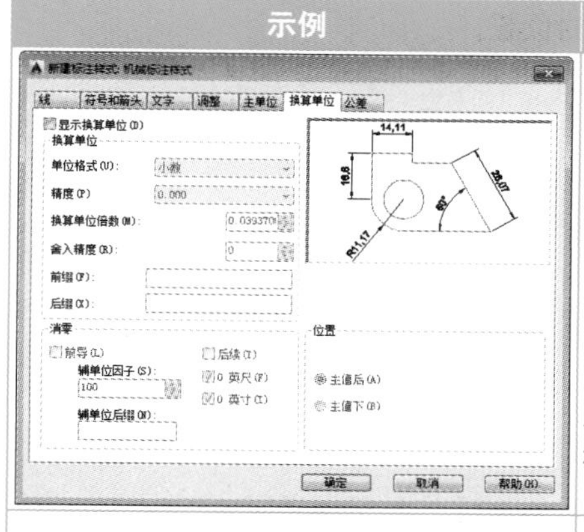	在【换算单位】选项卡中可以设置换算单位的格式 AutoCAD 中，通过换算标注单位，可以转换使用不同测量单位制的标注，通常是将英制标注换算成等效的公制标注，或将公制标注换算成等效的英制标注。在标注文字中，换算标注单位显示在主单位旁边的方括号 [ ] 中 选中【显示换算单位】复选框，这时对话框的其他选项才可用，用户可以在【换算单位】选项区域中设置换算单位中各选项，方法与设置主单位的方法相同 在【位置】选项区域中可以设置换算单位的位置，包括【主值后】和【主值下】两种方式
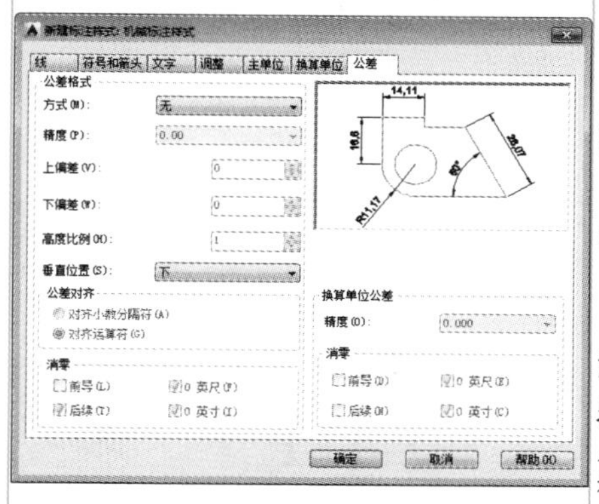	【公差】选项卡用于设置是否标注公差，以及用何种方式进行标注 【方式】下拉列表框：确定以何种方式标注公差，包括【无】、【对称】、【极限偏差】、【极限尺寸】和【基本尺寸】选项 【精度】下拉列表框：用于设置尺寸公差的精度 【上偏差】、【下偏差】微调框：用于设置尺寸的上下偏差，相应的系统变量分别为 Dimtp 及 Dimtm 【高度比例】微调框：用于确定公差文字的高度比例因子。确定后，AutoCAD 将该比例因子与尺寸文字高度之积作为公差文字的高度，也可以使用变量 Dimtfac 设置 【垂直位置】下拉列表框：用于控制公差文字相对于尺寸文字的位置，有【上】、【中】、【下】3 种方式 【消零】选项区域：用于设置是否消除公差值的前导或后续 0。在“换算单位公差”选项区域可以设置换算单位的精度和是否消零 提示：公差有两种，即“尺寸公差”和“形位公差”。尺寸公差是指实际制作中尺寸上允许的误差，“形位公差”是指形状和位置上的误差 【标注样式管理器】中设置的【公差】是尺寸公差，而且在【标注样式管理器】中一旦设置了公差，那么在接下来的标注过程中，所有的标注值都将附加上这里设置的公差值。因此，实际工作中一般不采用【标注样式管理器】中的公差设置，而是采用选择【特性】选项板中的公差选项来设置公差 关于“形位公差”的有关介绍请参见本章后面相关的内容

7.2.2 添加线型标注

对于 AutoCAD 2016 来说，既可以通过智能标注来创建线型标注，也可以通过线性标注、基线标注、连续标注来创建线型标注。

1. 通过智能标注创建线型标注

智能标注是 AutoCAD 2016 的新增功能，智能标注支持的标注类型包括垂直标注、水平标注、对齐标注、旋转的线性标注、角度标注、半径标注、直径标注、折弯半径标注、弧长标注、基线标注和连续标注。

在 AutoCAD 2016 中调用智能标注的方法有以下几种。

(1) 单击【默认】选项卡→【注释】面板→【标注】按钮。

(2) 单击【注释】选项卡→【标注】面板→【标注】按钮。

(3) 在命令行中输入“DIM”命令并按【Space】键确认。

通过智能标注给阶梯轴添加线型标注的具体操作步骤如下。

第1步 单击【默认】选项卡→【图层】面板→【图层】下拉按钮，将影响标注的“0”层、“文字”层和“细实线”层关闭。

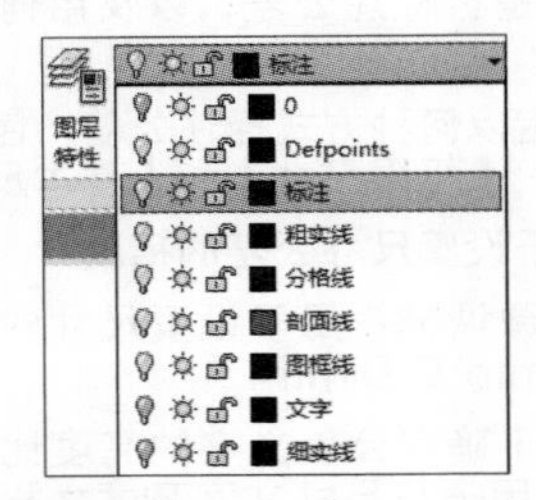

第2步 单击【默认】选项卡→【注释】面板→【标注】按钮，然后捕捉如下图所示的轴的端点为尺寸标注的第一点。

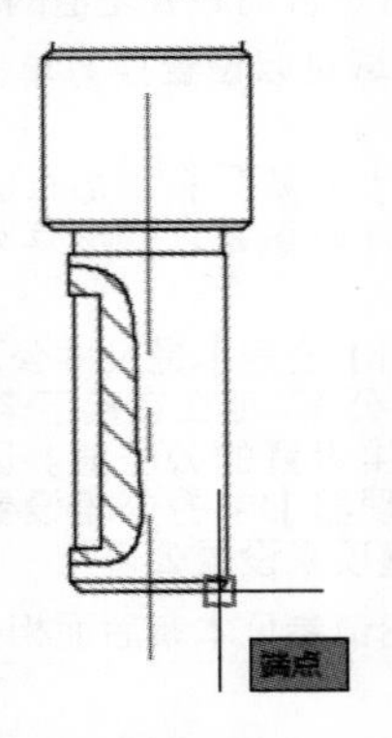

第3步 捕捉第一段阶梯轴的另一端的端点为尺寸标注的第二点。

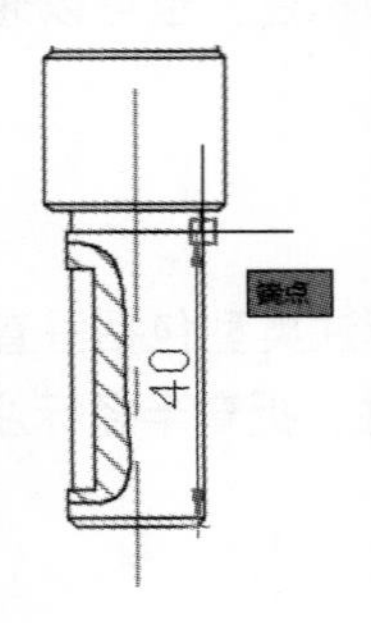

第4步 拖动鼠标，在合适的位置单击作为放置标注的位置。

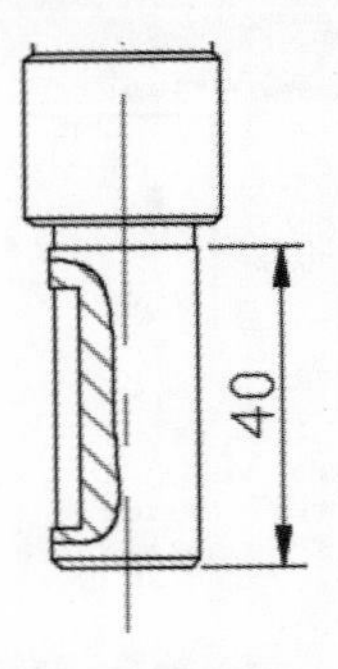

第5步 重复标注，如下图所示。

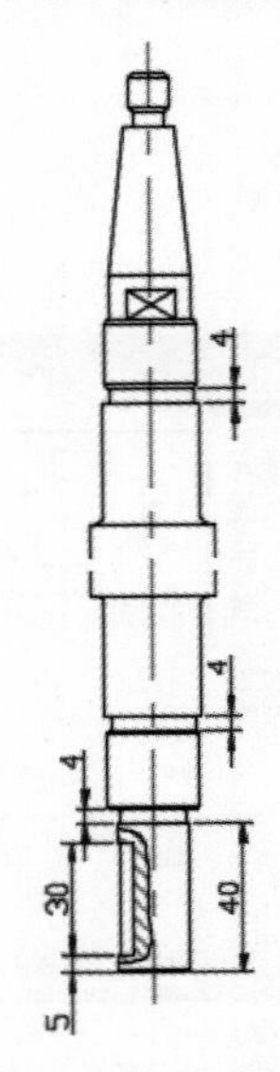

第6步 不退出智能标注情况下，在命令行输入“b”，然后捕捉如下图所示的尺寸界线作为基线标注的第一个尺寸界线。

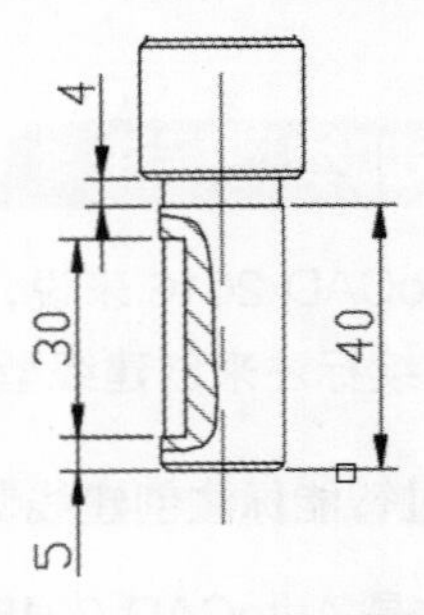

第7步 拖动鼠标，捕捉如下图所示的端点作为第一个基线标注的第二个尺寸界线的原点。

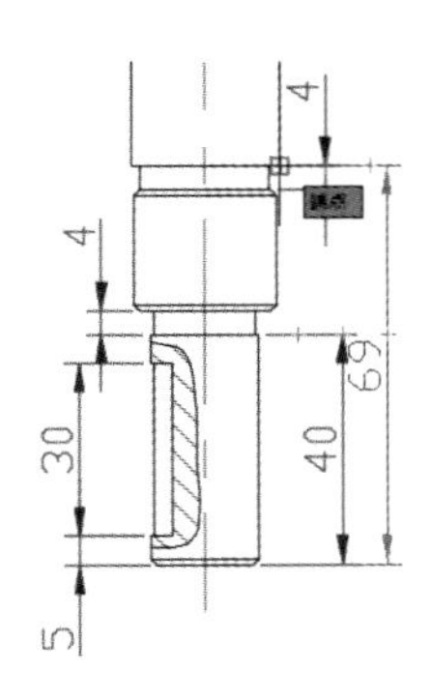

第 8 步 继续捕捉阶梯轴的端点作为第二个基线标注的第二个尺寸界线的原点。

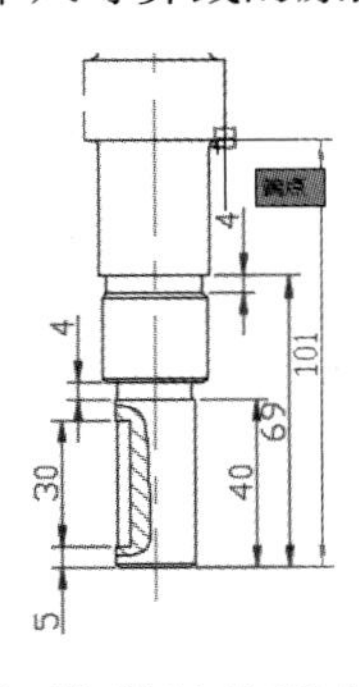

第 9 步 继续捕捉阶梯轴的端点作为第二个基线标注的第三个尺寸界线的原点。

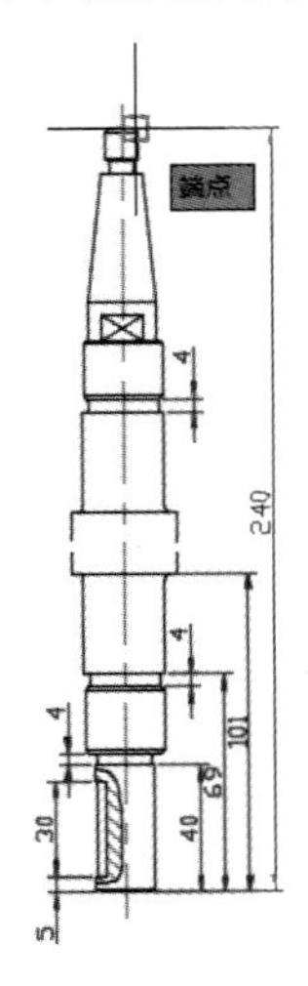

第 10 步 基线标注完成后（不要退出智能标注），连续按两次【Space】键，当出现“选择对象或指定第一个尺寸界线原点”提示时输入“c”。

选择对象或指定第一个尺寸界线原点或 [角度 (A)/ 基线 (B)/ 连续 (C)/ 坐标 (O)/ 对齐 (G)/ 分发 (D)/ 图层 (L)/ 放弃 (U)]: c ↙

第 11 步 选择标注为“101”的尺寸线的界线为第一个连续标注的第一个尺寸界线。

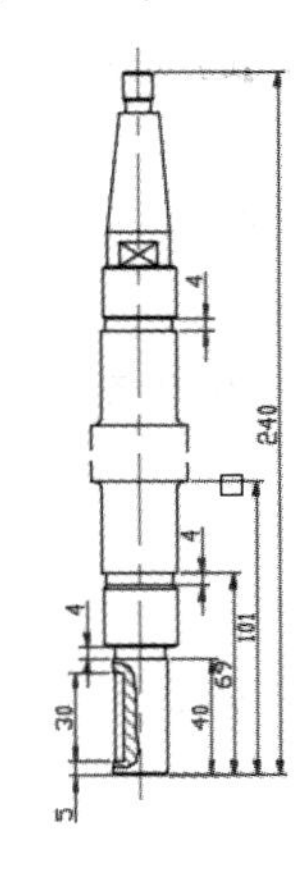

第 12 步 捕捉下图所示的端点为第一个连续标注的第二个尺寸界线的原点。

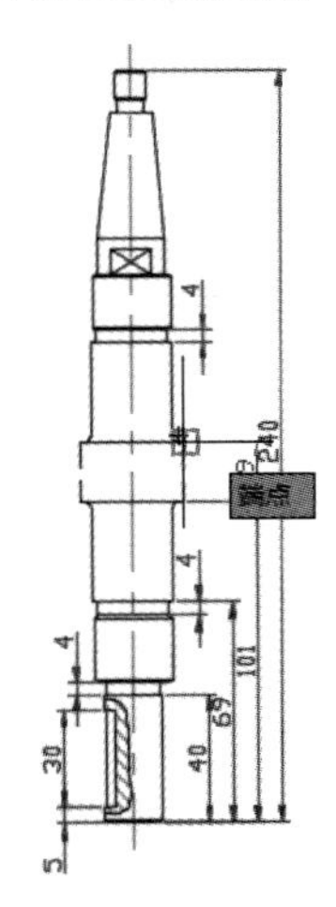

第 13 步 重复第 7 步，继续捕捉其他连续标注的尺寸界线的原点，结果如下图所示。

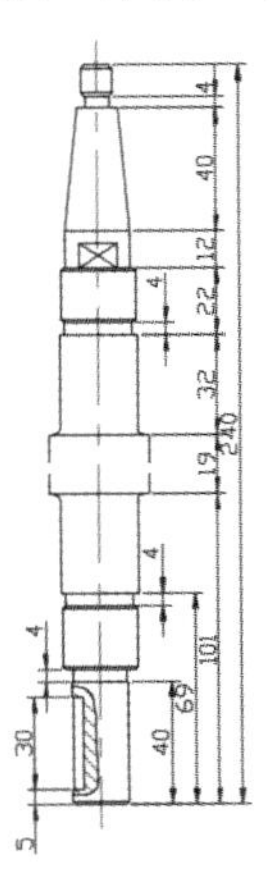

第 14 步 连续标注完成后（不要退出智能标注），连续按两次【Space】键，当出现“选择对象或指定第一个尺寸界线原点”提示时输入“d”，然后输入“o”。

选择对象或指定第一个尺寸界线原点或 [角度 (A)/ 基线 (B)/ 连续 (C)/ 坐标 (O)/ 对齐 (G)/ 分发 (D)/ 图层 (L)/ 放弃 (U)]: d ↙
当前设置 : 偏移 (DIMDLI) = 3.750000
指定用于分发标注的方法 [相等 (E)/ 偏移 (O)] < 相等 >:o ↙

第 15 步 当命令行提示选择基准标注时选择尺寸为“40”的标注。

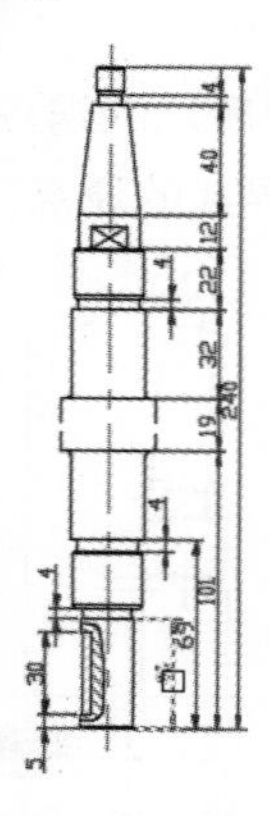

第 16 步 当提示选择要分发的标注时输入“o”，然后输入偏移的距离“7.5”。

选择要分发的标注或 [偏移 (O)]:o ↙
指定偏移距离 <3.750000>:7.5 ↙

第 17 步 指定偏移距离后选择分发对象。

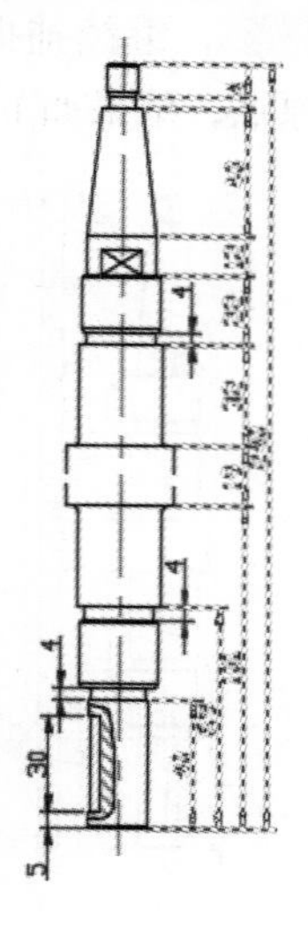

第 18 步 按【Space】键确认，分发后如下图所示。

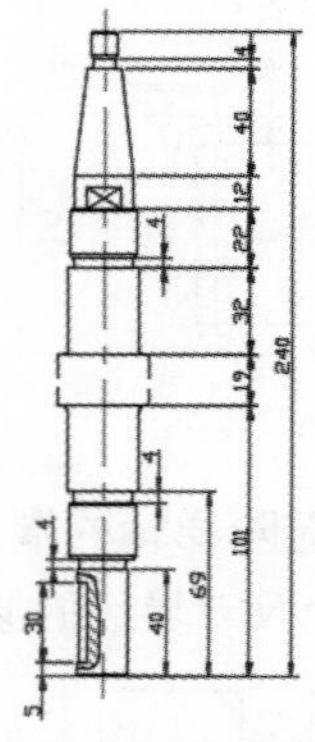

第 19 步 分发标注完成后（不要退出智能标注），连续按两次【Space】键，当出现“选择对象或第一个尺寸界线原点”提示时输入“g”，然后选择尺寸为“40”的标注作为基准。

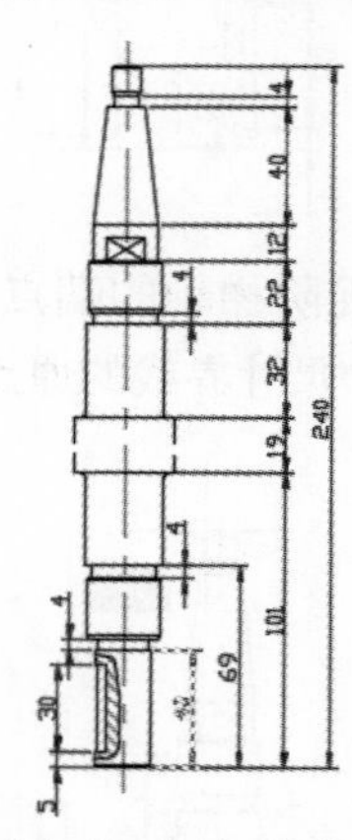

第 20 步 选择两个尺寸为“4”的标注为对齐对象。

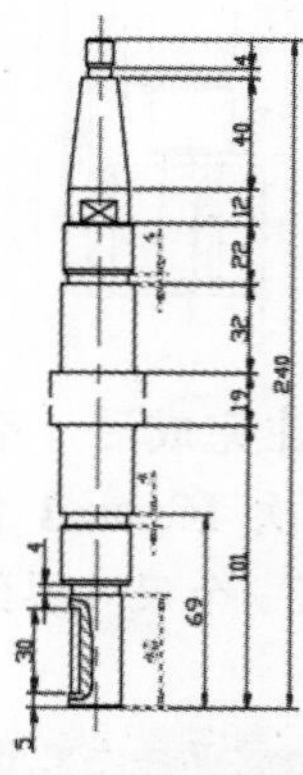

第 21 步 按【Space】键将两个尺寸为“4”的标注对齐到尺寸为“40”的标注后如下图所示。

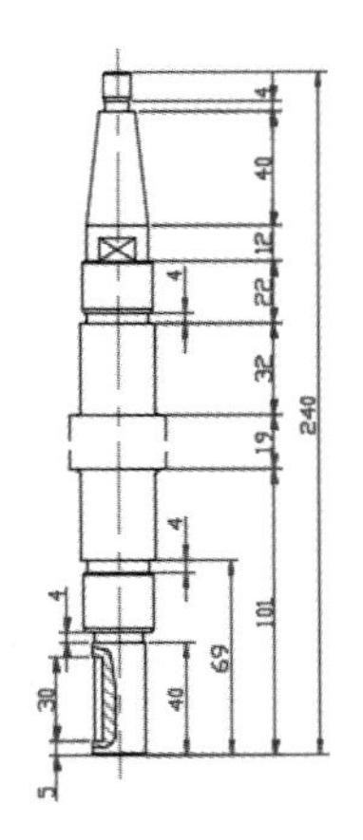

第 22 步 重复第 19 步～第 22 步，将左侧尺寸为“4”的标注与尺寸为“30”的标注对齐。线型标注完成后退出智能标注，结果如下图所示。

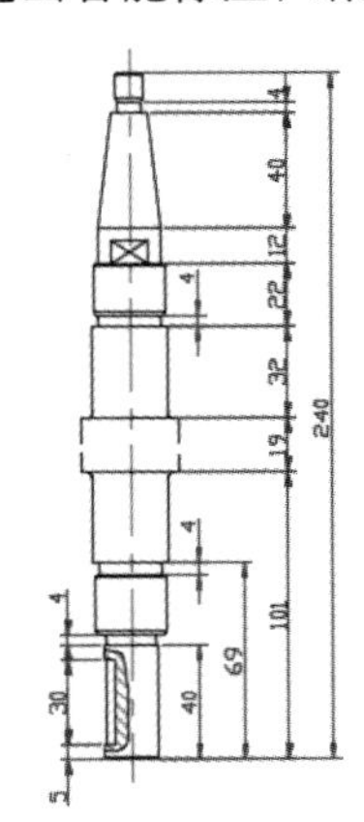

智能标注可以实现在同一命令任务中创建多种类型的标注。调用智能标注命令后，将光标悬停在标注对象上时，将自动预览要使用的合适标注类型。选择对象、线或点进行标注，然后单击绘图区域中的任意位置绘制标注。

调用智能标注命令后，命令行提示如下。

```
命令：_dim
选择对象或指定第一个尺寸界线原点或 [ 角度 (A)/ 基线 (B)/ 连续 (C)/ 坐标 (O)/ 对齐 (G)/ 分发 (D)/ 图层 (L)/ 放弃 (U)]:
```

命令行各选项的含义如下。

【选择对象】：自动为所选对象选择合适的标准类型，并显示与该标注类型相对应的提示。圆弧，默认显示半径标注；圆，默认显示直径标注；直线，默认为线性标注。

【第一条尺寸界线原点】：选择两个点时创建线性标注。

【角度】：创建一个角度标注来显示三个点或两条直线之间的角度（同 DIMANGULAR 命令）。

【基线】：从上一个或选定标准的第一条界线创建线性、角度或坐标标注（同 DIMBASELINE 命令）。

【连续】：从选定标注的第二条尺寸界线创建线性、角度或坐标标注（同 DIMCONTINUE 命令）。

【坐标】：创建坐标标注（同 DIMORDINATE 命令），相比坐标标注，可以调用一次命令进行多个标注。

【对齐】：将多个平行、同心或同基准标注对齐到选定的基准标注。

【分发】：指定可用于分发一组选定的孤立线性标注或坐标标注的方法，有相等和偏移两个选项。相等，均匀分发所有选定的标注，此方法要求至少三条标注线；偏移，按指定的偏移距离分发所有选定的标注。

【图层】：为指定的图层指定新标注，以替代当前图层，该选项在创建复杂图形时尤为有用，选定标注图层后即可标注，不需要在标注图层和绘图图层之间来回切换。

【放弃】：反转上一个标注操作。

2. 通过线性标注、基线标注和连续标注创建线型尺寸标注

智能标注是 AutoCAD 2016 新增的功能，对于不熟练的用户，仍可以通过线性标注、基线标注和连续标注等命令完成阶梯轴的线型标注。

通过线性标注、基线标注和连续标注创建阶梯轴线型尺寸标注的具体步骤如下。

第1步 单击【默认】选项卡→【注释】面板→【线性】按钮⊢⊣。

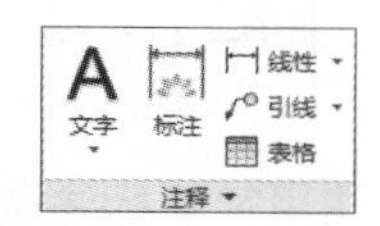

提示

除了通过面板调用线性标注命令外，还可以通过以下方法调用线性标注命令。

(1) 选择【标注】→【线性】命令。

(2) 命令行输入"DIMLINEAR/DLI"命令并按【Space】键。

(3) 单击【注释】选项卡→【标注】面板→【线性】按钮⊢⊣。

第2步 捕捉如下图所示的轴的端点为尺寸标注的第一点。

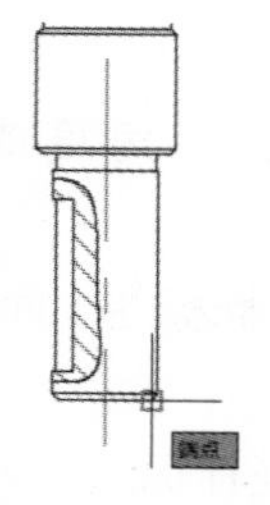

第3步 捕捉第一段阶梯轴的另一端的端点为尺寸标注的第二点。

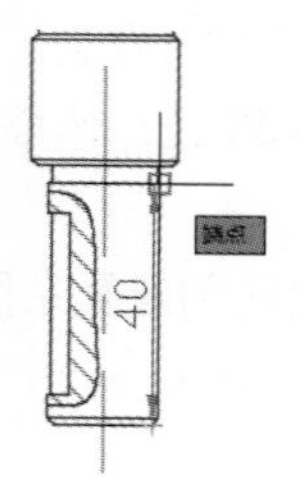

第4步 拖动鼠标，在合适的位置单击作为放置标注的位置。

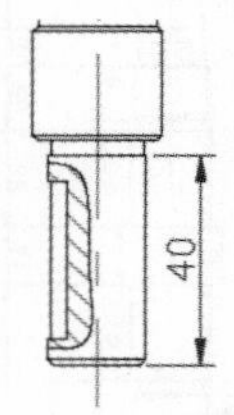

第5步 重复线性标注，如下图所示。

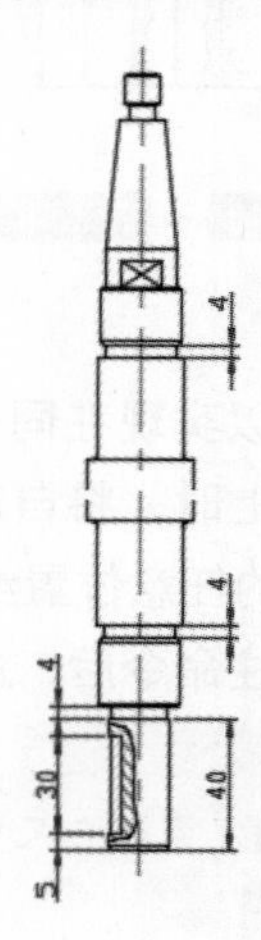

提示

在命令行输入"MULTIPLE"命令并按【Space】键，然后输入"DLI"命令，可以重复进行线性标注，直到按【Esc】键退出。

第6步 单击【注释】选项卡→【标注】面板→【基线】按钮。

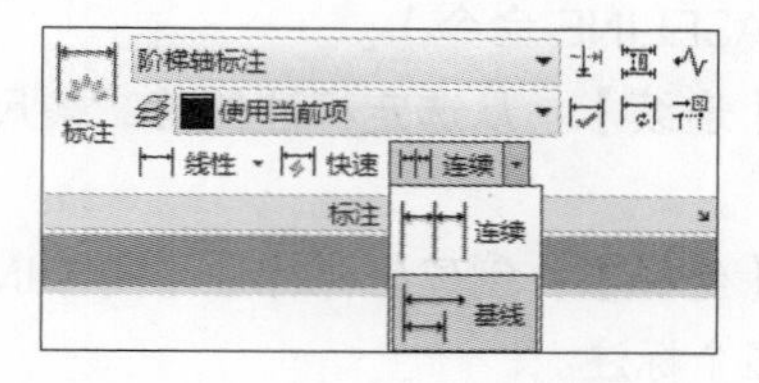

提示

除了通过面板调用基线标注命令外，还可以通过以下方法调用基线标注命令。

(1) 选择【标注】→【基线】命令。

(2) 命令行输入"DIMBASELINE/DBA"命令并按【Space】键。

第 7 步 输入“S“重新选择基准标注。

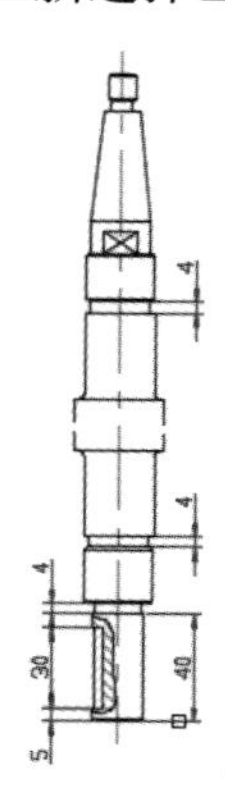

提示

基线标注会默认最后创建的标注为基准，如果最后创建的不是需要的基准，则可以输入“S“重新选择基线标注。

第 8 步 拖动鼠标，捕捉如下图所示的端点作为第一个基线标注的第二个尺寸界线的原点。

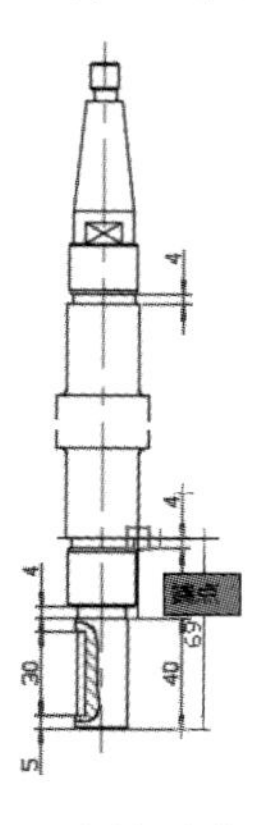

第 9 步 重复第 8 步，继续选择基线标注的尺寸界线原点，结果如下图所示。

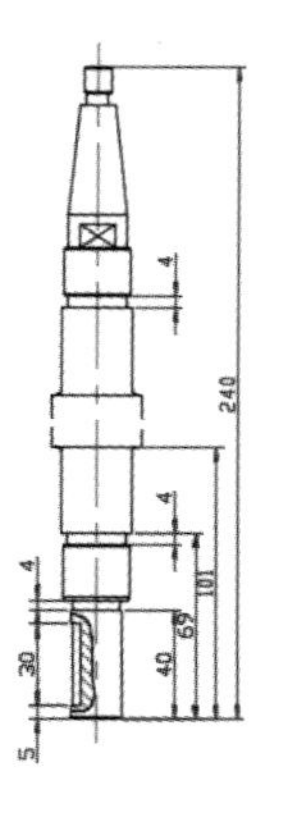

第 10 步 单击【注释】选项卡→【标注】面板→【调整间距】按钮。

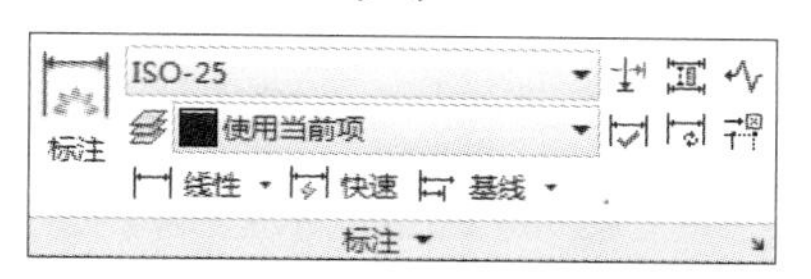

提示

除了通过面板调用调整间距标注命令外，还可以通过以下方法调用调整间距标注命令。

(1) 选择【标注】→【标注间距】命令。

(2) 命令行输入“DIMSPACE”命令并按【Space】键。

第 11 步 选择尺寸为“40”的标注作为基准。

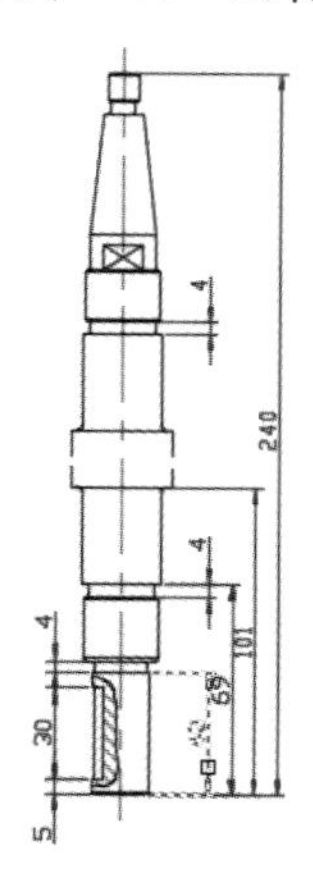

第 12 步 选择尺寸为“69”“101”和“240”的标注为产生间距的标注。

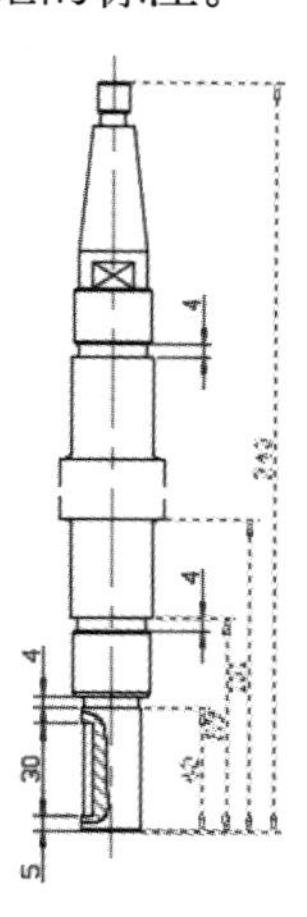

第 13 步 输入间距值"15"，结果如下图所示。

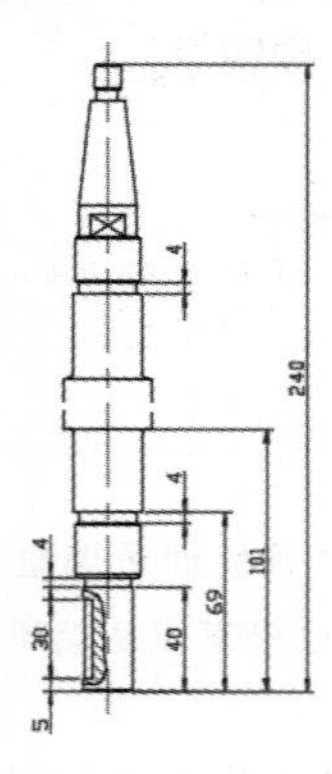

第 14 步 单击【注释】选项卡→【标注】面板→【连续】按钮。

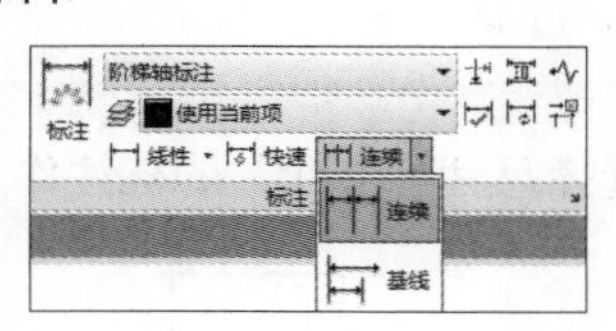

提示

除了通过面板调用连续标注命令外，还可以通过以下方法调用连续标注命令。

(1) 选择【标注】→【连续】命令。

(2) 命令行输入"DIMCONTINUE/DCO"命令并按【Space】键。

第 15 步 输入"S"重新选择基准标注。

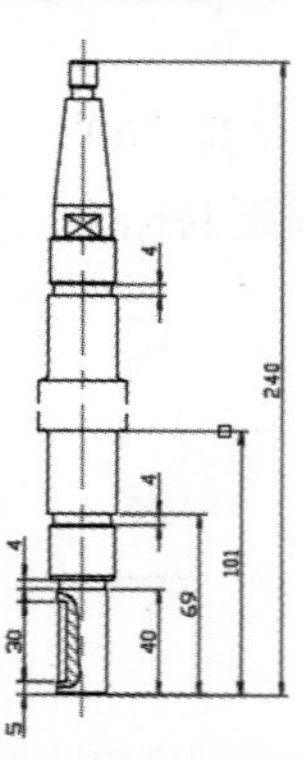

提示

连续标注会默认最后创建的标注为基准，如果最后创建的不是需要的基准，则可以输入"S"重新选择基线标注。

第 16 步 拖动鼠标，捕捉如下图所示的端点作为第一个连续标注的第二个尺寸界线的原点。

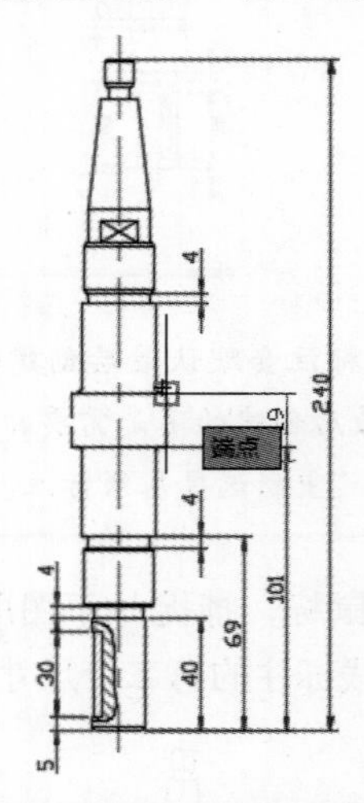

第 17 步 重复第 16 步，继续选择连续标注的尺寸界线原点，结果如下图所示。

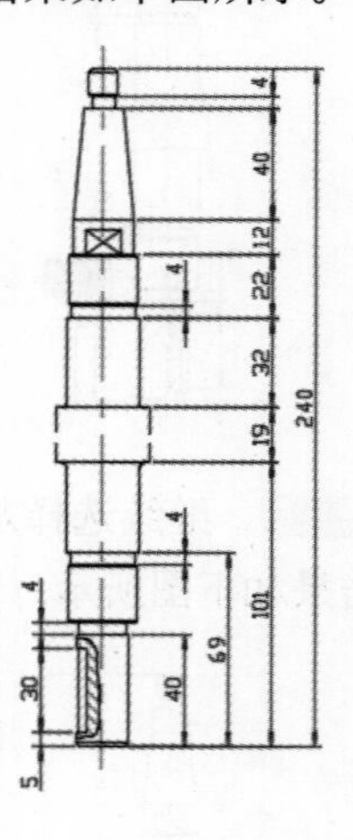

7.2.3 创建直径和尺寸公差

对于投影是圆或圆弧的视图，直接用直径或半径标注即可。对于投影不是圆的视图，如果要表达直径，则需要先创建线性标注，然后通过特性选项板或文字编辑添加直径符号来完成直径的表达。

1. 通过特性选项板创建直径和尺寸公差

通过特性选项板创建直径和螺纹标注的具体操作步骤如下。

第 1 步 单击【默认】选项卡→【注释】面板→【标注】按钮，添加一系列线性标注，如下图所示。

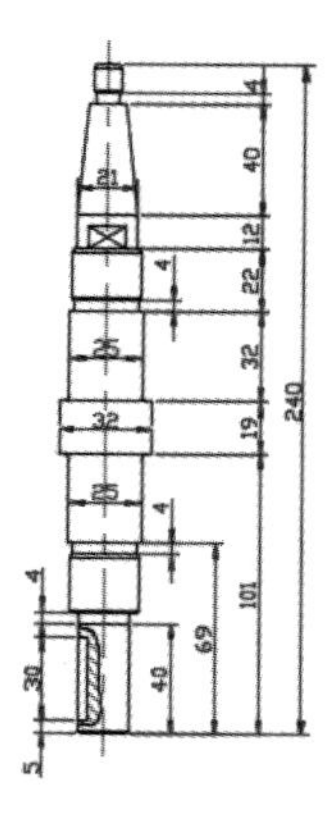

第 2 步 按【Ctrl+1】组合键，弹出【特性】面板后选择尺寸为“25”的标注。

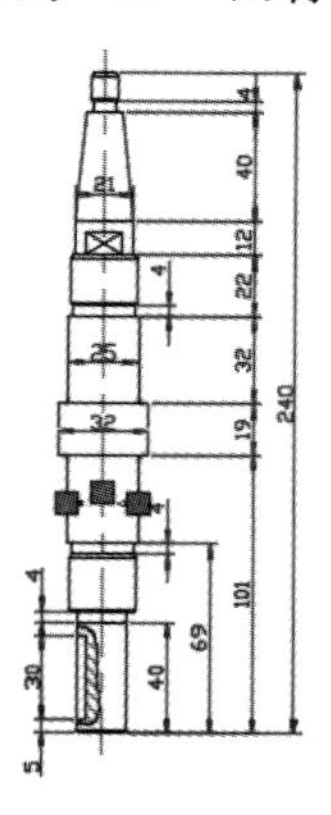

第 3 步 在【主单位】选项卡下的【标注前缀】输入框输入“%%C”。

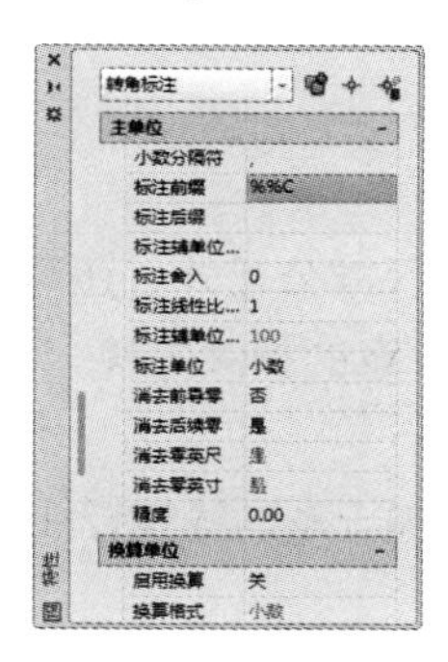

提示

在 AutoCAD 2016 中“%%C”是直径符号的代码。关于常用符号的代码参见后面的内容。

第 4 步 在【公差】选项卡下将公差类型选为“对称”。

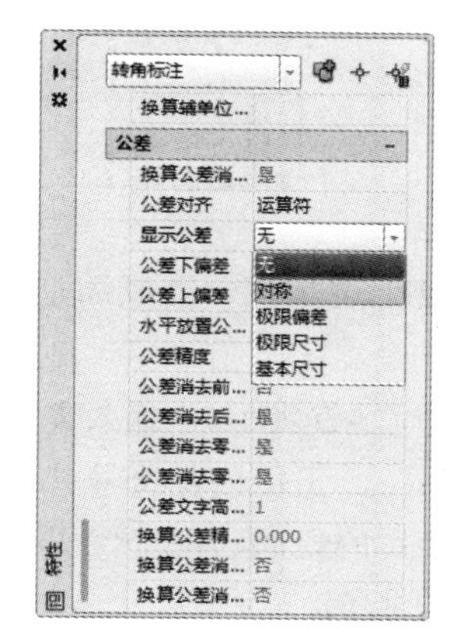

第 5 步 在【公差上偏差】输入框中输入公差值“0.01”。

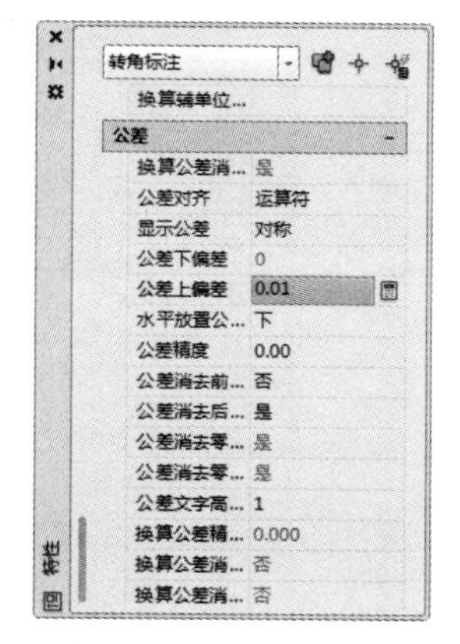

提示

通过特性选项板添加公差时，默认上公差为正值，下公差为负值，如果上公差为负值，或下公差为正值，则需要在输入的公差值前加“–”。在特性选项板中对于对称公差，只需输入上偏差值即可。

第 6 步 按【Esc】键退出特性选项板后如下图所示。

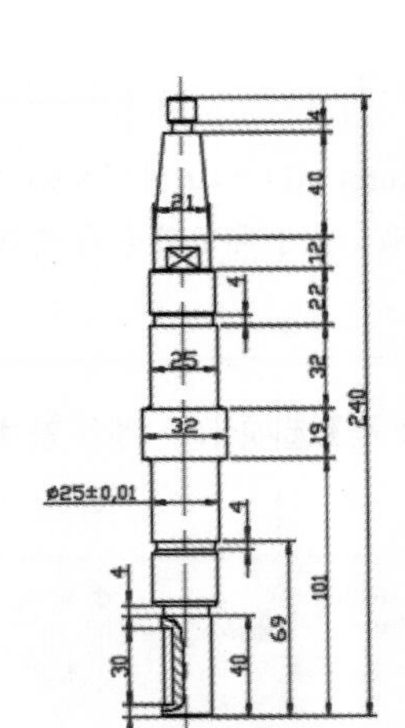

第7步 重复上述步骤，继续添加直径符号和公差，结果如下图所示。

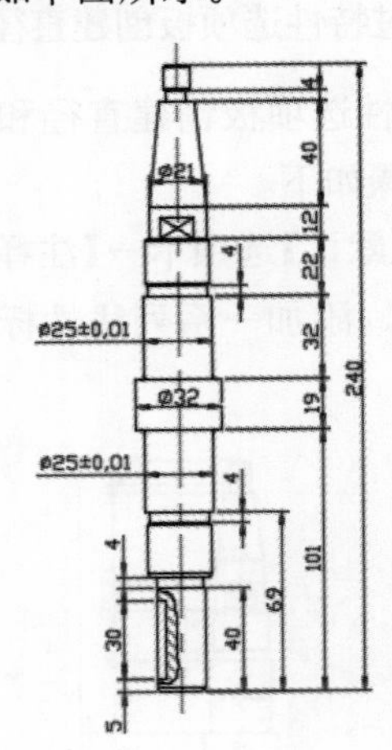

在 AutoCAD 2016 中输入文字时，用户可以在文本框中输入特殊字符，如直径符号“Ø”、百分号“%”、正负公差符号“±”等，但是这些特殊符号一般不能由键盘直接输入，为此系统提供了专用的代码，每个代码是由 %% 与一个字符组成的，如 %%C 等，常用的特殊字符代码如表 7–2 所示。

表 7–2　AutoCAD 常用特殊字符代码

代　　码	功　　能	输入效果
%%O	打开或关闭文字上划线	文字
%%U	打开或关闭文字下划线	内容
%%C	标注直径（Ø）符号	⌀320
%%D	标注度（°）符号	30°
%%P	标注正负公差（±）符号	±0.5
%%%	百分号（%）	%
\U+2260	不相等≠	10 ≠ 10.5
\U+2248	几乎等于≈	≈ 32
\U+2220	角度∠	∠ 30
\U+0394	差值Δ	Δ60

提示

在 AutoCAD 2016 的控制符中，%%O 和 %%U 分别是上划线与下划线的。在第一次出现此符号时，可打开上划线或下划线；在第二次出现此符号时，则关闭上划线或下划线。

2. 通过文字编辑创建直径和尺寸公差

在 AutoCAD 2016 中除了通过特性选项板创建直径符号和尺寸公差外，还可以通过文字编辑创建直径符号和尺寸公差。调用文字编辑命令的方法参见第 6 章的相关内容。

通过文字编辑创建直径和尺寸公差的具体操作步骤如下。

第1步 单击【默认】选项卡→【注释】面板→【标注】按钮，添加一系列线性标注，如下图所示。

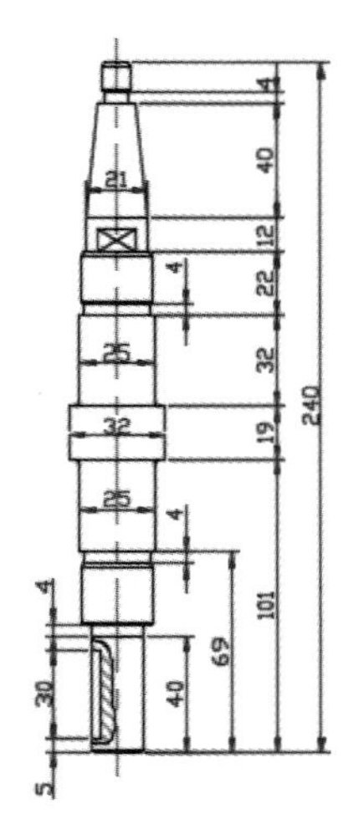

第 2 步 双击尺寸为“25”的标注。

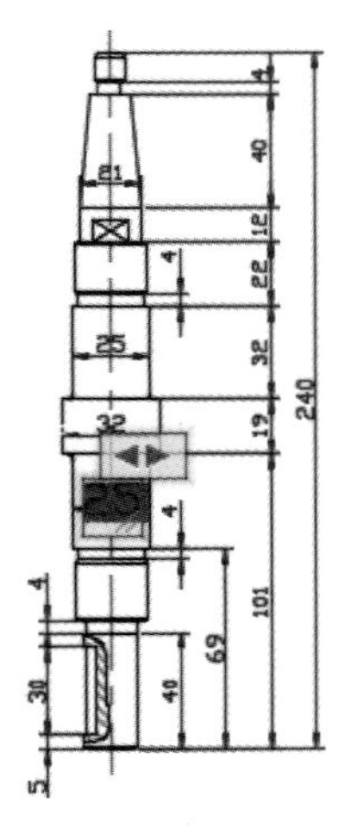

第 3 步 在文字前面输入“%%C”，在文字后面输入“%%P0.01”。

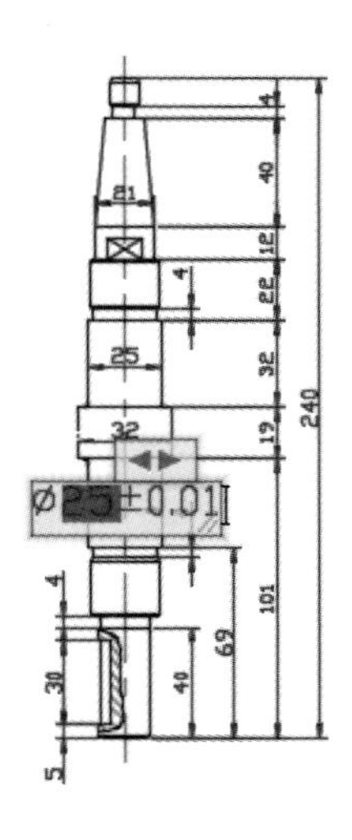

提示

输入代码后系统会自动将代码转为相应的符号。

第 4 步 重复第 2 步～第 3 步继续添加直径符号和公差，结果如下图所示。

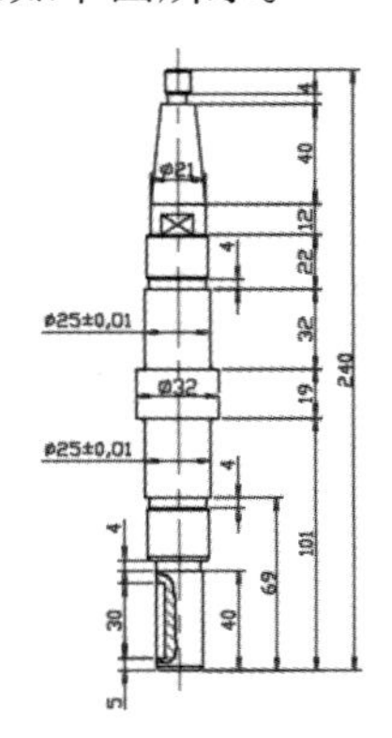

7.2.4 创建螺纹和退刀槽标注

螺纹和退刀槽的标注与创建直径和尺寸公差标注的方法相似，也可以通过特性选项板和文字编辑创建，这里采用文字编辑的方法创建螺纹和退刀槽标注。

提示

外螺纹的底径用“细实线”绘制，因为“细实线”层被关闭了，所以图中只显示了螺纹的大径，而没有显示螺纹的底径。

通过文字编辑创建螺纹和退刀槽标注的具体操作步骤如下。

第 1 步 单击【默认】选项卡→【注释】面板→【标注】按钮，添加两个线性标注。

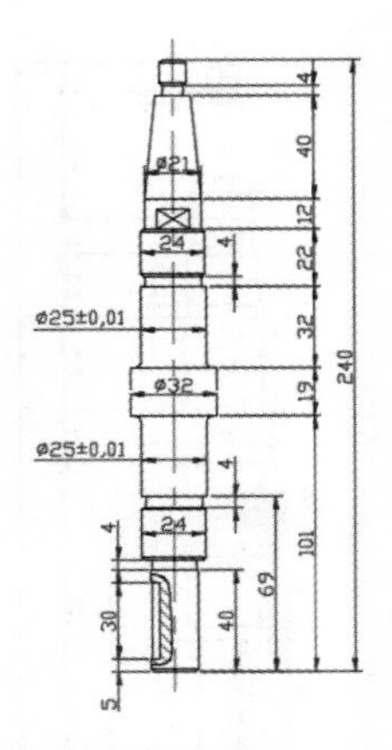

第 2 步 双击刚标注的线性尺寸，将它们改为“M24×1.5−6h”。

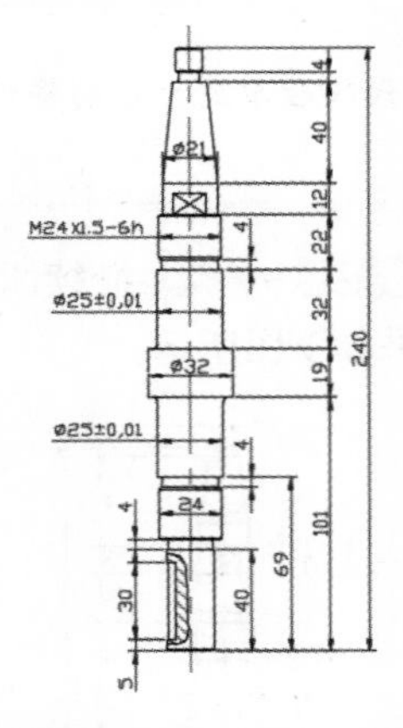

第 3 步 重复第 2 步，对另一个线性标注进行修改。

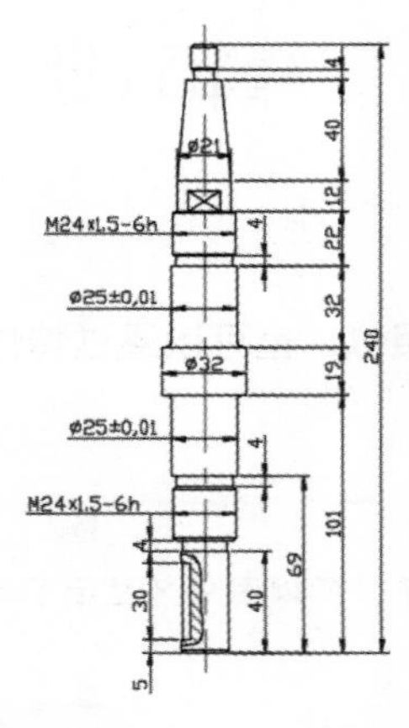

第 4 步 重复第 2 步，将第一段轴的退刀槽改为“4×0.5”。

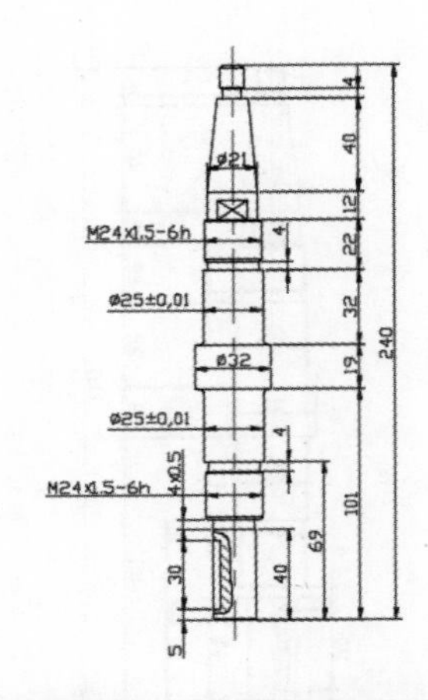

第 5 步 重复第 2 步，将另两处的退刀槽改为“4×ϕ21.7”。

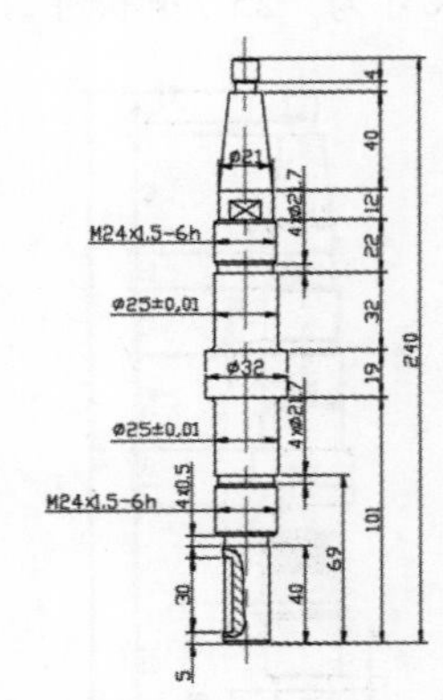

第 6 步 单击【注释】选项卡→【标注】面板→【打断】按钮。

提示

除了通过面板调用打断标注命令外，还可以通过以下方法调用打断标注命令。

(1) 选择【标注】→【标注打断】命令。

(2) 命令行输入“DIMBREAK”命令并按【Space】键。

第 7 步 选择螺纹标注为打断对象。

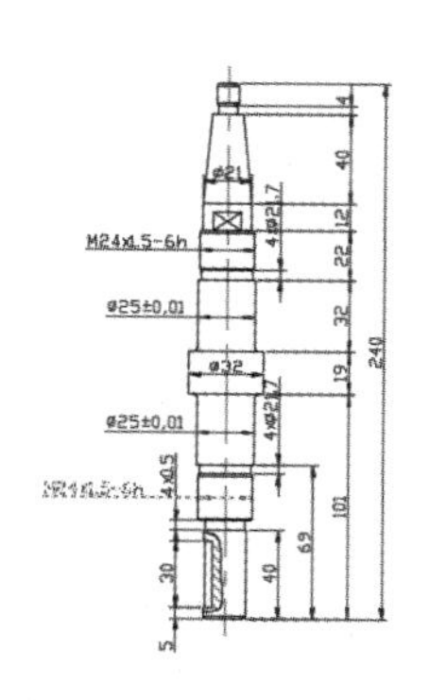

第 8 步 在命令输入“M”选择手动打断，然后选择打断的第一点。

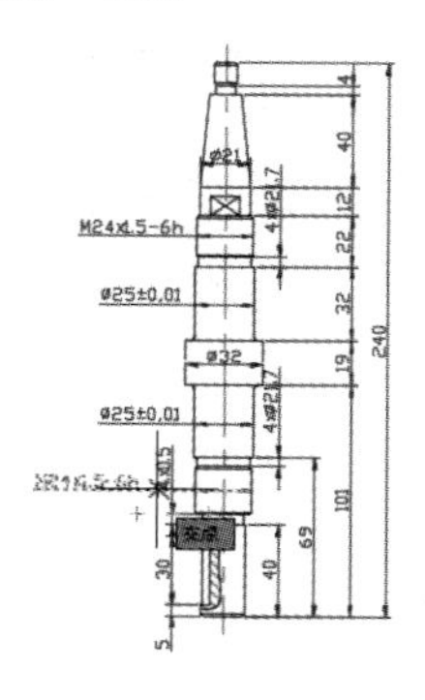

第 9 步 选择打断的第二点。

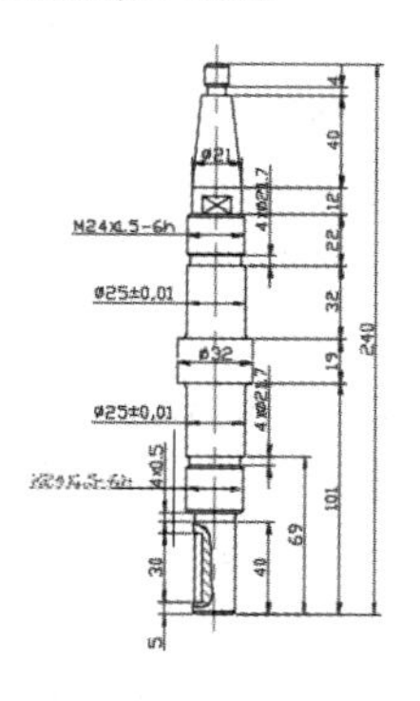

第 10 步 打断后如下图所示。

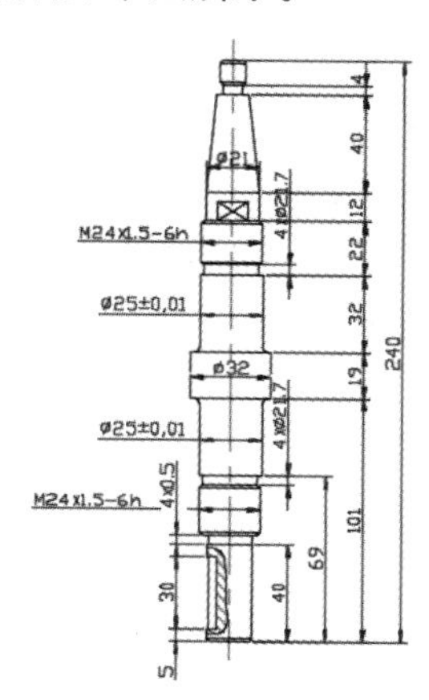

第 11 步 重复第 6 步 ~第 9 步，将与右侧两个退刀槽相交的尺寸标注打断。

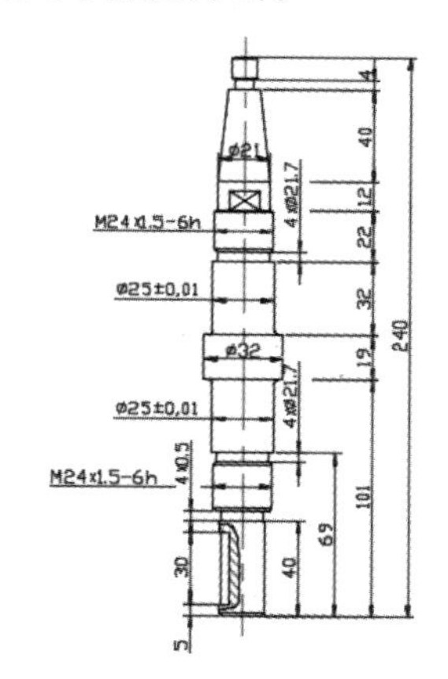

提示

与螺纹标注相交的有多条尺寸标注，因此需要多次打断才能得到图示结果。

7.2.5 添加折弯标注

对于机械零件，如果某一段特别长且结构完全相同，可以采用将该零件从中间打断，只截取其中一小段即可，例如，本例中的“ϕ32”一段。对于有打断的长度的标注，AutoCAD 2016 中通常采用折弯标注，相应的标注值应改为实际距离，而不是图形中测量的距离。

添加折弯标注的具体操作步骤如下。

第 1 步 单击【注释】选项卡→【标注】面板→【折弯】按钮。

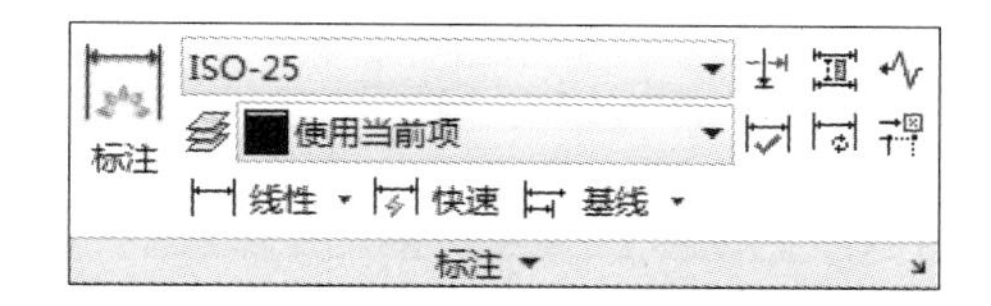

提示

除了通过面板调用折弯标注命令外，还可以通过以下方法调用折弯标注命令。

(1) 选择【标注】→【折弯线性】命令。

(2) 命令行输入“DIMJOGLINE/DJL”命令并按【Space】键。

第 2 步 选择尺寸为“240”的标注作为折弯对象。

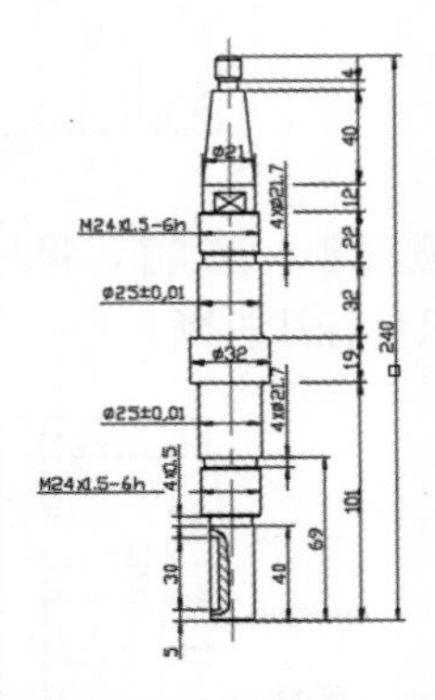

第 3 步 选择合适的位置放置折弯符号。

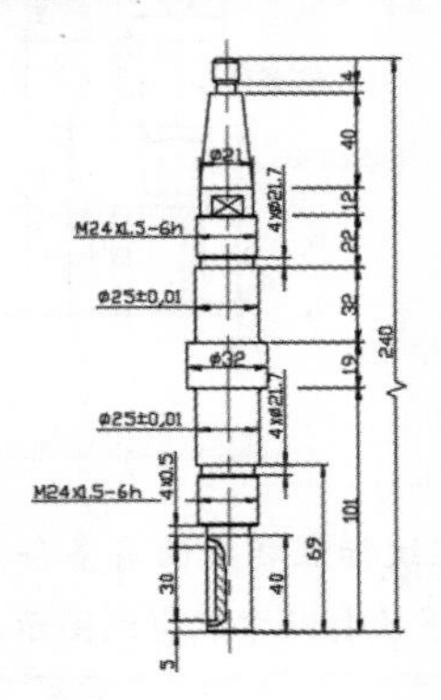

第 4 步 双击尺寸为“240”的标注，将标注值改为“366”。

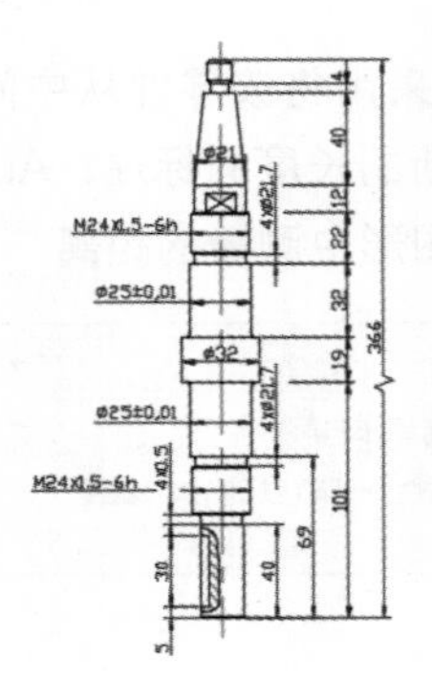

第 5 步 重复第 1 步~第 4 步，给尺寸为“19”的标注处添加折弯符号，并将标注值改为“145”。

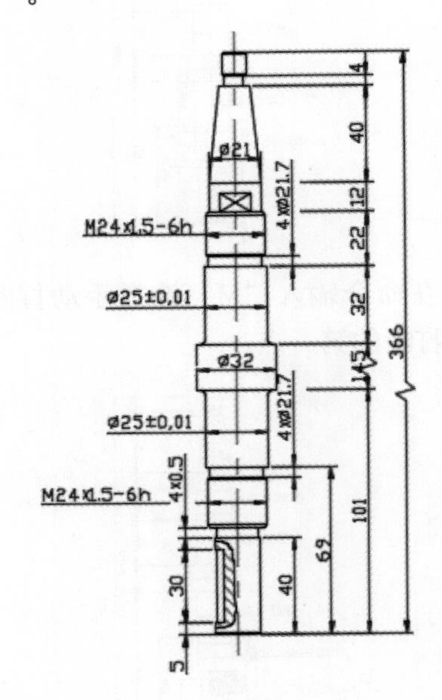

提示

AutoCAD 2016 中有两种折弯，一种是线性折弯，如本例中的折弯；还有一种是半径折弯（也称为折弯半径标注），是用于当所标注的圆弧特别大时采用的一种标注，如下图所示。折弯半径标注命令的调用方法有以下几种。

(1) 单击【默认】选项卡→【注释】面板→【折弯】按钮。

(2) 单击【注释】选项卡→【标注】面板→【折弯】按钮。

(3) 选择【标注】→【折弯】命令。

(4) 命令行输入“DIMJOGGED/DJO”命令并按【Space】键。

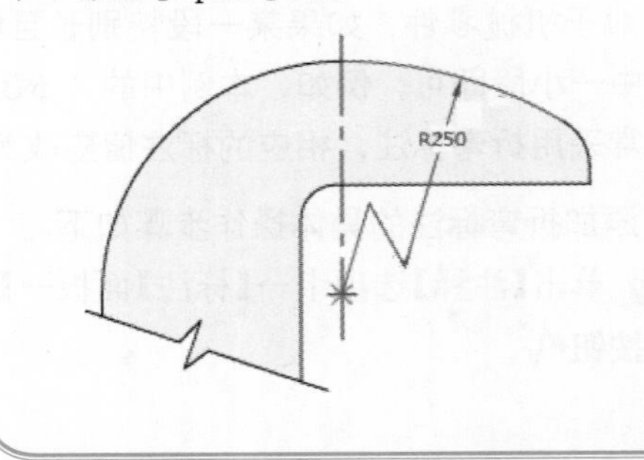

7.2.6 添加半径标注和检验标注

对于圆或圆弧采用半径标注，通过半径标注，在测量的值前加半径符号“R”。检验标注用于指定应检查制造的部件的频率，以确保标注值和部件公差处于指定范围内。

添加半径标注和检验标注的具体操作步骤如下。

第 1 步 单击【默认】选项卡→【注释】面板→【半径】按钮。

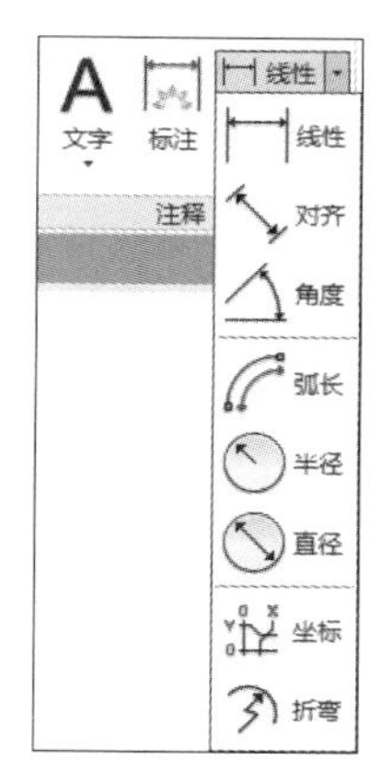

提示

除了通过面板调用半径标注命令外，还可以通过以下方法调用半径标注命令。

(1) 单击【注释】选项卡→【标注】面板→【半径】按钮。

(2) 选择【标注】→【半径】命令。

(3) 命令行输入“DIMRADIUS/DRA”命令并按【Space】键。

第 2 步 选择要添加标注的圆弧。

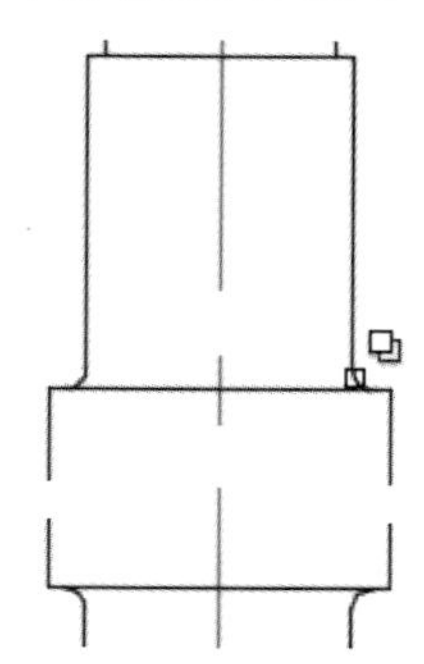

第 3 步 拖动所标在合适的位置单击确定半径标注的放置位置。

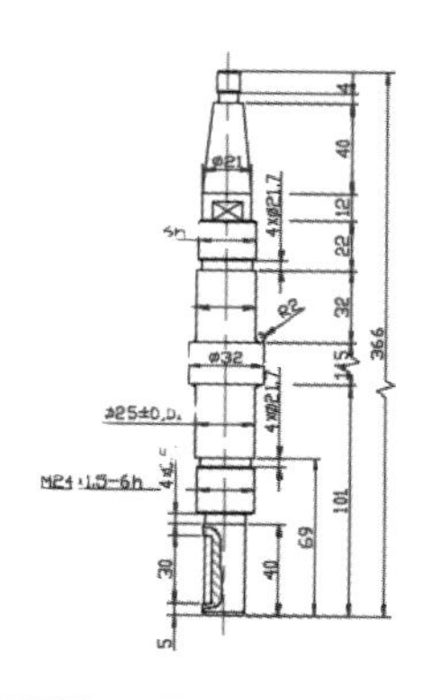

第 4 步 重复第 1 步～第 2 步，给另一处圆弧添加标注。

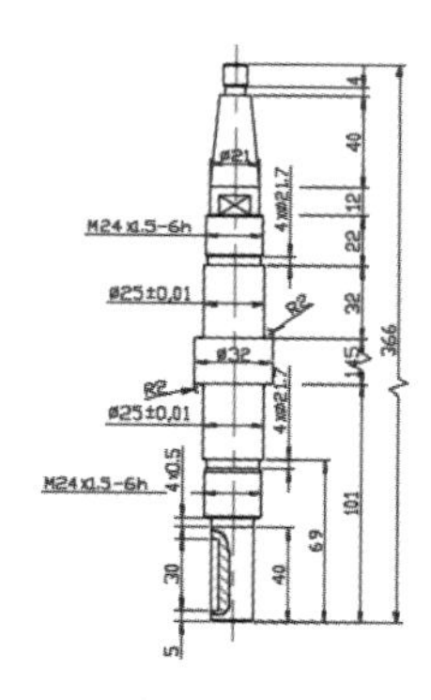

第 5 步 单击【注释】选项卡→【标注】面板→【检验】标注按钮。

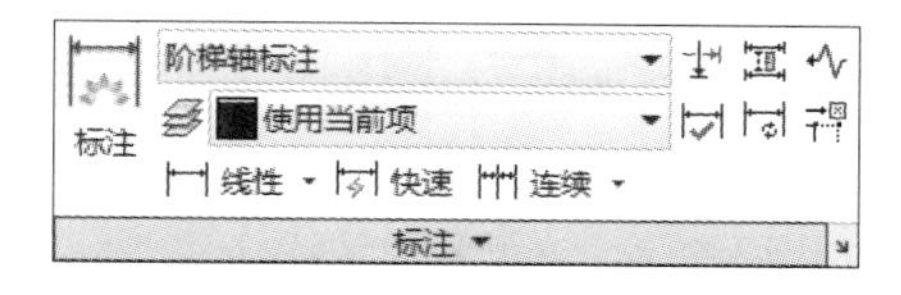

提示

除了通过面板调用检验标注命令外，还可以通过以下方法调用检验标注命令。

(1) 选择【标注】→【检验】命令。

(2) 命令行输入“DIMINSPECT”命令并按【Space】键。

第 6 步 调用检验标注命令后弹出【检验标注】对话框。

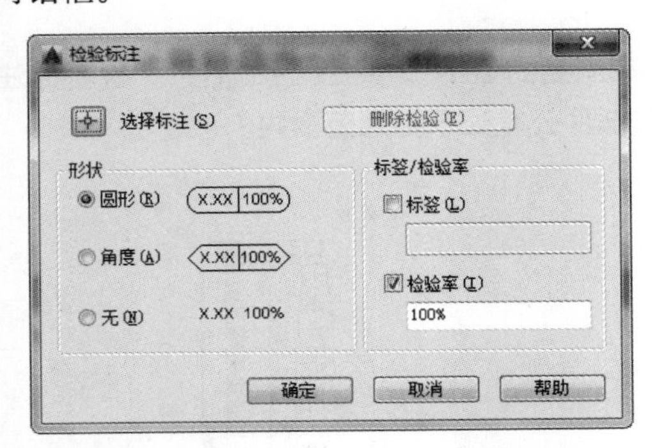

第 7 步 对【检验标注】对话框进行如下设置。

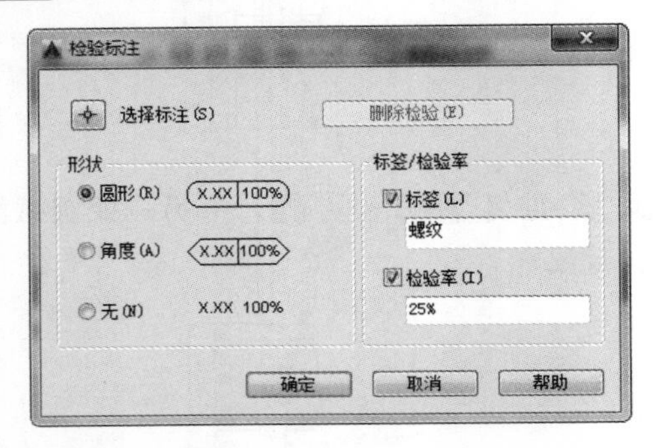

第 8 步 单击【选择标注】按钮，然后选择两个螺纹标注。

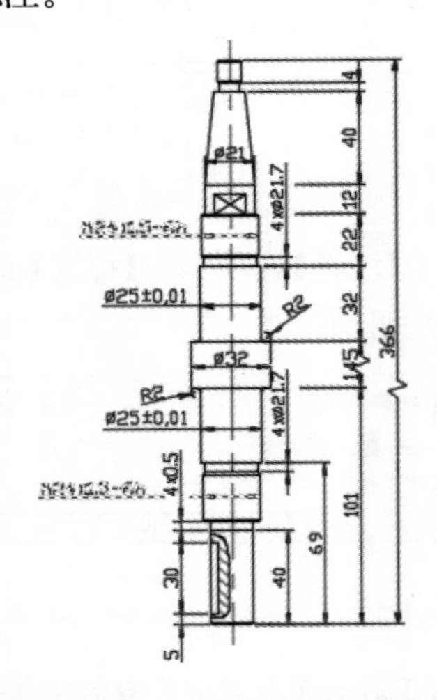

第 9 步 按【Space】键结束对象选择后回到【检验标注】对话框，单击【确定】按钮完成检验标注。

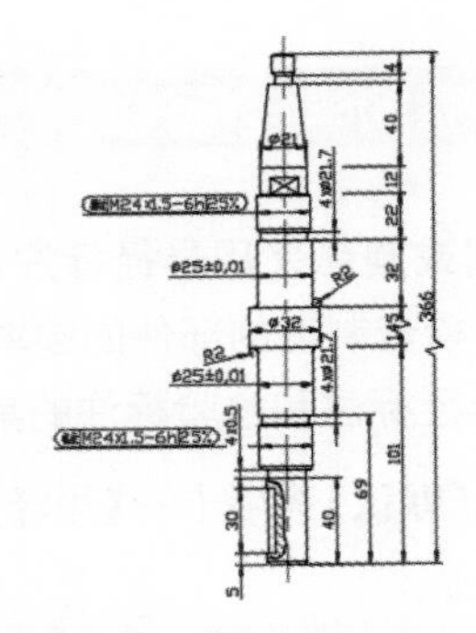

第 10 步 重复第 5 步～第 7 步，添加另一处检验标注。

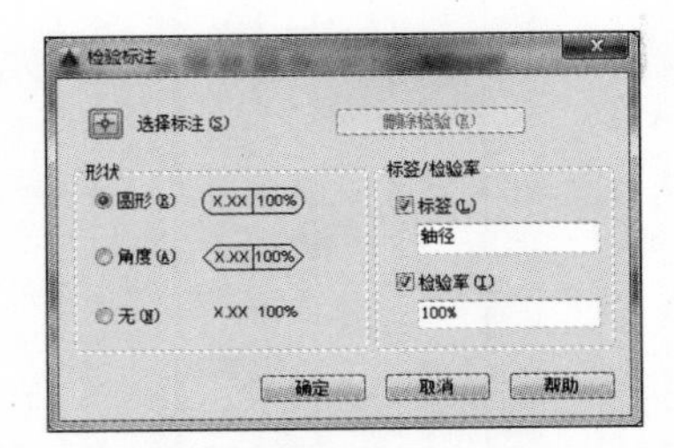

第 11 步 单击【选择标注】按钮，然后选择两个直径标注。

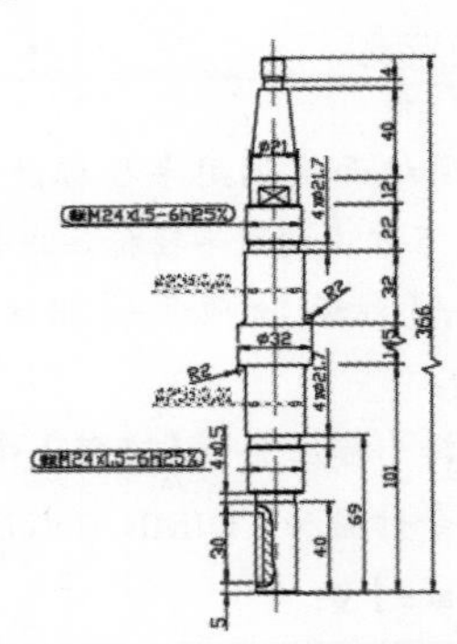

第 12 步 按【Space】键结束对象选择后回到【检验标注】对话框，单击【确定】按钮完成检验标注。

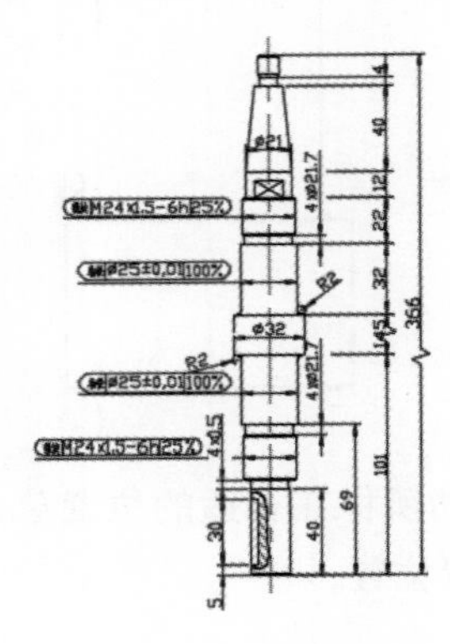

7.2.7 添加形位公差标注

形位公差和尺寸公差不同，形位公差是指零件的形状和位置的误差，尺寸公差是指零件在加工制造时尺寸上的误差。

形位公差创建后，往往需要通过多重引线标注将形位公差指向零件相应的位置，因此，在创建形位公差时，一般也要创建多重引线标注。

1. 创建形位公差

创建形位公差的具体操作步骤如下。

第 1 步 选择【工具】→【新建 UCS】→【Z】命令。

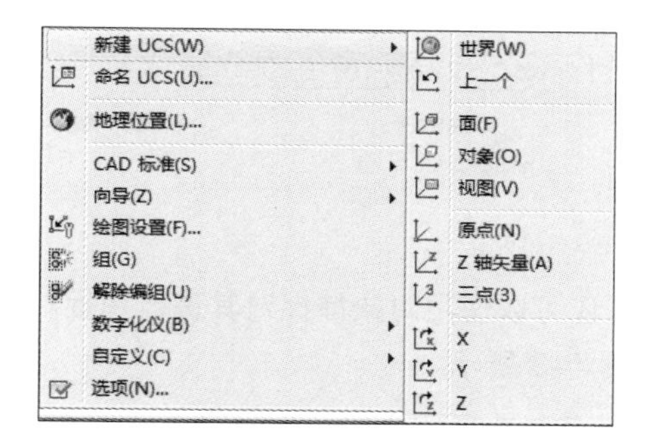

> **提示**
>
> 除了通过菜单调用 UCS 命令外，还可以通过以下方法调用 UCS 命令。
>
> (1) 单击【可视化】选项卡→【坐标】面板的相应选项按钮。
>
> (2) 命令行输入“UCS”命令并按【Space】键，根据命令行提示进行操作。

第 2 步 将坐标系绕 z 轴旋转 90° 后，坐标系显示如下图所示。

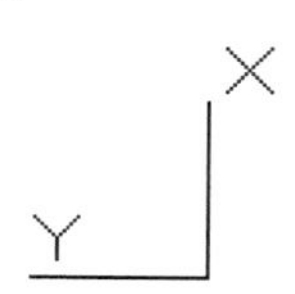

> **提示**
>
> 创建的形位公差是沿 x 轴方向放置的，如果坐标系不饶 z 轴旋转，创建的形位公差是水平的。

第 3 步 单击【注释】选项卡→【标注】面板→【公差】按钮 。

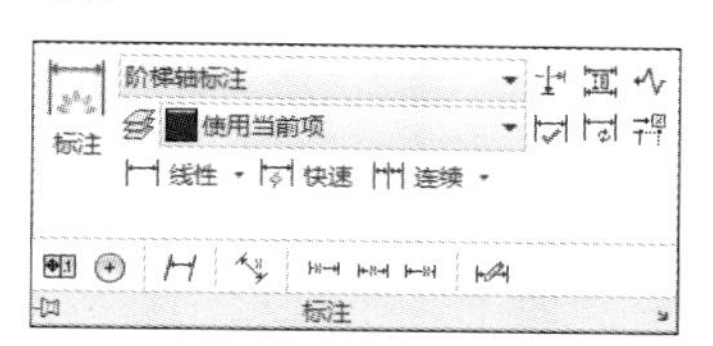

> **提示**
>
> 除了通过面板调用形位公差标注命令外，还可以通过以下方法调用形位公差标注命令。
>
> (1) 选择【标注】→【公差】命令。
>
> (2) 命令行输入“TOLERANCE/TOL”命令并按【Space】键。

第 4 步 在弹出的【形位公差】对话框中单击符号下方的■，弹出【特征符号】选择框，如下图所示。

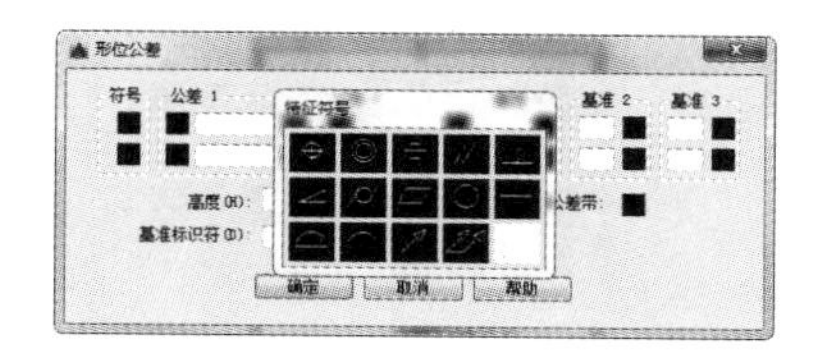

第 5 步 在【特征符号】选择框上选择“圆跳动”符号 ，然后在【形位公差】对话框中输入公差值“0.02”，最后输入基准。

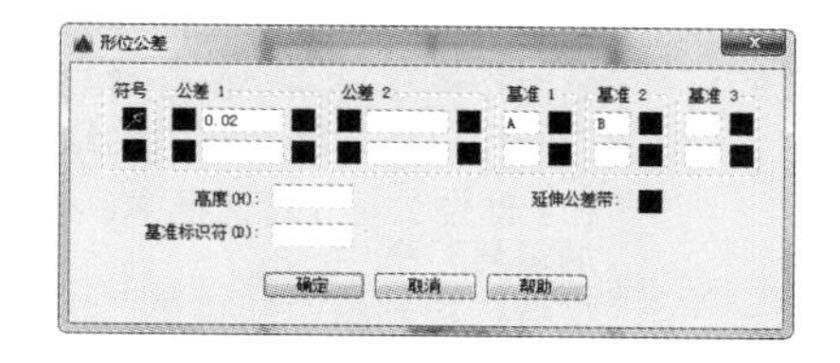

第 6 步 单击【确定】按钮，将创建的形位公差插入到图中合适的位置。

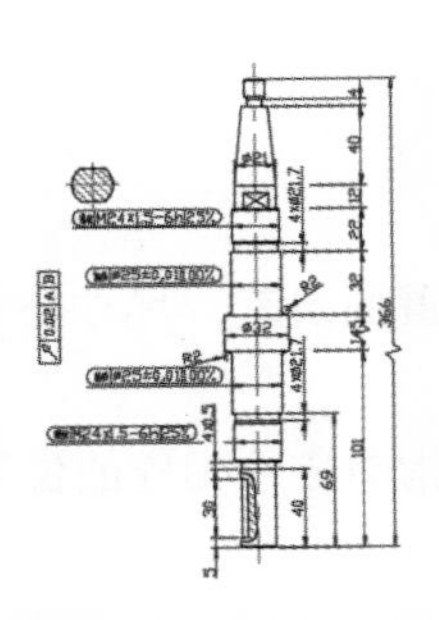

第 7 步 重复第 3 步 ~ 第 5 步，添加“面轮廓度”和“倾斜度”。

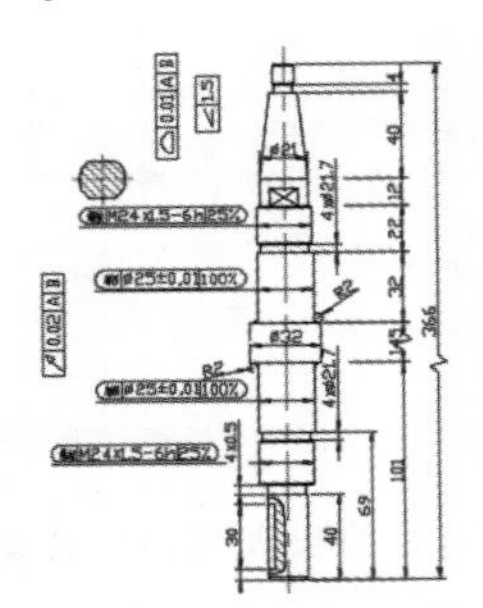

形位公差表示特征的形状、轮廓、方向、位置和跳动的允许偏差。

可以通过特征控制框来添加形位公差，这些框中包含单个标注的所有公差信息。特征控制框至少由两个组件组成。第一个特征控制框包含一个几何特征符号，表示应用公差的几何特征，例如位置、轮廓、形状、方向或跳动。形状公差控制直线度、平面度、圆度和圆柱度；轮廓控制直线和表面。在图例中，特征就是位置。

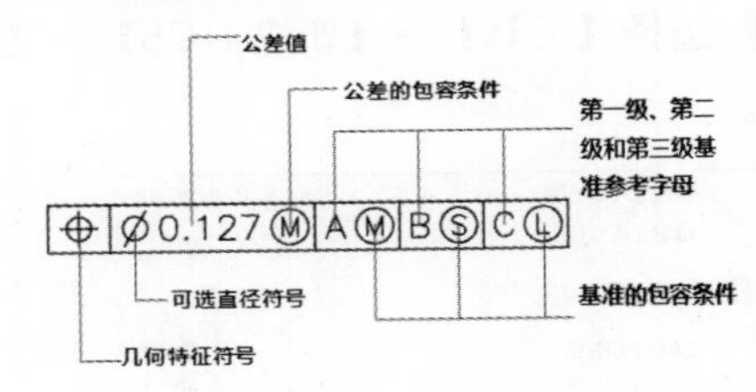

可以使用大多数编辑命令和夹点更改特性控制框，还可以使用对象捕捉对其进行捕捉。【形位公差】对话框各选项的含义和显示示例如表 7–3 所示。

表 7–3 【形位公差】对话框各选项的含义

<table>
<tr><th>选项</th><th colspan="2">含义</th><th>示例</th></tr>
<tr><td>符号</td><td colspan="2">显示从“符号”对话框中选择的几何特征符号。选择一个“符号”框时，显示该对话框</td><td>⊕ | Ø0.08Ⓢ | A</td></tr>
<tr><td rowspan="4">公差 1</td><td rowspan="4">创建特征控制框中的第一个公差值。公差值指明了几何特征相对于精确形状的允许偏差量。可在公差值前插入直径符号，在其后插入包容条件符号</td><td>第一个框：在公差值前面插入直径符号。单击该框插入直径符号</td><td rowspan="4">⊕ | Ø0.08Ⓢ | A</td></tr>
<tr><td>第二个框：创建公差值。在框中输入值</td></tr>
<tr><td>第三个框：显示“附加符号”对话框，从中选择修饰符号。这些符号可以作为几何特征和大小可改变的特征公差值的修饰符</td></tr>
<tr><td>在【形位公差】对话框中，将符号插入到的第一个公差值的“附加符号”框中</td></tr>
<tr><td>公差 2</td><td colspan="2">在特征控制框中创建第二个公差值。以与第一个相同的方式指定第二个公差值</td><td>⊥ | Ø0.08Ⓜ | Ø0.1Ⓜ | A</td></tr>
<tr><td rowspan="4">基准 1</td><td colspan="2">第一个框：创建基准参照值</td><td rowspan="4">⊕ | Ø0.08Ⓜ | AⓂ</td></tr>
<tr><td colspan="2">在特征控制框中创建第一级基准参照。基准参照由值和修饰符号组成。基准是理论上精确的几何参照，用于建立特征的公差带</td></tr>
<tr><td colspan="2">第二个框：显示“附加符号”对话框，从中选择修饰符号。这些符号可以作为基准参照的修饰符</td></tr>
<tr><td colspan="2">在【形位公差】对话框中，将符号插入到的第一级基准参照的“附加符号”框中</td></tr>
<tr><td>基准 2</td><td colspan="2">在特征控制框中创建第二级基准参照，方式与创建第一级基准参照相同</td><td>⊕ | Ø0.08Ⓜ | A | B</td></tr>
<tr><td>基准 3</td><td colspan="2">在特征控制框中创建第三级基准参照，方式与创建第一级基准参照相同</td><td>⊕ | Ø0.08Ⓜ | A | B | C</td></tr>
</table>

续表

选项	含义	示例
高度	创建特征控制框中的投影公差零值。延伸公差带控制固定垂直部分延伸区的高度变化，并以位置公差控制公差精度	⊥ Ø0.05 A 1.000
延伸公差带	在延伸公差带值的后面插入延伸公差带符号	⊥ Ø0.05 A 1.000Ⓟ
基准标识符	创建由参照字母组成的基准标识符。基准是理论上精确的几何参照，用于建立其他特征的位置和公差带。点、直线、平面、圆柱或者其他几何图形都能作为基准	⊥ Ø0.05 A 1.000Ⓟ A

【特征符号】选择框中各符号含义如表 7-4 所示。

表 7-4　【特征符号】选择框各符号的含义

位置公差		形状公差	
符号	含义	符号	含义
	位置符号		圆柱度符号
	同轴（同心）度符号		平面度符号
	对称度符号		圆度符号
	平行度符号		直线度符号
	垂直度符号		面轮廓度符号
	倾斜度符号		线轮廓度符号
	圆跳动符号		
	全跳动符号		

2. 创建多重引线

引线对象包含一条引线和一条说明。多重引线对象可以包含多条引线，每条引线可以包含一条或多条线段，因此，一条说明可以指向图形中的多个对象。

创建多重引线之前首先要通过【多重引线样式管理器】设置合适的多重引线样式。

添加多重引线标注的具体操作步骤如下。

第 1 步 单击【默认】选项卡→【注释】面板→【多重引线样式】按钮。

提示

除了通过面板调用多重引线样式命令外，还可以通过以下方法调用多重引线样式命令。

(1) 单击【注释】选项卡→【引线】面板右下角的 ↘。

(2) 选择【格式】→【多重引线样式】命令

(3) 命令行输入“MLEADERSTYLE/MLS”命令并按【Space】键。

第 2 步 在弹出【多重引线样式管理器】对话框中单击【新建】按钮，出现【创建新多重引线样式】对话框，将新样式名改为“阶梯轴多重引线样式”。

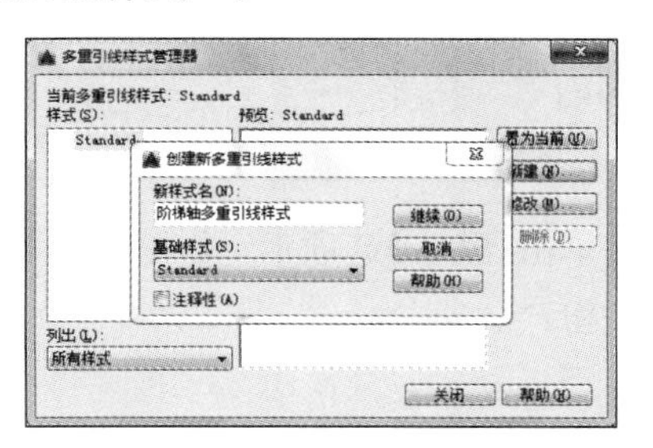

第 3 步 单击【继续】按钮在弹出的【修改多重引线样式：阶梯轴多重引线样式】对话框中单击【引线结构】选项卡，将【设置基线距离】复选框的对勾去掉。

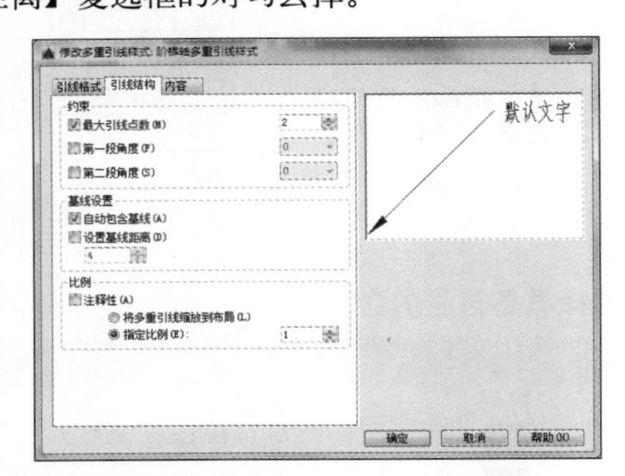

第 4 步 单击【内容】选项卡，将【多重引线类型】设置为【无】。

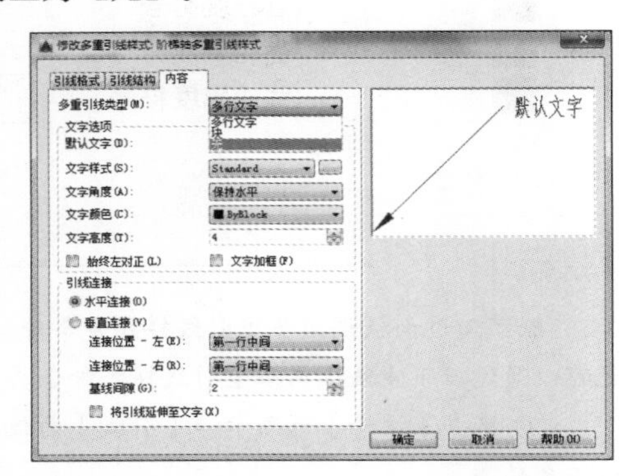

第 5 步 单击【确定】按钮，回到【多重引线样式管理器】对话框后将【阶梯轴多重引线样式】设置为当前样式。

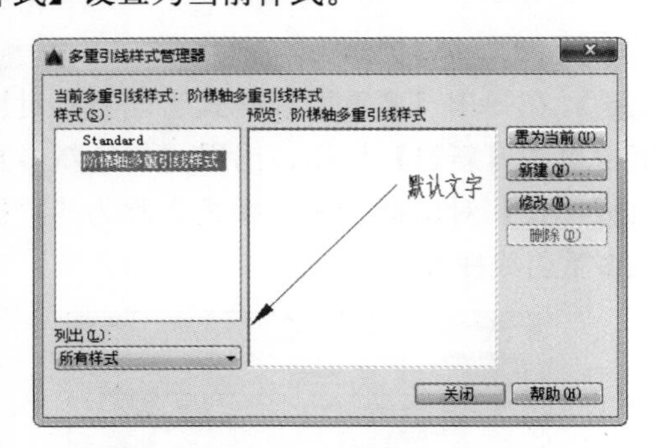

第 6 步 单击【默认】选项卡→【注释】面板→【引线】按钮。

提示

除了通过面板调用多重引线命令外，还可以通过以下方法调用多重引线命令。

(1) 单击【注释】选项卡→【引线】→【多重引线】按钮。

(2) 选择【标注】→【多重引线】命令。

(3) 命令行输入“MLEADER/MLD”命令并按【Space】键。

第 7 步 根据命令行提示指定引线的箭头位置。

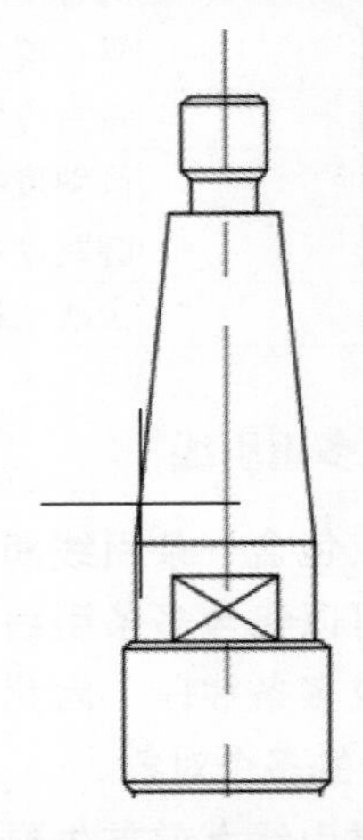

第 8 步 拖动鼠标在合适的位置单击作为引线基线的位置。

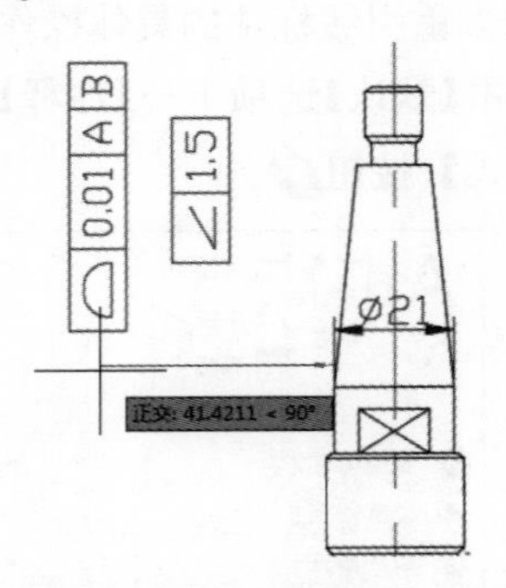

第 9 步 当提示指定基线距离时，拖动鼠标，在基线与形位公差垂直的位置单击。

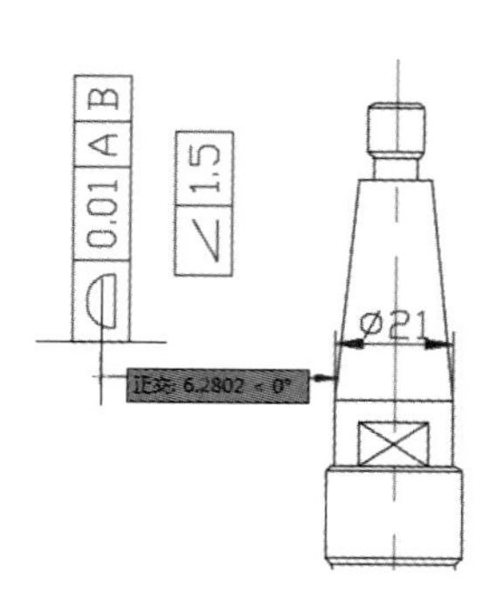

第 10 步　当出现文字输入框时，按【Esc】键退出多重引线命令，第一条多重引线完成后如下图所示。

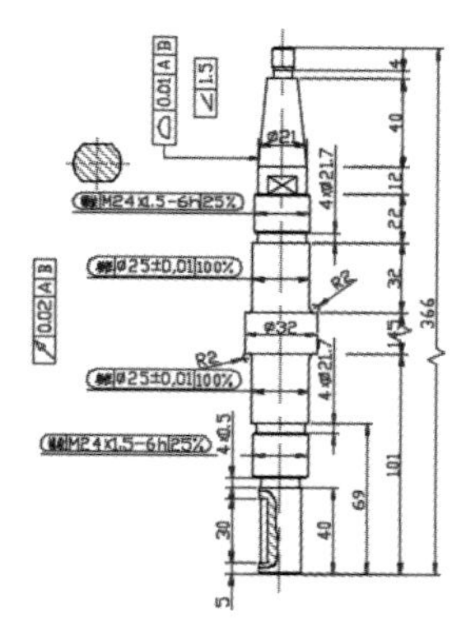

第 11 步　重复第 6 步 ~ 第 10 步，创建其他两条多重引线。

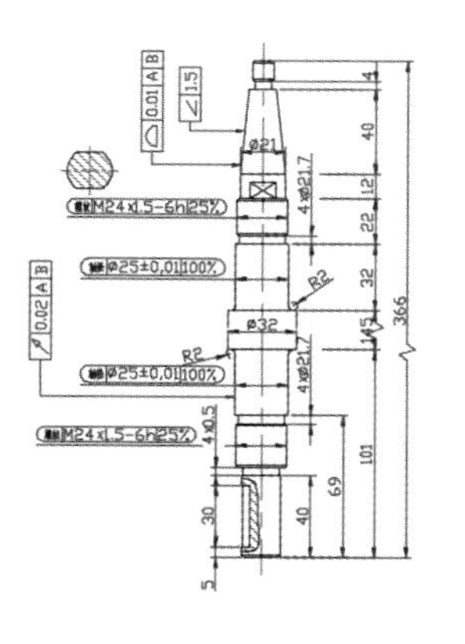

第 12 步　在命令行输入"UCS"命令并按【Space】键，将坐标系绕 z 轴旋转 180°，命令行提示如下。

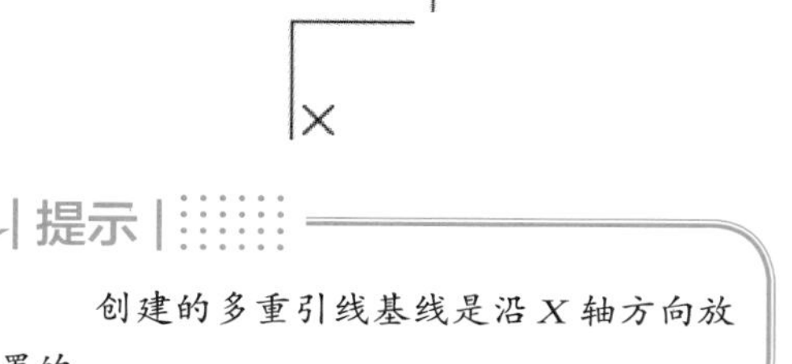

命令：UCS
当前 UCS 名称：*没有名称*
指定 UCS 的原点或 [面 (F)/ 命名 (NA)/ 对象 (OB)/ 上一个 (P)/ 视图 (V)/ 世界 (W)/X/Y/Z/Z 轴 (ZA)] < 世界 >: z
指定绕 Z 轴的旋转角度 <90>: 180

第 13 步　将坐标绕 z 轴旋转 180°后，坐标系显示如下图所示。

Y
X

提示

创建的多重引线基线是沿 X 轴方向放置的。

第 14 步　重复第 6 步 ~ 第 10 步，创建最后一条多重引线。

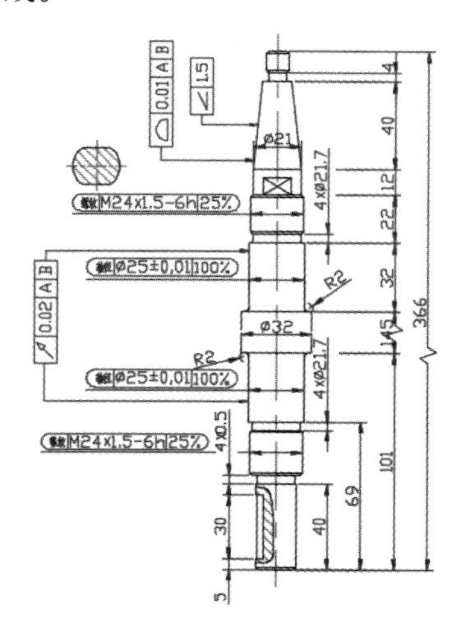

7.2.8 给断面图添加标注

给断面图添加标注的方法与前面给轴添加标注的方法相同，先创建线性标注，然后添加尺寸公差和形位公差。

给断面图添加标注的具体操作步骤如下。

第 1 步　在命令行输入"UCS"命令然后按【Enter】键，将坐标系重新设置为世界坐标系，命令

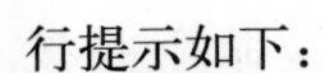

行提示如下：

> 当前 UCS 名称：*没有名称*
>
> 指定 UCS 的原点或 [面 (F)/ 命名 (NA)/ 对象 (OB)/ 上一个 (P)/ 视图 (V)/ 世界 (W)/X/Y/Z/Z 轴 (ZA)] < 世界 >:

第 2 步 将坐标系恢复到世界坐标系后如下图所示。

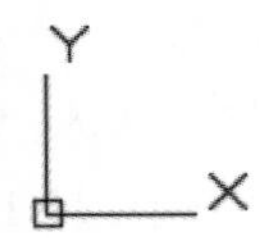

第 3 步 单击【默认】选项卡→【注释】面板→【标注】按钮，给断面图添加线性标注。

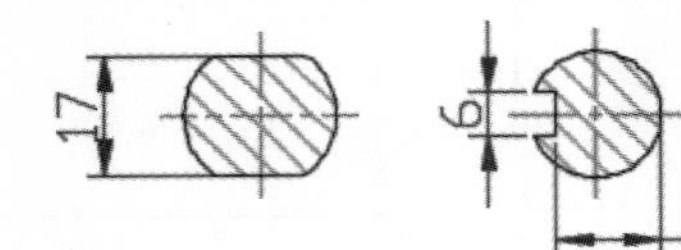

第 4 步 单击【默认】选项卡→【注释】面板→【直径】按钮。

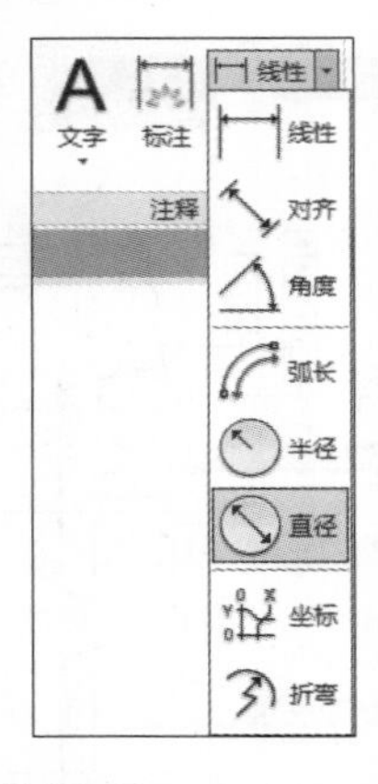

提示

除了通过面板调用直径标注命令外，还可以通过以下方法调用直径标注命令。

(1) 选择【标注】→【直径】命令。

(2) 命令行输入 "DIMDIAMETER/DDI" 命令并按【Space】键。

(3) 单击【注释】选项卡→【标注】面板→【直径】按钮。

第 5 步 选择 B–B 断面图的圆弧为标注对象，拖动鼠标，在合适的位置单击确定放置位置。

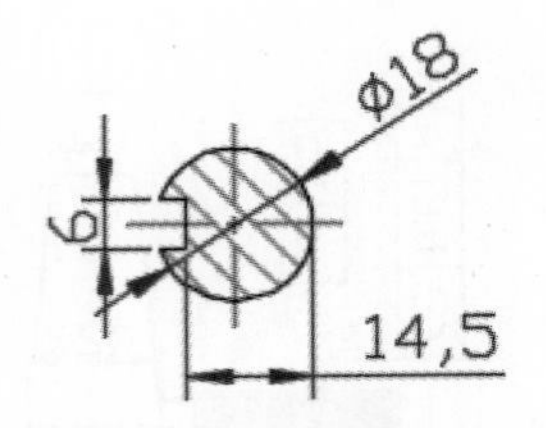

第 6 步 按【Ctrl+1】组合键调用特性选项板，然后选择标注为 "14.5" 的尺寸，在特性选项板上设置尺寸公差。

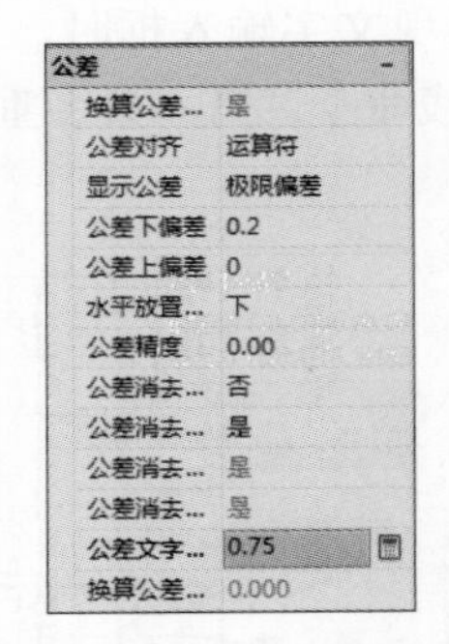

第 7 步 退出选择后结果如下图所示。

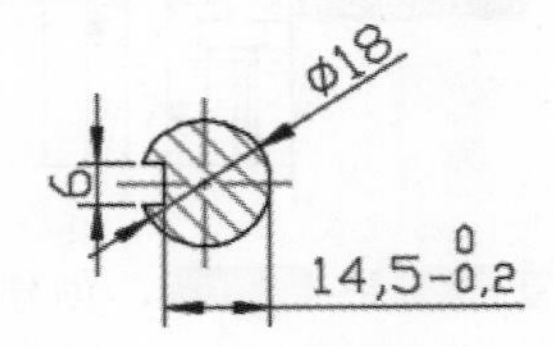

第 8 步 重复第 6 步，将给直径标注添加公差。

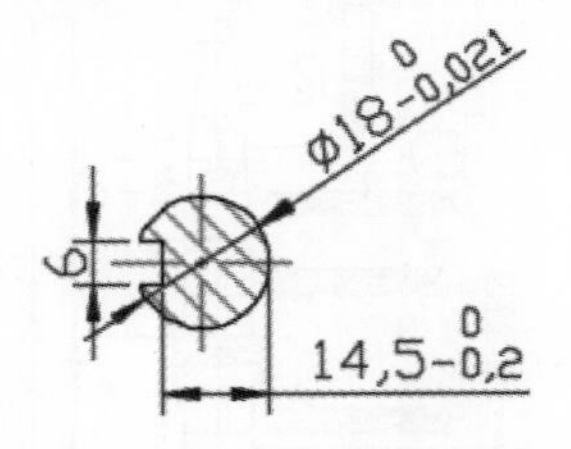

第 9 步 双击标注为 "6" 的尺寸，将文字改为 "6N9"。

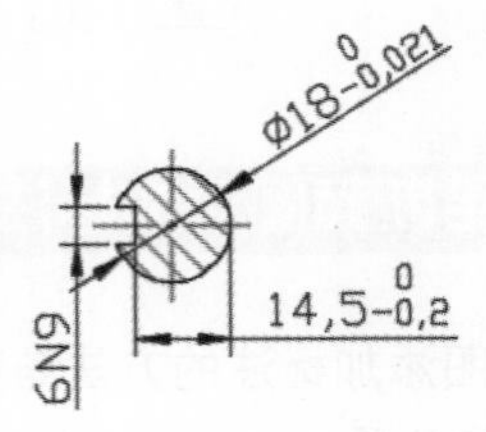

第 10 步 在命令行输入 "UCS" 命令并按【Enter】键确认，将坐标系绕 z 轴旋转 90°。

当前 UCS 名称 : * 世界 *

指定 UCS 的原点或 [面 (F)/ 命名 (NA)/ 对象 (OB)/ 上一个 (P)/ 视图 (V)/ 世界 (W)/X/Y/Z/Z 轴 (ZA)] < 世界 >: z ↙

指定绕 Z 轴的旋转角度 <90>: 90 ↙

第 11 步 将坐标系绕 z 旋转 90° 后的如下图所示。

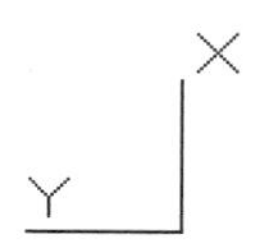

第 12 步 单击【注释】选项卡→【标注】面板→【公差】按钮 ，在弹出的【形位公差】输入框中进行如下图所示的设置。

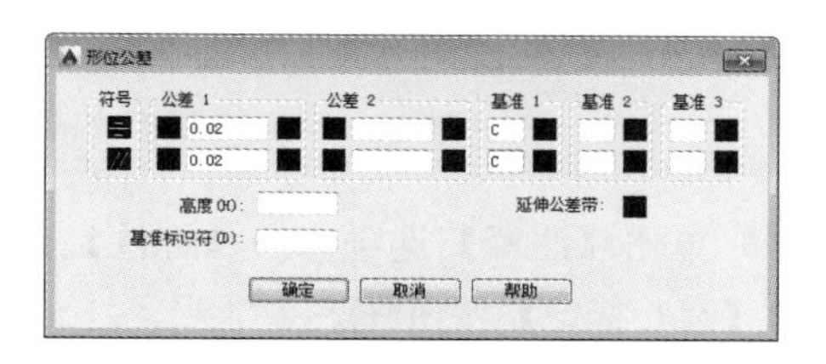

第 13 步 将创建的形位公差放置到“6N9”标注的位置，如下图所示。

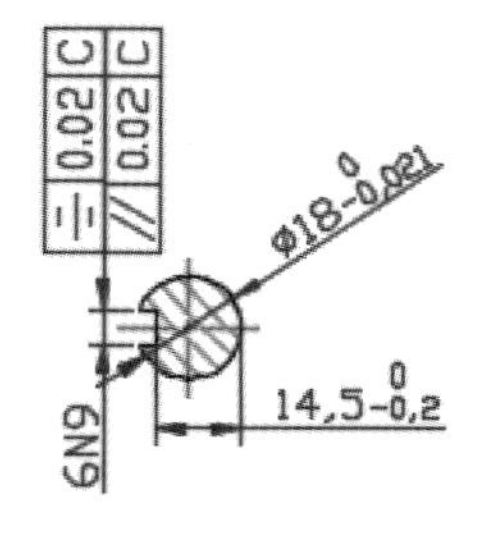

第 14 步 单击【默认】选项卡→【图层】面板→【图层】下拉按钮，将所有图层打开。

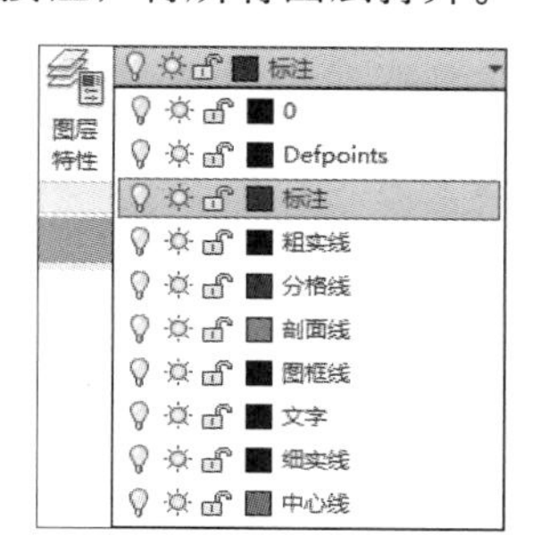

第 15 步 将坐标系重新设置为世界坐标系，最终结果如下图所示。

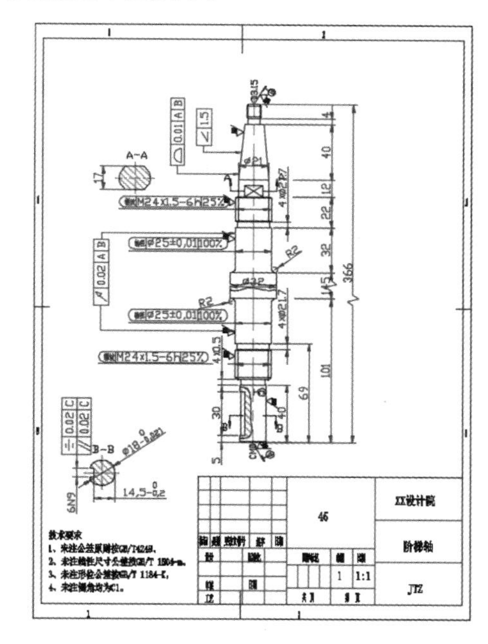

7.3 给冲压件添加尺寸标注

通过冲床和模具对板材、带材、管材和型材等施加外力，使之产生塑性变形或分离，从而获得所需形状和尺寸的工件的成形加工方法称为冲压，用冲压方法得到的工件就是冲压件。

本例通过坐标标注、圆心标注、对齐标注、角度标注等给冲压件添加标注，标注完成后最终结果如下图所示。

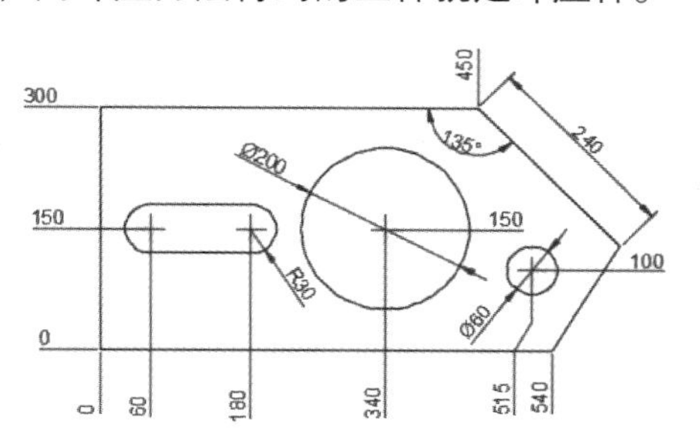

7.3.1 创建圆心标记

圆心标记用于创建圆和圆弧的圆心标记或中心线。在创建圆心标记前，首先要通过【标注样式管理器】设定圆心标记组件的默认大小，以及对标注的比例因子进行调整。

第1步 打开随书附带的光盘文件“素材\CH07\冲压件.dwg”。

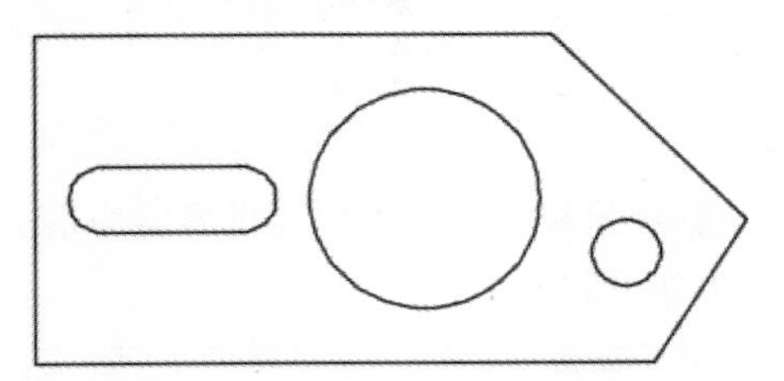

第2步 单击【默认】选项卡→【注释】面板中的【标注样式】按钮。在弹出的【标注样式管理器】对话框中单击【新建】按钮，在弹出的【创建新标注样式】对话框中输入新样式名“冲压件标注”。

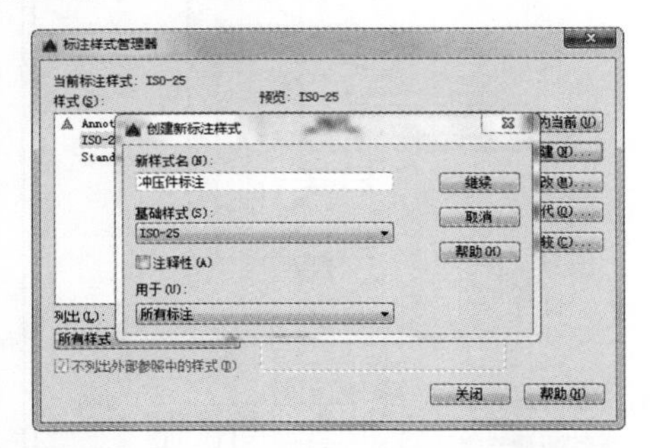

第3步 单击【符号和箭头】选项卡，将圆心标记设置为“2.5”。

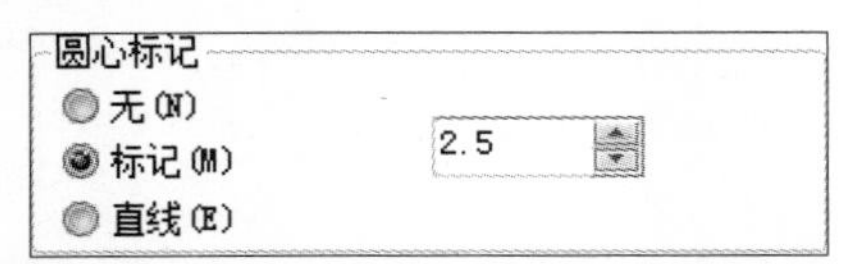

第4步 单击【调整】选项卡，将全局比例值改为“7”。

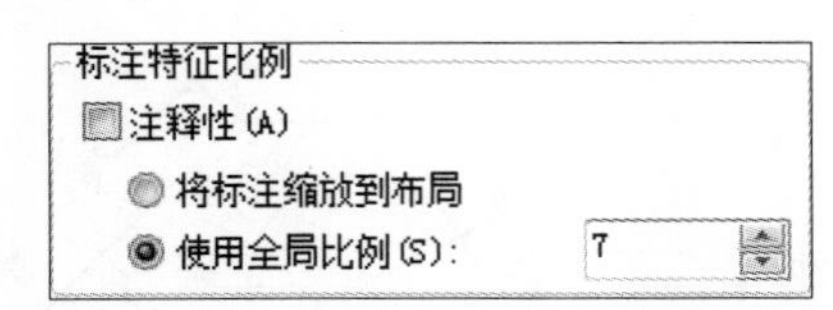

第5步 单击【确定】按钮，回到【标注样式管理器】对话框，选择“冲压件标注”样式，然后单击【置为当前】按钮，将“冲压件标注”样式置为当前样式后单击【关闭】按钮。

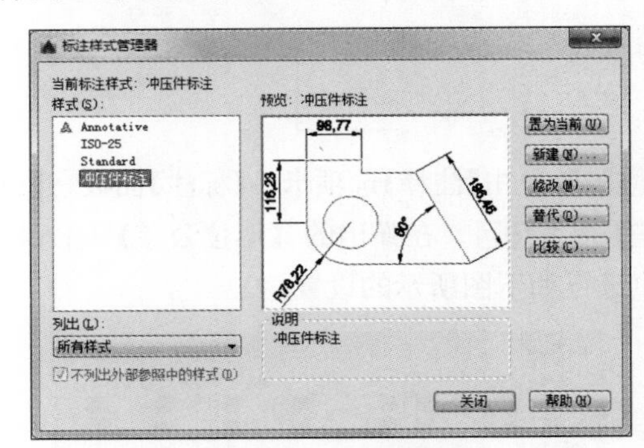

第6步 单击【注释】选项卡→【标注】面板中的【圆心标记】按钮。

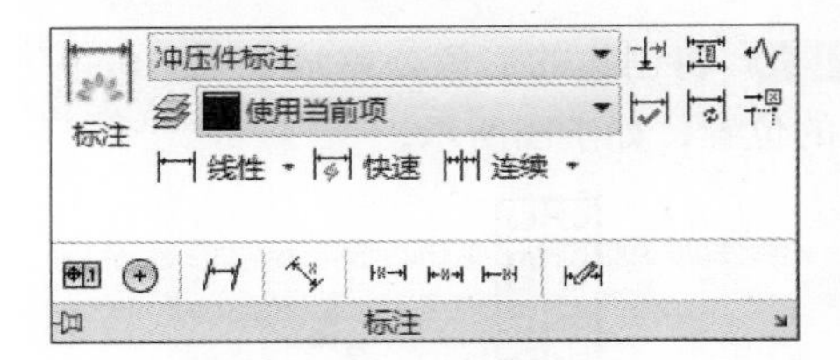

提示

除了通过面板调用圆心标记命令外，还可以通过以下方法调用圆心标记命令。

(1) 选择【标注】→【圆心标记】命令。

(2) 命令行输入“DIMCENTER/DCE”命令并按【Space】键。

第7步 选择要添加圆心标记的圆弧。

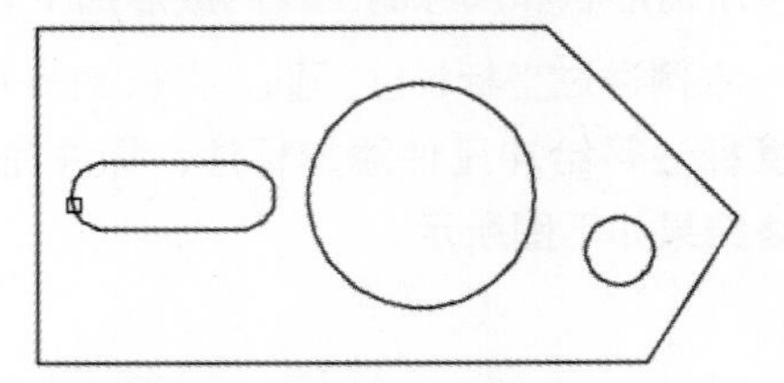

第8步 添加圆心标记后如下图所示。

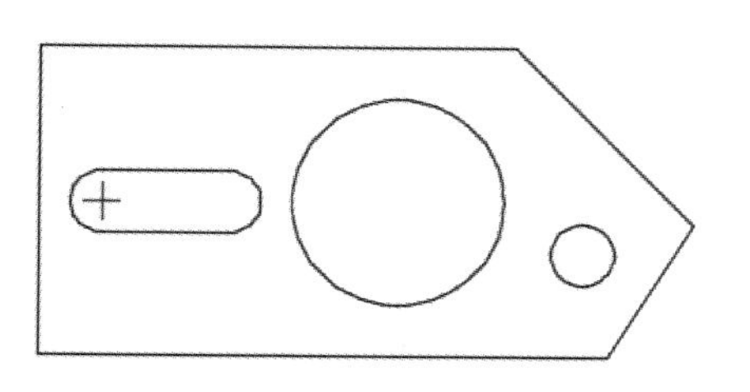

第 9 步 重复第 6 步～第 7 步，继续给圆或圆弧添加圆心标记，结果如下图所示。

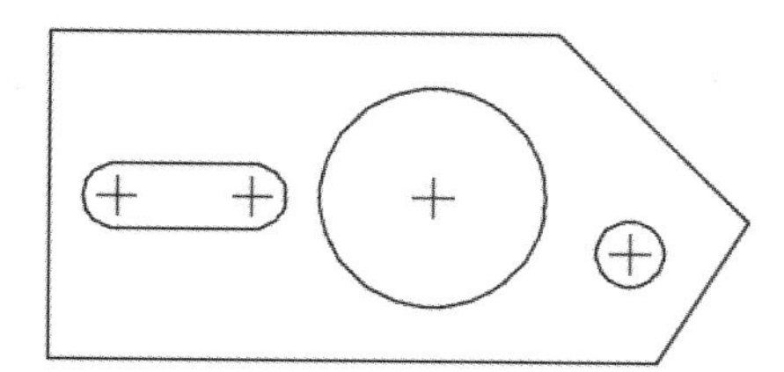

7.3.2 添加坐标标注

坐标标注用于测量从原点（称为基准）到要素（如部件上的一个孔）的水平或垂直距离。这些标注通过保持特征与基准点之间的精确偏移量，来避免误差增大。

给冲压件添加坐标标注的具体操作步骤如下。

第 1 步 单击选中坐标系。

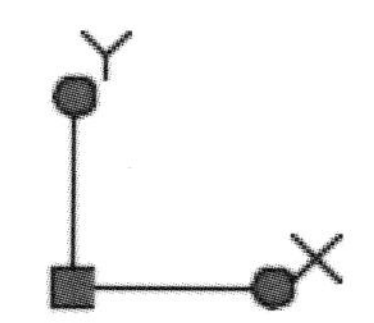

第 2 步 单击选中坐标系的原点，然后拖动坐标系，将坐标系的原点拖动到下图所示的端点处。

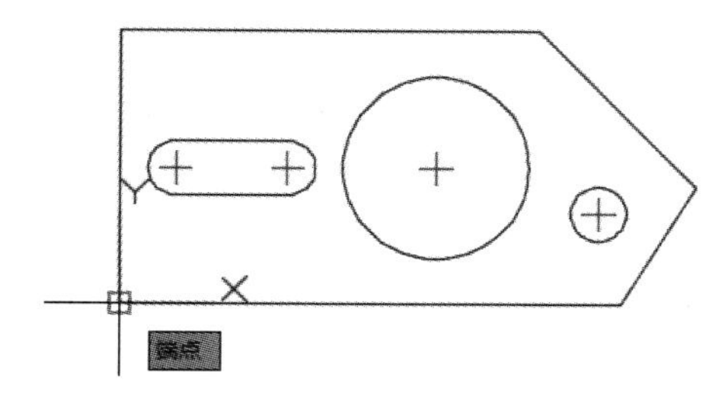

第 3 步 将坐标系的原点移动到新的位置，然后按【Esc】键退出。

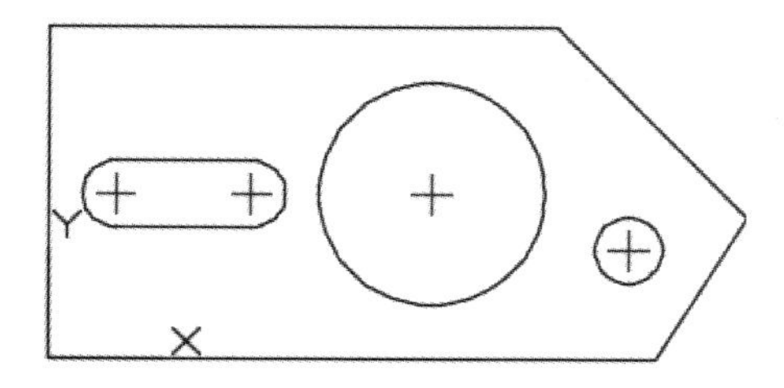

第 4 步 单击【默认】选项卡→【注释】面板中的【坐标】按钮。

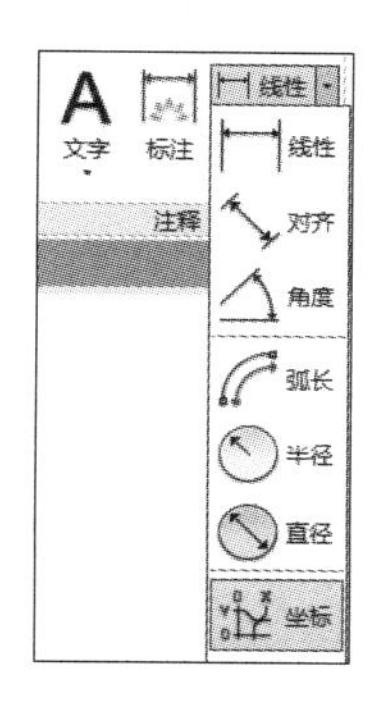

提示

除了通过面板调用坐标标注命令外，还可以通过以下方法调用坐标标注命令。

(1) 选择【标注】→【坐标】命令。

(2) 命令行输入“DIMORDINATE/DOR”命令并按【Space】键。

(3) 单击【注释】选项卡→【标注】面板→【坐标】按钮。

第 5 步 捕捉下图中的端点作为要创建坐标标注的坐标点。

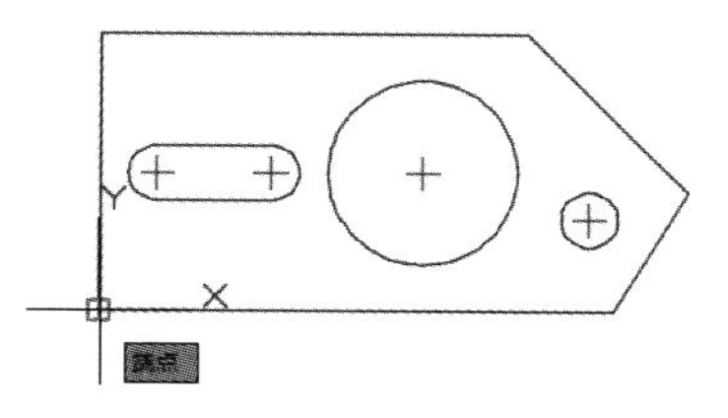

第 6 步 竖直拖动鼠标并单击指定引线端点的位置。

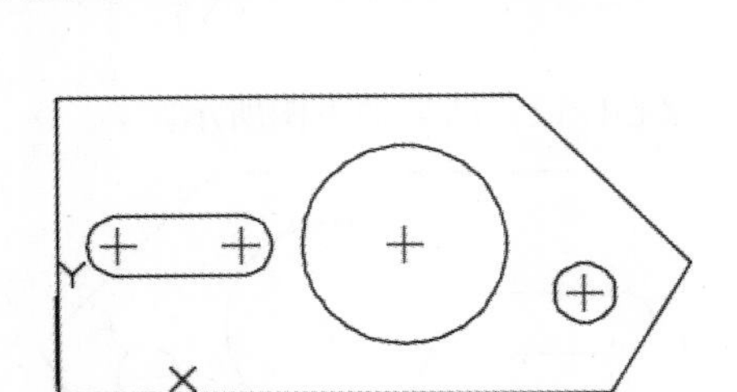

第7步 重复【坐标】标注命令，继续添加坐标标注。

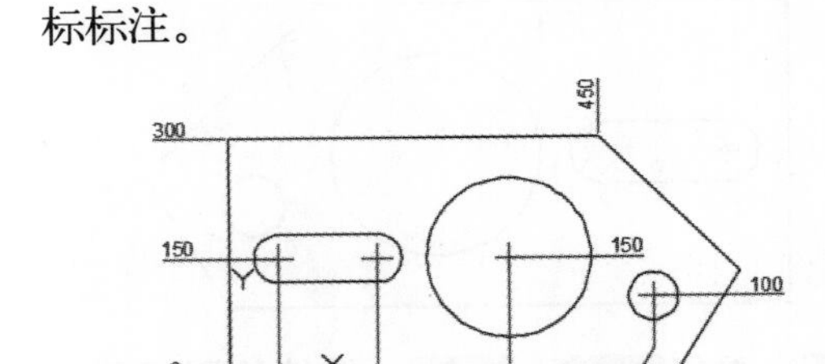

提示

可以先输入“MULTIPLE”命令，然后输入要重复执行的标注命令“DOR”，这样可以连续进行坐标标注，直到按【Esc】键退出命令。

7.3.3 添加半径和直径标注

半径标注和直径标注的对象都是圆或圆弧，一般情况下当圆弧小于 180° 时用半径标注，当圆弧大于 180° 时用直径标注。半径和直径的标注方法相同，都是先指定对象，然后拖动鼠标放置半径或直径的值。

给冲压件添加半径和直径标注的具体操作步骤如下。

第1步 单击【默认】选项卡→【注释】面板中的【半径】按钮，然后选择圆弧。

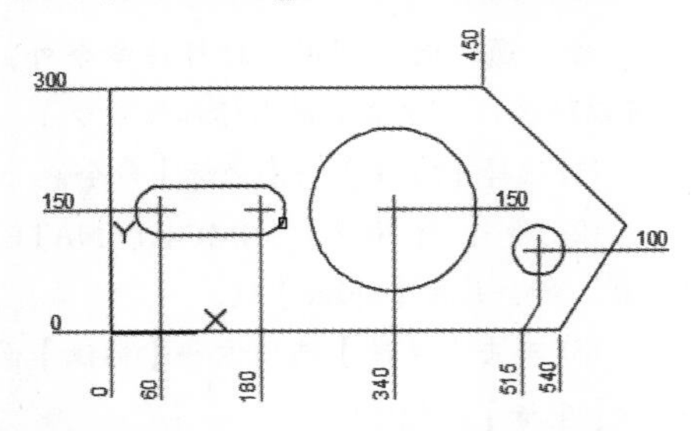

第2步 拖动鼠标指定半径标注的放置位置。

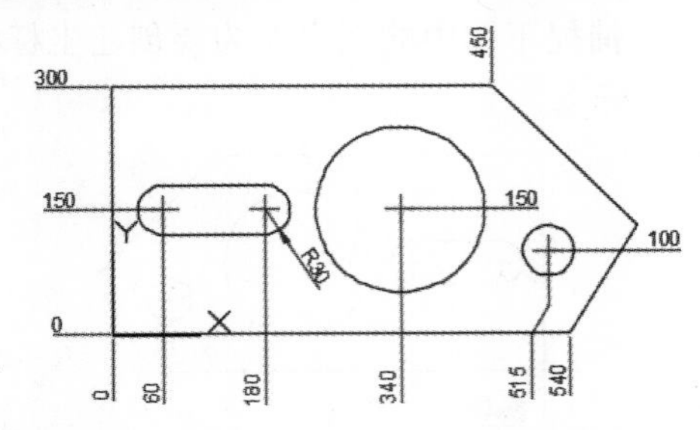

第3步 单击【默认】选项卡→【注释】面板中的【直径】按钮，然后选择大圆。

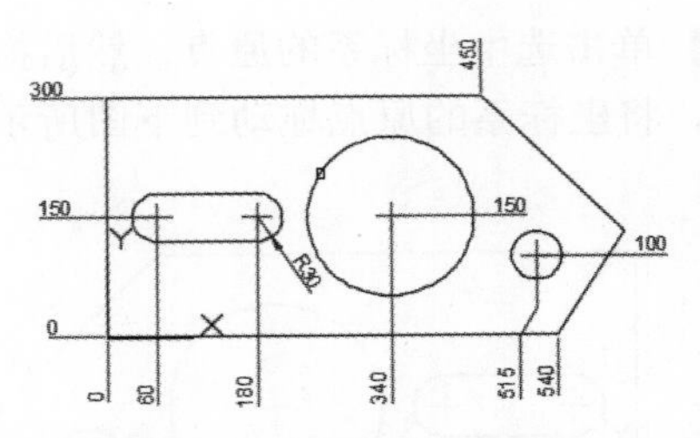

第4步 拖动鼠标指定直径标注的放置位置。

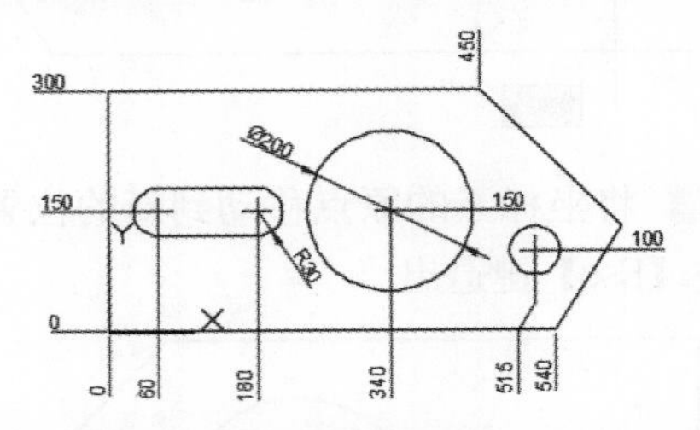

第5步 重复第3步~第4步，给小圆添加直径标注。

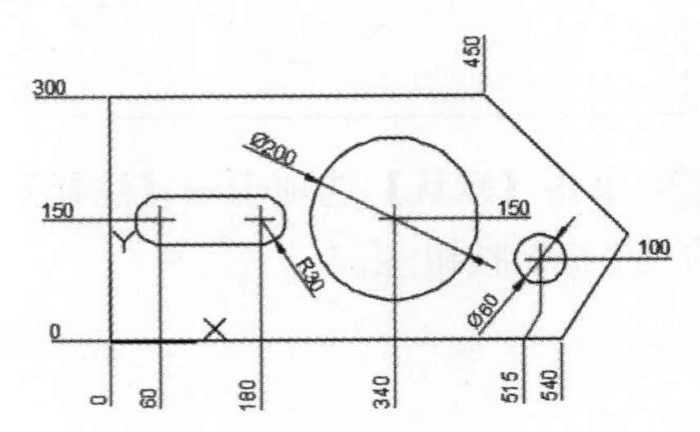

7.3.4 添加角度和对齐标注

角度标注用于测量选定的几何对象或 3 个点之间的角度，测量对象可以是相交的直线的角度或圆弧的角度。对齐标注用于创建与尺寸的原点对齐的线性标注。

给冲压件添加角度和对齐标注的具体操作步骤如下。

第 1 步 单击【默认】选项卡→【注释】面板中的【角度】按钮。

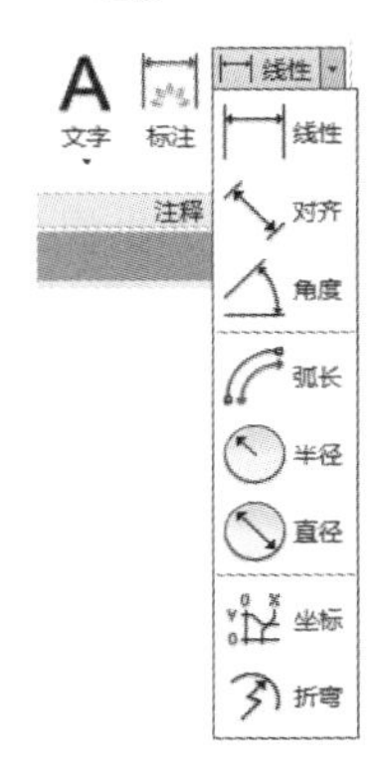

提示

除了通过面板调用角度标注命令外，还可以通过以下方法调用角度标注命令。

(1) 单击【注释】选项卡→【标注】面板→【角度】按钮。

(2) 选择【标注】→【角度】命令。

(3) 命令行输入“DIMANGULAR/DAN”命令并按【Space】键。

第 2 步 选择角度标注的第一条直线。

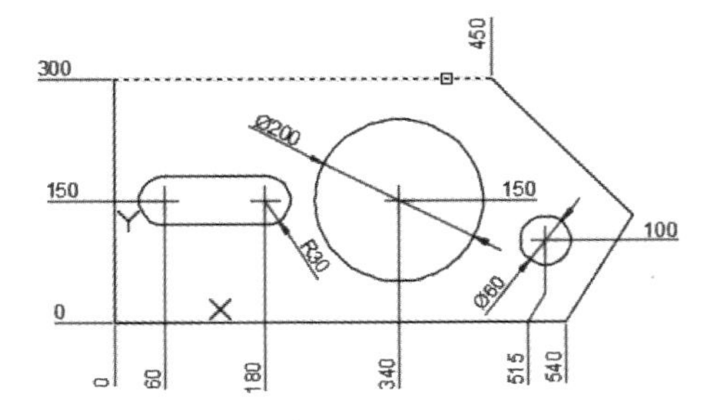

第 3 步 选择角度标注的第二条直线。

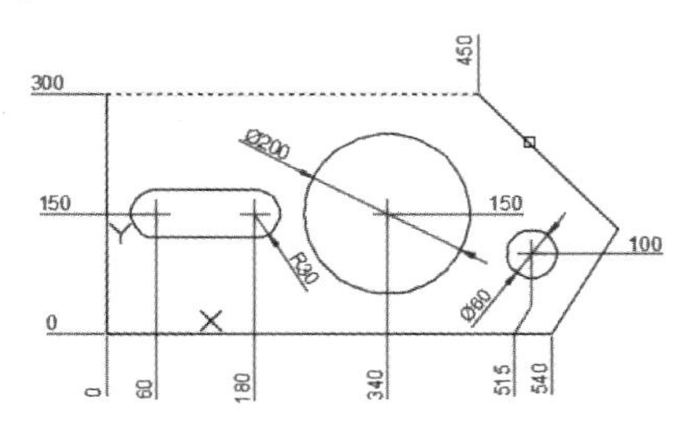

第 4 步 拖动鼠标指定角度标注的放置位置。

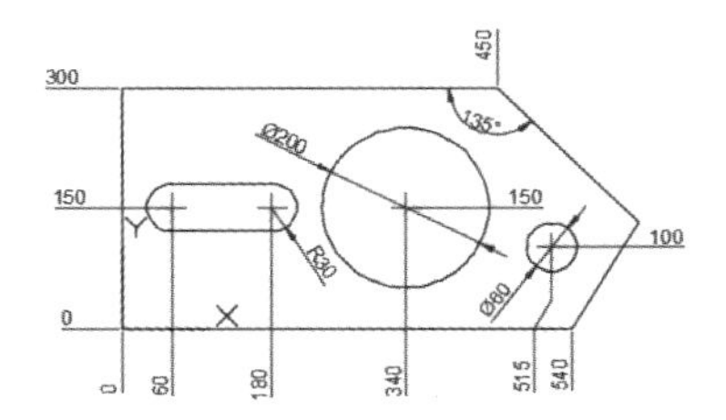

第 5 步 单击【默认】选项卡→【注释】面板中的【对齐】按钮。

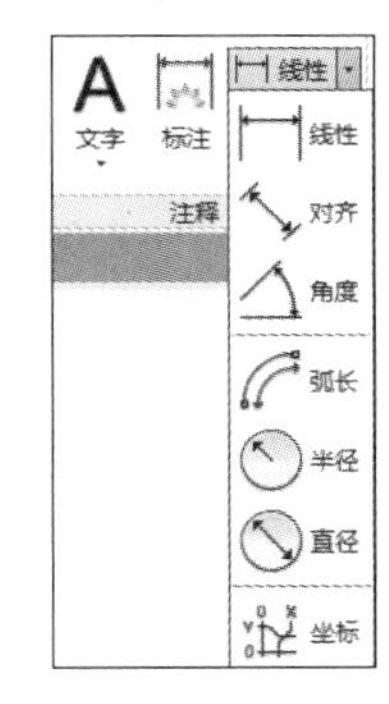

提示

除了通过面板调用对齐标注命令外，还可以通过以下方法调用对齐标注命令。

(1) 单击【注释】选项卡→【标注】面板→【对齐】按钮。

(2) 选择【标注】→【对齐】命令。

(3) 命令行输入“DIMALIGNED/DAL”命令并按【Space】键。

第 6 步 选择第一个尺寸界线的原点。

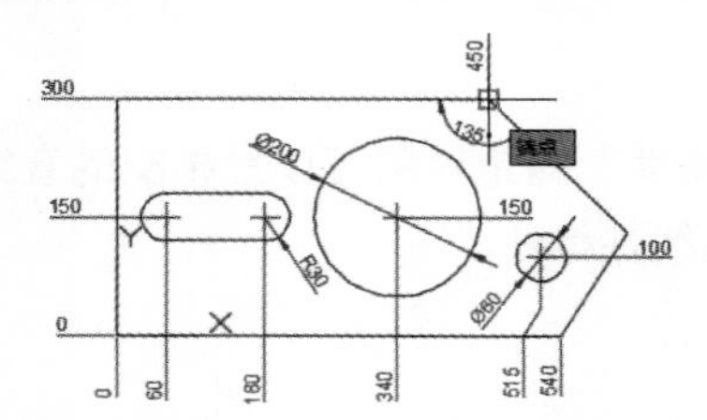

第 7 步 捕捉下图所示的端点为对齐标注的第二个尺寸界线的原点。

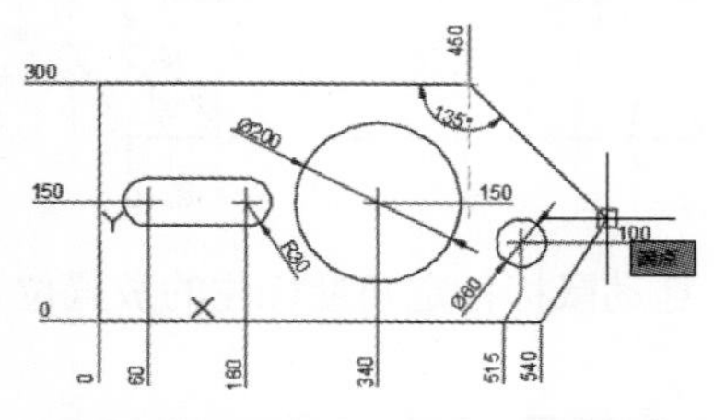

第 8 步 拖动鼠标指定对齐标注的放置位置。

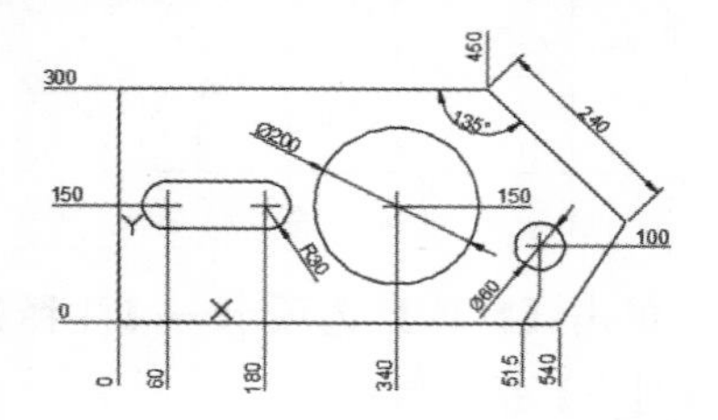

第 9 步 选择【工具】→【新建 UCS】→【世界】命令。

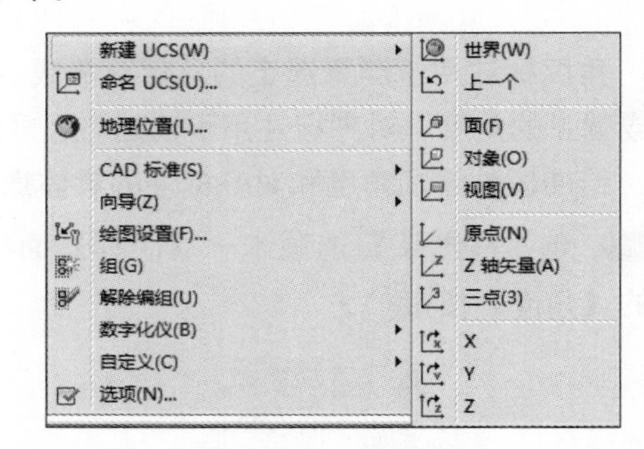

第 10 步 将坐标系切换到世界坐标系后结果如下图所示。

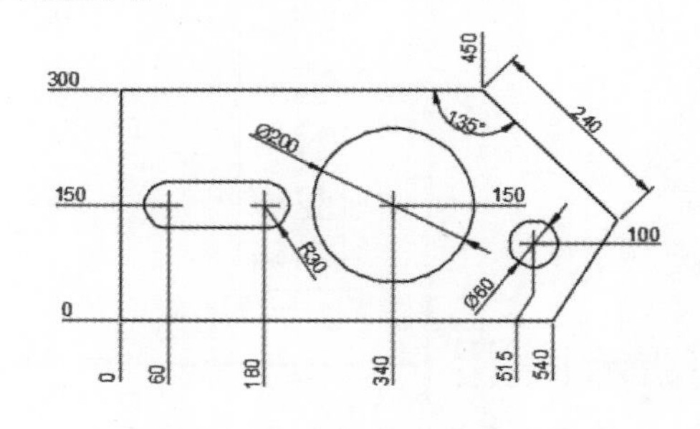

举一反三

给齿轮轴添加标注

齿轮轴的标注与阶梯轴的标注相似，通过对齿轮轴的标注，进一步对标注命令的熟悉。

给齿轮轴添加标注的具体操作步骤如表 7–5 所示。

表 7–5 给齿轮轴添加标注

步骤	创建方法	结　　果	备　注
1	通过智能标注创建线性标注、基线标注、连续标注和角度标注		也可以分别通过线性标注、基线标注、连续标注和角度标注命令给齿轮轴添加标注

续表

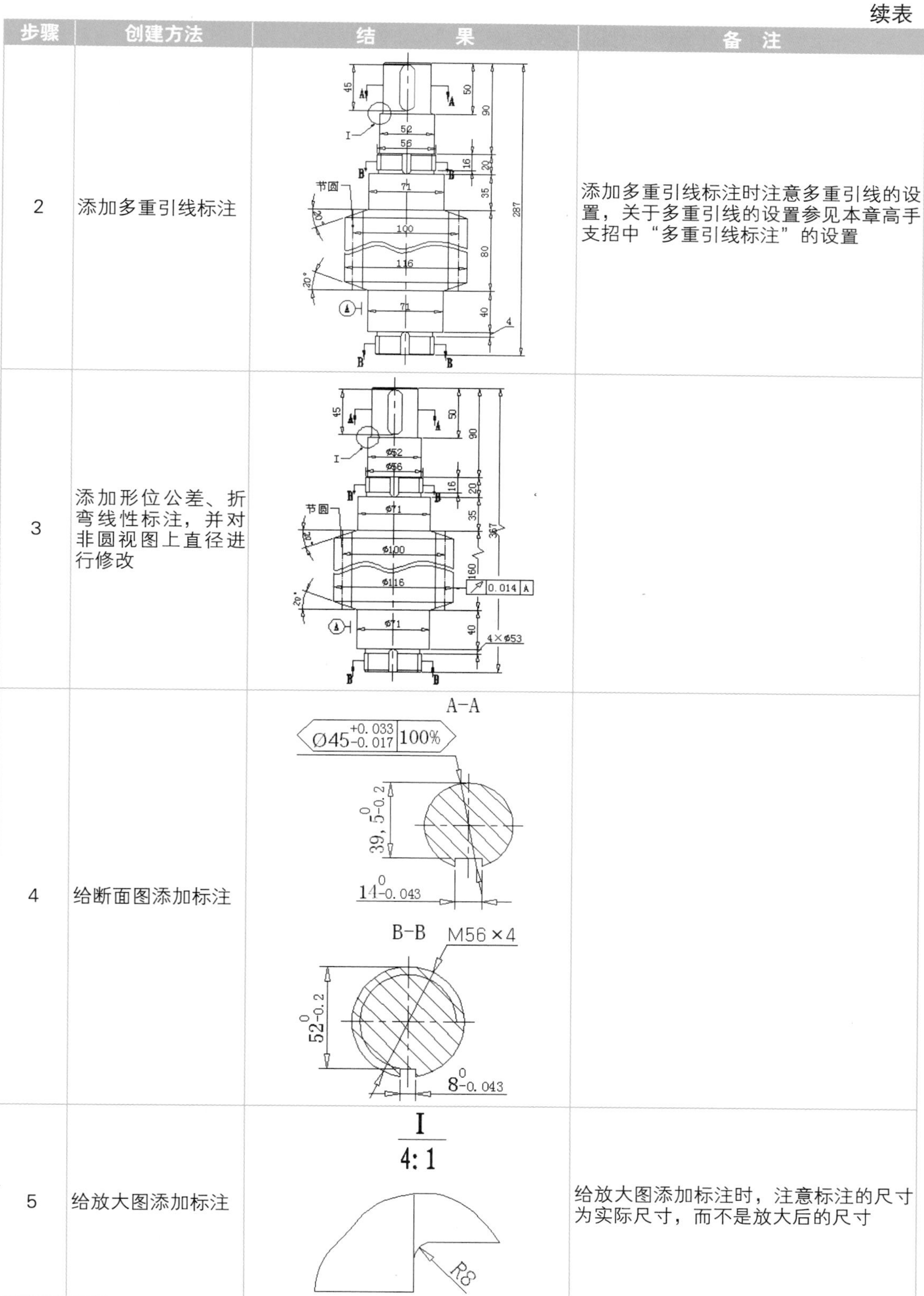

步骤	创建方法	结　　果	备　注
2	添加多重引线标注		添加多重引线标注时注意多重引线的设置，关于多重引线的设置参见本章高手支招中“多重引线标注”的设置
3	添加形位公差、折弯线性标注，并对非圆视图上直径进行修改		
4	给断面图添加标注		
5	给放大图添加标注		给放大图添加标注时，注意标注的尺寸为实际尺寸，而不是放大后的尺寸

◇ 如何修改尺寸标注的关联性

尺寸标注是否关联由系统变量“DIMASO”控制。当“DIMASO=1”时尺寸标注“关联”，这也是CAD的默认选项；当“DIMASO=0”时尺寸标注为“非关联”。

第1步 打开随书光盘中的“素材\CH07\编辑关联性.dwg”文件。

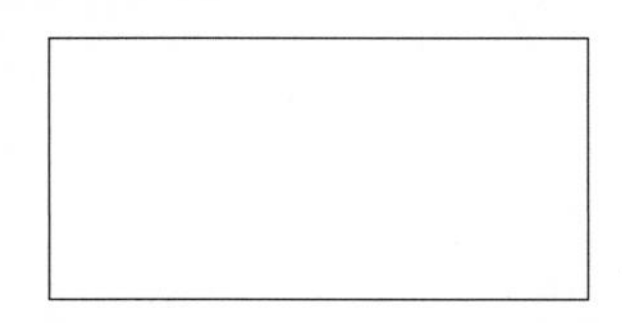

第2步 调用【线性】命令，对矩形的水平边界进行线性标注，标注完成后对标注对象进行单击选择，整个标注对象全部被选中。

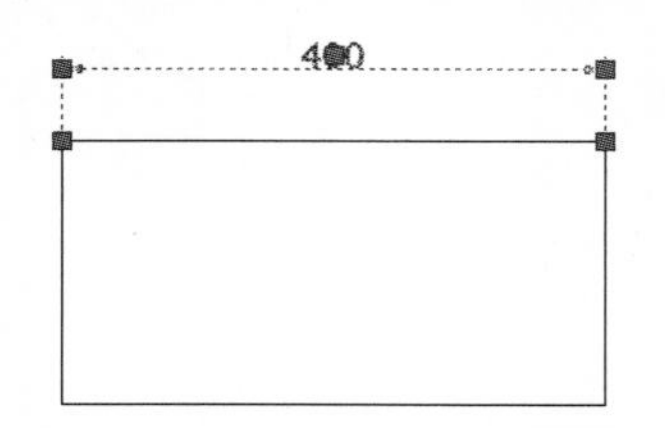

第3步 在命令行输入“DIMASO”命令，当提示输入新值时，输入“0”。

命令：DIMASO
输入 DIMASO 的新值 < 开 (ON)>: 0 ↙
不再支持 DIMASO，DIMASSOC 已被设置为 0

第4步 执行【线性】标注命令，对矩形的垂直边界进行线性标注，标注完成后对标注对象进行单击选择，只有被单击部分被选中。

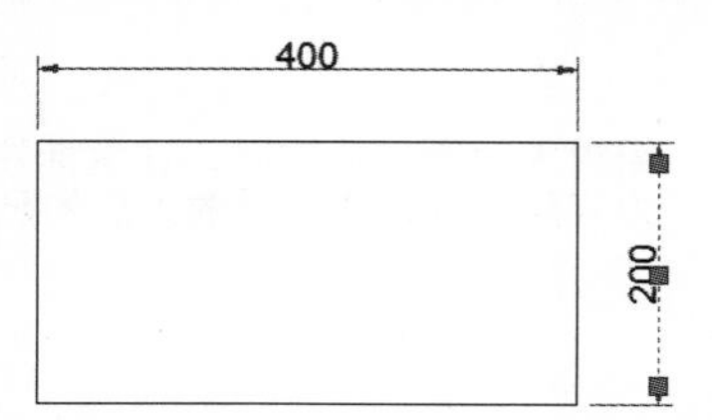

第5步 选中矩形，然后用鼠标按住如下图所示的夹点拖动。

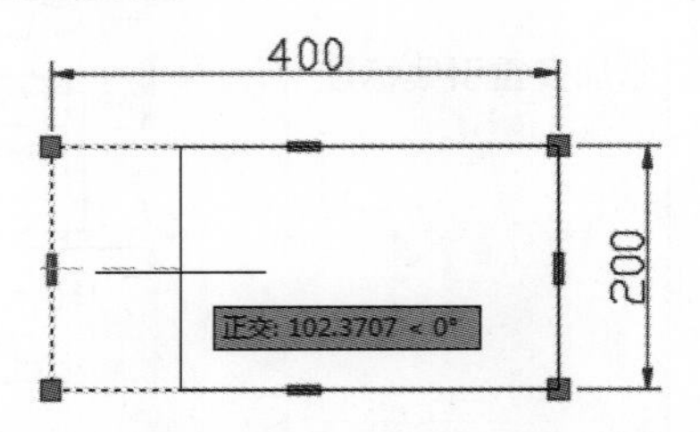

第6步 在合适的位置松开鼠标，可以看到关联的尺寸随着图形的变化而变化。

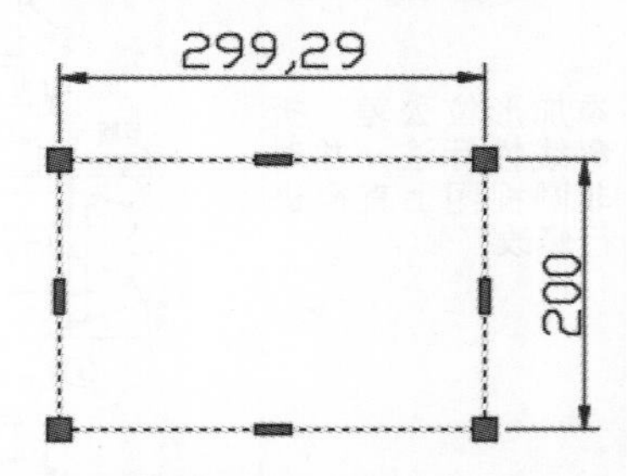

第7步 重复第5步～第6步，选中水平边的中点拖动鼠标。

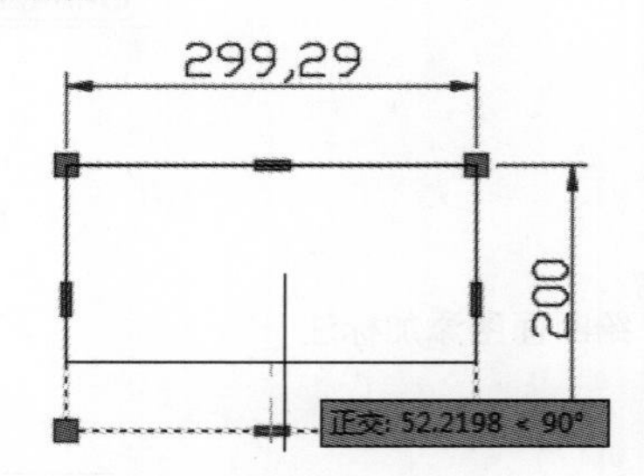

第8步 在合适的位置松开鼠标，按【Esc】键退出选择后可以看到非关联的尺寸不随着图形的变化而变化。

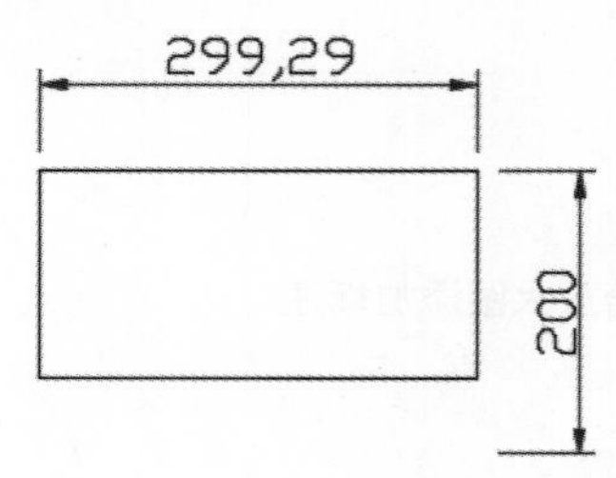

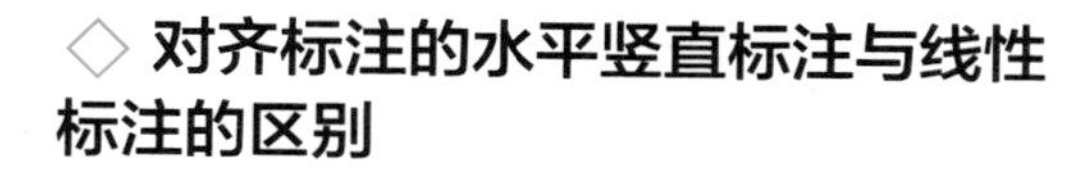

◇ 对齐标注的水平竖直标注与线性标注的区别

对齐标注也可以标注水平或竖直直线，但是当标注完成后，再重新调节标注位置时，往往得不到想要的结果。因此，在标注水平或竖直尺寸时最好用线性标注。

第1步 打开随书光盘中的“素材\CH07\用对齐标注标注水平竖直线.dwg”文件。

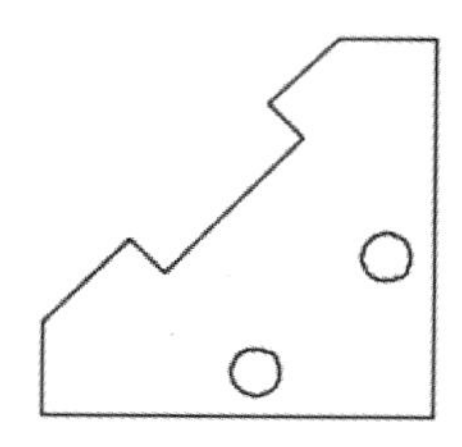

第2步 单击【默认】选项卡→【注释】面板中的【对齐】按钮，然后捕捉如下图所示的端点为标注的第一点。

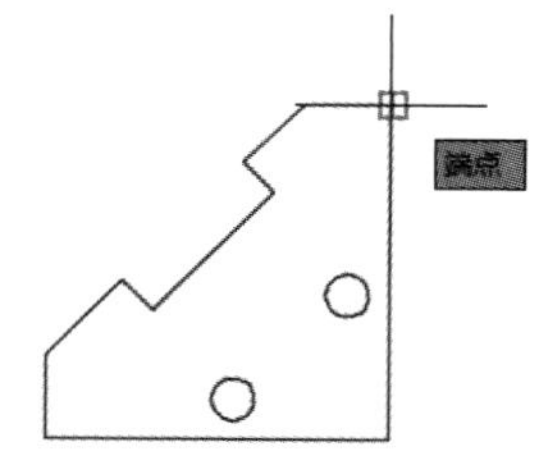

第3步 捕捉下图所示的垂足为标注的第二点。

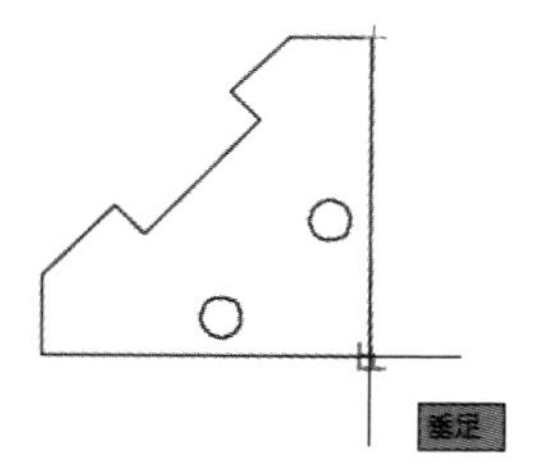

第4步 拖动鼠标在合适的位置单击放置对齐标注线。

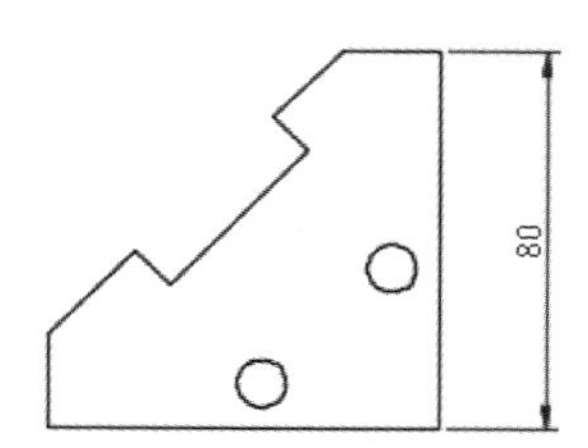

第5步 重复第2步～第4步，对水平直线进行标注。

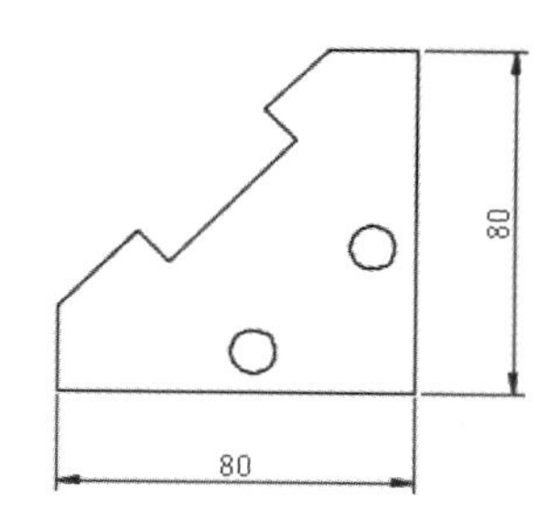

第6步 选中竖直标注，然后单击下图所示的夹点。

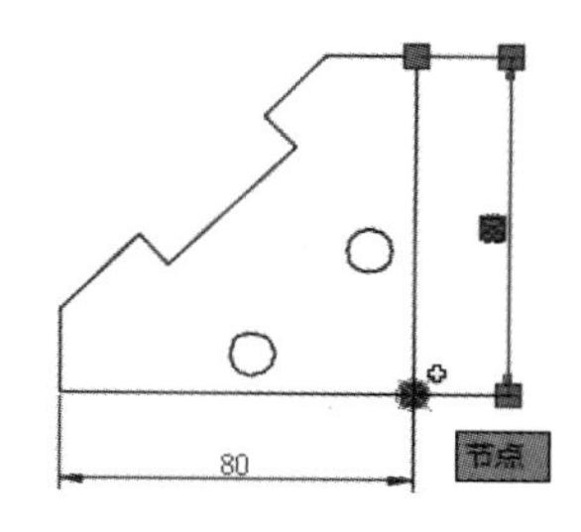

第7步 向右拖动鼠标调整标注位置，可以看到标注尺寸发生变化。

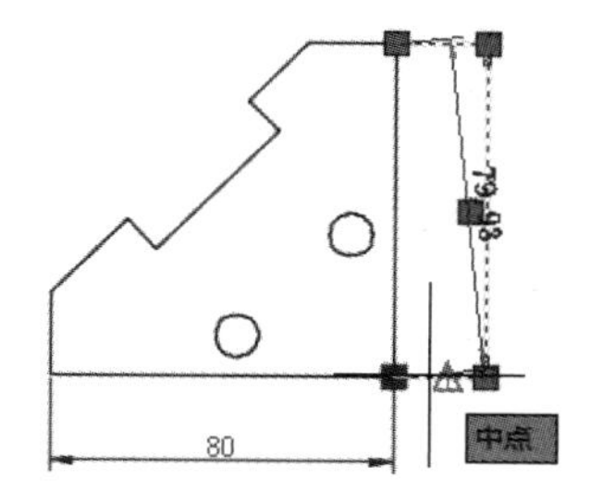

第8步 在合适的位置单击确定新的标注位置。

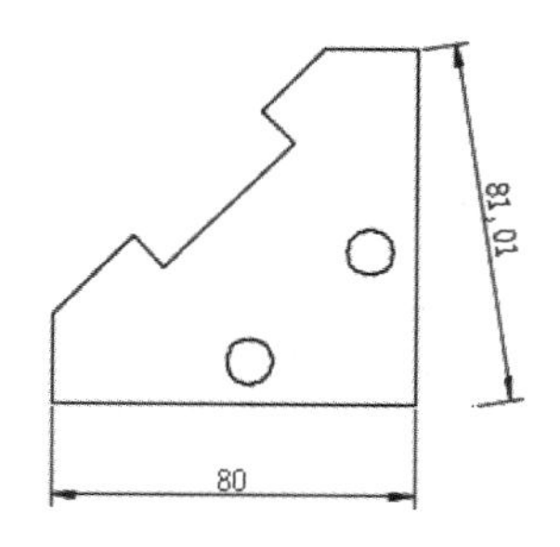

◇ 关于多重引线标注

多重引线对象是一条直线或样条曲线，其中一端带有箭头，另一端带有多行文字对象或块。在某些情况下，有一条短水平线（又称为基线）将文字或块和特征控制框连接到引线上。基线和引线与多行文字对象或块关联，因此当重定位基线时，内容和引线将随其移动。

(1) 设置多重引线样式。

多重引线样式可以控制引线的外观。用户可以使用默认多重引线样式“STANDARD”，也可以创建自己的多重引线样式。多重引线样式可以指定基线、引线、箭头和内容的格式。

设置多重引线的具体操作步骤如下。

第1步 选择【格式】→【多重引线样式】命令，打开【多重引线样式管理器】对话框。如下图所示。

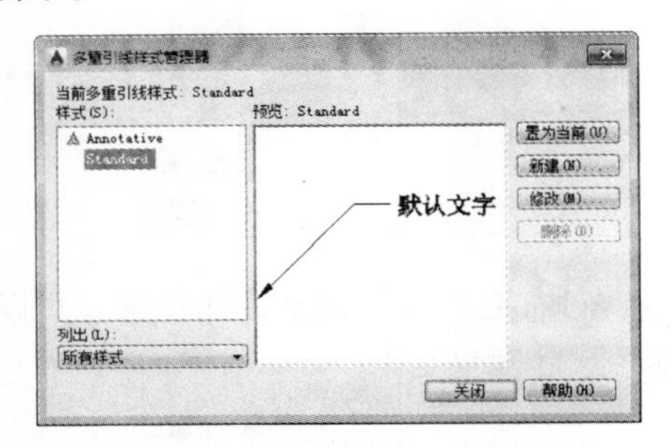

第2步 单击“新建”按钮，弹出【创建新多重引线样式】对话框创建一个“样式 1”，如下图所示。

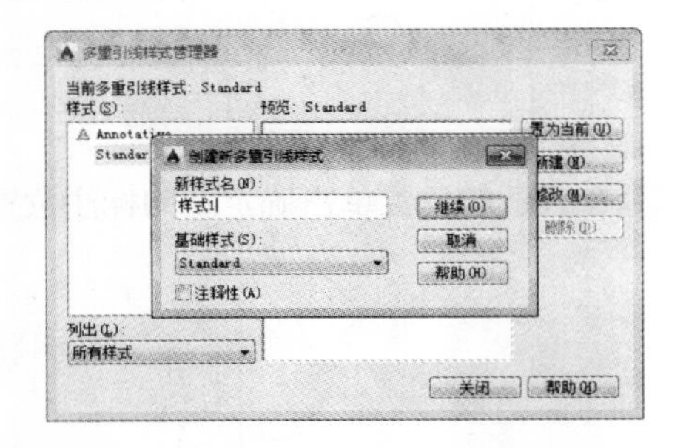

第3步 单击【继续】按钮，在弹出的【新建多重引线样式：样式 1】对话框中选择【引线格式】选项卡，并将“箭头符号”改为“小点”，大小设置为“25”，其他不变，如下图所示。

第4步 单击【引线结构】选项卡，将【自动包含基线】选项的“✓”去掉，其他设置不变，如下图所示。

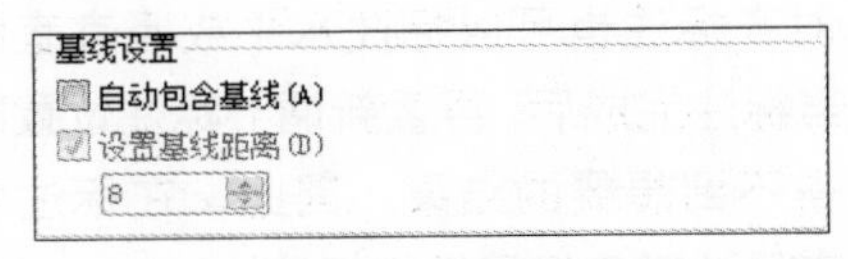

第5步 单击【内容】选项卡，将文字高度设置为“25”，将最后一行加下划线，并且将基线间隙设置为“0”，其他设置不变，如下图所示。

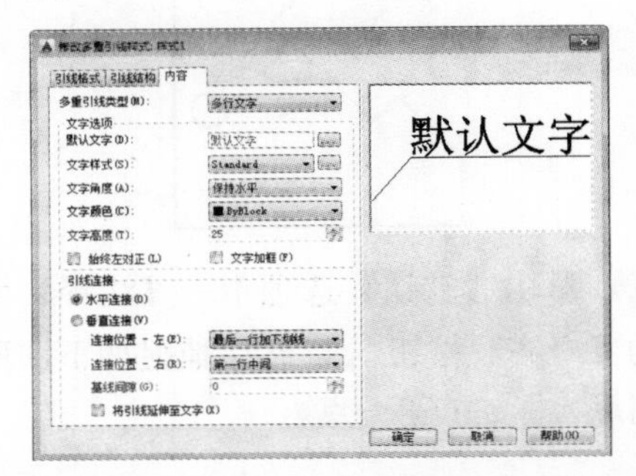

第6步 单击【确定】按钮，回到【多重引线样式管理器】对话框后，单击【新建】按钮，弹出【创建新多重引线样式】对话框以“样式 1”为基础创建“样式 2”，如下图所示。

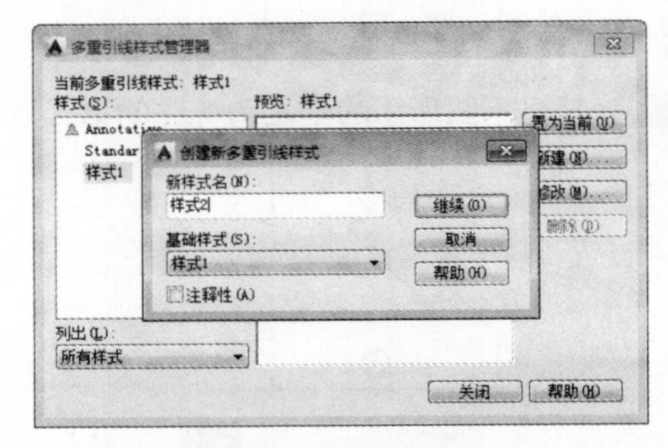

第7步 单击【继续】按钮，在弹出的对话框中单击【内容】选项卡，将【多重引线类型】设置为“块”，【源块】设置为“圆”，【比例】设置为“5”，如下图所示。

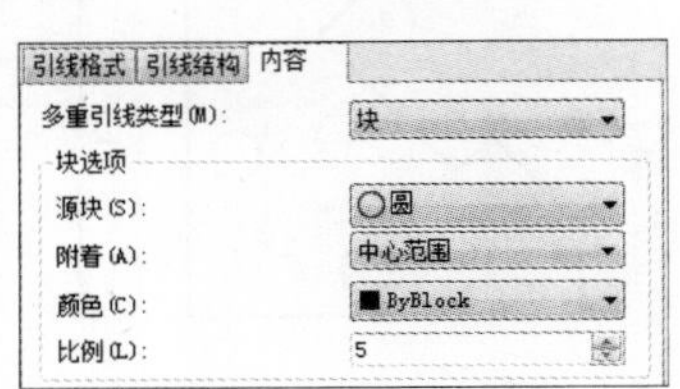

第 8 步 单击【确定】按钮，回到【多重引线样式管理器】对话框后，单击【新建】按钮，弹出【创建新多重引线样式】对话框以“样式 2”为基础创建“样式 3”，如下图所示。

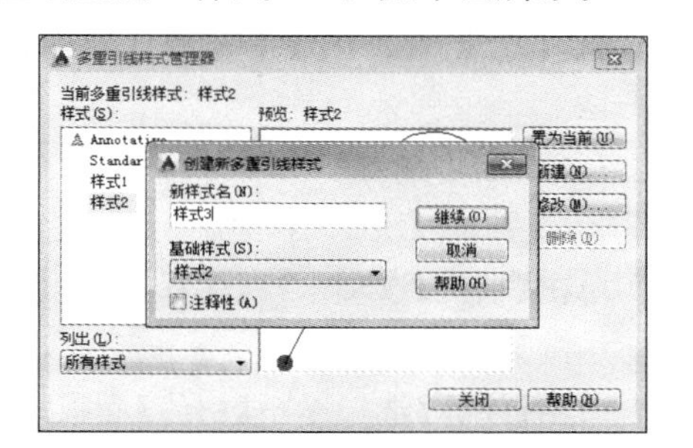

第 9 步 单击【继续】按钮，在弹出的对话框中单击【引线格式】选项卡，将引线类型改为“无”，其他设置不变。单击【确定】按钮并关闭该对话框，如下图所示。

提示

当多重引线类型为“多行文字”时，下面会出现“文字选项”和“引线连接”等，“文字选项”区域主要控制多重引线文字的外观；“引线连接”主要控制多重引线的引线连接设置，它可以是水平连接，也可以是垂直连接。

当多重引线类型为“块”时，下面会出现“块选项”，它主要是控制多重引线对象中块内容的特性，包括源块、附着、颜色和比例。只有“多重引线”的文字类型为“块”时才可以对多重引线进行“合并”操作。

(2) 多重引线的应用。

多重引线可创建为箭头优先、引线基线优先或内容优先。如果已使用多重引线样式，则可以从该指定样式创建多重引线。

执行【多重引线】命令后，CAD 命令行提示如下。

指定引线箭头的位置或 [引线基线优先 (L)/ 内容优先 (C)/ 选项 (O)] < 选项 >:

命令行中各选项含义如下。

【指定引线箭头的位置】：指定多重引线对象箭头的位置。

【引线基线优先】：选择该选项后，将先指定多重引线对象的基线的位置，然后再输入内容，AutoCAD 默认引线基线优先。

【内容优先】：选择该选项后，将先指定与多重引线对象相关联的文字或块的位置，然后在指定基线位置

【选项】：指定用于放置多重引线对象的选项。

下面将对建筑施工图中所用材料进行多重引线标注，具体操作步骤如下。

第 1 步 打开随书光盘中的“素材 \CH07\ 多重引线标注 .dwg”文件，如下图所示。

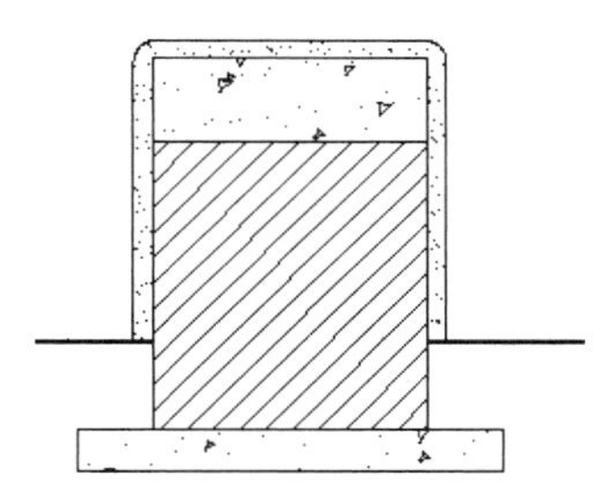

第 2 步 创建一个和(1)中“样式 1”相同的多重引线样式并将其置为当前样式。然后单击【默认】选项卡→【注释】面板→【多重引线】按钮，在需要创建标注的位置单击，指定箭头的位置，如下图所示。

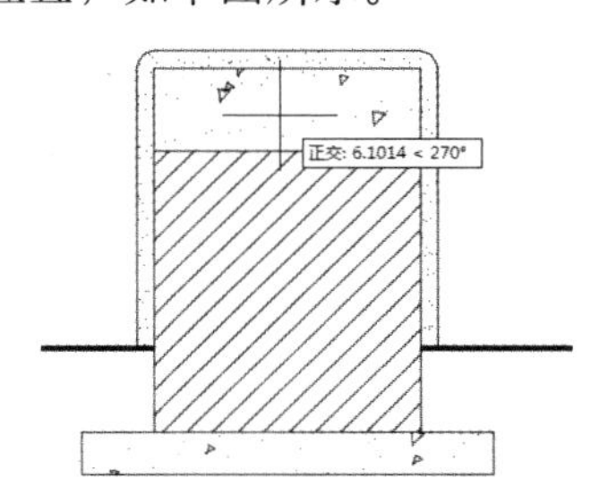

第3步 拖动鼠标，在合适的位置单击，作为引线基线位置，如下图所示。

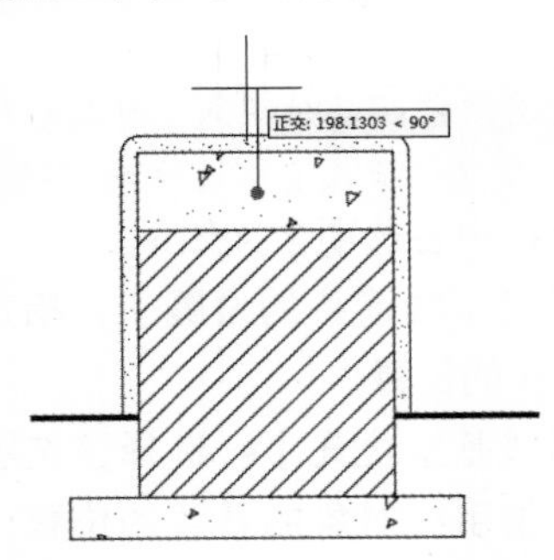

第4步 在弹出的文字输入框中输入相应的文字，如下图所示。

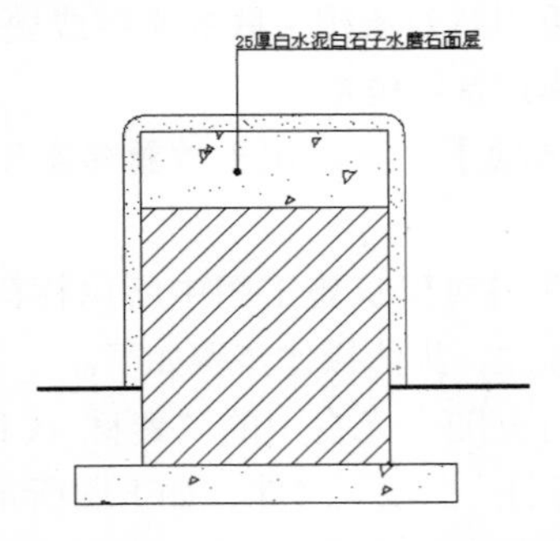

第5步 重复上步操作，选择上步选择的“引线箭头”位置，在合适的高度指定引线基线的位置，然后输入文字，结果如下图所示。

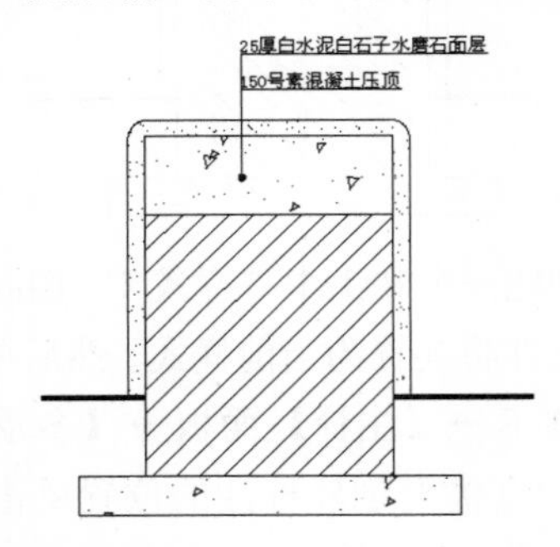

(3) 编辑多重引线。

多重引线的编辑主要包括对齐多重引线、合并多重引线、添加多重引线和删除多重引线。

调用【对齐引线标注】命令通常有以下几种方法。

第1步 在命令行中输入“MLEADERALIGN/MLA”命令并按【Space】键。

第2步 单击【默认】选项卡→【注释】面板→【对齐多重引线】按钮。

第3步 单击【注释】选项卡→【引线】面板→【对齐多重引线】按钮。

调用【合并引线标注】命令通常有以下几种方法。

第1步 在命令行中输入“MLEADERCOLLECT/MLC”命令并按【Space】键。

第2步 单击【默认】选项卡→【注释】面板→【合并多重引线】按钮。

第3步 单击【注释】选项卡→【引线】面板→【合并多重引线】按钮。

调用【添加引线标注】命令通常有以下几种方法。

第1步 在命令行中输入“MLEADEREDIT/MLE”命令并按【Space】键。

第2步 单击【默认】选项卡→【注释】面板→【添加多重引线】按钮。

第3步 单击【注释】选项卡→【引线】面板→【添加多重引线】按钮。

调用【删除引线标注】命令通常有以下几种方法。

第1步 在命令行中输入“AIMLEADEREDITREMOVE”命令并按【Space】键。

第2步 单击【默认】选项卡→【注释】面板→【删除多重引线】按钮。

第3步 单击【注释】选项卡→【引线】面板→【删除多重引线】按钮。

下面将对装配图进行多重引线标注并编辑多重引线，具体操作步骤如下。

第1步 打开随书光盘中的“素材\CH07\编辑多重引线.dwg”文件，如下图所示。

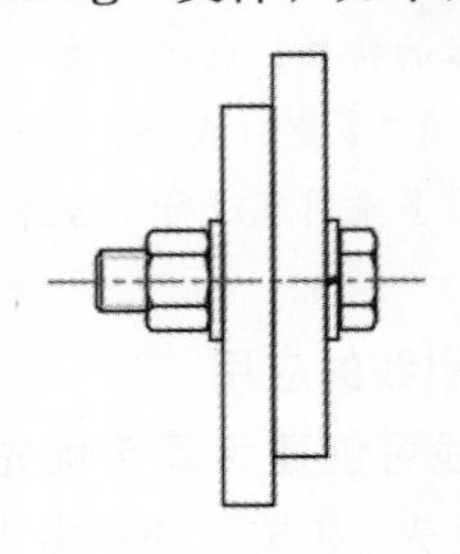

第 2 步 参照(1)中“样式 2”创建一个多线样式，多线样式名称设置为“装配”，单击【引线结构】选项卡，将【自动包含基线】距离设置为“12”，其他设置不变，如下图所示。

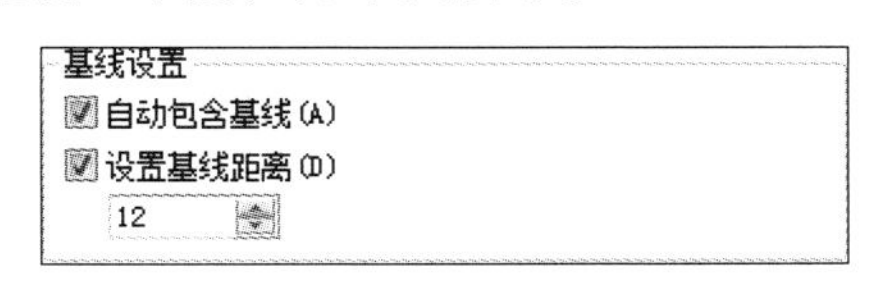

第 3 步 单击【注释】选项卡→【引线】面板→【多重引线】按钮，在需要创建标注的位置单击，指定箭头的位置，如下图所示。

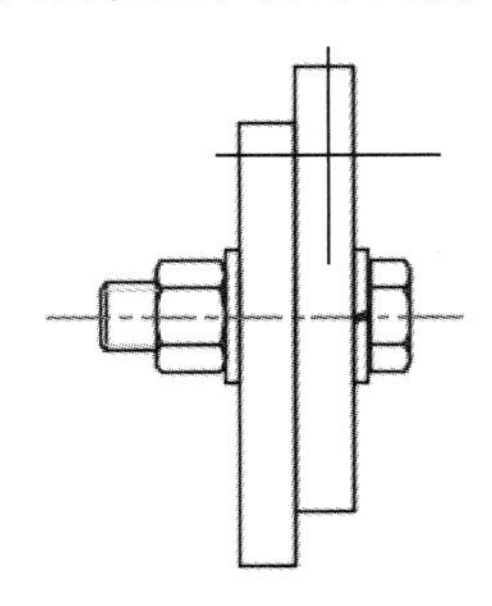

第 4 步 拖动鼠标，在合适的位置单击，作为引线基线位置，如下图所示。

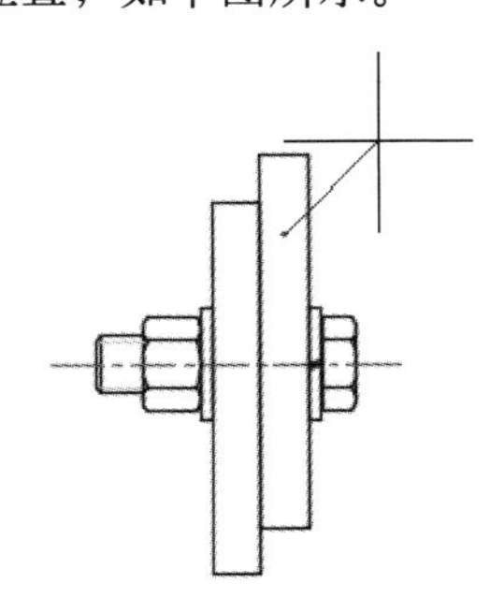

第 5 步 在弹出的【编辑属性】对话框中输入标记编号“1”，如下图所示。

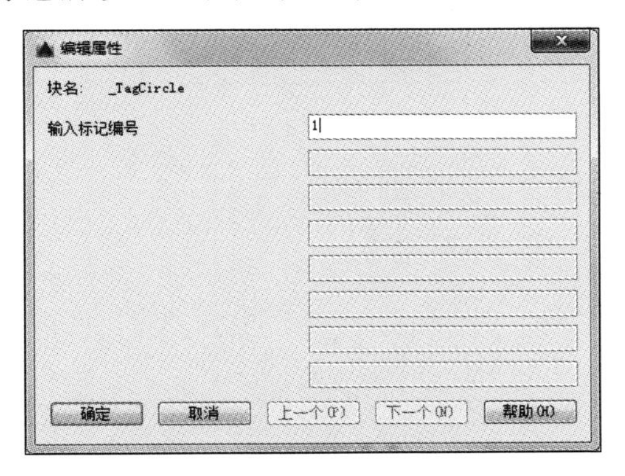

第 6 步 单击【确定】按钮后结果如下图所示。

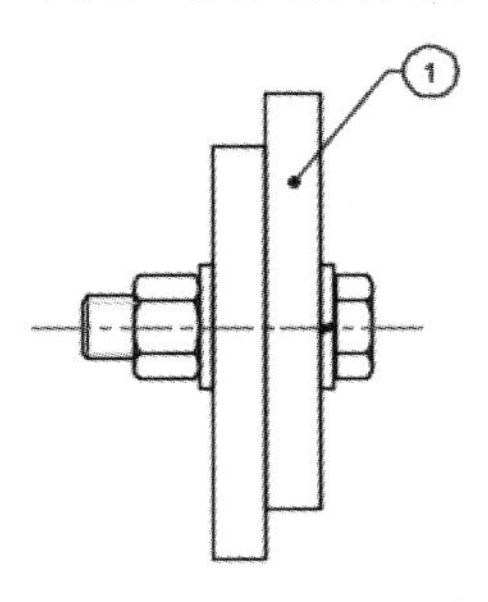

第 7 步 重复多重引线标注，结果如下图所示。

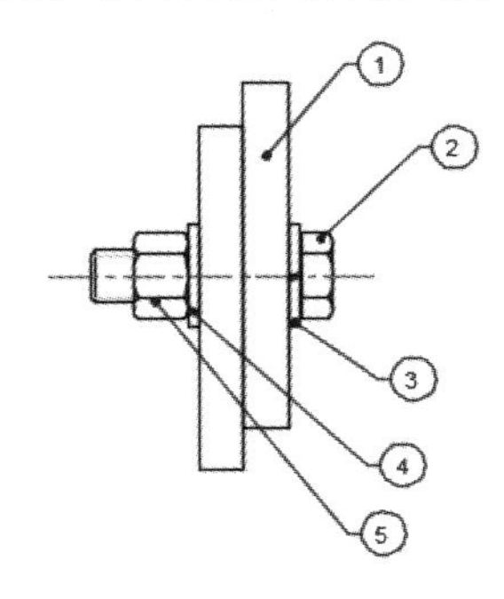

第 8 步 单击【注释】选项卡→【引线】面板→【对齐多重引线】按钮，然后选择所有的多重引线，如下图所示。

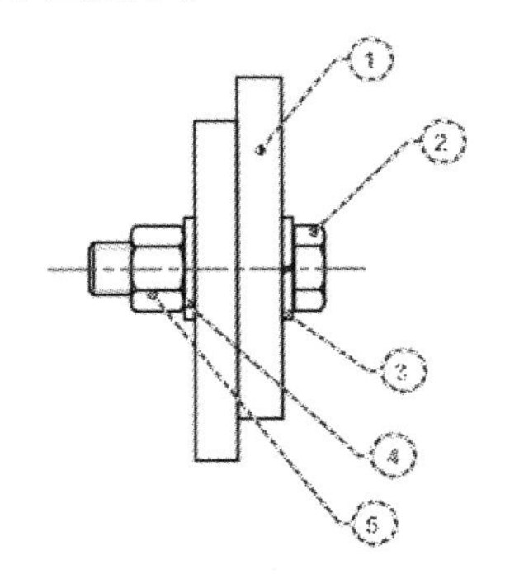

第 9 步 捕捉多重引线 2，将其他多重引线与其对齐，如下图所示。

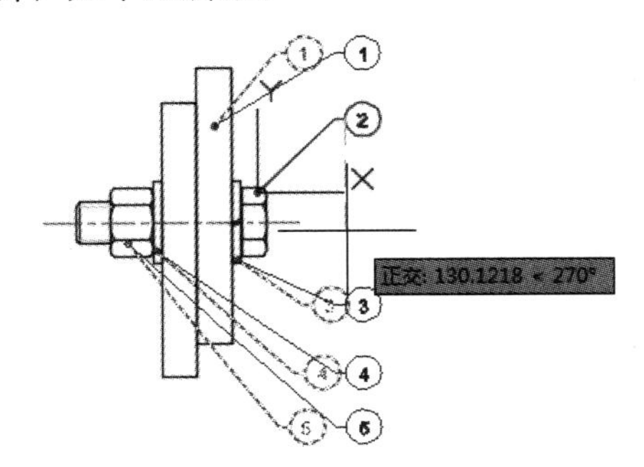

第 10 步 对齐后结果如下图所示。

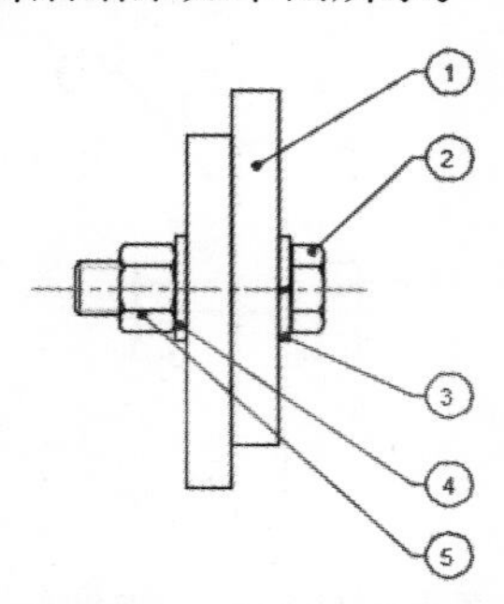

第 11 步 单击【注释】选项卡→【引线】面板→【合并多重引线】按钮，然后选择多重引线 2~5，如下图所示。

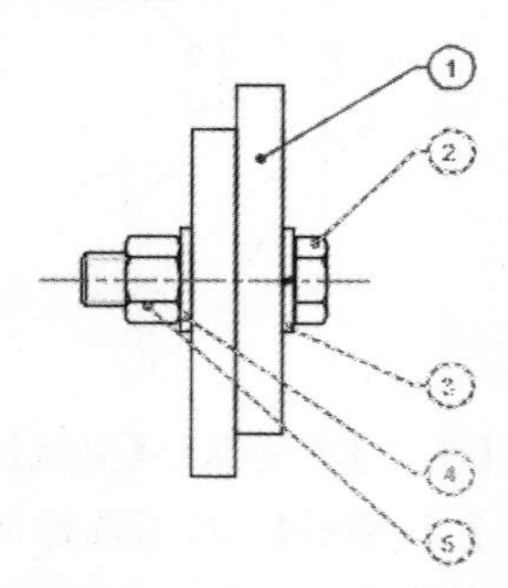

第 12 步 选择后拖动鼠标指定合并后的多重引线的位置，如下图所示。

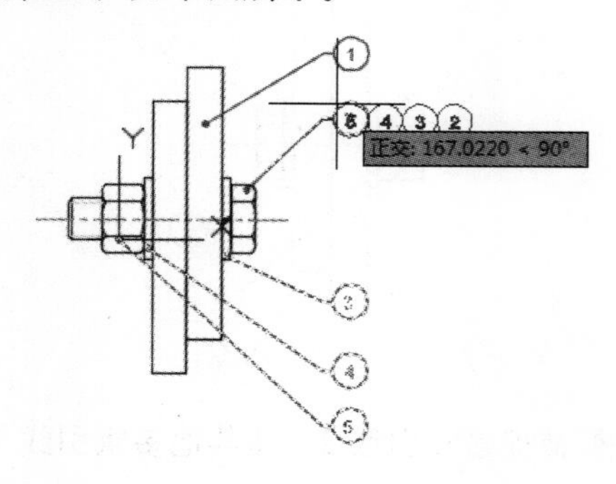

第 13 步 合并后如下图所示。

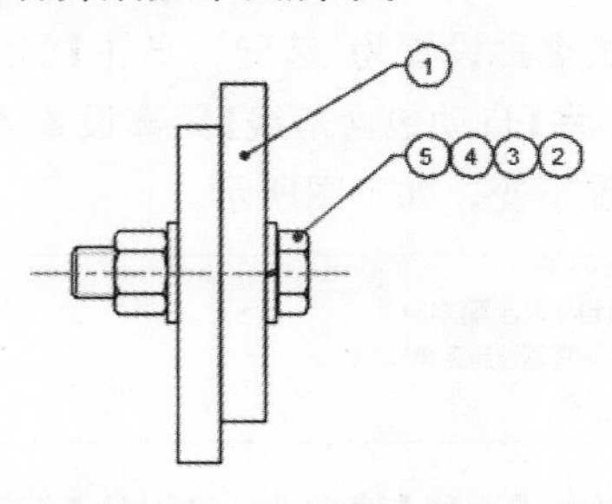

第 14 步 单击【注释】选项卡→【引线】面板→【添加多重引线】按钮，然后选择多重引线 1 并拖动鼠标指定添加的位置。

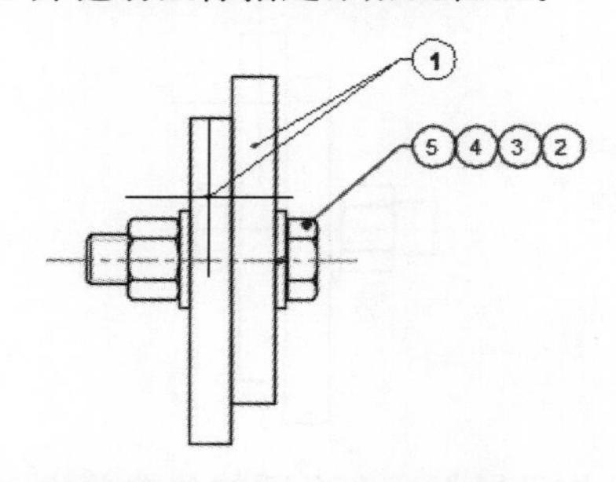

第 15 步 添加完成后结果如下图所示。

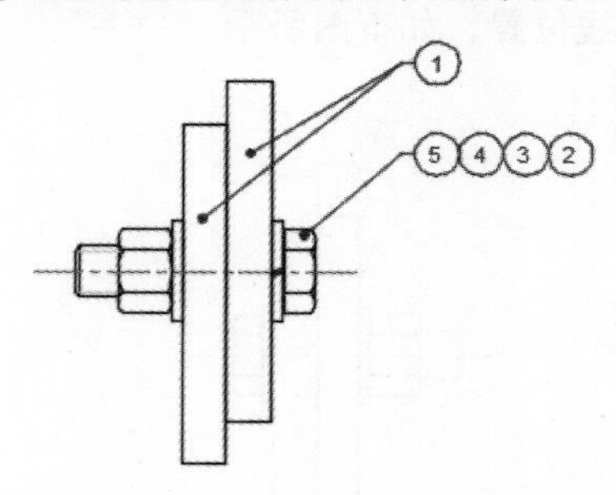

提示

为了便于指定点和引线的位置，在创建多重引线时可以关闭对象捕捉和正交模式。

第
3
篇

高效绘图篇

本篇主要介绍 CAD 高效绘图，通过本篇的学习，读者可以学习图块的创建与插入以及图形文件管理操作。

第 8 章 图块的创建与插入

本章导读

图块是一组图形实体的总称，在图形中需要插入某些特殊符号时会经常用到该功能。在应用过程中，AutoCAD 图块将作为一个独立的、完整的对象来操作，在图块中各部分图形可以拥有各自的图层、线型、颜色等特征。用户可以根据需要按指定比例和角度将图块插入到指定位置。

思维导图

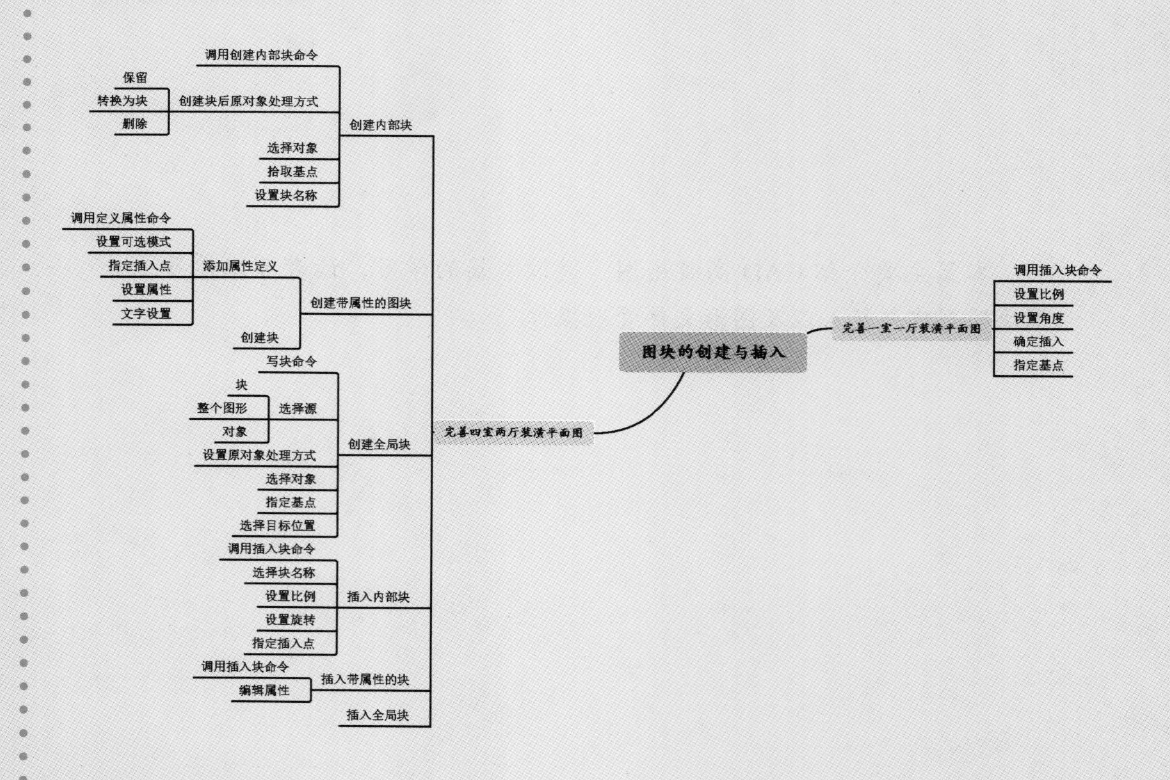

8.1 完善四室两厅装潢平面图

装潢平面图是装潢施工图中的一种，是整个装潢平面的真实写照，用于表现建筑物的平面形状、布局、家具摆放、厨卫设备布置、门窗位置以及地面铺设等。

本例是在已有的平面图基础上通过创建和插入图块对图形进行完善。

8.1.1 创建内部块

内部块只能在当前图形中使用，不能使用到其他图形中。在 AutoCAD 2016 中调用创建内部块命令的方法通常有以下 4 种。

(1) 选择【绘图】→【块】→【创建】命令。

(2) 命令行输入“BLOCK/B”命令并按【Space】键。

(3) 选择【默认】选项卡→【块】面板→【创建】按钮。

(4) 选择【插入】选项卡→【块定义】面板→【创建块】按钮。

第 1 步 打开随书附带的光盘文件“素材\CH08\四室两厅.dwg”。

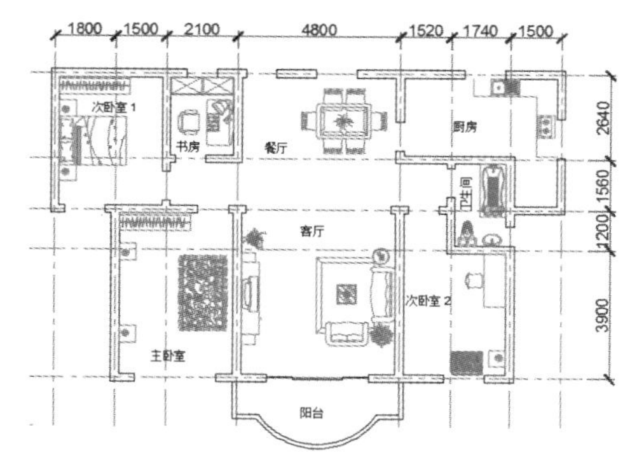

第 2 步 单击【默认】选项卡→【图层】面板→【图层】下拉列表，将“标注”层和“中轴线”层关闭。

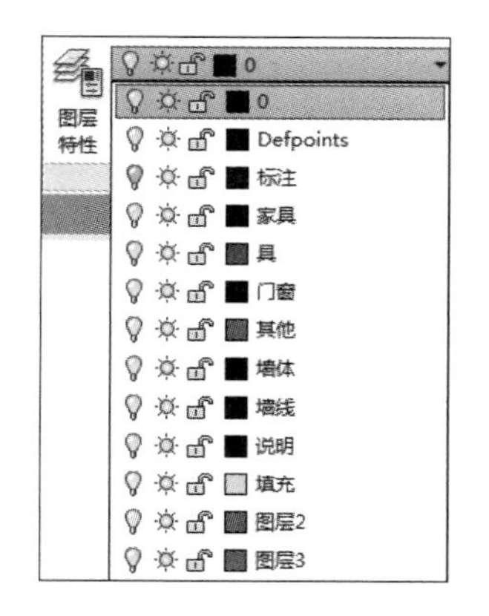

第 3 步 “标注”层和“中轴线”层关闭后如下图所示。

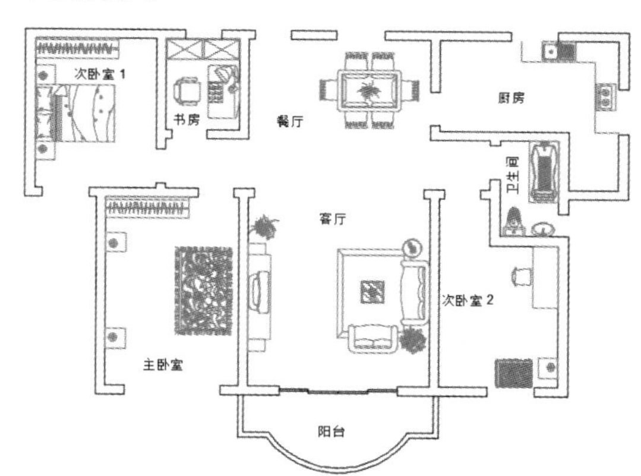

第 4 步 单击【默认】选项卡→【块】面板→【创建】按钮。

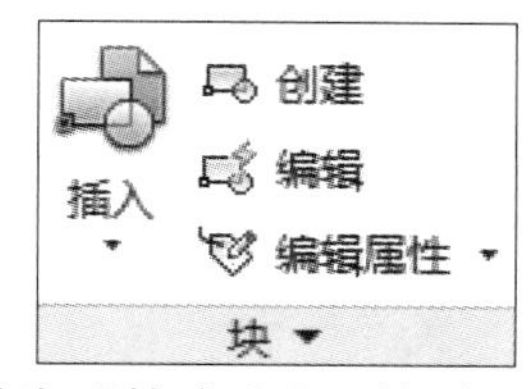

第 5 步 在弹出【块定义】对话框中选中【转换为块】单选按钮。

提示

创建块后，原对象有三种结果，即保留、转换为块和删除。

保留：选择该项，图块创建完成后，原图形仍保留原来的属性。

转换为块：选择该项，图块创建完成后，原图形将转换成图块的形式存在。

删除：选择该项，图块创建完成后，原图形将自动删除。

第 6 步 单击【选择对象】前的按钮，并在绘图区域中选择“单人沙发”作为组成块的对象。

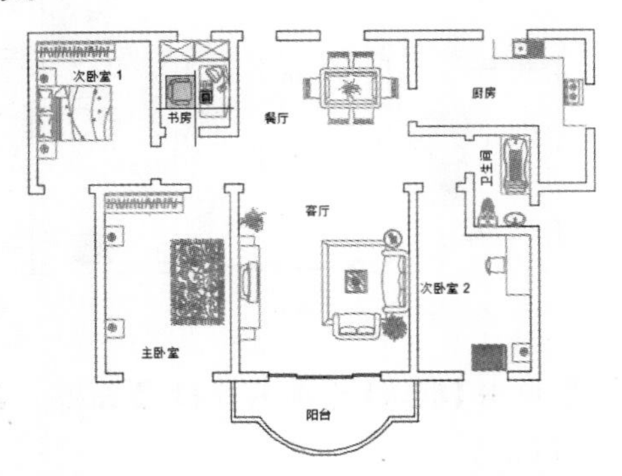

第 7 步 按【Space】键确认，返回【块定义】对话框单击【拾取点】按钮，然后捕捉下图所示的中点为基点。

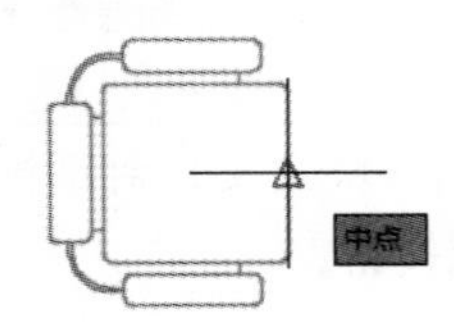

第 8 步 返回【块定义】对话框，为块添加名称“单人沙发”，最后单击【确定】按钮完成块的创建。

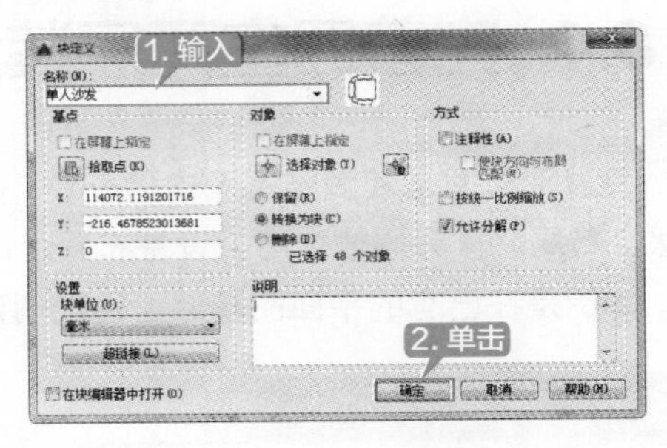

第 9 步 重复重建块命令，单击【选择对象】前的按钮，在绘图区域中选择“床”作为组成块的对象。

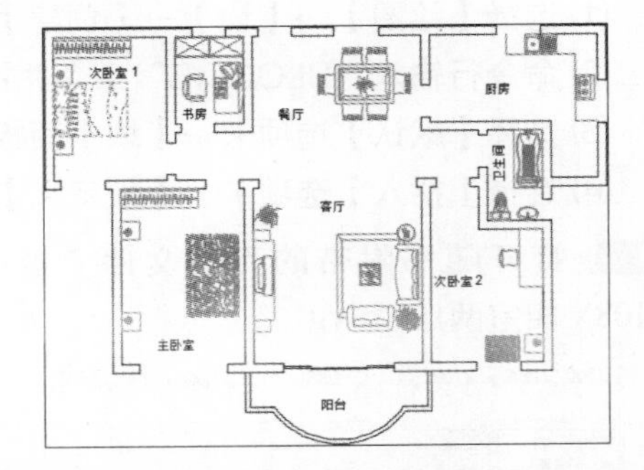

第 10 步 按【Space】键确认，返回【块定义】对话框单击【拾取点】按钮，然后捕捉下图所示的端点为基点。

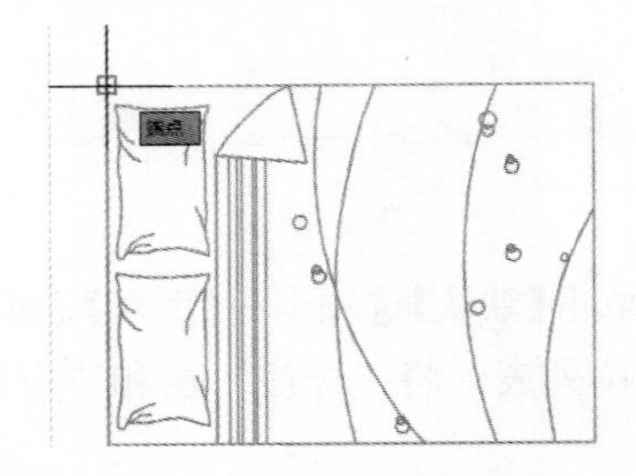

第 11 步 返回【块定义】对话框，为块添加名称“床”，最后单击【确定】按钮完成块的创建。

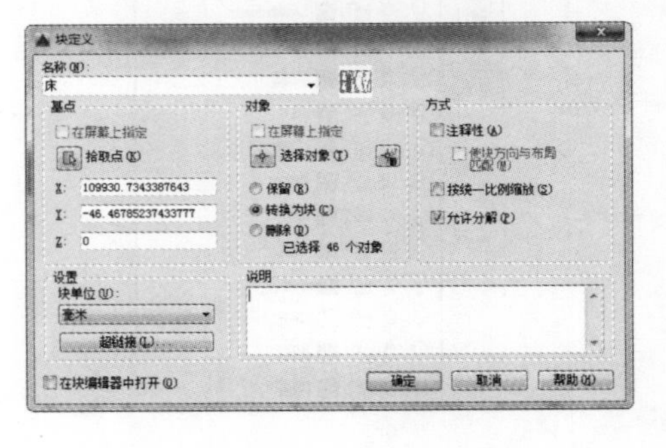

8.1.2 创建带属性的图块

带属性的图块就是先给图形添加一个属性定义，然后将带属性的图形创建成块。属性特征主要包括标记（标识属性的名称）、插入块时显示的提示、值的信息、文字格式、块中的位置和所有可选模式（不可见、常数、验证、预设、锁定位置和多行）。

1. 创建带属性的“门”图块

第1步 单击【默认】选项卡→【图层】面板→【图层】下拉按钮，将“门窗”图层置为当前层。

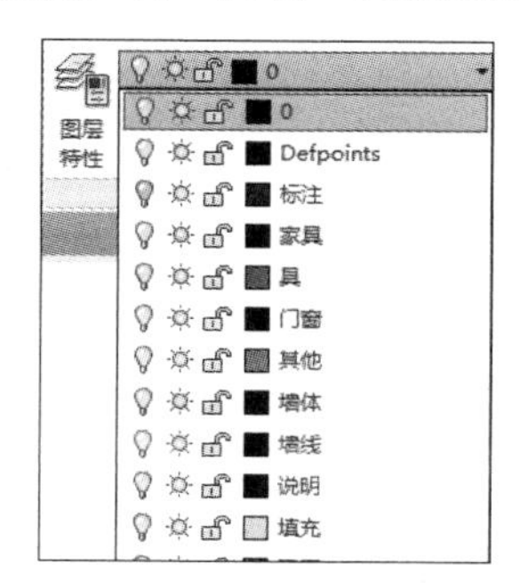

第2步 单击【默认】选项卡→【绘图】面板→【矩形】按钮，在空白区域任意单击一点作为矩形的第一角点，然后输入“@50,900”作为第二角点。

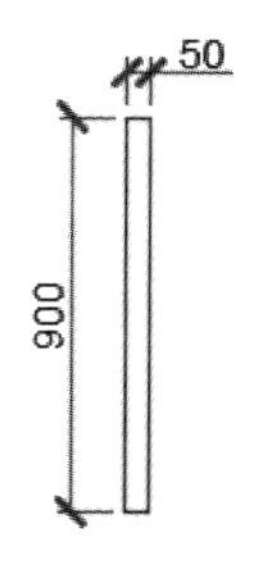

第3步 单击【默认】选项卡→【绘图】面板→【起点、圆心、角度】按钮，捕捉矩形的左上端点为圆弧的起点。

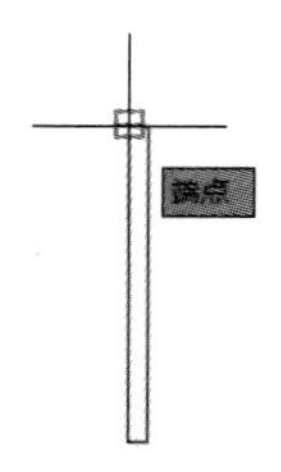

第4步 捕捉圆弧的左下端点为圆弧的圆心。

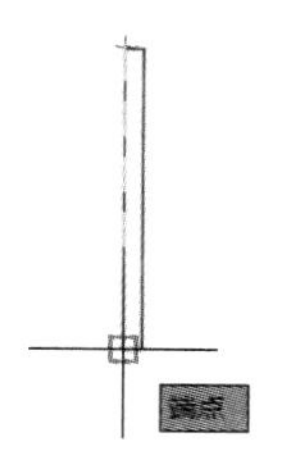

第5步 输入圆弧的角度“-90”，结果如下图所示。

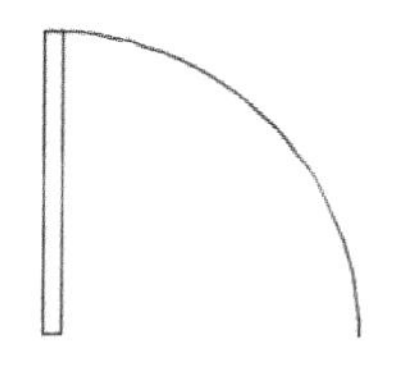

第6步 单击【默认】选项卡→【绘图】面板→【直线】按钮，连接矩形的右下角点和圆弧的端点。

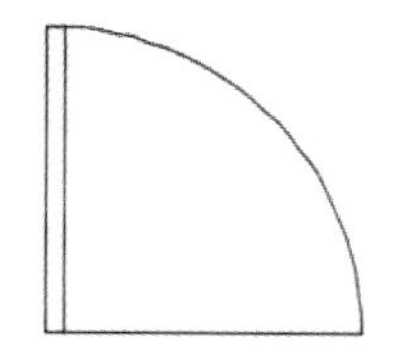

第7步 单击【插入】选项卡→【块定义】面板→【定义属性】按钮。

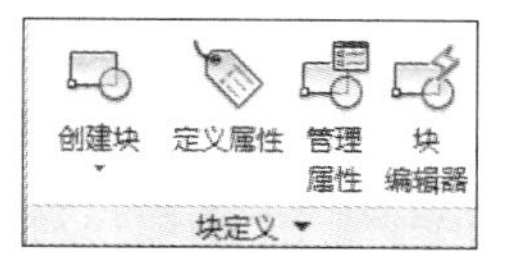

提示

除了通过菜单调用定义属性命令外，还可以通过以下方法调用定义属性命令。

(1) 选择【绘图】→【块】→【定义属性】命令。

(2) 命令行输入“ATTDEF/ATT”命令并按【Space】键。

第 8 步 在弹出的【属性定义】对话框的标记输入框中输入"M"，然后在提示框输入提示内容"请输入门编号"，最后输入文字高度"250"。

第 9 步 单击【确定】按钮，然后将标记放置到"门"图形的下面。

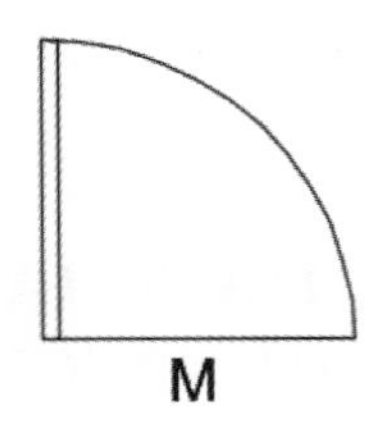

第 10 步 选择【默认】选项卡→【块】面板→【创建】按钮，单击【选择对象】前的按钮，在绘图区域中选择"门"和"属性"作为组成块的对象。

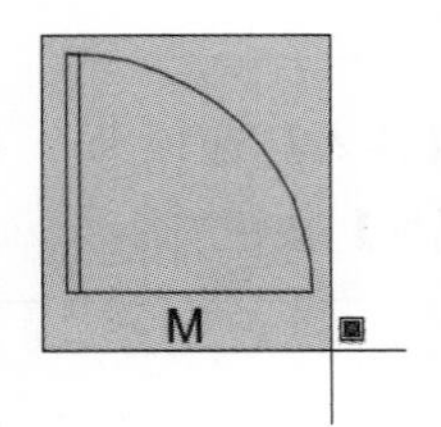

第 11 步 按【Space】键确认，返回【块定义】对话框单击【拾取点】按钮，然后捕捉下图所示的端点为基点。

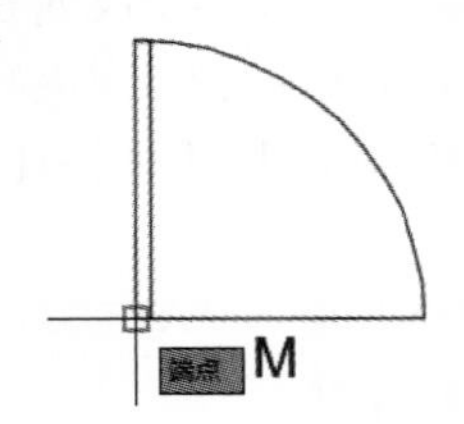

第 12 步 返回【块定义】对话框，为块添加名称"门"，并选中【删除】单选按钮，最后单击【确定】按钮完成块的创建。

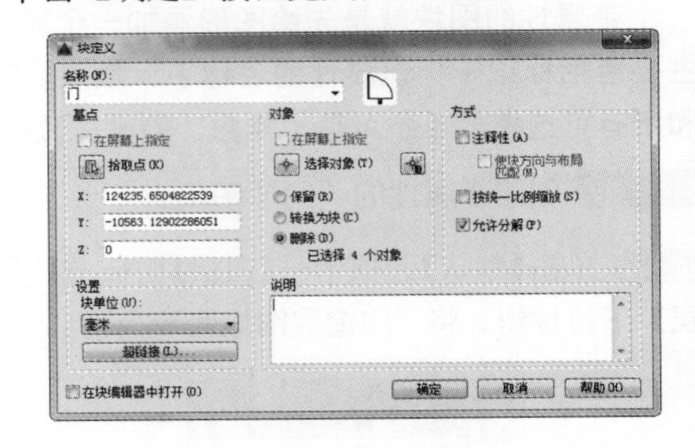

2. 创建带属性的"窗"图块

第 1 步 单击【默认】选项卡→【绘图】面板→【矩形】按钮，在空白区域任意单击一点作为矩形的第一角点，然后输入"@1200,240"作为第二角点。

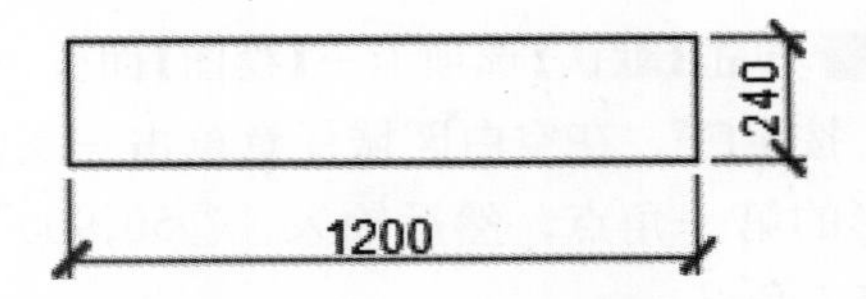

第 2 步 单击【默认】选项卡→【修改】面板→【分解】按钮，选择刚绘制的矩形将其分解。

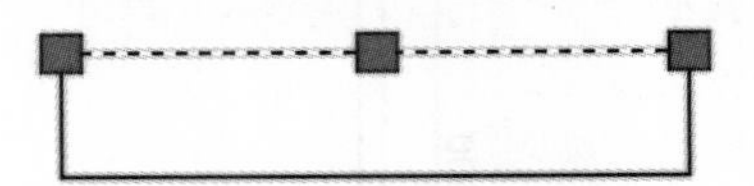

第 3 步 单击【默认】选项卡→【修改】面板→【偏移】按钮，将分解后的上下两条水平直线分别向内侧偏移 80。

第 4 步 单击【插入】选项卡→【块定义】面板→【定义属性】按钮。在弹出的【属性定义】对话框的标记输入框中输入"C"，然后在提示框输入提示内容"请输入窗编号"，最后输入文字高度"250"。

第5步 单击【确定】按钮，然后将标记放置到“窗”图形的下面。

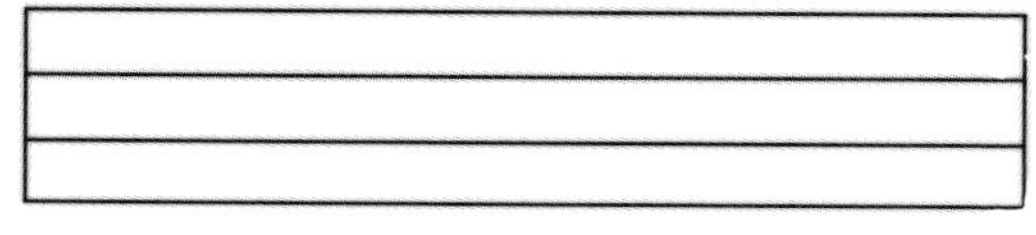

第6步 选择【默认】选项卡→【块】面板→【创建】按钮，单击【选择对象】前的按钮，在绘图区域中选择“窗”和“属性”作为组成块的对象。

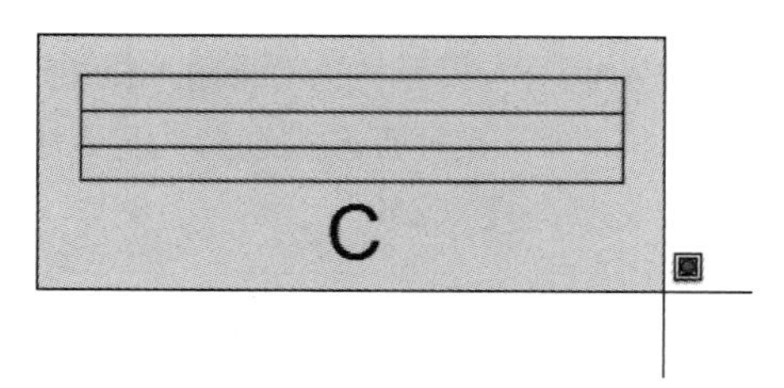

第7步 按【Space】键确认，返回【块定义】对话框，单击【拾取点】按钮，然后捕捉下图所示的端点为基点。

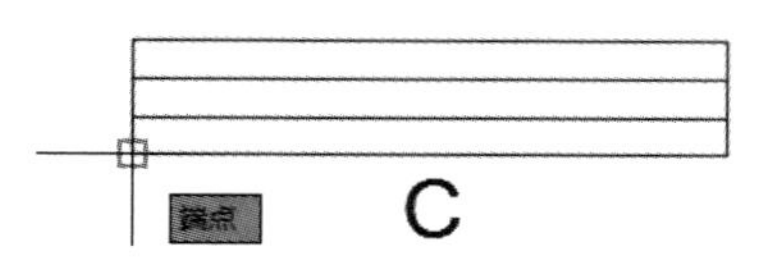

第8步 返回【块定义】对话框，为块添加名称“窗”，并选中“删除”单选按钮，最后单击【确定】按钮完成块的创建。

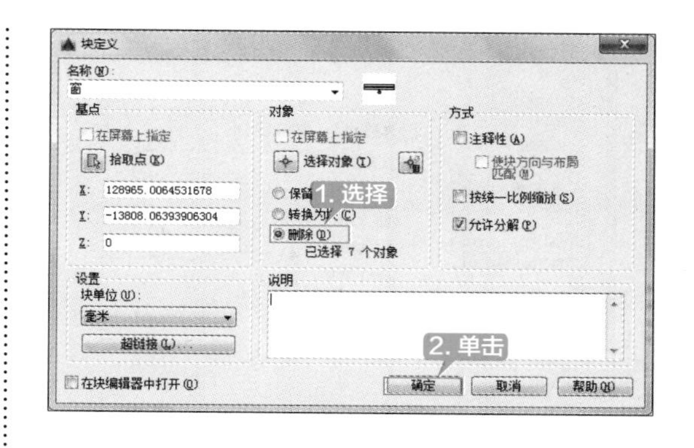

3. 创建带属性的“轴线编号”图块

第1步 单击【默认】选项卡→【图层】面板→【图层】下拉按钮，将门“轴线编号”层置为当前层。

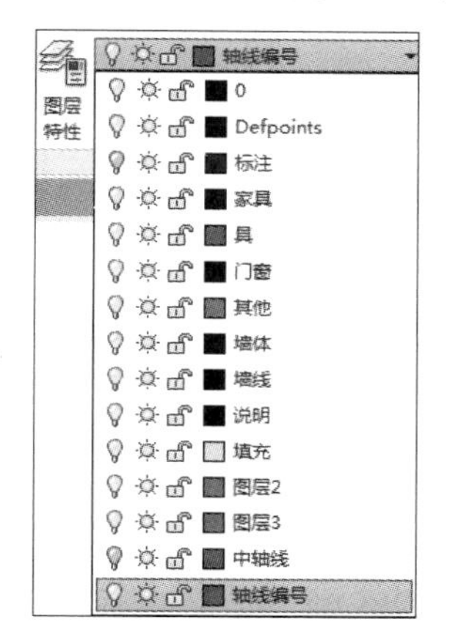

第2步 单击【默认】选项卡→【绘图】面板→【圆心、半径】按钮，在空白区域任意单击一点作为圆心，然后输入半径“250”。

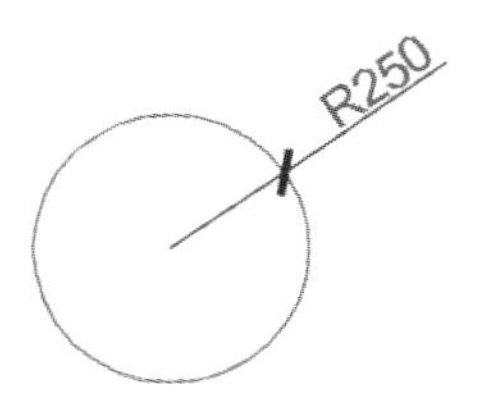

第3步 单击【插入】选项卡→【块定义】面板→【定义属性】按钮。在弹出的【属性定义】对话框的标记输入框中输入“横”，然后在提示框输入提示内容“请输入轴编号”，输入默认值“1”，对齐方式选择为“正中”，最后输入文字高度“250”。

第 4 步 单击【确定】按钮，然后将标记放置到圆心处。

第 5 步 选择【默认】选项卡→【块】面板→【创建】按钮，单击【选择对象】前的按钮，在绘图区域中选择“圆”和“属性”作为组成块的对象。

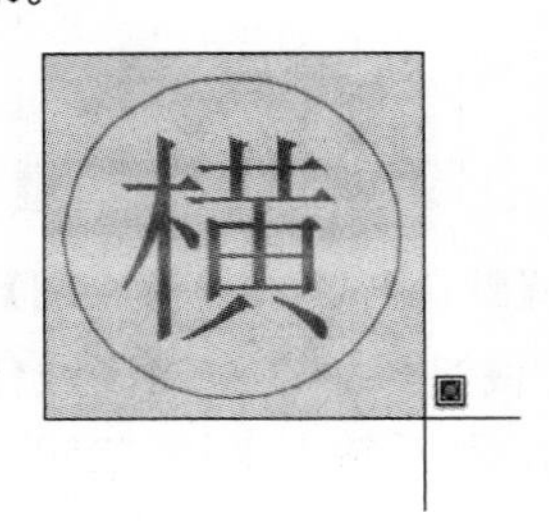

第 6 步 按【Space】键确认，返回【块定义】对话框，单击【拾取点】按钮，然后捕捉下图所示的象限点为基点。

第 7 步 返回【块定义】对话框，为块添加名称“横向轴编号”，并选中【删除】单选按钮，最后单击【确定】按钮完成块的创建。

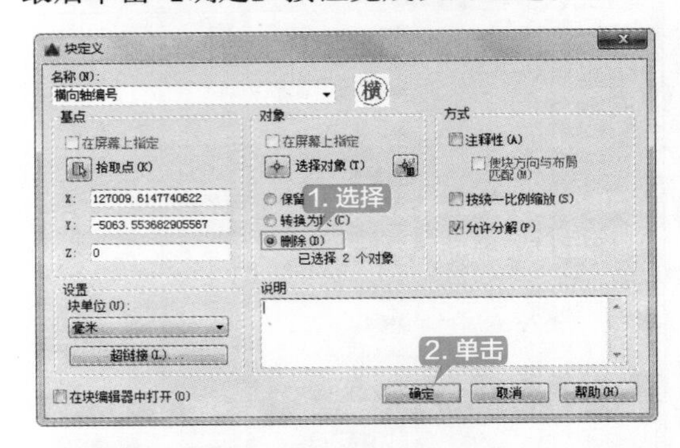

第 8 步 单击【默认】选项卡→【绘图】面板→【圆心、半径】按钮，在空白区域任意单击一点作为圆心，然后输入半径“250”。

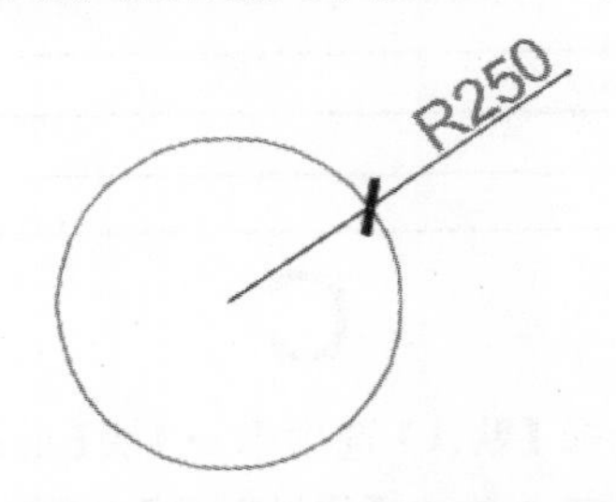

第 9 步 单击【插入】选项卡→【块定义】面板→【定义属性】按钮。在弹出的【属性定义】对话框中的【标记】输入框中输入“竖”，然后在提示框输入提示内容“请输入轴编号”，输入默认值“A”，对齐方式选择为“正中”，最后输入文字高度“250”。

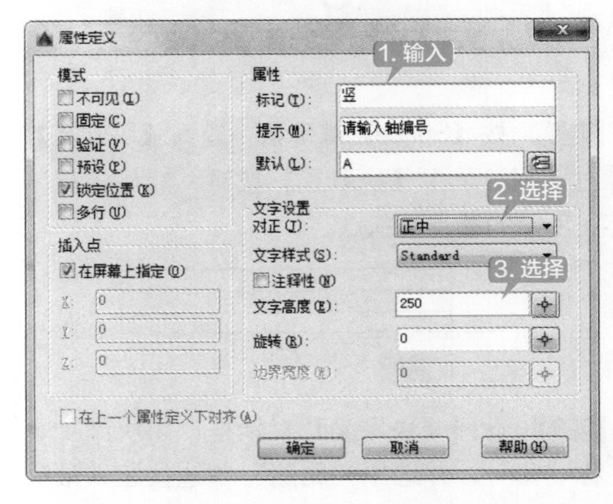

第 10 步 单击【确定】按钮，然后将标记放置到圆心处。

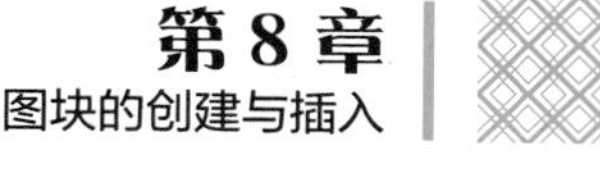

第 11 步 选择【默认】选项卡→【块】面板→【创建】按钮，单击【选择对象】前的按钮，在绘图区域中选择“圆”和“属性”作为组成块的对象。

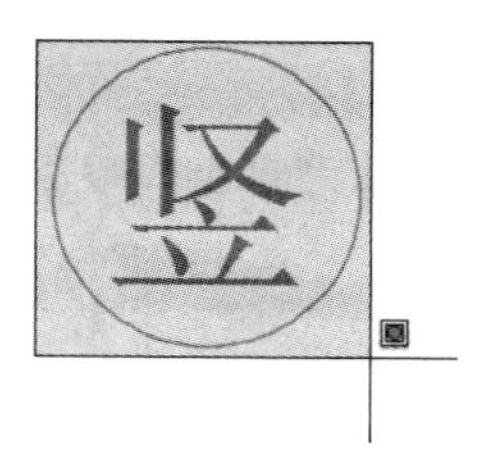

第 12 步 按【Space】键确认，返回【块定义】对话框，单击【拾取点】按钮，然后捕捉下图所示的象限点为基点。

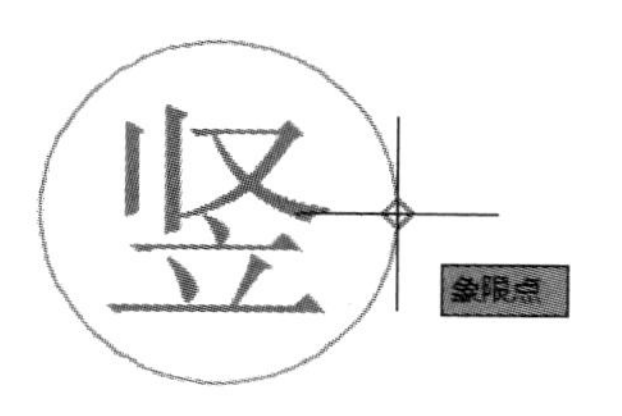

第 13 步 返回【块定义】对话框，为块添加名称“竖向轴编号”，并选中【删除】单选按钮，最后单击【确定】按钮完成块的创建。

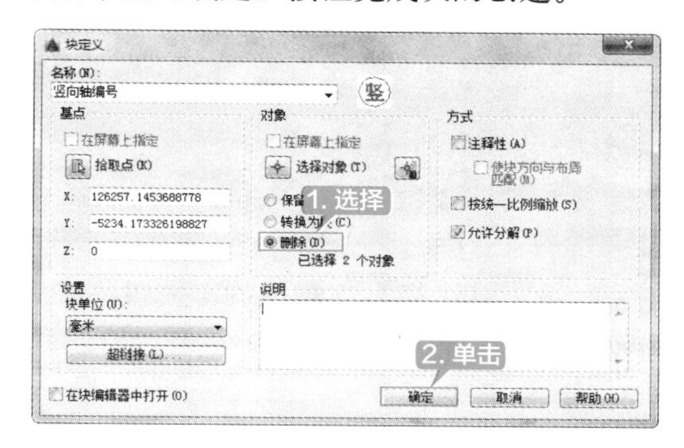

8.1.3 创建全局块

全局块也称为写块，是将选定对象保存到指定的图形文件或将块转换为指定的图形文件，全局块不仅能在当前图形中使用，也可以使用到其他图形中。

在 AutoCAD 2016 中创建全局块的方法通常有以下两种方法。

(1) 单击【插入】选项卡→【块定义】面板→【写块】按钮。

(2) 命令行输入“WBLOCK/W”命令并按【Space】键。

第 1 步 单击【默认】选项卡→【图层】面板→【图层】下拉按钮，将“其他”图层置为当前层。

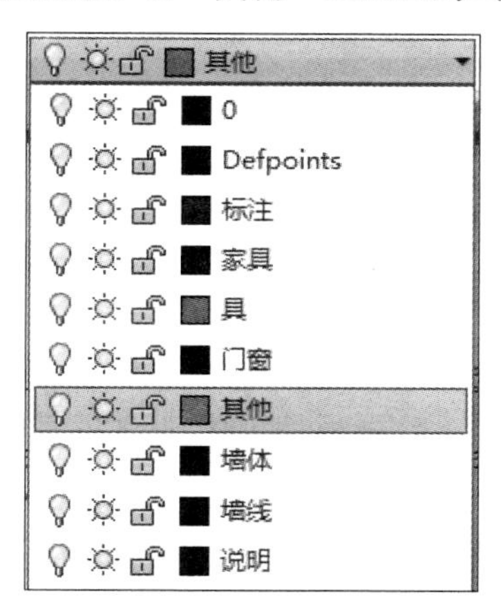

第 2 步 单击【插入】选项卡→【块定义】面板→【写块】按钮。

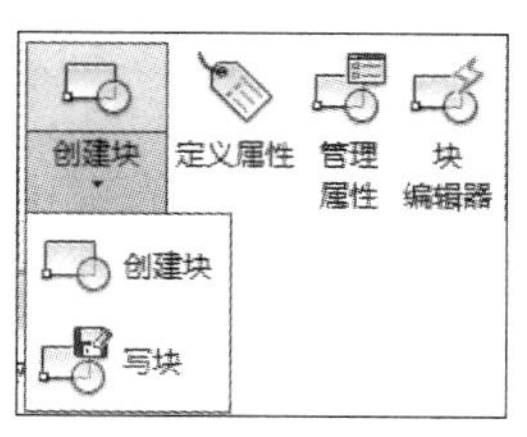

第 3 步 在弹出的【写块】对话框中【源】选项框中选中【对象】单选按钮，【对象】选项框中选中【转换为块】单选按钮。

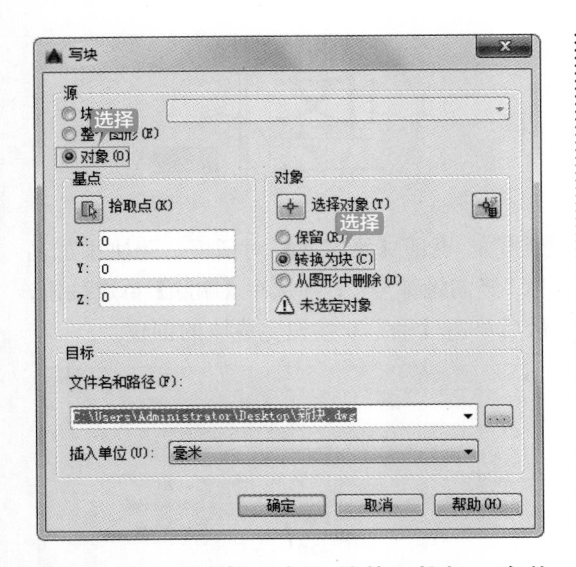

第4步 单击【选择对象】前的按钮，在绘图区域中选择“电视机”。

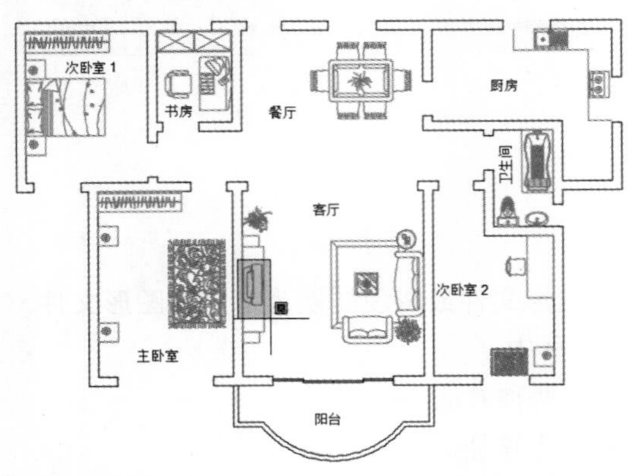

第5步 按【Space】键确认，返回【写块】对话框，单击【拾取点】按钮，然后捕捉下图所示的中点为基点。

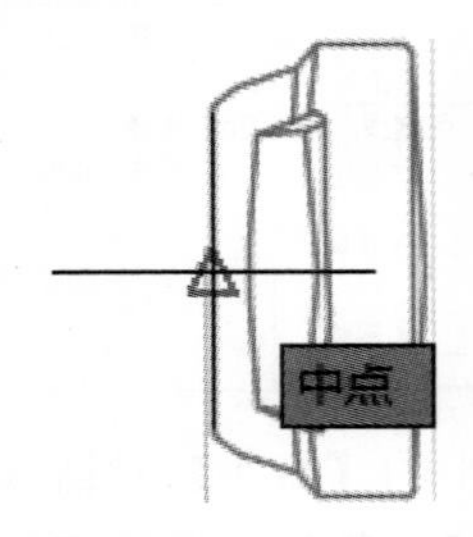

第6步 返回【写块】对话框，单击【目标】选项框中【文件名和路径】按钮，在弹出的对话框中选择保存路径。

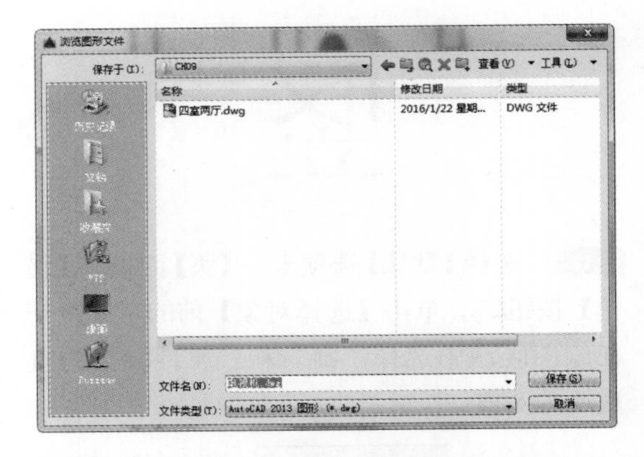

第7步 单击【保存】按钮，返回【写块】对话框，单击【确定】按钮即可完成全局块的创建。

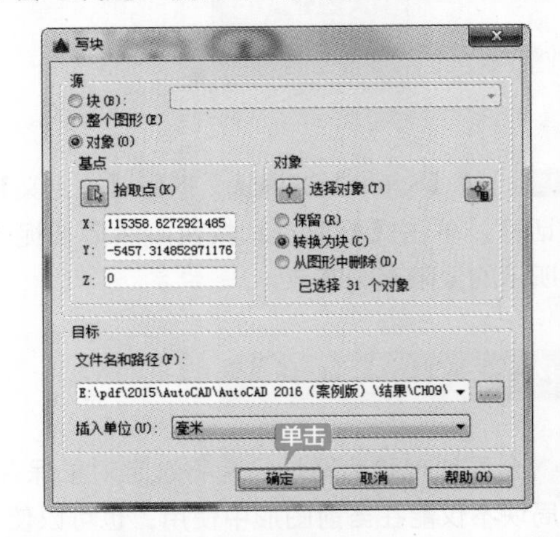

第8步 重复第2步～第4步，在绘图区域中选择“盆景”为创建写块的对象。

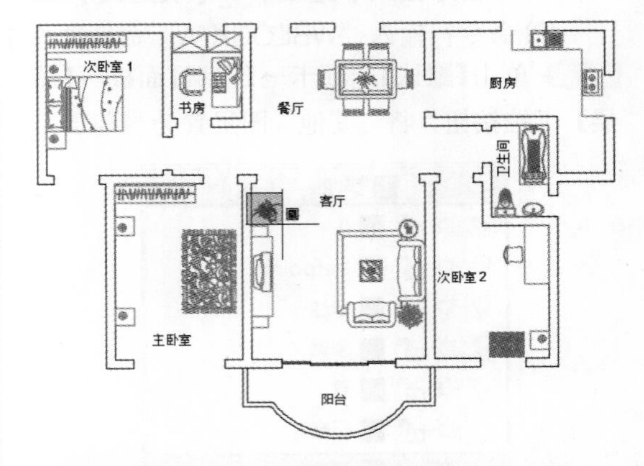

第9步 按【Space】键确认，返回【写块】对话框，单击【拾取点】按钮，然后捕捉下图所示的圆心为基点。

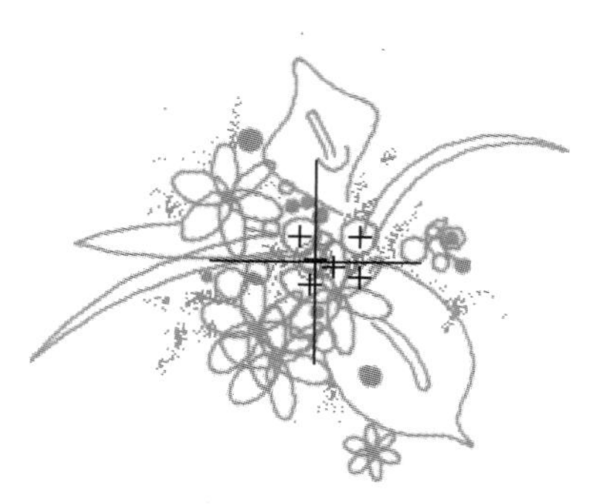

第 10 步 返回【写块】对话框，单击【目标】选项框中【文件名和路径】右侧的按钮选择保存路径，将创建的全局块保存后，返回【写块】对话框，单击【确定】按钮即可完成全局块的创建。

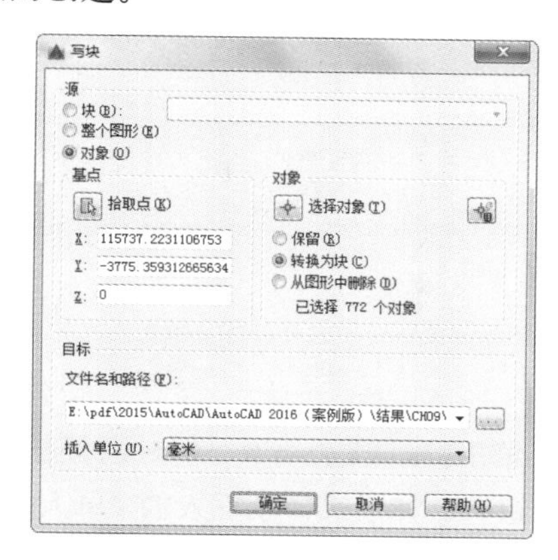

8.1.4 插入内部块

通过【插入】对话框，可以将创建的图块插入到图形中，插入的块可以进行分解、旋转、镜像、复制等编辑。

在 AutoCAD 2016 中调用【插入】对话框的方法有以下 4 种。

(1) 单击【默认】选项卡→【块】面板中的【插入】按钮。

(2) 单击【插入】选项卡→【块】面板中的【插入】按钮。

(3) 选择【插入】→【块】命令。

(4) 在命令行中输入“INSERT/I”命令并按【Space】键确认。

插入内部块的具体操作步骤如下。

第 1 步 单击【默认】选项卡→【图层】面板→【图层】下拉按钮，将“0”层置为当前层。

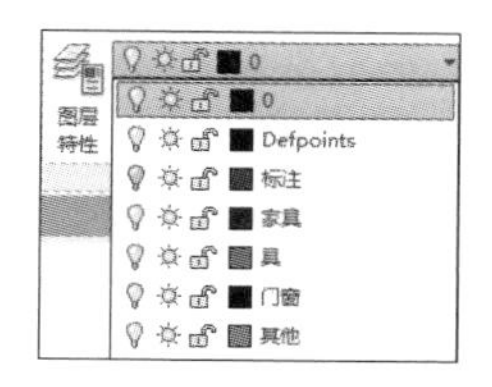

第 2 步 在命令行中输入“I”命令并按【Space】键，在【插入】对话框的【名称】下拉列表中选择“单人沙发”。

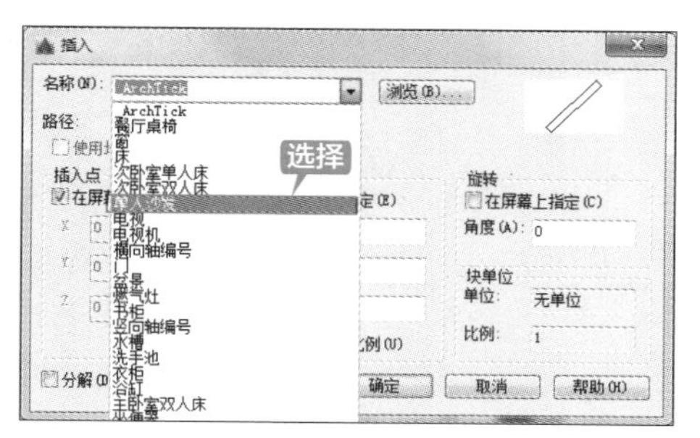

第 3 步 将旋转角度设置为“−135”。

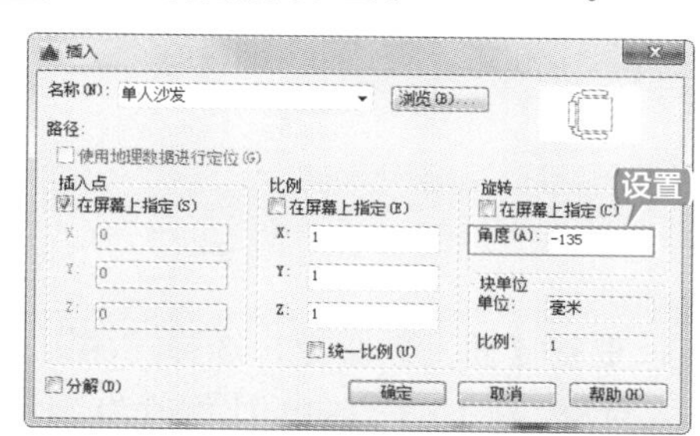

第 4 步 单击【确定】按钮，在绘图区域中指定插入点。

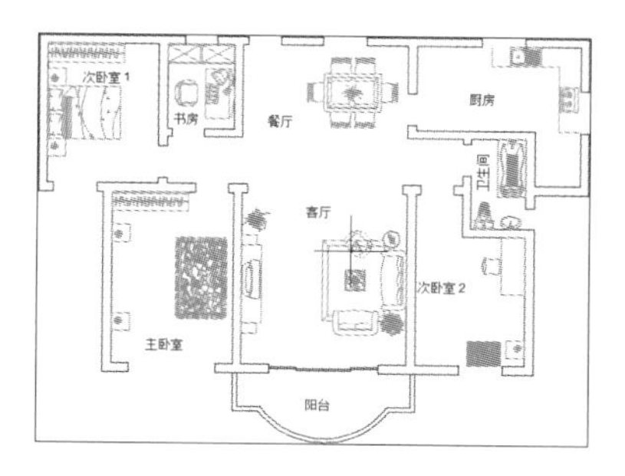

第5步 插入后如下图所示。

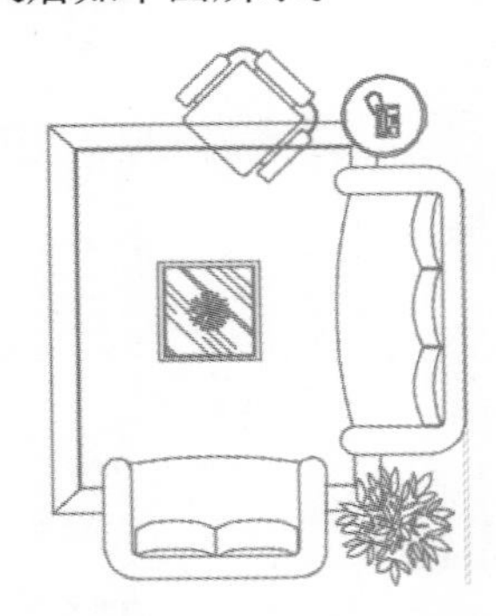

第6步 单击【默认】选项卡→【修改】面板→【修剪】按钮-/--，然后选择刚插入的“单人沙发”的两条直线和一条圆弧为剪切边。

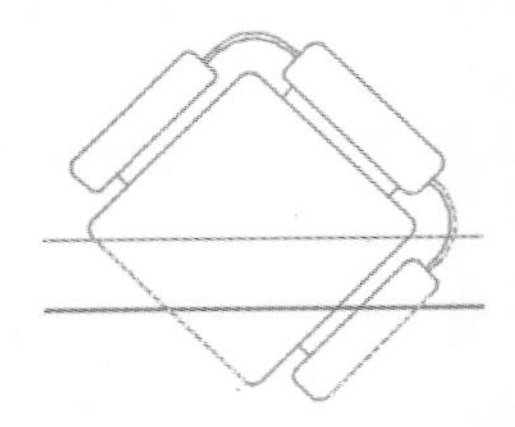

第7步 把与“单人沙发”图块相交的部分修剪掉，结果如下图所示。

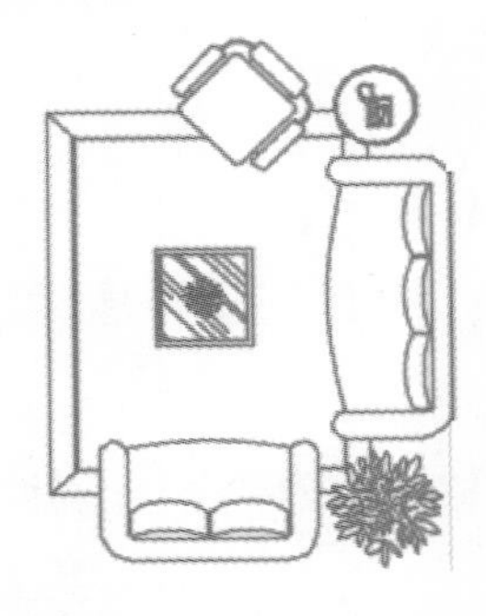

第8步 重复【插入】命令，选择“床”图块为插入对象，将【Y】方向的比例改为“1.2”。

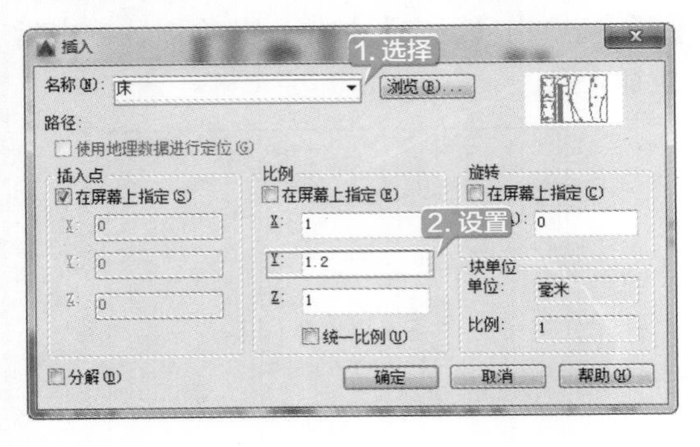

第9步 单击【确定】按钮，在绘图区域中指定床头柜的端点为插入点。

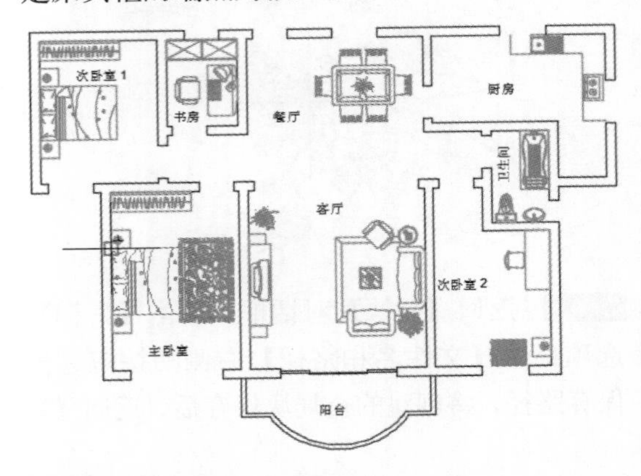

第10步 插入后如下图所示。

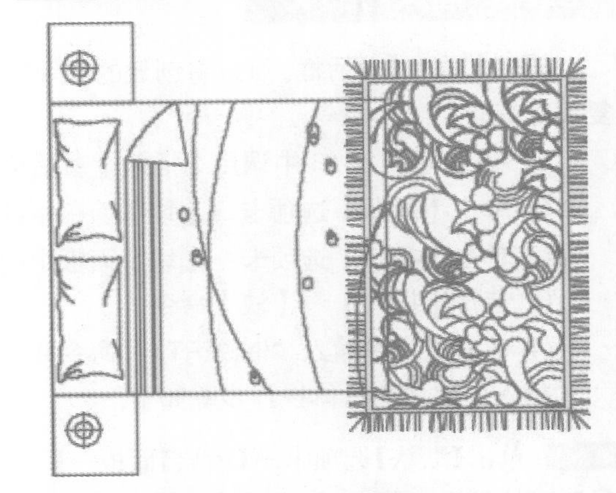

第11步 单击【默认】选项卡→【修改】面板→【修剪】按钮-/--，然后选择刚插入的“床”的三条边为剪切边。

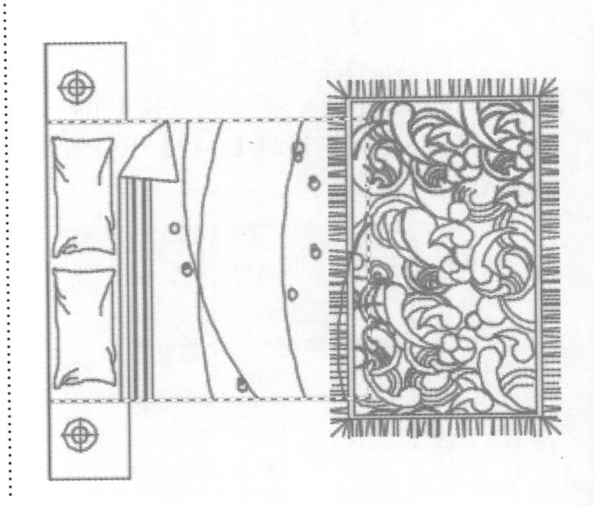

第 12 步 把与“床”图块相交的地毯修剪掉，并将修剪不掉部分删除，结果如下图所示。

第 13 步 重复【插入】命令，选择“床”图块为插入对象，将【Y】方向上的比例设置为“4/5”，将旋转角度设置为“180”。

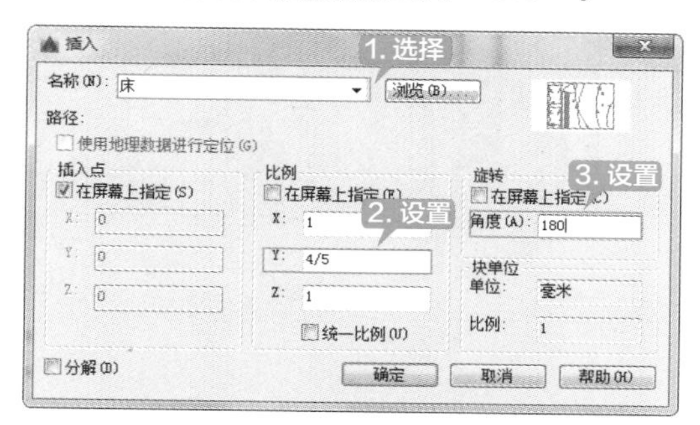

第 14 步 单击【确定】按钮，在绘图区域中指定床头柜的端点为插入点。

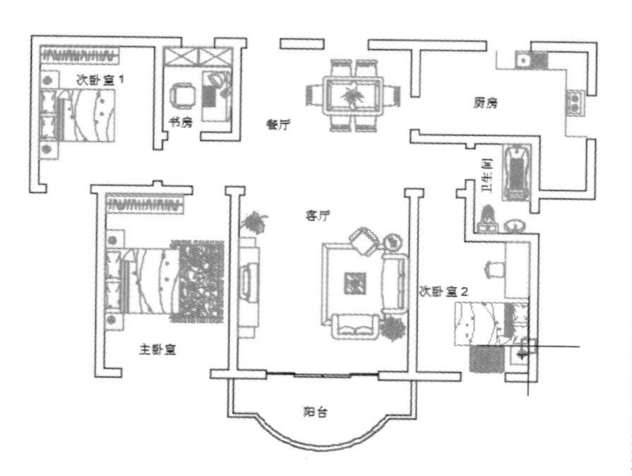

第 15 步 插入后如下图所示。

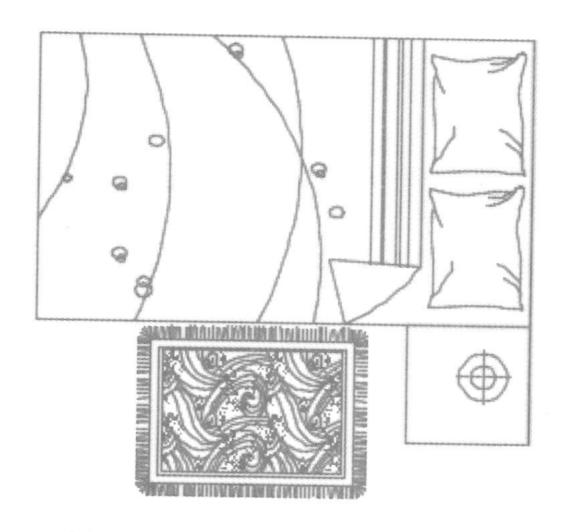

插入的块除了适用于普通修改命令编辑外，还可以通过【块编辑器】对插入的块内部对象进行编辑，而且只要修改一个块，和该块相关的块也关联着修改，例如本例中，将任何一处的“床”图块中的枕头删除一个，其他两个“床”图块中的枕头也将删除一个。通过【块编辑器】编辑图块的操作步骤如下。

第 1 步 单击【默认】选项卡→【块】面板中的【编辑】按钮。

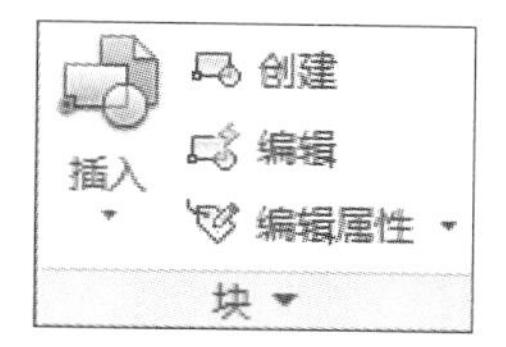

提示

除了通过面板调用编辑块命令外，还可以通过以下方法调用编辑块命令。

(1) 选择【工具】→【块编辑器】命令。

(2) 在命令行中输入“BEDIT/BE”命令并按【Space】键确认。

(3) 单击【插入】选项卡→【块定义】面板中的【块编辑器】按钮。

(4) 双击要编辑的块。

第 2 步 在弹出的【编辑块定义】对话框中选择“床”。

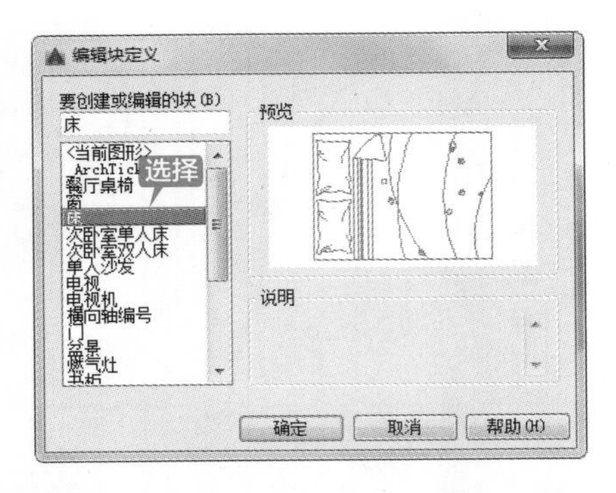

第3步 单击【确定】按钮后进入【块编辑器】选项卡，如下图所示。

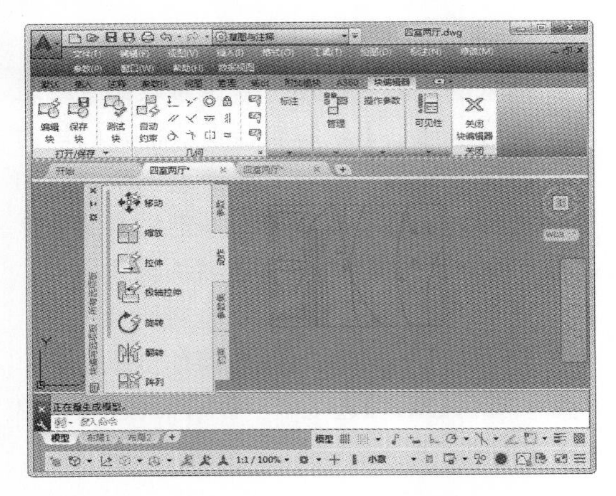

第4步 选中下方的"枕头"将其删除。

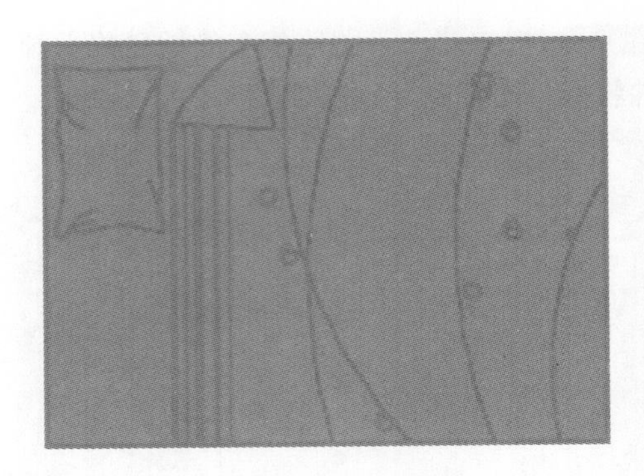

第5步 单击【块编辑器】选项卡→【打开/保存】面板→【保存块】按钮。保存后单击【关闭块编辑器】按钮，将【块编辑器】关闭，结果如下图所示。

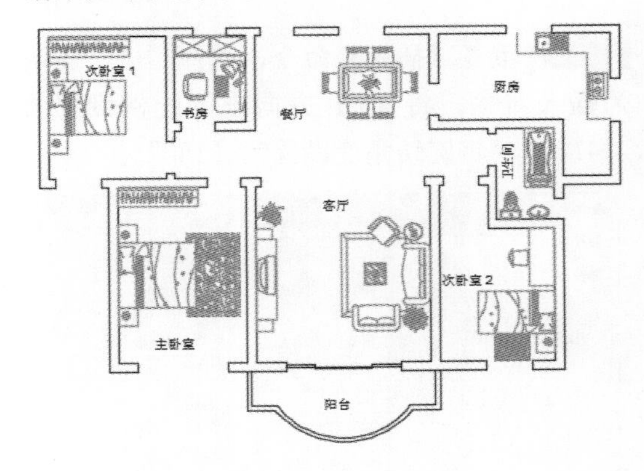

8.1.5 插入带属性的块

插入带属性的块的方法也是通过【插入】对话框插入，所不同的是，插入带属性的块后会弹出【属性编辑】对话框，要求输入属性值。

插入带属性的块的具体操作步骤如下。

1. 插入"门"图块

第1步 在命令行中输入"I"命令并按【Space】键，在【插入】对话框的名称下拉列表中选择"门"，并将比例设置为"7/9"。

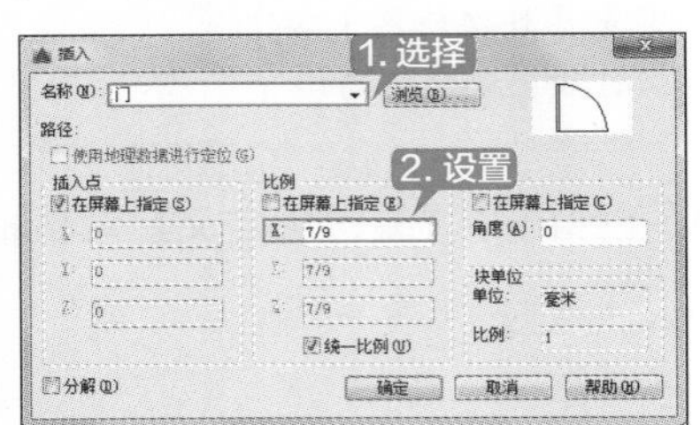

第2步 单击【确定】按钮，在绘图区域中指定插入点。

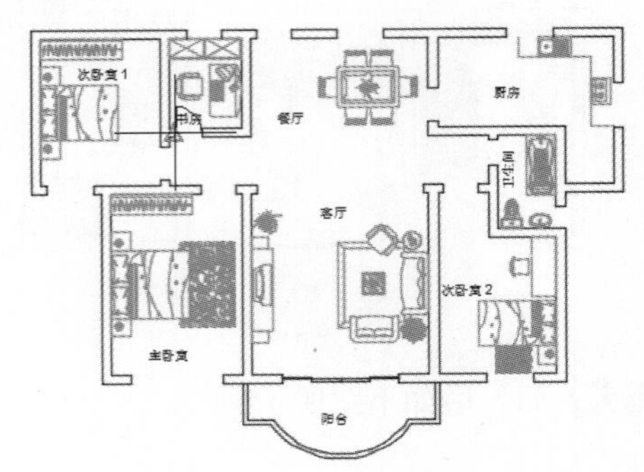

第 3 步 插入后弹出【编辑属性】对话框，输入门的编号“M1”。

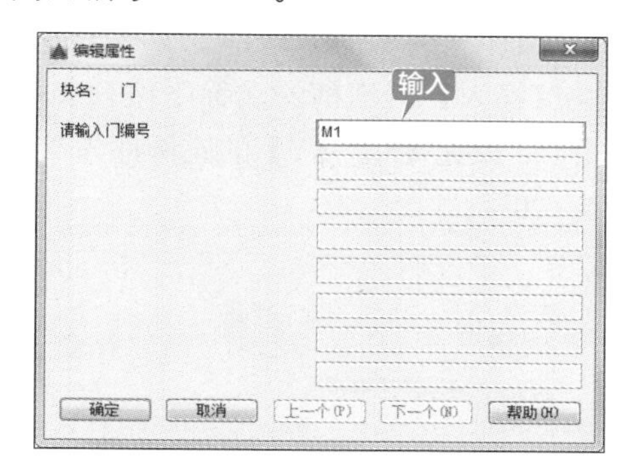

第 4 步 单击【确定】按钮，结果如下图所示。

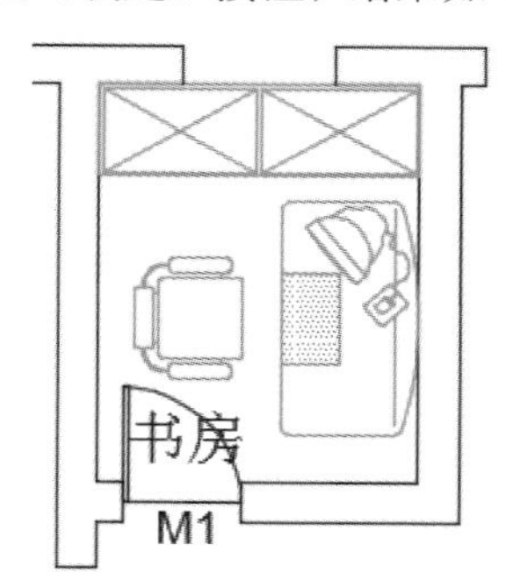

第 5 步 重复插入“门”图块，在弹出的【插入】对话框中将 y 轴方向上的比例改为“−1”。

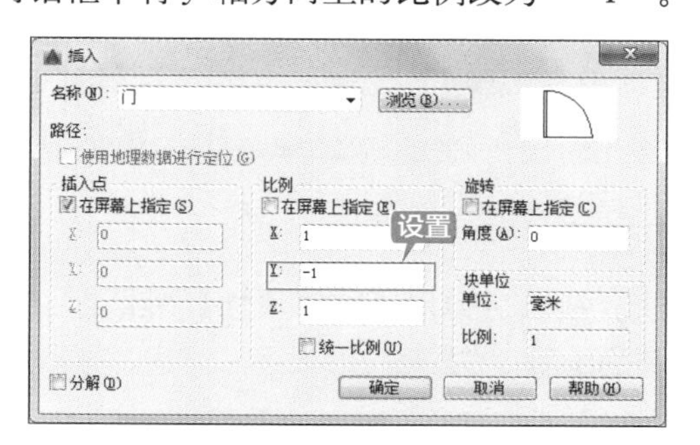

提示

任何轴的负比例因子都将创建块或文件的镜像。指定 x 轴的一个负比例因子时，块围绕 y 轴作镜像；当指定 y 轴的一个负比例因子，块围绕 x 轴作镜像。

第 6 步 单击【确定】按钮，在绘图区域中指定餐厅墙壁的中点为插入点。

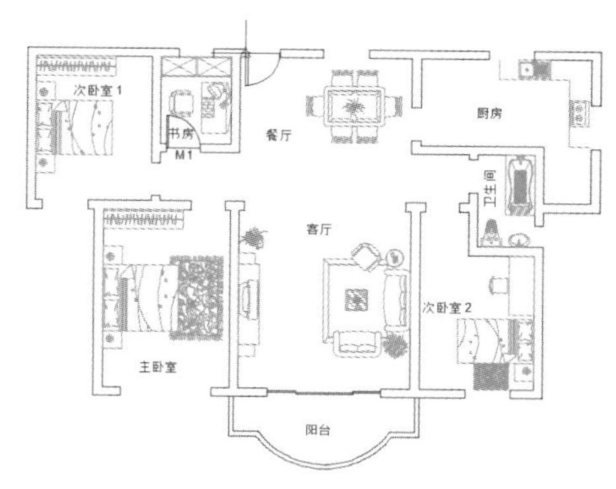

第 7 步 插入后弹出【编辑属性】对话框，输入门的编号“M2”。

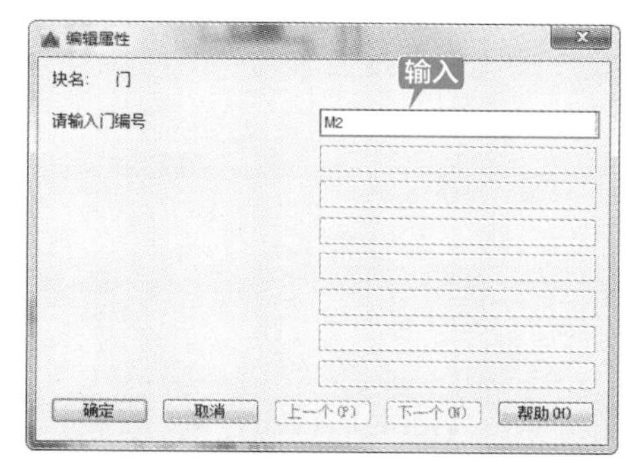

第 8 步 单击【确定】按钮，结果如下图所示。

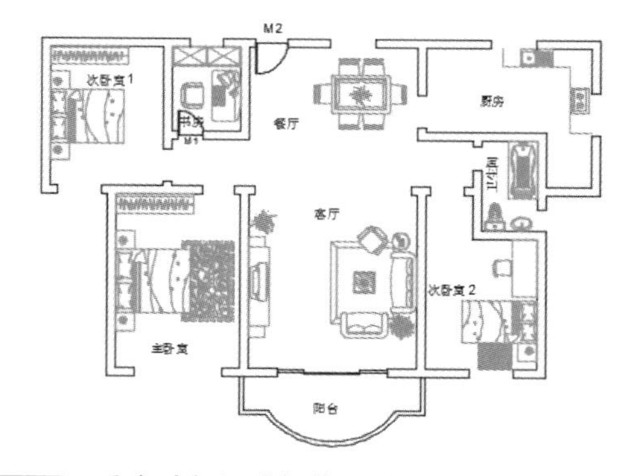

第 9 步 重复插入“门”图块，插入 M3~M7 门图块。

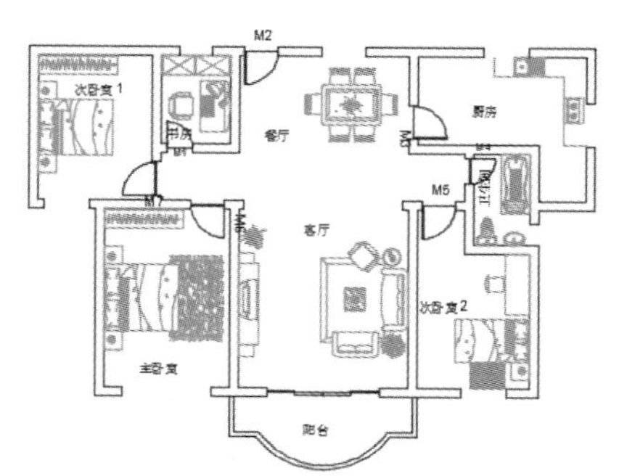

提示

M3~M7门图块的插入比例及旋转角度如下。

M3（厨房门）:X=1，Y=−1，90°。

M4（卫生间门）:X=−7/9，Y=7/9，180°。

M5（次卧室2门）:X=1，Y=−1，0°。

M6（主卧室门）:X=−1，Y=1，90°。

M7（次卧室1门）:X=−1，Y=1，0°。

第10步 双击M3的属性值，在弹出的【增强属性编辑器】对话框的【文字选项】选项卡中将文字的旋转角度设置为“0”。

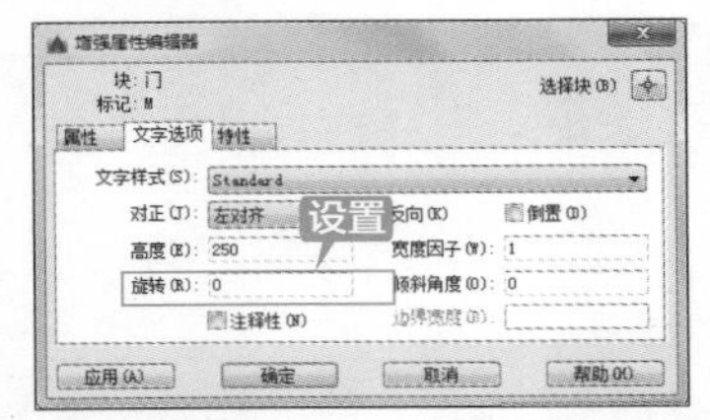

第11步 单击【确定】按钮，M3的旋转方向发生变化，如下图所示。

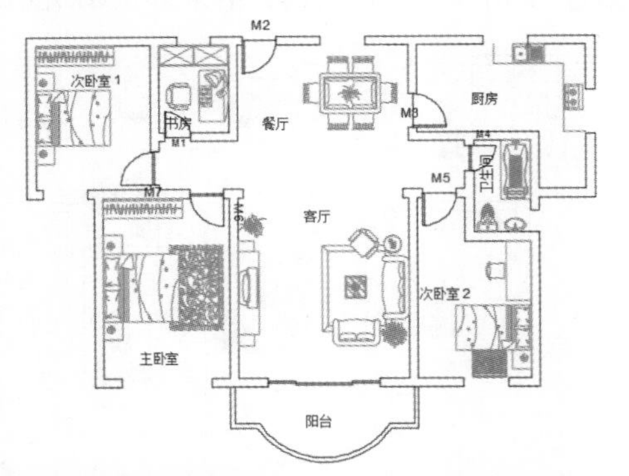

第12步 重复第10步，将M6的旋转角度也改为“0”，结果如下图所示。

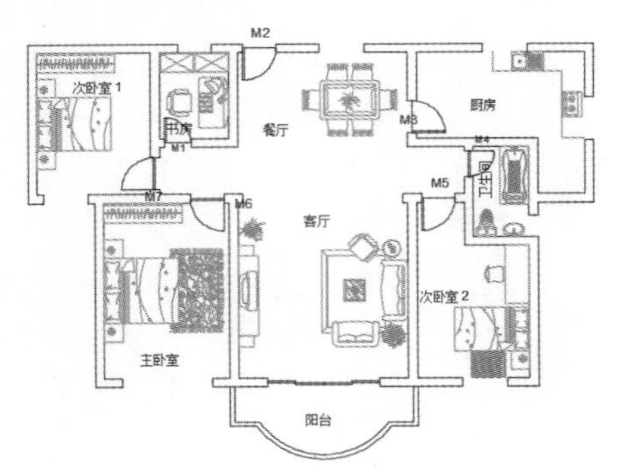

2. 插入“窗”图块

第1步 在命令行中输入“I”命令并按【Space】键，在【插入】对话框的名称下拉列表中选择“窗”，设置【X】【Y】的比例都为“1”，角度为“0”。

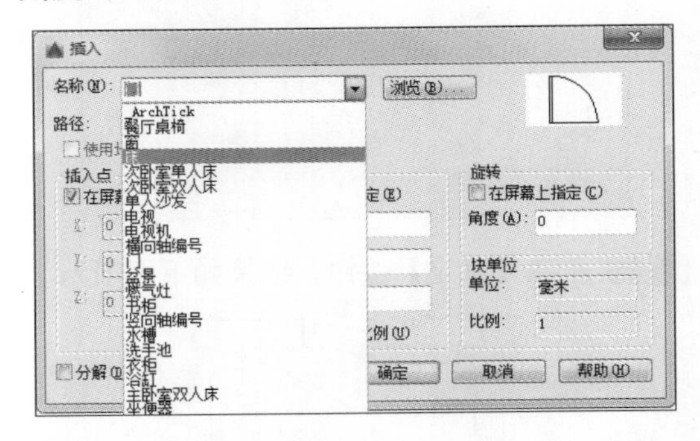

第2步 单击【确定】按钮，在绘图区域中指定插入点。

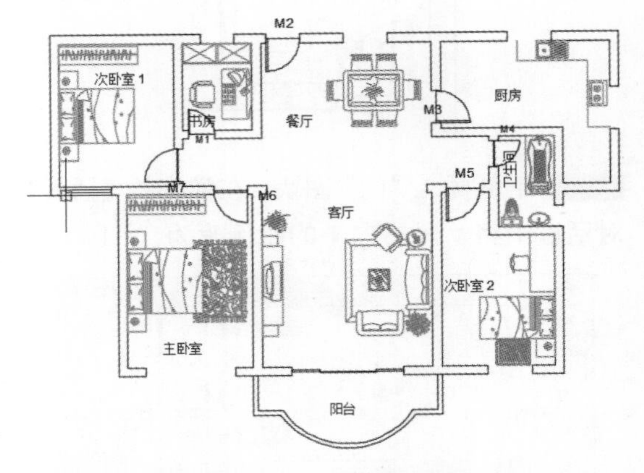

第3步 插入后弹出【编辑属性】对话框，输入门的编号“C1”。

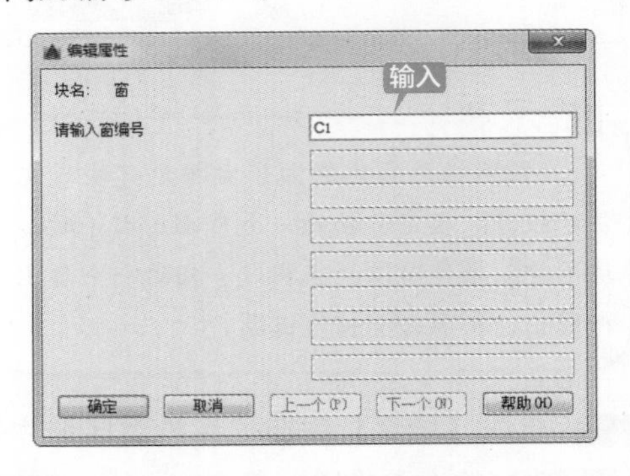

第4步 单击【确定】按钮，结果如下图所示。

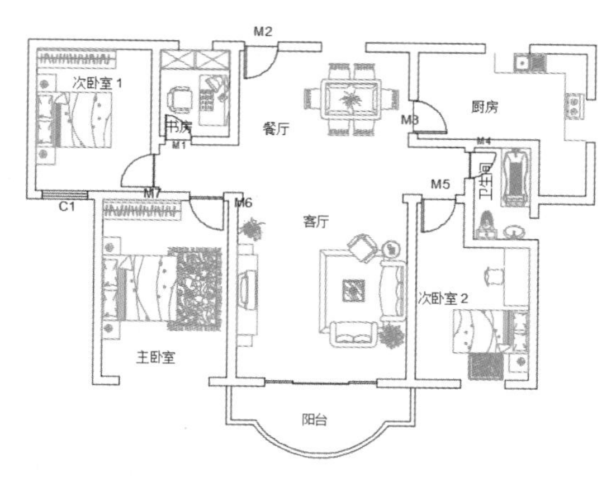

第 5 步 重复插入“窗”图块，插入 C2~C8 窗图块。

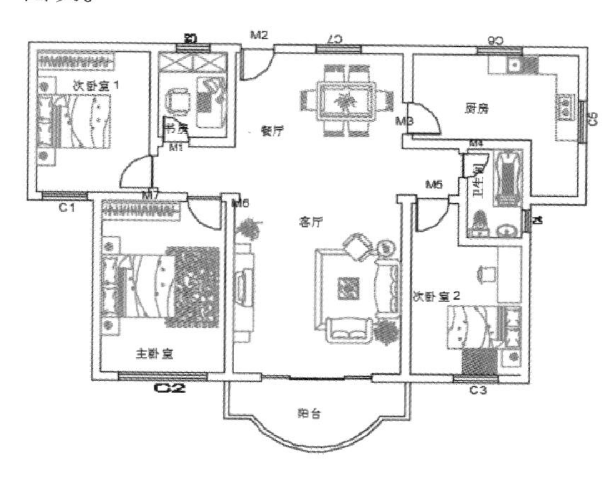

提示

C2~C8 窗图块的插入比例及旋转角度如下。

C2（主卧窗）:X=2，Y=1，0°。

C3（次卧室 2 窗）:X=1，Y=1，0°。

C4（卫生间窗）:X=0.5，Y=1，90°。

C5（厨房竖直方向窗）:X=1，Y=1，90°。

C6（厨房水平方向窗）:X=1，Y=1，180°。

C7（餐厅窗）:X=1，Y=1，180°。

C8（书房窗）:X=0.75，Y=1，180°。

第 6 步 双击 C2 的属性值，在弹出的【增强属性编辑器】对话框的【文字选项】选项卡中将文字的宽度因子设置为“1”。

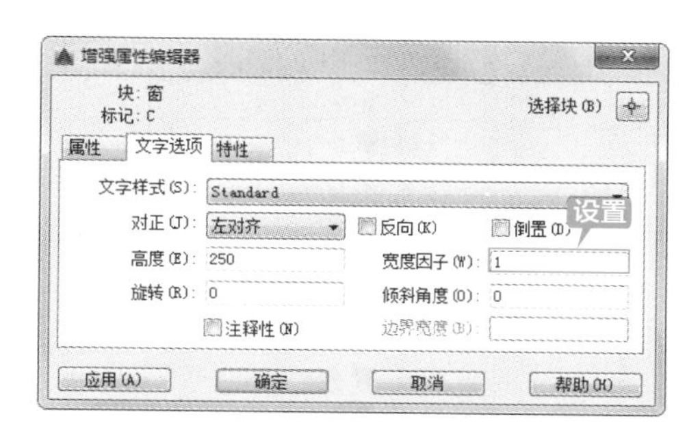

第 7 步 单击【确定】按钮，C2 的字体宽度发生变化，如下图所示。

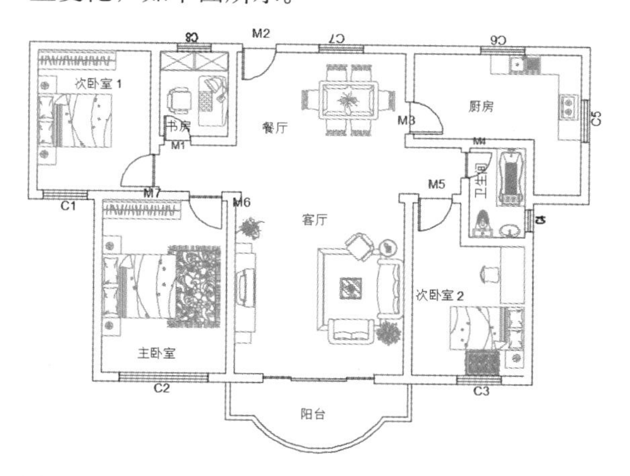

第 8 步 重复第 6 步，将 C4~C8 的旋转角度改为“0”，宽度比例因子设置为“1”，结果如下图所示。

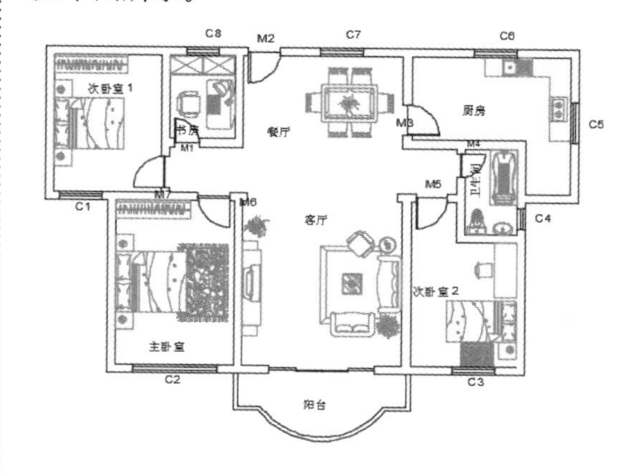

3. 插入“轴编号”图块

第 1 步 单击【默认】选项卡→【图层】面板→【图层】下拉列表，将“中轴线”层打开。

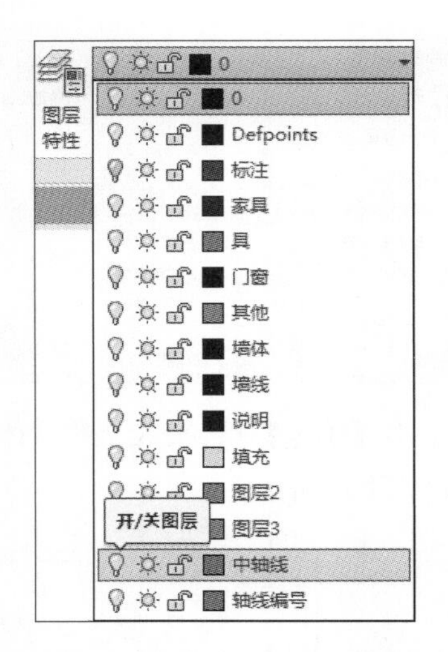

第 2 步 “标注”层和“中轴线”层关闭后如下图所示。

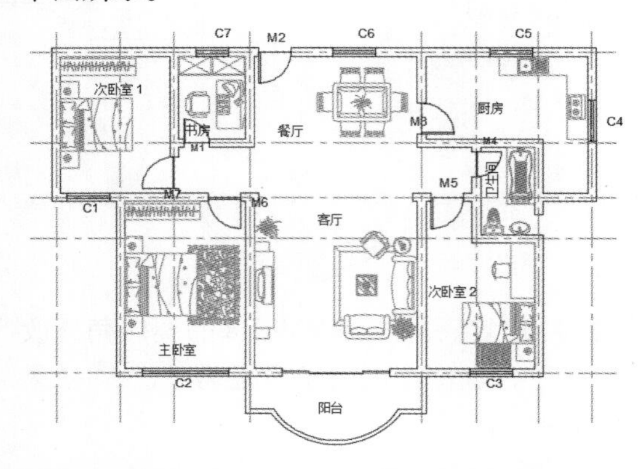

第 3 步 在命令行中输入“I”命令并按【Space】键，在【插入】对话框的名称下拉列表中选择“横向轴编号”，设置【X】、【Y】比例都为“1”，角度为“0”。

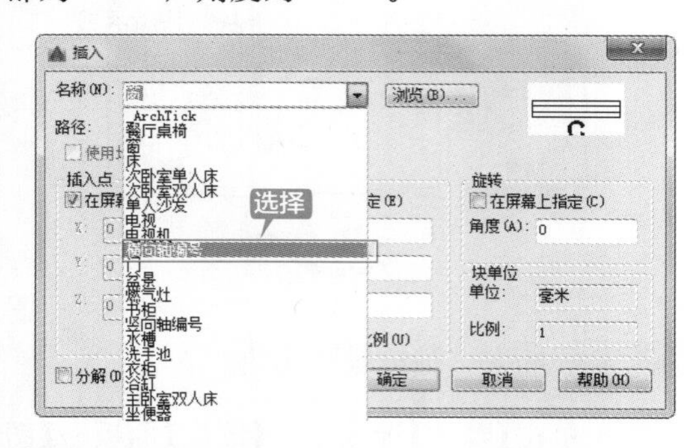

第 4 步 单击【确定】按钮，在绘图区域中指定插入点。

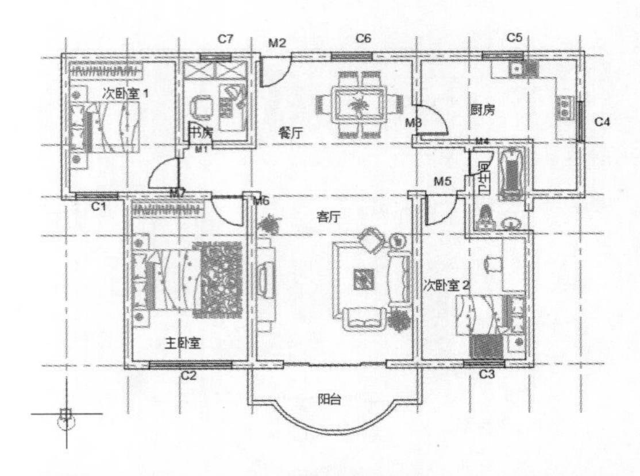

第 5 步 插入后弹出【编辑属性】对话框，输入轴的编号“1”。

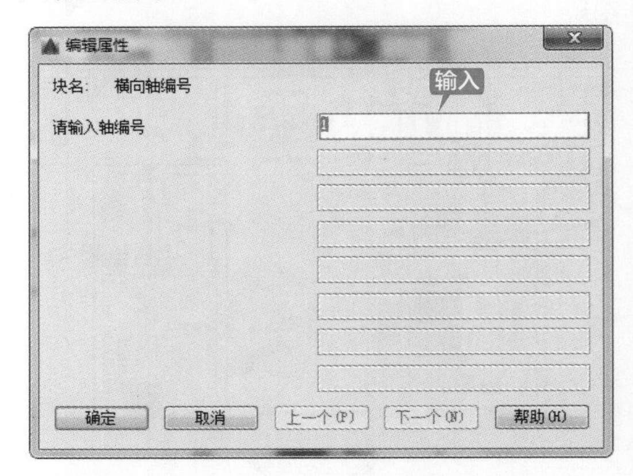

第 6 步 单击【确定】按钮，结果如下图所示。

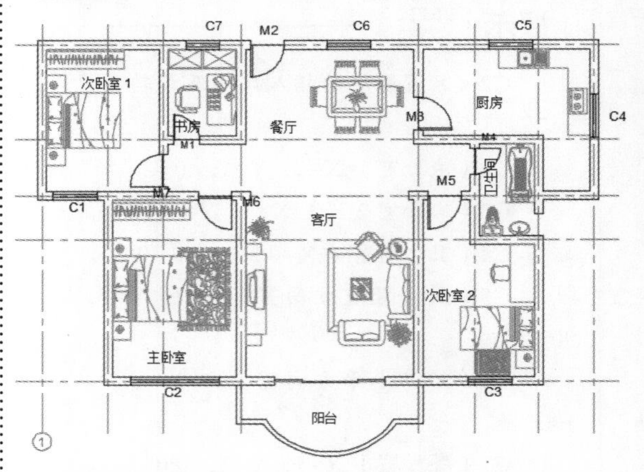

第 7 步 重复插入“横向轴编号”图块，插入2~8 号轴编号，插入的比例都为“1”，旋转角度都为“0”。

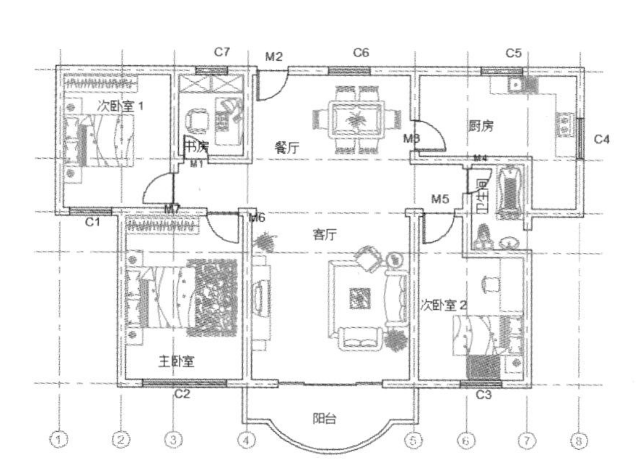

第 8 步 重复【插入】命令，选择“竖向轴编号”，设置【X】、【Y】比例都为“1”，角度为“0”。

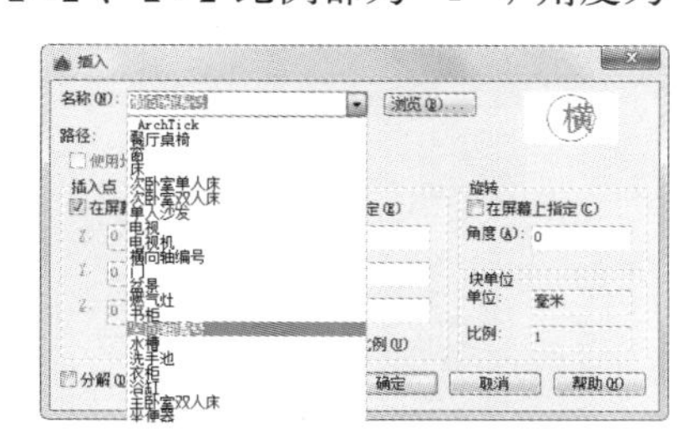

第 9 步 单击【确定】按钮，在绘图区域中指定插入点。

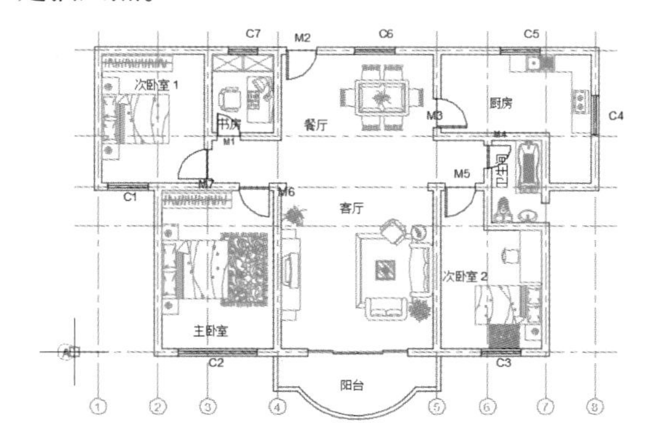

第 10 步 插入后弹出【编辑属性】对话框，输入轴的编号“A”。

第 11 步 单击【确定】按钮，结果如下图所示。

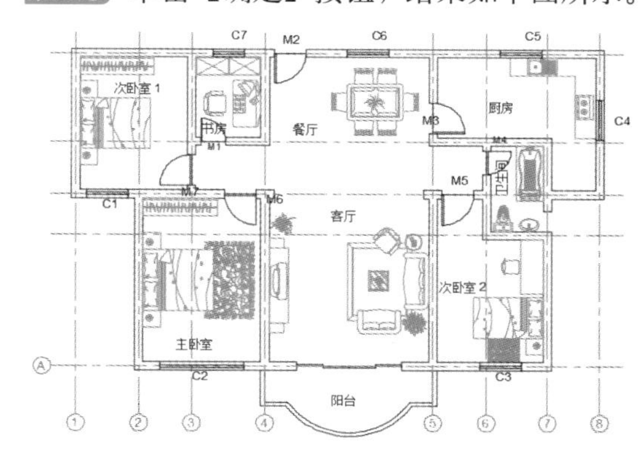

第 12 步 重复插入“竖向轴编号”图块，插入 B~E 号轴编号，插入的比例都为“1”，旋转角度都为“0”。

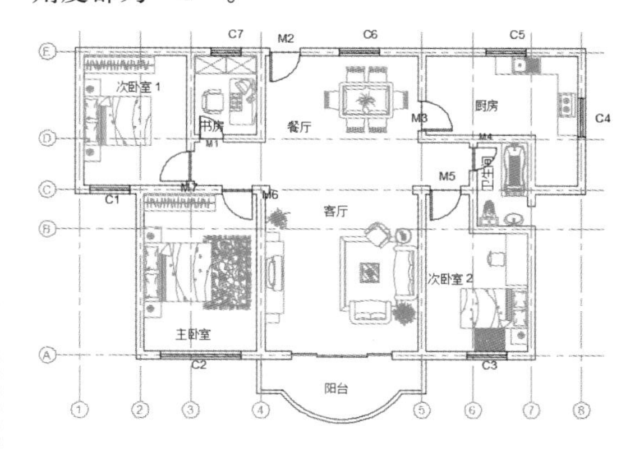

8.1.6 插入全局块

全局块的插入方法和内部块、带属性的块的插入方法相同，都是通过【插入】对话框设置合适的比例、角度后插入到图形中。

插入全局块的具体操作步骤如下。

第 1 步 在命令行中输入“I”命令并按【Space】键，在【插入】对话框的名称下拉列表中选择“盆景”，插入的比例为“1”，角度为“0”。

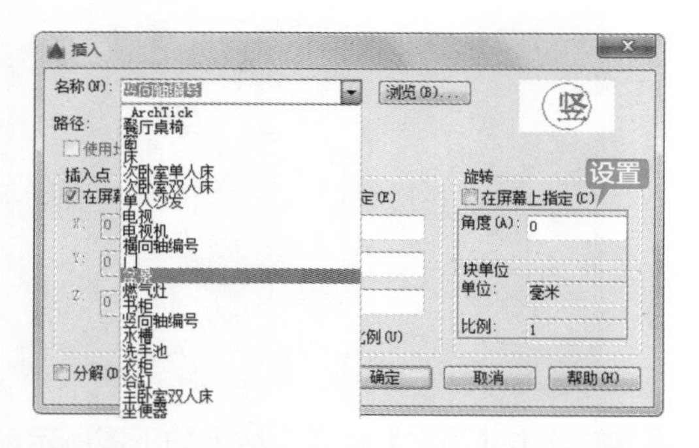

第 2 步 单击【确定】按钮，在绘图区域中指定插入点。

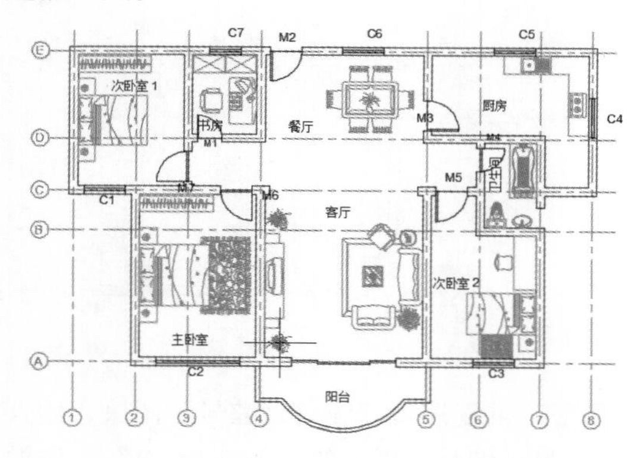

第 3 步 插入后如下图所示。

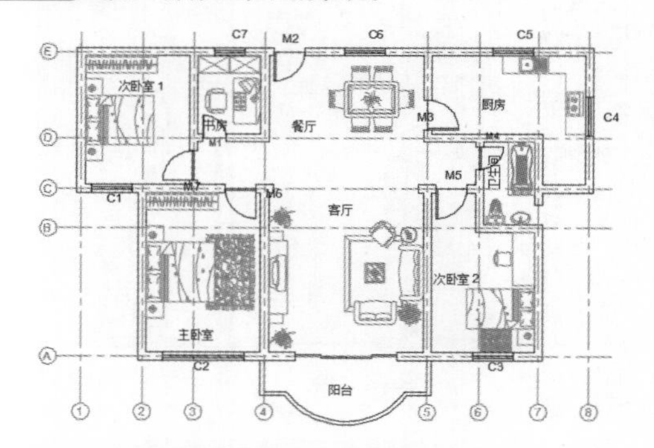

第 4 步 重复第 1 步～第 2 步，在阳台上插入“盆景”图块，结果如下图所示。

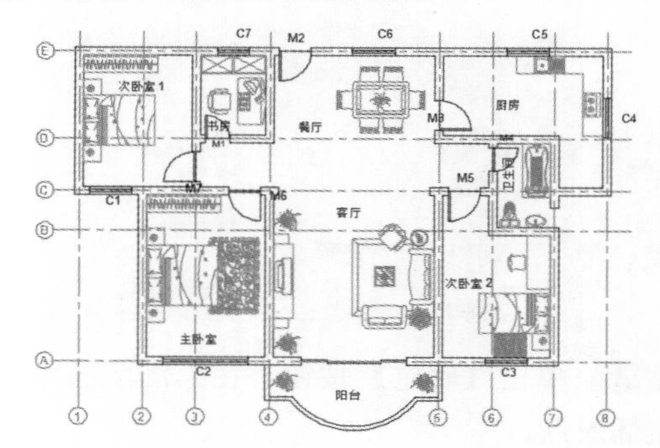

8.2 完善一室一厅装潢平面图

全局块除了能插入当前图形文件外，还可以插入到其他图形文件，本例就将上节创建的“电视机”全局块插入到一室一厅装潢平面图中。

一室一厅装潢平面图插入“电视机”全局块之后如下图所示。

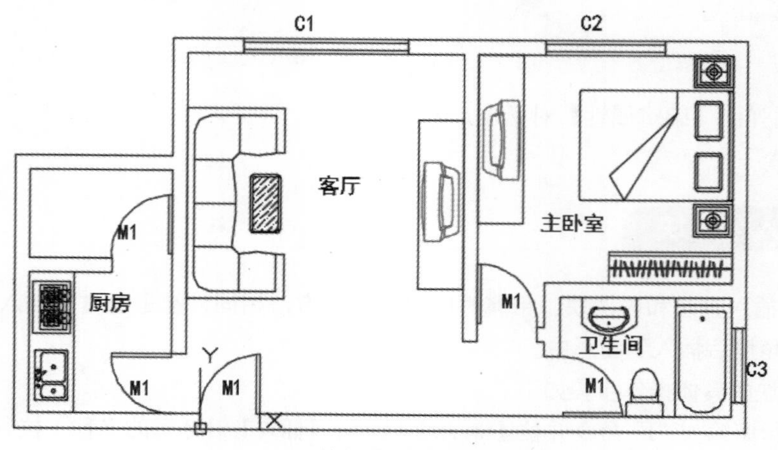

住宅平面布置图 1:1

在一室一厅装潢平面图中插入“电视机”全局块的具体操作步骤如下。

第 1 步 打开随书附带的光盘文件“素材\CH08\一室一厅.dwg”。

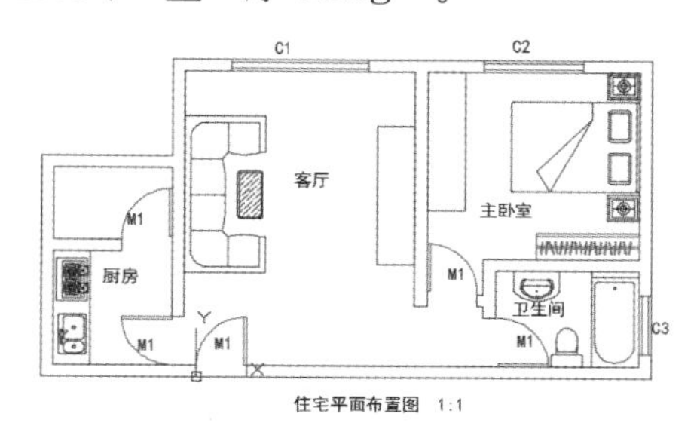

住宅平面布置图 1:1

第 2 步 调用插入块命令，在弹出的【插入】对话框中单击【浏览】按钮，选择上节创建的“电视机”图块。

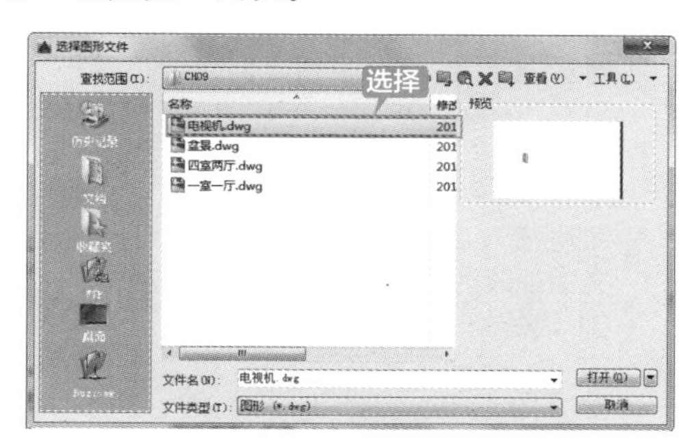

第 3 步 单击【打开】按钮，回到【插入】对话框后将比例设置为“1”，角度设置为“0”。

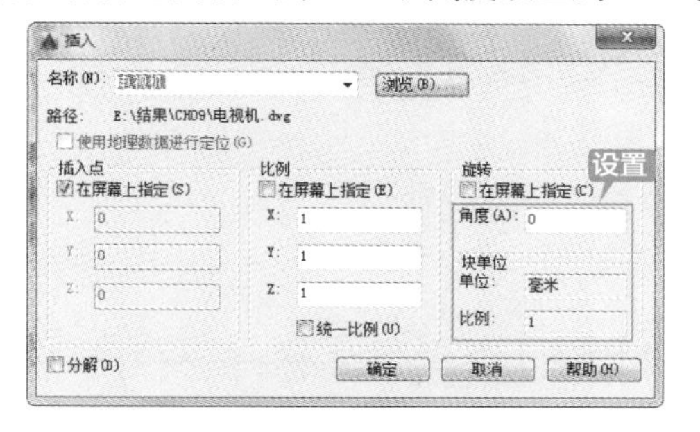

第 4 步 单击【确定】按钮，在绘图区域中指定插入点。

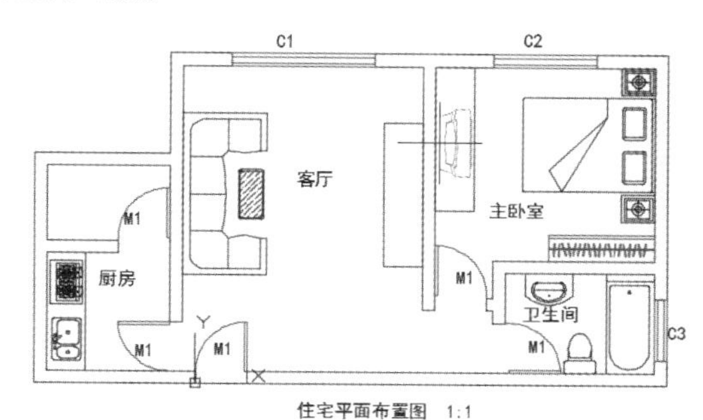

住宅平面布置图 1:1

第 5 步 将“电视机”插入到主卧室后如下图所示。

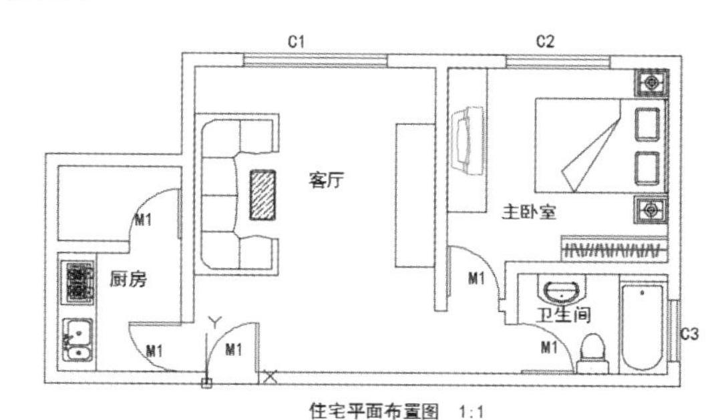

住宅平面布置图 1:1

第 6 步 重复插入命令，将插入的 x 轴方向的比例设置为“−1”，y 轴方向的比例为“1”，旋转角度为“0”，将“电视机”插入到客厅后如下图所示。

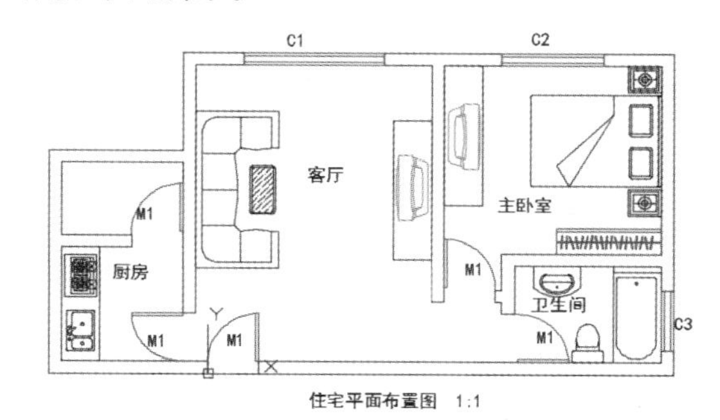

住宅平面布置图 1:1

给墙体添加门窗

给墙体添加门窗，首先创建带属性的门、窗图块，然后将带属性的门、窗图块插入到图形中相应的位置即可。

给墙体添加门窗的具体操作步骤如表 8-1 所示。

表 8-1　给墙体添加门窗

步骤	创建方法	结　　果	备　注
1	创建带属性的“门”图块		将属性值默认为“M1”，文字高度设定为“200” 创建块时指定矩形的右下角点为插入基点
2	创建带属性的“窗”图块		将矩形的短边三等分，然后捕捉节点绘制直线 将属性值默认为“C1”，文字高度设定为“200” 创建块时指定矩形的右下角点为插入基点
3	插入“门”图块		M1：X=Y=1.25，角度为 0° M2：X=−1，Y=1，角度为 90° M3：X=Y=0.75，角度为 0° M4：X=Y=1，角度为 0° M5：X=Y=0.75，角度为 270° 图块插入后双击属性文字，将所有的属性文字都改为“200”，宽度比例为“1”
4	插入“窗”图块		C1：X=Y=1，角度为 0° C2：X=Y=1，角度为 0° C3：X=1，Y=1.6，角度为 90° C4：X=1，Y=2.2，角度为 90° C5：X=1，Y=0.6，角度为 180° C6：X=Y=1，角度为 180° 图块插入后双击属性文字，将所有的属性文字都改为“200”，宽度比例为“1”

◇ 利用“复制”创建块

除了上面介绍的创建图块外，用户还可以通过【复制】命令创建块，通过【复制】命令创建的块具有全局块的作用，既可以放置（粘贴）在当前图形，也可以放置（粘贴）在其他图形中。

提示

这里的“复制”不是 CAD 修改中的“COPY”命令，而是 Windows 中的“Ctrl+C”组合键。

利用【复制】命令创建内部块的具体操作步骤如下。

第 1 步 打开随书光盘中的“素材 \CH08\ 复制块 .dwg”文件。

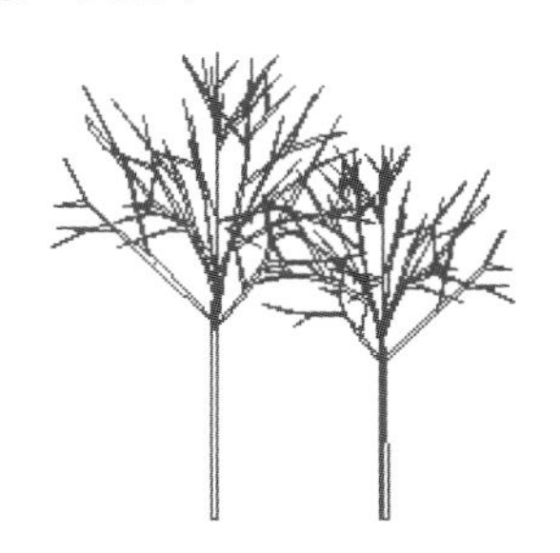

第 2 步 选择如下图所示的图形对象。

第 3 步 在绘图区域中单击鼠标右键，并在弹出的快捷菜单中选择【剪贴板】→【复制】命令，如下图所示。

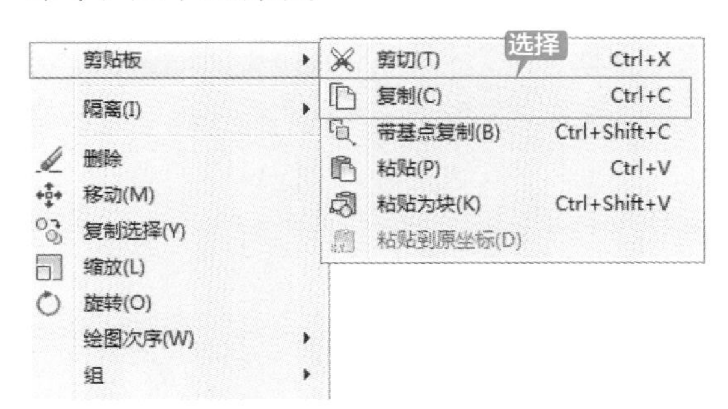

第 4 步 在绘图区域中单击鼠标右键，并在弹出的快捷菜单中选择【剪贴板】→【粘贴为块】命令，如下图所示。

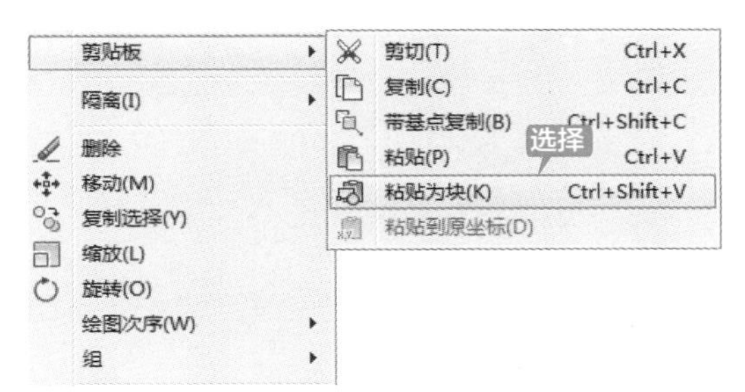

第 5 步 在绘图区域中单击指定插入点，如下图所示。

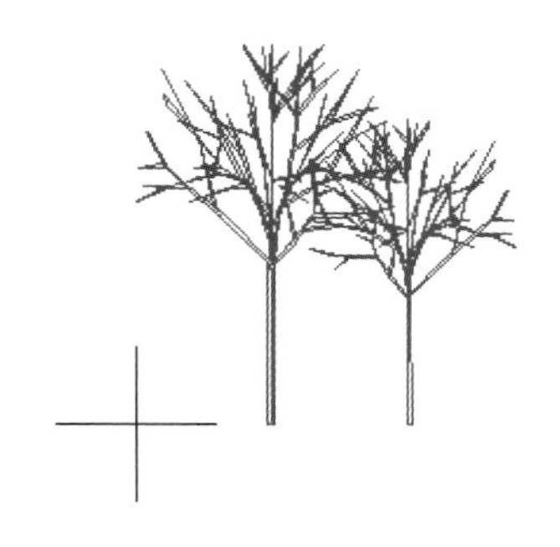

第 6 步 结果如下图所示。

提示

除了单击右键【复制】、【粘贴为块】外，还可以通过【编辑】菜单，选择【复制】和【粘贴为块】命令，如下图所示。

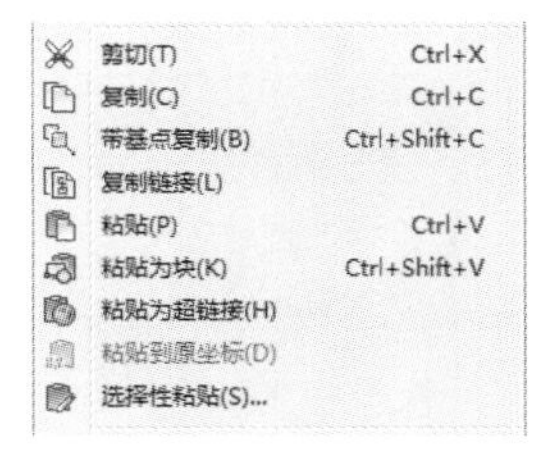

此外，复制时，还可以选择【带基点复制】，这样，在【粘贴为块】时，就可以以复制的基点为粘贴插入点。

◇ 利用“工具选项板”插入图块

使用【工具选项板】可在选项卡形式的窗口中整理块、图案填充和自定义工具。可以通过在【工具选项板】窗口的各区域单击鼠标右键时显示的快捷菜单访问各种选项和设置。

【工具选项板】命令的几种常用调用方法如下。

(1) 选择【工具】→【选项板】→【工具选项板】命令。

(2) 在命令行中输入“TOOLPALETTES”命令并按【Space】键确认。

(3) 单击【视图】选项卡→【选项板】面板中的【工具选项板】按钮。

(4) 按【Ctrl+3】组合键。

下面将利用【工具选项板】窗口创建一个多线路电气开关符号，具体操作步骤如下。

第 1 步 按【Ctrl+3】组合键，弹出【工具选项板－所有选项板】窗口，如下图所示。

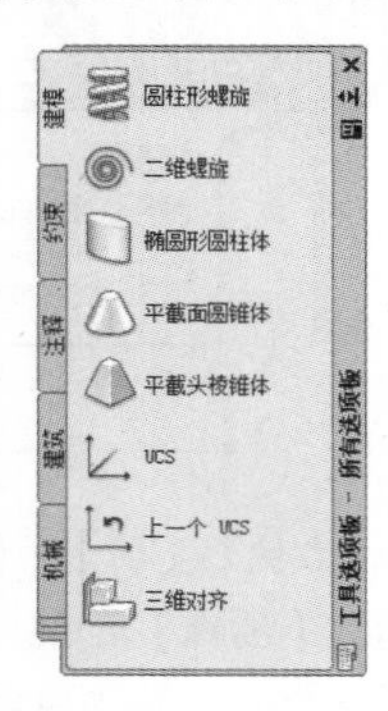

第 2 步 选择【机械】选项卡，如下图所示。

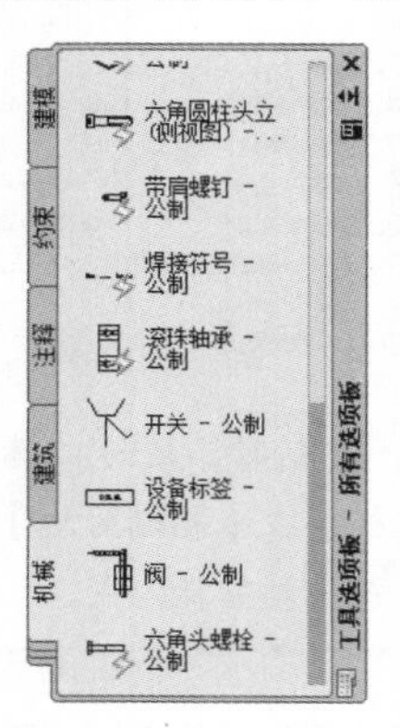

第 3 步 选择【开关－公制】选项，按住并将其拖动到绘图区域中，弹出【编辑属性】对话框，如下图所示。

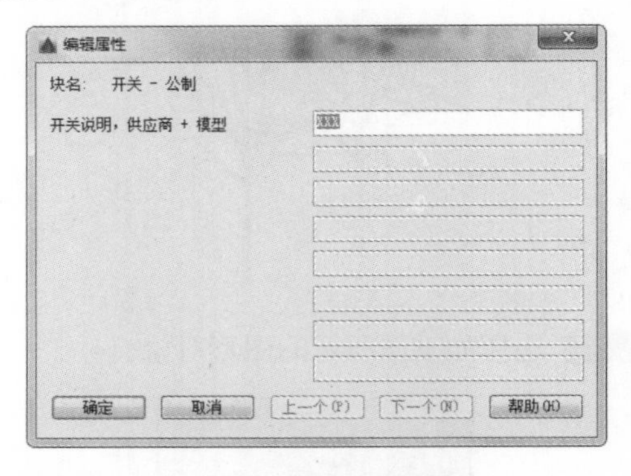

第 4 步 输入开关说明，如下图所示。

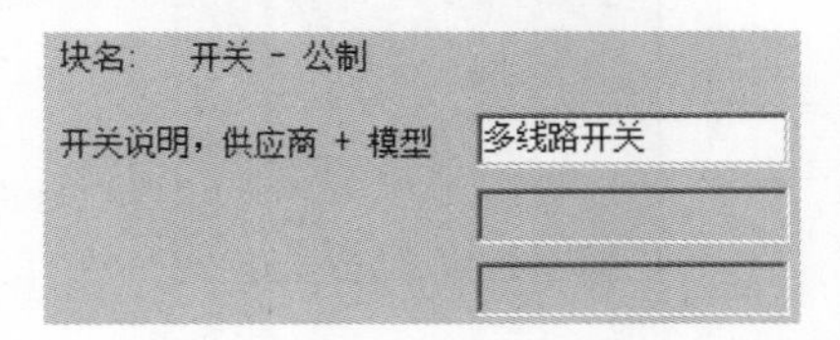

第 5 步 单击【确定】按钮，结果如下图所示。

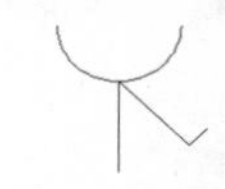

多线路开关

第 9 章

图形文件管理操作

本章导读

AutoCAD 2016 中包含许多辅助绘图功能供用户进行调用，其中查询和参数化是应用较广的辅助功能，本章将对相关工具的使用进行详细介绍。

思维导图

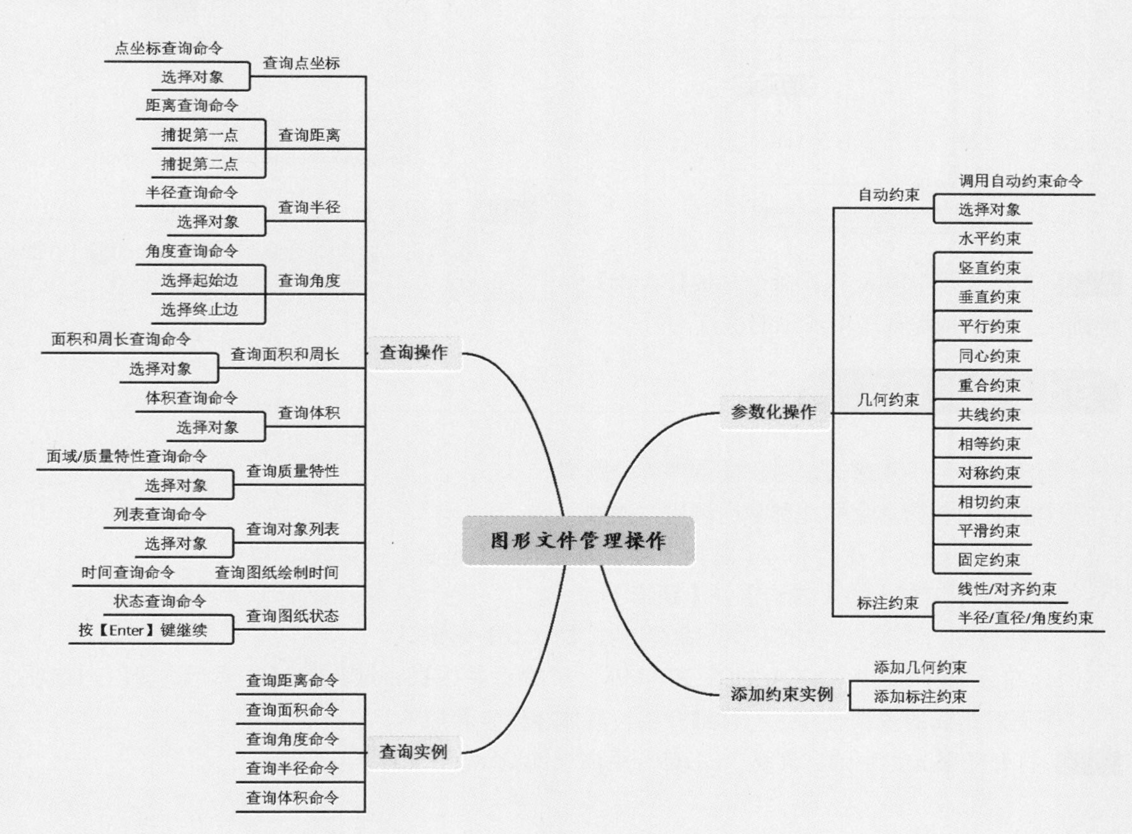

9.1 查询操作

AutoCAD 2016 中，查询命令包含众多的功能，如查询两点之间的距离、查询面积、查询图纸状态和图纸的绘图时间等。利用各种查询功能，既可以辅助绘制图形，也可以对图形的各种状态进行查询。

9.1.1 查询点坐标

点坐标查询用于显示指定位置的 UCS 坐标值。ID 列出了指定点的 *X*、*Y* 和 *Z* 值，并将指定点的坐标存储为最后一点。可以通过在要求输入点的下一个提示中输入“@”来引用最后一点。

【点坐标】查询命令的几种常用调用方法如下。

(1) 单击【默认】选项卡→【实用工具】面板中的【点坐标】按钮。

(2) 选择【工具】→【查询】→【点坐标】命令。

(3) 在命令行中输入“ID”命令并按【Space】键确认。

下面对图纸绘制时间的查询过程进行详细介绍，具体操作步骤如下。

第 1 步 打开随书光盘中的“素材 \CH09\ 点坐标查询 .dwg”文件。

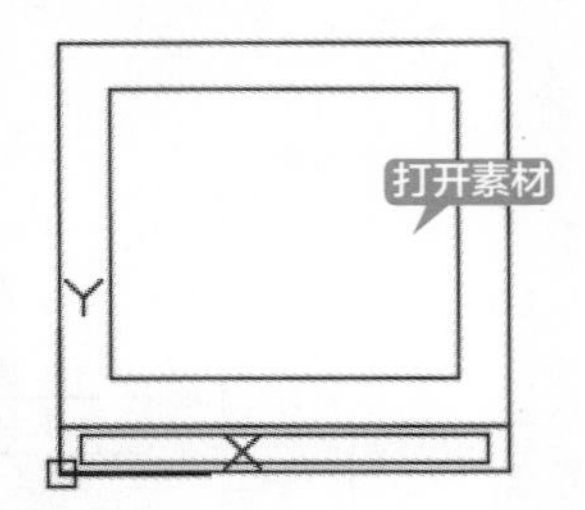

第 2 步 在命令行中输入“ID”命令并按【Space】键确认，然后捕捉如下图所示的端点。

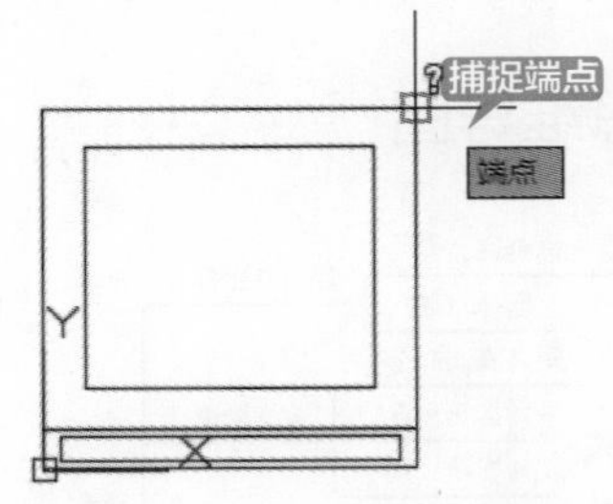

第 3 步 在命令行中显示出了查询结果。

指定点 : X = 450.0000 Y = 450.0000 Z = 0.0000

9.1.2 查询距离

距离查询用于测量选定对象或点序列的距离。

【距离】查询命令的几种常用调用方法如下。

(1) 单击【默认】选项卡→【实用工具】面板中的【距离】按钮。

(2) 选择【工具】→【查询】→【距离】命令。

(3) 在命令行中输入“DIST/DI”命令并按【Space】键确认。

(4) 在命令行中输入“MEASUREGEOM/MEA”命令并按【Space】键确认，然后选择【D】选项。

下面对距离的查询过程进行详细介绍，具体操作步骤如下。

第 1 步 打开随书光盘中的“素材 \CH09\ 距离查询 .dwg”文件。

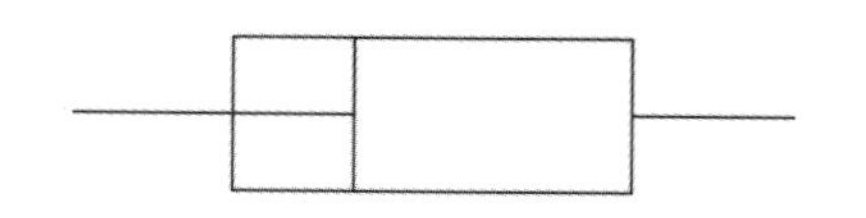

第 2 步 单击【默认】选项卡→【实用工具】面板中的【距离】按钮，在绘图区域中捕捉如下图所示端点作为第一点。

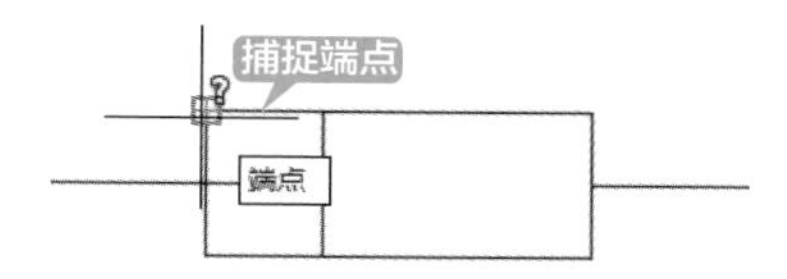

第 3 步 在绘图区域中拖动鼠标并捕捉如下图所示端点作为第二点。

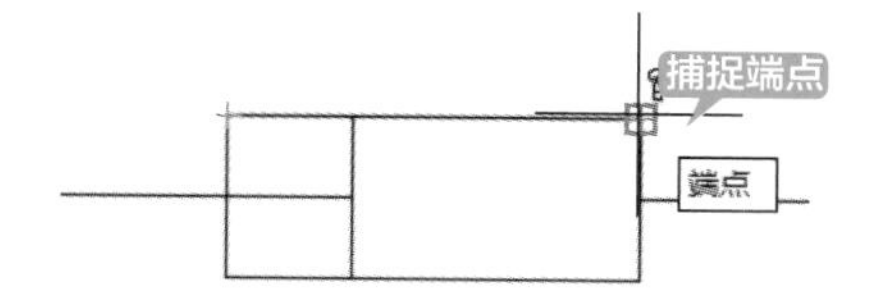

第 4 步 命令行显示查询结果如下。

距离 = 10.0000，XY 平面中的倾角 = 0， 与 XY 平面的夹角 = 0

X 增量 = 10.0000， Y 增量 = 0.0000， Z 增量 = 0.0000

9.1.3 查询半径

半径查询用于测量选定对象的半径。

【半径】查询命令的几种常用调用方法如下。

(1) 单击【默认】选项卡→【实用工具】面板中的【半径】按钮。

(2) 选择【工具】→【查询】→【半径】命令。

(3) 在命令行中输入“MEASUREGEOM/MEA”命令并按【Space】键确认，然后选择【R】选项。

下面对半径的查询过程进行详细介绍，具体操作步骤如下。

第 1 步 打开随书光盘中的“素材\CH09\半径查询.dwg”文件。

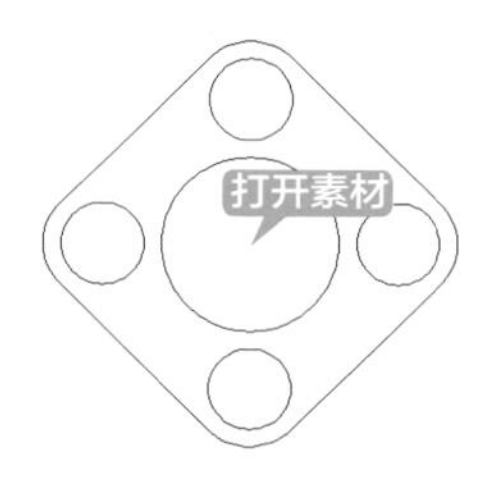

第 2 步 单击【默认】选项卡→【实用工具】面板中的【半径】按钮，在绘图区域中单击选择如图所示的圆弧作为需要查询的对象。

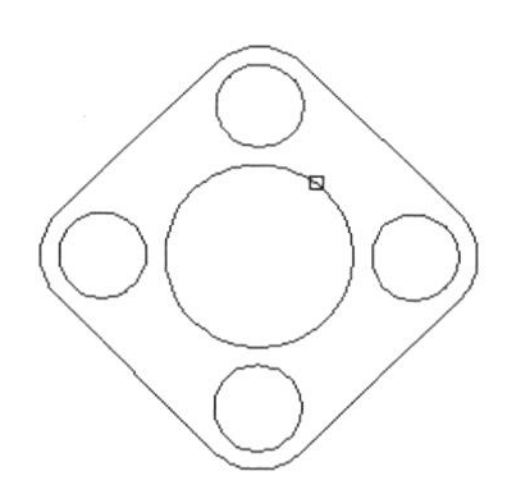

第 3 步 在命令行中显示出了所选圆弧半径和直径的大小。

半径 =150.0000

直径 = 300.0000

9.1.4 查询角度

角度查询用于测量选定对象的角度。

【角度】查询命令的几种常用调用方法如下。

(1) 单击【默认】选项卡→【实用工具】面板中的【角度】按钮。

(2) 选择【工具】→【查询】→【角度】命令。

(3) 在命令行中输入“MEASUREGEOM/MEA”命令并按【Space】键确认，然后选择【A】选项。

下面对角度的查询过程进行详细介绍，具体操作步骤如下。

第 1 步 打开随书光盘中的“素材 \CH09\ 角度查询 .dwg”文件。

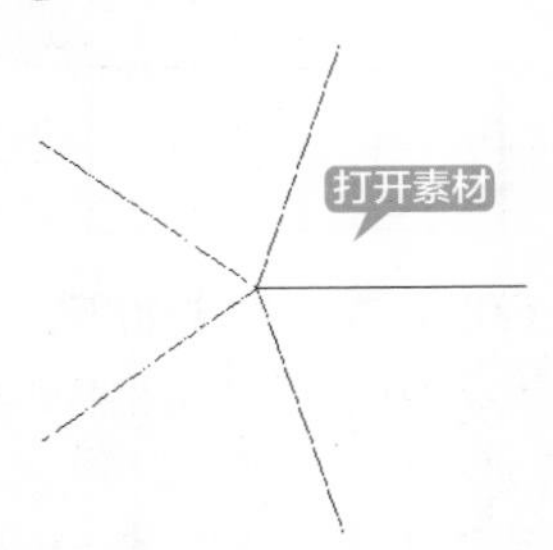

第 2 步 单击【默认】选项卡→【实用工具】面板中的【角度】按钮，在绘图区域中单击选择如图所示的直线段作为需要查询的起始边。

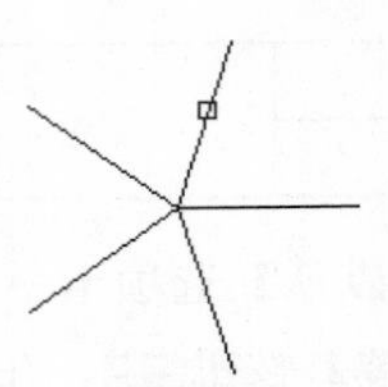

第 3 步 在绘图区域中用鼠标单击选择如图所示的直线段作为需要查询的终止边。

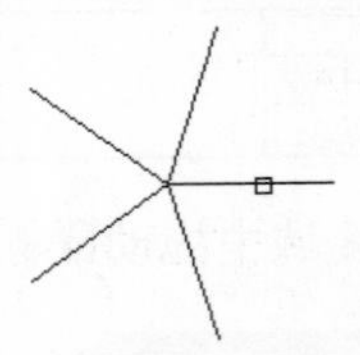

第 4 步 命令行显示查询结果如下。

```
角度 = 72°
```

9.1.5 查询面积和周长

此查询用于测量选定对象或定义区域的面积。

【面积和周长】查询命令的几种常用调用方法如下。

(1) 单击【默认】选项卡→【实用工具】面板中的【面积】按钮。

(2) 选择【工具】→【查询】→【面积】命令。

(3) 在命令行中输入“AREA/AA”命令并按【Space】键确认。

(4) 在命令行中输入“MEASUREGEOM/MEA”命令并按【Space】键确认，然后选择【AR】选项。

执行面积查询命令，CAD 命令行提示如下。

```
命令 : _MEASUREGEOM
输入选项 [ 距离 (D)/ 半径 (R)/ 角度 (A)/ 面积 (AR)/ 体积 (V)] < 距离 >: _area
指定第一个角点或 [ 对象 (O)/ 增加面积 (A)/ 减少面积 (S)/ 退出 (X)] < 对象 (O)>:
```

命令行中各选项的含义如下。

【指定角点】：计算由指定点所定义的面积和周长。所有点必须位于与当前 UCS 的 XY 平面平行的平面上。必须至少指定 3 个点才能定义多边形，如果未闭合多边形，则将计算面积，就如同输入的第一个点和最后一个点之间存在一条直线。

【对象】: 计算所选择的二维面域或多段线围成的区域的面积和周长。

【增加面积】：打开“加”模式，并在定义区域时即时保持总面积。

【减少面积】：打开“减”模式，从总面积中减去指定的面积。

提示

“面积查询”命令无法计算自交对象的面积。

下面对面积的查询过程进行详细介绍，具体操作步骤如下。

第 1 步 打开随书光盘中的“素材 \CH09\ 面积查询 .dwg”文件。

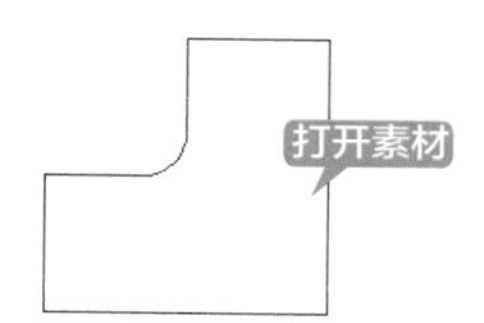

第 2 步 单击【默认】选项卡→【实用工具】面板中的【面积】按钮，命令行提示如下。

命令：_MEASUREGEOM
输入选项 [距离 (D)/ 半径 (R)/ 角度 (A)/ 面积 (AR)/ 体积 (V)] < 距离 >: _area
指定第一个角点或 [对象 (O)/ 增加面积 (A) / 减少面积 (S)/ 退出 (X)] < 对象 (O)>: ↙

第 3 步 按【Enter】键，接受 CAD 的默认选项对象，然后在绘图区域中单击选择如下图所示的图形作为需要查询的对象。

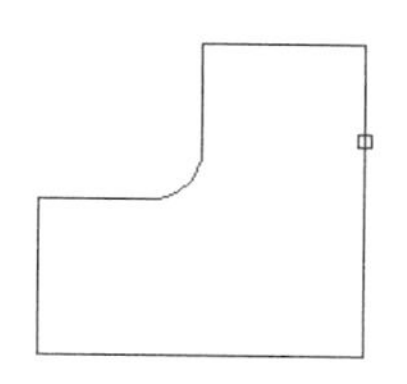

第 4 步 在命令行中显示查询结果。

区域 = 30193.1417，长度 = 887.1239

9.1.6 查询体积

体积查询用于测量选定对象或定义区域的体积。

【体积】查询命令的几种常用调用方法如下。

(1) 单击【默认】选项卡→【实用工具】面板中的【体积】按钮。

(2) 选择【工具】→【查询】→【体积】命令。

(3) 在命令行中输入“MEASUREGEOM/MEA”命令并按【Space】键确认，然后选择【V】选项。

执行体积查询命令，CAD 命令行提示如下。

命令：_MEASUREGEOM
输入选项 [距离 (D)/ 半径 (R)/ 角度 (A)/ 面积 (AR)/ 体积 (V)] < 距离 >: _volume
指定第一个角点或 [对象 (O)/ 增加体积 (A) / 减去体积 (S)/ 退出 (X)] < 对象 (O)>:

命令行中各选项的含义如下。

【指定角点】：计算由指定点所定义的体积。

【对象】: 可以选择三维实体或二维对象。如果选择二维对象，则必须指定该对象的高度。

【增加体积】：打开“加”模式，并在定义区域时即时保持总体积。

【减少体积】：打开“减”模式，并从总体积中减去指定体积。

下面对体积的查询过程进行详细介绍，具体操作步骤如下。

第 1 步 打开随书光盘中的“素材 \CH09\ 体积查询 .dwg”文件。

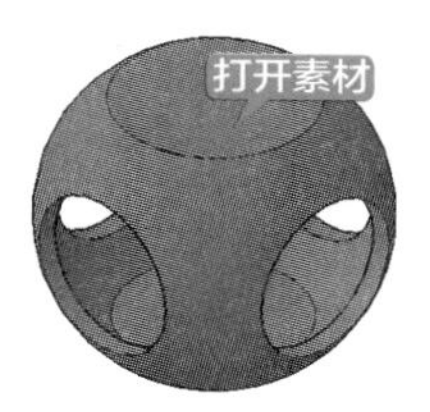

第 2 步 单击【默认】选项卡→【实用工具】面板中的【体积】按钮，在命令行中输入“O”，并按【Enter】键确认。命令行提示如下。

指定第一个角点或 [对象 (O)/ 增加体积 (A) / 减去体积 (S)/ 退出 (X)] < 对象 (O)>: o

第 3 步 选择需要查询的对象，如下图所示。

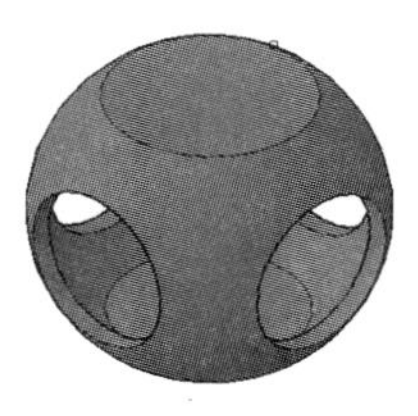

第 4 步 在命令行中显示出了查询结果。

体积 =96293.4020

9.1.7 查询质量特性

计算和显示面域或三维实体的质量特性。

【面域 / 质量特性】查询命令的几种常用调用方法如下。

(1) 选择【工具】→【查询】→【面域 / 质量特性】命令。

(2) 在命令行中输入“MASSPROP”命令并按【Space】键确认。

下面对质量特性的查询过程进行详细介绍，具体操作步骤如下。

第 1 步 打开随书光盘中的“素材 \CH09\ 质量特性查询 .dwg”文件。

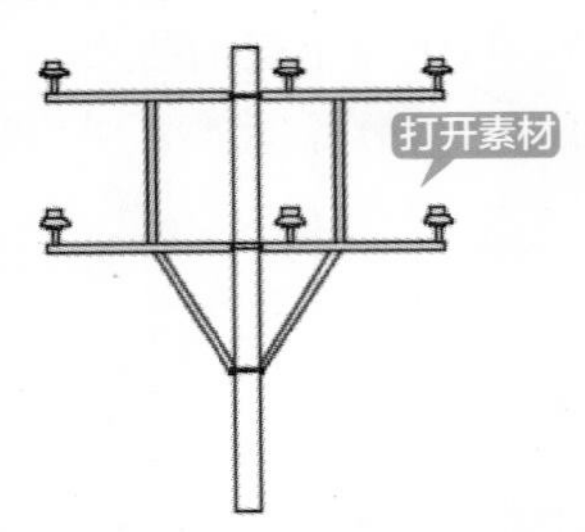

第 2 步 选择【工具】→【查询】→【面域 / 质量特性】命令，在绘图区域中选择要查询的对象，如下图所示。

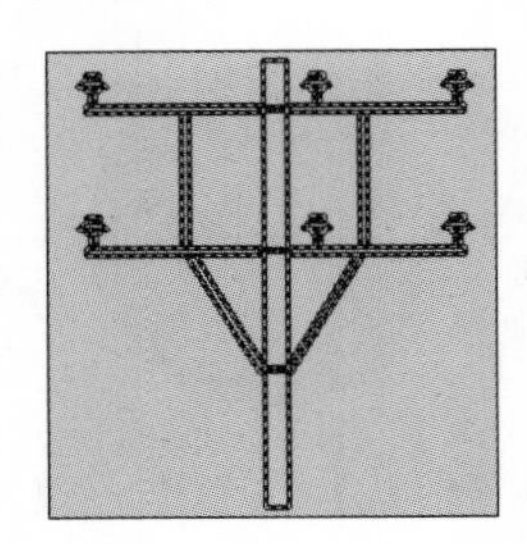

第 3 步 按【Enter】键确认后，弹出查询结果，如图所示。

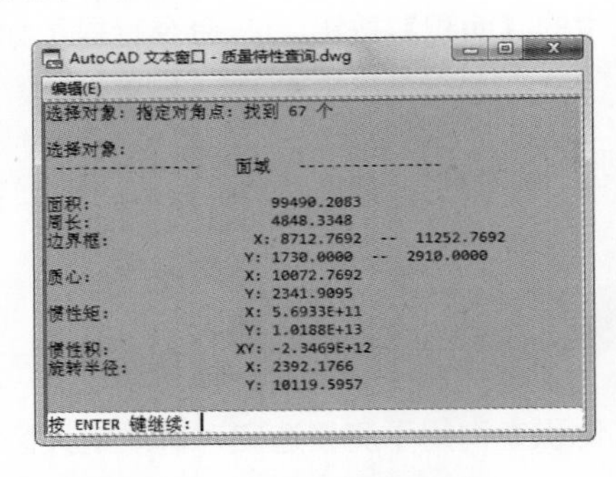

第 4 步 按【Enter】键可继续查询。

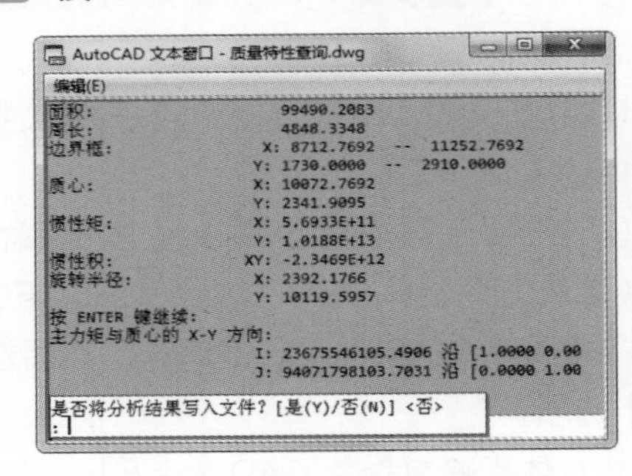

第 5 步 按【Enter】键将分析结果不写入文件。

提示

测量的质量是密度为“$1g/cm^3$”显示的，所以测量后应根据结果乘以实际的密度才能得到真正的质量。

9.1.8 查询对象列表

用户可以使用 LIST 显示选定对象的特性，然后将其复制到文本文件中。

LIST 命令查询的文本窗口将显示对象类型、对象图层、相对于当前用户坐标系（UCS）的 *X*、*Y*、*Z* 位置，以及对象是位于模型空间还是图纸空间。

【列表】查询命令的几种常用调用方法如下。

(1) 单击【默认】选项卡→【特性】面板中的【列表】按钮。

(2) 选择【工具】→【查询】→【列表】命令。

(3) 在命令行中输入“LIST/LI”命令并按【Space】键确认。

下面对对象列表的查询过程进行详细介绍，具体操作步骤如下。

第 1 步 打开随书光盘中的“素材 \CH09\ 对象列表 .dwg”文件。

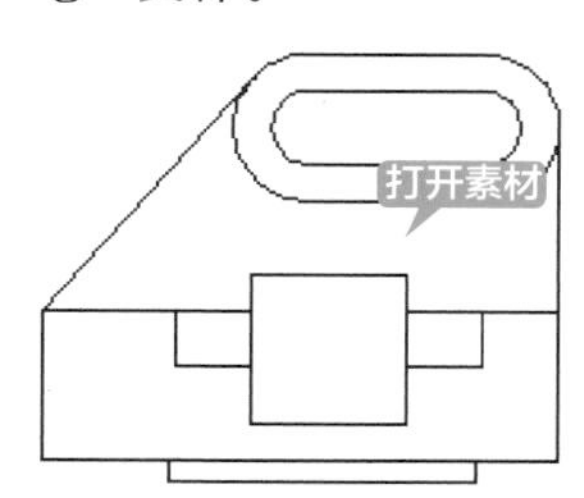

第 2 步 在命令行中输入“LI”命令并按【Space】键调用列表查询命令，在绘图区域中选择要查询的对象，如下图所示。

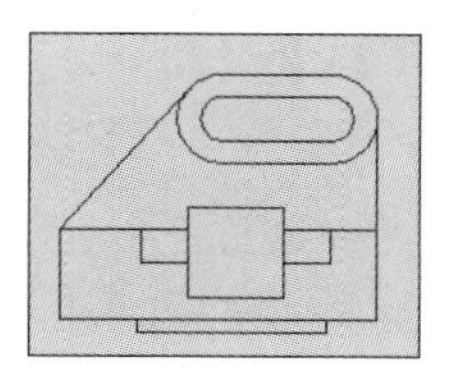

第 3 步 按【Enter】键确定，弹出【AutoCAD 文本窗口】窗口，在该窗口中可显示结果。

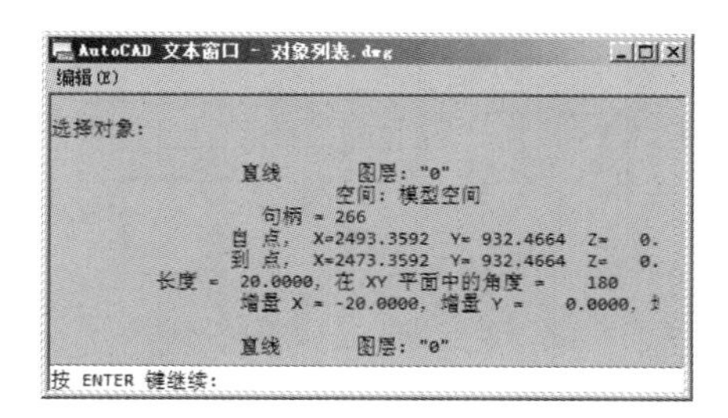

第 4 步 继续按【Enter】键可以查询图形中其他结构的信息。

9.1.9 查询图纸绘制时间

查询后显示图形的日期和时间统计信息。

【时间】查询命令的几种常用调用方法如下。

(1) 选择【工具】→【查询】→【时间】命令。

(2) 在命令行中输入“TIME”命令并按【Space】键确认。

下面对图纸绘制时间的查询过程进行详细介绍，具体操作步骤如下。

第 1 步 打开随书光盘中的“素材 \CH09\ 时间查询 .dwg”文件。

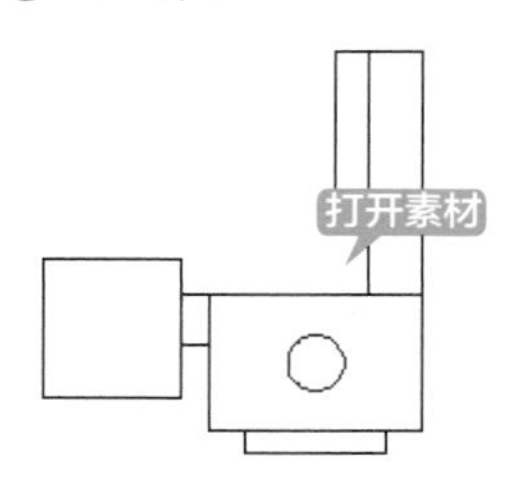

第 2 步 选择【工具】→【查询】→【时间】命令，执行命令后弹出【AutoCAD 文本窗口】窗口，以显示时间查询，如图所示。

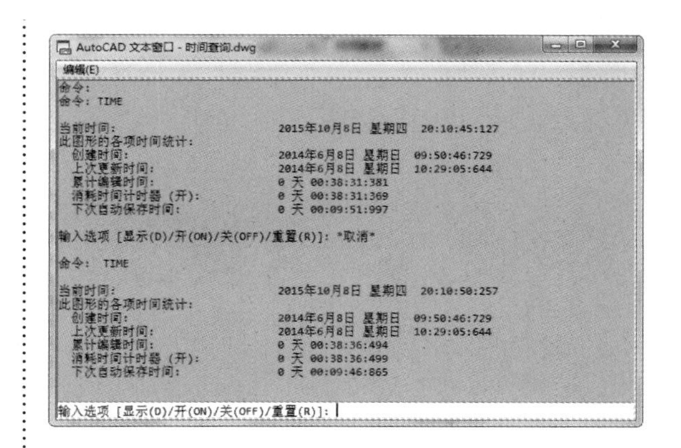

9.1.10 查询图纸状态

查询后显示图形的统计信息、模式和范围。

【状态】查询命令的几种常用调用方法如下。

(1) 选择【工具】→【查询】→【状态】命令。

(2) 在命令行中输入“STATUS”命令并按【Space】键确认。

下面对图纸状态的查询过程进行详细介绍，具体操作步骤如下。

第1步 打开随书光盘中的“素材 \CH09\ 状态查询 .dwg”文件。

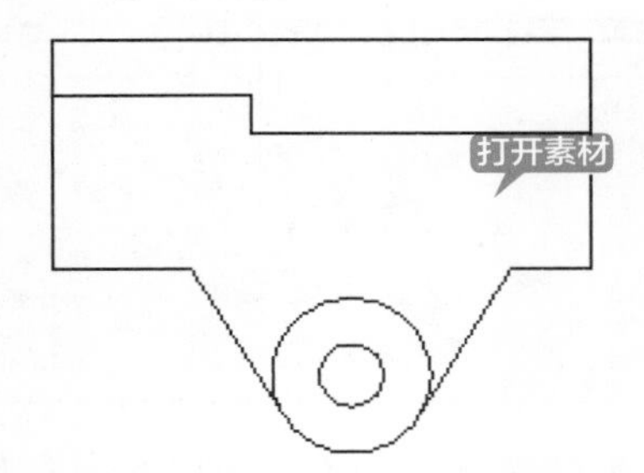

第2步 选择【工具】→【查询】→【状态】命令，执行命令后弹出【AutoCAD 文本窗口】窗口，以显示查询结果，如下图所示。

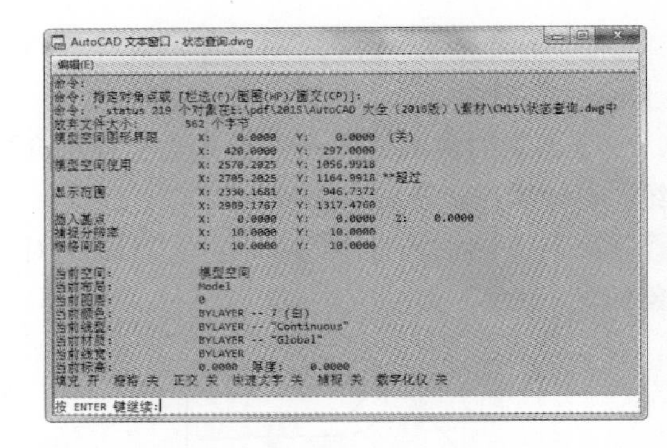

第3步 按【Enter】键继续，如下图所示。

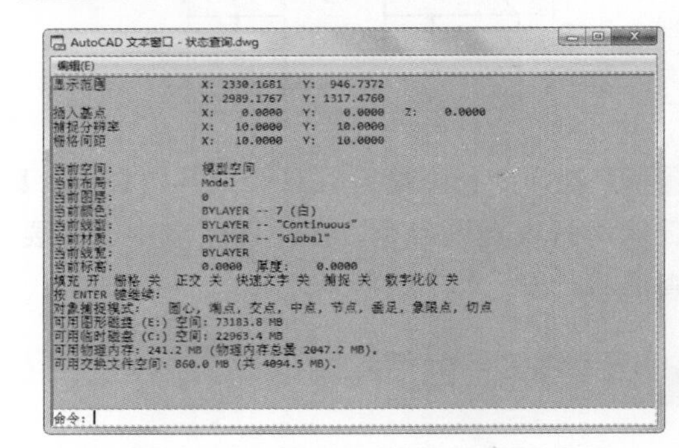

9.2 查询货车参数

本实例将综合利用【距离】、【面积】、【角度】、【半径】和【体积】查询命令对货车参数进行相关查询，具体操作步骤如下。

第1步 打开随书光盘中的“素材 \CH09\ 货车参数查询 .dwg”文件。

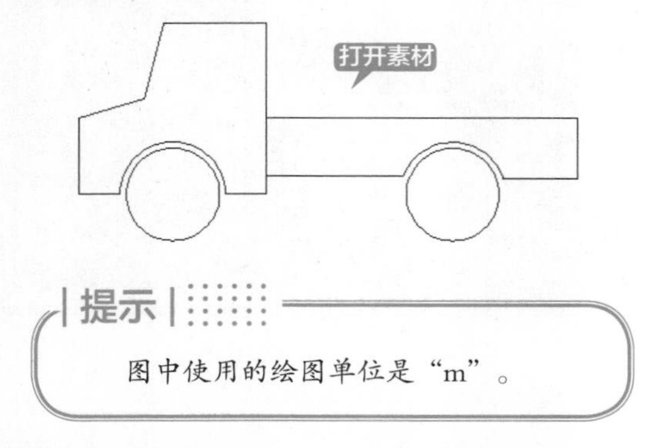

提示

图中使用的绘图单位是“m”。

第2步 选择【默认】选项卡→【绘图】面板→【面域】按钮，然后在绘图区域选择要创建面域的对象，如下图所示。

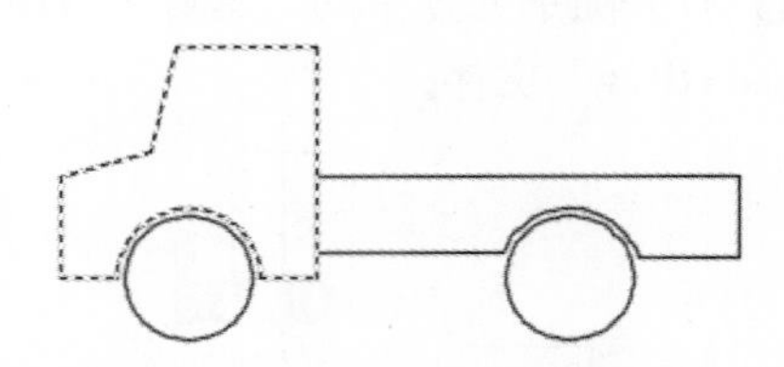

第3步 按【Space】键后将选择的对象创建为一个面域。在命令行输入“MEA”，命令行提示如下。

命令 : MEASUREGEOM

输入选项 [距离 (D)/ 半径 (R)/ 角度 (A)/ 面积 (AR)/ 体积 (V)] < 距离 >:

第4步 输入“r”进行半径查询，然后选择车轮，命令行显示查询结果如下。

半径 = 0.7500　直径 = 1.5000

第5步 在命令行输入“d”进行距离查询，然后捕捉车前轮的圆心，如下图所示。

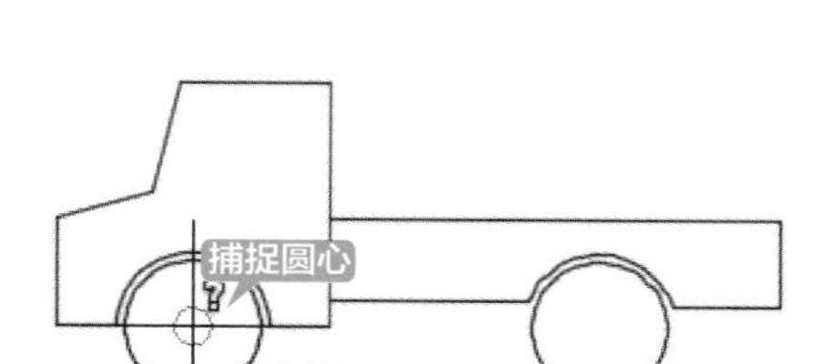

第 6 步 捕捉车后轮的圆心，如下图所示。

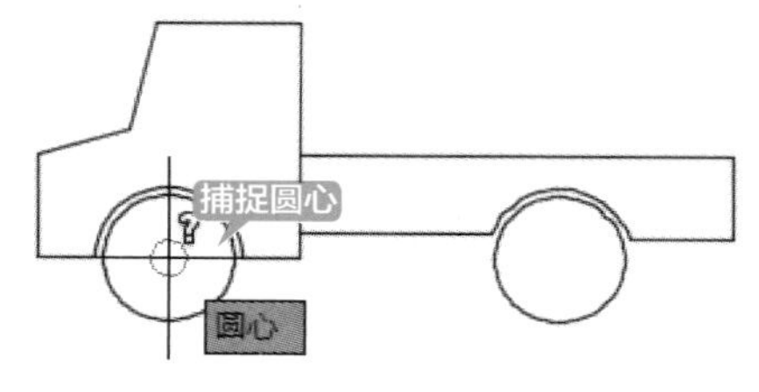

第 7 步 命令行距离查询显示结果如下。

距离 = 4.5003，XY 平面中的倾角 = 0.00，与 XY 平面的夹角 = 0.00

X 增量 = 4.5003， Y 增量 = 0.0000， Z 增量 = 0.0000

第 8 步 继续在命令行输入“d”进行距离查询，然后捕捉驾驶室的底部端点，如下图所示。

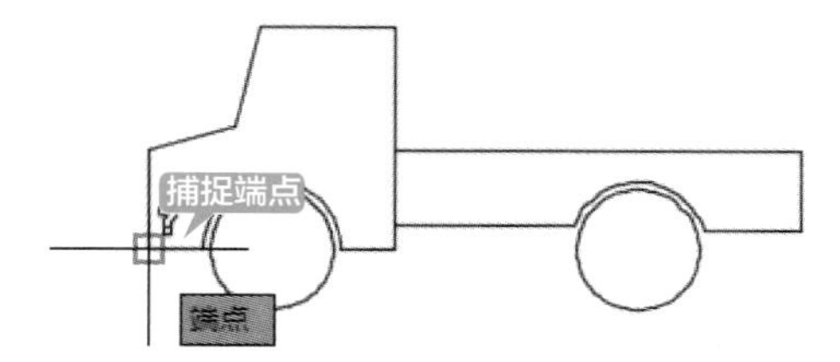

第 9 步 捕捉车前轮的底部象限点，如下图所示。

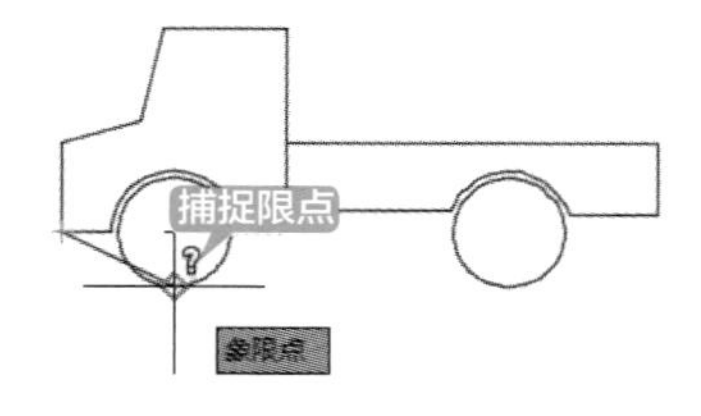

第 10 步 命令行距离查询显示结果如下。

距离 = 1.6771，XY 平面中的倾角 = 333.43，与 XY 平面的夹角 = 0.00

X 增量 = 1.5000， Y 增量 = −0.7500， Z 增量 = 0.0000

第 11 步 继续在命令行输入“d”进行距离查询，然后捕捉车厢底部端点，如下图所示。

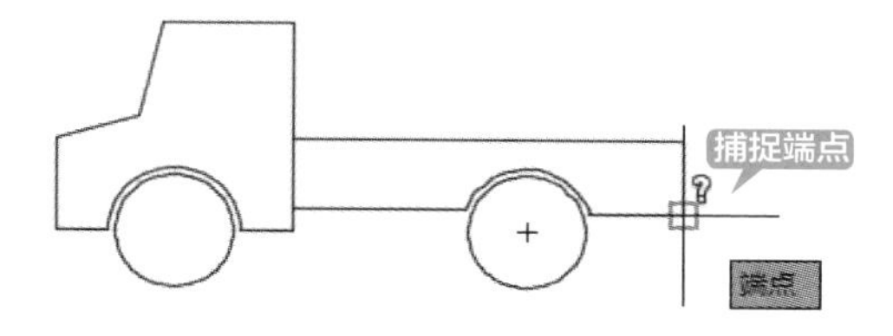

第 12 步 捕捉车后轮的底部象限点，如下图所示。

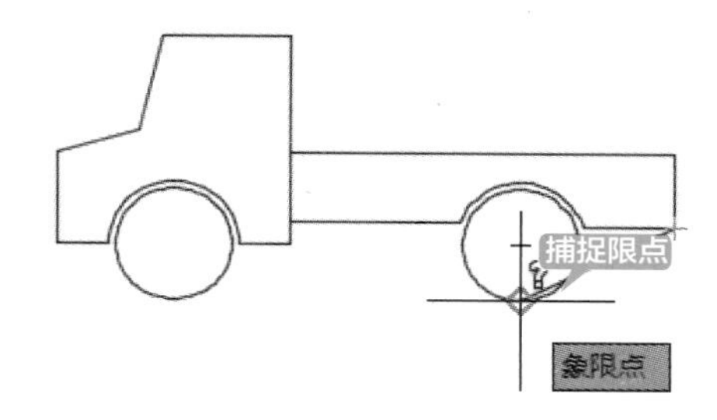

第 13 步 命令行距离查询显示结果如下。

距离 = 2.2371，XY 平面中的倾角 = 206.62，与 XY 平面的夹角 = 0.00

X 增量 = −1.9999， Y 增量 = −1.0024， Z 增量 = 0.0000

第 14 步 在命令行输入“a”进行角度查询，然后捕捉驾驶室的一条斜边，如下图所示。

第 15 步 捕捉驾驶室的另一条斜边，如下图所示。

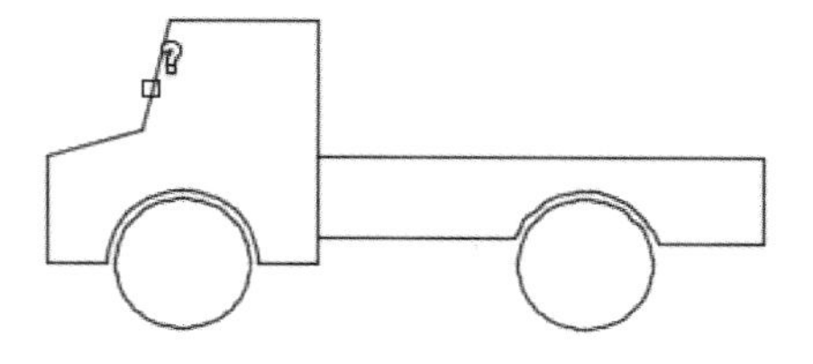

第 16 步 命令行角度查询显示结果如下。

角度 = 120°

第 17 步 在命令行输入“ar”进行面积查询，然后输入“o”，单击驾驶室为查询的对象，如下图所示。

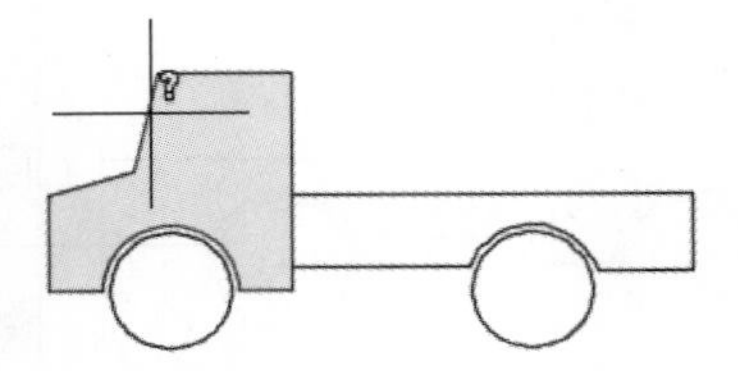

第 18 步 命令行面积查询显示结果如下。

区域 = 5.6054，修剪的区域 = 0.0000 ，周长 = 12.0394

第 19 步 在命令行输入“v”进行体积查询，然后依次捕捉下图中的 1~4 点。

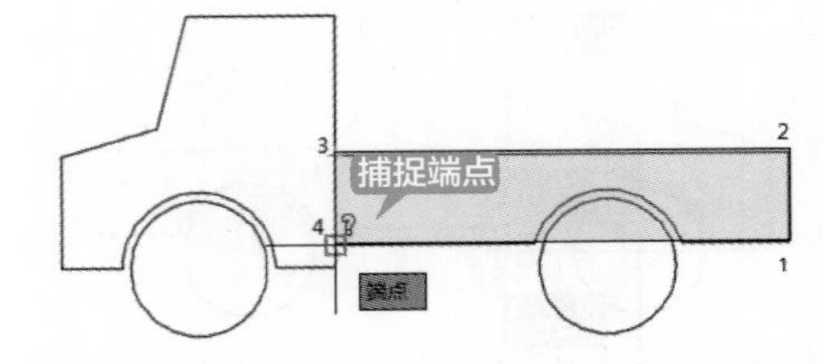

第 20 步 捕捉 4 点后按【Space】键结束点的捕捉，然后在命令行输入高度，查询结果显示如下。

指定高度 : 0,0,2.5
体积 = 1308.5001

9.3 参数化操作

在 AutoCAD 2016 中，参数化绘图功能可以让用户通过基于设计意图的图形对象约束提高绘图效率，该操作可以确保在对象修改后还保持特定的关联及尺寸关系。

9.3.1 自动约束

根据对象相对于彼此的方向将几何约束应用于对象的选择集。

在 AutoCAD 2016 中调用【自动约束】命令通常有以下 3 种方法。

(1) 单击【参数化】选项卡→【几何】面板中的【自动约束】按钮。

(2) 选择【参数】→【自动约束】命令。

(3) 在命令行中输入“AUTOCONSTRAIN”命令并按【Space】键确认。

下面对自动约束的创建过程进行详细介绍，具体操作步骤如下。

第 1 步 打开随书光盘中的“素材 \CH09\ 自动约束 .dwg”文件，如下图所示。

第 2 步 单击【参数化】选项卡→【几何】面板中的【自动约束】按钮，在绘图区域中选择下图所示的两个圆形。

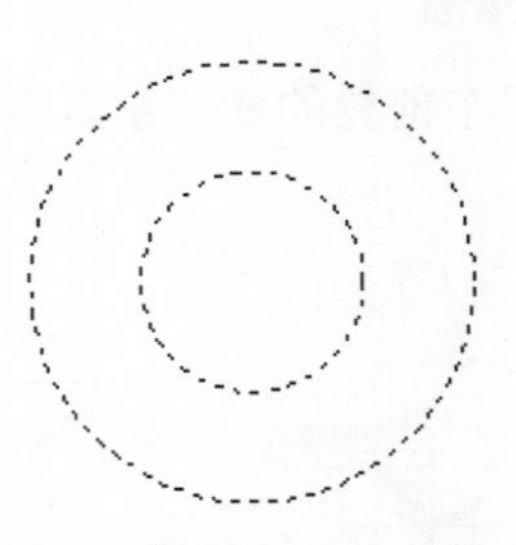

第 3 步 按【Enter】键确认，结果如下图所示。

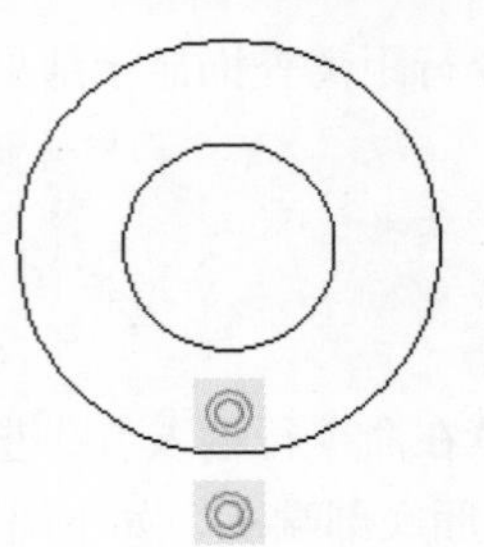

9.3.2 几何约束

几何约束确定了二维几何对象之间或对象上的每个点之间的关系，用户可以指定二维对象或对象上的点之间的几何约束。

提示

几何约束不能修改，但可以删除。在很多情况下几何约束的效果跟选择对象的顺序有关，通常所选的第二个对象会根据第一个对象进行调整。例如，应用垂直约束时，选择的第二个对象将调整为垂直于第一个对象。

单击【参数化】选项卡→【几何】面板中的【全部显示 / 全部隐藏】按钮 / ，可以全部显示或全部隐藏几何约束，如果图中有多个几何约束，可以通过单击【显示 / 隐藏】按钮，根据需要自由地选择显示哪些约束、隐藏哪些约束。

1. 水平约束

水平约束是约束一条直线、一对点、多段线线段、文字、椭圆的长轴或短轴，使其与当前坐标系的 x 轴平行。如果选择的是一对点则第二个选定点将设置为与第一个选定点水平。

在 AutoCAD 2016 中调用【水平约束】命令通常有以下 3 种方法。

(1) 单击【参数化】选项卡→【几何】面板中的【水平约束】按钮。

(2) 选择【参数】→【几何约束】→【水平】命令。

(3) 在命令行中输入“GEOMCONSTRAINT”命令并按【Space】键确认，然后输入“H”。

水平约束的具体操作步骤如下。

第 1 步 打开随书光盘中的“素材 \CH09\ 水平几何约束 .dwg”文件，如下图所示。

第 2 步 单击【参数化】选项卡→【几何】面板中的【水平约束】按钮，在绘图区域中选择对象。

第 3 步 结果如下图所示。

2. 竖直约束

竖直约束是约束一条直线、一对点、多段线线段、文字、椭圆的长轴或短轴，使其与当前坐标系的 y 轴平行。如果选择一对点则第二个选定点将设置为与第一个选定点垂直。

在 AutoCAD 2016 中调用【竖直约束】命令通常有以下 3 种方法。

(1) 单击【参数化】选项卡→【几何】面板中的【竖直约束】按钮。

(2) 选择【参数】→【几何约束】→【竖直】命令。

(3) 在命令行中输入“GEOMCONSTRAINT”命令并按【Space】键确认，然后输入“V”。

竖直约束的具体操作步骤如下。

第 1 步 打开随书光盘中的“素材 \CH09\ 竖直几何约束 .dwg”文件，如下图所示。

第2步 单击【参数化】选项卡→【几何】面板中的【竖直约束】按钮，在绘图区域中选择对象。

第3步 结果如下图所示。

3. 垂直约束

垂直约束是约束两条直线或多段线线段，使其夹角始终保持为 90°，第二选定对象将设为与第一个对象垂直，约束的两条直线无须相交。

在 AutoCAD 2016 中调用【垂直约束】命令通常有以下 3 种方法。

(1) 单击【参数化】选项卡→【几何】面板中的【垂直约束】按钮。

(2) 选择【参数】→【几何约束】→【垂直】命令。

(3) 在命令行中输入“GEOMCONSTRAINT”命令并按【Space】键确认，然后输入“P”。

垂直约束的具体操作步骤如下。

第1步 打开随书光盘中的“素材\CH09\垂直几何约束.dwg”文件，如下图所示。

第2步 单击【参数化】选项卡→【几何】面板中的【垂直约束】按钮，在绘图区域选择第一个对象。

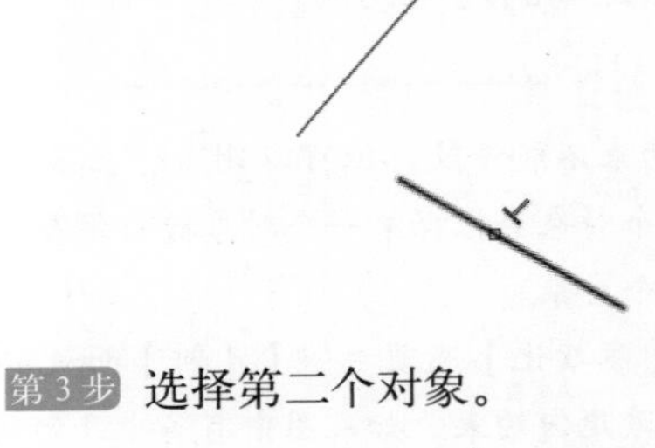

第3步 选择第二个对象。

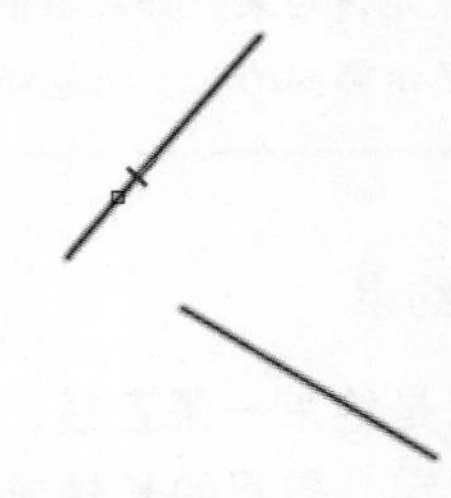

第4步 结果如下图所示。

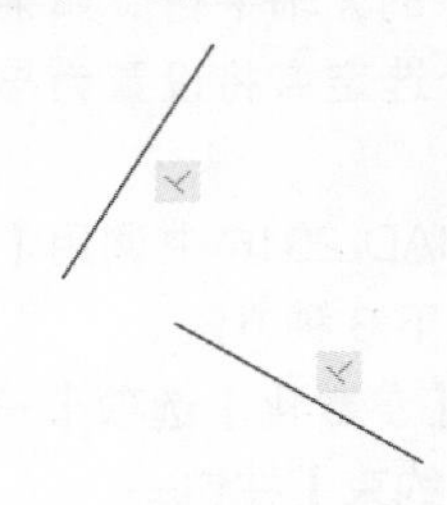

提示

两条直线中有以下任意一种情况是不能被垂直约束：① 两条直线同时受水平约束；② 两条直线同时受竖直约束；③ 两条共线的直线。

4. 平行约束

平行约束是约束两条直线使其具有相同的角度，第二个选定对象将根据第一个对象进行调整。

在 AutoCAD 2016 中调用【平行约束】命令通常有以下 3 种方法。

(1) 单击【参数化】选项卡→【几何】面板中的【平行约束】按钮。

(2) 选择【参数】→【几何约束】→【平行】命令。

(3) 在命令行中输入“GEOMCONSTRAINT”命令并按【Space】键确认，然后输入“PA”。

平行约束的具体操作步骤如下。

第 1 步 打开随书光盘中的“素材 \CH09\ 平行几何约束 .dwg”文件，如下图所示。

第 2 步 单击【参数化】选项卡→【几何】面板中的【平行约束】按钮，在绘图区域选择第一个对象。

第 3 步 选择第二个对象。

第 4 步 结果如下图所示。

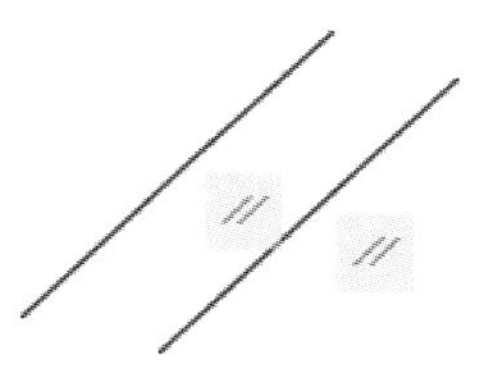

提示

平行的结果与选择的先后顺序以及选择的位置有关，如果两条直线的选择顺序倒置，则结果如右上图所示。

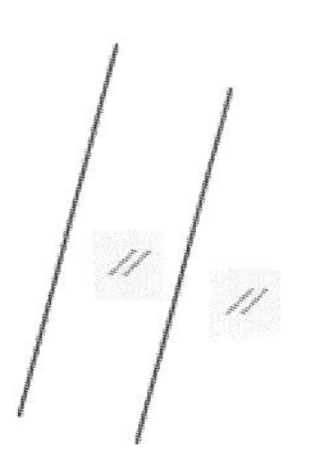

5. 同心约束

同心约束是将选定的圆、圆弧或椭圆具有相同的圆心点。第二个选定对象将设为与第一个对象同心。

在 AutoCAD 2016 中调用【同心约束】命令通常有以下 3 种方法。

(1) 单击【参数化】选项卡→【几何】面板中的【同心约束】按钮◎。

(2) 选择【参数】→【几何约束】→【同心】命令。

(3) 在命令行中输入“GEOMCONSTRAINT”命令并按【Space】键确认，然后输入“CON”。

同心约束的具体操作步骤如下。

第 1 步 打开随书光盘中的“素材 \CH09\ 同心几何约束 .dwg”文件，如下图所示。

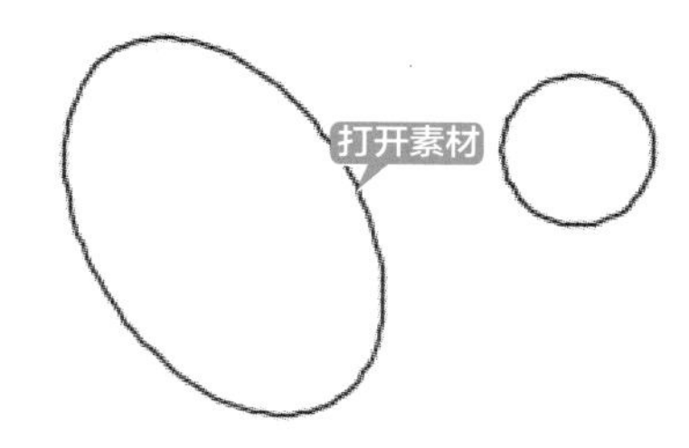

第 2 步 单击【参数化】选项卡→【几何】面板中的【同心约束】按钮◎，在绘图区域选择第一个对象。

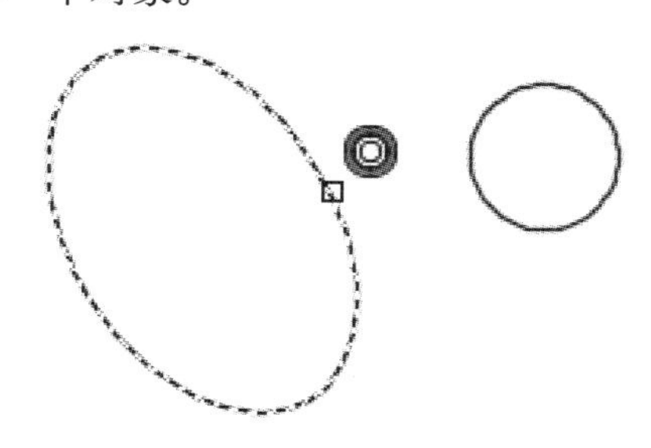

第 3 步 选择第二个对象。

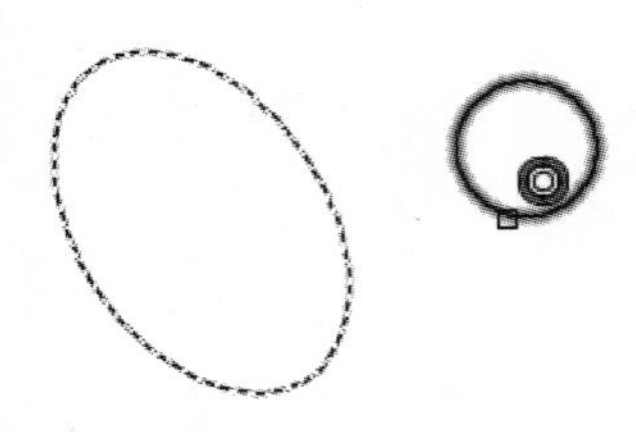

第 4 步 结果如下图所示。

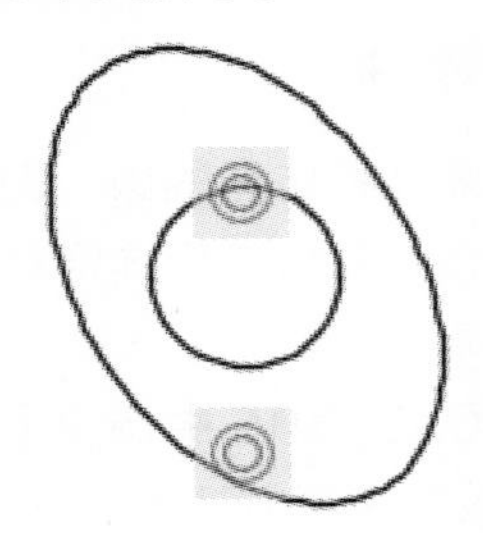

6. 重合约束

重合约束是约束两个点使其重合，或者约束一个点使其位于对象或对象延长部分的任意位置。

在 AutoCAD 2016 中调用【重合约束】命令通常有以下 3 种方法。

(1) 单击【参数化】选项卡→【几何】面板中的【重合约束】按钮。

(2) 选择【参数】→【几何约束】→【重合】命令。

(3) 在命令行中输入“GEOMCONSTRAINT”命令并按【Space】键确认，然后输入“C”。

重合约束的具体操作步骤如下。

第 1 步 打开随书光盘中的“素材 \CH09\ 重合几何约束 .dwg”文件，如下图所示。

第 2 步 单击【参数化】选项卡→【几何】面板中的【重合约束】按钮，在绘图区域选择第一个点。

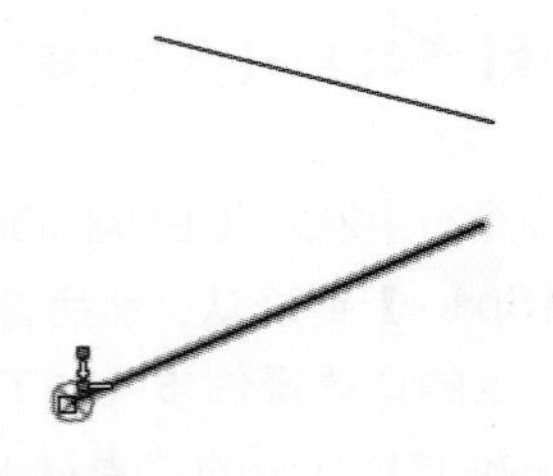

第 3 步 选择第二个点。

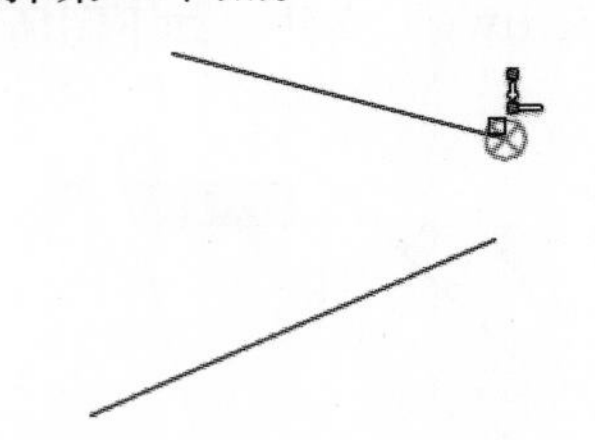

第 4 步 结果如下图所示。

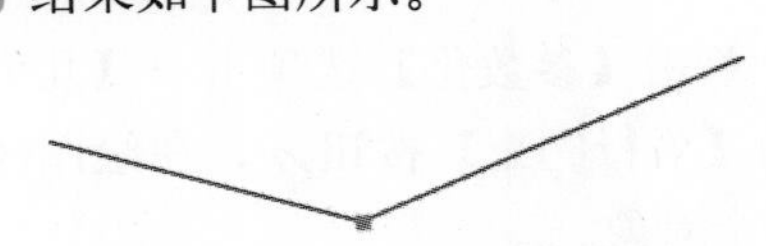

7. 共线约束

共线约束能使两条直线位于同一无限长的线上。第二条选定直线将设为与第一条共线。

在 AutoCAD 2016 中调用【共线约束】命令通常有以下 3 种方法。

(1) 单击【参数化】选项卡→【几何】面板中的【共线约束】按钮。

(2) 选择【参数】→【几何约束】→【共线】命令。

(3) 在命令行中输入“GEOMCONSTRAINT”命令并按【Space】键确认，然后输入“COL”。

共线约束的具体操作步骤如下。

第 1 步 打开随书光盘中的“素材 \CH09\ 共线几何约束 .dwg”文件，如下图所示。

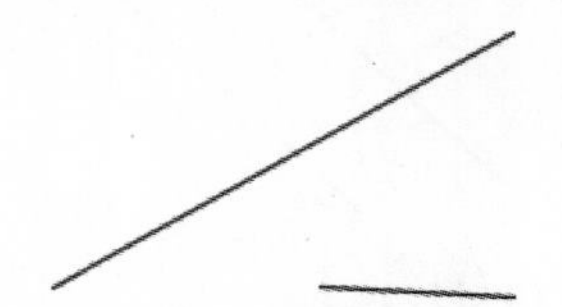

第 2 步 单击【参数化】选项卡→【几何】面板中的【共线约束】按钮，在绘图区域选择第一个对象。

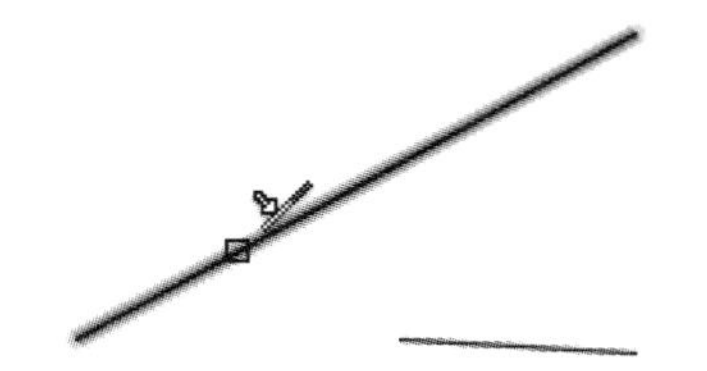

第 3 步 选择第二个对象。

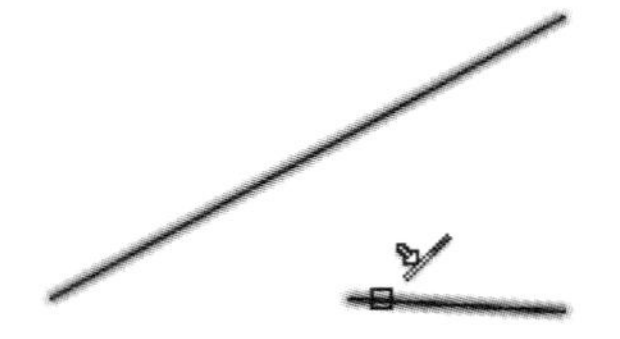

第 4 步 结果如下图所示。

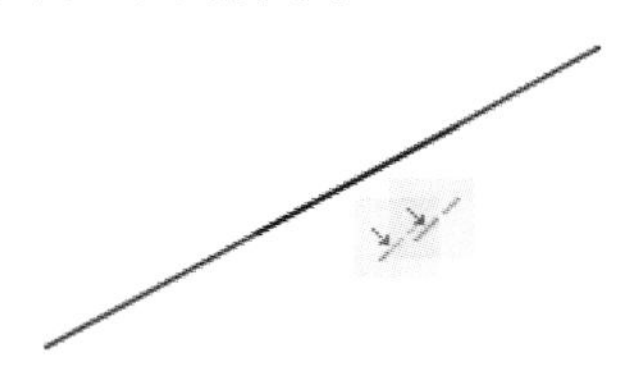

8. 相等约束

相等约束可使受约束的两条直线或多段线线段具有相同长度，相等约束也可以约束圆弧或圆使其具有相同的半径值。

在 AutoCAD 2016 中调用【相等约束】命令通常有以下 3 种方法。

(1) 单击【参数化】选项卡→【几何】面板中的【相等约束】按钮。

(2) 选择【参数】→【几何约束】→【相等】命令。

(3) 在命令行中输入“GEOMCONSTRAINT”命令并按【Space】键确认，然后输入“E”。

相等约束的具体操作步骤如下。

第 1 步 打开随书光盘中的“素材 \CH09\ 相等几何约束 .dwg”文件，如下图所示。

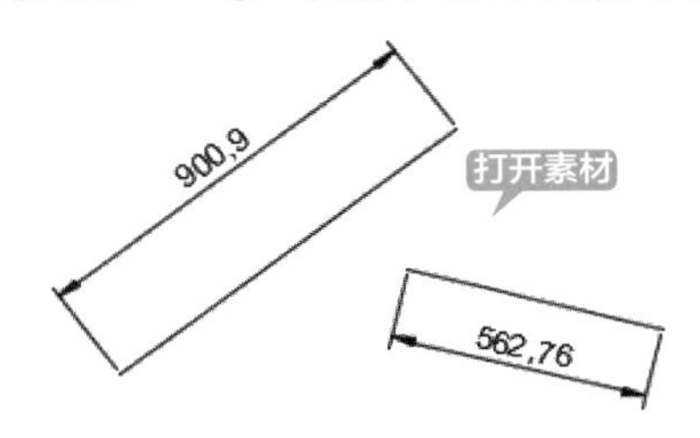

第 2 步 单击【参数化】选项卡→【几何】面板中的【相等约束】按钮，在绘图区域选择第一个对象。

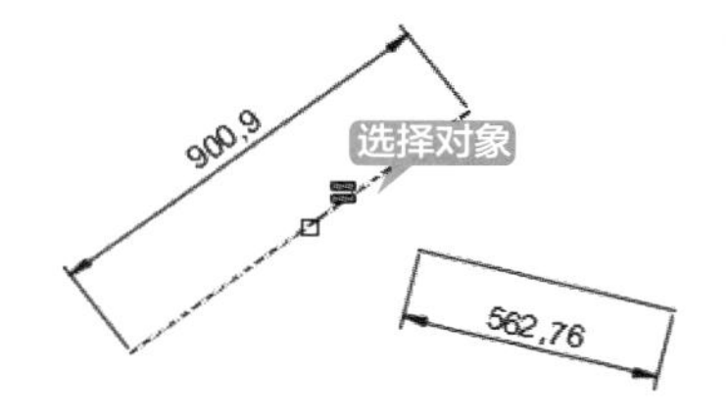

第 3 步 选择第二个对象。

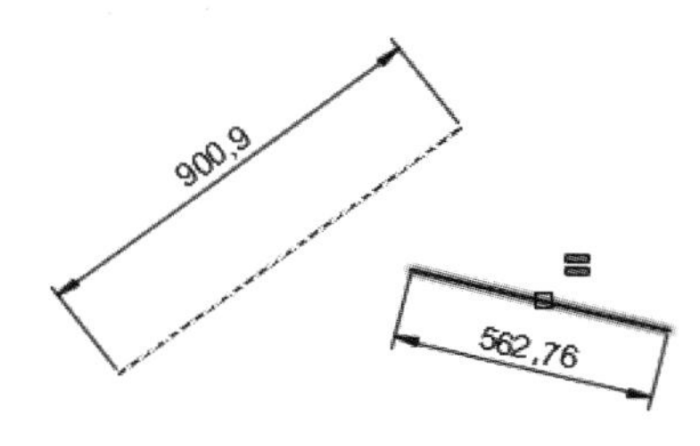

第 4 步 结果如下图所示。

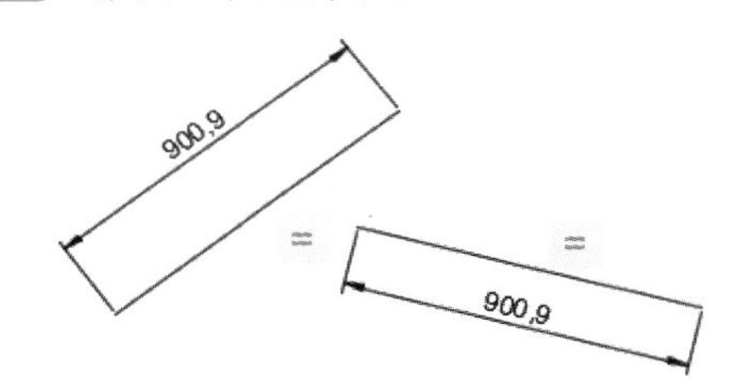

提示

等长的结果与选择的先后顺序以及选择的位置有关，如果两条直线的选择顺序倒置，则结果如下图所示。

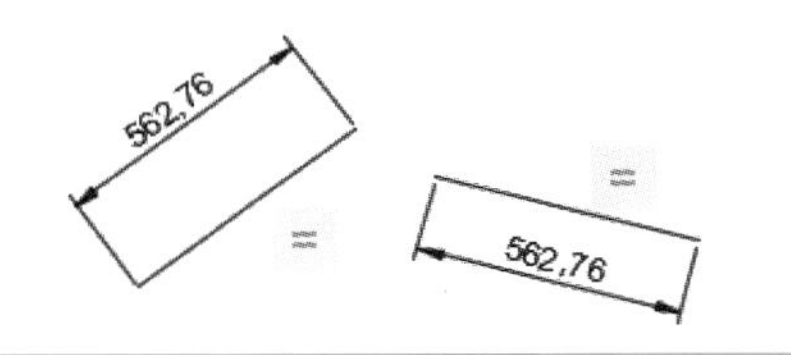

9. 对称约束

对称约束是约束对象上的两条曲线或两个点，使其以选定直线为对称轴彼此对称。

在 AutoCAD 2016 中调用【对称约束】命令通常有以下 3 种方法。

(1) 单击【参数化】选项卡→【几何】面板中的【对称约束】按钮[]。

(2) 选择【参数】→【几何约束】→【对称】命令。

(3) 在命令行中输入"GEOMCONSTRAINT"命令并按【Space】键确认，然后输入"S"。

对称约束的具体操作步骤如下。

第1步 打开随书光盘中的"素材\CH09\对称几何约束.dwg"文件，如下图所示。

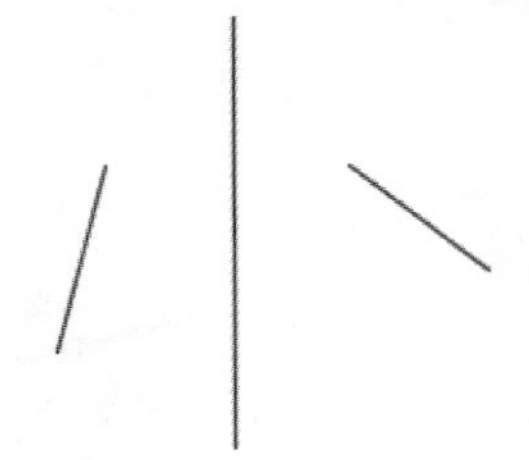

第2步 单击【参数化】选项卡→【几何】面板中的【对称约束】按钮[]，在绘图区域选择第一个对象。

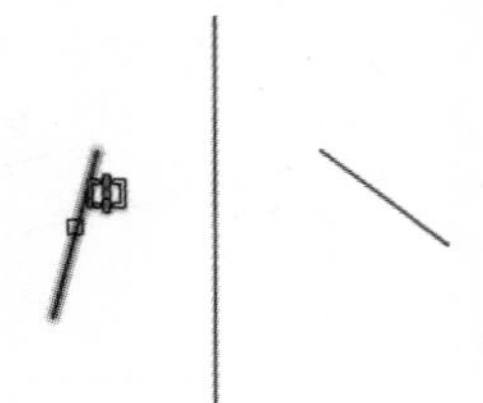

第3步 选择第二个对象。

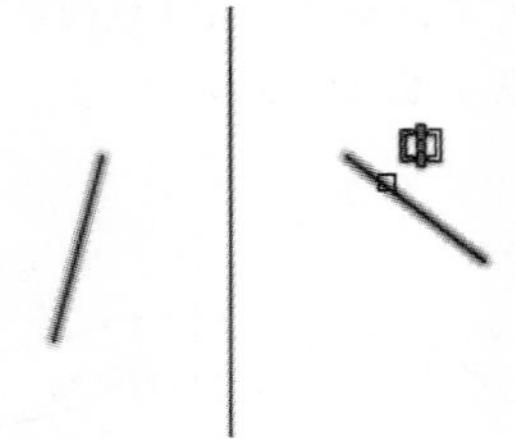

第4步 选择对称直线。

第5步 结果如下图所示。

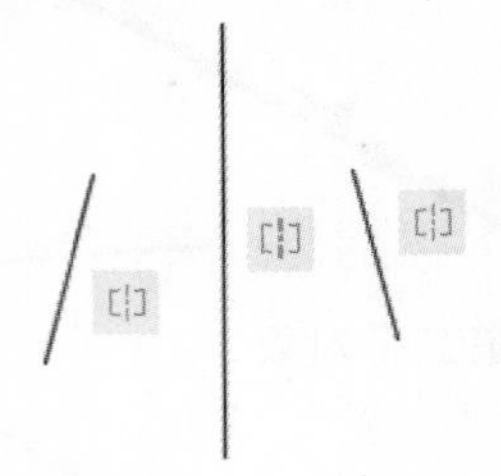

10. 相切约束

相切约束是约束两条曲线，使其彼此相切或其延长线彼此相切。

在 AutoCAD 2016 中调用【相切约束】命令通常有以下 3 种方法。

(1) 单击【参数化】选项卡→【几何】面板中的【相切约束】按钮。

(2) 选择【参数】→【几何约束】→【相切】命令。

(3) 在命令行中输入"GEOMCONSTRAINT"命令并按【Space】键确认，然后输入"T"。

相切约束的具体操作步骤如下。

第1步 打开随书光盘中的"素材\CH09\相切几何约束.dwg"文件，如下图所示。

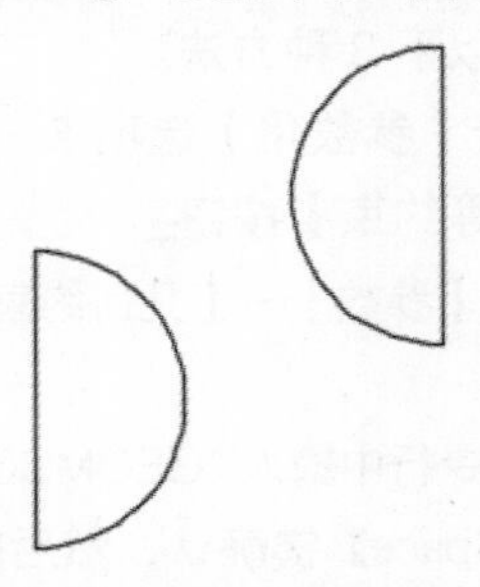

第2步 单击【参数化】选项卡→【几何】面板中的【相切约束】按钮，在绘图区域选择第一个对象。

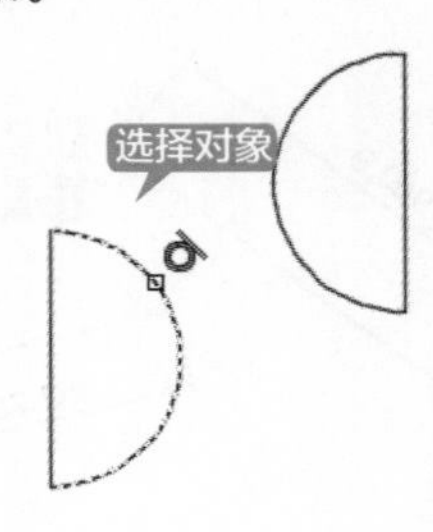

第 3 步 选择第二个对象。

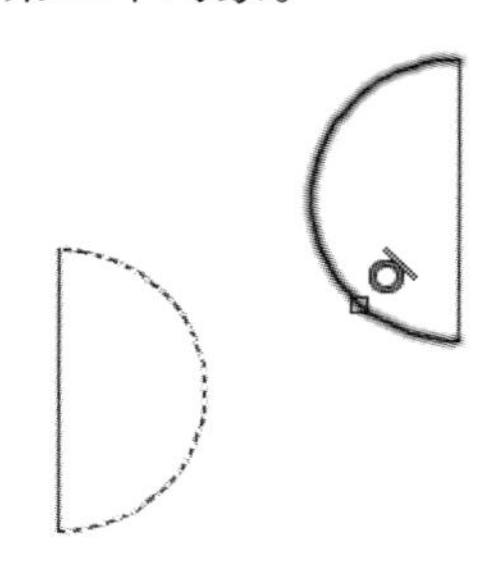

第 4 步 结果如下图所示。

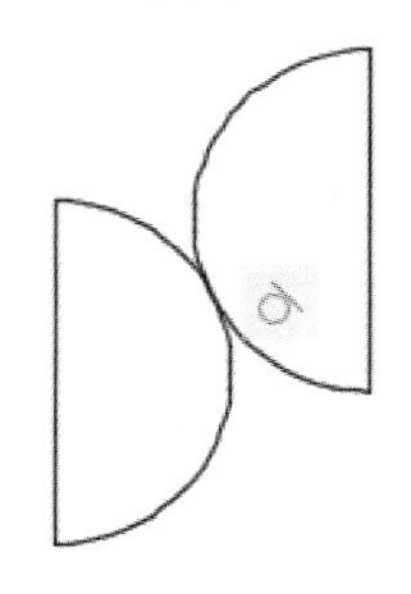

11. 平滑约束

平滑约束是将一条样条曲线与其他样条曲线、直线、圆弧或多段线彼此相连接并保持 G2 连续（曲线与曲线在某一点处于相切连续状态，两条曲线在这一点曲率的向量如果相同，就说明这两条曲线处于 G2 连续）。

在 AutoCAD 2016 中调用【平滑约束】命令通常有以下 3 种方法。

(1) 单击【参数化】选项卡→【几何】面板中的【平滑约束】按钮。

(2) 选择【参数】→【几何约束】→【平滑】命令。

(3) 在命令行中输入“GEOMCONSTRAINT”命令并按【Space】键确认，然后输入“SM”。

平滑约束的具体操作步骤如下。

第 1 步 打开随书光盘中的“素材 \CH09\ 平滑几何约束 .dwg”文件，如下图所示。

第 2 步 单击【参数化】选项卡→【几何】面板中的【平滑约束】按钮，在绘图区域选择样条曲线。

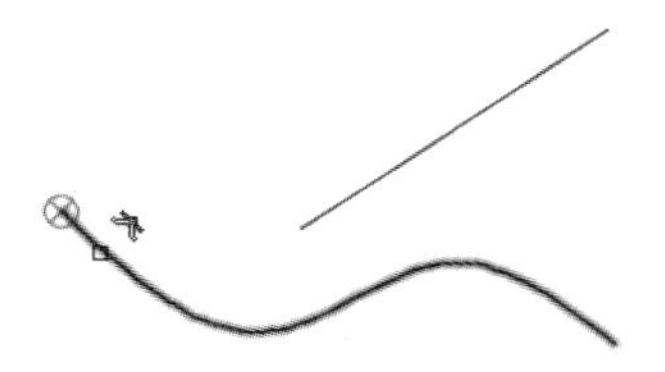

第 3 步 选择直线对象。

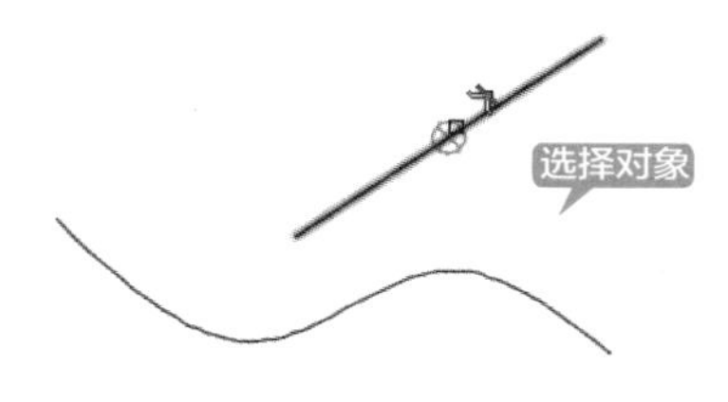

第 4 步 结果如下图所示。

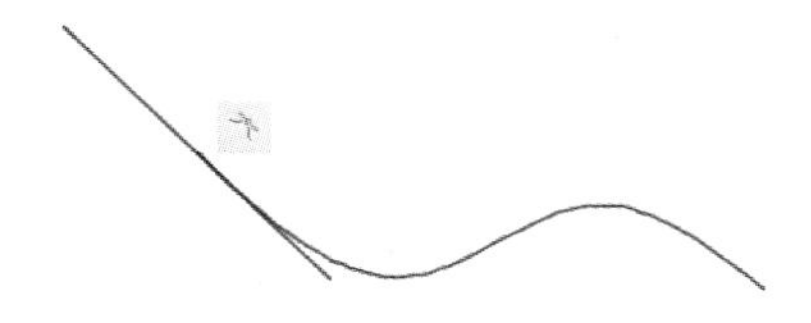

12. 固定约束

固定约束可以使一个点或一条曲线固定在相对于世界坐标系的特定位置和方向上。

在 AutoCAD 2016 中调用【固定约束】命令通常有以下 3 种方法。

(1) 单击【参数化】选项卡→【几何】面板中的【固定约束】按钮。

(2) 选择【参数】→【几何约束】→【固定】命令。

(3) 在命令行中输入“GEOMCONSTRAINT”命令并按【Space】键确认，然后输入“F”。

固定约束的具体操作步骤如下。

第 1 步 打开随书光盘中的“素材 \CH09\ 固定几何约束 .dwg”文件，如下图所示。

第2步 单击【参数化】选项卡→【几何】面板中的【固定约束】按钮，在绘图区域选择一个点。

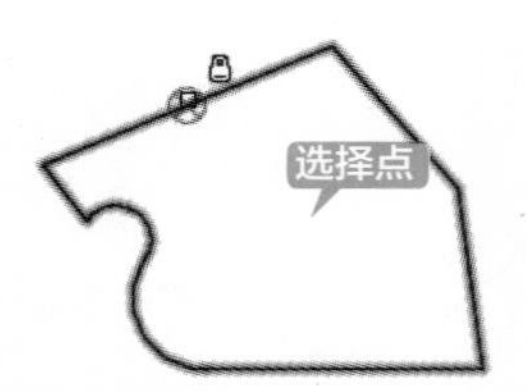

第3步 结果CAD会对该点形成一个约束，如下图所示。

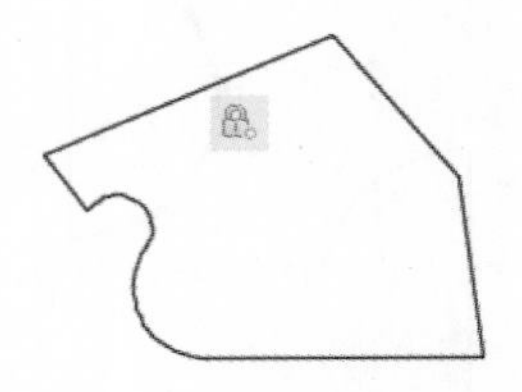

9.3.3 标注约束

标注约束可以确定对象、对象上的点之间的距离或角度，也可以确定对象的大小。标注约束包括名称和值。默认情况下，标注约束是动态的。对常规参数化图形和设计任务来说，它们是非常理想的。动态约束具有5个特征：① 缩小或放大时大小不变；② 可以轻松打开或关闭；③ 以固定的标注样式显示；④ 提供有限的夹点功能；⑤ 打印时不显示。

提示

图形经过标注约束后，修改约束后的标注值就可以更改图形的形状。

单击【参数化】选项卡→【标注】面板中的【全部显示/全部隐藏】按钮/，可以全部显示或全部隐藏表约束，如果图中有多个标注约束，可以通过单击【显示/隐藏】按钮，根据需要自由地选择显示哪些约束、隐藏哪些约束。

1. 线性/对齐约束

线性约束包括水平约束和竖直约束，水平约束是约束对象上两个点之间或不同对象上两个点之间 x 轴方向的距离，竖直约束是约束对象上两个点之间或不同对象上两个点之间 y 轴方向的距离。

对齐约束是约束对象上两个点之间的距离，或者约束不同对象上两个点之间的距离。

在AutoCAD 2016中调用【线性/对齐约束】命令通常有以下3种方法。

(1) 单击【参数化】选项卡→【标注】面板中的【水平/竖直/对齐】按钮//。

(2) 选择【参数】→【标注约束】→【水平/竖直/对齐】命令。

(3) 在命令行中输入“DIMCONSTRAINT”命令并按【Space】键确认，然后选择相应的约束。

线性/对齐约束的具体操作步骤如下。

第1步 打开随书光盘中的“素材\CH09\线性和对齐标注约束.dwg”文件，如下图所示。

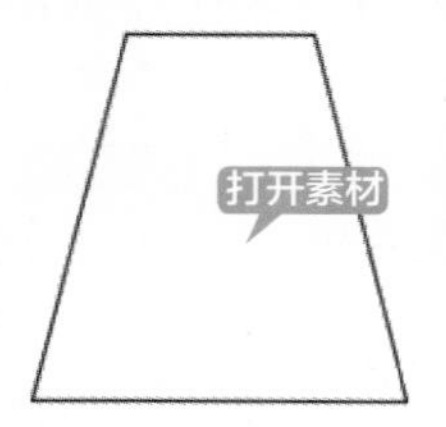

第2步 单击【参数化】选项卡→【标注】面板中的【水平】按钮，当命令行提示指定第一个约束点时直接按【Space】键，接受默认选项。

```
命令：_DcHorizontal
指定第一个约束点或 [对象(O)] <对象>:
```

第 3 步 选择上端水平直线。

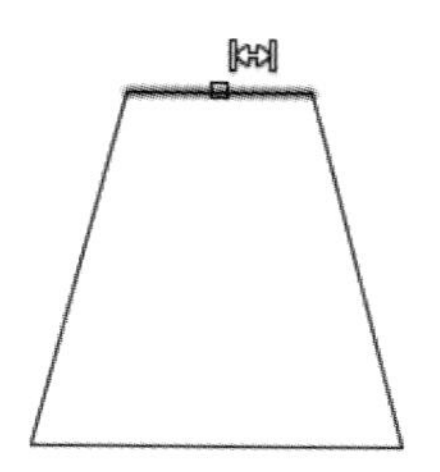

第 4 步 拖动鼠标在合适的位置单击确定标注的位置，然后在绘图区空白处单击鼠标接受标注值。

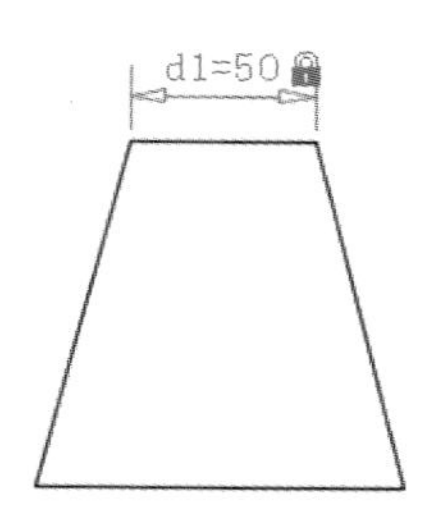

第 5 步 重复第 2 步～第 3 步，选择上端水平直线为标注对象，然后拖动鼠标确定标注位置。

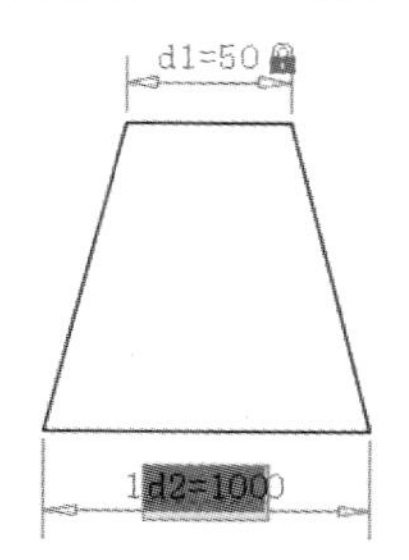

第 6 步 当提示确定标注值时，将原标注值改为“d2=2*d1”，然后在绘图区空白处单击鼠标，结果如下图所示。

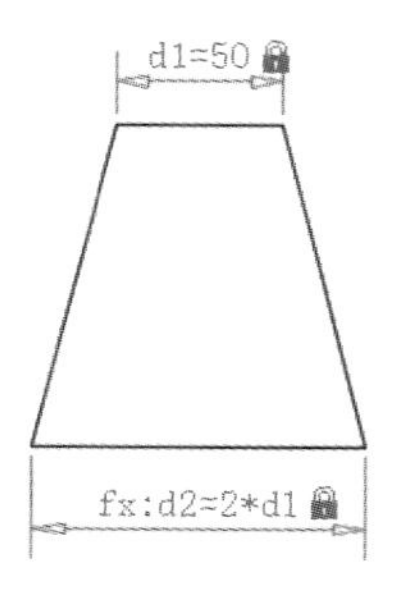

第 7 步 单击【参数化】选项卡→【标注】面板中的【竖直】按钮，然后指定第一个约束点。

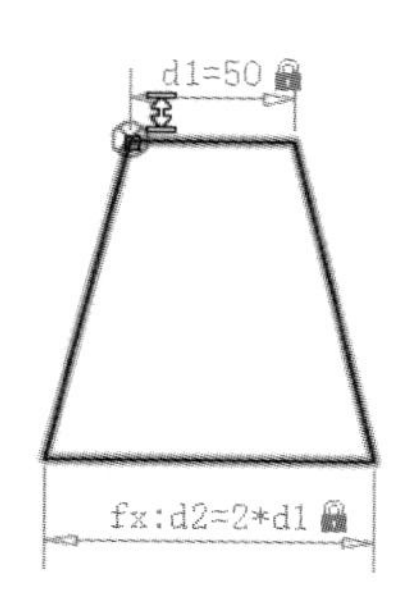

第 8 步 指定第二个约束点。

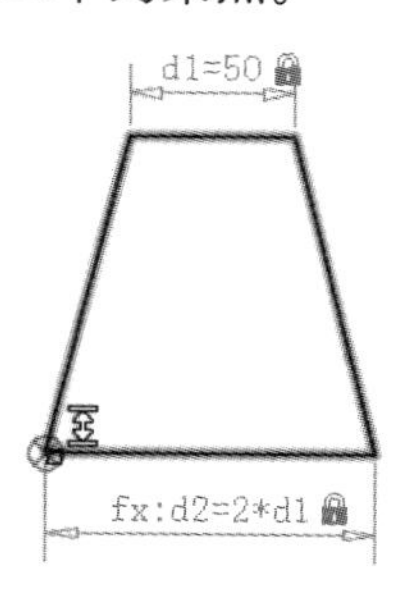

第 9 步 拖动鼠标在合适的位置单击确定标注的位置，然后将标注值改为“d3=1.2*d1”，结果如下图所示。

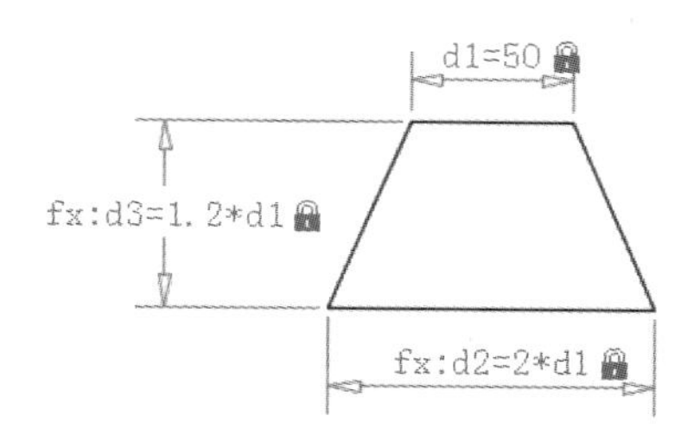

第 10 步 单击【参数化】选项卡→【标注】面板中的【对齐】按钮，当命令行提示指定第一个约束点时直接按【Space】键，接受默认选项。然后选择右侧的斜边进行标注，并将标注值改为“d4=1.5*d1”，结果如下图所示。

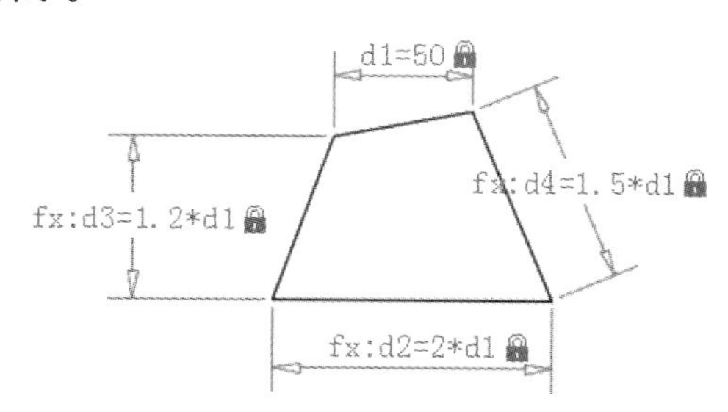

提示

当图形中的某些尺寸有固定的函数关系时，可以通过这种函数关系把这些相关的尺寸都联系在一起。例如上图所有的尺寸都和 d1 长度联系在一起，当图形发生变化时，只需要修改 d1 的值，整个图形都会发生变化。

2. 半径 / 直径 / 角度约束

半径 / 直径约束就是约束圆或圆弧的半径 / 直径值。

角度约束是约束直线段或多段线线段之间的角度、由圆弧或多段线圆弧段扫掠得到的角度，或对象上 3 个点之间的角度。

在 AutoCAD 2016 中调用【半径 / 直径 / 角度约束】命令通常有以下 3 种方法。

(1) 单击【参数化】选项卡→【标注】面板中的【半径 / 直径 / 角度】按钮 / / 。

(2) 选择【参数】→【标注约束】→【半径 / 直径 / 角度】命令。

(3) 在命令行中输入“DIMCONSTRAINT”命令并按【Space】键确认，然后选择相应的约束。

线性 / 对齐约束的具体操作步骤如下。

第 1 步 打开随书光盘中的“素材 \CH09\ 半径直径和角度标注约束 .dwg”文件，如下图所示。

第 2 步 单击【参数化】选项卡→【标注】面板中的【半径】按钮，然后选中小圆弧。

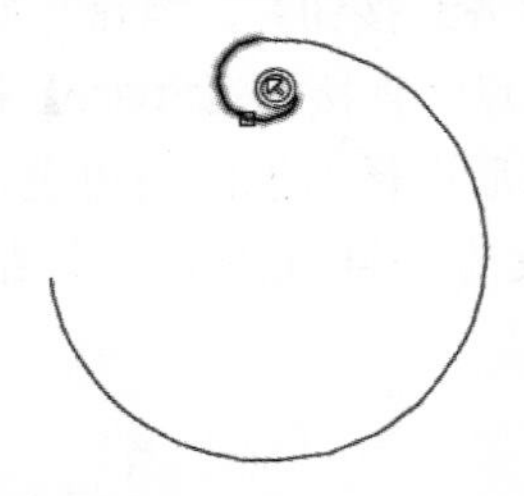

第 3 步 拖动鼠标将标注值放到合适的位置。

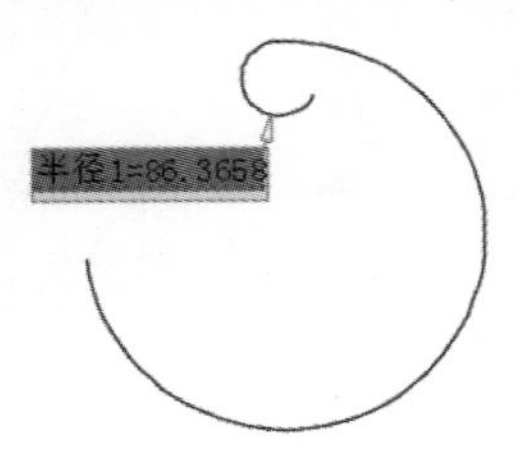

第 4 步 标注位置放置好后，将标注半径值改为“170”，结果如下图所示。

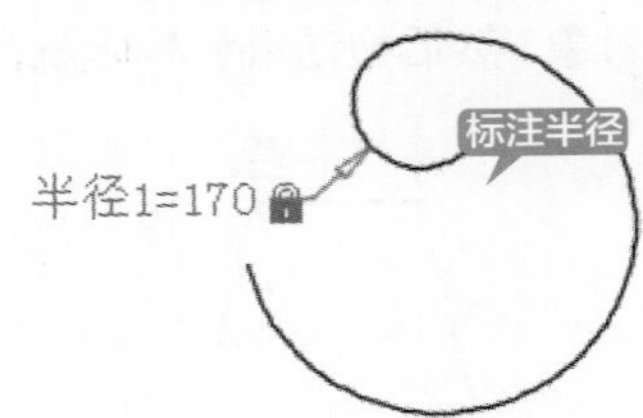

第 5 步 单击【参数化】选项卡→【标注】面板中的【直径】按钮，然后选中大圆弧，拖动鼠标将标注值放到合适的位置。

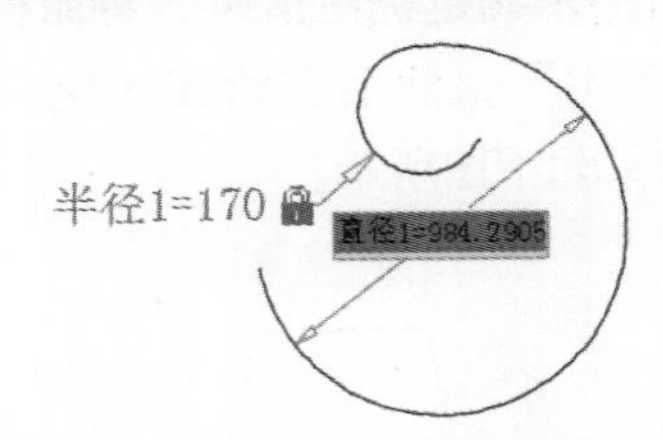

第 6 步 将标注直径值改为“800”，结果如下图所示。

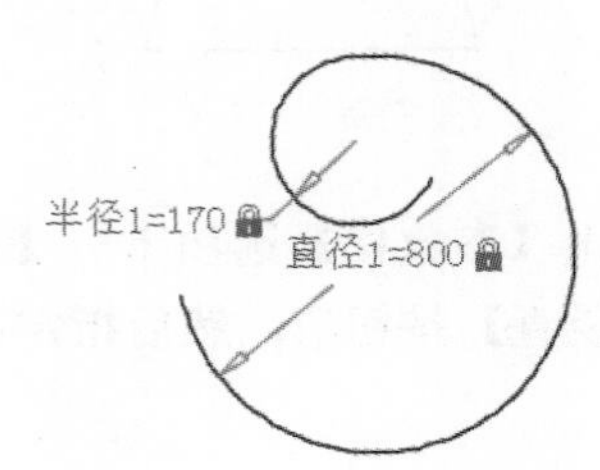

第7步 单击【参数化】选项卡→【标注】面板中的【角度】按钮，选择小圆弧，拖动鼠标将标注值放到合适的位置，然后在绘图区空白处单击鼠标接受标注值，结果如下图所示。

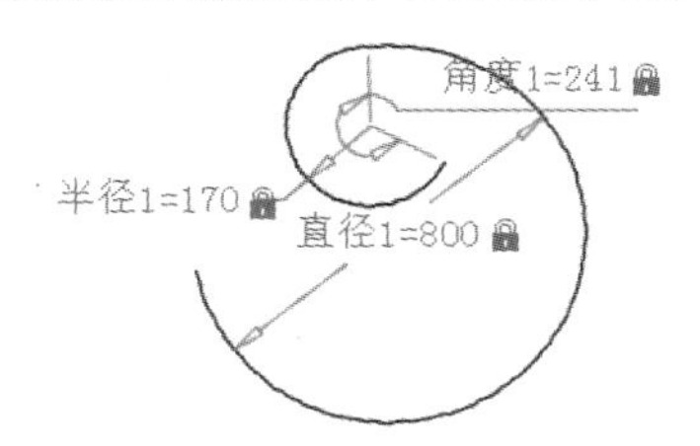

第8步 重复第7步，标注大圆弧的角度。

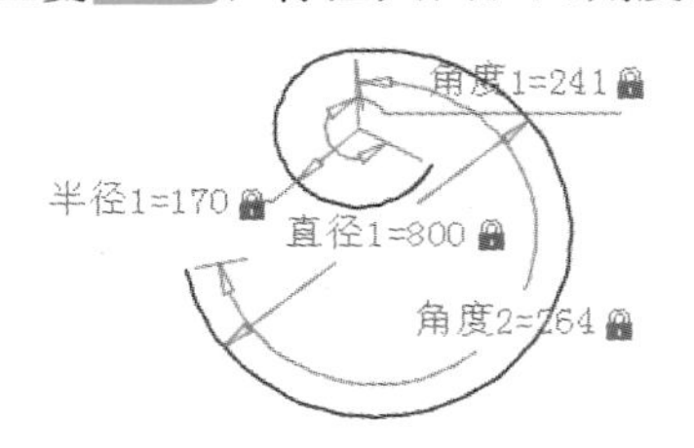

第9步 双击角度为“241”的标注，将角度值改为“180”。

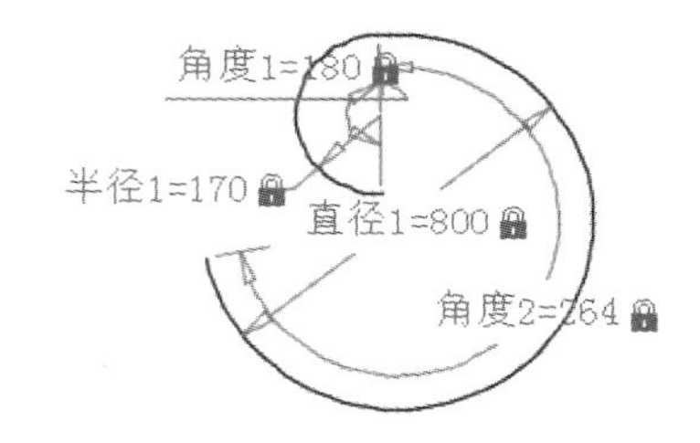

第10步 单击【参数化】选项卡→【标注】面板中的【全部隐藏】按钮，结果如下图所示。

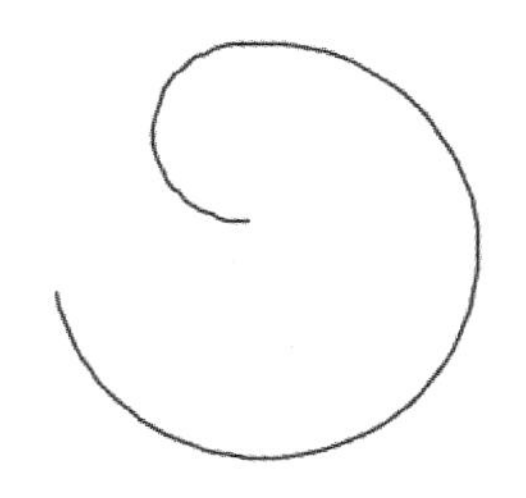

9.4 给吊顶灯平面图添加约束

通过 9.3 节的介绍，对参数化设计有了一个大致的认识了，下面通过给灯具平面图添加几何约束和标注约束来进一步巩固约束的内容。约束完成后如下图所示。

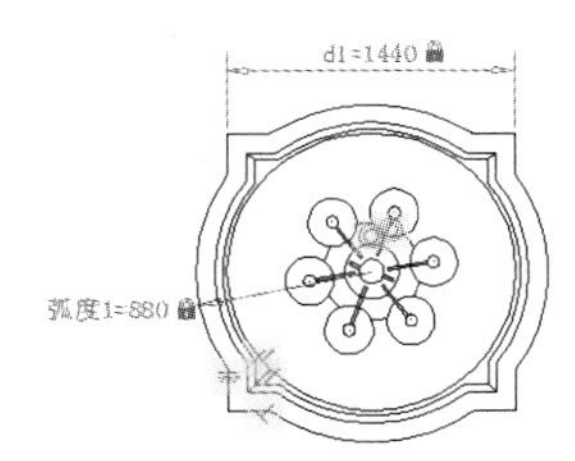

9.4.1 添加几何约束

首先给灯具平面图添加几何约束，具体的操作步骤如下。

第1步 打开随书光盘中的“素材\CH09\吊顶灯平面图 .dwg”文件，如下图所示。

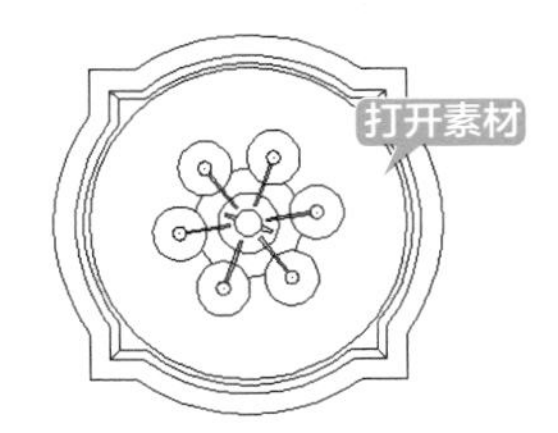

第2步 调用同心约束命令，然后选择图形中央的小圆为第一个对象。

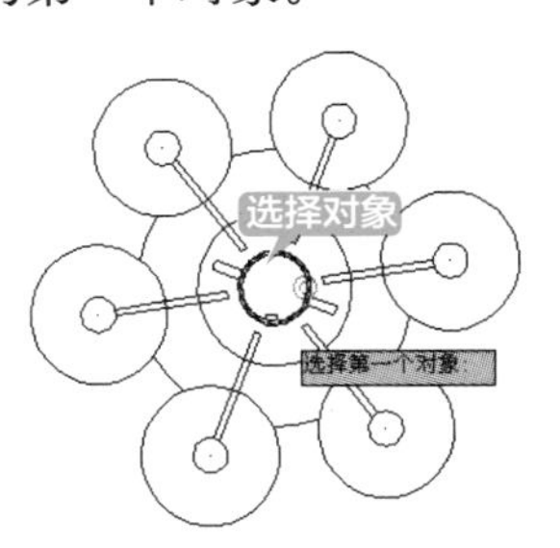

第3步 选择位于小圆外侧的第一个圆为第二个对象，系统会自动生成一个同心约束效果。

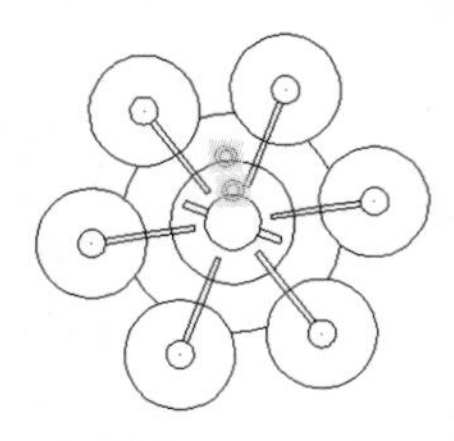

第4步 调用水平约束命令，在图形左下方选择水平直线，将直线约束为与 x 轴平行。

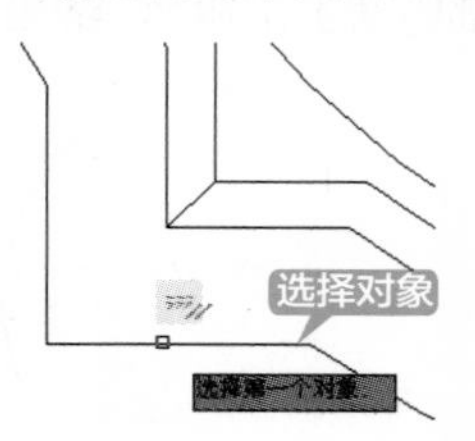

第5步 调用平行约束命令，选择水平约束的直线为第一个对象。

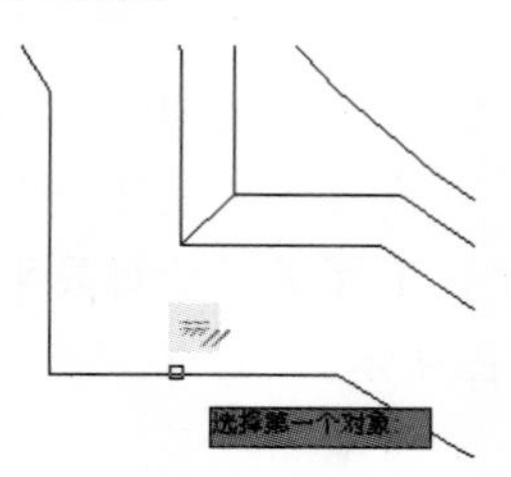

第6步 选择上方的水平直线为第二个对象。

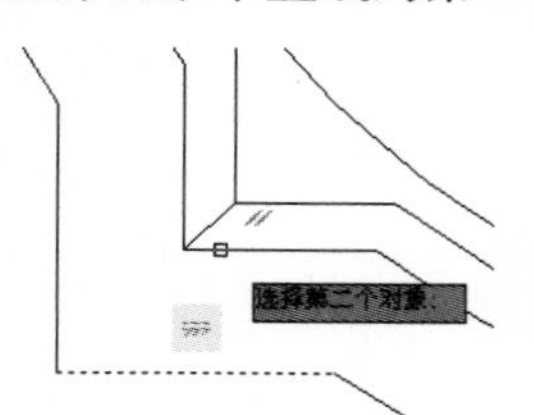

第7步 系统会自动生成一个平行约束。

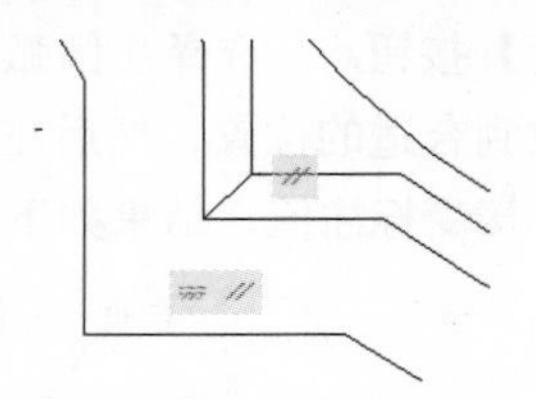

第8步 调用垂直约束命令，选择水平约束的直线为第一个对象。

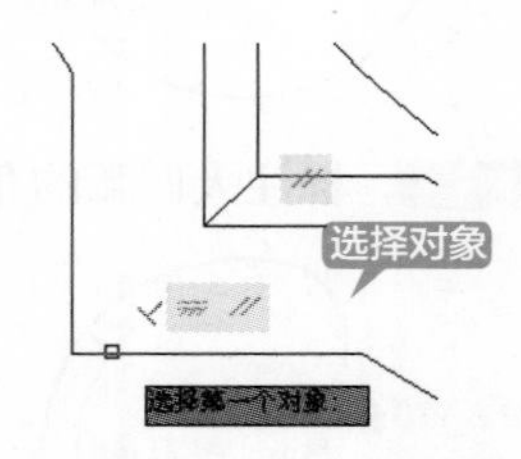

第9步 选择与之相交的直线为第二个对象。

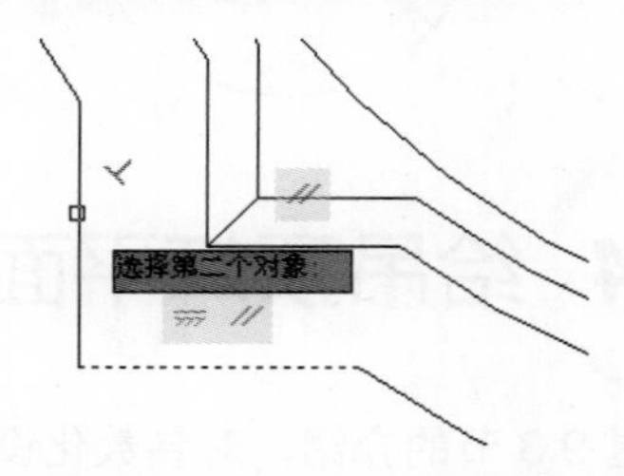

第10步 系统会自动生成一个垂直约束，如下图所示。

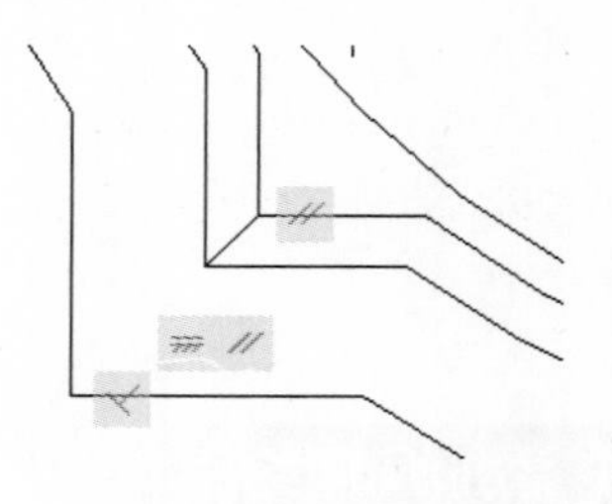

9.4.2 添加标注约束

几何约束完成后接下来进行标注约束，具体的操作步骤如下。

第1步 调用水平标注命令，然后在图形中指定第一个约束点，如下图所示。

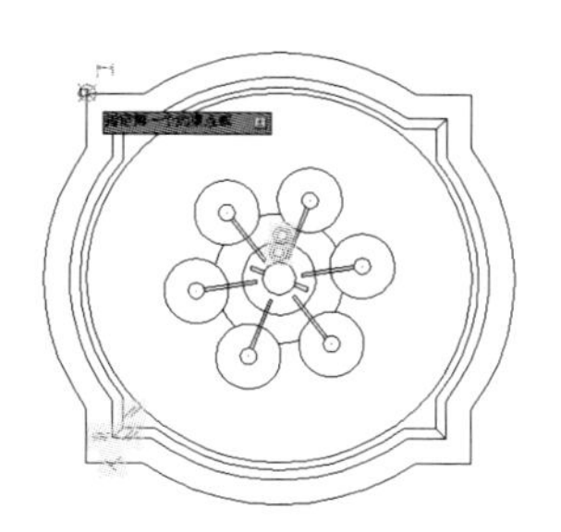

第 2 步　指定第二个约束点。

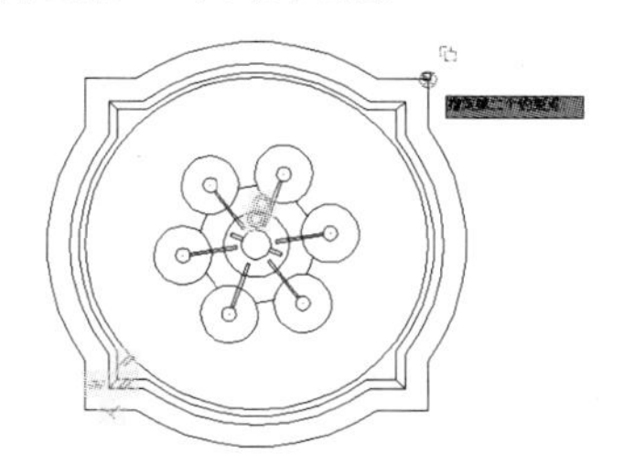

第 3 步　拖动鼠标到合适的位置，显示原始尺寸，如下图所示。

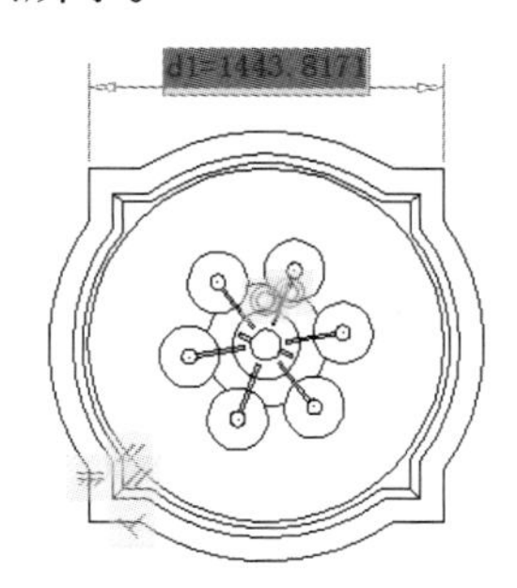

第 4 步　将尺寸值修改为“1440”，然后在空白区域单击鼠标，结果如下图所示。

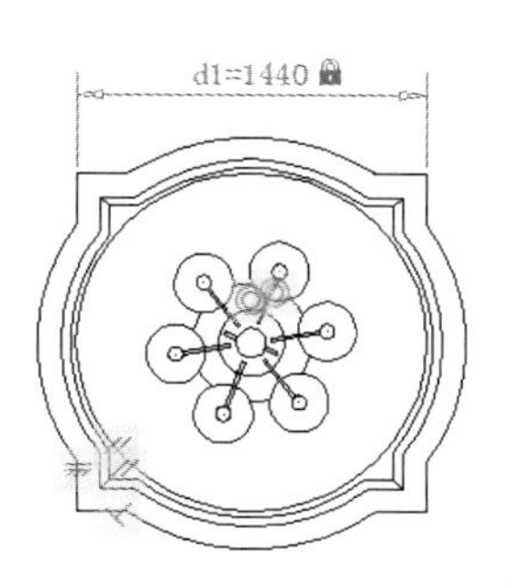

第 5 步　调用半径标注约束命令，然后在图形中指定圆弧，拖动鼠标将约束放置到合适的位置。

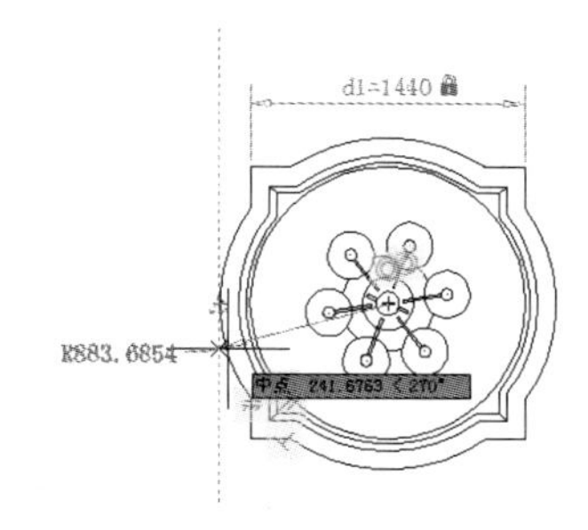

第 6 步　将半径值改为“880”，然后在空白处单击鼠标，系统会自动生成一个半径标注约束，如下图所示。

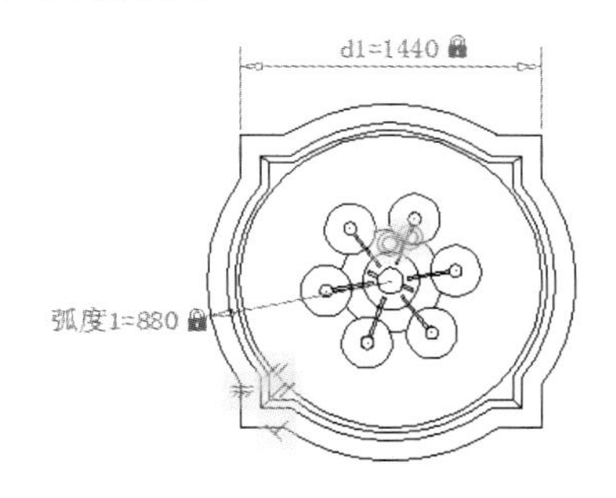

查询卧室对象属性

本案例通过查看门窗开洞的大小、房间的使用面积以及铺装面积来对本章所介绍的查询命令重新回顾一下。

查询卧室对象属性的具体操作步骤如表 9-1 所示。

表 9-1　查询卧室对象属性

步骤	创建方法	过程	结果
1	查询门洞和窗洞的宽度		门洞查询结果： 距离 = 900.0000，XY 平面中的倾角 = 0，与 XY 平面的夹 角 = 0 X 增量 = 900.0000，Y 增量 = 0.0000，Z 增量 = 0.0000 窗洞查询结果： 距离 = 2400.0000，XY 平面中的倾角 = 0，与 XY 平面的夹角 = 0 X 增量 = 2400.0000，Y 增量 = 0.0000，Z 增量 = 0.0000
2	查询卧室面积和铺装面积		卧室面积和周长： 区域 = 16329600.0000，周长 = 16440.0000 铺装面积和周长： 区域 = 9073120.0559，周长 = 24502.4412
3	列表查询床信息		

下面将对【DBLIST】和【LIST】命令的区别以及点坐标查询和距离查询时的注意事项进行详细介绍。

◇ DBLIST 和 LIST 命令的区别

【LIST】命令为选定对象显示特性数据，而【DBLIST】命令则列出图形中每个对象的数据库信息，下面将分别对这两个命令进行详细介绍。

第 1 步　打开随书光盘中的“素材\CH09\查询技巧 .dwg”文件。

第 2 步　在命令行输入“LIST”命令并按【Enter】键确认，然后在绘图区域中选择直线图形，如下图所示。

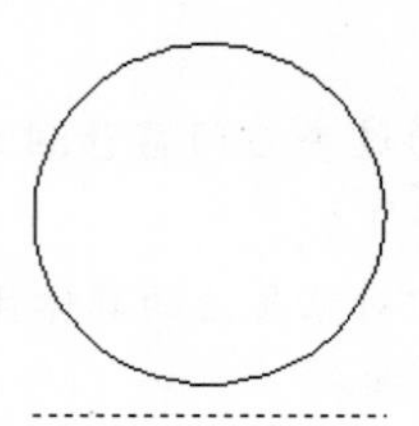

第 3 步 按【Enter】键确认，查询结果如下图所示。

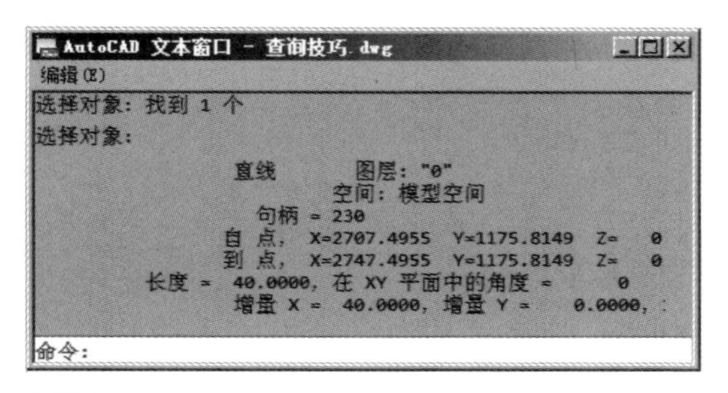

第 4 步 在命令行中输入“DBLIST”命令并按【Enter】键确认，命令行中显示了查询结果。

命令 : DBLIST
圆 图层 : "0"
空间 : 模型空间
句柄 = 22f
圆心 点， X=2727.4955
Y=1199.4827 Z= 0.0000
半径 20.0000
周长 125.6637
面积 1256.6371
直线 图层 : "0"

第 5 步 按【Enter】键可继续进行查询。

按 ENTER 键继续 :
空间 : 模型空间
句柄 = 230
自 点， X=2707.4955
Y=1175.8149 Z= 0.0000
到 点， X=2747.4955
Y=1175.8149 Z= 0.0000
长度 = 40.0000，在 XY 平面中的角度 = 0
增量 X = 40.0000，增量 Y = 0.0000，增量 Z = 0.0000

◇ 点坐标查询和距离查询时的注意事项

如果绘制的图形是三维图形，在【选项】对话框的【绘图】选项卡选中【使用当前标高替换 Z 值】复选框时，那么在为点坐标查询和距离查询拾取点时，所获取的值可能是错误的数据。

第 1 步 打开随书光盘中的“素材 \CH09\ 点坐标查询和距离查询时的注意事项 .dwg”文件，如下图所示。

第 2 步 在命令行中输入“ID”命令并按【Space】键调用点坐标查询，然后在绘图区域中捕捉如下图所示的圆心。

第 3 步 命令行显示查询结果如下。

X = −145.5920 Y = 104.4085 Z =155.8846

第 4 步 在命令行中输入“di”命令并按【Space】键调用距离查询命令，然后捕捉第 2 步捕捉的圆心为第一点，捕捉下图所示的圆心为第二点。

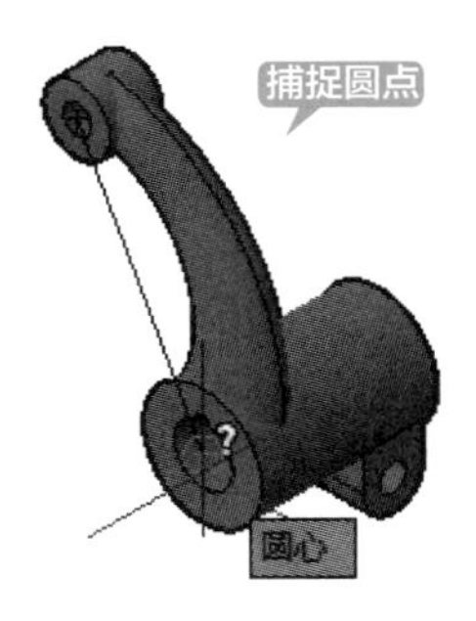

第 5 步 命令行显示查询结果如下。

距离 = 180.0562，XY 平面中的倾角 = 87，与 XY 平面的夹角 = 300
X 增量 = 4.5000， Y 增量 = 90.0000， Z 增量 = −155.8846

第6步 在命令行中输入“OP”命令并按【Space】键在弹出的【选项】对话框上单击【绘图】选项卡，然后在【对象捕捉选项】区域中选择【使用当前标高替换Z值】复选框，如下图所示。

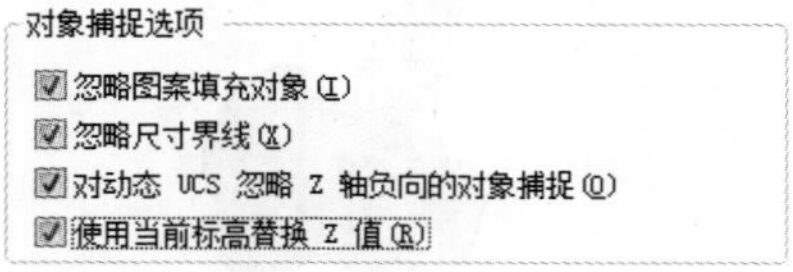

对象捕捉选项
- ☑ 忽略图案填充对象(I)
- ☑ 忽略尺寸界线(X)
- ☑ 对动态 UCS 忽略 Z 轴负向的对象捕捉(O)
- ☑ 使用当前标高替换 Z 值(R)

第7步 重复第2步，查询圆心的坐标，结果显示如下。

X = −145.5920　Y = 104.4085　Z = 0.0000

第8步 重复第4步，查询两圆心之间的距离，结果显示如下。

距离 = 90.1124，XY 平面中的倾角 = 87，与 XY 平面的夹角 = 0

X 增量 = 4.5000，　Y 增量 = 90.0000，　Z 增量 = 0.0000

第**4**篇

三维绘图篇

本篇主要介绍 AutoCAD 2016 三维绘图，通过本篇的学习，读者可以学习绘制三维图、三维图转二维图及渲染等操作。

第 10 章

绘制三维图

本章导读

AutoCAD 2016 不仅可以绘制二维平面图，还可以创建三维实体模型，相对于二维 *XY* 平面视图，三维视图多了一个维度，不仅有 *XY* 平面，还有 *ZX* 平面和 *YZ* 平面，因此，三维实体模型具有真实直观的特点。创建三维实体模型可以通过已有的二维草图来进行创建，也可以直接通过三维建模功能来完成。

思维导图

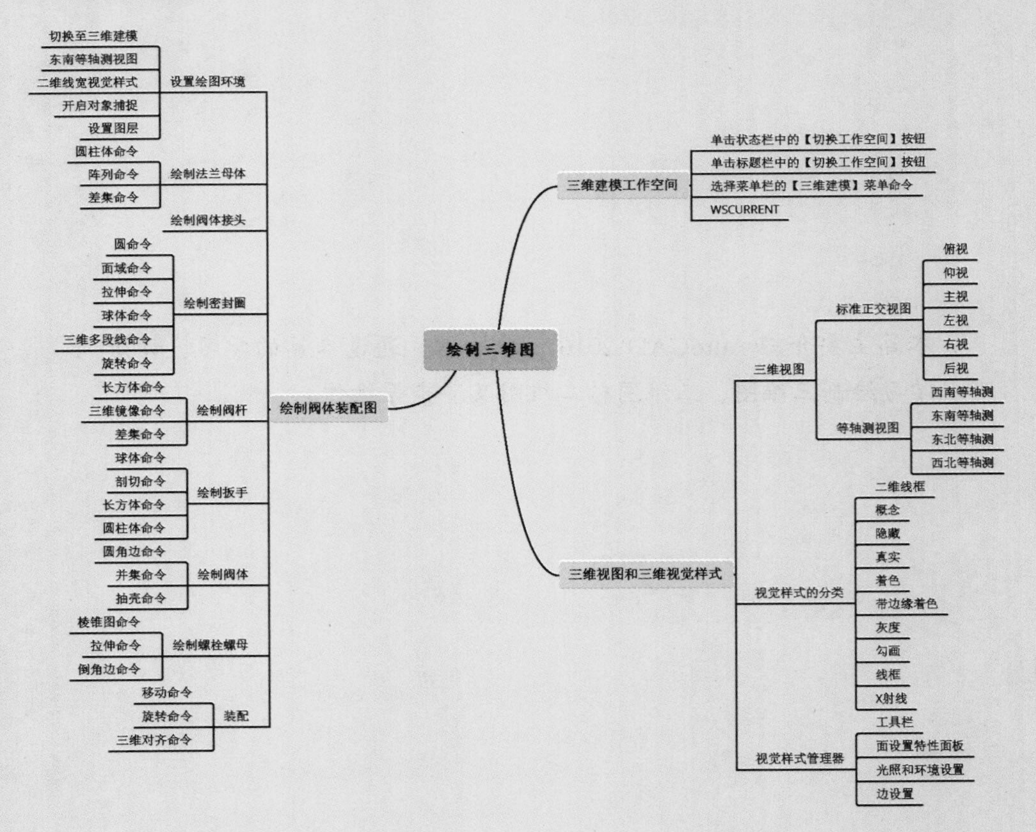

10.1 三维建模工作空间

三维图形是在三维建模空间下完成的，因此在创建三维图形之前，首先应该将绘图空间切换到三维建模模式。

切换到三维建模工作空间的方法，除了本书 1.2.1 小节介绍的两种方法外，还有以下两种方法。

(1) 选择【工具】→【工作空间】→【三维建模】命令。

(2) 在命令行中输入“WSCURRENT”命令并按【Space】键，然后输入“三维建模”。

切换到三维建模空间后，可以看到三维建模空间是由快速访问工具栏、菜单栏、选项卡、控制面板和绘图区和状态栏组成的集合，使用户可以在专门的、面向任务的绘图环境中工作，三维建模空间如下图所示。

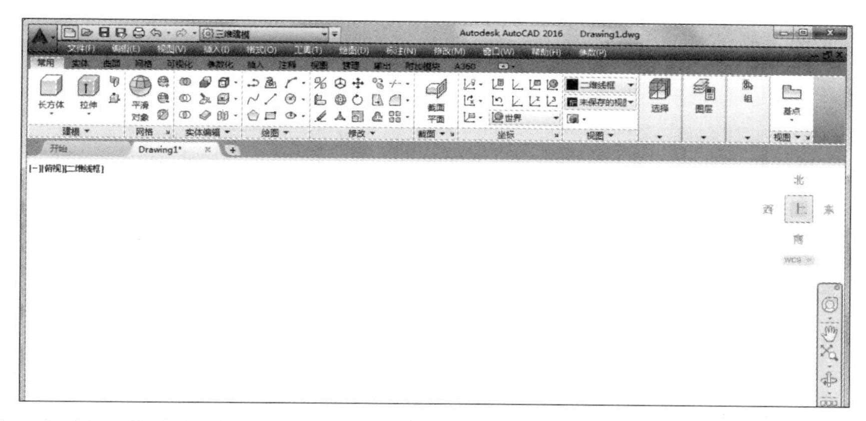

除了上面切换工作空间外，用户还可以在【工作空间设置】对话框中切换工作空间，并可以设置哪些工作空间显示、哪些不显示。

【工作空间设置】对话框的几种常用调用方法如下。

(1) 选择【工具】→【工作空间】→【工作空间设置】命令。

(2) 在命令行中输入“WSSETTINGS”命令并按【Space】键确认。

(3) 单击状态栏中的【切换工作空间】按钮，在弹出的选项板上选择【工作空间设置】选项。

下面将对【工作空间设置】对话框的相关内容进行详细介绍。

选择【工具】→【工作空间】→【工作空间设置】命令，系统弹出【工作空间设置】对话框，如图所示。

【工作空间设置】对话框中各选项含义如下。

- 【我的工作空间】：显示工作空间列表，从中可以选择要指定给【我的工作空间】工具栏按钮的工作空间。
- 【菜单显示及顺序】：控制要显示在【工作空间】工具栏和菜单中的工作空间名称，哪些工作空间名称的顺序，以及是否在工作空间名称之间添加分隔符。无论如何设置显示，此处以及【工作空间】工具栏和菜单中显示的工作空间均包括当前工作空间（在工具栏和菜单中显示有复选标记）以及在【我的工作空间】下拉列表中定义的工作空间。
- 【上移】：在显示顺序中上移工作空间名称。
- 【下移】：在显示顺序中下移工作空间名称。
- 【添加分隔符】：在工作空间名称之间添加分隔符。
- 【不保存工作空间修改】：切换到另一个工作空间时，不保存对工作空间所做的更改。
- 【自动保存工作空间修改】：切换到另一个工作空间时，将保存对工作空间所做的更改。

提示

如果用户在自定义快速访问工具栏中设置“工作空间”为显示，则在快速访问工具栏中也可以切换工作空间。

（1）单击快速访问工具栏的下拉列表，选择“工作空间”，如左图所示。

（2）“工作空间”显示在快速访问工具栏上，单击可以切换工作空间，如右图所示。

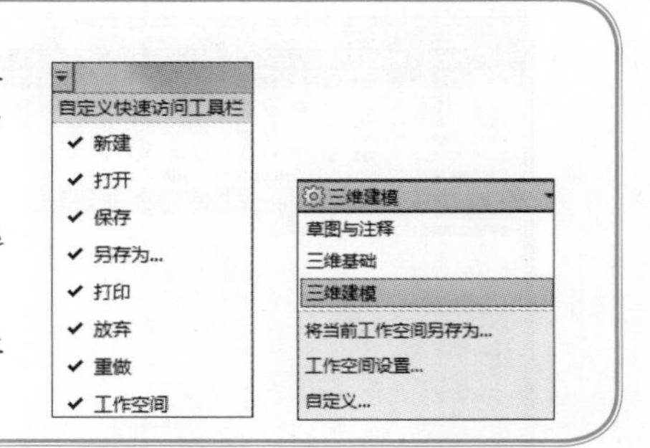

10.2 三维视图和三维视觉样式

视图是指从不同角度观察三维模型，对于复杂的图形可以通过切换视图样式来从多个角度全面观察图形。

视觉样式是用于观察三维实体模型在不同视觉下的效果，在 AutoCAD 2016 中程序提供了 10 种视觉样式，用户可以切换到不同的视觉样式来观察模型。

10.2.1 三维视图

三维视图可分为标准正交视图和等轴测视图。

标准正交视图：俯视、仰视、主视、左视、右视和后视。

等轴测视图：SW（西南）等轴测、SE（东南）等轴测、NE（东北）等轴测和 NW（西北）等轴测。

【三维视图】的切换通常有以下几种方法。

(1) 选择菜单栏中的【视图】→【三维视图】下的菜单命令，如下图所示。

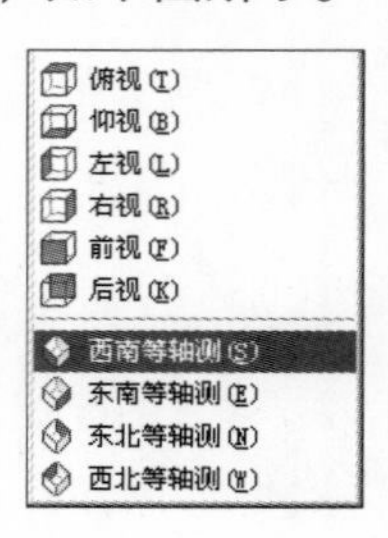

(2) 单击【常用】选项卡→【视图】面板→【三维导航】下拉列表，如下图所示。

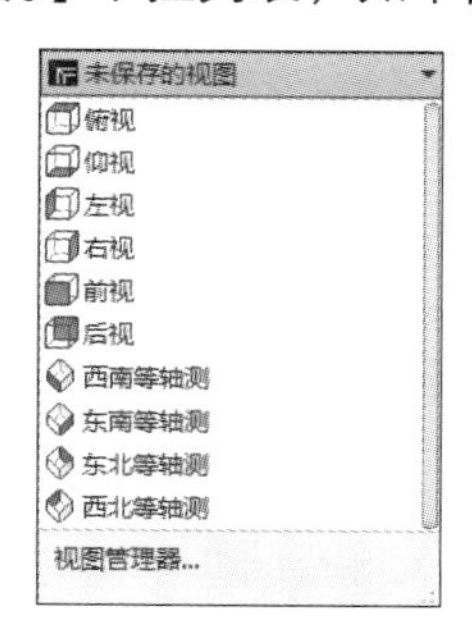

(3) 单击【可视化】选项卡→【视图】面板→下拉列表，如下图所示。

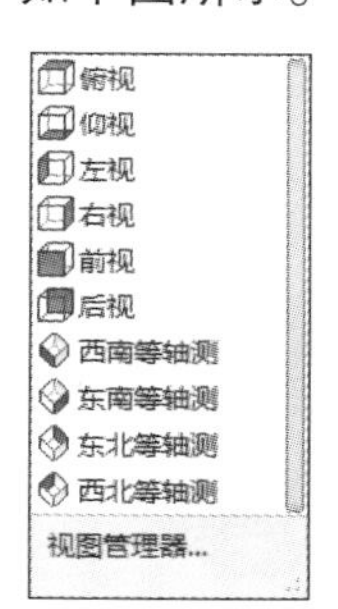

(4) 单击绘图窗口左上角的视图控件，如下图所示。

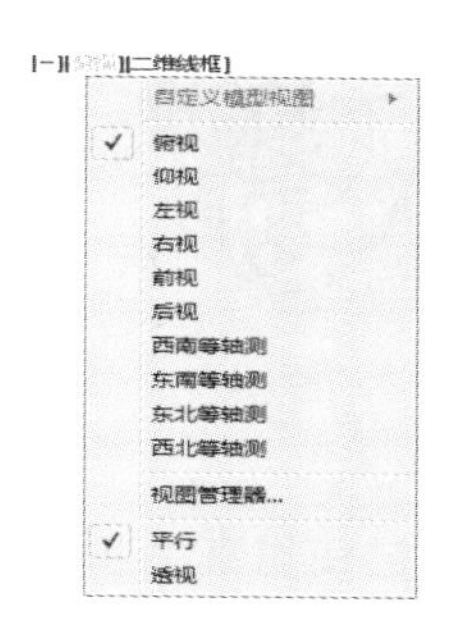

不同视图下显示的效果也不相同，如同一个实体，在“西南等轴测”视图下效果如下图左所示，而在“东南等轴测”视图下的效果如下图右所示。

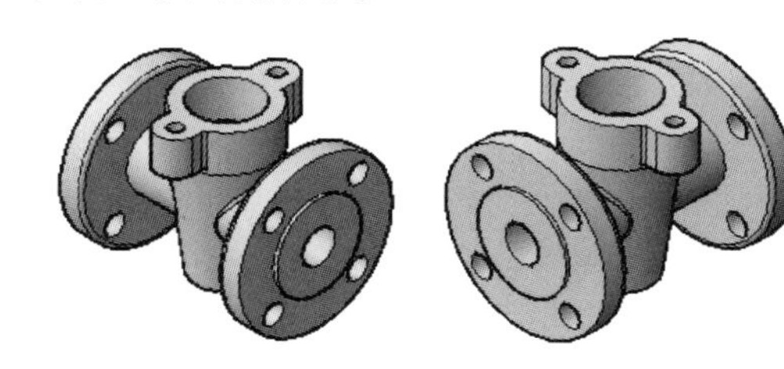

10.2.2 视觉样式的分类

AutoCAD 2016 中的视觉样式有 10 种类型：二维线框、概念、隐藏、真实、着色、带边缘着色、灰度、勾画、线框和 X 射线，程序默认的视觉样式为二维线框。

【视觉样式】的切换方法通常有以下几种方法。

(1) 选择菜单栏中的【视图】→【视觉样式】下的菜单命令，如下图左所示。

(2) 单击【常用】选项卡→【视图】面板→【视觉样式】下拉列表，如下图中所示。

(3) 单击【可视化】选项卡→【视觉样式】面板→【视觉样式】下拉列表，如下图中所示。

(4) 单击绘图窗口左上角的视图控件，如下图右所示。

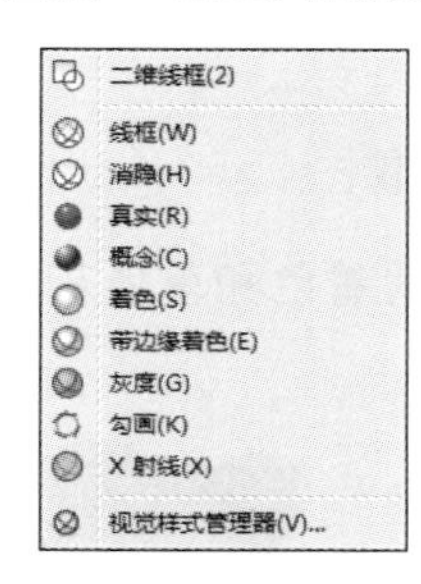

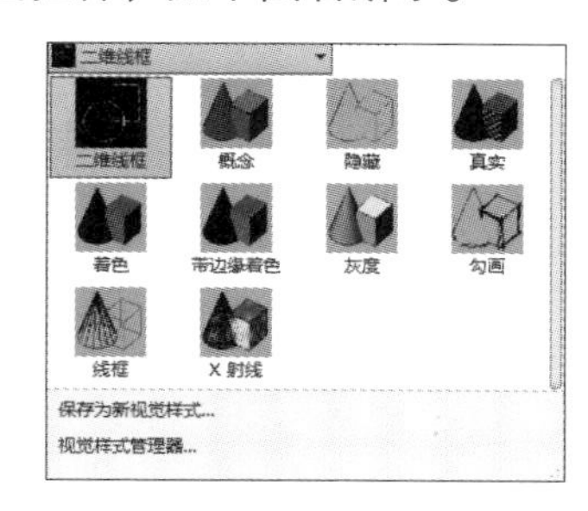

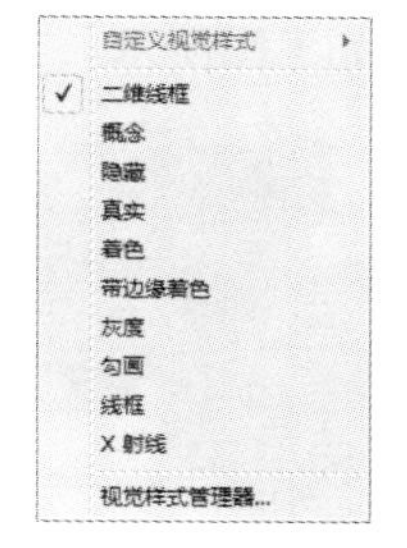

1. 二维线框

二维线框视觉样式显示是通过使用直线和曲线表示对象边界的显示方法。光栅图像、OLE 对象、线型和线宽均可见，如下图所示。

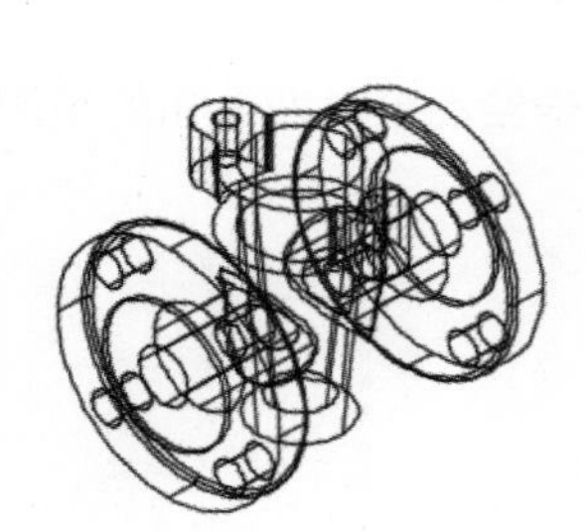

2. 线框

线框是通过使用直线和曲线表示边界从而来显示对象的方法，如下图所示。

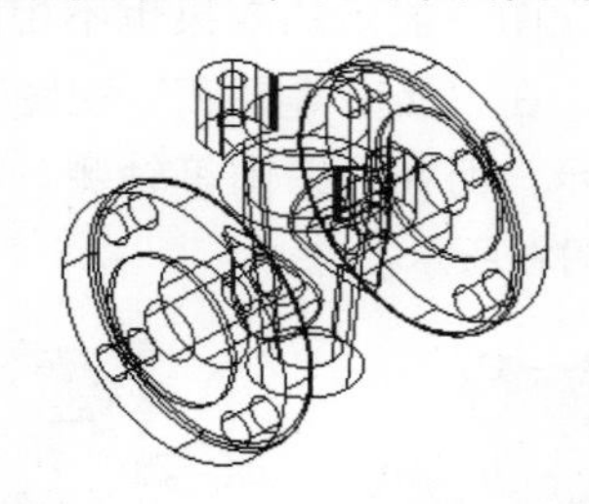

3. 隐藏

隐藏是用三维线框表示的对象，并且将不可见的线条隐藏起来，如下图所示。

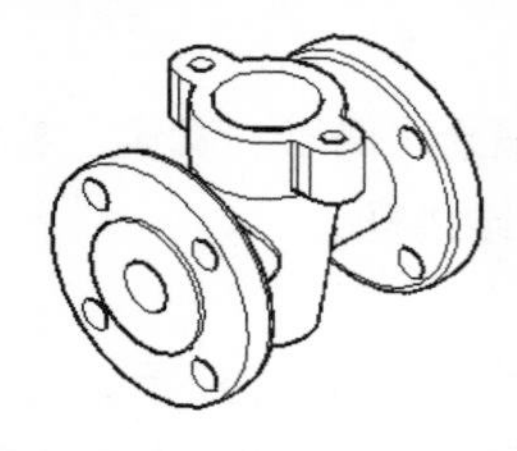

4. 真实

真实是将对象边缘平滑化，显示已附着到对象的材质，如下图所示。

5. 概念

概念是使用平滑着色和古氏面样式显示对象的方法，它是一种冷色和暖色之间的过渡，而不是从深色到浅色的过渡。虽然效果缺乏真实感，但是可以更加方便地查看模型的细节，如下图所示。

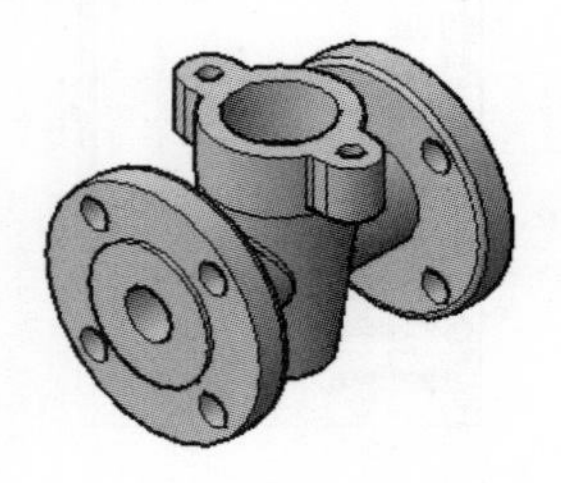

6. 着色

使用平滑着色显示对象，如下图所示。

7. 带边缘着色

使用平滑着色和可见边显示对象，如下图所示。

8. 灰度

使用平滑着色和单色灰度显示对象，如下图所示。

9. 勾画

使用线延伸和抖动边修改器显示手绘效果的对象，如下图所示。

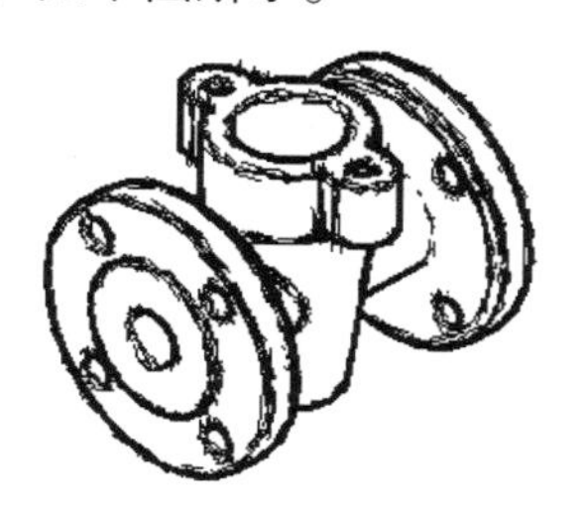

10. X 射线

以局部透明度显示对象，如下图所示。

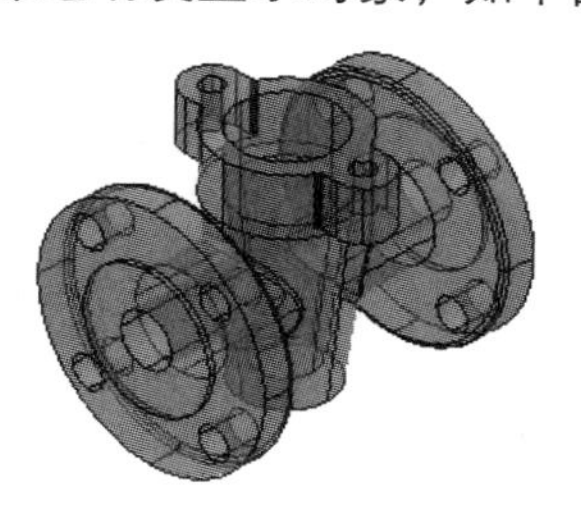

10.2.3 视觉样式管理器

视觉样式管理器用于管理视觉样式，对所选视觉样式的面、环境、边等特性进行自定义设置。

在 AutoCAD 2016 中视觉样式管理器的调用方法和视觉样式的调用相同，在弹出的【视觉样式】下拉列表中选择【视觉样式管理器】选项即可，具体参见 10.2.2 小节（在 3 个图的最下边可以看到“视觉样式管理器…”字样）。

打开【视觉样式管理器】选项板，当前的视觉样式用黄色边框显示，其可用的参数设置将显示在样例图像下方的面板中，如下图所示。

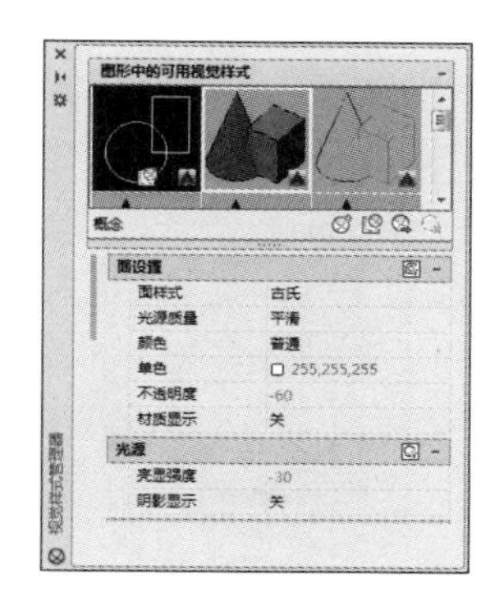

1. 工具栏

用户可通过工具栏创建或删除视觉样式，将选定的视觉样式应用于当前视口，或者将选定的视觉样式输出到工具选项板。

2. 【面设置】特性面板

【面设置】特性面板用于控制三维模型的面在视口中的外观，如下图所示。

面设置	
面样式	古氏
光源质量	平滑
颜色	普通
单色	□ 255, 255, 255
不透明度	-60
材质显示	关

其中各选项的意义如下。

【面样式】选项：用于定义面上的着色。其中，“真实”即非常接近于面在现实中的表现方式；“古氏”样式是使用冷色和暖色，而不是暗色和亮色来增强面的显示效果。

【光源质量】选项：用于设置三维实体的面插入颜色的方式。

【颜色】选项：用于控制面上的颜色的显示方式，包括“普通”“单色”“明”和“降饱和度”4 种显示方式。

【单色】选项：用于设置面的颜色。

【不透明度】选项：可以控制面在视口中的不透明度。

【材质显示】选项：用于控制是否显示材质和纹理。

3. 光照和环境设置

【亮显强度】选项：可以控制亮显在无材质的面上的大小。

【环境设置】特性面板：用于控制阴影和背景的显示方式，如下图所示。

光照	
亮显强度	-30
阴影显示	关
环境设置	
背景	开

4. 边设置

【边设置】特性面板：用于控制边的显示方式，如下图所示。

边设置	
显示	镶嵌面边
颜色	白
被阻挡边	
显示	否
颜色	随图元
线型	实线
相交边	
显示	否
颜色	白
线型	实线

10.3 绘制阀体装配图

阀体是机械设计中常见的零部件，本例通过圆柱体、三维阵列、布尔运算、长方体、圆角边、三维边编辑、球体、三维多段线等命令来绘制阀体装配图的三维图，绘制完成后的效果如下图所示。

10.3.1 设置绘图环境

在绘图之前，首先将绘图环境切换为“三维建模”工作空间，然后对对象捕捉进行设置，并创建相应的图层。

设置绘图环境的具体操作步骤如下。

第1步 启动 AutoCAD2016，新建一个 dwg 文件，然后单击状态栏的图标，在弹出的快捷菜单中选择【三维建模】选项。

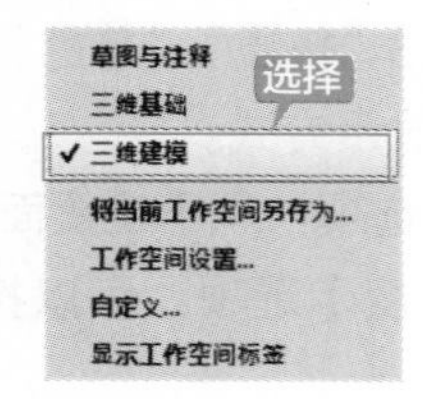

第2步 单击绘图窗口左上角的【视图】控件，在弹出的快捷菜单中选择【西南等轴测】选项。

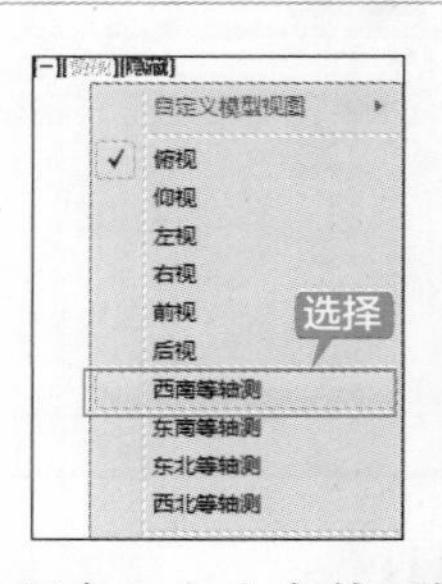

第3步 单击绘图窗口左上角的【视觉样式】控件，在弹出的快捷菜单中选择【二维线宽】选项。

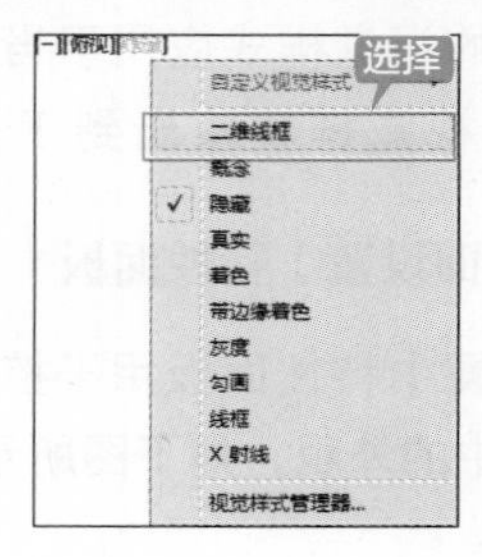

第 4 步 选择【工具】→【绘图设置】命令，在弹出的【草图设置】对话框中选择【对象捕捉】选项卡，并对对象捕捉进行如下设置。

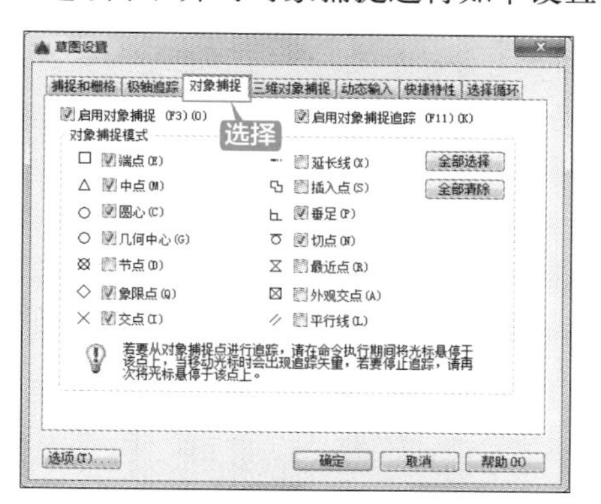

第 5 步 选择【格式】→【图层】命令，在弹出的【图层特性管理器】对话框中设置如下几个图层，并将“法兰母体”图层置为当前层。

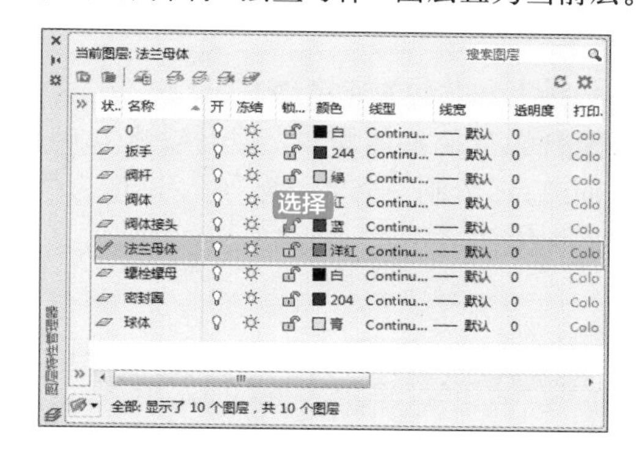

10.3.2 绘制法兰母体

绘制法兰母体主要用到圆柱体命令、阵列命令和差集命令。

绘制法兰母体的具体操作步骤如下。

第 1 步 单击【常用】选项卡→【建模】面板→【圆柱体】按钮。

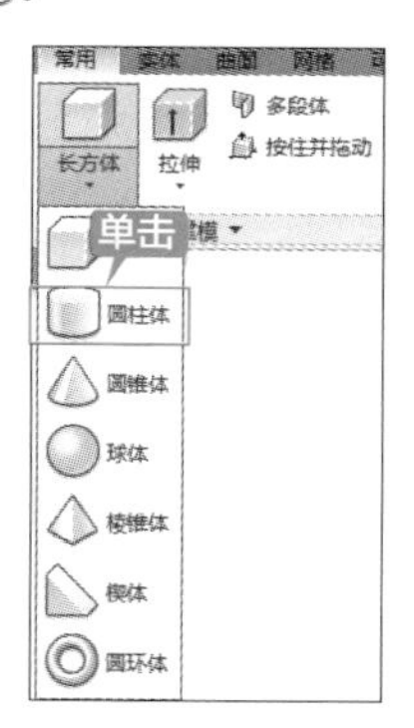

提示

除了通过面板调用圆柱体命令外，还可以通过以下方法调用圆柱体命令。

(1) 选择【绘图】→【建模】→【圆柱体】命令。

(2) 在命令行中输入“CYLINDER/CYL”命令并按【Space】键确认。

第 2 步 选择坐标原点为圆柱体的底面中心，然后输入底面半径“25”，最后输入圆柱体的高度“14”，结果如下图所示。

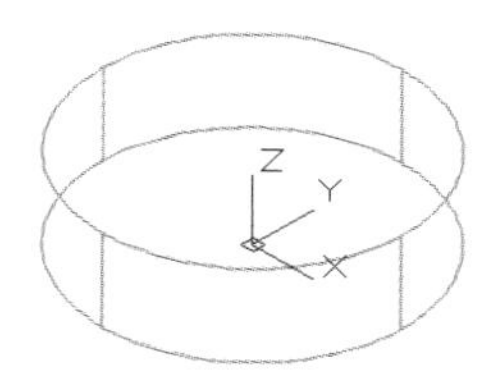

第 3 步 重复第 1 步～第 2 步，以原点底面圆心，绘制一个半径为“57.5”、高度为“14”的圆柱体。

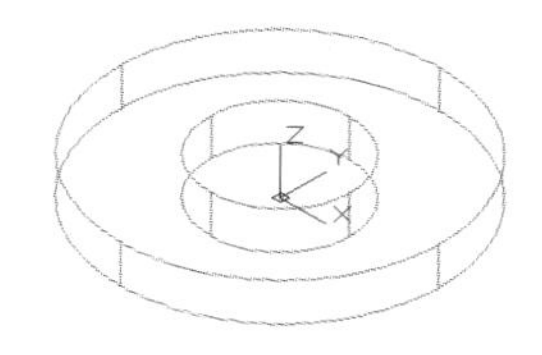

第 4 步 在命令行中输入“ISOLINES”并将参数值设置为“20”。

命令 : ISOLINES

输入 ISOLINES 的新值 <4>: 20 ↙

第 5 步 单击【视图】→【重生成】命令，重生成后的效果如下图所示。

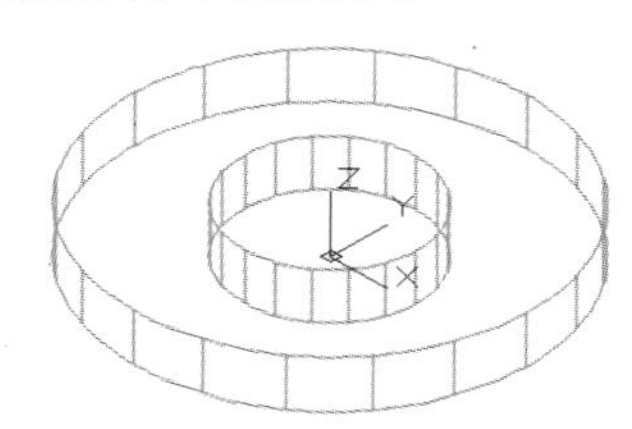

提示

ISOLINES 用于控制在三维实体的曲面上的等高线数量，默认值为“4”。

绘制法兰体的连接孔 1

第 1 步 重复圆柱体命令，以（42.5,0,0）为底面圆心，绘制一个半径为“6”、高度为“14”的圆柱体。

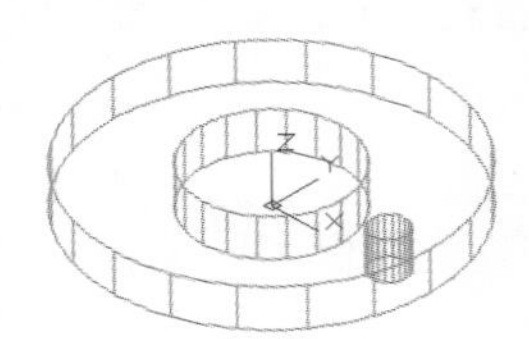

第 2 步 单击【常用】选项卡→【修改】面板→【环形阵列】按钮。

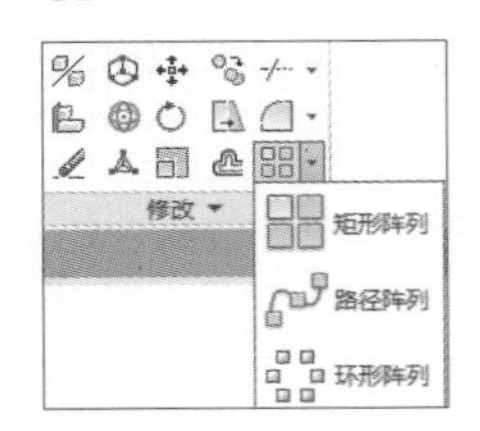

第 3 步 选择刚创建的小圆柱体为阵列对象，当命令行提示指定阵列中心点时输入“A”。

```
选择对象：
类型 = 极轴  关联 = 是
指定阵列的中心点或 [ 基点 (B)/ 旋转轴 (A)]:
a
```

第 4 步 捕捉圆柱体的底面圆心为旋转轴上的第一点。

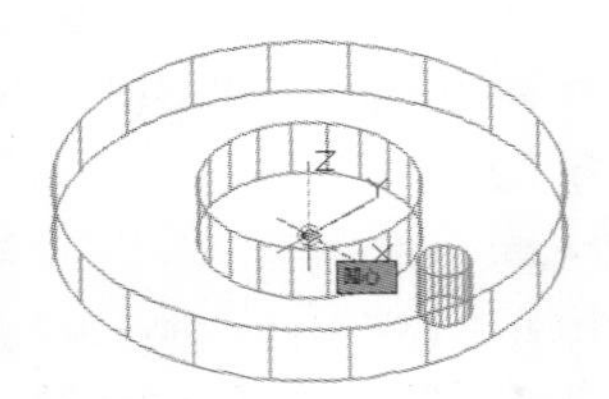

第 5 步 捕捉圆柱体的另一底面圆心为旋转轴上的第二点。

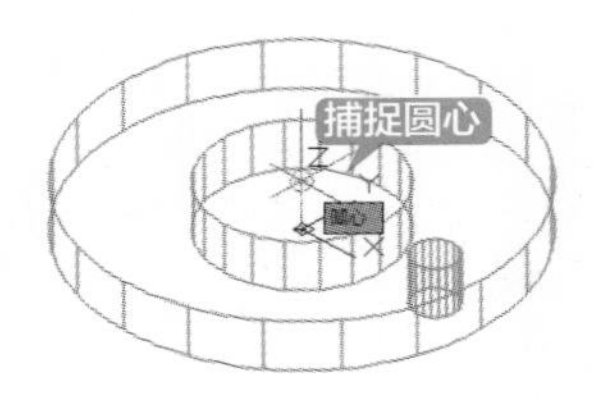

第 6 步 在弹出的【阵列创建】选项卡上将阵列项目数设置为“4”，并且填充角度为“360”，项目之间不关联，其他设置不变。

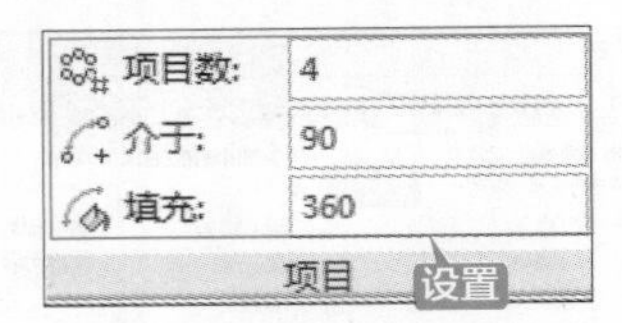

第 7 步 单击【关闭阵列】按钮后结果如下图所示。

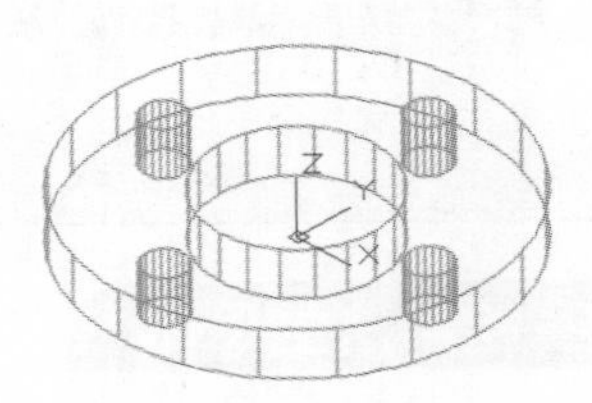

绘制法兰体的连接孔 2

第 1 步 单击【常用】选项卡→【实体编辑】面板→【差集】按钮。

提示

除了通过面板调用差集命令外，还可以通过以下方法调用差集命令。

选择【修改】→【三维实体编辑】→【差集】命令。

在命令行中输入“SUBTRACT/SU”命令并按【Space】键确认。

第 2 步 当命令行提示选择要从中减去的实体、曲面或面域对象时，选择大圆柱体。

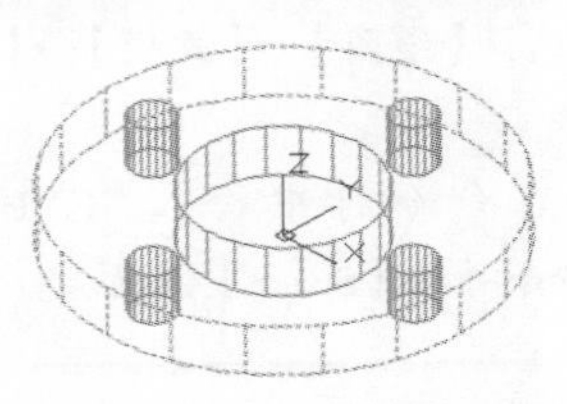

第 3 步 当命令行提示选择要减去的实体、曲面和面域时，选择其他 5 个小圆柱体。

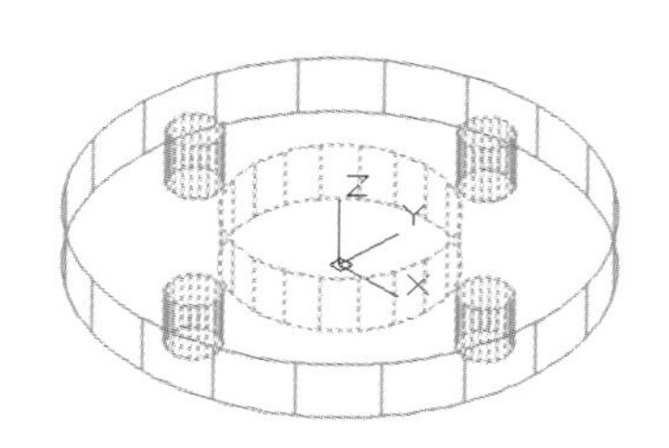

第 4 步 差集后单击【可视化】选项卡→【视觉样式】面板→【消隐】按钮。

提示

除了通过面板调用消隐命令外，还可以通过以下方法调用消隐命令。

(1) 选择【视图】→【消隐】命令。

(2) 在命令行中输入“HIDE/HI”命令并按【Space】键确认 .

第 5 步 消隐结果如下图所示。

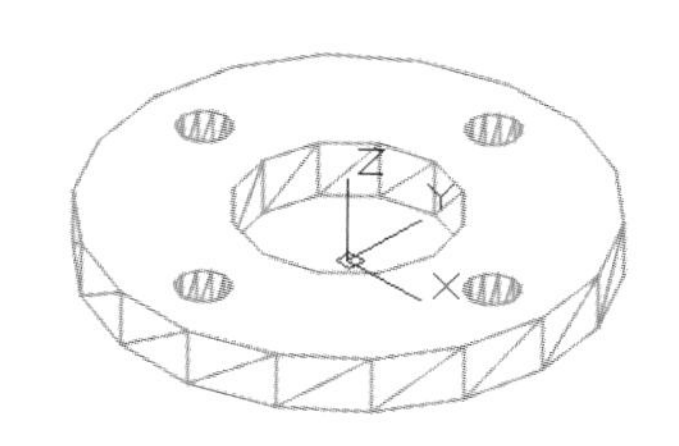

提示

在二维线框视觉样式中不显示隐藏线的情况下，显示三维模型。滚动鼠标改变图形大小或重生成图形可以取消消隐效果。

在 AutoCAD 2016 中，利用布尔运算可以对多个面域和三维实体进行并集、差集和交集运算。通过使用布尔运算可创建单独的复合实体，关于布尔运算的三种运算创建复合对象的方法见表 10–1。

表 10–1 布尔运算

运算方式	命令调用方式	创建过程及结果	备注
并集	选择【修改】→【实体编辑】→【并集】命令 在命令行中输入“UNION/UNI】”命令并按【Space】键确认 单击【常用】选项卡→【实体编辑】面板→【并集】按钮	使用 UNION 之前的实体 → 使用 UNION 之后的实体 使用 UNION 之前的面域 → 使用 UNION 之后的面域	并集将两个或多个三维实体、曲面或二维面域合并为一个复合三维实体、曲面或面域
差集	选择【修改】→【实体编辑】→【差集】命令 在命令行中输入“SUBTRACT/SU”命令并按【Space】键确认 单击【常用】选项卡→【实体编辑】面板→【差集】按钮	要从中减去的实体 → 要减去的实体 → 差集后的结果 要从中减去的实体 → 要减去的实体 → 差集后的结果	差集是通过从另一个对象减去一个重叠面域或三维实体来创建新对象
交集	选择【修改】→【实体编辑】→【交集】命令 在命令行中输入“INTERSECT/IN”命令并按【Space】键确认 单击【常用】选项卡→【实体编辑】面板→【实体，交集】按钮	1 2 并集前 → 并集后 并集前 → 并集后	并集是通过重叠实体、曲面或面域创建三维实体、曲面或二维面域

提示

不能对网格对象使用布尔运算命令。但是，如果选择了网格对象，系统将提示用户将该对象转换为三维实体或曲面。

10.3.3 绘制阀体接头

阀体接头主要用到长方体命令、圆角边命令、圆柱体命令、阵列命令、布尔运算以及三维边编辑命令等，绘制阀体接头的具体操作步骤如下。

1. 绘制接头的底座

第1步 单击【常用】选项卡→【修改】面板→【三维移动】按钮。

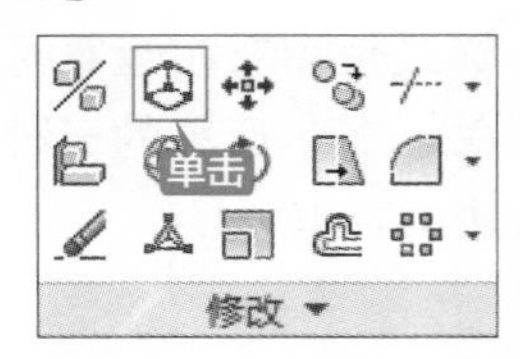

提示

除了通过面板调用三维移动命令外，还可以通过以下方法调用三维移动命令。

(1) 选择【修改】→【三维操作】→【三维移动】命令。

(2) 在命令行中输入"3DMOVE/3M"命令并按【Space】键确认。

第2步 将法兰母体移动到合适位置后，单击【常用】选项卡→【图层】面板→【图层】下拉列表，将"阀体接头"图层置为当前层。

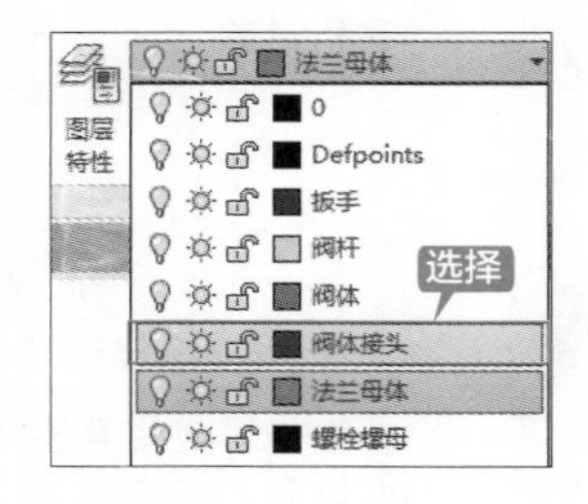

提示

也可以使用二维移动命令（MOVE）来完成移动。

第3步 单击【常用】选项卡→【建模】面板→【长方体】按钮。

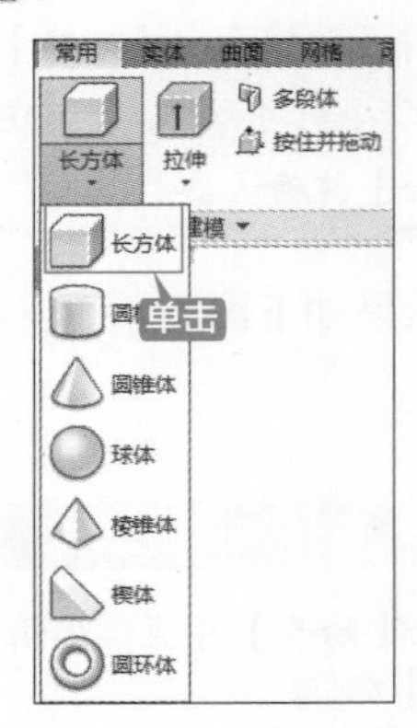

提示

除了通过面板调用长方体命令外，还可以通过以下方法调用长方体命令。

(1) 选择【绘图】→【建模】→【长方体】命令。

(2) 在命令行中输入"BOX"命令并按【Space】键确认。

第4步 在命令行输入长方体的两个角点坐标：(40,40,0) 和 (−40, −40,10)，结果如下图所示。

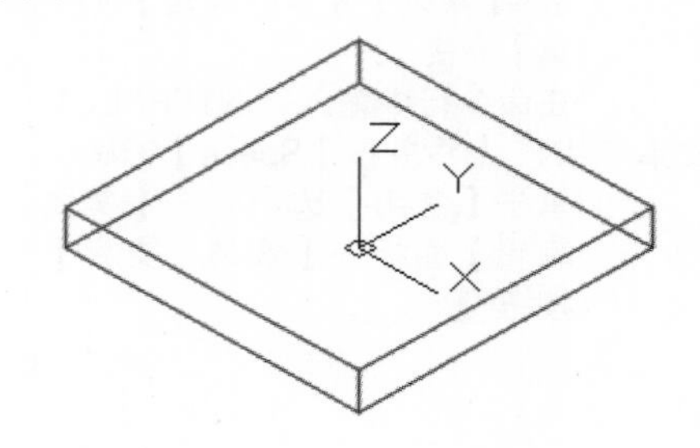

第 5 步 单击【实体】选项卡→【实体编辑】面板→【圆角边】按钮。

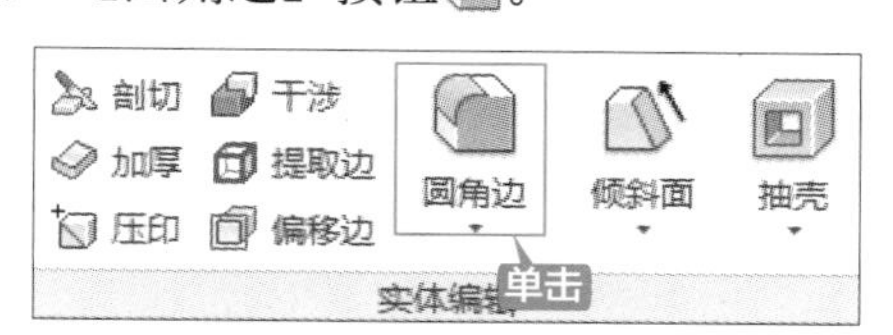

提示

除了通过面板调用圆角边命令外，还可以通过以下方法调用圆角边命令。

(1) 选择【修改】→【实体编辑】→【圆角边】命令。

(2) 在命令行中输入“FILLETEDGE”命令并按【Space】键确认。

第 6 步 选择长方体的四条棱边为圆角边对象。

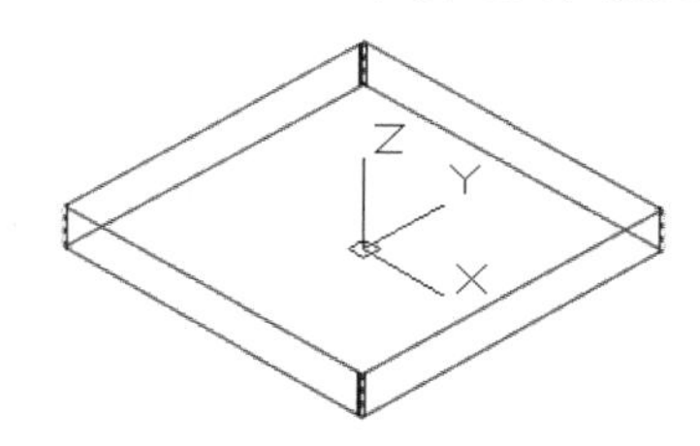

第 7 步 在命令行中输入“R”，并指定新的圆角半径“5”，结果如下图所示。

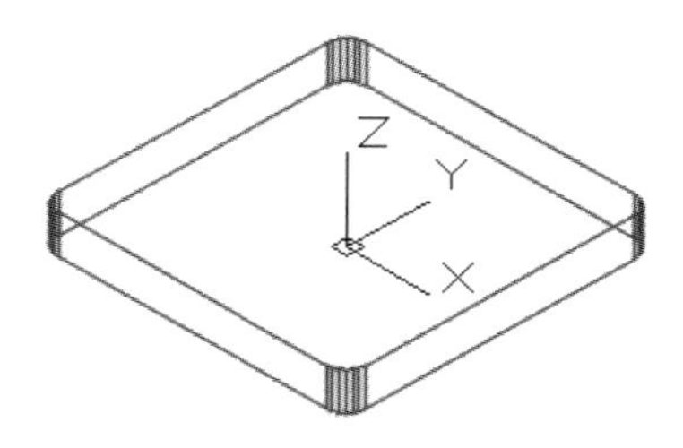

第 8 步 调用圆柱体命令，以（30,30,0）为底面圆心，绘制一个半径为“6”、高度为“10”的圆柱体。

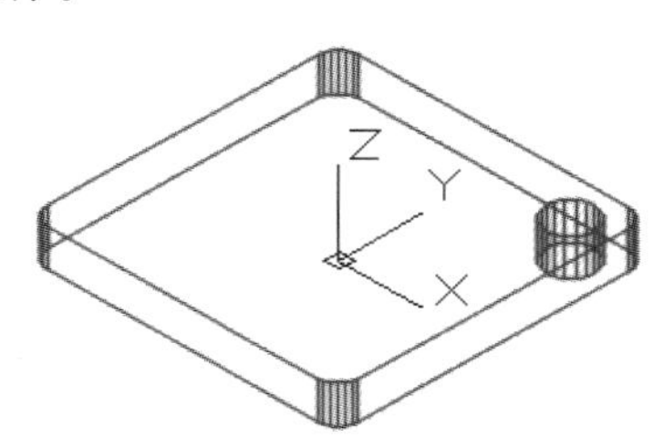

第 9 步 调用环形阵列命令，选择刚创建的圆柱体为阵列对象，指定坐标原点为阵列的中心，并设置阵列个数为“4”，填充角度为“360”，阵列项目之间不关联，阵列后如下图所示。

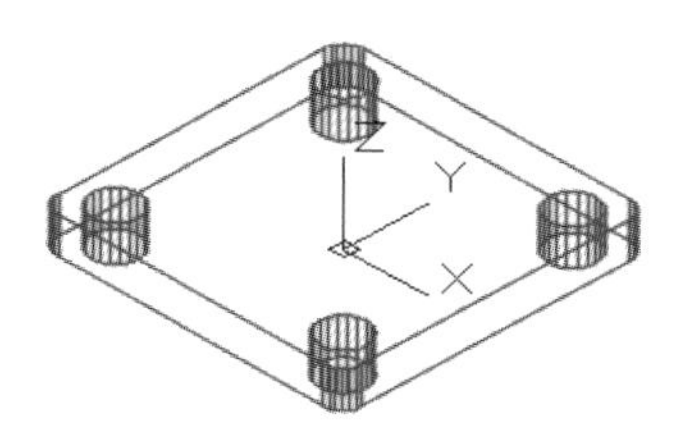

第 10 步 调用差集命令，将 4 个小圆柱体从长方体中减去，消隐后如下图所示。

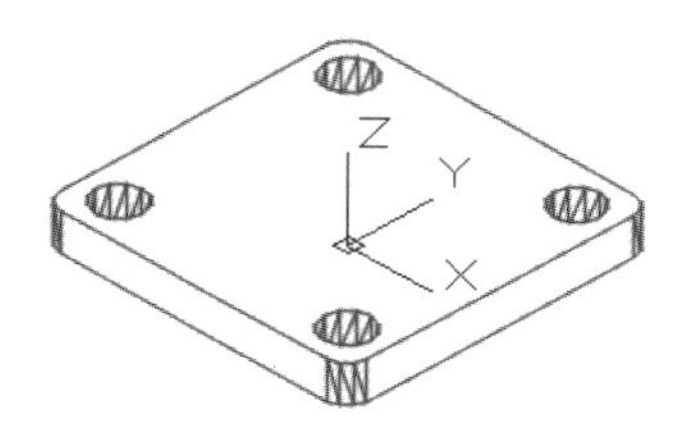

三维圆角边是从 AutoCAD 2012 开始新增的功能，在这之前，对三维图形圆角一般都用二维圆角命令（FILLET）来实现，下面以本例创建的长方体为例，来介绍通过二维圆角命令对三维实体进行圆角的操作。

第 1 步 在命令行中输入“F”并按【Space】键调用圆角命令，根据命令行提示选择一条边为第一个圆角对象。

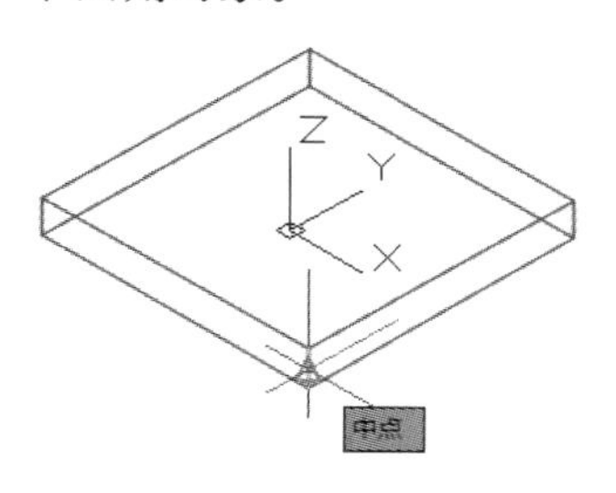

第 2 步 根据命令行提示输入圆角半径“5”，然后依次选择其他三条边。

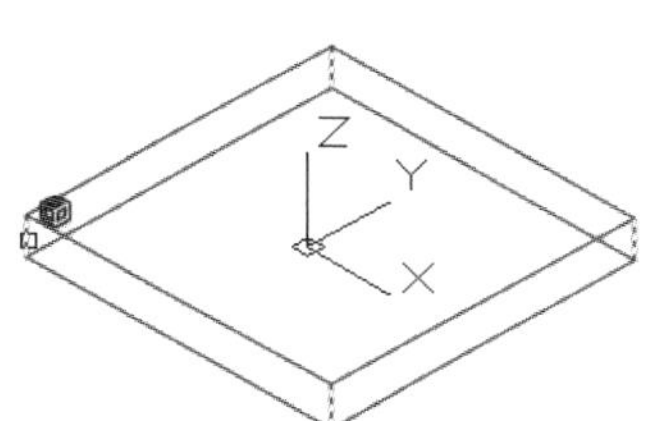

第3步 选择完成后按【Space】键确认，倒角后结果如下图所示。

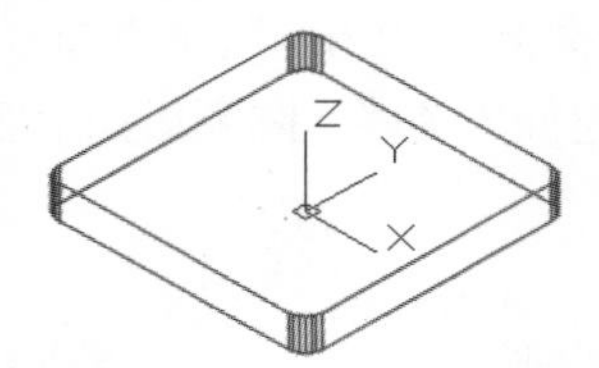

2. 绘制接头螺杆

第1步 调用圆柱体命令，以（0,0,10）为底面圆心，绘制一个半径为“20”、高度为“25”的圆柱体。

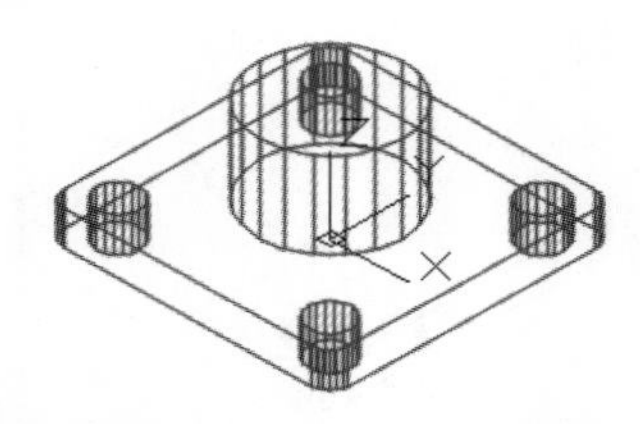

第2步 调用并集命令将圆柱体和底座合并在一起，消隐后如下图所示。

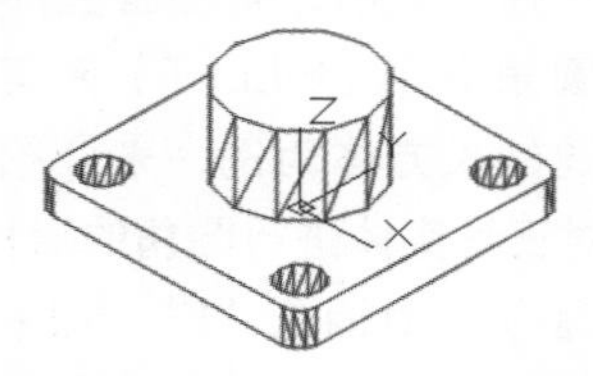

第3步 单击【常用】选项卡→【实体编辑】面板→【复制边】按钮。

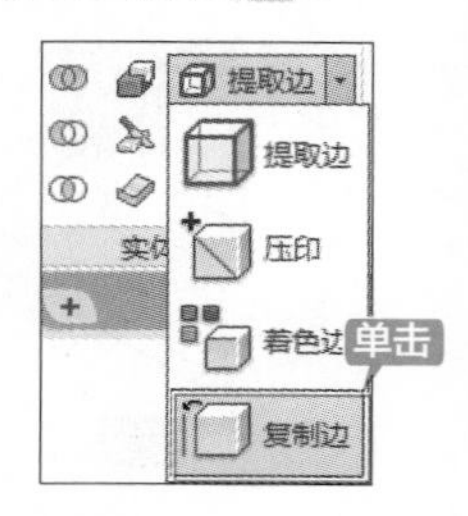

提示

除了通过面板调用复制边命令外，还可以通过以下方法调用复制边命令。

(1) 选择【修改】→【实体编辑】→【复制边】命令。

(2) 在命令行中输入“SOLIDEDIT”命令然后输入“E”，根据命令行提示输入“C”。

第4步 选择下图所示的圆柱体的底边为复制对象。

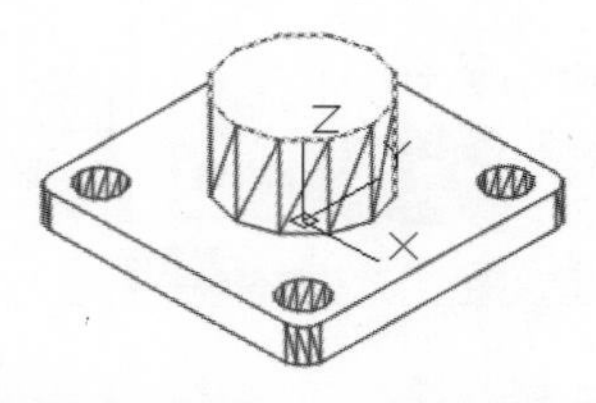

第5步 在屏幕上任意单击一点作为复制的基点，然后输入复制的第二点“@0,0，-39”。

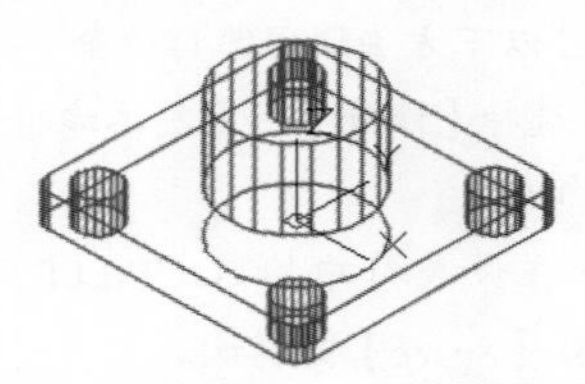

第6步 在命令行中输入“O”并按【Space】键调用偏移命令，将刚复制的边向外分别偏移“3”和“5”。

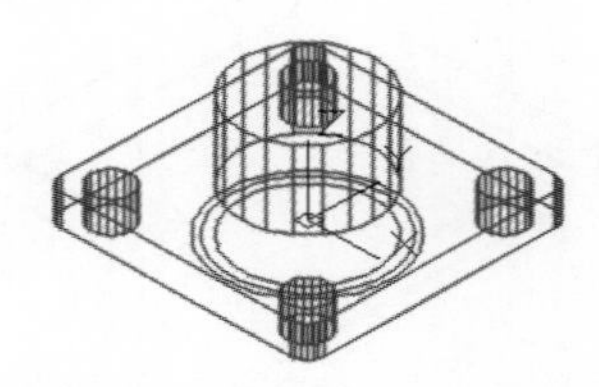

第7步 在命令行中输入“M”并按【Space】键调用移动命令，选择偏移后的大圆为移动对象。

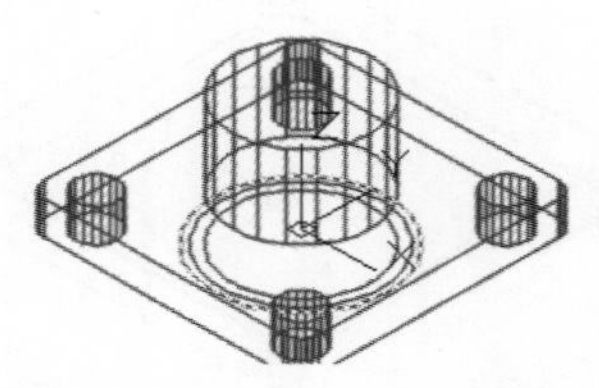

第8步 在屏幕上任意单击一点作为移动的基点，然后输入移动的第二点“@0,0，39”。

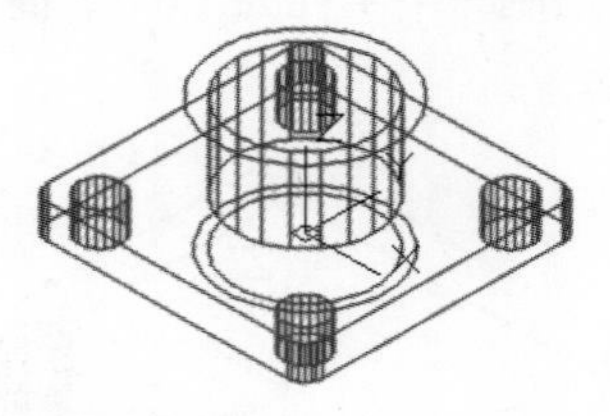

拉伸建模并并集对象

第1步 单击【实体】选项卡→【建模】面板→【拉伸】按钮。

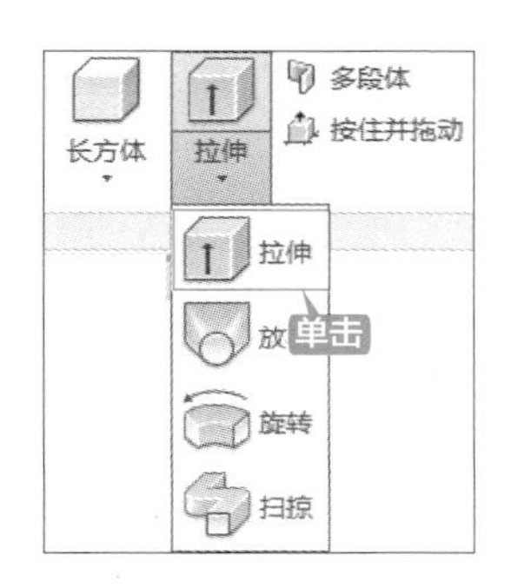

提示

除了通过面板调用拉伸命令外，还可以通过以下方法调用拉伸命令。

(1) 选择【绘图】→【建模辑】→【拉伸】命令。

(2) 在命令行中输入“EXTRUD/EXT”命令并按【Space】键确认。

第 2 步 选择下图所示的圆为拉伸对象。

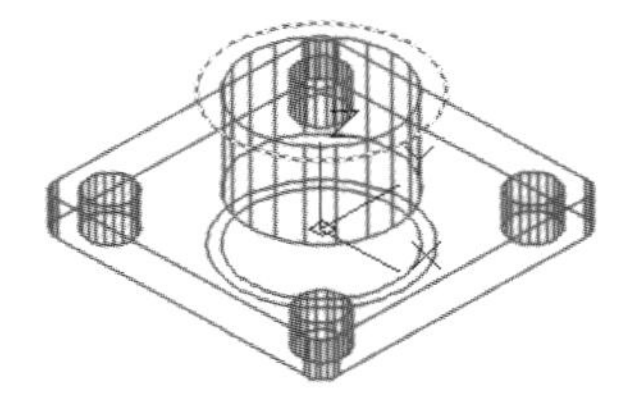

第 3 步 输入拉伸高度“14”，结果如下图所示。

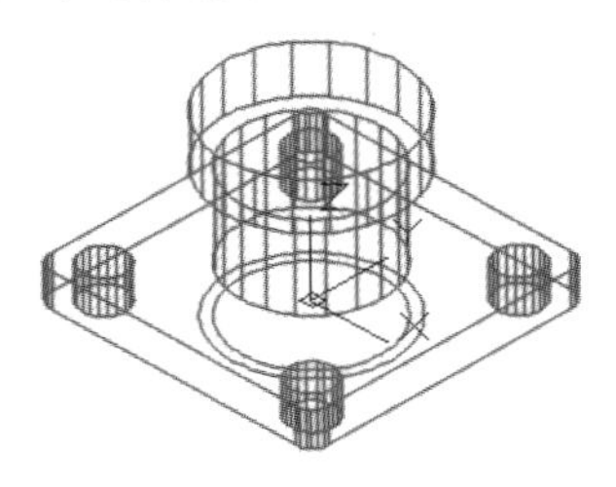

第 4 步 重复拉伸命令，选择最低端的两个圆为拉伸对象，拉伸高度为“4”。

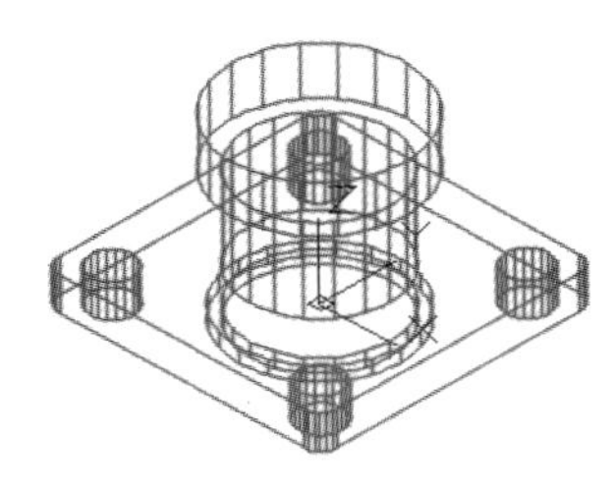

第 5 步 调用并集命令，选择下图所示的图形为并集对象。

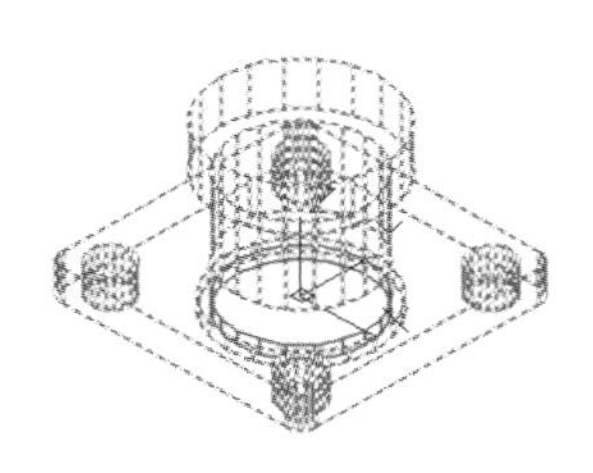

第 6 步 将上面选择的对象并集后，调用差集命令，选择并集后的对象为“要从中减去的实体、曲面或面域对象”，然后选择小圆柱体为减去对象。

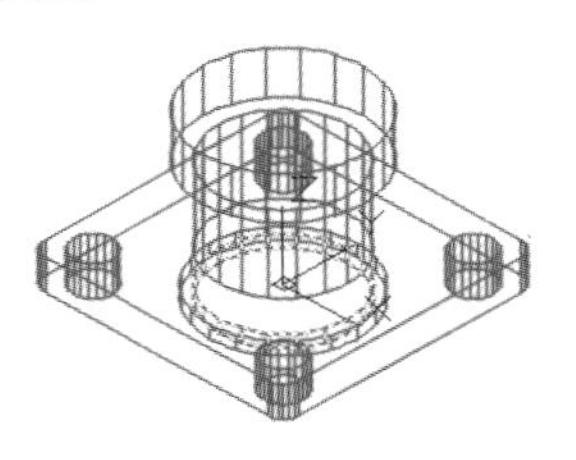

绘制接头螺杆的中心孔

第 1 步 单击【实体】选项卡→【修改】面板→【三维旋转】按钮。

提示

除了通过面板调用三维旋转命令外，还可以通过以下方法调用三维旋转命令。

(1) 选择【修改】→【三维操作】→【三维旋转】命令。

(2) 在命令行中输入“3DROTATE/3R”命令并按【Space】键确认。

第 2 步 选择下图所示的对象为旋转对象，捕捉坐标原点为基点，然后捕捉 x 轴为旋转轴。

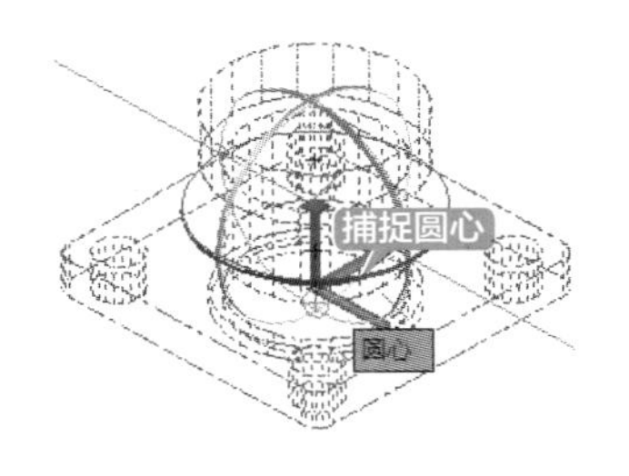

提示

CAD 默认红色为 x 轴，绿色为 y 轴，蓝色为 z 轴，将鼠标在 3 个轴附近移动会出现相应颜色的轴线，选中该轴线即可。

第 3 步 将所选的对象绕 x 轴旋转 90° ，消隐后如下图所示。

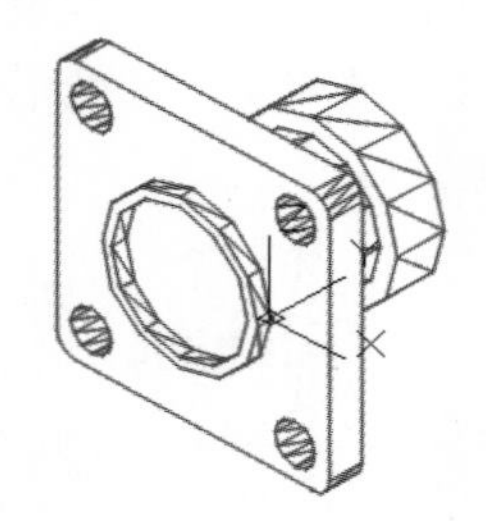

第 4 步 重复三维旋转命令，重新将图形对象绕 x 轴旋转 −90° 。

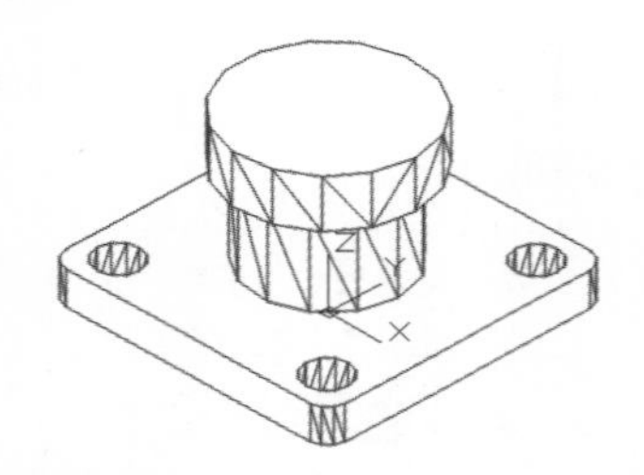

第 5 步 调用圆柱体命令，以（0,0,−30）为底面圆心，绘制一个半径为“18”、高度为“100”的圆柱体。

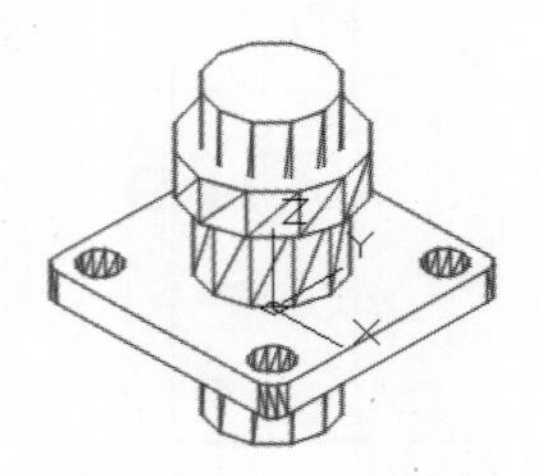

第 6 步 调用差集命令，将上步创建的圆柱体从整个图形中减去，然后将图形移到其他合适的地方，消隐后结果如下图所示。

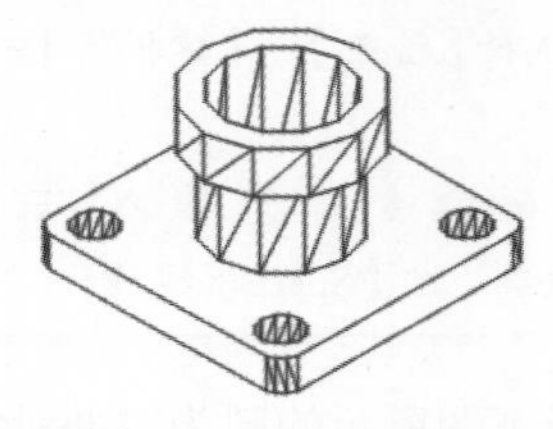

SOLIDEDIT 命令可以拉伸、移动、旋转、偏移、倾斜、复制、删除面，以及为面指定颜色、添加材质。还可以复制边及为其指定颜色。可以对整个三维实体对象（体）进行压印、分割、抽壳、清除，以及检查其有效性。SOLIDEDIT 命令编辑面和边的各种操作如表 10-2 所示。

表 10-2 SOLIDEDIT 命令编辑面和边的操作

边 / 面 / 体	命令选项	创建过程及结果	备注
边	复制：将三维实体上的选定边复制为二维圆弧、圆、椭圆、直线或样条曲线	选定边 → 基点和选定的第二点 → 复制完成后	复制后保留边的角度，并使用户可以执行修改、延伸操作以及基于提取的边创建新几何图形
	颜色：更改三维实体对象上各条边的颜色	选择边，然后在弹出选择颜色对话框上选择颜色 → 更换颜色后	
面	拉伸：在 X、Y 或 Z 方向上延伸三维实体面。可以通过移动面来更改对象的形状	正角度拉伸 ← 选定面 → 拉伸角度为0；负角度拉伸	拉伸时如果输入正值，则沿面的法向拉伸。如果输入负值，则沿面的反法向拉伸 指定 −90°~90° 之间的角度。正角度将往里倾斜选定的面，负角度将往外倾斜选定的面

续表

边/面/体	命令选项	创建过程及结果	备注
面	移动：沿指定的高度或距离移动选定的三维实体对象的面。一次可以选择多个面	选定面 → 选定基点和第二点 → 移动后	
	旋转：绕指定的轴旋转一个或多个面或实体的某些部分	选定面 → 选定的旋转点 → 与Z轴成35°旋转	
	偏移：按指定的距离或通过指定的点，将面均匀地偏移。正值会增大实体的大小或体积。负值会减小实体的大小或体积	选定面　偏移值为正　偏移值为负	偏移的实体对象内孔的大小随实体体积的增加而减小
	倾斜：以指定的角度倾斜三维实体上的面。倾斜角的旋转方向由选择基点和第二点（沿选定矢量）的顺序决定。	选定面　基点和选定的第二点　倾斜10度的面	正角度将向里倾斜面，负角度将向外倾斜面。默认角度为 0
	删除：删除面，包括圆角和倒角。使用此选项可删除圆角和倒角边，并在稍后进行修改。如果更改生成无效的三维实体，将不删除面	选定面 → 删除后	
	复制：将面复制为面域或体	选定面 → 基点和选定的第二点 → 复制后	
体	压印：在选定的对象上压印一个对象。为了使压印操作成功，被压印的对象必须与选定对象的一个或多个面相交	选择实体 → 选择压印对象 → 压印结果	“压印”选项仅限于以下对象执行：圆弧、圆、直线、二维和三维多段线、椭圆、样条曲线、面域、体和三维实体
	分割：用不相连的体（有时称为块）将一个三维实体对象分割为几个独立的三维实体对象		并集或差集操作可导致生成一个由多个连续体组成的三维实体。分割可以将这些体分割为独立的三维实体
	抽壳：是用指定的厚度创建一个空的薄层	选定面　偏移值为正　偏移值为负	一个三维实体只能有一个壳
	清除：删除所有多余的边、顶点以及不使用的几何图形。不删除压印的边	选择实体 → 清除后	

提示

不能对网格对象使用 SOLIDEDIT 命令。但是，如果选择了闭合网格对象，系统提示用户将其转换为三维实体。

AutoCAD 2016 中除了直接通过三维命令创建三维对象外，还可以通过拉伸、放样、旋转、扫掠将二维对象生成三维模型。关于拉伸、放样、旋转、扫掠将二维生成三维的操作如表 10–3 所示。

表 10–3　二维对象生成三维模型

建模命令	操作过程	生成结果	命令调用方法
拉伸	（1）调用拉伸命令 （2）选择拉伸对象 （3）指定拉伸高度。（也可以指定倾斜角度或通过路径创建）		单击【常用】选项卡→【建模】面板→【拉伸】按钮 选择【绘图】→【建模】→【拉伸】命令 在命令行中输入【EXTRUD/EXT】命令并按【Space】键确认
放样	（1）调用放样命令 （2）选择放样的横截面（至少两个） 提示：也可以通过导向和指定路径创建放样		单击【常用】选项卡→【建模】面板→【放样】按钮 选择【绘图】→【建模】→【放样】命令 在命令行中输入【LOFT】命令并按【Space】键确认
旋转	（1）调用旋转命令 （2）旋转旋转对象 （3）选择旋转轴 （4）指定旋转角度	旋转轴 旋转对象	单击【常用】选项卡→【建模】面板中的【旋转】按钮 "选择【绘图】→【建模】→【旋转】【Space】命令 在命令行输入"REVOLVE/REV"命令并按空格键确认
扫掠	（1）调用扫掠命令 （2）选择扫掠对象 （3）指定扫掠路径	扫掠对象 路径	单击【常用】选项卡→【建模】面板→【扫掠】按钮 选择【绘图】→【建模】→【扫掠】菜命令 在命令行中输入"SWEEP"命令并按空格【Space】键确认

提示

由二维生成三维模型时，选择的对象如果是封闭的单个对象或面域，则生成三维对象为实体，如果选择的是不封闭的对象或虽然封闭但为多个独立的对象时，生成的三维对象为线框。

10.3.4 绘制密封圈

绘制密封圈和密封环主要用到圆命令、面域命令、差集命令、拉伸命令、球体命令、三维多段线命令、旋转命令等，绘制密封圈和密封环的具体操作步骤如下。

1. 绘制密封圈 1

第 1 步 单击【常用】选项卡→【图层】面板→【图层】下拉列表，将"密封圈"层置为当前层。

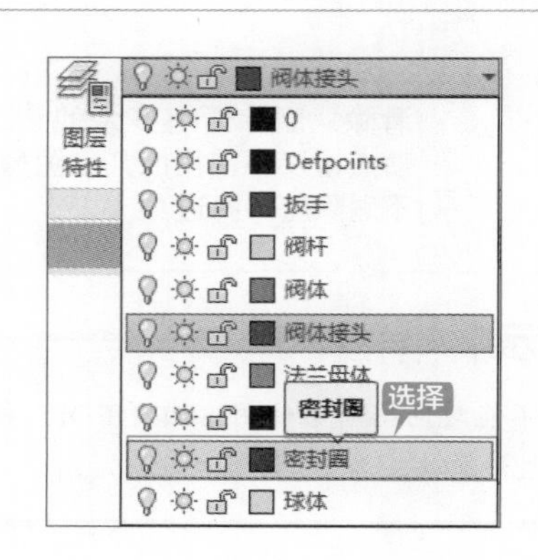

第 2 步 在命令行中输入“C”并按【Space】键调用圆命令，坐标系原点为圆心，绘制两个半径分别为“12.5”和“20”的圆。

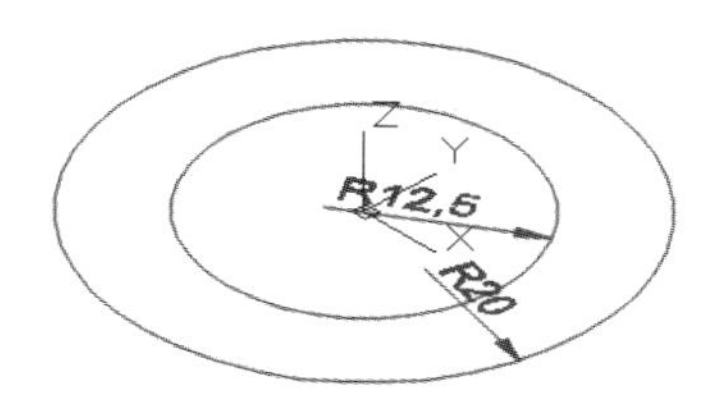

第 3 步 单击【常用】选项卡→【绘图】面板→【面域】按钮。

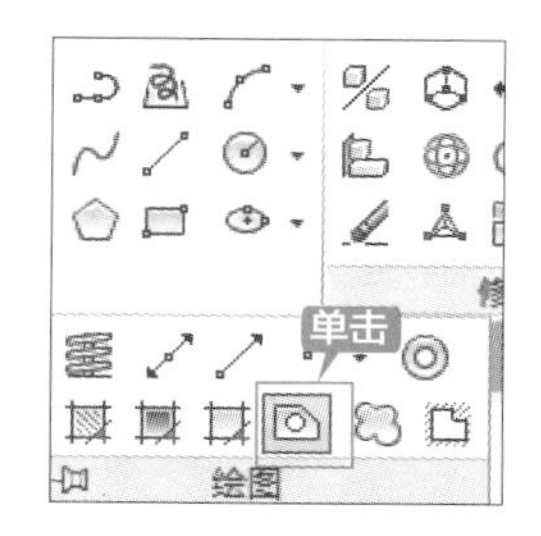

提示

除了通过面板调用面域命令外，还可以通过以下方法调用面域命令。

(1) 选择【绘图】→【面域】命令。

(2) 在命令行中输入“REGION/REG”命令并按【Space】键确认。

第 4 步 选择两个圆，将它们创建成面域。

```
命令：_region
选择对象：找到 2 个                //选择两个圆
选择对象：
已提取 2 个环。
已创建 2 个面域。
```

第 5 步 调用差集命令，然后选择大圆为“要从中减去实体、曲面或面域”的对象，小圆为减去的对象。差集后两个圆合并成了一个整体。

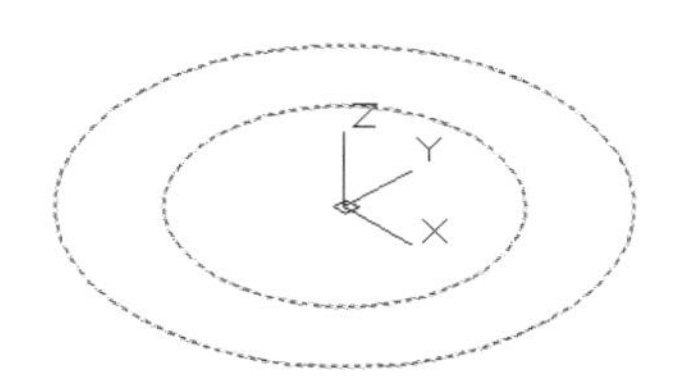

提示

只有将两个圆创建成面域后才可以进行差集运算。

第 6 步 单击【常用】选项卡→【建模】面板→【拉伸】按钮，选择差集后的对象为拉伸对象并输入拉伸高度“8”。

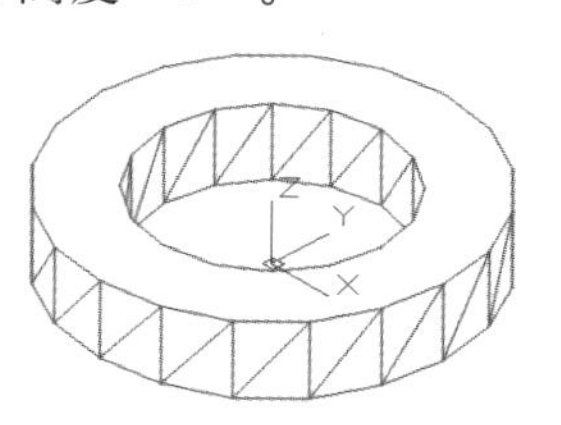

绘制密封圈的球面结构

第 1 步 单击【常用】选项卡→【建模】面板→【球体】按钮。

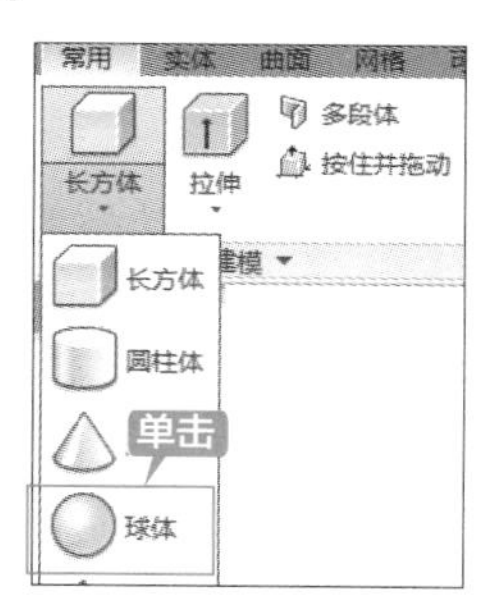

提示

除了通过面板调用球体命令外，还可以通过以下方法调用球体命令。

(1) 选择【绘图】→【建模】→【球体】命令。

(2) 在命令行中输入“SPHERE”命令并按【Space】键确认。

第 2 步 输入圆心值“0,0,20”，然后绘制一个半径为“20”的球体，结果如下图所示。

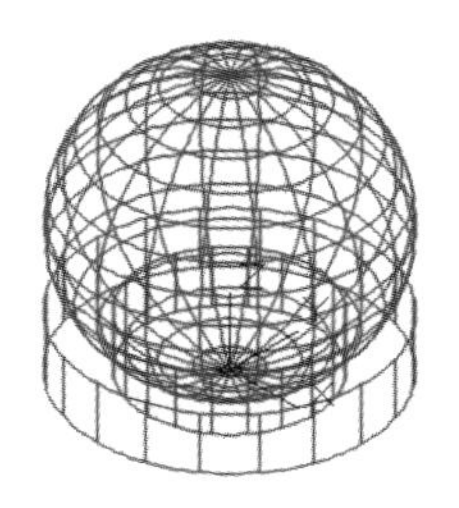

第 3 步 单击【常用】选项卡→【修改】面板→【三维镜像】按钮。

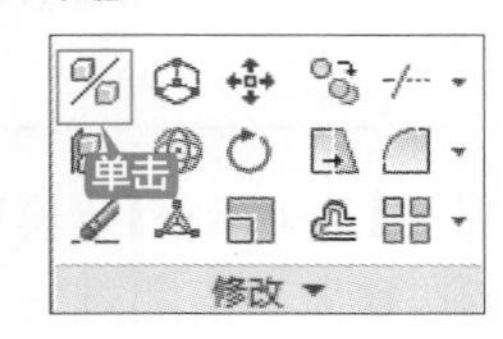

提示

除了通过面板调用三维镜像命令外，还可以通过以下方法调用三维镜像命令。

(1) 选择【修改】→【三维操作】→【三维镜像】命令。

(2) 在命令行中输入“3DMIRROR”命令并按【Space】键确认。

第 4 步 选择球体为镜像对象，然后选择通过三点创建镜像平面。

```
命令：_mirror3d
选择对象：找到 1 个        // 选择球体
选择对象：
指定镜像平面（三点）的第一个点或
[ 对象 (O)/ 最近的 (L)/Z 轴 (Z)/ 视图 (V)/XY 平面 (XY)/YZ 平面 (YZ)/ZX 平面 (ZX)/ 三点 (3)] < 三点 >: ↙
在镜像平面上指定第一点：0,0,4
在镜像平面上指定第二点：1,0,4
在镜像平面上指定第三点：0,1,4
是否删除源对象？ [ 是 (Y)/ 否 (N)] < 否 >: ↙
```

第 5 步 球体沿指定的平面镜像后如下图所示。

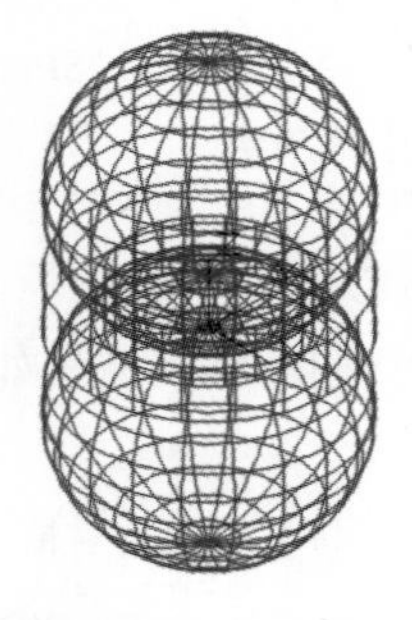

第 6 步 调用差集命令，将两个球体从环体中减去，将创建好的密封圈移到合适的位置，消隐后如下图所示。

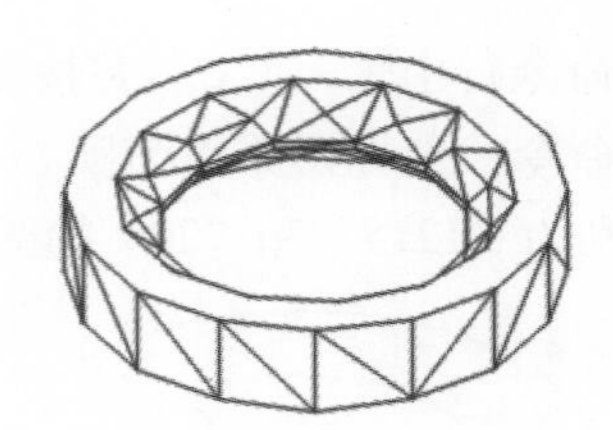

2. 绘制密封圈 2

第 1 步 调用圆柱体命令，以原点为圆心，绘制一个底面半径“12”，高为“4”的圆柱体。

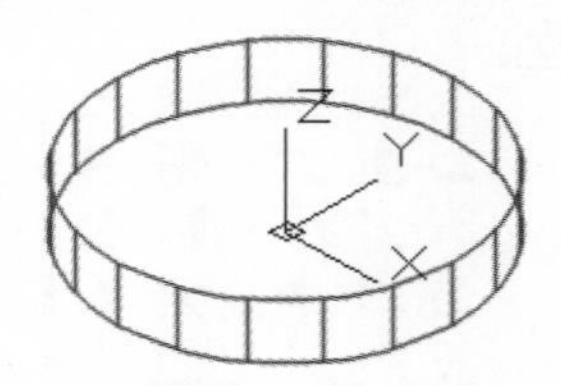

第 2 步 重复圆柱体命令，以原点为圆心，绘制一个底面半径为“14”，高为“4”的圆柱体。

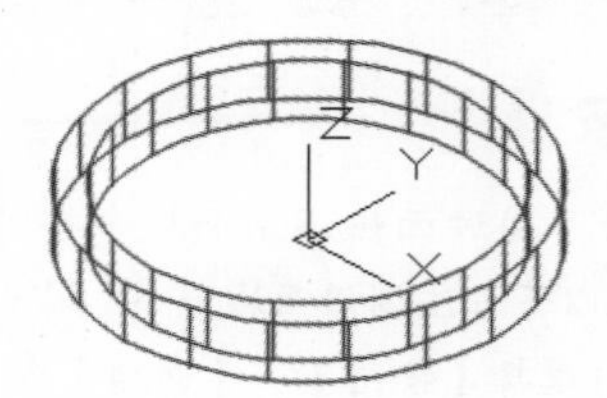

第 3 步 调用差集命令，将小圆柱体从大圆柱体中减去，然后将绘制的密封圈移动到合适的位置，消隐后如下图所示。

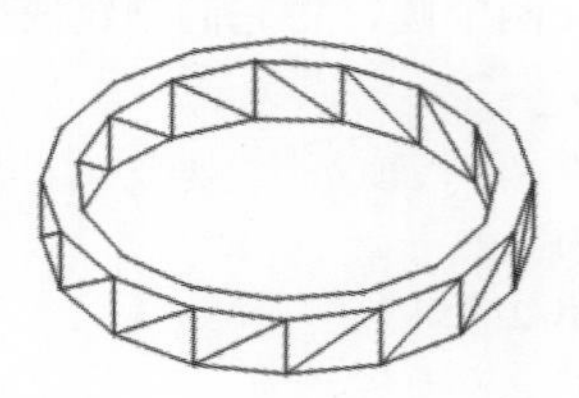

3. 绘制密封圈 3

第 1 步 单击【常用】选项卡→【绘图】面板→【三维多段线】按钮。

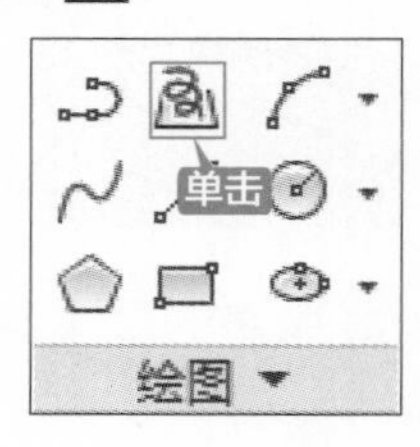

提示

除了通过面板调用三维多段线命令外，还可以通过以下方法调用三维多段线命令：

(1) 选择【绘图】→【三维多段线】命令。

(2) 在命令行中输入“3DPOLY/3P”命令并按【Space】键确认。

第 2 步 根据命令行提示输入三维多段线的各点坐标。

> 命令：3DPOLY
> 指定多段线的起点：14,0,0
> 指定直线的端点或 [放弃 (U)]: 16,0,0
> 指定直线的端点或 [放弃 (U)]: 16,0,8
> 指定直线的端点或 [闭合 (C)/ 放弃 (U)]: 12,0,8
> 指定直线的端点或 [闭合 (C)/ 放弃 (U)]: 12,0,4
> 指定直线的端点或 [闭合 (C)/ 放弃 (U)]: c

第 3 步 三维多段线绘制完成后如下图所示。

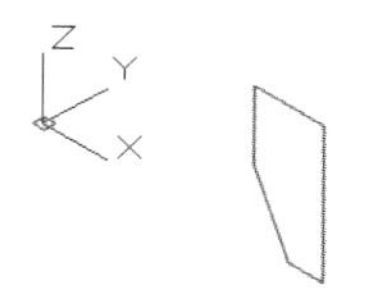

第 4 步 单击【常用】选项卡→【建模】面板→【旋转】按钮，然后选择三维多段线为旋转对象，选择 *Z* 轴为旋转轴，旋转角度设置为“360”，结果如下图所示。

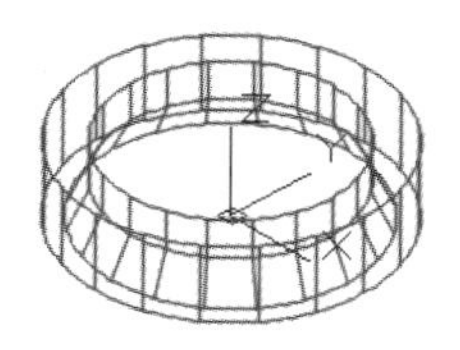

第 5 步 将创建的密封圈移动到合适的位置，消隐后如下图所示。

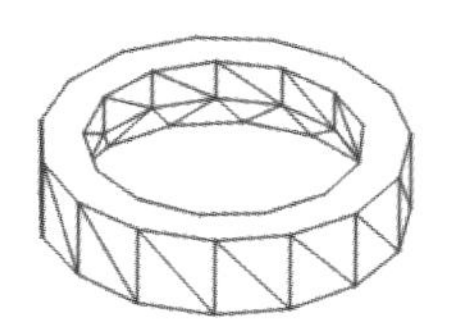

10.3.5 绘制球体

球体的绘制过程主要用到球体、圆柱体、长方体、坐标旋转和差集命令。

绘制球体的具体操作步骤如下。

第 1 步 单击【常用】选项卡→【图层】面板→【图层】下拉列表，将“球体”层置为当前。

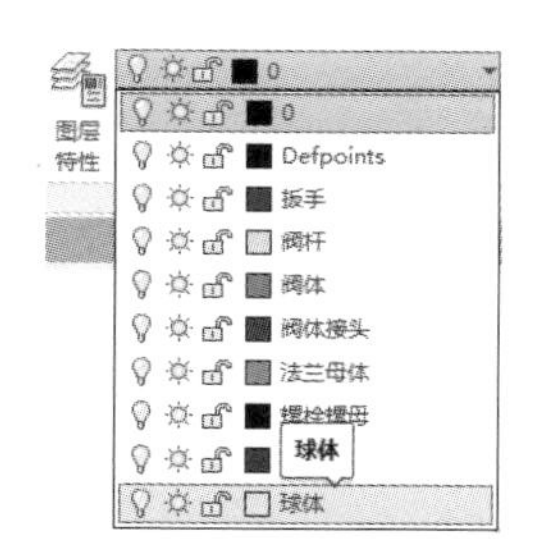

第 2 步 调用球体命令，以原点为球心，绘制一个底面半径为 20 的圆体。

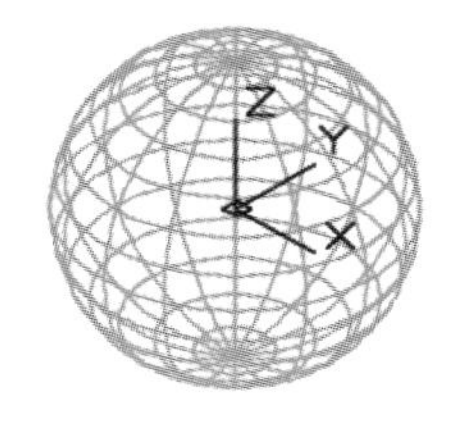

第 3 步 在命令行输入 UCS，将坐标系绕 X 轴旋转 90°，命令提示如下：

> 命令：UCS ↙
> 当前 UCS 名称：*世界*
> 指定 UCS 的原点或 [面 (F)/ 命名 (NA)/ 对象 (OB)/ 上一个 (P)/ 视图 (V)/ 世界 (W)/X/Y/Z/Z 轴 (ZA)] <世界>: x ↙
> 指定绕 X 轴的旋转角度 <90>: ↙

第 4 步 调用圆柱体命令，绘制一个地面圆心在 (0,0,−20)，半径为 14，高为 40 的圆柱体。

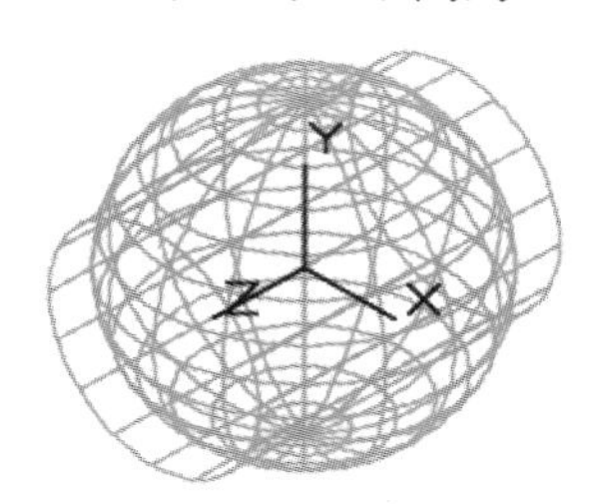

第 5 步 在命令行输入 UCS，当命令行提示制定 UCS 的远点时，按回车键，重新回到世界坐标系，命令行提示如下：

命令：UCS

当前 UCS 名称：*没有名称*

指定 UCS 的原点或 [面 (F)/ 命名 (NA)/ 对象 (OB)/ 上一个 (P)/ 视图 (V)/ 世界 (W)/X/Y/Z/Z 轴 (ZA)] < 世界 >: ↙

第 6 步 调用长方体命令，分别以（−15,−5,15）和（15,5,20）为角点绘制一个长方体。

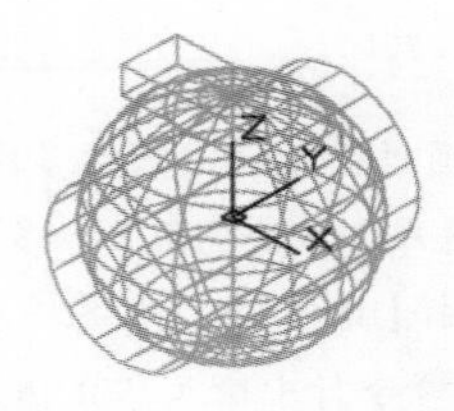

第 7 步 调用差集命令，将圆柱体和长方体从球体中减去，消隐后如下图所示。

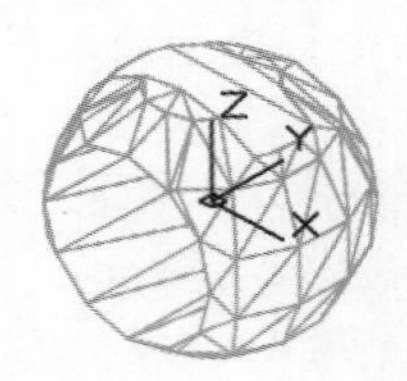

10.3.6 绘制阀杆

阀杆的绘制过程主要用到圆柱体、长方体、三维镜像命令、差集命令、三维多段线命令以及三维旋转命令。

绘制阀杆的具体操作步骤如下。

第 1 步 单击【常用】选项卡→【图层】面板→【图层】下拉列表，将“阀杆”层置为当前层。

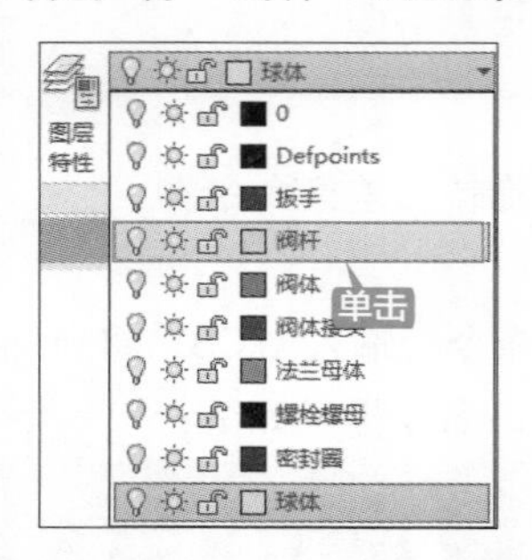

第 2 步 调用圆柱体命令，以原点为底面中心，绘制一个底面半径为“12”，高为“50”的圆柱体。

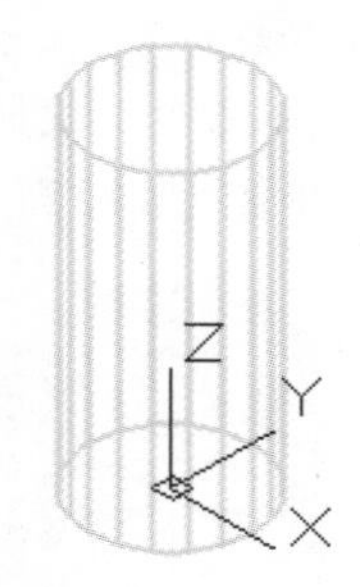

第 3 步 调用长方体命令，以（−20,−5,0）和（20,−15,6）为两个角点绘制长方体。

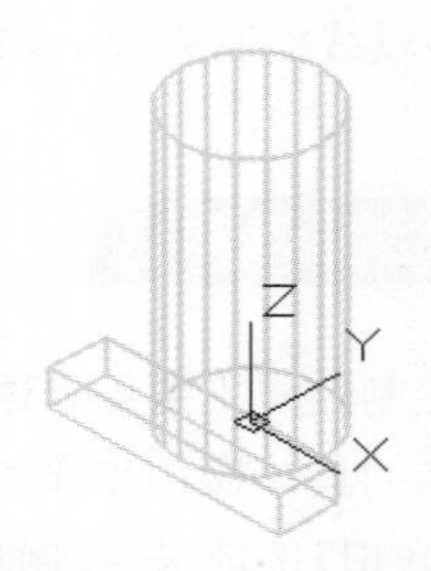

第 4 步 调用三维镜像命令，选择长方体为镜像对象。

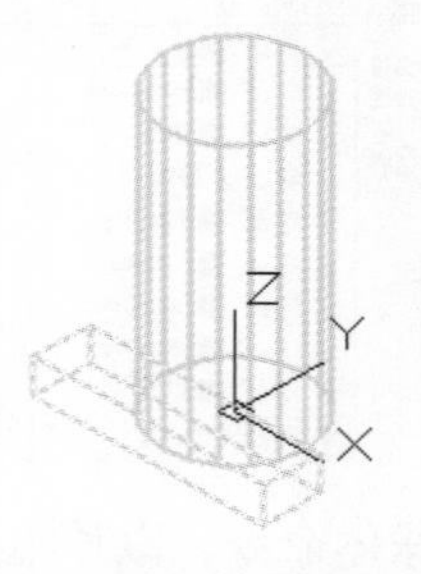

第 5 步 根据命令行提示进行如下操作。

指定镜像平面 (三点) 的第一个点或

[对象 (O)/ 最近的 (L)/Z 轴 (Z)/ 视图 (V) /XY 平面 (XY)/YZ 平面 (YZ)/ZX 平面 (ZX)/ 三点 (3)] < 三点 >: zx

指定 ZX 平面上的点 <0,0,0>: ↙

> 是否删除源对象？ [是 (Y)/ 否 (N)] < 否 >:
> ↙

第 6 步 镜像完成后如下图所示。

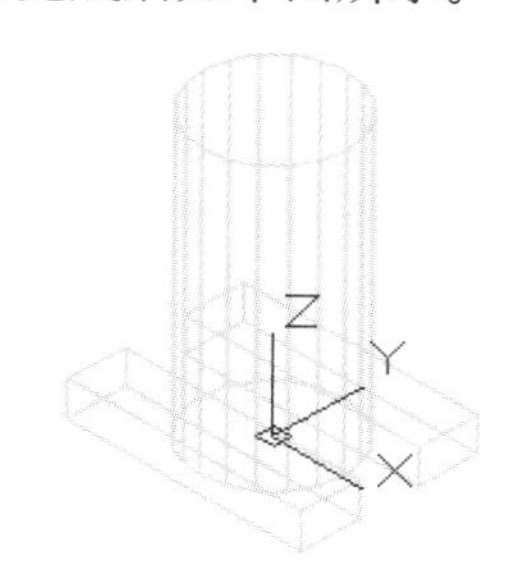

第 7 步 调用差集命令，将两个长方体从圆柱体中减去，消隐后如下图所示。

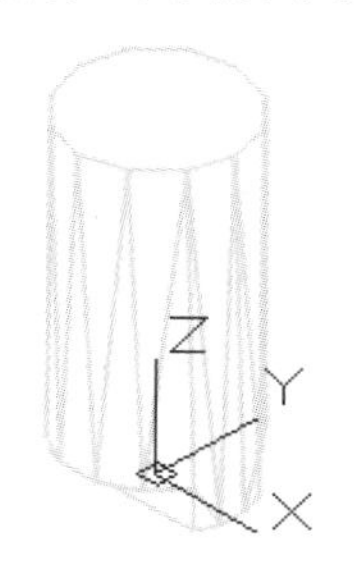

第 8 步 单击【常用】选项卡→【绘图】面板→【三维多段线】按钮，根据命令行提示输入三维多段线的各点坐标，三维多段线完成后如下图所示。

> 命令：3DPOLY
> 指定多段线的起点 : 12,0,12
> 指定直线的端点或 [放弃 (U)]: 14,0,12
> 指定直线的端点或 [放弃 (U)]: 14,0,16
> 指定直线的端点或 [闭合 (C)/ 放弃 (U)]: 12,0,20
> 指定直线的端点或 [闭合 (C)/ 放弃 (U)]: c

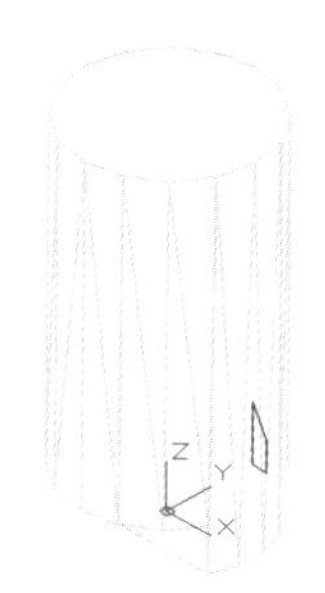

第 9 步 单击【常用】选项卡→【建模】面板→【旋转】按钮，然后选择创建的三维多段线为旋转对象，z 轴为旋转轴，旋转角度为“360”。

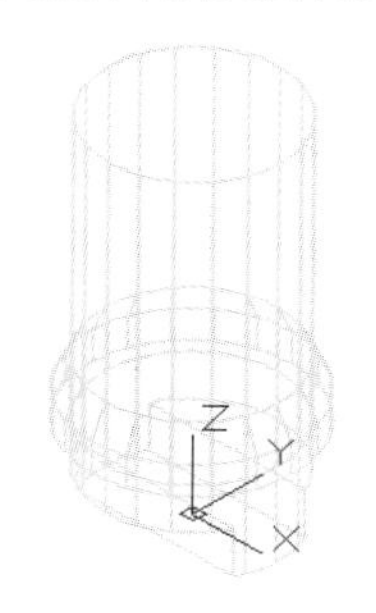

第 10 步 单击【常用】选项卡→【实体编辑】面板→【并集】按钮，将三维多段体和圆柱体合并在一起，然后将合并后的对象移动到合适的位置，消隐后如下图所示。

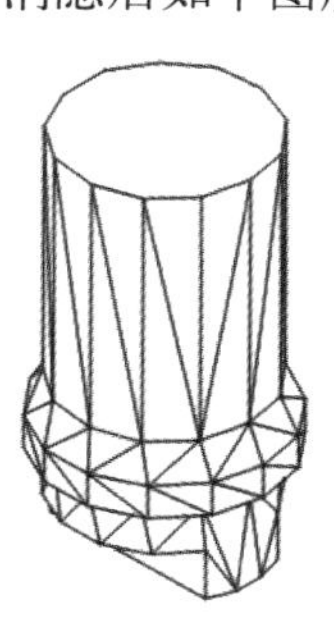

10.3.7 绘制扳手

扳手的绘制过程既可以用球体命令、剖切命令、长方体命令、圆柱体命令等绘制，也可以通过多段线命令、旋转命令、长方体命令、圆柱体命令等绘制。

绘制扳手的具体操作步骤如下。

方法 1

第 1 步 单击【常用】选项卡→【图层】面板→【图层】下拉列表，将“扳手”层置为当前层。

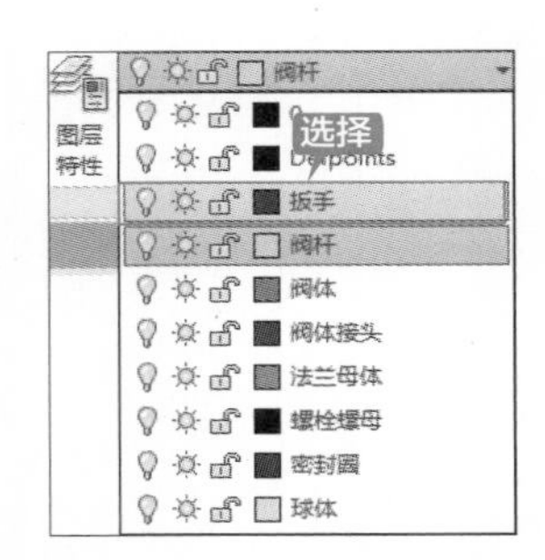

第 2 步 单击【常用】选项卡→【建模】面板→【球体】按钮，以（0,0,5）为球心，绘制一个半径为“14”的球体。

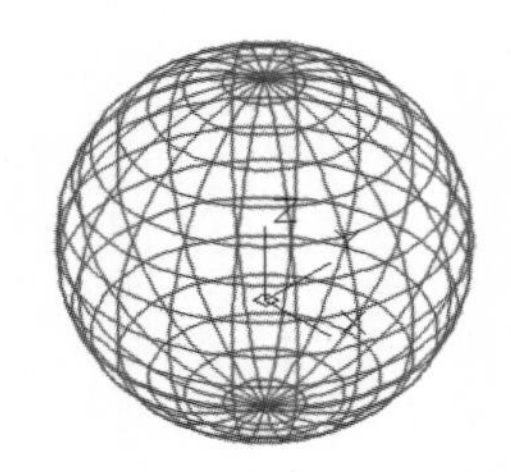

第 3 步 单击【常用】选项卡→【实体编辑】面板→【剖切】按钮。

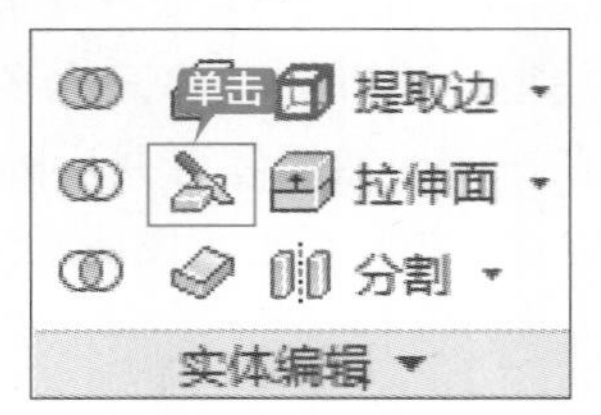

提示

除了通过面板调用剖切命令外，还可以通过以下方法调用剖切命令。

(1) 选择【绘图】→【三维操作】→【剖切】命令。

(2) 在命令行中输入“SLICE/SL”命令并按【Space】键确认。

第 4 步 根据命令行提示进行如下操作。

命令 : _slice
选择要剖切的对象 : 找到 1 个 // 选择球体
选择要剖切的对象 : ↙
指定切面的起点或 [平面对象 (O)/ 曲面 (S)/z 轴 (Z)/ 视图 (V)/xy(XY)/yz(YZ)/zx(ZX)/ 三点 (3)] < 三点 >: xy
指定 XY 平面上的点 <0,0,0>: ↙
在所需的侧面上指定点或 [保留两个侧面 (B)] < 保留两个侧面 >: // 在上半球体处单击

第 5 步 剖切后如下图所示。

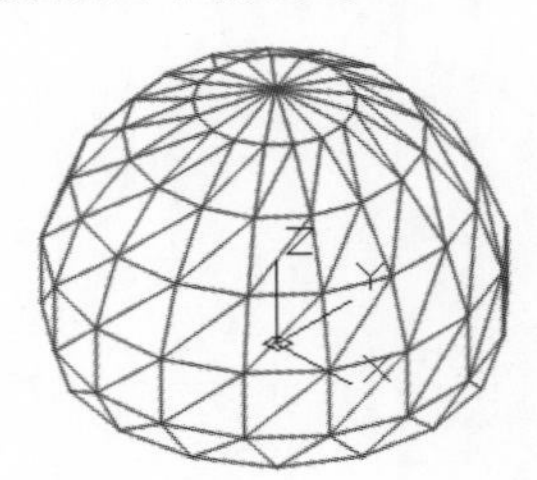

第 6 步 重复剖切命令，根据命令行提示进行如下操作。

命令 : _slice
选择要剖切的对象 : 找到 1 个 // 选择半球体
选择要剖切的对象 : ↙
指定切面的起点或 [平面对象 (O)/ 曲面 (S)/z 轴 (Z)/ 视图 (V)/xy(XY)/yz(YZ)/zx(ZX)/ 三点 (3)] < 三点 >: xy
指定 XY 平面上的点 <0,0,0>: 0,0,10
在所需的侧面上指定点或 [保留两个侧面 (B)] < 保留两个侧面 >: // 在半球体的下方单击

第 7 步 剖切后如下图所示。

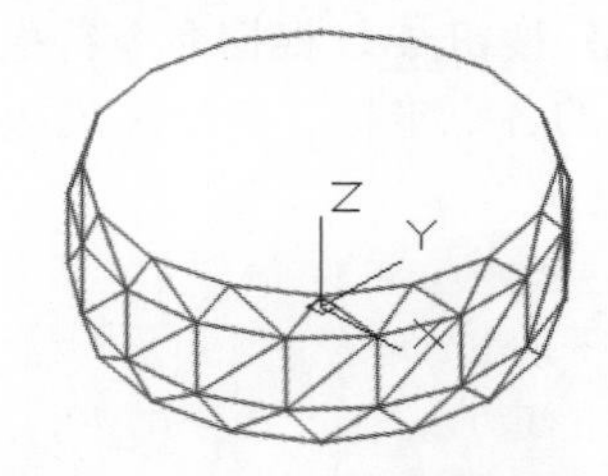

第 8 步 单击【常用】选项卡→【建模】面板→【长方体】按钮，以（-9,-9,0）和（9,9,10）为两个角点绘制长方体。

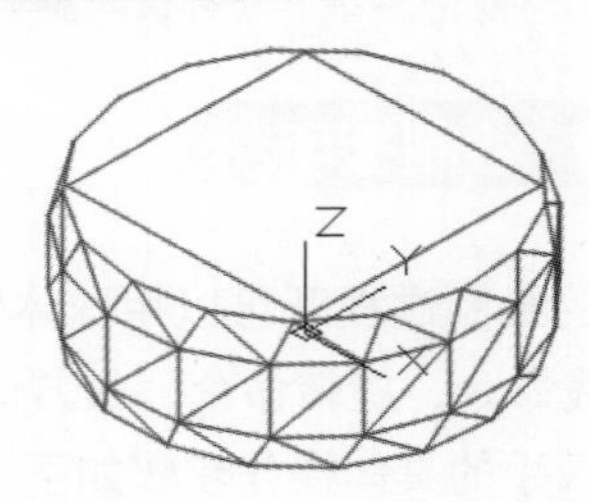

第 9 步 单击【常用】选项卡→【实体编辑】面板→【差集】按钮，将长方体从图形中减去，消隐后如下图所示。

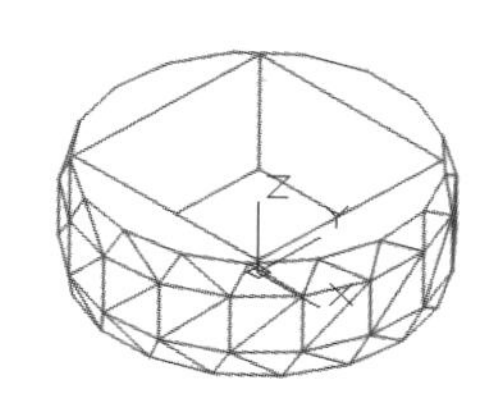

第 10 步 在命令行输入“UCS”并按【Space】键，将坐标系绕 *y* 轴旋转 −90°，坐标系旋转后如下图所示。

命令 : UCS ↙

当前 UCS 名称 : * 世界 *

指定 UCS 的原点或 [面 (F)/ 命名 (NA)/ 对象 (OB)/ 上一个 (P)/ 视图 (V)/ 世界 (W)/X/Y/Z/Z 轴 (ZA)] < 世界 >:Y

指定绕 X 轴的旋转角度 <90>: −90

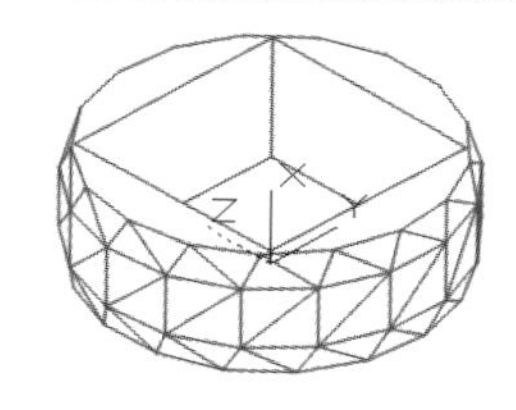

绘制扳手手柄

第 1 步 单击【常用】选项卡→【建模】面板→【圆柱体】按钮，以（5,0,10）为底面圆心，绘制一个底面半径为“4”，高度为“150”的圆柱体。

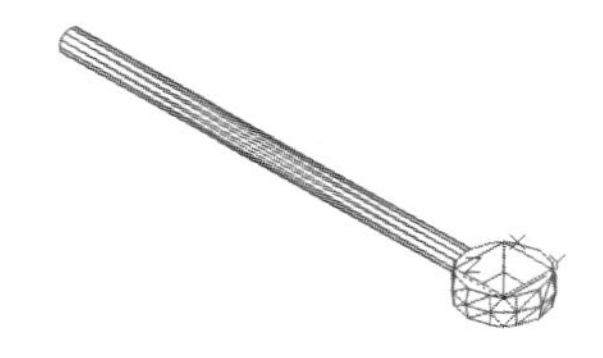

第 2 步 单击【实体】选项卡→【修改】面板→【三维旋转】按钮，根据命令行提示进行如下操作。

命令 : _3DROTATE

UCS 当前的正角方向 : ANGDIR= 逆时针 ANGBASE=0

选择对象 : 找到 1 个　　// 选择圆柱体

选择对象 : ↙

指定基点 : 5,0,10

拾取旋转轴 :　　// 捕捉 Y 轴

指定角的起点或键入角度 : −15

第 3 步 旋转后如下图所示。

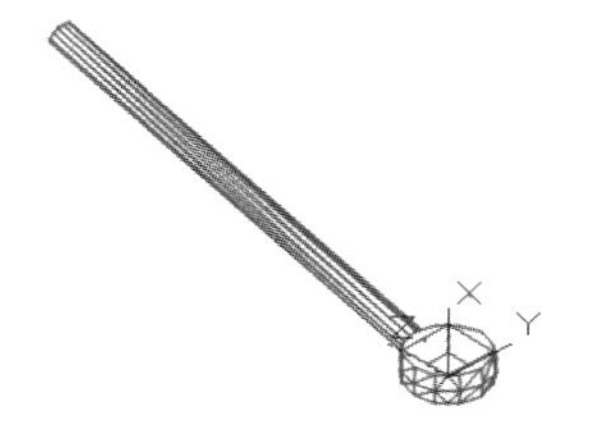

第 4 步 单击【常用】选项卡→【实体编辑】面板→【并集】按钮，将圆柱体和鼓形图形合并，然后将图形移动到合适位置，消隐后如下图所示。

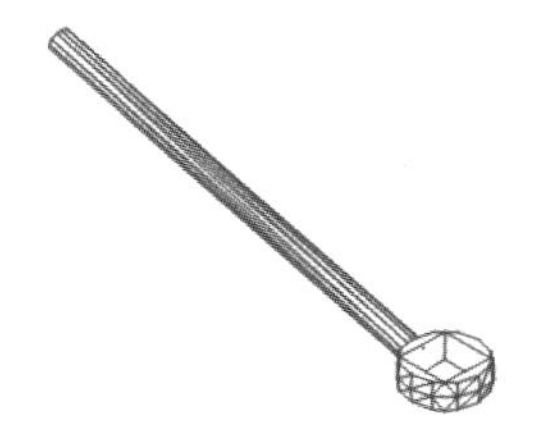

方法 2

方法 2 创建扳手只是创建圆鼓形对象与方法 1 不同，圆鼓形之后特征创建方法相同。方法 2 绘制时继续用方法 1 中选中后的坐标系。

第 1 步 单击绘图窗口左上角的【视图】控件，在弹出的快捷菜单上选择【右视】选项。

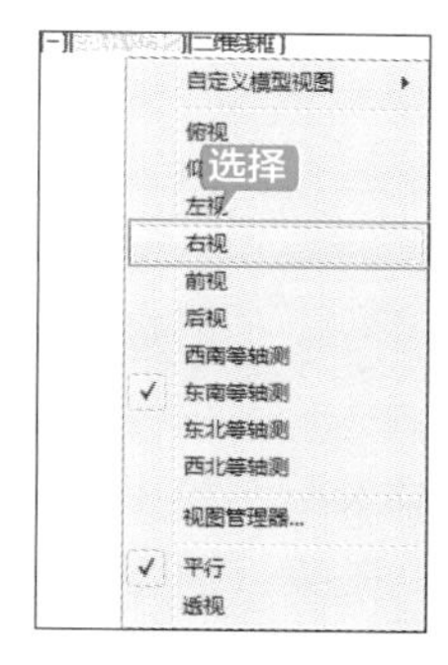

第 2 步 切换到右视图后坐标系如下图所示。

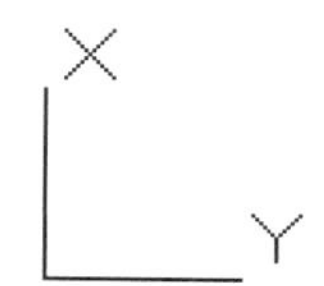

第 3 步 单击【常用】选项卡→【绘图】面板→【圆心、半径】按钮，以（5,0）为圆心，绘制一个半径为 14 的圆。

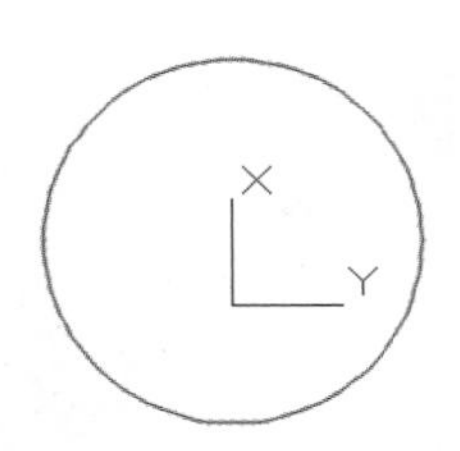

第 4 步 单击【常用】选项卡→【绘图】面板→【直线】按钮，根据命令行提示绘制三条直线。

命令：_line
指定第一个点：0,20
指定下一点或［放弃 (U)]: 0,0
指定下一点或［放弃 (U)]: 10,0
指定下一点或［放弃 (U)]: @0,20
指定下一点或［放弃 (U)]: ↙

第 5 步 直线绘制完成后如下图所示。

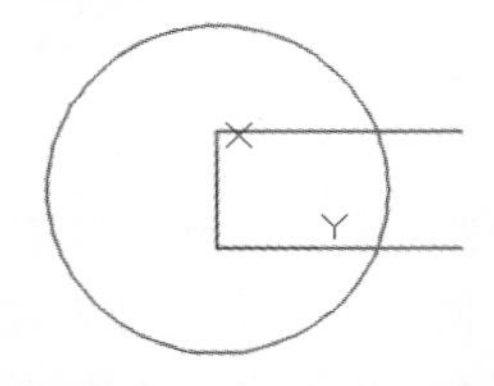

第 6 步 单击【常用】选项卡→【修改】面板→【修剪】按钮，将不需要的直线和圆弧修剪掉。

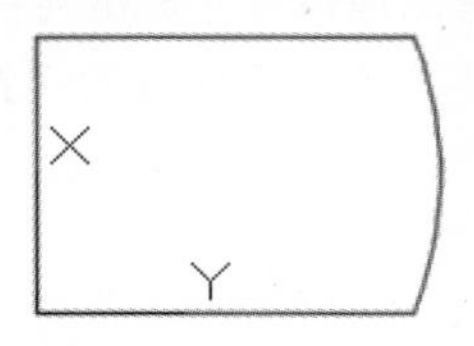

第 7 步 单击【常用】选项卡→【绘图】面板→【面域】按钮，将上步修剪后的图形创建成面域。

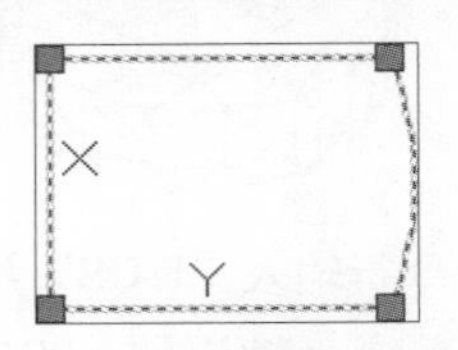

第 8 步 单击绘图窗口左上角的【视图】控件，在弹出的快捷菜单上选择【东南等轴测】选项。

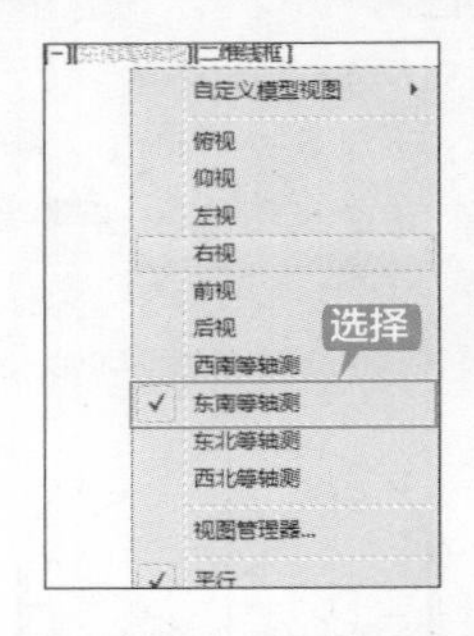

第 9 步 单击【常用】选项卡→【建模】面板→【旋转】按钮，旋转创建的面域为旋转对象，以 X 轴为旋转轴，旋转角度为“360”。消隐后如下图所示。

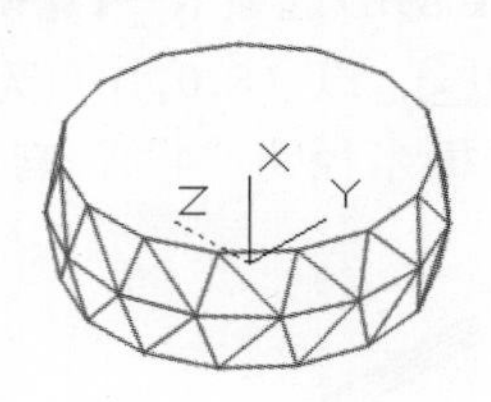

10.3.8 绘制阀体

阀体是阀体装配图的主要部件之一，它的绘制主要用到长方体、多段线、拉伸、圆角边、并集、圆柱体、阵列、差集、抽壳等命令。

绘制阀体的具体操作步骤如下。

第 1 步 单击【常用】选项卡→【图层】面板→【图层】下拉列表，将“阀体”层置为当前层。

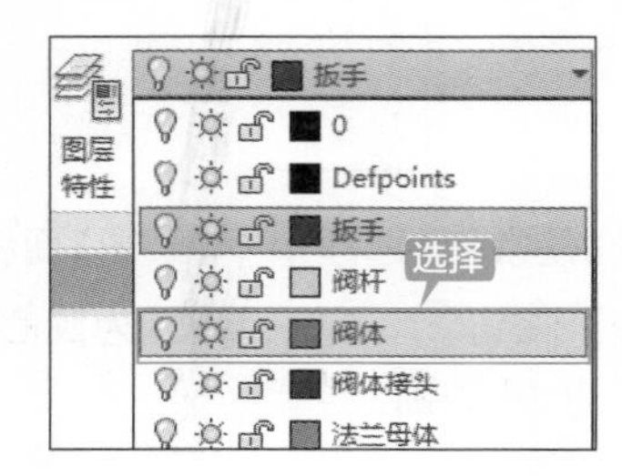

第 2 步 在命令行中输入“UCS”后按【Enter】键，将坐标系重新设置为世界坐标系，命令行提示如下：

当前 UCS 名称：*没有名称*
指定 UCS 的原点或［面 (F)/ 命名 (NA)/ 对象 (OB)/ 上一个 (P)/ 视图 (V)/ 世界 (W)/X/Y/Z/Z 轴 (ZA)] <世界>: ↙

第 3 步 单击【常用】选项卡→【建模】面板→

【长方体】按钮，以（−20,−40,−40）和（−10,40,40）为两个角点绘制长方体。

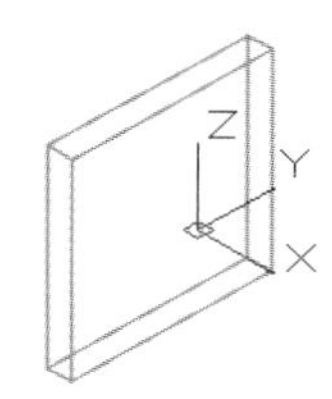

第 4 步 重复长方体命令，以（−20,−28,−28）和（30,28,28）为两个角点绘制长方体。

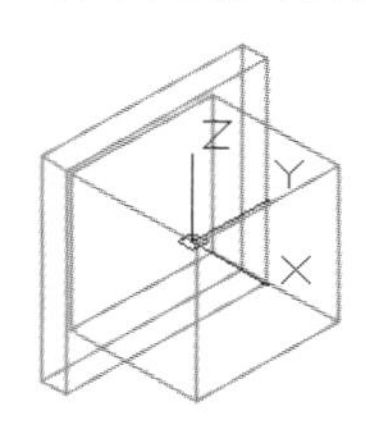

第 5 步 单击【常用】选项卡→【绘图】面板→【多段线】按钮，根据命令行提示进行如下操作。

```
命令：_pline
指定起点：fro 基点：        // 捕捉中点
<偏移>：@0,-20
当前线宽为 0.0000
指定下一个点或 [圆弧 (A)/ 半宽 (H)/ 长度 (L)/ 放弃 (U)/ 宽度 (W)]：@20,0
指定下一点或 [圆弧 (A)/ 闭合 (C)/ 半宽 (H)/ 长度 (L)/ 放弃 (U)/ 宽度 (W)]：a
指定圆弧的端点（按住 Ctrl 键以切换方向）或
[角度 (A)/ 圆心 (CE)/ 闭合 (CL)/ 方向 (D)/ 半宽 (H)/ 直线 (L)/ 半径 (R)/ 第二个点 (S)/ 放弃 (U)/ 宽度 (W)]：ce
指定圆弧的圆心：@0,20
指定圆弧的端点（按住 Ctrl 键以切换方向）或 [角度 (A)/ 长度 (L)]：a
指定夹角（按住 Ctrl 键以切换方向）：180
指定圆弧的端点（按住 Ctrl 键以切换方向）或
[角度 (A)/ 圆心 (CE)/ 闭合 (CL)/ 方向 (D)/ 半宽 (H)/ 直线 (L)/ 半径 (R)/ 第二个点 (S)/ 放弃 (U)/ 宽度 (W)]：l
指定下一点或 [圆弧 (A)/ 闭合 (C)/ 半宽 (H)/ 长度 (L)/ 放弃 (U)/ 宽度 (W)]：@-20,0
定下一点或 [圆弧 (A)/ 闭合 (C)/ 半宽 (H)/ 长度 (L)/ 放弃 (U)/ 宽度 (W)]：c
```

第 6 步 多段线绘制完成后如下图所示。

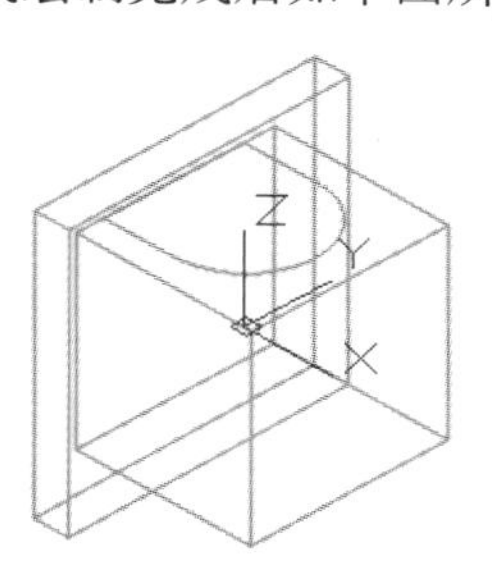

第 7 步 单击【常用】选项卡→【建模】面板→【拉伸】按钮，选择上步绘制的多段线为拉伸对象，拉伸高度为“27”。

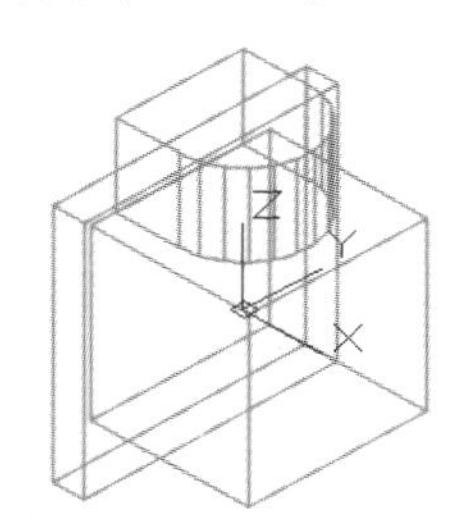

第 8 步 单击【实体】选项卡→【实体编辑】面板→【圆角边】按钮，选择长方体的 4 条棱边为圆角边对象，在命令行输入“R”，并指定新的圆角半径为“5”，结果如下图所示。

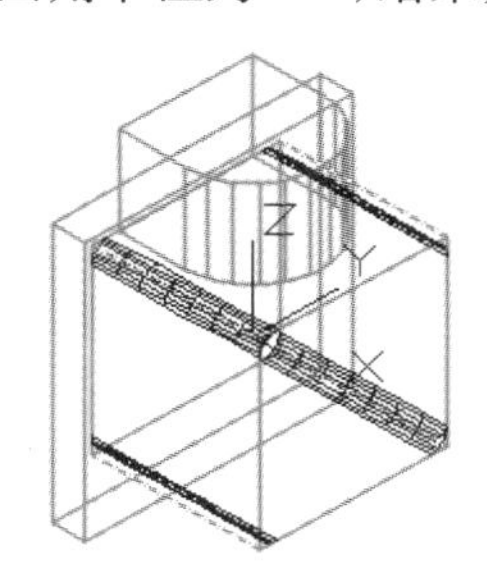

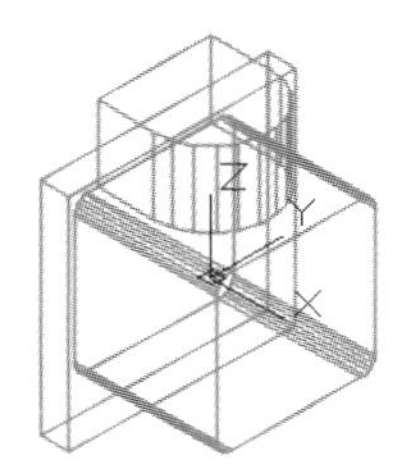

第 9 步 重复第 8 步，对另一个长方体的 4 条棱边进行 R5 的圆角。

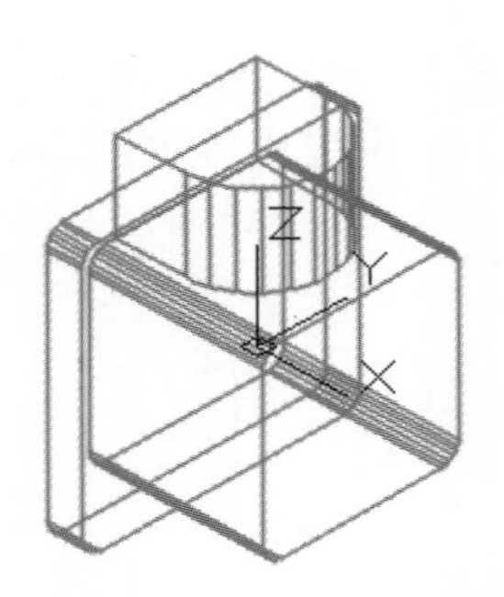

第10步 单击【常用】选项卡→【实体编辑】面板→【并集】按钮，长方体和多段体合并，消隐后如下图所示。

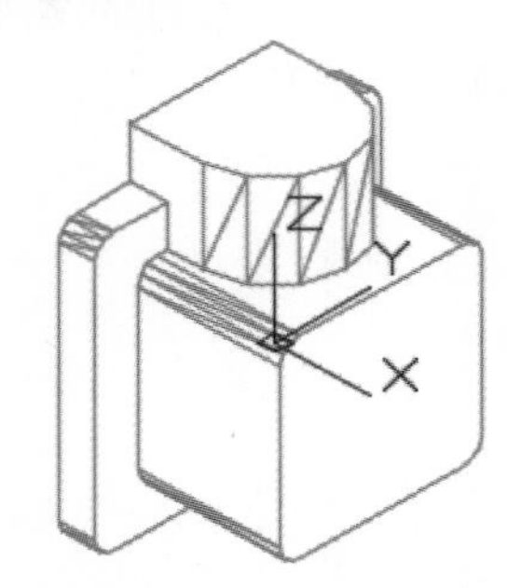

绘制连接孔

第1步 在命令行输入“UCS”并按【Enter】键，将坐标系绕 y 轴旋转 −90°。

命令：UCS
当前 UCS 名称：*世界*
指定 UCS 的原点或 [面 (F)/ 命名 (NA)/ 对象 (OB)/ 上一个 (P)/ 视图 (V)/ 世界 (W)/X/Y/Z/Z 轴 (ZA)] < 世界 >:Y
指定绕 X 轴的旋转角度 <90>: −90

第2步 坐标系旋转后如下图所示。

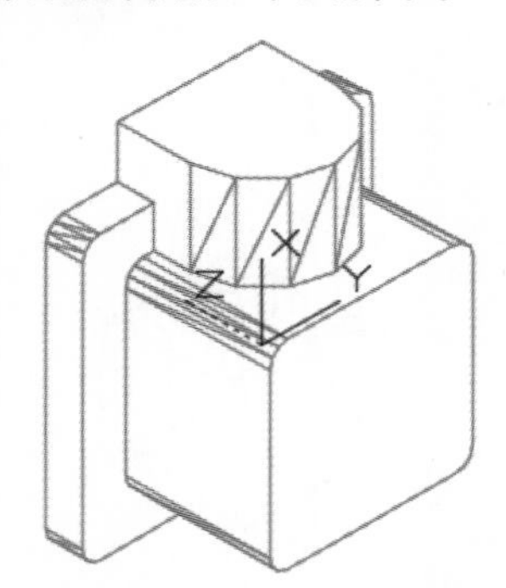

第3步 单击绘图窗口左上角的【视图】控件，在弹出的快捷菜单上选择【右视】选项。

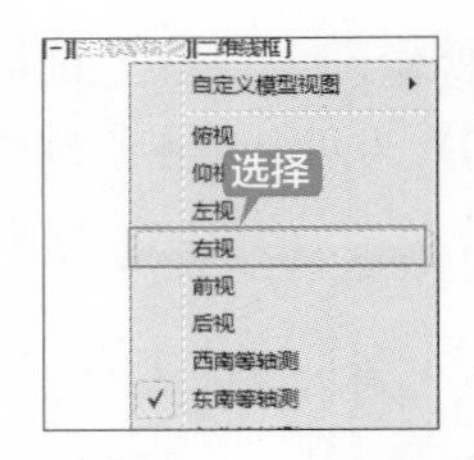

第4步 切换到右视图后如下图所示。

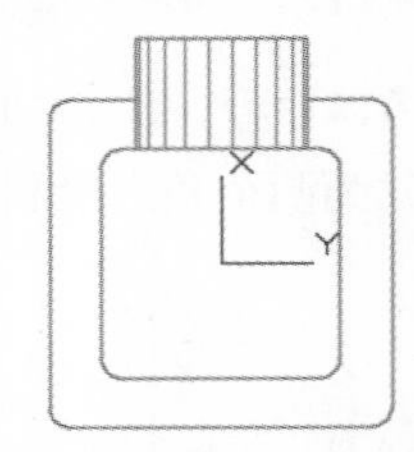

第5步 单击【实体】选项卡→【绘图】面板→【圆心、半径】按钮，以坐标（32,32）为圆心，绘制一个半径为“4”的圆。

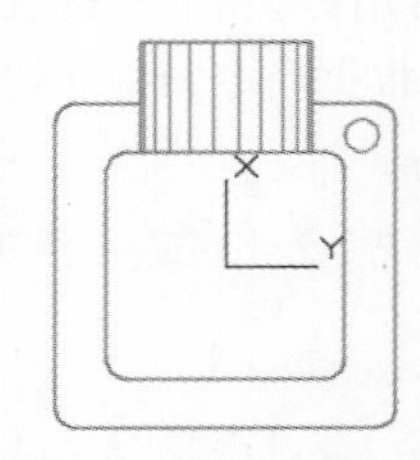

第6步 单击【实体】选项卡→【修改】面板→【矩形阵列】按钮，选择圆为阵列对象，将阵列行数和列数都设置为“2”，间距都设置为“−64”，并将【特性】选项板的“关联“关闭。

列数:	2	行数:	2
介于:	-64	介于:	-64
总计:	-64	总计:	-64
列		行	

第7步 单击【关闭阵列】按钮，结果如下图所示。

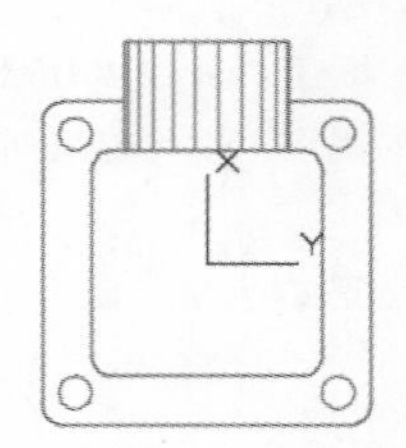

第8步 单击绘图窗口左上角的【视图】控件，在弹出的快捷菜单上选择【东南等轴测】选项。

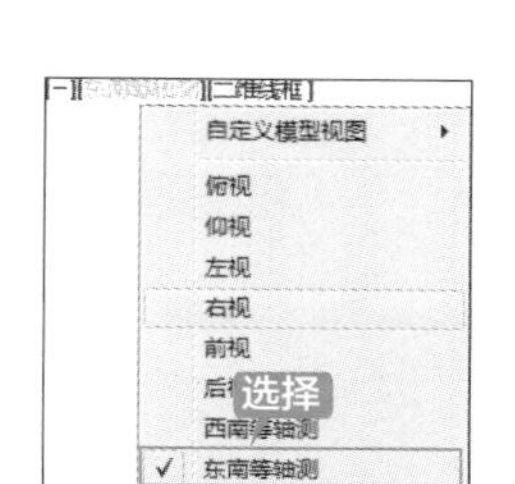

第 9 步 单击【常用】选项卡→【建模】面板→【拉伸】按钮，选择 4 个圆为拉伸对象，将它们沿 z 轴方向拉伸“40”。

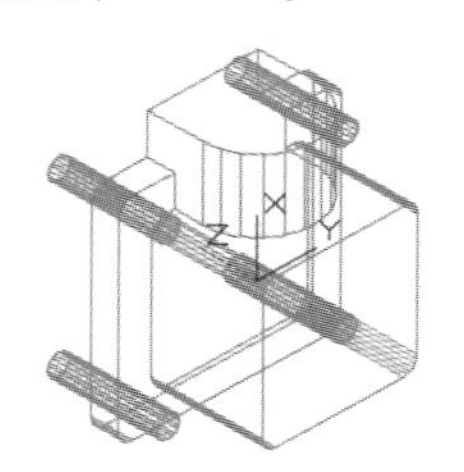

第 10 步 单击【常用】选项卡→【实体编辑】面板→【差集】按钮，将拉伸后的 4 个圆柱体从图形中减去，消隐后如下图所示。

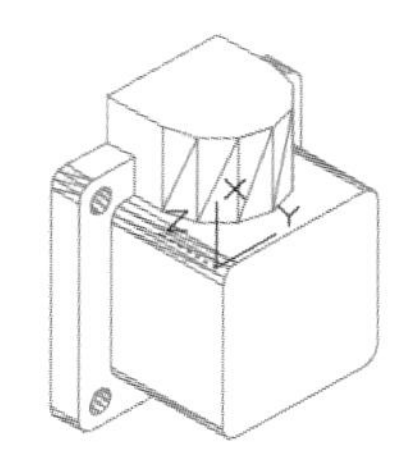

绘制阀体的剩余部分及中心孔

第 1 步 单击【常用】选项卡→【建模】面板→【圆柱体】按钮，以（0,0,−30）为底面圆心，绘制一个底面半径为高度为“20”的圆柱体。

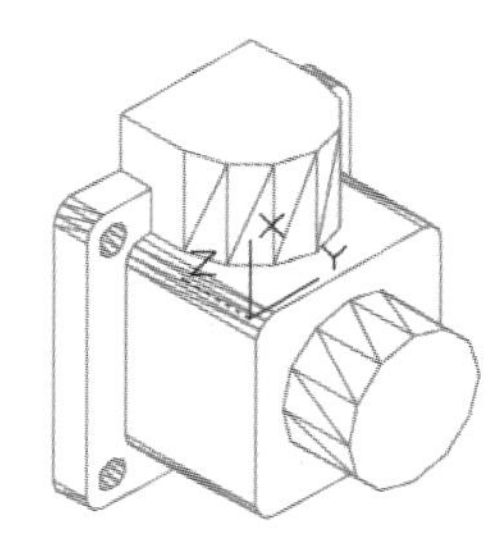

第 2 步 重复绘制圆柱体命令，以（0,0,−50）为底面圆心，绘制一个底面半径为“25”、高度为“14”的圆柱体。

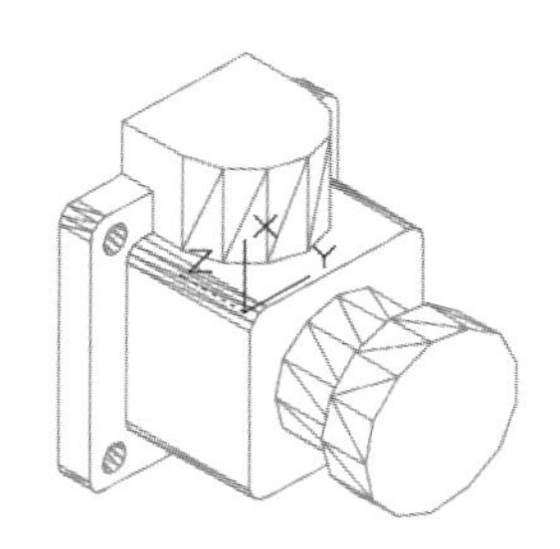

第 3 步 单击【常用】选项卡→【实体编辑】面板→【抽壳】按钮。

提示

除了通过面板调用抽壳命令外，还可以通过以下方法调用抽壳命令。

(1) 选择【修改】→【实体编辑】→【抽壳】命令。

(2) 选择【实体】选项卡→【实体编辑】面板→【抽壳】按钮。

(3) 在命令行中输入“SOLIDEDIT”命令，然后输入“B”，根据命令行提示输入“S”。

第 4 步 选择最后绘制的圆柱体为抽壳对象，并选择最前面的底面为删除对象。

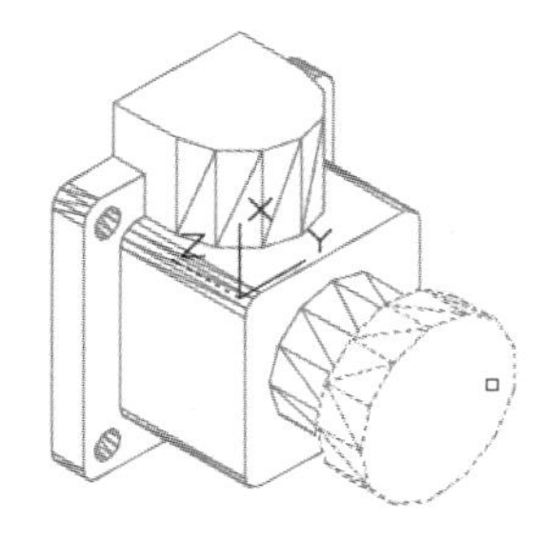

第 5 步 设置抽壳的偏移距离为“5”，结果如下图所示。

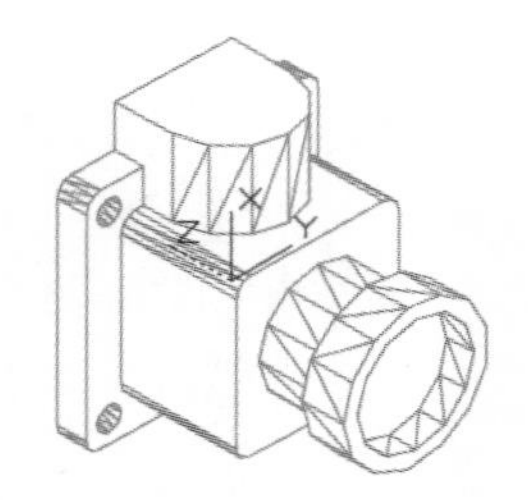

第6步 单击【常用】选项卡→【实体编辑】面板→【并集】按钮，将抽壳后的图形合并。然后调用圆柱体命令，以（0,0,−60）为底面圆心，绘制一个底面半径为“15”，高度为“100”的圆柱体。

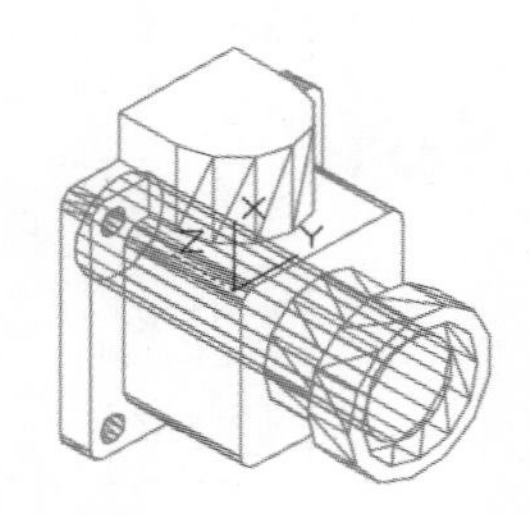

第7步 在命令行中输入“UCS”然后按【Enter】键，将坐标系重新设置为世界坐标系，命令行提示如下。

当前 UCS 名称：*没有名称*
指定 UCS 的原点或 [面 (F)/ 命名 (NA)/ 对象 (OB)/ 上一个 (P)/ 视图 (V)/ 世界 (W)/X/Y/Z/Z 轴 (ZA)] < 世界 >: ↙

第8步 单击【常用】选项卡→【建模】面板→【圆柱体】按钮，捕捉下图所示的圆心作为底面圆心。

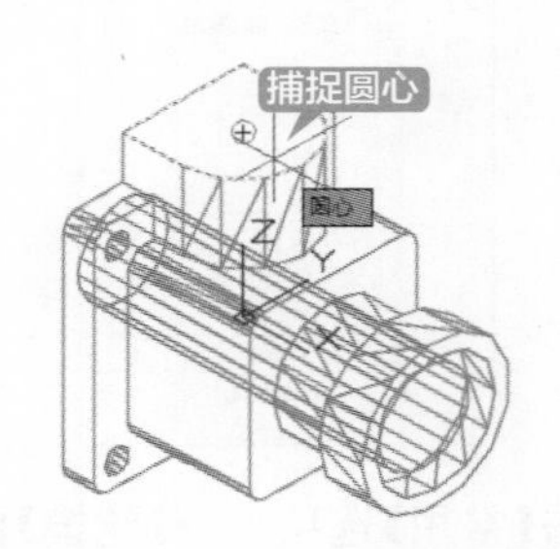

第9步 输入底面半径“12”和拉伸高度“27”。

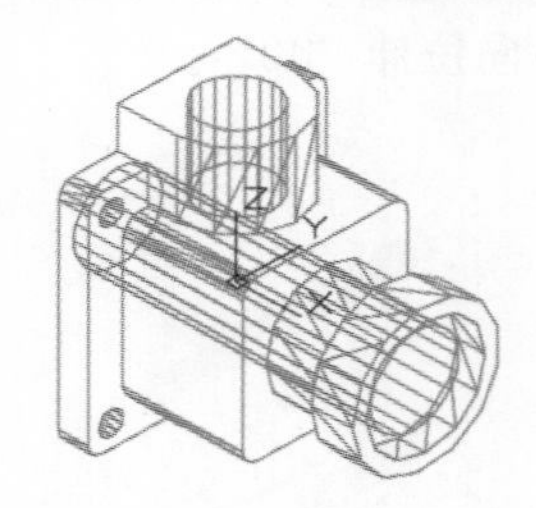

第10步 单击【常用】选项卡→【实体编辑】面板→【差集】按钮，将最后绘制的两个圆柱体从图形中减去，然后将图形移动到合适的位置，消隐后如下图所示。

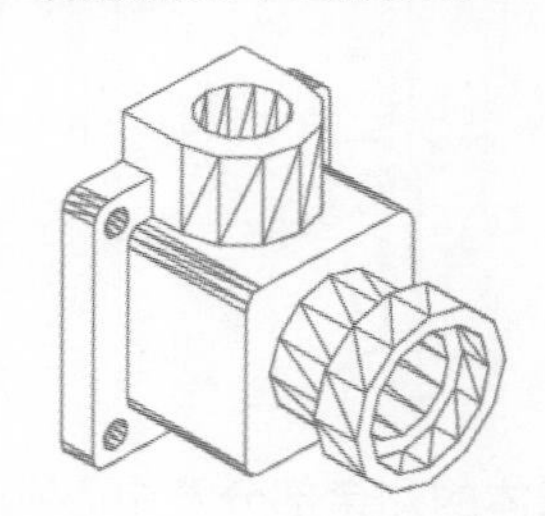

10.3.9 绘制螺栓螺母

螺栓螺母主要是将阀体各零件连接起来，螺栓的头部和螺母既可以用棱锥体绘制，也可以通过正六边形拉伸成型。这里绘制螺栓的头部时采用棱锥体绘制，螺母采用正六边形拉伸成型。

绘制螺栓螺母的具体操作步骤如下。

第1步 单击【常用】选项卡→【图层】面板→【图层】下拉列表，将“螺栓螺母”层置为当前层。

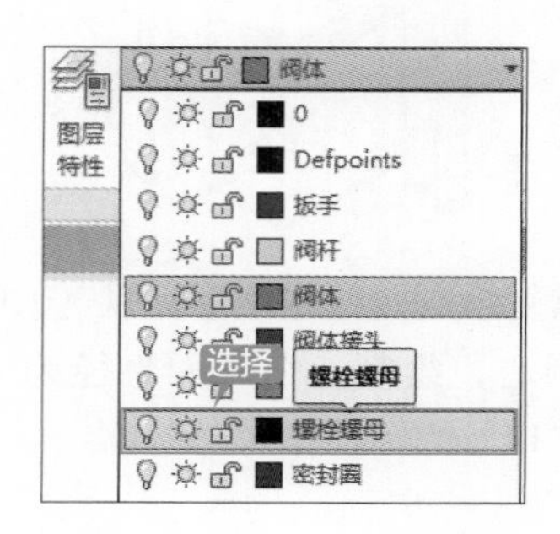

第2步 单击【常用】选项卡→【建模】面板→【棱锥体】按钮。

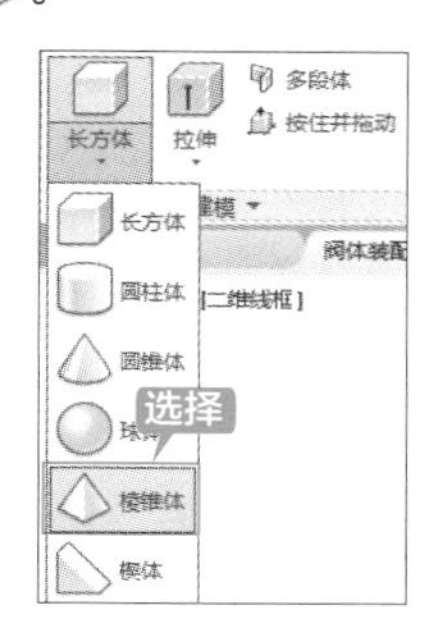

提示

除了通过面板调用棱锥体命令外，还可以通过以下方法调用棱锥体命令。

(1) 选择【修改】→【建模】→【棱锥体】命令。

(2) 选择【实体】选项卡→【图元】面板→【棱锥体】按钮。

(3) 在命令行中输入“PYRAMID/PYR”命令并按【Space】键。

第3步 根据命令行提示进行如下操作。

```
命令：_PYRAMID
4 个侧面  外切
指定底面的中心点或 [ 边 (E)/ 侧面 (S)]: s
输入侧面数 <4>: 6
指定底面的中心点或 [ 边 (E)/ 侧面 (S)]: 0,0,0
指定底面半径或 [ 内接 (I)] <12.0000>: 9
指定高度或 [ 两点 (2P)/ 轴端点 (A)/ 顶面半径 (T)] <-27.0000>: t
指定顶面半径 <0.0000>: 9
指定高度或 [ 两点 (2P)/ 轴端点 (A)] <-27.0000>: 7.5
```

第4步 棱锥体绘制结束后如下图所示。

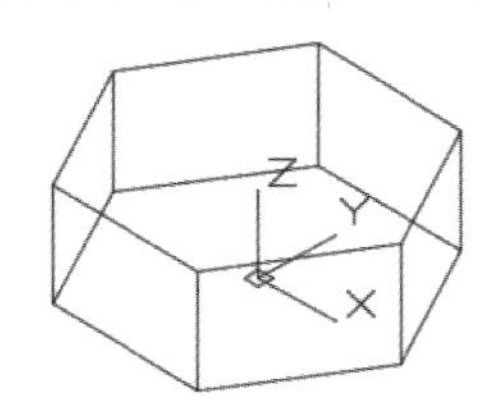

第5步 单击【常用】选项卡→【建模】面板→【圆柱体】按钮，以（0,0,7.5）为底面圆心，绘制一个半径为“6”，高度为“25”的圆柱体。

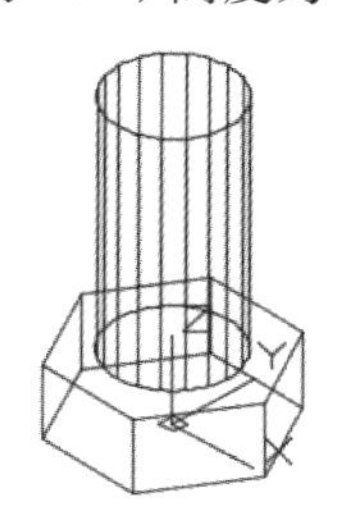

第6步 单击【实体】选项卡→【实体编辑】面板→【倒角边】按钮。

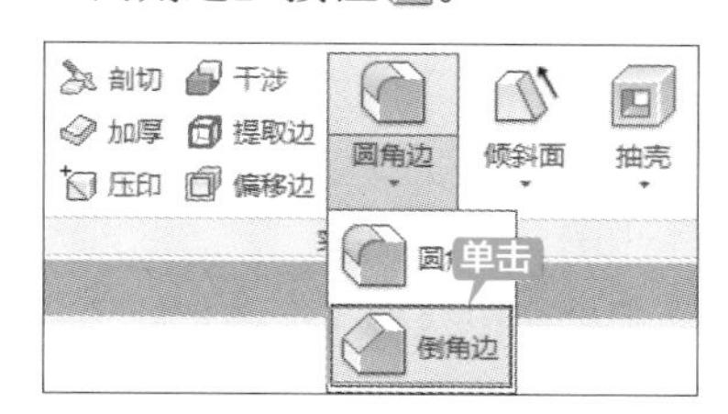

提示

除了通过面板调用倒角边命令外，还可以通过以下方法调用倒角边命令。

(1) 选择【修改】→【三维实体编辑】→【倒角边】命令。

(2) 在命令行中输入“CHAMFEREDGE”命令并按【Space】键。

第7步 将两个倒角距离都设置为“1”，然后选择下图所示的边为倒角对象。

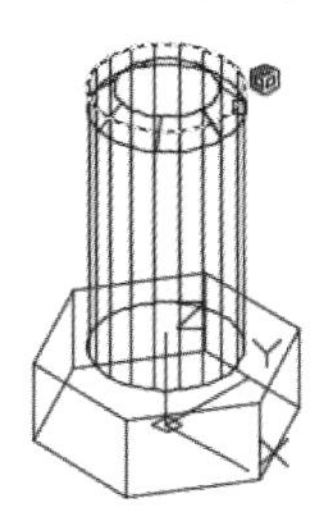

第8步 倒角结果如下图所示。

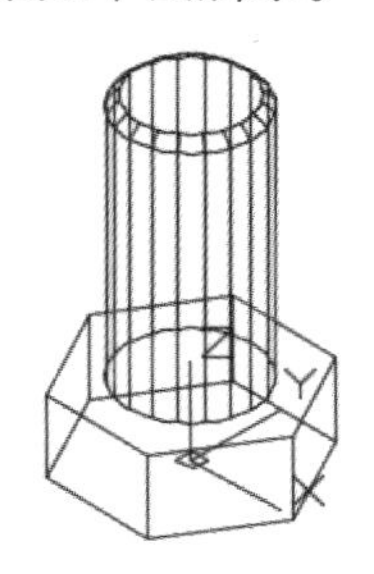

第9步 单击【常用】选项卡→【实体编辑】面板→【并集】按钮，将棱锥体和圆柱体合并在一起，然后将合并后的对象移动到合适的位置，消隐后如下图所示。

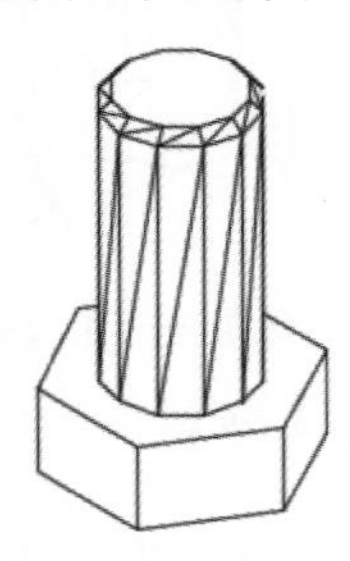

下面介绍使用正六边形拉伸绘制螺母的具体操作步骤。

第1步 在菜单栏中执行【绘图】→【多边形】菜单命令，根据命令行提示进行如下操作

```
命令：_polygon 输入侧面数 <4>: 6
指定正多边形的中心点或 [ 边 (E)]: 0,0
输入选项 [ 内接于圆 (I)/ 外切于圆 (C)] <I>: c
指定圆的半径：9
```

第2步 多边形绘制完成后如下图所示。

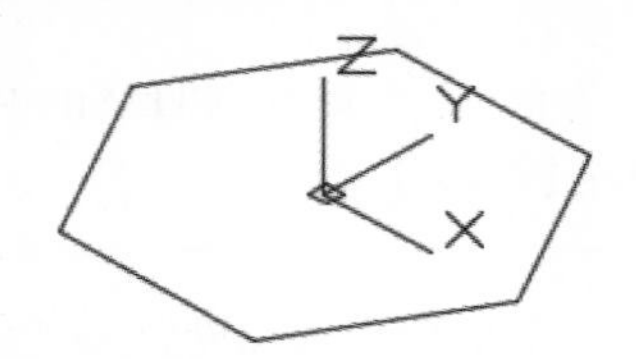

第3步 单击【常用】选项卡→【建模】面板→【拉伸】按钮，选择正六边形，将它们沿 z 轴方向拉伸“10”。

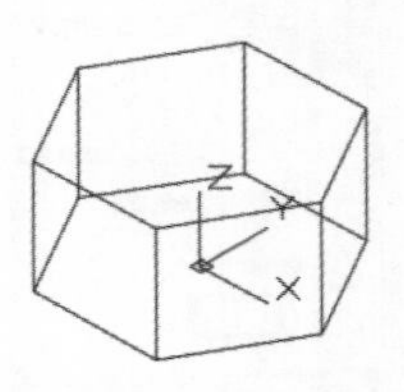

第4步 单击【常用】选项卡→【建模】面板→【圆柱体】按钮，以（0,0,0）为底面圆心，绘制一个半径为“6”、高度为“10”的圆柱体。

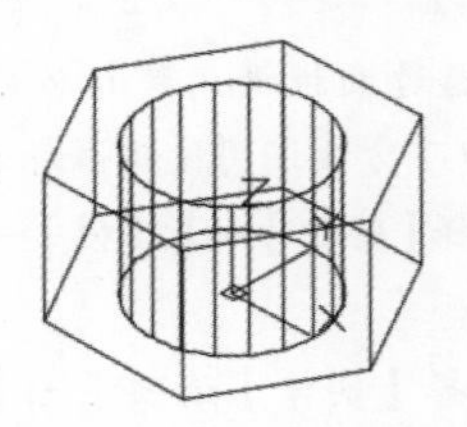

第5步 单击【常用】选项卡→【实体编辑】面板→【差集】按钮，将圆柱体从棱柱体中减去，消隐后如下图所示。

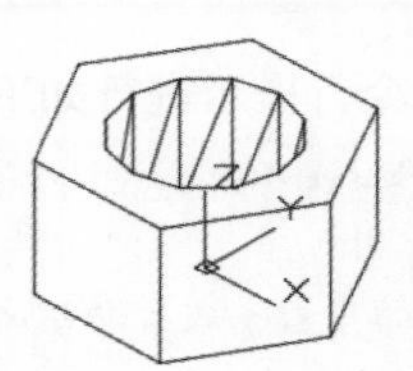

10.3.10 装配

所有零件绘制完毕后，通过移动、旋转、三维对齐命令将图形装配起来。

装配的具体操作步骤如下。

第1步 单击【常用】选项卡→【修改】面板→【三维旋转】按钮，选择法兰母体为旋转对象，将它绕 y 轴旋转 90°。

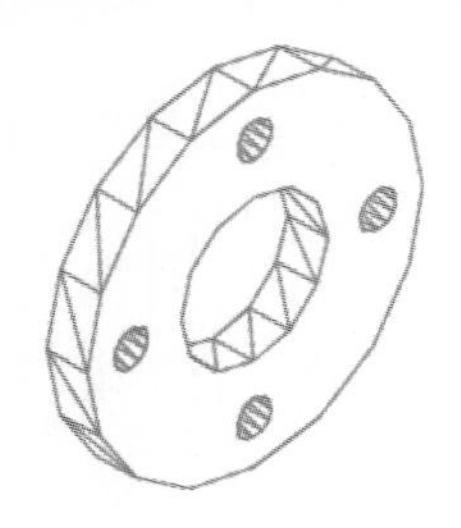

第2步 重复三维旋转命令，将阀体接头、密封圈以及螺栓螺母也绕 y 轴旋转 90°。

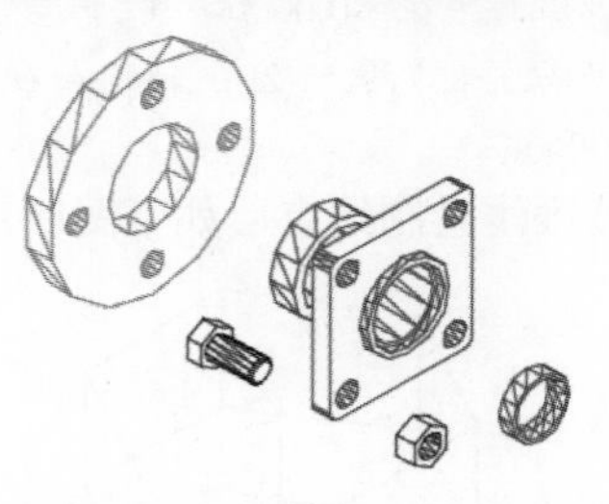

第3步 单击【常用】选项卡→【修改】面板→【移动】按钮，将各对象移动到安装位置。

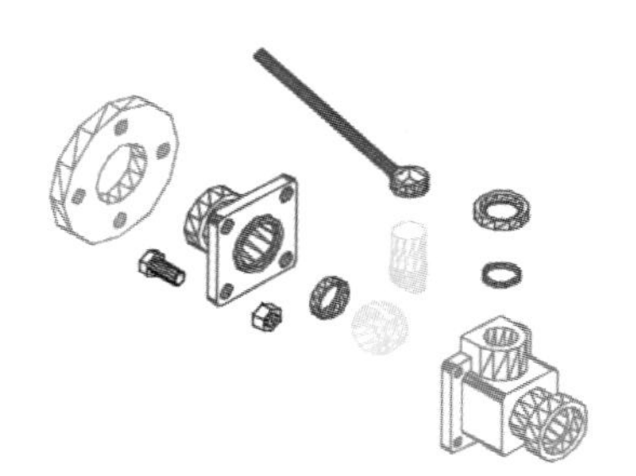

提示

该步操作主要是为了让读者观察各零件之间的安装关系，图中各零件的位置不一定在同一平面上，要将各零件真正装配在一起，还需要三维对齐命令来实现。

第 4 步 单击【常用】选项卡→【修改】面板→【三维对齐】按钮。

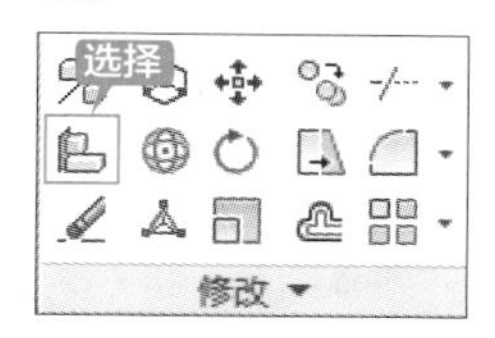

提示

除了通过面板调用三维对齐命令外，还可以通过以下方法调用三维对齐命令。

(1) 选择【修改】→【三维操作】→【三维对齐】命令。

(2) 在命令行中输入“3DALIGN/3AL”命令并按【Space】键。

第 5 步 选择阀杆为对齐对象。

第 6 步 捕捉下图所示端点为基点。

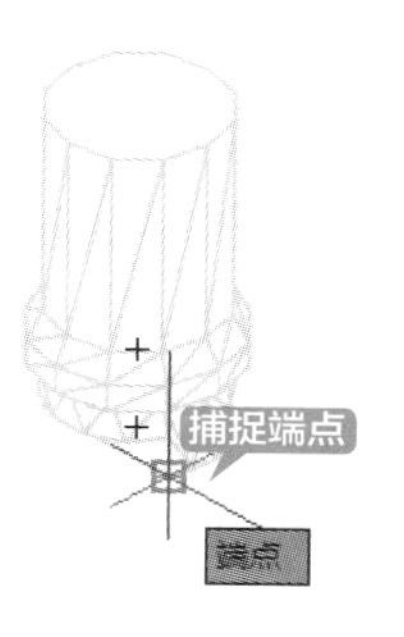

第 7 步 捕捉下图所示的端点为第二点。

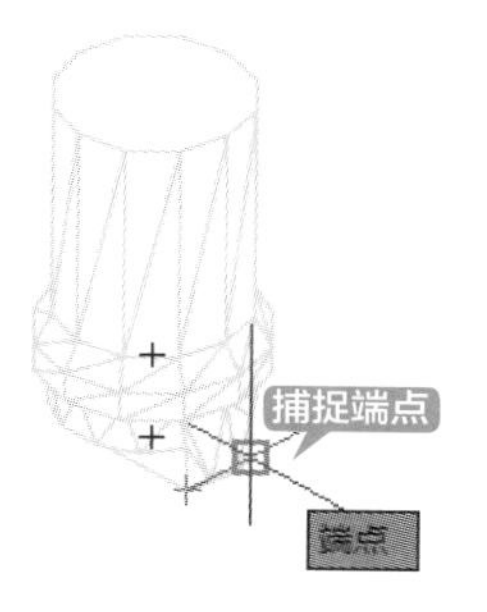

提示

捕捉第二点后，当命令行提示指定第三点时，按【Enter】键结束源对象点的捕捉，开始捕捉第一目标点。

第 8 步 捕捉下图所示的端点为第一目标点。

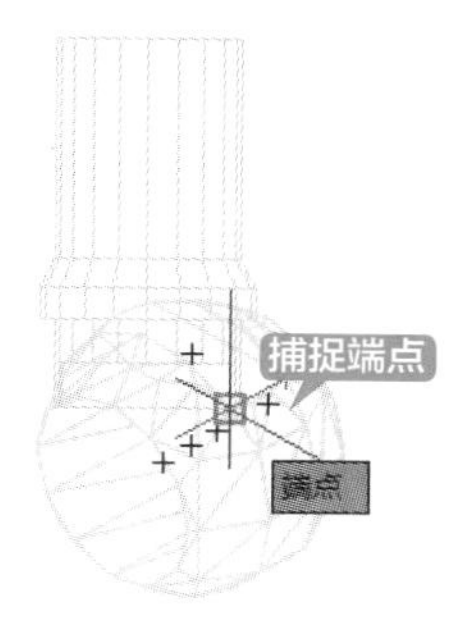

第 9 步 捕捉下图所示的端点为第二目标点。

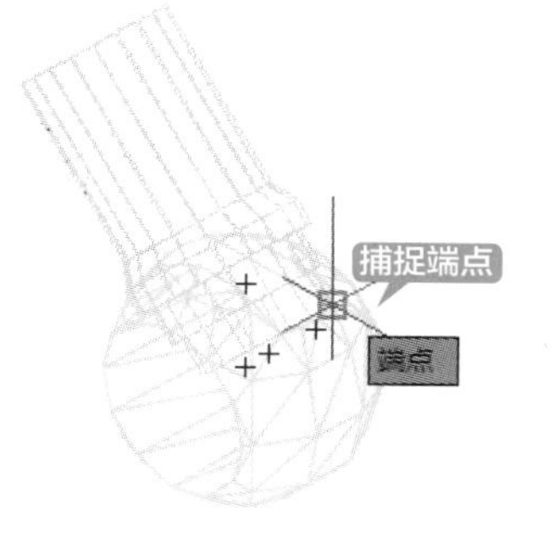

第 10 步 对齐后结果如下图所示。

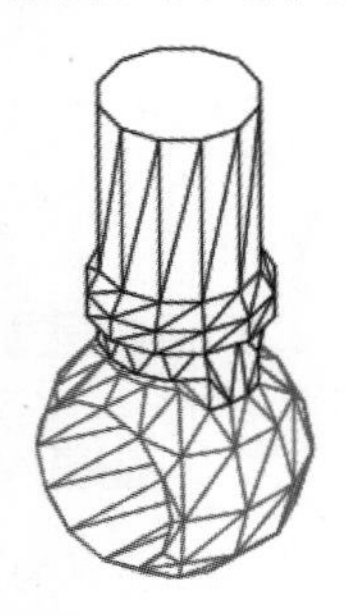

组合装配零件图

第 1 步 重复对齐、移动、旋转命令，将所有零件组合在一起。

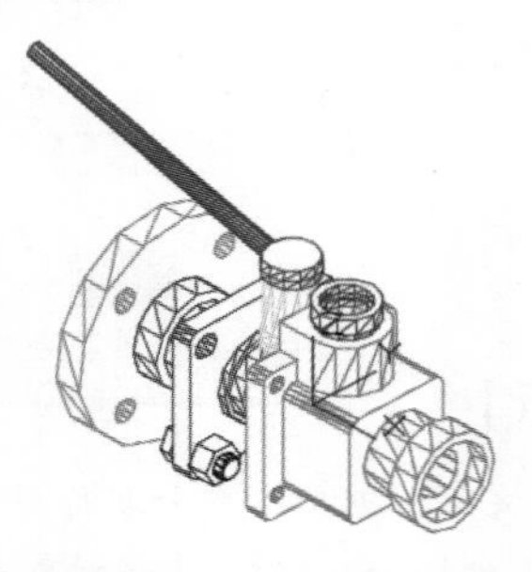

第 2 步 单击【实体】选项卡→【修改】面板→【矩形阵列】按钮，选择螺栓和螺母为阵列对象，将阵列的列数设置为“1”，行数和层数都设置为“2”，行和层的间距都设置为“64”，并将【特性】选项板的“关联”关闭。

行数:	2	级别:	2
介于:	64	介于:	64
总计:	64	总计:	64
行 ▾		层级	

第 3 步 单击【关闭阵列】按钮，结果如下图所示。

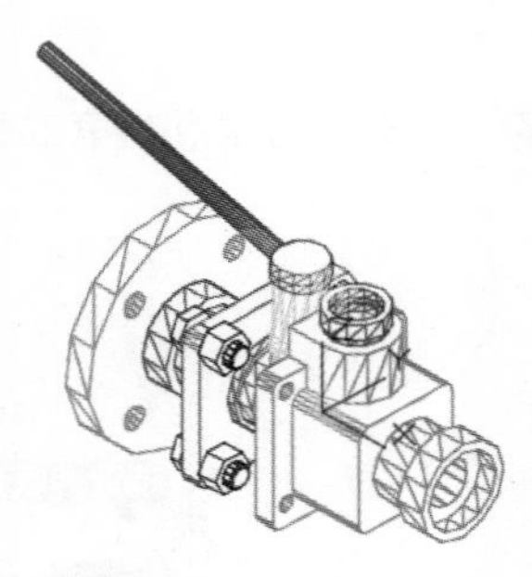

第 4 步 单击绘图窗口左上角的【视图】控件，在弹出的快捷菜单上选择【右视】选项。

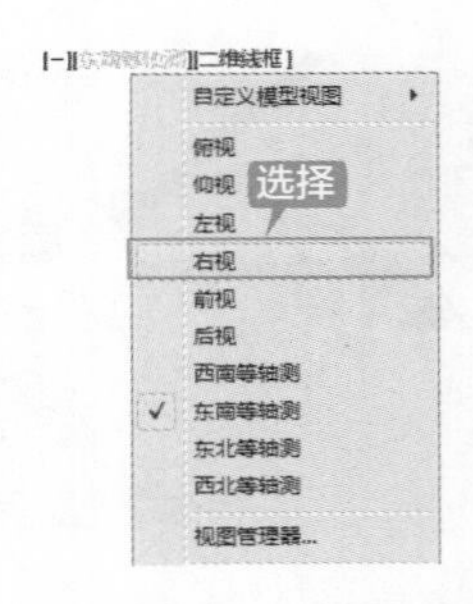

第 5 步 切换到右视图后如下图所示。

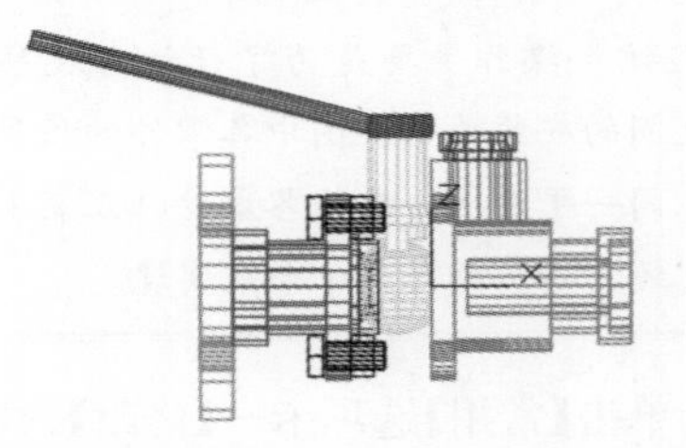

第 6 步 单击【实体】选项卡→【修改】面板→【复制】按钮，选择法兰母体为复制对象，并捕捉下图所示的圆心为复制的基点。

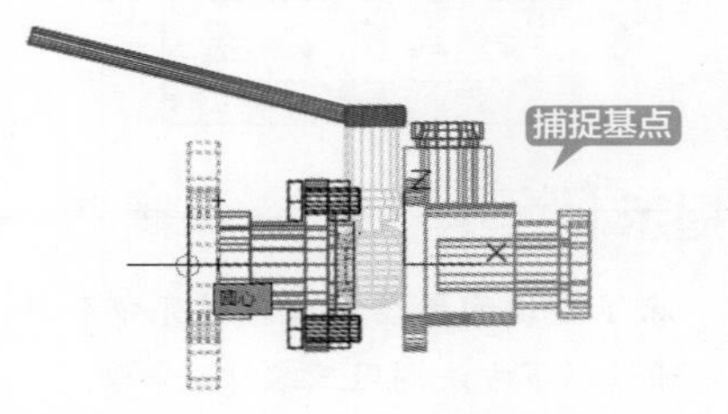

第 7 步 捕捉下图所示的圆心为复制的第二点。

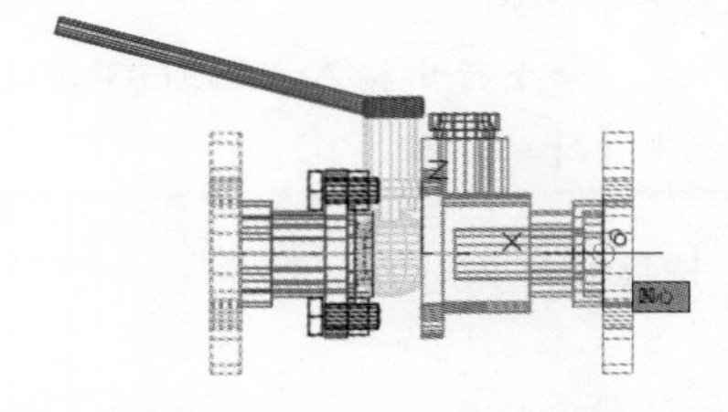

第 8 步 单击绘图窗口左上角的【视图】控件，在弹出的快捷菜单上选择【东南等轴测】选项。

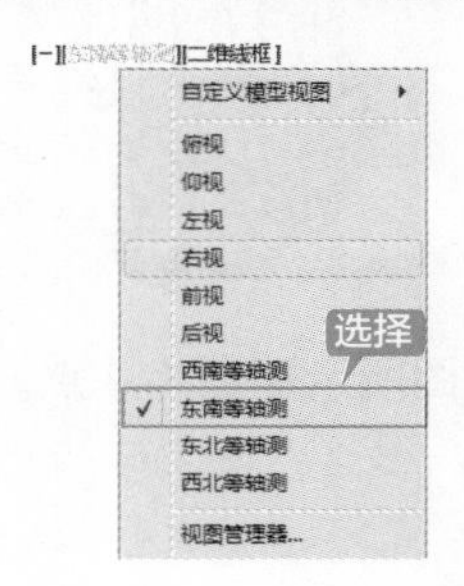

第 9 步 单击绘图窗口左上角的【视觉样式】控件，在弹出的快捷菜单上选择【真实】选项。

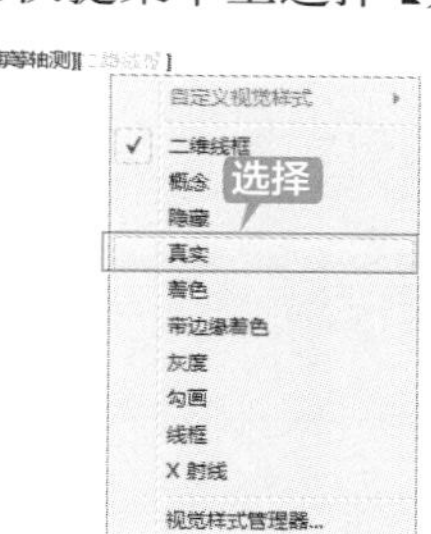

第 10 步 切换视觉样式后如下图所示。

绘制离心泵三维图

离心泵是一个复杂的整体，绘图时可以将其拆分成两部分来绘制，各自绘制完成后，再通过移动、并集、差集等命令将其合并成为一体。

绘制离心泵三维图的具体操作步骤如表 10-4 所示。

表 10-4　绘制离心泵三维图

步骤	创建方法	绘制步骤及结果
1	绘制离心泵的连接法兰	(1) 绘制三个圆柱体：圆柱体的底面半径分别为“19”“14”和“19”，高度分别为“12”“22”和“5”
		(2) 绘制法兰体：先创建一个圆角半径为“10”、50×50 的矩形，然后通过拉伸将矩形拉伸“9”，生成长方体
		(3) 通过圆柱体命令、阵列命令，以及差集命令创建连接孔
		(4) 通过圆柱体命令、差集命令、并集命令完善连接法兰

续表

步骤	创建方法	绘制步骤及结果
2	绘制离心泵的主体部分	(1) 绘制离心泵体主体圆柱体：3 个圆柱体的底面半径分别为“40”“50”和“43”，高度分别为：“40” “40”和“30”
		(2) 绘制泵体进出油口
		(3) 合并法兰体和泵体
3	绘制泵体的其他结构完善泵体	(1) 绘制泵体的细节：先绘制一个底面半径为“8”、高度为“118”的圆柱体，然后将其绕 x 轴旋转 90°
		(2) 将圆柱体移到泵主体的中心，然后通过差集将它们合并在一起

◇ 给三维图添加尺寸标注

在 AutoCAD 2016 中没有直接对三维实体添加标注的命令，所以将通过改变坐标系的方法来对三维实体进行尺寸标注。

第 1 步 打开随书光盘中的“素材 \CH10\ 标注三维图形 .dwg”文件。

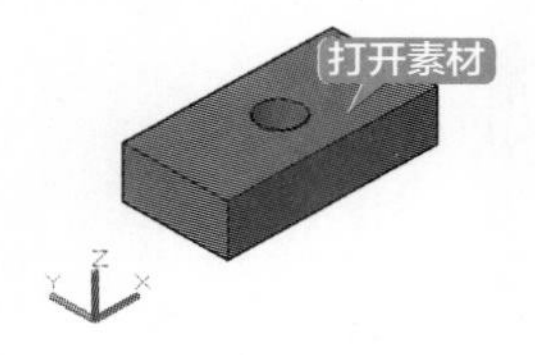

第 2 步 单击【注释】选项卡→【标注】面板→【线性】按钮，捕捉如下图所示的端点作为标注的第一个尺寸界线原点。

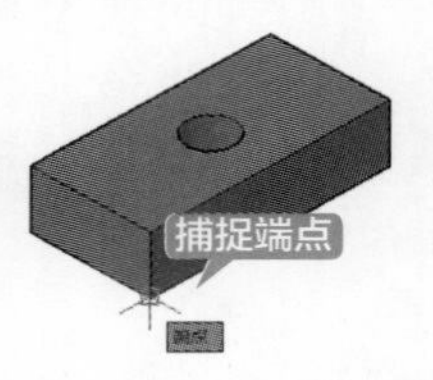

第 3 步 捕捉如下图所示的端点作为尺寸第二个尺寸界线的原点。

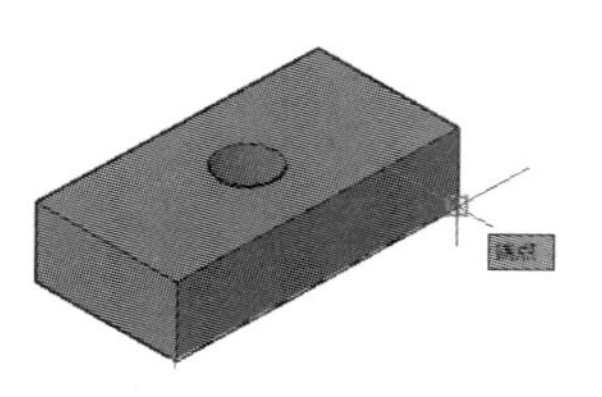

第 4 步 拖动鼠标在合适的位置单击放置尺寸线，结果如下图所示。

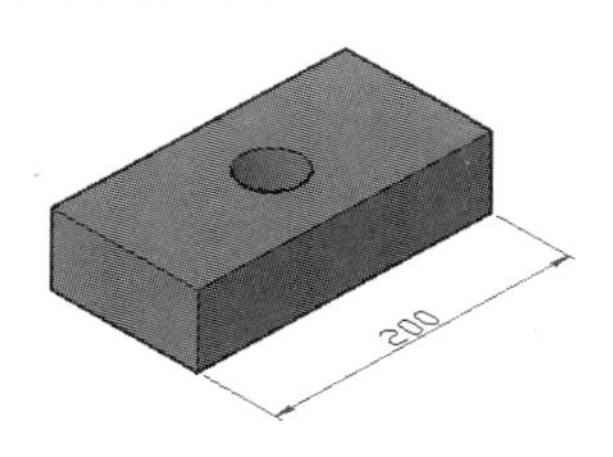

第 5 步 单击【常用】选项卡→【坐标】面板→【Z】按钮，然后在命令行输入旋转的角度 180°，如下图所示。

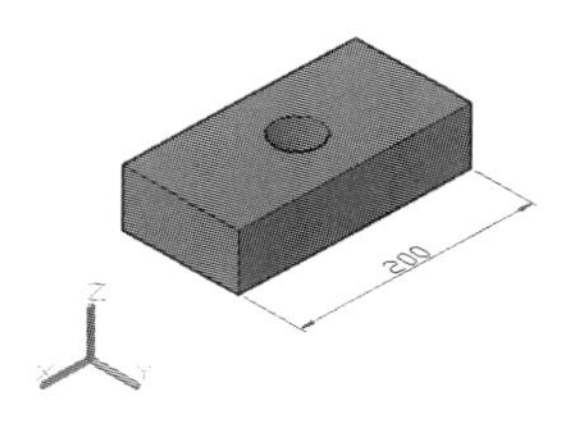

第 6 步 重复第 2 步～第 4 步对图形进行线性标注，结果如下图所示。

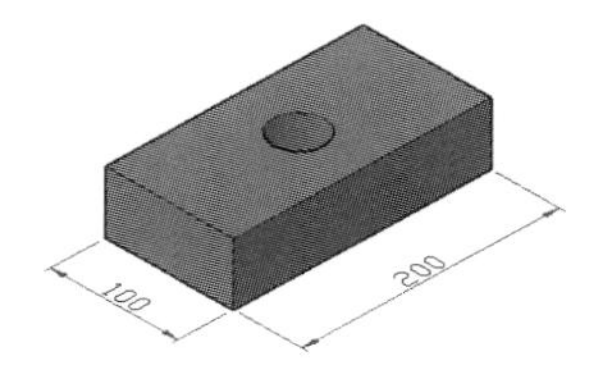

第 7 步 单击【常用】选项卡→【坐标】面板→【三点】按钮，然后捕捉如下图所示的端点为坐标系的原点。

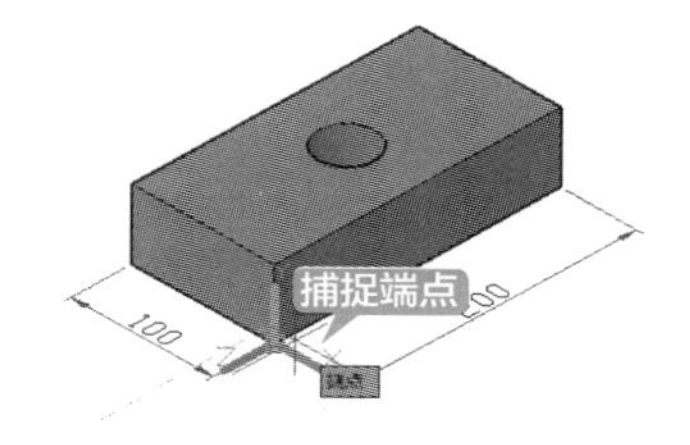

第 8 步 拖动鼠标指引 x 轴的方向，如下图所示。

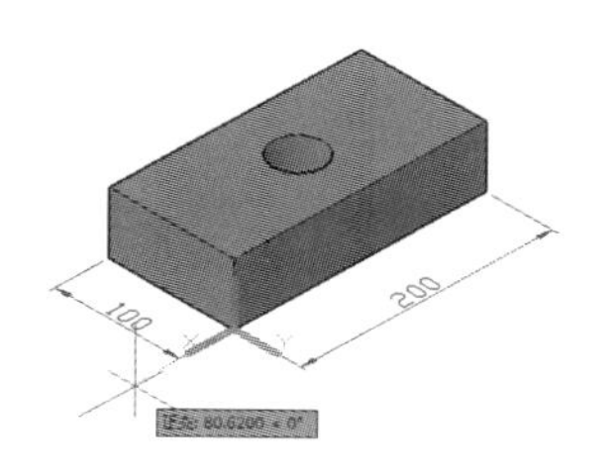

第 9 步 单击后确定 x 轴的方向，然后拖动鼠标指引 y 轴的方向，结果如下图所示。

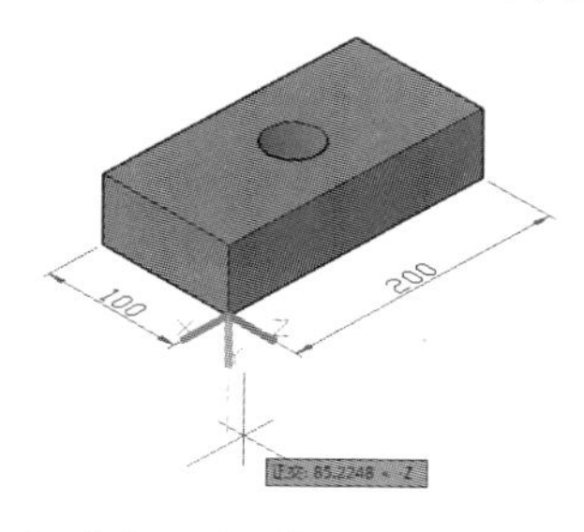

第 10 步 单击确定 y 轴的方向后如下图所示。

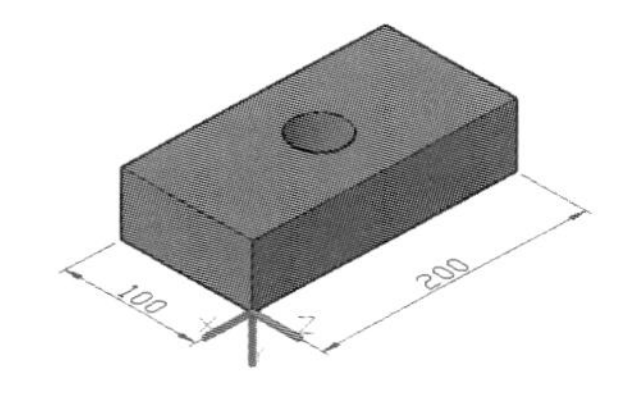

标注侧立面和顶部平面

第 1 步 重复前面第 2 步～第 4 步对图形进行线性标注，结果如下图所示。

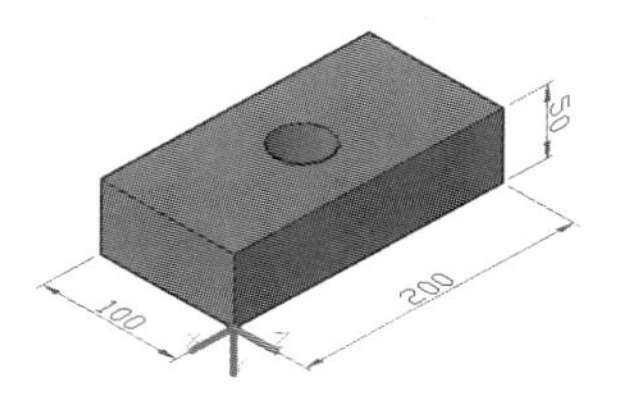

第 2 步 重复前面第 7 步～第 10 步将坐标系的 xy 平面放置与图形顶部平面平齐，并将 x 轴和 y 轴的方向放置到如下图所示的位置。

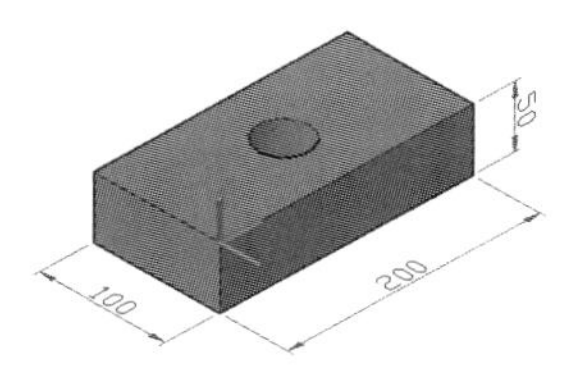

第 3 步 重复前面第 2 步～第 4 步对圆心位置进行线性标注，结果如下图所示。

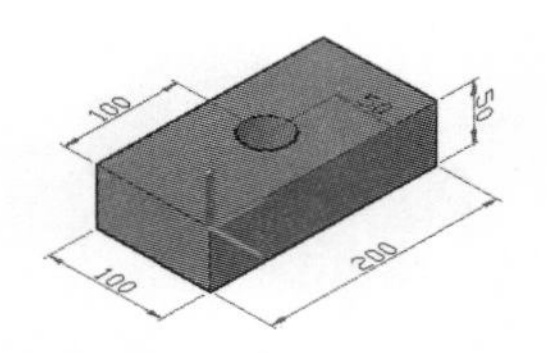

第 4 步 单击【注释】选项卡→【标注】面板→【直径】按钮，然后捕捉图中的圆进行标注，结果如下图所示。

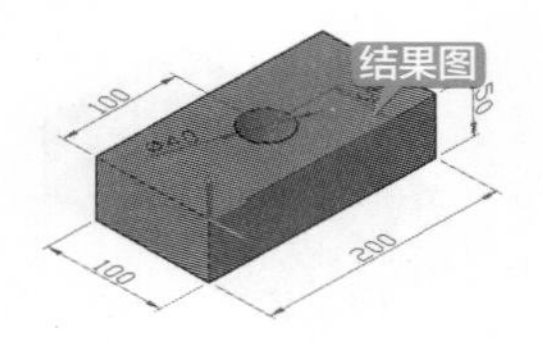

◇ 为什么坐标系会自动变动

在三维绘图中经常需要在各种视图之间切换时，经常会出现坐标系变动的情况，如下左图是在【西南等轴测】下的视图，当把视图切换到【前视】视图，再切换回【西南等轴测】时，发现坐标系发生了变化，如下右图所示。

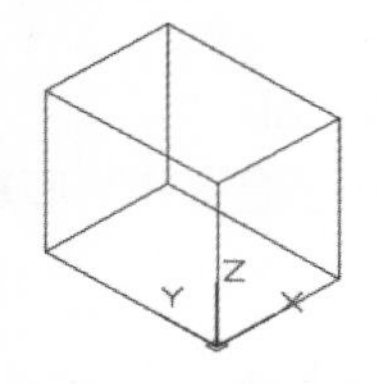

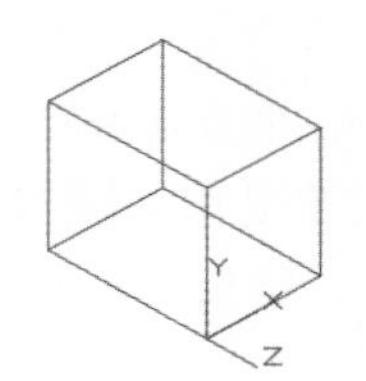

出现这种情况是因为【恢复正交】设定的问题，当设定为“是”时，就会出现坐标变动，当设定为“否”时，则可避免。

单击绘图窗口左上角的【视图】控件，然后选择【视图管理器】选项，如下图左所示。在弹出的【视图管理器】对话框中将【预设视图】中的任何一个视图的【恢复正交】改为“否”即可，如下图右所示。

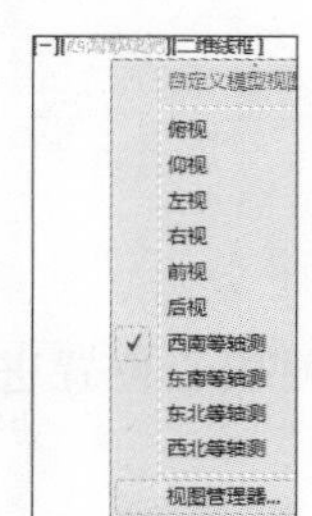

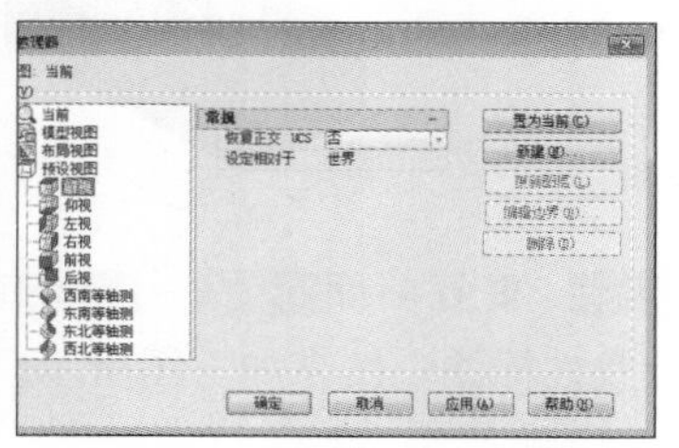

◇ 如何通过圆锥体命令绘制圆台

CAD 中圆锥体命令默认圆锥体的顶端半径为 0，如果在绘图时设置圆锥体的顶端半径不为 0，则绘制的结果是圆台体。

> **提示**
>
> 通过棱锥体命令绘制棱台的道理和通过圆锥体绘制圆台是相同的，关于通过棱锥体命令创建棱台的方法参见 10.3.9 小节。

用圆锥体命令绘制圆台的具体操作如下。

第 1 步 新建一个 AutoCAD 文件，单击【常用】选项卡→【建模】面板→【圆锥体】按钮 ，并在绘图区域中单击以指定圆锥体底面的中心点，在命令行输入“100”并按【Space】键确认，以指定圆锥体的底面半径。

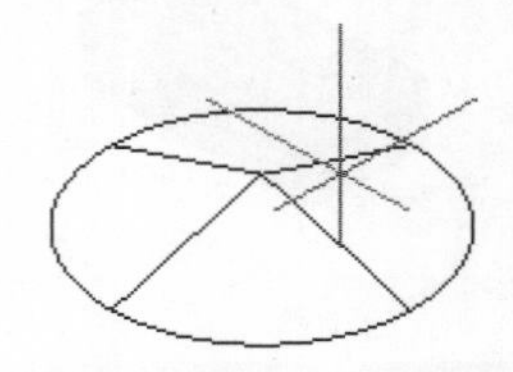

第 2 步 当命令行提示输入圆锥体高度时输入“T”，然后输入顶端半径为“50”，AutoCAD 提示如下。

```
指定高度或 [ 两点 (2P)/ 轴端点 (A)/ 顶面半径 (T)] <10.0000>: t
指定顶面半径 <5.0000>: 50
```

第 3 步 输入高度“150”，结果如下图所示。

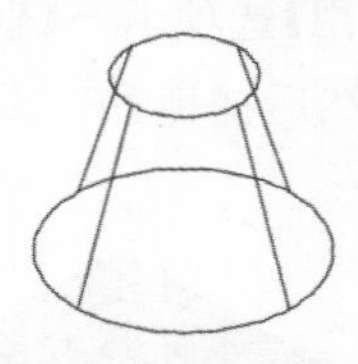

第 4 步 选择【视图】→【视觉样式】→【概念】命令，结果如下图所示。

第 11 章 三维图转二维图

本章导读

AutoCAD 2016 中将三维模型转换为二维工程图是通过【布局】选项卡来实现的，【布局】选项卡可以为相关三维模型创建基本投影视图、截面视图、局部剖视图；同时还可以对页面布局进行布置、控制视图更新以及管理视图样式等。

思维导图

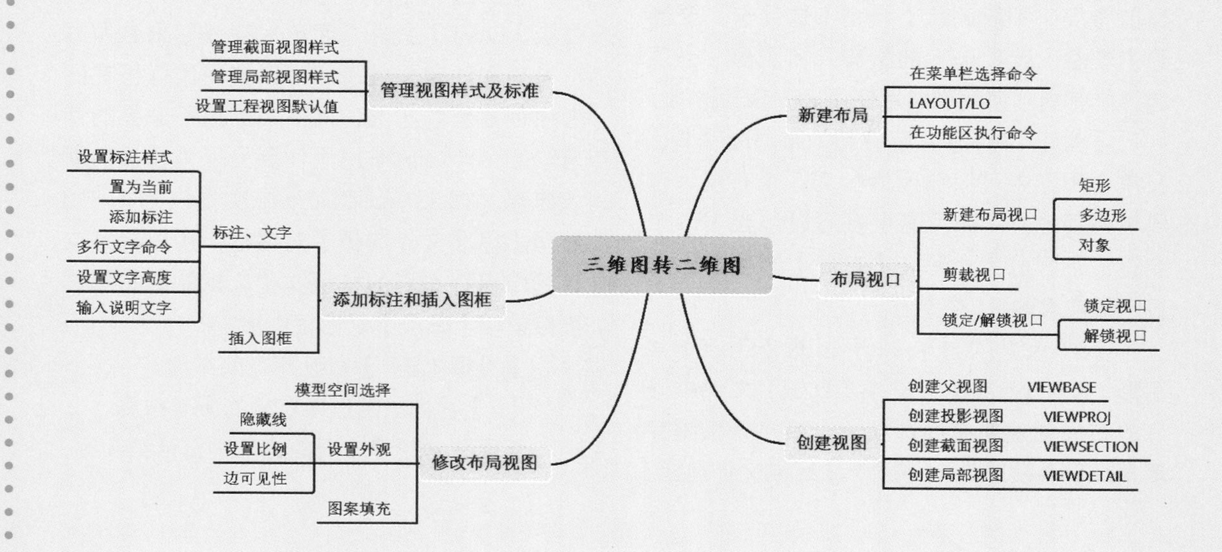

11.1 新建布局

用户可以根据实际情况创建和修改图形布局。

新建布局的几种常用方法如下。

(1) 选择【插入】→【布局】命令，选择一种适当的方式

(2) 在命令行中输入“LAYOUT/LO”并按【Space】键确认，选择一种适当的方式。

(3) 单击【布局】选项卡→【布局】面板，选择新建布局或从样板创建布局。

提示

当切换到布局模式时（单击状态栏左侧【布局】标签），系统会自动弹出【布局】选项卡。

执行【布局】命令后，AutoCAD提示如下：

命令：LAYOUT

输入布局选项 [复制 (C)/ 删除 (D)/ 新建 (N)/ 样板 (T)/ 重命名 (R)/ 另存为 (SA)/ 设置 (S)/?] <设置>:

命令行中各选项含义如下：

【复制（C）】：复制布局。如果不提供名称，则新布局以被复制的布局的名称附带一个递增的数字（在括号中）作为布局名。新选项卡插到复制的布局选项卡之前。

【删除（D）】：删除布局。默认值是当前布局。不能删除【模型】选项卡。要删除【模型】选项卡上的所有几何图形，必须选择所有的几何图形然后使用 ERASE 命令。

【新建（N）】：创建新的布局选项卡。在单个图形中可以创建最多 255 个布局。布局名必须唯一。布局名最多可以包含 255 个字符，不区分大小写。【布局】选项卡上只显示最前面的 31 个字符。

【样板（T）】：基于样板（DWT）、图形（DWG）或图形交换（DXF）文件中现有的布局创建新布局选项卡。如果将系统变量 FILEDIA 设置为 1，将显示【标准文件选择】对话框，用以选择 DWT、DWG 或 DXF 文件。选定文件后，程序将显示【插入布局】对话框，其中列出了保存在选定的文件中的布局。选择布局后，该布局和指定的样板或图形文件中的所有对象被插入到当前图形。

【重命名（R）】：给布局重新命名。要重命名的布局的默认值为当前布局。布局名必须唯一。布局名最多可以包含 255 个字符，不区分大小写。【布局】选项卡上只显示最前面的 31 个字符。

【另存为（SA）】：将布局另存为图形样板（DWT）文件，而不保存任何未参照的符号表和块定义信息。可以使用该样板在图形中创建新的布局，而不必删除不必要的信息。上一个当前布局用作要另存为样板的默认布局。如果 FILEDIA 系统变量设为 1，则显示【标准文件选择】对话框，用以指定要在其中保存布局的样板文件。默认的布局样板目录在【选项】对话框中指定。

【设置（S）】：设定当前布局。

【?】：列出图形中定义的所有布局。

下面将对新建布局的方法进行详细介绍，

具体操作步骤如下。

第 1 步 在命令行输入“LO”并按【Space】键调用布局命令，然后输入“N”并按【Space】键确认。

> 输入布局选项 [复制 (C)/ 删除 (D)/ 新建 (N)/ 样板 (T)/ 重命名 (R)/ 另存为 (SA)/ 设置 (S)/?] < 设置 >: n ↙

第 2 步 按【Space】键接受默认布局数“3”。

> 输入新布局名 < 布局 3>: ↙

第 3 步 结果状态栏左侧显示如下图所示。

模型 布局1 布局2 布局3 +

> **提示**
>
> 单击右侧的“+”，可以添加布局。在布局标签上右击，在弹出的快捷菜单上选择【重命名】选项，可以更改布局的名称；选择【删除】选项，可以将布局删除，但不能删除模型。

11.2 布局视口

在 AutoCAD 2016 中，用户可以对布局视口进行多种操作，如新建、剪裁以及锁定等，下面将分别进行详细介绍。

11.2.1 新建布局视口

用户可以根据工作需要在布局中创建多个视口。

在布局中新建视口的几种常用方法如下。

(1) 单击【布局】选项卡→【布局视口】面板，选择一种适当的方式。

(2) 选择【视图】→【视口】命令，选择一种适当的方式

(3) 在布局模式下，在命令行中输入“-VPORTS”命令并按【Space】键确认，选择一种适当的方式。

新建视口的具体操作步骤如下。

第 1 步 打开随书光盘中的“素材 \CH11\ 减速器箱体 .dwg”文件。

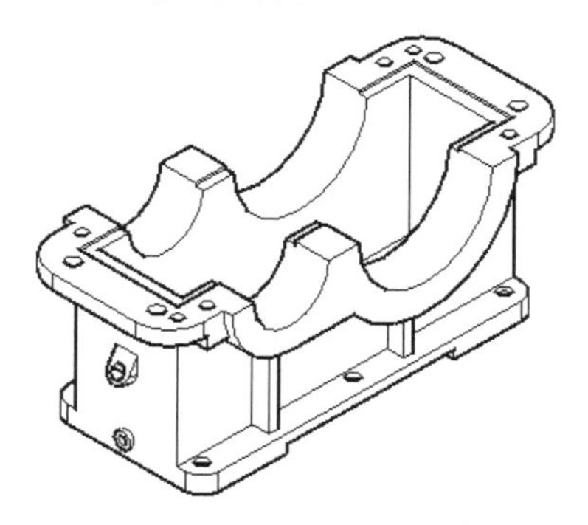

第 2 步 单击状态栏中的【布局 1】，如下图所示。

> **提示**
>
> 为了介绍新建布局视口，素材文件对“布局 1”做了修改，不修改前，“布局 1”如下图所示。

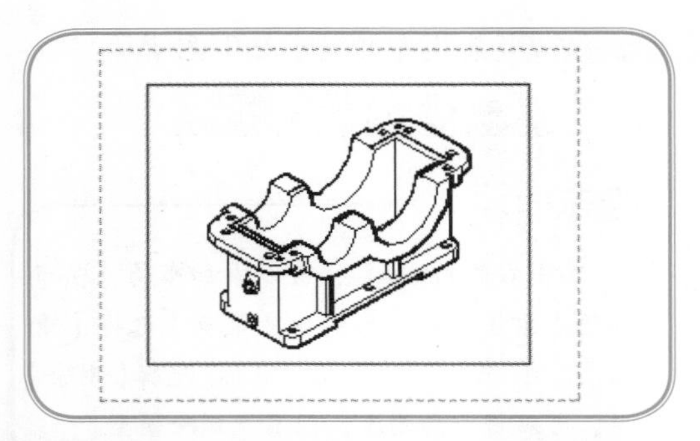

第3步 单击【布局】选项卡→【布局视口】面板中的【矩形】按钮。

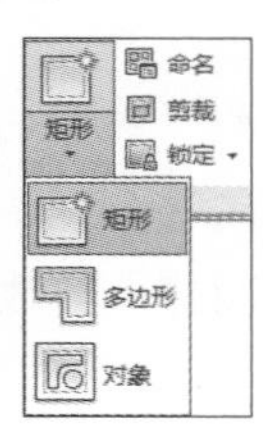

第4步 单击确定视口的第一角点。

第5步 在布局中拖动鼠标并单击确定视口的另一角点，如下图所示。

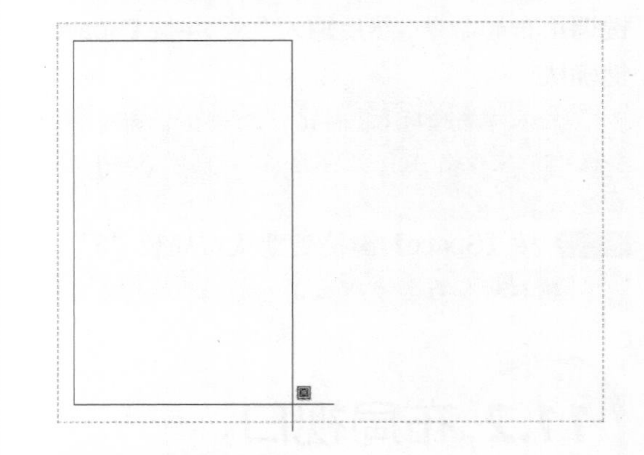

第6步 结果如下图所示。

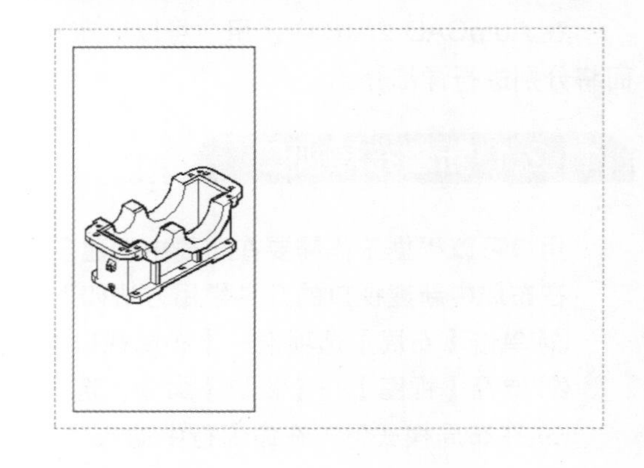

11.2.2 剪裁视口

可以选择现有对象以指定为新边界，或者指定组成新边界的点。新边界不会剪裁旧边界，而是重定义旧边界。

剪裁视口命令的几种常用调用方法如下。

(1) 单击【布局】选项卡→【布局视口】面板中的【剪裁】按钮。

(2) 选择【修改】→【剪裁】→【视口】命令。

(3) 在命令行中输入“VPCLIP”命令并按【Space】键确认

剪裁视口的具体操作步骤如下。

第1步 单击【布局】选项卡→【布局视口】面板中的【剪裁】按钮。

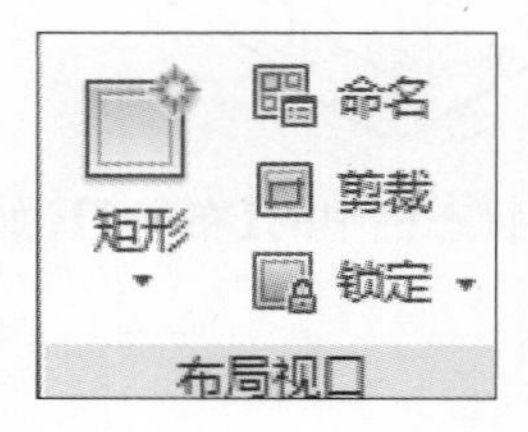

第 2 步 选择如下图所示的视口作为要剪裁的视口。

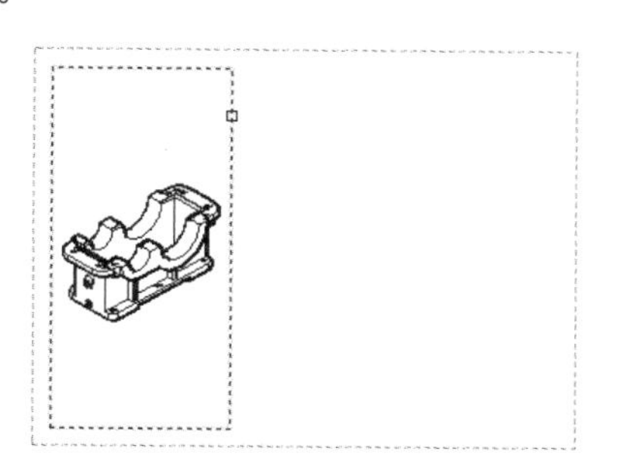

第 3 步 在命令行按【Enter】键接受默认选项。

选择剪裁对象或 [多边形 (P)] < 多边形 >: ↙

第 4 步 捕捉如下图所示的端点作为起点。

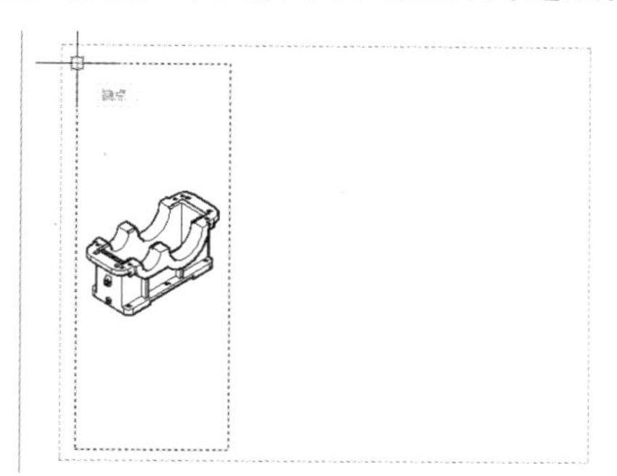

第 5 步 水平拖动鼠标在合适的位置单击作为下一个点。

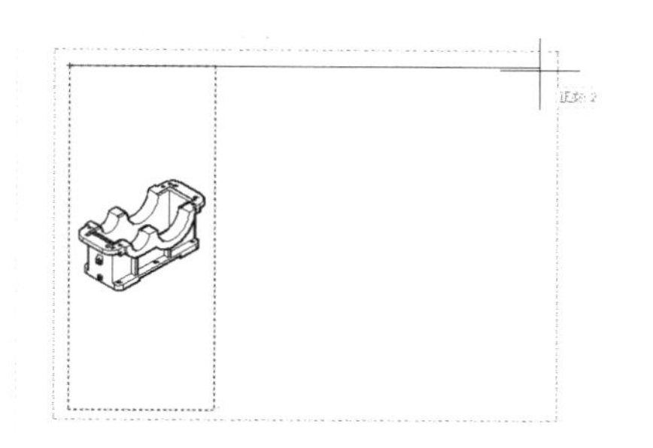

第 6 步 竖直拖动鼠标在合适的位置单击作为下一个点。

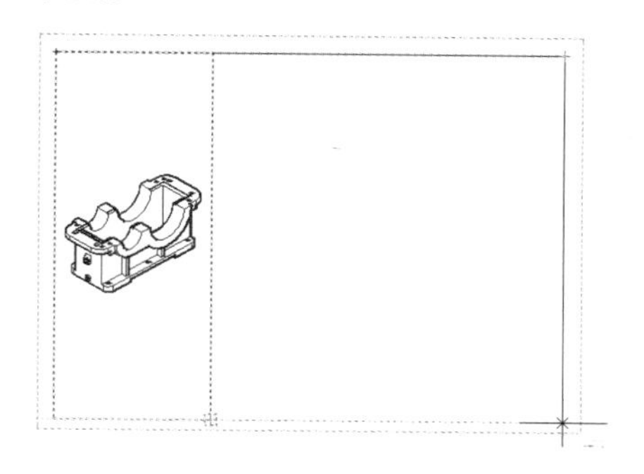

第 7 步 拖动鼠标并捕捉如下图所示的端点作为下一个点。

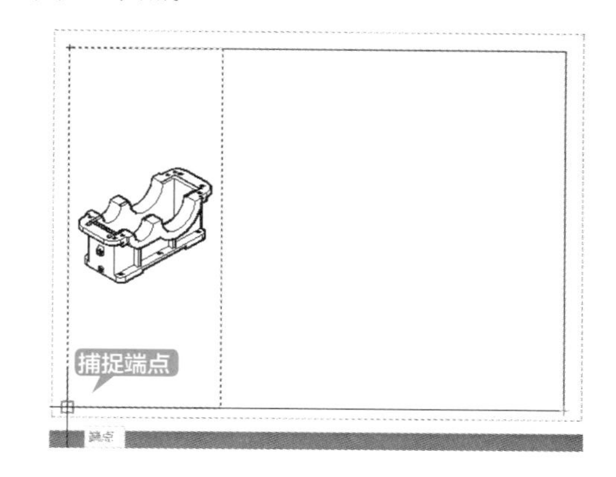

第 8 步 按【Enter】键确认，结果如下图所示。

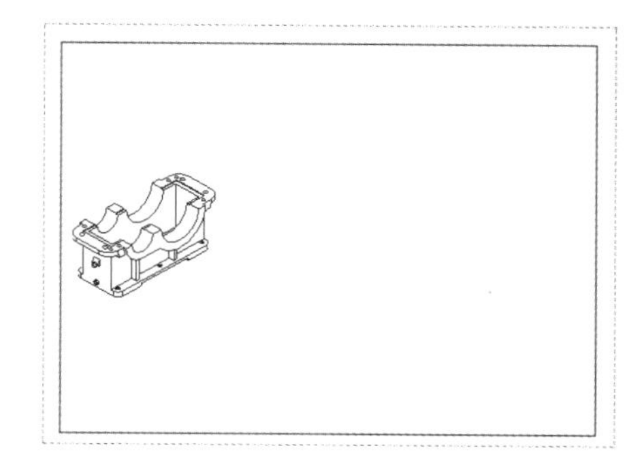

11.2.3 锁定 / 解锁视口

用于锁定或解锁视口对象的比例。

下面将对锁定、解锁视口的应用进行详细介绍，具体操作步骤如下。

第 1 步 单击【布局】选项卡→【布局视口】面板中的【锁定】按钮。

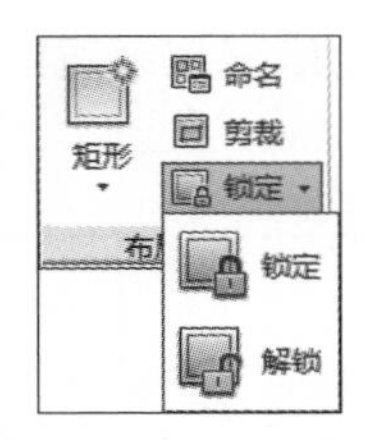

第2步 选择新建的视口作为要锁定的视口。

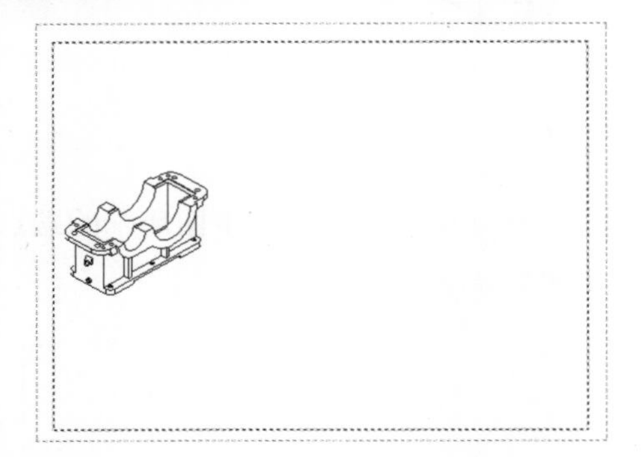

第3步 按【Enter】键确认，然后双击视口，将其激活。

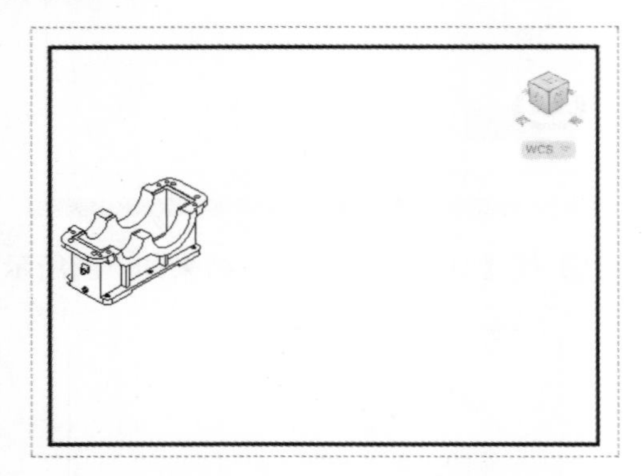

第4步 滚动鼠标中键对视口进行缩放操作，视口图形并未发生变化，如下图所示。

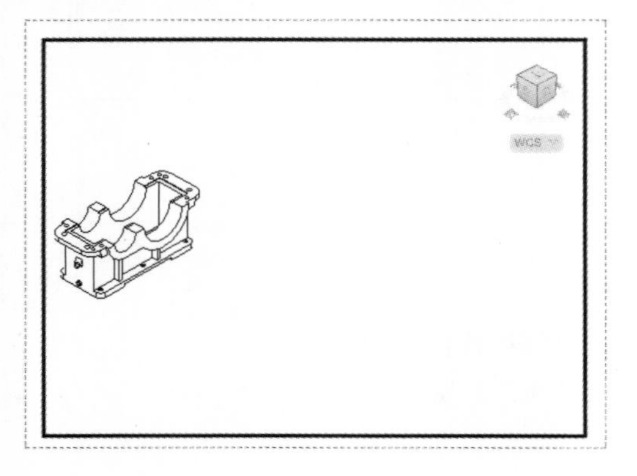

第5步 单击【布局】选项卡→【布局视口】面板中的【解锁】按钮。

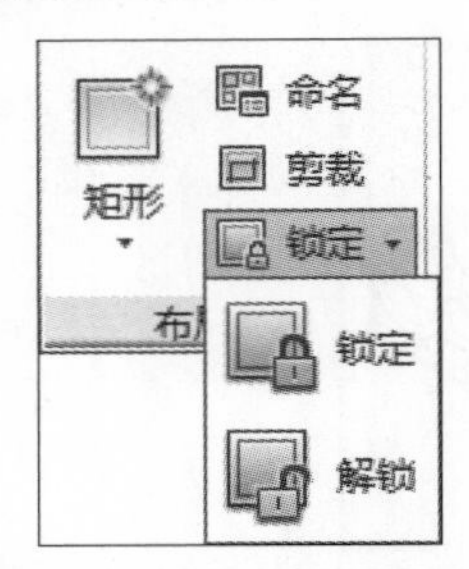

第6步 选择锁定的视口，将其解锁。

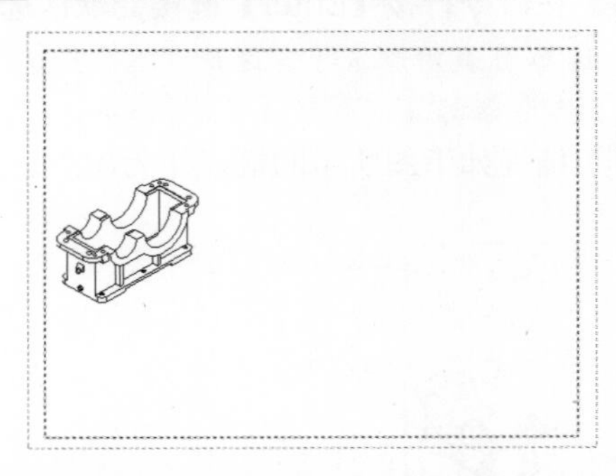

第7步 按【Enter】键确认，然后按住鼠标中键将图形移动到右下角，如下图所示。

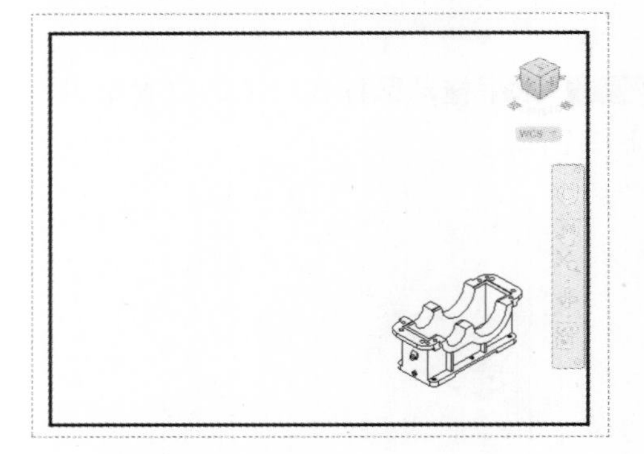

提示

视口和视口中的图形不仅可以锁定，还可以当作一般图形来编辑，如果编辑的是视口，则在视口外空白处双击鼠标，使视口处于非激活状态才可以对视口进行编辑。如果编辑的是视口中的图形，则需要双击视口，使视口处于激活状态才能对视口中的图形进行编辑。

11.3 创建视图

在 AutoCAD 2016 中，用户可以将三维模型转换为二维工程图，例如可以为相关三维模型创建俯视图、投影视图、截面视图以及局部视图等。

11.3.1 创建俯视图

从模型空间或 Autodesk Inventor 模型创建基础视图。基础视图是指在图形中创建的第一个视图，其他所有视图都源于基础视图。

在布局中创建基础视图的几种常用方法如下。

(1) 在命令行中输入“VIEWBASE”命令并按【Space】键确认。

(2) 单击【布局】选项卡→【创建视图】面板，选择一种适当的方式。

创建俯视图的具体操作步骤如下。

第 1 步 单击【布局】选项卡→【创建视图】面板中的【从模型空间】按钮。

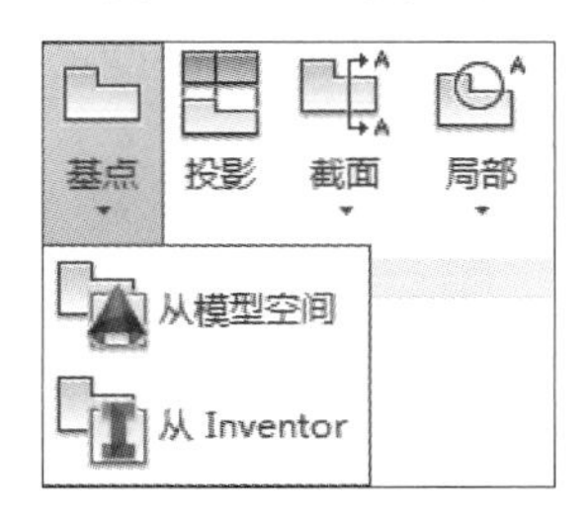

第 2 步 系统自动弹出【工程视图创建】选项卡，如下图所示。

第 3 步 在布局视口中单击指定基础视图的位置，如下图所示。

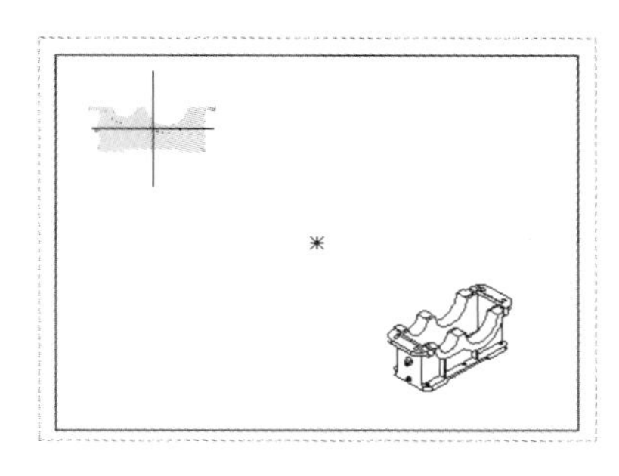

第 4 步 在【工程视图创建】选项卡中单击【确定】按钮✔，并按【Enter】键确认，结果如下图所示。

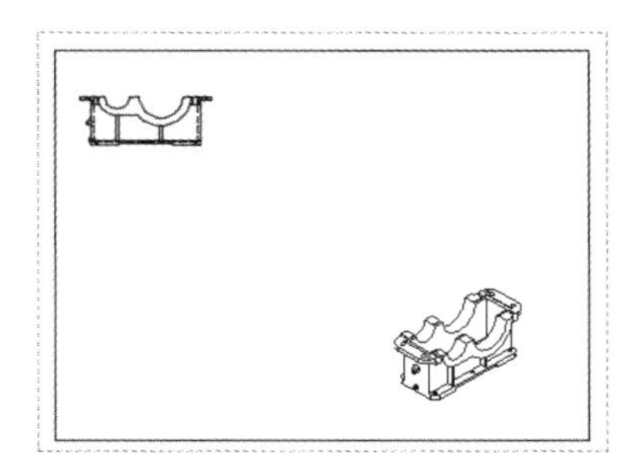

11.3.2 创建投影视图

从现有工程图创建一个或多个投影视图。投影视图继承俯视图的比例、显示设置和对齐，不能使用过期的工程图或无法读取的工程图作为俯视图，退出该命令后，显示“已成功创建 n 个投影视图”提示。

提示

在参照编辑期间或在使用视口时，VIEWPROJ 命令在块编辑器中不可用。

在布局中创建投影视图的几种常用方法如下。

(1) 在命令行中输入“VIEWPROJ”命令并按【Space】键确认。

(2) 单击【布局】选项卡→【创建视图】面板中的【投影】按钮。

创建投影视图的具体操作步骤如下。

第1步 单击【布局】选项卡→【创建视图】面板中的【投影】按钮。

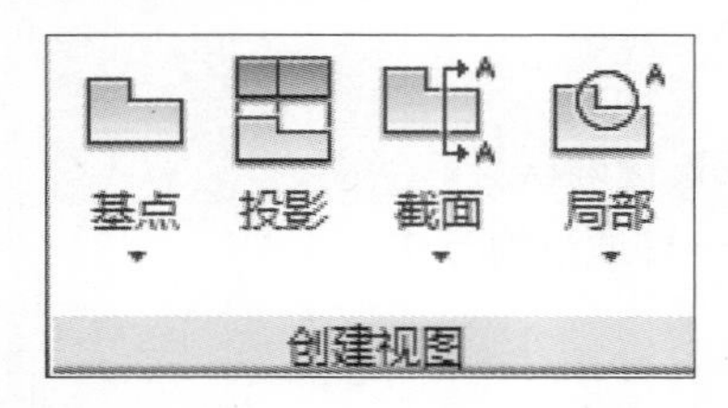

第2步 选择 11.3.1 小节创建的俯视图。

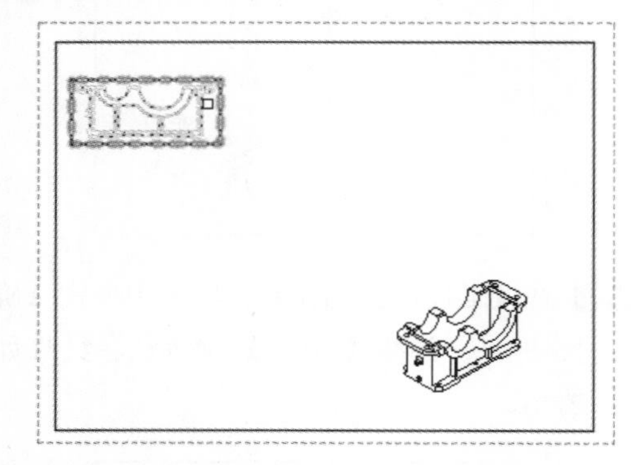

第3步 拖动鼠标并单击指定投影视图的位置，如下图所示。

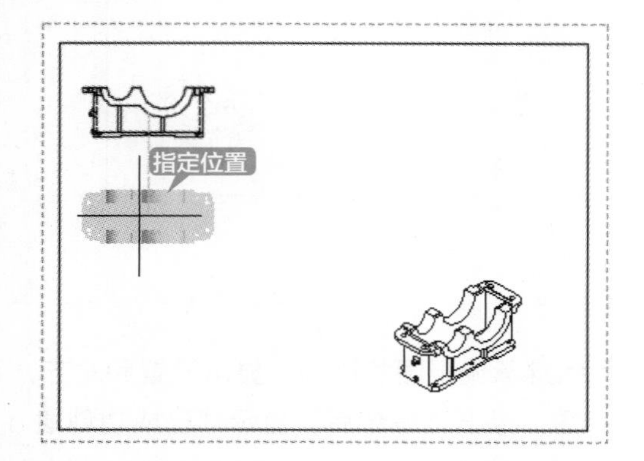

第4步 继续拖动鼠标并单击指定投影视图的位置，如下图所示。

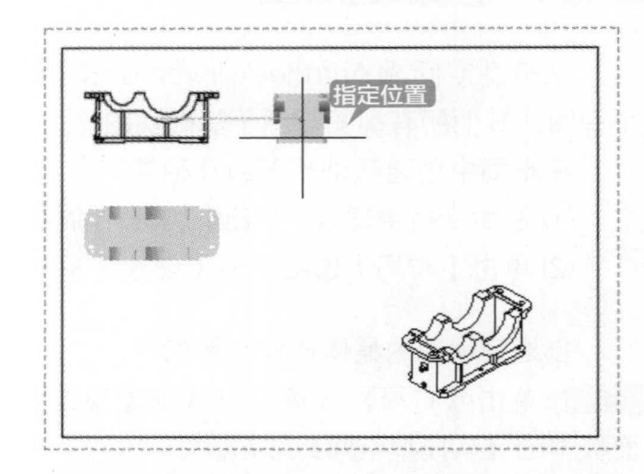

第5步 继续拖动鼠标并单击指定投影视图的位置，如下图所示。

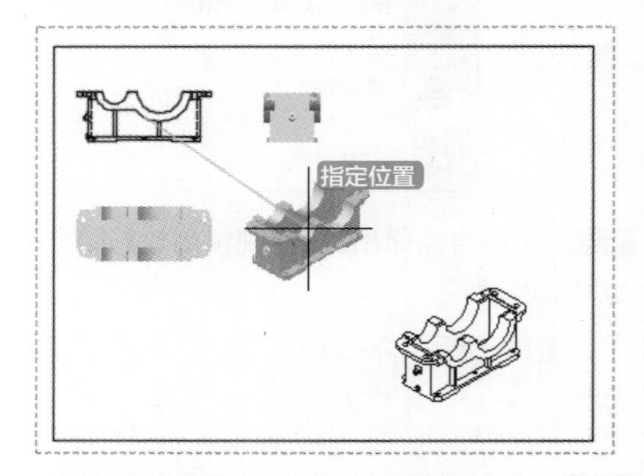

第6步 按【Enter】键确认，结果如下图所示。

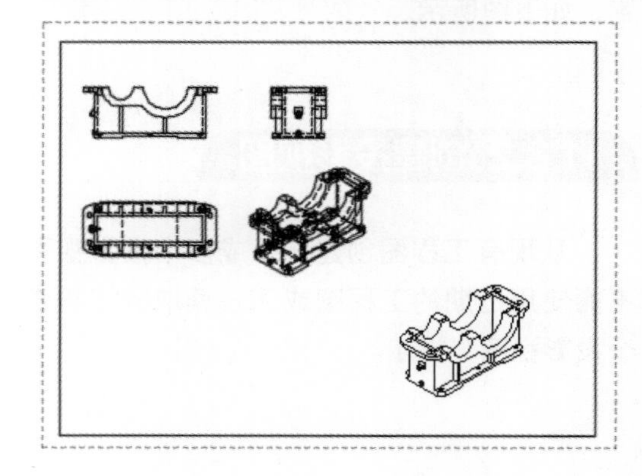

提示

选中俯视图后，系统自动弹出【工程图】选项卡，在该选项卡的【创建视图】面板上单击【投影】按钮也可以进行创建投影视图，如下图所示。

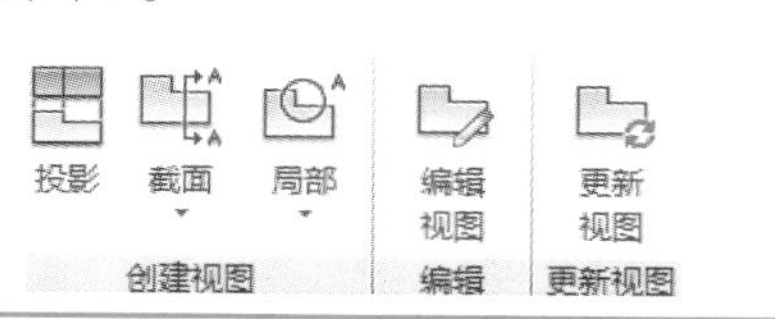

此外，选中俯视图后右击，在弹出的快捷菜单中选择【创建视图】→【投影视图】选项，也可以创建投影视图。

11.3.3 创建截面视图

创建选定的 AutoCAD 或 Inventor 三维模型的截面视图。如果【推断约束】处于启用状态，将基于对象捕捉点剖切线约束到俯视图几何图形；如果【推断约束】处于禁用状态，则不会将剖切线约束到俯视图几何图形。但是，可以在创建截面视图后手动添加约束。

在布局中创建截面视图的几种常用方法如下。

(1) 在命令行中输入“VIEWSECTION”命令并按【Space】键确认。

(2) 单击【布局】选项卡→【创建视图】面板中的【截面】按钮，选择一种适当的剖切方式。

创建截面视图的具体操作步骤如下。

第 1 步 单击【布局】选项卡→【创建视图】面板中的【截面】按钮，选择【全剖】选项。

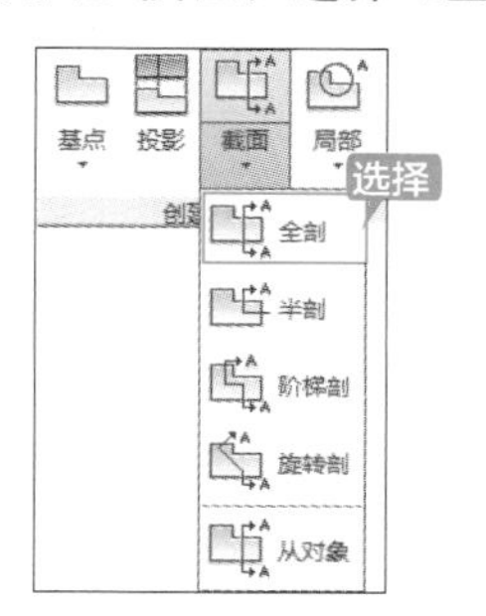

第 2 步 选择如下图所示的视图作为俯视图。

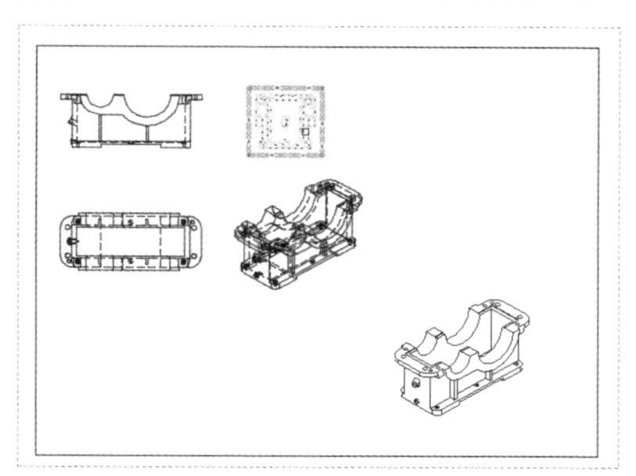

第 3 步 捕捉（只捕捉不选中）如下图所示的中点。

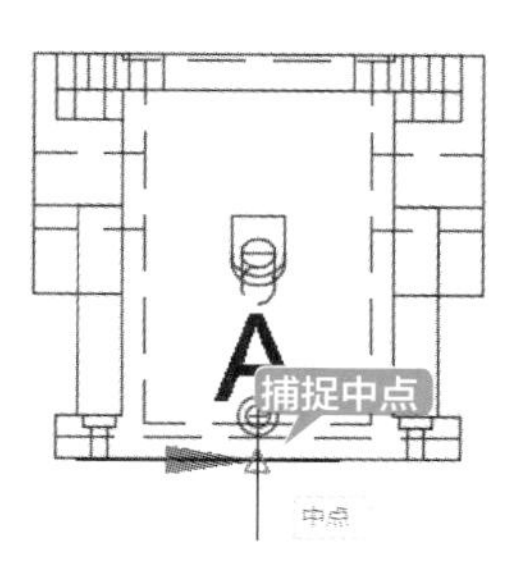

第 4 步 向下拖动鼠标，在合适的位置单击，作为剖视图的起点。

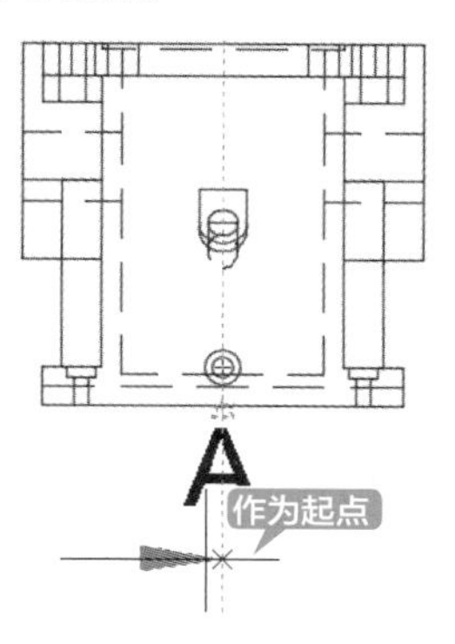

第 5 步 竖直向上拖动鼠标在合适的位置单击作为端点。

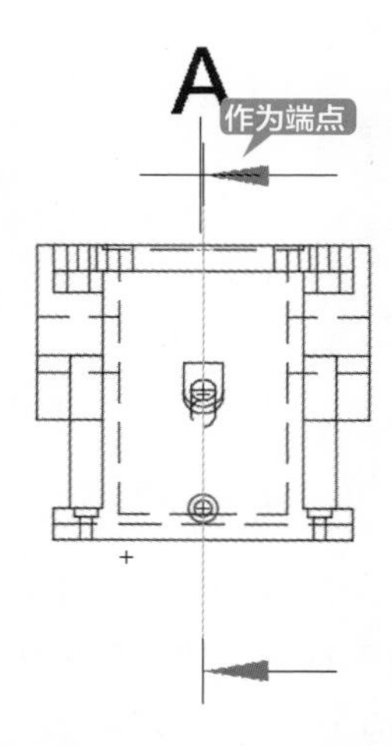

第 6 步 拖动鼠标并单击指定截面视图的位置，如右上图所示。

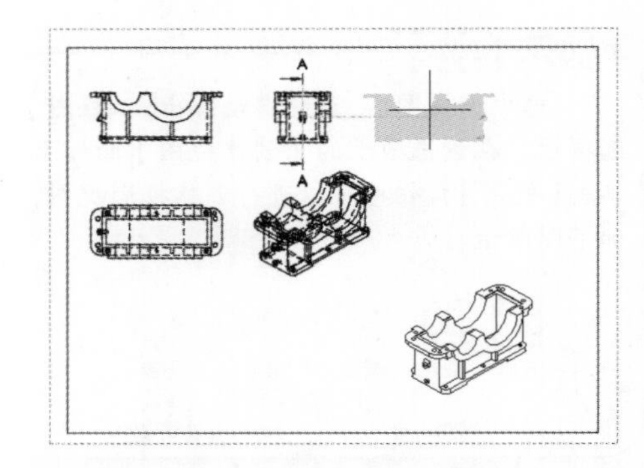

第 7 步 在【截面视图创建】选项卡中单击【确定】按钮✔，结果如下图所示。

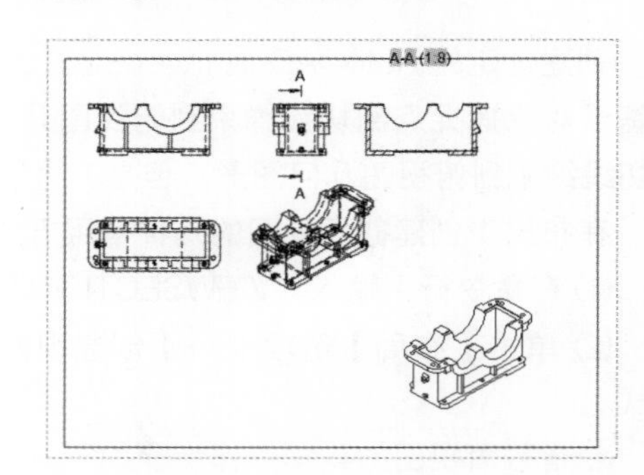

11.3.4 创建局部视图

创建部分工程视图的局部视图，可以使用圆形或矩形局部视图。此命令仅可用于布局中，因而必须有工程视图。

在布局中创建局部视图的几种常用方法如下。

(1) 在命令行中输入“VIEWDETAIL”命令并按【Space】键确认。

(2) 单击【布局】选项卡→【创建视图】面板中的【局部】按钮，选择【圆形】或【矩形】选项。

创建局部视图的具体操作步骤如下。

第 1 步 单击【布局】选项卡→【创建视图】面板中的【局部】按钮，选择【圆形】选项。

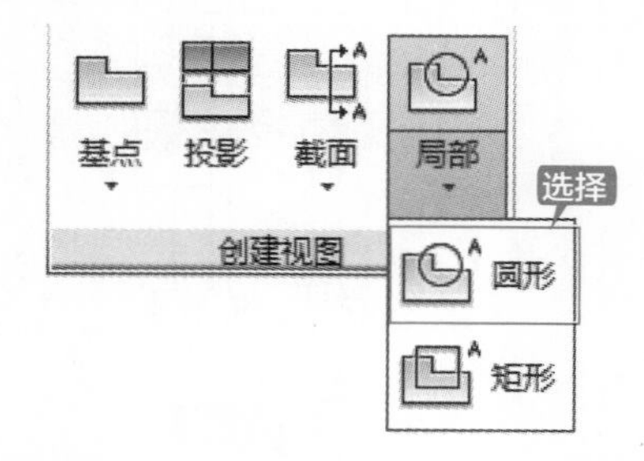

第 2 步 选择如下图所示的视图作为俯视图。

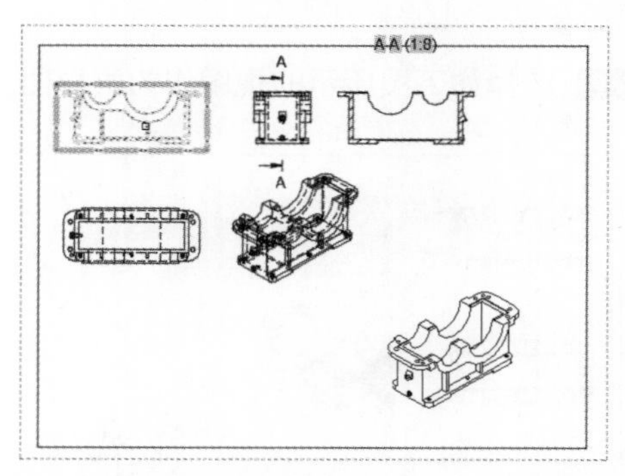

第 3 步 在弹出的【局部视图创建】选项卡中选择【平滑带连接线】选项。

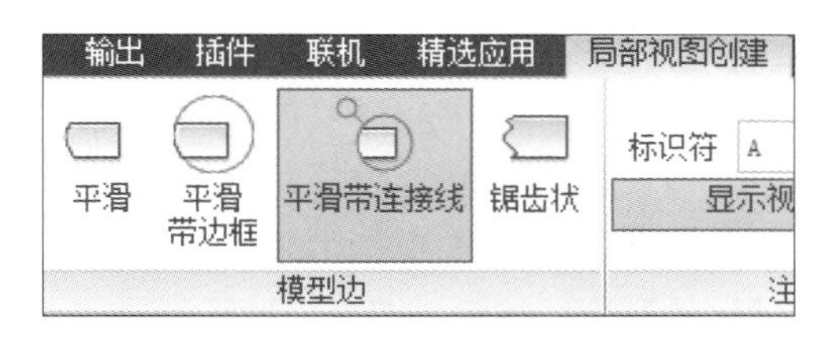

第 4 步 在布局视口中捕捉如下图所示的中点作为圆心。

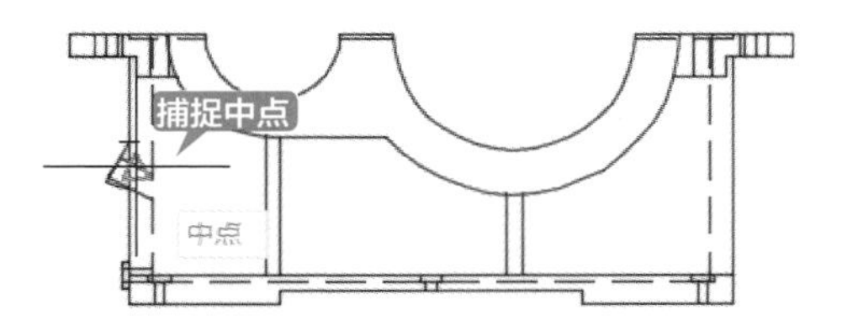

第 5 步 拖动鼠标并单击指定边界的尺寸，如下图所示。

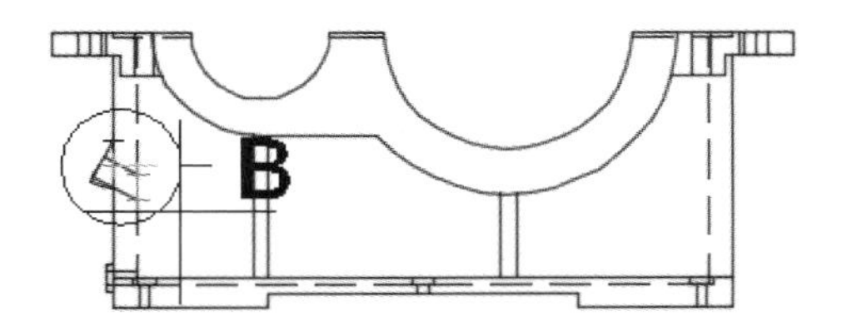

第 6 步 拖动鼠标并单击指定局部视图的位置，如下图所示。

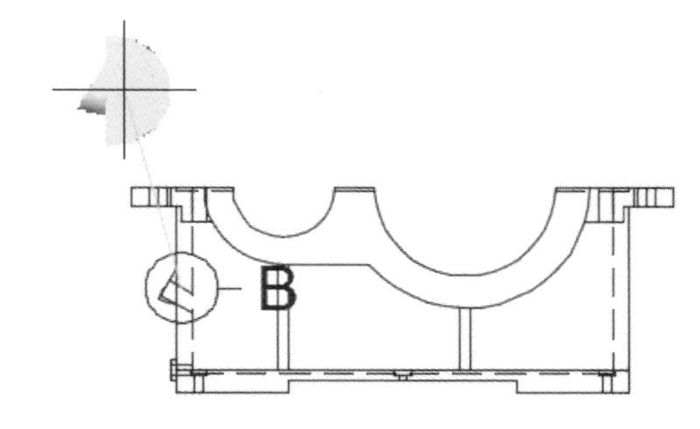

第 7 步 在【局部视图创建】选项卡中单击【确定】按钮✔，结果如下图所示。

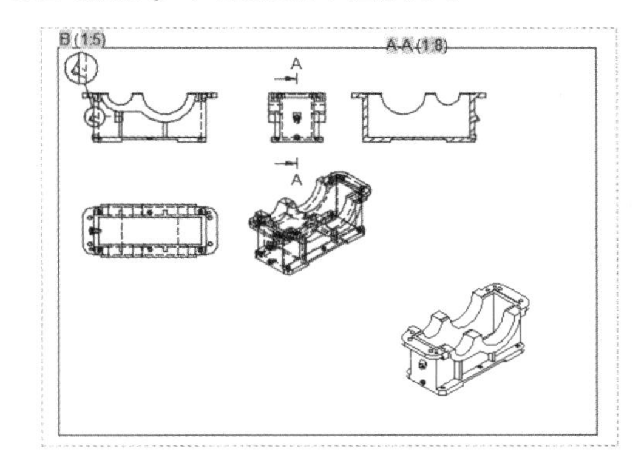

11.4 修改布局视图

在 AutoCAD 2016 中，用户可以对三维模型转换而成的二维工程图进行编辑。编辑现有工程视图，如果功能区处于活动状态，则此命令将显示【工程视图编辑器】功能区上下文选项卡，如果功能区未处于活动状态，则使用命令行来更改视图的特性以进行编辑。

【编辑视图】命令的几种常用调用方法如下。

(1) 在命令行中输入“VIEWEDIT”命令并按【Space】键确认。

(2) 单击【布局】选项卡→【修改视图】面板中的【编辑视图】按钮。

(3) 双击需要编辑的视图

编辑视图的具体操作步骤如下。

第 1 步 在空白区域单击，使视口处于非激活状态，如下图所示。

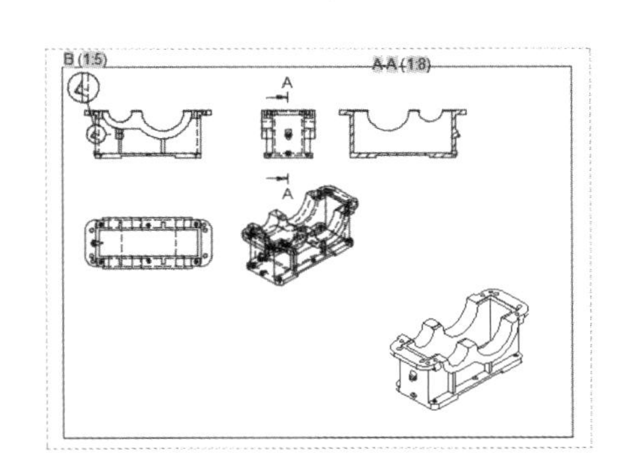

第 2 步 单击如下图所示的视图。

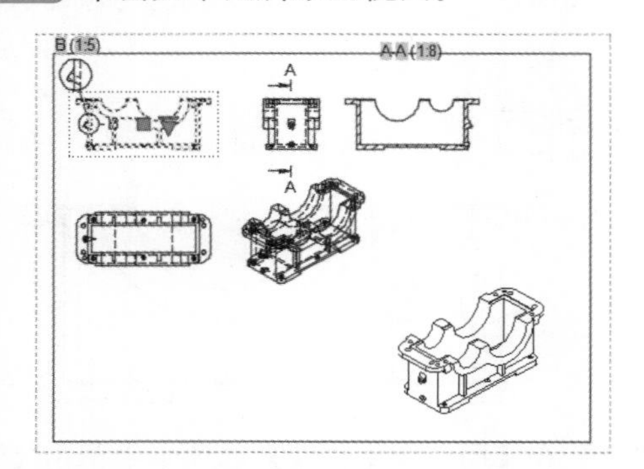

第 3 步 系统弹出【工程视图】选项卡。

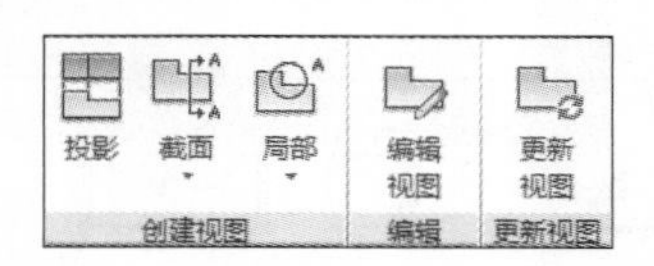

第 4 步 单击【编辑视图】按钮，系统自动弹出【工程视图编辑器】选项卡，如下图所示。

第 5 步 单击【外观】面板中的【隐藏线】下拉按钮，选择【可见线】选项，如下图所示。

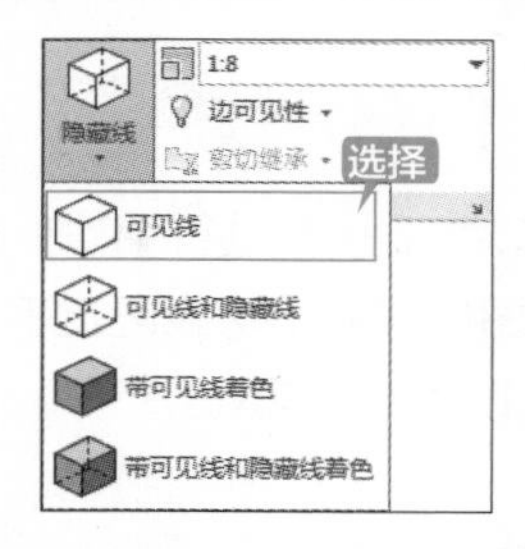

第 6 步 单击【工程视图编辑器】选项卡中的【确定】按钮✔，结果如下图所示。

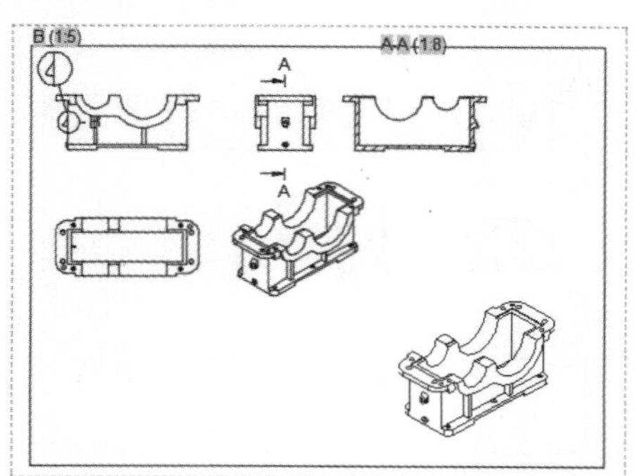

第 7 步 重复第 2 步～第 3 步，选择俯视图为编辑视图，然后在弹出的【工程视图】选项卡中单击【编辑视图】按钮，在弹出的【工程视图编辑器】选项卡中单击【外观】面板中的【比例】下拉按钮，选择“1:5”。

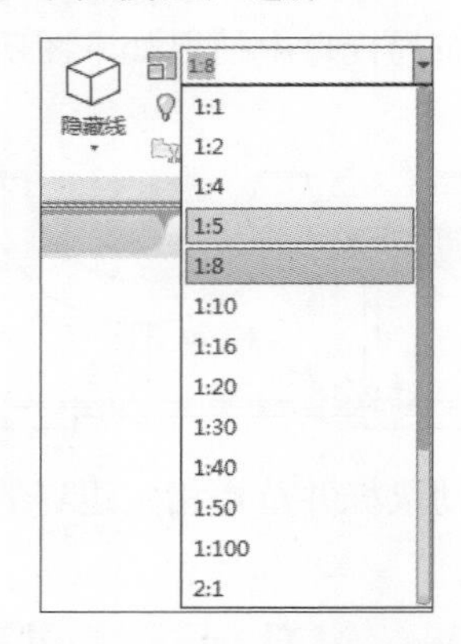

第 8 步 单击【工程视图编辑器】选项卡中的【确定】按钮✔，结果如下图所示。

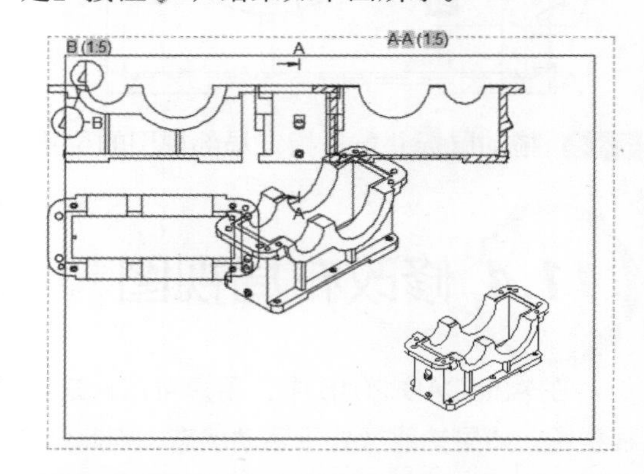

第 9 步 在命令行输入“E”（删除命令的缩写）并按【Space】键，然后选中生成的三维图。

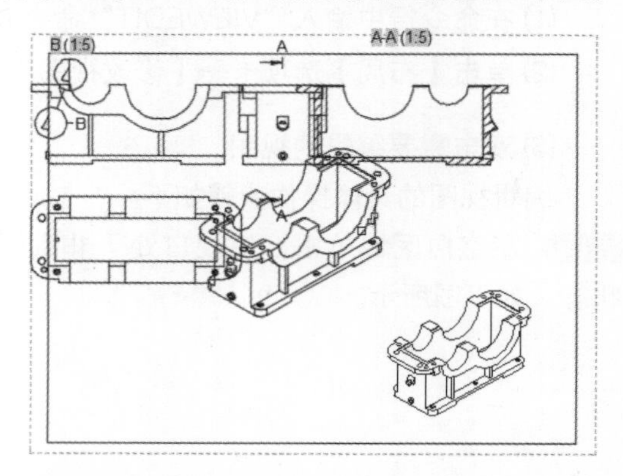

第 10 步 按【Enter】键将选中的图形删除，

结果如下图所示。

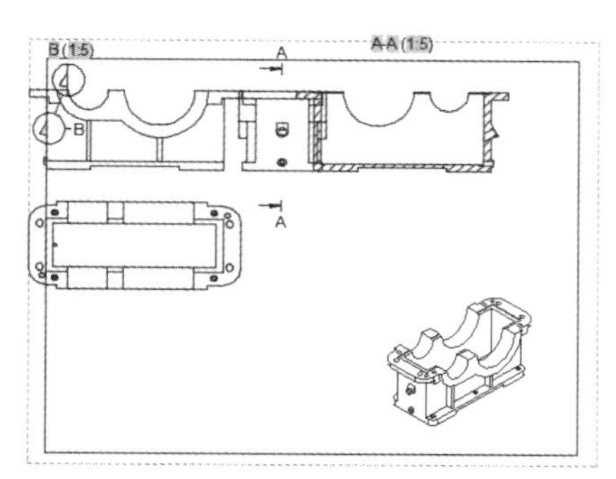

第 11 步 在命令行输入“M”(移动命令的缩写)并按【Space】键，对所有视图的位置进行调整，结果如下图所示。

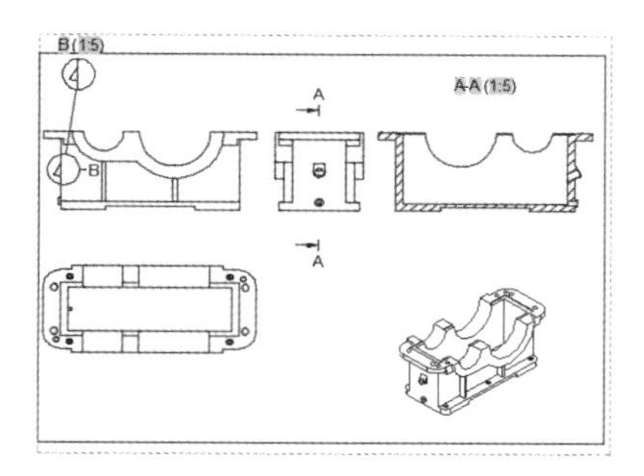

第 12 步 单击【布局】选项卡→【修改视图】→【编辑视图】按钮，然后选择局部放大图。

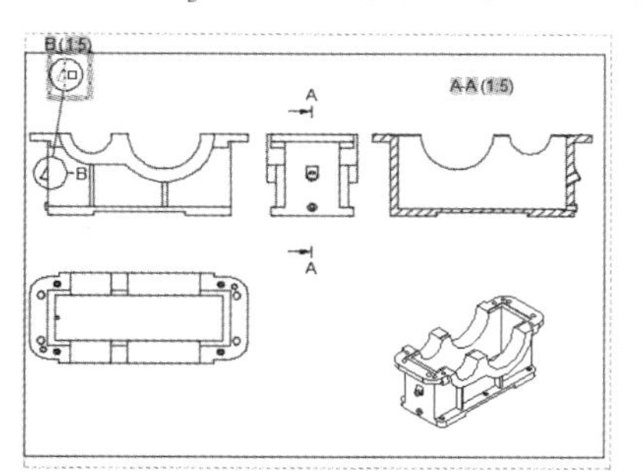

第 13 步 在弹出的【局部视图编辑器】选项卡中，将比例改为“1 ： 2”，然后将模型边改为【锯齿状】。

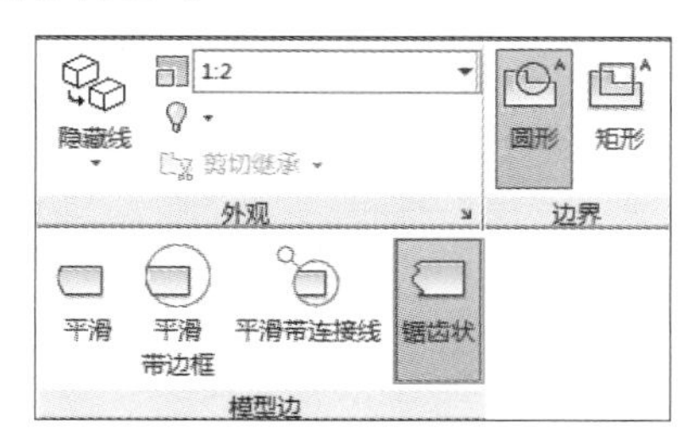

第 14 步 单击【局部视图编辑器】选项卡中的【确定】按钮，结果如下图所示。

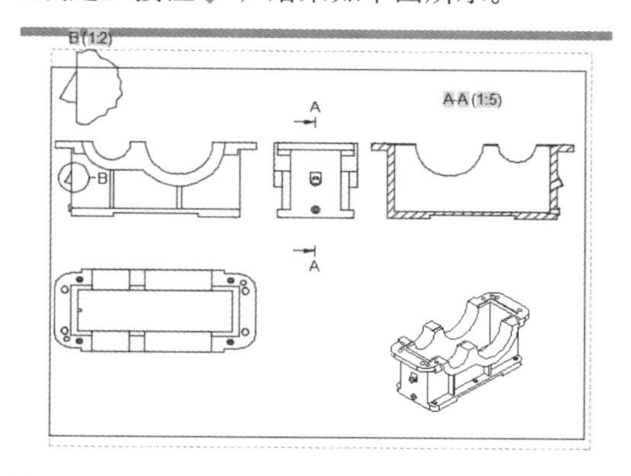

第 15 步 在命令行输入“M”(移动命令的缩写)并按【Space】键，将局部视图移动到合适的位置，结果如下图所示。

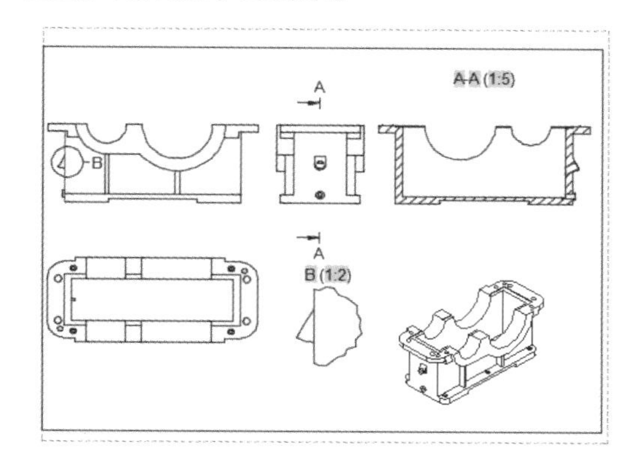

第 16 步 重复移动命令，对剖视图的剖视符号和文字进行调整。

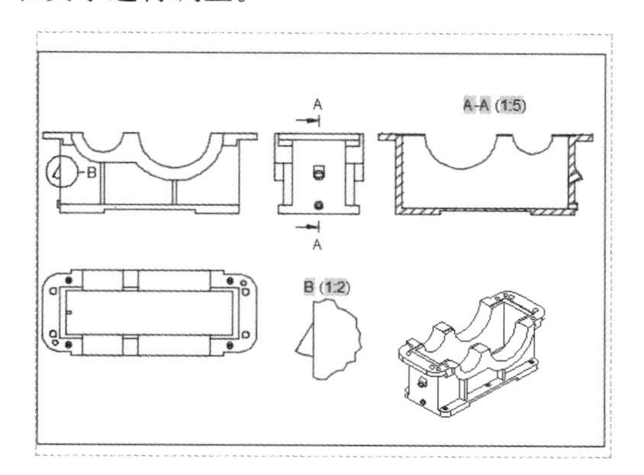

11.5 添加标注和插入图框

在 AutoCAD 2016 中，用户可以对三维模型转换成二维工程图进行编辑，如添加标注和插入图框。

11.5.1 添加标注及文字说明

可以利用 AutoCAD 2016 中的标注功能对减速器下箱体二维工程图进行尺寸标注及文字说明，具体操作步骤如下。

第 1 步 在命令行中输入“D”并按【Space】键调用【标注样式管理器】命令，弹出【标注样式管理器】对话框，如下图所示。

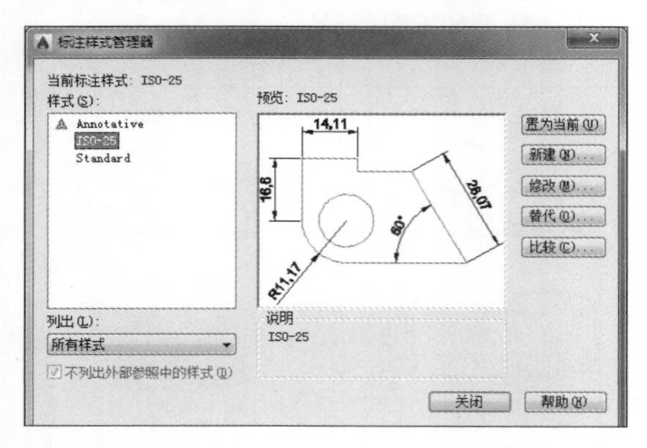

第 2 步 单击【修改】按钮，在弹出的【修改标注样式：ISO-25】对话框中选择【调整】选项卡，将标注特征比例选择为【使用全局比例】，并将比例值改为“2”，如下图所示。

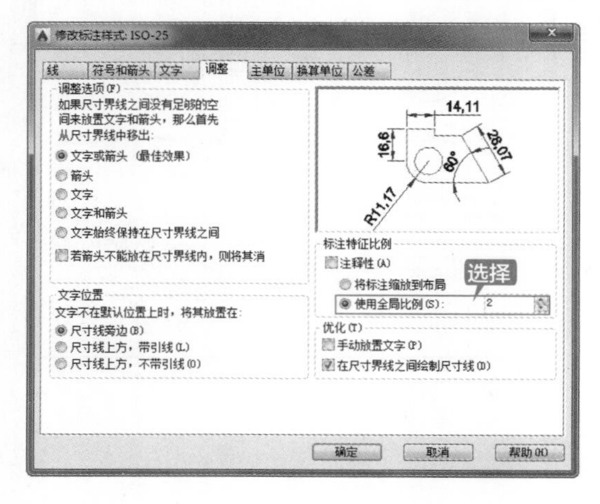

第 3 步 将“ISO−25”标注样式置为当前样式，并将【标注样式管理器】对话框关闭，然后选择【注释】选项卡→【标注】面板→【线性】按钮，对当前视口中的图形进行线性标注，结果如下图所示。

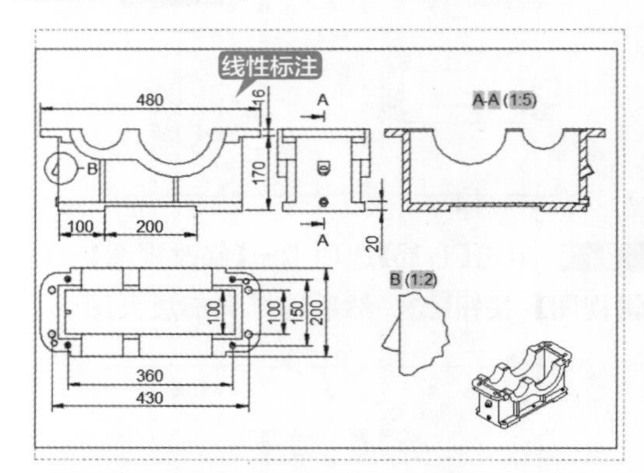

第 4 步 选择【注释】选项卡→【标注】面板→【半径】按钮，对当前视口中的图形进行半径标注，结果如下图所示。

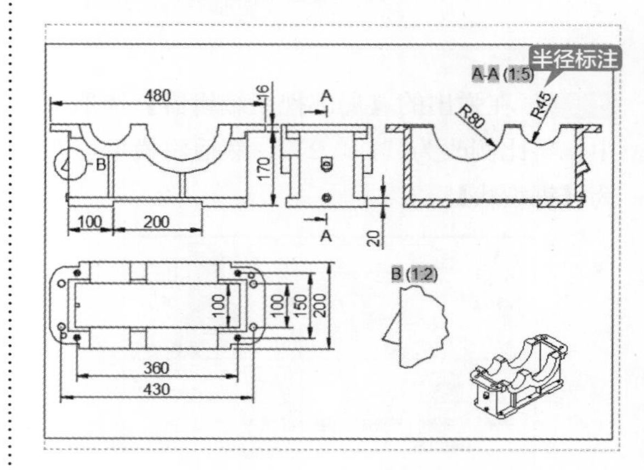

第 5 步 选择【注释】选项卡→【标注】面板→【角度】按钮，对当前视口中的局部剖视图进行角度标注，结果如下图所示。

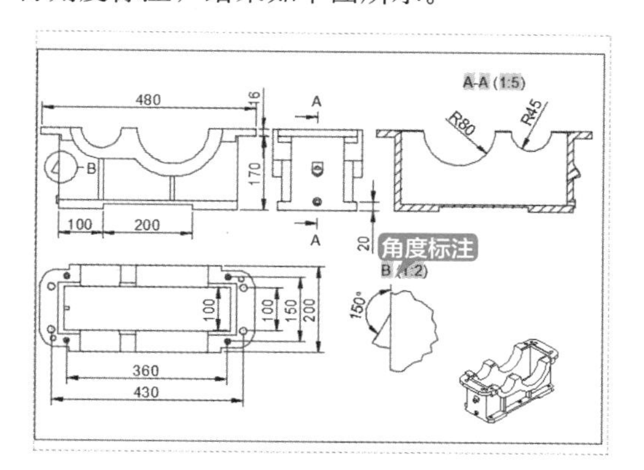

第 6 步 在命令行中输入“T”并按【Space】键调用多行文字命令，字体大小指定为“3”，对当前视口中的图形进行文字注释，如下图所示。

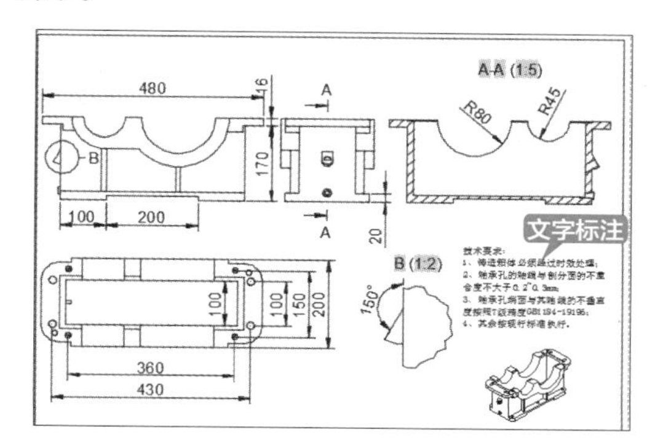

11.5.2 插入图框

对减速器下箱体二维工程图进行尺寸标注及文字说明后，还可以为其插入图框，具体操作步骤如下。

第 1 步 在命令行中输入“I”并按【Space】键调用插入命令，弹出【插入】对话框，单击【浏览】按钮，选择随书光盘中的“A4 图框 .dwg”文件，如下图所示。

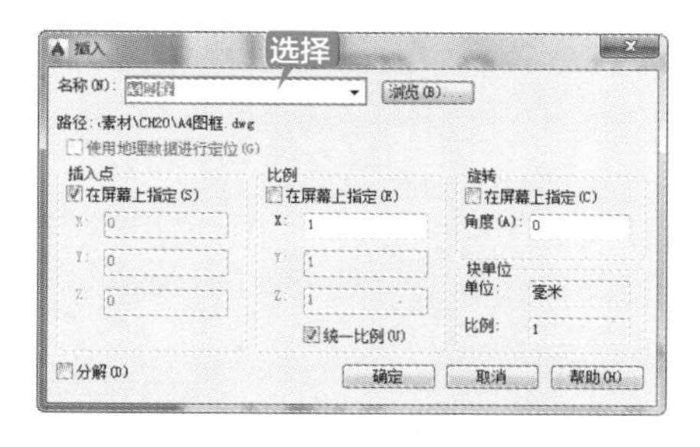

第 2 步 单击【确定】按钮，然后单击指定图框的插入点，如下图所示。

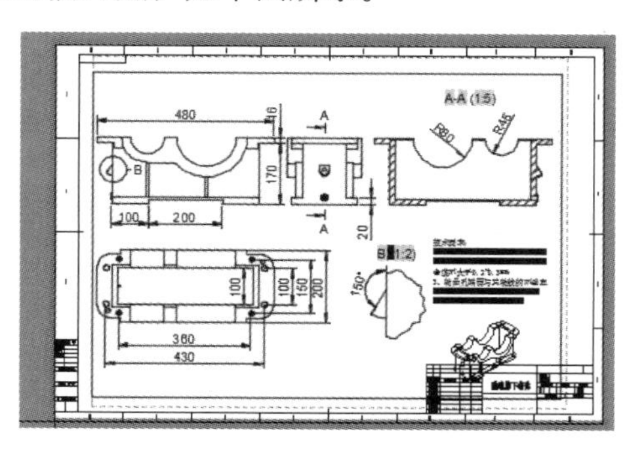

第 3 步 结果如下图所示。

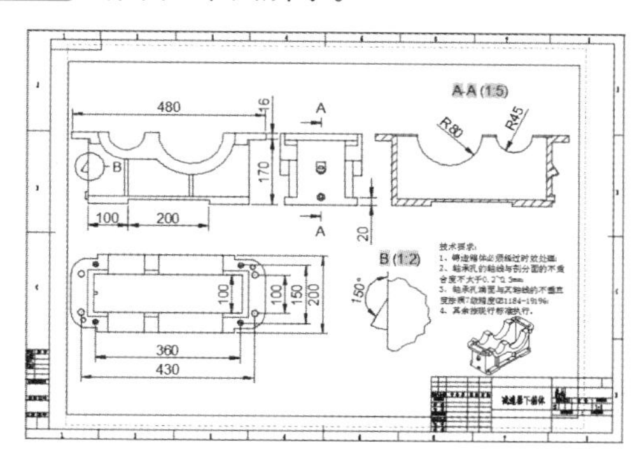

第 4 步 选择视口线框，如下图所示。

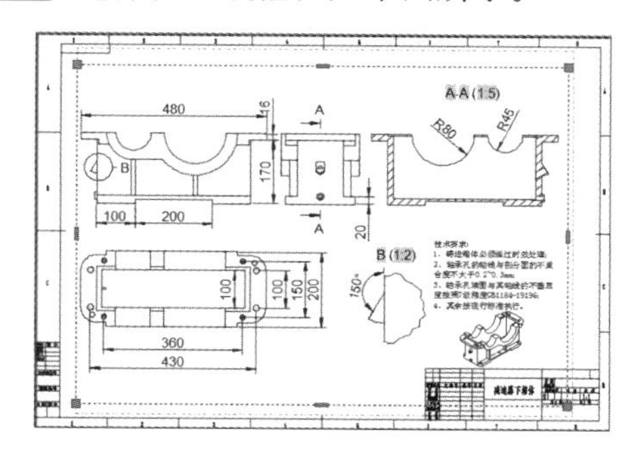

第 5 步 单击【常用】选项卡→【图层】面板中的【图层】下拉按钮，然后选择【Defpoints】图层，如下图所示。

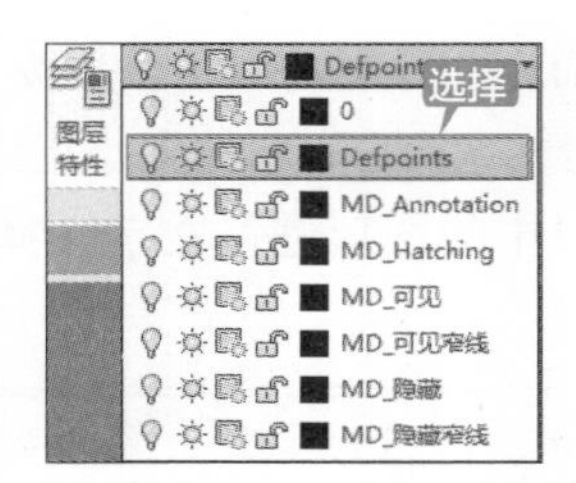

第 6 步 按【Esc】键取消对视口线框的选择，然后选择【文件】→【打印】命令，弹出【打印－布局 1】对话框，如下图所示。

第 7 步 选择相应的打印机，然后在【打印范围】列表框中选择【窗口】选项，并指定打印窗口的第一个角点，如下图所示。

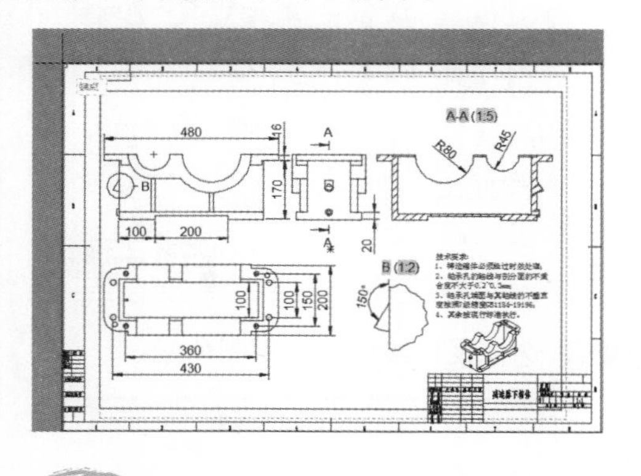

第 8 步 拖动鼠标并单击指定打印窗口的对角点，如下图所示。

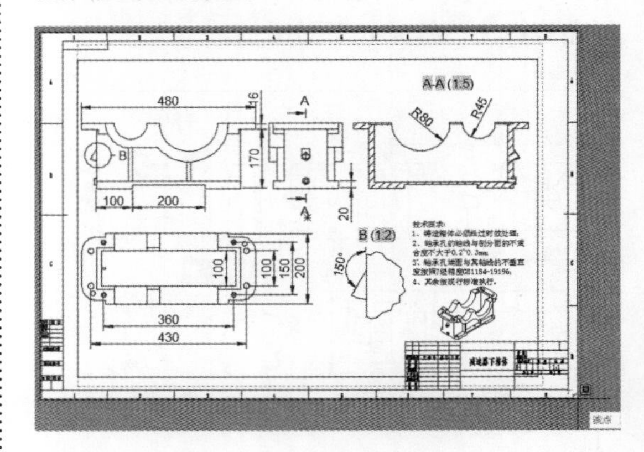

第 9 步 系统自动返回【打印－布局 1】对话框，进行相关选项设置，如下图所示。

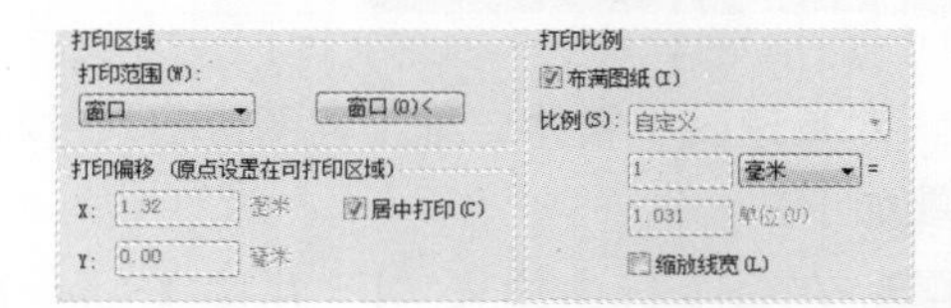

第 10 步 单击【预览】按钮，如下图所示。

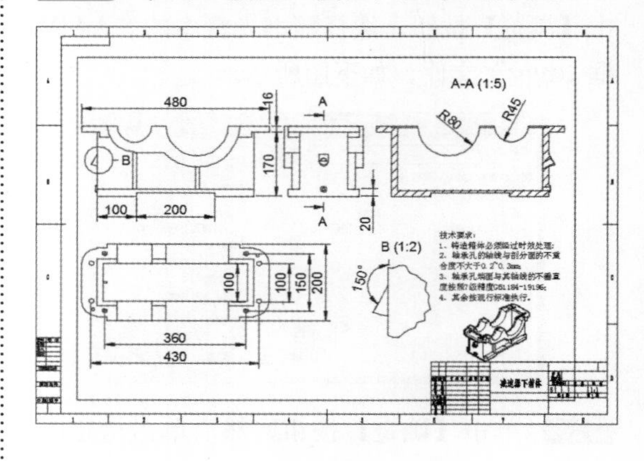

11.6 管理视图样式及标准

在 AutoCAD 2016 中，用户可以对截面视图样式及局部视图样式进行管理，也可以对新工程视图的默认值进行设定。

11.6.1 管理截面视图样式

创建和修改截面视图样式。截面视图样式是设置的命名集合，用来控制截面视图和剖切线

的外观。可以使用截面视图样式来快速指定用于构成截面视图和剖面线的所有对象的格式，并确保它们符合标准。

【截面视图样式管理器】对话框的几种常用调用方法如下：

(1) 在命令行中输入"VIEWSECTIONSTYLE"命令并按【Space】键确认。

(2) 单击【布局】选项卡→【样式和标准】面板中的【截面视图样式】按钮。

单击【布局】选项卡→【样式和标准】面板中的【截面视图样式】按钮，系统弹出【截面视图样式管理器】对话框，如下图所示。

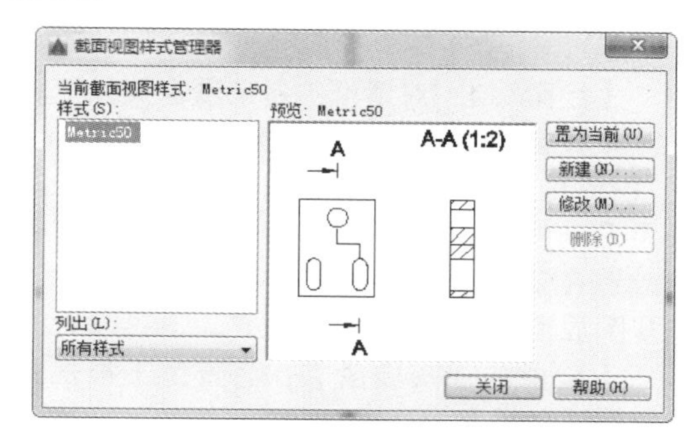

【截面视图样式管理器】对话框中各选项含义如下。

【当前截面视图样式】：显示应用于所创建的截面视图的截面视图样式的名称。

【样式】：显示当前图形文件中可用的截面视图样式列表。当前样式被亮显。

【列出】：过滤【样式】列表的内容。单击【所有样式】，可显示图形文件中可用的所有截面视图样式；单击【正在使用的样式】，仅显示被当前图形中的截面视图参照的截面视图样式。

【预览】：显示【样式】列表中选定样式的预览图像。

【置为当前】：将【样式】列表中选定的截面视图样式设定为当前样式。使用此截面视图样式创建所有新截面视图。

【新建】：显示【新建截面视图样式】对话框，从中可以定义新截面视图样式。

【修改】：显示【修改截面视图样式】对话框，从中可以修改截面视图样式。

【删除】：删除【样式】列表中选定的截面视图样式。如果【样式】列表中选定的样式当前正用于截面视图，则此按钮不可用。

11.6.2 管理局部视图样式

创建和修改局部视图样式。局部视图样式是已命名的设置集合，用来控制局部视图、详图边界和引线的外观。可以使用局部视图样式来快速指定所有图元的格式，这些图元属于局部视图和局部视图定义，并确保它们符合标准。

【局部视图样式管理器】对话框的几种常用调用方法如下。

(1) 在命令行中输入"VIEWDETAILSTYLE"命令并按【Enter】键确认。

(2) 单击【布局】选项卡→【样式和标准】面板中的【局部视图样式】按钮。

单击【布局】选项卡→【样式和标准】面板中的【局部视图样式】按钮，系统弹出【局部视图样式管理器】对话框，如下图所示。

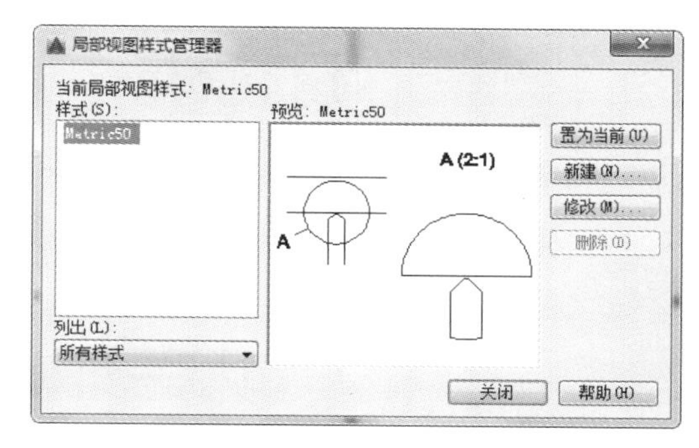

【局部视图样式管理器】对话框中各选项含义如下。

【当前局部视图样式】：显示应用于所创建的局部视图的局部视图样式的名称。

【样式】：显示当前图形文件中可用的局部视图样式的列表。当前样式被亮显。

【列表】：过滤【样式】列表的内容。单击【所有样式】将显示图形文件中所有可用的局部视图样式；单击【正在使用的样式】，将仅显示由当前图形中的局部视图参照的局部视图样式。

【预览】：显示【样式】列表中选定样式的预览图像。

【置为当前】：将【样式】列表中选定的局部视图样式设置为当前样式。所有新局部视图都将使用此局部视图样式创建。

【新建】：显示【新建局部视图样式】对话框，从中可以定义新局部视图样式。

【修改】：显示【修改局部视图样式】对话框，从中可以修改局部视图样式。

【删除】：删除【样式】列表中选定的局部视图样式。如果【样式】列表中选定的样式被当前图形中的局部视图所参照，则此按钮将不可用。

11.6.3 设置工程视图默认值

为工程视图定义默认设置。仅当创建新的基础视图时才会使用指定的值，它们不会影响布局中已经存在的工程视图。

【绘图标准】对话框的几种常用调用方法如下。

(1) 在命令行中输入“VIEWSTD”命令并按【Space】键确认。

(2) 单击【布局】选项卡→【样式和标准】面板中的【对话框启动器】按钮↘。

单击【布局】选项卡→【样式和标准】面板中的【对话框启动器】按钮↘，系统弹出【绘图标准】对话框，如下图所示。

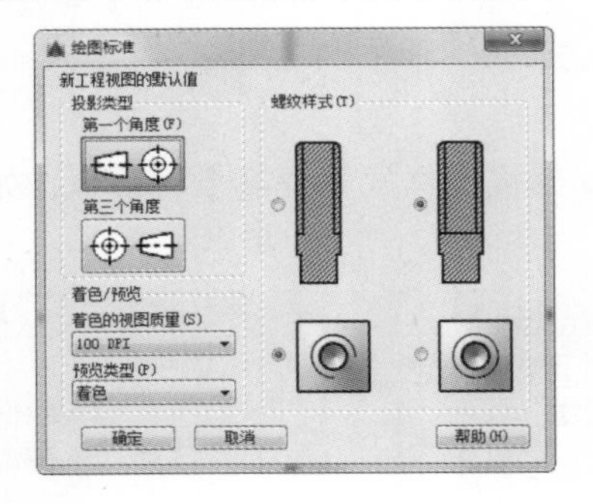

【绘图标准】对话框中各选项含义如下。

【投影类型】：设置工程视图的投影角度。投影角度定义放置投影视图的位置。例如，如果活动的投影类型是第一个角度，则俯视图放置在前视图的下面。在第三个角度中，俯视图放置在前视图的上面。

【着色的视图质量】：为着色工程视图设置默认分辨率。

【预览类型】：指定视图创建期间显示的临时图形是着色预览还是边界框。着色预览要花费较长时间才能生成，对于大型模型可能不可取。

【螺纹样式】：设置图形中用于截面视图的螺纹端的外观以及设置图形中螺纹边的外观。

机械三维模型转换为二维工程图

端盖是安装在电机等机壳后面的后盖。本实例利用 AutoCAD 的布局功能，将端盖三维模型转换为二维工程图，具体操作步骤如下表所示。

机械三维模型转换为二维工程图

步骤	创建方法	结　　果	备　注
1	新建布局		
2	从模型空间创建俯视图		在【工程视图创建】选项卡中对【外观】面板进行如下图所示的设置
3	通过俯视图生成其他视图		

◇ 视图更新

更新由于源模型已更改而变为过期的工程视图。自动更新关闭时，过期的工程视图会在视图边界的角上亮显红色标记，一旦更新命令执行完毕，将会显示【已成功更新 n 个视图】的提示。

提示

当系统变量 VIEWUPDATEAUTO 的值为“0”时，更改源模型，工程视图不会自动更新；当系统变量 VIEWUPDATEAUTO 的值为“1”时，更改源模型，工程视图会自动更新。

【更新视图】命令的几种常用调用方法如下。

(1) 在命令行中输入“VIEWUPDATE”命令并按【Space】键确认。

(2) 单击【布局】选项卡→【更新】面板中的【更新视图】按钮或【更新所有视图】按钮。

下面将对【更新视图】命令的应用进行详细介绍，具体操作步骤如下。

第 1 步　打开随书光盘中的“素材 \CH11\ 更新视图 .dwg”文件。

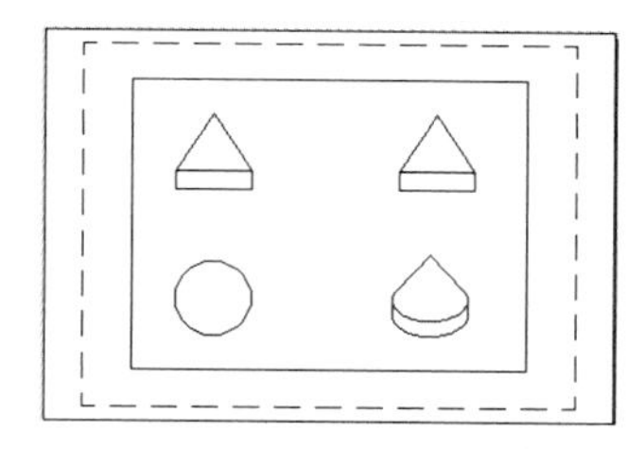

第 2 步　切换到【模型】空间，如下图所示。

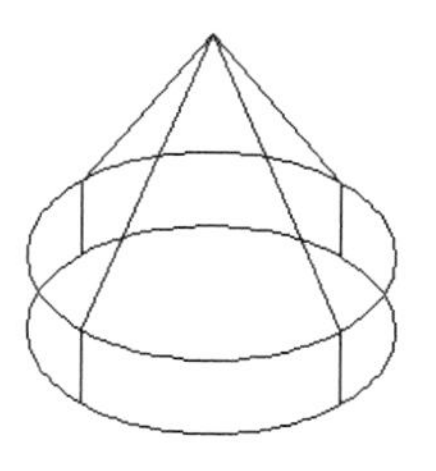

第 3 步　选择如下图所示的圆锥体。

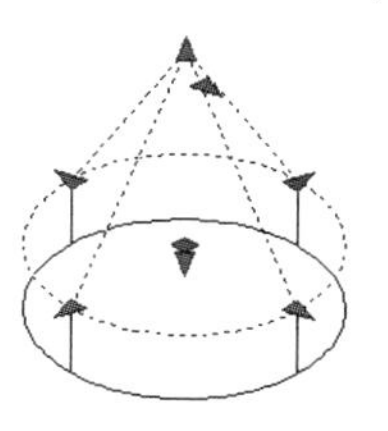

第 4 步 按【Delete】键将所选择的圆锥体删除，结果如下图所示。

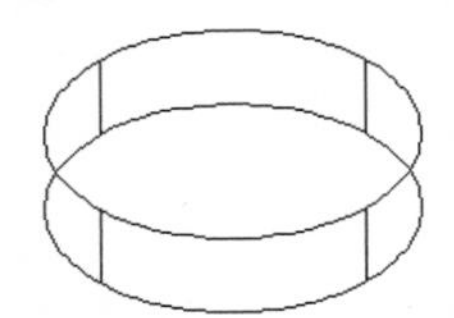

第 5 步 切换到【布局】空间，如下图所示。

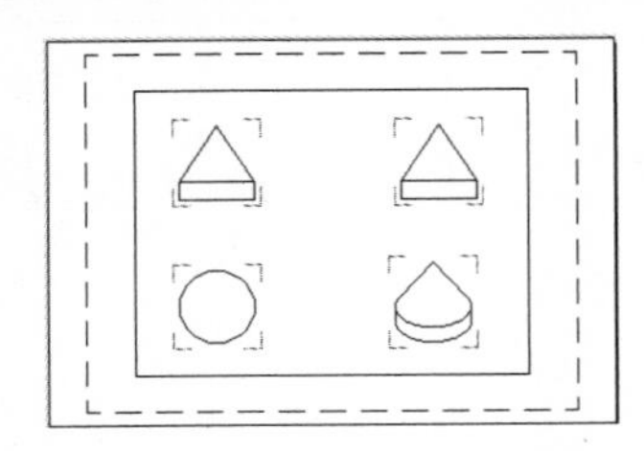

第 6 步 单击【布局】选项卡→【更新】面板中的【更新所有视图】按钮，命令行提示如下。

```
已成功更新 4 个视图
```

第 7 步 结果如下图所示。

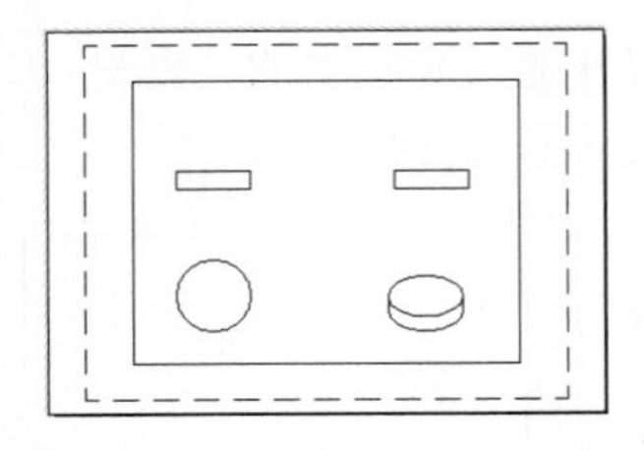

◇ 在布局空间向模型空间绘图

由于工作需要，经常需要在【布局】空间与【模型】空间之间进行切换，某些时候，为了避免这种烦琐的情况出现，可以直接在布局空间中向模型空间中绘图，下面将详细介绍如何在布局空间中向模型空间中绘图。

第 1 步 新建一个图形文件，单击状态栏的【布局 1】选项卡。

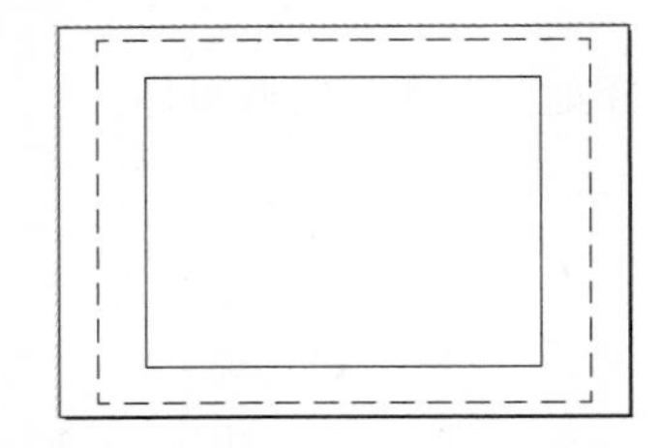

第 2 步 在【布局】视口中双击，使其激活，如下图所示。

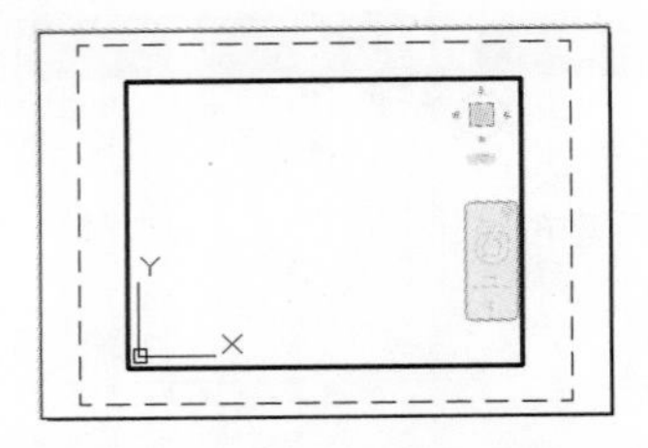

第 3 步 在命令行中输入“C”（圆的缩写命令）并按【Space】键，在绘图区域单击指定圆心。

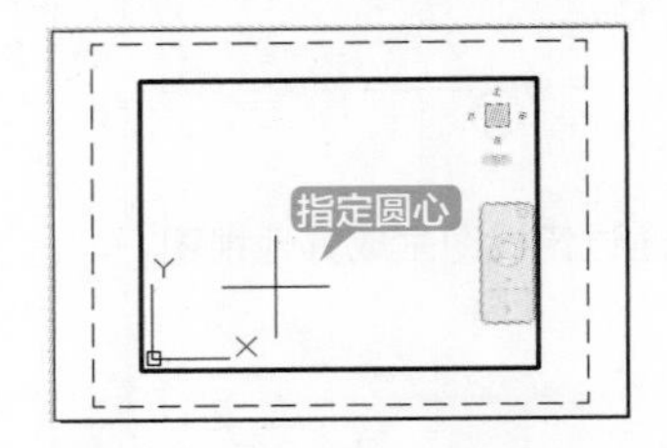

第 4 步 在绘图区域拖动鼠标并单击指定圆的半径。

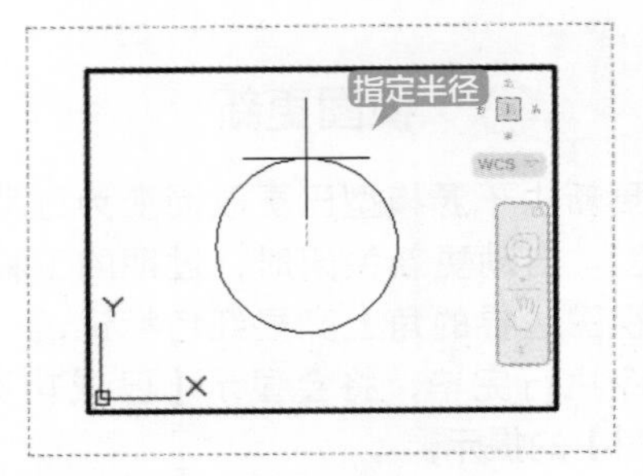

第 5 步 结果如下图所示。

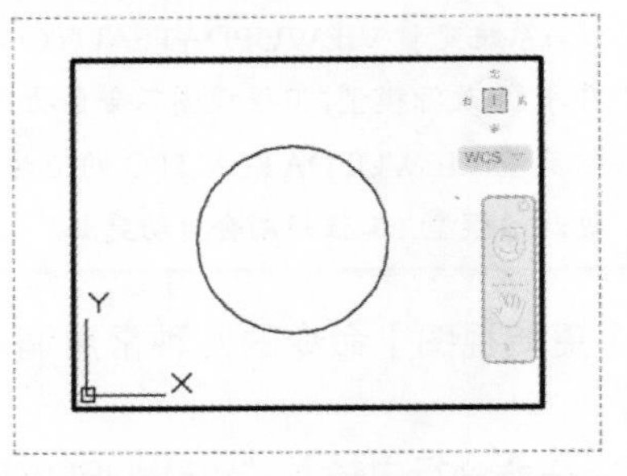

第 6 步 切换到【模型】空间，结果如下图所示。

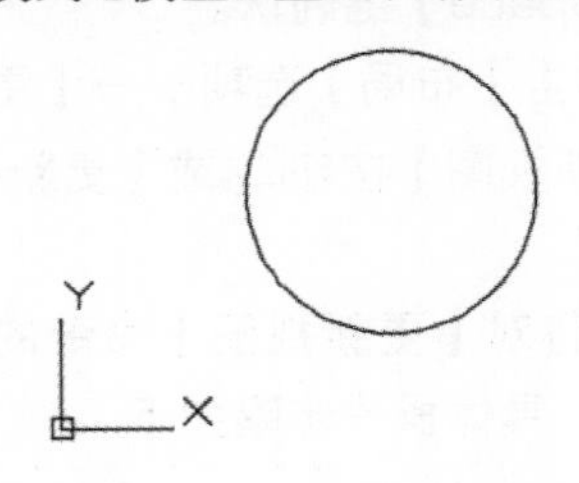

第12章

渲染

本章导读

AutoCAD 2016提供了强大的三维图形的显示效果功能，可以帮助用户将三维图形消隐、着色和渲染，从而生成具有真实感的物体。使用AutoCAD提供的“渲染”命令可以渲染场景中的三维模型，并且在渲染前可以为其赋予材质、设置灯光、添加场景和背景，从而生成具有真实感的物体。另外，还可以将渲染结果保存成位图格式，以便在Photoshop或者ACDSee等软件中编辑或查看。

思维导图

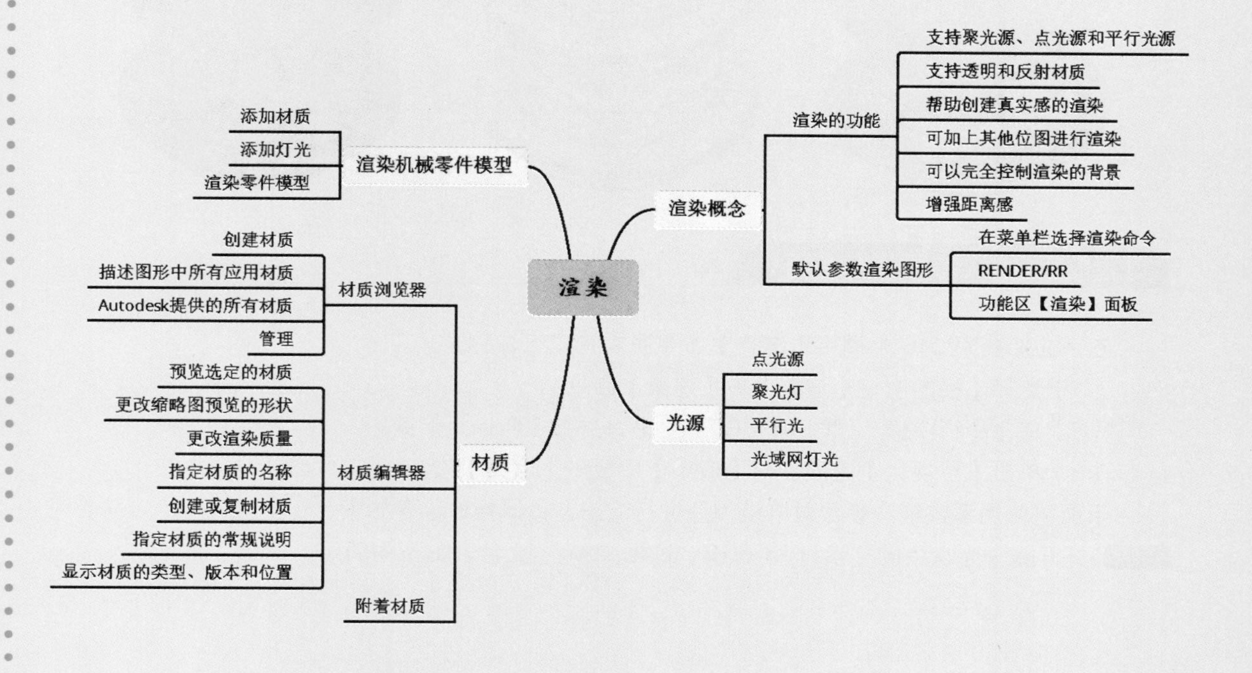

12.1 渲染的基本概念

在 AutoCAD 2016 中，三维模型对象可以对事物进行整体上的有效表达，使其更加直观，结构更加明朗，但是在视觉效果上却与真实物体存在很大差距，AutoCAD 中的渲染功能有效地弥补了这一缺陷，使三维模型对象表现得更加完美，更加真实。

12.1.1 渲染的功能

AutoCAD 的渲染模块基于一个名为 Acrender.arx 的文件，该文件在使用渲染命令时自动加载。AutoCAD 的渲染模块具有如下功能。

（1）支持 3 种类型的光源，即聚光源、点光源和平行光源，另外还可以支持色彩并能产生阴影效果。

（2）支持透明和反射材质。

（3）可以在曲面上加上位图图像来帮助创建真实感的渲染。

（4）可以加上人物、树木和其他类型的位图图像进行渲染。

（5）可以完全控制渲染的背景。

（6）可以对远距离对象进行明暗处理来增强距离感。

渲染相对于其他视觉样式有更直观的表达，下图所示分别是某模型的线框图、消隐处理的图像以及渲染处理后的图像。

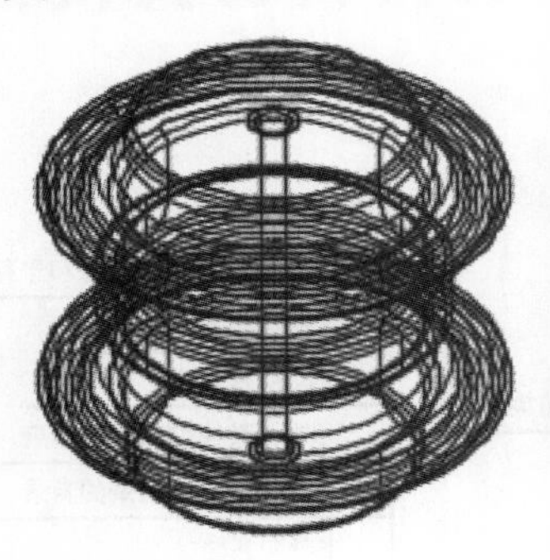
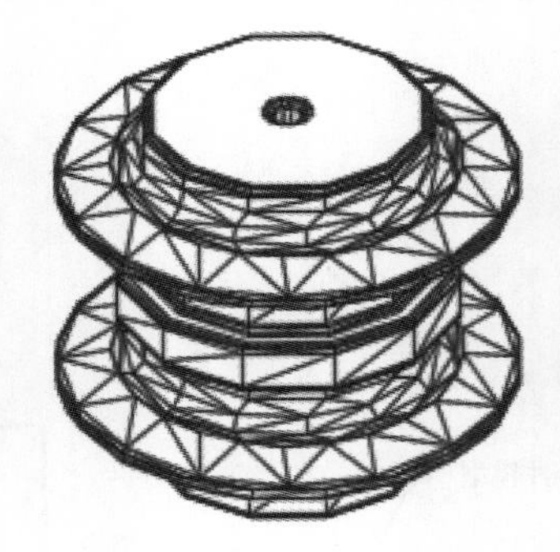

12.1.2 默认参数渲染图形

在 AutoCAD 2016 中调用【渲染】命令通常有以下 3 种方法。

（1）选择【视图】→【渲染】→【渲染】命令。

（2）在命令行中输入“RENDER/RR”命令并按【Space】键。

（3）单击【可视化】选项卡→【渲染】面板→【渲染】按钮。

下面将使用系统默认参数对电机模型进行渲染，具体操作步骤如下。

第 1 步 打开随书光盘中的“素材 \CH12\ 书桌 .dwg”文件，如下图所示。

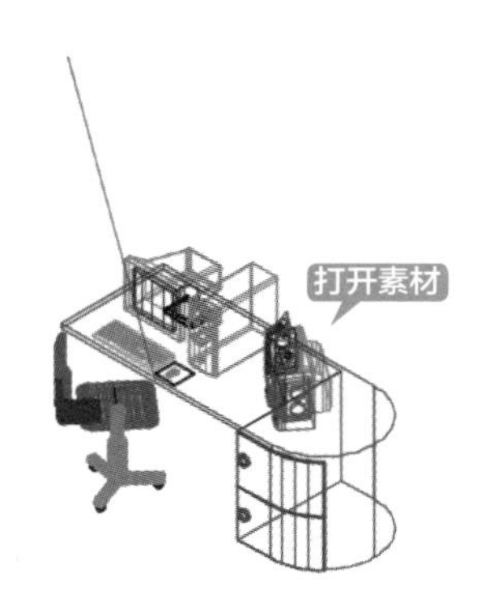

第 2 步 在命令行中输入“Rr”命令并按【Space】键，结果如下图所示。

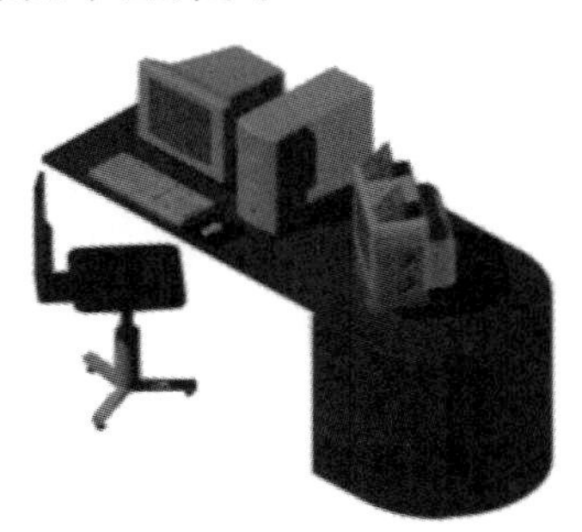

12.2 光源

AutoCAD 2016 提供了 3 种光源单位：标准（常规）、国际（国际标准）和美制。

12.2.1 点光源

法线点光源不以某个对象为目标，而是照亮它周围的所有对象。使用类似点光源来获得基本照明效果。

目标点光源具有其他目标特性，因此它可以定向到对象，也可以通过将点光源的目标特性从【否】更改为【是】，从点光源创建目标点光源。

在标准光源工作流中可以手动设定点光源，使其强度随距离线性衰减（根据距离的平方反比）或者不衰减。默认情况下，衰减设定为【无】。

用户可以根据需要新建适合自己使用的“点光源”。

在 AutoCAD 2016 中调用【新建点光源】命令的方法通常有以下 3 种。

（1）单击【可视化】选项卡→【光源】面板→【创建光源】下拉列表→【点】按钮。

（2）选择【视图】→【渲染】→【光源】→【新建点光源】命令。

（3）在命令行中输入“POINTLIGHT”命令并按【Space】键确认。

创建点光源的方法如下。

第 1 步 打开随书光盘中的“素材 \CH12\ 书桌 .dwg”文件。

第 2 步 单击【可视化】选项卡→【光源】面板→【创建光源】下拉列表→【点】按钮。

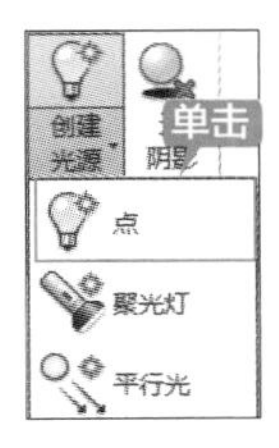

第 3 步 系统弹出【光源 – 视口光源模式】询问对话框。

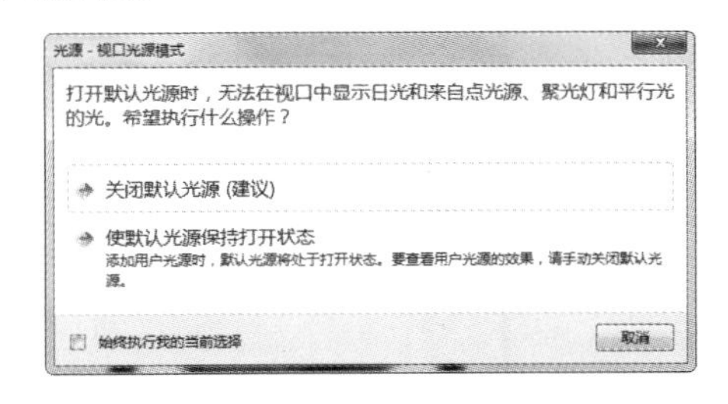

第 4 步 选择【关闭默认光源（建议）】选项，然后在命令提示下指定新建点光源的位置及阴影设置，命令行提示如下。

命令：_POINTLIGHT

指定源位置 <0,0,0>:　　// 捕捉直线的端点

输入要更改的选项 [名称 (N)/ 强度因子 (I)/ 状态 (S)/ 光度 (P)/ 阴影 (W)/ 衰减 (A)/ 过滤颜色 (C)/ 退出 (X)] < 退出 >: w

输入 [关 (O)/ 锐化 (S)/ 已映射柔和 (F)/ 已采样柔和 (A)] < 锐化 >: f

输入贴图尺寸 [64/128/256/512/1024/2048/4096] <256>:　↙

输入柔和度 (1-10) <1>: 5

输入要更改的选项 [名称 (N)/ 强度因子 (I)/ 状态 (S)/ 光度 (P)/ 阴影 (W)/ 衰减 (A)/ 过滤颜色 (C)/ 退出 (X)] < 退出 >:　↙

第 5 步 结果如下图所示。

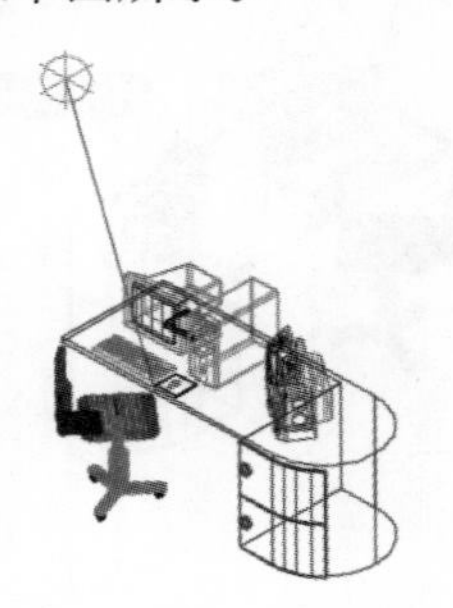

12.2.2 聚光灯

聚光灯（如闪光灯、剧场中的跟踪聚光灯或前灯）分布投射一个聚焦光束。聚光灯发射定向锥形光，可以控制光源的方向和圆锥体的尺寸。像点光源一样，聚光灯也可以手动设定为强度随距离衰减，但是，聚光灯的强度始终还是根据相对于聚光灯的目标矢量的角度衰减，此衰减由聚光灯的聚光角度和照射角度控制。可以用聚光灯亮显模型中的特定特征和区域。

在 AutoCAD 2016 中调用【新建聚光灯】命令的方法通常有以下 3 种。

（1）单击【可视化】选项卡→【光源】面板→【创建光源】下拉列表→【聚光灯】按钮。

（2）选择【视图】→【渲染】→【光源】→【新建聚光灯】命令。

（3）在命令行中输入“SPOTLIGHT”命令并按【Space】键确认。

创建聚光灯的方法如下。

第 1 步 打开随书光盘中的“素材 \CH12\ 书桌 .dwg”文件。

第 2 步 单击【可视化】选项卡→【光源】面板→【创建光源】下拉列表→【聚光灯】按钮。

第 3 步 当提示指定源位置时，捕捉直线的端点。

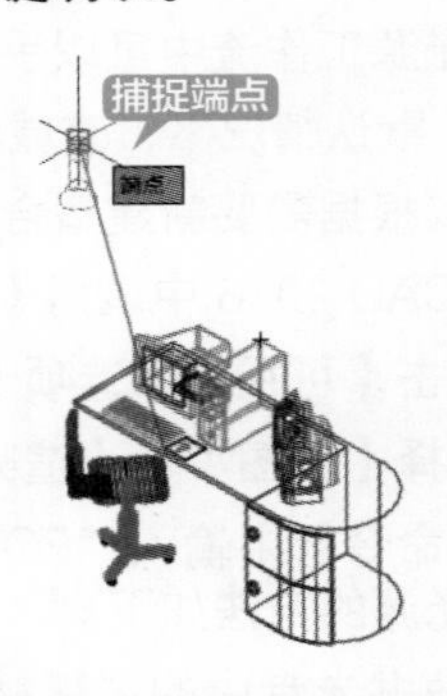

第 4 步 当提示指定目标位置时，捕捉直线的中点。

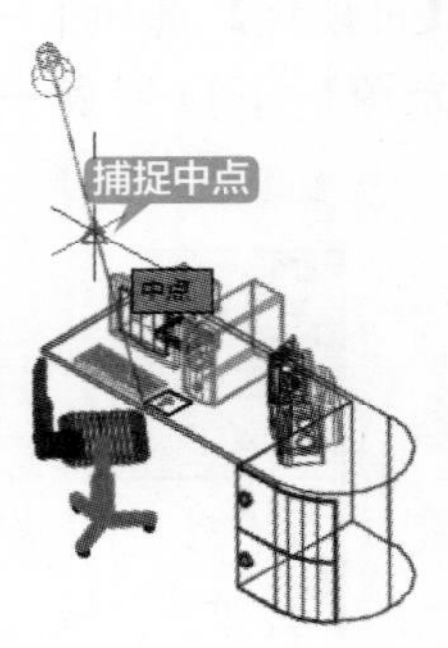

第 5 步 输入“i”，并设定强度因子为 0.15。

输入要更改的选项 [名称 (N)/ 强度因子 (I)/ 状态 (S)/ 光度 (P)/ 聚光角 (H)/ 照射角 (F)/ 阴影 (W)/ 衰减 (A)/ 过滤颜色 (C)/ 退出 (X)] < 退出 >: i ↙

输入强度 (0.00 – 最大浮点数) <1>: 0.15 ↙

输入要更改的选项 [名称 (N)/ 强度因子 (I)/ 状态 (S)/ 光度 (P)/ 聚光角 (H)/ 照射角 (F)/ 阴影 (W)/ 衰减 (A)/ 过滤颜色 (C)/ 退出 (X)] < 退出 >: ↙

第 6 步 聚光灯的设置完成后如下图所示。

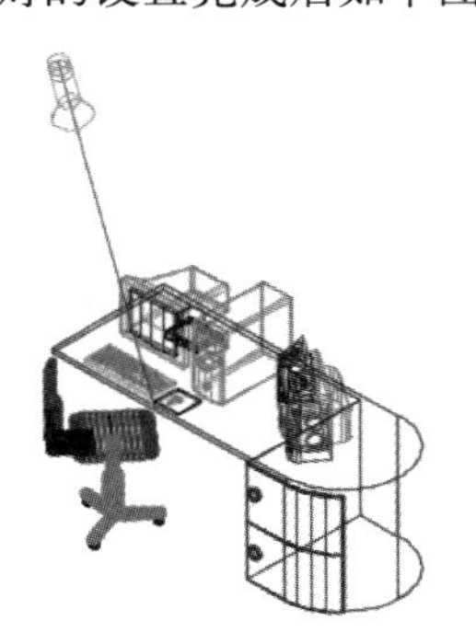

12.2.3 平行光

在 AutoCAD 2016 中调用【新建平行光】命令的方法通常有以下 3 种。

（1）单击【可视化】选项卡→【光源】面板→【创建光源】下拉列表→【平行光】按钮。

（2）选择【视图】→【渲染】→【光源】→【新建平行光】命令。

（3）在命令行中输入“DISTANTLIGHT”命令并按【Space】键确认。

创建平行光的方法如下。

第 1 步 打开随书光盘中的“素材 \CH12\ 书桌 .dwg”文件。

第 2 步 选择【视图】→【渲染】→【光源】→【新建平行光】命令。

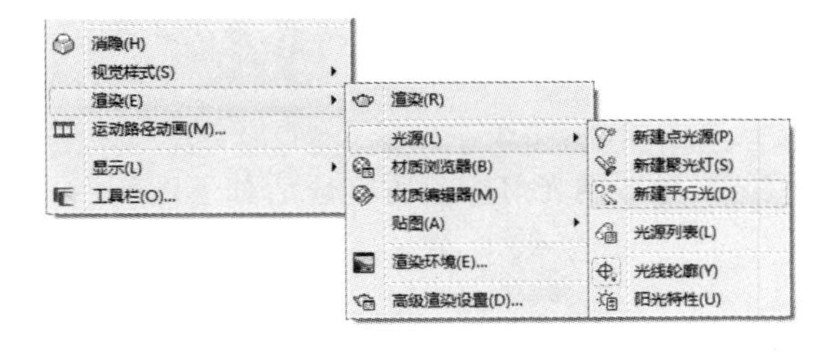

第 3 步 在绘图区域中捕捉下图所示的端点以指定光源来向。

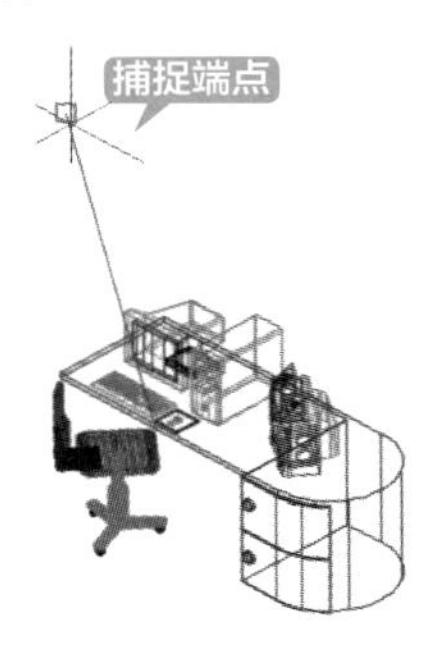

第 4 步 在绘图区域中拖动鼠标并捕捉下图所示的端点以指定光源去向。

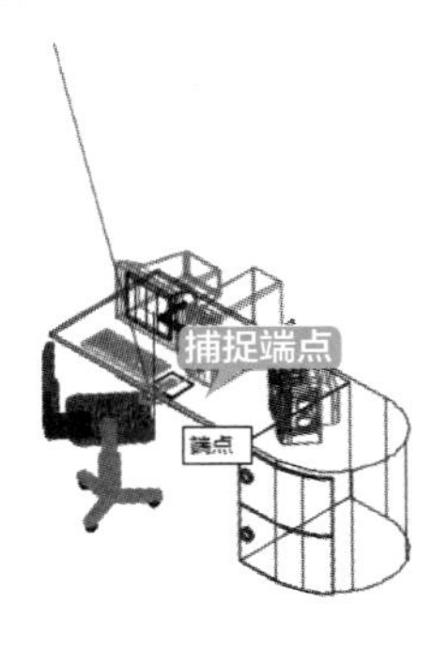

12.2.4 光域网灯光

光域网灯光（光域）是光源的光强度分布的三维表示。光域网灯光可用于表示各向异性（非统一）光分布，此分布来源于现实中的光源制造商提供的数据。与聚光灯和点光源相比，这样提供了更加精确的渲染光源表示。

使用光度控制数据的 IES LM-63-1991 标准文件格式将定向光分布信息以 IES 格式存储在光度控制数据文件中。

要描述光源发出的光的方向分布，则通过置于光源的光度控制中心的点光源近似光源。使用此近似，将仅分布描述为发出方向的功能。提供用于水平角度和垂直角度预定组的光源的照度，并且系统可以通过插值计算沿任意方向的照度。

在 AutoCAD 2016 中调用【光域网光灯】命令的方法通常有以下两种。

（1）单击【可视化】选项卡→【光源】面板→【创建光源】下拉列表→【光域网灯光】按钮。

（2）在命令行中输入“WEBLIGHT”命令并按【Space】键确认。

下面将对新建光域网灯光的方法进行详细介绍。

第 1 步 打开随书光盘中的“素材 \CH12\ 书桌 .dwg”文件。

第 2 步 单击【可视化】选项卡→【光源】面板→【创建光源】下拉列表→【光域网灯光】按钮。

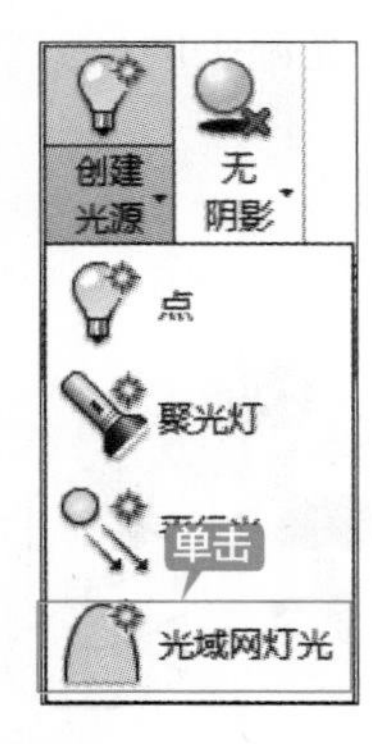

第 3 步 当提示指定源位置时，捕捉直线的端点。

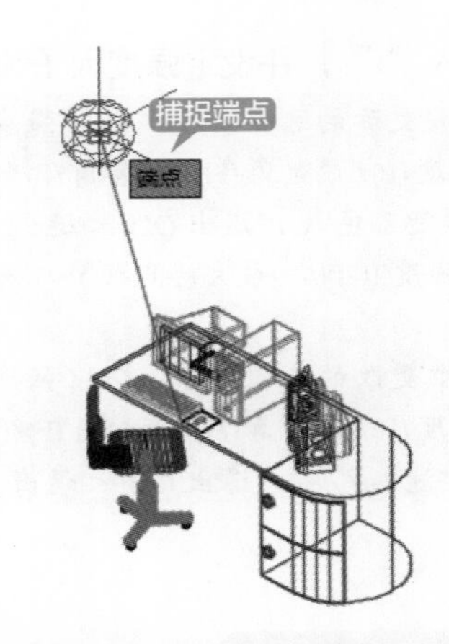

第 4 步 当提示指定目标位置时，捕捉直线的中点。

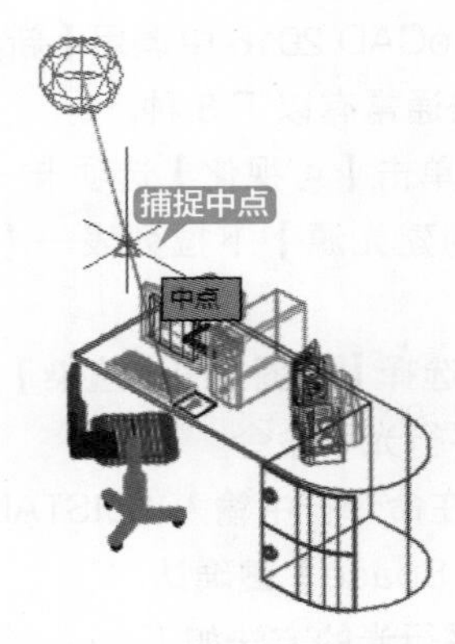

第 5 步 输入“i”，并设定强度因子为“0.3”。

输入要更改的选项 [名称 (N)/ 强度因子 (I)/ 状态 (S)/ 光度 (P)/ 光域网 (B)/ 阴影 (W)/ 过滤颜色 (C)/ 退出 (X)] < 退出 >: i

输入强度 (0.00 – 最大浮点数) <1>: 0.3

输入要更改的选项 [名称 (N)/ 强度因子 (I)/ 状态 (S)/ 光度 (P)/ 光域网 (B)/ 阴影 (W)/ 过滤颜色 (C)/ 退出 (X)] < 退出 >: ↙

第 6 步 光域网光灯的设置完成后如下图所示。

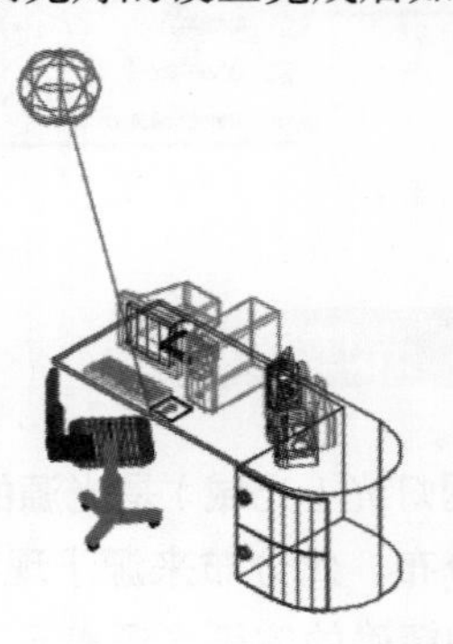

12.3 材质

材质能够详细描述对象如何反射或透射灯光，可使场景更加具有真实感。

12.3.1 材质浏览器

用户可以使用材质浏览器导航和管理材质。

在 AutoCAD 2016 中调用【材质浏览器】面板通常有以下 3 种方法。

（1）单击【可视化】选项卡→【材质】面板→【材质浏览器】按钮。

（2）在命令行中输入“MATBROWSEROPEN/MAT”命令并按【Space】键确认。

（3）选择【视图】→【渲染】→【材质浏览器】命令。

下面将对【材质浏览器】面板的相关功能进行详细介绍。

选择【视图】→【渲染】→【材质浏览器】命令，系统弹出【材质浏览器】面板，如下图所示。

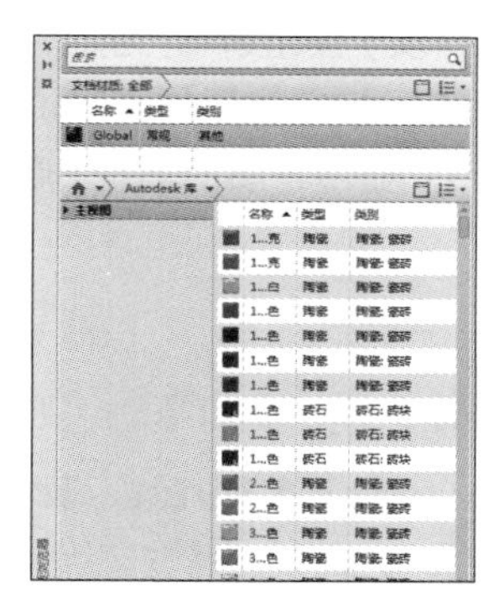

【创建材质】：在图形中创建新材质，单击该按钮的下拉箭头，弹出如下图所示的材质。

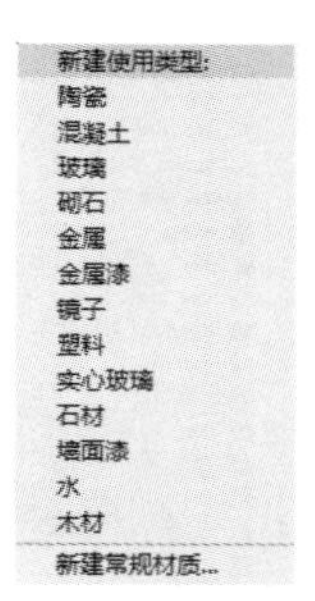

【文档材质：全部】：描述图形中所有应用材质。单击该按钮的下拉箭头，弹出下拉列表如下图所示。

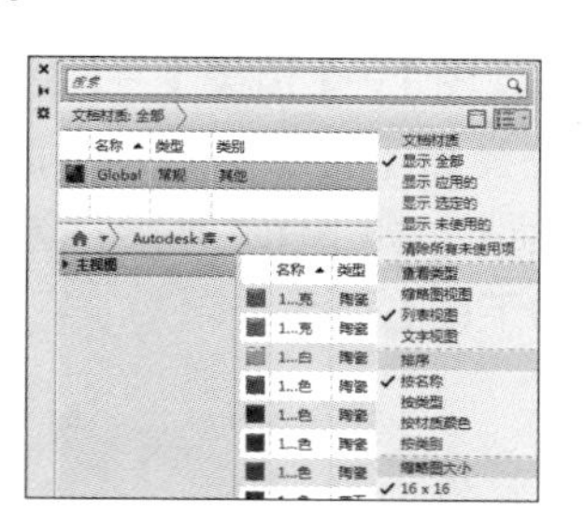

【Autodesk 库】：包含了 Autodesk 提供的所有材质，如下图所示。

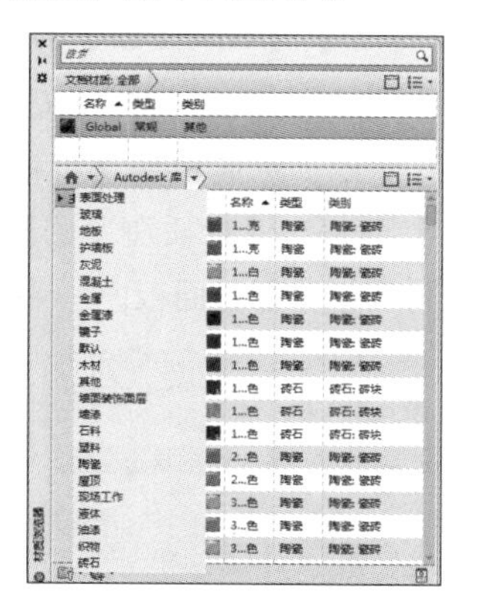

【管理】：单击该按钮的下拉箭头，弹出下拉列表，如下图所示。

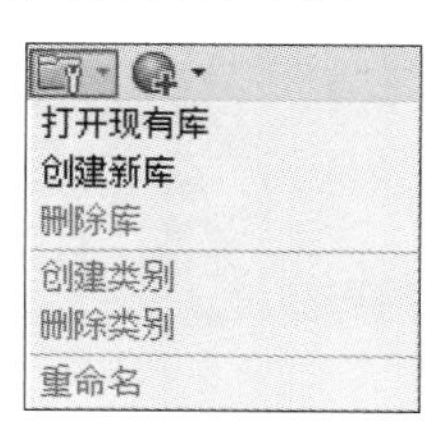

12.3.2 材质编辑器

编辑在【材质浏览器】中选定的材质。

在 AutoCAD 2016 中调用【材质编辑器】面板通常有以下 3 种方法。

（1）单击【可视化】选项卡→【材质】面板右下角按钮。

（2）选择【视图】→【渲染】→【材质编辑器】命令。

（3）在命令行中输入“MATEDITOROPEN”命令并按【Space】键确认。

下面将对【材质编辑器】面板的相关功能进行详细介绍。

选择【视图】→【渲染】→【材质编辑器】命令，系统弹出【材质编辑器】面板。选择【外观】选项卡，如下图左所示；选择【信息】选项卡，如下图右所示。

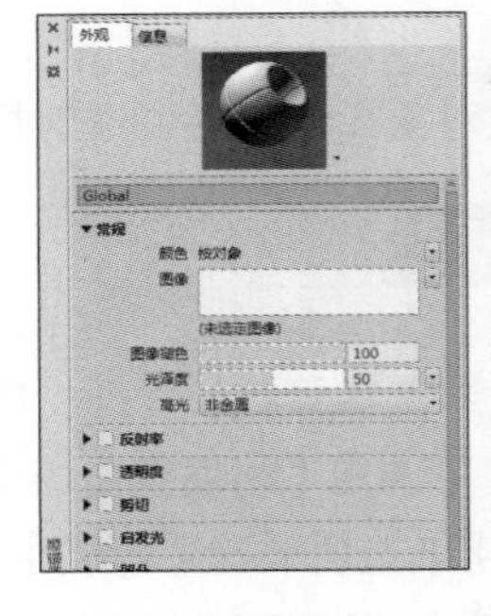

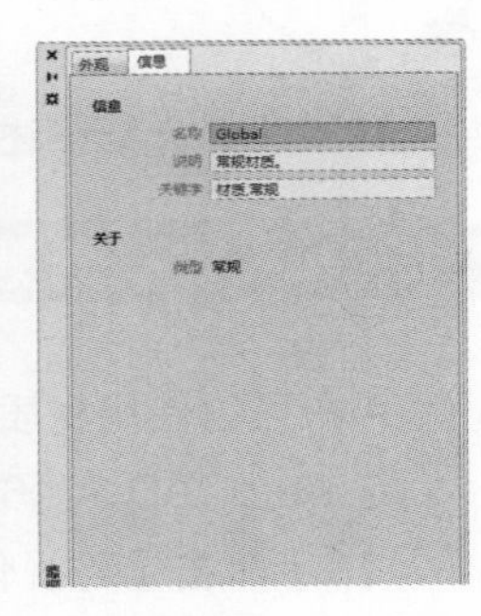

【材质预览】：预览选定的材质。

【选项】下拉菜单：提供用于更改缩略图预览的形状和渲染质量的选项。

【名称】：指定材质的名称。

【显示材质浏览器】按钮：显示材质浏览器。

【创建材质】按钮：创建或复制材质。

【信息】：指定材质的常规说明。

【关于】：显示材质的类型、版本和位置。

12.3.3 附着材质

下面将利用【材质浏览器】面板为三维模型附着材质，具体操作步骤如下。

第 1 步 打开随书光盘中的“素材\CH12\书桌模型 .dwg”文件。然后单击【可视化】选项卡→【材质】面板→【材质浏览器】按钮，系统弹出【材质浏览器】面板。

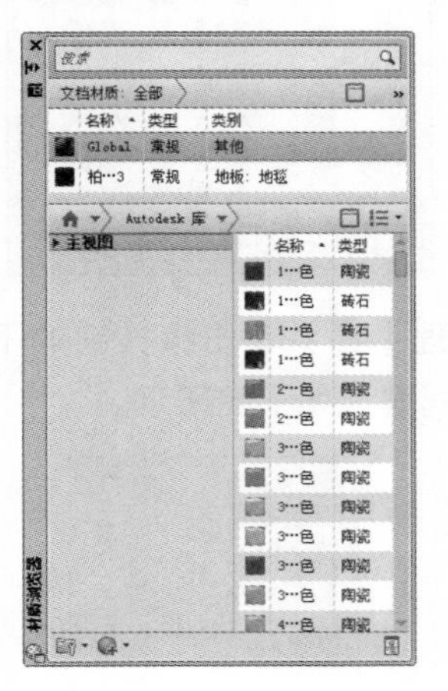

第 2 步 在【Autodesk 库】中【漆木】材质上右击，在弹出的快捷菜单中选择【添加到】→【文档材质】选项。

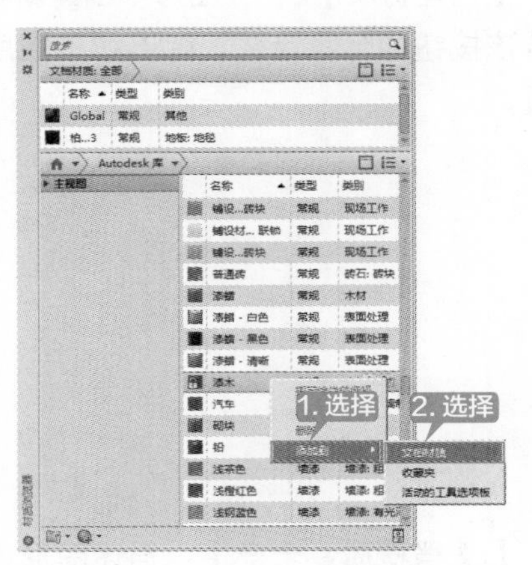

第 3 步 在【文档材质：全部】区域中单击【漆木】材质的编辑按钮。

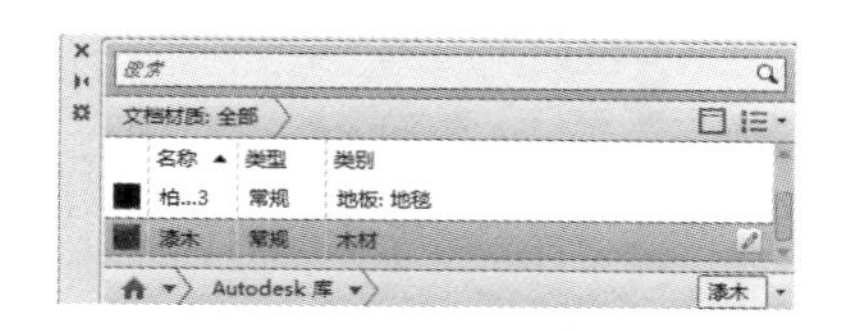

第 4 步 系统弹出【材质编辑器】面板。

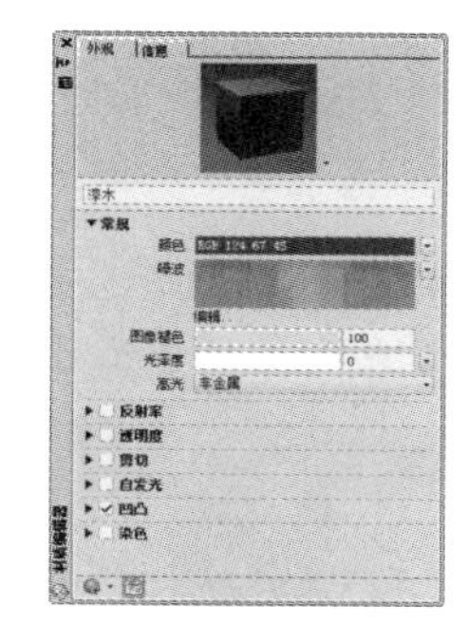

第 5 步 在【材质编辑器】面板中取消【凹凸】复选框的选择，并在【常规】卷展栏下对【图像褪色】及【光泽度】的参数进行调整。

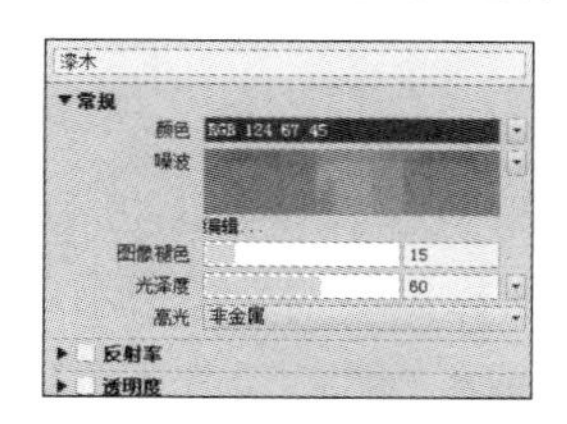

第 6 步 在【文档材质：全部】区域中右击【漆木】，在弹出的快捷菜单中选择【选择要应用到的对象】选项。

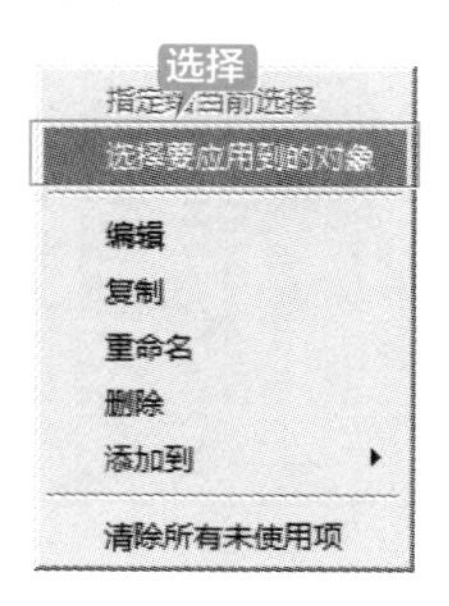

第 7 步 在绘图区域中选择书桌模型。

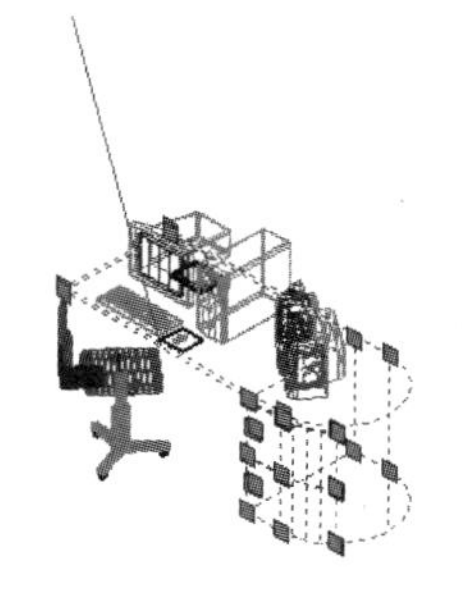

第 8 步 将【材质浏览器】面板关闭，单击【可视化】选项卡→【渲染】面板→【渲染预设】下拉按钮，选择【高】选项。

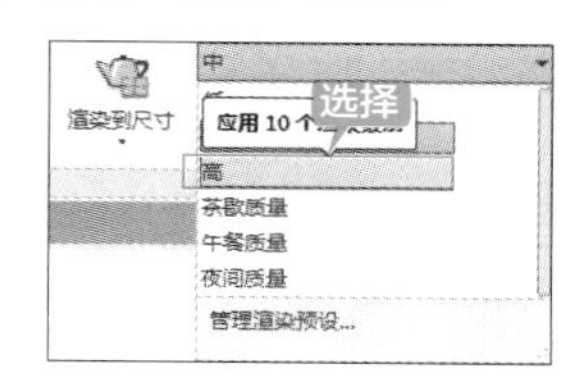

第 9 步 单击【可视化】选项卡→【渲染】面板→【渲染位置】下拉按钮，选择【视口】选项。

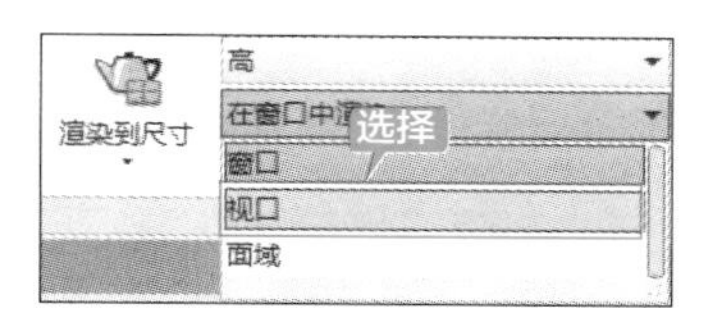

第 10 步 单击【可视化】选项卡→【渲染】面板→【渲染】按钮，结果如下图所示。

12.4 渲染机械零件模型

本实例将为机械零件三维模型附着材质及添加灯光后进行渲染，具体操作步骤如下。

1. 添加材质

第 1 步 打开随书光盘中的“原始图形\CH12\机械零件模型 .dwg”文件。

第 2 步 选择【视图】→【渲染】→【材质浏览器】命令，系统自动弹出【材质浏览器】面板。

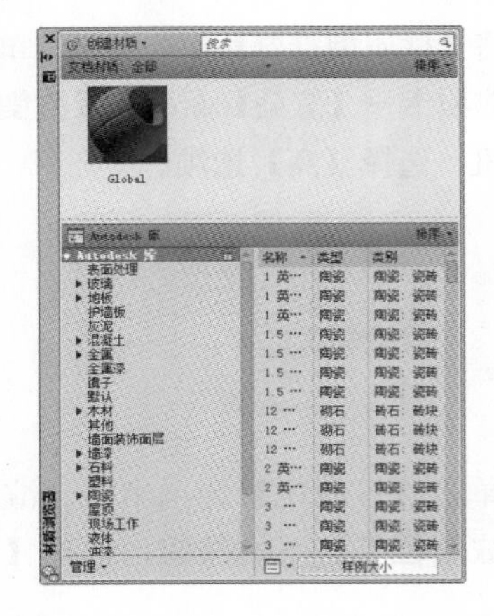

第 3 步 在【Autodesk 库】中选择【金属漆】选项。

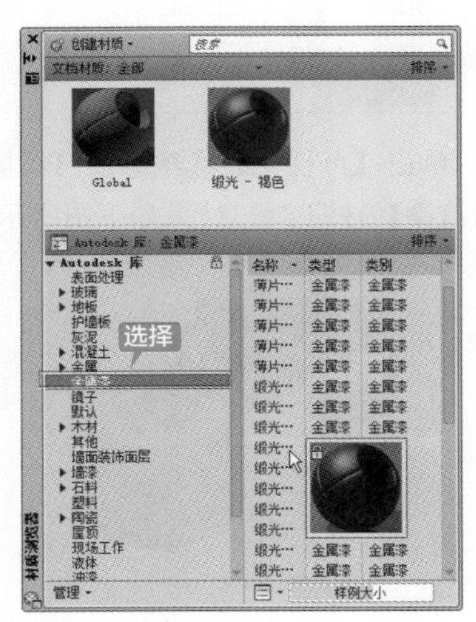

第 4 步 在【文档材质：全部】区域中双击【缎光 – 褐色】，系统自动打开【材质编辑器】面板，如右上图所示。

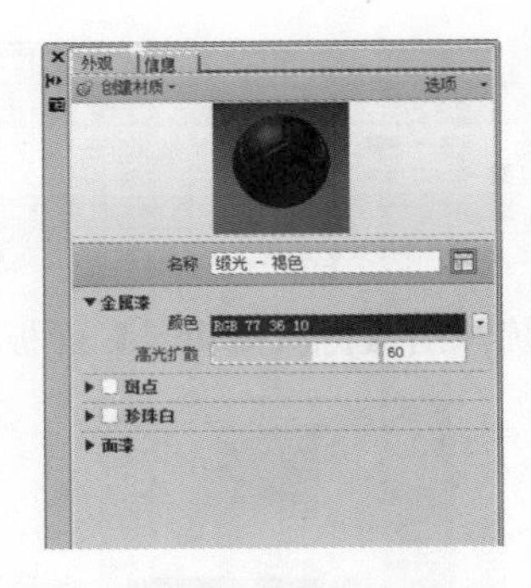

第 5 步 在【材质编辑器】面板中选中【珍珠白】复选框，并将其数量值指定为“5”。

第 6 步 将【材质编辑器】面板关闭后，【材质浏览器】面板显示如下图所示。

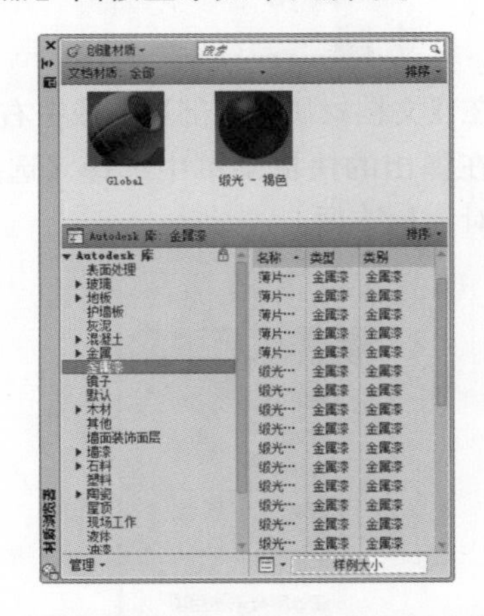

第 7 步 在【材质浏览器】面板中的【文档材质：全部】中选择刚才创建的材质。

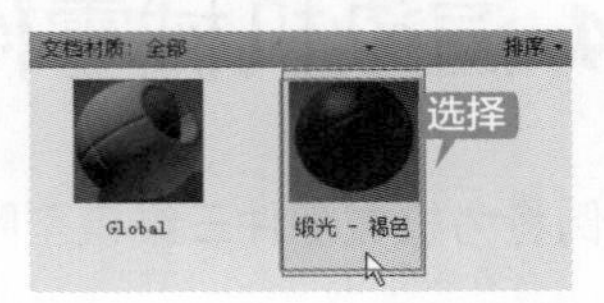

第 8 步 对刚才选择的材质进行拖动，将其移至绘图窗口中的模型物体上面。

第 9 步　重复第 7 步 ~ 第 8 步，将绘图窗口中的模型全部进行材质的附加，然后将【材质浏览器】面板关闭，结果如下图所示。

2. 为机械零件模型添加灯光

第 1 步　选择【视图】→【渲染】→【光源】→【新建点光源】命令，系统自动弹出【光源 - 视口光源模式】面板。

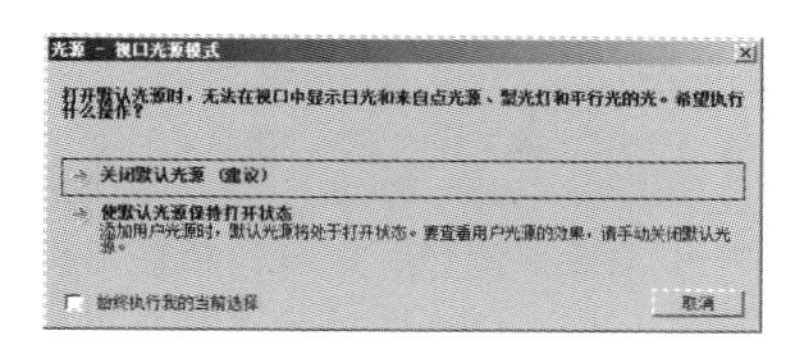

第 2 步　选择【关闭默认光源（建议）】选项，系统自动进入创建点光源状态，在绘图窗口中单击下图所示的位置作为点光源位置。

第 3 步　在命令行中自动弹出相应点光源选项，对其进行如下设置。

输入要更改的选项 [名称 (N)/ 强度因子 (I)/ 状态 (S)/ 光度 (P)/ 阴影 (W)/ 衰减 (A)/ 过滤颜色 (C)/ 退出 (X)] < 退出 >: i

输入强度 (0.00 – 最大浮点数) <1>: 0.2

输入要更改的选项 [名称 (N)/ 强度因子 (I)/ 状态 (S)/ 光度 (P)/ 阴影 (W)/ 衰减 (A)/ 过滤颜色 (C)/ 退出 (X)] < 退出 >:

第 4 步　绘图窗口显示如下图所示。

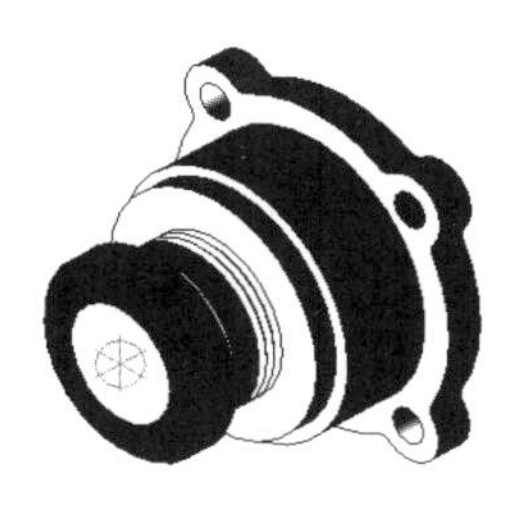

第 5 步　选择【修改】→【三维操作】→【三维移动】命令，对刚才创建的点光源进行移动，命令行提示如下：

命令 : _3dmove

选择对象 : 选择刚才创建的点光源

选择对象 :

指定基点或 [位移 (D)] < 位移 >: 在绘图窗口中任意单击一点

指定第二个点或 < 使用第一个点作为位移 >: @–70,360

第 6 步　绘图窗口显示如下图所示。

第 7 步　参考第 1 步 ~ 第 4 步的操作创建另外一个点光源，参数不变，绘图窗口显示如下图所示。

第 8 步　选择【修改】→【三维操作】→【三

维移动】命令，对创建的第二个点光源进行移动，命令行提示如下。

```
命令：_3dmove
选择对象：选择创建的第二个点光源
选择对象：
指定基点或 [ 位移 (D)] < 位移 >: 在绘图窗口中任意单击一点
指定第二个点或 < 使用第一个点作为位移 >: @72,-280,200
```

第 9 步 绘图窗口显示如下图所示。

3. 为机械零件模型进行渲染

第 1 步 单击【可视化】选项卡→【渲染】面板→【渲染】按钮。

第 2 步 系统自动对模型进行渲染，结果如下图所示。

渲染雨伞

雨伞渲染的具体操作步骤和顺序如下表所示。

渲染雨伞的步骤和顺序表

步骤	创建方法	结　　果	备　注
1	设置材质		将伞柄材质设置为塑料（PVC- 白色），伞面材质设置为织物（带卵石花纹的—紫红色）
2	添加平行光光源 1		
3	添加平行光光源 2		
4	渲染		

◇ 设置渲染的背景色

在 AutoCAD 2016 默认以黑色作为背景对模型进行渲染，用户可以根据实际需求对其进行更改，具体操作步骤如下。

第 1 步 打开随书光盘中的“素材\CH12\设置渲染的背景颜色.dwg”文件，如下图所示。

第 2 步 选择【视图】→【渲染】→【渲染】命令，系统自动对当前绘图窗口中的模型进行渲染，结果如下图所示。

第 3 步 将渲染窗口关闭，在命令行中输入“BACKGROUND”命令并按【Space】键确认，弹出【背景】对话框。

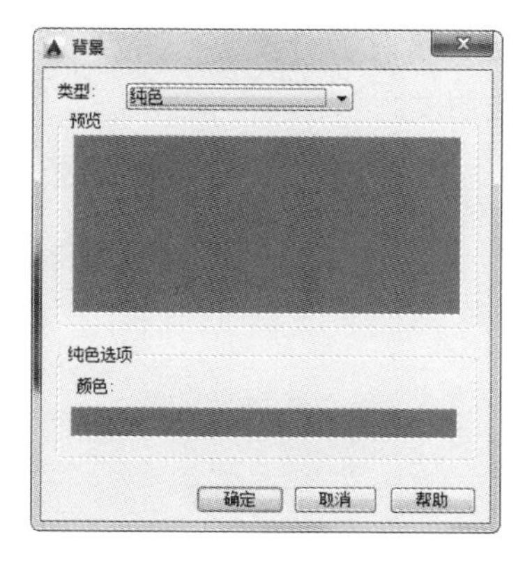

第 4 步 在【纯色选项】区域中的颜色位置单击，弹出【选择颜色】对话框。

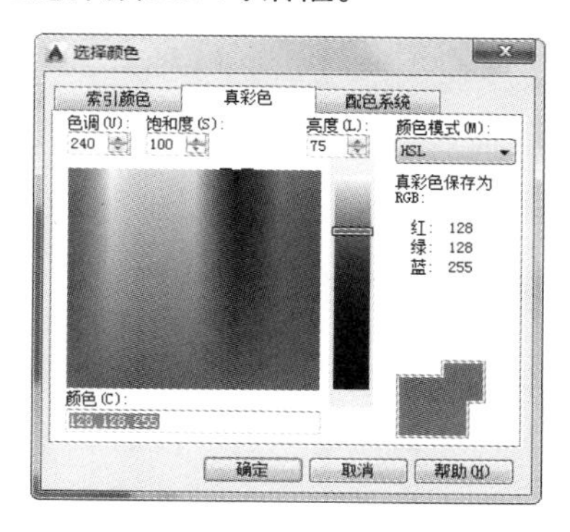

第 5 步 将颜色设置为白色，如下图所示。

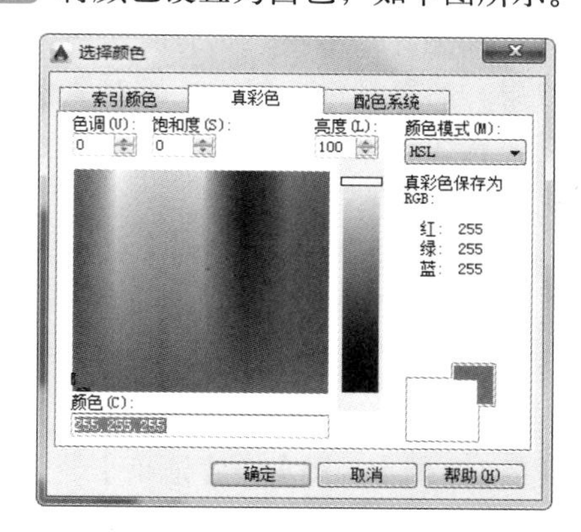

第 6 步 在【选择颜色】对话框中单击【确定】按钮，返回【背景】对话框。

第 7 步 在【背景】对话框中单击【确定】按钮，然后选择【视图】→【渲染】→【渲染】命令，结果如下图所示。

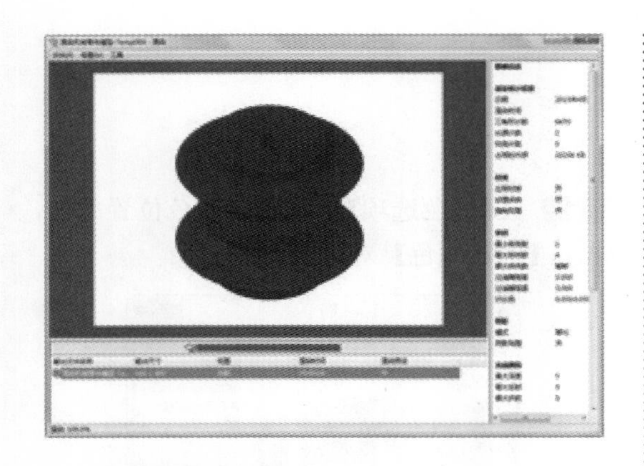

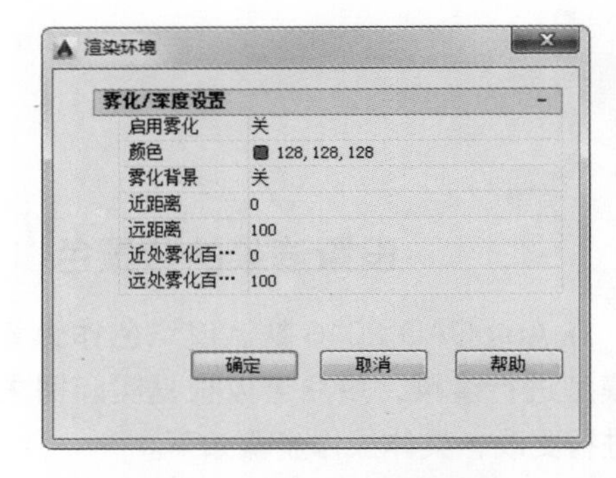

◇ 设置雾化背景

雾化用于在渲染时给对象额外添加一个颜色，每一个对象着色的程度取决于该对象与相机之间的距离。这个额外的颜色的作用是为了产生一个远距离和深度的幻觉。如果颜色比较明亮，如白色，则有类似被薄雾笼罩的效果。如果颜色比较暗，则对象变得暗淡模糊，犹如与相机的距离增加了。我们称这一功能为“雾化”。

在 AutoCAD 2016 中调用【雾化】命令通常有以下 3 种方法。

（1）单击【可视化】选项卡→【渲染】面板下拉列表→【环境】按钮。

（2）选择【视图】→【渲染】→【渲染环境】命令。

（3）在命令行中输入“FOG”命令并按【Space】键确认。

选择【视图】→【渲染】→【渲染环境】菜单命令，系统弹出【渲染环境】对话框，如下图所示。

【启用雾化】：启用雾化或关闭雾化，而不影响对话框中的其他设置。

【颜色】：指定雾化颜色。单击【选择颜色】按钮打开【选择颜色】对话框。可以从 255 种 AutoCAD 颜色索引（ACI）颜色、真彩色和配色系统颜色中进行选择来定义颜色。

【雾化背景】：不仅对背景进行雾化，也对几何图形进行雾化。

【近距离】：指定雾化开始处到相机的距离。将其指定为到远处剪裁平面距离的十进制小数，可以通过在【近距离】字段中输入或使用微调控制来设置该值，近距离设置不能大于远距离设置。

【远距离】：指定雾化结束处到相机的距离。将其指定为到远处剪裁平面距离的十进制小数，可以通过在【近距离】字段中输入或使用微调控制来设置该值，远距离设置不能小于近距离设置。

【近处雾化百分比】：指定近距离处雾化的不透明度。

【远处雾化百分比】：指定远距离处雾化的不透明度。

第
5
篇

行业应用篇

第 13 章　东南亚风格装潢设计平面图

本篇主要介绍东南亚风格装潢设计平面图，通过本篇的学习，读者可以综合学习 CAD 的绘图技巧。

第 13 章

东南亚风格装潢设计平面图

本章导读

本章通过案例讲解东南亚风格装潢设计平面图的制作，分析 CAD 在室内设计方面的绘图技巧，帮助读者更加全面地了解 CAD 的绘图方法。

思维导图

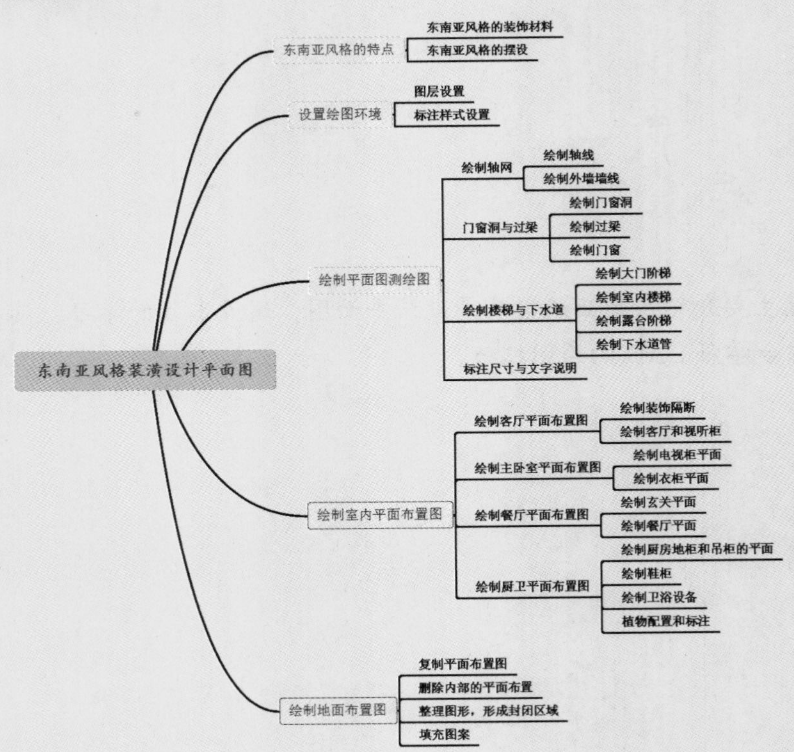

13.1 东南亚风格的特点

东南亚风格的装饰手法是近年来兴起的设计理念，它强调以休闲、轻松和舒适为主。其之所以风靡世界是因为来自热带雨林的自然之美和浓郁的民族特色，由于东南亚地处热带，气候闷热潮湿，为了避免空间的沉闷压抑，因此在装饰方面用夸张艳丽的色彩冲破视觉的沉闷；斑斓的色彩其实就是大自然的色彩，在色彩上回归自然也是东南亚家居的特色，现代的东南亚风格受到西方社会的影响，已经形成了休闲、轻松和舒适又凝结着浓郁的东方文化色彩的时尚体。

东南亚风格按照不同的地域，分为菲律宾风格、印尼风格、泰式风格，这几种风格由于其独有的地域特点，在设计上也具有独特的要素。菲律宾风格的家居设计有着浓厚而强烈的东南亚气质。印尼风格家居设计多使用肌理分明但色泽柔和的自然本色，印尼风格家居用品多取自然材质，如印度尼西亚的藤、马来西亚河道里的水草以及泰国的木皮等。泰式风格的装饰设计中，荷叶边被广泛应用，泰式装饰饰品以器皿为主，比较温和，采用泰式经典的大色系，运用金色较多。

13.1.1 东南亚风格的装饰材料

东南亚风格大多就地取材，并且结合宗教特色，广泛地运用木材和其他的天然原材料，如实木、棉麻、藤条、竹子、石材，如上述的印度尼西亚的藤、马来西亚河道里的水草（风信子、海藻）以及泰国的木皮等纯天然的材质，散发着浓烈的自然气息。藤器是泰式家具中最富吸引力而又廉价的材质，现代设计师一般将藤制家具设计的舒适简约，再加上布艺的点缀搭配，非但不会显得单调，反而会使气氛相当活跃，别有一番风情。而深木色的家具，通常会给视觉带来厚重之感，而现代生活需要清新的质朴来调和。在局部采用一些金色的壁纸、丝绸质感的布料，灯光的变化体现了稳重及豪华感，以生态饰品表现拙朴的禅意，使用暖色系的布艺饰品点缀空间，经常可以看到的是最醒目的大红色的东南亚经典漆器，金色、红色的脸谱，金属材质的灯饰，如铜制的莲蓬灯，手工敲制出具有粗糙肌理的铜片吊灯，这些都是最具民族特色的点缀，能让空间散发出浓浓的异域气息，同时也可以让空间禅味十足，静谧而投射哲理。

各种各样色彩艳丽的布艺装饰是南亚家具的最佳搭挡，用布艺装饰适当点缀能避免家具单调气息，令气氛活跃。其材质一般会用棉麻与绸纱的粗细搭配，可以解决面料为相同颜色时的单调局面。在布艺色调的选用上东南亚风情标志性的炫色系列多为深色系，在光线下会变色，沉稳中透着点贵气，当然搭配也有些很简单的原则。在用色搭配上强调冷暖色的配合。暖色的以红、紫为主，冷色的以棕、灰为主，两种色调相互搭配，有时会用上一些宝蓝或者祖母绿宝石的色彩，配衬以丝绸上的绣花，更显华丽。窗帘的面料一般选择质感强烈，体积厚重的面料，利用悬垂褶皱手法装饰环境，可以活跃柔化空间线条作用。而床帷则使用轻质面料，给人以朦胧飘逸和神秘的感觉，让空间环境充满想象。布艺图案以热带风情为主，常以莲花、芭蕉叶、椰树等变形抽象图案为题材，具有鲜明异国风情。

13.1.2 东南亚风格的摆设

用各种各样色彩艳丽，造型雅致的小装饰点缀空间是东南亚风格装饰的特色之一，精美的小装饰品可以活跃空间气氛。大多饰品以纯天然的藤竹柚木为材质纯手工制作而成，如竹节袒露的竹框相架名片夹，参差齐的柚木相架没有任何修饰却仿佛藏着无数的禅机，以椰子壳果核等为材质的小饰品，其色泽纹理有着人工无法达到的自然美感。而更多的草编麻绳编结成的花篮，由豆子竹节穿起来的抱枕，或者由粒粒咖啡豆穿起来的小饰品都有异曲同工之妙。一般来说，深色的家具适宜搭配色彩鲜艳的装饰，如大红、嫩黄、彩蓝、而浅色的家具则应该选择浅色或者对比色，如米色可以搭配白色或者黑色。

东南亚风格不论是家具的造型，还是布艺装饰和空间的色彩都突现妩媚和娇艳。以卧具为例，木制床架采用大量的曲线和雕花纹饰装饰，软装饰以做工精美的布艺制品为主。一般床都有床架，为的是方便悬挂各种布艺帷帐。床帏既可以防治蚊蝇的骚扰，又能增加神秘感。地上放有大小错落刺绣精细的靠包，华丽精美；在床榻旁边，往往都设有造型新颖，雕刻精美的床头灯，方便照明。

下面围绕东南亚风格简单地布置一个别墅的一层平面图。

13.2 设置绘图环境

在绘制工程图时，一般图面比较繁杂，为了方便修改及查找，在绘制图形之前一般会建立很多图层，图层的数量及属性按照绘图的内容建立，在这里需要建立 13 个图层，如下图所示，也可以再继续细分。

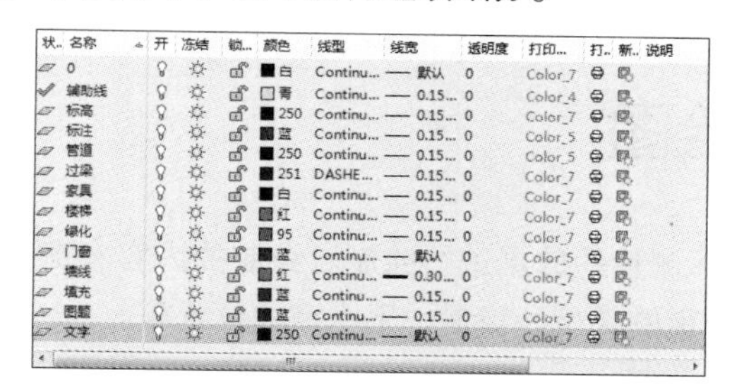

标注样式通常有行业规定，在建筑图形中，要根据不同比例的图形设置不同比例的标注，一般整体标注的比例较大，内部由于要标注得较为精细，比例则较小，而大小比例只要调整其“全局比例”下面设置一种基本比例的标注样式，具体操作步骤如下。

第 1 步　调用【标注样式】命令（d），弹出的【标注样式管理器】对话框，单击【新建】按钮，新建一个名为“标注 -200”的标注样式，如下图所示。单击【继续】按钮进入【修改标注样式：标注 -200】对话框进行设置。

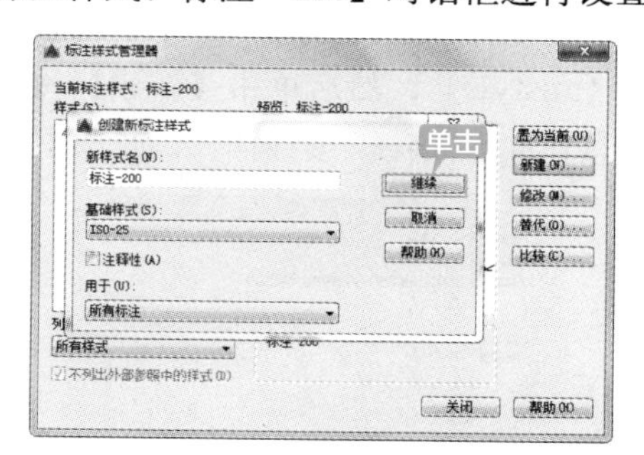

第 2 步　在【修改标注样式：标注 -200】对话框中，在【线】选项卡中，【超出标记】为“0.5”，【基线间距】为“3.75”，【超出尺寸线】为“1”，【起点偏移量】为“3”，如下图所示。

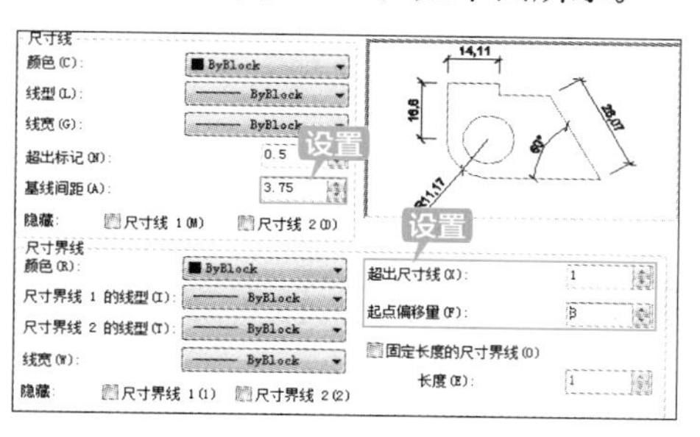

第 3 步　在【符号和箭头】选项卡中：【箭头】均改为【建筑标记】，设置【箭头大小】为 1，如下图所示。

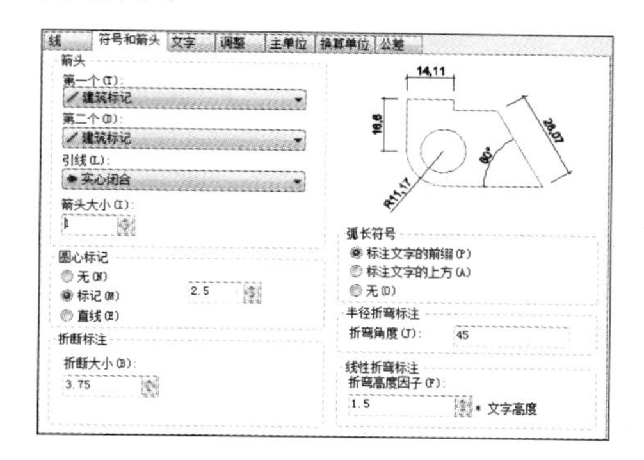

第 4 步　在【文字】选项卡中，【文字高度】为“1.5”，如下图所示。

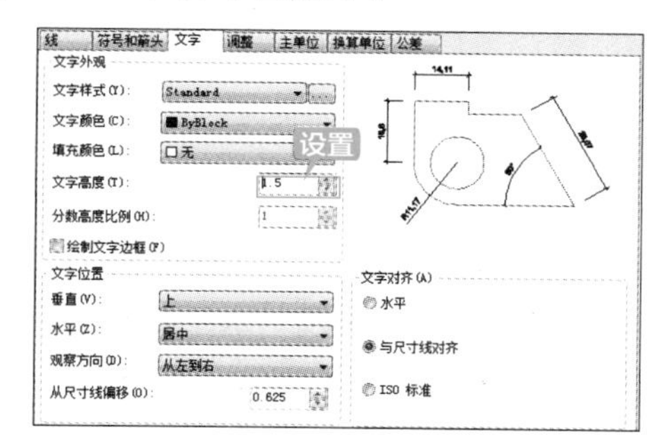

第 5 步　在【调整】选项卡中，【使用全局比例】设置为“200”，【文字位置】设置为“尺寸线上方，带引线”，如下图所示。

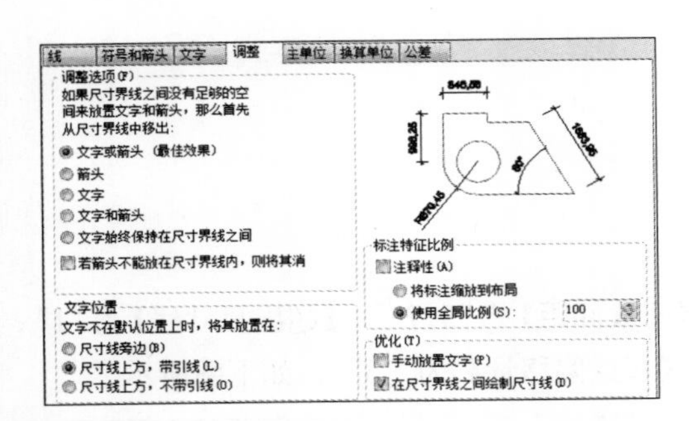

第6步 在【主单位】选项卡中，【精度】设置为“0”。

第7步 单击【确定】按钮返回【标注样式管理器】对话框，然后单击【置为当前】按钮即可，如下图所示。

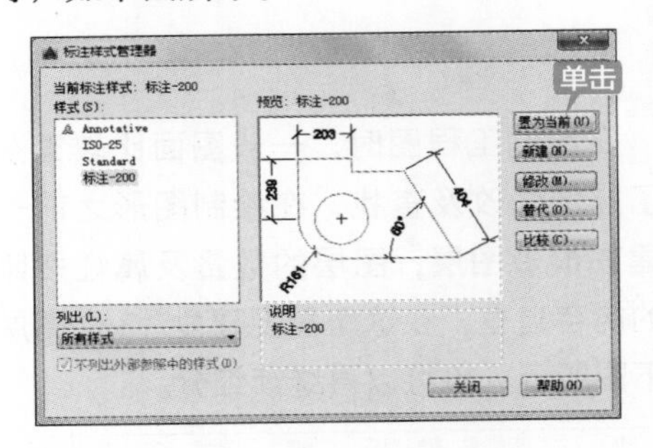

13.3 绘制原建筑平面图测绘图

别墅建筑平面图需要到现场进行测量，根据实际测量的数据进行绘制。绘制的内容有房屋的平面形状、大小、墙、柱子的位置和尺寸，以及门窗的类型和位置、下水道的位置等。

13.3.1 绘制轴网

1. 绘制轴线

第1步 设置“辅助线”图层为当前层，调用【直线】命令，在绘图区域中间绘制一条垂直线为“13180”、水平线为“10156”的两条十字相交的轴线，如下图所示。

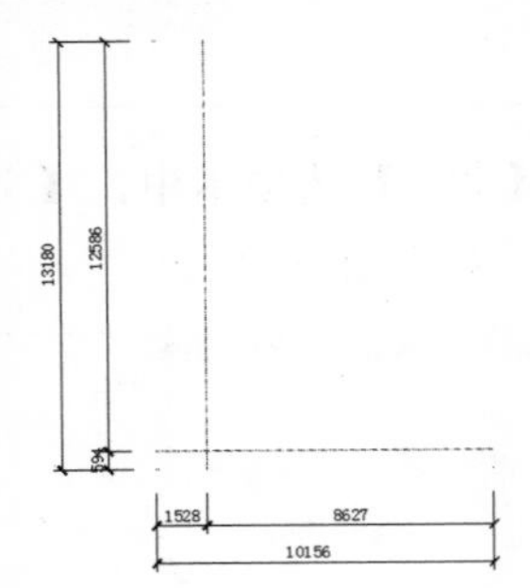

第2步 调用【偏移】命令（o），根据房间的开间和进深偏移轴线，水平线向上偏移1380mm、1020mm、1280mm、2190mm、3620mm、890mm、1280mm，竖直线向右偏移1480mm、3019mm、1446mm、1860mm，完成后的效果如下图所示。

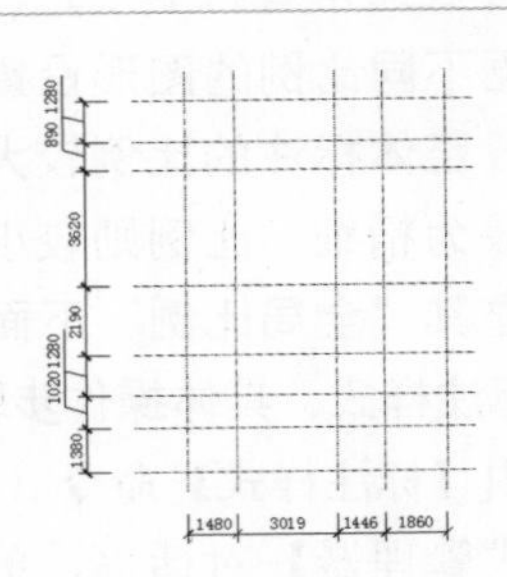

2. 绘制外墙墙线

第1步 接下来开始使用多线绘制外墙墙体，将“墙线”设置为当前层后，打开【多线样式】命令（mlstyle），然后单击【新建】按钮，新建一个名为“墙线”多线样式，如下图所示。

第 2 步 单击【继续】按钮，打开【新建多线样式：墙线】对话框，将多线设置为直线封口，如下图所示。

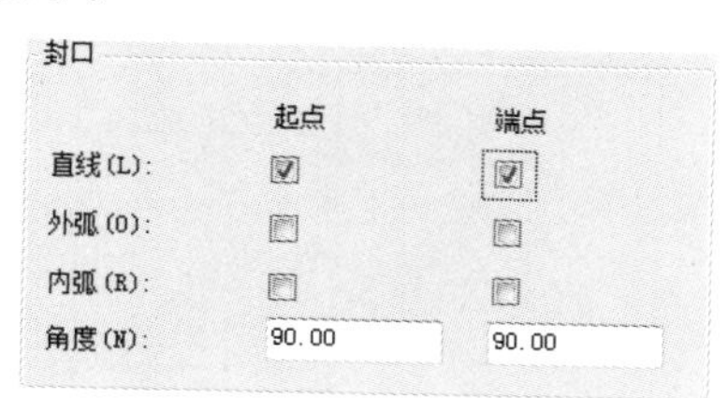

第 3 步 设置完以后，调用【多线】命令设置多线的 “比例” 及 “对正” 方式，这栋别墅的承重墙体厚度为 280mm，非重墙为 130mm，命令执行过程如下，设置完成后按照轴线网先绘制 280mm 的墙体，效果如下图所示。

命令：ML
当前设置：对正 = 上，比例 = 20.00，样式 = STANDARD
指定起点或 [对正 (J)/ 比例 (S)/ 样式 (ST)]：s
输入多线比例 <20.00>：280
当前设置：对正 = 上，比例 = 280.00，样式 = STANDARD
指定起点或 [对正 (J)/ 比例 (S)/ 样式 (ST)]：j
输入对正类型 [上 (T)/ 无 (Z)/ 下 (B)] < 上 >：Z
当前设置：对正 = 无，比例 = 280.00，样式 = STANDARD
指定起点或 [对正 (J)/ 比例 (S)/ 样式 (ST)]：(开始绘制墙线)

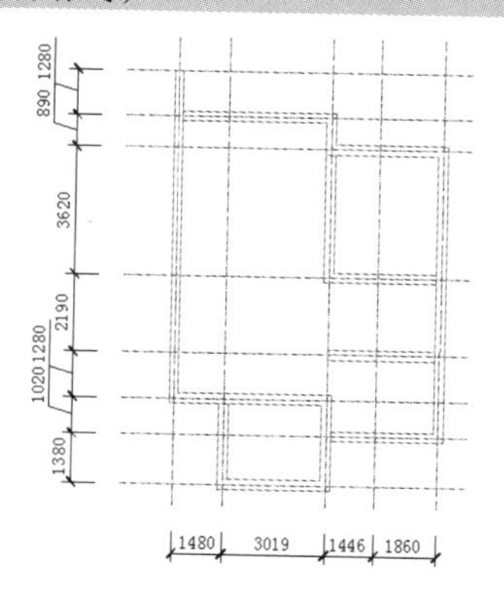

第 4 步 按【Space】键继续执行【多线】命令，其比例修改为 130mm，绘制卫生间的一小段非承重墙体，如下图所示。

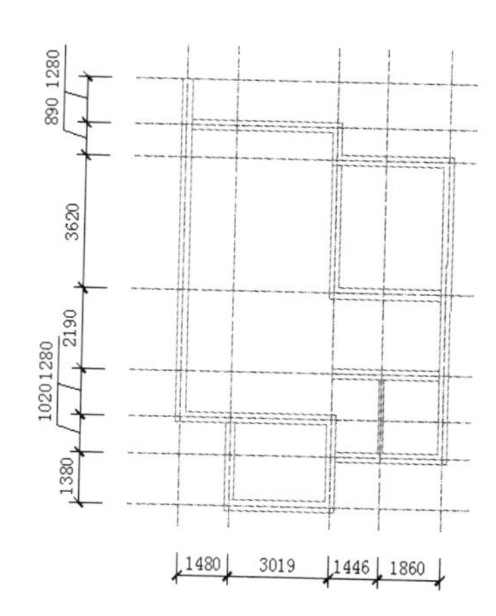

第 5 步 关闭 “轴线” 层，调用【多线编辑】命令（mledit），选择【T 形打开】，如下图所示。

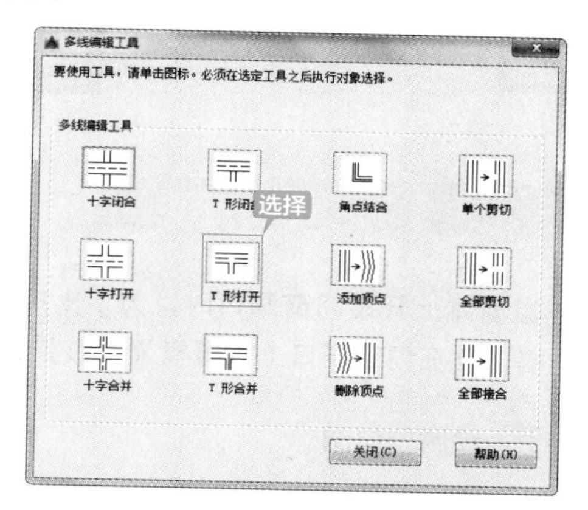

第 6 步 将 T 形相交的多线墙体进行打开，如下图所示。

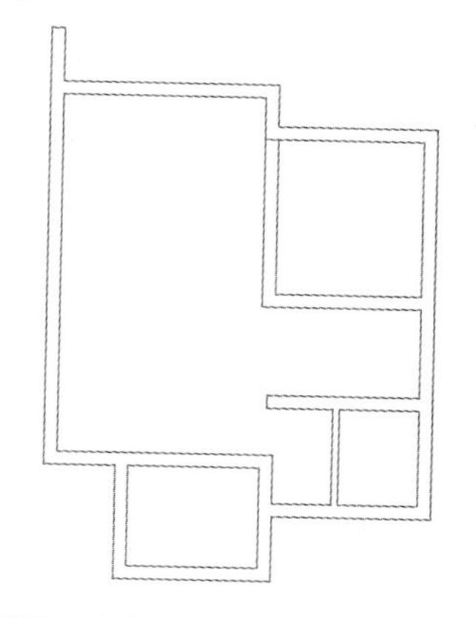

第 7 步 调用【分解】命令（x），将多线墙体分解，然后利用【修剪】命令（tr），修剪完善墙体，如下图所示。

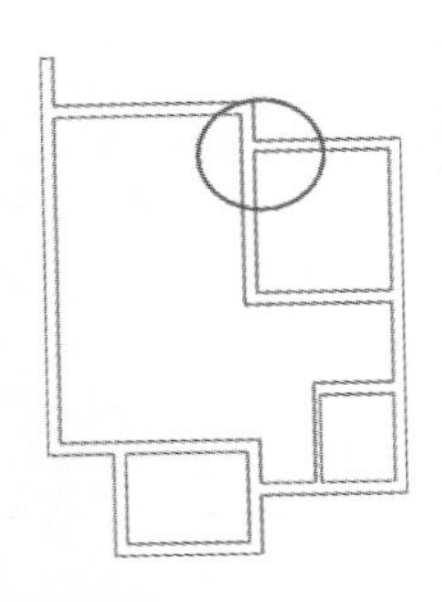

第 8 步 调用【矩形】命令（rec）和【直线】命令（l），在平面图中绘制墙垛，如下图所示。

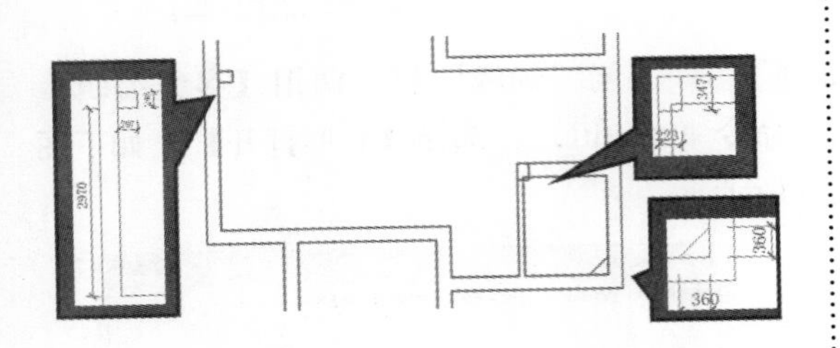

第 9 步 利用【修剪】命令（tr），对上一步绘制的墙垛进行修剪完善，如下图所示。

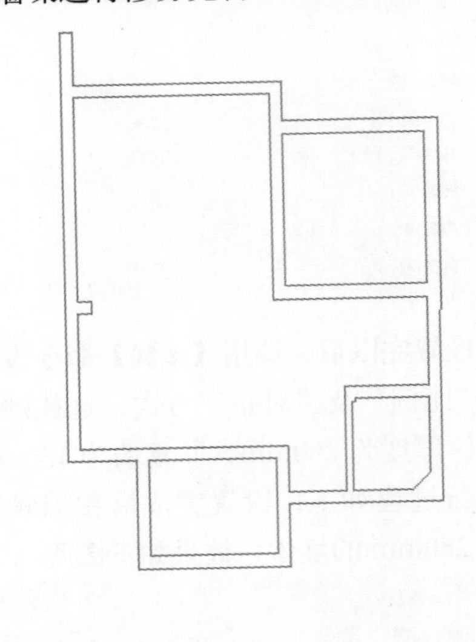

13.3.2 绘制门窗洞与过梁

当墙体上开设门窗洞口时，为了支撑洞口上部砌体所传来的各种荷载，并将这些荷载传给窗间墙，常在门窗洞口上设置横梁，该梁称为过梁 。

1. 绘制门窗洞

第 1 步 调用【直线】命令（l），在有门窗洞的墙体边缘一侧绘制一条与墙体同宽的辅助短线，然后按照门窗洞的宽度使用【偏移】命令（o）进行偏移，如下图所示。

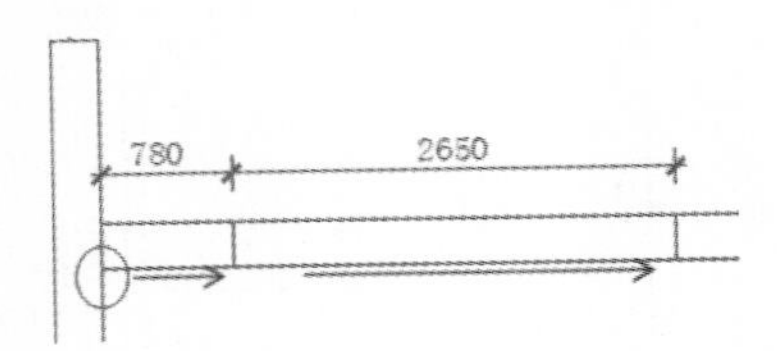

第 2 步 偏移以后，调用【修剪】命令（tr），修剪出门窗洞，并将上一步绘制的辅助短线删除，如下图所示。

第 3 步 按照上一步的方法并根据下图给出门窗的尺寸将整体的墙面进行开洞。

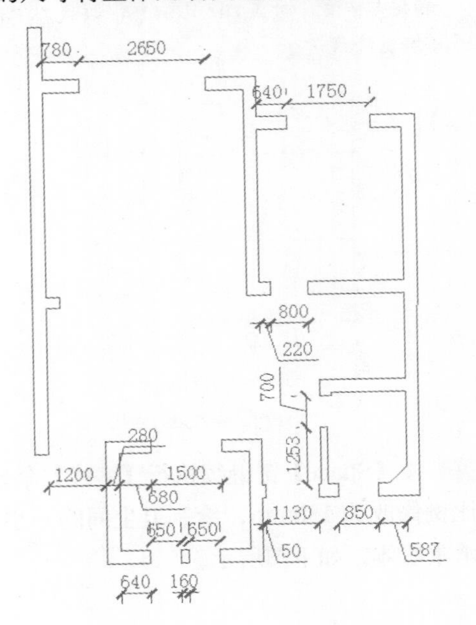

2. 绘制过梁

第1步 先把“过梁”图层设置为当前图层，使用【直线】命令（l），捕捉墙线上的端点绘制出门墙线和过梁，如下图所示。

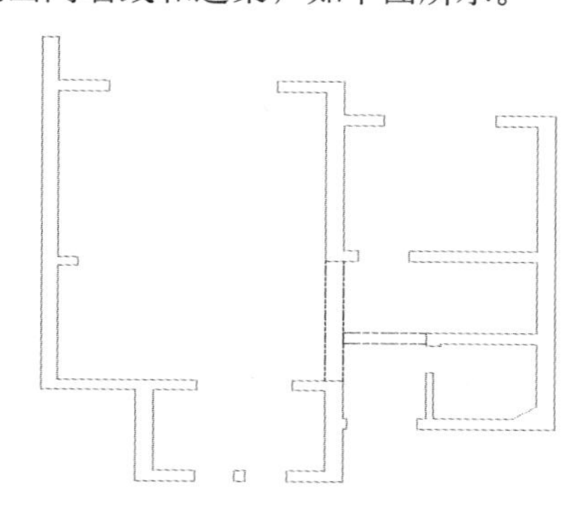

第2步 设置“标高”图层为当前层，调用标注【插入块】命令（i），插入随书自带光盘的“标高符号”属性块，放置到过梁内，标出梁的高度，如下图所示。

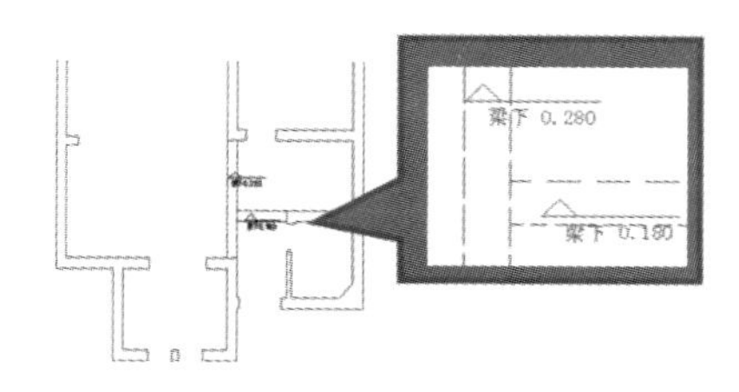

3. 绘制门窗

这里的门窗包括单开门、推拉门和推拉窗，大门、卧室以及卫生间的单开门，方法是先绘制一个 1000mm 的单开门，然后根据大小不同的门洞变动其比例；阳台门和厨房门为推拉门，先绘制门线然后绘制推拉门块，将其安置入内即可，如下图所示。

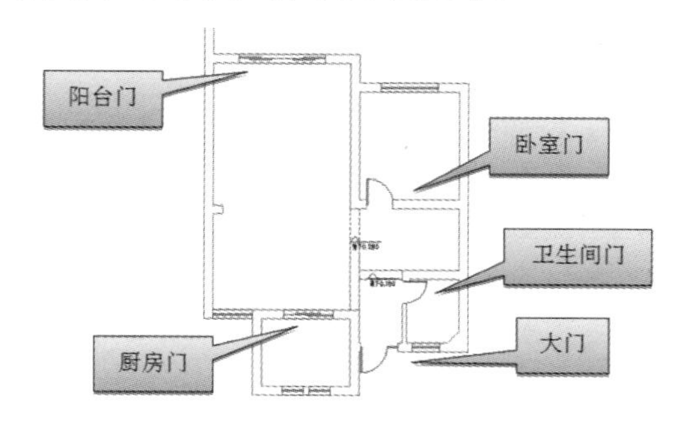

第1步 设置“门窗”图层为当前图层，调用【直线】命令，捕捉墙体的端点在窗洞及推拉门的门洞绘制窗线和门线，如下图所示。

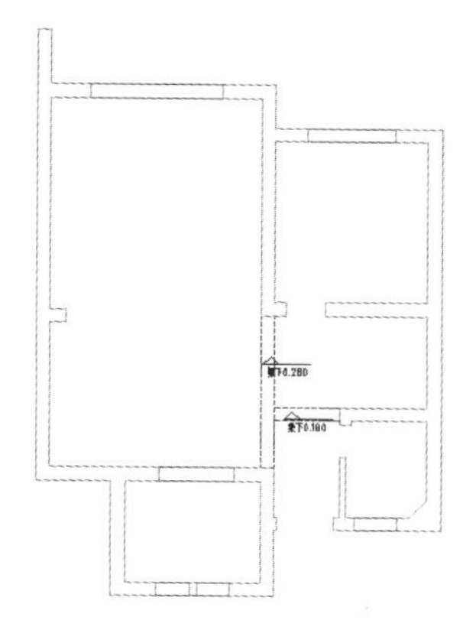

第2步 调用【偏移】命令（o），将窗洞的两条窗线分别向内偏移 120mm，作为窗片；而推拉门洞则只向内偏移一条线，距离为 140mm，作为推拉门的门线槽，如下图所示。

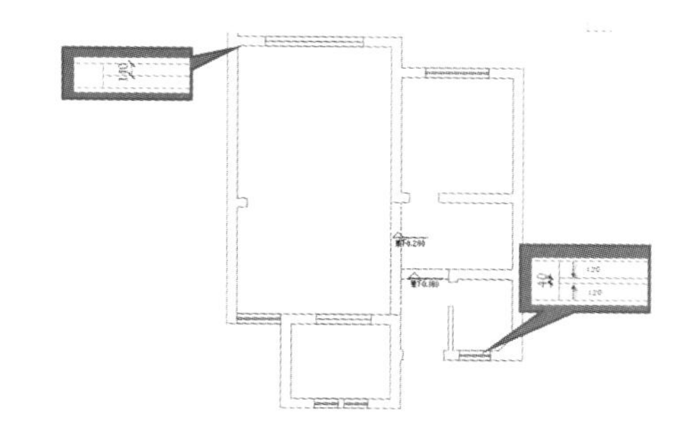

第3步 窗户绘制完成后开始绘制推拉门，首先调用【矩形】命令（rec），绘制两个 663mm × 40mm 的矩形，如下图所示。然后将两个矩形错位拼合在一起，如下图所示。

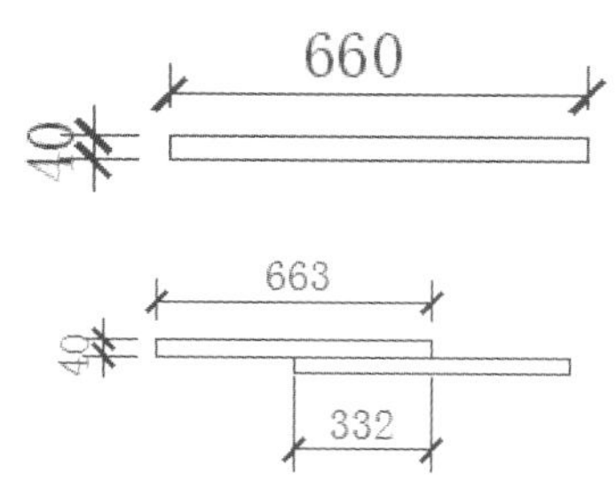

第4步 绘制好推拉门以后，利用【移动】命令（m），将其嵌入进阳台推拉门洞的门线

一侧，注意门线在两个矩形的中间，如下图所示。

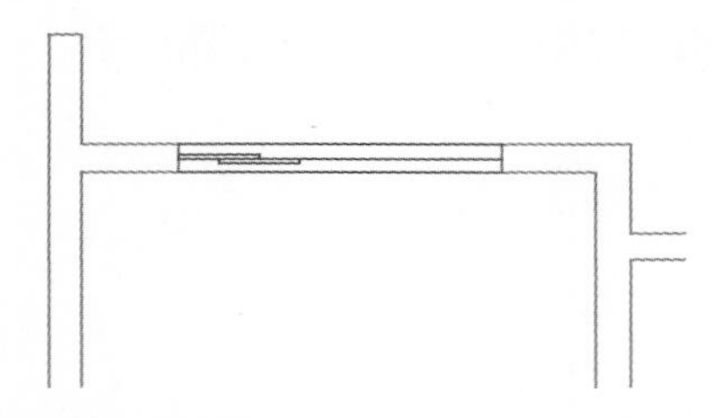

第 5 步 然后调用【镜像】命令（mi），以门线槽的中点为镜像的基点，将上一步安置好的推拉门垂直镜像至另一边，如下图所示。

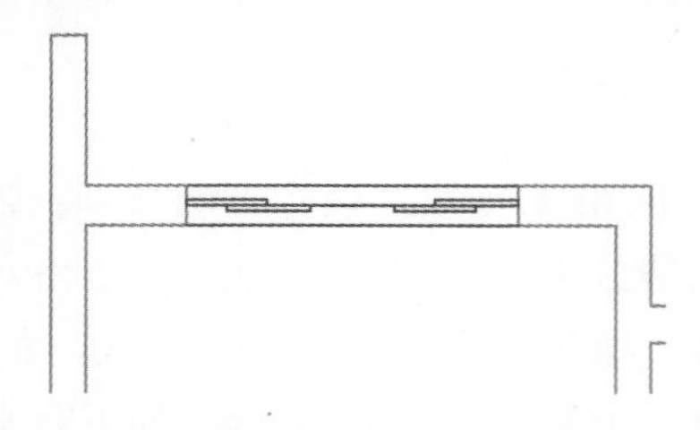

第 6 步 按照上一步的方法，绘制门片尺寸为 760mm × 40mm 的厨房推拉门，只安置两叶门片，如下图所示。

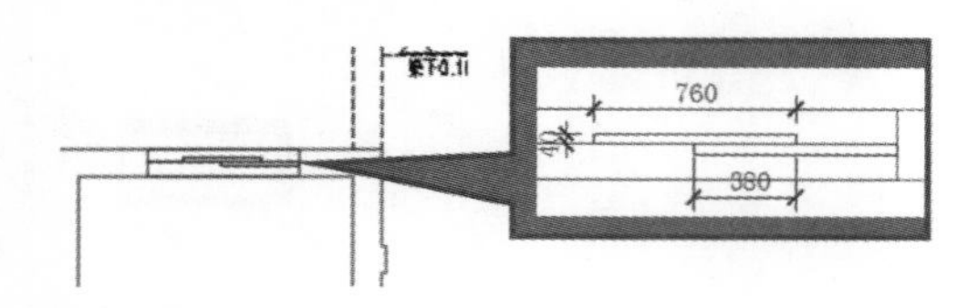

第 7 步 窗户与推拉门绘制完成后开始在其余的门洞按照其尺寸插入单开门，按照前面绘制“单开门”的方法，绘制一个由 1000mm × 40mm 矩形和半径为 1000mm 的弧组成的单开门，如下左图所示。然后调用【创建块】命令（b），将其组块，名称为“单开门”，如下右图所示。

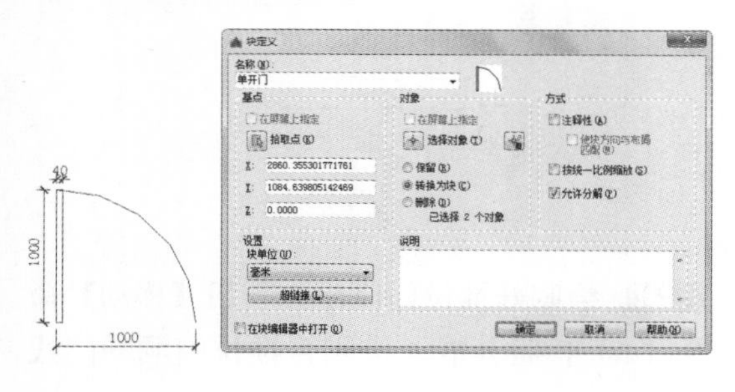

第 8 步 调用【插入块】命令（i），将“单开门”块插入卧室的门洞内，设置同一比例为“0.8”，注意单开门矩形的左下端点要对正墙垛线的中点，如下图所示。

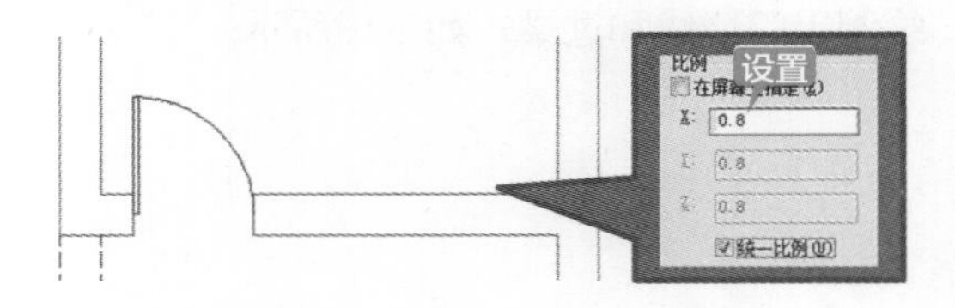

第 9 步 在大门插入“单开门”之前要调用【矩形】命令（rec），在大门右侧门垛中点的位置绘制一个 330mm × 40mm 的矩形副门，如下图左所示。然后插入“单开门”块，设置其 X 比例为“-0.8”，Y 比例为“0.8”，角度为“180”，如下图右所示。

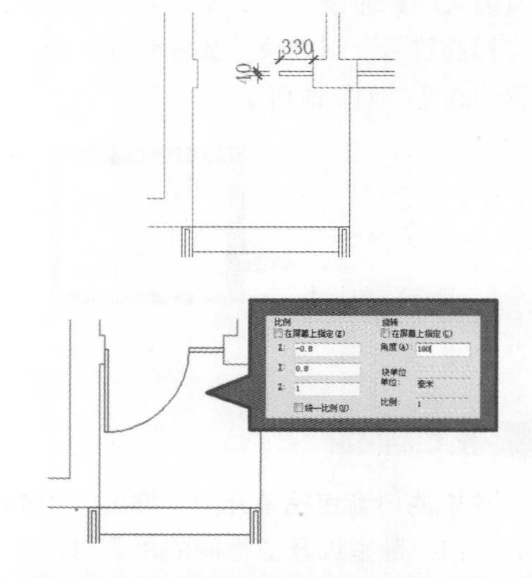

第 10 步 再次调用【插入块】命令，将“单开门”块插入至卫生间的门洞内，设置统一比例为“0.7”，角度为“-90”，至此所有的平面内所有的门都已经安置完成了，如下图所示。

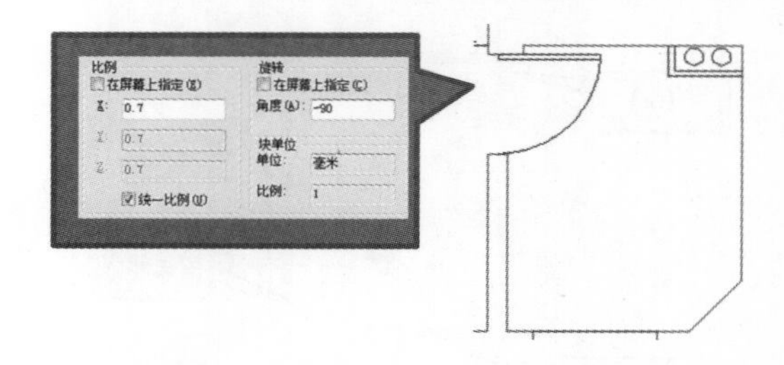

13.3.3 绘制楼梯与下水道

楼梯是由楼梯段、平台和栏板等组成的，楼梯平面图是各层楼梯的水平剖面图，本栋别墅室内中采用的是折线形楼梯，室外是直线形楼梯，如下图所示。

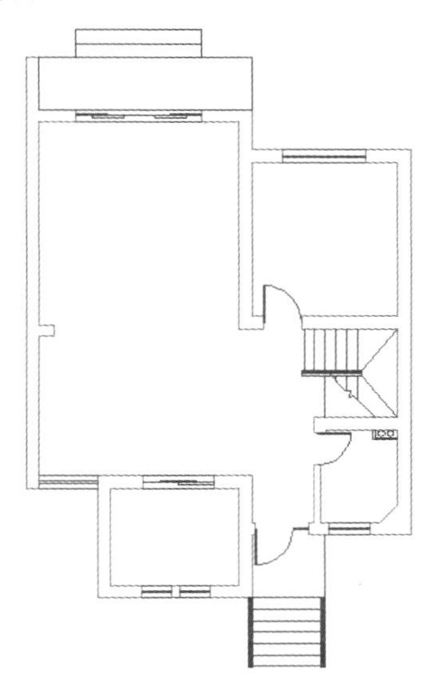

1. 绘制大门阶梯

第 1 步 设置“楼梯”图层为当前层，捕捉入口左下角墙线的端点绘制一条长度为 1535mm 直线和与其垂直的 1380mm 直线，作为大门阶梯石，如下图左所示。调用【矩形】命令（rec），同样捕捉左下墙角，绘制一个 100mm × 1535mm 的矩形，作为楼梯的扶手，如下图右所示。

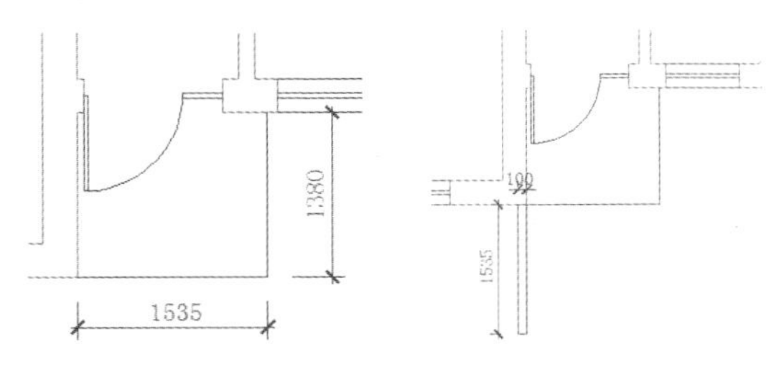

第 2 步 将上一步绘制的矩形使用【偏移】命令（o）向内偏移 30mm 绘制出楼梯扶手平面，如下图左所示。调用【复制】命令（co），捕捉扶手的右上角点，将其复制到阶梯石的右侧，如下图右所示。

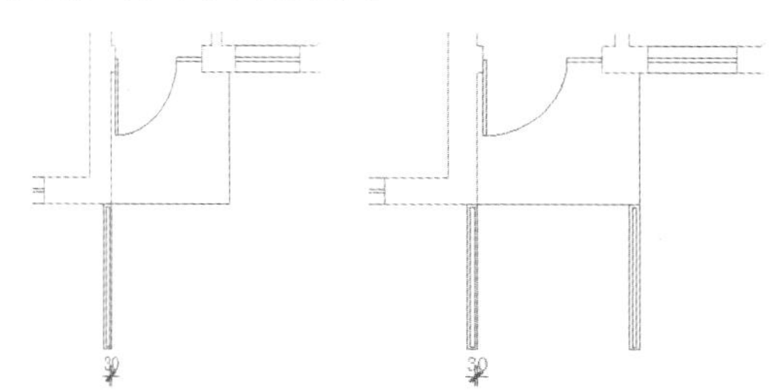

第 3 步 继续使用【偏移】命令（o），将第一步绘制阶梯石的水平直线向下偏移出全部楼梯台阶线，台阶宽度为 250mm，如下图左所示。然后调用【修剪】命令（tr），将多余部分修剪处理，如下图右所示。

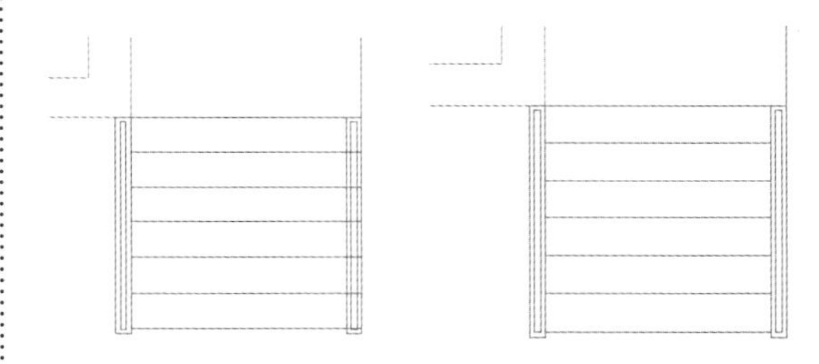

2. 绘制室内楼梯

第 1 步 调用【直线】命令（l），捕捉楼梯间墙线的中点，绘制一条 2030mm 的直线，如下图所示。

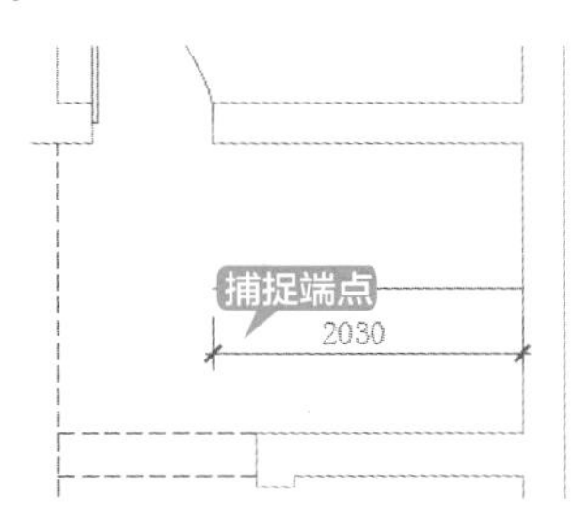

第 2 步 捕捉下侧墙角端点，绘制一条垂直线与上一步绘制的水平线相交，作为楼梯线，如下图所示。

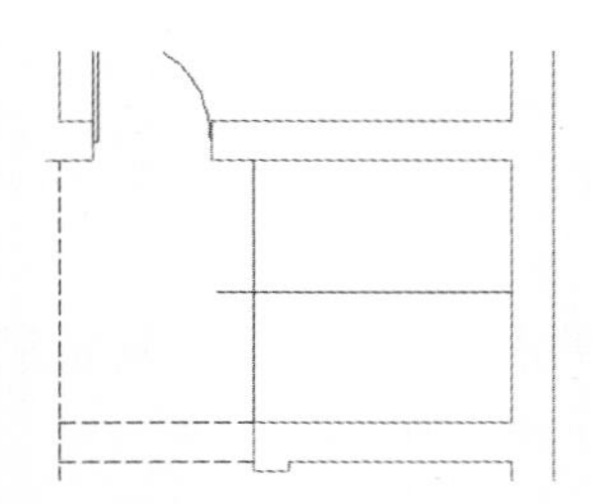

第 3 步 调用【偏移】命令（o），将楼梯线向左偏移一次 225mm，向右偏移四次 225mm，如下图所示。

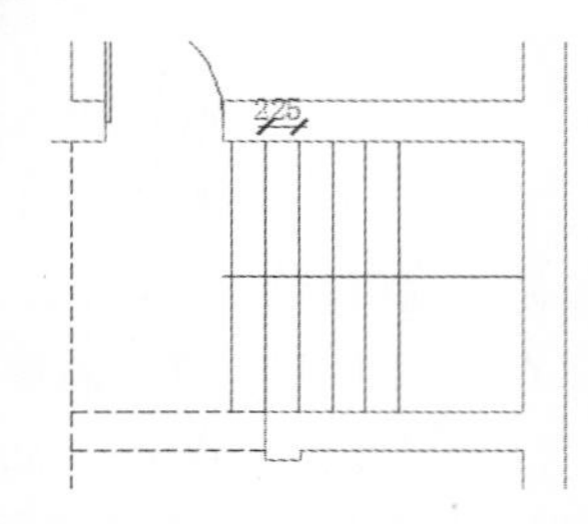

第 4 步 调用【修剪】命令（tr），修剪掉多余的线段，如下图所示。

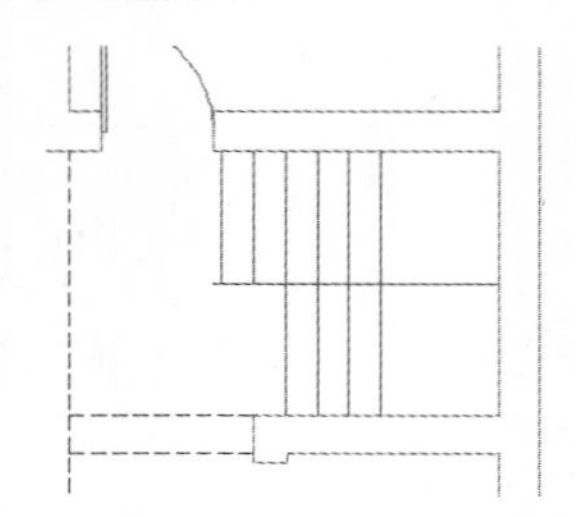

第 5 步 调用【矩形】命令（rec），在空白处绘制一个 1285mm × 100mm 的矩形，作为扶手，如下图所示。

第 6 步 使用【偏移】命令（o），向内偏移 30mm，如下图所示。

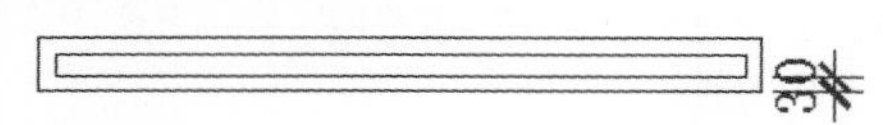

第 7 步 调用【移动】命令（m），捕捉上一步绘制的矩形左侧宽的中点，将其移动到第 2 步绘制水平线的端点处与其接合，如下图所示。

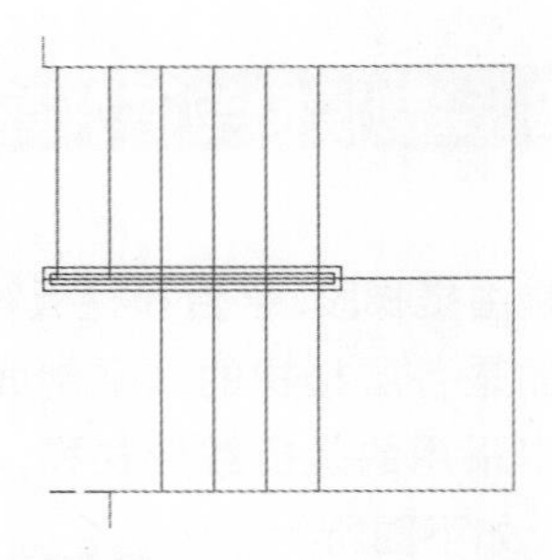

第 8 步 调用【修剪】命令（tr），将矩形内多余的线段修剪完善，并删除中线，如下图所示。

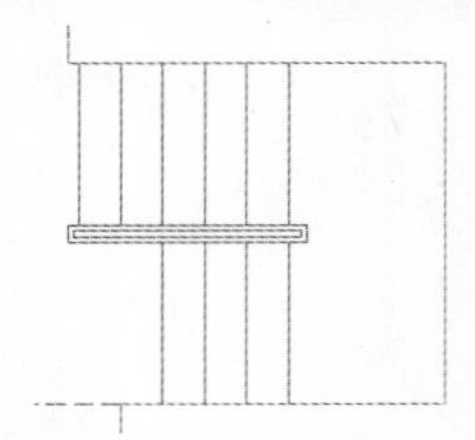

第 9 步 调用【直线】命令（l），捕捉扶手右侧的两个角点，绘制两条斜线连接到楼梯平台的两个阴角点处，如下图所示。

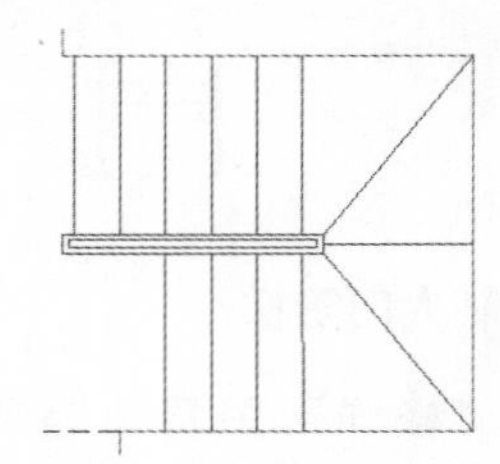

第 10 步 继续调用【直线】命令，在下侧楼梯绘制一条折线，并用【修剪】命令（tr）将多余的线进行修剪，效果如下图所示。

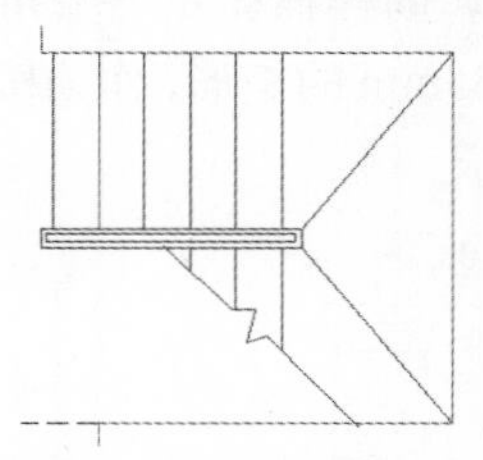

第 11 步 打开【多重引线样式管理器】对话框，单击【新建】按钮新建一个多重引线样式，将【引线格式】选项卡内的箭头符号设为“实心闭合”，箭头大小设置为“150”；将【引线结构】选项卡内的【基线设置】区域中的【自

动包含基线】取消选中；最后【内容】选项卡内的【多重引线类型】设为“无”，如下图所示。

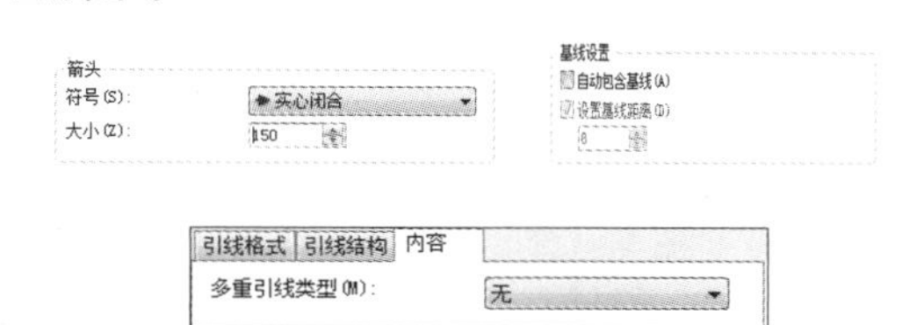

第 12 步 设置“文字”图层为当前层，“多重引线样式”设置完成后，将其样式设置为当前样式，返回绘图区，调用【多重引线】命令（mld）在楼梯上利用多重引线绘制楼梯的指向符号，如下图所示。

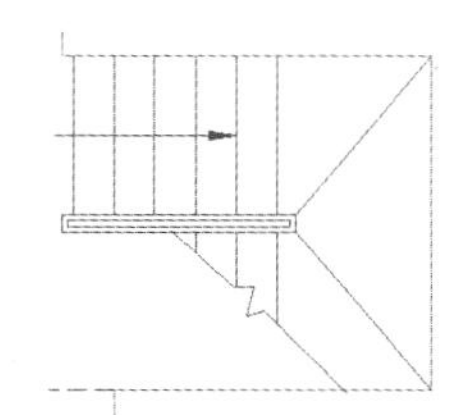

第 13 步 调用【单行文字】命令（dt），在将箭头的右侧输入一个标识文字“上”，如下图所示。

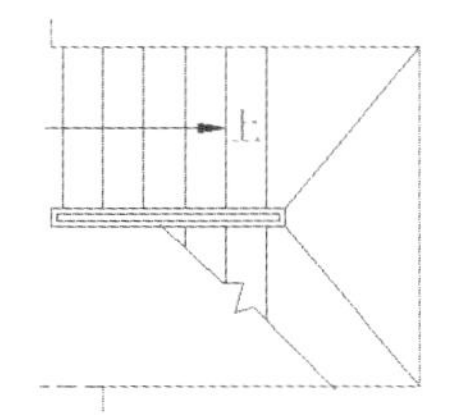

3. 绘制露台阶梯

第 1 步 设置“楼梯”图层为当前层，调用【矩形】命令（rec），捕捉墙角的端点绘制一个与墙线的宽度一致的露台，如下图所示。

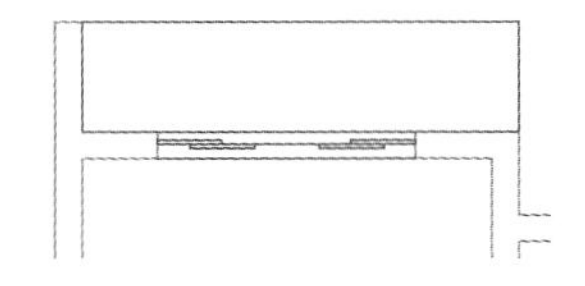

第 2 步 捕捉阳台门洞左右墙体的两个端点作为起点，绘制两条辅助直线，并在两条直线之间且在露台的边缘绘制一条水平线，如下图所示。

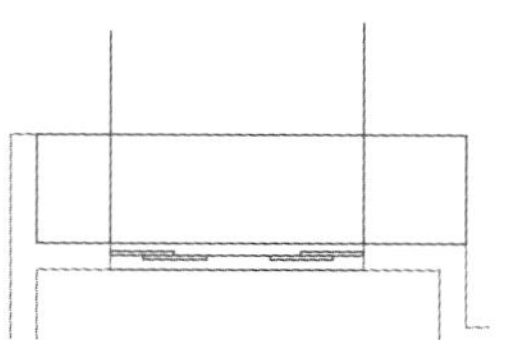

第 3 步 调用【偏移】命令（o），将上一步绘制水平线向上偏移 300mm，偏移两次，如下图所示。

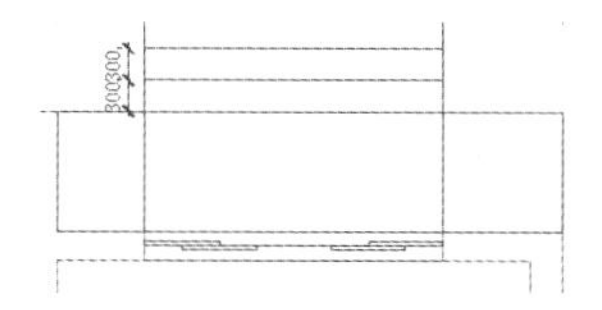

第 4 步 最后调用【修剪】命令（tr），将多余的线修剪完善，结果如下图所示。

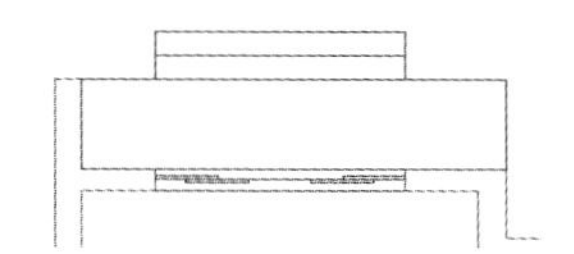

4. 绘制下水道管

第 1 步 设置“管道”图层为当前层，调用【矩形】命令（rec），捕捉卫生间右上的墙角点，绘制一个 510mm × 220mm 的矩形，如下图左所示。继续捕捉该点，在上一步绘制的矩形内再绘制一个 470mm × 180mm 的小矩形，如下图右所示。

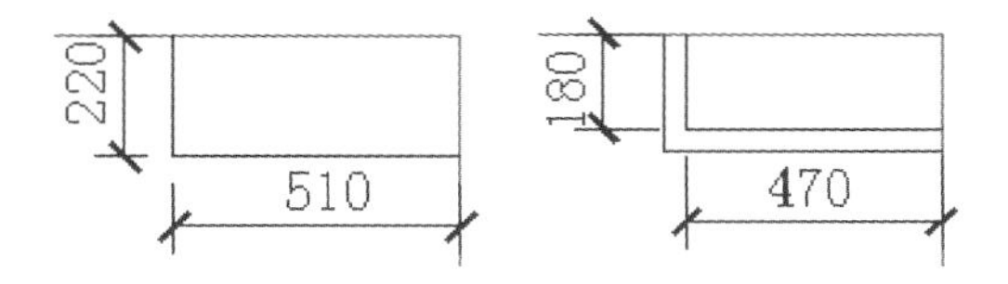

第 2 步 调用【圆】命令（c），在小矩形内部适当的位置绘制两个半径为63mm的圆形管，整个下水道管就绘制完了，如下图所示。

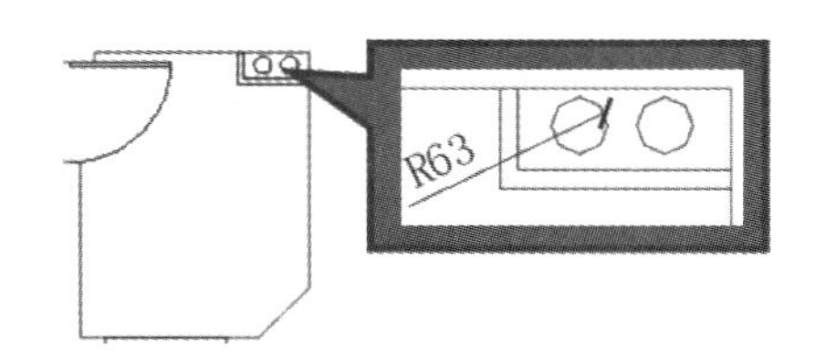

13.3.4 标注尺寸与文字说明

设置“标高”图层为当前层，使用【矩形】命令和【多行文字】命令，注明门窗高度；然后插入标高符号，标注出地面和天花板底部的高度，如下图所示。

设置“图题”图层为当前层，调用【多段线】命令（pl），设置线宽的起点和终点均为 75mm，然后打开正交命令，绘制一条 3700mm 的多段线，命令执行提示如下。

```
命令：pl
指定起点：
当前线宽为 75.0000
指定下一个点或 [圆弧(A)/半宽(H)/长度(L)/放弃(U)/宽度(W)]: w
指定起点宽度 <75.0000>:
指定端点宽度 <75.0000>:
指定下一个点或 [圆弧(A)/半宽(H)/长度(L)/放弃(U)/宽度(W)]: 3700
指定下一点或 [圆弧(A)/闭合(C)/半宽(H)/长度(L)/放弃(U)/宽度(W)]:
```

第1步 调用【直线】命令（l），在多段线下方绘制一条相同长度的水平直线，如下图所示。

第2步 调用【单行文字】命令（dt），在上一步绘制的多段线上输入“原始平面图”并将其调整至适当位置，如下图所示。

原始平面图

第3步 设置“标注”图层为当前层，调用【线性标注】命令，标注出门洞、窗洞等尺寸，并把上一步绘制完成的图题放置到平面图底部，完成结果如下图所示。

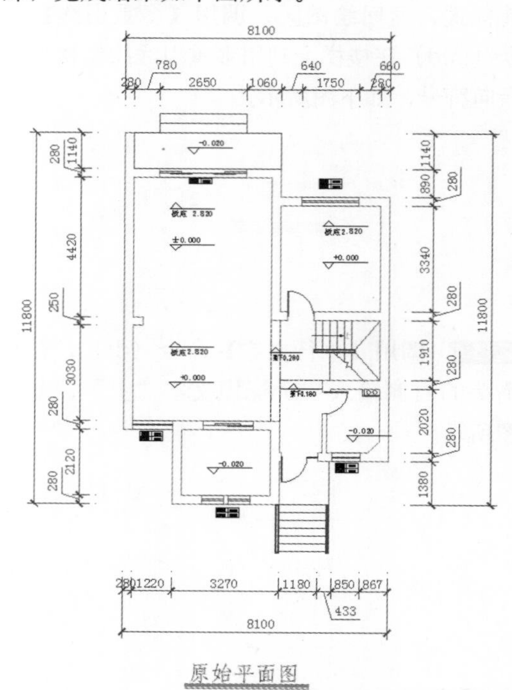

原始平面图

13.4 绘制室内平面布置图

别墅平面布置图主要用来说明房间内各种家具、家电、陈设及各种绿化、水体等物体的大小形状和相互关系，在布置前先将 13.3 节绘制的墙体定位图复制一份，并删除标高、文字说明、过梁等，然后在此基础上添加室内家具等陈设，如下图所示。

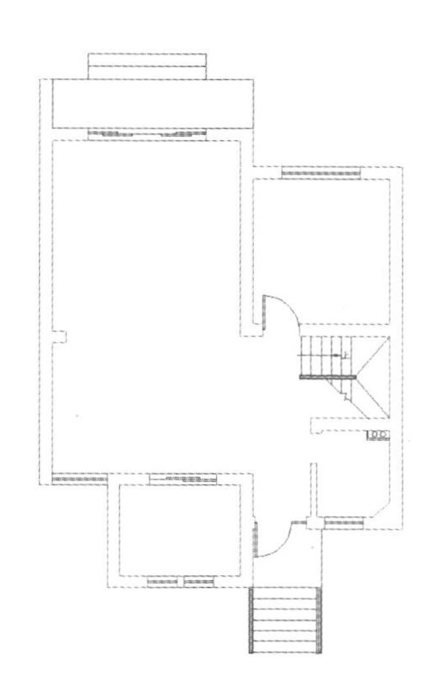

13.4.1 绘制客厅平面布置图

1. 绘制装饰隔断

第 1 步 设置“家具”图层为当前层，这套户型的客厅与餐厅在同一个空间里，为了区分空间达到互不干扰，在两个区域之间设计装饰隔断。首先调用【直线】命令，以墙垛的角点为起点绘制 2000mm、500mm、2300mm 三条线段，如下图所示。

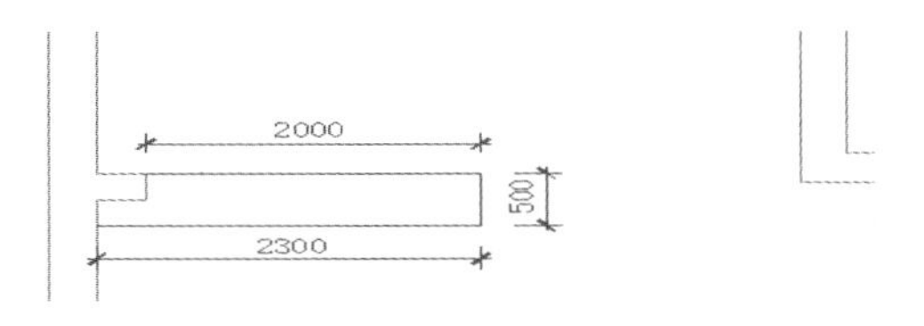

第 2 步 调用【矩形】命令，在上一步绘制的图形右侧绘制一个 600mm × 500mm 的矩形，如下图所示。

第 3 步 调用【偏移】命令（o），将前两步绘制的图形均向内偏移 30mm，如下图所示。

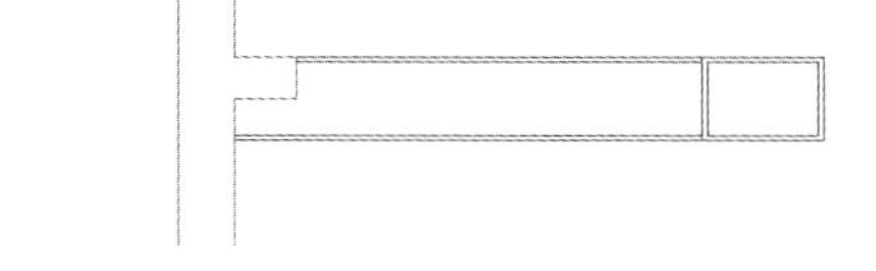

第 4 步 设置“填充”图层为当前层，调用“图案填充”命令，将左侧图形填充图案为“GRAVEL”，比例为“10”，如下图所示。

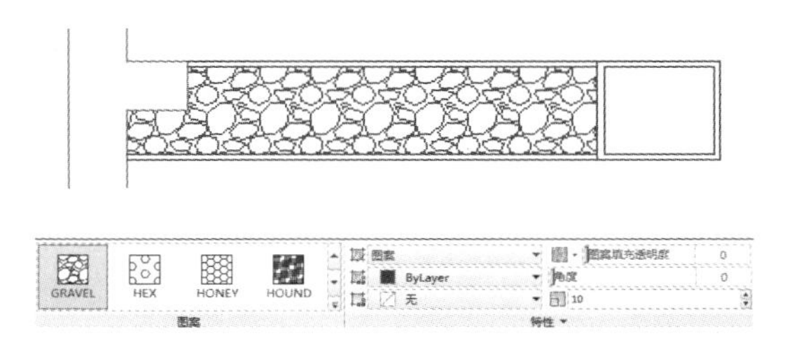

2. 绘制客厅和视听柜

第 1 步 重新将“家具”图层设置为当前层，调用【直线】命令，捕捉墙线的端点为起点，向左绘制一条长度为 120mm 的水平直线，再向上绘制一条同墙宽的垂直线段，作为电视墙紫檀面板的平面轮廓，如下图所示。

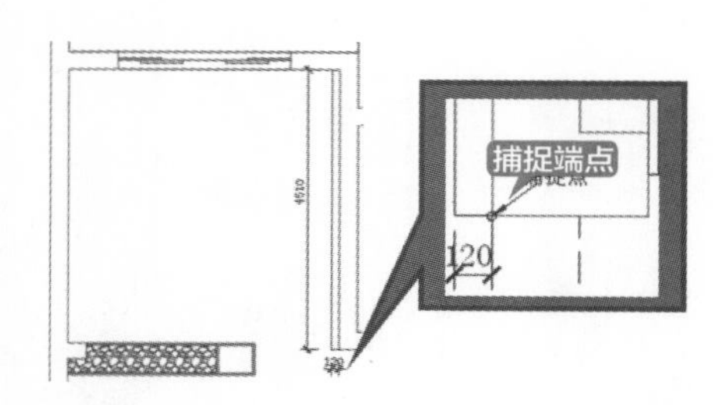

第 2 步 调用【矩形】命令（rec），距上侧墙体 1000mm 绘制一个 450mm × 2500mm 的矩形，如下图所示。

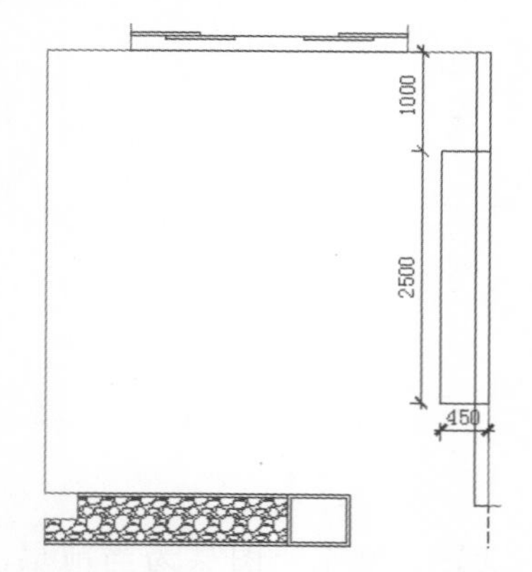

第 3 步 调用【修剪】命令（tr），将上一步绘制的矩形内多余的线段修剪完善，如下图所示。

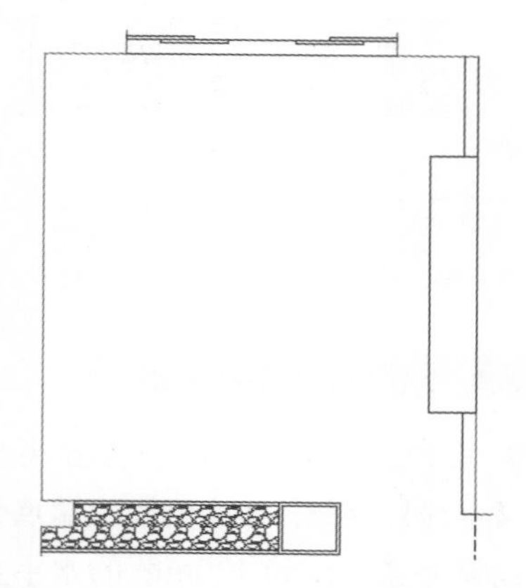

第 4 步 捕捉上一步绘制的矩形左上角为起点，再绘制一个 450mm × 600mm 的矩形，然后调用【偏移】命令（o），将上一步绘制的矩形向内偏移 150mm，如下图所示。

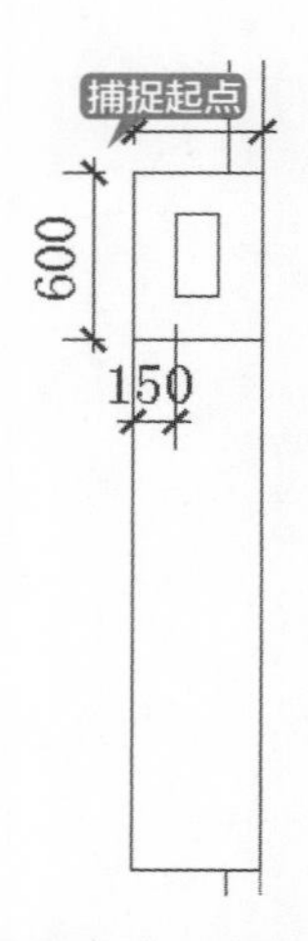

第 5 步 调用【复制】命令（co），将两个矩形复制到大矩形的下端，如下图所示。

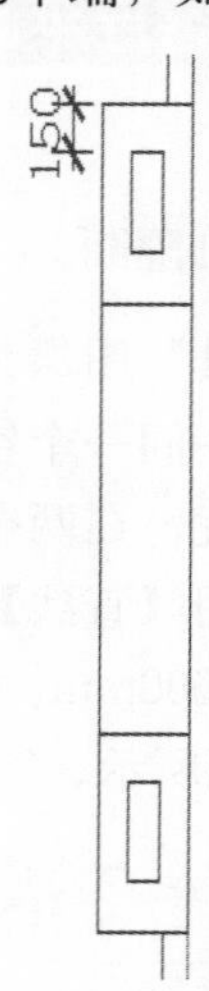

第 6 步 调用【插入块】命令（i），打开随书附带光盘的块文件“客厅家具”和“液晶电视”等图例，将其插入客厅相应的位置，如下图所示。

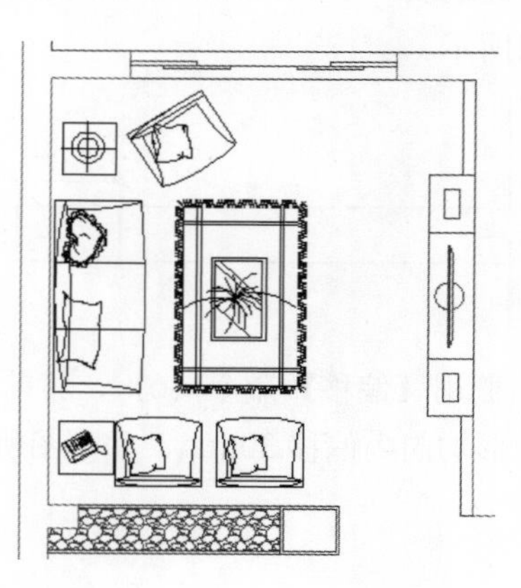

13.4.2 绘制主卧室平面布置图

1. 绘制电视柜平面

第 1 步 调用【矩形】命令（rec），在距离上侧墙体 625mm 的位置绘制一个 1460mm×460mm 的矩形，如下图左所示。调用【偏移】命令（o），将上一步绘制的矩形向内偏移 30mm，如下图右所示。

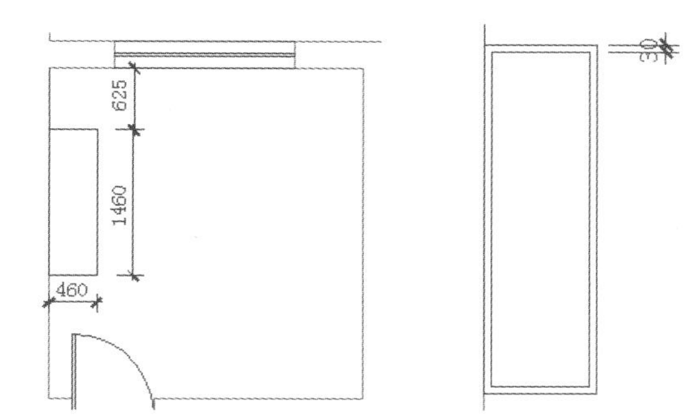

第 2 步 捕捉大矩形左侧边的中点绘制一条长度为 570mm 的水平直线，如下图左所示，然后将其向上下各偏移 620mm，如下图右所示。

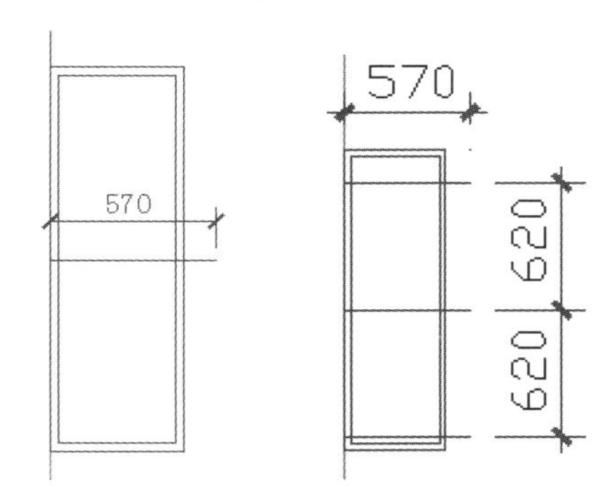

第 3 步 利用【三点画圆弧】命令（arc），绘制出柜子的弧度，第一点捕捉第一条水平线与外部矩形右侧的交点，第二点捕捉中间水平线的右侧端点，第三个点捕捉第三条水平线与外部矩形右侧的交点，如下图所示。

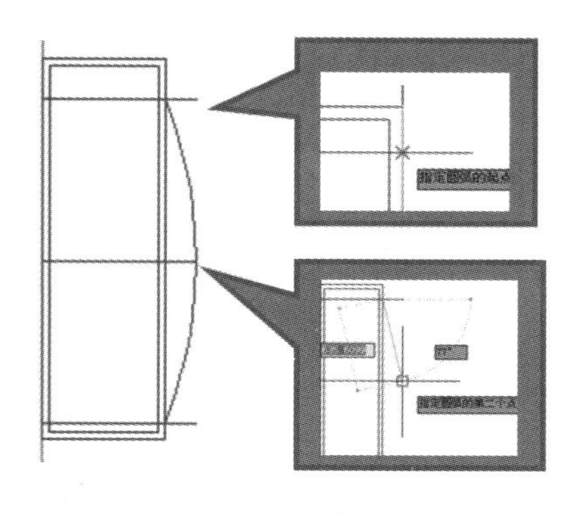

第 4 步 调用【偏移】命令（o），将第 3 步绘制的圆弧向左偏移 30mm，如下图所示。

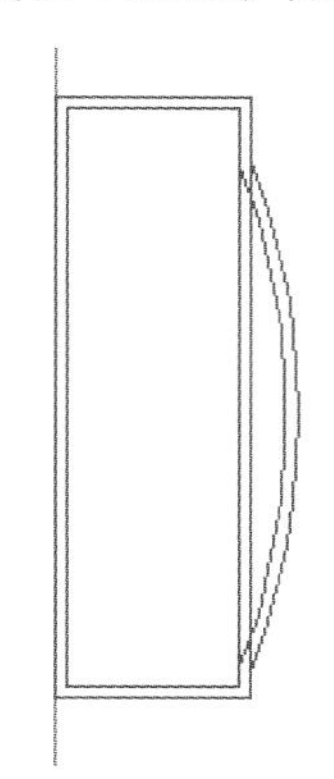

第 5 步 使用【修剪】命令（tr），将多余的线段修剪完善，效果如下图所示。

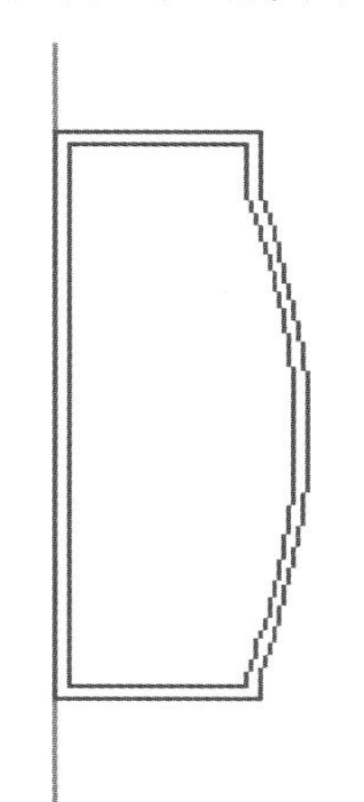

2. 绘制衣柜平面

第1步 调用【矩形】命令（rec），在卧室的右下角贴合两侧墙面绘制一个1800mm × 600mm的矩形，如下图左所示。然后调用【偏移】命令（o），将矩形向内偏移25mm，如下图右所示。

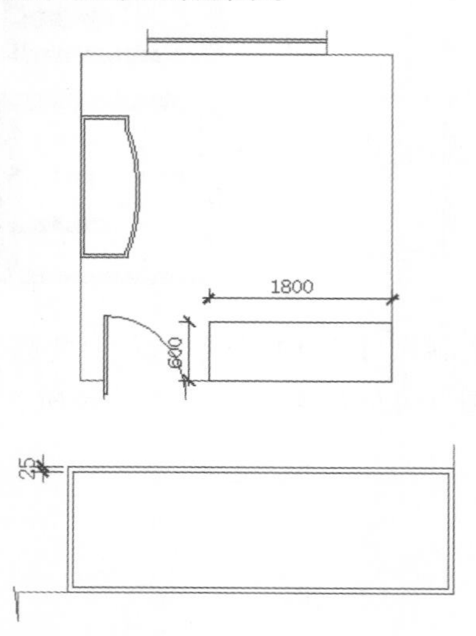

第2步 调用【多线】命令（ml），设置比例为“30”，对正方式为“无”，捕捉内部矩形宽的中点向另一边绘制一条多线，命令执行提示如下，效果如下图所示。

```
命令：ml
MLINE
当前设置：对正 = 无，比例 = 50.00，样式 = 墙线
指定起点或 [ 对正 (J)/ 比例 (S)/ 样式 (ST)]: s
输入多线比例 <50.00>: 30
当前设置：对正 = 无，比例 = 30.00，样式 = 墙线
指定起点或 [ 对正 (J)/ 比例 (S)/ 样式 (ST)]:
指定下一点：
指定下一点或 [ 放弃 (U)]:
```

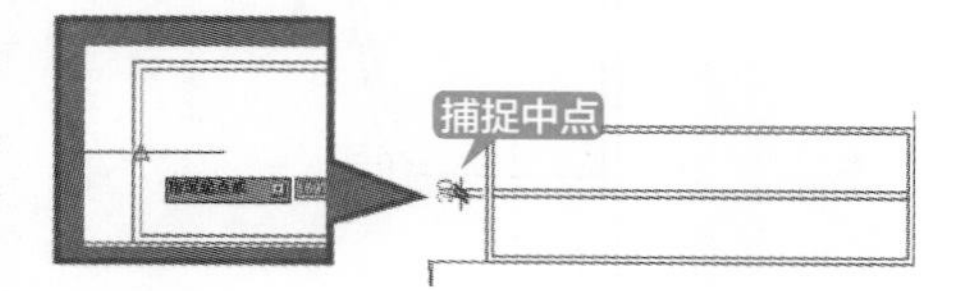

第3步 再次使用【矩形】命令，在空白处绘制一个20mm × 487mm的矩形，如下图左所示。捕捉上一步绘制的矩形竖直边的中点，将其放置在第三步绘制的多线上，令其中点落在多线的中线内，作为衣架，如下图右所示。

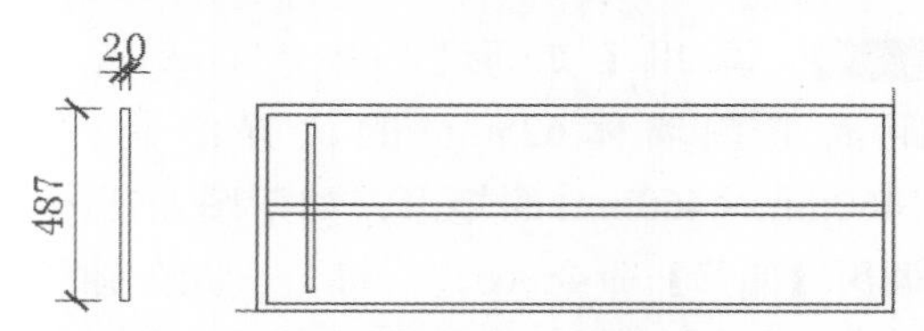

第4步 打开【正交约束】命令，捕捉“衣架”的中点，向右复制 n 个，数量和间距不做要求，并使用【旋转】命令（ro），以“衣架”的中心点为基点，将其中几个衣架微旋转一些角度，如下图所示。

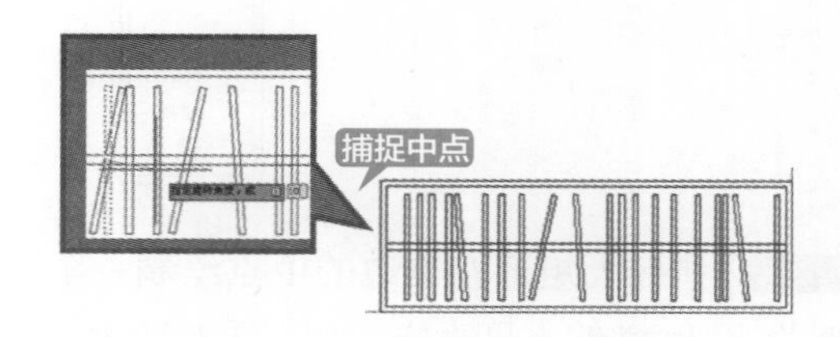

第5步 调用【插入块】命令，在适当的位置插入随书附带光盘的“次卧卧具”和“液晶电视”，其中插入“液晶电视”块时设置比例不变，角度旋转180°，至此主卧室平面布置图绘制完成了，如下图所示。

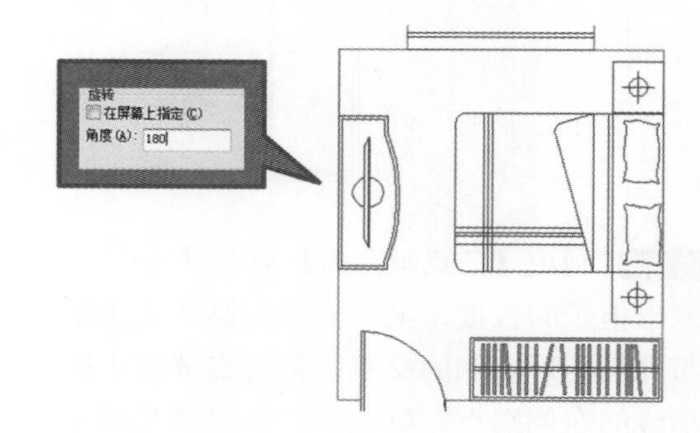

13.4.3 绘制餐厅平面布置图

1. 绘制玄关平面

第 1 步 调用【矩形】命令（rec），以入口左侧墙的墙角为端点，绘制一个 1300mm×300mm 的矩形，如下图所示。

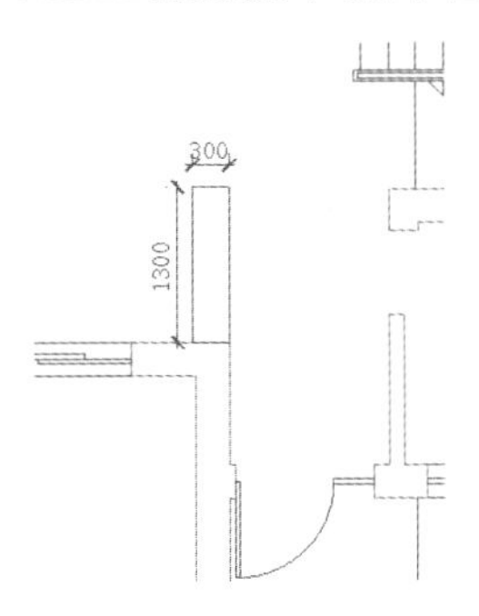

第 2 步 再次使用【矩形】命令，捕捉矩形的左上角，在矩形内部绘制一个 300mm×160mm 的小矩形，如下图所示。

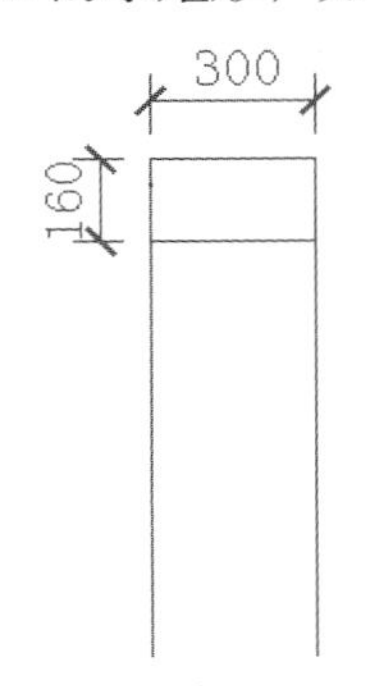

第 3 步 使用【偏移】命令（o），将小矩形向内偏移 30mm，如下图所示。

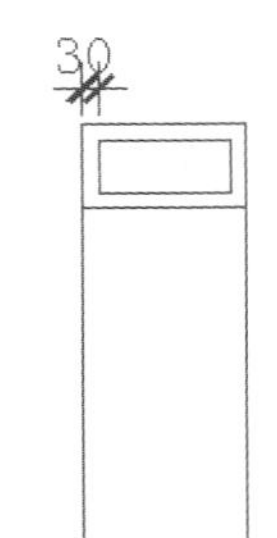

第 4 步 调用【复制】命令（co），将两个小矩形复制至大矩形的底部，如下图所示。

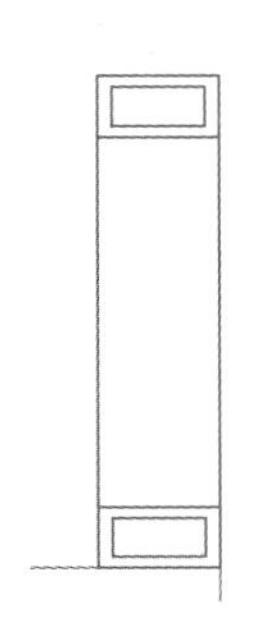

第 5 步 调用【多线】命令，设置比例为“30”，对正方式为“无”，捕捉上部小矩形底边的中点，在小矩形之间绘制一条多线，如下图所示。

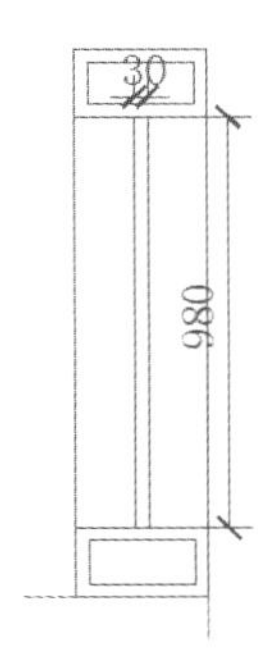

2. 绘制餐厅平面

第 1 步 先使用【矩形】命令（rec），在餐厅的左侧墙面离上部墙垛 1000mm 的位置绘制一个 1200mm×200mm 的矮柜，如下图所示。

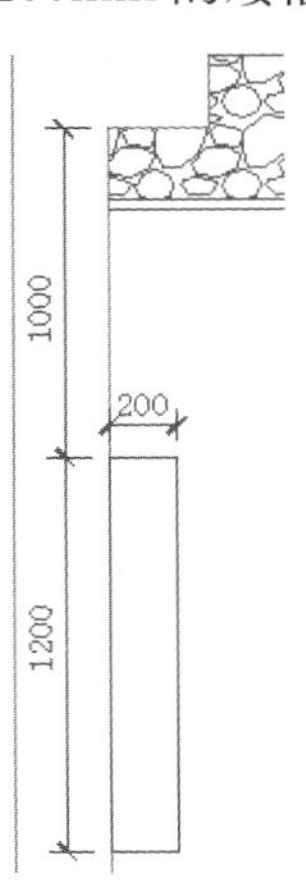

第 2 步 调用【插入】命令（i），插入随书附带光盘里的“餐厅饭桌”图块，至此餐厅平面布置就绘制好了，如下图所示。

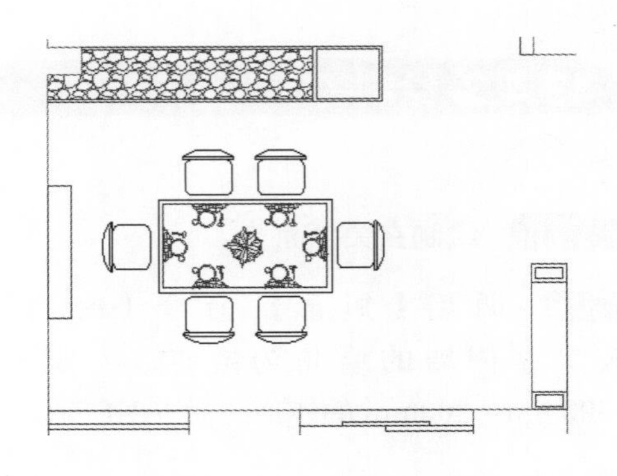

13.4.4 绘制厨卫平面布置图

1. 绘制厨房地柜和吊柜的平面

第 1 步 调用【多段线】命令（pl），以厨房的左上角阴角点为起点开始绘制，打开正交捕捉命令，先确定直线的方向，然后输入每个线段长度，命令执行提示如下，如下图所示。

命令 : pl
指定起点 : 当前线宽为 0.0000
指定下一个点或 [圆弧 (A)/ 半宽 (H)/ 长度 (L)/ 放弃 (U)/ 宽度 (W)]: ＜正交 开＞600
指定下一点或 [圆弧 (A)/ 闭合 (C)/ 半宽 (H)/ 长度 (L)/ 放弃 (U)/ 宽度 (W)]: 1520
指定下一点或 [圆弧 (A)/ 闭合 (C)/ 半宽 (H)/ 长度 (L)/ 放弃 (U)/ 宽度 (W)]: 1530
指定下一点或 [圆弧 (A)/ 闭合 (C)/ 半宽 (H)/ 长度 (L)/ 放弃 (U)/ 宽度 (W)]: 770
指定下一点或 [圆弧 (A)/ 闭合 (C)/ 半宽 (H)/ 长度 (L)/ 放弃 (U)/ 宽度 (W)]:

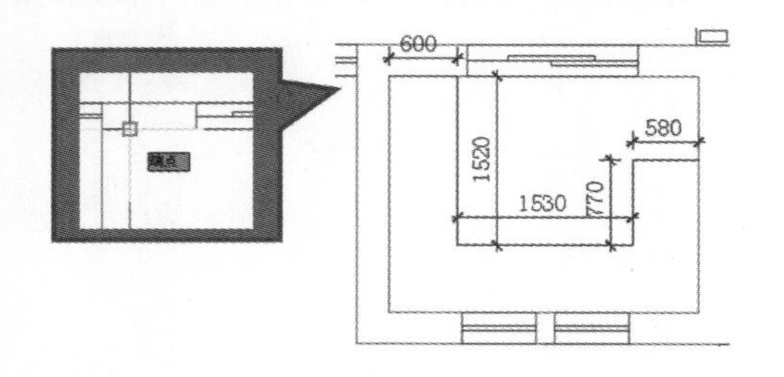

第 2 步 调用【矩形】命令（rec），捕捉厨房左右两边上部的阴角点绘制两个 2120mm × 340mm 的矩形，如下图所示。

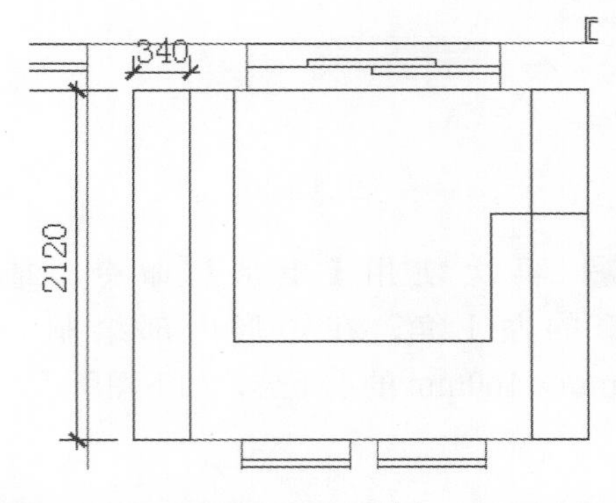

第 3 步 使用【直线】命令（l），绘制出吊柜的对角线，并将对角线设置成比例为“80”的虚线，表示储藏吊柜，如下图所示。

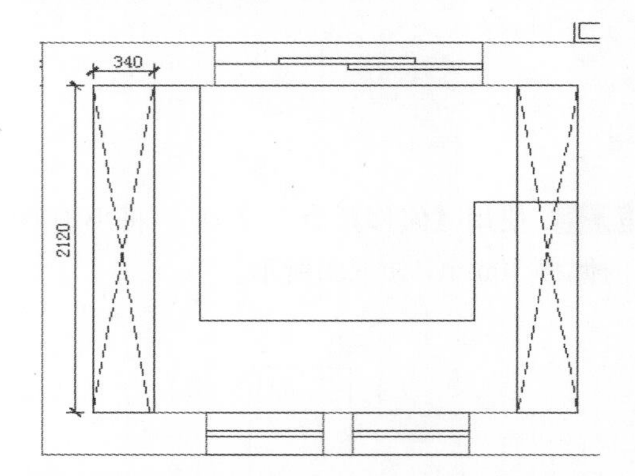

第 4 步 调用【插入块】命令，在适当的位置插入随书附带光盘的“水槽”“煤气炉”及“冰箱”图块，厨房的平面图设置就完成了，如下图所示。

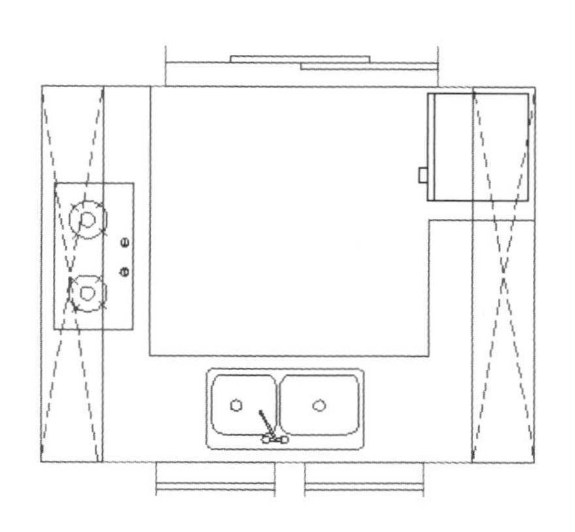

2. 绘制鞋柜

第 1 步 调用【矩形】命令（rec），捕捉大门墙垛阴角点绘制一个贴合卫生间左侧墙壁的 350mm × 1000mm 的矩形，如下图所示。

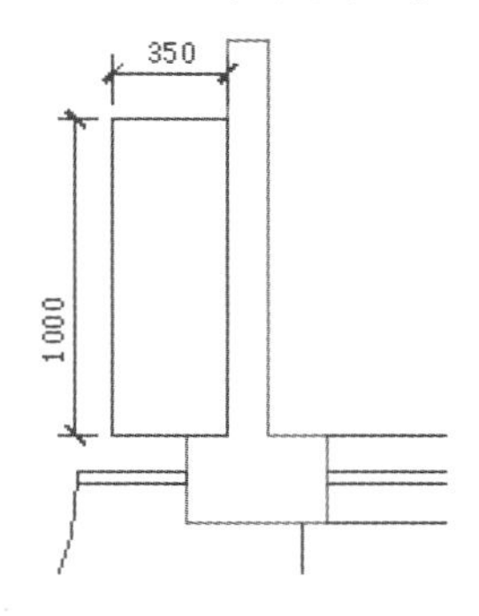

第 2 步 调用【偏移】命令（o），将矩形向内偏移 25mm，以表示鞋柜，如下图所示。

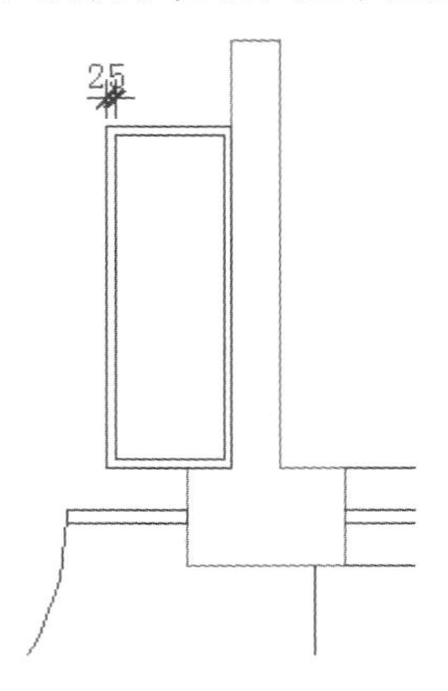

3. 绘制卫浴设备

第 1 步 调用【矩形】命令（rec），在卫生间水管槽右下方绘制一个 840mm 的正方形，调用【倒角】命令（cha），对上一步绘制的矩形进行倒角，命令执行过程如下，如下图所示。

命令：_chamfer

（"修剪"模式）当前倒角距离 1 = 0.00，距离 2 = 0.00

选择第一条直线或 [放弃 (U)/ 多段线 (P)/ 距离 (D)/ 角度 (A)/ 修剪 (T)/ 方式 (E)/ 多个 (M)]: d

指定第一个倒角距离 <0.00>: 425

指定第二个倒角距离 <425.00>:

选择第一条直线或 [放弃 (U)/ 多段线 (P)/ 距离 (D)/ 角度 (A)/ 修剪 (T)/ 方式 (E)/ 多个 (M)]:（选择矩形左边）

选择第二条直线，或按住 Shift 键选择要应用角点的直线：（选择矩形的底边）

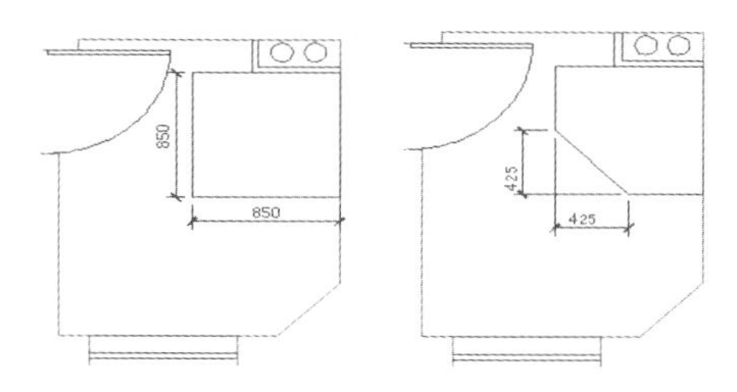

第 2 步 调用【偏移】命令（o），将倒角后的矩形向内偏移 40mm，如下图所示。

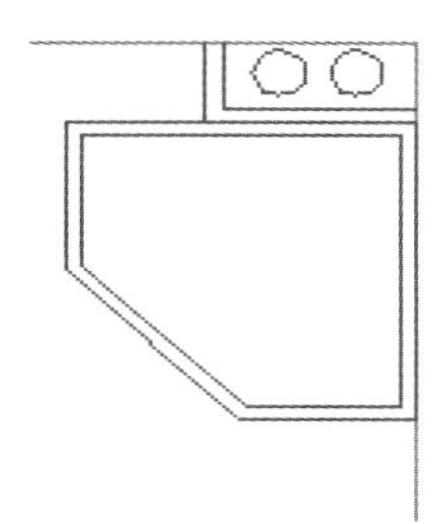

第 3 步 使用【直线】命令（l），将浴缸的对角线连接起来，再调用【圆】命令（c），在直线上适当的位置绘制一个半径为 20mm 的圆作为出水口，如下图所示。

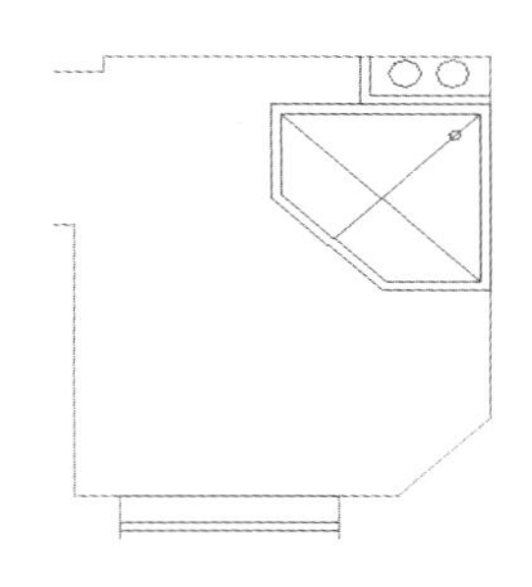

第4步 调用【插入块】命令，在卫生间适当的位置插入随书光盘附带的“马桶”和“洗脸池”图例，如下图所示。

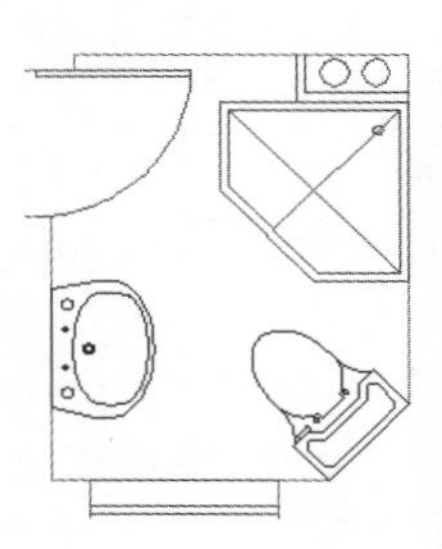

4. 植物配置和标注

第1步 设置“绿化”图层为当前层，调用【插入块】命令（i），选择随书附带光盘内的“盆栽”“盆栽2”和“小草”图块，按照适当的比例插入至平面图的合适位置内，其中“小草”图块插入至客厅与餐厅之间的隔断内，如下图所示。

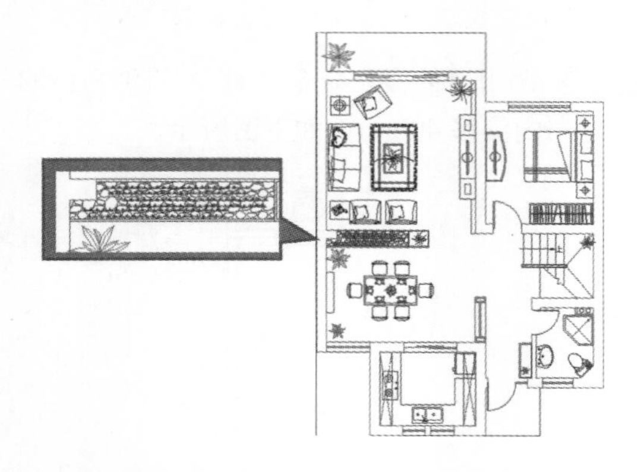

第2步 设置多重引线样式，文字高度设为“200”，箭头为“点”，大小设为“50”，然后调用【多重引线】命令（mld），标注出各个装饰材料名称，如下图所示。

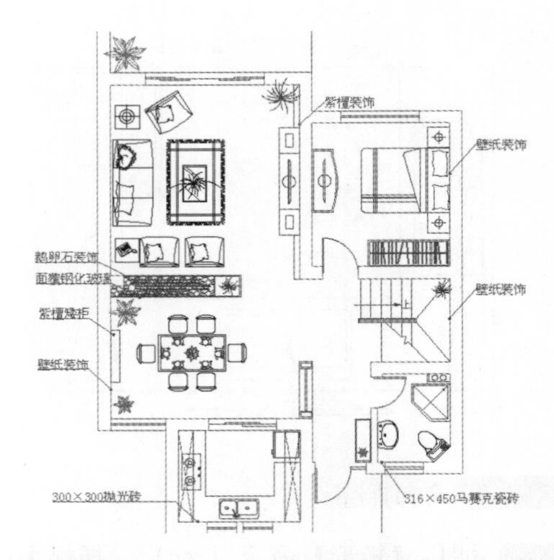

第3步 设置“文字”图层为当前层，调用【单行文字】命令（dt），在图中写出每个房间的名称，最后设置“图题”图层为当前层，在底部加入图题，平面家具布置图就完成了，如下图所示。

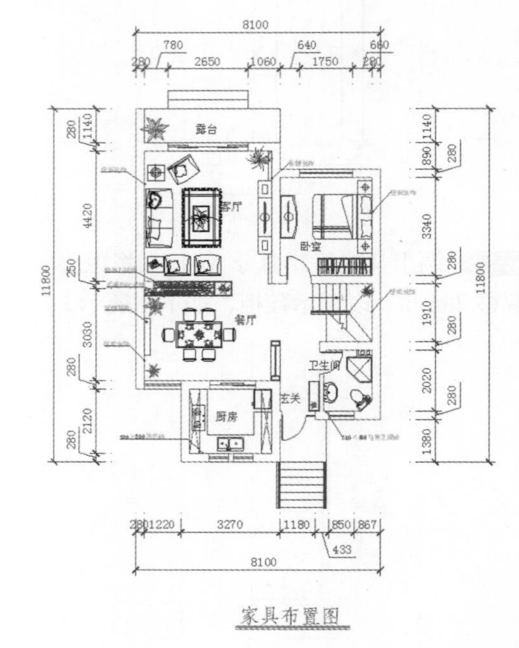

家具布置图

13.5 绘制地面布置图

第1步 将平面布置图复制一个，然后删除内部的平面布置图例，再整理一下图形，形成各个封闭的区域，以便于填充图案，并使用【单行文字】命令（dt）在每个房间中表明地面使用的材

料规格，如下图所示。

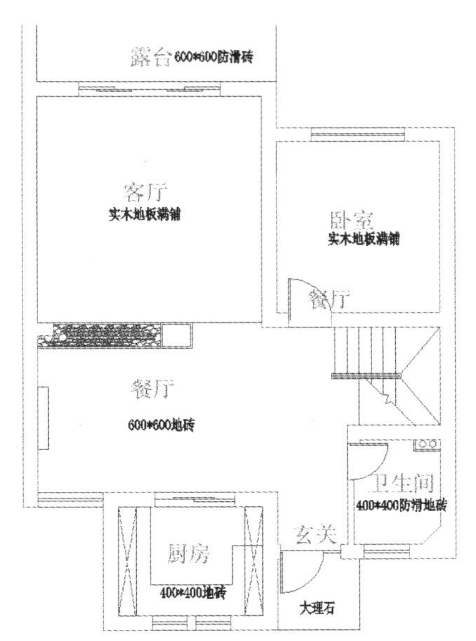

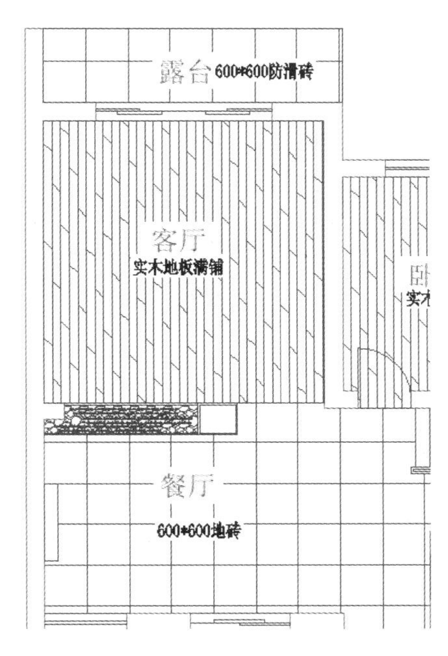

第 2 步 设置“填充”图层为当前层，调用【图案填充】命令（h），选择填充类型为“DOLMIT”，设置比例为“20”，角度为“90°”，在视图中单击客厅和卧室区域，按【Enter】键完成填充，填充效果如下图所示。

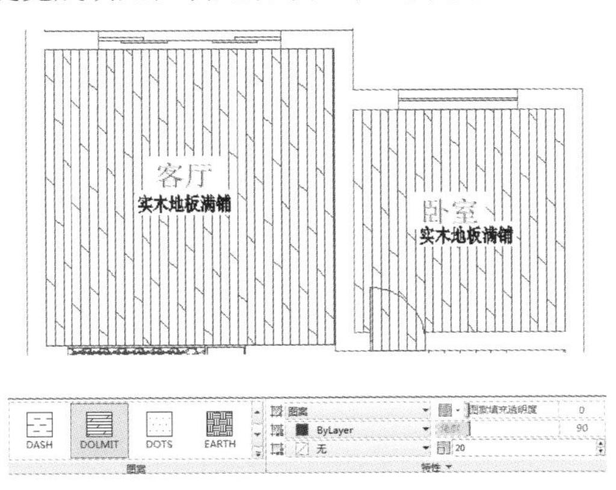

第 3 步 继续调用【图案填充】命令，选择填充类型为“ANSI37”，设置角度为“45°”，比例为“200”，在视图中单击餐厅区域和露台区域，按【Enter】键完成填充，填充效果如下图所示。

第 4 步 按【Space】键继续执行【图案填充】命令，设置比例为“100”，然后单击厨房和卫生间区域，再按【Enter】键完成填充，效果如下图所示。

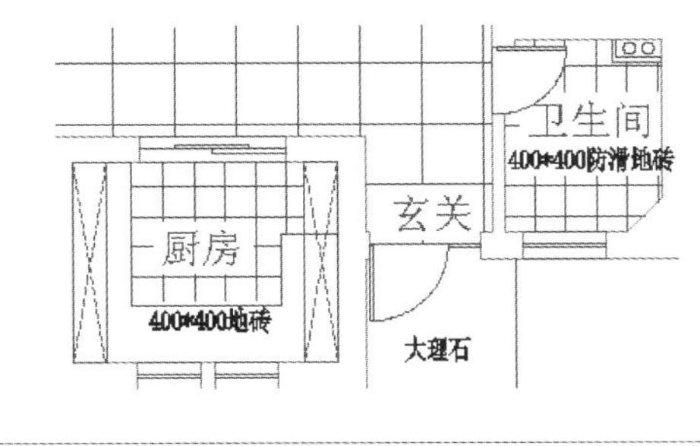

第 5 步 按【Space】键继续执行【图案填充】命令，选择填充类型为“GRAVEL”，设置比例为“50”，设置角度为“45°”，然后单击阶梯石区域，按【Enter】键完成填充，效果如下图所示。

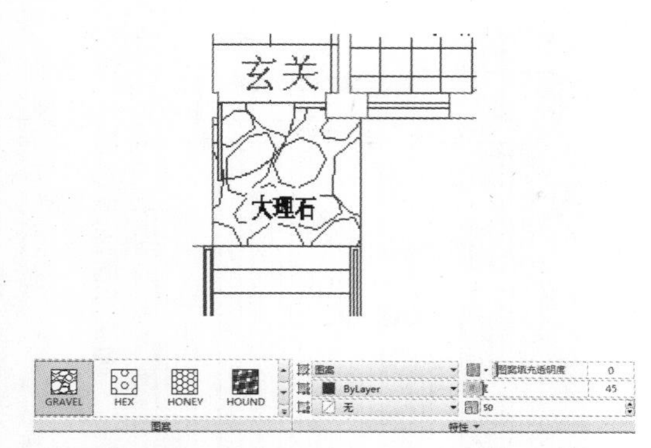

第 6 步 设置“图题”图层为当前层，最后在地面布置图底部加入图题，最后效果如下图所示。

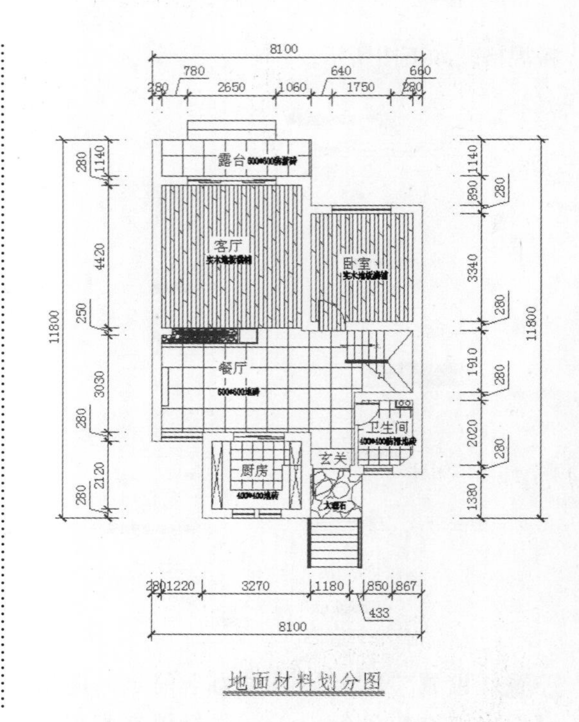

地面材料划分图

高效能人士效率倍增手册

目录

Contents

技巧 1 任务清单

每个人每天都会被来自工作和生活中的各种事物包围，每一件事都会分散一部分注意力，当杂事很多时，那些真正需要关注的事情就会被层层地包裹起来而无法引起足够的重视，于是便掉进了任务的陷阱中。

使用任务清单来管理日常生活中的任务事件，让其能够在适当的时间出现在我们的视线内并引起我们的重视，提醒我们在合适的事件去处理该时间段的事情，并可以在相同的时间设置重要任务，来提醒用户待完成事件的重要程度。

1. 滴答清单

滴答清单是一款记录工作、任务，规划时间的应用，易用、轻量且功能完整，支持 Web、iOS、Android、Chrome、Firefox、微信，还可以在网络日历中订阅滴答清单。

（1）创建任务

由于每天需要完成的工作或生活上的事情有很多，难免会有所疏漏，从而造成不必要的麻烦。这就需要针对每天要做的任务来创建一个提醒，来防止自己遗忘。使用滴答清单，可以创建用户的日常任务，防止用户疏忽工作或生活上的事情。

❶ 登录滴答清单，即可打开【收集箱】界面，点击左上角的【主界面】按钮，打开主界面，点击【添加清单】按钮 + 添加清单，即可添加一个新的事件。

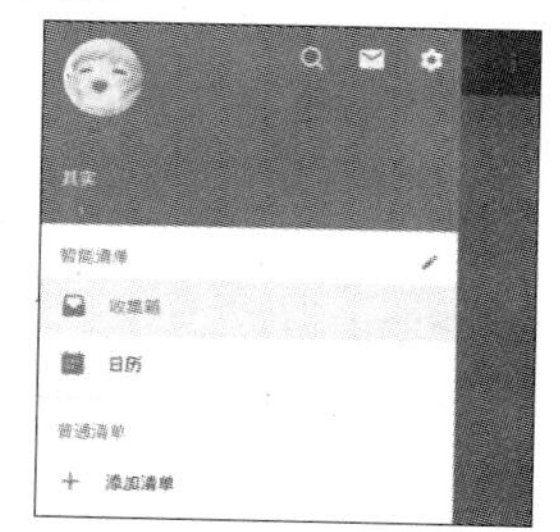

❷ 在弹出的【添加清单】界面中，输入清单的名称，并点击【颜色】按钮⊘。

❸ 在弹出的【颜色】面板中选择一种颜色，即可为任务添加颜色。

❹ 点击【完成】按钮，即可创建任务。

❺ 返回主界面，点击【下午开会】按钮 下午开会。

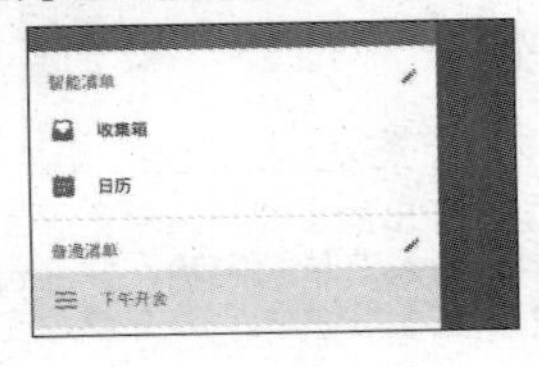

❻ 弹出【下午开会】面板，点击左下角的【其他日期】按钮，在弹出的面板中选择任务的时间。

❼ 在返回的【下午开会】面板中输入“周二下午 3 点在 1 号会议室开会”文本，并点击【完成】按钮。

❽ 即可创建任务，效果如下图所示。

（2）归档任务

用户每天需要完成的工作

与生活上的任务有许多，为了避免任务过多时杂乱无章，用户可以为创建的任务进行归档管理，更方便地分别管理生活与工作中的事务。

❶ 在主界面中点击【普通清单】选项组中的【编辑】按钮，即可打开【管理普通清单】界面。

❷ 在弹出的【管理普通清单】界面中，点击【下午开会】按钮 下午开会 。

❸ 进入【下午开会】的编辑界面，点击【文件夹】选项组中的【无】按钮，在弹出的【文件夹】面板中点击【添加文件夹】按钮。

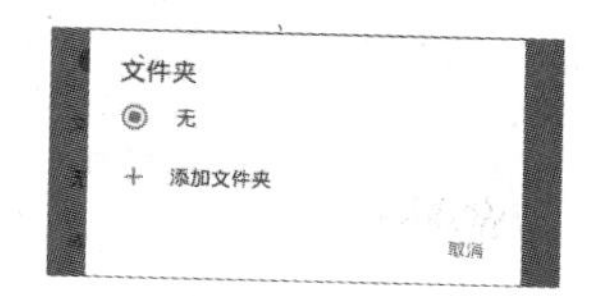

❹ 在弹出的面板中输入“公司事件”文本，并点击【确定】按钮。

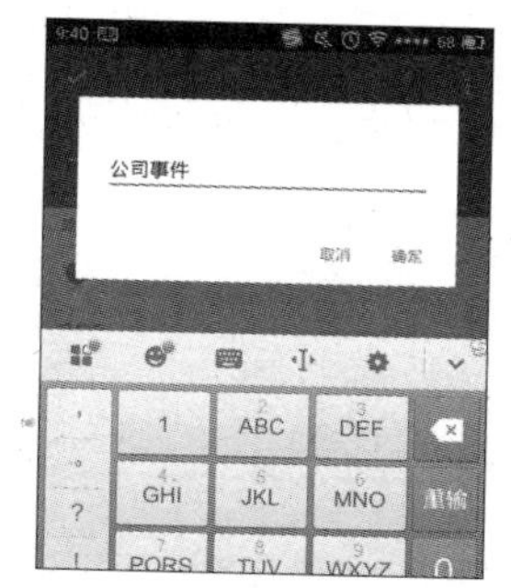

❺ 即可返回【下午开会】编辑界面，点击【完成】按钮。

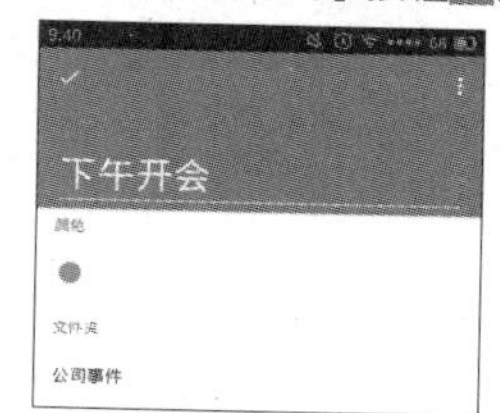

❻ 返回到【下午开会】主界面，点击右上角的三点按钮，在

弹出的下拉列表中选择【排序】选项。

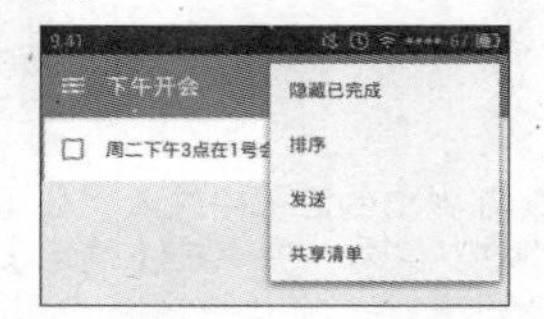

❼ 弹出【排序】面板，选中【优先级】单选按钮。

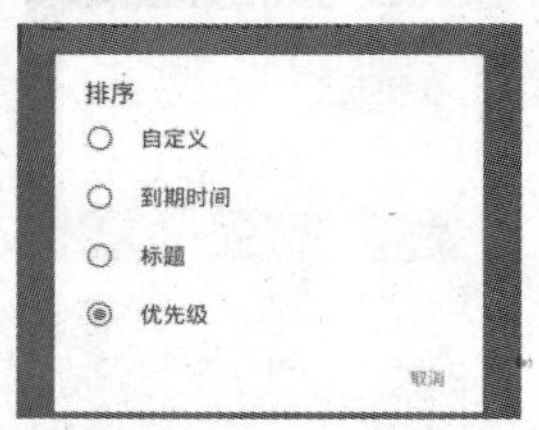

❽ 返回【下午开会】主界面，即可看到任务已被设置为最高优先级。

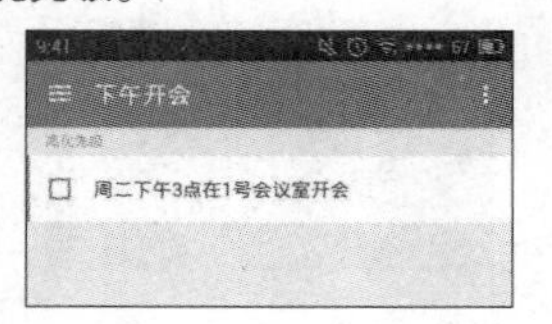

（3）使用日历新建任务

如果确定要在某一天执行某项任务，可以直接在任务清单中输入日期，并设置时间，但这样不方便管理清单，因为记录清单的日期会提前，因此，可以使用日历新建任务，可以方便快捷地定位任务开始的时间。

❶ 在滴答清单的主界面点击【日历】按钮，即可打开【日历】界面。

❷ 在弹出的【日历】界面，点击本月底的“29”号。

❸ 在弹出的【日历】写字板中，输入“信用卡还款”文本，点击【完成】按钮 ➤。

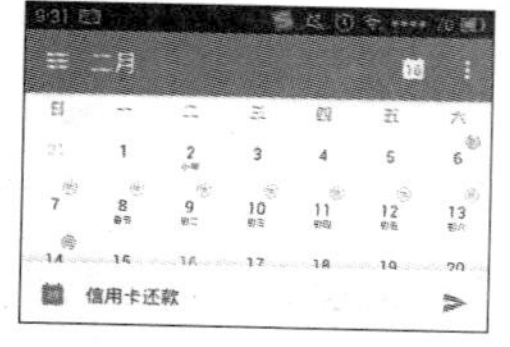

❹ 即可完成新建月底任务，在任务即将到期时滴答清单会进行提醒。

2. Any.DO

Any.DO 是一款帮助用户在手机上进行日程管理的软件，支持任务添加、标记完成、优先级设定等基本服务，通过手势进行任务管理等服务，如通过拖放分配任务的优先级、通过滑动标记任务完成、通过抖动手机从屏幕上清除已完成任务等。

此外，Any.Do 还支持用户与亲朋好友共同合作完成任务。用户新建合作任务时，该应用提供联系建议，对那些非 Any.Do 用户成员也支持电子邮件和短信的联系方式。

（1）添加新任务

使用 Any.Do 的日程管理，可以处理生活与工作中的各类琐事，巧妙地安排日程，提高工作效率。

❶ 在手机上下载并安装“Any. Do”软件。

❷ 打开并登录 Any.Do 应用，即可进入应用的主界面。

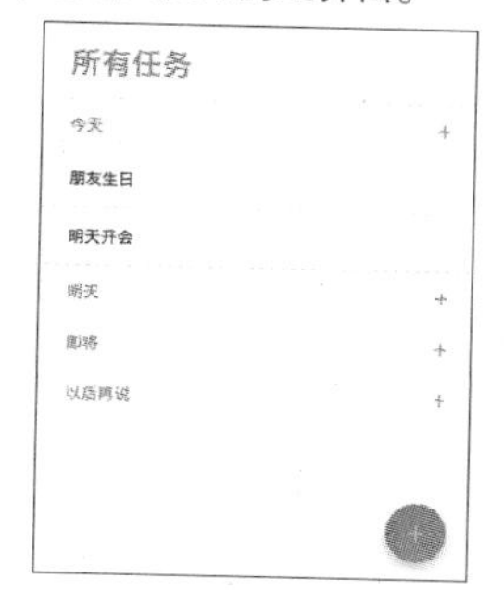

❸ 点击右下角的【添加】按钮●，在弹出的界面中输入“周末晚上公司聚餐”文本。并在下方可以选择任务的时间，分别有“今天”、“明天”、“下周”、“自定义”等选项，在这里选择【自定义】选项。

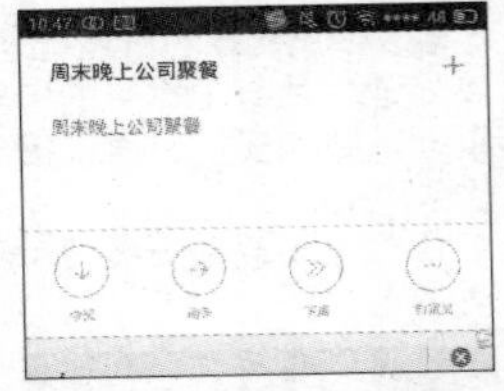

❹ 在弹出的【日期】面板中可以看到本月的日历，用户可以选择任务的日期。

❺ 如选择本月的“23”号，并点击【确定】按钮。

❻ 弹出【时间】面板，选择任务开始的确切时间，并点击【确定】按钮。

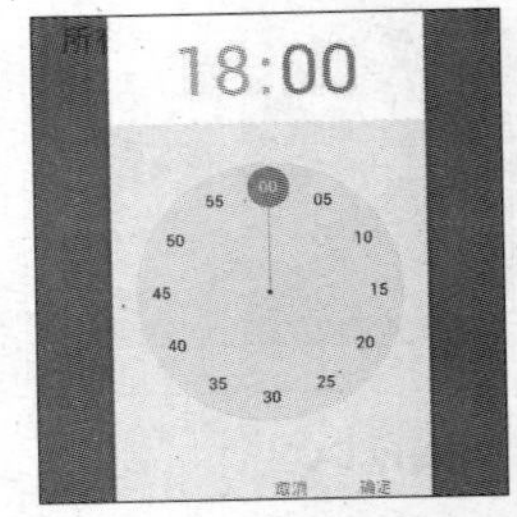

❼ 返回主界面，即可看到添加的新任务。

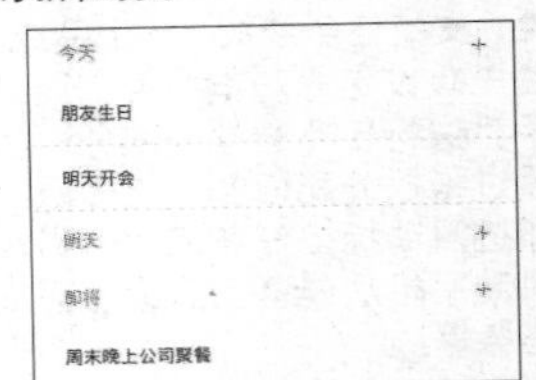

（2）设定任务的优先级

在 Any.Do 软件应用中，可以设置任务的优先级，当有任务发生时间上的冲突时，会优先提醒你级别较高的任务。

❶ 打开 Any.Do 的主界面，即可查看所有任务。

❷ 点击一个任务，即可打开任务的编辑栏，在任务右侧点击星形按钮 。

❸ 星形按钮变为黄色，即可为选择的任务设置优先级为【高】。

（3）清除已完成任务

用户完成一件任务时，可以清除已完成的任务，来保持任务列表的干净整洁。便于管理，也能提高查看清单的速度，最终提高办事效率。

❶ 当定时任务完成后，进入【Any.Do】主界面，在【工作项目】选项组中出现灰色带有删除线的“已完成”项目。

❷ 点击界面右上角的 ⋮ 按钮，在弹出的面板中点击【清除已完成】按钮。

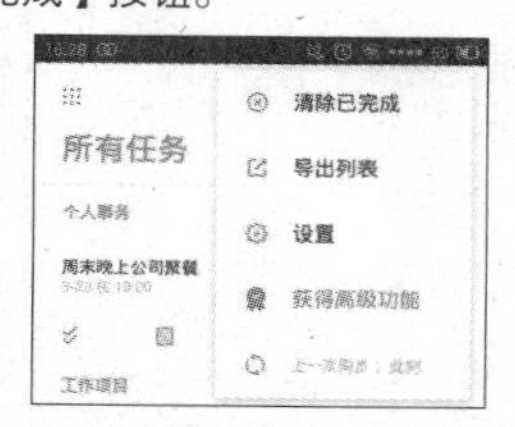

❸ 弹出【清除】面板，点击【是】按钮。

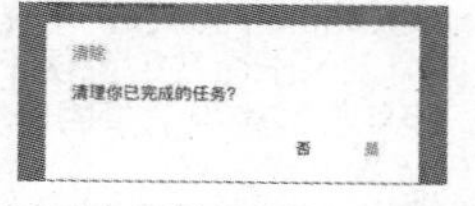

❹ 返回应用的主界面，即可看到已完成的任务已经删除。

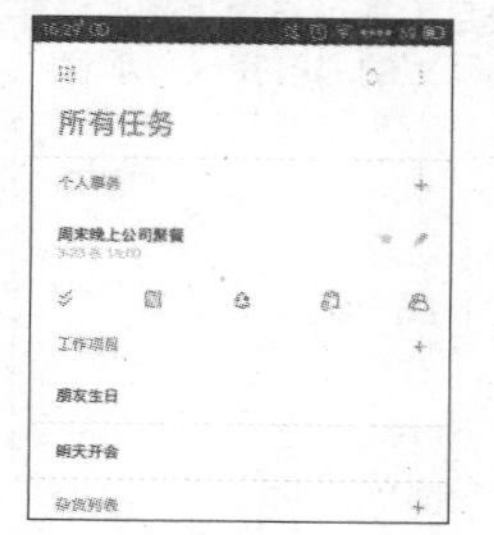

3. Wunderlist

Wunderlist 是管理和分享你的日常代办事项最简单的方法。Wunderlist 是一款计划任务管理应用，能够实现云端同步，将用户的任务清单同步到 Windows、Mac、iPhone 和 iPad 上，能让用户随时随地进行管理或者与他人分享。除此之外，还有发布推送通知、邮件提醒、邮件任务管理、任意添加任务和到期时间、添加备注说明，还可以为特别重要的任务添加星星符号。

（1）添加新任务

使用 Wunderlist 可以创建新的任务，安排需要对用户进行提醒的各类琐事，提高你的工作效率。

❶ 在手机上下载并安装“Wunderlist”软件。然后打开并登录，进入应用的主界面。

❷ 点击右上角的【添加】按钮，

即可打开【收件箱】界面。

❸ 在【添加一个任务…】文本框中输入新任务的内容，并点击【发送】按钮 。

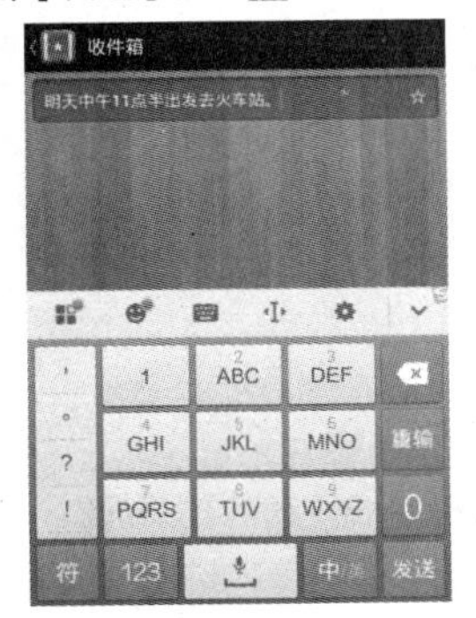

❹ 即可完成新任务的添加。

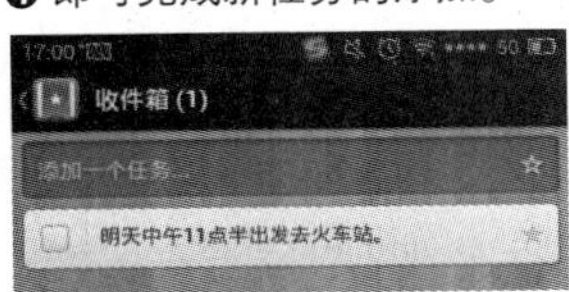

（2）设置重要任务

使用 Wunderlist 可以为添加的任务设置重要级别，让用户优先进行重要级别的任务，以免耽误时间。

❶ 添加一个新的任务，点击任意一个要设置为重要任务的事件。

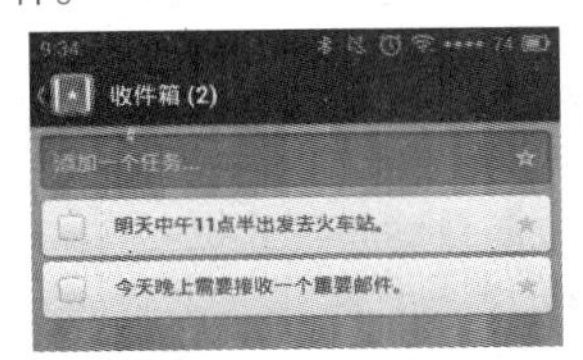

❷ 打开任务的主界面，点击【设置截止日期】按钮 。

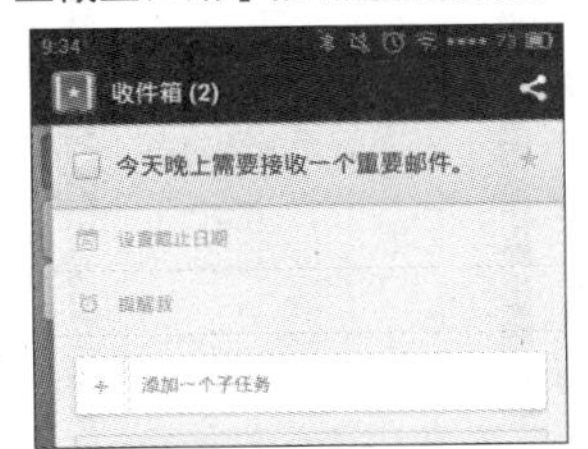

❸ 弹出【设置截止日期】面板，设置好提醒任务的日期，如这里设置为“2016年3月09日”，并点击【保存】按钮。

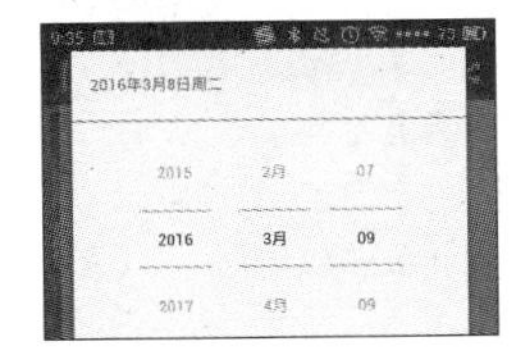

❹ 返回任务的主界面，点击【提醒我】按钮 提醒我。

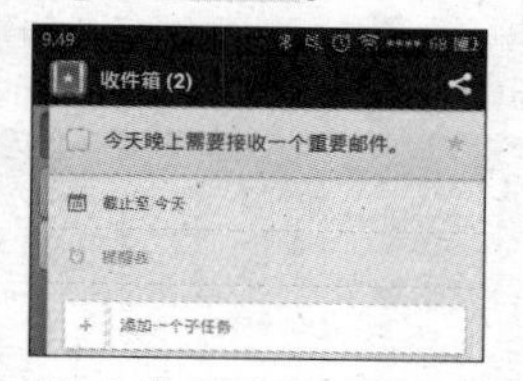

❺ 弹出【提醒我】面板，设置提醒时间，这里设置为“20:05”。

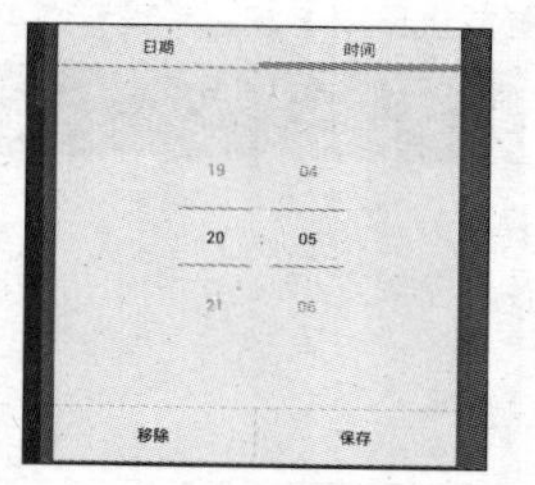

❻ 点击【保存】按钮，即可返回任务的主界面，点击【笔记】按钮 笔记...。

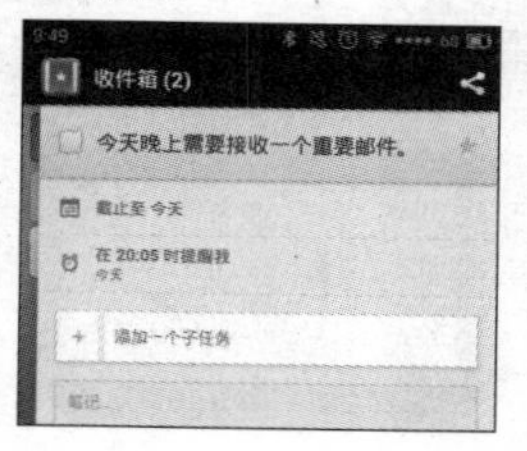

❼ 弹出【笔记】界面，输入设置的重要任务的备注内容，如这里输入“在 163 邮箱接收邮件。”文本。

❽ 点击【返回】按钮，返回到任务的主界面，点击右上角的按钮。

❾ 即可把任务设置为重要任务，点击【返回】按钮。

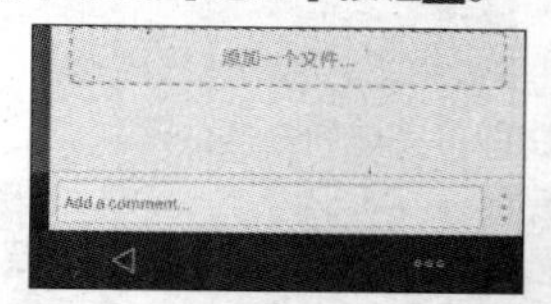

❿ 返回【收件箱】界面，即可看到设置的重要任务。

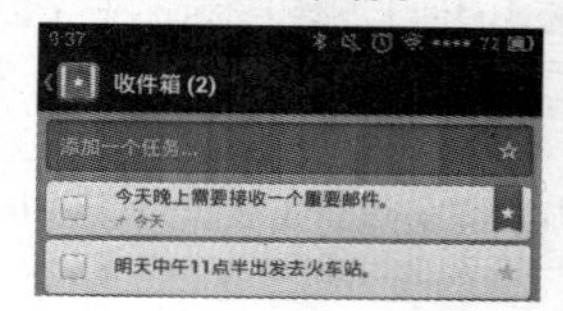

技巧 2 桌面清理

用户的电脑中会安装大量的软件，软件一般会自动在桌面添加快捷方式。随着安装的软件越来越多，桌面的快捷方式也越来越多，使得桌面变得拥挤和杂乱，一眼难以辨别需要的软件的快捷方式，不免会降低使用效率。再加上用户习惯性地把下载的文件、图片等放置在桌面上，会导致桌面的文件越来越杂乱，影响使用效率。

同时，平板电脑、手机等电子用品使用范围越来越广，与人们的日常生活联系越来越紧密，手持设备的桌面相对于电脑桌面空间更加有限，桌面图标过多，会严重影响查找应用的效率，如何对桌面进行清理，是很多人越来越关心的问题，下面就介绍一些桌面清理方法。

1. 电脑桌面清理

现在使用电脑的人是越来越多了，但是发现很多用户却没有一个良好的使用电脑习惯。经常性地，也可以说是习惯性地将很多的文件直接存放在电脑的桌面上。不管是下载的文件，还是复制的文件，为了自己方便直接浏览，都放在桌面上。但这样的话，长期下来，就会严重给电脑系统的运行带来负担。所以，有时适当进行整理是很有必要的。

（1）手动清理不常用图标

整理桌面上的应用程序图标，最直接的整理办法，就是手动将不常用的软件图标删除，删除桌面图标不会卸载程序，影响软件运行，所以可以选择要删除的程序图标，在键盘上按【Delete】键将其删除。

而对于电脑桌面保存的文件，重要文件可以放在其他盘中新建统一的、容易识别的文件夹名称将其保存。不需要的其他文件可以直接将其删除。此外，建议用户不要将重要文件直接放置在桌面，可以将其直接保存在其他盘符中。

（2）使用桌面管理软件

现在的上班族每天都要处

理很多临时文件，所以电脑桌面上五花八门的图标很多，如果没有进行相应的分类，突然要找某一个文件需要花费很长的时间，使用桌面整理软件可以帮助用户一键整理电脑桌面图标，将应用程序、图片、文件夹进行同类整理，大大提高的工作效率，所以是上班族们必备的桌面软件。下面以 360 安全桌面为例进行介绍。

❶ 在电脑上下载并安装 360 安全桌面软件，鼠标左键双击打开 360 安全桌面软件。

❷ 单击菜单栏中的【桌面整理】按钮，在弹出的【桌面整理】界面中单击【立即体验】按钮。

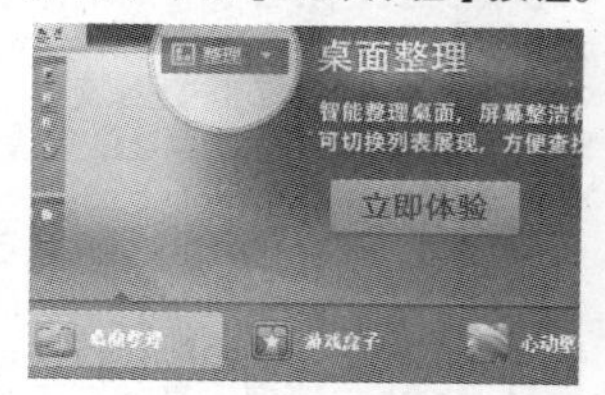

❸ 进入 360 安全界面，即可看到桌面的文件已经按照快捷方式、文件、文件夹分别放置在不同的区域。

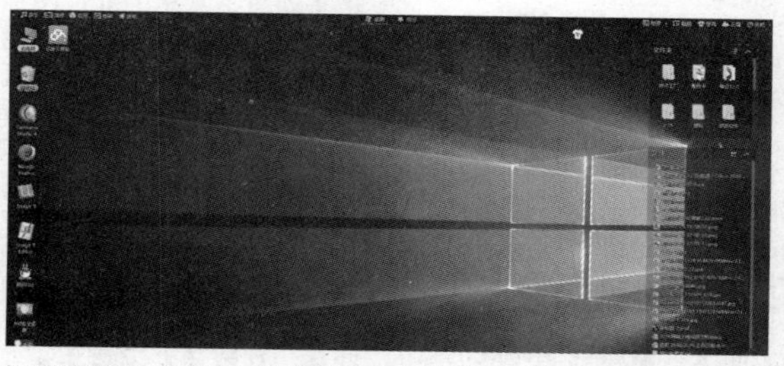

❹ 如果要删除文件，可以选择【文件】区域的临时文件并右击，在弹出的快捷菜单中选择【删除】命令。

❺ 弹出【删除文件】对话框，单击【是】按钮，即可删除选中的临时文件。

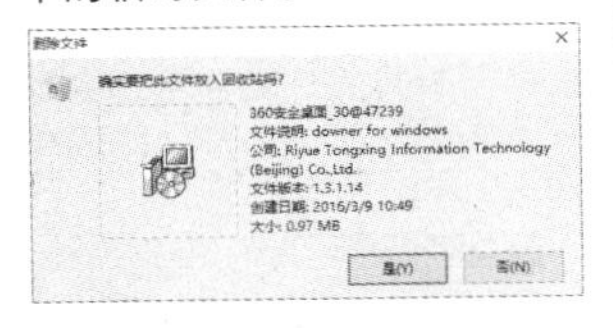

2. 平板桌面清理

平板是介于电脑与手机之间的一个便携式工具，由于笔记本电脑的携带不便，人们出行大都携带平板电脑。但是平板电脑的存储空间有限，为了保证平板的正常运行，需要经常清理平板的内存，及时从桌面删除不常用的应用。

清理平板最直接的办法就是手动清理，根据自己的使用频率与以后是否继续使用来选择删除的应用，来清理平板桌面，并保证平板的正常运行。

❶ 打开平板，进入桌面，用手指按住任一应用图标，即可在每个图标的左上角出现【删除】按钮。（除系统应用图标外。）

❷ 点击需要删除的应用图标左上角的【删除】按钮，即可弹出【删除“LOFTER”】对话框。

❸ 点击【删除】按钮，即可删除该应用。

3. 手机桌面清理

现在手机应用软件越来越多，用户经常会下载不同的应用来满足工作与生活的需要。但手机的内存是固定的，当你的应用下载过多时，就会影响手机的运行，导致手机变慢变卡，这时就需要用户来删除那些不常用的应用来扩大手机的存储空间。

（1）手动清理

清理手机桌面最直接的办法就是手动清理，根据自己的使用频率来删除不常用的软件，这样可以为自己的手机腾出一定的空间，保证手机的正常运行。

选择要删除的应用，当该应用变成灰色时，在界面提示【卸载】按钮时，拖动选择的应用图标到【卸载】按钮并松开应用图标，完成清理应用程序图标的操作。

（2）使用桌面管理软件

由于现在各种类型的 APP 应用越来越多，各个应用都分别有自身的优缺点，所以很多用户针对同一类型的应用在手机上保留了较多的软件，这时就可以使用桌面整理软件，对各个类型的软件进行清理归档。常用的手机桌面应用如“360 手机桌面”等。

（3）使用文件夹管理应用

在工作和生活中，用户有时会需要使用许多同类型的手机应用，如“简拼”、“MIX”、“拼立得”等软件同属于图形图像类的应用，把它们都单独放置在桌面上，会使桌面的应用图标过于杂乱，这时就可以为同类的应用建立一个桌面文件夹。

长按要合并到一个文件夹的应用图标，如这里选择“简拼”，当图标变为灰色时移动图标至需要合并新建文件夹的应用图标，这里选择“MIX”。松开手指，即可看到在手机界面上已经新建了一个文件夹，使用同样的方法，还可以将其他应用图标拖到文件夹内，并根据需要将文件夹命名，就可以节省桌面空间，并且能提高查找应用图标的速度。

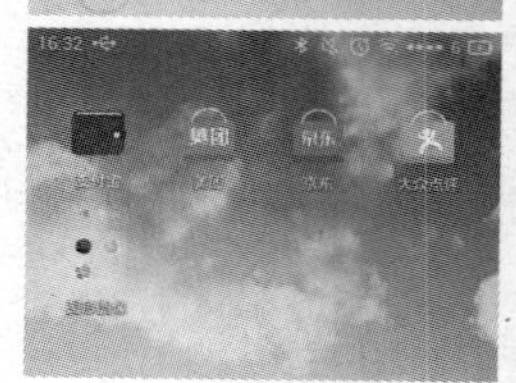

技巧 3 文件管理

文件管理是操作系统的一项重要功能，如何合理高效地进行文件管理是每个人在使用计算机或者其他设备时都需要考虑的内容。合理地管理自己的文件，会使查询和处理文件的效率提高，减小文件的丢失概率。

1. 电脑文件管理

电脑是生活和办公中最常使用的设备之一，现代化的办公环境离开计算机更是无法正常运转。作为计算机系统最重要的功能之一，文件管理直接影响着每一项工作的处理效率，下面就介绍一下电脑文件管理的基本原则和主要方法。

（1）文件管理原则

在处理电脑中文件时，遵循以下原则，可以使自己的文件管理更加高效，同时也提高文件存储的安全性。

1)定期删除无价值文件。

随着电脑的使用，用户会创建或者下载一些临时性文件，当使用完这些文件之后如果没有再保存的必要就可以将其删除，这样既可以节省电脑空间又可以使电脑保持整洁。

2） 文件尽量保持在非系统盘内。

如果大量文件保存在系统盘，不仅会造成电脑的卡顿，而且若是重新安装电脑系统也会造成文件的丢失，不利于文件的安全。

3）同一类型文件放置在统一文件夹内。

如果是同一类型的文件，如歌曲或者视频，可以将相同类型的文件放置在统一文件夹内，这样会使文件管理更加有条理，在查询和使用这些文件时也可以快速找到。

4)合理地命名文件名称。

合理命名自己的文件夹对员工而言至关重要，合理详细地命名文件夹不仅可以防止工作内容的混淆不清，而且可以帮助员工快速找到自己想查询的工作内容，防止遗忘遗漏。

5）养成定期整理的好习惯。

文件管理最重要的是有一

个好的整理习惯，定期整理电脑内的文件，在存储的时候不怕麻烦，耐心细心地对文件进行细致分类，会为以后的使用带来巨大方便。

6）重要文档备份

对于一些十分重要的文件，使用云盘等工具进行备份，可以有效防止文件的丢失。

（2）快速搜索文件

在搜索框中直接搜索文件：如果文件夹内文件太多或者不知道文件所在位置，可以通过搜索文件名称内的关键字或者是文件的后缀名称来快速搜索文件，具体操作步骤如下。

在电脑【文件资源管理器】右上角搜索框中输入所要搜索文件名称或者后缀名称，如搜索“.jpg”，即可在下方显示符合条件的文件列表。

如果要查看文件所在的位置可选中文件并单击鼠标右键，在弹出的快捷菜单中选择【打开文件所在的位置】菜单项，即可看到文件所存储的位置。

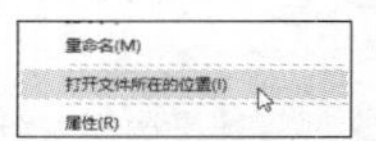

除了直接在搜索框中搜索文件之外，还可以根据文件特点如大小、修改时间、文件类型等高级搜索条件快速搜索文件。

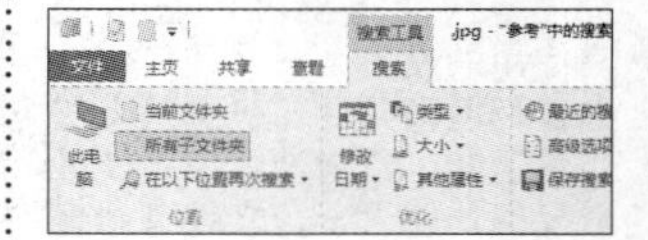

提示

如果大概知道文件存储的位置，可以打开文件存储的盘符或者文件夹进行搜索，可以提高搜索的速度。

（3）为文件夹创建快捷方式

对于经常使用的文件夹，可以为其创建一个快捷方式放置在桌面，这样以后再使用该文件夹内的文件时就可以快速打开。

❶ 选中经常使用的文件夹，单击鼠标右键，在弹出的快捷菜单中选择【发送到】→【桌面快捷方式】菜单项。

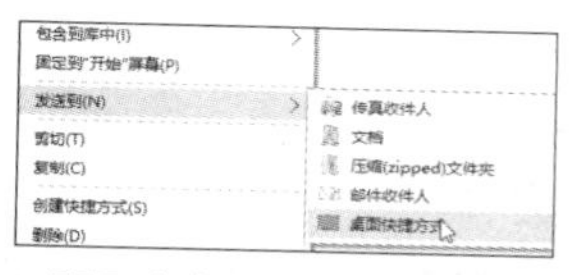

❷ 即可在桌面创建该文件的快捷方式，效果如下图所示。

2. 平板文件管理

平板电脑由于其自身的独特优势，越来越受到广大消费者的喜爱，能满足大多数人玩游戏、看电影、办公、管理日常事务等要求。因此，平板电脑中就需要存储各式各样的文件，管理平板电脑中的文件就成为提高效率的必要操作。

（1）同步文件至本机

很多用户喜欢将音乐等文件存入平板电脑，以便在断开网络的时候也可以查看文件，下面就以将音乐文件同步至 iPad 为例介绍一下如何将多媒体文件同步至 iPad。

❶ 同步文件至 iPad 需要下载 iTunes 软件，然后使用数据线将 iPad 与 PC 相连。

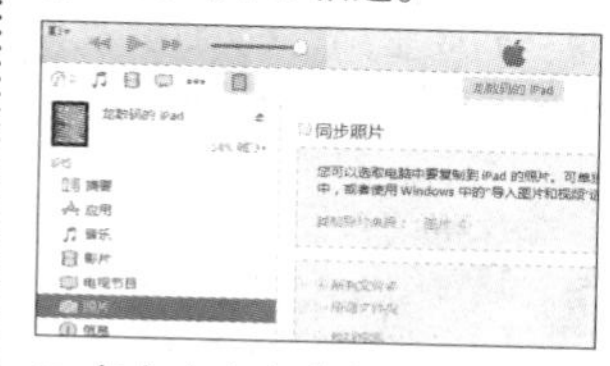

❷ 点击左上角【菜单】按钮的下拉按钮，在弹出的下拉列表中选择【将文件添加到资料库】选项。

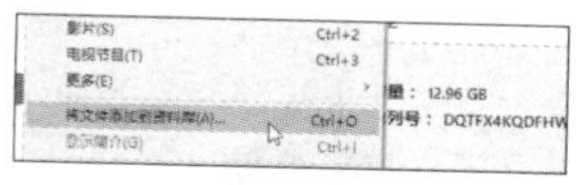

❸ 弹出【将文件添加到资料库】对话框，选择需要同步的多媒体文件，点击【打开】按钮。

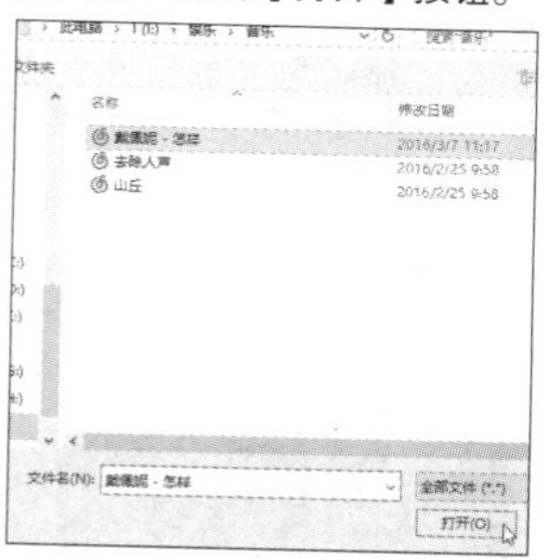

❹ 点击【音乐】选项，选中右侧【同步音乐】复选框，并选中下方【整个音乐资料库】单

选按钮，点击【应用】按钮。即可开始同步，同步完成之后，所选歌曲即可成功保存至 iPad 中。

（2）将电脑中的文件同步平板电脑某一应用中

如果平板电脑中的自带的应用不支持要查看的文件格式，可以在平板中下载支持该文件的应用，然后将文件同步至该应用下，就能够查看该文件。

❶ 在【App Store】下载一个本地视频播放器，这里以【UPlayer】为例。

❷ 将 iPad 连接至电脑，打开【iTunes】应用，选择【应用】选项。

❸ 拖动窗口右侧滑块找到并选择【文件共享】区域内【应用】选项组内的【UPlayer】应用。

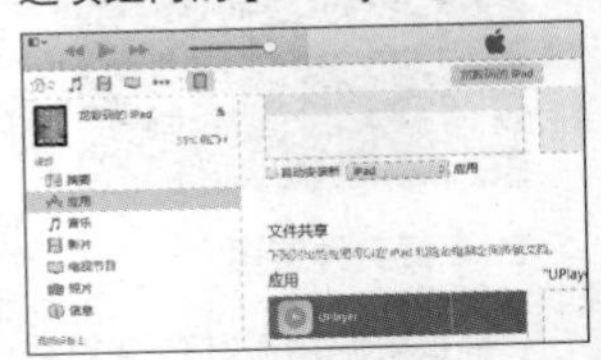

❹ 单击【“UPlayer”的文档】区域下方的【添加文件】按钮，即可弹出【添加】窗口，选择需要添加的视频文件，单击【打开】按钮。复制完成后，即可将视频文件添加至【UPlayer】应用内。

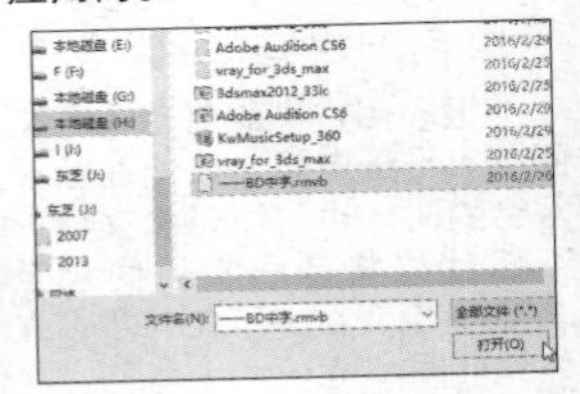

（3）使用第三方助手管理文件

由于 iTunes 对于大多数用户来说使用起来并不太习惯，因此这里推荐几款符合国人使用习惯的文件助手。

① iTools。iTools 是一款简洁的苹果设备同步管理软件，它可以让你非常方便地完成对 iOS 设备的管理，包括信息查看、同步媒体文件、安装软件、备份 SHSH 等功能。

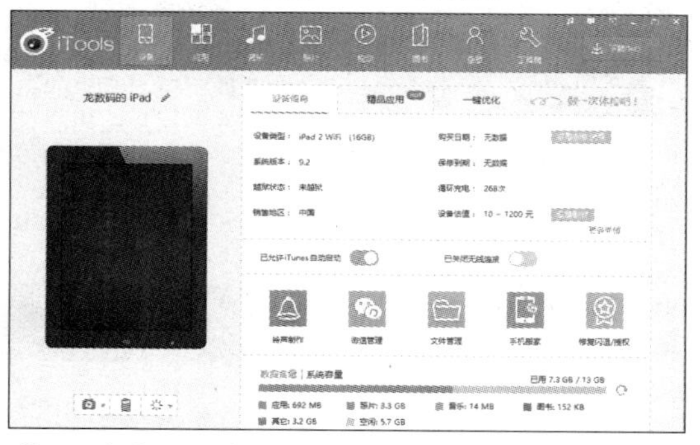

② PP 助手。PP 助手是最受欢迎的苹果手机助手。同时支持 iPhone、iPad、iTouch 等 iOS 设备的软件、游戏、壁纸、铃声资源的下载安装和管理应用。

3. 手机文件管理

智能手机除了具备手机的通话功能外，还具备了PDA的大部分功能，特别是个人信息管理以及基于无线数据通信的浏览器、GPS和电子邮件功能。智能手机为用户提供了足够的屏幕尺寸和带宽，既方便随身携带，又为软件运行和内容服务提供了广阔的舞台，如进行股票交易，查看新闻、办公文件、天气、交通，等等。随着手机功能的不断增加，如何管理好手机中的文件就显得尤为重要。

（1）通过手机删除、剪切或复制文件

手机与电脑之间可以快速地实现文件的传输。例如在手机和电脑中使用同一QQ账号登录，就可快速地在手机和电脑之间传送文件。此时，传送的文件将存储在腾讯应用下的文件夹“内存储盘/Tencent/QQfile-recv”内，如果需要使用其他软件打开该文件，就可以通过剪切或复制的方法，将文件移至其他文件夹内，而不需要的文件可以直接将其删除。

（2）使用第三方软件管理手机上的文件

使用第三方手机文件管理应用来管理手机上下载的文件，可以对文件进行清晰的分类，让用户快速地找到图片、视频、音乐、文档、安装包、压缩包等文件。此外，可以便捷地清理手机上产生的多余文件、文件夹以及应用缓存。下面以360文件管理大师为例进行介绍。

❶ 在手机上下载并安装360文件管理大师。

❷ 打开并进入360文件管理大师的主界面，即可查看手机上的音乐、视频、图片、文档.电子书等文件。

❸ 点击【图片】按钮，即可查看手机上的图片。如果要删除图片，点击【编辑】按钮，选择要删除的图片。

❹ 点击下方的【删除】按钮，弹出【删除】对话框，点击【确定】按钮，即可删除选择的图片。

❺ 返回 360 文件管理大师主界面，点击【文档.电子书】按钮。

❻ 弹出【我的手机 / 文档.电子书】界面，即可查看手机上的电子书文件。

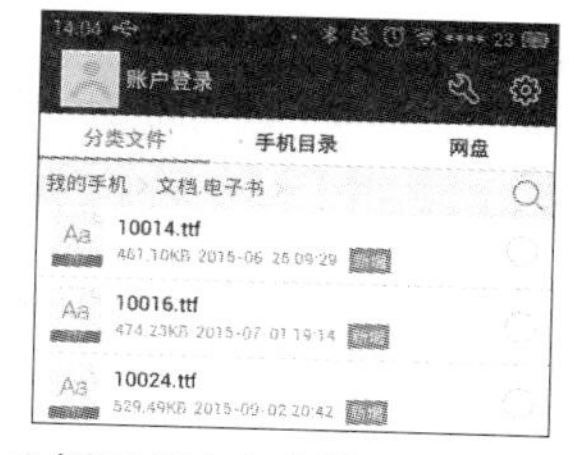

❼ 返回 360 文件管理大师主界

面，点击界面下方的【清理垃圾文件，手机容量更多】按钮。

❽ 弹出【垃圾清理】界面，垃圾扫描完成后，点击【一键清理】按钮，即可清理手机上的系统盘垃圾、缓存垃圾、广告垃圾、无用安装包、卸载残留等垃圾文件，释放手机运行空间。

技巧 4 重要事件

在日常工作中，很多时候往往有机会去很好地计划和完成一件事。但常常又没有及时地去做，随着时间的推移，造成工作质量的下降。因此，可以将当天的事情分类，把主要的精力和时间集中地放在处理那些重要的工作上，也就是需要做到“要事第一”，这样可以做到未雨绸缪，防患于未然。

如果只按照事件重要与否进行分类，并不算很严谨，因为有些事情重要，并且需要紧急处理；而有些事情重要，但又不需要紧急处理；按照工作重要和紧急两个不同的程度进行划分，可以分为 4 个象限：既紧急又重要、重要但不紧急、紧急但不重要、既不紧急也不重要。这就是关于时间管理的“四象限法”。

① 第一象限。第一象限包含的是一些紧急而重要的事情，这一类的事情具有时间的紧迫性和影响的重要性，无法回避也不

能拖延，必须首先处理优先解决。例如，重大项目的谈判、重要的会议工作等。

② 第二象限。第二象限的事件不具有时间上的紧迫性，但是，它具有重大的影响，对于个人或者企业的存在和发展以及周围环境的建立维护，都具有重大的意义。

③ 第三象限。第三象限包含的事件是那些紧急但不重要的事情，这些事情很紧急但并不重要，因此这一象限的事件具有很大的欺骗性。

④ 第四象限。第四象限的事件大多是些琐碎的杂事，没有时间的紧迫性，也没有重要性。

要把精力主要放在重要但不紧急的事务处理上，需要很好地安排时间。一个好的方法是建立预约。建立了预约，自己的时间才不会被别人所占据，从而有效地开展工作。

那么 4 个象限之间有什么关系？

① 第一象限和第四象限是相对立的，而且是壁垒分明的，很容易区分。

② 第一象限是紧急而重要的事情，每一个人包括每一个企业都会分析判断那些紧急而重要的事情，并把它优先解决。

③ 第四象限是既不紧急又不重要的事情，因此，大多数人可以不去做。

④ 第三象限对人们的欺骗性是最大的，它很紧急的事实造成了它很重要的假象，依据紧急与否是很难区分这两个象限的，要区分它们就必须借助另一标准，看这件事是否重要。也就是按照自己的人生目标和人生规划来衡量这件事的重要性。如果它重要就属于第二象限的内容；如果它不重要，就属于第三象限的内容。

⑤ 第一象限的事情是必须优先去做，由于时间原因人们往往不能做得很好。第四象限的事情人们不用去做。第三象限的事情是没有意义的，但是又浪费时间，因此，必须想方设法走出第三象限。而第二象限的事情很重要，而且会有足够的时间去准备，所以有充分的时间去做好。

由此可见，在处理重要事件时就可以根据“要事第一、四象限法”原则进行，可以大幅度地提升办公效率。

技巧5 重复事件

重复事件就是在以后的时间内会固定每隔一段时间就发生一次的事件，如信用卡还款、缴纳水、电费、物业费、每年更换灭火器、定期给客户、父母或朋友打电话等，这些事情微不足道，不需要花费太多的时间就可以完成，但这些事情又很重要，如果忘记还信用卡日期。造成还款延误，可能导致信用度降低，忘记缴纳电费，造成停电，或者没有及时给父母打电话，导致父母担心。因此，管理好重复的时间，可以减少其对生活和工作的影响。

管理重复事件最常用的方法就是定时提前提醒，让重复的事件提前发生。

一般重复时间有以下3种情况。

① 定时定点发生的。如每周五下午5点在会议室召开每周工作总结会议。

② 周期重复发生，但可以提前完成的。如信用卡还款、缴纳水、电费、物业费、每年更换灭火器。

③ 不用定点但需要定时的。如定期给客户、父母或朋友打电话。

这些重复事件可以通过软件的重复提醒功能，让事件在适当的时间发出提醒，然后选择合适的时间去处理。下面以使用Any.DO应用创建周期发生事件的操作如下。

❶ 打开Any.DO应用，新建一个需要重复的事件，如“信用卡还款”。输入事件完成，点击底部的【自定义】按钮。

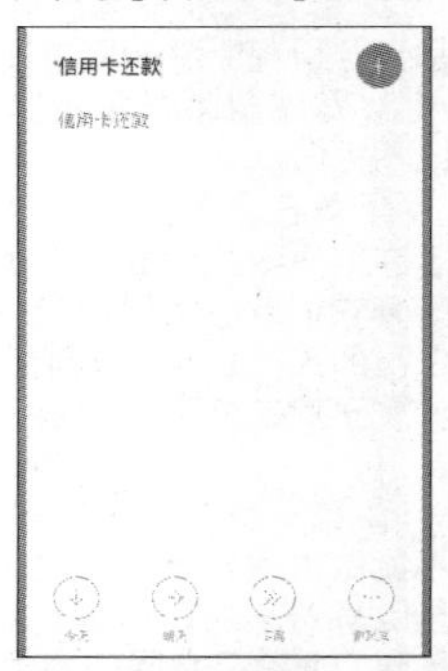

❷ 在打开的日期界面选择要提醒的还款日期，点击【确定】按钮，进入【时间选择】界面，

设置要提醒的时间，点击【确定】按钮。

❸ 返回至【Any.DO 应用】主界面，选择新创建的事件，点击下方的【提醒】按钮。

❹ 进入【提醒】界面。点击【重复任务】选项，在打开的【周期性提醒】界面，点击【每月】按钮。

❺ 即可完成使用【Any.DO 应用】设置重复性提醒事件的操作。

此外，除了使用软件提醒外，还可以用列清单的方法管理这些重复事件，如可以从以下两个方面来列举提醒清单。

① 按照定时定点、周期发生及定时不定点的列表。

② 按照周、月、年等方式列举哪些事情是需要每周做的、哪些是需要每月做的、哪些是每年需要做的。

技巧 6　同步技术

手机中保存有很多客户、亲友的联系方式，还有很多照片、拍摄的视频，如果手机丢了怎么办？在公司制作的一个文档，回家后突然想起有个地方需要修改，这时应该怎么办？在电脑中下载的歌曲、图片或者其他资料，希望能在手机或平板电脑中查看，如果不经过复制就能直接查看，那样是不是就会很方便？

随着这些问题的出现，为了满足人们的这些需求，就诞生了新的技术——同步。同步技术可以保持多个设置中数据的一致，如电脑、手机、平板电脑等，即使在他人的设备上也可以随时查看。同步技术主要包含以下 3 个方面。

① 数据一致性。用户需要保证多设备之间的数据一致，随时调用最新数据，数据即包括音乐、图片、文档等一般文件，也包含通信录、名片等档案文件，还包括使用软件产品的数据文件，如笔记、记录清单，甚至是某一软件的使用记录，如视频的播放列表等。

② 安全性。设备遗失或更新之后，数据可能会丢失，这时就可以提前将数据同步至网络服务器，保证数据安全。

③ 操作简单。有了网络云端的同步，只需要使用同一账号登录，就可以快速查询和读取数据，不需要使用 U 盘或

其他移动存储设备。

按照用户的需求和功能重点，同步产品大致分为以下几类。

① 以应用程序的数据同步为主，再逐步发展为平台，如 iCoud，不仅能够满足用户的媒体文件和终端数据的同步，还可以做数据备份和存档。

② 软件自身的同步，很多软件提供自身与服务器端的同步，这样用户可以在多个设备、多个平台上保持数据一致，如印象笔记、有道笔记、名片全能王等。

③ 以存储和同步为主的同步，如百度云、360 云盘等，可以直接与 PC 端的文件夹相连，不用区分特定类型的数据，直接将数据放入 PC 端的文件夹中，即可自动完成同步。

④ 特殊的存储方式，如 OneDrive，它不仅可以自动同步设备中的图片，还与 PC 端的文件夹相联通，并且提供有在线 Office 功能，使办公软件 Office 与 OneDrive 结合。用户可以在线创建、编辑和共享文档，而且可以和本地的文档编辑进行任意的切换，本地编辑在线保存或在线编辑本地保存。在线编辑的文件是实时保存的，可以避免本地编辑时宕机造成的文件内容丢失，提高了文件的安全性。

同步功能是非常实用的，并且无处不在，有些同步是自动完成的，有些需要人工操作。下面就以使用 OneDrive 同步数据为例简单介绍。

❶ 打开【此电脑】窗口，选择【OneDrive】选项，或者在任务栏的【OneDrive】图标上单击鼠标右键，在弹出的快捷菜单中选择【打开你的 OneDrive 文件夹】选项。都可以打开【OneDrive】窗口。

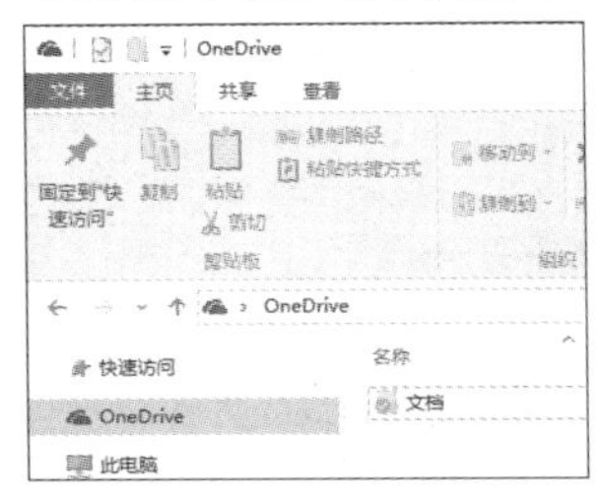

❷ 选择要上传的"工作报告.docx"文档，将其复制并粘贴至【文档】文件夹或者直接拖曳文件至【文档】文件夹中。

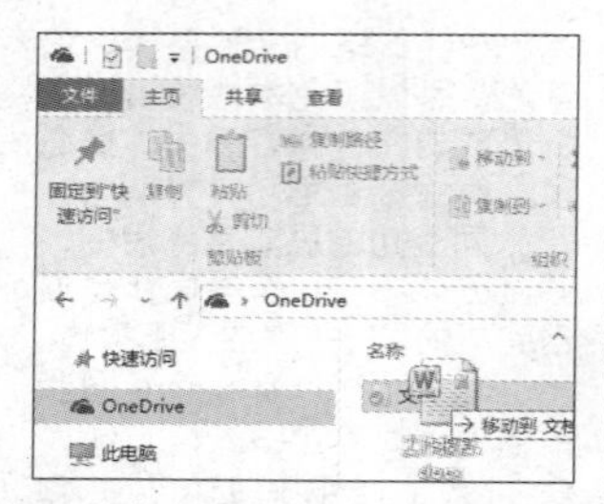

❸ 在【文档】文件夹图标上即会显示刷新的图标。表明文档正在同步。

❹ 上载完成，即可在打开的文件夹中看到上载的文件。

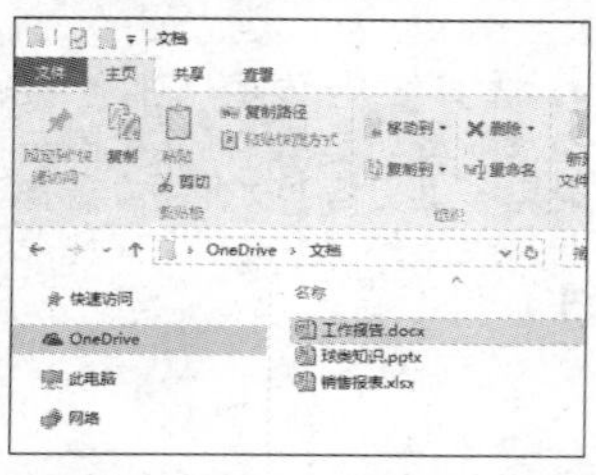

❺ 在浏览器中输入网址 “https://onedrive.live.com/ ”， 登录 OneDrive 网站。即可看到 OneDrive 中包含的文件夹。

❻ 打开【文档】文件夹，即可看到上传的“工作报告 .docx“文件。如果要使用网站上传文档，可以单击顶部的【上载】按钮，上传完成后，在电脑端的 OneDrive 文件夹也可以看到上传并同步后的文档。

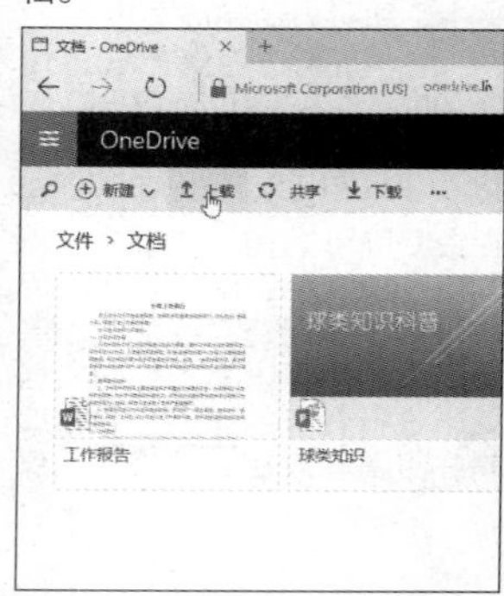

提示

在 Office 办公组件，如在 Word 2016 中，可以通过执行【另存为】命令，直接将创建的文档另存至 OneDrive 中，实现文档的存储与同步。

技巧 7 网盘

云盘是互联网存储工具，是互联网云技术的产物，通过互联网为企业和个人提供信息的储存、读取、下载等服务，具有安全稳定、海量存储的特点。

常见的云盘主要包括百度云管家、360 云盘和腾讯微云等。这三款软件不仅功能强大，而且具备了很好的用户体验，下面列举了三款软件的初始容量和最大免费扩容情况，方便读者参考。

	百度云管家	360 云盘	腾讯微云
初始容量	5GB	5GB	2GB
最大免费扩容容量	2055GB	36TB	10TB
免费扩容途径	下载手机客户端，送 2TB	1. 下载电脑客户端，送 10TB 2. 下载手机客户端，送 25TB 3. 签到、分享等活动赠送	1. 下载手机客户端，送 5GB 2. 上传文件，赠送容量 3. 每日签到赠送

云盘的特点如下。

① 安全保密：密码和手机绑定、空间访问信息随时告知。

② 超大存储空间：不限单个文件大小，支持大容量独享存储。

③ 好友共享：通过提取码轻松分享。

使用云盘存储更方便，用户不需要把储存重要资料的实体磁盘带在身上，却一样可以通过互联网，轻松从云端读取自己所存储的信息。可以防止成本失控，满足不断变化的业务重心及法规要求所形成的多样化需求。下面以百度云盘为例介绍使用云盘在电脑和手机中互传文件的具体操作步骤。

❶ 打开并登录你的百度云应用，在弹出的主界面中点击【上传】按钮，在弹出的【选择上传文件类型】面板中点击【图片】按钮。

❷ 在弹出的【选择图片】界面，选择任一图片。

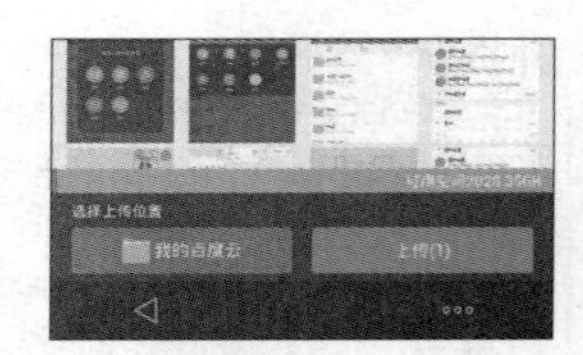

❸ 点击右下角的【上传】按钮，即可将选中的图片上传至云盘。

❹ 打开并登录电脑端的【百度云】应用，即可看到上传的图片，选择该图片，单击【下载】按钮。

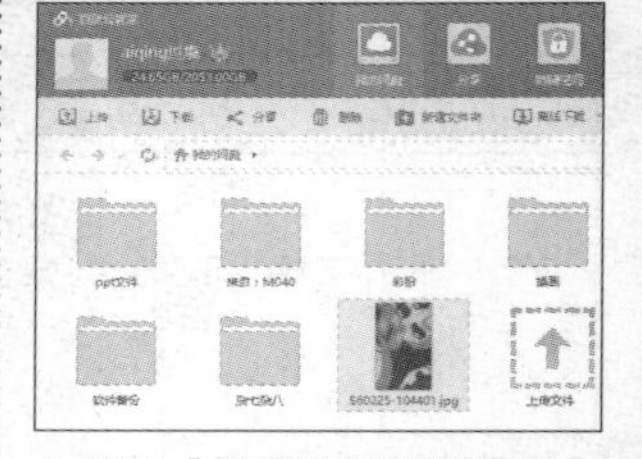

❺ 弹出【设置下载存储路径】对话框，选择图片存储的位置，

单击【下载】按钮，即可把图片下载到电脑中。

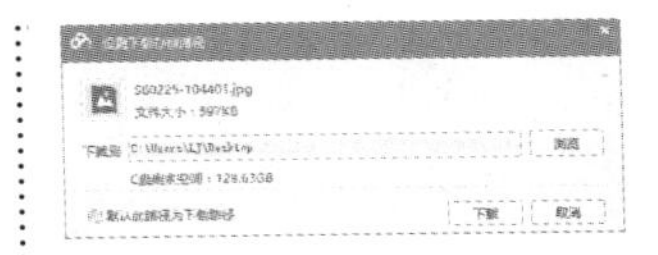

技巧 8 人脉管理

人脉通常是指人际关系或者由人与人之间相互联系构成的网络。人脉管理是对人脉进行有效管理，使人脉朝着预期的方向发展，以利于人生目标的完成。目前，人脉管理日益受到现代人的普遍关注和重视。而随着移动办公的发展，越来越多的人脉数据会被记录在手机中，因此，掌管好手机中的人脉信息就尤为重要。

1. 记住人脉信息

人脉管理最重要的就是对对方的个人信息，如姓名、职务、地址、特长、生日、兴趣、爱好、联系方式等进行有效的管理。使用手机自带的通信录功能记录人脉信息的操作如下。

❶ 在通信录中打开要记住邮箱的联系人信息界面，点击下方的【编辑】按钮。

❷ 打开【编辑联系人】界面，在下方【工作】文本框中输入客户的邮箱地址。点击下方的【添加更多项】按钮。

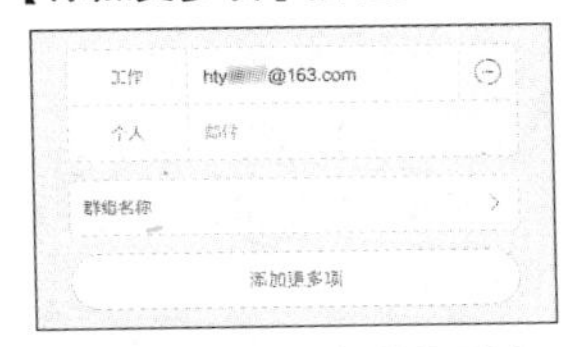

❸ 打开【添加更多项】列表，选择【生日】选项。

提示

如果要添加农历生日，可以执行相同的操作，选择【农历生日】选项添加客户的农历生日。在该界面还可以添加地址、网站等其他信息。

❹ 在打开的选择界面，选择客户的生日，点击【确定】按钮。

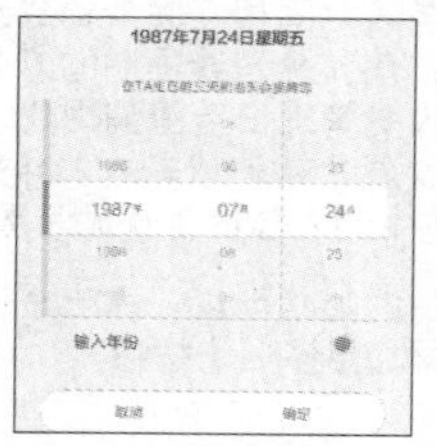

❺ 返回至客户信息界面，即可看到已经添加的客户的生日，并且在客户生日的前三天将会发出提醒。

❻ 使用同样的方法，添加其他客户信息，添加完成，点击右上角的【确定】按钮，即可保存客户信息。

2. 合并重复的联系人

如果通信录中一些联系人有多个电话号码，在通信录将每一个号码分别保存，将导致通信录中具有多个相同的姓名，而有时同一个联系方式会对应多个联系人。这些情况会使通信录变得臃肿杂乱，影响联系人的准确快速查找。手机中包含有多种应用可以解决重复联系人的问题，如 QQ 同步助 手、Simpler Contacts Pro 等，下面以使用“QQ 同步助手”将重复的联系人进行合并为例进行介绍。

❶ 下载、安装并打开【QQ 同步助手】主界面，点击左上角的☰按钮。

❷ 在打开的界面中点击【通信录管理】选项。

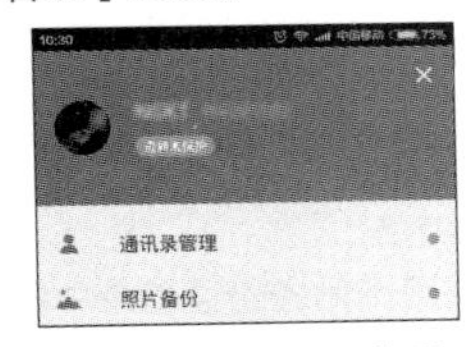

❸ 打开【通信录管理】界面，点击【合并重复联系人】选项。

❹ 打开【合并重复联系人】界面，在下方即可看到联系人名称相同的姓名列表，点击下方的【自动合并】按钮。

❺ 即可将名称相同的联系人合并在一起，点击【完成】按钮。

❻ 弹出【合并成功】界面，如果需要立即同步合并重复联系人后的通信录，则点击【立即同步】按钮，否则点击【下次再说】按钮。即可完成合并重复联系人的操作。

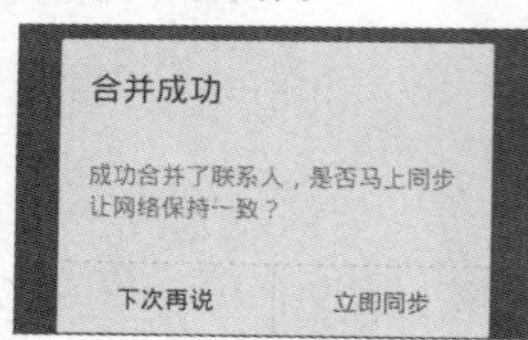

3. 备份人脉信息

如果手机丢了或者损坏，就不能正常获取人脉信息，为了以防万一，可以将人脉信息进行备份，发生意外时，只需要将备份的人脉信息恢复至新手机中即可。下面以“QQ 同步助手”为例介绍备份人脉信息的操作。需要注意的是，恢复备份时，必须使用同一账号登录“QQ 同步助手”才能够获取备份的人脉数据。

❶ 打开“QQ 同步助手”应用，点击左上角的☰按钮。

❷ 进入登录界面，点击上方的【登录】按钮即可使用 QQ 账号登录 QQ 同步助手，也可以使用手机号登录。

❸ 登录完成，返回至【QQ 同步助手】主界面，点击击下方的【备份到网络】按钮。

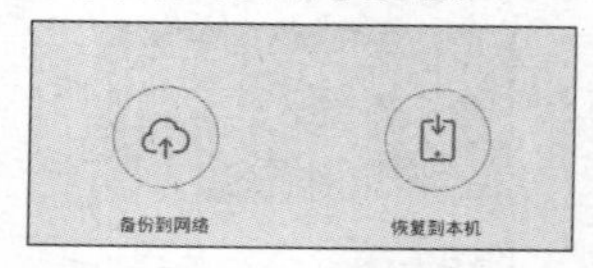

❹ 即可开始备份通信录中的联系人，并显示备份进度。

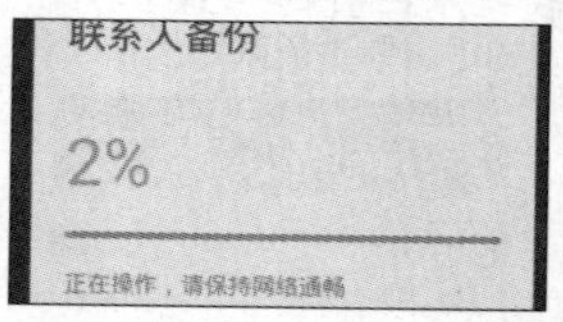

❺ 如果要恢复通信录，只要再次使用同一账号登录“QQ 同步助手”，在主界面点击【恢复到本机】按钮即可恢复通信录。

提示

使用“QQ同步助手”应用还可以将短信备份至网络中。

技巧9 通信录管理

要想获得高质量的人脉，管理好自己的通信录是必要的前提。如何找到一个好的工具非常重要，尤其是在这个信息数据大爆炸的时代。下面就为大家推荐两款应用，让你轻松管理好自己的通信录。

1. 名片管理——名片全能王

名片全能王是一款基于智能手机的名片识别软件，它能利用手机自带相机进行拍摄名片图像，快速扫描并读取名片图像上的所有联系信息，如姓名、职位、电话、传真、公司地址、公司名称等，并自动存储到电话本与名片中心。

安装并打开【全能名片王】应用，进入主界面，即可看到已经存储的名片，点击下方中间的【拍照】按钮。

❶ 进入【拍照】界面，将要存储的名片放在摄像头下，移动手机，使名片在正中间显示，点击底部中间的【拍照】按钮。

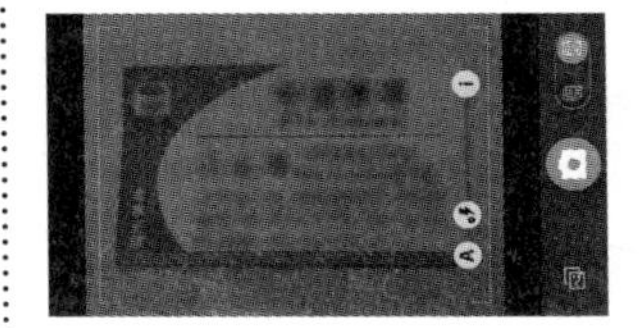

提示

① 拍摄名片时，如果是其他语言名片，需要设置正确的识别语言（可以在【通用】界面设置识别语言）。

② 保证光线充足，名片上不要有阴影和反光。

③ 在对焦后进行拍摄，尽量避免抖动。

④ 如果无法拍摄清晰的名片图片，可以使用系统相机拍摄识别。

❷ 拍摄完成，进入【核对名片信息】界面，在上方将显示拍摄的名片，在下方将显示识别的信息，如果识别不准确，可以手动修改内容。核对完成，点击【保存】按钮。

❸ 进入【添加到分组】界面，可以选择已有的分组，也可以新建分组，这里点击【新建分组】按钮。

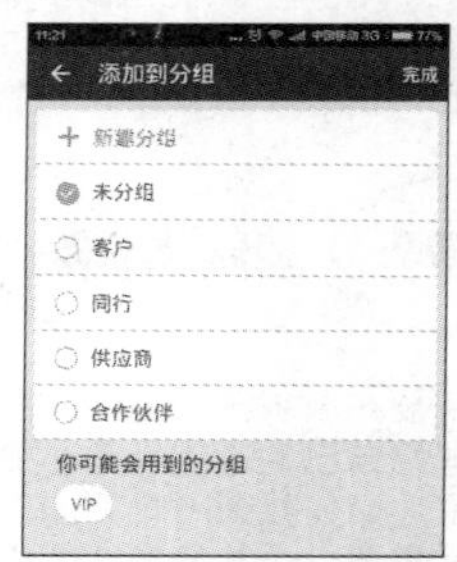

❹ 弹出【新建分组】对话框，输入分组名称，点击【确定】按钮，然后在【添加到分组】界面点击右上角的【保存】按钮，完成名片的存储。

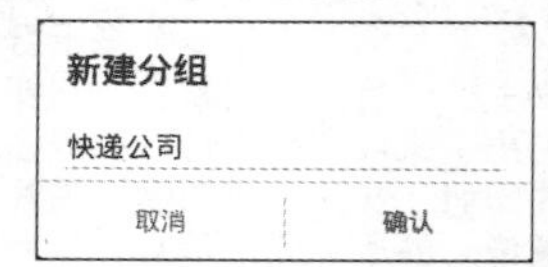

此外，登录了名片全能王还可以实现将识别的名片存储在全能王的云端服务器中，并支持多种客户端的同步，只需要使用同一账号登录，即可在不同设置中随时查看和管理名片。

2. 通信录管理——微信电话本

微信电话本是一款高效智能的通信增强软件，它将手机中的拨号、通话记录、联系人以及短信 4 种功能集合为一体，不仅操作简单、管理方便，便于用户在不同操作间切换，还支持通知类短信自动归档、垃圾短信拦截、短信收藏和加密等智能管理，还有来电归属地、黑名单、联系人自动备份和超过 5000 万的陌生号码识别，可以让你的电话本与众不同。下图所示分别为微信电话本的主界面和设置界面。

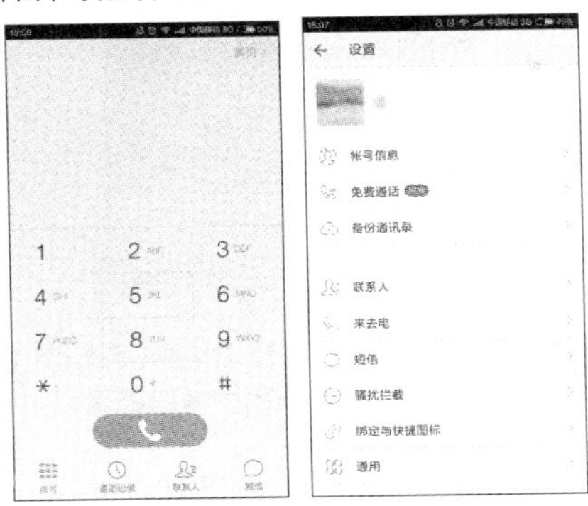

技巧 10 海量邮件管理

邮件作为工作、生活中常用的一种交流方式，处理电子邮件将占用大量的时间，如果邮件过多，造成积压后，想再找到重点邮件就比较困难，下面就介绍一些海量邮件管理的方法。

（1）将工作、生活学习邮箱分开

可以申请两个或者三个邮箱账号，将工作、生活和学习邮箱分开，这样能减少一个邮箱中大量邮件堆积的情况。

（2）善用邮箱客户端

使用支持邮箱多个账户同时登录的邮箱客户端，便于同时接收和管理多个账户的邮件，如电脑中常用的邮件客户端有Foxmail、Outlook、网易闪电邮等，手机或平板中常用的邮件应用有网易邮箱大师、139 邮箱、邮箱管家等，使用邮箱客户端便于对多个邮箱账户同时管理。下面以 Foxmail 邮件客户端为例介绍添加多账户的方法。

❶ 打开 Foxmail 邮件客户端，单击右上角的【设置】按钮，在弹出的下拉列表中选择【账号管理】选项。

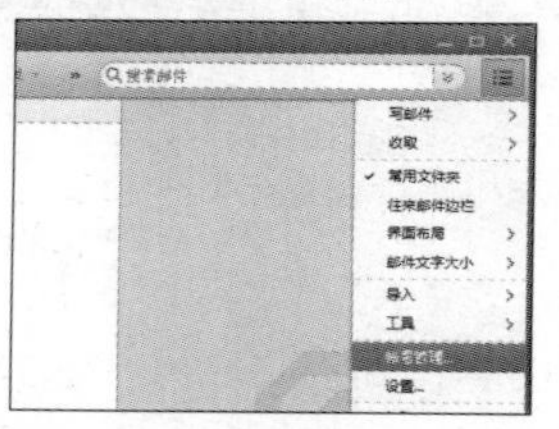

❷ 弹出【系统设置】对话框，在【账号】选项卡下单击【新建】按钮。

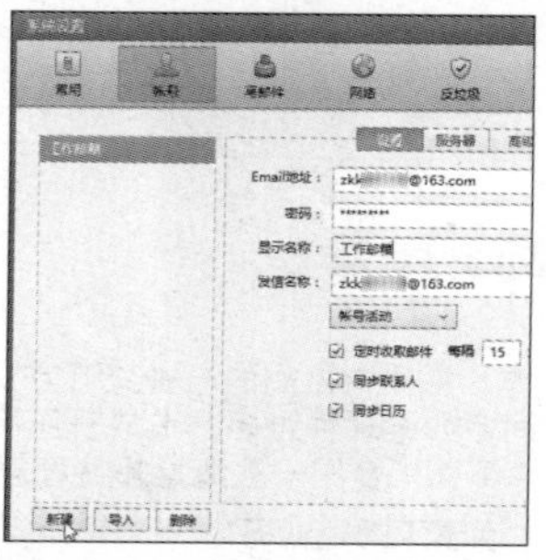

❸ 弹出【新建账号】对话框，在【E-mail 地址】和【密码】文本框中输入另外一个邮箱的账号及密码，单击【创建】按钮。

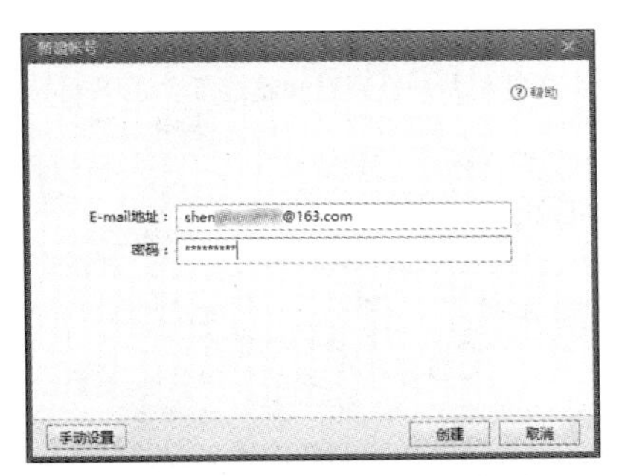

❹ 就完成了在邮箱客户端中添加多个账号的操作，即可使用该客户端同时收取多个邮箱的邮件。

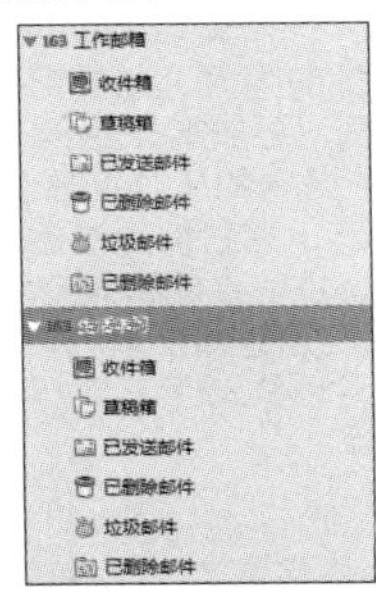

（3）立即处理还是定时处理

客户发送邮件的时间不是固定的，有时可能一小时内收到几十封邮件，有时可能收不到邮件，但收到邮件是立即处理还是定时处理更能提高办公效率，用户可以根据平时收到邮件的总量来选择。

如果邮件总量不太多，处理邮件所占用工作时间少于总工作时间的 10%，建议采取立即处理的方法，不仅能快速回应发件人，还可以提高事件的处理效率。

如果邮件总量太大，处理时间超过工作总时间的 10%，建议选用定时处理的方法，如每隔 2 小时，集中处理一次邮件，这样不仅能够避免邮件堆积，还能有效防止工作思路被打断。

（4）采用 4D 处理邮件

4D 是指 4 个英文单词所代表的动作，分别是行动 (Do)、转发（Delegate）、搁置（Defer）、删除（Delete）。这 4 个动作涵盖了对任何一封邮件可能执行的动作。

① 行动：如果在阅读后发现邮件中含有需要由你来完成并且可以在很短的时间完成的任务，那么就要立刻有所行动。

② 转发：如果邮件中提到的工作可以转交给更适合的人，或者可以以更低成本完成的人，则要尽量将任务布置下去。可以在原邮件中加入对任务的说明、要求等，同时附上执行任务的人会需要用到的各种信息，告知其寻求帮助的方式，然后转发给适合这项工作的人。在转发的同时，也要记得通过抄送或单独的邮件通知原发件人这件事情已经被转交给他人处理。

③ 搁置：当邮件中提到的工作必须由你来做，但显然无法在短时间内完成的情况下，把它们暂时搁置起来，放入一个叫做“搁置”的单独文件夹，是使收件箱保持清空的好办法。

④ 删除：如果邮件只是通知性质的，并不需要进一步行动。确定以后会用到的邮件可以移动至其他“已处理邮件”文件夹，剩余的邮件要果断地删除。

（5）合理地管理邮件

合理地管理邮件也是提高办公效率的方法，如设置邮件的分类、置顶邮件、添加分类文件夹、设置快速回复等。下面就以 Foxmail 邮件客户端为例介绍。

① 设置邮件分类。使用分类工具的颜色和标签功能把邮件分成不同的类别，分别对待处理，如可以将未回复的邮件标记为红色，将分配给他人的邮件标记为蓝色，将等待回复的邮件标记为黄色，将需要搁置的邮件标记为橙色，将需要保留的邮件标记为绿色等。

② 置顶邮件。如果邮件是一份需要一段时间内处理的重要

内容，可以将其置顶显示。

❶ 选择要设置为置顶的邮件并单击鼠标右键，在弹出的快捷菜单中选择【星标置顶】命令。

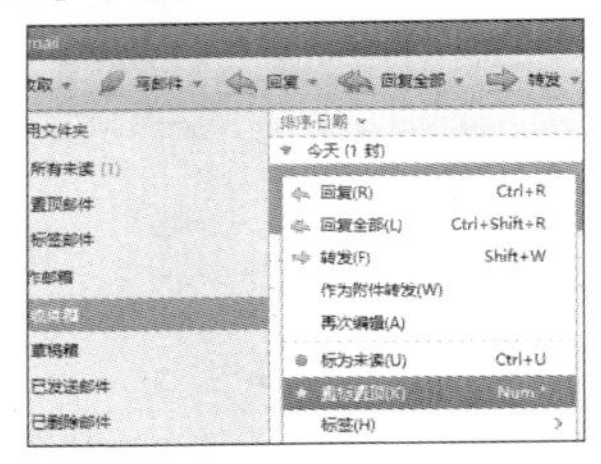

❷ 即可看到将邮件置顶后的效果，这样收到其他再多的邮件也能快速地找到该邮件。

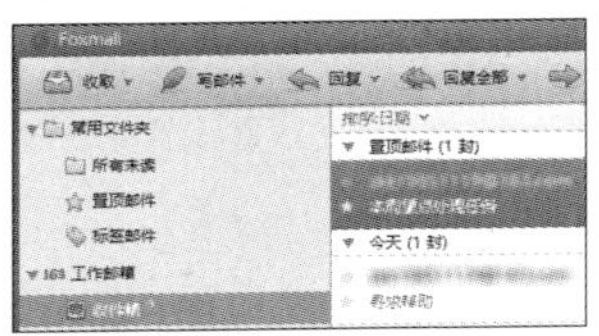

③ 添加分类文件夹。添加分类文件夹可以将分配给他人的邮件、等待回复的邮件、要搁置的邮件、要保留的邮件分别放置在不同的文件夹内，方便管理，提高查找邮件的效率。

❶ 在邮件客户端内，要添加文件夹的账户上单击鼠标右键，在弹出的快捷菜单中选择【新建文件夹】选项。

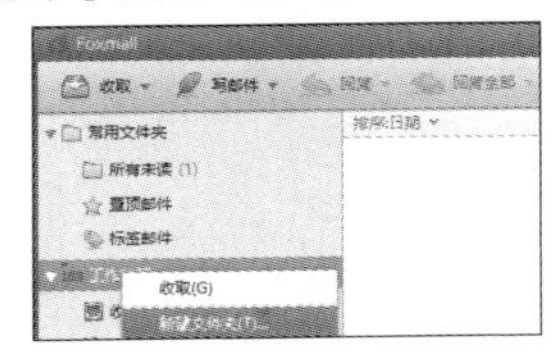

❷ 弹出【新建远程文件夹】对话框，在【文件夹名】文本框中输入要设置的文件夹名称，单击【确定】按钮。

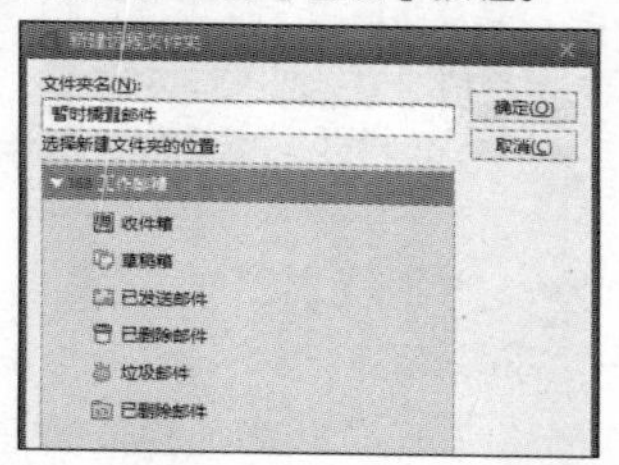

❸ 即可完成添加文件夹的操作，选择要移动位置的邮件并单击鼠标右键，在弹出的快捷菜单中选择【移动到】→【移到其他文件夹】命令。

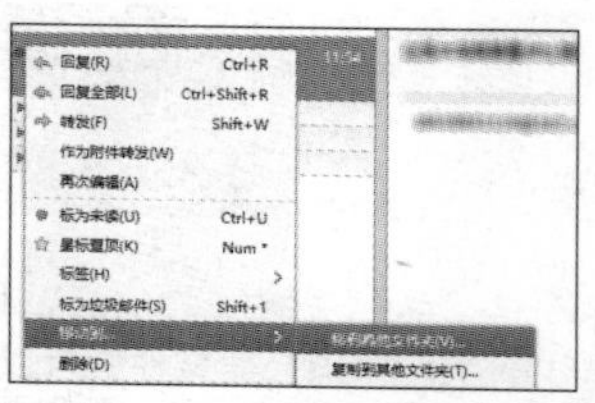

❹ 弹出【选择文件夹】对话框，选择要移动到的文件夹，单击【确定】按钮。

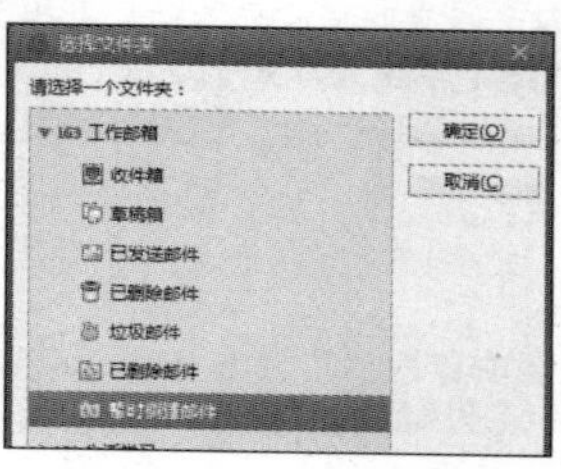

❺ 即可将选择的邮件移动至所选文件夹内。

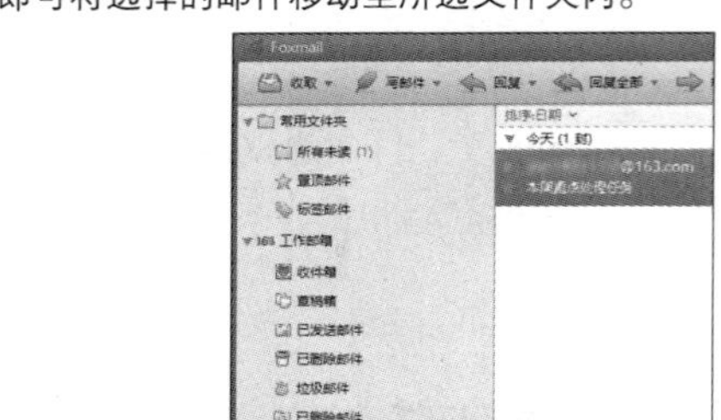

④ 设置签名。为邮件设置签名，如来信已经收到、感谢你的来信、我会尽快处理的等，可以快读答复发件人。需要注意的是一些邮件客户端不支持设置签名，但是在网页邮箱中可以设置，在邮件客户端中设置的签名在客户端中仍然能够使用。

技巧 11 记录一切（印象笔记）

印象笔记是一款多功能、跨平台的电子笔记应用。使用印象笔记可以记录所有的日常资讯，如工作文档、工作计划、学习总结、个人文件、时事新闻、图片，甚至是新注册的账号等，都可以通过印象笔记来记录，从而形成自己的资料系统，便于随时随地查找。并且笔记内容可以通过账户在多个设备之间进行同步，做到随时随地对笔记内容进行查看和记录。

（1）建立笔记本

在印象笔记中设置不同的笔记本和标签，可以轻松实现有效管理一切的目标，如可以按照月份、日期或者是根据事件的类别建立不同的笔记本。

❶ 在【印象笔记】主界面点击左上角的【设置】按钮☰，在打开的列表中选择【笔记本】选项。

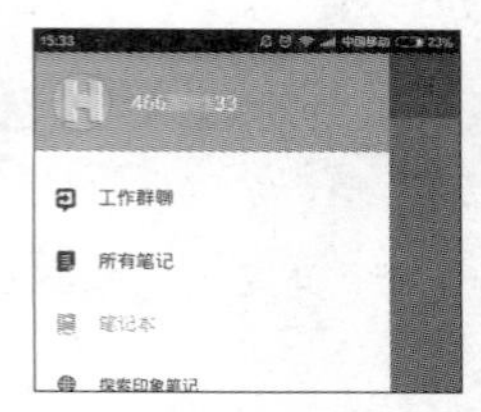

❷ 即可进入【笔记本】界面，在下方显示所有的笔记本，点击【新建笔记本】按钮。

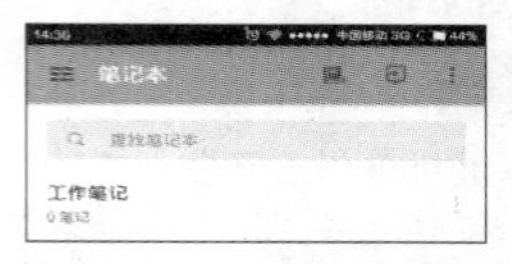

提示

初次使用时，仅包含一个名称为【我的第一个笔记本】的笔记本，印象笔记应用中至少需要包含一个笔记本，在没有创建其他笔记本之前，默认的笔记本是不能被删除的。

❸ 弹出【新建笔记本】界面，输入新笔记本的名称“个人文件”，点击【好】按钮。

❹ 即可完成笔记本的创建，使用同样的方法创建其他不用的分类笔记本。

提示

长按要删除或重命名的笔记本，打开【笔记本选项】界面，在其中即可执行共享、离线保存、重命名、移动、添加快捷方式及删除等操作，这里选择【删除】选项。弹出【删除：我的第一个笔记本】界面，在下方的横线上输入“删除”文本，点击【好】按钮，完成笔记本的删除。

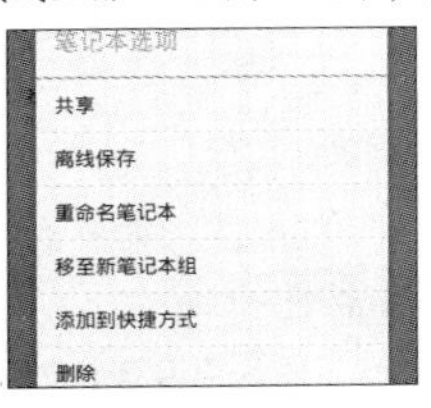

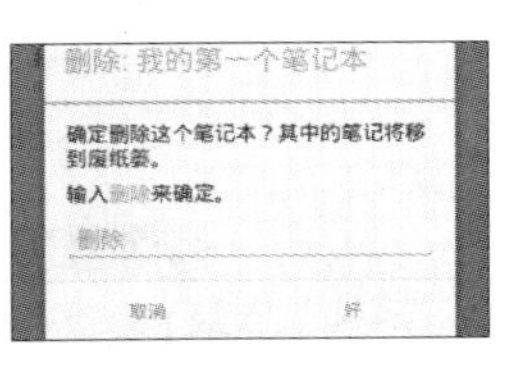

（2）新建笔记

使用印象笔记应用可以创建拍照、附件、工作群聊、提醒、手写、文字笔记等多种新笔记种类，下面介绍创建新笔记的操作。

❶ 进入【印象笔记】主界面，或者是点击要添加笔记的笔记本，进入笔记本界面，点击下方的【创建新笔记】按钮 。

❷ 显示可以创建的新笔记类型，这里选择【文字笔记】选项。

❸ 打开【添加笔记】界面，输入文字笔记内容。选择输入的内容，点击上方的A按钮，可以在打开的编辑栏中设置文字的样式。

❹ 点击笔记本名称后的【提醒】按钮，选择【设置日期】选项。

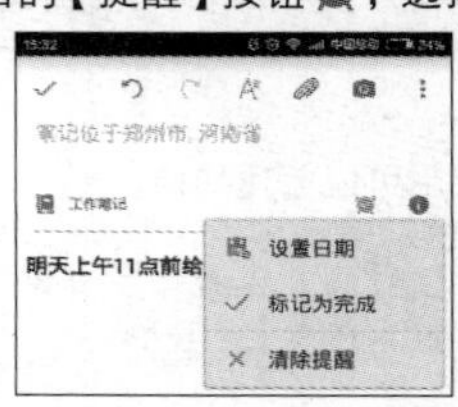

❺ 弹出【添加提醒】界面，设置提醒时间，点击【完成】按钮。

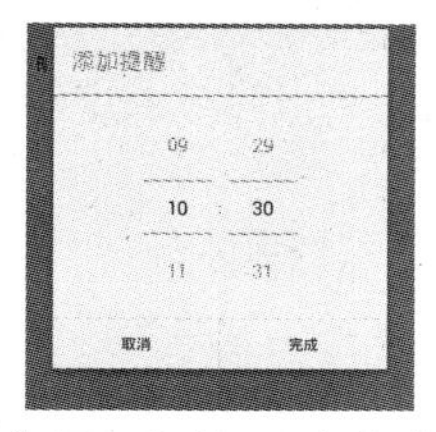

❻ 返回至【新建笔记】界面点击左上角的【确定】按钮✓，完成笔记的新建及保存。

（3）搜索笔记

如果创建的笔记较多，可以使用印象笔记应用提供的搜索功能快速搜索并显示笔记，不仅可以按照笔记内容搜索笔记，还可以按照地点、方位、地图搜索笔记内容。具体操作步骤如下。

❶ 在【所有笔记】界面，点击界面上方的【搜索】按钮 。

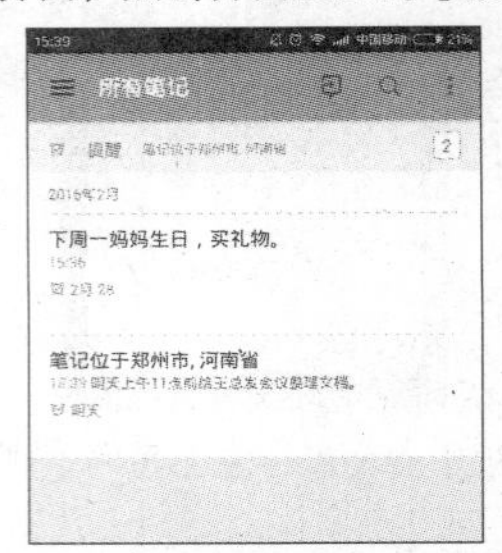

❷ 输入要搜索的笔记类型，即可快速定位并在下方显示满足条件的笔记。

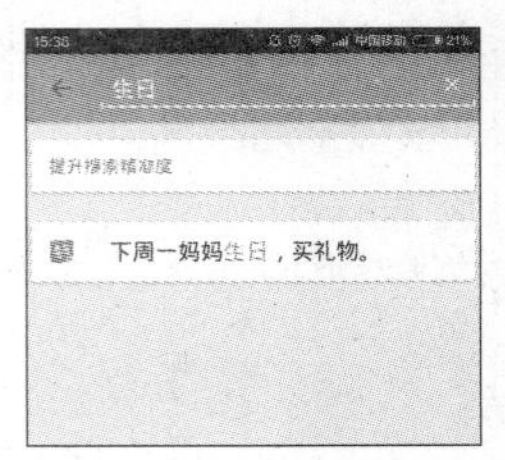

技巧 12 微支付（生活大便捷）——支付宝、微信支付

微支付是指在互联网上，进行的一些小额的资金支付。这种支付机制有着特殊的系统要求，在满足一定安全性的前提下，要求有尽量少的信息传输，较低的管理和存储需求，即速度和效率要求比较高。这种支付形式就称为微支付。常用的支付软件有支付宝、微信支付等，下面就简单介绍一些微支付的安全及操作

技巧。

1. 支付宝

支付宝主要提供支付及理财服务。包括网购担保交易、网络支付、转账、信用卡还款、手机充值、水电煤缴费、个人理财等多个领域。在进入移动支付领域后，为零售百货、电影院线、连锁商超和出租车等多个行业提供服务。

（1）打造安全的支付宝账户

① 牢记支付宝官方网址，警惕欺诈网站。

支付宝的官方网址是 https://www.alipay.com，不要单击来历不明的链接来访问支付宝。可以在打开后，单击浏览器上的收藏，以便下次访问方便。

② 用邮箱或手机号码注册一个支付宝账号。

可以用一个常用的电子邮箱或是手机号码来注册一个支付宝账号。

③ 安装密码安全控件。

首次访问支付宝网站时，系统会提示您安装控件，以便您的账户密码能得到保护。

④ 设置高强度的“登录密码”和“支付密码”。

支付宝有两个密码，分别是：“登录密码”和“支付密码”，这两个密码需要分别设置，不能为了方便设置成同样一个密码，两个密码最好设置成不一样，会更安全。缺一不可的两重密码，使得你即使在不慎泄露某一项密码之后，账户资金安全依然能够获得保护。

⑤ 建议使用支付宝安全产品。

如果平时习惯用手机，建议开通短信校验服务，它是支付宝提供的增值服务，会员申请短信校验服务后，修改支付宝账户关键信息或交易时，如超过预设额度，将需要增加手机短信校验这一步骤，以提高会员支付宝账户及交易的安全性。这个服务目前也是免费提供的。

如果不习惯使用手机，建议免费开通手机绑定服务，如安装数字证书，可以使你的每一笔账户资金支出得到保障。同时也可作为淘宝二次验证工具，保障淘宝账户安全。

⑥ 多给电脑杀毒。

及时更新操作系统补丁，升级新版浏览器，安装反病毒软件和防火墙并保持更新；避免在网吧等公共场所使用网上银行，不要打开来历不明的电子邮件等；遇到问题可使用支付宝助手进行浏览器修复。

（2）支付宝的安全防护

作为财务支付软件，安全保证十分重要，在安全的环境下进行支付宝交易，才能防止用户的信息及财物不被泄露和盗用。下面介绍几招支付宝的安全防护操作。

① 设置登录密码

注册支付宝时，需要设置支付宝密码，也就是登录密码，登录密码作为支付宝账户安全的第一道防火墙，非常重要。登录密码设置有以下注意事项。

• 登录密码本身要有足够的复杂度，组号是数字、字母、符号的组合。

• 不要使用门牌号、电话号码、生日作为登录密码。

• 登录密码不要与淘宝账户登录密码、支付宝支付密码一样。

为了保证支付安全，建议每隔一段时间更换一次登录密码。

❶ 进入支付宝账户后进入【账户设置】页面，选择【安全设置】选项卡，单击【登录密码】选项后面的【重置】按钮。

❷ 可以选择登录密码、手机或者邮箱验证，验证完成，进入【重置登录密码】页面，在【新的登录密码】和【确认新的登录密码】文本框中输入要设置的密码，单击【确认】按钮即可。

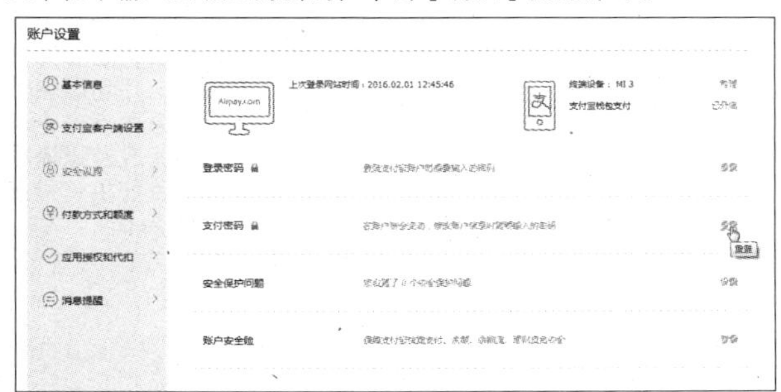

② 设置支付密码

支付密码是在支付的时候填写在“支付密码”密码框中的密码，这个密码比起登录密码更重要。通过支付宝支付，不管是在淘宝购物，还是在其他平台购物、支付等，都需要用到支付密码。

支付密码设置注意事项与设置登录密码类似。

如果要修改支付密码，可以进入支付宝账户后进入【账户设置】页面，选择【安全设置】选项卡，单击支付密码后面的【重置】按钮，然后根据需要进行设置即可。

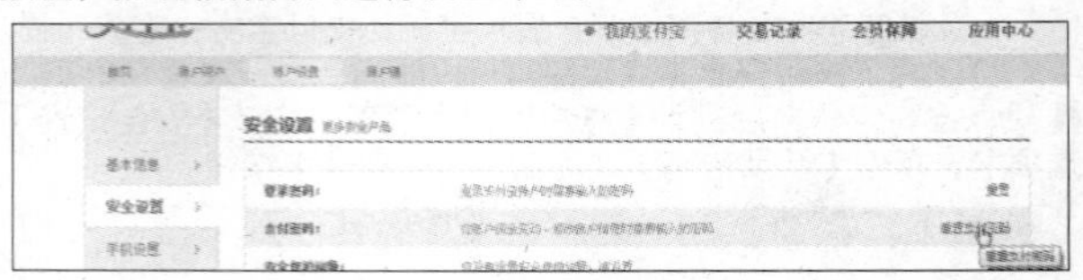

（3）使用手机支付宝转账到对方支付宝账户

首先登录手机支付宝钱包，进入【支付宝钱包】界面，点击【转账】按钮。最下面会出现【转给我的朋友】、【转到支付宝账户】和【转到银行卡】3个选项。你可以直接向手机通信录的好友转账，前提条件：你的好友手机号开通了支付宝账户，可以直接用手机号登录支付宝。

❶ 在【转账】界面点击下方的【转到支付宝账户】按钮。

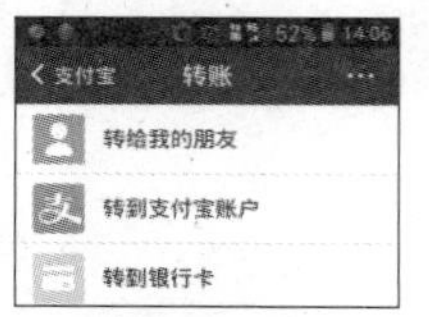

❷ 进入【转账到支付宝账户】界面，输入对方的支付宝账户，点击【下一步】按钮。

❸ 进入【转到支付宝账户】界面，输入转账金额，还可以按住【语音】按钮说几句提醒的话，输入相关信息后点击【确认转账】按钮，完成转账流程即可迅速转账。目前每笔最高20万元，手续费为0。

（4）使用手机支付宝转账到银行卡

在【转账】界面点击下方的【转到银行卡】按钮，在【转到银行卡】页面填写信息，包括姓名、卡号、银行及金额等。输入完毕后点击【下一步】按钮，完成后续操作即可。目前手机转账每笔最高 5 万元，手续费为 0。

（5）使用网上银行给支付宝充值

① 充值前准备。

一张支付宝支持的银行卡，并且所持有的银行卡开通了网上银行功能。这个功能的办理只能去所在银行进行办理。

② 网上充值过程。

❶ 登录支付宝账号。

❷ 登录后，点击【充值】按钮开始进行充值。

❸ 在打开的界面中选择【充值到余额】选项，然后选择【储蓄卡】选项里面的“银行”，点击【选择其他】按钮可以选择其他银行，以中国工商银行为例（注意充值只能用储蓄卡，信用卡不支持）。

❹ 单击【下一步】按钮，进行充值金额的填写和确认。并输入支付宝支付密码，单击【确认充值】按钮，页面即会显示已成功充值的信息。

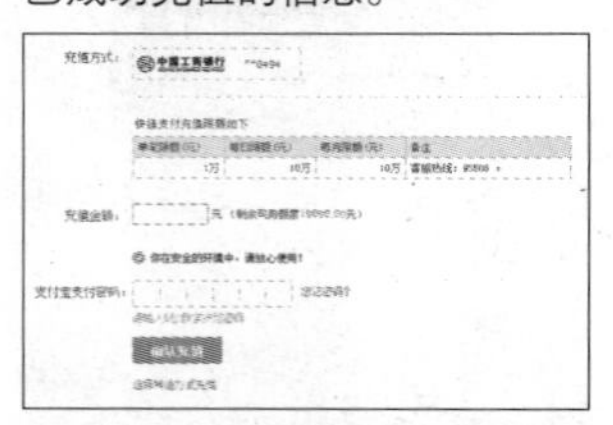

（6）利用支付宝给信用卡还款

信用卡还款是支付宝公司推出的在线还信用卡服务，你可以使用支付宝账户的可用余额、快捷支付含卡通或网上银行，轻松实现跨行、跨地区的为自己或为他人的信用卡还款，支付宝信用卡还款操作如下。

❶ 登录支付宝。

❷ 单击页面下方的【信用卡还款】按钮。

❸ 填写还款信息，选中【我已阅读并同意《支付宝还款协议》】复选框，单击【提交还款申请】按钮，然后根据提示付款即可。

2. 微信支付

微信支付是集成在微信客户端的支付功能，用户可以通过手机完成快速的支付流程。微信支付以绑定银行卡的快捷支付为基础，向用户提供安全、快捷、高效的支付服务。

（1）打开支付安全防护

想要保护好支付安全，我们可以在使用前，打开支付保护功能，这样就可以更好地保护我们安全的购物了。

❶ 打开微信后，点击右下角的

【我】按钮，在【我】界面选择【钱包】选项。

❷ 打开后，在这个里面可以看到很多可以购物的功能，如滴滴出行和美丽说等，这些在未保证安全之前都先别用，继续点击右上角按钮，在弹出的下拉列表中选择【支付安全】选项。

❸ 打开支付安全功能后，会出现 4 个防护方式，后两个是自动开启的，只有前两个需要设置开启，分别选择【手势密码】和【支付安全防护】选项，然后根据提示进行设置操作就可以了。

（2）锁定网银支付

❶ 可以通过使用第三方软件，

给支付加一道锁，如 360 卫士来实现，先打开【360 卫士】→【隐私保护】→【隐私空间】→【程序锁】选项。

❷ 点击微信软件就可以进入加密的设置功能，然后再直接给你需要加密的软件加上一个手势密码就可以解决问题了。

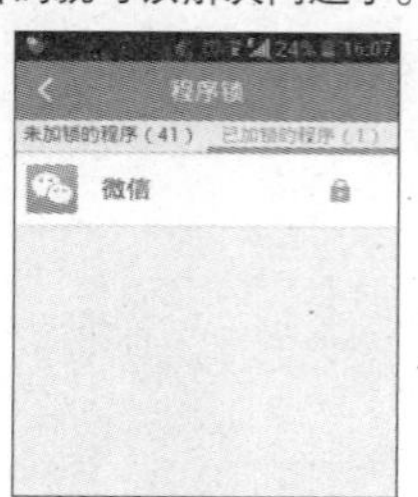

（3）绑定银行卡

❶ 打开微信后，点击右下角的【我】选项，在【我】界面选择【钱包】选项。

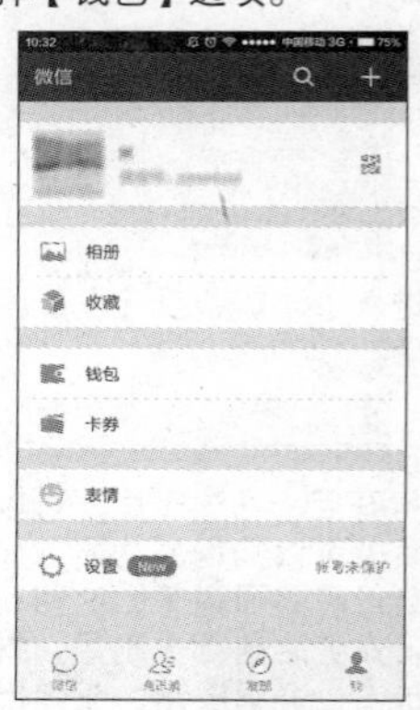

❷ 进入【我的钱包】界面，点击【银行卡】按钮。

❸ 进入【银行卡】界面，点击【添加银行卡】按钮。

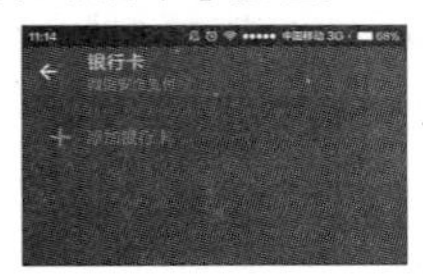

❹ 进入【添加银行卡】界面，设置支付密码。

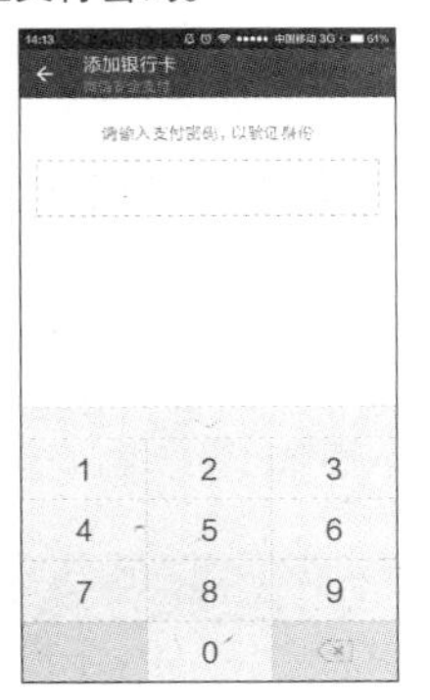

❺ 在打开的界面输入持卡人、卡号等信息，点击【下一步】按钮。

❻ 填写银行卡信息，输入银行预留的手机号，并勾选【同意《用户协议》】复选框，然后点击【下一步】按钮。

❼ 在【验证手机号】界面中点击【获取验证码】按钮，然后需要输入手机收到的验证码，点击【下一步】按钮。

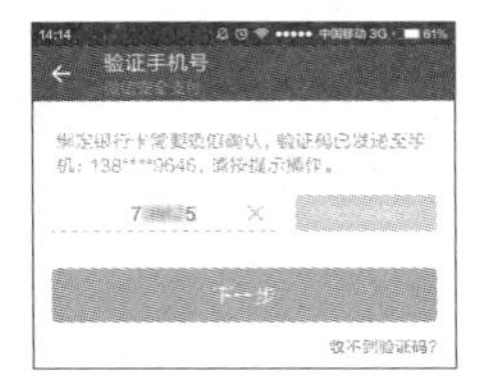

❽ 至此，就完成了绑定银行卡的操作。

（4）使用微信给信用卡还款

❶ 打开微信后，点击右下角的【我】按钮，在【我】界面选择【钱包】选项。

❷ 进入【我的钱包】界面，点击【信用卡还款】选项。

❸ 弹出【用微信还信用卡】对话框，点击“我要还款”按钮。

❹ 弹出【添加信用卡】界面，第一次使用时，要先添加还款的信用卡信息，包括信用卡号、持卡人和银行等信息，点击【确定】按钮。

❺ 信用卡添加成功后点击【现在去还款】按钮。

❻ 输入还款金额后点击【立即还款】按钮。

❼ 选择要支付的方式，可以选择零钱支付或储蓄卡支付，点击【确定】按钮，在弹出的【请输入支付密码】对话框中输入支付密码即可还款。

❽ 即可显示支付成功界面。

（5）使用微信支付

❶ 打开微信后，点击右下角的【我】按钮，在【我】界面选择【钱包】选项。

❷ 进入【我的钱包】界面，点击【手机充值】按钮。

❸ 进入【手机话费充值】界面，输入要充值的手机号码，并点击充值金额（可选的充值金额有30元、50元、100元、200元、300元、500元）。

❹ 在弹出的界面中输入支付密码。

❺ 即可完成手机充值的操作。

（6）使用微信转账

❶ 打开微信后，点击右下角的【我】按钮，在【我】界面选择【钱包】选项。

❷ 进入【我的钱包】界面，点击【转账】按钮。

❸ 进入【转账】页面，可以搜索好友或者打开通信录，选择微信好友。

❹ 进入转账给朋友界面，输入转账金额，点击【转账】按钮。

❺ 微信转账需要输入微信支付密码，选择你的支付方式，并在【请输入支付密码】页面输入你的支付密码，即刻完成转账。

❻ 点击【完成】按钮，即可完成微信转账支付交易。同时在微信好友聊天记录中，可以看到一条转账的聊天记录。